U0206933

岭海耕耘七十载

广东历史学会 成立七十周年纪念文集

70

李庆新　谢湜　主编

社会科学文献出版社
SOCIAL SCIENCES ACADEMIC PRESS (CHINA)

☗ 杜国庠会长
（1889~1961）

☗ 岑仲勉先生
（1886~1961）

☗ 陈寅恪先生
（1890~1969）

☗ 刘节先生
（1901~1977）

☗ 陈乐素先生
（1902~1990）

☗ 梁方仲先生
（1908~1970）

⚊ 朱杰勤先生　　　　　⚊ 金应熙会长　　　　　⚊ 胡守为会长（1929~）
（1913~1990）　　　　　（1919~1991）

⚊ 陈春声会长（1959~　）　　⚊ 李庆新会长（1962~　）

1950年6月6日，陈寅恪先生与岭南大学政治学会庆祝教师节暨欢送毕业同学合影。《陈寅恪集·讲义及杂稿》，生活·读书·新知三联书店，2002。

1957年3月8日，陈寅恪先生（右一）在中山大学东南区一号楼寓所走廊授课。《陈寅恪集·讲义及杂稿》，生活·读书·新知三联书店，2002。

梁方仲先生（右
一）与助手汤明
燧教授。

1983 年，朱杰
勤先生与学生合
影。（邱克提供）

⬢ 朱杰勤先生（右二）在家给学生上课。（邱克提供）

⬢ 朱杰勤先生（左三）出席暨南大学历史系 1988 届博士论文答辩会。（邱克提供）

▲ 1984 年 7 月，商承祚先生与中山大学历史系 80 级学生合影。（张立强提供）

▲ 1985 年，梁家勉先生主持广东农史研究会学术讨论会，发言者为华南农业大学校长卢永根院士。倪根金主编《梁家勉农史文集》，中国农业出版社，2002。

◈ 1988 年，中山大学举行纪念陈寅恪教授国际学术讨论会，胡守为教授主持大会。

◈ 1996 年 10 月 7~14 日，中国史学会主办的第二届全国青年史学工作者学术会议在安徽合肥市举行，陈胜粦教授（中）与青年学者代表林中泽（右一）、李庆新（左一）合影。

🔺 1996 年 10 月 8 日，第二届全国青年史学工作者学术会议结束后，陈胜粦教授（右二）与青年学者代表刘志伟（左一）、陈春声（左二）、李庆新（右一）等游览黄山。

🔺 1999 年 7 月，广州地区部分历史教师和科研人员到花县参观调研，右起李鸿生、廖伟章、方志钦、骆宝善、段云章。

🔺 2006 年 11 月 4~5 日，罗香林教授百年诞辰国际学术研讨会在香港大学举行。胡守为、陈春声、蔡鸿生、李龙潜、黄启臣、李鸿生、汤开建、李庆新、房学嘉教授等出席。

🔺 与会学者瞻仰罗香林先生墓园。

2008年12月6日,中国史学会在天津召开中国历史学30年暨中国史学会单位会员负责人座谈会,李鸿生教授(左一)代表学会出席,与杨国桢(左三)、马敏(右一)、王宏斌(左二)教授合影。

2009年9月18日,陈春声会长(前排左一)出席郑天挺先生110周年诞辰中国古代社会高层论坛。

⚫ 2009 年 11 月 16 日，方志钦教授（一排左二）、邓开颂教授（二排左九）等出席庆祝澳门特区成立十周年、澳门历史文物关注协会成立十周年大会。

⚫ 2010 年 12 月 24 日，广东省社会科学院广东海洋史研究中心主办第二届海洋广东论坛暨《海洋史研究》创刊号首发式。

2010 年 5 月 15 日，广东历史学会、中山大学历史系、广东省社会科学院历史研究所联合举办纪念韦庆远教授暨明清史学术研讨会。

△ 参加纪念韦庆远教授暨明清史学术研讨会的部分学者。

△ 2019 年 11 月,《师凿精神忆记与传习——韦庆远先生诞辰九十周年纪念文集》由科学出版社公开出版。

△ 2014 年 9 月 25~26 日, 中国经济史学会、广东中国经济史研究会、广东省社会科学院广东海洋史研究中心等在广东中山市合作举办海上丝绸之路与明清广东海洋经济国际学术研讨会。

▲ 2015年4月9日，中国华侨史学会六届七次理事会议在京举行，张应龙、张国雄、袁丁教授等出席会议。

▲ 2015年11月7日，中国史学界第九次代表大会在河南大学举行。广东代表陈春声（左三）、纪宗安（左一）、李鸿生（左二）、李庆新（右三）、倪根金（右一）等合影。

李庆新研究员在中国史学界第九次代表大会上做主题报告。

2016 年 7 月 27 日，广东中国经济史研究会举行庆祝叶显恩教授八十华诞暨明清史研究座谈会。

2016 年 10 月 9~10 日，粤海关与海上丝绸之路发展历史学术研讨会在广州举行，陈春声会长出席大会并致辞。

🔺 2016 年 11 月 28 日，中山大学、广东省社会科学界联合会举办纪念岑仲勉先生诞辰 130 周年国际学术研讨会。

🔺 2018 年 10 月 9~12 日，中山大学、广东省社会科学界联合会在广州、阳江两地举办纪念戴裔煊先生诞辰 110 周年国际研讨会。

全国主要史学研究与教学机构联席会议

首批成员单位名单

中共中央党校（国家行政学院）	北京师范大学
中央党史和文献研究院	首都师范大学
中国社会科学院当代中国研究所	南开大学
中国科学院自然科学史研究所	吉林大学
北京市社会科学院	东北师范大学
上海社会科学院	复旦大学
广东省社会科学院	南京大学
内蒙古自治区社会科学院	厦门大学
吉林省社会科学院	山东大学
黑龙江省社会科学院	武汉大学
广西壮族自治区社会科学院	华中师范大学
新疆维吾尔自治区社会科学院	中山大学
西藏自治区社会科学院	四川大学
北京大学	云南大学
中国人民大学	西北大学
清华大学	兰州大学

◁ △ 2019 年 1 月 3 日，中国历史研究院成立典礼暨新时代中国历史研究座谈会在北京举行，李庆新研究员应邀出席。广东省社会科学院历史与孙中山研究所（海洋史研究中心）、中山大学历史学系（珠海）入选全国主要史学研究与教学机构联席会议首批成员单位。

⬣ 2019 年 12 月 22 日，广东历史学会第十一次会员大会在中山大学岭南堂举行，选举新一届理事会，李庆新研究员当选为新一任会长。

⬣ 2020 年 9 月 24 日，广东历史学会与黄山书社在广东社会科学中心举办《李龙潜文集》首发座谈会。

⚠ 2020 年 11 月 14~15 日，广东历史学会与广东省社会科学院海洋史研究中心在广东台山
上川岛联合举办"海洋广东"论坛暨广东历史学会成立 70 周年学术研讨会、2020 海洋史
研究青年学者论坛。

⚠ 与会学者考察上川岛历史文化遗迹。

⛰ 2020 年 11 月 16 日，中国历史学会副会长兼秘书长、中国社会科学院近代史研究所所长王建朗研究员（左四）视察广东历史学会与广东省社会科学院历史与孙中山研究所（海洋史研究中心）。

⛰ 2021 年 1 月 27 日，广东历史学会在广东社会科学中心举行理事会议。

⬥ 2021 年 5 月 25 日，中国历史研究院澳门历史研究中心在澳门成立，与广东省社会科学院历史与孙中山研究所（海洋史研究中心）签订战略合作协议。

⬥ 2021 年 7 月 29 日，中国史学界第十次代表大会在浙江嘉兴举行，李庆新（左四）、谢湜（左二）、刘正刚（右二）、倪根金（右三）、吴滔（左三）、李鸿生（右四）、刘平清（右一）、郭平兴（左一）、林雅娟参加。

⌂ 2021 年 10 月 10 日，广东历史学会举办"地方故事与国家历史：韩江中下游地域的社会变迁"座谈会暨新书发布会。陈春声教授做主题讲演，汤开建、刘志伟、李庆新、刘正刚、谢湜等教授参与对话。

⌂ 2021 年 10 月 29~31 日，广东历史学会与岭南师范学院、湛江市历史文化研究会承办 2021 岭南学术论坛——"红色广东·薪火相传"学术研讨会。

🔺 2021 年 12 月 10~13 日，广东历史学会、广东省社会科学院海洋史研究中心联合举办的 2021 "海洋广东" 论坛暨 2021 海洋史研究青年学者论坛在广东南澳岛举行。

🔺 2022 年 2 月 8 日（正月初八），广东省社会科学界联合会专职副主席余鸿纯、社团部主任姜波等莅临学会慰问新春，指导新年工作。

🔺 2022年6月12日，中山大学历史学系举行《脱俗求真——蔡鸿生教授九十诞辰纪念文集》出版座谈会。

🔺 2023年3月23~26日，广东历史学会、广东省社会科学院海洋史研究中心、《海洋史研究》编辑部、岭南师范学院等联合主办的第五届海洋史研究青年学者论坛在广东湛江特呈岛、硇洲岛举行。

▲ 与会学者考察近代硇洲岛灯塔遗址。

▲ 2023年3月26日，与会学者参加岭南师范学院广东西部历史与海洋文化研究中心（广东省普通高校人文社科重点研究基地）揭牌仪式，李庆新会长、谢湜常务副会长兼秘书长等被聘为学术顾问。

🔼 2023 年 4 月 29 日，第一届珠三角世界史学者论坛在中山大学永芳堂举行。

🔼 2023 年 5 月 20 日，暨南大学中外关系研究所举办中华文化传播与影响高端论坛暨《暨南史学》创刊廿周年恳谈会，纪念朱杰勤先生诞辰 110 周年。

🔺 2023 年 6 月 16~19 日，纪念陈乐素教授诞辰 120 周年暨全国高校古委会第四届青年学者学术研讨会在广州举行。此次会议由全国高等院校古籍整理研究工作委员会主办、暨南大学中国文化史籍研究所、杭州大学历史系等单位承办。

中国海外交通史研究会第八届理事会换届会员代表大会暨"海洋中国与世界"学术研讨会 2023.7.23

🔺 2023 年 7 月 23 日，中国海外交通史研究会第八届换届会员代表大会在福建泉州举行。李庆新研究员当选为新一届会长。

⚇ 2023 年 11 月 12 日，中山大学历史学系校友会员代表大会暨第二届理事会第一次会议在广州举行。

⚇ 2023 年 11 月 18~20 日，由中国海外交通史研究会、广东历史学会、"海洋强国建设"广东省哲学社会科学重点实验室、广东省社会科学院海洋史研究中心、《海洋史研究》编辑部在广东珠海联合主办第六届海洋史研究青年学者论坛。

2023 年 12 月 20 日，郭沫若中国历史学奖颁奖大会暨全国主要史学研究与教学机构联席会议 2023 年会在北京召开，《海洋史研究》荣获优秀史学刊物奖提名奖。

🔺2024 年 1 月 22 日，应学会邀请，中山大学人文高等研究院滨下武志教授与海洋史研究中心、《海洋史研究》编辑部，就构建《海洋史研究》目录数据库、海洋世界史研究的课题与方法等议题进行座谈。

🔺2024 年 2 月 26 日，德国波恩大学汉学系李文教授一行师生 12 人，应邀访问广东省社会科学院历史与孙中山研究所（海洋史研究中心）。李庆新会长做题为《人群、空间、生计：海洋史研究的几个基本维度》的学术报告。

◆ 2024 年 3 月 9~10 日，"海洋贸易与文化传播：历史档案、港口网络和知识传播"国际学术研讨会在北京大学举行，李庆新会长应邀做主旨发言。

◆ 2024 年 3 月 18~19 日，"文化的力量：中意友好城市联谊活动"在广州海事博物馆举行，李庆新会长应邀出席。

🔺 2024 年 4 月 13 日，（新编）《中国通史》中国海洋史卷重大学术问题研讨暨工作会议在集美大学举行。李庆新会长应邀出席。

🔹 2024 年 6 月 16 日，由中国秦汉史研究会主办，中山大学出版社、广东历史学会与中山大学历史学系承办的新时代的中国秦汉史研究暨《张荣芳文集》出版座谈会在中国历史研究院古代史研究所举行。

编辑委员会

主　任　陈春声　张知干

副主任　余鸿纯

编　委　姜　波　吴仲文　李庆新　谢　湜　刘正刚

　　　　张晓辉　刘晓东　吴　滔　王元林　倪根金

　　　　胡　波

主　编　李庆新　谢　湜

副主编　杨　芹　吴婉惠　王　潞

序一
培育无愧于"南学"期许的学术共同体

陈春声

2020 年 11 月，广东历史学会成立 70 周年之际，在中西交通史著名遗迹地广东台山上川岛举办"海洋广东"论坛暨海洋史研究青年学者论坛，庆贺这个新中国最早诞生的省级历史学专业社团七秩大寿，海内外嘉宾、专家共襄盛举，老中青学者济济一堂。三天会期，同行们除认真研讨与海洋史相关的学术问题外，也回顾了广东历史学会令人感怀的发展历程，探讨新的学术与社会条件之下地域性学术社团面对的机遇和挑战，对广东史学界期望殷殷。

广东学者在中国历史学近代发展的过程中做出了卓越的贡献。梁启超、张荫麟、陈受颐、黄节、陈垣、容庚、容肇祖、商承祚、伦明、罗香林和饶宗颐等粤籍学者嘉言懿行，在知识建构、思想创造及青年学人培育等方面具有奠基意义的杰出成就，这成为现代学术积累和民族文化传承的珍贵内容。时至今日，他们的论著仍被后起的研究者反复温习并一再引述。新中国成立以后，在杜国庠、陈寅恪、陈序经、岑仲勉、刘节、梁方仲、杨荣国、朱杰勤、金应熙等前辈学者的引领之下，广东历史学会团结省内广大史学工作者，守正创新，脱俗求真，甘于淡泊，厚积薄发，70 年间薪火相传，历经波折而奋勇前行。欣慰并祝福之余，我们更加感念诸多先辈和师长的筚路蓝缕与坚守扶持。

毋庸讳言，社会、政治和学术等多方面的动因，面对"百年未有之大变局"，特别是处于"数字人文"时代与学术界全新的"世代交替"正在来临的时间节点，像广东历史学会这样的地域性人文学术社团如何凝聚同侪，传承文脉，与时俱进，仍然值得我们认真思考，从长计议。

陈寅恪先生 1933 年读岑仲勉先生在《圣心》季刊上的论著后，在致陈垣先生的信函中，讲了一段被后人再三引述并不时引发讨论的话语："此君想是粤人。中国将来恐只有南学，江淮已无足言，更不论黄河流域矣。"陈先生对"南学"的高度期许，涉及中国人文学术发展的地域性问题，对新时代背景下人文学术的地域性发展，既有启示，亦为鞭策。

传统中国对学术文化发展地域性特质的关注，在很大程度上是与科举制度下士子依籍贯分享"学额"和科举名额的规定联系在一起的。学术文化的地域性差异及其认知，实际上也影响了传统中国的政治运作、社会组织与人际交往圈层，乃至行业结构与商业经营。20 世纪后，由于科举制度的废除，更因为教育制度与知识体系的巨大转型，中国人文社会科学的现代发展走上与传统学术截然不同的路径。其重要特征之一，就是学术从业者的研究工作和同行交往日益以大学和专业机构为中心，其活动地域更呈现明显的流动性与国际化。学术发展的地域性特征发生重大变化，对政治、经济、社会与文化生活的影响不再像传统时期那么凸显。而随着 21 世纪的来临，大数据与人工智能的作用力更似无远弗届，所谓"新文科"的说法也日渐为年轻的学术世代所接受。在这样的背景之下，地域性人文学术社团在当代学术发展中的功能及其实现形式，无疑会面临许多新的问题。

窃以为，在构建学术文化高地和人才汇聚中心的长期努力中，人文学科需要更加积极而自然地培植兼具超越感、大局观、前瞻性和行动力的一流学术共同体，也许这可成为广东历史学会未来重要的工作目标。与国内其他重要的学术文化中心相比，广东省内超越院校和单位界限的"学术界"和"文化界"还是不够活跃，凝聚力偏弱，学术影响力和社会影响力不足，在倡导争鸣、包容异见、扶持新人、服务公众、评价成果、引导研究等方面还可以做更多的工作。令人高兴的是，近几年广东历史学会在这些方面都取得令人瞩目的进展，上川岛会议以"海洋广东"为主题，并着重为青年学者提供成果发表的机会，就是一个很好的例证。

与社会科学和自然科学相比，人文学科一个重要的特质就是其与人性直接相连的根源。人文学科存在和发展的理由，在本质上是植根于人类这个物种心灵深处的本能需求，而非理性逻辑可以证明的各种充满功利的目的和算计。正因为如此，人文学科的学术发展更多地依赖学者间面对面的交流与讨论，学术评判的共识也多因同行间的"清议"而形成，新的思想、理论和发现在讨论和争议中因"共鸣"而被学术共同体所接受，绝非"关键性实验"或线性的逻辑推导所能达致。也正因为如此，尽管在大数据与人工智能时代，"新文科"和"数字人文"带来了人际交流与沟通新的方式，也提供了过去难以想象的获取资讯和材料的便利，从而使学者间的合作交流、成果发表和学术评价越来越呈现跨地域、国际化的特征；但对人文学科而言，现场的、面对面的研讨切磋、研究合作与教学活动仍然不可或缺，相较于其他学科可能显得有更特别的价值。相信这也是地域性人文学术团体在新的社会与学术条件下与时俱进、相得益彰的根源和机缘所在。面对全新的时代，再纠缠所谓"南学"指的是学者的籍贯，还是他们活动的地域，已颇显俗气。但由于学术共同体的有心蕴育和日常氤氲所形成的相近学术兴趣，通过密切而自然的交流合作，在特定的地域培植起具有自己思想风格、研究取向和表达习惯的"学派"或师承关系，则对构建中国特色的人文社会科学理论体系、学科体系和话语体系，仍可能意义重大。"海洋广东"命题与概念的提出及其深化，从这个角度看，当然也可视为人文社会科学中国化学术努力的重要部分。

行文至此，重温陈寅恪先生90年前关于"南学"的论断，对人文学科要关注"国之大者"的重要性，又多了一层体验与理解。陈先生的本意，或许不是让"粤人"与"江淮"、"黄河流域"或其他什么地方的同行计较短长，而是强调要将地域性的学术成就置于民族文化发展的整体脉络中去把握和理解。在日常的研究工作和教学活动中，我们的视野、心志和气度都要更大一些，对学术史的梳理更有哲理一些，对学术前沿与问题意识的把握更深刻和"精准"一些，具体的研究工作更精细和辩证一些，特别要力戒人文学者地域性"抱团""扎堆"时常常会自觉不自觉地流露出来的土气、酸气和俗气，下功夫培育真正意义上的学术共同体。只有这样，我们才对得起前辈学者对"南学"的期许。

因其他临时杂务，笔者未能赶上参加2020年11月上川岛的盛会。日前承庆新兄寄来会议的有关资料和论文，交代要给文集写个序言，也就不敢推辞。近年来广东历史学会在庆新兄主持之下，承前启后，进取求新，扶掖后进，行稳致远，真的令人敬佩。回首70余年间前辈学者辛勤耕耘，环顾今日学会工作成绩斐然，面对新时代地域性学术团体的机遇和挑战，不由得多少有些感慨和联想，也就拉拉杂杂地写下这几句感言和断想。

是为序。

2022 年 8 月 10 日
于广州康乐园永芳堂

序二
深耕岭海七十载　弘传"南学"续华章

张知干

广东是我国现代史学的重镇，广东历史学会是我国最早成立的省级历史学专业社团之一。中华人民共和国成立伊始，1950 年 8 月，我省哲学社会科学创始人、著名中国思想史学家杜国庠与杰出历史学家陈寅恪等一起，倡导创立了广东历史学会。随后在粤从事史学研究与教学工作的陈序经、岑仲勉、梁方仲、刘节等一批史学名家参与了学会工作。他们筚路蓝缕，以启山林，奠定和树立了现代广东史学的厚实根基与"南学"风范。

广东历史学会自创立之日起，即坚持历史唯物主义，以马克思主义为指导，凝聚全省史学工作者，开展学术研究和历史教学，为广东乃至全国史学发展、培养建设祖国有用人才而不懈努力，做出重要贡献，广东史学在全国享有崇高地位。

党的十一届三中全会重新确立解放思想、实事求是的思想路线，开启了伟大的改革开放新征程。广东历史学会恢复活动，步入了快速发展的新阶段。全省史学工作者秉承岭南史学优良传统，勤奋努力，守正创新，在学科建设、学术成果、人才培养和对外交流上取得了全新的成就。朱杰勤、金应熙、陈乐素、陈锡祺、蒋相泽、韦庆远、梁家勉、胡守为、蔡鸿生、姜伯勤、林家有、邱树森、张磊、李时岳、黄彦、方志钦、叶显恩、赵春晨等笔耕不辍，成果丰硕，教书育人，着力培养后继人才，为我省乃至全国史学发展做出卓越贡献。进入 21 世纪，广东史学队伍不断成长壮大，一批朝气蓬勃的中青年学人崭露头角，陈春声、刘志伟、陈长琦、李庆新、桑兵、邱捷、吴义雄、汤开建、左双文等，已成为国内外有影响力的新一代历史学学术带头人。

改革开放以来，广东历史学会凝心聚力，团结全省史学同行，始终站在国内国际史学潮头，推动传统优长学科持续发展与学术创新，产生了一批又一批高水平的学术成果；研究方向与领域不断拓展，中国社会经济史、中国近代史、中外关系史、华侨华人史等学科领域保持良好发展势头，涌现出历史人类学、海洋史学等多学科交叉、跨学科融合的新兴学科和学术增长点，在国内外史学界享有盛誉和影响力。

党的十八大以来，中国特色社会主义进入新时代，以习近平同志为核心的党中央高度重视历史和历史科学，对史学工作者寄予厚望。习近平总书记多次指出"历史是最好的教科书，历史是人类最好的老师"，强调"历史研究是一切社会科学的基础"，殷切期望史学工作者"加快构建中国特色历史学学科体系、学术体系、话语体系"，中国史学迎来了大有作为的发展机遇。在新的历史时期，广东历史学会带领广大史学工作者，不忘初心，砥砺前行，谱写了新时代岭南史学新篇章。

《诗经》云："周虽旧邦，其命维新。"70多年来，广东一代又一代史学同人扎根岭海，秉承岭南学术传统，接续"南学"文脉，薪火相传，以振兴中华民族、弘扬中华文化传统为己任，风雨兼程，艰苦奋斗，开拓创新，砥砺奋进，不断取得了辉煌的学术建树。当前，全国各族人民正深入学习贯彻党的二十大精神，在中国共产党领导下，在推进中国式现代化中奋力谱写全面建设社会主义现代化国家新篇章，广东被赋予更多更宏大的时代重任和历史使命。广东史学工作者应该胸怀"国之大者"，面向未来，面向世界，"立时代之潮头，通古今之变化，发思想之先声"，推出一批有思想穿透力的精品力作，培养一批学贯中西的历史学家，充分发挥知古鉴今、资政育人作用，用历史的智慧点亮走向未来的路径与航向，推动中国史学和广东史学不断迈上新台阶，为祖国繁荣和民族振兴，建成社会主义现代化强国、实现第二个百年奋斗目标，做出更大贡献。新时代广东历史学会与广东史学，必将大有作为，不断焕发青春，再创辉煌！

2022 年 8 月

目　录

点点滴滴在心头

——追忆杜国庠同志二三事

方志钦[*]

往事如烟。我到广东省社会科学院已经 52 个年头了。许多事情大抵都已忘却，有的虽然尚有记忆，但是不堪回首，不想旧事重提。有两三件事，虽然在我的人生旅程上只是短暂的一瞬，但却永远不会忘却，而且值得反复回味。这就是和杜国庠同志的接触。

1958 年夏天，我作为中山大学历史系的毕业生，被分配到中国科学院广州哲学社会科学研究所（广东省社会科学院前身，简称"综合所"）工作。是年 9 月 1 日，我和同班同学王荣武一起到研究所报到。没过几天，我们接到通知："杜老要和新来报到的大学毕业生谈话。"当时刚报到的新生只有我和王荣武两人。"杜老"就是我们心仪已久的国际知名学者、革命老前辈杜国庠同志，时任中国科学院广州分院院长兼中国科学院广州哲学社会科学研究所所长。很奇怪，现在回忆起来，当时全所上下，从来没有人称呼杜国庠同志为"院长"或是"所长"，都不约而同地称他为"杜老"。受了大家的影响，我们也就自然而然地称他为杜老了。杜老之于我们这些初出茅庐的小青年来说，自然是久闻大名、如雷贯耳，只是素未谋面，不识真容而已。这次能得到机会，亲自聆听杜老的教诲，真是三生有幸。将要直接面对这位德高望重的老学者、老革命和单位的领导，我们的心里不免有些紧张，便小心翼翼地去到他的办公室门口，轻轻地敲了门，听得一声"请进"，我

---

* 方志钦，广东省社会科学院历史研究所原所长、研究员。

们才推门进去。只见室内办公桌后面坐着一位童颜鹤发的老人，我们立即点头为礼，同时尊敬地说："杜老，我们来了！"只见杜老微笑着说："请坐！"同时挥手让我们在他的办公桌前的沙发坐下。杜老的慈祥笑容，立即驱散了我们的紧张情绪。接着我们一一恭敬地回答了"什么名字""哪个大学毕业的""学什么专业"等问题。然后，杜老便亲切地教导我们：从事社会科学的研究是一项艰巨而光荣的工作，只有刻苦学习，认真钻研，才能做出成绩。我们说，我们刚从学校出来，不懂得搞科研。杜老勉励说：不懂不要紧，掌握科研规律要经过长期的努力，不能操之过急，经过一二十年的磨炼，打好基础，下足功夫，自然水到渠成。杜老与我们亲切地谈话了半小时左右。可惜我们当时没有把他说过的话，一字一句地记录下来。现在回忆，只能记其大概，不胜遗憾。

这次与杜老的接触，时间虽然很短，但印象非常深刻。时至今日，仿佛慈祥老人的音容笑貌，仍在眼前，仍在耳边。

1959年"五四"青年节，综合所共青团支部要出一期五四运动40周年纪念的墙报。当时我担任团支部书记，负责主编墙报。有团员同志提议，请杜老为我们的墙报题词。我想，出一份小小的墙报，竟要劳烦大名鼎鼎的杜老来题词，是否异想天开，但经过了反复考虑，我还是硬着头皮去找了杜老。到了杜老的办公室，我怯生生地向杜老提出了请他为墙报题词的请求。出乎意料，杜老爽快地说了一声"好"。"五四"前夕，杜老果然叫人送来了一纸题词："学习，学习，再学习！"这是当时人们普遍引用的列宁的名言。"题词"约一尺见方，用毛笔书写。值得特别注意的是，题词所用的纸，背面是打印过文件的，显然是废物利用。由此可见，杜老并不希望把自己的墨迹留存久远。墙报贴出约一个月以后，自然就撤下了，在墙报上写的文章也随之消失。唯独杜老的题词我却保留起来，放在办公桌的抽屉里，不时拿出来观赏。可惜的是，由于几次搬迁办公室，更换办公桌，不知怎的把杜老的题词遗失了。所以在今天纪念杜老诞辰120周年之际，不能拿出来给大家展示，实在是一大憾事。

杜老身兼数职，工作很忙，不常到综合所来。他的办公室经常是空着的。不过，有时所里开大会，杜老会来参加，也会在会上做指示做报告。我也有幸听到过杜老讲话。

在我听过的杜老的几次讲话中，从没有看见他拿着讲稿照念。他的讲话都是即兴的。他学识渊博，经验丰富，侃侃而谈，娓娓动听。虽然他的普通话并不标准，并带着浓重的潮汕口音，但是他神态自然，语言简朴，很能吸引和打动听众。

记忆所及，杜老讲话离不开两个主题：为学与做人。杜老是一个老革命家。他首先教导青年人要做一个革命者，做一个革命的社会科学工作者，最重要的是要有献身精神。杜老特别强调，革命的社会科学工作者应以马克思主义作为科学研究的指导思想。他勉励青年人要努力学习马克思、列宁、毛泽东的著作，要精读原著，认真领会其精神实质；通过学习确立辩证唯物主义与历史唯物主义世界观。他反复指出，青年社会科学工作者要严格要求自己，刻苦钻研业务，打好理论基础和专业基础。他告诫青年人：不要急于求成，要认真读书，扩大知识面，博览群书；只有"博"才能"专"，由"博"至"约"，由"约"返"博"；不要做"半桶水"的专家，更不要出"拆烂污"的东西，让别人来"擦屁股"。谈到当时社会上有的文人"拆烂污"的现象时，杜老特别愤激，声色俱厉。此情此景，至今仿佛如在目前。

1961 年 1 月 12 日，杜老因病逝世。这是中国学术界的一大损失。我辈青年人，从此失去良师，不能再聆听他的教诲。但是综合所的领导人孙孺等同志，秉承杜老的遗愿，很注意对青年社会科学工作者的培养，在所内大力提倡学习马列原著，多读书，读好书，过好写作关，等等。因此，出现1963 年的全所钻研业务的热潮。不少青年人抓紧机会，精读了几本马克思的著作，受益匪浅。可惜为时太过短暂，为后来不断的政治运动所打断，直到"十年动乱"结束，才逐渐恢复正常。

由于我的资历甚浅，不可能和杜老多多接触，现在回忆所及，只有上文的点点滴滴而已；不过，这些都是我毕生难忘的事，正所谓"点点滴滴在心头"。在短暂的接触中，杜老给我留下的是一个"仁厚长者"的形象。

为什么杜老的形象深深镌刻在我的脑海中？这是人格的魅力！从杜老早年的一首诗，可以约略窥见他的高尚人格。

　　一如野鹤一行云，鹄首丹心各不群。
　　流水孤村花数朵，于无人处最销魂。

做甘于寂寞的行云野鹤，不入华庭高阁追名逐利。以傲然的正气和赤诚之心，耻与世俗为伍。不像市侩那样高声叫卖地推销自己，宁愿流连于流水孤村之中赏花自娱，在寂静和恬淡处享受痛快的人生。"鹄首"和"丹心"

表明杜老具有革命者的坚强意志和高尚情操，使他忘我无私，不慕荣利。乍看之下，该诗形式上似与陶潜的"采菊东篱下，悠然见南山"相类，但有质的不同，因为陶潜缺少了"鹄首""丹心"。

　　李锦全教授引用杜老这首诗，说明他是"一个能真正把中华民族最美好的道德和共产党员的修养结合在一起的完人"。信哉，斯言！

（执行编辑：王潞）

杜国庠先生与陈寅恪先生

——兼释陈寅恪先生诗"西天不住住南天"句

姜伯勤[*]

一

1956 年 12 月 16 日午后,我作为一个大学本科二年级的学生,和中山大学历史系 1955 级乙班 20 位青年同学一起,到广州东山杜国庠先生寓所,进行了两个多小时的拜望请益。

这是一次期待已久的拜访。

我中学时熟读郭沫若自传《少年时代》《革命春秋》,后来又读过郭老所写的《洪波曲》。郭沫若先生那种行云流水的文章,生动记述了"墨者杜老"的形象,使我景仰不已。

在 1956 年那个难忘的"科学的春天"里,我和同一科研小组的江昇日同学、黄绍衣同学,在刘节先生指导下,做了一部《张衡传》。江昇日同学是从部队文化教员转业的,他中学时已能写林琴南体的小说,因而负担了这部稿子 4/5 的篇幅。黄绍衣同学是潮汕地区著名留日教育家、中山大学早年之中文、数学两系教授黄际遇先生的嫡孙,也是杜国庠先生的乡亲,担任这部传记的文学史部分,约占总篇幅 1/10。我担任另外 1/10 篇幅,是思想史

---

* 姜伯勤,中山大学历史学系教授。

部分，篇名《张衡的反图谶思想及其必然性》。① 我的主要参考书中有旧版的侯外庐、杜守素（杜国庠）、邱汉生诸先生合著的《中国思想通史》。由于黄绍衣学兄不时向我述说潮州乡贤杜国庠先生如何了不起，我也就尽量搜读了杜老关于先秦诸子和两汉思想的著作。"墨者杜老"在我的心中，更清晰地化为一位学富五车的硕学大家。

当我怀着敬畏的心情走进杜老之家时，只见这是一栋三四十年代建造的东山常见的二层住所。杜老的公子说话带有潮汕口音，十分亲切地把我们迎进屋内。终于亲眼拜见了杜老，一位极具魅力的清癯而和蔼的长者。

笔者在 1989 年杜老诞辰 100 周年时，写了一篇文章《论杜国庠与河上肇》，其中写到这次访问，文章中说：

> 杜老的书房里挂着一件田汉先生写的条幅，所记为杜夫人抗战期间万里寻夫事。另有一幅李可染先生写的牧牛图……杜老对青年侃侃而谈，说到求学、革命和治学的经历，讲了大革命、金山中学、上海的斗争经历。讲了杜夫人抗战期间千里寻夫的故事。杜老还说"陈寅恪先生和陈垣先生是爱国学者"，告诫青年要向二陈先生学习而不应偏激。不久前我见到黄宣民同学，他亦回忆起杜老讲二陈先生爱国的话。②

2009 年，适逢纪念杜老诞辰 120 周年之际，笔者恭撰此文，是想进一步阐发爱国学者杜老如何赞扬并保护爱国学者陈寅恪先生这一主题。

在 1956 年 12 月 16 日的那次拜见中，杜老说到陈寅恪先生爱国时，还提到北平解放前夕，国民党曾派专机接陈先生去台湾，陈先生不去，而南来广州任教。

据曾在杜老身边工作的李稚甫先生回忆：

> 杜老去访问陈老时，多次向陈先生请教、讨论有关魏晋清谈与玄学的关系，以及佛教思想传入后对中国思想文化的影响，他们谈得很欢

---

① 姜伯勤：《张衡的反图谶思想及其必然性》（以科研小组名义发表），《中山大学学生科学研究》（《中山大学周报》之专页），1956。

② 姜伯勤：《论杜国庠与河上肇》，《杜国庠学术思想研究》，广东人民出版社，1989，第 194~195 页。

洽，杜老很自然地就了解到陈老的生活、健康等情况，并向陶铸同志作了反映，在可能范围内，由中大加以落实，对陈老作了许多照顾。如陈老双目近盲，只有微弱视力，便在其住宅前，用白水泥铺了一条小道，供他散步。在工作上配了助手，派了专门护士照料健康，在困难时期又保证了副食品供应等。陈老得到这样的尊重，工作热情高涨。①

又说：

杜老对陈老带病坚持撰述的情况是了解的。……在1950年……北京已成立了……中国史学会，杜老有意在广州组织分会……陈寅老、容庚、刘节、梁方仲、商承祚等，均被推为委员，我亦被推为委员兼秘书，负责具体工作。这是广东成立的第一个学术团体，也是全国最早成立的史学分会。②

从1953年起，杜老担任中共华南分局宣传部副部长、广东省哲学社会科学学会联合会主席、中国科学院广州分院院长，竭尽全力保证陈寅恪先生得到良好的工作条件。

更加难能可贵的是，他虽然是党政高级领导，是有长期革命资历的左翼文化人，然而，"他看了批判陈寅恪的文章后，指出这是人身攻击和谩骂，根本不讲道理，也没有什么学术味道"。③　这种正直的精神和学术的良知，使我们由衷地景仰，并永志不忘。

总之，杜老对陈寅恪先生是真诚且尊重的，这源于杜老的崇高人品、深厚的人文精神、广阔的国际性学术视野和学术上的"良知"。

二

杜老有广阔的世界性学术视野。杜老有家学渊源，其父就是以教书为生

---

① 李稚甫：《蔼然长者学术宗师——回忆在杜国庠同志身边工作的日子》，《杜国庠学术思想研究》，第222页。
② 李稚甫：《蔼然长者学术宗师——回忆在杜国庠同志身边工作的日子》，《杜国庠学术思想研究》，第223页。
③ 林洪、曾牧野、张难生、张磊：《遗泽永在风范常存——纪念杜国庠同志诞生一百周年》，《杜国庠学术思想研究》，第166页。

的晚清秀才，7岁已熟读四书五经。1907年，18岁的杜先生东渡日本留学，1919年学成归国，当年9月应聘北京大学讲师。大革命时期，周恩来同志指派杜先生为岭东地区最高学府潮州金山中学校长。抗战时期，杜先生从事进步文化运动的组织领导工作，并从事墨子等先秦诸子研究，成绩卓著。[①]

陈寅恪先生的家学以及13～36岁的国外留学经历为世所熟知，不再赘述。

总之，深厚的人文精神和深湛的学养，使两位大先生相互尊重。两位先生的各自学术成就及其比较，在此亦难以备述。这里，仅以一斑窥全豹，说一个饶有兴味的话题：两位先生都从各自的研究中注意到"弹词"在古代的渊源，并对此做过正规的学理性研究。

"弹词"，又名苏摊，是一种以苏州方言为基础进行的说唱艺术，其中不乏文学精品。杜国庠先生1944年写了一篇《论荀子的〈成相篇〉——介绍二千余年前的一篇通俗文学》。其中，引用卢文弨《荀子集解·成相篇·注》，有云："审此篇音节，即后世弹词之祖。"

又引俞樾的见解，谓"成相"之"相"，"此相字即'舂不相'之'相'。《礼记》《曲礼》郑注曰，'相谓送杵声'。俞樾说，'盖古人于劳役之事，必为歌讴以相劝勉'"。[②]

杜老说：相是送杵的声音，像举大木者呼邪许一样，发展起来就成为一种歌讴，即舂者的劳动歌。[③] 如《成相篇》中有云："治复一，修之吉，君子执之心如结。"又如，"水至平，端不倾，心术如此像圣人"，[④] 确实是可与弹词比较的有韵的歌曲。

而陈寅恪先生在《寒柳堂集·论再生缘》中指出："及长游学四方，从师受天竺希腊之文，读其史诗名著……然其构章遣词，繁复冗长，实与弹词七字唱无甚差异。"又云，"又中岁以后，研治元白长庆体诗，穷其流变广涉唐五代俗讲之文，于弹词七字唱之体，益复有所心会"。如才女陈端生所著弹词《再生缘》中有："搔首呼天欲问天，问天天道可能还……管隙敢窥

---

① 熊泽初、黄学盛：《杜国庠传略》，《杜国庠学术思想研究》，第235～260页。

② 《论荀子的〈成相篇〉——介绍二千余年前的一篇通俗文学》，《杜国庠选集》，广东人民出版社，1994，第157页；董治安、郑杰文：《荀子汇校汇注》，齐鲁书社，1997。

③ 《论荀子的〈成相篇〉——介绍二千余年前的一篇通俗文学》，《杜国庠选集》，第157页；董治安、郑杰文：《荀子汇校汇注》。

④ 《论荀子的〈成相篇〉——介绍二千余年前的一篇通俗文学》，《杜国庠选集》，第166页。

千古事，毫端戏写再生缘……写几回，离合悲欢奇际会，写几回，忠奸贵贱险波澜。"① 这里通篇的七字唱中间，偶尔也夹着三字唱。可见，杜老所引卢氏关于荀子《成相篇》是后世弹词之祖是有根有据的。

我们常说，民族的也是国际的。我们还要说，严谨的历史文学研究往往也要追溯到民俗学。

三

《陈寅恪集·诗集·答龙榆生》有云："西天不住住南天。"（1954 年 1 月）②

关于"西天不住"，我们可以在何炳棣先生《读史阅世六十年》一书中看到 1945 年的"旅途观感"一节，那里写道：

> 这时陈寅恪师也在加尔各答等候飞机赴英讲学。他两年前已应牛津之聘为汉学讲座教授。与陈师同行的有邵循正、沈有鼎和孙毓棠三位，他们都将充任牛津的汉学导师（tutor）。陈师双目网膜已半脱落，最忌强烈震动。由于我身材比较高大，所以陈师登飞机时由我扶持。令我终身难忘的是，在登机的前几天，陈师突然有所感触，特别当着我，对美国人尽情地发泄，"欧州人看不起中国人还只是放在心里，美国人最可恶，看不起中国人往往露于颜色"。③

这段实录，就是陈寅恪先生对"不住西天"这一宣示的背景。

至于"住南天"，陈序经先生对陈寅恪先生的礼聘和杜国庠先生对陈寅恪先生的礼遇，可以作为这一宣告的注脚。

正是在写《答龙榆生》一诗一个月以后，陈先生又写《癸巳除夕题晓莹画梅》，诗云：

> 晴雪映朝霞，相依守岁华。莫言天地闭，春色已交加。（1954 年 2

---

① 《论再生缘》，陈美延编《陈寅恪集·寒柳堂集》，生活·读书·新知三联书店，2001，第 1~4 页。

② 《答龙榆生》，陈美延编《陈寅恪集·诗集》，第 102 页。

③ 何炳棣：《读史阅世六十年》，香港：商务印书馆，2004，第 209 页。

月2日）①

而唐晓莹师母早在1951年1月16日所作《岭南大学欢送军干大会有感》一诗中写道：

> 参军荣校复荣亲，抗美授朝壮（或作战）士身，珍果荣华彩车送（或作万里征程今话别），空前感况岭南人。②

诗为心声，从1950年到1954年，陈寅恪先生与夫人表达了颂赞"春色交加"的好心情，表达了爱国的热忱。这印证了杜老说陈寅恪先生是爱国学者的断语，也从一个侧面反映了杜老那时主持广东高等教育和社会工作的辉煌业绩。

（执行编辑：王潞）

---

① 《癸巳除夕题晓莹画梅》，陈美延编《陈寅恪集·诗集》，第103页。
② 陈美延编《陈寅恪集·诗集》，第105页。

广东历史学会与广东新方志工作

——热烈祝贺广东历史学会成立七十周年

侯月祥[*]

70 多年前，1950 年 8 月，广东历史学会成立。它是新中国成立后广东最早组建的学术性群众团体，以马克思主义、毛泽东思想为指导，坚持"双百"方针，团结和组织广东省史学工作者进行学术研究和交流，做好普及工作，促进广东史学研究和教学的发展与繁荣，为两个文明建设服务。学会设有太平天国史、中华民国史、明清经济史、农史和中学历史教研等专业委员会。"文化大革命"期间停止活动，1978 年 1 月恢复活动。70 多年间，杜国庠、杨国荣、金应熙、胡守为、陈春声、李庆新先后担任会长。经历 70 多个春秋的努力，广东历史学会谱写了感人的"历史"，创造了"辉煌"，为广东的经济社会发展，为广东文化强省建设，为广东五千年文明史的研究，做出了重大贡献，载入广东的文化史册。广东历史学会对社会主义新方志工作给予了充分的关心、支持，并且热心地参与其中，在"专家修志"中，发挥了许多不可替代的作用，做出了显著的贡献，涌现出许多动人的事迹。

一

广州解放后，叶剑英主政广东，任中共中央华南分局第一书记兼广东

———————————

* 侯月祥，广东省人民政府文史研究馆馆员，广东省地方志编纂委员会办公室原副主任、研究员。

省政府主席。叶剑英非常了解广东优越的地理环境，他根据广东区位的优势和特点，为加强广东海洋海岛的管理和开发工作，指示华南分局办公厅秘书处材料科派员到广州各图书馆查阅广东历史方志，摘录、整理有关广东海洋海岛的资料。当时广东历史学会有专家学者参与了这项工作，协助提供广东历史方志线索、解释志书记录中的疑难问题，甚至亲自查抄资料等。最后办公厅编辑刊印了一本《广东海岛资料》，分送有关领导和部门做决策参考。这是新中国成立后第一本利用地方志资料编辑的资料书，也是广东历史学会第一次参与和地方志有关的工作。当时广东历史学会第一任会长是杜国庠（1889~1961），广东澄海县莲阳人，是中国现代马克思主义哲学家、历史学家。1955 年当选为中国科学院哲学社会科学学部委员。著有《先秦诸子的若干研究》（1955）、《便桥集》（1960）、《杜国庠文集》（1962）等。

1958 年，广东历史学会一批专家学者出席广东省第一次科学工作会议。他们十分重视社会主义新方志工作，在会上倡议编写广东地方志书《伟大祖国的广东》。杜国庠会长十分重视这项工作，亲自主持研究，决定由广东省哲学社会科学研究所、历史研究所和广东历史学会共同组织编修，并确定编写基本原则、工作计划和参编人员。1963 年，《伟大祖国的广东》一书初稿完成，并刊印了一批油印本，分发给有关领导和部门参考。

1958 年冬至 1963 年，广东一些市、县成立修志机构，组织人员编写地方志。当时广东有 70 多个市、县，其中 48 个市、县开展修志工作，有 37 个市、县完成了志书初稿，有 17 部被刊印，在内部发行，包括广州、南海、顺德、乐昌、翁源、紫金、博罗、惠阳、开平、恩平、高鹤、四会、电白、普宁、中山、陆丰、五华等市、县志。当时一些市、县聘请广东历史学会的专家学者担任顾问，指导编写，协助查找和提供历史资料，一些专家参加志稿的修改、审查和验收工作。20 世纪五六十年代的部分志稿，至今仍保存在广东省档案馆和部分市、县（市、区）档案馆，成为不可多得的宝贵历史资料。所有这些成果，都离不开广东历史学会专家学者的奉献和付出。

1979 年 12 月，广东省召开五届人大二次会议。人大代表、新当选的省政协副主席莫雄提出"建议组织人力编写《广东省志》"的提案，反映了老一辈领导对新编地方志工作的历史感、责任感和紧迫感。1980 年 2 月 12 日，莫雄病逝。他的提案得到省政府的高度重视，从当年 5 月起，决定开始酝酿编修《广东省志》，先由省档案馆、省文史研究馆、省文化局等部门共同研究具体方案。很快，省档案馆向省委、省政府提交《关于编写〈广东省志〉的几点意见》，提出设立专门机构、组织人员等四点建议。7月，省委要省档案馆牵头，找省社科院等单位负责人座谈，讨论广东开展修志工作的具体意见。1981年7月25日至8月2日，在山西太原市召开中国地方史志协会成立大会暨首届地方史志学术研讨会。广东有5位同志作为特邀代表参加，即省社科院历史研究所何维鼎、省侨联廖钺、省文史研究馆黄文宽、省档案馆李扬程、省文化局张春方，人称广东新方志"五君子"。

1982年9月，省社会科学院和广东历史学会召开会议，讨论研究广东开展编修新方志问题，提出许多建议，其中有关于专家学者要发挥优势参与修志、践行"专家修志"模式的建议。10月，省社科院、省档案馆、省侨联向省委、省政府提交《关于成立广东省地方志编纂委员会，开展全省地方志编纂工作的具体意见》。在广东成立修志机构进行筹备工作的整个过程中，广东历史学会发挥了很大作用。1984年1月，省委宣传部、省社科院、省档案局联名向省委、省政府呈送《关于成立"广东省地方志编纂委员会"和"当代广东"编纂委员会的报告》，提出成立省修志机构的意见。

二

1984年3月17日，省委、省政府发出通知，决定在全省开展新方志编修工作，并成立广东省地方志编纂委员会，由省委书记谢非担任主任；副省长杨立、省社科院院长王致远及省委宣传部副部长林洪、省档案局局长黄勋拔担任副主任，黄勋拔兼任办公室主任。

至2021年，省地方志编纂委员会做过多次调整，省社科院领导、广东历史学会的张磊等先后担任编委会副主任，张磊、方志钦等分别担任两任编委会委员，胡守为担任一任编委会委员。在《广东省志》审查委员会委员中，陈胜粦担任两任委员。在第二轮修志成立的广东省地方志书审查委员会中，张磊、邱捷、高国抗担任委员。

全国社会主义新方志编修，基本分两轮。第一轮《广东省志》的时间界定为从事业发端到20世纪七八十年代，共有专业分志94部，已于2007年全部公开出版发行。第二轮《广东省志》记述了1979~2000年发生的事，目的是首先把改革开放22年间广东的发展变化记述清楚，共分43卷，至

2015 年全部公开出版发行。

自 1984 年 3 月广东开展新方志工作后，广东历史学会历届会长、副会长及许多理事都以极大的热情、以不同方式参加了对两轮《广东省志》各分志和部分市、县（市、区）志书的指导、编修工作，包括第一轮《广东省志》中的《大事记》《孙中山志》《社会科学志》《人物志》等，第二轮的《社会科学卷》《人物卷》《专记卷·粤港澳台经济文化交往》等。1978 年以后广东历史学会历届会长金应熙、胡守为、陈春声、李庆新等，或是担任编委会委员，或是到各类培训班授课，或是参与专项著述出版，或是负责方志馆布展策划设计，或是指导和参加地方志学术研讨会，等等，给予了许多关键的支持和具体的帮助。1994 年 12 月 15~16 日，中山大学、香港大学亚洲研究中心、广东省地方志办公室共同在中山大学举办"岭南文化新探究"国际学术研讨会，胡守为、陈胜粦等教授提交论文并出席研讨会。此后他们还多次参加广东省地方志办公室举办的各类学术研讨会，在会上宣读论文。

三

参加编修《广东省志·孙中山志》的广东史学界专家学者阵容颇大，聚集了如张磊、王杰、黄明同、马庆忠、黄增章、李兰萍、江中孝、张冰、谢淑娟、李振武、张金超等一批研究孙中山的专家，还有一些大专院校的孙中山研究者，可以说是广东践行"专家修志"的典型。全志共 104 万字，图片 260 多张，2004 年出版发行。由于学术力量雄厚，成品质量上乘，该志书成为精品佳作，广受好评，不少省（区、市）还专门来信来电来人了解情况，作为他们编修人物专志的参考借鉴。

黄振位领衔主编了第一轮《广东省志·大事记》，内容从古到今，时间跨度大，风云变幻，历史事件和人物活动纷繁复杂，编修难度大。黄振位勇于挑战，知难而上，承担重任，团结一批广东历史学会内的专家学者，按个人研究专长，分工合作。如李庆新负责先秦至五代十国时期的大事记；汪廷奎等负责北宋至明代时期的大事记；沙东迅负责 1927 年 4 月至 1945 年 8 月时期的大事记等。他们共同奋战几年，终于完成了 130 万字的《广东省志·大事记》，于 2005 年出版发行，成为广东有史以来最完整的"大事记"，涉及事件、人物多，全面系统，重点突出，文字简朴，实用值高，深受赞誉。

第一轮《广东省志·社会科学志》，由张磊和黄明同任主编。这是一部总结两千多年间广东社会科学事业发展的历史轨迹和成就的专著，其艰难程度可想而知。张磊、黄明同作为主要牵头人，从广东历史学会内选取了一批精干专家，组成编辑部，分工合作，前后三年多即完成了任务，100万字，于2004年出版发行。黄明同是位充满研究热情的学者，总有使不完的劲，时刻都在动脑筋思考学术课题，迎着困难上，著述丰富，主持或参与了多部《广东省志》分志的编修工作，成为我们学习的榜样。

此外，邓开颂、陆晓敏等专家学者共同编修了《广东省志·粤港澳关系志》，全书60万字，于2004年出版。2007年出版的90万字的《广东省志·文物志》和1996年出版的52万字的《广东省志·华侨志》等，广东历史学会都有专家学者参与。

至2022年，省地方志办公室成立近40年，除组织编修第一、二轮《广东省志》外，还开展了一些项目，广东历史学会都有不少专家参与策划、具体操作和编辑审查等工作。如编写《当代中国的广东》《广东历代方志集成》《当代广东简史》《岭南纪事》《广东改革开放纪事（1978-2008）》《广东改革开放重大事件纪实》等书，以及《广东年鉴》、全省古村落系列丛书等，一些著作还在全国、全省获奖。由李默编著的《广东方志要录》一书，从1987年内部出版到2016年岭南美术出版社公开出版，一直是全省地方志干部和研究人员经常使用的工具书，该书收录的全省地方志资料全面和实用，查阅起来方便、快捷。

"当代中国"丛书是中共中央书记处于20世纪80年代初决定编写的一部丛书，其中地方卷系列是每个省（区、市）一卷。《当代广东》的编写是当年省地方志办公室成立之初的另一主要任务，广东历史学会同样给予了极大的支持。20世纪80年代末，我们开始编写《当代广东》，曾经多次去时任广东历史学会会长金应熙（1919~1991）的家中拜访他，征求他对编写《当代广东》的意见。金会长是著名历史学家，原籍浙江绍兴，出生在广州。对菲律宾深有研究，主编或参与撰写《菲律宾史稿》（1977）、《菲律宾史》（1990）、《香港概论》（1990）等。著有《简明中国古代史》（英文，1987）等。他热情接待我们，给我们提出许多建议和注意事项，特别是关于对20世纪50年代广东的一些历史问题如何评价、如何记述以及要注意些什么问题，提出不少有针对性的指导意见。同时，他对地方志工作也十分关心，详细了解，提出自己的看法。此外，对编修香港地方志他持积极态度。只可惜他没有看到《当代广东》一书的出版，于1991年6月去世。

专家学者修志是新中国成立后开展地方志工作的一大特点。他们善于运用辩证唯物主义和历史唯物主义的观点和方法分析历史发展及有关的人和事，客观实际，著述严谨，重视原始资料搜集和资料鉴别辨析，即使是出自档案资料他们也要进行比较鉴别，择真择实择精选用。这是史学上实事求是、求真存实精神的具体体现，因而由他们组织或参与编修的志书质量有保障，学术价值高，获得普遍好评。

四

根据国务院"每20年左右续修一次"地方志的要求，在首轮《广东省志》即将完成之际，2002年2月，广东省人民政府决定启动第二轮《广东省志》编修工作，全志分43卷，参编单位近600个。至2014年12月，已全部完成出版发行，历时12年。在第二轮修志工作中，广东历史学会仍然一如既往地大力支持和参与，张磊担任广东省地方志书审查委员会委员，负责审查《广东省志》各卷志稿和各市市志的送审稿；方志钦参加《人物卷》文稿的复审工作，左斟右酌，严谨把关，保证了《人物卷》的质量。

当然，广东历史学会对广东地方志工作的关心和支持远远不止于这些，在评定专业技术职称、每两年一次的方志论文评选、《广东历代方志集成》编辑出版、广东方志馆建设和广东省情馆布展设计、专题论证等方面，都曾大力支持。如专业技术职称评定，20世纪八九十年代，广东地方志系统经批准可以评定专业技术职称。全省地方志工作是新事业，干部队伍新，评职称基本从零开始。广东历史学会十分支持地方志干部评职称，一些专家学者参加了省地方志系统中级职称评委会，组长为方志钦，成员有陈乐素、张磊、陈胜粦、关履权、唐森、李华杰、王杰、陈长琦等。几年间集中解决了一批专职修志干部的中高级职称问题，大大加强了修志队伍的素质建设，稳定了干部队伍。张磊曾在多种场合向地方志干部讲解如何写论文、一般论文存在的不足、如何选择申报职称的论文论著、如何准备申报材料等，讲得很细，指导很及时，对他人帮助很大，体现了他对地方志干部的关心和关爱。我自己从助理研究员到评为研究员，也一直得到他的帮助，十分感激和珍惜。

省地方志办公室根据工作任务和干部队伍实际，有计划举办各种类型的培训班，如编修业务培训班、城市志编修培训班、主编培训班、志稿总纂培训班、年鉴编写培训班、古村落丛书编写培训班等，在中山大学和华南师范大学还要举办方志干部专修班，多渠道培训修志干部。每次办班，都有广东历史学会的专家学者前来授课，如陈乐素、常绍蕴、唐森、韦庆远、李育中、高国抗、苏烈、刘钧洪、曾昭璇、李默、李庆新、邱捷、陈长琦、张晓辉、王元林、刘正刚、杨权、饶展雄等。他们注意从理论联系实际、从问题到解决办法，深入浅出，内容丰富，令人受益匪浅。每当我们回忆起广东新方志事业的发展和自己的专业水平提高时，大家对广东历史学会都会由衷感激，不胜敬佩。

1988 年 8 月 26~28 日，广东省地方志办公室在广州召开首届"粤港澳台地区地方志学术研讨会"。这是国内地方志系统第一次与港澳台地区学者交流地方志工作，港澳台地区学者有近 20 人参会，广东学者陈乐素、陈胜粦、关履权、方志钦等参加，就内地新方志工作、香港和澳门修志等问题展开深入探讨，收获很大。在以后多次召开的粤港澳台地区地方志学术研讨会上，广东历史学会都有专家学者参加，共同探讨，大力支持。

1986 年 12 月，商承祚、徐俊鸣、陈乐素三位老教授受聘担任广东省地方志学会顾问。

五

由于工作关系，我与广东历史学会部分专家学者有工作上的接触，联系比较多，留下了美好的回忆。

张磊是著名历史学家，也是历史学会老领导，60 多年来一直致力于中国近代史和社会思潮研究，重点是孙中山与辛亥革命研究。他有 50 多部著作，发表论文 200 多篇，内容多与孙中山和辛亥革命研究有关；还有电影文学剧本《孙中山传》，1986 年由珠影拍成电影《孙中山》，荣获第十届大众电影"百花奖"最佳故事片奖、第七届中国电影"金鸡奖"最佳故事片奖和 8 个单项奖，成为广东获中国电影"金鸡奖"单项奖最多的一部故事片。近 40 年来，他一直关心广东的地方志事业，参与许多理论与实践的实际工作，在提高地方志书质量、开展地方志理论研究、项目咨询服务等方面提供很大帮助，特别重视对年轻干部的培养和引导。

方志钦对广地方志工作非常热心，20世纪八九十年代参与了许多志稿的审查、验收工作，充分发挥专业特长，严格把关。同时，对早期全省地方志队伍的职称问题也积极支持，想办法解决。以他为主组织力量编写的《简明广东史》（1987）、《广东通史》（6卷本）等著作影响很大，利用价值高，成为全省地方志干部的必备工具书。

黄振位亲自主持第一轮《广东省志·大事记》编写工作，担任主编，克服许多困难，包括人力、资金和史料等方面的困难，占用了他的大量科研时间，但他毫无怨言。他待人真诚，为人谦逊，行事低调。他对广东党史、革命斗争史和革命人物等研究有深入、独到的见解，有些具有开拓性、独创性，对编修地方志书帮助很大。

高国抗、张晓辉两位教授从20世纪90年代开始参与广东的地方志编修工作。高国抗担任《丰顺县志》的主笔，参与20多部市、县（市、区）志稿的审修；同时在培训班为学员上课，讲授地方志、档案知识，给大家留下深刻的印象。张晓辉教授也参与一些市、县（市、区）的修志工作，并协助省财政厅编写《民国时期广东财政史》《民国时期广东财政大事记》《民国时期广东财政人物》等专著，受到财政部表扬。

这里不能不提及赵立人对第一轮《广东省志·人物志》编修的奉献。1990年2月，省政府发文开始编修《人物志》，至2002年11月由广东人民出版社出版发行，历经12年，分上下册，185万字。之所以要花上12年时间，因素很多，其中入传入表的人物历史跨度长、涉及面广以及人物多是重要因素之一。全书立传901人、记述907人；入表1800多人。在编修过程中，传主分为20类，分给26个单位编写。方志钦担任《广东省志·人物志》编审委员会委员，发挥决策、指导作用。赵立人是编辑部主要成员，除参与《人物志》审修工作外，主要负责编写近代人物和社会科学界人物的传记。这两类入传人物较多，不少人物缺乏资料，要下功夫挖掘。当时稿费较低，但老赵并不介意，而是满腔热情、全身心投入。他不辞劳苦，经常到广州各家图书馆、档案馆、资料室找资料，访问传主的知情人、亲属和原服务单位等，千方百计了解传主情况，广泛搜集原始资料。对所有资料，他以史学的视野、观点和要求，反复核对，务求准确。同时注意对人物细节的记述，突出传主的性格特征，精准下笔，增强可读性。当第一轮《人物志》出版发行后，老赵又主动参加了第二轮《广东省志·人物卷》部分传主的编写工作，担任《人物卷》编纂委员会委员。《广东省志·人物志》《广东省志·人物卷》的编修，老赵功不可没。

六

2019年，经选举，李庆新荣任新一届广东历史学会会长。李庆新是广东历史学界的"少壮派"、后起之秀、博士后、二级研究员，是广东优秀社会科学家、省政协委员、省情专家、省政府文史研究馆馆员。他长期从事海洋史、经济史、中外关系史及广东（岭南）史研究。他是中国海洋史学的重要领军学者，担任国家《（新编）中国通史》纂修工程审读委员会委员、"中国海洋史卷"审读组组长以及国家重大项目首席专家等，为"一带一路"、国家海洋战略、南海发展等提供决策参考。他的专著《明代海外贸易制度》《濒海之地》《海上丝绸之路》（中、英、韩文版）等得到学界高度赞赏。他主编的《海洋史研究》成为国内外具有相当影响力的海洋史学代表性名刊。他还参与组织和编纂《广东通史》（6卷本）、《广东改革开放史（1978~2018）》、《岭南文化辞典》（历史分编、海洋文化分编）、《广东改革开放大事记》、《广东对外交往大事记》等著作。

我与李庆新会长认识近30年，他对我的学术研究影响很大。他虚心好学，不事张扬，谦逊待人，学术界的朋友特别多。他不放过任何一次学习机会，总是抓紧时机请教别人，拜人为师，取人之长。1998年11月5~8日，我曾和他一起赴台湾参加"中国文化大学"举办的"章太炎与近代中国学术研讨会"。他提交了一篇论述章太炎佛学思想的论文，3万多字，资料非常充实，论点新颖，论据引用详细，足见他对章太炎佛学思想研究的深透，受到两岸与会学者的赞誉。2018年6月19~22日，李庆新、林有能、陈忠烈、杨权和我一起去广西象州县参加"广西（象州）六祖文化研讨会"，他担任研讨会的主持人，见缝插针挤时间，包括中午、晚上，主动拜访中国社会科学院世界宗教研究所黄夏年研究员、中国佛教协会中国佛教文化研究所伍先林研究员、北京师范大学哲学院徐文明教授、华东师范大学吴平与叶宪允两位教授、南京大学哲学系杨维中教授、四川大学张勇教授、浙江省社会科学院陈永革研究员、淮北师范大学白光教授等，以及广东、广西的不少学者，共同切磋疑难，交流心得，求知欲望自觉、强烈，感人至深。

李庆新会长从20世纪80年代末起就参与新方志工作，先后参加《广东省志·大事记》的编写、承担省地方志办公室专题项目的编写、参加志书的审查验收工作、承担广东省情馆布展的论证和策划、为方志业务培训班上课、承担省情咨询服务项目等，贡献良多，引人注目，我们心存感激。

我们相信，新一届广东历史学会在李庆新会长一班专家学者的共同努力下，不忘初心，牢记使命，踔厉奋发，坚定历史自信，增强历史主动，在历届理事会取得丰硕成果的基础上，守本创新，创造新成果，为广东文化强省建设、为广东历史学会再创辉煌，做出新的更大贡献。

（执行编辑：王潞）

我与广东历史学会

曾庆榴[*]

广东历史学会是个老社团。我在中大读的是历史系，进入职场后，数十年间以中共党史为业，从事党史教学和广东地方党史的征研工作。因为读历史专业和置身党史教研岗位，我与历史学会结缘已经很长时间了。从 20 世纪 70 年代末学会恢复活动时开始，我就参加了一些活动，承蒙不弃，后来还进入了"理事会"，并被推为副会长。实在地说，我在学会没做多少工作，名为"理事"，但未"理"过什么事，深感愧疚。但身为一名老会员，回首往事，还是有些话想说。

持久地参加历史学会的活动，对我是有益的。最大的收益，即所谓身份认同问题。在我看来，加入历史学会是有道门槛的。我是一名中共党史工作者，以这样的身份，获得了进入历史学会的门票，这就等于说，广东历史学会承认党史姓"史"，承认党史是历史的一个分支，承认从事党史工作的人，并非史学圈外之人。这样的认知，别人有何感受我不知道，却促进、提醒我应学有所本，以史学为依归，努力以史学的规范管理好自己的工作。

很久以来，关于党史的学科属性问题，人们是有不同认识的，有的人认为党史应与历史分开，其理由是党史是一门理论课，讲的是"行动中的马克思主义"，理论性强，有资政育人的作用等。这样，有人就主张将党史重新归类，或归属于政治学，或依归于社会学。我的一位同事，毕业于名牌大学党史系，他获得的却是法学的学位。在党史圈内，也有人认为党史不应归

* 曾庆榴，中共广东省委党校（广东行政学院）巡视员，历史学、党史学教授。

于历史。这些说法，看起来似是有道理的，因为党史既有一定的征研对象，又有自身的特点，让党史与历史分家，另行归类，让党史工作者重新站队，这难道不是顺理成章的吗？党史究竟是否姓"史"，长久以来，笨拙如我，也未免有点纠结。

但是，身处党史岗位，一旦进入征编、教学、写作的实践，我们对于归类的问题，不能不有所思考和选择。

从事党史工作，特别是做地方党史工作，最主要的感受，是党史距离现实很近。正因为很近，所以不同程度地经历过党史或对党史有或多或少了解的人很多，党史叙述的参与者也很多。在各个时间段，党史被许多人反复地以文字或口语的形式叙述着。这应当是件好事，因为经过许多人的关注以及他们反复的叙述、补充、互证和相互纠错，党史上有的问题越来越清晰、越来越明了；然而也有另外一面，就是出于种种原因，在不同的时间段、不同人的叙述中，难免会外加、羼入若干偏离史实或将导致失实的主观成分，因此，经过他们这样、那样的叙述，有的历史问题不但未能澄清，反而更加模糊，距离历史真相更远了。这种现象尚未被定义，我们姑且称之为党史叙述的泛化或多元化。须知，在过去的一段时间内，严格的党史研究的叙述渠道尚欠通畅，这是无可讳言的事实，让人深感无奈；但是，另外的一些叙述者所写、所讲的"党史"，有的却被炒得很热，被大量刊登在书报中，流传于网络，受众面十分广。面对党史叙述的多元化和泛化，如何防止虚构、走偏，防伪打假，维护党史的真实性和严肃性，是我们应当好好想一想的问题。

在党史工作者中特别是从事地方党史工作的人员当中，不乏很敬业、很专注、口袋里有很多资料的人。他们甘于寂寞，一意攻坚克难，经久乐此不疲。他们的确称得上是对某地党史、某一党史事件、某位党史人物研究的专家。我对这些朋友，充满了钦佩之情。但是他们也有不足之处，主要是他们将自己囿于一个较狭小的圈子里，长期从事个案研究，专攻一点，未及其余，用力不均；对点与面、局部与整体的关系罕有全面的关注，未能将个案与更大的范围联系起来；更缺乏由此及彼、由表及里、抉幽发隐、匡误纠谬的深入思考。这些朋友（也包括我自己）所交出的作业，当然还存在学术提升的空间。

还有一个值得注意的现象，就是此前在从事党史工作的人员之中，包括在各种党史叙述者当中，有两种带倾向性的人物：一种比较保守、固执、僵化，被讥为"左"的卫道士；另一种偏激，否定一切，专做揭短、翻案的文章，甚至滑得更远。这又向我们提出了一个问题：身处党史岗位，应如何自我把握，保持定力，不为外物所左右？这也是必须回答的问题。

应当承认，党史工作是既有特点也有难点的工作。党史研究是近距离的历史研究，就是"近距离"这三个字，让党史研究更加复杂，也增加了党史研究的难度。历史研究很难，党史研究更难，从事地方党史研究尤为困难。因为这项研究，是在史事尚未冷却、未经沉淀、史料尚未完备的条件下进行的，导致走偏、失实的因素比较多，此为党史工作的特点。也因为"近距离"的研究，党史研究必须从头做起，从最基础的工作做起，这就意味着党史工作者要做比一般历史研究者更多、更为艰巨的发覆工作，不但要做足史料征集、发掘的工作，而且对未经鉴别的各种史料，要做足证明、证伪的工作，此为党史工作的难点。那么，这是否就意味着党史须与历史分家，让党史另行归类呢？我看不是的！因为党史也是史，具有史的基本属性，这是抹不去也分不开的，唯有承认党史姓"史"，坚持以研究历史的方法来研究党史，才利于将党史研究推向深入。

其实，尽管对党史归类有不同的认识，但在党史工作者当中，不少人还是坚持党史姓"史"。他们认为：在党史学科中，应大力培植、发扬历史学固有的学术精神，将党史研究引上学术化的道路；历史学的原理、规范及研究方法，在党史研究中同样是适用的；只有真正学术化的党史，才具有存史的价值，具有启迪、借鉴意义，发挥资政、育人的作用。而否认党史姓"史"，让党史研究为狭隘的目的或功利所左右，正是导致党史学术精神缺失的主要原因。我与党史界的朋友们交往时，许多人都会说：名不正，则言不顺，必也正名乎！一位资深学者曾对我说："党史学就是历史学！"

基于以上的认识，我对党史是否姓"史"这一点，不再纠结。上文说过，加入历史学会，即被学会承认我并非史学圈外之人；其实更有我的自主选择、自行站队的意向在焉，是我主动向历史学靠拢的表示。我本是一个地道的乡下仔，学术基因欠缺，少年时得以踏入康乐园，有机会来到了一批史学名家的身边；只是，风云变幻，时运不济，也怪自己年少识浅，虽有机会站到大师身边，却未能登堂入室，未列门墙，未窥堂奥，未能圆我史学求知之梦。此情不已，遗憾绵绵。既有未了之心愿，我所从事的党史工作，又需与史学接轨，那么加入历史学会，又岂会是无动于衷的举动呢？

对于我来说，加入历史学会，是要鼓励、鞭策自己不断地学习。因为向史学靠拢，吸取前人读书、治史的经验，踏着前贤先哲的脚步攀行，无异于让自己选择了一条永无止境的向学之路，置身于一个永远也毕不了业的课堂。我并未因此而脱离党史，只是希望在这一过程中，寻到推进开展党史工作的经验启迪和学术资源，以充实自己，提升自己。当然，在这一点上，我做得真不够，愧无成绩可言。虽然是这样，但正好像爱听歌并不就是为了当歌手，爱画画并不一定为了当画家一样，心仪史学，也有非功利的而仅为满足精神需求的一面。在向史学靠拢的过程中，在多年来参与史学会的活动中，在时常与读史、治史的师友们交往，彼此共享治学心得和研究成果的时候，总有满满的精神受用。特别是，一代又一代的史家所经营的史学园地，真是个百花盛开、美不胜收、令人流连忘返的去处！那里有着取之不尽、用之不竭的文化、精神营养。仅仅是享受阅读的愉悦，就足以畅我胸襟，令人心旷神怡。

此心安处是吾乡！仅此而已，岂有他哉。就此打住。

2022 年 9 月

（执行编辑：王潞）

广东省历史学科"十五"回顾
与"十一五"展望（2005）

邱　捷[*]

史学研究属于基础研究，史学是最古老的学科之一。新中国成立以后，陈寅恪、陈序经、岑仲勉、梁方仲、刘节等一批著名史学家在广东省从事史学研究与教学工作，20世纪80年代以后，陈锡祺等老一辈史学家继续为广东省史学的发展做出贡献，前辈的努力奠定了广东省史学在全国的地位，并培养了后继的人才。在21世纪初，面对着社会科学的蓬勃发展，广东省历史学科在省委、省政府的关怀下，执行"十五"规划，继承传统，迎接挑战，取得了令人瞩目的进展。在广东省社会科学"十一五"规划即将实施之际，全面回顾"十五"期间广东省史学研究的总体情况，充分认识和总结其中的成绩与不足，是十分必要的。在对"十五"规划总结的基础上，我们也拟对"十一五"时期历史学发展的趋势和研究重点提出一些看法和建议。

一　"十五"规划时期广东省史学研究的回顾

（一）一般情况

1. 成果丰富，学科建设上了一个新台阶

广东省史学界有优良的学术传统，长期以来，坚持以历史唯物主义指导

---

* 邱捷，中山大学历史学系原主任、教授。

研究，又吸收、借鉴境外史学的新理论，新方法，立足学科前沿，体现广东特色，踏踏实实从事研究，在多个领域都取得令人瞩目的成绩，学科建设上了一个新台阶。

在改革开放的大背景下，史学研究的环境宽松，史学工作者心情舒畅，不同学术观点百家争鸣。在省委、省政府以及社会各界的大力支持下，经过广东省全体史学工作者的共同努力，"十五"规划期间（2001~2005），广东省史学研究取得了不少的成果，据初步统计，共出版专著、教材100多部，发表论文超过1500篇，广东省史学工作者在《中国社会科学》《历史研究》《中国史研究》《近代史研究》《中共党史研究》《世界历史》等刊物上发表了一批高水平的论文，在广东省的《中山大学学报》（社会科学版）、《艺术史研究》、《历史人类学学刊》、《学术研究》、《广东社会科学》等刊物上发表的史学文章，不少受到国内外同行的好评。完成或确立各类研究项目超过150项，其中属于历史类的国家社科基金项目17项，广东省社会科学规划项目29项。在2002年的"全国普通高校第三届人文社会科学研究优秀成果奖"中，广东省获历史学二等奖两项、三等奖两项。在获得国家社科基金以及高校优秀教学成果奖方面，广东省史学界在全国大概处于中间偏上的水平。几所大学的历史学分别成为国家、省、市的重点学科，历史系也即成为其研究基地。总体而言，"十五"规划期间，广东省史学研究在原有基础上有了很大的发展：原有的优势专业继续发展并得以保持；研究方向与领域不断拓展；新辟研究领域在追踪学术前沿的起步中开端良好；在继承史学传统的基础上研究方法出现可贵创新。

2. 研究条件进一步改善

广东省史学界的研究条件和外部环境也越来越好，省委、省政府都十分重视包括历史学的人文社会科学研究，张德江等省委主要领导经常对岭南历史文化研究提出指导性的意见，省委、省政府也加大了投入力度，各级职能部门解决了很多实际问题。广东省高校的历史学科，通过"211"工程、"985"工程等重点建设项目，研究条件得到很大改善。中山大学、暨南大学、华南师范大学、广州大学的历史系和广东省社会科学院历史与孙中山研究所都各自有优长学科，有的还成为某一领域的学术重镇。广东省史学工作者还与香港、澳门、台湾地区以及美国、澳大利亚、法国、日本、韩国、新加坡、越南、英国等国家的历史学家进行经常性的学术交流与合作，广东的史学界取得良好的声誉。

3. 史学队伍不断成长壮大，人才培养取得新成绩

广东省原来在国内外学术界知名的老学者如蔡鸿生（中外关系史）、姜伯勤（中国古代史、艺术史）、邱树森（中国古代史）、张磊、黄彦、林家有（三人均为孙中山研究专家）、赵春晨（岭南文化史）等继续取得新成果，而一批新的中年学者如陈春声（中国古代史）、刘志伟（中国古代史）、陈长琦（中国古代史）、李庆新（中国古代史）、桑兵（中国近现代史）、吴义雄（中国近现代史）、左双文（中国近现代史）、崔丕（国际关系史）、汤开建（澳门史）等，已成为国内外有影响力的学科带头人。各高等院校历史系和广东省社会科学院历史学科的博士点、硕士点注意教学与科研相结合，为史学界培养了大批新人。吴义雄、关晓红（两人均毕业于中山大学）的学位论文先后入选全国百篇优秀博士论文，集中反映了广东省史学人才培养的成绩。目前，一批 30~40 岁的学者已逐渐成长为新的学术骨干。

4. 史学研究为广东三个文明建设服务

张德江到广东主持工作以来，曾多次指出：广东历史悠久，文化积淀深厚，文化资源丰富，但却有很多非常宝贵的资源没有充分挖掘出来，这些资源和优势，在文化大省建设过程中，应该得到更充分的重视和利用。广东省史学界和其他学科的学者，对岭南历史文化进行了深入的讨论与研究，并承担了一些实际工作的具体课题，例如广东省社会科学院对岭南历史文化资源调查摸底的报告得到省委主要领导的批示，并立项展开调查。广东省史学工作者对广东历史文化资源的保护、开发、利用提出了大量积极建议和意见。如中山大学、广东省社会科学院与中山市翠亨村孙中山故居纪念馆长期合作共建，堪称史学界与文博单位合作的典范。史学工作者通过各种途径，为普及历史知识、宣传岭南文化、弘扬爱国主义做了大量卓有成效的工作。

（二）历史学各二级学科的主要进展

1. 中国古代史研究：三大主题

"十五"规划期间，广东省的中国古代史研究分别在古代宗教、古代政治制度、明清区域社会经济三个领域取得了明显的成绩。

中山大学敦煌学研究室利用敦煌文献，通过广泛的国际学术交流，对中外文化交流背景下的古代宗教进行深入研究，代表性的著作有姜伯勤的《中国祆教艺术史研究》、王承文的《敦煌古灵宝经与晋唐道教》和林悟殊的《唐代景教再研究》《中古三夷教辨证》等。还有学者对明清之际澳门与中

国天主教传播的关系、明清之际天主教各修会的经费来源等课题进行了具体深入的研究。这些研究为进一步了解古代的社会与文化，提供了多维视角。

"十五"规划期间，广东省史学界在中国古代政治史研究领域也取得了不少成就，并保持着良好发展势头。在秦汉魏晋南北朝政治史研究中，既关注政治思想史，如对黄老思想、董仲舒政治思想的研究，着力探讨政治思想与社会政治、社会发展之间的关系；也注重对政治制度史的研究，努力探索与把握秦汉魏晋南北朝政治制度发展、演变的规律；还开展了对政治过程的研究，运用政治分析理论解析秦汉魏晋南北朝时期阶级关系的变动，解析统治阶级、统治阶层、权力中心与政治过程的关系及其作用。在唐宋政治史研究中，主要集中于对地方政治制度的研究，如通过对唐代方镇、使府僚佐的研究，以揭示唐代地方政治运作的规律；通过对宋代乡村管理制度的考证与研究，以揭示封建王朝将政治意图贯彻于社会阶层、管理社会的过程。在明清政治史研究中，主要侧重于对明清政治制度史的综合研究，包括官员的选拔任用制度、官员职前培训制度、官员管理制度、中央与地方主要权力核心内阁制度与督抚制度的起源等。代表性的成果有陈长琦的《两晋南朝政治史稿》《战国秦汉六朝史研究》《中国古代国家与政治》，李凭的《北魏平城时代》，关文发、颜广文合著的《明代政治制度研究》，以及关文发、陈长琦、颜广文等合著的《中国监察制度研究》，等等。

明清社会经济史研究是广东省史学界的一个传统优势领域。"十五"规划期间，通过借用其他学科的理论与方法，以区域研究为突破口，此领域的研究仍保持着领先地位。有学者通过对珠江三角洲地区的民间传说、民间信仰的个案考察，深度解读了明清时期华南社会与文化，如刘志伟教授的《女性形象的重塑：姑嫂坟及其传说》、《满天神佛：华南的神祇与俗世社会》等论文；也有通过对民间文献如族谱、碑刻等的具体分析，探讨宏观历史视野下地方社会与国家的复杂关系，如陈春声、陈树良的论文《乡村故事与社区历史的建构——以东凤陈氏为例兼论传统乡村社会研究的若干问题》。同时，明清经济史的研究呈现一种与社会生活史、政治史相结合的趋势。有研究从珠江三角洲沙田与民田的格局探讨地方社会的秩序；有研究透过食盐专卖制度的具体实施情况考察地方社会经济生活与国家政治的微妙关系；也有通过移民现象考察明清地方社会变迁的研究。此领域的研究比较注重具体个案的分析，运用了社会学、人类学、民族学、民俗学等相关学科的理论与方法，但仍侧重文献与史料的分析，也不失宏观叙事的视野和整体史的关怀，为扩展和深化社会经济史的研究做了有价值的探索，展示出了更为广阔的前景。

此外，秦汉史、宋元史等领域也有新的成果出现，如曹旅宁的《秦律新探》、曹家齐的《宋代交通管理制度研究》、张其凡的《宋代史》、王颋的《完颜金行政地理》等。

2. 中国近现代史研究：立足广东，放眼全国

中国近现代史研究也是广东省历史学的优势领域。"十五"规划期间，广东省的中国近现代史研究在已有的丰富的学术积累基础上，大胆创新，积极探索，一方面围绕近现代广东的社会、政治、经济、文化思想等问题，进行了多视角，全方位的探究；另一方面，以广东的实例进一步深化了近代史上一些重大问题的研究。2001 年广东省学者提交武汉举办的"纪念辛亥革命 90 周年国际学术研讨会"的多篇论文体现了这些特点。

广东省是孙中山研究的重镇，有着雄厚的学术力量、丰富的学术资源和优良的学术传统。"十五"规划期间，孙中山研究仍是广东省近现代史研究的重要课题，取得了丰硕成果，除了几次重要的国际学术会议在广东省成功举办之外，也有不少论著问世，主要有林家有的《孙中山与近代中国的觉醒》、段云章的《孙中山对国内情势的审视》、李吉奎的《孙中山的生平及其事业》、周兴樑的《孙中山与近代中国民主革命》、桑兵的《孙中山的活动与思想》以及广东省社科院孙中山研究所等编的《广东省志·孙中山志》等。

广东本身是近代中国社会转型的一个有典型意义的地区，"十五"规划期间，广东省史学界对近代广东地方社会研究的力度明显加大。在政治方面，以民国时期的地方政治研究最为突出，主要成果有丁身尊主编的《广东民国史》、肖自力的《陈济棠》、郑泽隆的《军人从政——抗战时期的李汉魂》等。关于近代广东经济，有张晓辉的《民国时期广东社会经济史》；对于近代广东社会团体、地方社会秩序和粤港澳经济关系等问题，广东省学者在《中国社会科学》《历史研究》等刊物上发表了一批有分量的论文。在思想文化方面，有关于基督教传教、南方学术文化、岭南维新思想等课题的研究，代表性成果主要有赵春晨的《基督教与近代岭南文化》、吴义雄的《在宗教与世俗之间——基督教新教传教士在华南沿海的早期活动研究》、宋德华的《岭南维新思想述论》、赵立彬的《民族立场与现代追求——20世纪 20~40 年代的全盘西化思潮》等。

"十五"规划期间，广东省的中国近现代史研究充分利用广东与华南的实例，对一些重大问题的研究也有较大的推进。代表性成果有桑兵的《庚子勤王与晚清政局》等。

近代学术史的研究是"十五"规划期间广东省史学研究的一大亮点。广东省学者从近代国学与汉学的关系入手，全面系统地梳理了近代学术的转化与演变的历史过程，进而引导了对近代制度与知识转型研究的展开，主要成果有桑兵的《晚清民国的国学研究》《国学与汉学：近代中外学界交往录》与孙宏云的《中国现代政治学的展开——清华政治学系的早期发展（1926-1937）》、李绪柏的《清代广东朴学研究》等。

3. 世界史研究：区域国别史和专题史并进

"十五"规划期间，广东省世界史研究在区域国别史和冷战史、华人华侨史等专题史方面取得了不少成果。区域国别史研究重点探讨的是欧亚相关国家和地区由传统社会向近现代社会转变时期的政治、经济和思想文化，其中包括：法国和英国从中世纪向近代过渡期间的政治与社会、中世纪基督教的变异及其东传、中世纪和近代的婚姻家庭转型、中西传统文化及思想的交流与比较等等。通过对欧亚大陆两端历史文化的深入研究，探寻东西方社会由传统向近现代演变的特殊道路及一般规律。某些领域的研究在国内已经占有明显的优势，如中世纪教廷"封圣"问题、法国中世纪和近代的民族形成问题、英国早期近代的流民问题及西欧中世纪和近代早期的女性问题等，均在同行中引起了积极的反响。

广东省学者在冷战史研究和战后国际关系史研究领域也做出了成绩。代表性成果主要有崔丕的《美国的冷战战略与巴黎统筹委员会·中国委员会（1945—1994）》、张振江的《冷战与内战——美苏争霸与国共冲突的起源（1944—1946）》等。

广东是著名的侨乡，"十五"规划期间，华侨史的研究也有了进一步的发展，研究的范围更为广大，不仅关注华侨华人社会，而且考察研究华侨华人与中华文化在海外的传承、华侨华人与中国社会变迁、华侨华人与居留国（居住地）政治经济文化的发展、华人国籍问题与政治认同和文化认同、外国政府的华侨华人政策等相关问题，把华侨华人的历史与中国历史和世界历史相联系，将其置于世界历史的大视野中加以研究，使其成为世界历史的一个重要组成部分，进一步拓展了研究的空间和视野。主要成果有黄昆章的《加拿大华侨华人史》《印尼华侨华人史》等。

4. 专门史研究：拓宽视野

"十五"规划期间，广东省专门史研究主要集中于中美关系、中西文化交流以及澳门史等领域。中美关系史的研究已经从政治领域扩展到经济、文化等领域，并呈现以人物为纽带具体考察中美两国交往历史的研究特色。主要成果有梁碧莹的《龙与鹰——中美交往的历史考察》《艰难的外交——晚清中国驻美公使研究》、朱卫斌的《西奥多·罗斯福与中国——"门户开放"政策的困境》、陈永祥的《宋子文与美援外交》等。

中西文化交流史的研究涉及宗教、伦理观念、艺术等多个领域，近年来，通过对广州口岸演变历史的探讨，进一步扩大了中外经济贸易史的研究范围，既有对广州口岸外籍商人的研究，也有对贸易商品（如皮毛、茶叶）的专题研究；对贸易对象的考察，也从传统的西欧、美洲扩大到北欧等地。主要的成果有郭德炎的《清代广州的巴斯商人》、林中泽的《晚明中西性伦理的相遇》、陈伟明的《从中国走向世界：十六世纪中叶至二十世纪初的粤闽海商》等。

在地方史研究方面，广东省社科院承担的《广东通史》仍在进行中（第1卷已出版）。"十五"规划期间专题研究广东历史文化的著作不少，如陈泽泓的《拓展中的都会——广州百年城市建设扫描》、黄挺和陈占山的《潮汕史》等。

由于特定的文化、地理关系，澳门史研究一直是广东省史学界的重要课题。近年来，澳门的土生葡人、澳门与内地关系、澳门的社会与文化等课题都进入学者的研究视野。新的成果有汤开建的《委黎多〈报效始末疏〉笺正》等。

5. 考古研究

"十五"规划期间，广东省文物考古工作在配合城市基本建设工程以及全省各大项目实施过程中，做了大量的文物调查、勘探、发掘和研究工作，抢救和保护了大批古墓葬、古遗址，也出了一批重要的研究成果。发现和发掘的重要遗址主要有：距今约5000～3500年的以彩陶器为特色的东莞蚝岗新石器贝丘遗址；距今约4000年迄今广东地区保存年代最早且数量最多的，被誉为"广东第一窑"的普宁虎头埔窑址；距今4500～3500年的海岛沙丘遗存——珠海宝镜湾遗址及宝镜湾岩画；目前岭南最大的商时期墓葬群——深圳屋背岭商代墓葬群（为2001年全国十大考古发现之一）；属于商周时期的博罗横岭山墓地（出土青铜器甬钟、鼎、戈和精美玉器、原始瓷器，为 2004 年全国十大考古发现之一）；2001 年在肇庆坪石岗发现东晋时期的"广州苍梧广信侯"墓；属于新石器时代晚期和商代的广东南沙鹿颈村遗址，为迄今广州地区发现的面积最大、堆积最厚、文化内涵最为丰富的先秦遗址；从化狮象遗址；南越国宫署遗址及南越国大型木构水闸遗址；广州东山南越国人字顶大墓；小谷围南汉帝陵遗址（为 2004 年全国十大考古发现之一）；等等。

根据考古发现，考古研究也有不少成果问世，主要的成果有《广州文物保护工作五年》《广州考古五十年文选》《广州文物考古文集》《秦汉考古三大发现》《广州文物志》《南越玺印与陶文》《宝镜湾遗址研究报告》等。

6. 史学理论与方法：历史人类学

历史人类学是广东省史学领域在"十五"期间的最大创新。中国的历史学科最为古老、最为悠久，有深厚的积累和学术传统，但也面临严重的挑战，遭遇多重危机，为此史学界在多方寻求突破口，其中一个突出的现象就是跨学科研究，借用其他学科的理论与方法。历史学最早向社会学借力，把社会学的理论和方法运用到历史研究之中，出现了社会史研究。社会史尽管开拓了许多新的领域，使历史研究显得更为丰富多彩，但因受文献记载等因素的制约，社会史研究最近几年已显疲惫之态，且有学者批评此类研究过于琐屑。从研究手段上讲社会史仍未脱传统史学研究的窠臼，同传统史学一样基本以文献材料为主，注重历时性研究。近年来，有学者将人类学的理论方法引入历史研究。1999 年中山大学成立历史人类学研究中心，这是中国第一个历史人类学研究实体；2003 年又正式出版中国第一份历史人类学的学术杂志——《历史人类学学刊》，标志着历史人类学在中国出现。

历史人类学被学者认为是"跨学科研究的典范"，历史人类学的及时引入，使历史学研究重新产生了生机，前景又被看好，"有可能帮助历史学家发现一个新的天地"。[①]

"十五"规划期间，历史人类学研究有了一个很好的开端，中山大学历史人类学研究中心一批学者开展的华南社会研究，已经显现出历史人类学的新前景。历史人类学不是一门新的学科，而是研究历史的一种方法，一个视角。研究从小社区入手，通过理解一个社会内部多种因素的相互关系，从

---

① 仲伟民：《历史人类学：跨学科研究的典范》，《光明日报》2005 年 6 月 30 日。

总体上把握社会发展的趋向。田野调查的方法仍是最基本的工作方式，通过实地深入观察（即人类学家所强调的"参与体验"）而获得对社区内部各种社会关系和各种外部联系的了解。同时，通过田野调查，搜集散存的民间文献，包括家谱、族谱、碑刻等资料，还有婚帖、讣告、账簿、人缘簿、分单、乡村告示、符纸等以前几乎从未被史学家注意和使用过的材料，也通过与村民的交谈和接触，获得口碑资料，这些资料所揭示的社会文化内涵往往是文献记载所缺失的。比如刘志伟重点研究珠江三角洲的宗族问题时，鉴于宗族的祖先以及早期历史往往增饰虚构，便采取人类学的方法，将故事文本放在当地社会历史的背景与发展中加以解读，从而使谱牒祖先世系的资料记载重获生机，揭示出宗族的社会文化意义。陈春声的研究集中在广东潮州特别是一个叫樟林的乡村，主要研究民间信仰与社区历史发展。他注意挖掘民间文献的史料价值，探讨了对地域神三山国王的崇拜问题，对樟林神庙系统表达的信仰空间和潮州民间神信仰的象征意义都做了深刻的分析。

二　"十五"规划时期史学研究的不足

综观"十五"规划时期广东省史学研究的基本状况，在取得不少成果的同时，也存在一些薄弱环节，需要引起重视，并进一步调整。主要表现在以下几个方面。

1. 资料整理力度不够

史料是历史研究的基础，史学研究过程本身包括文献资料的发掘与整理环节，出于种种原因，广东的史料佚失严重，现存的也很分散、零碎，利用起来并不方便。此前，有关机构曾经组织人力，整理出版过《清实录广东史料》、《〈申报〉广东资料选辑》等。但相对而言，"十五"期间，除了有关澳门的史料外，其他史料收集整理工作成果还不多见。不少珍稀文献有待整理出版，大量分散各处的地方档案、民间文献、报纸杂志、私人文书等文献，尚待收集、保护、整理。资料建设滞后在一定程度上制约了广东省史学研究。

2. 对重大课题的计划、组织仍有待加强

广东省史学工作者虽然取得了很大成绩，但称得上传世之作、在国内外有巨大影响力的成果尚不多，总体来看，广东史学研究的状况同广东经济地

位还不尽相称。少数人的著作尚有低水平重复的问题，史学界也出现了个别抄袭剽窃的事例。

3. 运用考古发现的研究相对滞后

近年考古发现喜讯频传，相对而言，对考古发现的研究则显得力度不够，而运用新的考古材料进行的史学研究也相对滞后，如对明清以前岭南地区历史的研究还很薄弱。

4. 史学研究与社会利用的结合有待进一步加强

历史上广东具有一定的地域独特性，今天广东地方社会经济的发展也具有明显的地域性，如何借用宝贵的历史经验，为今天广东的建设提供借鉴，是史学研究不可回避的课题。例如历史上广东的开放与社会发展，对今天的开放和社会建设能提供什么样的经验教训，需要历史研究来总结；近代广东社会转型时期出现的多种社会问题，不少也是今天广东所面临的，尽管性质不同，但许多表现手段相似，如何应对解决，既要从实际出发，也可以从历史中寻求帮助。历史研究应该加强对现实的关怀，这也是历史研究避免边缘化的主要途径。

5. 对广东社会经济史的研究仍有大量工作可做

城市史的研究未受重视。广州市 2000 多年的中心位置没有变化，晚清以来，又成为国内最现代化的城市之一。但相比国内其他大城市（上海、天津、成都等）的研究状况来说，广州城市史的研究还很薄弱。其他城市如汕头等的研究可说尚未起步。

6. 研究队伍与广东经济发展的地位不相称

广东是经济强省，也将建设为文化大省，各种资源与条件较为优越，但从"十五"规划期间的情况看来，史学研究的人才仍显不够，有的专业领域仅有几人从事相关研究，如近代广东社会经济的发展极具典型性，可是从事此领域研究的人员却很缺乏。有重大影响力的专家也不多，各学术团体、机构之间的合作还有待加强。

三　今后发展的趋势、重点与对"十一五"规划的建议

根据"十五"规划执行情况，结合广东省史学研究的实际条件和顺应当今史学研究的总体趋势，"十一五"规划期间广东省史学研究的趋势与重点，大体有以下几个方面。

第一，加强对史学理论的研究和史学方法的探索，进一步尝试借用其他学科的理论方法，以跨学科的合作，推动历史研究的深入。历史人类学有了良好的开端，但仍存在进一步完善和改进的必要，需要不断通过实践检验与完善。除了田野调查的工作方法外，口述史的研究应该得到进一步的重视。既要加强利用各地"文史资料"，广泛收集当事人的口述史料，也要有计划地推行一些口述史计划，有针对性地开展工作，抢救史料。

第二，加强文献资料的收集整理，提高现有馆藏、库藏文献的可利用性。文献史料仍是史学研究的第一要素，由于广东存有的各种文献很分散、零落，这严重制约了史学研究的发展。随着地方经济的快速发展，史迹消失、存世文献流失现象亦相当严重，亟须加大投入力度，组织开发、整理利用。

第三，加强对华南区域社会历史的研究。通过对考古学文化各个方面的研究，尤其是与其他学科的交叉渗透，将岭南史前考古学与现代中国人起源问题综合起来研究，进而探讨岭南早期文明的发生与发展；结合文献与考古发现，探讨秦汉以来，岭南地方社会发展与中央政权之间的关系；加强对近现代广东地方社会经济的研究，尤其是在近代转型背景下，广东地方社会变动历史的研究，包括城市发展变化（尤其是广州）、乡村变迁的历史。珠江三角洲是一个具有典型意义的地区，在近代中国，其经济发展与社会变迁都具有一定代表性和特色，相比于长江三角洲、华北平原等地的研究，珠三角的研究还有待加强，这对建设和谐社会、扩大改革开放都有重要的现实借鉴意义。

第四，扩大研究领域，眼光向下，在关注重大历史政治事件、经济发展问题的基础上，进一步注重对社会生活史、下层平民生活状况历史的研究，在整体史观和长时段视野下解剖小社区的历史。近年史学界新兴不少学科门类，如社会史学、人口史学、生态史学、心理史学、城市史学、影视史学、生命史学等等，广东省史学界应该在继承优良传统的基础上，适当借鉴新式方法，结合本省的实际，做些回应，以拓展史学研究的视野，尽量展示史学研究的复杂性与多样性。

第五，继续保持传统优长领域的优势，以创新思维，大力发掘新材料，运用新方法，进一步完善对一些有丰富学术积累的重大历史问题的研究，包括对孙中山的研究、岭南学术文化的研究、鸦片战争的研究等。广东与台湾有特殊密切的关系，粤台关系史是一个亟待发展并有重要现实意义的领域。

　　第六，重视和发扬史学研究的现实价值。一方面，对今天广东社会经济发展中遇到的问题，应有意识地通过历史经验寻找答案，从历史发展的规律，揭示广东今后发展的基本趋向；另一方面，通过厚积薄发的方式生产雅俗共赏、深入浅出的历史普及作品，使历史研究与社会生活、大众文化消费发生密切的联系，从而最大程度地满足社会大众对历史学知识的需求。

　　第七，鼓励学术批评，有效调配学术资源，大力支持创新性强的研究，切实阻止有限资源消耗于低层次的重复研究；准确运用奖励机制，真正激励年轻有活力、有创新性、有社会影响力、有学术贡献的研究。

（执行编辑：王一娜）

我对广东历史学会的一点感受

——从暨南大学历史学科发展谈起

刘正刚 *

  1978 年暨南大学在广州复办，历史学是最早复办的学科之一。我本人于 1993 年 6 月博士毕业后，先在广东省社会科学院工作一年，于 1994 年底正式入职暨南大学历史学系，截至目前已经在此待了 30 年。可以说，见证了暨南大学历史学科发展的历程，其中广东历史学会对暨南大学历史学科的发展给予了重要的支持。

  20 世纪 90 年代，伴随着改革开放的不断深入，商业经济发展大潮冲击着历史学科的发展，全民经商也给历史学科发展带来契机与危机。一方面是历史学科积极转换思路，开展社会经济史研究，同时积极面向社会开办各种应用班，如档案、方志编纂等研读班，既为社会服务，又可在一定程度上改善教师的待遇，使历史学科的致用功能迎来了发展新契机；另一方面历史学是长线专业，不可能立竿见影地带来经济收入，因此教师下海，人才流失，本科专业招生难。历史学科何去何从？又面临着焦虑与危机。

  在这种机遇与挑战并存的时期，广东历史学会始终坚定信心，指导学会成员单位定期开展学术交流活动，鼓励学者潜心研究。我记得每年历史学会都会举办一次全省史学工作者交流会，邀请知名学者做报告，与会学者各抒己见，畅谈各自的研究心得。年会由广州各高校的历史系轮流举办，1996年在暨南大学举办，会议由会长胡守为先生亲自主持，暨南大学主管校领导

* 刘正刚，暨南大学历史学系主任、教授。

也到场参会。这一活动无形中使得学校不得不重视历史学科的发展。

也因为在史学会的无形压力下，暨南大学在 20 世纪 90 年代引进了卢苇教授、邱树森教授等史学大家，聘请了中国社会科学院历史研究所的陈高华教授兼任博士研究生导师。此外，还引进了众多的青年俊杰，一时间暨南大学历史学系发展进入正常轨道。

暨南大学在此之前是广东唯一具有历史学专门史博士学位授予权的单位。在朱杰勤、陈乐素等老一辈学者的主持下，暨南大学在全国的中外关系史和宋史方面占有一席之地。20 世纪 90 年代，随着邱树森、卢苇等先生的到来，以及学校自己培养的张其凡、纪宗安等教授的成长，终于在 1998 年又获得了中国古代史博士学位授予权，从而使历史学科的发展又向前迈进了一大步。在申报博士点的过程中，历史学会的胡守为、蔡鸿生、姜伯勤等先生给予了极大的帮助。

暨南大学历史学科自 20 世纪 90 年代以来，在广东历史学会的领导下，积极参加广东各高校的岭南古籍整理工作，点校了一大批广东文献，也参与了《广东通史》《广州通史》等编写任务。在这一过程中，既密切了暨南大学与兄弟院校历史学科之间的关系，也培养了一批致力于岭南社会研究的人才。也正因为如此，暨南大学中国古代史和中外关系史获得了国务院侨办和广东省重点学科的支持。历史学科的师资队伍越来越稳定，学科凝练度越来越高，形成了以张其凡、邱树森教授为代表的宋元史研究，以汤开建教授为代表的港澳历史文化研究，以李龙潜教授为代表的明清社会经济史研究，以纪宗安、高伟浓、马明达为代表的中外关系史研究，以张晓辉、莫世祥为代表的中国近现代史研究等多个研究方向。

进入 21 世纪，暨南大学历史学科发展又有巨大的进步，2006 年中国史和世界史学科分别获得博士学位授予权，又各自设立博士后流动站。同时，中国史学科被列入广东省重点发展学科。截至 2021 年，暨南大学历史学科获得国家社会科学基金重大项目 10 项，在全国高校也属前列。《暨南史学》在学术界的影响也越来越大，与学术界的交流也越来越广泛。在此期间，每逢暨南大学中国史学科举办重大的学术活动，陈春声教授作为会长都会亲临会场发表讲话。

近年来随着史学热的兴起，本科招生人数稳中有升，每年报考暨南大学历史学的境外学生均在 50 人以上。每年的硕士研究生和博士研究生报考人数也在不断攀升。2018 年中国史学科又取得了文物与博物馆学专业硕士学位授予权。

总之，暨南大学历史学科的发展，与广东历史学会的支持有密切的关联。作为会员单位，我们仍一如既往地团结在新一届史学会的旗帜下，也希望史学会一如既往地支持暨南大学历史学科。

以上是我个人在暨南大学工作中，对暨南大学历史学科发展与广东历史学会的关系，通过点滴回忆而获得的一点体会。

（执行编辑：王潞）

广东历史学会成立七十周年有感

张晓辉[*]

开广东史学专业社团之先河，
七十年来凝聚同仁砥砺前行。
薪火相传以精品树南天一帜，
于国内史学界享有崇高声誉。

* 张晓辉，暨南大学历史系教授。

海洋史学理论建构与学术创新之我见

孙光圻[*]

摘　要： 海洋史学是一门阐述和研究各个历史时期人类认识、利用和开发海洋，掌握其内在变化规律的以专业史为主体的综合性学科，是一个由基础学科、主干学科以及辅助学科集聚的学科群，其研究对象和范围极其广泛。海洋史学要在学术研究中有所创新，关键是要在发现新资料、探寻新视角、提出新观点上下功夫。

关键词： 海洋史学　内涵　外延　学术创新

笔者这数十年来主要从事航海史的学习和研究，应该说航海史学和海洋史学是关系非常密切的兄弟学科。在 20 世纪 80 年代开始从事航海史教学并撰写《中国古代航海史》的过程中，笔者逐步认识到要搞好航海史学研究，必须首先界定其学科性质，厘清其内涵和外延，明确其研究对象和范围，只有这样，才能准确把握学科边界，研究中既不天马行空，也不画地为牢。因此，是次讨论海洋史学的理论建构问题，也准备从这几方面着墨，最后再结合工作实践和体悟，就学术创新问题，谈一些不成熟的看法，以求正于各位。

---

[*] 孙光圻，大连海事大学二级教授，博士研究生导师，曾任中国海外交通史研究会和中国中外关系史学会副会长。

一　学科性质

就笔者管见，海洋史学是一门阐述和研究各个历史时期人类认识、利用和开发海洋，掌握其内在变化规律的以专业史为主体的综合性学科。在主要或一般意义上，海洋史学属于社会科学或人文科学领域，因为它研究的全部历史活动的主体是人类，而不是其他生物，也不是无生命的自然物。因此，它不属于自然科学范畴。就海洋史学而论，它研究的是人类对海洋运动态势和变动规律的认知，而不是其本身。换言之，海洋史学并非海洋学，但可以包含海洋学史，后者属于自然科学技术史范畴。海洋史学与海洋学史关系密迩，但各有研究主旨，前者属于社会科学，后者属于自然科学。

从大概念上看，笔者认为航海史学的学术成果，均可被纳入海洋史学范畴，但反过来则不行，因为海洋史学的研究范围更加广泛和复杂。海洋认识，至少包括对海洋地理、海洋地质、海洋水文、海洋气象、海洋生命等的认识；海洋利用，至少包括对海洋生活、海洋生产、海洋交通、海洋信仰、海洋文化等的利用；海洋开发，至少包括对海洋航路、海洋港口、海洋资源、海岸带与深海等的开发。由此可见，对海洋的认识、利用和开发是人类与海洋全部关系的总和，涉及政治、经济、外交、军事、科技、思想、文化、艺术等方方面面。李庆新主编的学术刊物《海洋史研究》1~15辑中的数百篇论文，即"涵盖海洋社会经济史、海上丝绸之路史、东西方海域交流史、海洋信仰、海洋考古、海洋文化遗产等研究领域"，可谓洋洋大观，明哲煌煌。

质言之，海洋史学是一门以历史学为基础的，以海洋学及其分支学科或相关学科为辅助的，文理交叉的综合性边缘学科。

二　学科内涵与外延

苟如上论，海洋史学的学科内涵与外延应该是一个由基础学科、主干学科以及辅助学科集聚的学科群，其研究对象和范围极其广泛。就笔者初步的观察，大致或至少如下。

（一）基础学科

1. 历史学
2. 中国史学
3. 外国史学
4. 世界史学
5. 断代史学

这部分基础学科，奠定了海洋史学以历史学科为本的大学科性质。海洋史学既是一门研究人类对海洋认识、利用与开发的学科，则其研究离不开一定的历史时空。一个时代或一个国家生产力与生产关系的相互关系和发展程度，是决定人类海洋活动的背景与基石。马克思和恩格斯在《德意志意识形态》中指出了历史唯物主义的基本要义："历史不外是世代的依次交替。每一代都利用以前各代遗留下来的材料、资金和生产力；由于这个缘故，每一代一方面在完全改变了的环境下继续从事所继承的活动，另一方面又通过完全改变了的活动来变更旧的环境。"① 因此，我们不能离开各历史时空的规定条件以及彼此之间的各种联系去研究人类的海洋历史活动。从特定的时空背景出发，忠实于历史的本来面目，是海洋史学理论研究的不二法门。

（二）主干学科

海洋史学以历史学科为基础学科，但研究对象并不是泛历史，并不是历史中一般的政治、经济、军事、外交、文化等活动，尽管与之都有这样或那样的关系。它研究的主体是历史上人类的海洋活动，因此，组成其主干学科的必然是与人类海洋活动密切相关的专业史学科。据笔者不成熟的看法，其内涵大致或至少如下。

1. 海洋交通史
2. 海洋造船史
3. 海洋技术史
4. 海洋经济史
5. 海洋贸易史
6. 海洋捕捞史

---

① 《马克思恩格斯选集》第 1 卷，人民出版社，2012，第 168 页。

7. 海洋开发史

8. 海洋港口史

9. 海洋通信史

10. 海洋竞争史

11. 海洋边疆史

12. 海洋文化史

13. 海洋艺术史

14. 海洋考古史

15. 海洋文献史

16. 海洋人物史

上述这么多专业史学科，归纳起来大致可分为海洋政治、海洋经济、海洋文化和海洋科技四大类。唐人韩愈说："闻道有先后，术业有专攻。"对于文史出身的研究者来说，似可以前三类为主；对于理工出身的研究者而言，似可以后一类为主。比如，笔者原来是学理工科航海类专业的，在研究航海史的过程中，除注意一般社会性的航海史外，还可以更注重航海技术史的研究。20 世纪 80 年代初，笔者第一次参加中国海外交通史研究会主办的研讨会所递交并为学术泰斗朱杰勤会长举荐为大会主题发言的论文就是《宋代航海技术综论》。当然，以某一类为主并不等于仅限于此，其他三类如有心得也是可以研究的，但也不要求在庞杂的研究领域中面面俱到。相反，应根据原先所学的专业特长和兴趣所在，有计划地选择其中少数几门甚至一门专业史作为自己治学的主攻方向，这样既可扬长，又可避短。当然，以海洋史学的开阔眼界来审视和吸纳邻近专业史学科的研究成果，或可取得事半功倍之效。

（三）辅助学科

在当今文史学科与理工学科纵横交汇的时代，海洋史学的研究除了抓住基础学科和主干学科外，还要在外延上适度形成相互协调的辅助学科，以拓展知识结构的广度和深度。同时，加强与辅助学科相关学者的协同和合作，对于拓展海洋史学的研究方向和思路不无裨益。应该指出，这些辅助学科的主要方向是与海洋史学相关的自然科学技术学科，这里大致或至少有以下几个。

1. 航海技术学

2. 造船技术学

3. 海洋地理学

4. 海洋生物学

5. 海洋气象学

6. 海洋港口学

7. 海洋地质学

8. 海洋水文学

9. 海洋通信学

10. 海洋军技学

海洋史学学者队伍之构成是相当庞大和复杂的，既有原文史工作者中有志于海洋领域研究的，也有原理工工作者中有志于文史领域研究的。这方面的例证不胜枚举，例如，复旦大学史地专家葛剑雄、周振鹤等原先就是学理工科的，但都因为酷爱文史而攻博转行。又如，武汉理工大学的造船史专家席龙飞、何国卫等原先都是搞船舶设计的，因喜欢文史而转向造船史研究。再如，近些年来在海洋航路和导航技术上多有建树的航海科技史专家刘义杰，原先是厦门大学毕业的正统文史学者。

同时，应该看到，对于海洋史学而言，对某些工程技术学问的适度注意和应用也是至关重要的。例如，更、料、制图、观星、测深等，涉及结构力学、材料力学、流体力学等自然科学知识，这对于历史上海洋航路和海洋船舶的分析与认定，都是不可或缺的。由于一个人的时间和精力总是有限的，不可能什么都学，什么都懂，因此，在海洋史学研究中，吸引自然科技研究者或借鉴他们的研究成果，是很有价值的。

三　学科创新机制

学科创新是关系到海洋史学发展的重大问题。在明确学科的内涵和外延之后，如何在研究中取得新业绩、新成就，提升整个学科的学术影响力，是每位海洋史学工作者责无旁贷的历史使命。就笔者数十年的学习和体悟所得，要在学术研究中有所创新，关键是要在发现新资料、探寻新视角、提出新观点上下功夫。

（一）发现新资料

海洋史学的研究资料，形态上是多种多样的，归纳起来主要有三方面。一是书面资料，包括相关的史籍、文献、档案、典章、笔记、方志、族谱、游记、传记、笺注、记录等；二是实物资料，包括相关的考古发现和文物遗迹，如陶瓷、石器、甲骨、器皿、墓葬、遗址、古船、碑石、雕塑、壁画、石刻、工艺品、图片等；三是口碑资料，包括民间口口相传的传说、民俗、经验、工艺、技术等。

在这么多浩如烟海的资料中，争取发现前人没有注意或有所异解的新资料至为重要。如郑和宝船研究中就因各种新资料的发现和再发现，经历了学术上多次否定之否定的争鸣。鉴于很多重要资料已被人广为检索，故欲发现新资料绝非易事，必须苦心孤诣，穷究天地，且为"命运之神"所眷顾，或可得手。这类新资料的形态主要如下。

一是珍稀或深藏的善本、抄本、孤本。这需要有心人去上下求索，且经常是可遇不可求的，正所谓"众里寻他千百度。蓦然回首，那人却在，灯火阑珊处"。此外，还有些未被发现的新资料或恐深藏于民间，更是难寻难觅。如向达校注的郑和下西洋要籍《西洋番国志》，即藏于天津私人收藏家周叔弢之手。治学者时有这样的遗憾：求书者不可得之，拥书者不以为意。然做学问功夫不负有心人，机会总是留给有准备之人的。

二是亚洲国家的古代汉文献。如日本的《日本书纪》《入唐求法巡礼行记》，韩国的《三国史记》《李朝实录》，越南的《大越史记》《燕行录》，等等。这些国家历史上与中国的海洋交往频仍，其沿用的汉文字记载是海洋史学重要的研究对象。

三是涉华的西方古近文献。中古时期，波斯与阿拉伯人大量来到中国；中晚和近代，意、葡、西、荷、英、法等国的传教士、旅行家和文化人也曾大量来华。这些人在当时所撰的著作、笔记、实录、笺注、校本以及所带来的器物、地图、文献等，都是研究海洋史学的宝贵资料。此外，存于荷兰与英国的有关"东印度公司"和"十三行"等的实录、表册、日记、照片、海图等，也是珍贵的研究资料。

四是相关国外图书馆、博物馆所藏的中国文献资料。出于复杂的历史原因，许多珍稀的中国文献资料流落在国外某些文教机构，如美国国会图书馆、耶鲁大学图书馆，英国大英博物馆、牛津大学图书馆等。这些外国馆藏中，就有许多中华文史珍品，如《顺风相送》《指南正法》《山形水势图》等。相关的海洋史研究，离不开这些原始版本。

五是基础文献汇编和选辑等大型工具书。由于研究资料的分布面极广，一个人穷其毕生精力也难以悉知，因此，利用相关的资料汇编或选辑就显得十分必要了。如向达的《中西交通史料汇编》、张星烺的《中西交通史料汇编》、郑鹤声的《郑和下西洋资料汇编》等，就是重要的文献检索平台。近些年，笔者和刘义杰正在编辑的大型工具书《中国航海史基础文献汇编》（多卷本），也希望能为研究者提供某些发现新资料的方便。

六是海洋考古的新发现。海洋考古成果是海洋史学的重要研究对象，作为人类海洋活动的实物凭证，它可以弥补史料的缺失、不足或者错误，为我们提供权威性的学术钥匙。实际上，全部海洋史学课题的研究，都离不开海洋考古成果的参与，诸如碗礁Ⅰ号、华光礁Ⅰ号、南海Ⅰ号、南澳Ⅰ号等的新发现，为南海海洋史学研究打开了重要的窗口。

（二）探寻新视角

对于同样的文献资料，因主客观的需求和条件的不同，研究者会用不同的视角去审视它，从而得出不同的结论，正如宋人苏轼所说，"横看成岭侧成峰，远近高低各不同"。研究学问的视角切忌模糊不清，不宜"王顾左右而言他"。从什么视角切入，反映了研究者的治学思想和学术视野。新，不仅指资料，也指视角。新视角同样可出新成果。从海洋史学研究出发，下列视角是值得注意的。

1. 海洋视角

研究海洋史，必须立足海洋，以海洋为视角去观察海洋和陆地。历史上的中国，是以大陆为视角去观察陆地和海洋的。因此，我国虽然是海陆兼备的大国，但本质上一直是个大陆国家而不是海洋国家。笔者认为，以大陆为视角的理念均为"黄色海洋观"，而不是以海洋为视角的"蓝色海洋观"。这一传统的视角决定了我们在海洋史学研究上的基本走向。前些年笔者在《人民论坛·学术前沿》（2012 年第 6 期和 2015 年第 4 期）先后发过 2 篇文章，专门讨论中外海洋观问题。笔者认为，海洋史学的研究者应该把全身心都转到海洋上来，唯其如此，才能准确和充分认识人类海洋活动的真谛。

2. 海洋命运共同体视角

海洋占地球表面积的 71%，将人类居住的、相互区隔的五大洲连成一体。实际上任何一个国家和地区的海洋活动都不是孤立的，都会在这样或那样的程度上涉及和影响其他地方居民的生活与生产。而 15 世纪大航海时代的开辟，更使全球的交通、经济和市场连成一片。海洋把人类的命运整合在一起了。因此，研究海洋史学必须以海洋命运共同体为视角，将一个国家和地区的海洋活动与其他国家和地区乃至全球的海洋活动联合起来，只有这样才能从更大的广度和深度上对之做出历史的评估和科学的结论。

3. 竞争视角

一部海洋史，既是人类构建海洋命运共同体的历史，又是各海洋国家相互竞争的历史。上古时期，从中国吴、越、齐的海上争霸到迦太基、希腊、埃及的地中海扩张；中古时期，从波斯帝国、奥斯曼帝国、大食帝国建立海洋霸权到东亚国家的海上争斗，无不是海洋竞争态势的展现。特别是 15 世纪新航路开辟后，葡、西、荷、英等以国家为主体的海洋竞争更是达到了白热化程度。这种以海洋为舞台的国家竞争，是海洋史学重要的研究对象，相关的资料可谓汗牛充栋、浩如烟海，但关键是要从正确的视角去切入。

4. 大数据视角

随着 20 世纪 80 年代以来计算机互联网信息技术的迅速发展，很多书面文献资料、实物图片和口碑资料都可存储于其中，并通过检索引擎和相关网站便捷地下载电子文档，进行检索、编录和处理。这种大数据态势的形成，为海洋史学以综合、统计、关联的全视角开展研究，提供了极大的方便，尤其可用其定量分析来弥补传统史学定性研究的局限。所谓"秀才不出门，能知天下事"，这句千古名言在高新科技发展的今天，已成为研究者现实的生活与生产方式。

（三）提出新观点

海洋史学研究，务必要确立个性化的新观点。治学的核心与灵魂，无非是论述和推介一种个性化理念。在这方面，笔者想根据以往的工作体悟谈点粗浅的看法，以供各位特别是青年学者参考。

1. 独立自主的观点

是凡治学，最忌人云亦云，没有独立自主的观点。笔者以前曾当面请教北京大学著名历史学家罗荣渠教授，请他用一句话总结几十年来的治学理念，他略加思索，当即回答："竖起脊梁读书!"笔者理解其要义是，做学问必须有自己的"脊梁骨"，而且要竖起来，挺起来，不能隐藏着让别人看不见、摸不着。这句至理名言，笔者一直将之作为治学的座右铭。当然，要独立自主地提出见解也非易事，首先，必须对研究的对象和问题有全面的了解，特别是对其中有争议的热点、焦点、重点问题有深刻的认知，这样提出的有针对性的观点论述才能与众不同，才能振聋发聩，才能推进研究的深化。其次，必须"竖起脊梁"，敢于亮出自己的观点，不怕别人的质疑甚或非议。实际上，科学研究绝不能定于一尊，只有受到质疑甚或非议的观点，才能产生真正的社会影响力和学术推进力。

2. 质疑传统和权威的观点

要独立自主地提出自己的新观点，必须在治学中"不唯上，不唯书，只唯实"，敢于质疑传统定见和权威论断。在这方面，笔者愿以亲身经历的一个案例供大家参考。1982 年第 3 期《历史研究》上发表了严中平的一篇文章《论麦哲伦》，该文将组织和实施人类历史上第一次环球航行的麦哲伦全盘否定，一棍打死，全然不顾麦哲伦在沟通全球海洋交通和开辟全球贸易市场中应有的历史地位。笔者读后，感到其符合历史唯物主义精神，就写了一篇《评麦哲伦》与其商榷。笔者当时连讲师也不是，然而《历史研究》编辑部却很快给了笔者回函，并约笔者去北京具体商谈修改事宜。笔者到了编辑部后才知道严中平是个大人物、大权威，贵为中国社科院副院长。笔者当时是个无名小卒，倒是初生牛犊不怕虎，不管对方有多厉害，真理面前人人平等。就这样，在编辑部的指导和帮助下，笔者先后修改补充，十四易稿，终于在 1985 年第 3 期《历史研究》上得以发表。

3. 开拓创新的观点

海洋史学研究，贵于开拓创新，不能跟在别人后面走老路，要尽可能发人所未发，论人所未论。比如，在中日海洋交往史上，秦代徐福东渡是一个重大事件，但因司马迁在《史记》中语焉不详，而考古成果中又缺乏直接发现，因此，向为学术界视为存疑的模糊地带。对于这个"无厘头"公案，笔者利用文史学者一般不大了解或难以接触到的《航路指南》和航用海图等航海学文献资料，对徐福船队从古琅琊港启航后，经山东、辽宁沿海北上，再从朝鲜半岛西岸南下到今釜山沿岸，最后在日本海左旋海流的助推下，纵渡对马海峡抵达日本北九州沿海的东渡航路，做了非常具体的逐段分析和演绎，写了一篇名为《徐福东渡航路研究》的论文，受到了中日史学界的高度关注。

当然，观点上的开拓创新，绝不是天马行空的想象。比如，谁先从欧亚旧大陆航海到美洲，这个学术公案本来举世皆清，就是 1492 年哥伦布首次横渡大西洋时发现了美洲，但有段时间以来，特别是近几十年却冒出了很多"新"说法，先是约 3000 年前殷人到达过美洲，后是徐福东渡到过美洲，再是东晋法显归国途中到达过美洲，最后又是郑和下西洋时到过美洲，更有外国研究者说，1421 年中国人发现世界。此类"石破天惊"的"新说"，一无可靠的图文和考古依据，二无科学的海洋和航海技术分析，三无发现美洲航行的必要性与可行性分析，纯属标新立异，博人眼球，故向为严肃的学术界所不敏。

以上就海洋史学理论建构和学术创新所谈，都是管窥蠡测的一孔之见，谬误之处当为不免，敬请不吝指正。

（执行编辑：杨芹）

由陆向海：中国海洋环境史研究前瞻[*]

赵九洲[**]

摘　要：海洋环境史是环境史中的新兴研究领域，同时又与海洋史有着千丝万缕的联系。海洋环境史近年来已经取得了显著的进展，但陆地环境史的优势地位依然牢不可破。我国海洋环境史仍有一系列问题亟待厘清，主要包括三个方面：其一，海洋环境史的研究现状如何，取得了哪些成就，还有哪些不足；其二，为什么要做海洋环境史，如何界定海洋环境史，海洋环境史的旨趣是什么，其社会意义与学术价值何在；其三，如何做海洋环境史，开展海洋环境史研究应具有怎样的理念、取向和方法，面临哪些困难，未来的发展空间何在。学界应加大对海洋环境史的研究力度，这既可拓宽环境史和海洋史研究的疆域，又有助于我们全面把握人与自然之间的互动关系，为经略海洋和建设海洋强国提供智力支撑。

关键词：海洋环境史　研究现状　价值

环境史为新兴的历史学研究分支，在美国发端于 20 世纪 70 年代初，在

---

* 本文系国家社科重大项目"多卷本《中国生态环境史》"（13&ZD080）、山东省高等学校"青创科技计划"项目"跨越海岸线的物质与能量流动：胶东海洋环境史研究"（2019RWD007）、青岛市社科规划项目"青岛海洋环境史研究"（QDSKL1901062）阶段性成果。

** 赵九洲，青岛大学历史学院教授。

我国则肇始于 20 世纪 80 年代末。① 海洋环境史真正引起学界注意是最近 20 年的事，是年轻的环境史学科中尤为年轻的研究领域。② 我们注意到，中国海洋史研究有着悠久的历史传统，过往学界更多关注的是与海洋相关的政治史、经济史、军事史、文化史，对海洋相关的生态环境问题不够重视。中国海洋环境史方兴未艾，将极大地丰富海洋史的研究主题。但毋庸讳言的是，中国海洋环境史仍处于草创阶段，对其定义、理念、方法等问题的认识仍较为混沌，亟待厘清。特撰本文进行初步探讨，谬误之处在所难免，敬请方家批评指正。

一　中国海洋环境史研究现状

在环境史发源地美国，海洋环境史也是在进入新世纪后，经由约翰·麦克尼尔（John McNeill）与 W. 杰弗瑞·波斯特（W. Jeffrey Bolster）等人的号召才逐渐引起学界的重视。③ 我国海洋环境史的兴起稍晚于美国，但发展较快，首先发力的是世界史学者。包茂红最早发出倡议，初步梳理了海洋环境史的核心理念与研究取向，后又进一步探讨了从海洋史到海洋环境史的学理进路与研究设想。④ 包茂红与梅雪芹在参加完第一次世界环境史大会后，分别撰文向国内介绍国外学术动态，都特别强调了海洋环境史的重要性。⑤

---

① 侯文蕙最早向国内介绍了美国环境史的发展状况，被誉为中国大陆环境史的拓荒者，参见侯文蕙《美国环境史观的演变》，《美国研究》1987 年第 3 期。

② 一如环境史该称为环境史还是生态史抑或是生态环境史的争议一样，也有人将海洋环境史称为海洋生态史，如吴建新即同时用过"海洋生态史"和"海洋生态环境史"的称呼，见吴建新《明清时期环珠江口平原的生态环境——兼谈海洋生态环境史的研究方法》，《海洋史研究》2015 年第 2 期。关于环境史名称问题，2008 年 7 月 22~24 日在南开大学举办的"生态—社会史研究圆桌会议"上学者们进行了激烈的讨论，可参看王利华《生态—社会史研究圆桌会议述评》，《史学理论研究》2008 年第 4 期。

③ 参见 John McNeill, "Observations on the Nature and Culture of Environmental History," *History and Theory*, Vol. 42, No. 4, 2003, pp. 5 – 43; W. J. Bolster, "Opportunities in Marine Environmental History," *Environmental History*, Vol. 11, No. 3, 2006, pp. 567–597。

④ 包茂红：《海洋亚洲：环境史研究的新开拓》，《学术研究》2008 年第 6 期；《从海洋史研究到海洋环境史研究》，《全球史评论》2020 年第 2 期。

⑤ 包茂红：《国际环境史研究的新动向——第一届世界环境史大会俯瞰》，《南开学报》（哲学社会科学版）2010 年第 1 期；梅雪芹、毛达：《应对"地方生计和全球挑战"的学术盛会　第一届世界环境史大会记述与展望》，《南开学报》（哲学社会科学版）2010 年第 1 期。

毛达积极向国内引介国外研究动态，对海洋垃圾问题有较深入研究。^① 陈林博对北美渔业史有较深入的研究，其博士学位论文集中探讨了美加两国围绕太平洋鲑鱼生产问题的合作与纷争，并先后发表多篇相关论文。^②张宏宇、颜蕾撰写了海洋环境史的综述性文章，张宏宇还撰文研究了美国捕鲸业的兴衰与美国海洋生态系统的变化。^③ 范毅亦探讨了海洋伦理并梳理了海洋环境史的发展状况。^④ 童雪莲、张莉在评析进入 21 世纪后美国环境史的进展状况时，也曾专门梳理了海洋环境史的主要成果。^⑤

近年来，在中国史领域贡献最为突出的当属李玉尚，他积极开展理论探索与实证研究，其中关于黄海渔业资源变动与海洋生态变迁的成果给人留下的印象尤为深刻。^⑥ 美国学者穆盛博对舟山渔场近百年来的渔业生产和海洋环境变化进行了深入研究，特别关注了政治架构、社会组织、经济生产与生

① 毛达：《海有崖岸：美国废弃物海洋处置活动研究（1870s—1930s）》，中国环境科学出版社，2011；《海洋垃圾污染及其治理的历史演变》，《云南师范大学学报》（哲学社会科学版）2010 年第 6 期。

② 陈林博：《共生博弈：20 世纪美加太平洋鲑鱼渔业冲突问题研究》，博士学位论文，南开大学，2017；《1913 年"地狱门峡谷事件"后加拿大鲑鱼危机的科学治理》，《史学月刊》2020 年第 2 期；《美加"鲑鱼大战"：缘起、博弈和缔约》，《世界历史》2018 年第 4 期；《未成熟的果实：美加早期渔业合作与〈内陆渔业条约〉》，《昆明学院学报》2018 年第 1 期；《美国太平洋渔业公司衰亡原因探析》，《科学·经济·社会》2015 年第 3 期；《鱼类大挪移：美国进步主义时期的鲑鱼"养殖—放流"运动》，《中国农史》2016 年第 2 期；《威廉·克罗农的环境史研究中的主要观念探析》，《辽宁大学学报》（哲学社会科学版）2014 年第 4 期。

③ 张宏宇、颜蕾：《海洋环境史研究的发展与展望》，《史学理论研究》2018 年第 4 期；张宏宇：《世界经济体系下美国捕鲸业的兴衰》，《世界历史》2019 年第 4 期。

④ 范毅：《海洋伦理与海洋环境史研究初探》，《保定学院学报》2016 年第 5 期。

⑤ 童雪莲、张莉：《近十年来美国环境史研究的动向——以〈环境史〉期刊为中心的探讨》，《中国历史地理论丛》2013 年第 3 期。

⑥ 较重要的有李玉尚《海上往来人：明清时期的海洋渔业开发》，《中国社会科学报》2014 年10 月 15 日，第 A05 版；《被遗忘的海疆：中国海洋环境史研究》，《中国社会科学报》2012 年 12 月 5 日，第 A05 版；《清代以来墨鱼资源的开发与运销》，《思想战线》2013 年第 4 期；《乾嘉以来小黄鱼渔业的开发与市场体系》，《中国农史》2013 年第 5 期；《1600 年之后黄海鲱的旺发及其生态影响》，《中国农史》2010 年第 2 期；《清代以来黄渤海真鲷资源的分布、开发与变迁》，《中国历史地理论丛》2010 年第 3 期；《明代黄渤海和朝鲜东部沿海鲱鱼资源数量的变动及原因》，《中国农史》2009 年第 2 期；《清代黄渤海鲱鱼资源数量的变动——兼论气候变迁与海洋渔业的关系》，《中国农史》2007 年第 1 期。余不尽举。另，李氏关于渔业相关论文还结集成书，参见《海有丰歉：黄渤海的鱼类与环境变迁（1368-1958）》，上海交通大学出版社，2011。

态环境之关联。① 李智君对海上交通、海洋观念、河流入海口环境变迁、海上生活等问题进行了深入探讨，推出了一系列论文。② 衷海燕对华南海陆环境变迁史用力颇深，取得若干成果。③ 吴建新考究了环珠江口平原地区的生态环境变迁，并对海洋环境史的研究方法做了初步探讨。④ 李尹撰写的中国海洋史研究述评文章，米善军撰写的中国环境史研究述评文章，都曾列出海洋环境史条目并大致梳理了主要成果。⑤ 张丽、任灵兰合作撰写了"十一五"期间中国海洋史研究述评文章，其中"海洋灾害史与环境保护"部分与海洋环境史关系较为密切。⑥ 为中国海洋史研究开山立派的杨国桢先生成果丰硕，其专门研究东海海区历史上生态环境与经济开发互动关系的专著颇有环境史特色。⑦ 日本学者历来重视中国海洋史，讲谈社"中国的历史"系列中关涉海洋环境史的部分也颇多，尤为典型的是上田信撰写的明清部分，其对黄渤海的自然环境特质及其对海上航运影响的分析令人印象深刻。⑧ 李庆新主要研究海洋经济史，对海洋交通与海洋考古也有较多关照，不少成果

① 〔美〕穆盛博：《近代中国的渔业战争和环境变化》，胡文亮译，江苏人民出版社，2015。潘威曾为该书英文版撰写书评，也在一定程度上揭示了海洋环境史的独特魅力，见潘威《环境史视野与社会经济史研究——评 Fishing Wars and Environmental Change in Late Imperial and Modern China》，《历史地理》2013 年第 1 期。

② 李智君：《天地之气交逆——明清时期的风信理论与航海避风》，《海交史研究》2019 年第 3 期；《明代漳州府"南门桥杀人"的地学真相与"先儒尝言"——基于明代九龙江口洪灾的认知史考察》，《海洋史研究》2016 年第 1 期；《近 500 年来九龙江口的环境演变及其民众与海争田》，《中国社会经济史研究》2012 年第 2 期；《此岸与彼岸之间——由〈遐迩贯珍〉看 19 世纪中叶中国民众的海上生活》，《清史研究》2009 年第 4 期。余不尽举。

③ 衷海燕：《明清时期香山海陆环境变迁与农业开发》，《海洋史研究》2015 年第 2 期；《民国珠江三角洲的水利生态与沙田开发——以中山县平沙地区为中心》，《中国农史》2013 年第 5 期。余不尽举。另，衷氏还主持国家社科基金重大项目"宋元以来珠江三角洲海岸带环境史料的搜集、整理与研究"，相关研究工作正在有序推进。

④ 吴建新：《明清时期环珠江口平原的生态环境——兼谈海洋生态环境史的研究方法》，《海洋史研究》2015 年第 2 期。

⑤ 李尹：《20 世纪 80 年代以来中国海洋史研究的回顾与思考》，《中国社会经济史研究》2019 年第 3 期；米善军：《2011 年以来中国环境史研究综述》，《鄱阳湖学刊》2018 年第 2 期。

⑥ 张丽、任灵兰：《近五年来中国的海洋史研究》，《世界历史》2011 年第 1 期。

⑦ 杨国桢：《东溟水土：东南中国的海洋环境与经济开发》，江西高校出版社，2003。此外，杨氏还主编了三套海洋史丛书，共约 30 部专著，也是海洋环境史研究可以借鉴的重要资料，参见杨国桢主编"海洋与中国丛书"，江西高校出版社，1998~1999；"海洋中国与世界丛书"，江西高校出版社，2003；《中国海洋文明专题研究》10 卷本，人民出版社，2016。

⑧ 〔日〕上田信：《海与帝国：明清时代》，高莹莹译，广西师范大学出版社，2014，第 26~38 页。

与环境史关系密切。① 曲金良围绕海洋文化开展研究，获得大量有分量的研究成果，对地理格局与环境问题也有所观照。② 张玉洁则积极开展环渤海地区渔民口述史研究，探究主观感受下的海洋环境变迁。③ 其他研究海洋史的学者在研究过程中，也或多或少会触及海洋环境史的相关问题，这为海洋环境史研究打下了坚实的基础。

在海洋日渐重要的时代背景之下，又有经略海洋国家战略的加持，海洋环境史已然受到越来越多环境史学者的关注，并且必将成为环境史中的现象级研究领域。

但毋庸讳言的是，海洋环境史在环境史中仍是羽翼未丰的雏鸟，要成为搏击长空的雄鹰尚待时日。最早进入中国环境史研究领域的学者们在 1993 年和 2005 年召开了两次国际学术研讨会，会后出版的论文集汇聚了早期最有影响的环境史成果，前者的中文文集一共收录了 24 篇文章，除 1 篇研究泰国和 1 篇研究日本外，关注中国环境史的 22 篇中无一以海洋为研究对象；④ 后者一共收录了 28 篇文章，除 1 篇研究查士丁尼瘟疫外，关注中国环境史的 27 篇文章中只有 1 篇关注了海洋问题，即王星光与吴芷菁的《略论中国古代的海溢灾害》，且研究方式偏重传统的史料梳理和灾害史分析。⑤ 可见，起步阶段之环境史研究的陆地本位主义色彩即非常浓厚。王玉德、张全明、伊懋可、马立博等人撰写的中国环境史论著中，同样要么几乎完全忽略海洋，要么海洋占比极低。⑥ 近年来为海洋环境史摇旗呐喊者实众，而真

① 李庆新：《濒海之地：南海贸易与中外关系史研究》，中华书局，2010；《明代海外贸易制度》，社会科学文献出版社，2007；《海洋考古与南中国海区域经济文化史研究》，《学术研究》2008 年第 8 期；《从考古发现看秦汉六朝时期的岭南与南海交通》，《史学月刊》2006 年第 10 期。

② 曲金良主编《中国海洋文化史长编》，中国海洋大学出版社，2017；《中国海洋文化基础理论研究》，海洋出版社，2014；《海洋文化与社会》，中国海洋大学出版社，2003；《中国海洋文化研究的学术史回顾与思考》，《中国海洋大学学报》（社会科学版）2013 年第 4 期；《中国海洋文化的早期历史与地理格局》，《浙江海洋学院学报》（人文科学版）2007 年第 3 期。

③ 张玉洁：《海洋环境变迁的主观感受——环渤海 20 位渔民的口述史》，硕士学位论文，中国海洋大学，2014；崔凤、张玉洁：《海洋环境变迁的主观感受：环渤海渔民的口述史研究——一个研究框架》，崔凤、赵宗金主编《中国海洋社会学研究》，社会科学文献出版社，2014。

④ 刘翠溶、伊懋可主编《积渐所至：中国环境史论文集》，台北：“中研院”经济研究所，1995。

⑤ 王利华主编《中国历史上的环境与社会》，生活·读书·新知三联书店，2007。

⑥ 王玉德、张全明：《中华五千年生态文化》（上、下），华中师范大学出版社，1999；张全明：《两宋生态环境变迁史》，中华书局，2016；Mark Elvin, *The Retreat of the Elephants: An Environmental History of China*, New Haven：Yale University Press，2004；Robert B. Marks, *China: Its Environment And History*, Lanham：Rowman & Littlefield，2012。

正赤膊上阵拼杀者盖寡；积极译介国外学理的作品琳琅满目，而努力进行本土学理创新的成果寥若晨星。此外，已有的海洋环境史研究也还存在诸多不足，主要表现在三个方面：其一，学者大都从自己既有的研究视角切入，尚未真正突破原有的陆地本位研究窠臼；其二，在研究理论、范式、方法方面，还停留在对西方既有成果的单向输入上，反向输出与对外发声较为薄弱；其三，研究的主题也比较单一，渔业与鱼类资源的相关研究是绝对的主流。推动环境史的海洋转向，由陆向海，全面深化海洋环境史研究，仍需环境史学同人一起努力。

更不容忽视的是，海洋环境史在海洋史中仍是非常冷门和小众的研究领域。海洋史成果论述的重点一般集中在社会经济、国际贸易、政治军事等领域，人与自然关系仍然很少能跻身于海洋史舞台的中心位置。万明在2014年总结出海洋史研究最热门的五大话题，分别是郑和下西洋、海洋政策、海上丝绸之路与海洋文化、海洋社会经济史、海疆与海权，海洋环境史不在其列。[①]前揭李尹的海洋史述评文章中虽专列了海洋环境史部分，但与海洋史理论、海洋经济史、海洋政治史、海洋文化史、海洋军事史、海洋观念史等部分相比，篇幅最小，提及的学者与成果也最少，这也可看出海洋环境史在海洋史中并非热点领域。[②] 而在张丽、任灵兰的综述中，海洋灾害史及环境保护与海洋环境史关系较为密切，但在他们的界定中，相关内容仍可划入涉海的政治史、经济史、文化史、社会史、军事史范畴，而环境史未能登堂入室。[③] 所以，我们在介绍海洋环境史的研究现状时，若把过往的海洋史成果列入，亦可营造出海洋环境史研究欣欣向荣的氛围，但平心而论，这样做只是张冠李戴罢了，无法掩盖海洋环境史研究还非常薄弱的事实。[④] 由于并不切合海洋环境史主题，且限于篇幅，这里就不再长篇累牍列举海洋史的相关研究成果了。

---

① 万明：《海洋史研究的五大热点》，上海中国航海博物馆编《国家航海》第7辑，上海古籍出版社，2014。

② 李尹：《20世纪80年代以来中国海洋史研究的回顾与思考》，《中国社会经济史研究》2019年第3期；米善军：《2011年以来中国环境史研究综述》，《鄱阳湖学刊》2018年第2期。

③ 张丽、任灵兰：《近五年来中国的海洋史研究》，《世界历史》2011年第1期。

④ 类似的问题，在环境史的很多分支里都有表现。比如中国城市环境史理念也已提出多年，但真正有意义的成果还非常少，如陈新立在2012年发表的城市环境史综述，列举了大量研究成果，其实多数只是略带城市环境史色彩的城市史成果而已，参见陈新立《中国城市环境史研究述评》，陈锋主编《中国经济与社会史评论》，中国社会科学出版社，2013，第347页。

学界已在尽力改变现状，未来研究领域将会有进一步的拓展和深化，研究主题将日趋多样化，海洋环境思想、海陆物能交流、人与海洋的交互作用与彼此因应等问题将会得到更多的关注，海洋环境史的深刻内涵与无穷魅力将会得到最大程度的彰显。

今后环境史学者要打开海洋环境史的研究局面，除了借鉴已有的海洋史成果之外，还应与海洋史领域学者积极对话，打破环境史与海洋史两大领域之间的壁垒，实现两者之间广泛的互联互通。将环境史的新理念带入海洋史研究，用海洋史的丰富历史积淀来厚植海洋环境史的根基，全面探究海洋生境与人类之间的交互作用与彼此因应，则海洋环境史必将能长远发展，结出累累硕果。

二　海洋环境史的界定、旨趣与价值

在讨论环境史的定义时，学界引用率最高的便是唐纳德·沃斯特的这句话："在环境史领域，有多少学者就有多少环境史的定义。"[①] 确实如此，关于环境史的定义问题学者各抒己见，至今未能形成统一的认识。同样地，要给海洋环境史提出一个大家广泛接受的定义，目前来看也绝无可能。

早在 2006 年，美国学者 W. 杰弗瑞·波斯特即对海洋环境史进行界定，他认为海洋环境史是深入探究历史上人类的思想观念和行为同海洋生境变化之关联的学科。[②] 2012 年，葡萄牙学者克里斯蒂娜·布里托（Cristina Brito）也尝试给出了自己的界定，她认为海洋环境史是探究长时段内人与海洋自然世界之间的互动与交融历程的环境史分支。[③] 张宏宇、颜蕾在译介国外海洋环境史研究状况时，也给出了他们自己的定义，指出："海洋环境史是结合海洋环境立体性、公共性和全球性的特点，从环境角度探究人类历史上认识海洋、改变海洋的过程，研究人类社会与海洋及沿海地区环境的互动关系，

---

① 包茂宏：《唐纳德·沃斯特和美国的环境史研究》，《史学理论研究》2003 年第 4 期，第 101 页。

② W. J. Bolster, "Opportunities in Marine Environmental History," *Environmental History*, Vol. 11, No. 3, 2006, pp. 567-597.

③ Cristina Brito, "Portuguese Sealing and Whaling Activities as Contributions to Understand Early Northeast Atlantic Environmental History of Marine Mammals," in Aldemaro Romero and Edward O. Keith, eds., *New Approaches to the Study of Marine Mammals*, London: Intech Open, 2012, pp. 206-222.

以期人类社会与海洋生态系统和谐共处。"① 童雪莲、张莉虽未直接为海洋环境史下定义，但他们指出海洋环境史未来要拓展的几个方面，其实也揭示了其内涵，他们认为海洋环境史就是研究"海洋环境对人类历史的影响""人类活动造成的海洋环境变化以及这些变化在人类社会进程中引起的回应""人类社会的海洋知识是如何积累和传承的""不同的文化是如何感知海洋环境"的环境史分支。②

整合国内外学者的观点，博采众长并参以己意，我们可以对海洋环境史做出如下界定：海洋环境史是环境史的重要分支，主要研究以海洋为主要舞台、以陆地为主要跳板、以海陆关系为主要纽带所展开的人与自然交互作用及彼此因应的历史演进历程。这样的概述虽仍不够严密，但笔者认为，绝大部分的海洋环境史研究都可被纳入这一范畴中来。其关注的核心命题又可分为三个层面，试分述之。

其一，海洋的自然格局如何型塑滨海地区乃至全国社会经济风貌，而人类经济活动又如何改变了海洋的自然格局。其中又包括诸多问题，诸如风向、洋流、温度（气温与水温）、河口、港湾、岛礁、大陆架、海洋深度、海水咸度、生物群落、矿产资源等自然禀赋，③ 地震、火山爆发、台风、海啸等自然灾害都应被纳入海洋环境史的考量范围之中来。④ 国外海洋环境史

① 张宏宇、颜蕾：《海洋环境史研究的发展与展望》，《史学理论研究》2018 年第 4 期，第 68 页。

② 童雪莲、张莉：《近十年来美国环境史研究的动向——以〈环境史〉期刊为中心的探讨》，《中国历史地理论丛》2013 年第 3 期，第 157 页。

③ 自然地理学者和历史地理学者在这方面做了大量的基础性工作，可以为我们提供极大的便利，较有代表性的如中国科学院《中国自然地理》编辑委员会编《中国自然地理·海洋地理》，科学出版社，1979；《中国自然地理·历史自然地理》，科学出版社，1982。2003 年拉开帷幕的"我国近海海洋综合调查与评价"专项启动，最后推出了"中国近海海洋"系列专著，其中按学科领域编写了物理海洋与海洋气象、海洋生物与生态、海洋化学、海洋光学特性与遥感、海洋底质、海洋地球物理、海洋地形地貌、海岛海岸带遥感影像处理与解译、海域使用现状与趋势、海洋灾害、沿海社会经济、海洋可再生能源、海水资源开发利用、海岛和海岸带等 15 部专著，又按沿海行政区划编写了辽宁省、河北省、天津市、山东省、江苏省、浙江省、上海市、福建省、广东省、广西壮族自治区、海南省 11 部专著。此外，每卷都配备了对应的单独成册的图集。所有这些图书均由海洋出版社出版，资料价值非常高。

④ 关注火山爆发的，如李玉尚《黄海鲱的丰歉与 1816 年之后的气候突变——兼论印尼坦博拉火山爆发的影响》，《学术界》2009 年第 5 期。关注台风的如王小朋《沿海地区对台风灾害的认识及其应对——以明清浙东地区为例》，《农业考古》2012 年第 4 期。关注海啸的如前揭王星光与吴芷菁的《略论中国古代的海溢灾害》，王利华主编《中国历史上的环境与社会》。

由于资料的限制，故"研究时段多集中于航海时代以来，研究区域也多为沿海地区"，[①] 中国海洋环境史研究与之类似，重心也会落在晚近时期，但我国早期的文献资料记载相对完备，更早时期的问题也会得到较全面的探讨。关注历史早期的问题时，更多强调海洋环境的自发变化，比如海平面的变化。2 万年前海平面比现在低 100 米以上，6500 年前海平面又比现在高约 2 米，在海平面最高的时候，胶东半岛呈现岛屿景观，这样的沧海巨变深刻改变了滨海地区远古文明的演进，类似的问题值得深入探究。[②] 另外，海上风向对海上航运的影响也值得深入探究，比如日本僧人圆仁入唐求法，自日本起航，在长江入海口附近的海陵县登陆，可返程却从山东半岛东端的文登县启程，即与黄海与东海海域的季风方向有密切关系，学界虽已有所关注，但更深入更系统探讨的空间依旧较大。[③] 在关注近现代海洋环境史研究时，重视自然条件制约的同时，要更多关注人为因素对自然环境的巨大影响，其中较为常见的有海岸线变化、填海造陆、港口建设、海洋污染、生物种群变化等等，这些问题都非常重要，而历史学者特别是环境史学者虽也有较多关注，但整体来看，由于多学科交叉的理论视域与知识储备的局限，环境史学者的研究深度和广度都还很不够。好在其他学科学者已关注很多，若能兼收并蓄并加以整合，定能推出大量厚重的成果来。[④]

其二，人类的生产、生活、商贸、军事等活动如何勾连起海陆间的物质、能量交换，海陆物能交换又如何影响了人类的上述活动。历史上沟通海陆之间最重要的物质是水，水循环为陆地带去了滋养万物生灵的水分，造就了河流、湖泊、冰川，而奔流入海的河流也为海洋带去了大量的泥沙、矿物质，改变了海水的成分，使得海洋从早期的"稀薄热汤"变成了后来的

① 童雪莲、张莉：《近十年来美国环境史研究的动向——以〈环境史〉期刊为中心的探讨》，《中国历史地理论丛》2013 年第 3 期，第 157 页。

② 可参看〔日〕宫本一夫《从神话到历史：神话时代夏王朝》，吴菲译，广西师范大学出版社，2014，第 96、198 页。

③ 可参看〔日〕气贺泽保规《绚烂的世界帝国：隋唐时代》，石晓军译，广西师范大学出版社，2014，第 307~311 页；〔日〕上田信《海与帝国：明清时代》，高莹莹译，第 33~34 页。

④ 以研究胶州湾的海洋污染物问题为例，笔者检索到杨东方团队推出的专著即多达十余部，如杨东方、王凤友《胶州湾主要污染物分布及变化》，科学出版社，2016；杨东方、陈豫《胶州湾汞的分布及迁移过程》，海洋出版社，2016；杨东方《胶州湾六六六的分布及迁移过程》，海洋出版社，2011；杨东方、黄宏、张饮江《胶州湾重金属铅的分布、迁移过程及变化趋势》，科学出版社，2016；杨东方、陈豫《胶州湾铜的分布及迁移过程》，科学出版社，2018。

"黏稠冷粥"，滋养了海洋生命，海陆间的互相赠予与回馈造就了生机勃勃的生物圈，也为人类文明演进奠定了坚实的基础。[①] 在历史早期，人类从海洋获得的最重要物质是食盐和渔业资源，因此煮海熬波与耕海耘波就成了人们与海洋打交道最常见的两种生计方式。[②] 关于盐业史与渔业史的成果已经非常多，这为我们进一步开展相关研究奠定了坚实的基础。[③] 此外，我国也在很早的时候就经由海洋远距离输送大量物资，海上丝绸之路影响极为深远，唐宋以后输出的主要是陶瓷、丝绸、茶叶等，输入的主要有香料、胡椒、药材等，跨越重洋的物资交流对政治、经济、文化都产生了深刻的影响。[④] 进入晚近时期，人类从海洋获得的事物更为丰富，能量如石油、可燃冰，矿物如锰结核、锆石和金红石等，还有淡化的海水等。人类向海洋输出的则有生产、生活废水、垃圾等。人类从海洋获取可用物质、能量和向海洋输出废物、废能的能力不断提升，而且人类活动的触角逐渐延伸至海洋的每个角落，水平向大洋中心挺进，垂直向海域底部深潜，这些行为深刻地改变了海洋生态环境，人对海洋的干预和扰动能力已经远远超越前代，这是研究近代以来海洋环境史的重要课题。

其三，人类的海洋认知、海洋思想与海洋信仰如何产生，而相关精神活动又如何影响了人们的涉海生产生活。海洋相关精神或思想，是人与海洋世界在交互作用过程中产生的，即海洋生境在人类头脑中的投影，又反过来深刻地影响了人类的海洋行为。沃斯特曾指出，"概念、道德、法律、神话以及其他意义的各种结构，都成为个人和群体与自然之间的对话的一部分"。[⑤]

---

① 关于古代海洋演进，可参看〔美〕海伦·罗兹瓦多夫斯基《无尽之海：从史前到未来的极简海洋史》，张玥译，新世界出版社，2019；徐世球《蓝色海洋的变迁》，中国地质大学出版社，2019；李家彪《中国边缘海形成演化与资源效应》，海洋出版社，2005。

② 如（宋）柳永《煮海歌》，见傅璇琮主编《全宋诗》，北京大学出版社，1991。元人陈椿则以"熬波"形容盐业生产，见陈椿《熬波图咏》，民国上海掌故丛书本，中华书局，1936。王日根以"耕海耘波"形容明清国人对海洋的经营，见王日根《耕海耘波：明清官民走向海洋历程》，厦门大学出版社，2018。

③ 较重要的有《中国盐业史》（4卷本），人民出版社，1997；李士豪、屈若搴《中国渔业史》，上海书店，1984；丛子明、李挺主编《中国渔业史》，中国科学技术出版社，1993。前揭李玉尚对海洋渔业史也有较多关注，不再赘述。

④ 可参看国家文物局编《海上丝绸之路》，文物出版社，2014；〔德〕罗德里希·普塔克《海上丝绸之路》，史敏岳译，中国友谊出版公司，2019；〔日〕松浦章《清代华南帆船航运与经济交流》，杨蕾等译，厦门大学出版社，2017。

⑤ 参见〔美〕唐纳德·沃斯特《环境史研究的三个层面》，侯文蕙译，《世界历史》2011年第4期，第99页。

美国环境史学提出的环境史定义，① 王利华提出的生态认知系统理念，② 在精神与意识层面也都极为重要。当然，前辈学者的论述主要针对的是陆地环境史，但具体到海洋情景之中，也是恰如其分的。具体来说，我们又要注意到认知体系中自在之海洋与建构之海洋的区别。某处有某物，某方向可至某地，某时有风，某时有雨，如何航行，如何捕捞，如何防灾避险，如何保持健康，是为精神世界中自在之海洋。四海、海内、大九州③、十洲④、东王公、三神山、麻姑、妈祖等理念，则为精神世界中建构之海洋。关于后者，可以将其归入"虚幻环境史"的研究范畴，其重要性丝毫不逊于前者。正如笔者曾经指出的那样，"某种程度上说，真假其实并非压倒一切的标杆，甚至是否存在也无所谓，重要的是人们认为如何，头脑加工后的世界，对人类有深刻的影响。人类建构了文化，建构了自然。事事都可建构，时时都在建构，人类置身于建构之中，还处于不间断的建构过程之中。换言之，人类建构了世界，又用建构出来的世界建构了其自身"。⑤ 对于海洋环境史而言，虚幻层面的问题同样不容忽视。毫无疑问，中华文明在很长一段时间内都是内陆文明，但海洋的影响却很早就渗透到了文化的内核之中，我们的文明也始终带着深深的海洋烙印。⑥

海洋环境史的学术诉求是推进环境史研究深入发展，改变传统环境史重陆地轻海洋的倾向，让研究的视角越过海岸线，深入海洋，全方位解读海陆之间的人与自然互动关系。我们应该积极践行环境史研究的

---

① 转引自高国荣《美国环境史学研究》，中国社会科学出版社，2014，第 32 页。

② 王利华：《中国生态史学的思想框架和研究理路》，《南开学报》2006 年第 2 期，第 26 页。

③ 战国齐人邹衍提出大九州说，史载："儒者所谓中国者，于天下乃八十一分居其一分耳。中国名曰赤县神州。赤县神州内自有九州，禹之序九州是也，不得为州数。中国外如赤县神州者九，乃所谓九州也。于是有裨海环之，人民禽兽莫能相通者，如一区中者，乃为一州。如此者九，乃有大瀛海环其外，天地之际焉。"见《史记》卷 74《孟子荀卿列传》，中华书局，1959，第 2344 页。

④ 成书于汉末魏晋时期的《海内十洲记》将古代传说中仙人居住的十个岛称为十洲，后世沿袭这一说法，如《仙传拾遗》即称："巨海之中有十洲，曰祖洲、瀛洲、玄洲、炎洲、长洲、元洲、流洲、光生洲、凤麟洲、聚窟洲。"见《太平广记》卷 4《神仙四·鬼谷先生》，中华书局，1961，第 25 页。

⑤ 赵九洲、马斗成：《避实就虚：中国虚幻环境史研究发凡》，《鄱阳湖学刊》2019 年第 1 期。

⑥ 可参看王元林《国家正祀与地方民间信仰互动研究——宋以后海洋神灵的地域分布与社会空间》，中国社会科学出版社，2016；王子今《秦汉时期的海洋开发与早期海洋学》，《社会科学战线》2013 年第 7 期；卜祥伟、熊铁基《试论秦汉社会的海神信仰与海洋意识》，《兰州学刊》2013 年第 9 期；倪浓水《浙江海洋民间信仰中的"游母"石信仰考析》，《浙江社会科学》2012 年第 7 期。

"自然进入历史，历史回归自然"理念,① 将海洋自然环境因素由历史舞台道具与背景变为主演，改变"见人不见物"的研究弊病，但也绝不走"见物不见人"的极端,② 为海洋社会与生态变迁提供不同的研究范式与阐释模式。

在评述历史上海陆间物质能量的交换问题时，我们致力于摆脱激进环保主义的立场，避免衰败论、原罪论式的分析模式，我们需要全方位审视人与海洋间纷繁复杂的联系，两者间的相互作用与彼此因应绝非保护与破坏这么简单。有学者即曾指出，"当今环境史学界，多数环境史著作呈现出典型的衰败论论调：追忆美好的过去，经历惨痛的现实，面对昏暗的未来"，"衰败论还会让研究者画地为牢，仰望井口大小的天空自怨自艾"，"如果研究者事先预设了衰败性研究基调，在构思、书写和撰述中就容易自动剔除与之意见相左的历史事实。因缺乏全局性的、多维度的历史考察而得出片面化、孤立化的衰败性判断，恐与历史事实相去甚远"。③ 自传统环境史中衍生出来的海洋环境史，也需要格外警惕此种结论先行的悲观论调，把海洋环境史生生做成无趣、晦暗的海洋环境破坏史。我们只要跳出保护与破坏的执念，便会发现有更多精彩的故事需要我们去讲述，有更多深奥的道理需要我们去剖析。我们要努力走出认识误区，力争客观、公允、理性地分析史实。④ 我们希望学界同人携手不断拓展中国海洋环境史研究领域，构建精当的理论体系，开展独特的实证研究，做出具有中国气派、符合中国实际、拥有中国特色的海洋环境史研究。

作为新兴史学分支，我国环境史发展至今还不足 30 年，仍处于上升期。环境史在全国不同省市和不同高校间的发展还很不均衡，多数省市高校和科研院所仍以传统史学为主，环境史还比较薄弱，所受重视程度并不

① 李根蟠：《环境史视野与经济史研究——以农史为中心的思考》，《南开学报》2006 年第 2 期，第 2 页。

② 梅雪芹：《从环境的历史到环境史——关于环境史研究的一种认识》，《学术研究》2006 年第 9 期，第 18 页。

③ 陈林博、钱克非：《大加速时代下环境史研究新动向——第三次世界环境史大会述评》，《鄱阳湖学刊》2019 年第 4 期，第 111~112 页。

④ 关于衰败论的评析，可参看侯甬坚《"环境破坏论"的生态史评议》，《历史研究》2013 年第 3 期；刘向阳《取向转型：从"衰败论叙事"到"地方性知识"的环境史》，《光明日报》2015 年 10 月 24 日，第 11 版；刘向阳、魏亚茹《环境史叙事范型演变路径的追溯与反思》，《史林》2017 年第 2 期；赵九洲《衰败论：中国环境史的误判及其评析》，《鄱阳湖学刊》2016 年第 2 期。

高。在环境史发展过程中，不少学者对环境史并不完全认同，他们对环境史的学术界域与学科定位颇多疑虑，环境史的安身立命之本何在与环境史能否在史学中站稳脚跟这样的问题也一直在叩问环境史学者。不过，随着环境史研究的不断推进，环境史逐渐获得了学界的认同，环境史已成为人文社会科学研究中的重要学术热点和学术增长点。当下，国家在全面推进生态文明建设，不少省市也在大力推进新旧动能转换，在这样的大背景之下，历史学科显然也需要对标生态文明，积极培育新动能、改造旧动能，开拓新领域，做强旧领域。在历史研究中，加大对环境史的关注力度，是可取的思路之一。我国濒临辽阔海域，人与大海之间交互作用的历史悠久，有着大量的问题值得深入探究。而海洋环境史则是环境史中尚不成熟的研究领域，研究也相对薄弱。大力推动海洋环境史研究，凸显了环境史研究注重自然环境作用的特色，也可以为环境史研究创造后来居上的契机，最终实现环境史学科的快速成长。我们长远努力的方向是，打造一流的海洋环境史研究团队，把更多的中国声音传递给国际学界。

中国海洋环境史的现实诉求是讲好滨海地区的海洋生境演进故事，探究人们与海洋和谐共生的生态智慧，搜集、整理、保存、推介与海洋环境相关的文书、碑刻、图像、口述史资料，坚守海洋文化根脉，制定环境友好型的海洋旅游发展战略，反思当代海洋环境问题，建设美丽海洋、美丽城市、美丽乡村，为滨海地区未来的生态环境健康、可持续发展提供智力支持。同时，积极汲取经济社会发展的历史经验，助力国家经略海洋战略和地方政府的海洋攻势，为海洋经济发展出谋划策，突出海洋特色，用好海洋文化资源，擦亮海洋招牌，壮大海洋文化产业。①

近年来，随着经济发展和人们生活水平的提高，生态环境问题引起人们的重视，生态文明建设也成为国家战略，"建设美丽中国"与"绿水青山就是金山银山"这样的理念逐渐深入人心。我国濒临辽阔海疆，沿海地区转型又较早，海洋经济与海洋环境的可持续发展问题也是摆在政府和人民面前的重要课题。历史上，人与大海如何和谐共生？沿海地区如何向海而生、因海而兴？千百年来，特别是近代以来，人海交互作用过程中，海陆物能交流

---

① 已有不少学者在这方面进行了探讨，如王日根《海润华夏：中国经济发展的海洋文化动力》，厦门大学出版社，2015；如原国家海洋局组织编写包括沿海 11 省和港澳台 3 地共 14 分册的"中国海洋文化"丛书，该丛书由中国海洋出版社于 2016 年出版。但从海洋环境史的角度切入深挖海洋文化仍然有着丰富的新题目可做。

过程中有哪些可取的经验，又有哪些惨痛的教训。相关历史演进的脉络，亟须认真梳理剖析，为今时今日的经略海洋提供有益的资鉴。党的十八大以来，国家积极谋划经略海洋战略，努力建设海洋强国。[①] 沿海地区也不断加大海洋研究力度，努力保护海洋生态环境，推进海洋生态文明建设，努力建设"水清、滩净、岸绿、湾美、岛丽"的美丽海洋。同时，地方政府也在积极发掘海洋文化底蕴，振兴海洋文化，打造海洋文化品牌，推动海洋文化旅游，壮大海洋文化产业。环境史应该积极对接政府发展战略，服务地方经济文化事业发展。另外，海洋环境史也应该眼光向下，转变思路，让历史走向大众，让大众贴近历史，走出一条大众史学的新路，讲述让大众耳目一新、喜闻乐见的海洋故事。

三　海洋环境史的理念、取向与方法

杨国桢在接受记者访谈时，曾深入剖析海洋史研究的理念，其观点用来概括海洋环境史的理念也是恰如其分的。类比杨氏的观点，我们认为，将历史叙述的重心从陆地转向海洋，同样有助于我们重新"发现"中国环境史。海洋环境史在地理基础上以海洋为中心，海洋活动中的人与自然关系是海洋环境史当之无愧的主角。我们要做的是海洋本位主义的海洋环境史，而非陆地本位主义的涉海环境史。海洋环境史自成体系，独具特色，有着独特的研究对象、研究取向和研究方法。海洋环境史绝不仅仅是陆地环境史的边角料和附庸品，也不仅仅是陆地环境史的简单扩展与推演。[②]

但我们也要指出，海洋环境史不仅就海洋论海洋，不搞唯海洋论，即不能只看得见海洋而看不见其他事物；也不搞泛海洋论，即不将海洋视作人与自然关系中的终极决定力量。我们要矫正不见海只见陆的传统环境史之流弊，但也不能走向只见海不见陆的极端。海洋环境史关注人与自然的历史，而非离开人独立存在的纯粹自然之海洋史，无论我们如何强调海洋的重要性，都无法否定人类社会的根脉始终是陆地这一事实，终年靠海为生之人，

---

①　2013 年 7 月 30 日下午，中共中央政治局就建设海洋强国研究进行第八次集体学习，习近平在会上指出："要进一步关心海洋、认识海洋、经略海洋，推动我国海洋强国建设不断取得新成就。"详细报道见《人民日报》2013 年 8 月 1 日，第 1 版。

②　徐鑫：《发展中国海洋史学　构建中国海洋话语体系——访厦门大学人文学院历史系杨国桢教授》，《中国社会科学报》2019 年 3 月 25 日，第 5 版。

亦断然无法完全与陆地绝缘，其生产生活与陆地必然产生千丝万缕的联系。所以，陆地环境史的简单涉海延展不足以构成海洋环境史，但海洋环境史却必然广泛涉陆，完全抛开陆地，纯粹的海洋宗教激进主义的海洋环境史亦只是镜花水月和空中楼阁。海洋环境史，必然是以海为本、立足海洋、面向陆地、海陆勾连的环境史。

所以，探究海陆间的关联互动及社会生态变迁是海洋环境史最重要的诉求，其中最核心的部分便是海陆之间的以及以海洋为媒介的陆地之间的物质、能量如何交换、循环、流动，同时关注海洋关联的人与自然关系经由这些交换、循环、流动如何全方位渗透到了人类文明的方方面面。吴建新即强调，海洋环境史"在描述生态环境变迁时，注意以人为中心，注意社会与生态环境的互动关系"，要"注意自然生产力与人创造的生产力二者对生态环境的影响"。①

毫无疑问，海洋环境史与环境史、海洋史关系都极为密切，研究领域与两者都有较多的交叉与重叠。两者的丰厚历史积淀都为海洋环境史研究开展打下了坚实的基础，但海洋环境史的研究理路却并非直接取自两者的研究理路，而是又经过了全新的演绎与迭代。环境史学界对海洋环境问题的关注日渐增多，但传统陆地环境史的根基深厚，环境史学者们也仍更多地集中在陆地环境史领域内耕耘，不管是理论研判还是实证分析，都少有涉及海洋问题者。② 为海洋环境史鼓与呼者不多，且与其事者影响力也相对较小。杨国桢还曾指出："海洋空间的变化有自然和人文因素。自然因素包括水域空间的伸缩、资源的增长和消退，等等。这里要讲更重要的人文因素，从当前而言，人类若是忽视海洋生态、环境，以牺牲海洋为代价谋求发展，污染海洋环境、肆意填海造陆、过度海洋捕捞等行为都会造成海洋空间的退缩。"③但我们注意到，海洋史学者的主要关注焦点也仍集中于政治、经济、文化领

---

① 吴建新：《明清时期环珠江口平原的生态环境——兼谈海洋生态环境史的研究方法》，《海洋史研究》2015 年第 2 期，第 229、231 页。

② 中国环境史学界影响力较大的如刘翠溶、李根蟠、王利华、夏明方、王建革、钞晓鸿、周琼、李玉尚等人，此外兼做环境史研究的历史地理学者非常多，在此不一一列举，所有这些学者中只有李玉尚对海洋环境史有较多涉猎。我国的世界环境史学者中影响力较大的如包茂红、梅雪芹、付成双、高国荣等人，也只有包茂红曾倡议推动海洋环境史研究，但他后续也再未进一步推进。

③ 徐鑫：《发展中国海洋史学 构建中国海洋话语体系——访厦门大学人文学院历史系杨国桢教授》，《中国社会科学报》2019 年 3 月 25 日，第 5 版。

域。接下来，我们还应努力推动学界摆脱路径依赖和领域惯性，努力开拓新的研究领域，促进环境史实现海洋转向的同时，也促进海洋史实现环境转向。

海洋环境史关注的时间范围上溯远古，下迄晚近。空间界定以近海地区为主，但不拘泥于这一界定，还会涉及内陆腹地与遥远的异域。主要结论其实不仅适用于近海地区，也适用于全国海域乃至整个海洋。我们关注的海洋，既是局部之海洋，同时也是全国之海洋，世界之海洋。海洋环境史致力于全方位呈现近海海域自古至今的人与自然互动关系的面貌，我们可以采取微观、中观、宏观等不同的观察维度，探究局部、全国乃至全球海洋问题。但在早期发展过程中，我们还是应鼓励多做区域性的微观海洋环境史研究，不断提高研究的分辨率，先把不同区域的拼图板块一片片描绘出来，在此基础上的全国海洋环境史乃至全球海洋环境史才会更加瑰丽动人。①

区域研究中，空间上的不平衡现象较为明显。李尹指出，海疆开发史已有的研究成果存在明显的"重南轻北"倾向，其实海洋史其他领域的研究也存在这样的问题。② 未来海洋环境史若能在北方海域上多用些心力，或许更容易突破海洋史的窠臼，打开全新的局面。当然南方海域也天然地就应该成为关注的重点，也依旧值得环境史学者深度耕耘。在学术思想方面，我们努力彰显区域海洋环境史的重要学术价值。海洋生态系统是整个人类生态系统的基础组成部分，不同的海域构成了中国海洋的基石。不探究区域海洋环境问题，就不能真正理解整个海洋生态系统的机能与运作情况。不探究区域海洋环境史，就不能理解中国海洋环境史。故而深入探究区域海洋环境史显然是环境史研究中极有价值的研究课题，目前相关研究还较少。在学术观点方面，我们应该强调历史选择了滨海区域，同时也是生态环境选择了滨海区域。滨海区域之所以成为滨海区域，社会条件固然重要，而独特的生态特质同样重要。更进一步来看，独特的社会条件，恰恰也是植根于独特的生态条件基础之上的。

无论研究尺度有多大，每一项具体的海洋环境史研究大致可以包括以下

---

① 关于微观环境史问题，笔者做过初步的探讨，可参看赵九洲《深入细部：中国微观环境史研究论纲》，《史林》2017 年第 4 期；《环境史研究的微观转向——评〈人竹共生的环境与文明〉》，《中国农史》2015 年第 6 期。

② 李尹：《20 世纪 80 年代以来中国海洋史研究的回顾与思考》，《中国社会经济史研究》2019年第 3 期，第 97 页。

几个方面：其一，关注区域内经济社会与海陆自然环境的基本状况，为整个研究框定时空背景；其二，梳理历史上的涉海社会生产与生计活动变化脉络，分析其与环境之关联，探究社会、生态如何相互作用、相互影响；其三，着力分析经济社会发展的海洋动力因素，勾勒相关区域"向海而生，因海而兴"的生态环境背景，对历史演进脉络进行全新解读；其四，围绕城市扩展、海岸线变迁与海湾进退来分析特定区域的社会与生态变迁，探究滨海城市发展模式的利弊得失；其五，思考历史上城市污水排放与垃圾处理对海洋生境的影响进程，探究城海共生体系建构的历史经验与现实理路；其六，探究海洋产业发展过程中面临的多层次问题，思考文化传承与生态建设之道，探寻理性发展之路；其七，透视当代海洋面临的生态问题，从环境史的角度看海洋产业发展成败得失，反思滨海区域面临的环境困局，规划海洋生态绿色发展方略。

海洋环境史研究的重要目标是勾勒近海区域的社会与生态变迁脉络，梳理两者的交互作用与彼此因应关系，力图对海港兴废、城市盛衰、远洋运输的经济与生态效应等重大历史问题的面相与历史演进的动力机制进行全新的体认，构建全新的话语体系与阐释模式。同时深入考察当代社会发展中面临的环境问题，思考如何构建环境友好型的新海洋。

海洋环境史在方法问题上主要有以下三个方面。

其一，须加大史料搜集力度。因为我们开展的是较少留下物质痕迹与文字记载的海洋相关研究，必然面临材料不足的问题，直接的文献资料既少又分散，需下大功夫搜寻。除搜集与梳理传统文献资料之外，我们还将大力利用碑刻、出土文物等资料，并大量搜集口述史材料。在传统的文本解读之外，透过数理统计分析提高史料利用效率，还要重视对田野调查和口述史资料的运用。

除此之外，我们还要转换思维，活用其他史料，笔者曾撰文探讨相关问题，主要有三种方法，一是以彼证此，即用他处的材料说明此处的相关问题，比如研究黄海航道问题，我们可以适度利用上海、宁波乃至日本、朝鲜的资料；二是以后证前，即用后来的材料说明此前的问题，研究古代海洋相关问题，现代的海事测量、气象观测资料也可适度运用；三是以大证小，即用全局性的材料说明较小区域的问题，比如整个东北亚的季风与洋流资料也可用来剖析黄渤海地区的相关问题。当然，相关材料运用必须受到严格的限制，运用的合理性问题也应视具体情境来审查。①

其二，海洋环境史涉及的问题非常多，包括社会生产生活的方方面面以及生态系统的诸多影响因子，需理清头绪，统筹安排。正如有学者指出的那样，"这使得环境史所关涉的问题空前庞杂——众多自然因素之间的关系原已错综复杂，自然因素与社会因素之间的纠葛与交织更是剪不断、理还乱"。② 这就需要学者具备扎实的史学功底、高超的谋篇布局能力和敏锐的问题解构能力。我们可以化整为零，化繁为简，不在一个课题、一部书稿、一篇文章里解决太多的问题，从单个具体的问题做起，小题大做，做深，做透。同时，我们还要以小见大，采用发散式思维，如果我们开展的是区域海洋环境史，则我们一定不是就区域论区域，而是以区域为整个研究的切入点，将由点及线、由线成面，由区域生发开来，探究更广范围内海洋社会与生态变迁的整体面相。

其三，开展跨学科研究，综合运用历史学、生态学、农学、经济学、人类学、社会学、地理学等诸多学科的理论范式与分析方法。正如很多学者所强调的那样，环境史学者需要庞杂的知识储备和复杂的头脑。所以，我们要有所为，广泛涉猎各个学科的知识，努力吸收更为丰富的营养，有学者很形象地指出："在一份由环境史学者整理的论著目录索引中，论著的作者远不止是环境史家，他们很可能是历史地理学家、农史学家、物史家、人类学家、地质史家、考古学家、社会史家。"③ 同时，我们也要有所不为，"对于一个环境史学者来说，要掌握所有庞杂的知识，显然是不可能的。我们应该根据个人研究路径来自觉地选择不同的方法，这些研究路径可以是水利史、农林史、气候史、历史地理等等"。④ 我们要根据实际研究的主题而有所偏重，按需而取，不必照单全收，更不必读完、读遍、读透。

另外，我们要学会"不求甚解"，我们无必要也无可能精通所有的知识，一个历史学者怎么可能同时又是生态学家、农学家、经济学家、人类学家、社会学家、地理学家！相关的理论、方法、数据、结论能够为我所用，

---

① 详情可参看赵九洲《中古石家庄区域文化史研究发凡》，《石家庄学院学报》2019 年第 4 期，第 9 页。

② 王利华：《环境史研究的时代担当》，《人民日报》2016 年 4 月 11 日，第 16 版。

③ 王利华：《生态环境史的学术界域与学科定位》，《学术研究》2006 年第 9 期，第 8 页。

④ 方万鹏：《自然科学方法运用于历史研究的可能与限度——以环境史为中心的几点思考》，《学术研究》2011 年第 8 期，第 118～119 页。

能解决我们需要解决的问题就行了。最后，我们还需要将相关的学科知识彻底历史化，我们毕竟从事的是历史研究，而非其他学科的研究，有学者即指出，"跨学科工作欠缺造成的最大影响就是海洋环境史'历史化'程度稍显不足，主要表现为研究成果内容上过于倚重数据和模型，反而在历史推理和论述上稍显薄弱"。研究古代海洋史，不可避免地要利用古地质学、古生物学、古气象学等的知识，但我们要矫正相关领域缺少人类关联和人文关怀的弊端；研究现代海洋环境史，又不得不利用海洋生物与生态、海洋化学、海洋地球物理等学科的知识，但我们还要规避在相关领域缺少时间序列上纵深考量的不足。

综上所述，本文对中国海洋环境史的研究现状、界定、价值、理念、取向、方法等问题做了初步探讨。海洋环境史研究刚刚起步，研究基础还比较薄弱。我们希望学界共同努力，不断夯实理论与实证研究基础，更细致、更深入地理解海洋生态系统运行的特质，在不远的将来能推出更全面也更成熟的海洋环境史专著，形成有中国气派的成熟的海洋环境史研究领域。

（执行编辑：刘璐璐）

什么是海洋史？英语学界海洋史研究的兴起与发展[*]

韩国巍[**]

摘　要： 英语学界的海洋史研究始于 19 世纪 80 年代末的英国。直到 20 世纪 60 年代，国际海洋史委员会陆续在法国、英国成立，海洋史才正式成为历史学的新议题。早期海洋史的概念一直很模糊，以至于许多人将其视为海军史、航海史、帝国史等，其研究方法始终遵循历史叙事传统。20 世纪 70 年代初，年鉴学派致力于"总体史"的目标，在经济史和社会史研究范式的基础上，海上经济史和海上社会史逐渐兴起。这一主导趋势一直转移到 20 世纪 80 年代末，面对当时海洋史学科内外的双重困境，一些海洋历史学家寻求跨学科研究方法的帮助，即结合全

---

* 本文是 2021 年 8 月提交给广东历史学会、广东省社会科学院海洋史研究中心联合主办的"2021 海洋广东论坛——庆祝广东历史学会成立七十周年研讨会"暨第四届海洋史青年学者论坛的论文修改版，最初提交日期为 2021 年 8 月 30 日。本文选取的文本范围划定在"英语学界"原因有二：一是海洋史自兴起至今，尽管像国际海洋经济史学会［International Maritime Economic History Association，该学会于 2016 年将"经济"二字去掉，更名为国际海洋史学会（International Martime History Association）］这样的组织积极号召非英语国家学者参与其中，并试图吸引全球各地的海洋史学者参加国际海洋史大会（International Congresses of Maritime History）这样的会议，但学科内的主要期刊大多以英文发行，从事该领域的研究者主要来自英国、美国、加拿大、澳大利亚等使用英语交流的国家；二是因为个人能力有限，暂时无法阅读西班牙语、葡萄牙语等非英语语种的文献。本文所讨论的英语学界不仅包括主要使用英语交流的英美等国学界，也包括用英文发表文章或出版论著的其他国家学者。

** 韩国巍，东北师范大学历史文化学院博士研究生。

球史、环境史以及新文化史，并将其理论和方法应用于海洋史研究。1989 年，弗兰克·布洛泽根据人类与海洋多维度的互动方式将海洋史的研究范畴划分为六个类别，促进了海洋史的跨学科研究。目前的海洋史研究似乎达到了"无所不包"的"总体史"规模，但同时也存在"碎片化"的潜在风险。

关键词： 海洋史　英语学界　海洋总体史

从历史的视角出发，海洋不但是人类赖以生存的自然地理空间，也是人类文明交往、物质文化传播的重要媒介。在国外，尤其是英国、荷兰、澳大利亚等西方国家，海洋史研究有着深厚的历史积淀。即便如此，因时代背景、学术环境、史学动向的不断变化，直至今日，学界对海洋史的概念仍然存在不同理解和界定。目前，国内的海洋史研究①虽已初见成效，但国内学者针对"海洋史理论与方法"的系统考察力度不够。厘清其概念演变过程，明晰当下英语世界海洋史研究的主要理论与方法，可供我国海洋史学者参考。有鉴于此，本文梳理自 1960 年以来英语世界学者海洋史研究的主要成果，揭示海洋史发展三阶段的概念演变、研究内容、研究视角、研究范畴，探寻其背后的动因，厘清当下英语学界海洋史的研究概况及其学术趋向。

一　什么是海洋史？

（一）海洋史的概念界定

本文探讨的海洋史（Maritime History）不同于传统史学家笔下"与海洋有关的历史"书写，也并非自然史中"海洋的历史"，而是发端于 19 世纪英国的一个历史学研究领域，秉承与传统史学研究中"陆地视角"相对应

---

① 现今国内研究者笔下的"海洋史"通常指的是"Maritime History"，即 1960 年在国外成为独立学科之后的海洋史。Maritime History（或 Oceanic History）一词常见于国外海洋史的官方机构中，例如国际海洋经济史学会、澳大利亚海洋史学会（Australian Association for Maritime History）、北美海洋史学会（The North American Society for Oceanic History）等。

的"海洋视角",是一门成熟的历史学分支学科。[1]

在尚未发展成明确的研究领域之前,早期的海洋史研究与海军史、航海史、帝国史相杂糅。英语世界常见 nautical history、naval history、history of the seas 等名称,用以表达"与海洋有关的历史"。20 世纪 60 年代,国际海洋史委员会陆续在法国、英国成立,海洋史才正式成为历史学的新议题。[2] 之所以将该领域命名为海洋史(maritime history),而非大洋史(oceanic history)或海洋历史(sea history),是因为这两种表达似乎都排除了世界范围内的大型内陆水体(河流、湖泊)所发挥的作用,而 maritime 表达的意思十分灵活,指的是与船舶、航运、航海、水手相关,以及生活在海上或与之有关的人员及其活动。[3] 但直至 20 世纪 90 年代,国外海洋史学者并没有形成对"什么是海洋史"的统一认识。1989 年弗兰克·布洛泽在发表于《大循环》上的《从边缘到主流:澳大利亚海洋史发展的机遇与挑战》中谈道:

> 海洋史的主要问题之一是它的名称以及由此产生的一些常见的误解。许多人甚至包括海洋史本领域的研究者,认为海洋史不过是与船只、航海有关的历史,此外再无其他。[4]

同年,刘易斯·费希尔和黑尔格·诺德维克在《国际海洋史期刊》(*International Journal of Maritime History*,*IJMH*)的创刊词中表示海洋史的内涵和研究范畴仍需进一步明确,[5] 这说明海洋史的研究范式在 20 世纪 90 年代以前还很不成熟。

---

[1]　Malcom Hull, "The Interdisciplinarity of Maritime History from an Australian Perspective," *The International Journal of Maritime History*, Vol. 29, No. 2, 2017, pp. 336-343. 目前,英语世界的海洋史在历史研究中扮演两个角色:一是作为一门历史学分支学科;二是作为一种分析框架。本文所说的"海洋史"指的是前者。

[2]　国际海洋史委员会的宗旨是促进国际海洋史成果的交流、分享,会员以欧洲和美国海洋史专家为主。

[3]　详见 John B. Hattendorf, ed., "Introduction", *The Oxford Encyclopedia of Maritime History*, 4 vols, Oxford: Oxford University Press, 2007, p. xviii。

[4]　Frank Broeze, "From the Periphery to the Mainstream: The Challenge of Australia's Maritime History," *The Great Circle*, Vol. 11, No. 1, 1989, p. 2.

[5]　Lewis R. Fischer and Helge W. Nordvik, "Editors' Note," *International Journal of Maritime History*, Vol. 1, No. 1, 1989, pp. vi-ix.

国外海洋史学者对海洋史的概念做出过多种解释。1989 年，《国际海洋史期刊》创始人之一黑尔格·诺德维克指出，海洋史研究的是海洋与人类之间的关系。① 在此基础上，大卫·威廉姆斯进一步阐明了人类与海洋关系的变化：18 世纪中叶以前，二者关系主要是经济层面的，二战后，这种联系在人类生存环境的影响下得以扩展和重构。② 1989 年，弗兰克·布洛泽提出"海洋史的定义应该尽可能广泛"，认为"海洋史就是研究人类在海上活动的历史"。③ 1995 年，布洛泽根据英语学界海洋史、海军史的研究情况指出"学界必须就海洋史的研究目的达成共识，尤其要将海军史纳入其研究范畴"。④

进入 21 世纪，受到新区域史影响，英语学界的海洋史学者从全球视角审视海洋空间与人类文明的内在关联，继而开辟了一个被称为"新海洋学"⑤（New Thalassology）的新领域。2003 年，爱德华·彼得斯评论霍登和珀塞尔的著作《堕落之海：地中海史研究》⑥，第一次提出了 New Thalassology 这一领域，认为布罗代尔早在 1949 年就创建了 Thalassology 这个学科。⑦《堕落之海：地中海史研究》对布罗代尔开启的地中海历史研究进行了回应，展现了从古代到近代地中海及其周边地区的历史风貌，对地中海作为历史学分支

① Lewis R. Fischer and Helge W. Nordvik, "Shipping and Trade, 1750-1950: An Introduction," in Fischer and Nordvik, eds., *Shipping and Trade, 1750-1950: Essays in Imernstions*, *Maritime Economic History*, Pontefract: Lofthouse, 1990, p. 5.

② David Williams, "Humankind and the Sea: The Changing Relationship since the Mid-Eighteenth Century," *The International Journal of Maritime History*, Vol. 12, No. 1, June 2010, p. 2.

③ Frank Broeze, "From the Periphery to the Mainstream: The Challenge of Australia's Maritime History," *The Great Circle*, Vol. 11, No. 1, 1989, p. 2.

④ Frank Broeze, ed., *Maritime History at the Crossroads: A Critical Review of Recent Historiography*, "Introduction," *Research in Maritime History*, No. 9, NF: International Maritime Economic History Association, 1995, p. xix.

⑤ Peregrine Horden and Nicolas Purcell, "The Mediterranean and 'the New Thalassology'," Forum, *American Historical Review*, June 2006, pp. 722-740. 〔英〕佩里格林·霍登、尼古拉斯·珀塞尔：《地中海与"新海洋学"》，姜伊威译，夏继果校，《全球史评论》第 9 辑，中国社会科学出版社，2015，第 31~56 页。是国内学者首次将"New Thalassology"译为"新海洋学"。"Thalassology"源自希腊语单词"thalassa"（意为"海洋"）和"logos"（意为"研究"）。Thalassology 这一跨学科领域涵盖了海洋生物学、海洋地质学和大气科学，涉及与海洋有关的各个方面。"New Thalassology"即"新的与海洋有关的研究"。

⑥ Peregrine Horden and Nicholas Purcell, *The Corrupting Sea: A Study of Mediterranean History*, London: Blackwell Publishers, 2000.

⑦ Edward Peters, "Quid Nobis cum Pelage? The New Thalassology and the Economic History of Europe," *Journal of Interdisciplinary History*, Vol. 34, No. 1, 2003, p. 56.

学科的概念做了更为深入的阐释，该著作的面世标志着 21 世纪新海洋学的开端。① 新海洋学批判了传统的文化地理学，打破了塑造传统史学的政治边界。此种研究模式为海洋史乃至大型区域的历史书写开辟了新的研究路径。

大体而言，到 21 世纪头 10 年，学界已经基本对"什么是海洋史"达成共识。大卫·威廉姆斯认为，随着时间的推移，人类与海洋的关系在不断变化，并提议在布洛泽提出的"人类利用海洋的六个类别"基础之上，再增加两个类别："海洋环境"和"海洋遗产"维度。② 海洋史的广阔视野，除了体现在其关注的主题之外，其包容性也存在于空间层面。2010 年，希腊海洋史学家吉琳娜·哈拉菲蒂斯指出："海洋史将地方、区域、国家与国际、全球联系起来，从而使我们有可能对世界上最偏远地区的小人物、日常生活、物质文化交流进行比较研究。"③ 2014 年，面对海洋史在探索自身研究范式时不断寻求跨学科研究路径的情况，刘易斯·费希尔表示，"与其继续寻找重塑海洋史的方法，我建议我们遵循布洛泽所指出的方向"，④ 倡导在布洛泽的定义中加入一些内容（史学实践）。⑤ 吉琳娜·哈拉菲蒂斯于 2020 年发文⑥对弗兰克·布洛泽在 1989 年对海洋史下的定义⑦表示赞同。同年，戴维·斯塔基在《为什么是海洋史》一文中指出："至少现在的话题已经从探讨'什么是海洋史？'过渡到'为什么是海洋史？'（即海洋史的研究意义与研究价值）了。"⑧ 这表明海洋史学家目前已经对海洋史的定义达成

---

① Gelina Harlaftis, "Maritime History or the History of Thalassa'," in G. Harlaftis, N. Karapidakis, K. Sbonias and V. Vaipoulos, eds., *The New Ways of History: Developments in Historiography*, London: Tauris Academic Studies, 2010, p. 216.

② David M. Williams, "Humankind and the Sea: The Changing Relationship Since the Mid-eighteenth Century," *International Journal of Maritime History*, Vol. 22, No. 2, 2010, pp. 1–14.

③ Gelina Harlaftis, "Maritime History or the History of Thalassa'," in G. Harlaftis, N. Karapidakis, K. Sbonias and V. Vaipoulos, eds., *The New Ways of History: Developments in Historiography*, London: Tauris Academic Studies, 2010, p. 220.

④ Lewis R. Fischer, "Are We in Danger of Being Left with Our Journals and Not Much Else: The Future of Maritime History?" *The Mariner's Mirror*, Vol. 97, No. 2, February 2011, p. 367.

⑤ Gelina Harlaftis, "Maritime History: A New Version of the Old Version and the True History of the Sea," *The International Journal of Maritime History*, Vol. 32, No. 2, 2020, pp. 383–402.

⑥ Gelina Harlaftis, "Maritime History: A New Version of the Old Version and the True History of the Sea," *The International Journal of Maritime History*, Vol. 32, No. 2, 2020, pp. 383–402.

⑦ Frank Broeze, "From the Periphery to the Mainstream: The Challenge of Australia's Maritime History," *The Great Circle*, Vol. 11, No. 1, 1989, pp. 1–13.

⑧ David J. Starkey, "Why Maritime History?" *The International Journal of Maritime History*, Vol. 32, No. 2, 2020, pp. 376–382.

了较为统一的认知——遵循弗兰克·布洛泽的提法，研究人类与海洋互动的历史，并根据人类与海洋多维度的互动方式，将海洋史研究范畴划分为六个类别。① 无论是理论构建还是史学实践，海洋史的外延都在不断扩大，日益趋向总体史规模。

（二）海洋史的研究范畴

1. 研究视角

海洋视角。传统历史书写大多秉承陆地视角，即"从陆地看海洋"，将海洋视作陆地的边缘，把海上发生的历史事件视为陆地事件的延伸。海洋史视域下的海洋和陆地关系是开放的、互通的，要求历史学家从海洋对人类影响的多种角度重新审视人类历史进程。

微观视角。从学术层面看来，英语世界海洋史的发展历程中糅合了人类学、考古学、文化地理学、生态学等多学科的研究方法，以及经济史、社会史、文化史、性别史等多个领域的研究视角。早期海洋史关注的对象多为精英阶层，例如杰出的航海家、海军将领等。随着微观史学的勃兴，海洋史研究视角开始下移，逐渐关注海上劳工、海上女性、海盗、水手等小人物。

全球视角。上文提到"新区域研究"的发展衍生出了一种海洋史研究的新路径，名为"新海洋学"。受全球史研究范式的影响，20世纪末英语世界的海洋史研究逐渐呈现"去国家中心"的趋向。跳出民族国家中心和大陆中心的拘囿，把海洋看作一个可观的、完整的、具有主体性和独立性的对象，将海洋（包括盆区）及其相毗邻的大陆部分联合成为一个整体单元（如大西洋世界、太平洋世界、印度洋世界），用"跨边界"（包括国家边界、洲际边界和领域边界）的视角观察、确立和分析海洋在世界历史发展进程中的作用。

---

① 一是人类利用海洋资源及其底土，关注的重点包括渔业、当地社区的经济和社会生活。二是人类利用海洋运输，海洋作为一种交通媒介承载人和货物，探讨的是沿海城市或港口的发展（包括海上贸易、船舶、航海、海员、岛屿社区、港口城市、船东/航运公司和航运机构等）。三是人类利用海洋进行国家权力的投射，关注的重点在海上商业战争、海盗、海军力量、海军战略和技术、政府政策等方面。四是人类利用海洋进行的科学探索，包括海洋学和气候学的研究，以及各国政府从历史角度出发，结合海洋科学技术制定的现行政策。五是人类利用海洋进行休闲活动，从历史的角度来看，海岸是一个可再生的环境，一个集游泳、冲浪以及其他各类海上娱乐于一体的空间。六是将海洋作为一种文化或意识形态进行探究，研究海洋在视觉艺术与文学领域中所扮演的角色以及发挥的作用和在国家或民族层面的自我定位及自我觉醒中所发挥的作用。

2. 研究内容

1989 年弗兰克·布洛泽提出的"人类利用海洋的六个类别"划定了海洋史广泛的研究内容，在此基础上，吉琳娜·哈拉菲蒂斯在 2020 年整理了涵盖所有人类与海洋动态关系的五个方面。①

在海上（On the sea）。人类在海水表面的活动，包括海上探险、船舶技术、对海洋结构的探索和发现、商船路线、导航技术、战争或海盗造成的海上暴力、海上货物运输。

在海洋周围（Around the sea）。主要指以海为生的人群，包括海洋社区、港口城市、航运业、造船业、海洋旅游业。

在海中（In the sea）。主要指发掘海洋资源和影响海洋环境的人类活动，如渔场、石油开采、海洋资源、海洋学、沉船、海洋环境。

由海洋所引发（Because of the sea）。主要指因人—海关系而产生而后又改变了海洋历史轨迹的因素。其中包括海洋运输系统（海/陆/河运输、企业家网络、航运市场）、海洋帝国、国际海事机构及其政策。

与海洋有关（About the sea）。探讨海洋文化和遗产以及海洋对艺术和意识形态的启发。海洋激发了"海洋国家"的意识形态，为国家叙事服务。海作为一个意象空间，一直是诗人、小说家和剧作家使用的象征和隐喻手段。

以上五个方面清晰呈现了人类与海洋之间的多重互动关系，同时阐明海洋史研究的内容。海洋史书写的核心，"就是要确定海洋是如何、在何处、何时以及为何作为一个动态的媒介，以其永恒的运动和连续性给人类社会带来变革"。②

3. 研究方法

海洋史研究方法有比较研究、跨学科研究等。布洛泽提出的分析框架清晰地表明：海洋史研究是跨学科、多学科交叉的，自然科学和人文科学学科均可以为海洋史提供视角和方法的借鉴。③ 1998~2007 年《牛津海洋史百科

---

① Gelina Harlaftis, "Maritime History: A New Version of the Old Version and the True History of the Sea," *The International Journal of Maritime History*, Vol. 32, No. 2, 2020, pp. 383-402.

② Gelina Harlaftis, "Maritime History: A New Version of the Old Version and the True History of the Sea," *The International Journal of Maritime History*, Vol. 32, No. 2, 2020, p. 402.

③ Jari Ojala and Stig Tenold, "Maritime History: A Health Check," *International Journal of Maritime History*, Vol. 29, No. 2, 2017, pp. 344-354.

全书》的编辑团队采纳了布洛泽的倡议。该百科全书关注主题广泛，其研究方法和书写范式弱化了两种"边界"：一种是区域国家间既有的政治空间、地缘空间划分，另一种是历史学、社会科学（包括经济学、社会学、政治学、考古学、语言学、地理学等）之间的界限。[①]

当下海洋史关注的对象是人类与海洋之间的相互作用，强调与传统史学研究中秉承的"陆地视角"相对应的"海洋视角"。作为人文社会科学分支的海洋史其实基于海洋又超越海洋，关注以海洋为视角以及由海洋而勾连和引发的复杂的人的世界。在时间段上，英语学界的海洋史研究跳脱出大航海时代的樊篱，将古典时代纳入研究范畴；在空间上，不再拘泥于地中海、大西洋及其沿岸地区，而是转向全球范围内的大型水体及其周边陆地（包括滨海地区、岛屿）。据笔者观察，目前英语学界对海洋史内涵的界定十分广泛，不但延续了早期海洋史研究中的海军史、航海史传统，糅合了人类学、考古学、文化地理学、生态学等多学科的研究方法，同时融入经济史、社会史、全球史、性别史、环境史、文化史等多领域研究视角，其范式越来越趋向"海洋总体史"。

二　根植于海军史、帝国史的传统海洋史（1893～1970）

1989 年，澳大利亚史学家弗兰克·布洛泽指出：海洋史的主要问题之一是它的名称以及由此产生的一些常见的误解。许多人甚至包括海洋史本领域的研究者，认为海洋史不过是与船只、航海有关的历史，此外再无其他，[②] 这种看法与国外海军史、帝国史的学术传统关联密切。

（一）传统海洋史研究的兴起与发展

海军史[③]（Naval History）在 19 世纪发端于英国，1893 年海军记录协会（Navy Records Society）成立。该协会成员多为官僚、国家公职人员，早期

---

① Gelina Harlaftis, "Maritime History or the History of Thalassa'," in G. Harlaftis, N. Karapidakis, K. Sbonias and V. Vaipoulos, eds., *The New Ways of History: Developments in Historiography*, London: I. B. Tauris Publishers, 2010, p. 211.

② Frank Broeze, "From the Periphery to the Mainstream: The Challenge of Australia's Maritime History," *The Great Circle*, Vol. 11, No. 1, 1989, p. 1.

③ 海军史在国外的发端早于海洋史，在弗兰克·布洛泽等学者的倡导下，现已成为海洋史研究下属的分支领域。

关注内容聚焦在海上战役、战船、海洋战略部署层面。约翰·诺克斯·劳顿教授作为海军记录协会的创始人之一，凭借在海军史领域开创的方法论和强大的影响力，被誉为"英国海军史学科的缔造者"。① 他为《国家传记词典》（*Dictionary of National Biography*）撰写了 900 多个词条，巩固了海军史在学界的地位。劳顿致力于写论文、书评和开展讲座，虽然没有海军战略或海军史的著作传世，却启迪了另一位海军史领域的杰出学者——朱莉安·斯特福德·科贝特。科贝特是海军战略研究专家。1902 年，针对当时英国海军教育体系存在的问题，科贝特在《月刊评论》上发表了 3 篇相关文章，提倡由海军官方机构在陆上为年轻学生开设基本教学课程，学习海军史、海军战略与战术，积极推进海军教育体系的改革。② 有鉴于"大部分学习海军史的学生对历史上各国或政府曾发布的官方作战指令不够了解"，③ 1905 年朱莉安·斯特福德·科贝特主编《作战指令，1530—1816》④，摘录从英国都铎时期一直到特拉法尔加战役期间的海军上将公文、条约以及参与制定、执行作战指令的政府官员的言论，为从事海军战略战术研究的学者提供资料。科贝特的理论为英国皇家海军提供了一系列的海上战略学说。尽管 19 世纪末 20 世纪初的英国海军史研究初见成色，但是单一国家视角下对海军政策和战略战术的关注以及对精英阶层的过度书写导致海军史逐渐被边缘化。⑤ 1918 年，一战结束后的军事史、海军史研究短暂回归大众视野，但其研究范式仍未摆脱前人的窠臼。

1932 年，剑桥大学设立了维尔·哈姆斯沃思海洋史讲席教授（Vere Harmsworth Chair Professor of Naval History），将帝国史纳入海军史课程，赫伯特·里士满（Herbert Richmond）是唯一曾获此职位的海军史学者。帝国史、殖民史或近代欧洲早期探索史（扩张史）研究围绕海洋展开，一切都与航海、海上贸易、奴隶贸易、移民、港口城市的形成、海盗、私掠、航海的发展以

① Andrew Lambert, *The Foundations of Naval History: John Knox Laughton, the Royal Navy and the Historical Profession*, London: Chatham Publishing, 1999.

② Julian Stafford Corbett, "Education in the Navy," *The Monthly Review*, March 1902, p. 30.

③ "Preface," Julian Stafford Corbett, ed., *Fighting Instructions, 1530 - 1816*, London: Navy Records Society, 1905.

④ Julian Stafford Corbett, ed., *Fighting Instructions, 1530-1816*, London: Navy Records Society, 1905.

⑤ John B. Hattendorf, ed., *Ubi Sumus? The State of Naval and Maritime History*, RI: Newport, 1994.

及地图和仪器的科学探索、船舶技术、大型海外航运和贸易公司、渔业和海洋社群、水手有关。当时的海洋史虽然尚未成为独立的研究领域，但帝国史的研究路径与其核心关切不谋而合，从而涌现了一批从海洋视角探究"帝国史"的研究成果。哈佛大学海洋历史与事务教授约翰·帕里是代表人物之一，著有《西班牙海上帝国》①《海洋发现》② 等。另一位是剑桥大学的杰弗里·斯卡梅尔，著有《被包围的世界：第一个欧洲海洋帝国（800—1650）》③《第一个帝国时代：欧洲海外扩张（1400—1715）》④《航海、水手和贸易（1450—1750）：英国和欧洲海洋与帝国史研究》⑤ 等作品。21 世纪初海洋史研究复兴，加上"新海洋学"的出现，进一步催化了帝国史研究向海洋史靠拢。然而，这类成果中的很大一部分是披着海洋史外衣的帝国史研究。正如杰克·格林和菲利普·摩根所说，"一些大西洋史研究只是一种更容易被接受的帝国史"。⑥ 1945 年后，英国国内大学数量持续增长，海军规模缩减，军事史仍然无法获得学生群体的青睐，20 世纪 60 年代英国的海军史几乎处于"隐形状态"。⑦

与英国上述发展路径相似，美国在 1980 年以前的海洋史研究关注的内容集中在海战、海洋政策、海上探险方面。美国哈佛大学海洋历史与事务教授阿尔比恩是代表人物之一，擅长海军史研究，代表作《海军与海洋史：一部文献史》⑧，总结了当时海军史领域的主要研究成果。萨缪尔·艾略特·莫里森致力于海战问题研究，1942 年出版了两卷本《海洋上将》⑨，

①　John Horace Parry, *The Spanish Seaborne Empire*, London：Hutchinson, 1966.

②　John Horace Parry, *The Discovery of the Sea*, Berkeley：University of California Press, 1981.

③　Geoffrey V. Scammell, *The World Encompassed: The First European Maritime Empires c. 800-1650*, London：Methuen, 1981.

④　Geoffrey V. Scammell, *The First Imperial Age: European Overseas Expansion c. 1400 - 1715*, London：Routledge, 1992.

⑤　Geoffrey V. Scammell, *Seafaring, Sailors and Trade 1450-1750: Studies in British and European Maritime and Imperial History*, Aldershot：Ashgate Variorum, 2003.

⑥　Jack P. Greene and Philip D. Morgan, eds., *Atlantic History: A Critical Appraisal*, London：Oxford University Press, 2009, p. 6.

⑦　Benjamin W. Labaree, "The State of American MaritimeHistory in the 1990s," in John B. Hattendorf, ed., *Ubi Sumus? The State of Naval and Maritime History*, RI：Newport, 1994.

⑧　Robert Greenhalgh Albion, *Naval and Maritime History: An Annotated Bibliography*, The Mystic Seaport, Mystic, Connecticut, U. S. A. Paper, 3rd Edition, 1964.

⑨　Samuel Elliot Morrion, *Admiral of the Ocean Sea*, 2 vols, Boston：Little, Brown and Company, 1942.

1958 年著有《第二次世界大战中的美国海军作战史》①，叙述了二战中美军将地面部队移交到海上战区实际作战部队之前，在组织和训练军队方面所面临的问题和解决方案。1963 年的《两次海洋战争》② 等作品均围绕美国海军的战略部署展开。

此时海洋史关注的另一议题是海上探险。美国学者克拉伦斯·哈灵的作品《十七世纪西印度群岛的海盗》③《哈布斯堡王朝时期西班牙和印度之间的贸易和航海》④关注近代印度洋海域的航海史。劳伦斯·沃斯的《乔瓦尼·达·韦拉扎诺的航行，1524—1528》围绕探险家乔瓦尼·达·韦拉扎诺的航海经历展开，用大量篇幅介绍了这次航行的历史动因和技术背景，讨论了北美东海岸的第一位探险家对当时地图绘制业的影响。⑤ 威廉·贝尔·克拉克专注于书写海上"大人物"的传记。他于 1938 年的作品《英勇的约翰·巴里，1745—1803，两场战争中的海军英雄的故事》⑥，1949 年的《无畏的船长：大陆海军尼古拉斯·比德尔的故事》⑦，以及 1955～1960 年的《乔治·华盛顿的海军：在新英格兰水域的舰队的记述》⑧《水手克里斯托弗·哥伦布》⑨《约翰·保罗·琼斯：一部水手传记》⑩ 等，记录的是航海家的探险经历或在海战中取得重要胜利的海军将领的英雄事迹。这些作品时间跨度大，关注对象是社会精英阶层，很少涉及普通民众的日常生活。

20 世纪 80 年代，美国海洋史（海军史）研究遭遇了与 60 年代的英国

---

① Samuel Eliot Morison, "History of U. S. Naval Operations in World War Ⅱ," *The Battle of the North Atlantic*, Vol. 1, 1958.

② Samuel Eliot Morison, *The Two Ocean War*, Boston: Little, Brown and Company, 1963.

③ Clarence H. Haring, *The Buccaneers in the West Indies in the XVII Century*, Boston: Little, Brown and Company, 1910.

④ Clarence H. Haring, *Trade and Navigation between Spain and the Indies in the Time of the Habsburgs*, Boston: Little, Brown and Company, 1918.

⑤ Lawrence C. Wroth, *The Voyages of Giovanni da Verrazzano, 1524-1528*, New Haven and London: Yale University Press for the Pierpont Morgan Library, 1970.

⑥ William Bell Clark, *Gallant John Barry, 1745-1803: The Story of a Naval Hero of Two Wars*, New York: The Macmillan Company, 1938.

⑦ William Bell Clark, *Captain Dauntless: The Story of Nicholas Biddle of the Continental Navy*, Baton Rouge: Louisiana State University Press, 1949.

⑧ William Bell Clark, *George Washington's Navy: Being an Account of His Excellency's Fleet in New England Waters*, Baton Rouge: Louisiana State University Press, 1960.

⑨ William Bell Clark, *Christopher Columbus, Mariner*, Boston: Little, Brown and Company, 1955.

⑩ William Bell Clark, *John Paul Jones: A Sailor's Biography*, Boston: Little, Brown and Company, 1959.

相同的困境。从事相关研究的学者越来越少，学科划分不够明晰，甚至很多书写海洋史的学者并不认为自己应该被冠以"海洋史学家"的称号。① 尽管这个议题在博物馆等相关专业范围内还保持活跃，但此时的海洋史研究已经落后于学界整体的前进步伐。海洋史领域的著作没有出版商承印，有关学术论文没有平台发表，从事海洋史研究的资深学者在高校甚至找不到专业工作。②

这与当时英语学界的研究视角、研究内容和研究对象直接相关，当时主要研究者多来自欧美地区的政府机构，研究视角囿于国家和民族的叙事框架，关注的内容是海军问题、海洋战略部署等，很少涉及海上社会文化方面；研究对象是海上"大人物"、社会上层阶级，大部分海洋史作品是有关海军上校的个人传记，对国家海洋政策的分析，以及著名航海英雄的海上事迹；关注的区域主要集中在大西洋、太平洋及其沿岸，关注时段从 15 世纪到 18 世纪早期。加上史料发掘不够深入，早期海洋史学家倾向于使用航海日志等经典的官方档案资料。此时的海洋史书写范式同样存在问题，大部分作品对某个历史事件"就事论事"，不善于"以小见大"。在研究某地船只时，通常介绍船舶在不同港口的分布情况及其物理结构与实际功能，很少探讨现象背后的历史动因，如 1963 年马歇尔的《诺福克船舶》③，1958 年菲利普·斯普拉特的《蒸汽船的诞生》④，1959 年艾伦·史蒂文森的《世界范围内的灯塔（1820 年以前）》⑤ 等。

1980 年以前，世界上其他非英语国家和地区的海洋史研究情况参差不齐，在中国、日本、韩国等东亚国家甚至还未出现"海洋史"这一术语。韩国涉海事务的相关研究多为韩中关系史、韩日关系史等国际关系史。韩国早期海洋史研究基本集中在古代船舶、海战、航运、港湾史等方面，理论上主要围绕"海洋史观"与"东亚地中海论"展开，⑥ 如尹明喆的《有关东亚细亚海

①　Gelina Harlaftis, "Maritime History or History of Thalassa," in G. Harlaftis et al. , eds. , *The New Ways of History*, London：Tauris Academic Studies, 2010, pp. 213-239.

②　John B. Hattendorf, "Maritime History Today," *American Historical Association*, https：// www. historians. org/publications - and - directories/perspectives - on - history/february - 2012/ maritime-history-today, accessed date 2022. 10. 8.

③　M. A. N. Marshall, "Norfolk Ships," *The Mariner's Mirror*, Vol. 49, No. 1, 1963.

④　H. Philip Spratt, *The Birth of the Steamboat*, London：Charles Griffin & Co. , Ltd. , 1958.

⑤　Alan Stevenson, *The World's Lighthouse before 1820*, London：Oxford University Press, 1959.

⑥　〔韩〕河世凤：《近年来韩国海洋史研究概况》，《海洋史研究》第 7 辑，社会科学文献出版社，2015。

洋空间的再认识和活用——以东亚地中海模式为中心》①。二战前后，日本学界主要研究东西交涉史、海外发展史。②近年来滨下武志、川胜平太、黑田明伸、杉原薰、松浦章、中岛乐章、村上卫、羽田正、石川亮太、上田信等学者，均致力于对亚洲超国界海域经济的研究。③中国海洋史研究最早可追溯到20世纪初的海上交通史，20世纪80年代，海洋史研究才正式重回国内史学研究舞台。④2000年以前，史学界通常用"海洋发展史""海上交通史""海洋文化"等词语来概括人类"在海上"或"通过海洋"进行的一系列活动。直至2009年7月，"海洋史"一词首次出现在中国官方机构中，广东省社会科学院成立海洋史研究中心，并出版刊物《海洋史研究》，致力于全球视野下的海洋史研究，至2024年，已出版22辑。2021年，张小敏的文章回顾了中国海洋史研究的发展历程，⑤在此不做赘述。

1939年5月，瑞典海事协会（Sjöhistoriska Samfundet）在斯德哥尔摩成立。该协会以"为探索海洋历史（主要是瑞典语）的所有背景和形式做出贡献"为宗旨，⑥目标是支持和传播与瑞典有关的专业海洋历史研究。翌年，瑞典海事协会出版了刊物Sjöhistoriska samfets skrifter第1期，1946年更名为《海军论坛》（Forum navale），截至2024年9月共出版81期，是一份成熟的海洋史杂志。⑦

2015年，瑞典史学家利奥－穆勒发表题为《"海军论坛"（1940—2015）期刊发展史概述》⑧的文章，指出在国际上，海洋史（maritim historia）长期以来被定义为海运史（sjökrigshistoria）、海军史（naval history）或瑞典语中的marinhistoria（海洋史），研究内容重点反映自19世纪初以来现代民

① 〔韩〕尹明喆：《有关东亚细亚海洋空间的再认识和活用——以东亚地中海模式为中心》，《东亚细亚古代学》2006年第14期。

② 〔日〕早濑晋三：《作为历史空间的海域世界——近代以来日本的海洋史研究》，《海洋史研究》第16辑，社会科学文献出版社，2020。

③ 袁凯琳：《评〔日〕川胜平太：〈文明的海洋史观〉》，《海交史研究》2022年第1期。

④ 张小敏：《中国海洋史研究的发展及趋势》，《史学月刊》2021年第6期。

⑤ 张小敏：《中国海洋史研究的发展及趋势》，《史学月刊》2021年第6期。

⑥ Protokoll fört vid konstituerande sammanträde med Sjöhistoriska samfundet 3/51939, i Krigsarkivet, Sjöhistoriska samfundets arkiv volym A：1，转引自 Lars Ericson Wolke, "Sjöhistoriska Samfundets grundande 1939–några historiografiska och personhistoriska aspekter," *Forum navale*, nr 72, s. 103。

⑦ Leos Müller, "Forum navale 1940 - 2015, en historiografisk överblick," *Forum navale*, nr 72, 2016, s. 131.

⑧ Leos Müller, "Forum navale 1940 - 2015, en historiografisk överblick," *Forum navale*, nr 72, 2016, s. 130 - 140.

族国家的兴起，将海战史置于民族叙事的中心位置，瑞典的海洋历史研究同样遵循这一传统。①瑞典海军史学家拉尔斯·埃里克森·沃尔克的研究显示，1939 年以降参与创建海事协会的学者，大多从事海军历史研究，通常围绕从"古斯塔夫·瓦萨时代"到"1808～1809 年芬兰战争期间"瑞典海军所做出的贡献。② 穆勒指出，1940～1960 年《海军论坛》发表的 51 篇稿件，几乎一半可归类为海战史或海军史（24 篇），大多数文章主题涉及海战、海战中的具体行动、海上探险、海事机构等等。③

（二）海军史与海洋史的关系

由于缺少概念界定和理论支撑，20 世纪下半叶海军史、海洋史的关系模糊不清，在较长一段时间内，maritime 意味着除了 naval 之外的一切。④ 这两种表达的使用问题可以追溯到阿尔比恩《海军史和海洋史：一部文献史》⑤ 的问世。该作品在当时对海洋史领域贡献巨大，但标题却无意中暗示了"海军史"和"海洋史"是两个不同的、相独立的领域。后经阿尔比恩证实，该作品的命名其实是个乌龙事件，也并非其个人观点，"该书第一版的承印商在没有征求他意见的情况下，自己为这部书命名，从而引发了争论"。⑥ 1994～1995 年，有学者对海军史领域的研究展开调查，表明英国、加拿大和美国的海洋史和海军史已经发展成两个独立的领域，⑦

① Leos Müller, "Forum navale 1940 - 2015, en historiografisk överblick," *Forum navale*, nr 72, 2016, s. 132.
② Lars Ericson Wolke, "Sjöhistoriska Samfundets grundande 1939 - några historiografiska och personhistoriska aspekter," *Forum navale*, nr 72, s. 102-129.
③ Leos Müller, "Forum navale 1940-2015, en historiografisk överblick," *Forum navale*, nr 72, s.135.
④ John B. Hattendorf, "Naval History," *The International Journal of Maritime History*, Vol. 26, No. 1, 2014, pp. 104-109.
⑤ Robert G. Albion, *Naval & Maritime History: An Annotated Bibliography*, 4rth edition revised and expanded, Connecticut: Mystic, 1972.
⑥ John B. Hattendorf, "Naval History," *The International Journal of Maritime History*, Vol. 26, No. 1, 2014, pp. 104-109.
⑦ Gerald E. Panting and Lewis R. Fischer, "Maritime History in Canada: The Social and Economic Factors"; Mark Milner, "The Historiography of the Canadian Navy: The State of the Art"; Benjamin W. Labaree, "The State of American Maritime History in the 1990s"; Kenneth J. Hagan, "Mahan Plus One Hundred: The Current State of American Naval History", in John B. Hattendorf, ed., *Ubi Sumus: The State of Naval and Maritime History*, RI: Newport, 1994, pp. 41, 59, 79, 363, 379.

而在荷兰①和其他地区则不然。②

早在 1989 年,弗兰克·布洛泽就呼吁以更广泛的方式重新界定海洋史的概念,③ 以消除这种狭隘的二分法,继而将海洋史纳入历史研究的主流。他在 1995 年说:

> 第一步,学界必须就海洋史的研究目的达成共识——研究人类与海洋之间的多重互动。尤其要将海军史纳入其研究范畴,尽管海军史本身与海上经济史、海上社会和文化史,以及海上休闲和体育活动的历史一样,是一个看似合理的独立领域。④

在 1989 年创办的《国际海洋史期刊》中,此前被海军史学家普遍忽视的主题受到关注,可窥见二者关系发生的变化,为海军史研究注入了新鲜血液。在奥拉夫·U. 詹森 (Olaf U. Janzen) 担任书评栏目的编辑期间,《国际海洋史期刊》得到了海军史学家和出版商的广泛认可和尊重。⑤ 随着海洋史领域的发展和成熟,《国际海洋史期刊》为海军史研究者提供了更宽广的平

① Jaap R. Bruijn, "The Netherlands," in John B. Hattendorf, ed., *Ubi Sumus: The State of Naval and Maritime History*, RI: Newport, 1994, p. 227.

② Frank Broeze, ed., *Maritime History at the Crossroads: A Critical Review of Recent Historiography* (*Research in Maritime History*, No. 9).

③ Frank Broeze, "From the Periphery to the Mainstream: The Challenge of Australia's Maritime History," *The Great Circle*, Vol. 11, No. 1, 1989, pp. 1-13.

④ Frank Broeze, "Introduction," in Frank Broeze, ed., *Maritime History at the Crossroads: A Critical Review of Recent Historiography* (*Research in Maritime History*, No. 9), p. xix.

⑤ 《国际海洋史期刊》的前 25 卷涉及海军史的板块不多,其中第 1 卷包括举办的题为"海上私掠行为"的论坛内容 ("'Forum' in Maritime History: Privateering," *International Journal of Maritime History*, Vol. 1, No. 2, 1989; David J. Starkey, "Eighteenth Century Privateering Enterprise," *International Journal of Maritime History*, Vol. 1, No. 2, 1989, pp. 279-286; Peter Raban, "Channel Island Privateering, 1739-1763," *International Journal of Maritime History*, Vol. 1, No. 2, 1989, pp. 287-299; Carl E. Swanson, "Privateering in Early America," *International Journal of Maritime History*, Vol. 1, No. 2, 1989, pp. 253-278; Responses by Swanson, Starkey and Raban, *International Journal of Maritime History*, Vol. 1, No. 2, 1989, pp. 300-303)。第 2 卷中约翰·C. 阿普尔比撰写了关于 17 世纪早期爱尔兰海盗行为的论文 (John C. Appleby, "A Nursery of Pirates: The English Pirate Community in Ireland in the Early Seventeenth Century," *International Journal of Maritime History*, Vol. 2, No. 1, 1991, pp. 1-27)。在 1997 年第 9 卷,戴维·希特发表了关于 18 世纪英国粮储局运行章程的文章 (David Syrett, "The Victualling Board Charters Shipping, 1739-1748," *International Journal of Maritime History*, Vol. 9, No. 1, 1997, pp. 57-67)。

台，刊布的相关海军史文章数量逐渐增多，涉及的主题也逐渐多样化。① 30年间，编辑们逐渐接纳了海军史，并在海军经济、工业和社会史层面，以及海盗、私掠和海上暴力等主题上，找到了海军史与海洋史相重叠的研究旨趣。英语世界中 maritime 一词开始似乎是指除海军史以外的一切，到后来它成为包括海军史在内的整个领域的总称。②

此阶段的海洋史叙事角度，往往潜在某种"西方中心主义"史观，其核心是欧洲人主导了近代世界的海洋，进而支配了整个近代世界。西班牙、葡萄牙发起的对外航海探险便是欧洲人掌握世界霸权的开端。传统海洋史书写关注的时段是 15 世纪到 18 世纪，认为海洋对人类历史发展的影响是从大航海时代才开始显现的。然而，大航海时代也是殖民主义在全球扩张的开端，传统海洋史关注的时空段实质上是欧洲的海洋开拓史。笔者在高中时代的历史课本就有一章叫作"地理大发现"，显然是采纳了上述观点。在这种观念下，欧洲人是主动发现的主体，而世界其他地区则是"被发现"的对象——"发现"最终演变成了"支配"。从这种观点来看，欧洲积极地进行海外扩张，最终得以支配世界，但需要注意的是，这并非一开始就注定的必然结果。在欧洲人试图进行海外扩张的时候，世界其他文明圈也都有此意图。尽管欧洲人抢占先机夺得了霸权，但并不意味着近代以来人类文明完全由其独自创造，而是世界各文明圈长久以来累积的成果以及相互传播、融合的结果。

---

① 1999 年，随着第 11 卷玛莎·莫里斯关于现代早期英格兰海军绳索采购的文章（Martha Morris, "Naval Cordage Procurement in Early Modern England," *International Journal of Maritime History*, Vol. 11, No. 1, 1999, pp. 81-89）以及巴勃罗·迪亚斯·莫兰聚焦两次世界大战期间德国研究西班牙飞机、潜艇和鱼雷的文章（Pablo Díaz Morlán, "Aeroplanes, Torpedoes and Submarines: German Interests in Spain in the Interwar Period," *International Journal of Maritime History*, Vol. 11, No. 2, 1999, pp. 31-59）的发表，海军史的文章越来越频繁地出现在《国际海洋史期刊》当中。2001 年，马克·莫里斯撰写了关于 19 世纪英美对西印度海盗行为的海军史回应的文章（Mark C. Hunter, "Anglo-American Political and Naval Response to West Indian Piracy," *International Journal of Maritime History*, Vol. 13, No. 1, 2001, pp. 63-93）。2003 年，圆桌讨论板块围绕 1900~1945 年皇家海军水手的生活展开（"Sober Men and True: A Roundtable," *International Journal of Maritime History*, Vol. 15, No. 1, 2003, p. 177. 与谈者有 Christopher M. Bell, James C. Bradford, B. R. Burg, Richard H. Gimblett, Angus Goldberg, James Goldrick, Paul Halpern, Christopher McKee, Campbell McMurray, Michael Partridge）。2005 年，休·刘易斯-琼斯围绕 1891 年展览中的纳尔逊主义及其与海军主义的关系展开研究（Huw W. G Lewis-Jones, "Displaying Nelson: Navalism and 'The Exhibition' of 1891," *International Journal of Maritime History*, Vol. 17, No. 1, 2005, pp. 29-67）。

② John B. Hattendorf, "Naval History," *The International Journal of Maritime History*, Vol. 26, No. 1, 2014, pp. 104-109.

历史处于不断更迭变化之中，21 世纪的今天，世界文明的结构和秩序都在重组。亚洲的经济文化发展达到了自大航海时代以来前所未有的繁荣，影响力不断扩大，世界呈现多中心的前进趋势。此前处于"被主导"地位的各国纷纷要求掌握海洋话语权，主张从本国家（民族）的立场书写海洋史。顺应全球历史发展趋势，传统海洋史的"西方中心主义"倾向，无力继续支撑该学科的发展内核。随着历史学及其他学科越来越多地把关注点转向社会文化史，过度重视海军战争的国家视角、单一经济史书写被视为学术发展的桎梏，促使英语学界的海洋史研究开始探索新的方向。

三 以海洋经济社会史为主流的海洋史研究（1970~1989）

在年鉴学派的影响下，尽管海洋史一直致力于通过跨学科的方法实现"总体史"的目标，但实际上，在 20 世纪七八十年代，其关注点基本停留在"文化交流和物质交换"上，侧重于海洋经济史和海洋社会史。

20 世纪 60 年代，法国和英国的海洋史并驾齐驱。年鉴学派、巴黎大学和《法国经济与社会史》（*French Histoire Economique et Sociale*）与《英国经济社会史》保持着公开对话。据埃里克·霍布斯鲍姆称，迈克尔·波斯坦从伦敦经济学院跳槽到剑桥大学担任经济史系主任，是加强法国年鉴学派与英国经济社会史联系的关键。[①] 60 年代初，国际海事委员会（International Commission for Maritime History）成立于法国，随后国际历史科学委员会将其名称从法文改为英文（International Commission for Maritime History）。法国海洋史开始关注经济史领域。1962 年，国际海事委员会第一任主席、巴黎大学的米歇尔·莫拉特·杜茹尔丹（Michel Mollat du Jourdin）指出，欧洲海洋经济独特的国际性，无疑反映了世界经济的商品生产和流通过程。[②]

与此同时，英国伦敦经济学院和剑桥大学经济社会史的繁荣发展，为海

---

① Eric Hobsbawm, *On History*, New York: The New Press, 1997, p. 179.

② Michel Mollat du Jourdin, "Les Sources de l'Histoire Maritime en Europe," du Moyen Age au XVIII siècle, Actes du Quatrième Colloque International d'Histoire Maritime, 20–23, May 1959, Paris, 1962, 转引自 Gelina Harlaftis, "Maritime History or History of Thalassa," in G. Harlaftis et al., eds., *The New Ways of History*, London: Tauris Academic Studies, 2010, p. 220。

洋史研究奠定了基础，20 世纪 70 年代具有重要意义。1970 年，罗宾·克雷格就任伦敦大学学院历史系教授，讲授经济史和社会史，成为培养下一代海洋史学者的导师。此外，他也是第一本《海洋史杂志》（*Journal of Maritime History*）的主编，不同于传统的海军史，该刊专注于商船运输方面的经济和社会问题。1971 年，罗宾·克雷格帮助纽芬兰纪念大学从公共档案馆（Public Record Office）抢救了大量英国舰队的船员名单，此举为海洋史和国际海洋经济史学会（IMEHA）的发展奠定了基础。

除了伦敦之外，利物浦学派（Liverpool School）是英国的另一个海洋史研究中心。作为该学派的代表人物，弗朗西斯·海德主要从事经济史研究。1971 年《利物浦和默西：港口经济史（1700—1970）》[①] 关注的重点是利物浦通过城市工业和商业规模的扩张，提高了英国与欧洲、美洲、印度之间贸易进出口的总量，强调扩大利物浦腹地以及该城市为海外和沿海贸易建设的各种港口设施的作用。彼得·戴维斯承袭弗朗西斯的传统继续海洋商业史研究。埃塞克斯大学、格拉斯哥大学、莱斯特大学等紧跟步伐。在莱斯特大学，拉尔夫·戴维斯和大卫·威廉姆斯被视为英国海洋经济社会史的两位创始人。其视角聚焦于各国航运业的发展。1962 年，拉尔夫·戴维斯围绕17~18 世纪英国造船业与航运业的发展状况，探析了国家决策和战争对该产业的影响，认为航运业是英国经济的重要组成部分。[②] 戈登·杰克逊和大卫·威廉姆斯主编的论文集《航运、技术和帝国主义：提交给第三届英荷海事史会议的论文》[③] 研究 19 世纪中叶到 1914 年在英国海上力量最强盛时代的造船业和航运业的发展、荷兰在这些行业中所扮演的附属角色以及英荷两国及其殖民帝国之间的航运和贸易。这一时期大卫·威廉姆斯相关研究的重要成果还有《大宗航运，1750—1870》[④] 和《海事行业的管理、金融和劳

---

① Francis E. Hyde, *Liverpool and the Mersey: An Economic History of a Port 1700-1970*, Newton Abbot: David & Charles, 1971.

② Ralph Davis, *The Rise of the English Shipping Industry in the Seventeenth and the Eighteenth Centuries*, 1st edition, London: David & Charles, 1962.

③ Gordon Jackson and David M. Williams, eds., *Shipping, Technology, and Imperialism: Papers Presented to the Third British-Dutch Maritime History Conference*, Aldershot: Scolar Press, 1996.

④ David M. Williams, "Bulk Passenger Shipping, 1750-1870," in Lewis R. Fischer and Helge W. Nordvik, eds., *Shipping and Trade, 1750-1950: Essays in International Maritime Economic History*, Yorkshire: Pontefract, 1990.

资关系：国际海事史和商业史论文集》①。

20 世纪 70 年代，在"加拿大大西洋航运项目"（Atlantic Canada Shipping Project）② 推动下，海洋史研究重心从法国年鉴学派转移到以英国、加拿大和挪威为主的讲英语的历史学家身上，关注内容仍然是海洋经济史和社会史，关注的时间段是 18 世纪至今。该项目运用计算机对大量历史材料进行定量分析，在当时引起了从事计量经济学研究的经济史学家的注意，如道格拉斯·诺斯和 C. 尼克·哈雷。③ 然而，该项目研究成果并未跟随新经济史和计量经济学的路径，而是沿用了马克思主义和新马克思主义的传统，关注海员及其薪资、海上劳工运动和船上劳工关系等问题，研究"自下而上的历史"。④ 研究内容为港口城市、沿海社群、长途贸易、航运路线等，海员、渔民等海上劳工群体也被纳入研究对象。

加拿大的纽芬兰纪念大学海洋档案馆（Maritime Archive of the Memorial University of Newfoundland）几十年内不断产生优秀的海洋史学者，代表性人物刘易斯·费希尔教授是国际海洋经济史学会和《国际海洋史期刊》的创始人之一。1992 年，刘易斯·费希尔主编《北海人民》《北海：海洋劳工社会史文集》《大航海时代的海员市场》⑤ 等，研究对象是海员、渔民等海上劳工群体。1999 年费希尔与贾维斯·安德里亚主编《港口和避风港：纪念

---

① Simon Ville and David Williams, eds, *Management, Finance and Industrial Relations in Maritime Industries: Essays in International Maritime and Business History*, RMH, No. 6, Newfoundland: St John's, 1994.

② 加拿大大西洋航运项目结合了经济学家、地理学家、海洋历史学家和加拿大地区历史学家的技艺，研究北大西洋的商船队、船东和经济发展、航行模式、大宗贸易、航海劳动力、港口和大都市 、移民、向陆和向海经济、州和地区经济发展。详见 Lewis R. Fischer and Eric W. Sager, eds., *Merchant Shipping and Economic Development in Atlantic Canada*, Proceedings of the Fifth Conference of the Atlantic Canada Shipping Project, Maritime History Group, Newfoundland: St John's, 1982, 其目标是通过使用纽芬兰纪念大学从英国公共档案局（现在被称为国家档案馆）"继承"的英国舰队船员名单的官方文件，研究、记录和解释 19 世纪到 20 世纪加拿大大西洋航运业的兴衰。

③ Eric Sager, *Seafaring Labour: The Merchant Marine of Atlantic Canada, 1820 - 1914*, ON: Kingston, 1989.

④ Eric Sager, Gerald E. Panting, *Maritime Capital: The Shipping Industry in Atlantic Canada, 1820-1914*, Montreal: McGill-Queen's University Press, 1990.

⑤ Lewis R. Fischer and Minchinton Walter, eds., *People of the Northern Seas*, Newfoundland: St John's, IMEHA in conjunction with the Association for the History of the Northern Seas, 1992; Lewis R. Fischer et al., eds., *The North Sea: Twelve Essays on Social History of Maritime Labour*, Norway: Stavanger, 1992; *The Market for Seamen in the Age of Sail*, RMH, No. 7, Newfoundland: St John's, 1992.

戈登·杰克逊的港口史论文集》，围绕英国本土的港口展开叙述，将其与北大西洋周围其他地区的港口政策进行了比较研究。2007 年费希尔与他人主编《建立全球和地区的联系：港口的历史视角》，专注于港口史，分个案研究和港口系统研究两部分，其中 6 个案例侧重于 19~20 世纪欧洲、亚洲和澳大利亚的港口，其余 4 篇文章探讨了更广泛的主题，如全球化、技术改造、经济发展中的港口和港口私有化问题。①

荷兰和斯堪的纳维亚地区（主要是挪威）是另外两个海洋史研究的重镇。1961 年，荷兰海洋史协会（Nederlanse Vereniging voor Zeegeschiedenis）成立。该协会的主要目标是提高公众对海洋史的兴趣并促进其研究，通过加强科学家和与海洋、航运有关的专业人员以及业余爱好者之间的合作来实现这一目标。② 1961~1981 年，荷兰海洋史协会出版了 43 期名为《通讯》（Mededelingen）的半年刊。自 1982 年开始，该刊物更名为《海洋史杂志》（Tijdschrift voor Zeegeschiedenis），每半年发行 1 期，截至 2024 年已出版 43 期。该协会的官方网站明确指出海洋史研究范畴远不只是对海战、海军将领和海上探险活动的描述，它还包括渔业、商船航运、造船业、滨海地区等方面的历史。③ 荷兰莱顿大学的夏侯·布鲁因是国际海洋史和经济史委员会的重要成员，也是 50 多位海洋史学家的导师（包括已故的弗兰克·布洛泽），其代表作有《海员在荷兰的就业情况（1600—1800）》④《巴达维亚与开普敦之间：荷兰东印度公司的航运模式》⑤。挪威海洋史的发展在很大程度上要归功于黑尔格·诺德维克——国际海洋经济史学会的创始人之一。他与刘易斯·费希尔共同担任《国际海洋史期刊》的主编，1987 年合著文章研究

① Lewis R. Fischer, Jarvis Andrian, *Harbours and Havens: Essays in Port History in Honour of Gordon Jackson*, Newfoundland: St John's, 1999; Tapio Bergholm, Lewis R. Fisher and M. Elisabetta Tonizzi, eds., *Making Global and Local Connections: Historical Perspectives on Ports*, RMH, No. 35, Newfoundland: St John's, 2007.

② 信息源于荷兰海洋史协会官网，https://www.zeegeschiedenis.nl/over-ons/，最后访问日期：2024 年 9 月 11 日。

③ 信息源于荷兰海洋史协会官网，https://www.zeegeschiedenis.nl/over-ons/，最后访问日期：2024 年 9 月 11 日。

④ Jaap Bruijn and Els S. van Eyck van Heslinga, "Seamen's Employment in the Netherlands (c. 1600-c. 1800)," *The Mariner's Mirror*, Vol. 70, No. 1, 1984, pp. 7-20.

⑤ Jaap Bruijn, "Between Batavia and the Cape: Shipping Patterns of the Dutch East India Company," *Journal of Southeast Asian Studies*, Vol. 11, No. 2, Sep., 1980, pp. 251-265.

19 世纪波罗的海的航运业。① 1990 年，第十届国际经济史大会在比利时鲁汶举行，国际海洋经济史学会正式成立。同年，弗兰克·布洛泽当选为国际海洋史委员会主席，任期为 1990~1995 年。

在瑞典，1940~1980 年，海洋经济史与海军史研究并行。在沿袭早期海军史研究传统的同时，受经济史启发，一些学者开始涉猎瑞典航运和对外贸易的历史。这无疑对解释西欧和瑞典的经济发展及其现代化历程具有重要意义。伊莱·F. 赫克歇尔（Eli F. Heckscher, 1879-1952）是瑞典第一位经济史教授，并被视为该学科的创始人，② 著有《古斯塔夫·瓦萨以来瑞典商船的经济史》③。此外，赫克歇尔涉猎国际贸易和航运领域，对 18 世纪航运政策的研究做出了重要贡献。奥斯卡·比尤林（Oscar Bjurling, 1907-2001）在隆德（Lund）④ 引入了经济史学科，撰写了关于斯科纳早期航运史的综述性文章《斯科纳的外国航运（1660—1720）——斯科纳商船研究》。1940~1960 年，刊布在《海军论坛》的 51 篇文章中，有 12 篇主题与经济史相关，基本考察了瑞典的对外贸易和早期航运史。⑤ 这表明在 1940~1960 年，瑞典经济史视角与方法已经被引入海洋史研究中。1940~1960 年，《海军论坛》刊布稿件的内容从海军史拓展到海上商业史，研究对象以瑞典本国及其周边国家为主，研究时段集中在瑞典"帝国时代"（1611~1721），反映了学界对瑞典帝国时代、霸权主义以及战争史的兴趣。随后的 20 年（1960~1980），《海军论坛》发表了 48 篇文章。从主题上看，20 世纪 60 年代和 70 年代的文章多集中在海军史领域，很少涉及非海军主题。另外，对瑞典帝国时期的关注似乎有所减弱。1980~2000 年，《海军论坛》杂志共刊发了 54 篇稿件，海军史继续占据主导地位。⑥ 不过随着研究者关注的时段有所拓展，从 16 世纪一直到当代，瑞典学界开拓了航运组织、造船厂、技术革新、船舶导航等一系

---

① Lewis R. Fischer and Helge W. Nordvik, "Myth and Reality in Baltic Shipping: The Wood Trade to Britain, 1863-1908," *Scandinavian Journal of History*, Vol. 1, 1987, pp. 99-116.

② Leos Müller, "Forum navale 1940-2015, en historiografisk överblick," *Forum navale*, nr. 72, 2016, s. 132.

③ Eli F. Heckscher, *Den svenska handelssjöfartens ekonomiska historia sedan Gustaf Vasa*, Uppsala: Almqvist & Wiksell, 1940.

④ 位于瑞典南部斯科讷省。

⑤ Leos Müller, "Forum navale 1940-2015, en historiografisk överblick," *Forum navale*, nr. 72, 2016, s. 135.

⑥ Leos Müller, "Forum navale 1940-2015, en historiografisk överblick," *Forum navale*, nr. 72, 2016, s. 136.

列问题研究，例如水手群体及其船上生活等，推动了海洋社会史发展。穆勒的研究显示，21 世纪以前，相较于英语世界，瑞典海洋史研究的发展较为杂乱。1940～2000 年，瑞典海军史、海上经济史两个领域有起伏，但研究力量未曾减弱，聚焦海上社会史的作品不多；就关注的时段看，到 20 世纪 70 年代，学界对瑞典"帝国时代"的关注有所减弱——弱化了对海战史的研究。

四　"总体史"趋向：跨学科的海洋史研究（1989 年至今）

1989 年以前的海洋史研究者囿于国家和民族的叙事框架，亦因缺乏及时有效的交流，无法及时获得其他地区新的学术动态。2014 年，国际海洋史协会（International Maritime History Association）会长、澳大利亚海洋史学家马尔科姆·塔尔（Malcom Tull）从海洋史学科内部出发，分析了海洋史不断吸纳主流史学的理论与方法、积极进行跨学科研究的原因："许多历史研究的分支学科所面临的挑战是如何确保自身不断成长，不至于在学界长期处于默默无闻的状态。一个分支学科可能会经历'能否吸引公众兴趣'和'如何在学界流行'的周期，因此需要定期重塑学科面貌以稳固其地位。"[①]面对全球史、环境史、新文化史等历史研究新领域的出现和兴起，英语学界海洋史研究者不断反思自身存在的问题，探索海洋史未来发展、改变现状的多种可能。[②] 一个重要标志是 1989 年，《国际海洋史期刊》创刊。同年，弗兰克·布洛泽提出"海洋史的定义应该尽可能广泛"，认为"海洋史即人类与海洋互动的历史"，根据人类与海洋多维度的互动方式，他将海洋史的研

[①]　Malcom Hull, "The Interdisciplinarity of Maritime History From an Australian Perspective," *The International Journal of Maritime History*, Vol. 29, No. 2, 2017, p. 336.

[②]　1986 年，在伯尔尼举行的第九届国际经济史大会上，新的"海洋历史小组"（New Maritime History Group）成立，旨在建立一个由加拿大的刘易斯·费希尔，挪威的黑尔格·诺德维克，英国的彼得·戴维斯，日本的中川敬一（Keiichiro Nakagawa）领导的新的海洋史国际网络。30 多位与会学者针对海洋史的学科特征及其在历史范畴内所处的位置进行了讨论。指出了海洋史作为历史学分支在发展过程中所面临的主要问题是：许多国家的从业人员分布在不同类型的机构，彼此普遍缺乏交流。为清除这些障碍，中川敬一和彼得·戴维斯提出创办具有国际视野的海洋史刊物的构想。他们说服了国际经济史委员会的执行委员，批准了在第九届国际海洋史大会的流程中加入讨论海洋史的环节。

究范畴划分为六个类别。① 这一前瞻性的定义深刻影响着此后 30 年海洋史的研究范式，促进了海洋史的跨学科研究。

（一）海上社会文化史

20 世纪 80 年代兴起的"新文化史"，为海洋史学术转型提供了启迪，加速了传统书写范式的更变，出现"文化转向"趋势。② 80 年代末，海洋史研究视角整体下移，更多关注普通人（渔民、水手）生活和内心世界，而非单一地关注精英阶层；在档案资料的选择利用上也更加多样化，不再限于航海记录、政府档案；同时注重广泛采用跨学科的研究方法，与海洋考古、人类学、地理学等有机结合。研究内容也日益多样化：种族、阶级、性别分析进入海洋史叙事之中，传统的经济史书写加入文化元素；海洋史书写范式从宏观转向微观，越来越接近海洋社会文化史。

1. 海上性别史

20 世纪 90 年代以前，海洋史鲜有关注女性群体。20 世纪六七十年代，国际妇女运动兴起，妇女史研究蓬勃发展，"性别因素"进入海洋史研究领域。但是男性独揽海洋的史观由来已久，西方传统历史学家在谈及 18~20 世纪两性在海洋史上的地位时，惯用"钢铁汉子和阴柔女子"来比拟。1996 年，玛格丽特·克雷顿和丽莎·诺林主编《1700—1920 年大西洋世界的钢铁男人、木头女人、性别与航海》，试图客观再现大航海运动中的性别因素，质疑"像木头一样顽固僵硬"的观点，即男性以其"粗犷的雄性气概"在海洋史中居于主导地位，女性则因其"柔弱"而始终处于无足轻重的外围。③ 此种观点固化了海洋史研究中的"性别区隔"，是对海上两性共存历史的简化。大卫·科丁利指出，实际上，19 世纪英美海军、商船船长、随船木匠和厨师等男性船员携妻子出海的现象并不罕见。平时她们是船员子女的保育员，发生战争时又要协助作战的炮手，承担护理伤员的任务。④ 鉴

---

① Frank Broeze, "From the Periphery to the Mainstream: The Challenge of Australia's Maritime History," *The Great Circle*, Vol. 11, No. 1, 1989, pp. 1-13.

② 参见韩国巍《英美学界海洋史书写的"文化转向"，1989—2018》，硕士学位论文，东北师范大学，2019。

③ Margaret S. Creighton and Lisa Norling, eds., *Iron Men, Wooden Women, Gender and Seafaring in the Atlantic World, 1700-1920*, Baltimore: Johns Hopkins University Press, 1996, p. 7.

④ David Cordingly, *Women Sailors and Sailors' Women: An Untold History*, New York: Random House, 2001, p. 9.

于她们在官方档案中经常被忽视，其具体人数无从统计，但是从很多老船员的回忆录或军事法庭的笔录中可知这一群体的存在。苏珊娜·史塔克和乔·斯坦利的研究表明，女性不总是千篇一律地在船上生活的配角。19 世纪很多商船船长携妻子登船，某些特殊情况下（如船长生病），有些船长的妻子便临时接管了船长的职责，甚至在海上"关键时刻"发挥了"关键作用"，当然这只是少数个案。随船出海的女性在绝大多数海上时间中依然处在男权压迫之下。① H. 斯普林格（H. Springer）研究了 36 名有过出海经历的船长妻子的日记，提到女性在船上生活情感压抑，与男人发生冲突时保持沉默，以及其他女性的落魄与焦虑。② 船长妻子随夫登船，固然打破了男性的海洋垄断，但即使是这些地位相对较高的船上女性，其生活的自由度也比不上生活在岸上的海员妻子。海船狭隘的物理空间同样缩小了原本就不宽松的女性自由空间，放大了她们处于男权压迫下的窘境。

随着海洋文学、海上游记以及对海上性别研究的增加，海洋史学家开始注意女性海盗群体。《帝国边缘的跨界着装：女海盗与加勒比话语的叙事》③ 试图解决这类研究涉及的两个比较冷门的问题：海上旅行人群研究是否可以扩展到社会边缘群体？边缘人物的历史应该采取怎样的记录形式？丽莎贝斯考察了两位加勒比女性海盗邦尼和瑞德，阐释其在帝国边缘以"女扮男装"的方式活动的原因。当时英国做出一系列努力，以铲除加勒比海盗，在利润日益丰厚的殖民地建立新政治秩序，两位女海盗成为殖民地最瞩目的目标，征服她们便象征着征服了殖民地的"反叛"精神。④ 马库斯·雷迪克认为，17 世纪海盗群体的崛起，为少数敢于反抗传统性别规范的女性提供了登上历史舞台的契机，"事实上，在 18 世纪和 19 世纪早期革命中，这些女海盗的形

---

① Suzanne J. Stark, *Female Tars: Women Aboard on the Age of Sail*, Annapolis：Naval Institute Press, 2017；Jo Stanley, *From Cabin "Boys" to Captains: 250 Years of Women at Sea*, Stroud：The History Press, 2016.

② Margaret S. Creighton and Lisa Norling, eds., *Iron Men, Wooden Women, Gender and Seafaring in the Atlantic World, 1700-1920*, Baltimore：Johns Hopkins University Press, 1996.

③ Lizabeth Paravisini-Gebert and Ivette Romero-Cesareo, eds., *Crossing-Dressing on the Margins of Empire: Women Pirates and the Narrative of the Caribbean Discourse*, New York：Palgrave Macmillan, 2001.

④ Lizabeth Paravisini-Gebert and Ivetthe Romero-Cesareo, eds., *Crossing-Dressing on the Margins of Empire: Women Pirates and the Narrative of the Caribbean Discourse*, p. 80.

象可能成为自由的象征"。①

如果说船上杰出女性的历史可能因其时代对英雄形象塑造的需求而有迹可循，那么那些默默无闻地从事捕鱼业的女性的历史便鲜有人知了。玛格丽特·威尔森的著作②关注的就是后者这样生活在冰岛沿海地区的女性群体。通过广泛的档案研究和人类学实地考察，威尔森证实，几个世纪以来，冰岛妇女在该国的渔业中发挥了积极且重要的作用，阐释了始于19世纪末20世纪初的捕鱼方式和航运技术的变化对女性观念的影响。在《变革之风：西北商业捕鱼中的女性》中，作者采用人类学的方法，调查了美国华盛顿州和阿拉斯加州的妇女在渔业领域的参与情况。③海伦·多伊关注19世纪英国港口商业活动中女性的作用，在海事部门，"在船只所有权、船舶管理、船舶建造方面，女性的作用一直被低估了"。④

值得注意的是，《水手和他们的宠物：20世纪早期芬兰帆船上的男人和他们的同伴》关注船上的同性恋群体，用性别分析方法揭示该群体在船上的地位、豢养宠物的心态以及情感宣泄的方式。作者指出，这种现象根植于男女关系中的性别等级和权力关系。根据"霸权男性气概"（hegemonic masculinity）理论，上述关系是通过不同的"男性气概"范畴来感知的。⑤

受新文化史风潮影响，英语学界涌现了许多关于船上社群的种族、等级、权力关系的作品。马格努森认为，此前学者着重关注工业资本主义，致使他们忽视了海上的工人阶级。他运用移民、市政、工会和商人的档案记录、个人信件、冰岛劳动人民的采访录音资料，对1880~1942年冰岛沿海的两个渔镇（Eyrarbakki 和 Stokkseyri）进行研究，分析了冰岛海上无产者的

①　Margaret S. Creighton and Lisa Norling, eds., *Iron Men, Wooden Women, Gender and Seafaring in the Atlantic World, 1700-1920*, p. 9.

②　Margaret Willson, *Seawomen of Iceland: Survival on the Edge*, Copenhagen: Museum Tuscalanum Press, 2016.

③　Charlene J. Allison, Sue-Ellen Jacobs, and Mary Porter, *Winds of Change: Women in Northwest Commercial Fishing*, Seattle: University of Washington Press, 1989.

④　Helen Doe, *Enterprising Women and Shipping in the Nineteenth Century*, Woodbridge: Suffolk and Rochester: Boydell Press, 2009.

⑤　Sari Mäenpää, "Sailors and Their Pets: Men and Their Companion Animals aboard Early Twentieth-Century Finnish Sailing Ships," *International Journal of Maritime History*, Vol. 28, No. 3, 2016, pp. 480-495.

"工人阶级文化构造"及其"工人阶级意识"，① 阐释了"隐性阶级"在冰岛历史发展中的动态地位。② 马库斯·雷迪克的著作《奴隶船：一部人类史》考察三角贸易中黑人奴隶被资本家当作商品买卖，在环境极端恶劣的狭小空间内的悲惨经历。数百名非洲人被锁在奴隶船甲板下，那里堆满了人的尸体和老鼠，混杂着肮脏的排泄物，奴隶们承受着肉体和精神的双重折磨，反映了奴隶船内人性的扭曲和变态。③

乔·斯坦利在《黑盐：英国的黑人水手》一文中指出，无数有色人种的历史隐没在浩瀚的海洋史中，海事博物馆也很少见到反映这一群体的展览。因此，默西赛德郡海事博物馆举办的聚焦非洲裔海员历史的名为"黑盐"的展览具有重要意义。④ 作为英国乃至英语学界第一个表现海上有色人种真实生活的大型展览，它有助于深入理解英国黑人群体的历史、殖民史和非洲移民史，为海洋史中的种族研究做出了重要贡献。以雷·科斯特洛的研究⑤为基础，斯坦利再现了海上有色人种自都铎王朝以来近 500 年的历史，展现了滨海社区对有色人种接纳程度的变化过程。约翰·达雷尔·舍伍德是位海军史学家，探讨了越南战争后期美国海军内部的种族动乱以及政府采取的应对措施。⑥

围绕威廉·梅洛《纽约码头工人：码头上的阶级和权力》一文，《国际海洋史期刊》组织了圆桌会议，与谈人探析了纽约和新泽西的技术变革和劳资关系之间的相互作用，⑦ 随后引出纽约与旧金山和美国西海岸其他港口的比较研究。2018 年，凯特·乔丹从利物浦北部捕鲸贸易中的船长和船员切入，考察了捕鲸业对船长和船员的多方面影响，展现了该行业雇主、雇员

---

① Finnur Magnusson, *The Hidden Class: Culture and Class in a Maritime Setting*, *Iceland 1880-1942*, Aarhus: Aarhus University Press, 1990, p. 10.

② Finnur Magnusson, *The Hidden Class: Culture and Class in a Maritime Setting*, *Iceland 1880-1942*.

③ Marcus Rediker, *The Slave Ship: A Human History*, London: John Murray, 2007.

④ Jo Stanley, "Black Salt: Britain's Black Sailors," *The International Journal of Maritime History*, Vol. 30, No. 4, 2018, pp. 747-759.

⑤ Ray Costello, *Black Salt: Seafarers of African Descent on British Ships*, Liverpool: Liverpool University Press, 2012.

⑥ John Darrell Sherwood, *"Black Sailor, White Navy": Racial Unrest in the Fleet during the Vietnam War Era*, New York: New York University Press, 2007.

⑦ Tapio Bergholm, Robert W. Cherny, Colin J. Davis, David de Vries, "Roundtable, Reviews of William J. Mello 'New York Longshoremen: Class and Power on the Docks' with a Response by William J. Mello," *The International Journal of Maritime History*, Vol. 22, No. 1, 2010, pp. 293-331.

与港口城镇间的互动网络。①

瑞典在 17 世纪从一个欧洲北部无足轻重的小国成长为实力雄厚的军事强国，海军力量发挥了关键作用。受制于资金短缺和海军人才匮乏，瑞典另辟蹊径，通过所谓的"分配制度"，从沿海乡镇的社会底层招募农民和贫困人口使其接受海军训练。安娜·萨拉·哈马尔整理分析了 1673~1703 年海军法庭的会议记录、召集人名单和信件，围绕瑞典招募海员的"分配制度"（瑞典语：indelningsverket）展开讨论，揭示了这一制度下瑞典海员构建的一种独特的"双面"海洋文化，其理想和价值观有时受欧洲海洋文化影响，有时则显现出源自瑞典农村的社区文化特征。② 这些人大多来自沿海地区的村庄和城镇里的农民家庭，几乎没有航海经验。一旦被征入海军，他们基本上过着两种生活。在夏天，他们是海军军队中的海员，到了冬天，他们则回到岸上继续以农夫、工人和手艺人的身份生活。因此，他们并不完全属于海洋文化，同时代的丹麦人说他们是"浸泡在盐水中的农夫"。③ 哈马尔的文章还展示了海员们"既是海员又是农民"的身份认同对海军训练和管理的影响。

艾拉·戴对华盛顿美国国家档案馆（National Archives of the United States in Washington）藏的 1796~1818 年费城海员的保护证以及 1812~1815 年克佑区档案局的美国战俘资料进行整理挖掘，较为全面地讨论了早期美国水手的文身现象。④ 伯格关注同一个主题，他的《美国早期蒸汽船上的水手与文身：菲利普·C. 范·布斯科克日记中的证据，1884—1889》一文通过将船上水手划分为文身的和未文身的两个群体，考察这些人的社会背景和个人经历，分析其选择是否文身的原因。伯格指出："文身"是一种身份认同的标志。对于部分人来讲，出海服役不过是为了谋生，他们可以轻松地登陆海军船只，获得文身，在参与一两次巡航后放弃服役。但有些人完全不同，

---

① Kate Jordan, "The Captains and Crews of Liverpool's Northern Whaling Trade," *The International Journal of Maritime History*, Vol. 22, No. 1, 2010, pp. 185-204.

② Anna Sara Hammar, "How to Transform Peasants into Seamen: The Manning of the Swedish Navy and Double-aced Maritime Culture," *The International Journal of Maritime History*, Vol. 27, No. 4, 2015, p. 697.

③ 这句话在瑞典海军历史学中很常见，但其起源已无法追溯。也许是 17 世纪的丹麦海军上将尼尔斯·尤尔（Nils Juel）首先说的，又或许这句话是海洋史学家自创的。参见 Jan Glete, *Swedish Naval Administration 1521-1721: Resource Flows and Organisational Capabilities*, Leiden: Brill, 2010, pp. 580-581。

④ Ira Dye, "The Tattoos of Early American Seafarers, 1796-1818," *Proceedings of the American Philosophical Society*, CXXXIII, 1989.

他们对自己的职业有着强烈的情感寄托，一旦获得了船员文身，潜意识中就是与舰船签订了"契约"，墨迹图案永久烙印在身体上，文身成了他们海员身份的象征。可以说，这些海员的个人心态、情感因素促成了他们对海上事业的强烈认同感。①

直到 21 世纪初，瑞典《海军论坛》2001～2014 年所刊发的 65 篇文章中，有 41 篇与海军史有关。② 然而也有一些涉及海上社会文化史（如性别史），反映瑞典海洋史学界与 20 世纪中叶以来的国际学术史同步，关注的主题有所拓展。③ 例如比约恩·马腾（Björn Marten）发表多篇关于海洋绘画的文章。④ 2002 年玛利亚·尼曼（Maria Nyman）对水手遗孀进行了考察。马格努斯·佩尔斯坦（Magnus Perlestam）在 2004 年的文章中考察了 17 世纪末军事法庭对男性气质的看法。⑤ 瑞典海洋史研究最新的趋势还包括对性别视角的考量，如对于水手和男子气概的考察、环境史视角的引入。⑥ 利奥·穆勒认为现今的海洋史被定义为处理人类与海洋关系的学科，这比 1939 年海事协会章程制定时的定义要广泛得多。⑦

2. 海上日常生活史

船—岸生活。基于日记、信件、回忆录、航海日志和当代新闻报道等史料，贝尔德关注大航海时代女性在船上的日常生活，包括一些女性海盗、妓女和女扮男装的水手，以及偶尔担任乘务员甚至船长角色的女性。⑧ 由于风帆时代远洋

---

① B. R. Burg, "Sailors and Tattoos in the Early American Steam Navy: Evidence from the Diary of Philip C. Van Buskirk, 1884-1889," *The International Journal of Maritime History*, Vol. 5, No. 2, 1993, p. 173.

② Leos Müller, "Forum navale 1940-2015, en historiografisk överblick," *Forum navale*, nr. 72, 2016, s. 137.

③ Leos Müller, "Forum navale 1940-2015, en historiografisk överblick," *Forum navale*, nr. 72, 2016, s. 131.

④ Björn Marten, "Hyllning till havet. Herman af Sillén-ett konstnärsporträtt," *Forum navale*, nr. 62, 2006, s. 15-36; Longitude tidskrift från de sju haven 1966-1999 i ett konsthistoriskt perspektiv, *Forum navale*, nr. 64, 2008, s. 95-122, 转引自 Leos Müller, "Forum navale 1940-2015, en historiografisk överblick," *Forum navale*, nr. 72, 2016, s. 137。

⑤ Magnus Perlestam, "Ringa prof av behjärtad soldat, Mod, plikt och heder i en marin krigsrätt vid slutet av 1600-talet," *Forum navale*, nr. 60, 2004, s. 15-81.

⑥ Leos Müller, "Forum navale 1940-2015, en historiografisk överblick," *Forum navale*, nr. 72, 2016, s. 137.

⑦ Leos Müller, "Forum navale 1940-2015, en historiografisk överblick," *Forum navale*, nr. 72, 2016, s. 132.

⑧ Donal Baird, *Women at Sea in the Age of Sail*, Halifax: Nimbus Publishing, 2001.

航船航程漫长，为了避免亲人长期分离的痛苦，19世纪的帆船上经常出现女性的身影，"几乎每个船长身边都有妻子相伴"。① 19世纪早期的远洋航船上甚至涌现了一批女性传教士。② 1867年，来自新不伦瑞克省的11岁女孩阿米莉亚·霍尔德在她的日记中写道："今天与以往任何一天都没有什么不同。"③ 然而，单调的海上生活经常在抵达港口后被船间人员、船岸间人员的频繁走动打破。这种船—船和船—岸的活动，意味着海上女性的存在影响着文化接触和传播的方式。简而言之，贝尔德与贝尔等学者的研究表明，参与海上航行的女性在19世纪海上社群之间的文化交流中发挥着重要作用。④ 玛格丽特·林肯的著作《船员的妻子和情妇》致力于研究18世纪下半叶海员的伴侣面临多重挑战下的日常生活。此前虽然有许多书着重于出海的女性，但杰出的女性海盗和女扮男装群体毕竟无法代表海洋世界中的大多数女性。林肯书中选取的群体更为典型：她们是海员的妻子、身处异地的伴侣、遗孀和情人。那些因丈夫服役踏上远洋舰船而独自留守在岸上居住的女性在情感上经常感到孤独的同时，在生活上也面临着巨大的经济压力。这些问题普遍存在于涉海生活，但是英国在1750~1815年的战争，导致这一时期的此类问题尤为突出。海军军队招募的海员来自不同地区，社会背景有着显著差异，林肯从海员群体的这一特征入手，考察了在战争时期，面临多重压力下英国社会各个阶层之间的远距离关系。⑤

近年来，学界不仅增加了对海上女性群体的关注，有关船上空间内的等级关系及其日常生活的研究同样层出不穷。罗伯特·李在《海员的都市世界：批判性回顾》⑥ 中采用文化人类学的方法，探究了传统水手形象的建构与解构的过程，认为他们"堕落的形象"在16世纪之前就已经深深烙印在公众脑海里了，"酒精是他们亲密的伙伴，酗酒是他们的惯有恶习"，水手

---

① Donal Baird, *Women at Sea in the Age of Sail*, p. 110.
② D. G. Bell, "Allowed Irregularities: Women Preachers in the Early 19th - century Maritimes," *Acadiensis*, Vol. 15, No. 2, Spring 2001, pp. 3-39.
③ Donal Baird, *Women at Sea in the Age of Sail*, p. 122.
④ D. G. Bell, "Allowed Irregularities: Women Preachers in the Early 19th - century Maritimes," *Acadiensis*, Vol. 15, No. 2, Spring 2001, pp. 3-39.
⑤ Margarette Lincoln, *Naval Wives and Mistresses*, London: National Maritime Museum, 2007.
⑥ Robert Lee, "The Seafarers' Urban World: A Critical Review," *The International Journal of Maritime History*, Vol. 25, No. 1, June 2013, pp. 23-64.

活动的空间局限于码头附近的街道或酒吧、妓院以及其他娱乐场所。[1] 在早期民间歌谣和小说里，水手的形象整体而言是负面的，这影响了人们对水手群体的理解和认知。李指出，这种起源于大航海时代的刻板印象，包含着许多政治、经济和宗教因素，以上对海员回归岸上都市生活的描述是片面的、有误的。通过大量史料、数据分析等方法，李还深入考察了海员的岸上生活方式及其婚姻关系、家庭状况，证实上述"刻板印象"的不真实性，从而实现对水手"堕落形象"的解构。此前，许多人认为，水手本质上是属于青年男性的职业，水手的低龄化导致他们性格的不成熟以及离开家庭独立生活经历的缺乏。[2] 因为大多数水手年轻且未婚，"他们上岸时不可避免地要寻找女性伴侣"。[3] 然而李的研究表明，水手在岸上生活的时间十分短暂，他们在岸上活动的区域也不局限于水手镇或码头周围。[4] 从19世纪中期开始，已婚的海员数量不断增加，蒸汽动力在船舶领域的应用也降低了水手的工作风险、提高了航船的运行速度。由于工作环境相对稳定，水手在结婚之后主观上愿意选择继续从事海上工作，家庭生活亦渐趋稳定。[5] 事实上，海员的家庭和亲缘网络稳定且健康。作者引用了大量实例，包括社会调查结果，证明在结束航行后，大多数海员选择回到家中生活，海员与家庭和亲属的联系极为密切，很少参与港口的各种争端。他们被描绘成不负责任的单身青年，很大程度是自私的船东们编造出来的，他们急于限制船员对其家属的一

---

[1] Elmo Paul Hohman, *Seamen Ashore: A Study of the United Seamen's Service and of Merchant Seamen in Port*, New Haven: Yale University Press, 1952, 转引自 Robert Lee, "The Seafarers' Urban World: A Critical Review," *The International Journal of Maritime History*, Vol. 25, No. 1, June 2013, p. 24。

[2] Yrjö Kaukiainen, "Finnish Sailors, 1750–1870," in Paul C. van Royen, Jaap R. Bruijn and Jan Lucassen, eds., "Those Emblems of Hell?" *European Sailors and the Maritime Labour Market, 1570–1870*, Newfoundland: St. John's, 1997, p. 226; L. H. Powell, *The Shipping Federation: A History of the First Sixty Years, 1890–1950*, London: 52 Leadenhall Street, 1950, p. 56.

[3] David Cordingly, *Women Sailors and Sailors' Women: An Untold Maritime History*, London: Random House, 2001, p. 182.

[4] Richard Woodman, *Blue Funnel Voyage East: A Cargo Ship in the 1960s*, Bebington: Trafalgar Square Publishing, 1988, p. 97.

[5] Cheryl Fury, "Elizabethan Seamen: Their Lives Ashore," *International Journal of Maritime History*, Vol. 5, No. 1, 1998, p. 2; Valerie Burton, "The Myth of Bachelor Jack: Masculinity, Patriarchy and Seafaring Labour," in Howell and Twomey, eds., *Jack Tar in History Essays in the History of Maritime Life and Labour*, Fredericton: Acadiensis Press, pp. 179–198.

切责任感。①

2012 年，谢丽尔·弗瑞编著的《英国海员社会史（1485—1649）》，探究了大航海时代英国水手的船上生活。② 该文集由十篇论文构成，主题涉及伊丽莎白时期的海上社区、船员的健康与医疗、退役海员的社会保障制度、水手的妻子和遗孀等。此外，安·斯特兰利用"玛丽·罗斯"号沉船考古证据探析海员的身体特征，詹姆斯·奥尔索普考察英国与西非几内亚沿岸地区小规模海上贸易中的水手，文森特·帕塔里诺研究船上的宗教文化，杰弗里·哈德森从航海社群的视角对格林尼治医院建立之前海员的健康和医疗情况进行了考察，约翰·阿普尔聚焦 1604 年英国与西班牙战争结束后，英国周边海域海盗激增的现象，都是这方面的代表佳作。

船上饮食。人类创造舟楫，漂洋过海，就形成了独特的海上社会生活。伴随着海洋文明的拓展，海上社会群体的成长，海上社会生活的内涵不断丰富，外延不断扩大。无论如何，海上社会最基本的构成要素始终是"饮食"，海上食物变化的历史是人类与海洋互动历史的永恒主题。

西蒙·斯伯丁在《海上食物：古代到现代的船上饮食》中追溯了从史前时期到 19 世纪不同地区水手的海上食品构成、烹饪方式以及饮食文化。③ 18 世纪远洋航船通常可能几个月都不靠岸，船上的烹饪设施非常简陋，没有制冷系统，只能靠腌渍或烘干才能保存食物。当时的舰船是怎样供养船上数千名人口并维系日常生活的呢？珍妮特·麦克唐纳在《供养纳尔逊的海军：乔治亚时代海上食品的真实故事》④ 一节中回答了这一问题。研究表明，18 世纪皇家海军船上的饮食甚至要远优于当时岸上的饮食。尽管在冷藏技术

---

① Judith Fingard, " 'Those Crimps of Hell and Goblins Damned:' The Image and Reality of Quebec's Sailortown Bosses," in Rosemary Ommer and Gerald Panting, eds., *Working Men who Got Wet*, Newfoundland: St. John's, 1980, p. 323; Valerie Burton, "The Myth of Bachelor Jack: Masculinity, Patriarchy and Seafaring Labour," in Howell and Twomey, eds., *Jack Tar in History: Essays in the History of Maritime Life and Labour*, Fredericton: Acadiensis Press, pp. 179-198; Judith Fingard, *Jack in Port: Sailortowns of Eastern Canada*, Toronto: University of Toronto Press, 1984, p. 94; John Slader, *The Fourth Service: Merchantmen at War, 1939-1945*, London: Hale, 1994, p. 276.

② Cheryl A. Fury, ed., *The Social History of English Seamen, 1485-1649*, Woodbridge: Boydell Press, 2012.

③ Simon Spalding, *Food at Sea: Shipboard Cuisine from Ancient to Modern Times*, Washington: Rowman & Littlefield Publishers, 2015.

④ Janet Macdonald, *Feeding Nelson's Navy: The True Story of Food at Sea in the Georgian Era*, London: Frontline Books, 2004.

和罐装食品出现之前船上很难保存食物，但截至 1800 年，英国舰队已在很大程度上消除了船员患坏血病的隐患，其他因饮食失调导致的疾病也逐渐减少。这要归功于英国粮储局（Victualling Board），虽然这一官僚机构备受诟病，但它的确发挥了重要作用。该机构负责组织海上肉类食品的制作和包装、啤酒的酿造、海军饼干的烘烤以及海军所有后勤事务，形成与实际需求相匹配的工业规模。一旦船上的食物和饮料受到严格的控制并确保公平分配，船员和海军长官便开始探索其他能够补充其口粮的方法，比如在船上饲养牲畜等。

然而，在谢丽尔·弗瑞看来，16 世纪海员的饮食，往好了说是单调乏味，往坏了说是有害于身体健康。海军上将兼外科医生威廉·克劳斯（William Clowes）指出，伊丽莎白时期海员的食物"腐烂且不健康"，几乎所有海员在船上的饮食都以咸牛肉、鱼、熏肉、海军饼干、奶酪和啤酒为主食。[1] 弗瑞指出，16 世纪海员的饮食无论是质量还是数量都很差劲，这直接威胁了舰船内部的秩序稳定。沙扬·拉拉尼在《海上文化邂逅：现代邮轮业的餐饮》中探究了 20 世纪 70 年代后，以中产阶级为主的客户数量激增带来的游轮餐食结构变化，论述了邮轮上为游客提供的饮食在多元文化交流中的作用。[2]

船上疾病与医疗。医疗社会史是 20 世纪下半叶兴起的史学新分支，然而学界对商船海员的疾病情况研究，对流行病学、医学史、医学社会学等学科的关注，至今仍相当有限。

杰弗里·哈德森主编的《英国军事与海军医疗（1600—1830）》对现代早期的英国海军和军事医学进行了细致的考察，主题之一是帝国背景下军事医学的发展状况。[3] 在战争和英国帝国医学的创建中，奥尔索普回顾了英国海军和帝国医学文献，认为大规模的帝国战争有助于推动医学领域的发展。科普曼围绕 1755～1783 年在北美和西印度群岛的英国军队展开研究，分析了海外军事行动中的医学供应，认为军队从业人员在疾病的预防与治疗方面发挥了作用。马克·哈里森的研究表明，英国东印度公司促进了热带医学的发展，并促使从业者意识到医学实验的重要性。第二个主题是英国军队和海军医院的护理和医疗的历史。冯·阿尔尼重点讨论了 17 世纪中期海军

[1] Cheryl A. Fury, ed., *The Social History of English Seamen*, 1485–1649, p. 194.

[2] Shayan S. Lallani, "Mediating Cultural Encounters at Sea: Dining in the Modern Cruise Industry," *Journal of Tourism History*, Vol. 9, No. 2, 2017, pp. 160–177.

[3] Geoffrey L. Hudson, ed., *British Military and Naval Medicine*, 1600–1830, Amsterdam and New York: Editions Rodopi, 2007.

军人，特别是士兵的护理情况。菲利普·米尔斯论述了船员的常见病疝气的治疗方法。第三个主题讨论了这一时期的海军医学。帕特里夏·克里明考察18世纪英国水手的健康和医疗状况，认为18世纪末英国水手的健康状况有明显改善。玛格丽特·林肯认为，公众对海军医学的认知影响了人们对海军形象的整体印象。克里斯蒂娜·史蒂文森探讨了军事医学对军事、海军甚至民用医院建设的影响。文集纠正了人们对早期英国海军外科医生"医疗技术拙劣"的刻板印象，对"帝国扩张必然导致医疗和护理技术进步"的观点提出疑问，阐明了军事与海军医学、国家与社会之间的关系，同时指明了未来这一领域的发展方向。

19世纪中期以来，船上生活的回忆录主要由退休的船长撰写。这种文本记录船员在船上的生活百态，但未必关注他们的心理和生理疾病。船上医生撰写的零星的回忆录也几乎不关涉这个话题。戈登·C.库克在《商船队上的疾病：海员医院协会的历史》一书中，以大量篇幅描述该医疗机构的重要性，而对有关海员的常见疾病——坏血病、梅毒、淋病、肺结核等——的介绍并不多，亦未能对海员疾病的后续治疗做进一步探究。① 凯文·布朗的作品《牛痘与坏血病：海上疾病与健康的故事》，深入研究英国伦敦的国家档案馆资料，关注中世纪到21世纪海上航行的各个时期的"船上疾病与健康"，研究主题包括：跨大西洋航行途中遇到的困难，哥伦布大交换，船上检疫措施，坏血病，船员医疗保健和海军外科医生、护理和海军医院的质量，豪华游轮设施，高级舱移民所面临的健康危害，奴隶制度和奴隶贩子的恐怖航行。全书体现的主题是"进步"——不仅是医学知识，而且也是社会各个层面的改善。②

谢丽尔·弗瑞在《海上医疗与健康》一文中，考察了英国海军在船上的饮食、发病率与死亡率、船上疾病、医疗等，海上风暴、船体泄漏、工作事故和伤害等，都对海员的生命安全构成威胁。③ 总体来看，海上的发病率和死亡率因航行的类型和持续时间而有所不同。弗瑞认为，海员发病率受航

---

① Gordon C. Cook, *Disease in the Merchant Navy: A History of the Seamen's Hospital Society*, Abingdon: Radcliffe Publishing, 2007.

② Kevin Brown, *Poxed and Scurvied: The Story of Sickness and Health at Sea*, Barnsley, South Yorks: Seaforth Publishing, 2011.

③ Cheryl A. Fury, "Health and Health Care at Sea," in Cheryl A. Fury, ed., *The Social History of English Seamen, 1485–1649*, pp.193–227.

行的目的地、航程持续时间的影响，要大于船上生活环境（包括饮食、医疗等）的影响。恶劣的饮食条件导致了许多疾病的出现，由于没有新鲜的果蔬供给，船员膳食普遍缺乏维生素 B 和维生素 C。缺乏维生素 B 可能导致海员警惕性下降、精神抑郁甚至瘫痪；维生素 C 的供给不足则会引起坏血病——在海上最常见也是致死率最高的一种疾病。此外，身体缺乏维生素 A 也会导致夜盲症。海上多发病有痢疾、斑疹伤寒、食物中毒、疟疾、黄热病，海员健康还受到诸如黑死病等传统的陆地疾病的威胁。① 为了解决船上劳动力流失问题，提高航行效率，一些地位较高的海员致力于降低海上发病率。在航船上，疾病、外伤的治疗任务由军官、海员以及在场的理发师共同承担。②

　　船上娱乐。乔·斯坦利的《在甲板上踩踏：图像历史中的海上舞蹈》一文，通过一系列图像资料，采用了包括文化地理在内的多学科研究方法，将"船舶"作为"被忽视的公共空间"来解释船上舞蹈与岸上舞蹈的差异，以及将舞蹈作为一种社会习俗进行社会学研究，从而展示舞蹈在船上的作用，探析舞蹈在船上的视觉表现张力。③

　　作为船上娱乐生活的一部分，近年来海上音乐和歌词成为海洋史学家关注的对象。罗伊·帕尔默的《牛津海上歌谣集》梳理了近百年来船上前甲板歌曲（forebitter songs）从歌词到曲调的流变过程。④《国际海洋史期刊》2017 年组织了一次以"海上船歌"为主题的论坛，探讨 19 世纪晚期以来"海上船歌"及其在音乐文化中地位的变化。围绕这一议题，相关研究回顾了"船歌"音乐流派发展的几个阶段。⑤ 2021 年，凯伦·杜比选取风帆时代一些有代表性的船歌，按其功能和内容差异，分为如下三个种类。一是拉拽号子（hauling shanties），具体又划分为短程（short-haul）和长程（long-

①　Cheryl A. Fury, "Health and Health Care at Sea," in Cheryl A. Fury ed. , *The Social History of English Seamen, 1485-1649*, pp. 209-212.

②　Cheryl A. Fury, "Health and Health Care at Sea," in Cheryl A. Fury ed. , *The Social History of English Seamen, 1485-1649*, p. 219.

③　Jo Stanley, "Hoofing it on Deck: Images of Dancing in the Maritime Past," *The International Journal of Maritime History*, Vol. 27, No. 3, 2015, pp. 560-573.

④　Roy Palmer , *The Oxford Book of Sea Songs*, Oxford: Oxford University Press, 1988.

⑤　Graeme J. Milne, "Revisiting the Sea Shanty: Introduction," *The International Journal of Maritime History*, Vol. 29, No. 2, 2017, pp. 367-369; Gerry Smyth, "Shanty Singing and the Irish Atlantic: Identity and Hybridity in the Musical Imagination of Stan Hugill," *The International Journal of Maritime History*, Vol. 29, No. 2, 2017, pp. 387-406.

haul or halyard）两种。船员在从事拉拽任务时需要休息。此类歌曲设计之初是为了让船员有时间休息、深呼吸，以便在两次拉绳的间歇期更好地获得抓地力，它们通常在每一行的末尾有一个简短的合唱音。拉拽号子往往是呼唤—回应式的歌曲，由一个船夫领唱，船员们加入问句中，通常在合唱句的最后一个音节拉动绳索。二是翻滚号子（heaving shanties），是为配合需要不断翻滚或推挤的船上工作而诞生的，通常适用于较艰苦的劳动，目的是帮助船员保持正常的劳作节奏、集中注意力或逗船员开心，其内容往往包含较长的诗句，多数是由传统的民谣改编的，常带有很多暗示性的粗俗歌曲，多为即兴创作，其篇幅可根据手头的劳动任务缩短或加长。三是前甲板歌曲/休闲歌曲（Forebitter songs），与前面两种为激励船员劳动而创作的船歌不同，这类歌曲是船上曲目的重要组成部分。船员们结束了一天的工作后，通常在前甲板的生活区演唱。此类歌曲通常由其他船歌改编而成，反过来又被定制为工作歌曲，特别是在绞盘和水泵处演唱。[1]

（二）海洋环境史

1986 年，麦克沃伊出版了《渔民问题：1850—1980 年加利福尼亚州渔业中的生态与法律》[2]，这是有关海洋环境史的第一本重要著作，曾在 1989 年荣获首届环境史年度最佳图书奖。进入 20 世纪 90 年代，海洋史学家戴维·斯塔基、保罗·霍尔姆将环境史引入海洋史研究之中。其中，海洋动物种史项目（History of Marine Animal Population Projects）旨在以历史学维度进行"海洋生物普查，阐释、评估世界范围内海洋生物的多样性及其分布情况"，[3] 考察过去几个世纪的全球海洋环境史。2001 年，该项目出版阶段性成果《被开发的海域：海洋环境史的新方向》[4]，探析海域周围人类活动和自然因素对海洋动物种群活动范围的影响。1999 年，泰勒出版的《鲑鱼

① Karen Dolby, *Sea Shanties: The Lyrics and History of the Sailor Songs*, London: Michael O'Mara Books Limited, 2021.

② Arthur Mcevoy, *The Fisherman's Problem: Ecology and Law in the California Fisheries 1850-1980*, Cambridge: Cambridge University Press, 1986.

③ Poul Holm, Tim D. Smith, and David Starkey, eds., *The Exploited Seas: New Directions for Marine Environmental History* (*Research in Maritime History*, No. 21), NF: International Maritime Economic History Association, 2001, p. 215.

④ Poul Holm, Tim D. Smith, and David Starkey, eds., *The Exploited Seas: New Directions for Marine Environmental History* (*Research in Maritime History*, No. 21).

生产：西北渔业危机的环境史》① 是海洋环境史的另外一本著作。2006 年，博尔斯特在《海洋环境史的机遇》② 一文中，分析了海洋环境史的重要性，梳理了近 30 年该领域的一些开创性成果，以及可利用的丰富资料，他指出，海洋可能会成为环境史研究的新领域。2008 年《海洋的过去：海洋动物种群历史的管理启示》③ 面世，该文集中的作品分别由历史学家、生物学家、生态学家、历史生态学者、海洋考古学家和地质学家撰写，综合了多个学科的研究视角、方法论和叙事模式，呈现了海洋环境史在跨学科方法下的研究成果。《美国历史杂志》于 2013 年 6 月编发了一组环境史的文章。其中海伦·罗兹瓦多夫（Helen Rozwadowski）强调海洋环境史研究的重要性。2013年《环境史》推出了"海洋环境史"专题，刊登的文章多达 10 篇。④ 这组文章的撰稿人具有环境史、科学史、建筑史、生态学等多种专业背景，其国别涉及挪威、中东等美国以外的国家和地区，体现了海洋环境史跨学科、跨国别地区的特点。

---

① Joseph E. Taylor III, *Making Salmon: An Environmental History of the Northwest Fisheries Crisis*, Seattle: University of Washington Press, 1999.

② W. Jeffrey Bolster, "Opportunities in Marine Environmental History," *Environmental History*, Vol. 11, No. 3, 2006, pp. 567-597.

③ David J. Starkey, Poul Holm and Michaela Barnard, eds., *Oceans Past: Management Insights from the History of Marine Animal Populations*, London and Sterling, VA: Earthscan, 2008.

④ Michael Chiarappa and Matthew McKenzie, "New Directions in Marine Environmental History: An Introduction," *Environmental History*, Vol. 18, 2013, pp. 3 - 11; Michael J. Chiarappa, "Dockside Landings and Threshold Spaces: Reckoning Architecture's Place in Marine Environmental History," *Environmental History*, Vol. 18, 2013, pp. 12 - 28; Brian Payne, "Local Economic Stewards: The Historiography of the Fishermen's Role in Resource Conservation," *Environmental History*, Vol. 18, 2013, pp. 29-49; Loren McClenachan, "Recreation and the 'Right to Fish' Movement: Anglers and Ecological Degradation in the Florida Keys," *Environmental History*, Vol. 18, 2013, pp. 76 - 87; Jennifer Hubbard, "Mediating the North Atlantic Environment: Fisheries Biologists, Technology, and Marine Spaces," *Environmental History*, Vol. 18, 2013, pp. 88 - 100; Vera Schwach, "The Sea Around Norway: Science, Resource Management and Environmental Concerns, 1860 - 1970," *Environmental History*, Vol. 18, 2013, pp. 101 - 110; Christine Keiner, "How Scientific Does Marine Environmental History Need to Be?" *Environmental History*, Vol. 18, 2013, pp. 111 - 120; Poul Holm, Marta Coll, Alison MacDiarmid, Henn Ojaveer and Bo Poulsen, "HMAP Response to the Marine Forum," *Environmental History*, Vol. 18, 2013, pp. 121 - 126; T. Robert Hart, "The Lowcountry Landscape: Politics, Preservation, and the Santee-Cooper Project," *Environmental History*, Vol. 18, 2013, pp. 127 - 156; Robert Chiles, "Working-Class Conservationism in New York: Governor Alfred E. Smith and 'The Property of the People of the State'," *Environmental History*, Vol. 18, 2013, pp. 157 - 183.

（三）全球史视域下的海洋史研究

海洋史研究的对象是人类与海洋空间（包括海洋、滨海地区、岛屿，内陆水体）的互动关系。随着海洋空间之于人类重要意义的不断显现，近年来世界各国多个领域的学者积极投入相关研究当中。

海洋史研究的"空间转向"。20 世纪 80 年代，伴随着世界政治经济格局的剧变，全球史兴起，一度隐没在西方地理大发现历史叙事内的国家和地区开始积极争取海洋话语权。在全球视域下，大西洋不再是历史学家关注的唯一中心，史学家对世界各区域的海洋和大型水体的研究呈现多中心态势，印度洋、太平洋、大西洋、地中海等被划分为独立的历史分析单元。

海洋史研究出现了"空间转向"，其关注范围不再停留于海水表面，而是将海洋视为"互动空间"。与陆地上的政治边界不同，大西洋、印度洋、太平洋等大型水体之间无法精准划分界线。传统海洋史通常将海洋视作人类物质文化交往的通道，对海洋的关注仅仅停留在海水表面。在这种历史叙事中，海洋与陆地（沿海地区）的关系是"两点一线式"的。1999 年，美国杜克大学发起"海洋连接"（Ocean Connect）项目，将世界上主要海域视作接触区（冲突区），重新构建了一种围绕海表和海洋盆区展开的区域研究，呈现了一片在传统世界地图上基本不可见的历史区域。[①] 大西洋、印度洋和太平洋以及地中海不再是独立的海洋区域，而是无明确边界的、相互融合并以多种方式相互作用的历史空间。从空间上看，此时海洋史的研究对象包括作为通道的水面，以及沿岸的港口城市和岛屿，同时也包括海盆。这种分析框架要求海洋史学家在关注人类与海洋关系的同时，超越政治上的国家边界以及地理意义上"海岸"的界限，重新审视海洋—海洋、海洋—陆地之间的关系。

海洋作为互动空间的概念，要求海洋历史学家的视野超越海陆之间的界线。跨海货物、人员和思想的流通改变了经济发展模式，甚至引发政治变革，可见海上运输的影响不止覆盖海上社群和沿海地社区，并且延伸到了大陆腹地。迈克尔·皮尔森曾指出，任何严格的陆地/海洋界线划分都是错误的二分法，"海洋史学家必须面对这样一个问题：海洋的影响究竟可以延伸

---

① Martin W. Lewis and Kären Wigen, "A Maritime Response to the Crisis in Area Studies," *The Geographical Review*, Vol. 89, No. 2, April 1999, p. 165.

到内陆多远？"① 有鉴于此，《国际海洋史期刊》于 2017 年举办了主题为"连通海洋：海洋史的新方法"的论坛，② 其中 5 篇文章以沿海和港口城市为重点，将海洋作为不同文化相遇的区域和社会经济交流的载体进行研究，论述了海洋是如何将人群、物质和思想联系起来的。继而回答如下问题：海洋路线以何种方式将沿海地区和腹地整合到更广泛的互动系统中？港口城市和商人群体在跨洋交换网络的形成中扮演什么角色？环境因素在多大程度上决定政治或经济进程？全球经济变化对个别港口或区域港口系统有何影响？渔民的渔获（金枪鱼、鲱鱼和鳕鱼）、影响商船航线的洋流和风，都是没有边界的。因此，正是这种"不符合国家、大陆或其他文化和政治边界划分的地理环境中的人类互动"的视角，使得海洋史成为全球史研究的沃土。③

　　围绕"海洋史"与"全球史"（世界史）关系的理论探索。"如何处理海洋史与全球史之间的关系"在学界争论不休。为了巩固海洋史在学界的地位，并使其活跃在公众视野中，一些学者建议将海洋史与一些新潮的历史研究方法结合起来（甚至归入其中），例如北大西洋沿岸的一些学者呼吁把海洋史划入大西洋史研究，凯伦·魏根等甚至用"new oceanic history"④ 一词来描述这种趋势。以因戈·海德布林克为代表的部分海洋史学家，认为海洋史和世界史是"同一枚硬币的两面"，积极呼吁将海洋史引入全球史视角，促使其成为未来全球史研究的核心学科。林肯·潘恩认为海洋史是世界史下属的分支学科，涵盖了造船、海上贸易、海洋探险、人口流动和海军史等主题。⑤ 此种观点倾向于将海洋史归入全球史（世界史）研究范畴，主张海洋史与全球史（世界史）更紧密的合作，甚至视两者"融合"为海洋史最佳的发展路径。⑥

---

① Michael Pearson, *The Indian Ocean*, London: Routledge, 2003, p. 27.

② Amélia Polónia, Ana Sofia Ribeiro and Daniel Lange, "Connected Oceans: New Pathways in Maritime History," *The International Journal of Maritime History*, Vol. 29, No. 1, 2017, pp. 90-95.

③ Dominic Sachsenmaier, *Global Perspectives on Global History: Theories and Approaches in a Connected World*, New York: Cambridge University Press, 2011, p. 99.

④ Karen Wigen, "'Introduction' to AHR Forum 'Oceans of History'," *American Historical Review*, Vol. 111, No. 3, 2006, pp. 717-721.

⑤ Lincoln Paine, "Introduction," *The Sea and Civilization: A Maritime History of the World*, New York: Alfred A. Knopf, 2013.

⑥ 〔美〕因戈·海德布林克：《海洋史：未来全球史研究的核心学科》，张广翔、周嘉滢译，《社会科学战线》2016 年第 9 期。

以刘易斯·费希尔为代表的部分学者则认为这一倡议有待商榷。[1] 费希尔表示：

> 因戈·海德布林克的许多作品都在强调海洋史对其他学科研究是"有价值的"，即向其他学科"推销"海洋史，使其成为一个辅助工具。这种迫切希望海洋史获得认可的做法无可厚非，尽管海洋史学家有充分的理由与全球史（世界史）学家合作，但我认为，海洋史仍然是一门独特的历史分支学科。[2]

尽管并非所有的海洋史研究都需要引入全球视角，但是鉴于海洋空间对大规模或全球性物质文化交流的重要影响，海洋史已成为通向全球史的门户，[3]是全球史的根基。[4] 阿米莉亚·波洛尼亚指出，海洋史是通往全球史的通道，但这并不意味着海洋史本质上是全球性或全球化的历史。费希尔认为："海洋史与全球史的一个重要区别是，它既可以具有地方性和国家性的区域特色，也可以具有全球性特征。"[5]

玛利亚·福萨罗和阿米莉亚·波洛尼亚主编的《作为全球史的海洋史论文集》[6] 运用不同的研究方法和理论框架，旨在为当前关于海洋史的研究范围及其与全球史的联系的辩论提供新的见解，书中涵盖了多种主题、不同时间段和地理区域的研究，但内容指向了共同主题——海洋的全球影响。布洛泽认为，海洋史在其最广泛的意义上是全球性的，即"总体史"规模，20 世纪 60 年代年鉴学派的这一设想目前已获得大量证据的支撑。最广义的海洋史通常被理解为一个研究领域，它涵盖了人类利用海洋所需要的、产生

---

① Maria Fusaro and Amélia Polonia, eds., *Maritime History as Global History*, Newfoundland: International Maritime Economic History Association, 2010.

② Lewis R. Fischer, "The Future Course of Maritime History," *The International Journal of Maritime History*, Vol. 29, No. 2, 2017, pp. 355-364.

③ Amélia Polónia, "Maritime History: A Gateway to Global History?" in Amélia Polónia and Maria Fusaro, eds., *Maritime History as Global History*, Newfoundland: St. John's, 2010, pp. 1-20.

④ Daniel Finamore, ed., *Maritime History as World History*, Gainsville: University Press of Florida, 2004, p. 2.

⑤ Lewis R. Fischer, "The Future Course of Maritime History," *The International Journal of Maritime History*, Vol. 29, No. 2, 2017, p. 358.

⑥ Maria Fusaro and Amélia Polonia, eds., *Maritime History as Global History*, International Maritime Economic History Association, Newfoundland, 2010.

的一切因素。① 从这个意义上讲，海洋史不能局限于特定的历史研究领域。相反，它往往跨越其他学科和研究领域的边界，也超越了历史的界限。了解渔业的历史需要研究海洋资源，分析生态系统的可持续性，从而涉及生物学、气候学、生态学和环境科学等学科。② 研究航海或渔业社区需要借助人类学、社会学甚至行为科学的理论和方法。分析海洋人口分布涉及人口学研究。对劳动力市场、竞争模式或国际海上经济霸权的分析，需要借助经济学和政治学视角及其专业知识。海洋学、制图学和水文学也是海洋历史学家的重要工具。仅在历史学科范围内，海洋史涉及的领域包括经济、社会、人口、政治、文化和艺术史，以及海洋在艺术和文学中的表现形式。其他文化表现形式，如宗教和虔诚的实践和信仰，也可以成为海洋史的关注点。

海洋史与新区域史"新海洋学"的出现。20 世纪末，美国地理学家、人类学家和文化历史学家从"区域研究"转向对"新海洋学"的关注。这一趋势与 20 世纪末区域/地区研究遭遇的融资危机和"全球主义"的盛行有关。③ 20 世纪 90 年代初冷战结束，苏联解体及其势力范围的变化，动摇了区域研究所依附的地缘政治原理，一夜之间，政治边界被重新划分。与此同时，学术界内部对区域研究的质疑与日俱增。美国的传统政治左派的批评者指责"整个区域研究架构是为了促进美国的战略利益而建构的，这使得它在知识和道德层面都受到怀疑"。④ 文化左派的批评者认为，区域研究归根结底是西方殖民主义的产物。某些主流社会科学家指责区域研究学者陶醉于某个区域的文化特殊性，而不去寻求构建和验证更普遍的、严谨的人类行为和组织模式，⑤ 甚至致力于区域研究的人也越来越多地批评区域研究框架阻碍了对间隙区域和超区域空间的考察。对这些学者而

---

① Frank Broeze, "From the Periphery to the Mainstream: The Challenge of Australia's Maritime History," *The Great Circle*, Vol. 11, No. 1, 1989, pp. 1–13.

② W. Jeffrey Bolster, "Opportunities in Marine Environmental History," *Environmental History*, Vol. 11, No. 3, 2006, pp. 567–597.

③ Martin W. Lewis and Kären Wigen, "A Maritime Response to the Crisis in Area Studies," *The Geographical Review*, Vol. 89, No. 2, April 1999, pp. 161–168.

④ Bruce Cumings, "Boundary Displacement: Area Studies and International Studies during and after the Cold War," in Christopher Simpson, ed., *Universities and Empire: Money and Politics in the Social Sciences during the Cold War*, New York: New Press, 1998, pp. 159–188.

⑤ Vicente L. Rafael, "The Cultures of Area Studies in the United States," *Social Text*, Vol. 12, No. 4, 1994, pp. 91–111.

言，整个区域研究事业已经开始腐化，无法为学界贡献新知。①

面对学界内外的猛烈批评，区域研究者开始探寻新方向。福特基金会（Ford Foundation）开启了重新构建区域研究的计划，委托芝加哥大学撰写了题为《地区研究，区域世界》的白皮书，② 建议研究人员摆脱以往静态的"特征地理学"，朝着"动态地理学"方向发展，这种范式下"区域"的概念是动态和相互联系的。1997 年，福特基金会启动了"跨越边界振兴区域研究"新项目。③ 福特向美国国内的 30 所大学赞助科研基金，以鼓励高校教师和学生专注以语言为中心，针对特定地点展开跨学科研究。杜克大学题为"海洋连接：跨流域的文化、资本和商品流动"的倡议，贯穿"跨越边界振兴区域研究"项目的两个阶段。在此背景下，新区域研究逐渐成长起来。

新区域史研究对象的显著特征是规模宏大，跨越了塑造传统历史的政治边界划分，例如对东非大裂谷的湖泊或丝绸之路的研究。④ 海洋以及滨海地区因其广袤的地理空间、无政治边界的特质成为新区域史关注的对象。学界用 new thalassology（新海洋学）来表示新区域研究中围绕海洋、湖泊、河流等大型水体及其沿岸地区展开的历史研究，最终目标是完善历史学家构建全球史的方式。2003 年，爱德华·彼得斯在评论霍登和珀塞尔的著作《堕落之海：地中海史研究》⑤ 时，首次提到新海洋学这一表达，认为布罗代尔早在 1949 年就创建了"thalassology"这个学科。⑥ 《堕落之海：地中海史研究》对布罗代尔开启的地中海历史研究进行了回应，展现了从古代到近代地中海的历史风貌，并对地中海作为学科的概念做了更深入细致的阐释，该

① Martin W. Lewis and Kären Wigen, "A Maritime Response to the Crisis in Area Studies," *The Geographical Review*, Vol. 89, No. 2, April 1999, p. 164.

② Globalization Project, *Area Studies: Regional World: A White Paper for the Ford Foundation*, Chicago: University of Chicago, Center for International Studies, 1994, 转引自 Martin W. Lewis, and Kären Wigen, "A Maritime Response to the Crisis in Area Studies," *The Geographical Review*, Vol. 89, No. 2, April 1999, p. 164。

③ Ford Foundation, "Crossing Borders: Revitalizing Area Studies," New York: Ford Foundation, 1999, 转引自 Martin W. Lewis, and Kären Wigen, "A Maritime Response to the Crisis in Area Studies," *The Geographical Review*, Vol. 89, No. 2, April 1999, p. 165。

④ Peregrine Horden and Nicolas Purcell, "The Mediterranean and 'the New Thalassology'," *American Historical Review*, June 2006, p. 723.

⑤ Peregrine Horden and Nicholas Purcell, *The Corrupting Sea: A Study of Mediterranean History*.

⑥ Edward Peters, "Quid Nobis cum Pelage? The New Thalassology and the Economic History of Europe," *Journal of Interdisciplinary History*, Vol. 34, No. 1, 2003, p. 56.

著作的面世标志着 21 世纪新海洋学①的开端，这一领域承袭了布罗代尔的衣钵，随着 21 世纪全球史的高潮扬帆，同时承载着 20 世纪 90 年代文化史消退的回声。② 2006 年，霍登和珀塞尔合作发表题为《地中海与"新海洋学"》的文章，认为新海洋学重新审视了传统的历史地理学，是一种"新的大规模区域史研究"。③ 霍登和珀塞尔把大型山脉、森林或干旱的荒野（如撒哈拉沙漠）比喻成"虚拟的海洋"，其中一些地理空间与广袤的海洋十分类似。也有一些地理空间周围分布着较为密集的人口，其特质是更像地中海的"内陆海"。对现实中的海洋和隐喻中的海洋进行系统的比较，可以提出一种新的、可能达到全球规模的历史研究路径。④ 霍登和珀塞尔最后指出："大多数学术著作都是传统的、相对局部的、政治的、社会的或经济的地中海国家的历史，没有直接的更广泛的意义，也很少关注地理或环境因素。"⑤ 2010 年，吉琳娜·哈拉菲蒂斯在《海洋史抑或"海洋的历史"》一文中回顾了"新海洋学"的史学根源，将其列入海洋史的分支领域，倡导海洋史研究范式向"新海洋学"靠拢。⑥ 新区域史最大的优势不在于比较研究，而是对远距离互动的研究。⑦ 新区域史的兴起直接影响了"新海洋学"作为研究领域的出现，此种研究模式为海洋史书写开辟了新路径。受全球史研究范式的影响，20 世纪末英语世界的海洋史研究逐渐呈现"去国家中心"的趋向。跳出民族国家中心和大陆中心的拘囿，把海洋看作一个可观的、完

① 详见 Gelina Harlaftis, Nikos Karapidakis, Kostas Sbonias, VaiosVaiopoulos, eds., *The New Ways of History*, London：Tauris Academic Studies, 2010。

② Henk Driessen, "Seascapes and Mediterranean Crossings," *Journal of Global History*, No. 3, 2008, pp. 445-449.

③ Peregrine Horden and Nicolas Purcell, "The Mediterranean and 'the New Thalassology'," *American Historical Review*, June 2006, pp. 722-740.

④ David Abulafia, "Mediterraneans," in William V. Harris, ed., *Rethinking the Mediterranean*, Oxford：Oxford University Press, 1st edition, 2005, pp. 64-93. 关于撒哈拉的论述详见 Abed Bendjelid, "Le Sahara, cette 'autre Me'diterrane'e,'" *Me'diterrane'e*, Vol. 99, Nos. 3-4, 2002, 转引自 Peregrine Horden and Nicolas Purcell, "The Mediterranean and 'the New Thalassology'," *American Historical Review*, June 2006, p. 723。

⑤ Peregrine Horden and Nicolas Purcell, "The Mediterranean and 'the New Thalassology'," *American Historical Review*, June 2006, pp. 722-740.

⑥ Gelina Harlaftis, "Maritime History or the History of Thalassa," in G. Harlaftis, N. Karapidakis, K. Sbonias and V. Vaipoulos, eds., *The New Ways of History: Developments in Historiography*, London：Tauris Academic Studies, 2010, pp. 211-237.

⑦ 〔英〕佩里格林·霍登、尼古拉斯·珀塞尔：《地中海与"新海洋学"》，姜伊威译，夏继果校，《全球史评论》第 9 辑，中国社会科学出版社，2015，第 55 页。

整的、具有主体性和独立性的对象，将海洋（包括盆区）及其相毗邻的大陆部分联合成为一个整体单元（如大西洋世界、太平洋世界、印度洋世界），用"跨边界"（包括国家边界、洲际边界和领域边界）的视角观察、确立和分析海洋在世界历史发展进程中的作用。

当前，全球视域下海洋史研究的最新成果是剑桥大学出版社推出的"全球海洋文明史研究"系列丛书。2013 年，凯瑟琳·霍夫曼等学者合著《海上地图的黄金时代：当欧洲发现了世界》，梳理了世界航海地图的历史渊源、风格特点以及地图产地的相关历史知识。① 亨利·鲍文等人合编《英国的海洋帝国：大西洋和印度洋世界（1550—1850）》，运用比较研究的方法，阐释了大英帝国在大西洋和印度洋世界推行帝国主义制度在法律、商业、外交、军事等方面的共性与差异，从而揭示了影响英帝国扩张进程的因素。② 阿米蒂奇等编著的《海洋史》从海洋视角审视人类文明发展的世界历史。③ 该文集收录文章时间跨度大，涵盖空间广阔。史学家追溯了印度洋、太平洋和大西洋以及从北极和波罗的海到中国南海和东海的历史，关注世界海洋之间的联系与差异，特别关注不同区域的交流和各区块历史变迁的特殊性，表明海洋史是一个根基深厚且充满活力的领域。罗纳德·波的《蓝色边疆：清王朝的海洋视野与力量》从海洋视角重新审视 18 世纪中国清王朝，认为以往将清王朝视作不关注海洋力量的陆地强国的观点简化了清王朝的海洋认知。④ 事实上，与正统观念相反，满族控制的清政府在政治、军事甚至观念上均有意接触海洋，灵活应对海陆边疆的各种挑战，试图融入全球海洋世界并参与了彼时东亚地区对海权的争夺。⑤

在东亚地区，近年海洋史研究的主题日渐多样，内容更加丰富多彩，总体叙事模式从"西方中心主义"到"反西方中心主义"（全球史视角），越来越强调海洋在全球化过程中发挥的作用。韩国海洋史学者姜凤龙的文章

---

① Catherine Hofmann et al. , *The Golden Age of Maritime Maps: When Europe Discovered the World*, New York: Oxford University Press, 2013.

② Henry V. Bowen, Elizabeth Mancke, John G. Reid, eds. , *Britain's Oceanic Empire: Atlantic and Indian Ocean Worlds*, c. *1550-1850*, London and New York: Cambridge University Press, 2012.

③ David Armitage, Alison Bashford and Sujit Sivasundaram, eds. , *Oceanic Histories*, London: Cambridge University Press, 2017.

④ Ronald Po, *The Blue Frontier: Maritime Vision and Power in the Qing Empire*, Cambridge: Cambridge University Press, 2018.

⑤ Ronald Po, *The Blue Frontier: Maritime Vision and Power in the Qing Empire*, p. 209.

《海洋史与世界史认知体系》① 转换以陆地视角为根基的"世界体系论"，建议历史学家把"海洋史"作为分析框架，以海上事件重新划分世界史认知体系，将世界史划分为地中海时代、印度洋时代、大西洋时代、太平洋时代。

1989 年，《国际海洋史期刊》创办，标志着国际视野下的海洋史研究正式开启，新兴的全球史、新文化史、妇女史等使海洋史延续了跨学科研究方法，传统的海洋史议题逐渐转向海洋社会文化史、海洋环境史、海洋史与全球视野，研究视角进一步下移，关注海上女性、有色人种、海盗的社会生活，海军史、海洋经济社会史等与新兴领域并存。弗兰克·布洛泽、吉琳娜·哈拉菲蒂斯等学者不断对海洋史下定义，海洋史研究呈现"无所不包"的"整体史"态势。此种规模下的海洋史研究喜忧参半。

五　英语学界海洋史研究存在的问题

从布罗代尔到刘易斯·费希尔，今天的海洋史研究范式已经发生了诸多改变。作为人文社会科学分支的海洋史其实基于海洋又超越海洋，关注以海洋为视角、由海洋而勾连和引发的复杂的人的世界。

布洛泽在 1989 年提出的"广泛的海洋史定义"得到学界普遍赞同，在史学实践中已积累了为数众多的研究成果，目前海洋史研究可以说达到了"无所不包"的"总体史"规模。尽管如此，海洋史研究的杰出学者刘易斯·费希尔称："海洋史学科的研究范式依然处于摸索阶段，未来海洋史的发展方向仍然是一个颇具争议的话题。"② 海洋史学家因戈·海德布林克认为海洋史的未来是一个"蓝洞"——充满不确定性。③

（一）视角与方法

海洋史的独特之处在于：它既可以具有地方性和国家性的区域特色，也

① 〔韩〕姜凤龙：《海洋史与世界史认知体系》，《海交史研究》2010 年第 2 期。

② Lewis R. Fischer, "The Future Course of Maritime History," *International Journal of Maritime History*, Vol. 29, No. 2, 2017, pp. 355–364.

③ Ingo Heidbrink, "Closing the 'Blue Hole': Maritime History as a Core Element of Historical Research," *International Journal of Maritime History*, Vol. 29, No. 2, 2017, pp. 325–332.

可以具有全球性特征。① 由于海洋连接着世界上的各个大陆，海洋史具有全球性特征，但滨海社区的人群以海为生，他们长期与某个特定的地方相联系，所以海洋史同样具有地方/区域特征。

从研究视角与方法来看，首先英语学界的海洋史研究在引入其他学科的理论与方法时应更加谨慎。新文化史、妇女史、口述史、全球史等领域的勃兴为海洋史研究注入了新鲜血液，但由于一些研究者对其他人文学科的研究方法掌握不够精到，也出现了相对不成熟的跨学科研究。

其次，大量海洋史作品忽视了所涉及主题的历史背景和历史语境，这是海洋史学科内存在的最普遍也最受人诟病的问题。② 刘易斯·费希尔对提交给《国际海洋史期刊》的稿件进行定量研究，结果显示因文章缺乏历史背景、论证不足导致的拒稿率高达60%。③

最后，许多海洋史研究缺少"海洋性"。尽管近年兴起的"新海洋学"倡导超越以往固化的地缘政治划分，重新审视海洋对人类历史的塑造作用，且产生了一系列优秀的作品，但目前的许多研究仍拘囿于地区、国家和民族框架，即使冠以海洋之名，也极少探究海洋发挥的作用。在此类研究中，海洋通常只是背景，将在海上发生的人类活动视作陆地事件的延伸，本质上仍然是帝国史或区域史（地方史）研究。

（二）对象与内容

从研究内容上看，目前英语学界的海洋史研究在延续此前海军史、海洋经济社会史的基础上，其关注的时段、研究对象、研究方法等都极力外延，研究成果分布在各个领域，如海洋社会史、海上性别史、海上日常生活史、海洋环境史、全球视野下的海洋史等。看似无所不包的规模实则存在多种问题。

第一，英语学界海洋史研究内容仍然集中在海军史、海洋经济史领域，有关海洋社会史、海洋环境史的研究数量相对较少。

第二，一些海洋史学家就早期海洋史作品中"西方中心主义"的叙事倾向

---

① 参见 Gelina Harlaftis and John Theotokas, "European Family Firms in International Business: British and Greek Tramp-shipping Firms," *Business History*, Vol. 46, 2004, pp. 219-255。

② Lewis R. Fischer and Hegle. W. Nordvik, "The Context of Maritime History: The New International Journal of Maritime History," *International Journal of Maritime History*, Vol. 1, No. 1, 1989, pp. vi-ix.

③ Lewis R. Fischer, "Are We in Danger of Being Left with Our Journals and Not Much Else: The Future of Maritime History?" *The Mariner's Mirror*, Vol. 97, No. 1, February 2011, p. 369.

予以纠正，涌现了部分围绕太平洋、印度洋及其沿岸地区展开的研究，但英语学界对 15 世纪之前世界海域的关注不足，重点仍然在大西洋及其沿岸。

　　第三，新数据库的建立为研究者提供了丰富的一手史料，学界内已经启动一些重要项目来创建在线数据库，特别针对现代早期以来的航运和贸易方面。比如，20 世纪 70 年代的大拿大大西洋航运项目（Atlantic Canada Shipping Project）。2011 年在巴黎的法国国家档案馆组织的论坛会上讨论了包括"Navigocorpus"① 在内的四个主要的数据库项目的内容和结构。如今数据库的建立和应用，令宏观和微观两种研究方法在海洋史研究中成为可能。"虽然这里呈现的数据集中于个人层面，但提供这些数据的人都清楚地认识到将个人经验同全球语境联系起来的重要性。"② 通过这种方式，这些数据库可以将计量史学的优势与个案研究独特的切入点结合起来。在海上航运、贸易方面的基础信息数量繁多，但就目前的研究成果来看海洋史学家却没有最大限度地发挥这种资料的相对优势。③

　　第四，文化转向背景下的英语学界海洋史书写，将视野从以往的精英阶层转移到下层民众，甚至是曾经的边缘群体，此种叙事模式关注的是小人物、小历史。研究内容从宏大的海军政策史、海战史、航海史演变为船上社会、下层民众的日常生活史。运用的资料从早期的档案逐渐扩充到口述史料、海员回忆录、日记信件、图像文本。海洋史学家开始关注海上饮食、医疗、音乐舞蹈等娱乐活动，传统海员形象的建构与解构，海盗形象的塑造，性别因素在船上社会、等级方面的影响以及种族因素在航海工作中的体现，等等。无论是引入性别史后对海上女性的再发现，还是在日常生活史视角中呈现的海上社会生活，初看起来令人耳目一新，但掩卷细思，难免产生疑惑：这些边缘的、非主流的、微末的历史，对于海洋史学的意义何在？历史学家在探析此类"小历史"中很容易在主观上限制自己的历史视野，对过于具体的个案和现象的研究难免会受到历史碎片化的质疑。如果这些细节不

---

① Navigocorpus 是由法国国家研究署（French National Research Agency）组织创建的关于航运和海上贸易的数据库，收集的资料来源多元化，提供了大量关于船只建造和航行的资料。该数据库按时间顺序将所有资料编码、分类、列表。任何类型的信息（纳税信息、装卸货物信息、商业运营信息、海洋灾害、船舶特征等）都可以快捷方便地找到。

② Silvia Marzagalli, "Clio and the Machine: New Database Projects in Maritime History," *International Journal of Maritime History*, Vol. 24, No. 1, June 2012, pp. 253-256.

③ Lewis R. Fischer, "The Future Course of Maritime History," *The International Journal of Maritime History*, Vol. 29, No. 2, 2017, p. 359.

利于对区域国别史和世界史上关于文明变迁与文化交往复杂性的理解，那么这些海洋史新知就只能沦为业余的谈资，对于历史学追问"天人之际"和"古今之变"的使命而言，这些海洋史的知识碎片用处甚微。海洋史研究的"碎片化"和后现代性的"解构"立场，其实也是当代西方新史学的病根。正如乔·古尔迪与大卫·阿米蒂奇所言："我们希望复兴的是这样一种历史，它既要延续微观史的档案研究优势，又需要将自身嵌入更宏大的宏观叙事，后者要采信多种文献数据。"① 以史为鉴，崛起中的中国海洋史研究，应汲取英语学界新海洋史研究的新见，但更要保持冷静的本土立场和学术理性，处理好海洋史书写中宏大叙事与微观视角相结合的关系。

第五，海洋史围绕海上性别展开的研究成果基本集中在一些老生常谈的话题上，比如船长的妻子、女扮男装的女性等，探究女性在海上世界发挥作用的作品数量不多，对海上男性的自我定位、身份认同等问题的关注不足。很少有学者针对船上空间对性别与权力关系的影响进行研究。

结　语

英语学界海洋史研究的学术动向，在相当程度上折射出世界范围内海洋史研究的发展趋势。近 30 年来，海洋史学家积极寻求多学科跨学科研究的途径，将海洋史推向大众，为海洋史研究提供了新的思路和方向。全球视域下的海洋史研究正当其时，并由此衍生出一系列优秀的研究成果。从事相关研究时，仍有许多理论问题亟待解决。如何处理海洋史与全球史的关系是重中之重。最后，作为研究者，在展开海洋史研究之前，不妨思考一下问题的切入点是否具有海洋性？论述过程能否体现人与海洋的动态关系？海洋在建构的叙事中扮演着怎样的角色？需要注意的是，跨学科研究不能将海洋史变成某一热门学科或新兴学科的附属品，而是要基于海洋史自身的特征，加入其他学科独特的研究视角。以海洋为立足点，研究"真正的海洋史"，是全世界范围内的海洋史学者最基本的学术任务。

（执行编辑：王潞）

---

① 〔美〕乔·古尔迪、〔英〕大卫·阿米蒂奇：《历史学宣言》，孙岳译，格致出版社，2017，第 151 页。

21 世纪以来印度洋史研究的全球史转向[*]

朱　明^{**}

摘　要： 21 世纪以来，随着全球化的发展，人员与货物、货物与资本的跨区域流动越来越频繁，人类社会也面临着共同的经济、政治和环境挑战。这些趋势也反映在近 20 年的印度洋史研究中。印度洋史研究在空间和时间上都得到了较大的拓展，对经济史的研究更加深入，更加关注劳工和移民，对民族国家开始重新思考，注重东西方的联系和互动，对环境史更加重视。研究进一步摆脱西方中心论，不再以欧洲的经验作为标准，充分体现了亚洲内部多元文化共存的特征。这些趋势反映了 21 世纪以来印度洋史研究的全球史转向。

关键词： 印度洋史　全球史　移民史　环境史

2020 年，《世界史杂志》（*Journal of World History*）在其创刊 30 周年时发行了一本电子版的专辑，以"道路与海洋：重新思考世界史中的移动与迁徙"为主题，将该刊以往发表过的论文集中起来再次刊发。除了丝绸之路相关论文，其中一半的篇幅被用于探讨海洋史，而这 5 篇论文全部是关于东亚海域的研究：《帆船时代、洋盆与东南亚》《荷兰东印度公司的中国海

---

* 本文为国家社科基金重大项目"多卷本《西方城市史》"（项目号：17ZDA229）、上海市曙光项目"意大利中世纪城市空间结构研究"（项目号：19SG23）、国家社科基金一般项目"意大利海外商人与地中海—印度洋商路研究（14～16 世纪）"（项目号：21BSS052）阶段性成果。
** 朱明，华东师范大学历史学系教授。

盗》《近代早期马达加斯加与印度洋沿岸的海盗与王权》《波利尼西亚的文化接触之文化》《漫长的 18 世纪印度洋西部和波斯湾的海上暴力：跨文化视角下的海上劫掠》。可以看出，尽管这些文章大多是 10 年前的旧作，且将重点放在海盗活动方面，但结合以往几期的内容依然可以看出，全球史领域对亚洲海洋的关注达到了一个更高的程度。而在十几年前，在西方中心论的影响下，海洋史的研究基本上还是以地中海、大西洋为主，对印度洋极少涉及。

在 19 世纪以来的历史叙事当中，印度洋没有获得一席之地。历史的主角始终是欧亚大陆上的国家和北大西洋两侧的地区，印度洋世界一直处于边缘地位，在历史研究中不受重视。之所以如此，一方面与西方历史书写的传统有关，受关注的大多是国家，而非跨国、跨区域的海洋，而且印度洋位于东方，也是西方史学界比较轻视的。另一方面，对其周边以内陆为中心的国家而言，印度洋依然是一片很陌生的海域，因此，其在东西方的历史书写中没有受到足够的重视。

从 20 世纪 60 年代开始，印度洋史研究情况发生了一些变化，主要是与借鉴和应用布罗代尔的著作《地中海与菲利普二世时代的地中海世界》及其"地中海模式"有关。半个世纪以来，"地中海模式"被不断借鉴和应用到亚洲海洋史的研究中，印度洋甚至被称作"亚洲的地中海"，以印度洋为主形成了亚洲海洋史研究的一些特色。本文试图对 21 世纪以来印度洋史研究的成就及其趋势进行梳理和归纳，为将来的研究提供一些新的视角和思路。

一

进入 21 世纪，印度洋史研究出现了一大批重要的研究成果，而且主要集中在 2007 年前后。[①] 2007 年可以被视作一个重要的转折点。因为海洋史研究到这时依然忽视印度洋，而且过度侧重欧美海域。对于这种西方中心论的现象，纽约州立大学历史系教授马尔库斯·P. M. 温克（Markus P. M. Vink）专门撰写了一篇长文，系统介绍印度洋史研究领域的成就，这篇全面而深入

---

① S. Bose, *A Hundred Horizons: The Indian Ocean in the Age of Global Empire*, Cambridge：Harvard University Press，2006；M. Vink，"Indian Ocean Studies and the 'New Thalassology'," *Journal of Global History*，Vol. 2，No. 1，2007；D. Ghosh，S. Muecke，eds.，*Cultures of Trade: Indian Ocean Exchanges*，Cambridge：Cambridge Scholars Press，2007.

的学术史可以被看作向海洋史的西方中心论挑战的檄文。同年，哈佛大学教授苏加塔·博斯（Sugata Bose）也在哈佛大学出版社出版了关于帝国时代的印度洋专著，成为全球史领域的一部名著。2007 年以来，涌现出大量关于印度洋史的著作和编著作品，这种繁荣现象是国际学术界内部反省的结果，越来越多的学者开始对欧洲中心论长期主导下的海洋史研究感到不满，海洋史研究开始朝全球的方向迈进。

这些变化也与 20 世纪末以来现实和理论的发展有关。国际局势出现了重大变化，印度洋周边地区日益成为经济发展的重心，中国、印度、南非新兴经济体的兴起，使它们之间的这片海域越来越受到重视。现实变化体现在理论上，就是传统的地区研究的转型。20 世纪后半叶，美国出现了地区研究，其中与印度洋有关的主要是南亚、东南亚研究，且多从国际关系的视角出发，考察地缘政治变迁及其特点。地区研究拓展了时间维度，将研究延伸到历史时期。如现代世界体系理论的研究就将印度洋周边的历史纳入考察范围，在贡德·弗兰克、伊曼纽尔·沃勒斯坦、阿布·卢格霍德等学者的研究中，印度洋史是重要的研究对象，印度洋周边成为世界体系的组成部分。

随着全球史的流行，地区研究也朝向跨区域研究转型。跨国、跨区域的海洋自然成为新的学术研究目标。在超越国家界线的基础上，印度洋史的研究兴起，帝国史的研究也关注欧洲帝国对印度洋殖民的研究，历史上的移民、海盗、奴隶都成为印度洋史研究的热点。海得拉巴大学历史学教授里拉·穆克吉（Rila Mukherjee）的一些著作和编著作品体现了对以传统国家为单元的研究的突破，倡导跨越地理边界和以交流、互动的视角研究印度洋世界。① 在她看来，用海洋联系取代陆地边界，是区域史研究去殖民化的一种途径。重视动态的、合作的、非线性的海洋网络，可以推翻基于等级的西方兴起、国家霸权、海洋殖民帝国的传统历史叙事。

从时间看，印度洋史研究有较大的拓展。以往的印度洋史研究主要集中

---

① R. Mukherjee, *Beyond National Frames*, Delhi: Primus, 2015; R. Mukherjee, *Vanguards of Globalization: Port-Cities from the Classical to the Modern*, Delhi: Primus, 2014; R. Mukherjee, *Oceans Connect: Reflections on Water Worlds across Time and Space*, Delhi: Primus, 2013; R. Mukherjee, *Pelagic Passageways: The Northern Bay of Bengal before Colonialism*, Delhi: Primus, 2011; R. Mukherjee, *Networks in the First Global Age, 1400–1800*, Delhi: Primus, 2011; R. Mukherjee, *Rethinking Connectivity: Region, Place and Space in Asia*, Delhi: Primus, 2016.

在近代早期。受布罗代尔"地中海模式"的影响，最初的印度洋史研究主要是用于对比 16~17 世纪的地中海世界。而且这一时期是欧洲开始到印度洋周边进行早期殖民的时期，不同文明的碰撞在这一时期比较明显，故而激发了学者们的研究兴趣。近年来，出现了一些长时段的印度洋史编著，古代和中古时期的印度洋世界受到更多关注，① 19 世纪起殖民帝国时期印度洋世界受到重视，如苏加塔·鲍斯的写作就是想要加强对 19 世纪末 20 世纪初印度洋世界的研究。

从空间看，印度洋史研究的范围变得更广，西至东非、东到东南亚的海域都涵括在内。这突破了一些经典著作的研究范围，如乔杜里对印度洋史的研究就没有将东非纳入研究范围（他的贡献在于遵循布罗代尔进行深层结构和长时段的研究）。② 迈克尔·皮尔逊则重点考察了东非斯瓦希里海岸，并且将东非海岸纳入印度洋史的整体研究。③ 非洲人在印度洋的大流散也受到关注。④ 阿拉伯海等区域性海域的研究也开始出现。⑤ 学界在对 19 世

---

① K. R. Hall et al., eds., *Cross-Cultural Networking in the Eastern Indian Ocean Realm*, c. 100 - 1800, Delhi: Primus, 2019; R. McLaughlin, *The Roman Empire and the Indian Ocean: The Ancient World Economy and the Kingdoms of Africa, Arabia and India*, Yorkshire: Pen & Sword Military, 2014; Ph. Beaujard, *Les Mondes de l'Océan Indien*, Vol. 2, *L'Océan Indien au Coeur des Globalisations de l'Ancien Monde* (7e - 15e Siècle), Paris: Armand Colin, 2012（剑桥大学出版社 2020 年推出英文版）; A. Schottenhammer, ed., *Early Global Interconnectivity across the Indian Ocean World*, 2 vols., New York: Palgrave Macmillan, 2019.

② K. N. Chaudhuri, *Trade and Civilisation in the Indian Ocean*, Cambridge: Cambridge University Press, 1985; K. N. Chaudhuri, *Asia before Europe*, Cambridge: Cambridge University Press, 1990.

③ M. Pearson, *Port Cities and Intruders: The Swahili Coast, India, and Portugal in the Early Modern Era*, Baltimore: Johns Hopkins University Press, 1998. 澳大利亚新南威尔士大学教授皮尔逊在印度洋史的研究中占据着重要的地位，为印度洋史新范式基础的奠定做出了很大贡献，参见 R. Mukherjee, ed., *Indian Ocean Histories: The Many Worlds of Michael Naylor Pearson*, India: Routledge, 2019, 其中有对皮尔逊的回忆。皮尔逊早期研究葡萄牙人在亚洲的活动，参见其 *Merchants and Rulers in Gujarat: The Response to the Portuguese in the Sixteenth Century*, New Delhi: Munshiram Manoharlal, 1976; *The Portuguese in India*, Cambridge: Cambridge University Press, 1987（被收入"剑桥印度史"系列）。皮尔逊于 2000 年以后转向海洋史研究，见其出版于 2003 年的《印度洋史》（*The Indian Ocean*, London: Routledge, 2003; 中译本为朱明译《印度洋史》，东方出版中心，2018），以此为标志，此后的一系列论文都逐渐聚焦于海上的历史，以此突破传统的国家框架。

④ S. de Silva Jayasuriya, R. Pankhurst, eds., *The African Diaspora in the Indian Ocean*, Trenton: Africa World Press, 2003; J. C. Hawley, ed., *India in Africa, Africa in India: Indian Ocean Cosmopolitanisms*, Bloomington: Indiana University Press, 2008.

⑤ R. J. Barendse, *The Arabian Seas 1700-1763: The Western Indian Ocean in the Eighteenth Century*, Leiden: Brill, 2009.

纪以后印度洋史的研究中，更将南非、澳大利亚、中国纳入考察范围。
这时期的欧洲帝国促进了移民，印度、中国劳工在南非、澳大利亚的活
动受到关注，印度洋恰好是这种迁移的重要平台。

　　将印度洋放在世界历史中进行考察也成为明显的趋势，这样有利于以更
加宏观的视野去把握印度洋在世界上的地位和意义。[①] 新近诸多全球史著作
也体现了印度洋的重要性。剑桥大学出版社 2015 年出版的 7 卷本《剑桥世
界史》（ *The Cambridge World History* ）和德国贝克出版社与哈佛大学出版社
从 2012 年开始合作出版的 6 卷本《世界史》（ *Geschichte der Welt* ）都对印度
洋世界给予了更多的重视。

二

　　进入 21 世纪，印度洋史的研究出现了一些新趋势。

　　第一，印度洋经济史研究更加深入，对商品和经济活动主体的探讨都有
了更新的成果。[②] 更多样的商品受到关注，这些商品被置于更广阔的全球网
络当中进行研究。学界改变了以往过于关注香料等奢侈品贸易的做法，开始
关注棉布、稻米这些关系民生的大宗贸易产品，使其成为印度洋贸易研究的
主角。关于棉布，2013 年以后面世的两本新著《棉的全球史》和《棉花帝
国》都强调了印度洋是棉布流通的重要渠道，对印度洋区域历史上的棉纺
织业生产和贸易予以高度重视。[③] 这一转变使我们对棉纺织业的认识从过去
关注英国工业革命，到现在转向印度洋区域，加大了对亚洲的重视力度。印
度洋世界在资本主义体系中的地位和作用值得进一步思考。

　　在经济活动的主体方面，学界以往强调欧洲东印度公司的长途贸易对东

---

①　M. Kearney, *The Indian Ocean in World History*, London：Routledge, 2004；E. Alpers, *The Indian Ocean in World History*, Oxford：Oxford University Press, 2013.

②　O. Prakash, ed., *The Trading World of the Indian Ocean, 1500-1800*, Delhi：Pearson, 2012.

③　Giorgio Riello, *Cotton: The Fabric That Made the Modern World*, Cambridge：Cambridge University Press, 2013（中译本为〔意〕乔吉奥·列略《棉的全球史》，刘媺译，上海人民出版社，2018）；Sven Beckert, *Empire of Cotton: A Global History*, New York：Vintage Books, 2014（中译本为〔美〕斯文·贝克特《棉花帝国》，徐轶杰、杨燕译，民主与建设出版社, 2019）；G. Riello, T. Roy, eds., *How India Clothed the World: The World of South Asian Textile, 1500-1850*, Leiden：Brill, 2009；P. Machado et al., eds., *Textile Trades, Consumer Cultures, and the Material Worlds of the Indian Ocean: An Ocean of Cloth*, London：Palgrave Macmillan, 2018.

南亚贸易的垄断，现在考察当地港口、腹地和地区性贸易的延续，印度洋史研究将重心从欧洲转向了亚洲，关于欧洲贸易公司对亚洲的经济影响有了进一步的思考。从过去注重欧洲殖民者对亚洲海域和区域的控制和掠夺，到现在更多关注亚洲当地的经济活动，并且以亚洲为研究对象和主角。这种转向体现了后殖民的影响，也是全球史盛行的结果，即世界史的"中心"从欧洲转向了"边缘"的亚洲，这种空间转向深刻反映在印度洋史中。

　　印度洋周边的商人成为研究的对象。爪哇人、马来人、印度人、华人、亚美尼亚人同欧洲人一道来到印度洋世界，活跃于印度洋周边。当地商人主导的商业在近代早期非但没有被欧洲商人击垮，反而非常活跃。事实上，印度洋世界的经济活动直到 19 世纪还大都是由亚洲商人从事和主宰的。譬如在阿拉伯海，亚丁、布什尔（Bushire）等港口的主要商人都是印度人、波斯人、阿拉伯人、亚美尼亚人等，而不是欧洲人。本土的大家族也都在这里确立主导地位，并且将分支扩展到广阔的地方，如巴林、巴士拉、苏拉特。而且，印度纺织品依然是沿海城市进口的主要商品，并且被转口到东非。①乔杜里将 1757 年作为印度洋世界的分水岭，而现在的研究认为这时期甚至比此前更多受到本地商人的影响。这促使我们对亚洲海域被欧洲支配的传统观点进行重新认识。

　　本地商人的资本起到很重要的作用。以往注重欧洲资本在印度洋的投入，如今学者们挖掘本地商人的资本。如从 18 世纪起，巴基斯坦信德地区商人广泛的陆上金融网络就一直延伸到中亚和伊朗。② 海上网络则利用了英帝国在印度洋的殖民联系，在孟买和埃及之间流动。古吉拉特资本家在印度洋西部活动，波斯湾的马斯喀特、红海的亚丁、东非的桑给巴尔都是他们的投资地。印度洋东部的斯里兰卡、缅甸、马来半岛则是泰米尔的齐智人（Nattukottai Chettiar）金融活动的范围，他们与欧洲殖民扩张紧密联系，创造了一套庞大的借贷系统，向东扩展业务到缅甸、马来亚，甚至法属越南，然后将财富投入家乡（Chettinad）的宅邸建设中。③ 印度洋地区还有来自云南、广东、福建的华

---

① R. J. Barendse, "Port Cities in the Gulf and the Red Sea during the Long Eighteenth Century," in A. Schottenhammer, ed., *Early Global Interconnectivity across the Indian Ocean World*, Vol. 1, pp. 370–372.

② C. Markovits, *The Global World of Indian Merchants, 1750–1947: Traders of Sind from Bukhara to Panama*, Cambridge: Cambridge University Press, 2000.

③ S. Bose, *A Hundred Horizons: The Indian Ocean in the Age of Global Empire*, pp. 74–77.

人，他们将资本带到这里，投资矿产和大米贸易。① 非法贸易受到关注，如
东南亚的边界走私借助了海洋这一重要通道，海盗也受到关注。②

印度洋的港口被重点研究。相对于印度洋的宏观空间，港口作为一个微
观空间，可以为考察印度洋历史提供特定的视角，更加具体地观察印度洋世
界的变化。③ 红海、波斯湾港口研究成果越来越多，出现了一些关于也门南
部城市研究的著作。④ 关于印度洋东部港口的研究成果也不少。⑤ 譬如爪哇
岛地位的变化，从过去以农业为主到成为国际商业中心，传统的印度教—佛
教信仰转变为伊斯兰教信仰，而且与之相配合的就是政治结构的变化。这都
与此地被纳入广阔的国际贸易网络有关。又如马六甲地位的变化，过去研究
较多的是葡萄牙、荷兰、英国对这处交通要道的控制，但是现在更多的研究
是关于其本土区域的发展，这里于 16~18 世纪并没有受到荷兰东印度公司的
过度打压，而是积极开发腹地，促成了区域性贸易繁荣。该地和该区域的商
人运送本土商品出口，以取代此前过多从印度进口的纺织品等。⑥

第二，印度洋史更加关注劳工和移民。历史上印度洋周边各地和港口有
许多来自印度和阿拉伯的商人，还有从各处前往麦加的朝圣者以及从中心到
边缘的穆斯林学者。欧洲人到来后，建立茶叶、咖啡、橡胶等作物的种植
园，引进劳工，使印度洋在语言、种族和文化上呈现多样性的特征。19 世纪
30 年代奴隶制被废除，帝国无法再像以前那样使用奴隶进行种植园劳动，只
能通过引进外来劳工解决劳动力问题。契约劳工从这时起开始大量增加，他
们的迁移并非单向的，很多还会回到来源地，成为一种候鸟式的移民。

劳工的迁徙建立在前资本主义的效忠和互惠形式上，与资本主义工人契

① Y. Li, *Chinese in Colonial Burma: A Migrant Community in a Multiethnic State*, New York: Palgrave Macmillan, 2017.

② E. Tagliacozzo, *Secret Trade, Porous Borders: Smuggling and Trade along a Southeast Asia Frontier*, Singapore: NUS Press, 2007; J. Kleinen, M. Osseweijer, eds., *Pirates, Ports and Coasts in Asia*, Institute of Southeast Asian Studies, 2010.

③ U. Bosma, A. Webster, eds., *Commodities, Ports and Asian Maritime Trade since 1750*, London: Palgrave Macmillan, 2015.

④ E. Vallet, *l'Arabie Marchande: État et Commerce sous les Sultans Rasulides du Yemen (626 – 858/1229 – 1454)*, Paris: Éditions de la Sorbonne, 2015; L. Boxberger, *On the Edge of Empire: Hadhramawt, Emigration, and the Indian Ocean, 1880s – 1930s*, New York: SUNY Press, 2012.

⑤ N. Hussin, *Trade and Society in the Straits of Melaka: Dutch Melaka and English Penang, 1780 – 1830*, Copenhagen: NIAS Press, 2006.

⑥ M. Pearson, ed., *Trade, Circulation, and Flow in the Indian Ocean World*, Basingstoke: Palgrave Macmillan, 2015, pp. 109 – 124.

约式并存，主要由家族、亲属等带动。斯里兰卡的茶种植园、马来亚的橡胶种植园，集中了大量人口，推动了缅甸南部伊洛瓦底江三角洲、泰国昭披耶河三角洲、越南湄公河三角洲等比较边缘的稻作区域开发。印度洋周边的拓展，带来了大量劳工和资本的流动。印度人在 19 世纪与 20 世纪之交基本上垄断了东非桑给巴尔的丁香贸易，他们大量投资这里的丁香种植园，并将所产丁香大量出口。他们还控制了莫桑比克的腰果经济。这些都是以往帝国史所没有关注的。经济人的跨国跨区域流动在印度洋的帝国时期尤其明显，当地移民与帝国形成了激烈的利益竞争关系。①

关于早期移民研究，菲利普·柯丁（Philip Curtin）开创了大流散范式，考察贸易关系中的各个亚群体的活动。20 世纪末，法国学者克劳德·马尔科维特（Claude Markovits）进一步关注印度与更广阔的印度洋世界的商人流动，认为前现代时期商人流动与外部世界构成了紧密的网络，印度与世界联系在一起，他的研究呈现了跨国的分析特征。② 何永盛（Engseng Ho）从人类学的角度对印度洋人群进行研究，用民族志和记忆、身份等理论研究人的活动，包括对阿拉伯半岛南部哈德拉毛地区移民的调查研究与理论归纳。他推导出英国模式和犹太人模式，前者的大流散并不像后者那样在所到地区成为少数群体，而是采取一种"普世"理念，通过保护私人产权、自由贸易、依法反抗等塑造忠诚感。哈德拉毛的阿拉伯人流散也是以传教团的形式表达其"普世"雄心的。他们迁居到印度洋沿岸各地，与当地人通婚，变成当地人，男性与后代继续迁移，从事贸易、学习、朝圣等活动。就像英国模式一样，哈德拉毛的阿拉伯人采用了宗教文化的方式，将来自印度洋周边不同地区的人会聚到一起，他们能够适应新的认同，从而受到所到地区人们的欢迎。③

此外，还有戈因泰和弗里德曼对开罗藏经洞文献中的印度人资料的整理。④ 流散在印度洋周边的泰米尔人、亚美尼亚人、锡克人、华人、武吉士

---

① S. Bose, *A Hundred Horizons: The Indian Ocean in the Age of Global Empire*, pp. 78, 102–106.

② C. Markovits, *The Global World of Indian Merchants, 1750–1947: Traders of Sind from Bukhara to Panama*, Cambridge：Cambridge University Press, 2000.

③ Engseng Ho, *The Graves of Tarim: Genealogy and Mobility across the Indian Ocean*, Oakland：University of California Press, 2006.

④ S. D. Goitein and M. A. Friedman, eds., *India Traders of the Middle Ages: Documents from the Cairo Geniza*, Leiden：Brill, 2008.

人等群体以及东印度公司治下强迫性的劳工迁移都受到关注。① 遍布印度洋各个角落的移民研究，为詹姆士·斯科特的"赞米亚"理论提供了新的拓展空间。在斯科特笔下，人从平原向山地迁移以躲避税收，那么是否也存在从陆地向海洋的迁移？总之，这样的迁移构成了亚洲多元共存的局面。②

第三，开始重新思考民族国家，探讨如何解决帝国的后遗症。传统的民族国家叙事一般以陆地疆界为中心，很少讨论海洋，即使涉及海洋，也是与陆地关系密切的海岸。但是，以陆疆为主的探讨原本就是在西方国家观影响下发展起来的，19 世纪以来，殖民帝国对印度洋周边的国家划分边界，打破了传统的国家形态，还将海洋与国家联系起来，使其固定化（或者领土化，territorialisation）。这样就使传统亚洲海洋与陆地、海域的可渗透性变得越来越差。海洋与海岸、边界、国家紧密结合起来，成为铁板一块，鲜有以海洋为主题的研究。

近年情况有所改变，一些研究对那些反对这种硬性划分的人给予了高度重视，探讨人对殖民国家权力的反抗，试图复兴传统的海洋与陆地的和谐关系和共生关系。这主要是后殖民视角下有关边界和国家权力范围的重新思考。③ 即使研究民族国家的学者也要在新的全球史框架下重新审视国家。④哈佛大学历史系教授苏尼尔·阿姆瑞斯（Sunil Amrith）讨论了孟加拉湾的人员流动及其对国家的影响。他指出，英帝国在 19 世纪将孟加拉湾东部作为"边疆"开发，对人力的需求带动了南印度的劳工向孟加拉湾东部迁移，成为种植园中的契约劳工。二战以后，孟加拉湾自由流动结束，英帝国解体后新兴的民族国家如缅甸、马来西亚、印度开始划定边界，排斥

① S. D. Aslanian, *From the Indian Ocean to the Mediterranean: The Global Trade Networks of Armenian Merchants from New Julfa*, Berkeley and Los Angeles: University of California Press, 2011; Cao Yin, *From Policemen to Revolutionaries: A Sikh Diaspora in Global Shanghai, 1885 - 1945*, Leiden: Brill, 2017; S. Headley, D. Parkin, *Islamic Prayer across the Indian Ocean: Inside and Outside the Mosque*, London: Routledge, 2018; A. K. Bang, *Sufis and Scholars of the Sea: Family Networks in East Africa*, London: Routledge, 2014; K. Ward, *Networks of Empire: Forced Migration in the Dutch East India Company*, New York: Cambridge University Press, 2009; G. Campbell, *Structure of Slavery in Indian Ocean Africa and Asia*, London: Routledge, 2003.

② A. Reid, M. Gilsenan, eds., *Islamic Legitimacy in a Plural Asia*, London: Routledge, 2007.

③ N. Bertz, *Diaspora and Nation in the Indian Ocean: Transnational Histories of Race and Urban Space in Tanzania*, Honolulu: University of Hawaii Press, 2015.

④ M. R. Frost, "Wider Opportunities: Religious Revival, Nationalist Awakening and the Global Dimension in Colombo, 1870 - 1920," *Modern Asian Studies*, Vol. 36, No. 4, 2002.

移民。随着边界的确立和公民身份的确定，出现了少数族裔的问题。这些人曾经在大流动时代往来于孟加拉湾两岸，但是在民族国家化的时代却成为被抛弃的人。如吉大港的阿拉干佛教徒社群、缅甸若开邦的孟加拉穆斯林社群、锡兰的泰米尔人，都成为民族国家内部一直延续至今的少数族裔。这些对移民、劳工的历时性研究，有助于我们认识印度洋区域政治和社会问题的历史根源。[①]

第四，在全球史的视角下考察东西方关系，注重东西方的联系和互动。印度洋史研究为重新思考东西方的关系提供了一个平台。关于这片海域的研究以往注重的是欧洲帝国的到来、扩张、殖民和统治。现在则开始关注以往处于欧洲阴影下的亚洲，印度洋周边的区域、国家和帝国被放在与欧洲同等的位置上进行研究，东西方的联系成为被考察的重点，以往东西方有所差别的预设被打破。美国史家维克多·利伯曼将近代早期的缅甸放在东南亚和欧亚大陆的框架中研究，指出中南半岛诸政权与法国、俄国、日本有非常相似的发展阶段，即从宪章国家向集权政体过渡。[②] 这种研究路径受到 20 世纪后期的美国史家约瑟夫·弗莱彻的影响，即平行考察欧亚大陆上的国家，故而利伯曼也将书名称作《奇怪的平行》（《形异神似》）。受到这种思想影响更大的当数印度裔史家桑贾伊·苏拉马尼亚姆（Sanjay Subrahmanyam）。

苏拉马尼亚姆 1961 年出生于印度南部泰米尔地区，1986 年在德里获得经济学博士，并在印度德里经济学院任教，关注近代早期的贸易史。他的早期研究也是传统的经济史研究，于 20 世纪 80 年代末出版了考察葡萄牙帝国在亚洲活动的著作。[③] 随后，他负笈巴黎，师从德尼·龙巴德和让·奥宾，主要研究葡萄牙帝国在印度的活动，他先后在牛津大学、法国社会科学高等研究院、加州大学洛杉矶分校任教。他的印度背景、多语言功底和宏阔的视野使其在处理前现代的东西方交流时显得游刃有余。他在 1997 年的论文中提出"联结的历史"（connected history）这一理论，以网络代替东西二元对

---

① 〔印度〕苏尼尔·阿姆瑞斯：《横渡孟加拉湾：自然的暴怒和移民的财富》，尧嘉宁译，朱明校译，浙江人民出版社，2020。

② V. Lieberman, *Strange Parallels: Southeast Asia in Global Context, 800 - 1830*, 2 vols., Cambridge：Cambridge University Press, 2003, 2009.

③ 〔美〕桑贾伊·苏拉马尼亚姆：《葡萄牙帝国在亚洲》，何吉贤译，澳门：纪念葡萄牙发现事业澳门地区委员会，1997。该书第 2 版于 2018 年由广西师范大学出版社出版。

立观，强调东西方贸易、文化交流网络中的互动，从而巧妙地摈弃了西方中心论，在更高层次上展示东西方文明互动的过程和影响。① 进入 21 世纪，他又发表了许多论文，出版了许多专著，把欧洲和亚洲帝国放在平等位置上研究，对这些帝国间的交流进行深入探讨。②

新帝国史史家梅特卡夫在其英帝国史研究中，将印度作为 19 世纪中叶以后英帝国的次级区域中心，指出英国统治严重依赖印度，利用印度的契约劳工经营甘蔗园和修建铁路，利用锡克警察维持治安，还利用古吉拉特和泰米尔地区的资本和商业能力，以及印度管理部门的工作人员。英国在印度洋地区的统治与印度息息相关，因此也是一种"印度化"的全球化。③ 这种研究注重传统英帝国史所没有关注的地方，尤其是边疆地区，在印度洋的框架中被作为"中心"研究。④

第五，受全球化影响，印度洋环境史受到重视。西方殖民者对资源的掠夺深刻影响了印度洋区域，即使去殖民化之后，新生的民族国家依然进行竞争性的能源开采和涸泽而渔式的掠夺性生产，使环境问题日益恶化。近年来频频出现的海啸、地震、火山爆发、全球变暖等问题也促使学者们格外关注环境。

在海洋史中，较早关注环境和生态的当数出版于 2000 年的英文版《堕落之海：地中海史研究》。⑤ 这部地中海研究著作的方法迅速影响到其他海洋史的研究。迈克尔·皮尔逊在撰写《印度洋史》时就声称受到了《堕落之海：地中海史研究》的启发。他指出经济全球化以及生态环境变迁对印度洋周边居民生产和生活的影响，涉及移民、劳工、交通运输、渔业、污染等方面，

① S. Subrahmanyam, "Connected Histories: Notes towards a Reconfiguration of Early Modern Eurasia," *Modern Asia Studies*, Vol. 31, No. 3, 1997.

② S. Subrahmanyam, *Empires between Islam and Christianity, 1500－1800*, Albany: State University of New York Press, 2019; S. Subrahmanyam, *Europe's India: Words, People, Empires, 1500－1800*, Cambridge: Harvard University Press, 2017; S. Subrahmanyam, *From Tagus to the Ganges: Explorations in Connected History*, Oxford: Oxford University Press, 2012; S. Subrahmanyam, *Mughals and Franks Explorations in Connected History*, Oxford: Oxford University Press, 2012.

③ T. R. Metcalf, *Imperial Connections: India in the Indian Ocean Arena, 1860－1920*, Oakland: University of California Press, 2007.

④ J. Onely, *The Arabian Frontiers of the British Raj*, Oxford: Oxford University Press, 2007.

⑤ 〔英〕佩里格林·霍登、尼古拉斯·珀塞尔：《堕落之海：地中海史研究》，吕厚量译，中信出版社，2018。

要将印度洋史作为"海洋中的历史"进行研究，更关注这片海域上的活动对人类生存环境的影响。这种对人海关系的重视将继续体现在未来的学术著作中。[①]

印度洋物种交流也受到关注。自 19 世纪中叶起，澳大利亚从阿富汗引进骆驼，从而推动其向广阔内陆的挺进和开发，而这些骆驼所依赖的食物，正是 18 世纪欧洲人到来时引进的金合欢。有的观点认为这种植物在 18 世纪英国人到来之前就已经由印度洋传入了，这两个物种相结合，促使澳大利亚的沙漠内陆被很大程度地改造。[②] 当然，澳大利亚的桉树也被移植到东非、中国云南等地，进而影响到这些地方的生态环境。包括澳大利亚在内的印度洋周边，物种的双向交流是一直存在的。

苏尼尔·阿姆瑞斯的《横渡孟加拉湾：自然的暴怒和移民的财富》关注英帝国时期缅甸的大规模开发，向英属印度供应粮食，这对孟加拉湾地区的政治地缘和生态环境产生很大影响。二战后，随着世界范围内农业生产力的提高和粮食的自给自足，孟加拉湾东岸摆脱了粮食出口地的身份，转向以本国经济利益为目的的发展。经济全球化给整个印度洋区域带来生态挑战，滥捕滥捞、过量使用农药、过度开采石油等行为对生态环境造成威胁，每年都会有大量垃圾从陆地排入海洋。大坝的建造也对河流入海口造成破坏，导致生态危机愈益严重。全球变暖导致的海平面上升与季风结合甚至产生更大的灾难，促成"气候移民"，给国家安全带来麻烦。

三

进入 21 世纪以来的 20 年间，印度洋史研究体现了以下一些特点和趋势。

首先，进一步摆脱西方中心观，不再以欧洲的经验为标准，而是转向东方，关注印度洋世界内部的流动。在这个意义上，印度洋日益成为中心，不再是附属于欧洲的边缘地带。这恰好与沃勒斯坦的世界体系理论构成了鲜明

[①]　Rila Mukherjee, ed., *Living with Water: Peoples, Lives and Livelihoods in Asia and Beyond*, Delhi: Primus, 2017; Gwyn Campbell, *Africa and the Indian Ocean World in the Context of Human-Environment Interaction from Early Times to 1900*, Cambridge: Cambridge University Press, 2009.

[②]　H. Rangan, Ch. Kull, "The Indian Ocean and the Making of Outback Australia," in S. Moorthy, A. Jamal, eds., *Indian Ocean Studies*, London: Taylor & Francis, 2010.

的对比，体现了 21 世纪以来亚洲海洋史研究的整体趋势。同时，印度洋史研究也在摆脱印度中心论。以往的印度洋研究大多是印度或印度裔学者参与，视角上往往以印度为中心。[1] 但是，近年来的研究已经摆脱了这个局限，向更广阔的空间和范围发展。

传统史学以国家为单位的研究路径也被超越，日益强调跨区域性。传统的历史研究往往以民族国家作为单位，即便地区研究兴起以后，也没有改变以陆地为研究单位的习惯。然而海洋具有很强的流动性，不像陆地那样容易产生中心，这就对以往的研究范式提出了挑战。以海洋为中心的书写实现了从"海洋的历史"向"海洋中的历史"的转变。因此，可以看出，印度洋史的研究鲜有以民族国家为单位的，往往以跨区域为研究方法。[2] 这也是进入 21 世纪以后贸易、能源、移民、环境、全球化等问题在学术上的反应。国际社会对全球南方问题非常关注，还有诸如殖民帝国、民族国家、利益集团、全球治理、地缘战略这样的现实问题，使印度洋史研究与现实紧密结合。

其次，印度洋史研究充分体现了亚洲内部多元文化共存的特征。跨区域、跨文明是印度洋历史书写的重要基础，印度洋成为联结各个区域的重要平台。全球史重视不同文明之间的交往网络和全球联系，主张对跨越多种文化边界的印度洋世界进行研究。印度洋的历史不再被视作西方资本主义经济世界扩张的单维度历史，而是亚洲内部的跨区域、跨国界历史。突破了与西方历史进行对比的束缚后，学界开始以印度洋周边地区作为历史研究的主角，不再为其进行先验的假设和价值判断，转而以亚洲为主体进行研究。传统的欧洲帝国冲击和回应的模式被摈弃，如今的研究注重亚洲帝国的主体性，如莫卧儿帝国、奥斯曼帝国、明清中国在印度洋的海洋活动，本土政权与外来帝国之间的博弈，欧洲帝国的政策调整，这些都体现了印度洋世界地位的提升，且对其内部多元化的重视也超越了以往的简单化、模式化定位。

对英帝国时代印度洋的研究体现了亚洲主体和多元性。印度洋周边不同区域、民族、信仰的人群被赋予了极大的主动性，他们的迁移、贸

[1]　M. P earson, A. D. Gupta, eds., *India and the Indian Ocean, 1500 – 1800*, Calcutta and New York: Oxford University Press, 1987.

[2]　A. Sheriff, *The Indian Ocean: Oceanic Connections and the Creation of New Societies*, London: C. Hurst & Co. Publishers Ltd., 2014.

易和交流有较强的延续性，也形成了印度洋地区的结构性特征。他们不再是受欧洲帝国压迫和抑制的被动者，而是外来帝国统治的对话者和利益谋求者。这种情况在印度洋地区很普遍，促使新的印度洋史书写不得不进行调适。

最后，印度洋史研究开始关注底层劳工和普通人。这种自下而上的趋势相当普遍，也是一种打破精英话语和上层视角的历史叙述。虽然传统的经济社会史也强调日常生活，但是对底层和边缘的重视还是来自 20 世纪后半叶后现代主义的冲击，尤其是福柯对边缘人群的重视，带动了对边缘群体的重新认识。印度的后殖民主义激发了庶民（subaltern）研究思潮，研究的关注点转向了普通人。[①] 迪佩什·查克拉巴提（Dipesh Chakrabarty）、帕沙·查特吉（Partha Chatterjee）等学者的研究提供了颇有价值的方法。

越来越多的人类学家加入印度洋史研究，更细微、更具体地关注人和物的流动，注重实地考察，对移民和商品的关注和追踪甚至跨越整个印度洋，在一定程度上弥补了传统历史学自上而下的研究视角之不足。当然，田野调查需要历史维度的考察，需要回溯历史以寻找现状的根源，这就为印度洋史的跨学科合作提供了可能性。耶鲁大学萧凤霞等历史学家和人类学家共同完成的 3 卷本《亚洲内外》树立了一个合作研究的典范。[②] 此外，詹姆士·斯科特的"赞米亚"理论、本尼迪克特·安德森的"想象的共同体"理论等都在多元而丰富的印度洋史研究中得到验证和修订。

总而言之，印度洋史研究伴随着全球化的发展、国际格局的变化、世界形势的转折、知识图景的拓展而不断得以更新，这片海域及其周边的地区和人们有着独特的传统和习惯，其内部的流动和联系也突破了不同历史时期而一直延续至今。我们应该从中汲取的经验和启示，对于我们理解多样化的世界、多元性的文明和谐共存具有借鉴意义，也有助于我们在西方历史的发展模式之外寻找更多的可能性。

（执行编辑：罗燚英）

---

① C. Anderson, *Subaltern Lives: Biographies of Colonialism in the Indian Ocean World, 1790–1920*, Cambridge: Cambridge University Press, 2012.

② H. Siu et al., eds., *Asia Inside Out*, 3 vols., Cambridge: Harvard, 2015, 2019.

菲利浦·布亚及其印度洋世界体系研究述略

陈博翼[*]

摘　要： 本文介绍法国学者菲利浦·布亚从马达加斯加研究开始延伸到整个印度洋沿岸地区的学术研究内容和轨迹，着重评述了其重要著作《印度洋世界》，并点明其印度洋世界体系研究在学术史上的意义和贡献。布亚认为，印度洋在 1 世纪时经由频繁的交流已变为一个嵌入非洲—欧亚世界体系的统一空间；在 16 世纪前，世界体系经历了四个兴衰周期，区域不断整合，人口普遍增长，商业和生产力普遍发展，核心区和边缘区也随着国际劳动分工同步演变；印度洋世界体系的演变历史亦表明资本主义不是一种欧洲发明。以印度洋为中心看不同世界体系的形成更迭轨迹，无论视角还是方法论，均有可观之处。

关键词： 菲利浦·布亚　印度洋　世界体系

一　学术背景

菲利浦·布亚（Philippe Beaujard）是一位人类学家，现为法国国家科学研究中心（Centre National de la Recherche Scientifique，CNRS）名誉主任、非洲世界研究所（Institut des Mondes Africains）研究员。他自述主要的研究

---
* 陈博翼，厦门大学历史系副教授。

主题包括 16 世纪之前的印度洋历史（主要是古代世界的全球化进程）、欧洲人到达之前印度洋植物种植的历史、马达加斯加东南部占卜者的处境和实践、马尔加什语语言学以及马岛东南部阿拉伯—马尔加什语手稿。从研究马达加斯加开始，他先后出版《王子与农民》（1983）、《马达加斯加神话与社会》（1991）、《马尔加什语—法语字典与词源研究》（1998）和《马达加斯加东南部的阿拉伯—马尔加什语》（1998）四部作品，并合编《为人民服务的上帝：马达加斯加的宗教路线、调解和融合》（2006）一书。[①] 其后，布亚的研究重心转到更大的主题，开始关注整个印度洋的历史经验及其在全球史脉络中的位置。

2005 年，他在《世界历史学刊》上发表了一篇关于印度洋与非洲—欧亚世界体系研究理论框架的重量级文章《16 世纪前在非洲—欧亚世界体系中的印度洋》，展示了将区域研究纳入跨区域研究或所谓的"世界体系"的诸多想法。[②] 该文指出，城镇和国家的兴起及交易网络的扩张促成了非洲—欧亚多个"世界体系"在公元前 4000 年的形成。到 1 世纪时，水手、商人、宗教人员、移民频繁的交流已"将印度洋变成一个嵌入非洲—欧亚世界体系的统一空间"。在 16 世纪之前，该体系人口、产品、贸易的体量和质量、都市发展扩张和收缩的周期不断演变，四个被认定的演变周期见证了区域内部和周边整合的过程，人口的普遍增长、商业和生产的普遍发展，国际劳动分工中核心和边缘区之间等级关系的同步发展。这个时期也显示出了随之而来出现的现代资本主义的世界体系的多个特征。关于"体系"或"系统"（system），作者用的是埃德加·莫林（Edgar Morin）的定义，即"一个复杂的单位及复杂的整体与部分之间关系的关系"，由累积的互动构成，正是这些互动构成了系统的组织。[③] 这些系统内组织的特点实质上既复杂又有活力，其构成的体系既生成秩序又会失序，既生成统一性又有多样

---

① Philippe Beaujard, *Princes et paysans. Les Tanala de l'Ikongo. Un espace social du Sud-Est de Madagascar*, Paris: L'Harmatta, 1983; *Mythe et société à Madagascar (Tañala de l'Ikongo). Le chasseur d'oiseaux et la princesse du ciel*, Paris: L'Harmatta, 1991; *Dictionnaire Malgache-Français (dialecte tañala, Sud-Est de Madagascar) avec recherches étymologiques*, Paris: L'Harmatta, 1998; *Le parler arabico-malgache du Sud-Est de Madagascar. Recherches étymologiques*, Paris: L'Harmatta, 1998; S. Blanchy, J. -A. Rakotoarisoa, P. Beaujard, C. Radimilahy, éds., *Les dieux au service du peuple. Itinéraires religieux, médiation, syncrétisme à Madagascar*, Paris: Karthala, 2006.

② Philippe Beaujard, "The Indian Ocean in Eurasian and African World-Systems before the Sixteenth Century" (trans. by S. Fee), *Journal of World History* 16. 4 (2005): 411-465.

③ Edgar Morin, *Science avec Conscience*, Paris: Fayard, 1990, pp. 244-242.

性，作者就是在这种思考基础上讨论非洲—欧亚秩序的。

　　根据交易网络，布亚认为亚非海洋交易区可以分为南海、东印度洋、西印度洋三个区域，而贸易是印度洋变为一个"统一空间"最核心的因素。不过他也强调，交换不仅受地理和经济因素影响，还受到思想体系和权力平衡的影响，毕竟产品的进出口会受制于政治或相应的宗教意识形态，贸易不是唯一的利润转移方法——在宗教网络和执政精英与生产者之间的生产关系中，贡赋与征税等政治统治和冲突也起着作用，研究世界体系还必须考虑经济体所在的文化和宗教氛围。另外，他强调"顺差转移并非中心地区取得主导地位的唯一手段，因为通过殖民化、联盟、宗教转变、婚姻等各种意识形态和政治权力的多样化战略也可以实现"。世界体系研究的先行权威伊曼纽尔·沃勒斯坦（Immanuel Wallerstein）已指出安德烈·G.弗兰克（Andre G. Frank）的"世界体系"在16世纪之前的解释上存在问题，即其仅仅着重于奢侈品交易而不涉及主要产品，因此也无法用现代世界定义的核心"劳动分工"来涵盖。作者仔细辨析后发现农产品和原材料一般都能一开始就在贸易网络里体现。① 木材、奶制品、铜、硬石、焦油、油和粮食的交易广泛见于从美索不达米亚到阿曼再到印度的网络中。贵金属从孟加拉地区到阿萨姆地区、缅甸、中国云南以及泰国和越南沿商业路线的流动更是进一步促成体系成形。8～10世纪的伊斯兰世界、9世纪的中国和12～13世纪的埃及阿尤布王朝也通过发展信贷创造了经济扩张的工具。当然，作者亦认可巴里·K.吉尔斯（Barry K. Gills）等人的观点，即交易系统性的特点并不首要源于奢侈品或必需品，而是对区域内剩余物品的转移。这也是经济扩张和整合的基础。由此，布亚认为对印度洋区域贸易的研究颠覆了资本主义是一种"欧洲发明"的观念，尽管17世纪的"世界体系"像是15世纪欧洲发展的扩展版。这种非欧洲中心的观念并非始于作者，早前布罗代尔便对沃勒斯坦之于16世纪的迷恋不以为然，而弗兰克和吉尔斯也反对该期存在"质变"，只是资本主义仅仅在欧洲可以

----

① 如《厄立特里亚海航行记》和埃及伯利尼斯港考古证据，参见 Lionel Casson, *Periplus Maris Erythraei*, Princeton: Princeton University Press, 1989; R. T. J. Cappers, "Archaeobotanical Evidence of Roman Trade with India," in Archaeology of Seafaring, ed., *Himanshu Prabha Ray*, Cambridge: Cambridge University Press, 2003, pp. 51-69; W. Z. Wendrich et al., "Berenike Cross-Roads: The Integration of Information," *Journal of the Economic and Social History of the Orient* 46. 1 (2003): 46-87。

将其基本原理加诸民族国家之上而焕发出巨大能量形成世界体系里产生的主导模式而已。总体而言，这篇鸿文虽然也难免有一些伴随宏大叙事而来的粗疏的地方，却非常有力地以周边陆地文明和政权所形成的区域性中心界定了印度洋的"边界"及基于贸易交换网络体现出的兴衰周期，展示了由陆地中心反衬形成的联结性中心印度洋作为研究单元的意义和可行性，这些都成为其随后组织相关学者研讨的基本思路，该文的核心思想也在其后两卷本的巨著中得到发扬。

2009 年，布亚与人类学家洛隆·伯格（Laurent Berger）、经济学家菲利浦·诺雷（Philippe Norel）合编《全球史、现代化与资本主义》，汇集了一批杰出学者从各自专业领域对现代资本主义框架下的全球史发展和研究形势的不同看法。① 这批人类学家、经济学家、政治学家、社会学家和历史学家着重讨论了"非欧洲世界"（du monde non Européen）在人类历史上的重要作用，即在何种意义上亚洲的复兴源自其长久的"全球性"联系根基。伴随着人口增长、国家和商业发展、财富和知识的地方性积累，全球结构性变化的本质是什么？如何理解富有流动性的交换在地理上的扩张及随之而来的民族国家和世界范围内资本主义的发展？编者总结说，布亚与杰里·H. 本特利（Jerry H. Bentley）、杰克·古迪（Jack Goody）、克里斯托弗·蔡斯-丹（Christopher Chase-Dunn）和托马斯·霍尔（Thomas Hall）一道，更多着意于多线程时间中的全球整合进程；伊曼纽尔·沃勒斯坦、乔万尼·阿瑞基（Giovanni Arrighi）、米歇尔·阿格里塔（Michel Aglietta）、贝弗里·西尔弗

---

① Philippe Beaujard, Laurent Berger, and Philippe Norel, éds., *Histoire Globale*, *Mondialisations et Capitalisme*, Paris: La Decouverte, 2009. 伯格算是布亚在马达斯加田野调查和研究方面的同行，他对"人类学怎样描述和解释发生在不同时间性（结构性时间、短期时间、事件性时间）和不同的互动性地理层级（地方、省市、国家、区域和全球）交汇的社会活动"尤其有兴趣，参见其 2011 年在北京大学参加的主题为"田野、理论、方法：中法对话：人类学与社会科学目光的交叉"的会议的报告《王国与公司：全球化的人类学新解》（Laurent Berger, "Le royaume et la firme. Pour une anthropologie globale de la mondialisation," Colloque "Terrains, Théories, méthodologie. Dialogue Franco-Chinois: Regards croisés sur l'anthropologie et les sciences humaines et sociales," Université de Pékin, Chine, 8-10 Avril 2011）。诺雷已于 2014 年逝世，生前主要研究发展经济学、国际货币经济学、经济思想史、全球经济史及全球化的历史和理论。其 2009 年的大作《全球经济史》（*L'Histoire économique globale*, Paris: Éditions du Seuil, 2009）以全球化的视角充分洞察把握了社会变化的本质。该书指出斯密动力在创造市场制度中至关重要的作用，然而它却依赖"必不可少的"政治中介（l'indispensable médiation du politique），即非常依赖国家与商人之间建立的关系，市场体系的创造和资本主义的创造也同样如此。诺雷在斯密型动力对分工和世界体系形成方面的认知对布亚有不小影响。

（Beverly Silver）、巴里·吉尔斯、罗伯特·德内马克（Robert Denemark）等人侧重探讨全球资本主义的诞生、发展和危机；伯格、诺雷两位则与杰克·戈德斯通（Jack Goldstone）、彭慕然和王国斌一起谈论分析了区域间不断重现的发展周期（"焕发期"）与文化创造力之间的联系以及全球化进程。在与这些相当重视世界体系和全球联系学者的接触中，布亚也吸收相应观点，充实了自己关于印度洋区域及全球史联结的理论，并在接下来的作品中进行对话。

二 《印度洋世界》总体框架

2012 年，布亚出版了两卷本气势磅礴的《印度洋世界》，可谓多年研究演变轨迹下集大成之作。① 该书第一卷《非洲—欧亚世界体系最初的形成（公元前 4000 年至 6 世纪）》［*De la Formation de l'Etat au Premier Système-monde Afro-Eurasien（4e Millénaire av. J. -C. -6e Siècle ap. J. C.）*］讲述所谓的世界体系如何孕育于古代世界并在公元前后初具雏形：早期几大文明形成、贸易增长、技术革新促成最早的"全球化"，城市革命促成了青铜时代和铁器时代的区域整合与联结，印度洋世界从 1 世纪开始终于成为统一而分层的空间，成为非洲—欧亚世界体系的中心并以区域之间的劳动分工形式表现出来。第二卷《印度洋：古代世界全球化的中心（7~15 世纪）》［*L'Océan Indien, au Coeur des Globalisations de l'Ancien Monde（7e-15e Siècle）*］分析了以印度洋为中心的非洲—欧亚世界体系的发展及资本主义的出现：由海道承载的香料、丝绸等交易确立了印度洋的中心位置，贸易也激励着各种技术革新。其中，中国扮演着核心角色，在 16 世纪前相继跨越了四个经济增长周期。这些都是伴随着人口增长、政治、社会和宗教发展以及相应的气候变化（气候不只影响政治体，还限定航路）实现的。以葡萄牙人为首的欧洲人的到来并未改变亚洲经济主导的格局，因而现代资本主义体系的未来也值得在非欧洲中心的路径下继续思索。

两卷本《印度洋世界》结构清晰，除了总论和结语外分为五大部分，分别按时间段探讨五大主题：从公元前 6 世纪到 2 世纪的古代贸易线路与早期国家、公元前 1 世纪到 6 世纪非洲—欧亚体系的诞生、7 世纪到 10 世纪唐代中国与伊斯兰帝国之间的印度洋、10 世纪到 14 世纪中国宋代及其后蒙

---

① Philippe Beaujard, *Les Mondes de l'Océan Indien*. Paris：Armand Colin，2012.

古时期的全球化、15 世纪非洲—欧亚体系的贸易扩展与欧洲资本主义的出现。每一部分有一个导言介绍（第一部分还有一个总结），然后对中国、印度、东南亚、西亚或中亚、埃及、东非等主要区域以及类似于马达加斯加这种"边缘区域"在特定时期的整合与对外联结进行分析说明。第一部分主要谈从美索不达米亚到印度、从埃及到东亚青铜时代的发展状况并尝试观察界定在什么程度上各区域的"世界体系"可以算形成。第二部分首先从西亚这个介于地中海和印度洋之间难以控制的区域谈起，然后是前往"东方"的路线和印度形成新的中心、东南亚连接两洋、中国重新统一、阿拉伯海洋文化及其商队的发展、东非前斯瓦希里文化在滨海的出现、南岛语族的扩张和马尔加什文化出现。第三部分探讨唐代中国兴起和丝绸之路、伊斯兰帝国扩张、印度形成的四个中心、室利佛逝的海权和爪哇诸国的兴起、东非斯瓦希里文化的出现以及马达加斯加的跨族群通婚。第四部分涉及中国宋朝的黄金时期和蒙古征服、室利佛逝的衰落和满者伯夷的兴起、中西亚塞尔柱帝国到伊利汗国的变迁、犹太网络及以（并非专门）贩卖奴隶著称的波斯卡里米（kārimï）商人与埃及和也门的关系、斯瓦希里文化的兴起和伊斯兰帝国在非洲的扩张、马达加斯加等级社会的发展。第五部分讲中国明代的扩张和收缩、印度苏丹国的繁盛和毗奢耶那伽罗（Vijayanāgara）王朝的扩张、东南亚商业苏丹国时代、西亚波斯湾的再兴、埃及与也门的国家贸易、科摩罗和马达加斯加高地的发展、葡萄牙人在印度洋的活动等等。这些内容都重在谈论联结的可能性、商路与交流、政治兴衰对网络的影响，以及世界体系的分离与整合。作者在此书中除了沿袭之前长文中莫林对世界体系的定义以及肯定沃勒斯坦和弗兰克的开山贡献之外，还补充了蔡斯-丹和霍尔对其基于"体系性特点互相联结的网络"的定义，即相互作用（贸易、战争、通婚、信息交流）对系统单元内部结构再生产的重要性和对地方结构变化的影响，并指出沃勒斯坦、弗兰克和吉尔斯的世界体系很少涉及城市与国家空间的概念，且沃勒斯坦的世界体系直到 16 世纪才成形，18 世纪才将中国和印度纳入，而弗兰克与吉尔斯的世界体系则在沃勒斯坦所定义的 12 个现代世界体系特征上基本排除了中国和印度。布亚对此不以为然，该书多处发掘并综论这些中、印在 18 世纪前反映出来的相似体系特征和因素。两卷本《印度洋世界》体系庞大，以下仅就作者对印度洋长距离贸易网络如何在各区域和国家兴衰的周期中不断被塑造的核心观点略加介绍。

三　环印度洋世界体系的演变

布亚认为，非洲—欧亚存在多个世界体系：前3100~前2700年，存在埃及、波斯湾和两河的世界体系；到前1950年，西亚世界体系整合东地中海区域，并于前1700年与埃及结合；前1600~前1200年，西亚北非世界体系与波斯湾和印度洋接触，并通过北部草原和戈壁地区与中国世界体系发生联系。铁器时代是非洲—欧亚三个大的世界体系整合为一个的时代。前750~前350年，南欧、西亚和北非埃及的一部分已渐渐整合为一个世界体系，并与印度的世界体系碰撞，而前350年到1世纪则是这两个世界体系整合时期，与此同时，中国世界体系相对独立，南印度和东南亚则仅属于接触区。1世纪时，国家与城市都在变革，新的交易网络也在西亚、地中海和中国等地被打造。气候变好为东西方世界体系的重塑添加了助力：从1世纪开始印度洋的季风增加，坎儿井灌溉系统受益，阿曼和南伊朗地区的农产品也增加（第一卷第273页）。随着古典时代的结束和东西世界体系交流的发展，中国隋唐朝形成与长程贸易扩张及其与新形成的伊斯兰帝国的互动成为世界体系发展第二阶段的核心要素，这种体系不单是经济的整合，更是智识和政治上理念和秩序的结合（第二卷第16页）。在伊斯兰教传播和相关帝国建立的背景下，中国唐代借助于重新繁荣的经济形势广泛开展对亚洲及印度洋地区的贸易，欧亚世界体系在不同的空间和层面也进一步整合，此时非洲的部分地区亦加入（第135页）。作者从科技发展、教育印刷、航海技术、军事装备等多方面分析了这种交流和整合。他还认为，10~13世纪中国宋代的繁荣也离不开温暖的气候和降雨量，高产粮食耕作体系的改进促成人口稳定的增长，进而扩大了市场需求。与此同时，在印度注辇王朝主导的区域中，一些基于国家和参与长距离贸易的大行会商人之间的共生关系开始形成。皮尔逊便认为印度洋作为一个"内湖"在商业上被"三分天下"始于此，不过布亚则认为注辇的这种控制主要还是基于阿拔斯王朝的衰落，无非又回到较早的古代格局而已，即依然是一个基于风向的交易系统。在中东和北非，10~11世纪科尔多瓦（Córdoba）、开罗和巴格达三个哈里发中心互相竞争主导权，这种权力和法统的竞争也创造了动力，刺激了长距离贸易网络的发展；贸易增长亦伴随着斯密型动力的劳动分工而成长。南海和孟加拉湾贸易的增长在12世纪变得明显，不过作者认为其实就长期贸易格局而言，

2~12 世纪西印度洋尤其是红海和也门到印度之间的贸易都是犹太商人把持的，只有到蒙古征服时期，世界格局才被重塑：13 世纪是亚洲和印度洋史的一个关键转折点，蒙古人迫使宋人大大增加了军事开支，滥发纸币直接导致了经济的混乱，宋人也不得不限制铜币出口，造成海外"非法"贸易大增，尽管与此同时实际贸易量在减少。布亚认为，"世界体系"在 13 世纪的变异于蒙古征服后加速，但其首要因素仍是伊斯兰世界主导印度洋时南亚贸易的增长。13 世纪也是伊斯兰势力第二阶段扩张的结束期：伊斯兰影响及于北印度，德里苏丹基本与埃及马木鲁克王朝是同时期兴衰的势力。德里苏丹作为南亚主要强权，致力于发展工农业和获得生产盈余，其政权建立本身也反映了东西印度洋贸易的增长和次大陆互相联结的需要；重新统一的元朝也部分借助于穆斯林网络将其影响力投射到东南亚和印度洋；与此同时，西印度洋的商贸网络也促进着地中海的繁荣——威尼斯商人虽然与蒙古人有一定经济联系，但支撑威尼斯的其实主要是马木鲁克王朝对奴隶的购买，这种近乎垄断的生意是超越亚欧其他异国货物交易的。伊斯兰势力的扩张 13 世纪仍在持续，在北部，月即别（Ozbeg）统治下的金帐汗国达到巅峰，其与埃及和元朝的关系都非常密切，穆斯林网络也在中国蒙古地区以及东南亚的苏门答腊、满者伯夷治下的爪哇等地发展。不过在欧亚区域兴衰周期中，世界体系的衰落在以满者伯夷为首的东南亚诸多权力中心并不显著，尽管满者伯夷与印度东部地区的联系非常紧密。

14 世纪初，世界体系的成长到达阶段性顶点，其时中国是主导中心（前二三十年也正好是新的全球温暖期），中国许多的创新也通过伊斯兰世界传到欧洲，包括船舵的运用、纸、风力机械和手推车。地中海基督徒和伊斯兰世界的广泛交流催生了一批城邦国家。在 13~14 世纪的欧洲，脱离封建农奴系统的中产商人阶级和各民族国家的兴起加速了封建系统的解体，意大利诸邦在与马格里布（Maghreb）犹太商人的交易中借用了伊斯兰世界的信贷手段和技术创新来交易丝织品、饮品、粮食和珍珠，进一步催生了近代世界体系的各种要素。还应该注意到的是，伊斯兰学校（Madrasas）与城市和组织的兴起密不可分，尽管诸如行会和大学这类自治组织并不被容许，文艺复兴中出现的人文主义还是在伊斯兰世界中得到了很大发展。在中世纪的交流中，知识和技术首先被传播到亚洲和北非。穆斯林和中国天文学家的交流也在 1320 年基于宗教保守主义才中止（虽然印刷术使相关内容在 14 世纪的埃及仍可见，但最终仍被禁）。在东非，伊斯兰教已传播到所有斯瓦希里海岸城镇，最远及于基尔瓦（Kilwa）。城镇带动了货币流通，大津巴布韦的文化繁荣与此息息相关，北边的摩加迪沙则是 14 世纪唯一使用轧制硬币的城市。斯瓦希里海岸的文化发展到科摩罗和马达加斯加北部。贸易仅仅在14 世纪末非常短暂的一段时间内衰退，到 15 世纪随着海域交流的激增，世界体系很快重新获得动力。15 世纪末，整个世界体系进入转型期（第 389页），其后便是多数人耳熟能详的西欧人影响和改造印度洋世界体系的时期了。作者最后总结了关于核心区、半边缘区和边缘区在体系中的支配和共同演变特点，并指出这种同步发展的层级体系通过区域和社会间的结构性不平衡相互作用而形成。这种分层与 16 世纪到来的资本主义世界体系一同演变，对其展开研究其实也可以帮助我们洞见工业革命时代之后的世界体系在未来将往何处走（譬如当前的世界体系其实已经走到了财政扩张结束的阶段）（第 573、580 页），全书也在他赞同沃勒斯坦 21 世纪上半叶人类将迎来新的世界体系中结束。

四　评价与展望

总体而言，此书可以说是几大中心围绕的所谓印度洋演变为"世界体系"的具象化，当然也是欧亚非相关区域和国家通史的专门化，在一定程度上反映了英法美学者对几大文明区域尤其是东非、中东、南亚、东南亚和东亚研究的积累深度和认识高度。首先，这种认知系统既有文字学的传统，也有考古学的贡献；其次，对资源和技术的关注或者说偏好反映了西欧学者的研究传统；再次，该书也有以布罗代尔等人为代表的年鉴学派"整体史"的学术传统及对地理、气候和认知因素重视的路数的影响。这部巨作只有诺雷、皮尔逊和罗德里希·普塔克（Roderich Ptak）几位写了书评，跟其地位很不匹配。三位专家均惊叹于其鸿篇巨制，溢美之词频出。作为其好友，诺雷在"全球史博客"上的评论更多从全球性世界体系的互相依存理论讨论，对世界的未来进行了进一步思考。作为印度洋研究的先行者，皮尔逊对后辈不吝赞叹，从材料使用的广博上对其进行了高度评价，并强调其不专就海洋研究海洋、涵括广大陆地文明和政治体的壮举，认为这是进一步解释世界体系的关键点，呼吁读者一起来阅读这些重要材料。作为海洋史研究专家和同行，普塔克指出其所揭示的奢侈品和普通商品流通、动植物交流、疾疫传播、城市兴衰、东非与马来群岛语言联系等方面突出的贡献，尽管一些困扰学界的区域格局变化（譬如注辇王朝与东南亚的纠葛）依然模糊。由于普塔克也是一位中国史专家，他提出的疑问也很独特，即中国无疑对海上贸易影响巨大，然而中国船只何时、在何种条件和情况下、在多大程度上驶到亚洲其他地区港口。这点也是亟待与研究其他地区尤其是南亚和东南亚的学者对话和进一步统一认识的。[①]

　　虽然随着研究领域的专精，撰写这类需要大量利用二手研究作品的综合性著作容易遭到诟病，该书在一些研究区域例如中国的地名专名拼写上也不尽准确，但作者仍然达到了从时间和空间角度看均值得称道的高度：就时间而言，世界体系研究者一直专注于地理大发现以后的世界历史整合，作者在一定程度上弥补了在这之前的历史联系及相关网络，尤其是能将考古学、古代史和较为艰涩的古典研究放在近代世界联结的脉络下，从早期文明尤其是涉及技术传播和转移的物品商品门类谈起，揭示某种的"连续性"，相当难能可贵；就空间而言，该书对印度洋的区域研究提出了新思路。印度洋的研究，从克里特·N. 乔杜里（Kirti N. Chaudhuri）等名家开始，基于对英国东印度公司的研究发展出对贸易和所谓的亚洲文明方面的体察，又从皮尔逊开始真正变成了独特的研究单元，所涉遍及周边社区，也超越了专讲海上交通历史的海洋史。其他当代印度史名家诸如桑贾伊·萨布拉曼洋（Sanjay Subrahmanyam）则是进一步从后殖民理论的角度阐释欧洲殖民者那里的印度如何在印度洋商品和人员交流的背景下被作为一种猎奇和"东方主义"的知识想象，作为通道的印度洋也由此被建构和解构。[②] 在布亚的研究中，印度洋则被定义为非洲—欧亚世界体系的中心，在全球史的联动中被进一步审视，所

---

① Philippe Norel, "L'Océan Indien de Philippe Beaujard," 7 Janvier, 2013, http：//blogs. histoireglobale. com/locean‐indien‐de‐philippe‐beaujard_ 2390; "L'Océan Indien de Philippe Beaujard（2），" 9 Mars, 2013, http：//blogs. histoireglobale. com/locean‐indien‐de‐philippe‐beaujard‐2 _ 2615; Michael Pearson, "Book Review：Les Mondes de l'Océan Indien," *International Journal of Maritime History* 25. 2（2013）：267‐270; Roderich Ptak, "Reviewed Work：L'Océan Indien, au Coeur des Globalisations de l'Ancien Monde（7e‐15e siècles）by Philippe Beaujard," *Journal of Asian History* 47. 2（2013）：245‐249.

② 这几位均著述颇丰，仅各举一例。K. N. Chaudhuri, *Trade and Civilisation in the Indian Ocean：An Economic History from the Rise of Islam to 1750*, Cambridge：Cambridge University Press, 1985; Michael Pearson, *The Indian Ocean*, London and New York：Routledge, 2003; Sanjay Subrahmanyam, *Europe's India Words, People, Empires, 1500‐1800*, Cambridge：Harvard University Press, 2017.

论自然也远逾印度洋，并且相当"非欧洲化"。这种做法也得到一些非洲研究学者的回应，以全球史为背景（信息、人员、资源流动）研究"去欧洲化"的印度洋似乎方兴未艾。[1] 当然，限于笔者对东非、埃及、西亚非常有限的认知及本文的篇幅，对该书的介绍也是挂一漏万，仅希望能抛砖引玉，供学界参考和进一步讨论。读者也不妨自己寻觅原书，展卷欣赏布亚这一波澜壮阔的巨著。

（执行编辑：王一娜）

---

[1] Edward A. Alpers, *The Indian Ocean in World History*, Oxford：Oxford University Press, 2013. 与前一个世代研究印度的学者主导印度洋研究不同，当代研究印度洋的几位声名鹊起的学者均为研究非洲起家，这本身是很耐人寻味的现象。虽然战后开始的印度洋研究由非洲研究者带动，但其后却是在印度研究本位的学者手里发扬光大的，发展到今日则似乎呈现"河东河西"的现象。

大海雀灭绝原因探析[*]

陈林博　刘宇辰[**]

摘　要：北极企鹅，又名"大海雀"，自 10 万年前至近代，是北大西洋沿岸居民猎杀的重要鸟类，19 世纪中期灭绝。传统的主流观点认为，大海雀灭绝的原因是人为的过度捕杀。通过梳理史实，结合相关研究成果可以发现：在小冰期气候变化、食物短缺、水温降低和自身进化机能趋于停滞等自然因素的共同作用下，大海雀种群出现了明显的功能性衰退迹象。基于资本主义过度消费而造成的鱼类过度捕捞、标本收集、羽绒产业发展和私人收藏是其灭绝的人为动因。总之，大海雀的灭绝受不可抗力的自然因素影响深远，而资本主义消费方式加速了这一过程。在全球环境危机并未得到有效遏制的当下，公正而不偏激地认识和评价大海雀灭绝的历史，具有现实意义。只有自觉抵制消费主义，大力修复受损的生态系统，方可实现人与自然的和谐共生。

关键词：大海雀　北极　企鹅　物种灭绝　消费主义

在古代北大西洋沿岸各地的历史文献中，均记载过一种"腹部雪白、背部黝黑，形似鸬鹚"的鸟。威尔士人称之为"Welsh Pengwyn"，意为"白头"，因其最早在白头岛（white head Island）上发现。该词后来被音译、

---

　*　本文是教育部人文社会科学研究青年基金项目"海洋环境史视野下 20 世纪美加太平洋通业合作研究"（项目批准号：23YJC770002）的阶段性研究成果。

**　陈林博，中央民族大学历史文化学院讲师；刘宇辰，中央民族大学历史文化学院强基班本科生。

简化为"Penguin"（企鹅），并在不列颠、布列塔尼和纽芬兰等地被广泛使用。① 斯堪的纳维亚人称之为"alk"或"alca"，意为"海雀"。由于其是各类海雀中的最大者，又在流传中演变为大海雀（great auk）。② 至 16 世纪，此鸟拥有多种俗名，"大海雀"（great auk 或者 garefowl）和"企鹅"（penguin）是流传最广者。③ 1758 年，林奈将此鸟定名为"*Alca impennis*"，意为"不能飞的海雀"。④ 由于"企鹅"的名称流传甚广，1791 年法国生物学家皮埃尔·博纳特尔（Pierre Bonnaterre）再次变更鸟名为"*Pinguinus impennis*"，意为"不能飞的企鹅"。⑤ 15 世纪以后，达·伽马、斐迪南德·麦哲伦、詹姆斯·库克及等领导的探险队，数次在南半球海域发现了与北极企鹅体态样貌非常相似的鸟，认为是相同物种，同样将其命名为"企鹅"。⑥ 19 世纪，科学家逐渐发现了南北半球"企鹅"生理结构的巨大差异。1831～1856 年，法国鸟类学家吕西安·波拿巴（Lucien Bonaparte）将南半球的"企鹅"划归为企鹅科（*Spheniscidae*），将北极的"企鹅"划归为海雀科（*Alca*）。⑦ 1854 年，《遐迩贯珍》第一次将"penguin"一词引入中国。此鸟昂首挺立，像是有所企望，又因体貌似鹅，故意译为"企鹅"。⑧ 19 世纪中期，当最初的北极企鹅灭绝后，"企鹅"这个俗名在北半球相关文献中越来越少被提到，更多地用以描述南半球企鹅。但就南北半球"企鹅"的学名，学界并未达成共识。直到 1973 年，国际动物命名委员会正式将已经灭绝的北极企

① G. Peckham, *A True Report of the Late Discoveries and Possession Taken in the Right of the Crowne of England of the Newfound Lands by That Valiant and Worthy Gentleman Sir Humphrey Gilbert, Knight*, Hakluyt, reprinted in 1600, p. 172.

② J. A. Smith, "Notice of the Remains of the Great Auk, or Gare-fowl (*Alca impennis Linn.*), found in Caithness, with Notes of Its Occurrence in Scotland and of Its Early History," *Proceedings of the Society of Antiquaries of Scotland*, Vol. 13, 1879, p. 77; Henry Reeks, "Notes on the Zoology of Newfoundland," *Zoologist*, Vol. 2, No. 4, 1869, pp. 1854-1856.

③ 关于大海雀的别名及演变的成果甚多，最具代表性的是：Alfred Newton, H. Gadow, *A Dictionary of Birds*, London: Adam & Charles Black, 1896, pp. 304、704。

④ Carl Linnaeus, *Systema Naturae per Regna Tria Naturae, Secundum Classes, Ordines, Genera, Species, Cum Characteribus, Differentiis, Synonymis, Locis*, Tenth Edition, Holmiae: Laurentii Salvii, 1758, p. 130.

⑤ Pierre Bonnaterre, "Pinguinus Bonnaterre, 1791," 2011, https://www.itis.gov/servlet/SingleRpt/SingleRpt? search_ topic = TSN&search_ value = 177036#null.

⑥ Stephen Martin, *Penguin*, London: Reaktion Books, 2009, pp. 36-66.

⑦ Jeremy Gaskell, *Who Killed the Great Auk?*, Oxford: Oxford University Press, 2000, pp. 199-200.

⑧ 黄河清：《"企鹅"探源》，《中国科技术语》2017 年第 1 期，第 72 页。

鹅划归为海雀科，"企鹅"就正式成为"南半球企鹅"的专属名称。[①] 人们沿用旧名，把已经灭绝的"北极企鹅"称为"大海雀"，而把南半球企鹅称为"企鹅"。借此，"企鹅"一词逐渐家喻户晓，而"企鹅"最初所指的"大海雀"，则因灭绝而逐渐为人忘却。

自大海雀灭绝之日起，学术界对其灭绝原因的探讨从未停止，并逐渐形成了两种针锋相对的观点。传统的主流观点认为，人类的过度捕杀是造成大海雀灭绝的最主要原因。无论是 19 世纪末博物学家赛明顿·格里夫（Symington Grieve）、21 世纪初鸟类学家杰里米·盖斯凯尔（Jeremy Gaskell），还是近年来的古生物学家托马斯·杰西卡（Thomas Jessica），均选取各自的学科角度，利用各时代的文本和数据资料，发现了近代以来大海雀数量变化和人类过度捕杀之间的正相关性。[②] 在此观点的影响下，公共媒体产出了大量普及性读物和新闻报道，引起不小的震动。[③] 然而，受史料单一和数据缺失所限，这类研究并未深入分析气候变化等环境因素带来的影响。

另有观点认为，过度捕杀绝不是大海雀灭绝的唯一因素，环境因素对大海雀灭绝的影响不可忽视。鸟类学家贝尔松·斯文-阿克塞尔（Bengtson Sven-Axel）、提姆·伯克海德（Tim Birkhead）以及考古学家 W. R. P. 伯恩（W. R. P. Bourne）等人的研究是代表。[④] 20 世纪 80 年代至今，该观点越发得到古生物学界、生态学界学者的支持。由于数据有限，此类研究较多地考虑了大海雀与自然环境的变动关系，较少涉及大海雀与人类捕杀活动的关系，更没有深入挖掘人类捕杀大海雀的深层原因。由于历史学者的长期缺席，学界现有研究既缺少长时段的历史视野，亦未深入挖掘渔业扩张、消费

---

① Jeremy Gaskell, *Who Killed the Great Auk?*, p. 200.

② Symington Grieve, *The Great Auk, or Garefowl: Its History, Archaeology and Remains*, Edinburgh: Grange Publishing Works, 1885, p. 6; Jeremy Gaskell, *Who Killed the Great Auk?*, p. 5; Thomas Jessica, "Evolution & Extinction of the Great Auk a Palaeogenomic Approach," Ph. D. diss., Bangor University, 2018, p. 163.

③ Jan Thornhill, *The Tragic Tale of the Great Auk*, Toronto: Groundwood Books, 2016; 闫勇: 《人类捕猎导致大海雀灭绝》，《中国社会科学报》2019 年 12 月 4 日。

④ Bengtson Sven-Axel, "Breeding Ecology and Extinction of the Great Auk (*Pinguinus impennis*): Anecdotal Evidence and Conjectures," *The Auk*, Vol. 101, 1984, p. 1; Tim Birkhead, *Great Auk Islands: A Field Biologist in the Arctic*, London: T & AD Poyser, 1993, p. 104; W. R. P. Bourne, "The Story of the Great Auk *Pinguinis impennis*," *Archives of Natural History*, Vol. 20, No. 2, 1993, pp. 257-278.

主义与大海雀灭绝的关系，难以看清大海雀灭绝的历史全貌。为此，本文充分结合一手史料及最新研究成果，重新梳理大海雀发现及灭绝的历史，力图为学术界的相关研究拓展新视角，引发新思考。

一 古代社会的气候变化与大海雀捕杀

大海雀，体重 5~8 千克，身高 75~85 厘米，平均寿命 20~25 岁，擅游泳和潜水，不会飞，成鸟喜食 14~19 厘米高脂肪的鱼，幼鸟喜食浮游动物和小鱼。形态外貌与南极企鹅极其相似，体型稍大。大海雀实施严格的一夫一妻及计划生育，每只雌性大海雀每年仅产卵 1 枚，雄鸟与雌鸟共同孵育幼鸟。[1] 每年夏天，成鸟沿北大西洋暖流北上至冰岛、挪威和格陵兰岛等高纬度地区产卵。成鸟孵化 39~44 天后，携幼鸟南下漂流至中纬度的北大西洋越冬，周而复始。[2] 文字记载和考古证据显示，史前时代，北至北极圈内，南至意大利南部和美国佛罗里达州，东至斯堪的纳维亚及地中海沿岸，西至新斯科舍、纽芬兰及拉布拉多地区的几乎北大西洋全部海域，都曾是大海雀的活动场所。[3] 但是，大海雀在陆上的栖息范围非常有限，因为它对孵化地环境的要求十分苛刻。大海雀的孵化地，需要选在远离大陆、与世隔绝、相对孤立的岛屿的岩石质海岸斜坡之上。[4] 即便在广袤的北大西洋上，外界环境因子相对适宜且同时满足上述条件的海岛也不多见。由于此类岛屿皆不适合人类生存，大海雀居住在人迹罕至的"世外桃源"，因此原始先民很难与

---

① M. Groot, "The Great Auk (*Pinguinus impennis*) in the Netherlands during the Roman Period," *International Journal of Osteoarchaeology*, Vol. 15, 2005, pp. 17-18.

② D. N. Nettleship & Tim Birkhead, eds., *The Atlantic Alcidae*, Orlando: Academic, 1985, pp. 384-426; William A. Montevecchi & Leslie M. Tuck, *Newfoundland Birds: Exploitation, Study, Conservation*, Cambridge: Nuttall Ornithological Club, 1987, p. 273; Keith A. Hobson & William A. Montevecchi, "Stable Isotopic Determinations of Trophic Relationships of Great Auks," *Oecologia*, Vol. 87, No. 4, 1991, pp. 528-531.

③ Bird Life International, "*Pinguinus impennis*, IUCN Red List of Threatened Species 2016,", 2020. 8. 20, http://dx.doi.org/10.2305/IUCN.UK.2016-3.RLTS.T22694856A93472944.en; Bram W. Langeveld, "New Finds, Sites and Radiocarbon Dates of Skeletal Remains of the Great Auk *Pinguinus impennis* from the Netherlands," *Ardea*, Vol. 108, No. 1, 2020, p. 12.

④ Bengtson Sven-Axel, "Breeding Ecology and Extinction of the Great Auk (*Pinguinus impennis*): Anecdotal Evidence and Conjectures," *The Auk*, Vol. 101, 1984, p. 4; Alfred Newton, "Abstract of Mr. J. Wolley's Researches in Iceland Respecting the Garefowl or Great Auk," *Ibis*, Vol. 3, 1861, pp. 374-399.

之频繁接触。

若有少量的大海雀来到人类聚居区，便被原始先民视为"天赐的礼物"。在距今 3.5 万年的西班牙的埃蓬多岩洞（EI Pendo），距今 2 万年的法国拉斯科岩洞（Grotte Cosquer），考古学家就发现了大海雀的壁画。[①] 尽管人类只有狭小的活动范围和低劣的捕鸟技术，但途经人类栖息地的偶见大海雀依然容易被原始先民捕捉到。数万年来，大海雀很少能见到人类。当人类发现它时，只有极少数的大海雀能够警觉地紧急避险；多数性情温顺，对人类竟无敌意。因其在陆地的行进速度与人类步行速度相当，人类甚至可以轻松用木棒将其梃击致死。[②] 虽然比较罕见，但味道鲜美、富含高蛋白的大海雀肉和蛋，足以让原始先民大快朵颐。在距今 10 万年的尼安德特人的营地遗址里，考古学家发现了被啃食干净的大海雀骸骨。新石器时代的斯堪的纳维亚，北美东北部和拉布拉多地区的原始部落遗迹中，更多的大海雀遗骨被挖掘出来。[③] 但是，远古时代人类的偶然捕杀，对大海雀繁衍生息的影响力微乎其微。

然而，更新世晚期的气候剧变给大海雀的分布和丰量带来显著的负面影响。[④] 此后，无论是 1~4 世纪频繁出现的寒冷冬季，还是自 13 世纪早期开始至 19 世纪早期的小冰期，都直接威胁大海雀的生存。特别是 1200~1600 年，北大西洋出现了极端寒冷气候，气温降低、水温降低，海冰极其多见。由此，大海雀游泳时间延长，孵化周期推迟。因大海雀在游泳上耗费了过多的体能，营养储备受损，孵化成功率下降。[⑤] 在某些年份，海冰蔓延至冰岛南部大海雀的孵化地及其附近水域，使得大海雀登岛产卵的旅途异常艰难，孵化地大范围缩小。[⑥] 与此同时，气候转冷导致水温下降，大海雀的主要食

① Arturo Valledor De Lozoya et al. , "A Great Auk for the Sun King," *Archives of Natural History*, Vol. 43, No. 1, 2016, pp. 41 – 56; Christopher Cokinos, *Hope Is the Thing with Feathers: A Personal Chronicle of Vanished Birds*, New York: Warner Books, 2000, p. 314; Emily Crofford, *Gone Forever: The Great Auk*, New York: Crestwood House, 1989, pp. 5-6.

② Unnamed, "Great Auk," *The Richmond Dispatch*, September 25, 1887, Page 3, Image 3.

③ James C. Greenway, *Extinct and Vanishing Birds of the World*, Second Ed. , New York: Dover Publications, 1967, pp. 271-291.

④ Bengtson Sven-Axel, "Breeding Ecology and Extinction of the Great Auk（*Pinguinus impennis*）: Anecdotal Evidence and Conjectures," *The Auk*, Vol. 101, 1984, p. 10.

⑤ Tim Birkhead, *Great Auk Islands: A Field Biologist in the Arctic*, p. 104.

⑥ J. Eyþórsson and H. Sigtryggsson, "The Climate and Weather of Iceland," in Árni Fridriksson and Søren Ludvig Tuxen, eds. , *The Zoology of Iceland*, Vol. 1, Copenhagen and Reykjavik: Levin & Munksgaard, 1971, pp. 1-62.

物大西洋鲱（herring）、油鲱（menhaden）、鲥鱼（shad）等鱼类数量进一步减少。① 雪上加霜的是，极端寒冷的气候，迫使北极熊和格陵兰海豹沿冰南迁，光临大海雀原有的孵化地。② 原本与大海雀毫无交集的物种与之相遇，无疑会给其生存带来新的危机。鸟类学家的研究发现，漫长的气候寒冷期严重压缩了大海雀的活动空间，成为影响大海雀生存的显著不利因素，而12~13世纪短暂的气候温暖期起不到明显的恢复作用。③

　　面对突如其来的气候变化，大海雀无法解决孵化、觅食和外敌入侵问题，没有展现出较强的适应能力。首先，大海雀对孵化地的依赖性高，并没有选择北鲣鸟一样的进化策略。最初，北鲣鸟的孵化环境与大海雀非常相似。1000年后，因气候变化和人类捕杀，一部分北鲣鸟改变习性，选择在陡坡且人迹罕至的岛屿上筑巢，并将其种群繁衍至今。④ 然而至灭绝之时，没有充分的证据表明大海雀在孵化选址条件上做出适应性调整。其次，大海雀不会飞，无法像多数海鸟一样远距离捕食。赫布里底群岛、奥克尼群岛等地的考古证据表明，大海雀也无法像北极熊和帝企鹅一样在冰上觅食，其活动范围亦不涵盖鱼类资源极为丰富的水域，觅食更为艰难。⑤ 最后，为了离开寒冷的环境，躲避凶猛巨兽的追击，大海雀不得不南移寻找温暖地区，越发靠近人类聚集区。与同等生态位的其他鸟类相比，大海雀是竞争能力相对低下的物种，在非人为干预的自然条件下，灭绝风险较高。⑥ 甚至有研究发现，在人类大规模、密集化过度捕杀之前，大海雀已经因自然环境的变化和自身适应性不强而出现了较为明显的衰退迹象。⑦

　　相对于大海雀而言，气候变化给人类造成的负面影响更弱。上古、中古

① Storrs L. Olson et al., "An Attempt to Determine the Prey of the Great Auk (*Pinguinus impennis*)," *Auk*, Vol. 96, 1979, p. 790.

② J. Eythorsson & H. Sigtryggsson, "The Climate and Weather of Iceland," in Árni Fridriksson and Søren Ludvig Tuxen, eds., *The Zoology of Iceland*, Vol. 1, pp. 1–62.

③ Leslie M. Tuck, *The Murres: Their Distribution, Populations and Biology*, Ottawa: Queen's Printer, 1961, p. 24; D. N. Nettleship and Tim Birkhead, eds., *The Atlantic Alcidae*, pp. 383–422.

④ Dale Serjeantson, "The Great Auk and the Gannet: A Prehistoric Perspective on the Extinction of the Great Auk," *International Journal of Osteoarchaeology*, Vol. 11, 2001, p. 48.

⑤ W. R. P. Bourne, "The Story of the Great Auk *Pinguinis Impennis*," *Archives of Natural History*, Vol. 20, No. 2, 1993, p. 269.

⑥ Bengtson Sven-Axel, "Breeding Ecology and Extinction of the Great Auk (*Pinguinus impennis*): Anecdotal Evidence and Conjectures," *The Auk*, Vol. 101, 1984, p. 1.

⑦ Tim Birkhead, *Great Auk Islands: A Field Biologist in the Arctic*, pp. 68–104.

时期，欧洲已经普遍实现定居农业。虽然气候转冷会造成作物歉收和人口锐减等问题，但并未出现大规模亡群灭种的危险。随着地方性航海贸易网络的缓慢扩张，人类活动范围也不断向沿海扩张，向不断南移的大海雀栖息地靠近。在个别区域，人类与大海雀开始频繁"相遇"，甚至出现了过度捕杀的状况。格陵兰的因纽特人捕杀大海雀，有 4500 年的历史。长期以来，因较为少见，大多数地区的大海雀并未被过度捕杀。自公元前 2400 年开始，因气候转冷，大海雀的生活范围转而向南、向西收缩至因纽特人的聚集区，大海雀遂遭过度捕杀。① 无独有偶，随着农业社会的发展和城市化的扩张，英国西部和南部的人类居住区越发逼近大海雀的孵化场。此地的大海雀也从原来的"偶见猎物"变成了"常见猎物"。公元前 4000 年至公元前 1000 年，在英国桑迪岛（Island of Sanday），由于定居农业的生产方式在该岛逐步确立、城乡运输条件的改善和市场繁荣，大海雀成为远离海岸的邻近城市重要肉食消费来源，该岛及其附近水域的大海雀孵化地大范围缩小。② 在青铜时代和黑铁时代，英国的南尤伊斯特地区（South Uist）大海雀十分常见。到了维京时代，大海雀被捕杀殆尽。③ 在这些区域，人类对大海雀的消费需求扩大，已经开始威胁它们的生存。

　　但是，在更多地区，人类对大海雀的捕杀主要为了满足衣食所需，仍无过度捕杀迹象。公元前 1000 年至近代以前，英国沿海地带的大海雀分布甚广，绝大多数区域并无因捕杀而带来的衰退倾向。④ 虽然人类活动范围有所扩大，但人类对大海雀的捕杀活动多为"守株待兔"的偶然事件。它们或是老弱病残，或是因洋流改变而迷路，离群掉队后漂流到人类活动区。⑤ 英国南部的奥克尼群岛，是大海雀的栖息地之一。考古学家挖掘了一处罗马帝国时代

---

① Morten Meldgaard, "The Great Auk, *Pinguinus impennis* in Greenland," *Historical Biology*, 1988, Vol. 1, p. 145.

② Dale Serjeantson, "The Great Auk and the Gannet: A Prehistoric Perspective on the Extinction of the Great Auk," *International Journal of Osteoarchaeology*, Vol. 11, 2001, p. 54.

③ J. Best and J. Mulville, "A Bird in the Hand: Data Collation and Novel Analysis of Avian Remains from South Uist, Outer Hebrides," *International Journal of Osteoarchaeology*, Vol. 24, 2014, p. 392.

④ Dale Serjeantson, "The Great Auk and the Gannet: A Prehistoric Perspective on the Extinction of the Great Auk," *International Journal of Osteoarchaeology*, Vol. 11, 2001, p. 47.

⑤ M. Groot, "The Great Auk (*Pinguinus impennis*) in the Netherlands during the Roman Period," *International Journal of Osteoarchaeology*, Vol. 15, 2005, p. 15; James C. Greenway, *Extinct and Vanishing Birds of the World*, pp. 271-291.

的不列颠遗址，发现了大量牛、羊和鱼的遗骨，只发现了 1 具大海雀遗骨，不足以证实当时人们对此地大海雀的高捕杀率。① 由于古代社会人员聚集程度低，航海技术有限，猎手难以组织庞大的船队远赴大海雀孵化地实施集约化捕杀，更难以构建货运体系，将沿海猎杀的大海雀运送至内陆地区。前殖民时代，纽芬兰的原住民贝奥图克人（Beothuk）每 1~2 年才登上芬克岛（Funk Island），猎捕少量大海雀以求自用，亦无滥捕和远距离贸易现象。②

古代时期，自然环境的因素，特别是气候剧变，是影响大海雀种群数量减少、活动范围缩小的主导性因素。据统计，大海雀的数量由百万尾逐渐缩减至几十万尾。③ 然而，在局部地区，已经出现了过度捕杀的苗头。大航海时代后，人类捕杀对大海雀的影响逐渐加深。即便自然环境有所改善，大海雀的衰退还是进一步加剧了。

二　近代早期的渔业扩张与大海雀捕杀

15 世纪末，大海雀肉制品的需求量有所增加。1497 年威尼斯探险家塞巴斯蒂安·卡博特（Sebastian Cabot）发现熏制、腌制的大海雀肉便于保存，大海雀肉干成为欧洲水手常见的口粮。④ 16 世纪中后期，因水手的广泛食用，大海雀肉一度成为纽芬兰穷苦殖民者的猪肉替代品。⑤ 由于大海雀数量太过有限，欧洲并未形成足够庞大的大海雀肉制品市场。大航海推进着欧洲社会经济增长和欧洲—美洲贸易网络的初步形成，欧洲鱼产品市场也逐渐繁荣。丰度高、产量大、价格低、味道美的鳕鱼制品，迅速成为欧洲市场的明

---

① Mark Maltby & Sheila Hamilton-Dyer, "Big Fish and Great Auks: Exploitation of Birds and Fish on the Isle of Portland, Dorset, during the Romano-British Period," *Environmental Archaeology*, Vol. 17, No. 2, 2012, p. 172.

② Tim Birkhead, *Great Auk Islands: A Field Biologist in the Arctic*, p. 87.

③ 〔美〕伊丽莎白·科尔伯特:《大灭绝时代:一部反常的自然史》,叶盛译,上海译文出版社,2015,第 51 页。

④ Richard Hakluyt, *The Principal Navigations, Voyages and Discoveries of the English Nation*, No. 37, Boston, 1896, p. 3.

⑤ Symngton Grieve, "Some Notes on Remains of the Great Auk or Garefowl (*Alca Impennis*, L.), Found in Excavating an AncientShell-mound in Oronsay," in Edinburgh Naturalist's Field Club, *Transactions of the Edinburgh Naturalist's Field Club, Sessions 1881-1886*, Vol. 1, Edinburgh: William Blackwood and Sons, 1886, p. 60.

星产品。[①] 当鳕鱼制品大规模涌入市场后，传统的大海雀肉干被更丰富的鳕鱼干所替代，微小的大海雀肉制品需求量变得无足轻重。此外，鳕鱼制品的扩张，迅速拉动了大海雀饵料产业发展。

对大海雀肉制品的需求逐渐被其鱼饵功能所取代。北美、欧洲等多地的原始居民很早就使用鸟肉制备鱼饵的方法钓捕鱼类。[②] 各地的"海鸟肉捕鱼法"随着航路上的各国贸易船只逐渐在旧大陆和新殖民地间普及开来。坐拥纽芬兰渔场的北美殖民者对此的反响尤为热烈。捕杀更多的海鸟，就意味着可以制备更多的鱼饵，捕捞更多的鱼，赚更多的钱。[③] 1500 年之后，纽芬兰渔场随着工业化渔业的持续推进而被大规模开发。为此，纽芬兰康塞普申湾（Conception Bay）的渔民甚至向地方政府请愿，远赴距离渔场 60 公里以外的岛屿捕杀海鸟。[④] 由于海鸟数量非常庞大，"海鸟肉捕鱼法"在纽芬兰迅速传播，大海雀未能幸免。16~18 世纪，纽芬兰水域的季节性临时捕鱼站与大海雀、海鹦和海鸦等海鸟的孵化地分布高度重合，证实了海鸟捕杀与鱼类捕捞的正相关性。[⑤] 这些毕生以捕食鱼类为生的海鸟，临死也未能料到自己居然会被鱼类"反噬"。人类将食物链上下颠倒，把"捕食者"与"被捕食者"的生态位对调，严重违背了自然规律。

与此同时，大海雀尤为偏爱的食物油鲱和大西洋鲱，遭受人类的过度捕捞和高度浪费。中世纪至 20 世纪早期，大西洋鲱是欧洲非常重要的商业捕捞对象。18 世纪至 20 世纪初，由于资源丰度高，鲱鱼罐头制品便宜，全球对大西洋鲱的消费需求进一步扩张，瑞典、挪威、英国的鲱鱼渔业相继崛起。19~20 世纪，东大西洋鲱鱼渔获量呈陡崖式攀升，达到了空前绝后的顶峰。[⑥] 19

---

① Poul Holm et al. , "The North Atlantic Fish Revolution（ca. AD 1500），" *Quaternary Research*, Apr. 2019, pp. 1-2.

② Symington Grieve, *The Great Auk, or Garefowl: Its History, Archaeology and Remains*, p. 7.

③ T. J. Pitcher et al. , eds. , *University of British Columbia Fisheries Centre Research Reports*, Vol. 10, No. 5, Vancouver: University of British Columbia Fisheries Centre, 2002, p. 8.

④ Western Adventurers, *Articles of Grievances*, Great Britain, National Archives, Colonial Office, CO 1/1, Vol. 39, 1618, file 121, cited from Peter Pope, "Early Migratory Fishermen and Newfoundland's Seabird Colories," *Journal of the North Atlantic*, Special Vol. 1, Feb. 2010.

⑤ Peter Pope, "Early Migratory Fishermen and Newfoundland's Seabird Colonies," *Journal of the North Atlantic*, Special Vol. 1, Feb. 2010, pp. 59-61.

⑥ Poul Holm et al. , "The North Atlantic Fish Revolution（ca. AD 1500），" *Quaternary Research*, Apr. 2019, p. 5; Poul Holm, "World War II and the 'Great Acceleration' of North Atlantic Fisheries," *Global Environment*, Vol. 10, 2012, p. 87.

世纪初，因全球对鲸油的消费需求量持续扩大，油鲱、大西洋鲱作为抹香鲸的补充品和替代品而被大规模开发，富产该鱼类的纽芬兰也成为油脂供应地。① 与消费需求极不对等的是对渔获的利用率。由于油鲱和大西洋鲱脂肪含量高，捕捞后如不迅速腌制处理极容易腐烂。即便在 2012 年，挪威的鲱鱼总捕捞量为 90 万吨，而鲱鱼腐烂的废料高达 36 万吨。② 可以想象，在冷链技术不完善的前工业化时期，鲱鱼等鱼类的浪费会更加严重。由于水手从不担心鲱鱼衰退问题，鲱鱼浪费的数量，甚至很难在航海日志中完整地保存下来。③ 大规模的鲱鱼捕捞，造成了非常具有讽刺性的结局：一方面，鲱鱼、油鲱等渔获在生产制造环节出现了大规模的浪费；另一方面，渔获的过度浪费，造成了大海雀等海鸟严重的食物短缺，进而造成多个海鸟种群大幅度萎缩。

捕杀海鸟制成鱼饵，直接捕捞鲱鱼等中小型鱼类，使纽芬兰几乎所有的海鸟种群严重衰退。与大海雀处于同一生态位的拉布拉多鸭也未能逃脱灭绝的命运。拉布拉多鸭食谱广杂，多以小型贝类、鱼类和海藻为食，④ 与大西洋西岸大海雀的食谱和分布大范围重合。拉布拉多鸭肉质干瘪，羽绒平平无奇，并不似大海雀一样让人类趋之若鹜。⑤ 即便如此，最后一只拉布拉多鸭在 1878 年 12 月因人类猎杀而灭绝。⑥ 与大海雀衰退的原因类似，拉布拉多鸭灭绝的因素至少有二：一是拉布拉多鸭自身惨遭过度捕杀，二是因中小型鱼类被过度捕捞导致该鸟食物短缺。⑦ 至此，"捕杀海鸟制作鱼饵—捕捞鱼

① H. Bruce Franklin, "The Most Important Fish in the Sea," *Discover*, Vol. 22, No. 9, 2001, pp. 42-50.

② Nina Kristiansen, "Prospecting Herring Waste," 2012. 9. 4, https://sciencenorway. no/agriculture--fisheries-fish-food/prospecting-herring-waste/1376273.

③ Oliver Goldsmith, *An History of the Earth and Animated Nature*, Vol. 2, Glasgow：Blackie and Son, 1840, p. 317.

④ Glen Chilton, *The Curse of the Labrador Duck: My Obsessive Quest to the Edge of Extinction*, New York：Simon & Schuster, 2009, pp. 12、49、58.

⑤ Bird Life International, "Camptorhynchus Labradorius, The IUCN Red List of Threatened Species 2016," 2016, 10. 1, http://dx. doi. org/10. 2305/IUCN. UK. 2016 - 3. RLTS. T226 80418A 92862623. en.

⑥ Edward Forbush, *Special Report on the Decrease of Certain Birds, and Its Causes, with Suggestions for Bird Protection*, Boston：Massachusetts State Board of Agriculture, 1904, p. 438；John C. Phillips, *A Natural History of Ducks*, Vol. 4, Boston：Houghton-Mifflin, 1926, pp. 57-63.

⑦ P. Ashmolen, "The Regulation of Numbers of Tropical Oceanic Birds," *Ibis*, Vol. 103, 1963, pp. 458-473；M. K. Rowan, "Regulation of Sea-bird Numbers," *Ibis*, Vol. 107, 1965, pp. 54-59.

类造成浪费—海鸟因食物短缺而衰退—捕杀更多海鸟制成鱼饵"，形成了恶性的封闭循环，引发海洋生态系统迅速恶化。

随着鳕鱼产业链趋于完善，鳕鱼产业的上下游产业，即海鸟产业和鲱鱼、油鲱产业在纽芬兰相继快速扩张。此种海洋资源开发模式，并非工业化时代常见的"沿着食物链营养级，自上而下、分批次逐层掠夺"的"层递性"捕捞，[①] 而是将顶层掠食者（拉布拉多鸭、大海雀等海鸟类）、次顶层掠食者（鳕鱼等食肉性鱼类）、中层掠食者（鲱鱼、油鲱等小型鱼类）同时一网打尽的"绝户式"捕捞。此种捕捞虽然大幅度地拉动了欧洲及北美市场对各类鱼产品、油脂制品和羽毛制品的消费，却造成大海雀、拉布拉多鸭等生物的灭绝，海洋生态系统营养级大规模断层，加速了海洋生态系统的崩溃，致使100年后纽芬兰鳕鱼渔场无限期关闭。[②]

日益膨胀的鱼产品消费市场对大海雀的需求量呈指数倍扩大，引起了人类对大海雀新一轮的集中化、密集化的过度捕杀。由于大海雀种群规模远远小于其他海鸟，猎手们的高强度无差别捕杀，严重损害了大海雀的恢复与增殖。据模拟，当大海雀的年均捕杀率达到10.5%，它们在16世纪初至19世纪中期的350年内灭绝的概率为100%。学者们计算的估值捕杀率远高于10.5%，故大海雀的灭绝不可避免。[③] 在人类的高强度捕杀之下，大海雀数量再由几十万尾下降至18世纪的千尾。[④] 最终，正如著名鸟类学家 I. R. 柯卡姆（I. R. Kirkham）和威廉·A. 莫泰维奇（William A. Montevecchi）在芬克岛所描绘的惨烈景象一样引人哀叹，[⑤] 堆积如山的大海雀骨冢成为人类挥霍性消费的历史见证，也是大海雀惨遭屠杀的纪念塔。

---

① Daniel Pauly & Villy Christensen, "Fishing Down Aquatic Food Webs: Industrial Fishing over the Past Half-Century has Noticeably Depleted the Topmost Links in Aquatic Food Chains," *American Scientist*, Vol. 88, No. 1, 2000, pp. 46-51.

② Alex Rose, *Who Killed the Grand Banks? The Untold Story Behind the Decimation of One of the World's Greatest Natural Resources*, Toronto: John Wiley & Sons, 2010, pp. 16-22.

③ Thomas E. Jessica et al., "Demographic Reconstruction from Ancient DNA Supports Rapid Extinction of the Great Auk," *eLife*, Vol. 8, 2019, p. 7.

④ Samantha Galasso, "When the Last of the Great Auks Died, It Was by the Crush of a Fisherman's Boot," *Smithsonian Magazine*, July 10, 2014.

⑤ I. R. Kirkham and W. A. Montevecchi, "The Breeding Birds of Funk Island, Newfoundland: An Historical Perspective," *American Birds*, No. 2, Mar. 1982, p. 117.

三　近代晚期的消费主义与大海雀捕杀

18 世纪以后，欧洲社会以奢侈、浪费、斗富为特征的消费主义现象频出，花样百出地创造着新的消费需求。[①] 羽毛制品作为新产品，引起了一阵消费热潮。鲜艳的羽毛，成为贵妇人衣物的装饰品；[②] 绒羽密度大的羽毛，因保暖效果好，被制成了羽绒服及床上用品。[③] 大海雀羽毛属于后者，可用于制作羽绒床。

最初，大海雀羽绒床并未被消费主义所裹挟。大海雀的羽绒床起源于格陵兰岛等少数岛屿的因纽特人部落。在大海雀丰收的年代，因纽特人攒够足够的羽绒，制成少量的衣物和床褥，满足衣食所需。[④] 然而，小冰期的到来使冬天更冷，保暖性羽绒制品价格一路飙升。敏锐的羽毛制品商看到白茫茫的大海雀腹毛，犹如看到了白花花的银子，产生了捕杀大海雀的新由头。18 世纪 70 年代纽芬兰芬克岛"铁锅炖企鹅"的例子，成为当时的代表：为了获取足量的大海雀羽毛，猎手们在岛上架好铁锅，以大海雀的脂肪为燃料，用滚烫的开水拔去羽毛。[⑤] 由于羽绒收购价远高于鱼饵和肉干，本可制成食品和饵料的大海雀肉、本该制成肥料的骨骼及边角余料完全废置不用。在资本的驱动下，大海雀羽毛被推到消费主义的风口浪尖。

羽绒厂商的目标不是保障消费者的保暖需求，而是不择手段地提升销售量。羽绒床广告连篇累牍，极其失真。在一则流传甚广的广告中，一张奢侈的羽绒床广告词赫然写着："一片羽毛一张床，一人一摇入梦乡。"[⑥] 拥有者在摇篮船似的羽毛床上安详入眠。由此，衍生出了一则流传甚广、经久不衰

---

① 〔美〕彼得·N. 斯特恩斯：《世界历史上的消费主义》，邓超译，商务印书馆，2015，第 8 页。

② Scott Weidensaul, *Of a Feather: A Brief History of American Birding*, Orlando：Harcourt, 2008, p. 6.

③ Unnamed, "History of Featherbeds & Duvets, Feather Ticks, Beds & Mattresses," 2006, http://www.oldandinteresting.com/history-feather-beds.aspx.

④ Otto Fabricius, "The Great Auk in Greenland," *Unpublished Manuscript of Zoologiske Samlinger*, No. 83, 1808, p. 264；J. A. Tuck, "Ancient People of Port au Choix," *Newfoundland Social and Economic Studies*, Vol. 17, 1976, p. 68.

⑤ John Milne, "Relics of the Great Auk on Funk Island," *The Field*, Vol. 10, March 27, 1875；J. A. Allen, "The Extinction of the Great Auk at the Funk Islands," *American Naturalist*, Vol. 10, 1876, p. 48.

⑥ Reeve I. Knight, "Bedding and Carpet," *The Star of the North*, November 9, 1854, Image 4.

的笑话：某位穷人看广告便信以为真，攒钱购得一张羽绒床。次日睡醒后大呼上当，"奸商！原来羽绒床不是由一片巨羽制成的"。① 不仅如此，商家在广告中不断地编造故事，贩卖焦虑："你需要将羽绒床传给下一代。别的新移民都将羽绒床带上船，前往新大陆。如果你的祖辈没有羽绒床，你需要花50英镑购买羽绒床，为后代着想。"② 羽绒生产商不仅给大海雀羽绒床贴上了温暖舒适的实用标签，更编造出"光耀门楣""传承家族文化"的价值属性。假若不去购买羽绒床，仿佛成为家族的"罪人"。羽绒厂商犹如造梦高手，不断给穷人编造类似于"钻石恒久远，一颗永流传"的幻梦。

在羽绒商人的宣传下，曾经在14世纪被少数人享有的大海雀羽绒床，仿佛成为19世纪穷人融入上流社会的入场券。随着大海雀被大规模捕杀，羽绒床生产量扩大，穷人终于可以期望占有了。然而，底层民众并没有因为羽绒床而提升社会地位，反而背负了严重的经济压力。一张"带来古典时代北极羽绒极致温暖"的鹅绒床，在19世纪的美国至少需要6.48美元，而大海雀羽绒床的价格更是不可估量。③ 就像哲学家鲍德里亚所说："人们从来不消费物的本身，人们总是把物用来当作能够突出你的符号，或让你加入视为理想的团体，或参考一个地位更高的团体来摆脱本团体。"④ 大海雀羽绒床的奢侈属性，只是生产商创造的消费符号，本身没有任何意义。大海雀床垫并不比棉质床垫提供更大的使用价值，前者只是比后者提供了"更高社会地位"的符号价值。为了追逐这个符号，狂热的公众竞相追捧，希望从阶级固化的社会底层一跃进入上层。

羽绒床的实用性被商家吹嘘得神乎其神，大海雀羽绒床更是成为过度消费的产物。一位美洲购买者抱怨说，在夏天，因过于炎热，羽绒床无法使用。⑤ 知名护士南丁格尔认为，羽绒床每年都需要被掏出绒羽，片片精洗。假若它长时间得不到清洗，则非常容易成为"细菌培养皿"，比如引起脓血

① Unnamed, "Wit and Humor," *Edgefield Advertiser*, November 20, 1851, Image 4; Unnamed, "What it takes to Advertise?" *The Hartford Herald*, March 4, 1908, Image 1.

② Unnamed, "History of Featherbed & Duvets Feather Ticks, Beds & Mattresses," 2006, http://www.oldandinteresting.com/history-feather-beds.aspx.

③ Unnamed, "Blankets and Comforters," *The Houston Daily Post*, December 17, 1899, p. 10.

④ 〔法〕让·鲍德里亚：《消费社会》，刘成富、全志钢译，南京大学出版社，2000，第120~121页。

⑤ J. Ross Browne, *An American Family in Germany*, New York：Harper & Bros, 1866, p. 20.

症。① 在当时落后的被褥清洗工艺下，此等工序复杂度可想而知。人类需要健康的睡眠，而不是抛开睡眠质量和身体健康，通过卧具彰显社会地位。正如马克思一针见血地指出："资本家不顾一切'虔诚的'词句，寻求一切办法刺激工人的消费，使自己的商品具有新的诱惑力，强使工人有新的需求等等。"② 并不是生产决定消费，而是资本家用新产品创造了消费需求而扩大生产，榨干底层消费者的钱包，扩大贫富差距。

在羽绒商家吹嘘聒噪之时，一些有识之士仍保持着清醒的头脑。1785年拉布拉多地区的军需官乔治·卡特莱特（George Cartwright）在日志中写道："从前，罗格岛（Logo Island）遍布鸟和蛋；而今，空空如也。不及时制止过度捕杀的话，大海雀就会在此岛彻底消失。"③ 冰岛，一直是国际大海雀市场的重要供应地。1822年夏，丹麦博物学家弗雷德里克·法伯（Friedrick Faber）在大海雀的孵化期去冰岛北部最为知名的大海雀孵化地考察，却没有发现一只大海雀。④ 1838年，丹麦的学术期刊《自然历史杂志》（Naturhistorisk Tidskrift）刊登文章，第一次向世界高呼："勿让大海雀重蹈渡渡鸟灭绝之覆辙。"⑤ 然而，理性的声音过于弱小，不仅在狂热的消费风潮中瞬间湮没无闻，而且被主流学界所忽视。

当时发展并不成熟的主流科学界却对大海雀的灭绝威胁不以为意。19世纪，生物学尚处于萌芽时期。⑥ 在当时广受欢迎且被后人尊奉为"地质学鼻祖"的查尔斯·莱尔（Charles Lyell），并不承认生物的进化过程。他认为所有形式的生物在所有时代都有可能存在，而那些所谓"灭绝"的生物堪比"轮回转世"，很可能在下个时代重新"诞生"。⑦ 就连达尔文在学界抛出的重磅炸弹——《物种起源》，也没有非常清晰透彻地解释物种灭绝的机

① Florence Nightingale au., Lynn McDonald eds., *Collected Works of Florence Nightingale*, Waterloo：Wilfrid Laurier University Press, 2009, p.741.

② 《马克思恩格斯全集》（第30卷），人民出版社，1995，第247~248页。

③ George Cartwright, "Labrador Journal 1792," in C. W. Townsend, ed., *Captain Cartwright and His Labrador Journal*, Boston：Estes and Co., 1911, pp.319-320.

④ Frederik Faber, *Prodromus der isländischen Ornithologie; oder, Geschichte der vögel Islands*, Kopenhagen：Auf Kosten des Verfassers gedruckt bei P. D. Kiöpping, 1822, pp.48-49.

⑤ S. Nilsson, "Skandinavisk Fauna," *Naturhistorisk Tidskrift*, Vol. ii, 1838, p.523.

⑥ 〔美〕恩斯特·迈尔：《生物学思想发展的历史》，涂长晟译，四川教育出版社，2010，第29页。

⑦ Charles Lyell, *Principles of Geology or, the Modern Changes of the Earth and Its Inhabitants Considered as Illustrative of Geology*, New York：D. Appleton & Co., 1853, p.123.

理。"物种灭绝"问题，在 19 世纪根本谈不上学术热点问题，毋宁谈"人类活动与物种灭绝的关系""物种快速灭绝的危害"等问题了。受进化论和社会达尔文主义的影响，莫斯·哈维（Moses Harvey）等学者对大规模捕杀大海雀行为不予讨论，却把大海雀的灭绝归结为不适应环境的咎由自取。[1]此观点甚至在 20 世纪 30 年代《英国鸟类手册》（*The Handbook of British Birds*）一书出版后广为流行。[2] 大海雀灭绝时代的科研人员并没有意识到问题的严重性；而大海雀灭绝后的科研人员一度认为其灭绝具有合理性，高度迎合着消费社会的主流价值观。

在消费主义和达尔文主义的双重刺激下，博物学家以科研为名，高额悬赏捕捉大海雀，反而加速大海雀灭绝。大海雀中间商喜出望外，哄抬大海雀价格，猎手趋之若鹜。大海雀的价格直线飙升：1812 年几位渔民找到了一具大海雀尸体，以 15.5 英镑的价格（相当于英国普通工人一年的总收入）卖给了大英博物馆后被倒卖数次，最终落入私人博物馆。[3] 1844 年倒卖"最后一对大海雀"的中间商赚得盆满钵盈。其中雄海雀三易其手，被卖到哥本哈根博物馆；而雌海雀被转卖数次，至今下落不明。[4] 无论是博物学者的实证研究，还是近代生物学者的理论总结，无不将大海雀推向濒死的边缘。

吊诡的事情发生了，学者对大海雀的科研需求，借助资本的力量，激发出有闲阶级对大海雀的"收藏狂热"。到了 1900 年，每具大海雀标本的悬赏金额达到了骇人听闻的 350 英镑。[5] 1926 年，一枚大海雀蛋壳被一位英国富豪以 320 英镑竞拍成功，甚至同款鸟蛋的木质模型售价可达 15 英镑。[6]即便在大萧条时期的 1931 年，伦敦拍卖会上的大海雀蛋壳依然稳居 300 英镑以上的天价。[7] 1936 年，一具大海雀标本价格突破了 700 英镑。[8] 一些收藏家甚至期盼大海雀已经灭绝，提高藏品的稀缺性。正如弗兰克·库尔尚

---

[1] Moses Harvey, "The Great Auk," *Forest and Stream*, Vol. 2, No. 16, 1874, p. 386.

[2] H. F. Witherby et al., *The Handbook of British Birds*, London: HF and G. Witherby Inc., 1938.

[3] John E. Thayer, "The Purchase of a Great Auk for the Thayer Museum at Lancaster, Mass," *The Auk*, Vol. 22, No. 3, 1905, p. 301.

[4] Thomas E. Jessica et al., "An 'Aukward' Tale: A Genetic Approach to Discover the Whereabouts of the Last Great Auks," *Genes*, Vol. 6, No. 8, 2017, p. 1.

[5] Symington Grieve, *The Great Auk, or Garefowl: Its History, Archaeology and Remains*, p. 10.

[6] Unnamed, "Great Auk," *The Telegraph*, February 13, 1926, p. 19.

[7] Unnamed, "The Great Auk," *The Washington Post*, May 20, 1931, p. 6.

[8] Errol Fuller, *The Great Auk: The Extinction of the Original Penguin*, Boston: Bunker Hill Publishing, 2003, p. 11.

（Franck Courchamp）等生态学家一语破的："在保证市场价值高于稀有物种本身价值的条件下，捕杀会减少稀有物种的数量，增加其稀有性，从而提高其价值。这就刺激了下一轮的捕杀，把该物种推进灭绝的旋涡。"[①] 虽然科研活动间接地促成了大海雀灭绝，但大海雀标本的研究毕竟具有学术价值。而富裕阶级对大海雀标本的私人收藏，则完全被"物以稀为贵"的消费观洗了脑，只是家藏"奇珍异宝"的虚假符号。

尽管反消费主义的呼吁一直存在，但终究无法抵挡消费主义的甚嚣尘上；尽管各国相继出台多部保护大海雀的法令，却难以阻止捕杀大海雀的狂热行动。1775 年，纽芬兰圣约翰岛（St. John's Island）的地方法官发布命令，严禁以获取羽毛和鸟蛋为目的捕杀海鸟，但允许以获取食物和饵料为目的捕杀海鸟。[②] 1794 年，英国颁布了与之如出一辙的法律，禁止以获取羽毛为目的捕杀大海雀。[③]"禁止获取羽毛，却允许获取鸟肉"的规定存在明显悖论，几无实施的可能。19 世纪冰岛颁布的大海雀禁捕令，在法国市场"每只收购价至少 200 英镑"的驱动下，成为一张废纸。[④] 大海雀保护措施破绽百出，其根源依旧是传统"公海自由"思想的延续：海洋资源不仅"取之不尽、用之不竭"，又是"无主的共有之物"。大海雀捕杀的种种限制，只是为了协调各利益方的共有财产分配，并未考虑到大海雀的生态意义。

至 18 世纪末，大海雀的孵化地迅速缩小至格陵兰岛西南端的格里姆塞岛（Grimsey Island）、埃尔德岛（Eldey Island）、法罗群岛，英国西北部的圣基尔达群岛、外赫布里底群岛，纽芬兰的芬克岛，奥克斯岛（Orkeys）等零星岛屿。[⑤] 与人类的肆意妄为相比，自然因素对大海雀的影响则显得十分

① Franck Courchamp et al., "Rarity Value and Species Extinction: The Anthropogenic Allee Effect," *PLoS Biology*, Vol. 4, No. 12, 2006, p. 2405.

② Thomas Aaron, "Journal, 1794", in J. M. Murray, ed., *The Newfoundland Journal of Aaron Thomas*, London: Longmans, 1968, p. 28; William A. Montevecchi and D. A. Kirk, "Great Auk (*Pinguinnis Impennis*)," in A. Poole and F. Gill, eds., *The Birds of North America*, No. 260, Philadelphia: The Academy of Natural Sciences of Philadelphia, 1996, p. 12.

③ Christopher Cokinos, *Hope Is the Thing with Feathers: A Personal Chronicle of Vanished Birds*, p. 330.

④ Alfred Newton, "Abstract of Mr. J. Wolley's Researches in Iceland Respecting the Garefowl or Great Auk," *Ibis*, Vol. 3, 1861, pp. 374-399.

⑤ 相关研究极其丰富，代表性成果有：G. Clark, "Fowling in Prehistoric Europe," *Antiquity*, Vol. 22, 1948, pp. 116-130; M. Meldgaard, "The Great Auk Pinguinis impennis (L.) in Greenland," *Historical Biology*, Vol. 1, No. 2, pp. 145-178.

有限。1800 年后全球转入短暂温暖期，为大海雀的增殖创造了良好的外部环境。[1] 而人类对大海雀的过度捕杀却破坏其自我恢复的可能性。其中最严重、最知名的 "天灾人祸" 事件发生在 1830 年。冰岛盖尔菲格拉岛（Geirfuglasker）火山突然爆发，岛上的大海雀几乎全军覆没，残余的大海雀逃到距离雷恰内斯仅 14 英里（1 英里＝1609.344 米）的埃尔德岛。[2] 由于该岛过于靠近人类聚集区，此后的 14 年内，人们在此岛至少捕获了 60 只大海雀，约 60 枚鸟蛋。1844 年著名的 "最后一对大海雀"，就在此岛被猎杀。[3] 1853 年，有居民在纽芬兰的三体湾（Trinity Bay）发现了一具大海雀尸体，后被认定为地球上最后一只大海雀。[4] 最终，以过度捕杀、高度浪费、创造需求和炫耀财富为代表的近代资本主义消费方式，使种群数量萎缩的大海雀进一步衰退并最终灭绝。

四　大海雀灭绝的现实启示

当人们意识到大海雀可能永远消失后，大西洋沿岸各国才开始立法保护海鸟。1869 年，英国第一部野生鸟类保护法《海鸟保护法》（Act for the Preservation of Sea Birds）得以颁布，针对某些海鸟制定了禁捕期和禁捕设备规定。[5] 直到大海雀灭绝 60 余年后的 1918 年，具有国际约束力的《候鸟条约》（Migratory Bird Act Treaty）才姗姗来迟，明文规定禁止捕杀数量稀少的白鹭（egret）、天鹅（swan）、蜂鸟（hummingbird）等鸟类。[6] 至此，保护珍稀鸟类使其免遭灭绝才成为世界共识。而这，却是以渡渡鸟、大海雀、拉布拉多鸭和旅鸽等鸟类的相继灭绝换取的，代价高昂，教训惨痛。

物种的自然灭绝符合生态演替规律，然而，因人类干预而造成的物种快

---

① P. Bergthorsson, "An Estimate of Drift Ice and Temperature in Iceland in 1000 Years," *Jökull*, Vol. 19, 1969, pp. 94-101.

② Symington Grieve, *The Great Auk, or Garefowl: Its History, Archaeology and Remains*, p. 55.

③ Alfred Newton, "Abstract of Mr. J. Wolley's Researches in Iceland Respecting the Garefowl or Great Auk," *Ibis*, Vol. 3, 1861, p. 390.

④ Alfred Newton, "Abstract of Mr. J. Wolley's Researches in Iceland Respecting the Garefowl or Great Auk," *Ibis*, Vol. 3, 1861, p. 397.

⑤ Phyllis Barclay-Smith, "The British Contribution to Bird Protection," *Ibis*, Vol. 101, No. 1, 1959, p. 116.

⑥ 《候鸟条约》第 10 条第 13 款，1918，https://www.fws.gov/laws/lawsdigest/migtrea.html, 2020.4.26.

速灭绝，却值得深刻反思。在人类大规模密集捕杀之前，在气候变冷、食物短缺和自身进化机能趋于停滞等因素的共同作用下，大海雀出现了明显的功能性衰退迹象。若人类没有过度消费和非自然的干扰破坏，大海雀仅因自身适应环境的能力不足而灭绝，这是优胜劣汰自然法则。然而，人类的消费行为，破坏了大自然的这项隐蔽计划的公平性，过早地剥夺了大自然检验大海雀是否适应环境的机会。

以史为鉴，反思大海雀灭绝具有现实意义。首先，弘扬生态文化要以尊重历史为基础。我们不能够因为保护物种多样性的急迫性，就用不求甚解的态度看待历史。过于夸大人类活动和自然因素对大海雀灭绝的影响，用非全局性眼光认识自然因素、人类活动和大海雀自身因素的有机联系，都是对历史事实的歪曲解读。我们亦不能抽离时空限制，依据当代环境科学的研究成果，高声谴责近代的大海雀猎手和博物学家。他们或是迫于生计，或是知识浅乏，终归无法突破时代局限。此等以偏概全、因果倒置的历史叙述，违背了历史研究和弘扬生态文化的初衷。

其次，需要深入反思的是近代化以来消费主义生活方式。19 世纪的欧洲社会及殖民者的消费行为直接造成了大海雀的灭绝，而他们本有能力、更有义务对抗过度消费。比如风靡一时的大海雀羽绒床，完全可以用棉质被褥代替。在资本主义追求高耗能、高消费和无限增长的模式中，一直孕育着阿卡迪亚式的自然主义文化内核。[①] 正如反消费主义的声音虽然弱小，却一直铿锵有力。倡导勤俭节约、自然而然的生活方式，符合人类对真善美的不懈追求。警钟长鸣，安不忘危。中国绝不能走消费主义老路，警惕资本用巨幅海报、绚丽舞台和美颜滤镜搭建的消费陷阱。它们只是 19 世纪大海雀羽绒床广告、所谓"上流身份"标签的改头换面。这些反真实、反人性、反生态的虚妄之物，只会一次又一次地刺激人类膨胀的消费欲望，造成一个又一个物种加速灭绝。

最后，需借助技术手段实施积极的生态修复。目前，分子生物学领域的研究出现了突破性进展。科学家利用已经利用 CRISPR-Cas9 基因编辑技术，在旅鸽、猛犸象基因编辑方面取得佳绩。古生物学者本·诺瓦克（Ben Novak）乐观地认为，灭绝的旅鸽会在 10 年内，甚至在 2022~2025

① 〔美〕唐纳德·沃斯特：《自然的经济体系：生态思想史》，侯文蕙译，商务印书馆，1999，第 19~46 页。

年"复活"。① 运用相似的原理，研究人员准备将大海雀的基因注入大海雀的近亲刀嘴海雀的受精卵内，大海雀"复活"未来可期。② 20 世纪初科幻小说中大海雀"起死回生"的情节有望成为现实。③ 复活灭绝物种，是一次亡羊补牢的绝佳机会，对企鹅及濒危鸟类保护将大有裨益。但是，单单依赖基因技术是远远不够的。即便大海雀等灭绝生物成功"复活"，只要受损的生态系统缺乏重视，过度消费一日不除，"复活"生物再度灭绝以及其他濒危生物灭绝依然险象环生。据此，我们需要一方面积极弘扬生态文化，抵制过度消费；另一方面积极利用各种生态修复技术，遏制和扭转生物多样性丧失。只有坚定不移地走生态文明之路，才能走向人与自然和谐共生的未来。

（执行编辑：吴婉惠）

---

① Shultz David, "Should We Bring Extinct Species back from the Dead?" 2016. 9. 22, https：//www. science. org/content/article/should-we-bring-extinct-species-back-dead.

② Kennedy Jack, "The Great Auk：From Extinct to Extant？" *Trinity News*, 2016. 9. 22, http：//trinitynews. ie/2016/09/the-great-auk-from-extinct-to-extant/.

③ Robert W. Chambers, *In Search of the Unknown*, New York：Harper and Brothers Publishers, 1904, pp. 9-58.

"失语"者：西方古典视域下的食鱼部落[*]

庞　纬[**]

摘　要： 食鱼部落生活在古代，他们以鱼为食，其活动范围一般是北印度洋沿岸。尽管这个族群经常出现在西方古代著作中，但自身称谓的模糊性和内部的复杂性，使得该族群在不同古代西方作家笔下呈现了不同的描述。受古代叙事传统和蛮我对立观念的影响，这种完全不同的分化建构反映了西方古典世界的异域想象和文化关怀。而这些无法自我表达的族群陷入了"失语"状态。

关键词： 失语　食鱼部落　异域想象　文化关怀

引　言

"食鱼部落"（Ichthyophagi）这一名词，最早来自古代早期希腊著作，该词的古希腊语原形为"Ἰχθυοφάγοι"，意为食用鱼类之人。由词义不难看出该部落并非一种冠以确定名称的部落，而是一种游离于沿海地带，包含不同类型的族群。这类部落多分布于红海、波斯湾和阿拉伯海沿岸，在不同历史时期扮演着不同角色。

关于食鱼部落的分布地带，可以将其置于早期古代文明的历史背景之

---

* 本文系国家语委"十三五"科研规划 2018 年度一般项目"丝路西端古典语言文字交流与文明互鉴研究"（项目号：YB135-80）阶段性研究成果。

** 庞纬，东北师范大学世界古典文明史研究所博士研究生。

下。自公元前四千纪以降，红海、波斯湾和阿拉伯海这三大地带成为两河流域对外交流的重要通道。在关于美索不达米亚城邦拉伽什之王乌尔南舍（Ur-Nanše）的铭文中写道："乌尔南舍，拉伽什之王，他拥有来自迪尔穆恩的船只。"[①] 铭文中提及的迪尔穆恩（Dilmun）地处波斯湾北部，它是古代两河文明重要的海上窗口，尤其与当时的印度河文明诸邦进行频繁的文化贸易交流，是两大文明之间的重要贸易站。待到波斯帝国成立之后，随着疆域的急剧扩张和长途驰道的修筑，亚非两大洲之间的互动交流更为便捷，帝国境内各地的食鱼部落由于受到外部环境的刺激，可能产生了一系列不同的变化。

亚历山大东征，开创了多元的希腊化时代，它不但将传统希腊文化散播到东方，而且极大地开阔了古代希腊人探寻世界的视野。当时希腊的探险者在进行传统书写的同时，如关于当时王国国情和长期战争的书写，还关注到一些边缘群体，或者是与主流生活方式迥异的蛮族，如食人族和穴居者。希腊化时代留存的这些带有明显主观色彩的描写，一直影响着罗马人在探寻未知世界时对某些族群的看法，构成分化的异域想象。本文提及的食鱼部落便是一个典型事例。

食鱼部落作为一种沿海游牧族群，在国外不同时期的不同著作中多有提及，主要包括关于古代两河文明和埃及文明的铭文、诸多西方古典的战史和游记、中古波斯和穆斯林文学、近代探险家的旅行日记。这些著作或多或少都出现过食鱼部落的身影。

今人也对此有所探讨，尤其英美学界对其关注颇多。学者比奇（Beech）在其著作中，对阿曼湾和阿拉伯海的食鱼部落分布之地进行了较为详细的讨论，[②] 不过他选取生态经济学和考古学这两个学科角度，以相关环境和考古方法为切入点，分别从传统和现代的渔业、按时间顺序发展的渔

---

① 参见加州大学洛杉矶分校的楔形文字数字图书馆计划（CDLI），编号 P431035，译文转自英译，https://cdli.ucla.edu/search/search_results.php?SearchMode=Text&requestFrom=Search&PrimaryPublication=&Author=&PublicationDate=&SecondaryPublication=&Collection=&AccessionNumber=&MuseumNumber=&Provenience=&ExcavationNumber=&Period=&DatesReferenced=Ur-Nanshe&ObjectType=&ObjectRemarks=&Material=&TextSearch=&TranslationSearch=&CommentSearch=&Language=&Genre=&SubGenre=&CompositeNumber=&SealID=&ObjectID=&ATFSource=&CatalogueSource=&TranslationSource=。

② M. Beech, *In the Land of the Ichthyophagi: Modelling Fish Exploitation in the Arabian Gulf and Gulf of Oman from the 5th Millennium BC to the Late Islamic Period*, Oxford: BAR International Series 1217, 2004.

业、动物考古学的配置、渔业的环境与生态、季节性渔业的调查和阿拉伯半岛东南部的渔业发展这几个方面论述，总体偏重于实地考察和科技考古。

此外，一些学者对地区性的食鱼部落进行了相关研究，布里安·斯普纳（Brian Spooner）选取波斯治下俾路支省的食鱼部落，以中古伊斯兰时代的旅行日志和地理著作、印度军官游记和报告、波斯语的两部著作、意大利咨询报告为主要线索，分别从分布概况、地理环境、历史背景和社会框架四个方面出发，较为客观地反映了古今俾路支省的食鱼部落。[①] 唐纳森（Donaldson）和汤姆斯（Thomas）对古代阿拉伯地区的食鱼部落进行过相关研究，前者基于整体部落的族群特性考量，后者基于族群互动和身份认同两个角度讨论。[②] 上述论文均在具体实例上着力颇深，但鲜有突出整个古代食鱼部落的宏观叙述和内在联系，无法做到见微知著。

学者奥斯卡·纳莱兹尼（Oscar Nalesini）对古代食鱼部落研究颇多，他通过古典学者托勒密对远东食鱼部落的记载，对古代罗马和中国边界的海滨部落进行相关比较和分析。[③] 他还利用古埃及、古希腊和古罗马的原始材料，以时间为纵轴，对食鱼部落本身族群名进行了较为详细的历史记述，此文运用资料丰富，结构条理清晰，但内在联系和视角分析稍显单一。[④]

食鱼部落作为一种古代滨海族群，无论将该族群置于何种文明统治之下，它自身所具有的天然优势都发挥着不同的作用。滨海地带地理位置优越，交通相对便利，可以沟通内陆和海外，而生活在这一地带的食鱼部落自然成为一种交流媒介。他们或充当海外探险的水手，或被征召为士兵拱卫沿海地区，甚至临时担任对外交流的使者。这些不同的身份表达并非来自自我叙述，而是通过他者之口才得以填满记载缺口。不同

[①] Brian Spooner, "Kūch u Balūch and Ichthyophagi," *Iran Journal of the British Institute of Persian Studies*, Vol. 2, 1964, pp. 53–67.

[②] W. J. Donaldson, "Erythraean Ichthyophagi: Arabian Fish-eaters Observed," *New Arabian Studies*, 2000, pp. 7–32; R. I. Thomas, "The Arabaegypti Ichthyophagi: Cultural Connections with Egypt and the Maintenance of Identity," *BAR International Series 1661*, 2007, pp. 149–160.

[③] Oscar Nalesini, "Roman and Chinese Perception of a 'Marginal' Coastal Population: Ptolemy's Far Eastern Ichthyophágoi," *The Prehistory of asia and Oceania*, 1996, pp. 197–204.

[④] Oscar Nalesini, "History and Use of an Ethnonym: Ichthyophágoi," *Connected Hinterlands: Proceedings of Red Sea Project IV Held at the University of Southampton September 2008*, Oxford, Archaeopress, 2009, pp. 9–18.

的他者囿于时代背景和身份，在叙述食鱼部落的同时，必然附带各种主
观评价，甚至带有敌意或嘲讽的色彩。在这种背景之下，食鱼部落成为
地道的"失语"者。从文本出发，依据古希腊语和古拉丁语原始文献，
探寻这种不同评价体系背后的因素和背景，是本文研究重点之所在。

一　蛮我观念的叙事传统

食鱼部落在西方话语体系中拥有一定的叙事传统，无论是最初大希
腊时代拓殖运动所赋予的部落名称，还是近现代探险者寻求海外利润偶
然发现的族群分布，虽然叙述方式各不相同，但是一般都会以自己所见
所想记录在案。作为一个在长时间段内持续活跃的史学叙述主题，食鱼
部落本身所具有的特性和时人对其描述的迥异之间的叙事张力是一个值
得注意的现象。近现代学者或探险者受科学思维影响，可能会采用人类
学或者民族学相关学科方法考察当时的食鱼部落，无论是深入群体内部
的田野调查，还是用主位和客位理论探求族群行为动机，很难做到不受
之前固有印象的干扰。究其根源，可以追溯到西方古典诸多著作对其的
评价，这些著作涉及不同时期复杂的历史背景，相对应对其的描述也不
尽相同。

主流的西方古典著作多数关注政治军事或者哲学思想层面，描述的对象
群体也多是王室成员和显贵大族，而对于边缘地带活动的族群，作家们无论
是实地探查还是道听途说，总是带有强烈的主观色彩，总会以"蛮我二元
论"的观点去看待和描述这些族群。

古代西方语境下的"蛮族"（Barbarian）一词最初来自古希腊语，为说
话结巴之意，产生之始并无歧视含义。该词最早出现在荷马史诗中，它描述
"卡里亚人操着粗鄙的语言交流，并且形容其首领像个女人"，[①] 在这里虽然
没有直接点明卡里亚人为蛮族，但这些含有贬义的形容词暗含着"国野"
之别。

随着希腊大拓殖活动的开展，古风时代的希腊人与域外世界接触频繁，
在不少著作中提及诸多具体的海外族群名称，但鲜有以"Barbarian"代指

---

① Homer, *Iliad*, 2. 867–875. 本文所引的古希腊罗马文献均采用国际古典学界通用的章、节、
段或行标注，译文均由笔者从原文所译。

特定族群，蛮我观念不甚明显。在古风时代后期，诗人品达在《地峡赛会胜利者颂歌之六》中表达对赛会胜利者盛赞的同时，在第 24 行提及 Barbarian 的相关含义，"这里没有一座城市既如此粗鄙野蛮又操异族语言，他们竟然对神祇之福婿英雄佩莱奥斯、埃亚斯及其父亲泰拉蒙的美誉毫不知情"。[1] 这句诗看似没有出现歧视他者的字眼，但是结合古代希腊文化传统，这些被提及的英雄们想必在希腊人生活中耳熟能详，只有操着非希腊语的蛮族才无从知晓。这实质将希腊人和非希腊人置于对立的两面，蛮我观念开始有明显分界。

当整体族群面临外敌入侵时，文学作品往往成为鼓舞人心的号角。悲剧家埃斯库罗斯的《波斯人》利用大段希腊人与波斯人的对白，烘托出希腊人与蛮族的截然不同，在希波战争引起的爱国热情的催化下，愈发加剧了两者的对立。当这种文学范式逐渐上升到一种国家意识形态时，它会直接反作用于本国公民。这意味着即使某些族群未步入人们的视野，但是只要论及于此，便会以蛮我二元思维去看待。这种定式可能在记述族群或事件时易于先入为主，同样在古代西方作家笔下的食鱼部落亦会表现出这种趋向。

无论在古代还是现代西方的传统叙事下，食鱼部落本身是一类称谓模糊的族群，类似的族群还在诸多古典西方著作中被提及。成书于大约 1 世纪的《厄立特里亚航海记》（*Periplus of the Erythraean Sea*）曾提到活动于红海西岸的食野味部落（Agriophagoi）和食牛犊部落（Moschphagoi），以及远至古代印度地区且带有歧视意味的马脸族（Hippioposopoi）和食人族（Anthropophagoi）。[2]

上述这些族群均无从考证具体名称，更无法探析族群的内部结构和发展过程。不过由此可以发现，在古代西方人眼中，离故土越近的地带，或是古典文明辐射较多之地，随着族群之间的文化交流和商品交换，某些域外族群的历史书写越真实客观，反之则多是充满想象和主观性较强的描写。古代文本涉及的食鱼部落，虽然未处于古典文明的核心地带，但是人们在数次的贸易和战争中得到了一些相关信息，这些信息多数是只言片语且来源繁杂，传

①　Pindar, *Isthmian Odes*, VI, 24-27.

②　L. Casson, *The Periplus Maris Erythraei: Text with Introduction, Translation, and Commentary*, Princeton: Princeton University Press, 1989, pp. 50, 89.

播者亦身份各异。不同的历史背景加上古代西方蛮我观念的盛行，在不同作家笔下可能会呈现一种两极分化的趋势，这需要在面对这些资料时谨慎一些。

二 希腊世界的异域想象

食鱼部落在早期希腊历史记载中语焉不详，就这一称谓来看，几乎没有在早期著作中提及。进入古典时代，这类族群的记载才零星出现。古风时代希腊诸邦的大拓殖运动，使得希腊殖民城遍布于地中海和黑海沿海地带，甚至远至大西洋东岸和红海之滨。这种殖民方式一般是城邦官方组织，选择有航海经验的公民，率众漂洋过海，寻求较为富庶或交通便利之地。外来移民进入他人之域，少不了对当地土地与居住空间等资源的争夺。这些冲突关乎子邦公民的生存，时人的著作应有所记载。然而，作为与希腊殖民者有最为直接冲突的滨海部落，却鲜有记载，更遑论食鱼部落。这类记叙的时序与当时背景的不甚同步值得探讨。笔者认为这可能与希腊叙事传统有关。早期希腊著作多以诗歌这种文学体裁为表现形式，在描述人物或事件时，有着本身的韵律和表现张力。它力求在描写时具体到每一族群名或特定地点，而一些模糊的称谓如食鱼部落等要素被有意忽略，这样的安排可以达到表达目标。不过这只是一种假设，具体记载还要结合相关背景去分析。

食鱼部落最早出现在希罗多德的《历史》（又称《希波战争史》）中，波斯大王冈比西斯意欲发动三次远征，讨伐对象主要是迦太基人、阿蒙人和"长寿"的埃塞俄比亚人（Ethiopians），而埃塞俄比亚人的一些情况记载于太阳盘（The Sun of Table）之上。值得注意的是，冈比西斯在埃塞俄比亚人身上找到了突破口，他选择了来自象之城（Elephantine）的食鱼部落作为自己的信使，因为该族群知晓埃塞俄比亚人所讲的语言。食鱼部落将冈比西斯的礼物和信件交付于埃塞俄比亚之王，这位国王识破了冈比西斯的阴谋，认为波斯大王假意交友，实则以食鱼部落为间谍来刺探情报。这一事件激怒了冈比西斯，他草率地讨伐埃塞俄比亚人，结果中途因粮草用尽，无功而返。①

这则材料提及的象之城位于尼罗河的一座小岛上，如今岛上大量的考古

---

① Herodotus, *The Persian Wars*, III, 17–24.

遗迹可以反映出该地古代的盛况。它曾是古埃及王国和南部库施王国的边界之地，该地因两国贸易交流而繁盛。希罗多德笔下的食鱼部落活动于此地，该族群以渔业为生，边境的互通有无使得食鱼部落拥有知晓不同语言的优势，故而冈比西斯会选择他们作为信使。虽然食鱼部落是被派去作为刺探埃塞俄比亚国情的间谍，但是他们的文明开化程度似乎并不是很高。《历史》第3卷第20节记载，冈比西斯将食鱼部落招来，告诉他们去见埃塞俄比亚之王应该讲什么话。[①] 由此可以看出食鱼部落无须思考面对国王如何应答，这完全是冈比西斯授意的。希罗多德作为一个自称忠于事实的记录者，认为食鱼部落往往依附大人物而存在，如波斯大王冈比西斯和埃塞俄比亚之王。虽然该族群被赋予了刺探敌方情报的重要使命，但实际如提线木偶一般，他们只是冈比西斯的传话筒而已。这样的话语在评价体系中并不是"非黑即白"之意，但是从寥寥数语可以看出对其描述暗含贬义，言外之意是食鱼部落仍处于较为原始且发展程度较低的阶段，虽然未强调蛮我分明的立场，但是仍可以体现一种隐含的蛮族观念。

此外，综观《历史》全书，希罗多德描述了古代印度地区的诸多族群，其中"有些人择水而居，以食用生鱼为生"，[②] 以及活动于巴尔干半岛的色雷斯地区的族群，有些族群依湖而居，被称作湖滨居民。"他们用鱼喂食马匹和驮兽，他们拥有的鱼如此丰富，以至于将一排空篮子放在湖中，不多时篮子便盛满了鱼。"[③] 这些临水的族群，虽然未直接被命名为食鱼部落，但是他们以鱼为生，广义上仍属于食鱼部落。在希罗多德的描述中，这些族群充满着未开化的色彩，可以从侧面反映出他们的社会发展水平较为低下。

古典时期是古代希腊的辉煌时期，这一时期充斥着诸多改革和战争，涌现了大量的经典作品，但是关于食鱼部落的记载却鲜有提及。究其原因可能是当时大多数作家的关注点在城邦及其错综复杂的国际关系上，异域的诸多族群被刻意忽略。不过在这一时期，希波战争引发了东西方之间的对立，不但为古典时期后期的诸邦纷乱埋下了伏笔，而且为希腊人的思想观念带来了巨大的冲击。希腊族群的强大凝聚力加深了对蛮我观念的认同，这种观念并没有因古典世界的内部激荡而消失，反而一直延续下来，

① Herodotus, *The Persian Wars*, Ⅲ, 20.
② Herodotus, *The Persian Wars*, III, 98.
③ Herodotus, *The Persian Wars*, V, 16.

并被改造利用。

亚历山大的远征和后来继承者王国的陆续建立，大大开阔了时人探寻世界的视野。希腊化诸王国遍及亚欧非三大洲，主要分布在北印度洋沿岸的食鱼部落进入了其统治范围，一些古典著作开始频繁提及该族群。

这一时期的著作繁多，不同身份的著者对同一事物的记录可能千差万别，在历史研究中实地调查会更具有说服力。随亚历山大远征的水师长官奈阿尔克斯（Nearchus）写过随军行记，亲自记录沿途的风土人情。不过原书已亡佚，其残片被希罗多德和阿里安等作家所收录，相关食鱼部落的记载亦分布于这些著作中。奈阿尔克斯首次对食鱼部落进行定义，"这些人以鱼为生，故名食鱼者；他们只有少部分人懂得捕鱼，这是由于缺少合适的捕鱼船只和缺乏任何捕鱼技能，他们中的大多数人只有趁退潮时捕鱼"。[1] 这表明食鱼部落受环境所限，且生存本领较为单一。

身为水师长官的奈阿尔克斯对行进沿途之地有着比较细致的描述，对食鱼部落的分布也进行了论述，"以卡尔马尼亚和格德洛西亚为起点，直至阿拉伯海僻远之地的海滨均有这个族群的人居住"；[2] 以及"食鱼部落活动之地自巴吉萨拉为起点，延伸大约 600 斯塔迪昂"。[3] 上述资料可见食鱼部落分布范围甚广，奈阿尔克斯对其活动范围进行了大致圈定，该族群主要分布在今印度河以西的滨海地带，可能直至波斯湾湾口。

此外，亚历山大在征服异邦过程中遭遇诸多困难，如生活在河口附近渔民的反抗。奈阿尔克斯在战斗过程中，捕获了一些俘虏，并有细节描述，"这些俘虏满脸胡须，浑身长毛，指甲极像兽爪；据说他们将指甲当作铁器，可以把鱼撕成碎片，并且还可以将质地较软的木头划开；对于其他东西，他们需要用锋利的岩石割开，因为他们没有任何铁器；这些人身披兽皮，甚至有些人穿着由大鱼皮所制的厚片"。[4] 上述对渔民的描述明显反映了一种尚未开化的蛮族形象，他们类似于野生动物一样生活。这种说辞很有可能带有对被征服族群的丑化处理，为征服者披上合情合法的外衣。

依托于希腊化的历史背景，原本无法抵达东方的希腊人，得以利用便利

---

① Arrian, *Indica*, 29.9.

② Diodorus Siculus, *Library of History*, Ⅲ, 15.1.

③ Arrian, *Indica*, 26.2. 斯塔迪昂是古希腊长度单位，1 斯塔迪昂相当于180 米。

④ Arrian, *Indica*, 24.9.

的交通条件，进入极东之地。亚里士多德爱徒克利尔库斯（Clearchus）曾游历埃及、两河流域，甚至深入巴克特里亚腹地考察，记载了不少异域逸事。食鱼部落也出现在他笔下，"蓄养食鱼者奴隶是因为埃及法老普萨美提克希望发现尼罗河的资源"，[①] 这表明食鱼部落的社会地位应较为低下。文中的食鱼者奴隶可能由战俘转化，抑或因债务沦为奴隶，由于相关资料缺失，其奴隶身份的具体成因不可考。

希腊化时代的一大特征便是文化中心的转移。自古典时期伊始，雅典成为希腊世界的文化中心，诸多希腊城邦或异邦人慕名而来。历经数次争霸战争的失利，雅典地位一落千丈，后来亚历山大远征的一大举措便是兴建以其命名的新城，他首先在埃及北部建立亚历山大城，至此希腊世界的文化中心转移到该地。

曾任亚历山大城图书馆馆长的埃拉托斯特尼斯（Eratosthenes）涉猎广泛，尤为擅长天文地理。被誉为"西方地理学之父"的他撰写过《地理志》（Geographika）一书，不过该书在流传过程中散佚，被斯特拉波的同名著作所收录。书中对食鱼部落的周遭环境有过描述，"该海峡由一处指向埃塞俄比亚方向名为戴伊雷的海角，以及一座同名小城组成，该小城的居民为食鱼部落"。[②] 这则材料中关于食鱼部落的记述较前人有所不同，前人笔下的部落多以游牧方式存在，并且地位较低，而埃拉托斯特尼斯记述的是居于小城内，食鱼部落可能采取了建城定居的方式。此外，文本描述的食鱼部落活动范围在今曼德海峡周围，深扼交通要道，贸易交流频繁，由此可以推断食鱼部落在此建城并进行转运贸易，充当商人的角色。

活动于公元前 2 世纪的史家和地理学家阿伽萨尔基德斯（Agatharchides）在其著作《厄立特里亚航海记》（On the Erythraean Sea）中提及了食鱼部落的相关情况。该书记录了古代红海两岸的一些情况，例如活动于阿拉伯地区的萨巴人和以猎杀大象为生的食象部落，食鱼部落也分布其间。

阿伽萨尔基德斯对食鱼部落的记叙较前人而言，最为突出的变化是深化了对食鱼部落的认知，不但如前人一般描述了其生活环境和生存技能的缺

---

① Athenaeus, *The Learned Banqueters*, Ⅷ, 345 d-e.
② Strabo, *Geography*, ⅩⅥ, 4.4. 该海峡应为连接红海与印度洋的曼德海峡。

失，如他们没有村社组织，生活如动物一般，"这些食鱼者只需要寻找栖身之处"，① 并且"他们不会使用任何类型的筏子，因为他们对我们这种类型的船只缺乏认知"，② 这些含有贬义色彩的描述与奈阿尔克斯的表达如出一辙；而且对食鱼部落的行为心理进行了深刻分析，"他们仅有对欢乐与疼痛的天然认知，然而他们没有思想，无法理解什么是羞耻什么是高尚"。③ 这种心理细节的哲学批判，不仅仅是在简单陈述事实，纵然食鱼部落囿于经济文化落后可能会存在某些低智之举，但如此描述还是基于特定背景的价值取向。

上述希腊作家关于食鱼部落的描写始于古典时期之初的希罗多德，止于希腊化晚期的阿伽萨尔基德斯。在这一段时间，食鱼部落的书写形象发生了复杂的演变。从总体来看，对食鱼部落的描述侧重于外表和行为心理等方面，不过这一转变并不是一蹴而就的。虽然希罗多德著作中的叙述主题为希波战争，但是在涉入主题之前进行了所谓的"离题叙述"，其中不乏大量的异域描写，如阅历丰富的长者娓娓道来，有些荒诞不经内容的背后蕴含了某些早期希腊人对未知世界猎奇的踪迹，而在价值取向上并未过于展现蛮我两者刻意地对立，这可能缘于他半蛮族的特殊身份。希腊化时代后期的奈阿尔克斯和阿伽萨尔基德斯受蛮我观念影响，所述的食鱼部落充满了主观臆断，而本身的事实书写却有意冲淡甚至忽略，剥离这些描述可以将其比作好为人师之辈呵斥愚钝之人一般，趾高气扬且满含歧视。

希腊化时代交流的频繁并没有冲淡古典时期蛮我对立的观念，反而通过不同族群的深化了解使这种观念更流行。这里可能会显示出一种文明趋向，即描述某一族群愈发落后与低劣，愈发衬托自我文明的先进与高贵。同理，对于食鱼部落所谓的透彻分析，很可能是发展程度较高的文明对落后地区一种话语权的掌握，使得这些无法自我表达的族群陷入了"失语"状态。上述的希腊作家可能未曾深入食鱼部落进行调查，甚至有些都没有接触过，但是这并不妨碍对其所谓的事实书写，在这种蛮我对立论调之下，构成偏于主观的异域想象。

---

① Diodorus Siculus, *Library of History*, III, 19.
② Diodorus Siculus, *Library of History*, III, 20. 1.
③ Diodorus Siculus, *Library of History*, III, 15. 2.

三　罗马帝国的文化关怀

罗马由意大利第伯河蓑尔小邦发展成地跨亚欧非三洲的大帝国，这种急剧扩张的过程是复杂多变的。当罗马迈出对外征服的第一步，它便赋予了自身强烈的族群认同。发轫于拉丁姆地区的罗马人一步步越过亚平宁山脉，踏入波河平原，蚕食了活动于意大利半岛的其他族群。这些族群发展水平参差不齐，生活习性各不相同，罗马人想要从文化心理上让这些族群服从统治并非易事，故而选择更为实际的公民权来笼络人心。虽然其间发生过曲折的事情，如同盟者战争的爆发，但最终在理论上实现了意大利族群集体认同，成为罗马向意大利之外征服的稳固保障。这种高度统一的意大利族群认同，在征服过程中面对文明程度较低的族群必然产生蛮我分明的观念。但是这与古代希腊的这种观念不甚相似，并不能将两者完全对立，而是因时而变，为我所用。

罗马帝国的演变过程与古代希腊的政治发展历程有着本质上的区别。纵观古代希腊历史，多数时期是几个规模庞大的城邦利用营建同盟的方式争夺地区霸权。以古典时期盛极一时的提洛同盟为例，不同盟邦加入同盟各怀心事，实力强大的雅典也只是在政治军事上对盟邦进行强制束缚，无法通过族群认同唤起爱国情绪，进而产生民族向心力。希腊化时期的一些王国的疆域在极盛之时或可与某些时期的罗马帝国媲美，但单纯的武力征服不能使统治长治久安，最终这些领土甚广的王国在内忧外患面前分崩离析。这些希腊化的继承者王国，可能缺乏一种对境内异族的文化关怀。这种关怀不仅是对非希腊人的认同和尊重，更重要的是要考虑到那些异族的实际需求，而这种关怀在根本上是为了维护国家统治。

罗马在对外征服过程中遇到过不少异族，并将其详细记录，如塔西陀的《日耳曼尼亚志》和恺撒的《高卢战记》。这些著作对异族的某些描述甚为夸大，不过这并非一种蛮我观念的对立，而是出于战争舆论和自我吹捧的需要。罗马帝国建立之后，针对境内的游牧族群采取灵活的管理政策，一方面派遣军团来威慑地方势力，另一方面有步骤地授予异族公民权。这样的文化关怀既可以加强中央政府管理，又可以安抚人心，为罗马帝国的统治实现自身价值。

活动于罗马共和国末期的地理学家斯特拉波是较早记述食鱼部落的作

家，其著作《地理志》多次提及食鱼部落主要分布地区，"贯穿埃塞俄比亚地区、穴居部落之地、阿拉伯地区和格德洛西亚地区的沿海地带均有食鱼部落分布"，[①] 并且"食鱼者地区绵延 7400 斯塔迪昂"，[②] 可见该族群分布范围甚广。这位地理学家还对食鱼部落的生存环境有所提及，"食鱼部落居住之地与海平面持平，那里除了棕榈和一种荆棘，以及柽柳之外，其他树木均无法生存；并且那里水资源匮乏，无法通过耕种来获取食物"；那里的人们和家畜只能以鱼为生，只有通过降水和井水才能保证水源供应。[③] 上述细节反映出食鱼部落生存条件之恶劣，他们只能依水而居、以鱼为生，这与希腊作家笔下所载之景相似。

罗马帝国建立之后，内政趋于稳定，奥古斯都开始极力践行他的世界观，正如《奥古斯都功德碑》刻勒的铭文所言，"他因此将整个世界置于罗马人民治下"，[④] 主要扩张方向即为帝国的西境和北境，并收到良好成效。然而在统治后期，军事战斗屡屡碰壁，晚年的奥古斯都只得将精力放在维持原有疆土上，此后的 100 年，罗马帝国疆域损益无几，基本保持了奥古斯都在位时的版图。故土守成并不代表政策思想的保守，罗马帝国时期较希腊化时代，在对外交流方面更为频繁，探寻的世界更为遥远。这一时期对异域的记载，不单单是以猎奇为目的，而是有着更为深层的经济考虑。这些著作笔下的航线和停泊点，以及涉及的风土人情，成为罗马帝国发展海外贸易的重要指南。

曾在罗马帝国军队出任要职的老普林尼深谙这一目的，他博学多才，著有《自然史》（Natural History）一书。该书收录了当时已知的天文、地理、矿物、艺术等多学科的知识，是一部名副其实的博物学通志。这一鸿篇巨制正如著者所言，"穷尽搜集当时世界的自然知识和人类生活信息"。基于这种理念，他不仅记述古典世界的种种情景，还大量描绘了丰富多彩的异域图景。食鱼部落的分布区域在此书中有记载，亚历山大远征"行进的下一站即为季节支配者食鱼部落之地，他们操一种不同于印度地区的方言"，[⑤] 以及途经"数个食鱼部落之岛、无人居住的奥达恩达岛、巴萨以及隶属萨巴

---

① Strabo, *Geography*, 2.5.33.
② Strabo, *Geography*, 15.2.1.
③ Strabo, *Geography*, 15.2.2.
④ 张楠、张强：《〈奥古斯都功德碑〉译注》，《古代文明》2007 年第 3 期。
⑤ Pliny, *Natural History*, 6.25.

人的诸多岛屿"，① 上述提及的萨巴人分布于阿拉伯半岛南部，这也证明了食鱼部落曾在阿拉伯海及红海沿岸活动。此外，老普林尼间接表达了食鱼部落善水性，"正如食鱼者一样，猎狼部落在水中游泳像海洋动物一般自如"，② 可见他们是一支典型的水上族群。

上文所提及的《厄立特里亚航海记》是一部成书于罗马帝国时期的航海志，作者可能是生活在埃及行省的希腊水手或者商人。该书多次提及食鱼部落的分布状况，这部航海志描述了两次航程，第一次航程自埃及西奈半岛西南部出发，沿红海西岸航行，航行不久途经食鱼部落之地，"他们散居于海岸狭长地带的低矮屋棚中"，③ 行至近红海口，"到达许多狭小且多沙的阿拉伊乌群岛，这些岛屿出产的龟壳被运往食鱼部落所控制的商港"，④ 之后航向基本朝南，直至今坦桑尼亚南部。这次航程所描述的食鱼部落分布于红海西岸，并推断该族群拥有武装力量，把持交通要道的转口贸易。

第二次航程自埃及西奈半岛东南部出发，沿红海东岸航行，"如隔海相望的非洲沿岸一样，这里（红海）沿岸也有食鱼部落活动，他们聚居的低矮屋棚环绕其间"，⑤ 之后"船只驶离福地阿拉伯，眼前是绵延2000斯塔迪昂甚至更长的海岸线，游牧部落和食鱼部落居于其间的村落"；⑥ 当驶入阿曼湾时，"这个宽200斯塔迪昂、长600斯塔迪昂的萨拉米斯岛上有三座村庄，居住着受到神祇庇护的食鱼部落"。⑦ 上述关于食鱼部落的记述大致可以勾勒出其活动范围，即阿拉伯半岛的西海岸和南海岸，并且范围甚广。

五贤帝时期是罗马帝国的黄金时代，稳定的政局和强盛的实力为帝国探

---

① Pliny, *Natural History*, 6. 32.

② Pliny, *Natural History*, 6. 34.

③ L. Casson, *The Periplus Maris Erythraei : Text with Introduction, Translation, and Commentary*, p. 50.

④ L. Casson, *The Periplus Maris Erythraei : Text with Introduction, Translation, and Commentary*, p. 52.

⑤ L. Casson, *The Periplus Maris Erythraei : Text with Introduction, Translation, and Commentary*, p. 62.

⑥ L. Casson, *The Periplus Maris Erythraei : Text with Introduction, Translation, and Commentary*, p. 66. 该地应为今也门亚丁港。

⑦ L. Casson, *The Periplus Maris Erythraei : Text with Introduction, Translation, and Commentary*, p. 70.

寻世界提供了物质保障，同时，航海术的进步和古典知识的积累为撰写集大成著作提供了理论支持。活动于这一时期的学者克罗狄斯·托勒密涉猎颇丰，在天文与数学领域尤为擅长。他曾著有《地理志》一书，该书的制图学方法为后世所采纳吸收，其中地名索引和地图提供了更为准确的位置信息。官方主导的海外贸易以此为参考，有针对地进行物流交换。关于食鱼部落的记载也被列入其中，"阿拉伯地区的食鱼部落均分布在红海沿岸"，① 除此之外，"广泛延伸的食鱼部落海湾濒临马卡伊地区内部"，② 由此可以看出其分布范围甚广，基本遍及了北印度洋地区。

与此同时代的希腊旅行家保桑尼阿斯也记载了食鱼部落的分布情况，"越过塞伊尼，那些居住在红海极远之地的埃塞俄比亚人为食鱼者，他们所居的海湾被命名为食鱼者之湾；那些最正直的人们居住在麦洛厄城，该城位于埃塞俄比亚平原，关于这里的情况记在太阳盘上，除了尼罗河之外，这里既没有河流又不临海"，③ 通过描述不难发现他可能沿用了前人资料，与希罗多德的记述很相似。

综观这些罗马作家对食鱼部落的描述，无论是身居要职的老普林尼，还是以游历各地为目的的保桑尼阿斯，都偏重该族群的空间分布情况，鲜有主观性较强的评价。这一现象并非体现罗马人的世界观中没有蛮我之分，相反有诸多罗马著作涉及异域族群概况，例如《厄立特里亚航海记》所述的沿线族群。虽承认蛮我观念，但没有将两者对立起来，可能是出于经济利益或文化传播的考虑，这些罗马作家本着务实的理念较为忠实地反映了当时食鱼部落的情况。

余　论

食鱼部落作为一种主要以濒海地带为活动区域的族群，由于客观环境所限，他们只能以鱼为生，且其他生存本领掌握不多，这导致了他们的社会经济发展水平较低，加之自身族群称谓的模糊性和内部的复杂性，自然

---

① Ptolemy, *Geographia*, IV, 5. 12.

② Ptolemy, *Geographia*, VI 7. 12. 该地区位于俾路支斯坦地区的滨海地带，具体而言，自阿曼湾伊朗一侧的沿海地带自西向东延伸至巴基斯坦港口卡拉奇附近，横跨伊朗和巴基斯坦两国沿岸地区。

③ Pausanias, *Description of Greece*, 1. 33.

在古代西方不同作家笔下呈现不同的面貌。无论是对其样貌行为的描写，还是对其族群心理的探讨，在不同著作中都无法达到一致，甚至背离甚远。不过食鱼部落在古代的分布范围基本可以归纳为：从大范围来看，该族群出现在今北印度洋的诸多海域；具体而言，自西向东分别有红海两岸、阿拉伯半岛南岸、阿曼湾南部、阿拉伯海北部的今伊朗和巴基斯坦沿岸。由此看出食鱼部落活动区域绵延广布，这些地区也是古典世界进行东方贸易的必经之地。

西方古代著作对食鱼部落活动范围的大致圈定，大多是在前人资料的基础上扩展深化。这种描述本身具有较强的客观性，其真实程度几何，可以以《波伊廷格地图》为佐证。该地图主要绘制了罗马帝国道路网以及里程，辅以不同地区和族群的名称。由图可知，位于今南亚的俾路支斯坦标有食鱼部落的名称，在一定程度上验证了古代著作的说法。不同作家针对食鱼部落分布区域的相对确定并不能实现对该族群认知上的统一，反而趋向一种严重的两极评判。从整体来看，古希腊时期反映的主观意象与古罗马时期相差甚远。

古代希腊的一个显著特征是城邦林立，各自为政，因共同目标和利益而建立的城邦区域同盟，也会随着内讧和外部压力而分崩离析，存在时间普遍不长。希腊化时期如此广袤的继承者王国，也会因分裂主义和王位争夺而变得动荡不安。上述政治特征会带来某种不安全性和易变性，间接过分强调希腊族群的独特性和排他性。这种"非我族类，其心必异"的思想会潜移默化地影响到人们的日常生活，甚至是上层决策，尤其是希波战争的渲染加剧了蛮我对立的观念，食鱼部落则成为这种背景下的一个典型例子。如希罗多德所述，该族群以间谍身份刺探情报，从本质上也无非是国王的传话器，并不影响整体对蛮族低智化描述的话语体系。从思想根源来看，这种歧视性描述是满足族群自负心理的一种异域想象。

与古代希腊相比，古罗马的政治历程虽然曲折，但是线索明了，即由小邦走向大帝国的扩张过程。在这种征服过程中，必然会遭遇不同的族群，面对复杂形势，罗马并未一味消灭合并，而是采用恩威并施方式加以管理，践行一种带有实际利益的文化关怀。进入帝国时期，罗马上层实施政治改革，进一步将公民身份认同凌驾于族群认同之上。观之罗马作家对食鱼部落的描述，多数是为官方贸易提供的航路指南，鲜有涉及对族群自身的评价，这符合罗马务实的理念，更是一种时人的深层文化关怀。

综上所述，无论是偏重希腊诸邦的异域想象，还是偏重罗马帝国的文化关怀，并非要分辨孰是孰非。究其根本，食鱼部落由于发展的局限，无法表达自身诉求，面对高级文明时，他们必然会陷入"失语"状态。由具体事例分析，上述两种观念可以折射出古代西方世界观的意象表达。

（执行编辑：林旭鸣）

泰国湾附近出水的波斯舶

钱 江[*]

摘 要：2013 年 9 月，泰国湾附近出水了一艘名为"帕侬苏琳沉船"的缝合木船。这是东南亚海域水下考古研究中的一个十分重要的事件。经过多国学者的共同努力，"帕侬苏琳沉船"的具体沉没年代现在可以断定为 775 年。换言之，这艘沉船是目前已知的东南亚海域年代最早的沉船，比印尼勿里洞岛附近海域出水的那艘阿拉伯缝合木船大约要早半个世纪。本文根据泰国《曼谷邮报》、泰国政府文化部艺术局水下考古队发布的相关信息，以及国际考古学界对这艘出水波斯古舶的初步研究成果，对这艘波斯舶的发掘做了一番介绍，进行了一些粗浅的探讨。本文认为，泰国湾附近出水的这艘古舶是波斯舶，而不是大食舶。此外，本文指出：缝合木船是包括波斯人、印度人、爪哇人、马来人、阿拉伯人、中国人等在内的世界上大部分航海民族所共享的物质文明，并不是阿拉伯人独享的专利产品。事实上，早在唐代，中国南方沿海的居民就已经在用桄榔树和橄榄糖泥来制造缝合木船了。此外，必须强调的是，广东地方民窑出产的日用陶瓷早在 8 世纪下半叶就已加入了世界海洋贸易体系。

关键词：泰国湾　波斯舶　帕侬苏琳沉船　缝合木船

---

* 钱江，香港大学亚洲研究中心教授。

　　近十多年来，中国史学界与考古学界耳熟能详的与中国古代海上丝绸之路发展史密切相关的水下考古重大发现，当首推印尼勿里洞（Belitung）附近水域出水的一艘满载着长沙窑瓷器的唐代阿拉伯缝合帆船，我国学者一般将这艘阿拉伯缝合木船称为"黑石号"沉船（Batu Hitam Shipwreck）。此后，部分外国学者率先以英文发表了研究论文并出版了论文集，中国学者也随之发表了大量有关"黑石号"沉船及其装载的长沙窑瓷器的研究或介绍文章，详略不一。然而，大部分学者却都没留意，2013 年，泰国考古学界有过一个重大的新发现，即从泰国中部泰国湾附近的水下淤泥中发掘出一艘8 世纪下半叶的波斯舶。这艘波斯舶比印尼勿里洞发现的阿拉伯沉船早约半个世纪，为迄今为止东南亚海域所发现的最古老的一艘来自波斯湾的商船。一时间，国际考古学界和东南亚古陶瓷学界为之轰动。遗憾的是，由于这艘沉船上遗留的物品非常少，泰国有关部门对船上存留的部分陶瓷残片、造船的木料、绳索等物品的详细化验结果尚未全面公布，所以国际史学界和考古学界的同仁难以展开进一步深入的分析研究，相关的学术研究成果也很有限。为了让国内的学者了解相关信息，本文拟根据泰国《曼谷邮报》（Bangkok Post）、泰国政府文化部艺术局水下考古队发布的相关信息，以及国际考古学界对这艘出水的波斯古舶的初步研究成果，对这艘波斯舶的发现、发掘做一番介绍，同时进行一些粗浅的探讨，说明为何本文认为泰国湾附近出水的这艘古舶是波斯舶，而不是大食舶。此外，本文尝试对中外史学界甚少触及的缝合木船这一课题进行一些初步的探索。本文认为，在相当长的一个历史时期内，波斯人与波斯舶曾在古代东西方海上远程贸易活动中扮演着十分重要的角色。缝合木船是包括波斯人、阿拉伯人、中国人等在内的世界上大部分航海民族所共享的物质文明，并不是阿拉伯人独享的专利产品，不可一见到出水的缝合木船，马上就不假思索地认定其为阿拉伯缝合木船。在研究、撰写古代海上丝绸之路历史的过程中，我们应当实事求是地评价古代波斯商贾与波斯舶在亚洲海洋贸易史上所做出的杰出贡献，如此方可逐步地将一幅较为清晰且接近历史真实面目的古代南海贸易图像呈现在众人面前。

一　泰国湾"帕侬苏琳沉船"的发掘

　　在距离泰国曼谷西南约 40 公里处的沙没沙空府（Samut Sakhon，泰国华人称之为龙仔厝）瓦拉瓦斯寺（Wat Wisut Warawas）红树林海湾的滩涂上有一个基围虾养殖场。2013 年 9 月中旬，养殖场的主人苏琳（Surin）先生和他的太太帕侬·斯里-昂甘迪（Phanom Sri-ngamdi）一起抽干了虾池中的水，深挖塘泥，进行养殖场的维护工作。在挖掘塘泥的过程中，他们非常意外地在距离水面两米深的地方发现了两根巨大的圆木，继而发觉这是一艘古老的缝合木船的一部分。沉船出水的这个养虾场距离南面的泰国湾海岸线约有 8 公里。显而易见，经过 1200 多年沿海滩涂淤泥的堆积，泰国湾的海岸线正在逐步地向内陆延伸。值得注意的是，根据泰国矿产资源部收藏的地质勘探资料记载，沉船所在位置的海平面以下两米处，正是古代的一条大河的河道，而这条蜿蜒曲折的大河很可能就是今天养虾场附近那条著名的塔钦河（Tha Chin River）。塔钦河全长约 70 公里，一路奔腾，最后在孟沙沙没沙空（Muaeng Samut Sakhon）注入大海。泰国的考古学家们推测，1200 多年前，这艘来自西亚的古船或许是经由未改道前的塔钦河，从塔钦河入海口一路逆流而上驶到此地，也有可能是循着养虾场附近约 300 米处的贡沙南猄（Khlong Sanam Chai）河或贡沙美坎泰（Khlong Samae Dam Tai）河辗转抵达此地。[①] 由于此沉船最早是由养虾场的主人帕侬与苏琳夫妻两人共同发现的，泰国政府与国际考古学界遂顺其自然地将这艘沉船称为"帕侬苏琳沉船"（The Phanom-Surin Shipwreck）。

2013 年 12 月至 2015 年，泰国政府文化部艺术局两次组织属下的考古学家对这艘古船进行了发掘，抢救出了大部分船体，包括一根长 17.65 米的龙骨，两根长 17.35 米的桅杆，以及船上使用的部分索具和缆绳等器物。除此之外，还发掘出了产自珠江三角洲的唐代广东民窑烧制的粗瓷大坛、古代暹罗孟族使用的土陶罐、8 世纪产自波斯湾的双耳储物大陶罐，以及 12 块较大的波斯人所特有的尖底鱼雷状无把手大瓷坛子的碎片。经过测量、碳14 测定和综合分析，泰国考古学家和西方的学者们认为，这艘缝合木船可

① Nirand Chaimanee, "The Academic Report," No. 15, *The Geological Surveys of the Location of Phanom-Surin Shipwreck, Samut Sakhon Province*, Bangkok: Mineral Resources Division, Department of Mineral Resources, 2014, Quoted in Preeyanuch Jumprom, "Recovery of a Lost Arab-Styled Ship at Phanom-Surin, the Wetland Excavation Site in Central Thailand," in Amara Srisuchat and Wilfried Giessler, eds., *Ancient Maritime Cross-Cultural Exchanges: Archaeological Research in Thailand*, Bangkok: The Fine Arts Department, Ministry of Culture, Thailand, 2019, p. 233.

以确定为是一艘来自波斯湾的波斯古船或阿拉伯船，船体总长度约为 28 米（一说 35 米），宽度为 8 米（见图 1）。①

图 1　泰国考古人员正在缝合木船的出水现场工作

　　毋庸置疑，泰国中部临近泰国湾的沿海地区突然发掘出这么一艘古老的来自波斯湾地区的缝合木船，对泰国考古学界和全国民众来说，不啻是一个特别令人欢欣鼓舞的消息和鼓励，因为此事再一次地证实了古代的暹罗湾是东西方海上交通贸易的必经之地，占有相当重要的地位。在沉船发现 9 个月之后，泰国《曼谷邮报》英文版终于在 2014 年 6 月 3 日傍晚发出一则题为《养虾场地下发现一艘千年阿拉伯古船》的新闻快讯。在这篇新闻报道中，记者皮查雅·斯瓦斯蒂（Pichaya Svasti）颇为详细地向泰国社会描述了这艘波斯湾缝合木船的考古进展与相关细节。鉴于这篇新闻报道是当时最早的一则公开向国内外发布的有关沉船的考古新闻，具有比较重要的史料价值，而且记载翔实，兹翻译如下：

---

① John Guy, "The Phanom Surin Shipwreck, a Pahlavi Inscription, and Their Significance for the History of Early Lower Central Thailand," *Journal of the Siam Society*, Vol. 105, 2017, pp. 179–196, 180; Preeyanuch Jumprom, "Recovery of a Lost Arab-Styled Ship at Phanom-Surin, the Wetland Excavation Site in Central Thailand," in Amara Srisuchat and Wilfried Giessler, eds., *Ancient Maritime Cross-Cultural Exchanges: Archaeological Research in Thailand*, p. 235; Jacques Connan et al., "Geochemical Analysis of Bitumen from West Asian Torpedo Jars from the c. 8th Century Phanom-Surin Shipwreck in Thailand," *Journal of Archaeological Science*, Vol. 117, 2020, pp. 1–18.

在沙没沙空府的一个养虾场里，埋藏着一艘千年古船。这艘长达25米①的帆船满载着各种货物，在亚洲海域的各沿海港埠往返穿梭，最终于堕罗钵底王国时期（公元6世纪至11世纪）沉没在此地。对泰国来说，这是一个非常重大的考古发现。而且，这艘古船很可能是泰国境内发现的最古老的一艘帆船。

著名的水下考古学家埃尔布普雷斯·瓦查朗库（Erbprem Vatchar-angkul）指出："这是我所见到的保存状况最为良好的一艘船，船上的三张帆都很完整，仿佛一切都已准备就绪，随时可以扬帆出海。"

去年9月16日，叻丕府艺术局接到报告，声称在一个距离大海8公里之处的养虾场的地下，发现了一艘古船。去年12月，当局即对这艘古船展开了考古发掘。如今，发掘工作仍在进行之中，大约已完成了10%的发掘任务。

这艘古船以养虾场的东道主夫妻的名字来命名，名为"帕侬苏琳沉船"。当时，这艘古船是被埋在淤泥中的，船只以侧翻的姿势倒伏在泥塘中，船艏与船尾以从南至北的方向排列，只有船舷上缘露出水面。木制的船舷用绳索缝合固定在一起。不过，古船的木制结构与绳索都已腐烂。在沉船的中部，有一根17.65米长的矩形木头，据推测，这应该是龙骨的一部分。此外，在沉船的西侧发现了一根17.35米长的木柱子，大家认为，这应该是沉船的其中一根桅杆。

这艘古船有一个与众不同的特点，即木制船身的各个部分是用绳索缝合在一起的。每一根绳索之中都编织有另外一根棕褐色的略微细一些的绳索，以使得绳索更为坚实、耐用。从外表上看，这艘古船与古代阿拉伯人所使用的船只十分相像。

考古学家们在古船的内部找到了许多手工制品。其中，大部分是陶器与瓷器。那些无釉的陶罐产自泰国本地的窑口，而那些上有釉彩的瓷器则来自中国。此外，还有一些来源地不明的陶器。除了陶瓷器皿，还有椰子、酒棕榈、数百颗槟榔子、稻谷、切成两半的椰子壳、树脂、鹿角、鱼骨头、动物骨头，以及植物的种子。在船舱中找到的那些黑色的绳索完好如新，令人惊讶。

---

① 此为泰国《曼谷邮报》在第一篇新闻报道中提及的沉船长度。后来泰国考古学界与西方学术界经过进一步测定，修订了沉船的长度，一致认为应为28米。

在出水的这些陶瓷器皿中,有些器型和种类以往从未在泰国出现过,例如,有些瓷罐是椭圆形的,其底部竟然是尖的。经过比较,专家们发现,这些尖底的瓷罐与欧洲、中东及印度发现的双耳瓷罐颇为相似。

这些瓷罐的内壁涂有一层黑色的树脂,外壁上则挂着厚重的棕褐色的液体流痕。考古学家们推测,这些黑色的树脂应该是用于堵塞、修补船只缝隙漏洞的材料,甚至有可能是这艘古船沉没时所运输的货物。在一只残缺的尖底瓷罐上,以及在一只中国生产的瓷坛子上,人们发现刻有文字。专家们正在对此进行研究和解读。

此外,在古船上,人们见到几件中国唐朝风格的瓷器,时间大约在8世纪至9世纪。其中的一个坛子里装载着槟榔子。在船上,人们还找到了几件带有堕罗钵底风格的厚边陶罐,这应该是船员们在船上烧煮食物的炊具,或用于出口的陶器。

恰如那些古代阿拉伯的帆船,这艘古船的船舷是用绳索缝合在一起的。人们推测,这艘船的沉没年代当在8世纪至9世纪。对研究本地区的航运史而言,这无疑是一个非常重要的发现。

考古发掘团队正在等待美国方面的科学测试结果,希望能知道,这艘古船的年代是否真的可以确定在8世纪至9世纪。当时,位于今泰国中部的堕罗钵底王国属下的各个城市之间贸易繁盛,并通过贸易活动与本地区其他的堕罗钵底城镇连为一体。这艘古船或许可以成为堕罗钵底王国诸多城镇与阿拉伯世界及中国相互贸易的重要见证。

专家们相信,在沉船发现地的这一地区,古时候曾经有一条运河,或者说,海岸线就位于距离海滩不远处的红树林中。当时的人们可以乘坐船只,从此处前往堕罗钵底的其他城镇,而距离此地最近的一座堕罗钵底的古城名为那空帕通(Nakhon Pathom),两地相距30公里。从那空帕通,人们或许可以继续乘坐船只,前往库布(Khu Bua)等其他城镇。

迄今为止,这艘古船是泰国境内发现的第一艘缝合帆船"舠"(Dhow)(见图2)。所谓"舠",指的是以绳索缝合木板的方式建造的一种阿拉伯风格的帆船。虽说人们在董里府(Trang Province)坎滩区(Kantang District)的匡他尼沉船遗址(Khuan Thani Ship Wreck Site)早已发现了一艘类似的沉船，但至今尚未对那艘沉船展开考古发掘和研究。[①]

发现古船的消息经当地新闻报道后，立刻在泰国及国际考古学界引起轰动。此后不久，《东南亚陶瓷博物馆通讯》（*Southeast Asian Ceramics Museum Newsletter*）2014 年 6~9 月也刊登了泰国国家文化部艺术局第一区域办公室考古学家普里亚努奇·贾姆普罗姆（Preeyanuch Jumprom）女士撰写的专稿，对这艘沉船的考古发掘做了比较简略的介绍报道。[②]

图 2　波斯舶上的缝合痕迹

二　古代泰国境内的堕罗钵底王国

《曼谷邮报》在报道发现古船的这一则新闻中，曾多次提及古代泰国境内的堕罗钵底王国与沉船之间的关系，强调来自波斯湾的这艘沉船当时是为

①　Pichaya Svasti, "Shipwreck: 1, 000-Year-Old Arab Ship Found under Shrimp Farm in Samut Sakhon," *Bangkok Post*, 3 June, 2014.

②　Preeyanuch Jumprom, "The Phanom Surin Shipwreck: New Discovery of an Arab-Style Shipwreck in Central Thailand," *Southeast Asian Ceramics Museum Newsletter*, Vol. 8, No. 1, June-September 2014, pp. 1-4.

了与孟族人的堕罗钵底国做生意，或为了循沿海的运河前往附近的几个堕罗钵底王国的城镇拜访，所以才不幸沉没在此地。故而，需要在此为不熟悉古代东南亚历史的读者略为介绍一下堕罗钵底王国的背景。堕罗钵底王国（Kingdom of Dvāravatī）系由古代暹罗境内的孟人（the Mons）建立的一个著名的东南亚古国。孟人这支少数民族族群源自中国西南地区，在历史长河中，缓慢地向南迁徙，逐步地散居分布在今缅甸、柬埔寨、老挝、泰国一带。在缅甸，孟人一度被称作"得楞人"（Talaing）或"勃固人"（Peguan）。6世纪下半叶，孟人建立起堕罗钵底王国，并一直持续繁盛至11世纪晚期，才逐步地被毗邻的高棉人、缅人与泰人征服、吞并。堕罗钵底王国是一个深受印度教文化影响的佛教国家，其国名Dvāravatī来自梵文。鼎盛时期的堕罗钵底王国统治中心设在佛统（Nakhon Pathom），其版图在今泰国中部和南部地区，包括湄南河（Chao Phraya River）的下游地区，并向南一直延伸至马来半岛中部最狭窄处的克拉地峡（Kra Isthmus），控制着古代暹罗湾至马来半岛东岸中部一带海域的海上交通要道。唐太宗贞观年间，位于今泰国中、南部的这个佛教国家与中国之间的外交关系相当密切，于638年、640年、649年三次派遣使团前来唐朝访问。唐代高僧玄奘在《大唐西域记》卷10"三摩呾咤"条中，首次将该南海古国的梵文名称音译为"堕罗钵底国"。此外，中国古籍有时亦记载为投和、头和、杜和罗钵底、杜和钵底、杜和罗、堕和罗、投和罗、堕罗、独和罗、堕和罗钵底等名。唐杜佑《通典》卷188以"投和"一名为堕罗钵底国立传，对该国的地理方位、风土人情、王宫建筑、朝廷官制、刑法、农商、赋税、礼仪、文字等情况做了颇为详细的记载。[①]

三 "帕侬苏琳沉船"究竟是哪个年代的沉船？

关心泰国"帕侬苏琳沉船"考古进展情况的学者或许早已注意到，在"帕侬苏琳沉船"的断代问题上，国际考古学界的几位学者有着不同的看

---

① 参阅杜佑《通典》卷188，中华书局，1992，第5101~5102页；George Coedès, "Les Mons de Dvāravatī," *Artibus Asiae*, Supplementum, Vol. 23, 1966, pp. 112-116；陈佳荣、谢方、陆峻岭《古代南海地名汇释》，中华书局，1986，第753页；John N. Miksic, *Historical Dictionary of Ancient Southeast Asia*, Lanham and Toronto: The Scarecrow Press, 2007, pp. 114-117。

法。在沉船发现地泰国，当地政府与考古学家倾向于认为，这艘缝合木船属于9世纪的沉船，与印尼勿里洞海域沉没的那艘阿拉伯缝合木船一样，但在沉没的时间上可能略早于勿里洞的"黑石号"沉船。[①]专门研究亚洲外销陶瓷的著名学者、美国纽约大都会艺术博物馆陶瓷部负责人约翰·盖伊博士（Dr. John Guy）在刚开始的时候，认为"帕侬苏琳沉船"属于8世纪的沉船。可是，前两年，他忽然又改口了，认为这艘沉船应该是9世纪的沉船，并悄悄地修正了自己原先的观点，将模棱两可的"以阿拉伯三角帆缝合木船方式建造的帆船"明确改为"阿拉伯缝合木船"。[②]与此同时，欧洲和伊朗等国的考古学家及科学家却赞同应该将这艘沉船定为8世纪的沉船。

泰国考古学界的同人与美国陶瓷学界的老朋友或许是因为见到碳14测定下的中国广东瓷器与泰国孟人使用的陶罐呈现9世纪的结果，所以，他们犹豫了，觉得或许应该接受这个测试结果。然而，来自法国、英国、澳大利亚、伊朗、美国与比利时的9位考古学家和物理学家联名撰写了一篇长篇论文，发表在2020年的《考古科学学报》（*Journal of Archaeological Science*）上。在这篇论文第一页的注释中，作者们就开宗明义地表明了他们对"帕侬苏琳沉船"断代的看法："我们从帕侬苏琳沉船的船舱内取了三样有机物品进行碳14测定，得到了三个不同的年代结果。经过两次西格玛校准，得到的数据如下：槟榔子：680年至880年；藤席：665年至775年；绳索：720年至895年。倘若这些有机物品都是沉船上原来就在使用的物品，那么碳14测定后出现的第二个测试结果应该是最终判定的年代。换言之，775年应该是这艘沉船上所有物品断代的最后年

[①] Preeyanuch Jumprom, "Recovery of a Lost Arab-Styled Ship at Phanom-Surin, the Wetland Excavation Site in Central Thailand," in Amara Srisuchat and Wilfried Giessler, eds., *Ancient Maritime Cross-Cultural Exchanges: Archaeological Research in Thailand*, pp. 226 - 247; Preeyanuch Jumprom, "The Phanom Surin Shipwreck: New Discovery of an Arab-Style Shipwreck in Central Thailand," *Southeast Asian Ceramics Museum Newsletter*, Vol. 8, No. 1, June-September 2014, pp. 1-4.

[②] John Guy, "The Phanom Surin Shipwreck, a Pahlavi Inscription, and Their Significance for the History of Early Lower Central Thailand," *Journal of the Siam Society*, Vo. 105, 2017, pp. 179-196; John Guy, "Long Distance Arab Shipping in the 9th Century Indian Ocean: Recent Shipwreck Evidence from Southeast Asia," *Current Science*, Vo. 117, No. 10, November 2019, pp. 1647-1653.

代，因为所有这三样有机物品均在 720 年至 775 年这个时间段内出现重叠。"①

拙以为，有关泰国"帕侬苏琳沉船"断代的争论，至此应该暂时告一段落。我们历史学界的同人应该尊重并接受来自 6 个不同国家的 9 位学者经过周密、细致的科学测定试验所获得的鉴定数据和结论。除非将来出现其他新的更加有力的证据可以推翻目前的结论，否则，775 年可以作为泰国这艘波斯古船沉没年代的定论。

在考古学家与物理学家的通力合作下，最终能将"帕侬苏琳沉船"确定为 775 年沉没的古船，这一点很重要。如此一来，这艘古船不仅是泰国境内发现的年代最早的一艘古船，同时也是迄今为止南中国海海域发现的最古老的一艘沉船。

四　沉船上的遗存物品

由于年代久远，而且，船只在不幸沉没之前，很可能水手们已搬空了船上所有完好无缺的商品和生活用品，所以，泰国"帕侬苏琳沉船"上留存下来的物品并不多。尽管如此，由于 1200 多年来泰国湾海岸线的变迁，海水退到了沉船遗址的 8 公里之外，滩涂上的淤泥很快就覆盖并淹没了这艘沉没于 8 世纪晚期的帆船，所以，遗存在沉船上的物品被海底的淤泥隔绝在空气之外，获得了很好的保护。以下这份泰国政府文化部艺术局水下考古队整理出的沉船遗存物品清单（见表 1），若仔细推敲研究，还是能够看出或推测出一些线索的。

表 1　"帕侬苏琳沉船"上所发现的遗存物品清单

序号	物品名称	来源地	大致确定的年代	数量	备注
1	大小不一的陶器碎片	泰国中部	9 世纪前后	35 块	船上使用的炊具，因为这些陶罐的外表均留有烟熏火烧的残余物

① Jacques Connan et al. , "Geochemical Analysis of Bitumen from West Asian Torpedo Jars from the c. 8th Century Phanom-Surin Shipwreck in Thailand," *Journal of Archaeological Science*, Vol. 117, 2020, pp. 1-18.

序号	物品名称	来源地	大致确定的年代	数量	备注
2	无法辨识的陶器碎片			4~5块	
3	完整的半透明绿釉大陶罐与一些大小不一的粗瓷大罐碎片	中国广东	9世纪前后	13块	其中的一只广东产绿釉大陶罐内存放着一些槟榔子
4	波斯绿松色双耳储物陶罐碎片	波斯湾	9世纪前后	2块	可能是船上的商品,也可能是船员使用的容器
5	波斯尖底无柄鱼雷状大瓷瓶碎片	波斯湾	8~9世纪	431块	大小不一的431块陶瓷碎片大约来自9个波斯尖底无柄鱼雷状大瓷瓶
6	槟榔子	马来半岛或菲律宾群岛	680~740年	224颗	约重700克
7	椰子壳	中南半岛与马来半岛		39个	推测应该是船员饮用椰子汁后留下的,或是船上使用的日用器皿。部分椰子壳上钻有小孔
8	稻谷			难以计数	船员们的食物。密密麻麻地分布在波斯产鱼雷状的尖底大瓷坛子的内壁,粘在沥青涂层的表面
9	某种植物的果核或种子			178颗	可能是船上的货物,也可能是船员们吃了某种果实之后留下的果核
10	达玛树脂			难以计数	达玛树脂与油混合后,可用于修补堵塞缝合木船的缝隙,或涂抹在帆船的外壳以预防海水渗入
11	藤席或藤篮残片	中南半岛		2块	容器
12	不同尺寸、形状的木头			405块	柴火或货物
13	藤绳	中南半岛与马来半岛	640~700年	14条	非常粗大的用藤条编织而成的绳索,应该是缝合木船上的索具

续表

序号	物品名称	来源地	大致确定的年代	数量	备注
14	动物的皮			难以计数	船上的货物
15	黑色绳索			难以计数	经过化验,发现这种黑色的绳索用砂糖椰子树的纤维编织而成
16	棕褐色绳索			27 条	这种粗大的绳索应该是船上的索具
17	象牙	中南半岛		1 根	估计是船上的货物
18	鹿角	中南半岛		2 只	估计是船上的货物
19	动物牙齿	中南半岛		1 颗	或许是船员食用某种动物后留下的
20	动物骨头	中南半岛		5 块	或许是船员食用某种动物后留下的
21	贝壳	中南半岛			船员食用海贝后留下的外壳
22	鱼骨	中南半岛		难以计数	船员食用海鱼后留下的骨头
23	石磨			3 个	日用器皿
24	石盘			1 个	日用器皿
25	石头打制的小圆碟子			1 个	估计是餐具
26	金属制作的碗			1 个	船员使用的餐具

资料来源:Preeyanuch Jumprom, "Recovery of a Lost Arab-Styled Ship at Phanom-Surin, the Wetland Excavation Site in Central Thailand," in Amara Srisuchat and Wilfried Giessler, eds., *Ancient Maritime Cross-Cultural Exchanges: Archaeological Research in Thailand*, pp. 226-247; Preeyanuch Jumprom, "The Phanom Surin Shipwreck: New Discovery of an Arab-Style Shipwreck in Central Thailand," *Southeast Asian Ceramics Museum Newsletter*, Vol. 8, No. 1, June-September 2014, pp. 1-4; Jacques Connan et al., "Geochemical Analysis of Bitumen from West Asian Torpedo Jars from the c. 8th Century Phanom-Surin Shipwreck in Thailand ," *Journal of Archaeological Science*, Vol. 117, 2020, p. 3.

五 出水沉船上的广东陶瓷

如表 1 所显示的那样,在"帕侬苏琳沉船"上,泰国的水下考古学家团队总共发现了 13 件中国广东出产的陶瓷。其中,有一只完整的广东半透明青釉大罐(见图 3),以及大小不一的 12 件瓷器碎片(见图 4 至图 7)。

在泰国"帕侬苏琳沉船"出水的陶瓷中,有两件广东瓷器上出现了汉字"吉"与"陈"(见图 8)。前者自然是烧制瓷器的师傅顺手在大罐子上

图 3　广东产半透明青釉大罐

（罐子肩部的六个耳环上还有主人留下的提手绳索）

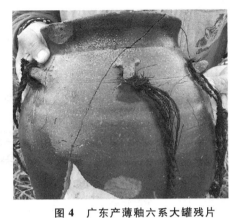

图 4　广东产薄釉六系大罐残片

（罐子肩部的六个耳环上还有主人留下的提手绳索）

图 5　广东产青白釉色储物罐残片

图 6　广东产青黄釉储物罐残片

图 7　广东产无釉四系大陶罐残片（左）及广东产青黄釉色四系坛子（右）

图 8　放大后的照片可清晰见到出水的广东陶瓷大罐上刻有汉字"吉""陈"

刻写下的祈求吉祥如意的祈福语，后者或许是某位窑工在将整理好的陶罐送入磁窑烧制之前，随手刻下了自己的姓。在中国民间的窑口，诸如此类的现象屡见不鲜。

至于这几件器物产自哪个窑口，美国纽约大都会艺术博物馆陶瓷部的约翰·盖伊博士认为，沉船中出水的广东产半透明青釉大罐与 1960 年广东韶关出土的唐朝开元年间的著名宰相张九龄墓葬中的青釉陶罐碎片颇为相似。[①] 事实上，唐朝中期广东地方民窑生产的许多陶瓷产品大约自 8 世纪晚期开始，就已经通过当时广州口岸繁盛的对外贸易渠道，由来自波斯湾、阿拉伯半岛和印度的波斯舶、大食舶及天竺舶运到西亚中东地区。张九龄于740 年逝世，63 年后的 803 年，位于波斯湾的著名国际贸易港埠尸罗夫（Sīrāf）开始建造一座名为"星期五大清真寺"（The Friday Mosque）的大清真寺。[②] 1966~1971 年，英国波斯研究所和伊朗考古研究所曾联合在尸罗夫进行了长达 5 年的考古发掘，发掘出的文物包括中国的铜钱、陶器和一面雕刻工艺精湛的铜镜，以及埃及琉璃、东非的象牙、美索不达米亚的陶器、阿

---

① John Guy, "The Phanom Surin Shipwreck, a Pahlavi Inscription, and Their Significance for the History of Early Lower Central Thailand," *Journal of the Siam Society*, Vol. 105, 2017, p. 183；广东省文物管理委员会、华南师范学院历史系：《唐代张九龄墓发掘简报》，《文物》1961年第 6 期。

② Sīrāf 即中国宋元载籍中所记载的尸罗围（《桯史》）、思莲、施那帏（《诸蕃志》卷上"大食国"条）、撒那威（吴鉴《清净寺记》）、试那围（《拙斋文集》卷 16）。Sīrāf 兴起于 9世纪，至 10 世纪时成为波斯湾地区著名的贸易港埠，来自印度、中国、东南亚、东非和红海地区的商舶络绎不绝地前来该港市易。Sīrāf 位于波斯湾东岸，在设拉子（Shīrāz）南面约 240 公里处的滨海之地。Sīrāf 的繁荣一直维持到 10 世纪末至 11 世纪初。

富汗的青金石、波斯高原的陶器、绿松石和琉璃。①在星期五大清真寺一层
楼废墟的地下，大卫·怀特豪斯（David Whitehouse）教授率领的英国考古
队发掘出数百块带有描花图案的青黄釉和绿色釉的广东产陶罐和瓷碗的碎
片。②这一事实证明，至少在8世纪末9世纪初，广东民窑生产的日常民用
陶器和粗瓷就已成为中国外销瓷的重要组成部分，并经由著名的广州至波斯
湾之间的海上贸易航线，被一直输送到西印度洋的波斯湾。

　　关于泰国出水的这艘波斯舶上装载的这几只广东陶瓷大罐，泰国考古学
家曾向研究中国外销瓷的香港学者咨询请教，他们最后得出结论：这批广东
陶瓷应该分别是唐代中期广东新会官冲窑和肇庆封开窑出产的。③ 笔者也曾
先后向几位专门研究古陶瓷的专家请教，他们的看法不太一致。北京大学考
古文博学院专门研究中国古代外销瓷的秦大树教授认为，标有"吉"字的
那个瓷罐暂时难以判定，但其他的几件唐代陶罐，尤其是那只六系罐（罐
肩上有6个系绳索的耳环），看上去非常像是广东新会官冲窑和广东高明大
岗窑烧制的唐代器物。香港中文大学人类学系专门研究广东外销瓷和东南亚
古陶瓷的黄慧怡博士则认为，沉船上出水的这些广东陶瓷应该就是出自新会
官冲窑和肇庆封开窑。她不同意沉船陶瓷有可能出自广东高明大岗窑的说
法，并明确告知笔者，正是她将自己的这两点鉴定意见告诉了泰国文化部艺
术局的同行。由此看来，泰国考古学界之所以如此明确地将沉船上的广东陶
瓷与广东新会与肇庆的这两个窑口相联系，并将此结论放在官方对外宣传的
文章中，在相当大的程度上应该是接受了黄慧怡博士的鉴定意见，否则，泰
国学者对唐代广东外销瓷的窑口及其产品应该是不熟悉的。广东省文物考古
研究院肖达顺副研究馆员近年来一直专注于水下考古与广东省内所有古窑址
的普查，他在与笔者的微信讨论中表示，这几件出水的广东陶瓷肯定是唐代
的器物，器型相当典型，这没有问题，但将之具体确定为是唐代广东哪个窑
口的东西，一时还说不准。肖达顺副研究馆员特别指出，这几只广东窑口烧

①　David Whitehouse, "Siraf: A Medieval Port on the Persian Gulf," *World Archaeology*, Vol. 2,
　　No. 2, Urban Archaeology, October 1970, pp. 141–158.

②　David Whitehouse, "Excavations at Sīrāf: Fifth Interim Report," *Iran*, Vol. 10, 1972, pp. 63–
　　87; David Whitehouse and Andrew Williamson, "Sasanian Maritime Trade," *Iran*, Vol. 11,
　　1973, pp. 29–49.

③　Preeyanuch Jumprom, "Recovery of a Lost Arab-Styled Ship at Phanom-Surin, the Wetland
　　Excavation Site in Central Thailand," in Amara Srisuchat and Wilfried Giessler, eds., *Ancient
　　Maritime Cross-Cultural Exchanges: Archaeological Research in Thailand*, p. 243.

制的大罐子的特点是胎质坚硬，施釉均匀。①

2018 年 2~4 月，为配合广州医学院新校区南侧道路的工程，广州市文物考古研究院的一批考古人员对番禺区新造镇的曾边窑进行了发掘，出土了大量民间所用陶瓷。经过鉴定，曾边窑被认定为是迄今为止广州发现的最早的磁窑遗址，也是目前广州地区考古发掘中发现的唯一的唐代窑址。曾边窑窑址西侧不到 100 米，原来是一条古河道，名为"曾边涌"，现已填平成为地铁站用地。从曾边涌河道再往西 600 米，就是珠江，方便窑厂工匠将烧制好的陶瓷产品就近搬运上船，输送往海内外市场。据南汉二陵博物馆展陈宣教部主任、曾边窑遗址考古发掘项目现场负责人陈馨介绍，曾边窑遗址出土的器物中，瓷器占 65% 以上，陶器占 30% 左右，另有少量窑具。出土瓷器的器型中，以罐、盆、碗为主，碟、钵类较少，还有釜、杯、壶、纺轮等。曾边窑出土的器物，无论是器类、器形，还是装烧工艺，均与广东新会的官冲窑、佛山的高明窑出土的器物极为相似，其与官冲窑出土器物的共性更为明显，两个窑址应该是同一系统的分支。在曾边窑被发现之前，在印尼勿里洞海域沉没的"黑石号"沉船中的广东瓷器，尤其是其中的青瓷罐，被考古学家们普遍认为是广东新会官冲窑的产品。然而，随着广州唐代窑址曾边窑器物的出土，这种传统的观点遇到了挑战，从前的"新会官冲窑"之说或许需要修正。特别是考虑到唐朝时期广州是当时中国最大的海外贸易港埠，曾边窑无疑占尽了天时地利，其窑口烧制的陶瓷产品顺理成章地经由近在咫尺的广州口岸外销出口，肯定比遥远的新会官冲窑具有更大的可能性。② 鉴于上述这一最新的广州地区陶瓷考古发现，泰国湾附近出水的这艘波斯舶上的广东陶瓷器物也有可能是出自广州市的唐代窑口曾边窑。具体如何，有待中外古陶瓷学家来做进一步的调查、比对和鉴定。

六　波斯尖底无柄鱼雷状大瓷瓶

之所以要将出水沉船上的波斯尖底无柄鱼雷状大瓷瓶特别挑选出来讨

---

① 2021 年 7 月 11 日，笔者与北京大学秦大树教授、香港中文大学黄慧怡博士、广东省文物考古研究院肖达顺副研究馆员通过微信分别进行了讨论。

② 《"考古百年　看广州考古"之一：曾边窑，不见于史书的广州最早瓷窑遗址》，《广州日报》2021 年 7 月 20 日，https://baijiahao.baidu.com/s? id = 1705785919433395404&wfr = spider&for = pc。感谢广东省文物考古研究院肖达顺副研究馆员提供这一线索。

论，主要是因为这个问题涉及这艘沉没的缝合木船究竟是阿拉伯船还是波斯舶。而且，在"帕侬苏琳沉船"上居然发现了 431 块大小不一的波斯尖底瓷瓶的碎片，可见当时这艘沉船上装载着数量不少的这类大瓷瓶。熟悉波斯湾历史与西印度洋航海史的学者大概都知道，尖底无柄鱼雷状大瓷瓶是古典时代晚期至伊斯兰时代早期（3～9 世纪）在波斯湾地区盛行的一种盛放液体或饮料的容器，而且主要是波斯人在河流或海上以帆船来大规模地运输液体商品时所使用的容器。古罗马人在地中海运输诸如红酒、橄榄油、鱼露等液体商品时，使用的就是类似波斯人的尖底无柄大瓷瓶这样的容器，只不过罗马人的大瓷瓶的器型是双耳细腰，有两只把手。有趣的是，波斯人的这种尖底无柄鱼雷状大瓷瓶在使用之前，经常是在瓷瓶的内壁上薄薄地涂抹一层黑色的沥青，以达到防水密封的效果。大瓷瓶刚从沉船中打捞出来时，泰国的考古学家不明白这些瓷瓶内壁上这层黑乎乎的物质是什么东西，直到外国学者点明其中的奥妙，才恍然大悟。欧洲与中东的考古学家们推测，古代的波斯人大约是将少量稀释后的沥青浇入滚烫的大瓷瓶内，然后，迅速地晃动瓷瓶，让稀薄的沥青液体均匀地粘连在瓷瓶的内壁上，最后将多余的沥青液体倒出来。之所以这么推测，是因为考古人员在这些大瓷瓶碎片的内壁上观察到有些小地方偶尔还没有粘上沥青，在瓷瓶的外壁仍可见到泼洒出来的点状沥青，以及挂在瓷瓶外壁的沥青流体的痕迹。在瓶底，有时凝结着一些坚固的沥青块。

　　波斯人所特有的尖底无柄大瓷瓶与瓷瓶内壁涂抹沥青这一特色，逐渐引起了欧洲与中东地区考古学家的关注。最近的 30 年来，他们开始在埃及、以色列、土耳其、叙利亚、伊朗、伊拉克、沙特阿拉伯、巴林、阿联酋与阿曼等中东国家广泛地调查古代沥青的产地及其在远洋航海贸易中的使用情况。[1]根据欧洲与中东考古学家的调查和研究，从地理分布范围上来说，古

---

①　这方面的一些代表性的研究，可参阅 A. Nissenbaum and J. Connan, "Application of Organic Geochemistry to the Study of Dead Sea Asphalt in Archaeological Sites from Israel and Egypt," in S. Pike and S. Gitin, eds., *The Practical Impact of Science on Near Eastern and Aegean Archaeology*, London: Wiener Laboratory Publication, 1999, pp. 91 - 98; J. Connan et al., "Asphalt in Iron Age Excavations of the Philistine Tel Mique-ekron City（Israel）: Origin and Trade Routes," *Organic Geochemistry*, Vol. 37, No. 12, 2006, pp. 1752 - 1767; T. Van de Velde et al., "A Geochemical Study on the Bitumen from Dosariyah（Saudi-Arabia）: Tracking Neolithic Period Bitumen in the Persian Gulf," *Journal of Archaeological Science*, Vol. 57, 2015, pp. 248-296。

代波斯尖底无柄鱼雷状大瓷瓶的使用范围非常广，尤其是在今天伊拉克的中部和南部，以及伊朗高原的西南部，均出土或发现了大批这类瓷瓶，其民间广泛使用的历史时期是从萨珊波斯王朝时代至阿拉伯人兴起的伊斯兰时代早期。在波斯湾沿岸各个港埠的考古遗址中均有发现，数量最多的是地处伊朗南部沿海的萨珊波斯王朝时期的贸易重镇布什尔（Bushehr）。[①]在印度洋海域，考古学家们目前已发现了多个大量使用波斯尖底无柄鱼雷状大瓷瓶的考古遗址，包括阿拉伯半岛的东部与南部、东非沿岸、印度西海岸，以及斯里兰卡。[②]令西方考古学界感到意外并欣喜的是，如今，他们竟然在遥远的东南亚海域，在泰国湾出水的一艘古代缝合木船上，也发现了这些波斯人日常经常使用的鱼雷状无柄大瓷瓶，而且每个瓷瓶的内壁上都涂抹着黑色的沥青（见图9、图10）。

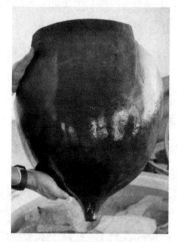

图 9　波斯尖底无柄鱼雷状大
瓷瓶碎片外观

图 10　布满沥青的波斯尖底无柄鱼
雷状大瓷瓶内壁

为了比较准确地测定沉船上这些大瓷瓶的容量究竟有多大，考古学家和科学家们充分利用了先进的现代科学技术。他们在电脑上运行海军部门使用

① David Whitehouse and Andrew Williamson, "Sasanian Maritime Trade," *Iran*, Vol. 11, 1973, pp. 29–49; St. J. Simpson, "Bushire and Beyond: Some Early Archaeological Discoveries in Iran," in E. Errington and V. S. Curtis, eds., *From Persepolis to the Punjab: Exploring Ancient Iran, Afghanistan and Pakistan*, London: British Museum Press, 2007, pp. 153–165.

② R. Tomber, "Rome and Mesopotamia: Importers into India in the First Millennium AD," *Antiquity*, Vol. 81, 2007, pp. 972–988.

的一个 3D 软件，从沉船上搜集到的 431 块大瓷瓶碎片中选取了部分碎片，在电脑上重新整合成了一个虚拟的完好的瓷瓶，然后进行容量测定，软件最后给出的测定结果是：193 升。如此一来，人们对中世纪波斯人所使用的这种鱼雷状的无柄尖底大瓷瓶立刻就有了一个相当具体的概念，大致可以想象一个能够容纳 193 升的瓷瓶有多大。①

那么，8 世纪晚期泰国湾沉船上的这些波斯大瓷瓶究竟对于远道而来的波斯商人有何用途？众说纷纭，各种揣测都有。有的学者猜测，船上的这批波斯大瓷瓶应该是用于装载远航途中船员们饮用的淡水；有的学者猜测，大瓷瓶内装的应该全部都是沥青液体，这些瓷瓶不仅是容器，它们自身也是商品。这艘船大约是接着要前往某个缝合木船的建造工场，沥青是建造缝合木船所必不可少的堵塞缝隙、防漏水的材料；有的学者则认为，由于其中某一个大瓷瓶的内壁上粘有许多稻谷，所以，波斯大瓷瓶不仅用于盛放液体，也可用于储存固体食物。②

最后，必须强调的是，由法国、英国、澳大利亚、伊朗、美国、比利时等多国学者组成的研究团队在对"帕侬苏琳沉船"上的波斯无柄尖底大瓷瓶内壁上的沥青做了一连串的化验和测试之后，证明泰国湾出水的这艘沉船上波斯大瓷瓶内的沥青，与考古学家过去这些年在伊朗西南部沿海各贸易港埠［如舍盖卜（Shaghab）、锡尼什（Siniz）、马赫罗延（Mahroyan）、尸罗夫、里加（Rig Port）］、阿联酋阿布扎比（Abu Dhabi）的萨巴尼亚岛（Sir Bani Yas），以及斯里兰卡的阿努拉达普拉古城（Anuradhapura）所发掘出的 8 世纪的波斯大瓷瓶内的沥青，有着相当密切的关系。"帕侬苏琳沉船"上的无柄尖底鱼雷状大瓷瓶其实有两种类型，其沥青成分也分为两种，但它们同属于 8 世纪古代波斯的沥青。③换言之，这种带有典型波斯特色的内壁抹有沥青的尖底大瓷瓶在印度洋各古老的贸易港埠的分布，实际上是在无声地

---

① Jacques Connan et al. , "Geochemical Analysis of Bitumen from West Asian Torpedo Jars from the c. 8th Century Phanom-Surin Shipwreck in Thailand," *Journal of Archaeological Science*, Vol. 117, 2020, p. 3.

② Jacques Connan et al. , "Geochemical Analysis of Bitumen from West Asian Torpedo Jars from the c. 8th Century Phanom-Surin Shipwreck in Thailand," *Journal of Archaeological Science*, Vol. 117, 2020, p. 3.

③ Jacques Connan et al. , "Geochemical Analysis of Bitumen from West Asian Torpedo Jars from the c. 8th Century Phanom-Surin Shipwreck in Thailand," *Journal of Archaeological Science*, Vol. 117, 2020, pp. 1-18.

告诉世人：当时这些地方的海域都有波斯商贾和波斯舶在活动。与此同时，这个研究结论也从另外一个侧面告诉考古学家与历史学家，泰国湾沉没的这艘缝合木船上的商贾极有可能就是波斯人，这艘缝合木船应该是波斯舶，而不是大食舶。

七　波斯尖底无柄鱼雷状大瓷瓶上的巴列维文铭刻

在泰国湾附近出水的这艘沉船上，还有一件很有趣的器物。这是一个波斯湾地区常见的尖底无柄鱼雷状大瓷瓶，瓷瓶的外壁上刻写着一段文字，没有人认识这种文字。于是，围绕着这一小段文字出现了四种解读意见。首先，泰国的学者认为是古阿拉伯文，例如，阿里·苏赛明（Ali Suesaming）先生认为，这段古阿拉伯文字写的是"伊斯兰纪年145年"，折算成公历为766年；另外一位来自泰国南部的穆斯林教师则将这段文字翻译为"制作于721年"。然而，迄今为止，这两种解读都无法为学术界同人所接受。第三种解读来自詹姆希德·K.乔斯基（Jamsheed K. Chosky）教授，他认为，这是一段古代的波斯文，其意思是"至高无上的上帝"或"40瓶装满滚烫的沥青的容器"。后面的这一种解读有一定的道理，也许这段文字是用于说明缝合木船上装载的这一批尖底大瓷瓶的用途。第四种解读来自美国哈佛大学古伊朗文专家施杰我（Prods Oktor Skjaervø）教授。应约翰·盖伊博士的请求，施杰我教授很仔细地解读了这一段文字。首先，他指出，刻写在尖底大瓷瓶外壁上的文字是中世纪波斯语言巴列维文（Pahlavi）（见图11）。在萨珊波斯王朝统治时期，所有的波斯人、琐罗亚斯德教和基督教的信徒都在使用巴列维语。施杰我教授认为，刻写在大瓷瓶上的是一个波斯人的名字：Yazd-Bōzēd。约翰·盖伊博士认为，Yazd-Bōzēd有可能是当时缝合木船上的波斯商贾，也可能是这批波斯尖底无柄鱼雷状大瓷瓶的货主，更有可能是这艘缝合木船的主人，或投资这一船货物的商家，资助这艘船从波斯湾前往中国与东南亚进行远程海上贸易。无论如何，由此可以比较确定地推断：Yazd-Bōzēd一定是一位波斯人，或是一位从波斯湾前来此地进行海上贸易的商贾，而巴列维语言和文字是他们最常使用的商业语言。[1]　对于哈佛大学施

---

① John Guy, "The Phanom Surin Shipwreck, a Pahlavi Inscription, and Their Significance for the History of Early Lower Central Thailand," *Journal of the Siam Society*, Vol. 105, 2017, p. 188.

杰我教授的解读，以及约翰·盖伊博士所做出的进一步的推论，笔者表示完
全赞同。

图 11　刻写在尖底无柄鱼雷状大瓷瓶外壁上的巴列维文

即便离开了故土，移居到了其他国家，波斯人仍然坚持使用自己的语言
文字，表明自己在海外的身份。在这一方面，一个最典型的案例就是 1955
年冬陕西省文物管理委员会在西安市土门村附近发现的唐代苏谅妻马氏墓
志。这块墓志铭的正面上半截刻有某种当时无人能够辨识的外国文字，横书
六行，下半截为汉文，直书七行。最后，日本京都大学的伊藤义教博士辨认
出，这是中古波斯语之巴列维文，并将之翻译成中文，进行考释。①

大瓷瓶上巴列维文铭刻的解读，再一次地证明：泰国湾沿海附近出水的
这艘缝合木船应该是波斯舶，而不是泰国考古学界及其他学界同人所断言的
阿拉伯船。

八　缝合木船并不是阿拉伯人的专利

以往的海洋史研究著述给人们造成了一种错觉，认为唐宋时期的大食人
都是航海和贸易的行家里手。在考古发掘及文献研究过程中，一见到缝合木
船，马上就联想到阿拉伯人，继而顺理成章地认为，世界各地所有出水的缝
合木船都是阿拉伯船。与此同时，对于阿拉伯民族如何会突然崛起，成为亚
洲杰出的航海民族，缝合木船是全世界各航海民族共同拥有的物质文明，或
是中世纪阿拉伯民族所独有的航海工具，诸如此类的问题，均无人认真地加

---

① 关于西安市土门村出土的这块巴列维文——汉文双语合璧墓志的概述与研究，可参阅作铭
《西安发现晚唐祆教徒的汉、婆罗钵文合璧墓志——唐苏谅妻马氏墓志》，《考古》1964 年
第 9 期，第 458~461 页；伊藤义教《西安出土汉、婆罗钵墓志婆文语言学的试释》，《考古
学报》1964 年第 2 期，第 195~205 页；刘迎胜《唐苏谅妻马氏汉、巴列维文墓志再研究》，
《考古学报》1990 年第 3 期，第 295~305 页。

以探讨。其实，将缝合木船与阿拉伯人画等号，实在是一个美丽的误会。阿拉伯民族并非自古以来就是富有航海历史传统的族群。就航海活动而言，阿拉伯民族有一个学习、进步及发展的过程，也有一个很明显的族群内部的分野。事实上，阿拉伯民族大致可分为居住在阿拉伯半岛南部的航海阿拉伯族群与居住在北部和中部的沙漠阿拉伯族群两大群体。那些自中亚沙漠地区迁徙而来的阿拉伯贝都因人（Bedouin）历来与海洋无缘，其对海洋的认识远不及久居伊朗高原的波斯人。在阿拉伯帝国迅速兴起、扩张的过程中，中亚、西亚及北非的许多族群被迫或自愿地接受同化，信奉伊斯兰教，逐渐地同化为阿拉伯民族的一部分。正因为如此，阿拉伯人的舰队于 655 年在地中海的利西亚（Lycian）海岸打了一场漂亮的海战之后，人们惊讶地发现，船上的水兵和水手居然都是从埃及招募来的科普特人（Copts）。研究古代阿拉伯人航海史的前辈学者乔治·F. 侯拉尼（George F. Hourani）因此认为，早期的阿拉伯人即便航海，也只是做生意或当海盗，其船只都是雇用希腊人或科普特人来驾驶的，阿拉伯人自己绝不驾船作战。[①]即便是那些定居在阿拉伯半岛南岸的阿拉伯族群，在伊斯兰帝国征服并统治波斯湾地区的初期（公元 7 世纪下半叶），其航海和造船的技能也远不如波斯人。

　　经过近一个世纪的实践和进步，直到阿拔斯王朝时期（750～1258 年），阿拉伯人才开始在与中国的海上贸易中逐渐崛起，并占据着比较重要的地位。但若仔细地比较、分析早期波斯人的航海路线和活动，以及后来阿拉伯人的航海活动，便不难发现，7 世纪之前，波斯人曾在相当长的一段时间内执亚洲海洋世界之牛耳，影响相当深远。阿拉伯人其实是直接继承了早期波斯人的航海传统和经验，有时甚至干脆雇用部分当时已降服阿拉伯帝国并改信奉伊斯兰教的波斯水手，让其为阿拉伯人的商船服务。在这一方面，可以从语言学的角度找出不少历史文献方面的证据，说明在航海与造船方面，阿拉伯人其实是波斯人和印度人的徒弟。例如，波斯语中"船长"或"舶主"一词的称呼是"Nā-khudā"，阿拉伯人在亚洲海域崭露头角后借用了这个称呼，将其发音拼写改为"Nawākhuda"。根据亨利·玉尔（Henry Yule）1886年在《英印俗语词典》内的解释，Nā-khudā 一词在波斯语中最初的意思是指"拥有货物的舶主"，后来才渐渐地指称"船长"。随着世界各国航海民族

① George Fadlo Hourani, *Arab Seafaring in the Indian Ocean in Ancient and Early Medieval Times*, Princeton and New Jersey: Princeton University Press, 1951, pp. 51-61.

在古代印度洋与东南亚海域航海贸易活动范围的扩大与彼此交流的增多，这个词渐渐地为各航海民族所接受，唯拼音方式各有差异。例如，在印度次大陆的拼写为 Nacoda 或 Nacoder，在马来半岛和印尼群岛的拼写为 Ankhada、Anak-kuda，16~17 世纪来到亚洲的葡萄牙和英国人又将其拼写为 Necodas、Nohuda、Nohody、Nocheda、Nokayday、Nahoda、Bachodas 等等，不一而足。① 降至元末明初，随着中国闽粤海商在东南亚诸港埠的市易、寓居，与当地马来商人及浮海东来的南印度海商的生意往来不绝，闽粤海商又将这个亚洲海上贸易圈内的惯用称呼带回中国沿海家乡，以至于明朝初年之后的明清史籍中也渐渐地开始出现了这一波斯语名称的各种中文名称的译名，例如：那弗答、剌达握、南和达、哪嗒，甚至将其与当时从事航海活动的各类民间海商或海盗连在一起，组合成新的名称，如海贼喇哒、海商喇哒、通番那达、那哈番贼等等。② 明嘉靖十五年（1536），黄衷在其《海语》"满剌加"条中描述过马六甲港埠的状况："其尊官称姑郎伽哪，巨室称南和达。民多饶裕，南和达一家胡椒有至数千斛，象牙、犀角、西洋布、珠贝、香品若他，所蓄无算。"③ 不过，此时《海语》记述中的"南和达"一名，其含义已从早期的"船长"转为形容殷实富有之海商。

　　之所以认为阿拉伯人与波斯人在航海文明方面有着密切的传承关系，还有一些历史语言学方面的证据。1489~1490 年，两位阿拉伯地理学家伊本－马吉德（Ibn Mājid）和苏莱曼·马赫里（Sulaimān al-Mahrī）合作编写了一部名为《航海学原则实用之书》(*Kitābu'l-fawāid fī usūli'l-'ilmi'l-bahrī wa'l-qawā'id*) 的航海手册。在这部著作中，他们反复地引用一部著于 1184~1185 年、名为 Rāhmānaj 的航海指南手稿。根据法国著名东方学家加布里埃尔·费瑯（Gabriel Ferrand）的考证，Rāhmānaj 一词来源于波斯语 rāhnāma，意为"道路指南"。费瑯在仔细地审读了上述这部阿拉伯文的航海指南手稿

----

① Henry Yule and A. C. Burnell, *Hobson-Jobson：A Glossary of Colloquial Anglo-Indian Words and Phrases，and of Kindred Terms，Etymological，Historical，Geographical and Discursive*, London：John Murray, 1886, pp. 612-613.

② 有关波斯语 Nā-khudā 在中国明清载籍内的各种名称及记述，最早由日本史学家小叶田淳于1939 年提出。此后，厦门大学的傅衣凌先生于 20 世纪 50 年代在其有关明代福建海商的研究中加以补充。详情可参阅小叶田淳《中世南岛交通贸易史的研究》，东京：刀江书院，1968；傅衣凌《明代福建海商》，《明清时代商人及商业资本》，人民出版社，1956，第107~160 页。

③ 黄衷：《海语》卷上，"满剌加"条，民国景明宝颜堂秘笈本，第 2 页。

后指出，这是一部 12 世纪时从波斯文翻译成阿拉伯文的航海手册，书中收集了多种古代波斯人在波斯湾和印度洋航海过程中所积累的航海针路。阿拉伯地理学家虽然将书的内容翻译为阿拉伯文，但却将原书的波斯文书名以阿拉伯文译音的方式保留了下来。换言之，12~16 世纪问世的阿拉伯人航海指南大多是在早期波斯人著述的航海指南基础上加以修改、增补的。[①]不仅如此，许多古代波斯人使用的航海术语也被中世纪的阿拉伯人采纳、吸收后成为其航海著作中的一部分。例如，在波斯语中，"港口"一词称为"bandar"，阿拉伯人征服了波斯湾地区后，这个词语很快就成为阿拉伯人对港埠的称呼。阿拉伯人以此来称呼从东非海岸到阿拉伯半岛以及印度洋海域的所有港埠，如位于赤道线上东非的 Barr al-banādir 港、位于阿拉伯半岛沿海的 Bandar al-Kayrān 港、Bandar Nus 港、Bandar Raysūt 港。阿拉伯人编写的航海指南中类似的例子不胜枚举，如 daftar（航行指南）、dūnīj（海舶所附带的小舢板）、dīdbān（负责在桅杆顶瞭望的水手）、khann（罗盘针位）、sanbūq（某种海舶）。[②]

最有趣的或许还是"大食"这个名称。中国学者现在大都知道中国古籍中称呼阿拉伯人的这个名称来源于波斯语 Ta-zik，为波斯语名称的译音，但几乎没有人探究过波斯人为何称呼阿拉伯人为 Ta-zik。原来，波斯语此词语的原意为"Tayy 部落的成员"，指的是古代阿拉伯部落族群的一个分支——Tayy（阿拉伯语：طيء）部落。该部落起源于也门，后辗转迁徙到了今沙特阿拉伯的哈伊勒（Ha'il）地区。[③]渐渐地，波斯人开始将这一名称作为所有阿拉伯人的统称，并随着与古代中国经济、文化交往的日益频繁而将这一称呼传给了中国人。

此外，10 世纪中叶，一位名叫 Buzurg ibn-Shahriyār of Ramhurmuz 的波斯船长写了一部被西方史学界认为最重要的航海史著作《印度珍奇志》（*Kitāb 'Ajā' ib al-Hind*）。作者根据自己在波斯湾和印度洋航海生涯中的所见所闻，记述了有关印度、古代东方和东非的许多航海故事，并记载了许多

---

① Gabriel Ferrand, "L'Élément Persan dans les texts Nautiques Arabes des XVᵉ et XVIᵉ siècles," *Journal Asiatique*, Vol. 204, Avril-Juin 1924, pp. 193-257.

② George Fadlo Hourani, *Arab Seafaring in the Indian Ocean in Ancient and Early Medieval Times*, p. 65.

③ Gabriel Ferrand, "L'Élément Persan dans les texts Nautiques Arabes des XVᵉ et XVIᵉ siècles", *Journal Asiatique*, Vol. 204, Avril-Juin 1924, pp. 193-257.

商船船长的姓名。学者们经过认真考证之后发现，10 世纪时活跃在波斯湾和印度洋的这些船长都是波斯人。不过，这也很容易理解，因为作者本人就是定居在波斯湾尸罗夫港埠的居民，其书中的许多故事都是向尸罗夫港的波斯人水手或船长搜集来的。①

　　阿拉伯人崛起并占领了波斯湾后，在波斯湾两岸的伊朗高原和阿拉伯半岛大批招募造船的工匠和水手，他们很快就发现，绝大多数招募来的工匠和水手是波斯人。10 世纪末叶的阿拉伯地理学家穆卡达西（Abū 'Abdu 'llāh Muhammad ibn Ahmad al-Muqaddasī）在其著述于 985 年的《地理志》（Ahsanu' t-Taqāsīm fī Ma'rifati' l-Aqālīm）中，也毫不掩饰地承认，直至 10 世纪下半叶，波斯人在红海及阿拉伯半岛南部阿曼（Oman）的航海势力还比较强。例如，在"中国的贸易门户之港埠"苏哈尔（Suhār），"波斯人是当地的主人。在亚丁港（Aden）和吉打港（Jidda），当地绝大多数的居民是波斯人，但他们能说阿拉伯语。在苏哈尔，当地居民却只说波斯语"。在波斯语通行的吉打，由于该港埠是伊斯兰教圣地麦加和也门、埃及等地对外贸易的货物集散地，东西方商贾麇集，"当地的商人统治精英都是波斯人，住在奢华的宫殿里"。②事实上，在阿拉伯人摧毁了波斯帝国之后的很长一段时间内，波斯商贾和水手仍然活跃在波斯湾及印度洋上，掌控着波斯湾对东西方的海上贸易。波斯人当时不仅控制着阿曼和也门的海外贸易，而且在海外的许多港埠［诸如印度马拉巴尔海岸的卡利卡特（Calicut）、孟加拉苏丹国的榜葛剌（Bengala）、马来半岛南端的马六甲、东非沿海的彭巴（Pemba）、桑给巴尔岛、索马里的巴拉维（Barawa）、摩加迪索以及坦桑尼亚沿海的基尔瓦（Kilwa）］都设立了自己的贸易据点和侨居社区，成为当地社会的统治精英。③

　　至于本文所关注的缝合木船，其实，早在阿拉伯民族形成之前，缝合木船就已在西亚古老的两河文明流域出现了。毋庸置疑，阿拉伯人（尤其是

①　P. A. van der Lith trans., *Livre des Merveilles de L'Inde par le capitaine Bozorg Fils de Chahriyâr de Râmhormoz*, Leide: E. J. Brill, 1883–1886.

②　M. J. de Goeje, ed., *Bibliotheca Geographorum Arabicorum*, 1906, pp. 79–92, quoted in Hadi Hasan, *A History of Persian Navigation*, London: Methuen & Co., Ltd., 1928, pp. 123–125.

③　Shayah Muhīu'd-Din, "The History of Kilwa," *Journal of the Royal Asiatic Society*, 1895, pp. 411–413; Duarte Barbosa, *A Description of the Coasts of East Africa and Malabar in the Beginning of the 16ᵗʰ Century*, trans. by E. Stanley, London: Hakluyt Society, 1866, pp. 146–148, 179–180; *The Travels of Ludovico di Varthema*, London: Hakluyt Society, 1863, pp. cxiv–cxxi.

阿拉伯半岛南部沿海的阿拉伯人）曾经是中世纪印度洋上杰出的航海家和水手，驾驶着缝合帆船 Dhow 活跃在西印度洋至东南亚，再到中国广州的这一大片广袤的海域。但是，这并不意味着缝合木船是阿拉伯人的独创和专利。在历史上，缝合木船也并非阿拉伯民族所垄断的船型。研究阿拉伯造船史的学者们或许都知道，如今，国际学术界在此研究领域最著名的学术权威是英国埃克塞特大学（University of Exeter）阿拉伯与伊斯兰教研究所的阿尔·卡西米（Al Qasimi）讲座教授狄俄尼索斯·A. 阿吉乌斯（Dionisius A. Agius），他同时也是英国科学院院士和沙特阿拉伯阿卜杜拉阿齐兹国王大学的特聘讲座教授。笔者曾通过电子邮件，与狄俄尼索斯·A. 阿吉乌斯教授就古代印度洋的缝合木船问题进行讨论，交换看法。他非常明确地指出，自古以来，包括腓尼基人、印度人的祖先达罗毗荼人（Dravidian）、波斯人、阿拉伯人、阿比西尼亚人（Abyssinia）、埃及人等民族在内的西印度洋海域沿岸的各个航海民族早就知道如何制作捆扎的芦苇筏子与缝合木船，他们制造出来的缝合木船不仅制作工艺相同，外表造型也基本一样，没有什么区别。早在青铜器时代，从西亚的美索不达米亚（Mesopotamia）到印度河流域（the Indus Valley），再到北非的埃及，就技术层面而言，各航海民族制作的帆船都是相同的，要么以捆扎的方式将一束束的芦苇捆绑在一起，要么以缝合的方式把一块块的木板连接在一起，最后制成小船形状的水面运输工具。

　　而且，严格地说，古代制造缝合木船工艺最好的造船工匠并不是阿拉伯人，而是居住在印度南部沿海的印度人，尤其是居住在印度西南沿海喀拉拉邦（Kerala）的造船师傅。[①]印度西南海岸的喀拉拉邦之所以能在历史上成为印度洋缝合木船的制造中心，其关键的因素有以下五点。第一，喀拉拉邦沿海族群制作缝合木船的历史非常悠久，可以回溯至公元前 2000 年。[②]第二，阿拉伯半岛没有森林，缺乏造船所需的木料，而印度西南岸在历史上以盛产坚硬的铁力木著称，距离海岸边不远的地方就有原始森林，砍伐造船所需的

①　Ralph K. Pedersen, "A Clench-Fastened Boat in Kerala, India," *The International Journal of Nautical Archaeology*, Vol. 39, No. 1, 2010, pp. 110–115.

②　Ralph K. Pedersen, "Traditional Arabian Watercraft and the Ark of the Gilgamesh Epic: Interpretations and Realizations," *Proceedings of the Seminar for Arabian Studies*, Vol. 34, 2004, pp. 231–238; E. Kentley, "The Sewn Boats of India's East Coast," in H. P. Ray and J. Salles, eds., *Tradition and Archaeology: Early Maritime Contacts in the Indian Ocean*, New Delhi: Manohar Publishers and Distributors, 1996, pp. 247–260.

大根原木较为方便。第三，不仅如此，喀拉拉邦还可以很方便地找到堵塞缝合木船缝隙及防水工序所必须用到的石灰、鱼油、树脂等原材料。第四，毗邻的马尔代夫群岛盛产椰子，岛民们将椰子壳晒干、敲打松散后，用椰子壳的纤维搓捻成粗细不一的绳索，作为缝合木船制作过程中必不可少的原材料，源源不断地输送到印度半岛南部东、西海岸的各个造船作坊。第五，在古代东西方远程海上贸易的航线上，印度半岛南部的东西两岸恰好是各国商船等候印度洋季风转换的最佳的地点。在等候季候风的这几个月内，船长们往往将自己的帆船停泊在印度人的造船作坊内进行修补。所以，出于造船原材料的获取、制作成本、季候风等多方面因素的考虑，在历史上，波斯人和阿拉伯人很早就开始委托印度南部的造船师傅为自己制造不同规格的缝合木船，以海外下订单的方式来购买远洋贸易所需的缝合木船，待船只完工后，再派水手驾驶回波斯湾。[①]

　　印度是一个具有悠久航海历史文明的民族，与缝合木船的关系比较密切，所以，古代印度人的海外航海活动相当活跃。在印度的古神庙，如位于印度中部德干高原、修建于公元前 2 世纪至公元 7 世纪的阿旃陀石窟（Ajanta Caves）的浮雕上和许多古钱币上，还保留着古代印度船舶在大海上航行的栩栩如生的画面。不仅如此，古代印度甚至出现了一部专门记录各种船舶制造工艺的梵文笔记手稿，名为 *Yukti Kalpataru*[②]。该书不仅详细记录了古印度各种船舶的种类、名称、形制、用途及制造工艺，颇为有趣的是，书中还特别告诫造船工匠在制造远洋海舶时需注意的事项，例如千万不可使用任何铁制品（如铁钉）来组合、固定帆船的底部，否则帆船会在航行途中被海底某些带有强烈磁性的礁石群所吸引而导致航向偏离，甚至发生触礁沉船的海难事故。

　　古代印度船舶形制之巨，用巴利文著述的部分古代佛教典籍中常有有关

①　有关印度洋各航海民族在缝合木船文明方面的历史、特点与合作，可参阅 Dionisius A. Agius, *Class Ships of Islam: From Mesopotamia to the Indian Ocean*, Leiden and Boston: Brill, 2008, pp. 141-168, 215-244。

②　该书据说是由一位名叫 Bhoja Narapati 的人所编撰，类似中国古代《太平御览》等类书。有关详情，可参阅 Radha Kumud Mookerji, *Indian Shipping: A History of the Sea-Borne Trade and Maritime Activity of the Indians from the Earliest Times*, Bombay, Calcutta and Madras: Orient Longmans, 1912, pp. 13-18。有关古代印度的造船技术，还可参阅 T. Dasgupta, "Shipbuilding and Commerce in Ancient Bengal," *Journal of the Department of Letters*, Vol. 10, 1923, pp. 111-128; M. Chaudhuri, "Shipbuilding in the *Yuktikalpataru* and *Samarangana Sutradhara*," *Indian Journal of History of Science*, Vol. 11, No. 2, 1976, pp. 137-147。

内容。此类巴利文典籍虽然没有像梵文文献那样具体注明不同类型船舶的尺寸，却时常以某只船舶能运载多少人来描述船只的体积。例如，根据锡兰佛教典籍 *Rājā-Ratnācari* 的记载，狮子城（Sinha Nuwara）王子维耶（Wijeya）率领着随从及妇孺老少共 700 人乘坐着一艘大船航往锡兰岛，成为狮子国（锡兰，即今斯里兰卡）的奠基者。①此后不久，维耶王子从潘德延（Pāṇḍyan）迎娶新娘到锡兰时，据记载，船上的乘客多达 800 余人。②古老的佛教典籍还记载说，马赫贾约卡-贾塔卡（Mahājanaka-Jātaka）王子和一批商人从占婆（Champā）［今印度巴加尔布县（Bhagalpur）］乘船前往南海金地（Suvaṇabhūmi）时，船上竟载有七支大篷车商队的成员及其牲畜。③

由于古代各海洋贸易圈之间的密切来往与相互交流，以至于当时活跃于印度洋西部海域的印度人的船舶与波斯人、阿拉伯人的帆船在构造上非常相似，难以区分。④就波斯、阿拉伯和印度的帆船来说，一般具有以下几方面的共同特点。首先，看船的外壳形状，船首如刀切般地高高地昂首翘起，斜度甚大；其次，从帆船的制造工艺技术上来看，所有的船板与横梁均以十字交叉的缝合方式结合在一起，整只船上找不到一个以竹子、木头榫头相结合的部位，而且所有的缝隙内外都用苎麻、树脂等材料严严实实地加以填充。制造缝合木船时先制作船壳，然后，将横贯全船的主梁以缝合的方式固定在船壳上。此外，古代印度帆船和阿拉伯帆船均设有可以自由移动的船舱盖子、一根船的龙骨和数块船上甲板的边板以及铁制或硬木制作的锚。

以上引述了各种历史文献记载及相关的考古学、历史学研究成果，旨在说明：在印度洋的历史上，缝合木船不仅是阿拉伯人所惯用的船型，同时也是西印度洋地区沿岸其他航海民族所经常使用的航行工具。倘若进一步深究下去，便会发现，缝合木船同时也是古代东南亚及中国南方沿海诸航海民族所熟悉的船舶。在这一方面，中国历代文献里的相关记载恰好可以弥补西方

① Edward Upham, ed., *The Mahāvansi, The Rājā-Ratnācari and The Rājā-Vali: Translated from the Sacred and Historical Books of Ceylon*, London: Parbury, Allen and Co., Vol. 2, 1833, pp. 27 - 28, 168; George Turnour, ed. and trans., *The Mahāwanso in Roman Characters*, Ceylon: Cotta Church Mission Press, Vol. 1, 1837, pp. 46-47.

② George Turnour, ed. and trans., *The Mahāwanso in Roman Characters*, p. 51.

③ Radha Kumud Mookerji, *Indian Shipping: A History of the Sea-Borne Trade and Maritime Activity of the Indians from the Earliest Times*, pp. 20-21.

④ Paul Pelliot, "Quelques textes chinois concernant l'Indochine hindouisée", in G. Van Oest, ed., *Etudes Asiatiques publiées à l'occasion du vingtcinquième anniversaire de l'Ecole Française d'Extrême-Orient*, Paris: EFEO, Tome II, pp. 243-263.

与中东航海历史文献之不足。

西晋谯国铚县（今安徽宿州市西南部）人嵇含（262～306）在其编撰于晋永兴元年（304）的《南方草木状》一书卷"桄榔树"条中，有如下一条记述："桄榔树，似栟榈，实其皮可作緶，得水则柔韧。胡人以此联木为舟。皮中有屑如面，多者至数斛，食之与常面无异。木性如竹，紫黑色，有文理。工人解之，以制弈枰。出九真、交趾。"① 这条史料说明，早在4世纪初之前，中国人就已知道外国的"胡人"用桄榔树的树皮纤维来搓捻成绳索，然后，用桄榔树绳索将木头捆绑在一起，联木为舟。此外，桄榔树的木性如竹子，呈现紫黑色，有纹理，入水之后还特别柔韧。这一记载无意之中为泰国湾出水波斯舶上的黑色缆绳提供了很好的注解，因为泰国考古学家发现，出水沉船上的这种黑色的绳索完好如新，格外坚固。最后一点，嵇含在《南方草木状》中指出了当时可用于制造缝合木船的桄榔树的产地，即今越南北方沿海一带的九真与交趾。值得注意的是，此时期制造缝合木船的还仅仅是胡人，文献中尚未见到公元4世纪时中国人已经学会用桄榔树来制造缝合木船的记载。

降至唐朝，有关缝合木船的中文记述开始增多。首先，唐代高僧慧琳在其名著《一切经音义》（成书于807年）卷61中，记述过一种名为"昆仑舶"的外国海船："司马彪注《庄子》云：海中大船曰：舶。《广雅》：舶，海舟也。入水六十尺，驱使运载千余人，除货物，亦曰：昆仑舶。运动此船多骨论。为水匠用椰子皮为索连缚，葛览糖灌塞，令水不入。不用钉鲽，恐铁热火生。累木枋而作之，板薄恐破，长数里，前后三节，张帆使风，亦非人力能动也。"② 慧琳在此佛经辞典中所提及的"葛览糖"，即橄榄糖；"昆仑"与"骨论"，殆泛指古代南海的航海民族，既包括高棉人（Khmer，旧

---

① 嵇含：《南方草木状》卷中，第2页b，收入左圭编《百川学海丛书·癸集上》册30，亦收入《文渊阁四库全书·史部·地理类》册589。《南方草木状》一书是学术界公认的世界上第一部地区性植物志。此书早已散佚，今本《南方草木状》系南宋人从不同的古书中辑佚而成，然书中所记述之物与事，则确实为4世纪初之前的情况。有关嵇含及其《南方草木状》的研究与争辩，可参阅余嘉锡《四库提要辩证》卷8《南方草木状三卷》，中华书局，1980，第435～440页。另可参阅罗桂环《关于今本〈南方草木状〉的思考》，《自然科学史研究》1990年第2期；靳士英、靳朴、刘淑婷《〈南方草木状〉作者、版本与学术贡献的研究》，《广州中医药大学学报》2011年第3期。

② 慧琳：《一切经音义》卷61，徐时仪校注，上海古籍出版社，2008，第1588～1589页。

译：吉蔑人），也包括爪哇人和马来人。① 所以，此处记述的能运载千余人的巨型缝合木船，显然是东南亚航海民族的杰作，说明中国人迟至 9 世纪初还没有开始制造并使用缝合木船在海上航行。

又过了大约八九十年，这种状况发生了变化，两广沿海的中国人开始介入缝合木船的制作和使用，古籍文献中出现了相当具体的记述。江西鄱阳人刘恂曾于唐昭宗在位时期（889～904）出任广州司马，谙熟两广、海南及交趾一带的民间土俗和地方土特产，他在《岭表录异》一书中多处提及缝合木船的制作及其用材。例如："桄榔树，枝叶并蕃茂，与枣、槟榔等小异，然叶下有须，如粗马尾，广人采之，以织巾子。其须尤宜咸水，浸渍即粗胀而韧，故人以此缚舶，不用钉线。"② 又如："贾人船，不用铁钉，只使桄榔须系缚，以橄榄糖泥之，糖干甚坚，入水如漆也。"③ 再如："橄榄树身耸枝皆高数尺，其子深秋方熟，闽中尤重此味，云咀之香口，胜含鸡舌香，饮汁解酒毒。有野生者，子繁树峻，不可梯缘，但刻其根下方寸许，纳盐于其中一夕，子皆自落。树枝节上生脂膏，如桃胶，南人采之，和其皮叶煎之，调如黑饧，谓之橄榄糖，用泥船损，干后坚于胶漆，着水益干耳。"④ 根据唐人刘恂的记载，至迟在公元 9 世纪晚期，在中国南方沿海一带用桄榔树和橄榄糖胶来制造缝合木船的主角，已不再是"胡人"和"昆仑人"，而是"广人"、"南人"与"贾人"，即熟识海洋的中国南方沿海居民与商人。

到了宋代，我国广东、广西及海南岛一带的缝合木船制造工艺已发展到了一个更加成熟的阶段。南宋温州永嘉人周去非于宋淳熙年间（1174～1189）曾两度出任钦州教授。故而，其所著《岭外代答》一书对广西的风土人情记述特别详细，尤详钦州地区，因为周去非仕宦于广西期间，大部分

---

① 法国学者加布里埃尔·费琅（Gabriel Ferrand）早在 1919 年就已针对古代史上的南海昆仑问题发表长篇论文，做了详细的分析和论述，详见 Gabriel Ferrand，"Le K'ouen-louen et les anciennes navigations interocéaniques dans les Mers du Sud，" *Journal Asiatique*，1919，Tome 13，pp. 239-333，431-492；Tome 14，pp. 5-68，201-224。慧琳在《一切经音义》卷 81 第 1945 页，有如下一段较为详细的记载："昆仑语：上音昆，下音论。时俗语便亦曰：骨论，南海洲岛中夷人也。甚黑，裸形，能驯伏猛兽、犀、象等种类数般，即有僧祇、突弥、骨堂、阁蔑等，皆鄙贱人也。国无礼仪，抄劫为活，爱啖食人，如罗刹恶鬼之类也。言语不正，异于诸番。善入水，竟日不死。"

② 刘恂：《岭表录异》卷中"桄榔树"条，文渊阁四库全书本，第 4 页 b。

③ 刘恂：《岭表录异》卷上"贾人船"条，第 2 页 a。

④ 刘恂：《岭表录异》卷中"橄榄树"条，第 7 页 a。

时间都住在钦州。《岭外代答》"藤舟"条曰："深广沿海州军，难得铁钉桐油，造船皆空板穿藤，约束而成。于藤缝中，以海上所生茜草，干而窒之，遇水则涨，舟为之不漏矣。其舟甚大，越大海商贩皆用之。"[1] 南宋时期的广南西路下辖 25 州、3 军、65 县，治所设在桂林，大致包括今广西壮族自治区全境、云南省的一小部分、雷州半岛和海南岛，而周去非在文中所说的"深广沿海州军"，当指今广西壮族自治区钦州沿海至广东省湛江沿海一带。由此可见，南宋时期两广沿海地区居民制造缝合木船的工艺有了进一步的提高，其所使用的材料，已从桄榔树皮纤维和橄榄糖胶，进化到了当地盛产的藤条和海里生长的茜草。[2]

简言之，早在晋朝，中国人就已知晓外国人如何制造缝合木船。自唐代开始，缝合木船的制造技术开始逐步传入中国南方沿海地区，沿海居民和商人也学着胡人的做法，用桄榔树皮纤维和橄榄糖泥来制造缝合木船。南宋时期，缝合木船以"藤舟"的船型在两广沿海地区出现，而且，"其舟甚大，越大海商贩皆用之"这一句乃点睛之笔，非常重要。

结　语

2013 年 9 月泰国湾附近出水的这艘缝合木船是东南亚海域水下考古研究中的一个十分重要的事件。经过多国学者的共同努力，"帕侬苏琳沉船"的具体沉没年代现在可以断定为 775 年。换言之，"帕侬苏琳沉船"是目前已知的东南亚海域年代最早的沉船，比印尼勿里洞岛附近海域出水的那艘阿拉伯缝合木船大约要早半个世纪。此外，泰国"帕侬苏琳沉船"的长度当在 28 米以上，宽度为 8 米，而印尼勿里洞沉船残存的长度为 18 米，还原成原型估计最长也只有 22 米左右，宽 6.4 米。虽然都是缝合木船，但两相比较，泰国湾的这艘波斯舶显然比印尼勿里洞海域沉没的那艘阿拉伯缝合木船要大得多。

通过对沉船上波斯尖底无柄鱼雷状大瓷瓶外壁上中世纪波斯巴列维文铭

① 杨武泉校注《岭外代答校注》，"藤舟"条，中华书局，1999，第 218 页。
② 我国造船史学界与科技史学界对缝合木船历史的探讨很有限，相关的研究成果也极少，目前仅见到两篇写得比较好的论文，请参阅戴开元《广东缝合木船初探》，《海交史研究》1983 年（当时一年只出版一期），第 86~89 页；戴柔星《广船的考古空白、研究误区与历史上的形态》，《南方文物》2017 年第 2 期。

刻的解读，以及对波斯人所经常使用的内壁涂抹沥青的大瓷瓶的分析，本文认为，泰国湾附近出水的这艘缝合木船应该是一艘波斯舶，而不是大食舶。由于绝大多数学者并不了解缝合木船制作的历史传承和特点，习惯性地将历史上的缝合木船与阿拉伯人画等号，所以，本文用了不少篇幅来论述从古代波斯湾、印度洋海域直至中国南方沿海不同航海民族制造缝合木船的历史，希望从根本上推翻以往海洋史研究中的一些固定的思维模式和框架，破除迷信，告诉中外学术界同人：早在唐代，中国南方沿海的居民和商贾就已开始利用桄榔树和橄榄糖泥来制造缝合木船。

毋庸置疑，"帕侬苏琳沉船"的出水，不仅修正了以往中国古代外销瓷器研究中的一些结论，将我国瓷器经由海上丝绸之路进入国际市场的年代往前推了半个多世纪，而且证明：广东出产的日用陶瓷早在 8 世纪下半叶就已加入了世界海洋贸易体系，大批历史上名不见经传的广东地方民窑烧制出来的日用陶瓷产品成为我国早期外销陶瓷的大宗出口商品。正是这些生活在社会最底层的窑工和陶瓷工匠，他们默默无闻地辛勤工作了一辈子，为古代海上丝绸之路的发展和繁荣做出了自己卓越的贡献。

（执行编辑：刘璐璐）

9~13 世纪朝鲜半岛大食蕃商行迹钩沉[*]

马建春　李蒙蒙[**]

　　摘　要： 阿拉伯文献表明，约公元 9 世纪末大食商旅或已进入朝鲜半岛进行贸易活动。从《苏莱曼游记》、伊本·胡尔达兹比赫《道里邦国志》，到马苏第《黄金草原》和扎卡里雅·卡兹维尼《世界奇异物与珍品志》等阿拉伯文献，均有关于新罗及朝鲜半岛的记载。而高丽文献在 11 世纪亦有大食赴朝鲜半岛进献方物的载录，加之相关中国文献与出土实物的互证，或可为学界就 9~13 世纪大食商旅于东亚海域的贸易活动提供新的认识。

　　关键词： 唐宋时期　新罗　大食商旅　阿拉伯文献

　　西方学界一般依据阿拉伯文献，以为大食蕃商与朝鲜半岛之间的贸易联系，应始于 9 世纪的新罗时期。早在 20 世纪 50 年代，杰拉尔德·兰德尔·蒂贝茨（G. R. Tibbetts）《早期东南亚穆斯林商人》即指出，9~13 世纪中叶"阿拉伯人贸易的范围已延伸到亚洲大陆海岸，远至北部的高丽"。[①] 乔治·法德洛·胡拉尼（George F. Hourani）亦在其著述《古代和中世纪早期阿拉伯人在印度洋上的航海活动》中称，9 世纪以来，阿拉伯人在印度洋的海上

　　* 本文系国家社科基金重大项目"'海上丝绸之路'古代中东商旅群体研究"（16ZDA118）阶段性成果之一。

　　** 马建春，暨南大学文学院中外关系研究所教授；李蒙蒙，华南农业大学马克思主义学院教师。

　　① G. R. Tibbetts, "Early Muslim Traders in South-East Asia," *Journal of the Malayan Branch of the Royal Asiatic Society*, Vol. 30, No. 1 (177), 1957, p. 36.

航行进入鼎盛时期，他们沿着印度洋海岸，在锡兰、东印度群岛、中国，甚至朝鲜半岛，都有活跃的商业活动；并在言及阿拉伯人于远东地区（Far East）贸易时指出："可以肯定的是，一些穆斯林曾通过陆路或海路到达了高丽（新罗）。"① 韩国学者金元龙、郑守一、李熙秀等，先后据韩国出土的新罗时期具有伊斯兰色彩的文物和阿拉伯文献对新罗的记载，以及日本正仓院档案所载关于新罗转输阿拉伯物品至日本等资料，就此问题进行了初步探讨。目前，国内所见王岩、之远及梁二平参考相关著述就古代阿拉伯文献对朝鲜半岛的记载给予了简要介绍和分析；刘钦花与孙泓的文章也涉及古代阿拉伯与朝鲜半岛的联系。② 本文拟在广泛搜罗、梳理阿拉伯、中国、高丽等相关文献的基础上，佐以出土实物，将大食商人置于东亚海域诸方关系中进行综合考察，通过类推分析，以期就大食商人与朝鲜半岛的贸易联系有深入的讨论。

　　唐朝随着由波斯湾至广州航路的全面开通，大量波斯、阿拉伯商人东航进入南中国海广泛开展商业贸易活动。随后大食船舶逐渐由广州北上进入福州、扬州等地，一些商旅或在扬州等地与新罗商人的接触中了解到朝鲜半岛情况，并将其贸易推进到地处东北亚的"新罗"港口。从 9 世纪始，阿拉伯文献《苏莱曼游记》（*Akhbār al-Ṣīn wa'l-Hind*，又作《中国印度见闻录》）已有关于新罗的记载。此后，伊本·胡尔达兹比赫（Ibn Khordadbeh）《道里邦国志》（*Kitāb al-Masālik wa'l- Mamālik*）、马苏第（Al-Masʿūdī）《黄金草原》（*Murūj aḏ-Ḏahab wa-Maʿādin al-Jawhar*），以及扎卡里雅·卡兹维尼（Zakariya al-Qazwini）《世界奇异物与珍品志》（*ʿAjāʾib al-makhlūqāt wa gharāʾib al-mawjūdāt*）等著述，均以新罗国（668~935）之名，载记朝鲜半岛事宜。

① George F. Hourani, *Arab Seafaring in the Indian Ocean* (*In Ancient and Early Medieval Times*), Princeton: Princeton University Press, 1995, p. 72.

② 김원룡，「고대한국과 서역」，「美術資料」第 34 號，1984；정수일，「新羅·西域交流史」，檀國大學出版部，1992；Hee-Soo Lee, "Early Korea-Arabic Maritime Relations Based on Muslim Sources," *Korea Journal*, Vol. 31, No. 2, 1991；李熙秀：《经海陆传入韩国的伊斯兰教及其发展》，《海上丝绸之路研究·海上丝绸之路与伊斯兰文化》，福建教育出版社，1997，第 155~174 页；이희수，「이슬람과 한국문화」，청아출판사，2013；王岩、之远：《中古阿拉伯东方文献中的新罗国》，《东北史地》2011 年第 3 期；梁二平：《新罗，海上丝绸之路的天尽头》，《丝绸之路》2015 年第 7 期；刘钦花：《唐代的朝鲜与西域》，刘迎胜主编《中韩历史文化交流论文集》第 3 辑，延边人民出版社，2007，第 110~124 页；孙泓：《从考古资料看西域文化在新罗的传播》，中国朝鲜史研究会、延边大学朝鲜·韩国历史研究所编《朝鲜·韩国历史研究》第 10 辑，延边大学出版社，2009，第 65~78 页。

而公元 11 世纪，高丽汉文史料亦有了大食赴朝鲜半岛进献方物的记载，从而使我们对大食蕃商于东亚海域的活动轨迹有了进一步的认识。

一　唐末五代大食载记中的"新罗"

《苏莱曼游记》是最早记载新罗的阿拉伯文献，苏莱曼这位大食商人约于 9 世纪中期到达中国广州。他记道："中国东部临大海，有锡拉（sila）诸岛。岛上居民是白色的人，他们每年向中国朝廷纳贡。他们说如果不向中国君主纳贡，那么他们那里就不下雨。我们谁也没有去过这些岛上，因此也就不能谈有关岛上居民的情况。在这些岛上，动物有白隼。"[1] 此处的锡拉诸岛，学界以为即新罗。显然，其时大食商旅尚未有人到过新罗，苏莱曼有关新罗的记载或来自在广州、扬州等地的新罗僧侣和商人。早在 8 世纪 20年代，新罗僧侣慧超（也作惠超，704~783）于广州拜密教大师金刚智为师，精研佛法并于开元十一年（723）搭乘回航的波斯船舶前往印度求法。在遍游五天竺后，慧超经陆路于开元十五年（727）抵达安西（今库车），再经河西至长安，后著有《往五天竺国传》一书。苏莱曼有关新罗的信息，或许来自慧超及其他由广州西行求法的新罗僧侣。[2] 在漫长的海上旅行中，波斯、大食商人应在与慧超等僧侣的交流中，获知新罗国的基本状况，并传于海上贸易之商旅间，后为苏莱曼获悉并记述下来。

9 世纪中期以后，随着掌控东北亚海上贸易的新罗张保皋势力的消亡，大食商人或始与新罗发生联系。[3] 9 世纪末，阿拉伯学者的著述表明，大食商舶似已驶入朝鲜半岛，与之展开贸易活动。阿拉伯地理学家伊本·胡尔达兹比赫（820~912）所著的《道里邦国志》成书于这一时期，言至新罗时道：

[1]　《中国印度见闻录》，穆根来、汶江、黄倬汉译，中华书局，2001，第 25 页。

[2]　慧超之前，即有新罗僧侣自广州泛海，前往印度求法。唐代僧侣义净于咸亨二年（671）十一月间，由广州搭乘波斯商舶泛海南行，经室利佛逝至印度求法。回国后著有《大唐西域求法高僧传》二卷，载西行求法僧人凡六十，其中越半数为由海道求法印度者，他们中不乏新罗僧侣。其著载："有新罗僧二人，莫知其讳，发自长安，远之南海，泛舶之室利佛逝逝西婆鲁师国，遇疾俱亡。"参见义净著，王邦维校注《大唐西域求法高僧传校注》，中华书局，2020，第 45 页。

[3]　이희수，「이슬람과 한국문화」，청아출판사，2013，68 면．李熙秀以为，公元 845 年之前，以扬州为起点，连接山东半岛、朝鲜半岛和日本的东北亚贸易圈由新罗张保皋海上势力掌控，而扬州、广州和东南亚的南海贸易则由穆斯林商人管控。846 年张保皋死后，东北亚海上王国衰落，穆斯林商人介入东亚领域的生意，从而与新罗有了直接的经济联系。

"在与刚素（Qānsū）对面的中国的尽头有众山及诸国，那就是新罗（Al-Shilā）国，该国盛产黄金，由于那里土地良美，故有一些穆斯林入其国就定居下来。没有人晓得新罗以外的情况。"① 法国学者费琅所编《阿拉伯波斯突厥人东方文献辑注》，就《道里邦国志》该段记载亦予以节译，并注云："据说有数名阿利得岛民，因反对当朝宫廷的迫害，曾在此避难。见马克里奇（Makrizi）书，第 1 卷，第 16 页。"② 胡尔达兹比赫记载这时"有一些穆斯林入其国就定居下来"，而费琅引马克里奇语，言这些"穆斯林"是因逃避官府迫害，避难新罗的"阿利得岛民"。阿利得岛民，或指第四任哈里发阿里的拥护者，即后之什叶派穆斯林。阿拉伯文献有倭马亚王朝时一些什叶派信徒因遭遇迫害而避难于东方的载录。虽然其时东方资料中并未见有相关记述，但或许由此可寻到"穆斯林"进入新罗的线索。

扬州在唐代对外贸易中据有重要地位，东西方商旅汇聚于此，交易者众多，是当时东亚海域的重要港口之一，亦为东南地区经济之重镇。波斯人、大食人、新罗人、日本人也多于此进行商品交换。《旧唐书》云："扬州地当冲要，多富商大贾、珠翠珍怪之产。"③ 据《道里邦国志》载，大食船舶从广州经 8 日航程到达泉州，再自泉州行驶 20 日到扬州。④ 这表明中唐以后东西海上交通东端，已延伸至扬州。据称，其时曾有阿曼苏哈儿（Sohar）港船舶驶至扬州，而《太平广记》亦称扬州曾有波斯、大食胡商。明人谢肇淛遂曰："唐时扬州常有波斯胡店，《太平广记》往往称之，想不妄也。"⑤ 居扬州的大食、波斯人多从事珠宝、香料贸易。日本僧人圆仁《入唐求法巡礼行记》即载"长官傔从白鸟、清岑、长岑、留学等四人，为买香药等下船到市，为所由勘追，舍二百余贯钱逃走"；⑥开成四年（839）正月，扬州州府李德裕为开元寺旃檀瑞像阁募捐，"波斯国出千贯钱，婆国人舍二百贯"。⑦ 这说明波斯商人已与当地社会建立起密

---

① 伊本·胡尔达兹比赫：《道里邦国志》，宋岘译注，中华书局，1991，第 73 页。伊本·胡尔达兹比赫就"新罗"方位的记载显然有误。另，按《道里邦国志》译注，刚素应是刚突（Qāntū）的抄写之误，即江都。

② 费琅编《阿拉伯波斯突厥人东方文献辑注》（上），耿昇、穆根来译，中华书局，1989，第 49 页。

③ 《旧唐书》卷 88《苏瑰传》，中华书局，1975，第 2878 页。

④ 伊本·胡尔达兹比赫：《道里邦国志》，第 72 页。

⑤ 谢肇淛：《五杂组》卷 12，上海古籍出版社，2012，第 666 页。

⑥ 圆仁：《入唐求法巡礼行记》，广西师范大学出版社，2007，第 30 页。

⑦ 圆仁：《入唐求法巡礼行记》，第 25 页。

切联系。

新罗商人亦常以其人参、牛黄、天麻等特产泛海于此，参与朝贡贸易。据《三国史记》载，新罗景文王九年（869）秋七月，"遣王子苏判金胤等入唐谢恩。……牛黄十五两，人参一百斤"。[①] 新罗人崔致远 12 岁赴长安求学，于乾符二年（875）一举及第，乾符六年入扬州高骈幕下为官。此人有《桂苑笔耕集》问世，内称其向高骈多次献礼，寿辰送"海东人形参一躯，海东实心琴一张"，中和节再送"人参三斤，天麻一斤"。他还通过来扬州的新罗使船转寄家信和物品，"今有本国使船过海，某欲买茶药，寄送家信"。[②] 唐时新罗与扬州贸易之频繁由此可见一斑。其时，楚州山阳是扬州的外港。自楚州凭淮河可入黄海，南经扬州、长江和运河，可达明州等贸易港口，向北则经海州（今江苏连云港）至山东诸地。唐代新罗人多居水运便捷的楚州，北上即可由山东出境，南下则便于扬州采购。来华的日本使团就曾于楚州雇用 9 只新罗船，"押领本国水手之外，雇新罗人谙海路者六十余人"。[③] 使团船舶抵达扬子江附近时，又在精通日语、汉语的"新罗译语金正男"引领下，分别于"扬州海陆县白潮镇桑田乡东梁丰村""大唐扬州海陵县淮南镇大江口"登岸。1990 年，江苏扬州市文化宫唐代建筑遗址出土了一批相当数量的玻璃碎片，有绿色、深蓝色、黄色、黄绿色和无色透明等数种。安家瑶认为它们应是由伊斯兰世界运来的，拟准备在扬州再加工为玻璃器的半成品。[④] 亦即这批玻璃碎片是当时大食、波斯商人的所有物。朝鲜半岛亦发现有唐朝时期的中东玻璃器物。自 1921 年迄今，在朝鲜半岛发现的玻璃器约有 30 件，大多来自中东，其中韩国庆州皇南大冢新罗墓葬中发现的"凤首玻璃瓶，高 25 厘米、口径 6 厘米、底径 6.5 厘米，细颈，鼓腹，圈足较高，壶把上端在口部。这种器形的器物在中亚、西亚可以经常见到，罗马到伊斯兰时代都有发现"，"以前认为这件玻璃器的产地可能是在中东或北非"，近来亦有人学者以为"这是一件出于地中海东岸的萨珊玻璃器"。[⑤] 这表明其时大食、波斯商旅与新罗商旅在扬州多有交际，或跟随后

① 金富轼：《三国史记》卷 11《新罗本纪》，孙文范等校勘，吉林文史出版社，2003，第 155 页。

② 崔致远：《桂苑笔耕集》卷 18《谢探请料钱状》《献生日物状五首》，《韩国历代文集丛书》第 1 册，首尔：景仁文化社，1999，第 440、446、448 页。

③ 圆仁：《入唐求法巡礼行记》，第 34 页。

④ 安家瑶：《玻璃考古三则》，《文物》2000 年第 1 期。

⑤ 赵永：《"琉璃之路"与朝鲜半岛、日本出土的玻璃器》，《中国国家博物馆馆刊》2019 年第 8 期。

者已进入朝鲜半岛。韩国学者金文经云:"进入 9 世纪以后,新罗商人……开始进入探索与西方国家展开海上贸易的新阶段。"他以文献和出土文物为据,指出近年来在扬州高丽馆遗址(扬州旧城南门外馆驿巷附近)发掘的新罗瓷器及遗址附近出土的阿拉伯玻璃器皿、波斯绿釉陶器表明,在高丽馆周边住有一些来自印度洋西岸的商人。并因此认为:"关于新罗商人、波斯、阿拉伯商人在扬州进行贸易的说法,绝不是简单臆测。"① 如此看来,通过在扬州的新罗人,波斯、大食商旅对朝鲜半岛有了进一步的认识,新罗从而再次出现于阿拉伯文献中,并有了胡尔达兹比赫"有一些穆斯林入其国"的记载,新罗也成为波斯、大食于东方新的贸易对象。

中文资料表明,五代十国时,大食与南汉、闽、南唐、吴越等东南沿海诸政权均保持密切的贸易往来,相关出土文物亦有证明。与此同时,新罗及继之而起的高丽也先后与这些政权建立了贸易关系。东、西两地商人于此间交往甚多,大食人中遂不乏进入朝鲜半岛者。

生活于 10 世纪上半叶的阿拉伯旅行家、地理学家、历史学家马苏第(? ~956)在其《黄金草原》中记道:"在中国以远,于大海下侧既没有已知的王国,又没有已被描述过的地区,唯有新罗及其附属岛屿例外。从伊拉克或另一地区前往那里的一个外来人很少有离却而去的。那里空气多么有益于健康啊! 水清澈见底,土地肥沃和所有的财产都丰富。居民们与中国人及其国王们和睦相处,他们与后者不断交换礼物。据说,他们形成了阿慕尔家族的一个支系,他们完全如同中国人占据自己的地区那样在该地区定居。"② 马苏第所记新罗事宜,较之前阿拉伯文献稍详。不同的是,他提到在朝鲜半岛"形成了阿慕尔家族的一个支系"。按马苏第的解释,阿慕尔的后裔们后向东北方向迁徙,部分人形成了高加索地区的列斯吉亚各部族,阿兰人、可萨人、阿布哈兹人、阿瓦尔人(赛里尔人)、捷尔凯斯人(凯赛克人)和分布在这些地区的其他民族,以及包括保加尔人及其毗邻的民族。"阿慕尔的其他后裔们渡过了乌浒水,大部分前往中国。他们在那里被分配在数小邦之内,分散于不同地区。"③ 亦即一些阿慕尔的后裔沿陆路由西亚经中亚到达中国。但他又讲:"阿慕尔后裔的大部分都沿海滨前进,这样一来就一直到

---

① 金文经:《八至十世纪新罗人在中国研究》,方牧主编《慈航慧炬化丝路——普陀山与"海上丝路"国际研讨会论文选辑》,中国文联出版社,2004,第 10 页。
② 马苏第:《黄金草原》(上),耿昇译,青海人民出版社,2013,第 187 页。
③ 马苏第:《黄金草原》(上),第 158~159 页。

达了中国边界。在那里，他们分散和居住于这些地区，耕耘土地，设置县、府和城市，在那里以一座被他们称为扬州的大城为京城。"①

马苏第所称"从伊拉克"到达新罗的人，或指的是其时航海东来的大食商人。而在新罗形成"阿慕尔家族"支系的人们，或是"沿海滨前进"到达中国扬州后，辗转进入朝鲜半岛的，亦即其所言由"另一地区前往那里的一个外来人"。因马苏第在书中亦称：在扬州的阿慕尔后裔之王"令人建造了大船，让那些负责出口最为典型的中国产品的人登上船，以前往信德、印度、巴比伦等远近不等和通过海路可以到达的地区。他们必须以他的名义向这些地区的君主们奉送珍奇的和价值昂贵的礼物。在他们返回时，他们又为他带来了各省在食品、饮料、衣服和毡毯方面所具有的最为珍贵、甚至是最为罕见的物品。此外他们还负有致力于了解他们曾参观过的所有民族的政府、宗教、法律和风俗习惯的使命，同时还负责激发外国人对宝石、香料及他们祖国器械的爱好。大船分散于各个方向，在外国靠岸并执行委托给它们的使命。在他们停泊靠岸的所有地方，这些使者便会以他们随身携带的商品样品的漂亮程度而引起当地居民的赞赏。大海流经其疆土的国家的王子们也令人造船，然后载运与该国不同的产品而被遣往中国，从而与中国建立联系，作为他们获得该国王礼物的回报而也向他奉献贡礼"。②

马苏第在此将迁往中国的西域人口视为阿慕尔后裔，并把扬州误作京城（或是对"江都"一名的误读），看起来颇为荒唐，但其叙事中不乏一些历史线索。事实上，马苏第就当时东方诸港口的记载也是符合事实的，如其谈到广州，"这是坐落在一条江畔的一座重要城市，此江比底格里斯河更大或至少是同样大小。该江注入了中国海，后者距广州城有 6~7 日的行程，从巴士拉、锡拉夫、阿曼、印度诸城和阇婆格群岛、占婆和其他王国驶来的船舶载其商品和货物逆江而上"，③ 即到达广州城。而扬州在唐朝朝贡贸易中地位亦颇重要，凡由海上入贡的蕃舶，多停泊于此，并沿运河前往长安朝贡。而由上述"大船分散于各个方向，在外国靠岸并执行委托给它们的使命，……大海流经其疆土的国家的王子们也令人造船，然后载运与该国不同的产品而被遣往中国"推断，其时大食商旅是经扬州北上新罗的。或可以

---

① 马苏第：《黄金草原》（上），第 160 页。
② 马苏第：《黄金草原》（上），第 161 页。
③ 马苏第：《黄金草原》（上），第 166 页。

说，大食人是在扬州的中国船舶和来华新罗船舶的引领下到达朝鲜半岛的。韩国学者金康植即云："安史之乱后中国江南地区经济的发展，以及扬州等南方诸多港口发展成为国际性港口。最为重要的是，伊斯兰商人开辟了横贯东南亚、中国南方以及扬州的市场，带来大量西方货物。"① 故自新罗时代起，朝鲜半岛和中国南方之间的海上贸易联系更加紧密。

二　北宋大食入献高丽与辽丽宋关系

公元 966 年，一位居于耶路撒冷、名叫穆塔哈尔·本·塔希尔·马克迪西的阿拉伯人，应萨曼王朝一位大臣的要求，编写了一部名为《创世与历史》的历史简编，并在书中谈到了新罗。该作者可能未读过马苏第的著述，但了解伊本·胡尔达兹比赫的记载，其在书中说道："在《道里郡国志》一书里，可以看到，在中国东方有一城，气候宜人，阳光充足，土地干净，饮水甘甜，居民温柔，当地之住宅以丝绸锦缎装饰，居民使用金器皿，故凡是前往的人均不再离开，然而只有上帝了解真情。"② 这一记载虽沿袭了前人的说法，但也说明"新罗"作为中国之东的一个国家，仍为阿拉伯人所关注，其时依然有来自大食的商旅到此贸易。而朝鲜半岛文献最早关于大食到访的记载，则出现于高丽显宗时期。据《高丽史》称，显宗十五年（1024）九月，"大食国悦罗慈等一百人来献方物，大食国在西域"。③ 从此次文献所载内容之简略来看，其中既无大食国人入献事由之介绍，亦无概言大食国之情状，仅曰"大食国在西域"，且一次来献人数就多达百人，可推断此次到访之大食国人，非首次进入高丽者。在此之前，大食商旅应已有人至该国贸易，且与之有相应的经济联系，否则百人规模的外国商队首次到达高丽，必然会使之高度重视，而非简要记载了事。

爬梳这一时期宋朝与高丽商舶往来之资料，进入高丽的宋朝商队人数多限于数十人，百人以上者较为少见。同时期前后，所知百人商团见于显宗十

---

① 金康植：《高丽和宋朝海上航线的形成和利用》，吴婉惠、江伟涛、杨芹译，李庆新主编《学海扬帆一甲子——广东省社会科学院历史与孙中山研究所（海洋史研究中心）成立六十周年纪念文集》，科学出版社，2019，第 752 页。

② 穆塔哈尔·本·塔希尔·马克迪西：《创世与历史》，费琅编《阿拉伯波斯突厥人东方文献辑注》（上），第 133 页。

③ 郑麟趾：《高丽史》卷 5《显宗二》，孙晓等点校，西南师范大学出版社，2014，第 124 页。

年"秋七月己巳，宋泉州陈文轨等一百人来献土物"；同月"壬申，宋福州虞瑄等百余人来献香药"等。① 《高丽史》所记宋朝商人数量一般较少：文宗八年（1054）"秋七月庚午，宋商赵受等六十九人来献犀角、象牙"，十四年八月"乙亥，宋商黄元载等四十九人来献土物"，三十一年"九月辛亥，宋商杨从盛等四十九人来献土物"；② 肃宗三年（1098）"十一月庚戌，宋商洪保等二十人来"，七年"六月戊戌，宋商黄朱等五十二人来"；③ 仁宗二年（1124）五月"庚子，宋商柳诚等四十九人来"，十六年三月"宋商吴迪等六十三人持宋明州牒来，报徽宗及宁德皇后郑氏崩于金"。④ 以上除赵受等69人及吴迪等63人之宋商海舶商队外，其余到高丽的宋商人数均在50人上下。据《高丽史》载，文宗八年"九月庚午，宋商黄助等四十八人来"，九年春二月又记"戊申，寒食飨宋商叶德宠等八十七人于娱宾馆，黄拯等一百五人于迎宾馆，黄助等四十八人于清河馆"。⑤ 这里的叶德宠等87人、黄拯等105人，应指寒食节高丽统一宴请宋朝诸商队的人员数据，即此次所有前来高丽的宋商被分置于娱宾、迎宾、清河三馆宴请，其所列人数应是多个陆续到达高丽的宋商人数之和。另据《高丽史》记载，叶德宠于文宗十一年八月再来时人数仅为25人；⑥ 而黄拯于文宗十年十一月再来时人数为29人。⑦ 由此看来，大食商旅此前早已与高丽有商业贸易关系，而百人商舶来献，也应是建立在之前双方交往基础上的一次规模性商业活动。

有关高丽显宗十五年大食商舶的进献，李源益《东史约》记载，宋仁宗天圣二年（1024）"大食人来献方物"；⑧ 而《高丽史》则显示，翌年"九月辛巳，大食蛮夏、诜罗慈百人来献方物"。⑨ 事隔一年，大食又百人来献方物，足见其时大食与高丽的贸易联系甚为紧密。而由大食两年间频频进

① 郑麟趾：《高丽史》卷4《显宗一》，第111、112页。
② 郑麟趾：《高丽史》卷7《文宗一》，第202、222、253页。
③ 郑麟趾：《高丽史》卷11《肃宗一》，第316、331页。
④ 郑麟趾：《高丽史》卷15《仁宗一》，第439、501页。
⑤ 郑麟趾：《高丽史》卷7《文宗一》，第202、203页。
⑥ "八月丁未，宋商叶德宠等二十五人来献土物"，参见郑麟趾《高丽史》卷8《文宗二》，第215页。
⑦ "十一月辛巳，宋商黄拯等二十九人来献土物"，参见郑麟趾《高丽史》卷7《文宗一》，第210页。
⑧ 李源益：《东史约》卷4《高丽纪》，"甲子十五年"条，韩国国史编纂委员会编《韩国史料丛书》第33辑，韩国国史编纂委员会，1990，第164页。
⑨ 郑麟趾：《高丽史》卷5《显宗二》，第125页。

入高丽，或可看出其航程应是由广州或泉州等地出发，经浙江北上至高丽的。众所周知，其时自东亚海域往返阿拉伯地区需耗时两载。另据《高丽史·靖宗世家》载，15 年后，即靖宗六年（1040）"十一月丙寅，大食国客商保那盍等来献水银、龙齿、占城香、没药、大苏木等物，命有司馆待优厚。及还，厚赐金帛"。① 由所携贸易商品多为来自东南亚海域的香药产品来看，这些大食客商应是主要在东亚、南海海域从事海上贸易的大食商旅。

需要指出的是，其时大食商旅来到广州、福州、泉州、扬州等港口已有二三百年，其间与高丽应多有交往，但东方文献却少有载记。众所周知，大食与宋朝间往来频繁，据文献记载，自宋开宝元年（968）至天圣元年的 55 年间，其使节自海道来华达 30 次，平均近两年入贡 1 次，可见大食是宋朝海外交往中最主要的国家之一。然不知何故，自宋仁宗登基后，30 多年间竟然没有一次大食使节入贡的记录。而据《宋史》载，此前天禧三年（1019），大食国贡使"先是请入贡路，由沙州，涉夏国，抵秦州"。② 天圣元年，仁宗继位，大食又由陆地入贡。"十一月，入内内侍省副都知周文质言：'沙州、大食国遣使进奉至阙。缘大食国北来，皆泛海由广州入朝，今取沙州入京，经历夏州境内，方至渭州，伏虑自今大食止于此路出入。望申旧制，不得于西番出入。'从之。"③ 由此来看，仁宗只是不准大食由陆路入宋，并未阻止其由海路进贡。但文献中不见此后 32 年间大食入贡之载记，且与此同时，大食 3 次以方物入献高丽，其事不免多有蹊跷。翻阅关涉宋、辽、高丽之文献，由其时三国间的关系，或可看出一些端倪。

高丽与辽、北宋均建立了朝贡关系。宋太祖建国，高丽奉表臣属。至太宗时，因契丹兵伐高丽，加之宋在与辽战争中落败，高丽乃转而向辽称臣，但其依然保持着与宋朝的贸易往来。据《宋史·高丽传》载，大中祥符七年（1014），"方遣告奏使御事工部侍郎尹证古以金线织成龙凤鞍并绣龙凤鞍幞各二幅、细马二匹、散马二十匹来贡。证古还，赐询诏书七通并衣带、银彩、鞍勒马等"；大中祥符八年，"诏登州置馆于海次以待使者。其年，又遣御事民官侍郎郭元来贡"；天禧元年，"遣御事刑官侍郎徐讷奉表献方物于崇政殿，又贺封建寿春郡王"；天禧三年九月，"登州言高丽进奉使礼

---

① 郑麟趾：《高丽史》卷 6《靖宗世家》，第 165 页。
② 《宋史》卷 490《大食传》，中华书局，1977，第 14121 页。
③ 徐松辑《宋会要辑稿》蕃夷 4 之 91，上海古籍出版社，2014，第 9827 页。

宾卿崔元信至秦王水口，遭风覆舟，漂失贡物，诏遣内臣抚之"；天禧五年，"询遣告奏使御事礼部侍郎韩祚等一百七十九人来谢恩，且言与契丹修好，又表乞阴阳地理书、《圣惠方》，并赐之"。① 显然，宋仁宗之前，宋丽间有着正常的外交往来。

但辽、丽国土相连，自高丽臣附后双方往来密切，宗藩属性亦颇明显。据《辽史·高丽传》载，辽圣宗统和十三年（995）十一月，"遣使册（王）治为王。遣童子十人来学本国语。十四年，王治表乞为婚姻，以东京留守驸马萧恒德女下嫁之。六月，遣使来问起居。自是，至者无时"；"十六年，遣使册（王）诵为王。二十年，诵遣使贺伐宋之捷。……二十三年，高丽闻与宋和，遣使来贺"。但开泰元年（1012），耶律隆绪诏高丽王王询"亲朝"，询却"称病不能朝"，致使两国失和，辽遂多次兵伐高丽。开泰九年，高丽"以询降表进，释询罪"。辽太平元年（1021），高丽王询薨，辽"遣使册王钦为王"。② 其时，王钦新为高丽王，或迫于辽的压力，遂暂时放弃与北宋的外交往来。而这时宋仁宗亦新登基，双方乃一度中断交往。

大食前两次进献高丽，即发生在辽圣宗太平年间（1021~1031）和北宋仁宗天圣年间（1023~1032）。这是否与宋丽两国为避免辽国侵扰，以大食进献来掩饰双方官方贸易往来呢？据《宋史·高丽传》载，高丽"王城有华人数百，多闽人因贾舶至者，密试其所能，诱以禄仕，或强留之终身，朝廷使至，有陈牒来诉者，则取以归"，且以为其国"上下以贾贩利入为事"。③ 这与阿拉伯文献所言外商入其国居留不归的记载相一致。而《宋史》关于其时居高丽华人"多闽人因贾舶至者"，以及《高丽史》之诸多记载亦足可证明。早在五代时，即高丽太祖（戊子）十一年（928）"八月，新罗僧洪庆自唐闽府航载《大藏经》一部至礼成江，王亲迎之，置于帝释院"。④ 这说明当时福建海舶已进入朝鲜半岛。此后，常有福州、泉州海商航行高丽，并从事贸易。仅以大食3次入献高丽的显宗、靖宗时期为例，其时由海上前往高丽的宋商，基本来自福建。显宗（丁巳）八年秋七月"辛丑，宋泉州人林仁福等四十人来献方物"；（己未）十年"秋七月己巳，宋泉州陈文轨等一百人来献土物"，同月"壬申，宋福州虞瑄等百余人来献香药"；

---

① 《宋史》卷487《高丽传》，第14043~14044页。
② 以上参见《辽史》卷115《高丽传》，中华书局，1974，第1520页。
③ 《宋史》卷487《高丽传》，第14053~14054页。
④ 郑麟趾：《高丽史》卷1《太祖一》，第30页。

（庚申）十一年二月"己酉，宋泉州人怀赟等来献方物"；（壬戌）十三年八月"甲寅，宋福州人陈象中等来献土物"；（戊辰）十九年"九月丙申，宋泉州人李额等三十余人来献方物"；（庚午）二十一年秋七月"己巳，宋泉州人卢遵等来献方物"。① 靖宗（丁丑）三年八月"丁亥，宋商林赟等来献方物"。文献虽未载林赟属地，但其应出于泉州林姓海商家族，如（乙酉）十一年"五月丙寅，大宋泉州商林禧等来献土物"。② 这一时期，也多有福建人投往高丽，居留不归者，如显宗（癸丑）四年春正月"庚戌，宋闽人戴翼来投，授儒林郎、守宫令，赐衣物、田庄"；（乙卯）六年夏四月"闰月甲辰，宋泉州人欧阳征来投"；（癸亥）十四年十一月丙申"宋泉州人陈亿来投"。③ 其他时段，仍有福建人随商舶进入高丽不归。《高丽史》亦载：刘载，"宋泉州人。宣宗时，随商舶来"；④ 而"胡宗旦，亦宋福州人。尝入太学，为上舍生。后游两浙，遂从商船来"。⑤

福州、泉州自唐中期以来海上交通发展迅速，商舶云集，唐诗所谓"云山百越路，市井十洲人"，是其海外贸易繁荣的写照。晚唐时泉州在海外交通中的地位日渐重要，与交州、广州、扬州并称为东南沿海四大贸易港。宋朝早期经登州横渡黄海至高丽的商舶约有 58 次，"这些商人主要来自泉州、台州、福州和广南"。金康植梳理了《高丽史》所载 26 位已知籍贯的宋商，指出他们中"来自泉州的最多，有 12 人，其次是广南 4 人，台州 3 人，福州 2 人，明州等各 1 人"。⑥ 而其时广州、福州、泉州等地多有大食蕃商居留，至宋代已颇具实力与影响。他们应在当地商人引领下常至高丽进行贸易，并在宋丽关系因辽的压力被迫中断交往的特殊时期，被委以两国间代表，以贸易为名，担负起两国交往的使命。

众所周知，宋代来华的大食贡使往往因贡物数额巨大、招徕蕃商有功及频繁携物进奉，乃倍受宠遇。他们被赠以各种官爵，获得恩宠。开宝四年，

① 郑麟趾：《高丽史》卷 5《显宗二》，第 105、111、112、113、130、134 页。

② 郑麟趾：《高丽史》卷 6《靖宗》，第 158、175 页。

③ 郑麟趾：《高丽史》卷 5《显宗二》，第 97、101、122 页。

④ 郑麟趾：《高丽史》卷 97《刘载传》，第 3004 页。

⑤ 郑麟趾：《高丽史》卷 97《胡宗旦传》，第 3004 页。

⑥ 金康植：《高丽和宋朝海上航线的形成和利用》，吴婉惠、江伟涛、杨芹译，李庆新主编《学海扬帆一甲子——广东省社会科学院历史与孙中山研究所（海洋史研究中心）成立六十周年纪念文集》，第 752 页。

大食遣使来贡，宋"以其使李诃末为怀化将军，特以金花五色绫纸写官告以赐"。① 至和、嘉祐年间（1054~1063），大食先后"四贡方物"，宋廷乃"以其首领蒲沙乙为武宁司阶"。② 而以"大食勿巡国进奉使"入华贸易的辛押陀罗，不仅被授以广州蕃坊蕃长之职，且被宋廷封为"归德将军"。③ 获封此类官爵的大食商人尚有不少，④ 以此可见宋朝在海外贸易中对其之倚重。此外，宋代大食商人不仅以本国或其属国使臣身份前来入贡，许多大食舶主、商贾，还常充作其他国家使节入华朝贡，获得地位。如以占城国使节身份入贡的蒲麻勿，就被宋廷封为"郎将"。⑤《宋史》尚有注辇国贡使、大食人蒲押陀离被封为"金紫光禄大夫、怀化将军"的记载。⑥ 显然，宋代大食贡使、蕃商的特殊地位，非一般中国商人所能比拟，故宋朝或于此非常时期，委以使命，使其成为宋丽之间的贸易代理人。

　　《高丽史》就宋商及外商与之交易的具体商品少有记载，通常以"土物""方物"概称。而相对明晰的记载则多与福建、大食、广南⑦商人有关，相关商品主要为香药。例如，显宗（己未）十年秋七月"壬申，宋福州虞瑄等百余人来献香药"，（壬戌）十三年八月"辛酉，广南人陈文遂等来献香药"。⑧ 靖宗（庚辰）六年十一月"丙寅，大食国客商保那盍等来献水银、龙齿、占城香、没药、大苏木等物"。文宗（己亥）十三年"秋八月戊辰，宋泉州商黄文景、萧宗明、医人江朝东等将还，制：'许留宗明、朝东等三人'"。⑨ 又，居高丽的"慎安之，字元老，亦宋开封府人。父修，文宗朝随海舶来，有学识，且精医术"。⑩ 由高丽挽留泉州商人、医人的记载看，此前黄文景、萧宗明输入高丽的货物应是香药，所带医人或是为了使高

① 《宋史》卷 490《大食传》，第 14118 页。
② 徐松辑《宋会要辑稿》蕃夷 4 之 91，第 9827 页。
③ 《苏轼文集》卷 39《辛押陀离归德将军制》，孔凡礼点校，中华书局，1986，第 1110 页。
④ 文献所载获宋朝封赠的大食贡使，尚有陁婆离（归德将军）、亚蒲罗（奉化郎将）、蒲陁婆离慈（保顺郎将）、层伽尼（保顺郎将）、加立（保顺郎将）、蒲麻勿（郎将）、蒲罗辛（承信郎）等。
⑤ 李焘：《续资治通鉴长编》卷 246，熙宁六年七月丙午，中华书局，1985，第 5977 页。
⑥ 《宋史》卷 489《注辇国传》，第 14098 页。
⑦ 宋开宝中置岭南转运使，亦称广南路。至道三年（997）分为广南东路和广南西路，即当今两广及海南地区。
⑧ 郑麟趾：《高丽史》卷 5《显宗二》，第 112、119 页。
⑨ 郑麟趾：《高丽史》卷 8《文宗二》，第 220 页。
⑩ 郑麟趾：《高丽史》卷 97《慎安之传》，第 3004 页。

丽熟悉了解香药之药性。而该医人或颇通香药之用药，故其为高丽所重，乃至制文挽留使之能服务于高丽王廷。慎安之亦是因懂香药、"精医术"而居留新罗的。后宋丽恢复外交往来，宋神宗因高丽王所请，亲下诏书，遣使其国。史载文宗（己未）三十三年"秋七月辛未，宋遣王舜封、邢慥、朱道能、沈绅、邵化及等八十八人来"。《高丽史》详列此次使臣所携物品。观其名目，基本以药物为主，其中不乏许多大食商旅输入的香药，如木香、丁香、西戎天竺黄、西戎安息香、肉豆蔻、没药等。① 由此可见，因高丽对香药的需求，其与广州、泉州的大食商旅间定有多层面的贸易交往。元祐二年（1087），宋于泉州设立市舶司。元祐四年，苏轼即奏称，有泉州商人徐戬载来高丽僧，由泉州搭商舶归国。② 此外，《宣和奉使高丽图经》云："高丽他货皆以物交易，唯市药则间以钱贸焉。"③ 这里的药，应指输入的香药，而市药以钱贸，乃与《高丽史》所记大食人献香药，而高丽付之以金帛相符。古代阿拉伯学者卡兹维尼在其著述中提到高丽"地下出产大量的黄金"，④ 而寻求黄金或也是大食商旅频频进入朝鲜半岛的缘由。

高丽与北宋于天禧末中断往来9年后，《宋史》载其在天圣八年重又遣使奉表。"询复遣御事民官侍郎元颖等二百九十三人奉表入见于长春殿，贡金器、银镂刀剑、鞍勒马、香油、人参、细布、铜器、硫黄、青鼠皮等物。明年二月辞归，赐予有差，遣使护送至登州。其后绝不通中国者四十三年。"⑤ 这是《宋史》记载高丽唯一一次由293人组成的庞大使团。或许因此而为辽所关注，并引起其怀疑与不满，再次给予高丽以压力。此后，高丽与宋再度中断往来，且时达43年。但就在此期间，大食或再次充当了两国间的中介，为宋丽贸易或政治交往搭起桥梁。据《高丽史》载，靖宗六年十一月丙寅，"大食国客商保那盍等"又来入献。⑥ 显然，大食商人出现在高丽的时间段，基本在宋丽中断交往或交往疏远时，故可推断其在两国交往中是负有使命的。宋朝常以商人为中介，奔走于宋丽间。绍兴三十二年

---

① 郑麟趾：《高丽史》卷9《文宗三》，第258~259页。

② 《苏轼文集》卷31《乞禁商旅过外国状》，第888页。

③ 徐兢：《宣和奉使高丽图经》卷16《药局》，《朝鲜史料汇编》第1册，全国图书馆文献缩微复制中心，2004，第155页。

④ 费琅编《阿拉伯波斯突厥人东方文献辑注》（上），第341页。

⑤ 《宋史》卷487《高丽传》，第14045页。此处所云高丽王"询"，或有误。按《辽史》载，其时询已薨，其子王钦即王位。

⑥ 郑麟趾：《高丽史》卷6《靖宗》，第165页。

（1162）三月，"宋都纲侯林等四十三人来明州牒报云，宋朝与金，举兵相战，至今年春，大捷，获金帝完颜亮，图形叙罪，布告中外"。① 《高丽史》亦曾载："宋商吴迪等六十三人持宋明州牒来，报徽宗及宁德皇后郑氏崩于金。"② 可见，商人在高丽与宋朝的外交往来中发挥着重要作用。综上，因迫于辽的压力，宋丽两国表面中断了交往，实际或在宋朝商人不便出面的情势下，借以大食海商保持双方的联系。故其时入献高丽的大食商旅，或具有"宋使"身份，是为避免辽人猜忌，掩人耳目前往高丽通商的。亦即高丽文献载记大食商旅之 3 次入献，应是当时丽、辽、宋复杂关系的反映。

宋丽关系的时亲时疏、时断时续，正是东亚诸国不断变化的形势与需要使然，官方外交构成了宋丽关系的一个主线，并支配和影响了宋丽间的贸易关系。宋治平四年（1067），神宗赵顼继位，以联丽制辽为国策，拟恢复与高丽的海上交往。随之遣泉州商人黄慎前往高丽开城，带去敕旨牒文。高丽王徽即刻回牒迫切要求复交，双方随之恢复邦交。熙宁四年（1071），高丽请求不再沿山东登州海岸行驶登陆，以绕开辽的控制，而经由明州（今宁波）上岸。宋廷予以允准。熙宁六年，明州上奏高丽将入贡，神宗"诏引伴、礼宾副使王谨初等与知明州李綖，访进奉入贡三节人中有无燕人以闻"。"七年，遣其臣金良鉴来言，欲远契丹，乞改涂由明州诣阙，从之。"③元丰元年（1078），宋于明州镇海建航济亭接待高丽使团。至政和七年（1117），又于明州设高丽馆。自此两国于明州交往频繁。北宋初建时，两浙市舶司设于杭州。淳化三年（992）移至明州，该地遂逐渐成为这一时期东北亚海上贸易的重要港口。明州港的主要贸易对象是高丽和日本。按《宋史·高丽传》载，天禧三年，"……明州、登州屡言高丽海船有风漂至境上者，诏令存问，给度海粮遣还，仍为著例"。④ 显然，11 世纪前高丽海船已多有至明州入宋的。明州在北宋东亚海域贸易中的地位亦日益凸显。《宣和奉使高丽图经》、宝庆《四明志》、《宋史·高丽传》、光绪《定海厅志》等记载表明，其时发往高丽的船舶，多由明州定海出港，经梅岑山入

---

① 郑麟趾：《高丽史》卷 18《毅宗二》，第 559~560 页。
② 郑麟趾：《高丽史》卷 16《仁宗二》，第 501 页。
③ 《宋史》卷 487《高丽传》，第 14046 页。
④ 《宋史》卷 487《高丽传》，第 14044 页。

海航行，经小黑山岛、真岛和黑山岛等，沿西海岸北上。① 宋元丰三年八月二十三日中书札子节文亦曰："诸非广州市船司，辄发过南蕃纲舶船；非明州市舶司，而发过日本、高丽者，以违制论。"②

此前至和二年（1055），大食再由海上入贡宋朝，十月"首领蒲沙乙贡方物"。③ 大食与宋朝的贸易关系又进入正常轨道。但直至宋末，却未再见有大食商旅进献高丽的记载。实际上，大食、波斯蕃商于五代时在明州与杭州就有活跃的贸易活动。《宋史》记载，北宋始建时吴越国贡献物品，如乾德元年（963）贡"香药一十五万斤，金银真珠玳瑁器数百事"；开宝九年二月，贡"香药三百斤""乳香五万斤"；太平兴国元年（976），"贡犀角象牙三十株，香药万斤"；太平兴国三年，贡"乳香万斤，犀角象牙各一百株，香药万斤，苏木万斤"。④ 这些香药、真珠、犀角、象牙应是吴越国与大食、波斯蕃商交易所获之物。据《岭外代答》和《诸蕃志》载，宋时大食输入的香药品种有乳香、龙涎香、苏合香、蔷薇水、蕃栀子、木香、没药、丁香、金颜香、安息香、肉豆蔻、檀香等，且五代、两宋输入香药尤以乳香为最。《诸蕃志》称："乳香，一名薰陆香，出大食之麻罗拔、施曷、奴发三国深山穷谷中。"⑤ 一些香药虽未必出自大食及其属地，但应是大食蕃商输往中国的主要商品。由钱氏以乳香、香药等动辄万斤以上入贡北宋看，其时吴越国与大食、波斯商人间的香药贸易颇为频繁。至宋并吴越，仍有大食蕃客至明州贸易。《宋会要辑稿》载：天禧元年六月，"大食国蕃客麻思利等回，收买到诸杂物色，乞免沿路商税。今看详麻思利等将博买到真珠等，合经明州市舶司抽解外，赴阙进卖"。⑥ 宋朝亦常从明州的大食商人中大量博买乳香以获利。北宋毕仲衍《中书备对》即云：熙宁九年、十年及元丰元年，"明、杭、广州市舶司，博到乳香计三十五万四千四百四十九斤。……三年出卖（乳香），计八十九万四千七百一十九贯三百五文"。⑦ 这

---

① 徐兢：《宣和奉使高丽图经》卷34《海道一》，《朝鲜史料汇编》第1册，第305～329页；宝庆《四明志》卷6《叙赋下》，《宋元方志丛刊》第5册，中华书局，1990；《宋史》卷487《高丽传》，第14047页；光绪《定海厅志》卷14《疆域山川》《新罗礁》。

② 《苏轼文集》卷31《乞禁商旅过外国状》，第890页。

③ 徐松辑《宋会要辑稿》蕃夷4之91，第9827页。

④ 《宋史》卷480《吴越钱氏》，第13898、13900、13901、13902页。

⑤ 赵汝适著，杨博文校释《诸蕃志校释》卷下《乳香》，中华书局，1996，第163页。

⑥ 徐松辑《宋会要辑稿》职官44之34，第4204页。

⑦ 毕仲衍：《中书备对》，转引自袁忠仁校注《粤海关志》卷3《前代事实二·宋》，广东人民出版社，2002，第36～37页。

些被出卖的乳香，恐有一些被在明州的高丽、日本商人购得。又据南宋开庆《四明续志》，宋时明州有"波斯团"。① 该"波斯团"实即大食、波斯蕃商在明州的馆驿，地当东渡门内市舶务附近。据乾隆《鄞县志》载，清初宁波有"波斯巷，《开庆志》载：'地有波斯团'"。② 亦即清代的"波斯巷"实由宋代设于该地的"波斯团"演变而来，《宁波城市史》称其"当在今车轿街南巷附近"。③ 由此看来，宋时明州即与高丽建立了海上联系通道，设有高丽馆，于此贸易亦设有馆驿的大食、波斯商人应与之多有交往。

由这一时期大食商旅与北宋、高丽贸易关系看，此前其应与高丽有经济联系。只是或多以互市名义，随宋丽两国商人进入朝鲜半岛贸易，故不见于官方记载。而高丽和宋朝其时频繁的海上贸易，必然促使大食商旅参与其中，并以此拓展商业空间。其时宋朝的广州、泉州、明州等港已成为东亚地区海上贸易商品的重要集散地，吸引着各国商人开展广泛的贸易活动。东西方商旅会聚于此，接触交往，进而直接建立贸易关系，均属正常的商业行为。宋元丰八年（1085）九月十七日敕节文曰："诸非杭、明、广州而辄发海商舶船者，以违制论。"④ 说明其时杭州、明州、广州诸港海商出入频繁，而官方文献未必尽载其交易活动。大食商人 3 次入献高丽，且被《高丽史》所记载，名为开展贸易活动，实则负有在宋丽关系特殊时期沟通双方、传达信息的使命。⑤

由于这时大食商旅与高丽交往密切，伊斯兰世界对之认识也日益清晰。这一时期出现的伊斯兰地图在原文献基础上对其方位已有了较为准确的标示。易德里西（Al-Idrisi，1100–1166）是 12 世纪著名的穆斯林地理学家。1138~1154 年，他制造了一个银质的地球仪，并绘制了著名的盘形世界地图。该图左为大西洋，被其标注为"黑暗海洋"；右为东方，其中在最东边标注"Sila"，即"新罗"。这是朝鲜半岛首次见于当时的世界地图。易德里西有游历世界各地的经历，但他未到过东方，其图中"Sila"方位的标识，应来自前往高丽的大食商旅所传递出的地理信息。

---

① 开庆《四明续志》卷 7《楼店务地》，《宋元方志丛刊》第 6 册，中华书局，1990。

② 乾隆《鄞县志》卷 2《街巷》。

③ 王瑞成、孔伟：《宁波城市史》，宁波出版社，2010，第 84 页。

④ 《苏轼文集》卷 31《乞禁商旅过外国状》，第 890 页。

⑤ 亦可把其时大食 3 次入献高丽，看作其与宋朝朝贡关系出现问题后的贸易转向，即在宋与大食中断贸易后，大食商旅寻求与高丽深层贸易关系的尝试。

三　南宋大食文献中的高丽及其商业互动

在大约与南宋同时期的阿拉伯文献中，不仅仍有高丽的记载，而且就其认识亦较之前相关载录多有进步。这说明随着大食商旅于东亚海域频繁的商业活动，阿拉伯世界对朝鲜半岛的认识更加清晰。出生于巴格达的伊本·赛义德（Ibn Sa'id，1208-1274），生来喜欢旅行，到过开罗、阿勒颇、大马士革、亚美尼亚等地，其所著《西班牙属马格里布人——阿里·伊本·赛义德对托勒密关于七个气候区的地理书的汇集和摘要》一书在谈到高丽时曰："在这一地段边缘的'被大陆包围的海'中，又有新罗（Sila）群岛，它形成了该海的福琼群岛（Iles Fortunees）的陪衬。在这一方向更远的地方就是无人居住的土地了。但新罗却有人居住。在那里可以发现许多可耕地和处女地。新罗群岛东侧最后一屿为涨海（Cankhay），那里竖有一些指路塑像：'在我之后便再无路可走了'。其东端位于东经 180 度的地方。"[1] 在该著后世抄本中，有阿里·伊本·赛义德的世界地图抄本。图中部可见中国之东尚有一半岛，图形已探至图外，该半岛被认为即"Sila"。赛义德记述的内容略显丰富，应与大食商旅频繁进入高丽所获信息相关联。如有关涨海方位的记载，据陈佳荣考证，其名始见于三国汉文载籍，泛指中国南方以外的广大海洋，包括南海、西海在内。冯承钧曾把马苏第由波斯湾自西向东七海中最东的 Sankhay（Cankhay）指为涨海译名，亦即 Sankhay（Cankhay）源自中国涨海一名的对音。[2] 此处，赛义德以"新罗群岛东侧最后一屿为涨海"，即他以为这里属最东的海域。而据《高丽史》记载，五代后唐明宗于长兴四年（933）册封王建时，称其为"长淮茂族，涨海雄蕃"。[3] 此涨海当指东亚海域。而《续日本后纪》中也以"涨海"指称东亚海域。嘉祥二年（849）五月，渤海国给日本的牒书中，就有"两邦阻兹涨海，契和好于永代"之句。[4] 显然，赛义德以涨海称朝鲜半岛东部海域是有一定依据的。

生于阿塞拜疆卡兹宛（Qazvin）的扎卡里雅·卡兹维尼（1203~1283），

① 费琅编《阿拉伯波斯突厥人东方文献辑注》（上），第 383 页。
② 南溟子：《涨海考》，《中央民族学院学报》1982 年第 1 期。南溟子为陈佳荣笔名。
③ 郑麟趾：《高丽史》卷 2《太祖二》，第 36 页。
④ 《续日本后纪》卷 19《仁明天皇》，孙锦泉、周斌、粟品孝主编《日本汉文史籍丛刊》第 2 辑第 6 册，上海交通大学出版社，2014，第 334 页。

先后于大马士革、巴格达生活、任职。其著作《世界奇异物与珍品志》在阿拉伯地区影响颇大，书中对高丽记载颇详，"新罗（Sila）群岛。此群岛由无数岛屿组成。当伊斯兰教徒进入该群岛之后，由于在那里发现了大量珍宝，所以就寸步也舍不得离却了。那里地下出产大量的黄金，天空飞翔有灰色和白色的大隼。此群岛最奇特的现象是：新罗国王同中国皇帝经常互相交换礼品。据传说，如果他们不如此这般行事的话，国内就会遭受缺水和干旱的威胁，就会永远滴雨不落。这是经他们在多次验证之后而得到的经验之谈。"① 该书还曰："新罗（Sila）。这是一座居住起来非常舒适的城市，地处中国的边缘。那里空气纯洁，流水甘甜，到处是一片如此吉祥之地，以至于在那里根本就不会有人染病卧床。当地人是世界上体貌最优美的民族，而身体也最为健康。据传闻，当他们用水喷洒自己房舍的时候，便会散发出一种琥珀的清香味。在那里小恙或疾病是非常罕见的，苍蝇和爬虫也极为稀少。当有人在其他岛屿染疾患恙之后，一旦把病人运往新罗岛之后，就会化险为夷，立刻康复。拉齐②还说：'一旦踏入此岛，就会在那里定居，再也不想离去了。这里该是一块多么美好的天地啊！遍地都是上等物品和黄金，极为富裕。唯有上帝才知道其真实原因。'"③ 卡兹维尼有关新罗的记载是美好的，他把那里视为了人间的天堂。而有关中国和朝鲜半岛关系的描述，或是其时高丽在经济文化上高度依赖中国的反映。

尽管南宋时期高丽国的记载缺失，但不难推断这一时期大食与高丽间的商业往来依然存在。阿拉伯文献其时仍以"新罗"称谓朝鲜半岛政权，或被误读为其时大食商旅少有入高丽者。自王建于五代（936 年）夺取新罗政权，改国号"高丽"后，中文文献基本以高丽称其国。如宋人张世南《游宦纪闻》、徐兢《宣和奉使高丽图经》等均以此称之，《宋史》《辽史》亦均作《高丽传》。但亦有例外，成书于南宋宝庆元年（1225）的赵汝适《诸蕃志》中，仍称高丽为"新罗"。其时"新罗并入高丽已二百九十年"，按杨博文言，赵氏"犹称唐时之国号，则其捃录诸史文并宋初朝贡等事而拼凑之是无疑矣"。④ 此说或有可商榷之处。众所周知，赵汝适此著成于其泉

---

① 费瑯编《阿拉伯波斯突厥人东方文献辑注》（上），第 329 页。
② 指穆罕默德·伊本·扎卡里雅·拉齐（864~924），阿拉伯著名哲学家、医学家、物理学家，先后任赖伊、巴格达医院院长。
③ 费瑯编《阿拉伯波斯突厥人东方文献辑注》（上），第 340~341 页。
④ 赵汝适著，杨博文校释《诸蕃志校释》卷上《新罗国》，第 153 页。

州市舶使任上，其对于海外诸国的记载，一般被认为是其以市舶提举职务之便，从大食等海外商旅处所获之知识信息。赵汝适自序亦曰："询诸贾胡，俾列其国名，道其风土，与夫道里之联属，山泽之畜产，译以华言。"① 亦即其海外诸国名，均来自贾胡对其所云，进而"译以华言"。南宋时，高丽使船、商舶多以明州为停泊港，但居泉州的大食商旅应与之多有商品往来，甚或随之常常进入高丽贸易。赵汝适以"新罗"称其时的高丽，应该来自大食商旅的习惯称谓。其实"新罗"之名，也见于宋人之称谓。苏轼即在其《乞禁商旅过外国状》中数次言称新罗："勘会熙宁以前《编敕》，客旅商贩，不得往高丽、新罗及登、莱州界"；《庆历编敕》"客旅于海路商贩者，不得往高丽、新罗及登、莱州界"；《熙宁编敕》"自海道入界河，及往北界高丽、新罗并登、莱界商贩者，各徒二年"；《元祐编敕》"诸商贾许由海道往外蕃兴贩，……即不请公据而擅行，或乘船自海道入界河，及往新罗、登、莱州界者，徒二年，五百里编管"。② 苏轼及庆历、熙宁敕文，以新罗与高丽并称，或是宋人对朝鲜半岛原南北政权的习惯称法。而阿拉伯商旅在朝鲜半岛的贸易活动主要限于南部地区，故其文献沿以"新罗"之称当亦在情理之中。况且，上引宋哲宗元祐敕文也仍以"新罗"指称朝鲜半岛。

赵汝适称："新罗国，弁韩遗种也。其国与泉之海门对峙。俗忌阴阳家子午之说，故兴贩必先至四明，而后再发，或曰泉之水势渐低，故必经由四明。……地出人参、水银、麝香、松子、榛子、石决明、松塔子、防风、白附子、茯苓、大小布、毛施布、铜磬、瓷器、草席、鼠毛笔等。商舶用五色缬绢及建本文字博易。"③ 人参、麝香等珍贵药材当是高丽输出的重要商品。而由其地亦出"瓷器"来看，该瓷器应指其时流行的青瓷。高丽青瓷是受中国汝窑和越窑、龙泉窑影响而发展起来的。按宋代《袖中锦》记载，高丽瓷出自南道，瓷器样式、釉面与龙泉窑、耀州窑等相似。《宋史·高丽传》载，徽宗时，高丽使团曾以本国青瓷入贡宋廷。其时青瓷也为中东地区所青睐，并逐渐成为海上贸易中的大宗商品。宋代青瓷在阿拉伯考古遗址中多有出现，但这些残存瓷片中是否有高丽青瓷，尚待进一步探究。可能的路径是，《诸蕃志》所载朝鲜半岛特产的瓷器，或也成为高丽与大食商旅交换的

---

① 赵汝适著，杨博文校释《诸蕃志校释》，"赵汝适序"，第1页。
② 《苏轼文集》卷31《乞禁商旅过外国状》，第889~890页。
③ 赵汝适著，杨博文校释《诸蕃志校释》卷上《新罗国》，第151~152页。

重要商品。

　　显然，南宋时大食商旅与高丽贸易不曾间断，而高丽官方文献不见相关记载，或许与宋代在同高丽国交往中多征募其船舶有关。北宋时大食入献高丽的 3 次载记，处在高丽慑于辽之压力与宋中断往来的时期。或曰，大食商旅与高丽之间应该长期存在着贸易关系，但因其前往高丽的航程主要由中国泉州、明州诸港出发，且其商舶往往被雇募，以宋方名义驶往高丽，故多不载于官方文献。而宋朝商人由于省却了造舟之费用，乃或也允诺大食舶主、商旅携以方物与高丽互市，双方均应于此贸易中获得较大利益。总之，无论是以中国诸港为交易媒介，还是直接驶往高丽与之贸易对接，南宋时期留居泉州、明州的大食商旅与高丽应有着多层面的商业关系。

　　稍晚于南宋的阿拉伯文献表明，早先或已有一些来自波斯等地的什叶派穆斯林进入高丽。出生于 13 世纪的埃及著名历史学家和法学家阿布尔·艾哈迈德·努伟里（Abul Aḥmad Nuwayrī，1282-1332），在其著作《阿拉伯文苑》（Nihāyat al-arab fī funūn al-adab）中讲道："在中国的东部以及非常靠近中国的地方，共有六个岛，人们称之为新罗群岛，据说岛上的居民是阿里（Ali）的后裔（什叶派信徒），他们是为了摆脱倭马亚（白衣大食）人的迫害而躲避到这些地区的。据说，一旦外来人在这个地区定居后，就永远再也不想离开了，即使他们可能生活在接近贫困的状况中也罢，这里的空气是多么洁净啊，而且流水又是多么清澈啊。"[1] 此文中的阿里后裔到朝鲜半岛时间在倭马亚王朝（661~750）时期的说法颇为可疑。因按前述 9 世纪阿拉伯文献《中国印度见闻录》的记载，其时尚未见穆斯林进入新罗。若真有此事发生，可能的时间段亦应在大量波斯人、阿拉伯人来华的中晚唐时期。沙拉夫·阿里扎曼·塔希尔·马卫集著述于 11 世纪的《论中国、突厥和印度》一书曾云，倭马亚王朝时移居呼罗珊（Khorason）的什叶派穆斯林，为躲避迫害，逃至东方。这些什叶派信徒居住在广州附近河流中一个大岛上，后成为中国人与外国商旅之间的商业经纪人，即牙客。[2] 他们的后裔或有辗转到达朝鲜半岛的。

　　9~13 世纪阿拉伯文献对朝鲜半岛的记载及唐宋时期汉文史料表明，大

---

①　费琅编《阿拉伯波斯突厥人东方文献辑注》（上），第 439 页。

②　V. Minorsky, *Sharaf al-Zaman Tahir Marvazi on China*, *the Turks*, *and India*：*Arabic text* (*circa A. D. 1120*), London：The Royal Asiatic Society, 1942, p. 17.

食商旅于此时段内通过广州、扬州、明州、泉州等贸易港口与新罗、高丽商人多有接触和交往。他们以此为契机，不断拓展其商业空间，故不乏进入朝鲜半岛者。11世纪高丽文献就大食赴朝鲜半岛进献方物的载录，说明这一时期高丽业已成为大食商旅于东方重要的贸易对象。总之，通过对阿拉伯、中国、高丽等相关文献的梳理分析，综合考察东亚海域诸方关系中的大食商旅，不难看出他们与高丽有着频繁的经济交往，并在其时这一海域多方贸易中发挥着重要作用。

（执行编辑：杨芹）

《中国阿刺伯海上交通史》所见中外交流与东方外交

陈奉林[*]

摘　要：桑原骘藏是日本东洋史京都学派的著名代表，一生写下了多部深有影响的著作，成为中国学者反观日本学者研究中国的参考书。《中国阿刺伯海上交通史》无疑占重要的位置，至今仍有积极意义与不朽价值。这部著作考证精详，内容丰富，体系宏阔，构成了自成一体、严谨周密的中国与阿拉伯海上交往史知识体系。近年来，日本学者的中国史研究日益受到重视，许多著作被介绍到国内来，不断再版发行。桑原骘藏一生以中国史为志业，对中国历史、文化之熟悉，造诣之深厚一直受到国内研究者的赞誉。重新研究这部著作，可以帮助我们清晰地认识中国唐宋元时期的中国社会，以及当时中国社会的开放性、多元性与包容性特征。

关键词：中国　阿拉伯　海上交通　东方外交

在日本众多的东洋史研究者当中，桑原骘藏无疑是一位值得关注的学者。他是日本东洋史京都学派的著名代表人物，长于海洋史和东西海上交通史研究，是一位富有成就与影响力的一代卓然大家，多部著作被译成中文介绍到国内来。《中国阿刺伯海上交通史》[①]（以下简称《交通史》）自 20 世

---

* 陈奉林，北京师范大学历史学院教授。

① 〔日〕桑原骘藏：《中国阿刺伯海上交通史》，冯攸译，台北：台湾商务印书馆，1971。

纪 70 年代在台湾商务印书馆出版以来颇受我国读者的重视，不仅被视为研究中外交流史的经典，而且书中表现出来的贵实证、轻虚谈的科学治史精神广受赞誉。这部著作集中展示了唐宋元时期中国对外交流与交往的盛况。译者冯攸在"译者序"中说："此书不仅搜罗旧闻，疏能证明已也，于各家之说，亦复多所绳正。"在中国历史上，唐宋时期正处于中国社会政治、经济、文化与对外交流急剧发展时期，孕育着社会的重大变革。《交通史》一书颇为具体地反映出唐宋元时期中国社会对外交流与东方外交的时代特征。直到今天，《交通史》仍有重要的学术价值，也成为我们研究东方历史上海上丝绸之路不可多得的重要参考书目。

一　《交通史》中映现出的中外交流与交汇

中国历史发展到唐宋时期，社会政治、经济、文化与对外交往已经发生不同于以往的深刻变化，对外开放程度提高，与国外市场有着密切的联系，吸引外国人来华从事商业贸易活动，社会呈现多样性发展的特征，正如作者所说："自西历八世纪之初，迄于十五世纪末欧洲人来航东洋时为止，前后八百年间，为阿剌伯人在世界通商贸易舞台上最活跃之时代。且自西历八世纪后半期阿拔斯王朝奠都巴格达以来，彼等对于从海上与印度及中国方面之通商事业，尤为注力。"① 日本其他学者对于中国唐宋社会也有深入的评论。日本东洋史家宫崎市定说："到了唐代，迎来了面目一新的新社会。唐人在世界范围内的活跃程度令人瞩目，这其实是几个世纪以前就已经奠定下来的历史发展轨迹。"② 对于宋代的发展与文明，他说："宋代已经表现出了显著的资本主义倾向，与中世纪社会有着明显的差异。"③ 他还说："宋代以后，中国社会演变成一种具有资本主义特征的社会。"④《交通史》从多方面整体展现这方面的总体特征，迸发出许多新鲜而独特的观点，引起共同跋涉于这一领域众多学者的广泛注意。

《交通史》篇幅并不大，没有其他著作那样的高言大论，也没试图建立

---

① 〔日〕桑原骘藏：《中国阿剌伯海上交通史》，第 2 页。

② 〔日〕宫崎市定：《宫崎市定亚洲洲史论考》（上），张学锋、马云超等译，上海古籍出版社，2017，第 91~92 页。

③ 〔日〕宫崎市定：《宫崎市定亚洲洲史论考》（上），第 199 页。

④ 〔日〕宫崎市定：《宫崎市定亚洲洲史论考》（上），第 211 页。

什么宏大的理论框架，但它涉及的内容却十分广泛，考论精详，算得上是大家小书，无疑是同时期研究中西交通史的佼佼者。作者看到唐宋时期中国东南沿海出现了许多著名的港口城市，这些城市与外国市场有着千丝万缕的联系，不仅汇集了来自世界各国的商人商品，也有东西方文化、习俗、旅行家在这里汇集，成为影响一时的商业贸易中心。唐朝时广州已经发展成为中国南方的第一大商港，每天有几十艘外国船只进出，阿拉伯人来到这里从事商业贸易活动。"阿剌伯人由波斯湾，经印度洋，绕马来群岛，至今日所谓广东地方来经营通商者甚众。"① 把关注的目光集中于中国社会的对外交流交往，可以在传统社会中看到商品经济发展与人员流动的情况，极大地丰富了人们对中国传统社会的认识。由于唐朝国祚长久，对外开放，交州、扬州、泉州都已发展成为著名的国际化商港，经营着东西方贸易。桑原骘藏强调："阿剌伯人与中国通商，其间虽屡经盛衰与断绝，然从大体观之，可谓由唐经五代以迄宋朝，均相继续而无变化。且阿剌伯人之通商，至宋而益见繁盛。"② 他对中国社会有深刻而细致的观察，以惊羡与理性的眼光看待中外交流，肯定中外交流对中国社会进步的积极意义。为了增加国库收入，唐宋两朝鼓励外商来华贸易，加强了对外商的引导与管理，因此出现泉州贸易规模逐年大增，以至与广州相颉颃的情况。桑原骘藏在《唐宋贸易港研究》中说："中国唐代与摩诃末教国（大食）间海上通商，曾盛极一时。"③ 他不仅以深邃的目光透视中国社会所具有的吸附能量，而且以史学家的冷静分析赢得了史学大家的地位。

在反映东西方商贸往来与人员交流上，《交通史》的视野是相当开阔的，带有总结历史经验、为现实服务的意味，对市舶司设置、重要的港口、交易的商品、中外商船的大小、外国人居住区域与管理，对待外国人的政策、伊斯兰教徒之习俗以及对外商收取的关税等都有详细的考证介绍，真正全方位地展示了中国古代社会的整体风貌，许多方面写得具体充实，可读性强。作者之所以对中国社会的对外交流有如此兴趣和热情，主要在于他受中国历史与文化影响至深，在中国文化的熏陶中培养了对中国历史的兴趣。他整体关注了中国社会的开放性与包容性，以及不同阶段的发展特点。正因为

---

① 〔日〕桑原骘藏：《中国阿剌伯海上交通史》，第 2 页。
② 〔日〕桑原骘藏：《中国阿剌伯海上交通史》，第 3 页。
③ 〔日〕桑原骘藏：《唐宋贸易港研究》，杨鍊译，山西人民出版社，2015，第 64 页。

如此，该书向世人展现了一个丰富多彩的东方社会生活。他考证严谨，做了许多匡谬补缺的工作。这部"征引之博，考订之确，览者可以自知"的《交通史》，确实为人提供了许多新知识，这是作者去努力完成的甚至是乐此不疲的工作。桑原骘藏不同于一般的东洋史学者，终身从事的不是一般意义的记载记述，简单地搜罗排比材料，而是在力图构建一个宏大而完整的知识体系。尽管他曾经声称"我自己从事的是东洋史研究，和支那学没有任何关系"，① 可是从书中这些内容来看几乎都与中国史有关，与整个东方国家外交活动有关。

介绍南海贸易时，《交通史》写得具体翔实，看得出作者是以极大热情进行总结与研究的，有明确的东方人的史观与评断历史的标准。这些都是它的可贵之处。该书广泛征引了中国正史材料，以及当时留下的一些典籍，也大胆地使用了西方学者的成果，做到了上下探索、左右考察、进退有据、考论自如。在南海贸易船方面，作者的观察是细致的，有许多的介绍与评论，他说："唐代南洋贸易船之船体，较之法显时代，已次第增大。"② 有的船体达到 20 余丈，载六七百人。在当时来说，这已经是世界上最大的海船，造船技术超过任何其他国家。这部研究中国与阿拉伯国家海上交流的专书，确乎是对人类文明交往有益经验的总结，有着作者成熟的理解与判断。

中外交流活跃的情况在多方面表现出来，这也是该书的可贵之处。中国社会发展需要引进外来文明，以开放的态度从容处之，从中获得社会不断进步的力量。正因为如此，出现大批外国商船来到中国贸易的情况。根据当时的材料可知，唐宋时期中国造船技术超过前代。科技史家李约瑟说，大约在 587 年，隋代工程师和高级将领杨素建造了 5 层甲板船，高度超过 30 米。③ 宋人沈括在《梦溪笔谈》"补笔谈卷二·龙舟坞"条中写道："国初，两浙献龙船，长二十余丈，上为宫室层楼，设御榻，以备游幸。"④ 通过这些材料可以清晰地看到当时中国的造船情况。17 世纪欧洲耶稣会会士路易斯·列康脱（Louis Lecomte）说："远在我们的救世主耶稣基督降生前的很长一段时间，中国人已经普遍航行于印度各海域，并发现了好望角。不论真相如

---

① 刘正：《京都学派》，中华书局，2009，第 78 页。

② 桑原骘藏：《中国阿剌伯海上交通史》，第 117 页。

③ 李约瑟：《中华科学文明史》（3），上海交通大学科学史系译，上海人民出版社，2002，第 120 页。

④ 沈括：《梦溪笔谈》，张富祥译注，中华书局，2009，第 316 页。

何，但可以肯定，从远古起中国人已拥有牢固的船舶。尽管他们在航海技术方面，如同他们在科学方面一样，还未达到完善的程度，但是他们掌握的航海技术比之希腊人和罗马人却要多得多。"① 阿拉伯商人来南海贸易是桑原骘藏在《交通史》中重点介绍的内容，也是读者极为关注的问题，读之颇有教益。他这样指出，唐代外国来华贸易船舶当中尤以狮子国（斯里兰卡）商船最大，上下数丈，这样大的船只是空前的，由此可见东方人的造船技术与运输能力。商船载重量大，标志着整体运输能力增强，在促进东西方交流方面发挥了巨大作用，也反映出技术创新的过程，社会财富已经有了较多的积累，国家力量亦参与到技术进步与对外交往当中。

与西方国家相比，东方的造船已经走在世界前列，包括从事人员、丝绸、瓷器、香料以及文化交流。宋元时期是中国远洋航海运输大发展时期，造船的能力已经超过世界其他国家。对于此事，桑原骘藏写道："南洋贸易船自法显时代以来，一代发达一代。载量渐次扩大，设备渐次整顿，航术亦渐次进步矣。就中宋元之际，尤为中国船最长足发达之时代。"② 应该说，他对中国古代科技的把握是准确的，这与他在中国几年的生活经历有关。1907 年他来中国从事学术考察与研究，到达过山东、河南、北京、内蒙古、陕西等地，积累了大量的生活素材。生活范围的扩大对他研究中国历史十分有益，大大促进了他的中国史研究，也引起日本学术同行的注意。有学者指出："他于中国从事访古考察，主要是出于学术目的，即一方面想获得直观性体验，另一方面则期望取得实证性材料。"③ 他长于总结中国历史经验，继承什么，摒弃什么，他是有自己取舍标准的。中国学者对古代造船技术也有精湛的评论，两者相较，确有异曲同工之处："唐末以后，中国海船的水平已经超越了国外，到了宋元时期，中国海船几乎垄断了中国到印度之间的航线，不但中国客商坐中国海船，连外国客商也都搭乘中国海船。中国的海船以大、稳、安全、设备完美著称于世，再加上指南针的发明，航海技术的进步，更受到了各国客商的欢迎。"④ 造船技术进步以及远洋能力的增强已经使空间障碍消失，使天堑变成了通途，实现了人类

① 李约瑟：《中华科学文明史》（3），第 69 页。
② 〔日〕桑原骘藏：《中国阿剌伯海上交通史》，第 126 页。
③ 张明杰：《桑原骘藏与他的〈考史游记〉》（译者序），〔日〕桑原骘藏：《考史游记》，张明杰译，中华书局，2007，第 4 页。
④ 金秋鹏：《中国古代造船与航海》，中国国际广播出版社，2011，第 114 页。

交通史上的一个飞跃性进步，给人类生活带来极大的便利，从某种意义上可以说在进行着人类早期全球化的努力。唐宋时期中国社会出现开放倾向，世界各国有机会来东方进行经济文化交流，从而促进了中国文化、经济与社会发展。

大量的东方古史材料表明，唐宋时期中国的对外交流已经呈现国际化的趋势，与世界各国的交往呈现多样化的特征。当然这一切都是与交通条件的大大改善分不开的。作者在著作中特别重视中国的造船技术，以多方面材料说明当时中国造船技术的进步与提高。中国商船和来自阿拉伯国家的商船会集南海，按照东方社会的市场交易规则，从事着有无相通、利己利人的贸易交流，这种交流对于任何一方都是颇为重要的，也是国家间外交活动的重要方面。参与南海贸易的中国商船自晋代法显时代以来不断发展，载重量增加，设备逐渐完善，较之以前进步显著。在桑原骘藏看来，宋代中国经济中心南移以后，东南沿海与国外市场联系密切。他对中国社会的观察是细致的，看到一个极其重要的现象，即在法显、义净以后来往于中国与印度的僧侣多乘外国船舶，而七八百年以后来往于中国与印度者则乘中国船舶了。在桑原看来，之所以发生这样一个迥异于以前的巨大变化，根本原因在于中国的造船技术提高了，对航海知识的掌握以及国家对通商贸易的重视，从思想观念到交往实践都发生了许多不同于以往的变化。为了进一步展现中国社会的对外开放交流，让读者看到一个更为鲜活而真切的中国宋元社会，作者使用中国古史材料来恢复真实的社会图景："元之世祖，尝注力于海外经营与外国贸易。且以国库资金，建造船舶，积载货物，使送航海外，从事通商。凡此事实，更是助长中国船业之发达。"[①] 过去传统的观点认为中国社会与国外殊少联系，只是到了近代才与西方直接接触，中国社会才有了商品经济发展。桑原骘藏的这些看法是对传统历史观的有力挑战，构建了东方历史研究的新史观。

在考察唐代市舶使的设立上，可以说桑原骘藏是不遗余力的，一些看法使我们感到新奇和振奋，惊异于他考证之严密而周详。中国的市舶使一职设置得确实很早，自唐代开元年间即已设立，负责对来华的外国船只征税与管理，防止违禁贸易，引导外商朝贡贸易，采购一些奇缺商品。[②] 他对"提举

---

① 〔日〕桑原骘藏：《中国阿剌伯海上交通史》，第 127 页。
② 〔日〕桑原骘藏：《中国阿剌伯海上交通史》，第 12 页。

市舶"有详细的解释，含义固定，体现了他本人深入细致的实证研究与严谨的治史风格，这样治史更有说服力。他说："提举市舶或称为市舶使，或更简称为舶使。……故提举市舶司亦可简称为市舶司或舶司，而提举市舶官亦可简称为市舶官或舶官也。由此类推，所谓提举市舶，市舶使，舶使等，或即是提举市舶之略称"。① 这样详细的解释十分必要，特别是制度初创的时候弄清其概念发展的来龙去脉是有价值的，笼而统之或大而化之是学术研究之大忌，历来不为学人所推崇，《交通史》全书无处不体现他的这种严谨的治史学风。宋代和元代继承了唐代的市舶使制度，创立了市舶司。宋人周去非在《岭外代答》中说："国家绥怀外夷，于泉、广二州置提举市舶司，故凡蕃商急难之欲赴诉者，必提举司也。岁十月，提举司大设蕃商而遣之。"②

　　市舶司已经将来华船舶纳入正常的管理轨道，国库增加了收入，作用是多方面的。桑原以更为广阔的眼光看待唐代市舶使问题，考察它的起源、发展及其影响，这些带有制度创新意味的问题至今仍引起后世研究者们的极大兴趣。可以说，他视野广阔，根据充分，让人看到中国古代社会经济管理的发展实态，人们会对唐宋元时期中国社会发生的诸多变化有一个新的评价，超越了一般史学家的传统思维，显示出他视野的开阔与探索精神。在科技进步的条件下，海洋对人类历史发展的作用日益增强，特别是以海上丝绸之路为载体的大规模的东西方交流，成为社会发生变迁的重大原因。在中国历史上，每个时期对海外"夷物"的认识是不同的。在桑原骘藏的眼里，兼收并蓄，为己所用，才是看待历史的正确态度。

二　《交通史》视野中在华外国商人的
居住、生活与管理

　　可以说，《交通史》中表现出的不仅是古代中国与阿拉伯国家的海上交流与交往的情况，同时其也对中国社会表现出的开放性与吸引外国人的

---

① 〔日〕桑原骘藏：《中国阿剌伯海上交通史》，第 5 页。
② 周去非：《岭外代答》，"航海外夷"，张智主编《中国风土志丛刊》，广陵书社，2003，第102~103 页。

社会包容性有较为具体的展现，折射出这一时期东方社会发展的新格局。不仅如此，该书在许多方面较之同时期的其他著作有超越之处。它对东方社会生活的反映不仅贯穿全书，而且扩大到东方社会生活的所有方面，显得有生机和活力。他说："由唐而宋，中国南部与波斯之间，大开商道，波斯湾各港皆依东洋贸易而繁昌。"① 寥寥数语，展现出一个富有朝气与活力的东方世界。他还说："唐代中世以后，大食人（即回教徒）盛向中国南部诸港通商。"② 这些都是作者深入考察所得，有着不同于其他人的观察与判断。之所以出现东亚史研究的这样一些新特征，首先应该说桑原骘藏从长期对中国史的学习中培养了对东亚的炽热感情，从复杂的历史材料中发现了固有的历史价值，凭借他对历史材料的理解与把握，写下了这部冷静聚积、考订精详的著作，成为战前日本东亚史著作中具有代表性的作品。

唐宋时期是中国古代社会发展的顶峰，许多方面出现了发展奇迹。不仅出现了众多的文学家、史学家、哲学家、科学家，经济、文化以及对外交流出现了空前繁荣，而且在吸收外国来华交流上也出现了大发展，突出地表现为大量的外国人来华学习和定居；在东南沿海各港口城市，西亚人和阿拉伯人大举东来，络绎于途，遍及各个港口城市，成为东方都市生活的一道亮丽风景。成书于9世纪中叶至10世纪初的阿拉伯作家写的《中国印度见闻录》记载："广府（广州）是船舶的商埠，是阿拉伯货物和中国货物的集散地。"③ 这正是东方社会富有朝气、气象不凡的表现，而这一特质在《交通史》中有许多具体的表现。桑原的中国史研究大量使用中国的原始材料，从纷繁复杂的材料中理出头绪，真实地表现研究对象的实际。他并不认为自己是理论家，《交通史》中没有太多的理论构建，也没有使用什么宏大理论去解释既有的历史，但这并不意味着他的书没有价值。他是把理论熔铸在了深思熟虑的观点与思想当中，如果细察贯穿其著作中的指导思想和展现的具体内容，参之以他所达到的高度，可以认为《交通史》是一部优秀的史著，作者本人成为日本东洋史学泰斗，已是无须再言的事实。④

在中国东南沿海城市定居的外国人已不在少数。桑原骘藏援引南宋岳珂

---

① 〔日〕桑原骘藏：《唐宋贸易港研究》，第 17 页。
② 〔日〕桑原骘藏：《唐宋贸易港研究》，第 47 页。
③ 《中国印度见闻录》，穆根来、汶江、黄倬汉译，中华书局，2001，第 7 页。
④ 〔日〕桑原骘藏：《考史游记》，"后记"，第 263 页。

《桯史》卷 11 云："番禺有海獠杂居。其最豪者蒲姓，……定居城中。"① 按照桑原的解释，"海獠"是指经南海来中国经商的蕃商，亦即外国商人。由此可以确断，至迟在宋代外国人就已经在广州生活定居，从事着经济、文化交流活动了。外国人进入中国从事各种活动可谓大事，因为它涉及许多具体的问题，对中国社会来说这也是个陌生的东西，留下的管理经验异常的宝贵。在中国社会对外管理演进的关节点上，许多的管理制度与措施具有了创新性。为了管理方便，唐朝在广州设有专门供外国人居住的地方，一般称为"蕃坊"。"蕃坊"设蕃长一人，管理内部事务，招徕外国商人来华贸易。"蕃坊"的建立对于促进中国社会涉外管理的秩序化、规范化极有意义。除了广州之外，有较多外国人居住的城市还有泉州。泉州与国外市场联系密切，外国商人众多，也设有"蕃坊"。"有宋一代，阿剌伯人来华互市者，多侨居各港埠。或于城内与华人杂居，或居有定处，谓之蕃坊。泉州蕃坊在州城之南。"② 泉州蕃坊也同广州蕃坊一样，是专为外国人设立的居住区，设有蕃长，负责内部事务管理与招徕外商来华贸易。据宋人周去非《岭外代答》载，当时"大食之地甚广，其国甚多，不可悉载"。③ 唐宋时期对外国来华商人、留学生有许多优惠的政策，反映出当时社会经济的发展与对外开放的程度。这样的情况是社会政治、经济与生产力发展到一定程度的反映。社会的包容性在增强，开放性在提高，互动性在加深。只有把社会政治、经济、文化、生产力发展以及国家政策联系起来加以综合考虑，方能理解它的真正意义，反映出中国社会发展与世界潮流的一致性。

社会对外国人的吸纳程度在一定意义上可以反映一个国家的开放程度。中国社会在过去的数千年里之所以不断发展，绵延不断，其中一个重要原因在于不断吸收外来文明的成果，甚至与自己对立的文明的成果，有着博大会通的胸怀。只有对外引进与开放，才能获得发展的不竭动力。到宋代，国家的对外贸易已经占到国库收入的 20% 以上。宋代对国外市场与海外贸易极

① 〔日〕桑原骘藏：《中国阿剌伯海上交通史》，第 63 页。
② 〔日〕桑原骘藏：《蒲寿庚考》，陈裕菁译，中华书局，1954，第 47 页。《中国印度见闻录》中也有同样的记载："在商人云集之地广州，中国官长委任一个穆斯林，授权他解决这个地区各穆斯林之间的纠纷；这是照中国君主的特殊旨意办的。每逢节日，总是他带着全体穆斯林作祷告，宣讲教义，并为穆斯林的苏丹祷告。此人行使职权，做出的一切判决，并未引起伊拉克商人的任何异议。因为他的判决是合乎正义的，是合乎尊严无上的真主的经典的，是符合伊斯兰法度的。"（见第 7 页）。
③ 周去非：《岭外代答》，"海外诸蕃国"，张智主编《中国风土志丛刊》，第 75 页。

其重视，对来华商人实行奖励政策，因此出现外商云集的情况。宋朝派出使节赴南洋各国招徕商人来华贸易是经常的事情，正如桑原骘藏所说："南宋时代，政府为增加国库收入起见，更努力奖励外国通商。"① 中国社会对外商来华贸易所持的欢迎态度并非出于一时之好奇，也非都是引进光怪陆离的珍奇异宝、飞禽走兽，而是看到贸易的力量在国家社会生活中的作用，可弥补国家财政的不足，国际交往已成为国家发展不可或缺的力量。如《宋会要辑稿·职官》载："高宗绍兴七年（1137）闰十月三日上曰：'市舶之利最厚，若措置合宜，所得动以百万计，岂不胜取之于民。朕所以留意于此，庶几可以少宽民力尔。'"又载："市舶之利，颇助国用，宜循旧法，以招徕远人，阜通货贿。"② 这些材料是中国人对海外贸易重要性的清醒认识，也是东亚史研究中的典型材料。招徕外商来华贸易只是宋代对外商政策的一个重要方面。如果仅仅以朝贡贸易的外壳来解释外商在中国的贸易活动是远远不够的，还要看到中国社会本身的实际需求、贸易对于国家富强的作用。物种引进解决了食物问题直接推动了中国人口发展，这种与国外市场的交流对中国、对整个东方社会都是十分重要的。

　　与此相关联，中国王朝对于那些在华贸易中有贡献的商人也予以奖赏，甚至授官，当时已有"承信郎"（从九品）之职。得授"承信郎"职位的人大都是"能招诱舶舟，抽解物货，累价及五万贯十万贯者"。③ 无论是传统的古代社会还是现代社会，都是一个复杂的系统，发展的动力来自许多方面，除了生产力与生产方式的作用外，还要有良好的制度和政策，以及开放的国际环境。大力吸收外来文明的成果，依靠国外市场资源无疑是重要的方面。在外商初来或回国的时候，市舶司官员一般都要给他们举办欢迎或欢送宴会，那些随船而来的船员也被邀请列席。④ 中国市舶司以多种手段促进中外经贸交流，在中外交往中发挥了重要作用。宋代社会呈现出来的多姿多彩的发展状况已经在多方面表现出来。北方陆路贸易被切断后，宋朝把主要力量转向南方海上，加强与国外市场的联系，出现许多贸易港口势所必然，推动了国内市场发展与城市化进程。对于这时期宋代社会的发展状况，近年国外学者有相当多的研究，例如美国学者罗兹·墨菲在《东亚史》中写道：

① 〔日〕桑原骘藏：《中国阿剌伯海上交通史》，第72页。
② 赵汝适著，杨博文校释《诸蕃志校释》，中华书局，2008，"前言"，第6页。
③ 〔日〕桑原骘藏：《中国阿剌伯海上交通史》，第72页。
④ 〔日〕桑原骘藏：《中国阿剌伯海上交通史》，第73页。

"在城市化方面，第一次出现了一些和首都临安（今浙江杭州）一样大甚至更大的城市，同时也涌现了不少只比临安城稍小一些的大城市。苏州和福州的人口都超过了百万。……长江三角洲和广州三角洲地区，通航河道和运河构成了便利的交通运输网络，为密集分布在这些地区的大小城市提供服务。城市中日益增多的商人，经营着规模庞大、品种多样的贸易业务。"① 显然，这些都是中国江南社会城市生活的真实写照，在中国社会经济发展史上也有着重要的位置。

桑原骘藏用区域史的视角审视中国宋代在亚洲的位置，也可以说在用一种新的历史观来观察中国社会发生的变化。他首先看到了宋代铜钱的国际影响。他说，中国输入海外的商品以金、银、铜、丝绸、瓷器为多，输入中国的商品以香料、药材、珠宝、玉石、象牙、犀角为主，以至出现"外国贸易愈趋盛大，则铜钱流出海外亦愈多"② 的情况。"贸易既盛，钱货遂涌涌外溢。当时宋之铜钱，东自日本，西至伊士兰教国，散布至广。"③ 一个国家只有相当程度的物质基础与货币信誉，货币才能成为世界货币进行结算。作者详细考察中国宋钱流入东南亚和日本的情况，认为日本自藤原时代末期宋钱传入颇多，虽然鸟羽天皇曾禁用宋钱，但效果不大，以至到镰仓足利时代日本通货仍以宋明铜钱为主。④ 东南亚国家也以中国铜钱为通用货币。这些材料已经充分说明，在东亚地区中国已经处于经济、文化与对外交往的核心位置，对周围国家有强大的辐射作用。中国无意去构建一个中心，但事实上中国已经成为东亚国际社会的中心了。因交通给国家带来发展的观点在日本历史学家的著作中异常的明显，宫崎市定始终强调："人类的文化因交通而发达。……通过交通获得的利益，并不是等在交换知识之后产生的。不仅对于外界带来的异物产生惊异与热情，而且获得推动历史的原动力。"⑤

《交通史》涉及的内容极为丰富，可以说是中外交通史上的优秀史著，举凡政治、经济、交通、外交、法律、海关、造船、移民管理等都在它的视野之内，把东方古代社会立体地、全方位地展现在人们面前，给人以清新厚重之感。与同时期的其他著作相比，《交通史》确实有考察精细深入的特

---

① 〔美〕罗兹·墨菲：《东亚史》，林震译，世界图书出版公司，2012，第139页。
② 〔日〕桑原骘藏：《中国阿剌伯海上交通史》，第41页。
③ 〔日〕桑原骘藏：《蒲寿庚考》，第31页。
④ 〔日〕桑原骘藏：《蒲寿庚考》，第31页。
⑤ 〔日〕宫崎市定：《东洋的近世》，中央公论社，1999，第26~27页。

点，对以前史书中的一些谬误也多有修正。作者使用中国正史材料和时人与前贤的著作，对这些古籍材料也多有质疑与考证。对于这一点，译者有言："此书不仅搜罗旧闻，疏通证明已也，于各家之说，亦复多所绳正。……至于征引之博，考订之确，览者可以自知也。"① 中国社会具有悠久的历史文化传统，以及特殊的政治权力结构，外商来华一般都借助于朝贡贸易，以朝贡的名义与中国社会各界人士开展经济贸易交流活动。只有这样，他们才能在中国进行商贸活动，给自己找到立足点。作者详细考察了元代东南亚诸国通贡于中国元朝的情况。自元世祖至元十六年（1279），东南亚的占城、马八儿两国入朝以来，有元一代南海交通盛极一时。② 元朝存在的时间虽短，但它对东南亚各国的海上贸易极为重视，甚至对外商采取更为优惠的吸引政策。在这样的政策之下，出现马八儿、须门那等 10 国"各遣子弟，上表来献，仍贡方物"③ 的情况。元朝对待外商与宋朝有许多相似之处，即大力推进与国际市场的联系，以增加国库收入，这表现出了商品交换交流的重要性。作者引用《元史》"占城、马八儿诸国遣使，以珍物及象犀各一来献"，④ 说明周边国家与元朝密切的经济贸易联系。

　　1274 年和 1281 年，元朝与日本之间发生了两次战争。这两场战争对元日影响很大，甚至在整个元朝两国没有邦交关系。为了征伐日本，元朝在战前赶造了大量战船，每天在船厂工作的工匠就有数万人，《交通史》使读者真实地了解到战前元朝赶造舰船的准备情况。作者使用《元史·世祖本纪》的材料："以征日本，扬州、湖南、赣州（江西省）、泉州四省造战船六百艘。"⑤ 桑原骘藏看到，当时往来中国与波斯湾之间的海船以中国的海船为最大，广州、泉州是两个最大的造船厂。元朝重视海上交通，把海上交通作为联系国外市场的重要纽带，中外交通进入了全盛时期。为了管理贸易，增加国库收入，元朝在广州、泉州、温州、宁波、上海等地建立了市舶司，大大地促进了国内的贸易发展。元朝对招徕外商不遗余力，以至出现《元史》中所说的东南亚一些国家争先来献的情况。

　　外国人在中国的经商与生活，尤其对外商遗产的处理，是中国社会管理

---

① 〔日〕桑原骘藏：《中国阿剌伯海上交通史》，"译者序"，第 1 页。
② 〔日〕桑原骘藏：《中国阿剌伯海上交通史》，第 266 页。
③ 〔日〕桑原骘藏：《中国阿剌伯海上交通史》，第 268 页。
④ 〔日〕桑原骘藏：《中国阿剌伯海上交通史》，第 264 页。
⑤ 〔日〕桑原骘藏：《中国阿剌伯海上交通史》，第 275 页。

的一个重要方面，体现了国家的管理水平与社会发展程度。在这方面，中国古代社会是有一定的探索的，也留下一些可贵的经验。其实，对外商遗产的处理是中国古籍中涉及不多的，也可以说是历史研究中较为薄弱的环节，即便有书涉及这方面的内容也往往一笔带过，语焉不详，很少有详细的记载。相比之下，倒是《交通史》有较多的介绍。该书专设"外商遗产之处分"一节予以详细考察。通过对中国古籍《新唐书》《元典章》《宋会要》等的梳理，作者认为自唐代以来，凡蕃商客死中国而无近亲者，政府则收其遗产。① 这里应该注意的是，中国政府收归国有的是那些没有近亲者的外商的遗产，这样做是合情合理的，任何一个国家也都会这样做。作者使用具体的历史材料对这个问题予以追根溯源，做到了立论有据，分析合理。作者指出："按宋代史实，居留中国之外国商人，虽未经过五世，若其死后而无近亲时，则其遗产亦将依户绝之法，收没于官。"② 该书提到有大食商人居住广州，死后数百万遗产尽收于官的情况。这样写具体而详细，落落大方，可视为有价值的研究。如果没有详细的观察和细致的考证，是很难写出这样的历史著作的。

一个正常社会除了有稳定的社会秩序，正常的生产、生活外，容纳和任用外国人也是极为重要的。中国社会既有吸收外来文化的传统，也有任用外国人的实例。中外交通必然带来冲突与融合。一般说来，经过冲突之后必然融入中国社会，成为中国社会的一部分。外来的东西要为中国社会接受和认识，必然要通过一定的形式表现出来。中国社会的发展是与外来文明的不断引入同步进行的，只有楚材晋用，社会才能不断向前发展，走向更高的发展阶段。在这方面，《交通史》有许多可圈可点之处，也是其引人注目的亮点。书中写道："中国人之不排斥外国人，诚如世间一般所想像。换言之，中国人实可谓世界中最不排斥外国人之国民也。彼等之间，常实行最古最流行之所谓楚材晋用主义——即不区别种族而录用他国人材之主义。"③ 这是作者通过研究中国历史所得，看到中国社会具有的某种开放性、多元性在增强，包容性在提高，透射出一种只有发展到近代中国才可能出现的新的经济因素。外国商品、物种、人员与文化进入中国社会，是在社会开放与包容的

---

① 〔日〕桑原骘藏：《中国阿剌伯海上交通史》，第287页。
② 〔日〕桑原骘藏：《中国阿剌伯海上交通史》，第288页。
③ 〔日〕桑原骘藏：《中国阿剌伯海上交通史》，第210页。

状态下完成的，如果社会没有这样的气魄，那它只能万马齐喑，死气沉沉。

无论唐代还是宋元时期，外国人大量进入中国，进行商贸活动，学习和游历。中国社会对外国人的任用并非出于好奇，而是来自社会的实际需求，出于一种自觉。例如蒲寿庚是事宋降元的阿拉伯商人的后代，曾任职泉州市舶司凡 30 年。这种情况以唐代为最多，一些遣唐使在中国为官几十年甚至官至节度使者也大有人在。不仅外国人在中国生活几十年，也有中国人在国外生活几十年者。如唐代高僧玄奘就在印度留学 16 年之久。《交通史》中这样写道："凡此种种外国人入仕中国政府之实例，殆不暇枚举。至唐代，而任用外人益众。东自日本、新罗、百济、高句丽，西自中央亚细亚诸国，以及远自波斯、印度等国之人，来长安入仕者不少。"[1] 他们来中国不仅学习文化、历算、兵学、农学、医学、科技与文物典章制度，还信仰佛教，更为重要的是他们服膺中国文化，学成之后在中国长期生活，为中国社会所用。从唐宋时期任用外国人为国所用来看中国历史，可以看到，凡是对外开放时期，任用外国人的数量就多，他们生活工作在中国社会的各个方面，与中国各阶层保持密切的联系，和平相处，文明的交流交汇成为这一时期的主流，国力也有很大的提高；凡是政策导向封闭，传统的惰性在文化深层结构中对异质文化发生强烈排斥的时候，社会就会出现排斥甚至驱逐外国人的情况，社会各项指标就会在低层次上徘徊。这是很重要的历史经验。

三 《交通史》对中国与阿拉伯帝国海上航线的研究

可以说，中国与阿拉伯帝国的海上交通与交往是《交通史》的重点内容，倾注的笔墨最多，中外交通的规模、路线、航路日程等清晰可见，令人欣喜。作者在正文第二章有详细的考证，整体勾画出中国与阿拉伯帝国、印度以及波斯湾沿岸各国海上航路，同时又探讨与航线相关的若干问题。对于读者来说，这些都是历史研究中极有价值的问题，也是饶有兴味的问题。例如在讲到阿拉伯帝国与中国之间航程的时间时，作者使用中外古籍材料确断时间为 90 天左右。在过去以自然力和人力为航海动力的条件下，90 天时间应该说是可靠的。唐宋时期我国的造船技术已经达到世界先进水平，社会各方面条件发生了较之以前不同的变化。这种形势的出现无疑与国家社会安

---

① 〔日〕桑原骘藏：《中国阿剌伯海上交通史》，第 211 页。

定、物质财富有较多的积累有关，也与国家重视对外交往有关。根据《中国航海史（古代航海史）》的材料可知，从广州出发，经南洋各地、斯里兰卡及印度西岸，到达波斯湾沿岸忽鲁谟斯的乌剌，从东向西全程计 90 天时间。① 可贵的是，《交通史》的作者详细考察了东西航路各港口之间的航程时间，这对了解古代交通运输、造船技术、港口贸易、经济文化与人员往来都是重要的。

从作者的考证中可以看到，由广州到蓝里（今苏门答腊西北端）航路为 40 日，由蓝里至故临（印度）约一个月，由故临到大食（阿拉伯帝国）约一个月。总之，由广州到大食之航程须百日左右。② 就当时世界生产力与技术而言，唯有东方的中国、阿拉伯帝国的造船技术处于世界的领先地位，各国商人利用中国、阿拉伯帝国的大型航船从事从东亚到东南亚、南亚以及波斯湾沿岸的远航贸易，形成古代西太平洋—印度洋市场。这个市场也与欧洲地中海市场产生着密切的经济文化联系。对比当时的欧洲，东方国家基本上处于封建社会的发展阶段，形成了相对稳定的国家关系和区域性的主导力量。隋唐帝国和阿拉伯帝国的建立，也使东方社会向前发展加速，对外交往如火如荼地展开。这是因为，国力强盛直接促进了国际交往扩大，试图借学习外国获得发展的不竭动力。从中国到印度洋、阿拉伯帝国的航线已经很发达了，中国船航行于太平洋、印度洋航道上，中国与朝鲜、日本、东南亚、西南亚、东北非各国进行大规模的经济贸易。③ “广州通海夷道”是自广州至印度洋的海上航线，自唐代中叶以后往来于航道上的商客日益增多，经久不衰。

桑原骘藏以严谨的逻辑，稽考中国与阿拉伯国家的海上航程，做了许多有见地的分析：“惟中国与大食间航程，需九十日乃至一百日云云，当然以顺风为标准而言也。凡每度入港之碇泊日数，皆不在内。故当时贸易船往来必要之实际日数，较之此数，当遥为多大无疑。”④ 他还分析道：“贸易船由广州达大食，普通均须满一年以上之日数。其由大食复航广州时日，亦同也。如此，则往返大食与中国之间，常须二年以上之时日也。”⑤ 他不仅看

---

① 中国航海学会：《中国航海史（古代航海史）》，人民交通出版社，1988，第 132 页。
② 〔日〕桑原骘藏：《中国阿剌伯海上交通史》，第 110 页。
③ 金秋鹏：《中国古代造船与航海》，第 116 页。
④ 〔日〕桑原骘藏：《中国阿剌伯海上交通史》，第 111 页。
⑤ 〔日〕桑原骘藏：《中国阿剌伯海上交通史》，第 111 页。

到了航行技术的进步，也看到了航行的艰难，以及为此付出的代价。"梯航重译"是当时中国古代海上航行艰难的真实写照。其意是说，商船向前航行就像向上爬梯子一样，一步一步地向前航行；交流的语言也要经过多重翻译才能让对方听懂。就历史上的中外交通而言，任何的进步都是以一定的代价为前提的，在茫茫的大海上没有平坦的大道可走，海难是经常发生的。尽管如此，它仍然没有阻挡住中国人出海求知的脚步，中国人在艰难的交流中创造着新的东方历史，推动着不同国家、不同文明间的共享进步。桑原骘藏对中外文明交流的态度不同于一般学者，不做书斋里咬文嚼字、寻章摘句的学问，而是做中外文明的艰辛的摄取工作，因而在中外文化交流上表现出异常的冷静、理性与自觉。

必须指出，在中国通往印度洋的航线上不仅向外传播丝绸、瓷器、指南针、造纸术、火药、印刷术、医学、动植物与中草药，也有域外文明的大量引进，包括衣、食、住、行、音乐、舞蹈、艺术等许多方面。它们由小到大，由浅及深融入我们生活的许多方面，正是有了东西方的文明交流交汇，我们今天才有了如此丰富多彩的生活，其为我们生活增添了多样性，促进了东西方社会整体性发展。除了精神文明与物质文明成果外，许多人也是通过这条航路走向印度、阿拉伯与欧洲的，无论以当时的观点还是以今天的观点来看，对中外交流的意义怎么估计都不会过高。古代阿拉伯作家马苏第在《黄金草原》中说，当时撒马尔罕商人已经到伊拉克，南下巴士拉和阿曼，从那里再前往中国。[①] 只有交流才有发展，促进社会不断进步。我国学者指出："物质交往，提高了人们富裕文明生活；精神交往，升华了人们思想文明境界；制度交往，推动着人们社会文明规范的完善；而生态文明交往则增进了人类社会与自然环境的和谐与统一，保证了社会的持续发展。"[②]

航路的发达可以反映一个国家的技术发展程度与对外交流的状况，可以说是一个多维度的发展过程，涉及政治、经济等许多方面。从宋代留下的一些材料来看，对外交往的国家已经达到五六十个，包括日本、朝鲜、东南亚、南亚以及西亚、非洲的许多地区，它们基本上都是沿着海上丝绸之路的航线发展扩大起来的。那时候，指南针已经应用于海上航行了，结束了长期以来的循岸航行状态，实现了远距离长时间航行。天文导航和指南针导航相

---

① 〔古阿拉伯〕马苏第：《黄金草原》，耿昇译，中国藏学出版社，2013，第152页。
② 彭树智：《文明交往论》，陕西人民出版社，2002，"总论"，第8页。

互配合使用，解决了阴雨天气仍然可以沿着正确方向航行的问题。① 这个重大问题的解决，带来了海上航行的极大便利，提高了运输效率与安全性。中国与西洋各国海上航行日益兴盛，一方面是由于西夏崛起河西走廊贸易通道受阻，从陆上与西方贸易已经变得困难；另一方面，海上交通技术进步，使海上大规模交往成为可能。还有一个不容忽视的因素，就是海上运输相对便宜方便，其成本大体是陆上成本的1/20。大宗商品的运输只有通过海路运输才有可能，以畜力为主要运输力的陆上运输是无法完成的。路途遥远，关山迢递，陆上运输遇到许多困难。唐宋时代，中国社会经过长期发展，财富已有相当多的积累，先进的文化吸收了来自南亚、西亚和欧洲众多的商人、学者和留学生来到中国，从事经济、文化交流。当时中国有大量的商船航行在西太平洋到印度洋的广阔航线上，所谓"蕃舶"指的是漂洋过海去外国的大帆船，并不一定都是外国船，中国造的也叫蕃舶。②

　　值得注意的是，当时中国商人去大食必在故临换乘小船，然后再前往。之所以如此，主要是中国船舶体型重大，吃水深，不便航行波斯湾，故需转乘小型船；而那些大食商人多在故临换乘大船才能到达中国各个港口城市。③ 这种情况的出现，反映了当时宋代造船技术的先进和船体较大。这样的大型船只并不是任何一个国家都可以建造的，也不是随便就可建造出来的，毋宁说是一个国家综合国力的集中展现。在微观观察上，作者强调中外之间的差异，船体普遍大是中国商船的重要特征。船体大适合航船远距离、长时间航行，有利于抵挡海上风浪和颠簸。通过详细观察，他得出一个十分有趣的结论，即南宋时期阿拉伯商人东来中国一般都要搭乘中国商船。④ 有趣的是，作者还对中国船舶与阿拉伯国家的船舶做了比较，看到来自阿拉伯国家的商船一般不用钉子组装，而是以椰子树皮制成绳索缝缀船板，用树脂膏油涂塞船板缝隙。⑤ 与当时船体高大、载重数百吨的中国商船相比，显然判若有别，差异自现。作者在介绍中外商船时，已经流露出对中国古代造船技术的赞许，在他的思想观念中唐宋时期的中国领先于世界其他国家。

　　桑原骘藏的《交通史》为我们清晰地展现了古代中国与印度洋北岸各

---

①　金秋鹏：《中国古代造船与航海》，第156页。
②　张俊彦编著《古代中国与西亚非洲的海上往来》，海洋出版社，1986，第107页。
③　〔日〕桑原骘藏：《中国阿刺伯海上交通史》，第112页。
④　〔日〕桑原骘藏：《中国阿刺伯海上交通史》，第112页。
⑤　〔日〕桑原骘藏：《中国阿刺伯海上交通史》，第118页。

国、阿拉伯国家和波斯湾沿岸各国海上交通情况，中国商人不断探索走向世界的海上航线，取得了重大成就，为东西方物质文化交流做出了重要贡献。从早期全球化的角度看，中国人、印度人、阿拉伯人、波斯人等不断冲破来自自然的、技术的以及社会上的诸多限制，从事着文明的交流与构建，为以后全球性的国际交往提供了比较充分的物化条件。宋人周去非在《岭外代答》中记载："大食者，诸国之总名也。有国千余，所知名者，特数国耳。有麻离拔国。广州自中冬以后，发船乘北风行，约四十日到地名蓝里，博买苏木、白锡、长白藤。住至次冬，再乘东北风六十日顺风方到。"① 我国学者在《中国航海史（古代航海史）》中说，宋代的海外交通基本上是沿着唐代"通海夷道"这条航线到达波斯湾各地的，比唐代海船活动的范围更加广泛，向西到达了红海和非洲东岸。② 中国与阿拉伯国家的海上交流一直是中外学者关注的问题，从没有离开他们的视野。日本学者宫崎市定指出："在唐代，西亚阿拉伯人的萨拉森帝国昌盛，东西两大国家海上相互交通，船舶往来频繁。阿拉伯人在广东、扬州等地有居留地，中国商船亦可远至波斯湾，在其附近广布中国铜钱。"③ 这些具体而充实的材料，对于我们了解中国古代社会历史十分有益，足资启发。

　　《交通史》对中国与阿拉伯世界海上交通与贸易关系的研究，可视为对人类交往互动经验的总结，其中有相对丰富的人类认识海洋和利用海洋的经验。长期以来，中国一直被认为是农业文明国家，重陆轻海，重农轻商，对海洋比较陌生，没有取得海洋利用的实绩。但是通过对桑原骘藏《交通史》的研读，我们深化了对中外交通史重要性的认识。中国与阿拉伯国家海上航路的开辟与拓展，涉及若干有价值的问题。依此而循之，可以进一步了解南海的贸易情况、中外商船的差异、政策导向、中国商船的发展状况，以及唐宋时期航路对后世航海的影响等等。在今天看来，这都是极有价值的课题，可以丰富我们对中国古代社会的认识。如此重要的研究显然都是十分可贵的，与其他著作相比，该书十分耐人寻味。中国人、阿拉伯人开辟的东方远洋航线和香料市场等航海与贸易网络也为后来的欧洲人所利用，使他们有条件在此基础上去建立全球性的商业贸易网络。历史研究之所以有价值，在于它不

① 周去非：《岭外代答》，"大食诸国"，张智主编《中国风土志丛刊》，第 83 页。
② 中国航海学会：《中国航海史（古代航海史）》，第 145 页。
③ 〔日〕宫崎市定：《东西交涉史论》，中央公论社，1998，第 208~209 页。

断地为人类社会提供交流互动的有益经验，探索历史的本真，虽然它不能像经济学、法学和管理科学那样解决实际问题，但历史学科的"资治"价值无疑是其他哲学社会科学无法取代的，书中的许多思想值得重视和发掘。

　　东方人开辟的海上贸易航线，为东西方政治、经济、文化交流带来了极大便利。这是一个多层次、多维度的双向运动过程，完全有理由说海上交通带动了朝贡—贸易关系向中国儒家文化影响之外的印度洋地区扩展，为后来欧洲航海家在这一地区航海和贸易创造了一个前提。① 我们强调东方各国商人共同创造历史，不仅要看到中国人、印度人以及东南亚人华侨华人的海上作用，也要强调阿拉伯各国商人的作用，正如一位阿拉伯作家指出的："无论如何也不能低估阿拉伯人在近东与南亚和东亚之间海运中应有的地位。"② 无论是桑原的作品还是古文献留下的材料，都证明中国人已经大踏步地走出国门，参与到西太平洋—印度洋—波斯湾的海上贸易，参与国际市场的竞争与合作。《交通史》使我们对中国古代社会有了更进一步的认识，尤其中国社会对外来人员、文化、商品采取的开放态度，让人刮目相看。《中国印度见闻录》是9世纪末10世纪初阿拉伯作家的作品，也是研究中国古代对外关系的珍贵史料，其写道："中国人也曾航抵波斯湾。……甚至在巴格达城建立之前，中国船已到达了乌波拉。"③《交通史》使我们对中国古代社会有了清晰的了解，尤其中国社会对外来文明与文化所持的汇通中外的开放态度，让我们多有教益。

　　中国与印度洋世界的海上交通不仅把中国文明、文化传播到了印度洋地区，更为重要的是通过海上交通把西方的文明成果输入中国市场，甚至可以说促进了这一地区早期全球化。东方大量的古史材料已经表明，仅把全球化肇始定位于16世纪由欧洲人开启的大航海时代不是完全正确的，还应看到东方人在沟通东西方交往中的作用与前期铺垫，正如阿拉伯作家所说的："波斯湾的商人乘坐中国人的大船才完成他们头几次越过中国南海的航行。……我们认为阿曼人、中国人，也许还有一些我们无法考证的民族，都积极地参与了南海沿岸各国间重大的交易活动"。④ 这个观点十分有力。中国与阿拉伯世界以及欧洲的交流，促进了中国传统的手工业产品直接走向

---

① 陈忠平主编《走向多元文化的全球史：郑和下西洋（1405—1433）及中国与印度洋世界的关系》，生活·读书·新知三联书店，2017，第61页。
② 《中国印度见闻录》，第23页。
③ 《中国印度见闻录》，第25页。
④ 《中国印度见闻录》，第25~26页。

世界。这是中国走向世界的重要一步，在某种意义上吸收其他民族经验发展了中国海洋知识体系，深化了对世界的参与和竞争。作者比较中国船舶与大食船的异同，看到了阿拉伯商船盛向中国南方各省贸易的情况。"唐代阿剌伯商人至东洋通商者日众，同时大食（即波斯）海舶之来航南中国者亦日增矣。"① 这些都是作者详细考察所得。作者始终以羡慕的眼光看待中外交流，并报以热情的欢迎态度。外国的商品、人员、文化在南海和印度洋汇集，各国商人在互通有无、利己利人与互利中完成了文明的交流与构建，推动了东亚—南亚—东非的海上联系，促进了东方世界的早期全球化。

可以说，《交通史》涉及的内容异常的广泛，考证精详，进退自如，体现出日本东方史学者重实证、轻虚谈的朴实学风，学以致用的理念得到了彻底的贯彻。这不仅是日本学术研究的一个传统，也是他们治学的理念。近年来，日本东亚史研究日益受到国内的重视，有影响的海陆丝绸之路、海上交通史研究逐渐成为一门显学。有学者指出，交通史是桑原骘藏一生重要的研究课题，孜孜不息，他在此领域取得了巨大成就。② 在一定意义上可以说，东西方交流问题绝不仅仅是简单的学术问题，也不是应一时之需，而是从学术的角度去关心国家和社会生活，从学术的角度为国家和社会寻找发展的出路与动力。因此，这样的研究意义更大。我国学者曾经指出："在交通不发达的古代，从中国前往世界其他文明中心是非常不方便的，需要经过漫长的海路或陆路。而旧大陆的其他几个文明中心，如包括埃及、两河流域与古希腊在内的东地中海地区和古印度，其陆海交通条件均较为便利。古代中国人如欲前往其他文明古国，要花费更长的时间，消耗更多的资源。"③ 确实，在自然的和技术的若干困难面前，东方各国商人以大无畏精神开辟出艰难无比的海上贸易通道，为世界文明的交流交往做出了巨大贡献。

《交通史》映现出来的中国—印度洋—阿拉伯国家的海上航线，不仅反映出传统史学严谨的考证学风与材料占有的重要性，同时也反映出近年来兴起的海洋网络理论在解释重大历史问题中的意义。以交通网络的分析方法来

① 〔日〕桑原骘藏：《中国阿剌伯海上交通史》，第118页。
② 张明杰：《桑原骘藏与他的〈考史游记〉》（译者序），〔日〕桑原骘藏：《考史游记》，第15页。
③ 刘迎胜：《开放的航海科学知识体系——郑和下西洋与中外海上交流》，陈忠平主编《走向多元文化的全球史：郑和下西洋（1405—1433）及中国与印度洋世界的关系》，第77页。

看中外交通，将其推向全球史的领域，可以在传统的史学分析方法之外找到新的解释历史的分析方法，开阔我们的分析视野。从更为广阔的意义上说，中外交通发展了西太平洋与印度洋的海上商业贸易网络，有学者认为："在人类社会全球化的历史过程中，部族和国家之间也常常借助通商、移民、战争、外交、文化交流等形式的接触而产生日益制度化或日益常规和正式的关系，将此关系从特定地区向整个世界扩大，并将越来越多样的社会融入逐渐全球化的互动网络。"① 日本学者宫崎市定这样指出："人类的文化因协作而发达。这种协作范围越广阔，方法越密切就越有效率。不仅是人类社会通过协作而容易生活，即使在动物界也是这样进行的。"② 我国学者也有精湛的评论："中国丝绸通过海路外传，最初只是在经济上互通有无，作为商品交换；后来突破了经济范畴，发展为与政治、外交、宗教、文化、艺术乃至与人民生活都发生了密切的关系，并且带来了深远的影响。如果说中国丝绸和其他文明创造的向外传播都是对人类进步和世界文明的伟大贡献，那么，除陆路外，都是通过海上丝绸之路的传播来完成的。"③

在东方各国的努力下，从西太平洋到印度洋、波斯湾和非洲东岸的海上网络已经形成。"以前中国商舶，皆直接出帆至阿曼、栖拉夫等港、波斯或巴林沿海一带，以及奥西兰巴士拉等诸港。而此等地方之商船，当时亦直接通航于中国诸港。"④ 以航线与商业网络来看，西太平洋与印度洋北岸、波斯湾以及非洲东岸连成一体，认为它是世界性的贸易网络并不为过。唐代755~763 年发生的"安史之乱"对中国国内以及周边国家影响甚大，但国外与中国的交流并没有中断。"唯自中国国内状况紊乱以来，两国商船，遂改变而会合于中间地之基拉市矣。故当时希望至中国通商之撒马尔罕商人，常在基拉市换乘中国船，驶向广府（广州）也。"⑤ 西太平洋与印度洋间的贸易、移民、外交、文化及物种交流构成区域性的互动网络，为后来的"地理大发现"提供了比较充分的物化条件。我们强调东方人开辟的中国—阿拉伯航线，旨在以全球网络的视角看问题，看到历史的连续性以及历史的

① 陈忠平主编《走向多元文化的全球史：郑和下西洋（1405—1433）及中国与印度洋世界的关系》，第28~29 页。
② 〔日〕宫崎市定：《东洋的古代》，中央公论社，2000，第7 页。
③ 陈炎：《海上丝绸之路与中外文化交流》，北京大学出版社，2002，第52 页。
④ 〔日〕桑原骘藏：《中国阿剌伯海上交通史》，第113 页。
⑤ 〔日〕桑原骘藏：《中国阿剌伯海上交通史》，第113 页。

突破性，欧洲人开辟的全球贸易航线也不是完全孤立于其他地区和民族航海活动之外的历史现象。①

四　《交通史》中的历史文化意蕴

以今天的科技发展与中外交流的视角来看，历史上开辟的海上航线虽然已经不是什么新问题了，但它一直引发着我们的思考，促使我们不断地去开掘中国的海洋文化史研究。中外海陆交通带来的重大影响，为我们的社会生活增添了多样性和丰富性，以及促进了科学的、工商主义性质文化的发展。近些年，中国国内出版了不少有关"一带一路"的著作，丝绸之路研究已经成为一个显学，引起国内产、学、研、商、科、贸各界积极参与和广泛研究，可以说研究出现了兴盛的局面，显示出当前哲学社会科学研究的繁荣。但是，就学科体系、学术体系与话语体系构建来说，对东方历史上的许多重大问题仍然关注不够，缺乏系统性的总结，如古代东西方海陆交通问题、科技史问题以及物种交流等问题，因此也就造成了我们今天研究上的一些局限，现在需要从历史文化学科建设的角度运用多学科知识加以分析，构建新的东方历史。在国家日益重视历史研究的形势下，应该以更为广阔的视野重新估价和研究东方历史上东西方海陆交流问题，它不仅涉及政治、经济、科技、移民和宗教，也涉及思想和文化，更为重要的是东方国家重新崛起的时候，总结人类交往互动互鉴的成功经验比任何时候都更加迫切与重要。

从整个篇幅来看，《交通史》的确不大，但它以小书去研究大问题，为我们提供了由一系列问题组成的、涉及诸多领域的问题群。作者研究中国与阿拉伯国家海上交通，涉及的内容极为广泛，颇多建树，尤其他的考据之功为同辈所称赞，也折射出他深厚的汉学功底与历史文化底蕴。在桑原骘藏的研究中，他始终把中国海洋史作为关注的重点，取得的成就也最大，国内已有学者这样评论："桑原骘藏蒲寿庚之事迹，征引详富，道人之所未道。于中西交通往事，发明不少，非徒事襞积旧说者可比，为史界所推崇者久矣。"② 他获得如此之高的评价并非虚得此名。他将市舶司制度、阿拉伯人

---

① 陈忠平主编《走向多元文化的全球史：郑和下西洋（1405—1433）及中国与印度洋世界的关系》，第 29 页。

② 〔日〕桑原骘藏：《蒲寿庚考》，"序"，第 1 页。

东来、中国造船技术、唐宋贸易港问题、外国人旅居及中国的贸易政策等统统摄于笔下，舒拳展袖，游刃其间，表现出驾驭多学科知识的看家本事，这恐怕非一般学人可为。要知道，他是 20 世纪前半期从事这一艰巨课题研究的，无论视野还是史观，确实非同时代人可比。在今天看来，他的著作成为我们了解中国古代海上丝绸之路的必读书，不仅是我们观察日本学术发展的一条线索，也对我们推进"一带一路"建设富有教益。

但是必须指出，桑原骘藏对中国人在西太平洋贸易网建设中的作用估计不足，而对阿拉伯人的作用之评价较中国人为高，如书中屡屡提及"中世时代在东洋海上贸易之最活跃者，当推阿剌伯人。彼等曾独占东洋贸易数世纪之久，直至与彼等竞争者之葡萄牙人出现为止。当时西自摩洛哥，东至日本、朝鲜之大海原中，殆尽属阿剌伯商人之势力范围也"。[①] 他在另一部著作《蒲寿庚考》中同样写道："自八世纪初十五世纪末欧人来东洋之前，凡八百年间，执世界通商之牛耳者，厥为阿剌伯人。"[②] 在《考史游记》中也持这样的观点，认为当时自非洲东岸到东南亚沿海一带，海上贸易权都掌握在穆斯林商人手中。[③] 这些都是过分夸大阿拉伯人在东方海洋贸易中作用的典型表现。以今天既有的大量的研究成果来看，中国华侨华人在西太平洋—印度洋贸易网中的作用异常突出，至少可与阿拉伯人比肩，而非望其项背。只强调阿拉伯的作用是不全面的，也是不完整的。桑原骘藏研究中国与阿拉伯国家海上交通使用的材料多是中国正史材料，以及当时或后人的研究材料，对华商的作用估计不足是有其原因的。中国传统的正史当中缺少华侨华人海外经商活动的记载，甚至可以说华侨华人在西太平洋网贸易的活动是远离正史视野的，因此造成对华侨作用认识上的许多曲解与误解。历史研究应该加强这方面的建设，只有如此，方能把握东方历史发展的基本行程，廓清东方历史研究中的若干迷雾。

（执行编辑：王一娜）

---

① 〔日〕桑原骘藏：《中国阿剌伯海上交通史》，第 13 页。
② 〔日〕桑原骘藏：《蒲寿庚考》，第 2 页。
③ 〔日〕桑原骘藏：《考史游记》，第 51 页。

18世纪瑞典东印度公司商船的航海生活

——以"卡尔亲王"号1750~1752年航程为例

何爱民*

摘　要： "卡尔亲王"号为瑞典东印度公司商船之一。1750年11月，该船从瑞典西部海岸的哥德堡港启程前往广州，并最终于1752年6月返抵。在长达20个月的旅程中，商船的大部分时间都航行于海上。随船牧师彼得·奥斯贝克撰有航行日记《中国和东印度群岛旅行记》，对商船航行途中的日常生活有细致的描写。此次航程是18世纪瑞典东印度公司商船从哥德堡到广州的常态与缩影。探究"卡尔亲王"号的航海生活，可加深学界对18世纪中期乃至瑞典东印度公司整个经营时段（1731~1813）的商船航海生活之认识，并促进学界对瑞典东印度公司及其对华贸易发展的理解。

关键词： 瑞典东印度公司　"卡尔亲王"号　航海生活

历史研究以人为本，陆地、海上均是如此，研究涉海人群的海上生活理应受到学界重视。近年来，海洋史研究方兴未艾，呈蓬勃发展之势，但对海舶生活的研究却稍显逊色。由于涉及海洋学、人类学和历史学等多学科，加之相关史料甚为零散，该课题的学术成果并不丰硕，也尚未有学者对瑞典东印度公司商船的航海生活进行探讨。航海日志（logbook）记载着船上日常之事，是研究海舶生活最直接、最重要的原始史料。瑞典东印度公司商船

---

* 何爱民，暨南大学文学院中外关系研究所博士研究生。

"卡尔亲王"号 1750～1752 年航程的随船牧师彼得·奥斯贝克便撰有这样一份航海日志,① 其颇为生动地记载了商船的航海生活,包含船上人员、饮食起居、船员健康、娱乐消遣与宗教活动等内容。此次航程是 18 世纪瑞典东印度公司商船由哥德堡往返广州各次航程的常态与缩影,探究"卡尔亲王"号的航海生活,可加深对瑞典东印度公司商船的航海生活的认识与理解。

一　公司商船的常态与缩影:"卡尔亲王"号

1731 年,瑞典政府授予商人穿越好望角与东方各国贸易的特许令,瑞典东印度公司由此成立,该特许令为期 15 年,此后延长三次,每次 20 年,至 1806 年。② 受拿破仑战争影响,公司从该年开始渐衰,并于 1813 年解散。瑞典东印度公司以哥德堡和广州为贸易往来中心,派遣商船从中国进口物品再转口到欧洲大陆,因而有学者称其为"瑞典中国公司"。公司于创立次年,即 1732 年,便首次派遣商船"腓特烈国王"号来航中国。③ 瑞典来华贸易之事,清代文献也有记载:"通市始自雍正十年,后岁岁不绝。"④ 在 1731～1813 年的 82 年经营期间,公司下属 35 艘贸易商船共组织 132 次亚洲远航,除 3 次抵达印度,其余均以广州为目的地。⑤

船舶是海洋贸易的运载工具,也是涉海人群的生活空间。《伟大的中国冒险:关于远东贸易的故事》一书的附录载有瑞典东印度公司的所有船只列表,对商船大小、武器与船员数量有较为详细的呈现。⑥ 总体来看,由于对华贸易的刺激,瑞典东印度公司商船吨位增速很快。首航中国的"腓特烈国王"号排水量为 490 吨,⑦ 其后派往广州的商船吨位很快增至 600～800

---

① 〔瑞典〕彼得·奥斯贝克:《中国和东印度群岛旅行记》,倪文君译,广西师范大学出版社,2006。
② 蔡鸿生:《论清代瑞典纪事及广州瑞行商务》,《中山大学学报》(社会科学版) 1991 年第 2 期。
③ 〔美〕马士:《东印度公司对华贸易编年史》(第一、二卷),区宗华译,林树惠校,中山大学出版社,1991,第 212 页。
④ 《皇朝文献通考》卷 298《四夷考六》,浙江古籍出版社,1988,第 7473～7474 页。
⑤ 尹建平:《瑞典东印度公司与中国》,《世界历史》1999 年第 2 期。一说瑞典东印度有 37 艘商船,并组织 135 次来华贸易。
⑥ 〔瑞典〕贺曼逊:《伟大的中国冒险:关于远东贸易的故事》,赵晓玫译,广东人民出版社,2006,第 129～139 页。
⑦ Paul Hallberg, Christian Koninckx, *A Passage to China: Colin Campbell's Diary of the First Swedish East India Company Expedition to Canton, 1723-33*, Göteborg: Royal Society of Art and Sciences, 1996, p. xxxiv.

吨，造于 1741 年的"瑞典王后"号则高达 947 吨，短短时间几乎翻倍。除了吨位，船只在结构设计上也有改进，从早期贸易所用的帆战船发展为具有三层甲板的商船，航海能力明显提升。"卡尔亲王"号的随船牧师奥斯贝克称，该船是瑞典在东印度贸易中"最早使用的三层甲板船"。[①] 在帆船贸易时代，全副武装和拥有大批船员被认为是确保航行安全的必要条件。瑞典东印度公司商船通常载有 120~150 名船员，并配备 20~30 门大炮作为威慑海盗与他国公司的有效手段，船员的具体数量则因船只吨位数和每次出航所能招募到的船员而略有差异。1750 年在斯德哥尔摩建造而成的"卡尔亲王"号，配备 30 门大炮，最多可容纳 140 名人员。[②] 该船在结构设计和人员、武器配备方面无疑具有瑞典东印度公司商船的特征。

1750 年 11 月 18 日，"卡尔亲王"号由哥德堡启程，船上人员有 132 名，[③] 包括大班、船长、大副等众多船员。大班常是外国人或加入瑞典籍的外裔，船员多数是瑞典人，且 60% 来自哥德堡和瑞典西部海岸。[④] 公司于 1748 年取消船员获准购买一定数量的商品并在回国后由其自行销售的制度，代以付给船员不同等级的固定红利。在此次航程中，随船牧师能获得"3000 铜元的收入"，[⑤] 比同时期丹麦公司商船的随船牧师所得报酬低很多。后者除固定收入，还收取相当数量的馈赠，收入可达前者的三倍。普通船员所能赚取的收入更为有限，但远洋航行所得收入仍是他们甘愿冒生命危险而加入漫长艰苦的远东航行的主要原因。

二　船舶航行与船岸关系

（一）　船舶航行

由于海船航行受自然气候影响较大，公司经营远东贸易具有明显的季节性，航行时节和航线相对有律可循。由相关著作记录可知，商船从哥德堡起

---

① 〔瑞典〕彼得·奥斯贝克：《中国和东印度群岛旅行记》，倪文君译，第 4 页。

② Forssberg, Anna Maria, *Organizing History: Studies in Honour of Jan Glete*, Sweden: Nordic Academic Press, 2011, p.441.

③ 〔瑞典〕彼得·奥斯贝克：《中国和东印度群岛旅行记》，倪文君译，第 200 页。

④ 〔瑞典〕默尔纳：《瑞典东印度公司与中国》，《北京社会科学》1988 年第 1 期，第 64~68 页。

⑤ 〔瑞典〕彼得·奥斯贝克：《中国和东印度群岛旅行记》，倪文君译，第 30 页。

航的时间大多在年底（11～12 月）或年初（1 月至次年 4 月），抵达广州的日期通常在 6～10 月。[①] 前往广州的船只由哥德堡出发，航经设得兰群岛、法罗群岛，抵达航程首个停留点加的斯港口，为利用洋流而绕弯航至大西洋，经过好望角，进入印度洋，抵达第二个停留点爪哇岛，随后航行到达目的地广州。商船偶尔存在先抵达印度随后由印度前往广州的情况，航线也因此有所不同。以"歌德狮子"号为例，该船于 1750 年 4 月满载货物离开哥德堡，不在加的斯港停留，而是开往敦刻尔克，出售货物以换取白银，然后航行至马德拉群岛，在此补充淡水、新鲜食物，以及大量葡萄酒，接着继续向南航行，穿越好望角，驶入印度洋，向北直趋马达加斯加，1750 年 8 月在安娜岛抛锚，补充淡水和其他物品后继续航行，于 9 月 16 日到达苏拉特，在此销售货物，并做修整。[②] 停留数月后，该船由此地航至马来半岛，经马六甲海峡后直航广州。由于畏惧荷兰东印度公司，瑞典商船直至 1759 年才首次在好望角停靠，此地随后也成为商船漫长航行中最重要的靠岸补给处。

"卡尔亲王"号与前往广州的其他公司商船所走航线几乎相同，但该船依靠测深锤指引，按照水深而并非总是根据路线航行，在一定深度时就不再冒险向前。[③] 这种情况并非特例，而是海舶为保证安全在既定航线与实际航程之间基于实用性原则所做出的权衡与调整。1751 年 8 月 22 日，"卡尔亲王"号到达广州，停留 4 个月零 10 天后，于 1752 年 1 月 4 日启程回航。尽管公司商船来时航线存有差异，但回程航线几乎相同，"卡尔亲王"号从广州出发，航至首个停留点爪哇岛，继续沿来时航线航行于印度洋海域，经由好望角，进入大西洋。商船通常在圣赫勒拿岛、阿森松岛都会停留，但"卡尔亲王"号径直开赴阿森松岛，将其作为返航的第二个停留点。[④] 商船随后经过加的斯港，靠近海岸航行并于 1752 年 6 月 26 日返抵哥德堡。

（二）船岸关系

正式起航前，公司商船需要工人在哥德堡外的码头为其装备物资。首航

---

① 〔瑞典〕J. A. 赫尔斯特尼乌斯：《瑞典东印度公司的贡献 1731～1736》，1860，第 45～48 页，转引自〔日〕松浦章《清代海外贸易史研究》，李小林译，天津人民出版社，2016，第 529～530 页；〔瑞典〕贺曼逊：《伟大的中国冒险：关于远东贸易的故事》，赵晓玫译，第 129～139 页。

② 〔瑞典〕贺曼逊：《伟大的中国冒险：关于远东贸易的故事》，赵晓玫译，第 65～66 页。

③ 〔瑞典〕彼得·奥斯贝克：《中国和东印度群岛旅行记》，倪文君译，第 62 页。

④ 〔瑞典〕彼得·奥斯贝克：《中国和东印度群岛旅行记》，倪文君译，第 183 页。

商船"腓特烈国王"号于 1732 年 2 月出发前在码头装载木材、柏油、铜、黄铜、航海服、树脂、沥青、铁栅栏、钉子和武器以及符合食品法规的足量食物。① 此后,商船出发前在码头装载的物资大同小异,通常包括本土资源(木材、铁、黄铜、铅等)、零碎杂货(铁栅栏、钉子、武器、粗绒等)以及大量饮品食物(包括淡水、葡萄酒、啤酒、腌肉、鲱鱼、面包、果蔬等,甚至阉割的公牛、奶牛、绵羊、家禽等活物也被携带上船)。为保证船上空间井然有序,木匠负责为这些活物制作围栏,准备干稻草以饲养牲畜家禽。船员进行登记后,小船将其送至船上,最后由公司董事检阅商船,在大班们登船后,铁锚被收起,商船正式起航。② 上述程序在公司经营期间已成为商船启程前的惯例,"卡尔亲王"号也不例外。

"卡尔亲王"号的首个停留点是加的斯港,以便"从西班牙获得钱,并避免错过中国海上的季风"。③ 此处的"钱"是指西班牙的白银。18 世纪,瑞典的出口产品多为本土资源,主要销往欧洲国家,如英国与西班牙需要瑞典的铁和木材以建造、维持船队,并需要鲱鱼油用于街道照明。瑞典产品在中国没有销路与市场,中国需要的是白银。西班牙当时从美洲殖民地掠夺大量白银,加的斯港是连接西班牙与其殖民地的主要港口,此地白银价格因此在欧洲最低。商船于哥德堡装载的货物可在加的斯换取数量最多的白银,再将白银运到广州购买货物。④ 除了白银,商船也试图将货物运到广州进行销售,包括在哥德堡装载的铅、粗绒与在加的斯港购买的葡萄干、葡萄酒等。《皇朝文献通考》对此记载:"其国人以土产黑铅、粗绒、洋酒、葡萄干诸物来广东,由虎门入口,易买茶叶、瓷器诸物。"⑤ 在此期间,商船也对食物、淡水进行补充。"卡尔亲王"号购买了公牛、猪、鸡、鸽子等食用动物,新鲜水果、蔬菜、葡萄酒,以及一种播撒在城中围场里的谷物"sovaja"以喂养船上的牲畜。⑥ 此外,加的斯还发挥着替换与补充船员的作用。"卡尔亲王"号船上的医师因病被迫留在加的斯调养身体,"因此我们让一个名叫托马斯·杜鲁特的英国人代替他与我们同行",还接纳"一个 20 岁左右的西

① 〔瑞典〕贺曼逊:《伟大的中国冒险:关于远东贸易的故事》,赵晓玫译,第 21 页。
② 〔瑞典〕斯万·奴德奎斯特、〔瑞典〕马茨·瓦尔:《"哥德堡"号历险记》,〔瑞典〕计虹·彼德森译,接力出版社,2006,第 82 页。
③ 〔瑞典〕彼得·奥斯贝克:《中国和东印度群岛旅行记》,倪文君译,第 203 页。
④ 龚缨晏:《求知集》,商务印书馆,2006,第 370~371 页。
⑤ 《皇朝文献通考》卷 298《四夷考六》,第 7473~7474 页。
⑥ 〔瑞典〕彼得·奥斯贝克:《中国和东印度群岛旅行记》,倪文君译,第 16 页。

班牙乘客"。① 1743 年，"哥德堡"号也在加的斯港进行人员补充，吸收一名新的水手上船。②

18 世纪，尽管荷兰人控制着爪哇，防范来往的他国商船，但爪哇岛仍是几乎所有瑞典商船往返航程均会停留之地。除了补充淡水，商船还与当地人贸易以获取椰子、蔬菜、鸡肉、啤酒、水牛、乌龟和席子等。③ 尽管荷兰人禁止土著拥有武器，后者依旧渴望获取火药和枪械，因而即便是老式生锈的枪也能卖个好价，"芬兰"号 1769~1771 年航程便贩卖给土著 20 来把火枪。④ 土著为商船提供饮品、食物和杂物，商船则支付西班牙银钱或一些货物，由于带钱出海违背政府禁令，这种以物易物或支付西班牙银钱的贸易方式是瑞典商船一贯的支付手段。

返航途中，商船常停泊于圣赫勒拿岛，与岛上居民交易来获取食物和饮料，几乎所有船只都在阿森松岛停泊，以捕捉海龟。对公司而言，船员伙食支出是笔数目不小的费用，而阿森松岛的一只海龟肉"足够 130 个人吃一顿饭"，在该岛可捕捉到的海龟数量可观，因此这"对公司来说是无本万利的"。⑤

"卡尔亲王"号的船舶航行和船岸关系具备 18 世纪瑞典东印度公司商船在哥德堡与广州之间往返的特征。商船长时间航行海上，远离陆地，但船与岸在整个航程中却显得密不可分。其一，在航海知识日益丰富、对洋流和季风的利用逐渐成熟的情况下，沿岸岛屿可为商船提供定位，防止偏离航线，确保航海安全；其二，海岸为商船提供补给物资与贸易场所，并通过商船将陆上物产和文化传播远洋；其三，商船经常上岸替换与补充船员，海岸成为生病或受伤船员休息调养之地；其四，在漫长且枯燥的航海过程中，离开封闭狭小的船上上岸活动，无疑对船员的身心健康大有裨益。

三　船舶日常生活

（一）船上人员及层级关系

一艘放洋的海舶，犹如一个浮动的社区，杂而不乱。乌合之众，出不了

---

① 〔瑞典〕彼得·奥斯贝克：《中国和东印度群岛旅行记》，倪文君译，第 35 页。
② 朱小丹主编《中国广州：中瑞海上贸易的门户》，广州出版社，2002，第 52 页。
③ 〔瑞典〕彼得·奥斯贝克：《中国和东印度群岛旅行记》，倪文君译，第 54 页。
④ 〔瑞典〕贺曼逊：《伟大的中国冒险：关于远东贸易的故事》，赵晓玫译，第 95 页。
⑤ 〔瑞典〕彼得·奥斯贝克：《中国和东印度群岛旅行记》，倪文君译，第 188 页。

海。舶上的人群组合，是结构性的，也是功能性的，体现出航行生活的社会分工。① 18世纪，包括"卡尔亲王"号在内的公司商船的人员构成大抵相同，不同成员承担各自职责，以维持船舶整个航程的秩序。现根据相关史料、著作将船上人员与各自职责整理归纳（见表1）。

表1　瑞典东印度公司商船船上人员及其职责

成　员	职责
大　班	大班是公司董事会的直接代表，4名左右，最高级别的被称作首席大班或第一大班，其余按相应级别划分等级，配有助理、仆役和厨师。第一次特许令期间（1731~1746），由于瑞典国内缺乏具有长途航行至中国和印度经验的人，加之与远东贸易的特殊性质，公司须雇用外国人担任大班，因而大班几乎都是熟悉远东贸易操作的外国人。尽管外国大班的数量随着时间推移逐渐减少，但在公司经营期间一直存在。大班们的交易能力对整个航程的利润收益至关紧要，并且第一大班肩负主要职责。大班负责在广州和中途停留港口的采购任务，掌管商船的财政支出，对每日航行中发生的事情和商务进行记载。
船　长	第一次特许令期间，每艘商船有两位船长。第一船长是发号施令的长官，多为瑞典人；职位稍低的那位被称为第二船长，多为外国人。从第二次特许开始，每艘商船仅有一位船长。18世纪中叶，公司商船的（第一）船长多由先前在瑞典皇家海军服役的军官担任，每次航程由公司付薪雇用，对公司负责。船长是船舶领导人，负责船舶航行和照管船务，主要工作包括领导全体船员遵从公司下达的指示和规定，最大限度地保障船舶、生命、财产的安全，保证船舶正常航行和运载货物，遇到紧急情况时需果断而稳妥地处理各项事务。第一次特许令期间，多由外国人充当的第二船长负责协助船长处理船上事务，并弥补瑞典缺乏长途航行经验的不足。
大　副	4名左右，最高级别的被称为第一大副或首席大副，其余根据相应级别划分等级，通过累积经验、锻炼能力，大副的级别可提高，并被擢升为船长。大副负责主持商船甲板上的日常工作，协助船长保证船舶的航行安全，主管商船货物装卸和运输。
海军学校学员	数名，海军军官候补生，多为一些年轻人，是未来的海军军官。
水手长	1名，并有1~2名副水手长，掌管船上缆具，负责在起航时展开船帆，在停船或航行时根据天气需要在任何时候卷起船帆。
舵　手	数名，根据船长的命令操舵，保持商船航向，使其按既定航线航行，顺利到达目的地。
随船牧师	每天早晚宣读祷告词，聆听人们的忏悔，主持领受圣餐的仪式，以问答方式传授教义，探望病人，埋葬死者，并在礼拜日和假日宣讲福音。

---

① 蔡鸿生：《海舶生活史浅议》，李庆新主编《海洋史研究》（第5辑），社会科学文献出版社，2013，第14页。

续表

成　员	职责
随船手工匠	包括木匠、帆匠（修帆工）等。木匠有数名，像大副一样划分级别，由首席木匠领导。木匠的工作范围广，负责密封船体，保证水泵正常运作，使桅杆和帆桁保持良好状态，并在暴风雨破坏之后维修船体、索具和其他装备。帆匠及其助手则负责修补船帆。
随船医师	配有助手，负责全体船员的身体健康，照顾病人和伤者。
司酒官	掌管商船食物储藏室、储水室以及其他饮料，并将船上每日食品配量给厨师。
厨　师	数名，负责船上人员的每日伙食。
仆役长和侍童	负责侍奉船上高级官员。
水　手	负责收帆起锚、清理甲板、下锚取水、装卸货物等重活，并在遇见海盗时操纵大炮作战。

资料来源：Paul Hallberg, Christian Koninckx, *A Passage to China：Colin Campbell's Diary of the First Swedish East India Company Expedition to Canton*, *1723-33*；〔瑞典〕彼得·奥斯贝克《中国和东印度群岛旅行记》，倪文君译；〔瑞典〕贺曼逊《伟大的中国冒险：关于远东贸易的故事》，赵晓玫译，第 23、25 页；〔瑞典〕斯万·奴德奎斯特、〔瑞典〕马茨·瓦尔《"哥德堡"号历险记》，〔瑞典〕计虹·彼德森译，第 86 页。

此外，船员名单常包括负责掌管武器的警官和助手、铁匠、造桶员等，还可能存在极少数的随船游客。由于缺乏更多与船上人员直接相关的著作和史料，表格难免有所遗漏，但大致能反映出公司商船各次航行的船上人员与各自职责。

蔡鸿生教授《海舶生活史浅议》[①] 一文和《广州海事录：从市舶时代到洋舶时代》[②] 一书对中国古代船舶的人员构成及职责分工进行了详细的探讨。与清代船舶的舶人职司相比，瑞典商船上的人员构成及职责有所不同。清代船舶上的舶人职司，除了舶主和水手，还包括管理人员（财副、总杆等）、技术人员（火长、押公等）和服务人员（择库、香公、总铺等）。[③] 舶主和水手可分别置于管理人员与服务人员之列，因而若以承担职责为划分标准，船员主体由管理人员、技术人员和服务人员构成。该标准可适用于18 世纪的瑞典东印度公司商船，大班、船长、大副为商船管理人员，管理船上相关事务；水手长、舵手、医师、手工匠等具有专业技术的人员可被归

---

① 蔡鸿生：《海舶生活史浅议》，李庆新主编《海洋史研究》（第 5 辑），第 14 页。
② 蔡鸿生：《广州海事录：从市舶时代到洋舶时代》，商务印书馆，2018，第 22~24 页。
③ 蔡鸿生：《广州海事录：从市舶时代到洋舶时代》，第 23 页。

为技术人员；至于厨师、仆役长、侍童、水手，则是服务人员。

除了各自承担的职责，船员存在严格的等级划分。在早期的航海船上，成员便已经开始按照严格的等级制度进行划分，船上只有一人拥有最终的权力和责任，船上社会阶层也只有发出指令和服从指令两个等级。① 瑞典东印度公司成立后，每艘商船出航均有数名大班随行，作为公司董事会的直接代表，大班虽也遵守商船规定，但并不受船长管辖，不受制于船长发出指令而其余船员必须服从的制度，甚至改变了船长拥有"最终的权力和责任"的境况。即便大班没有严格权力，如进入港口装载食物或淡水、寻求避难港，在得到大班准许前，船长也不能下达任何命令。② 船长与大班在整个航程中常有矛盾冲突，部分根源在于双方并未清楚地界定自身的任务和责任，而通过权力的制约和平衡，商船秩序得到更好维持。

（二）船上饮食起居

对一艘航行的海舶而言，食物和淡水的重要性不言自明。金国平先生介绍大航海时代欧洲人在航海中食用的扁平的发面饼 biscoito/biscouto，一般是用面粉、水和盐制作，用面包炉烤制；根据航行距离确定烘烤次数，最多可达四次，将其水分完全烤干，这样可使其在海上航行的潮湿气候下不发霉，长时间保存。这种"航海面包/面包干"硬如石头，需要用葡萄酒泡酥以后才能下咽。这种吃法既可填饱肚子，又解决维生素的摄入，且不需加热，这种面包成为大航海时代海上最佳主食。③ 瑞典东印度公司商船在正式启程前，会在哥德堡外码头装载食物和淡水。1779 年的一段补给物清单摘录，显示了商船"芬兰"号上部分的补给品：咸牛肉（6500 公斤），各种腌制肉类和动物板油（136 公斤），各类猪肉（2618 公斤），猪油（230 公斤），牛油（1810 公斤），干酪（85 公斤），面包（12818 公斤），鳕鱼（2040 公斤），糖粉（1080公斤），梅干（136 公斤），芥末（78 升），腌青鱼（12 桶），熏鲱鱼（12桶），各类食盐（37 桶），去皮麦粒、麦芽粒（62 桶），燕麦粥（1 桶），豌豆

---

① 彭维斌、林蓁：《从"圣·迭戈"号沉船考古看海上的社会生活》，《南方文物》2007 年第3 期。

② Paul Hallberg, Christian Koninckx, *A Passage to China： Colin Campbell's Diary of the First Swedish East India Company Expedition to Canton*, 1723-33, p. xxix.

③ 金国平：《试论"面包"物与名始于澳门》，李庆新主编《海洋史研究》第 15 辑，社会科学文献出版社，2020，第 365~377 页。

（69 桶），醋酒（1884 升），德国泡菜（12 桶），以及为患病者准备的小麦和黑麦粉。① "芬兰"号载重约 1100 吨，船员有 150 名，1778 年 1 月从哥德堡出发，并于 1779 年 7 月返抵。② 因船只吨位与航行年代不同，"芬兰"号上的补给品与其他各次航程存在规格与种类上的不同，但无疑有诸多共同之处，可为探究 18 世纪公司商船的船上食物提供借鉴和参考。

由于缺乏必要的冷冻设施，船舶大多携带通过脱水、腌制、盐浸、罐头封装等专为船舶远航而生产的航海食品，如咸牛肉、腌肉、面包等，它们保存时间久、不易腐烂，因而成为 18 世纪瑞典东印度公司商船航行时的主要食物，并足够整个航程消耗。大量的蔬菜、水果以及存活的牲畜都在哥德堡外码头被装载上船，商船在中途靠岸时需要对其进行补给。在漫长航程中，同样需要进行补给的是船上淡水。与停靠港口相比，商船在沿岸岛屿补充淡水的操作有所不同。为防止搁浅，商船在爪哇岛获取淡水时并不靠岸，而是派出船上的小划艇，利用一根可以够到划艇的皮水管，将岛上淡水导入水桶，将其灌满。③ 这种小划艇与中国古代海舶所配备的"柴水船"功能相似，后者负责在海舶无法靠岸时搬运淡水和燃料。④ 除了淡水，公司商船还装载大量淡啤酒、葡萄酒等，在一定程度上作为淡水的替代品，兼有补充维生素之效。

船员只要有机会便会钓鱼，如垂钓正鲣、鲔鱼，甚至捕捉狗鲨，作为主食外的加餐。除了瑞典，欧洲各国海舶都有钓鱼捕鲨来充当食物的经历。17 世纪初，当瑞士雇佣兵利邦所在的海船行驶到英吉利海峡时，船员"看到很多飞鱼，有好几只飞到船上来，就被我们吃掉了，非常好吃"，还"捕到了海豚，用鱼叉和箭捕到后，用绳索拖上船。非常好吃，内脏和肉很好吃，肥肉就像肥猪肉一样"。⑤ 在 1768~1771 年航程中，詹姆斯·库克所率领的"努力"号在针织帽岛附近的海域"抓到一条大海鱼"，很好吃。⑥ 19 世纪

① 〔瑞典〕英格丽·阿伦斯伯格：《瑞典"哥德堡号"再度扬帆》，广州日报报业集团大洋网·《广州古话》英文网译，广州出版社，2006，第 18 页。
② 〔瑞典〕贺曼逊：《伟大的中国冒险：关于远东贸易的故事》，赵晓玫译，第 135 页。
③ 〔瑞典〕彼得·奥斯贝克：《中国和东印度群岛旅行记》，倪文君译，第 172 页。
④ 蔡鸿生：《广州海事录：从市舶时代到洋舶时代》，第 26 页。
⑤ 〔瑞士〕艾利·利邦：《海上冒险回忆录：一位佣兵的日志（1617~1627）》，赖慧芸译，浙江大学出版社，2015，第 49、54 页。
⑥ 〔英〕詹姆斯·库克：《库克船长日记："努力"号于 1768—1771 年的航行》，刘秉仁译，商务印书馆，2013，第 92 页。

初，俄美公司的"涅瓦"号在航程中"捕获了一些鲨鱼"，后者成为船员"鲜美可口的食品"。① 在古代中国，也不乏舟人钓鱼获取食物的事例。《萍洲可谈》记载了舟人以鸡鸭为饵捕获海中大鱼充当食物的活动，如果捕获到的大鱼不可食用，"剖腹求所吞小鱼可食，一腹不下数十枚，枚数十斤"。② 萧崇业《使琉球录》记载，舟人"垂六物取之，辄获鲜鳞二"，"庖人强烹之，味果佳"。③ 在夏子阳使团中，"有二巨鱼逐舟；漳人戏垂钓，获一重可二百余斤"，④ 由此可见，钓鱼捕鲨并非瑞典商船获取食物特有的活动，而是所有船舶享受大海馈赠最为直接的方式。

与船上严格的等级制度类似，商船的饮食起居也有高低优劣之异，并被分为三个等级：大班及其助手、船长、首席大副、医生以及随船牧师，享有自己的舱房、侍者和厨师，在第一餐桌上用餐，享用水果、蔬菜以及鲜肉等比其他船员明显好得多的饮食，有足量酒水供其享用；其他大副、司酒官、医生助理在船上的第二餐桌进食，饮食种类和质量逊色于第一餐桌，得大班允许才可饮酒；海军学校学员、水手长与剩下所有船员相同，大多居住在与牲畜家禽的棚围在同一层甲板的密集宿舍，饮食由公司管理人员安排，定时定量供应淡水或淡啤酒。在"皇太子阿道夫·费德里克"号 1746～1748 年航程中，公司管理人员给船员安排的每周定量口粮转换到当代标准如下：1.3 千克牛肉、0.2 千克猪肉、2 升豌豆、2 升大麦、0.6 千克鳕鱼、0.4 千克黄油、0.3 升油、100 克盐、2.6 千克面包、9 升酒水或 9 升淡水。⑤

以 18 世纪的标准衡量，公司商船上的饮食种类丰富、供应充足，但饮食起居存在明显差异，这是船上人员的层级关系在饮食起居方面的体现。直至 19 世纪，差异依然存在，在英国海军的舰船上，一般水兵的生活仍然艰苦，薪金低、饮食差，升迁机会很少。在海上航行时，军官和科学家的生活与食住都与在底舱的水兵差别很大。⑥

---

① 〔俄〕尤·弗·里相斯基：《涅瓦号环球旅行记》，徐景学译，黑龙江人民出版社，1983，第 50～51 页。

② 朱彧：《萍洲可谈》卷 2，李伟国点校，大象出版社，2006，第 149 页。

③ 萧崇业：《使琉球录》，《台湾文献丛刊》第 287 种《使琉球录三种》，台湾银行，1970，第 79 页。

④ 萧崇业：《使琉球录》，《台湾文献丛刊》第 287 种《使琉球录三种》，第 225 页。

⑤ 〔瑞典〕英格丽·阿伦斯伯格：《瑞典"哥德堡号"再度扬帆》，第 20 页。

⑥ 〔澳〕伊安·琼斯、〔澳〕乔伊斯·琼斯、李允武：《帆船时代的海洋学》，海洋出版社，2007，第 124～125 页。

（三）船员健康问题

从哥德堡到广州的航行充满艰辛，一次往返航程至少需要一年半的时间，船员身体素质受到严峻考验。恶劣的居住条件、单调而缺乏营养的饮食、变质的淡水、极端的天气，以及诸如坏血病、疟疾等疾病，是使船员不健康甚至死亡的主要因素。公司经营期间，每艘商船的死亡率有很大差别，但平均而言，每次航行有 12% 的船员死于疾病，特别是坏血病，以及其他原因造成的事故。[①]

自地理大发现和大航海时代开始，坏血病便成为欧洲常见疾病，船员很少食用新鲜蔬果而缺乏维生素，因而容易罹患此病。达·伽马和麦哲伦各自率领的船队都深受坏血病困扰。当达·伽马船队成功开辟绕过非洲抵达印度的新航路，返航再次横渡印度洋时，船员"都生着重病，牙床肿得很厉害，以致全部牙齿被包住"，因此他们不能吃东西，"脚也浮肿起来，又在身体上出现了大脓疮。这些脓疮使壮健男人即使没有什么别的疾病，也变为虚弱，以至死亡"。[②] 在麦哲伦船队中，船员也因缺乏维生素而出现坏血病症状："起初，患者牙床浮肿，接着开始出血；牙齿松动、脱落；嘴里出现脓肿，最后，咽头红肿，疼痛难忍，即使有吃的东西，不幸的病人也难以下咽了：他们死得很凄惨。"[③] 然而，郑和下西洋船队的船员却少见患上坏血症，虽不排除现存郑和航海资料基本是残存边角料，不具备全局性记载，但仍可从郑和船队的航海路线探究出其中缘由。郑和船队远航印度洋与西太平洋，拜访包括占城、爪哇、真腊、旧港、暹罗等在内的 30 多个国家和地区，船队经过之处，存在大量港口和提供补给的海岸停靠区域，可采购新鲜果蔬，船队不缺乏维生素的补给，坏血病因而并不常见。

直到 18 世纪中叶，英国人詹姆斯·林德利用柑橘类水果和新鲜蔬菜治疗和预防坏血病，欧洲坏血病的致死率才有所下降。即便人们已经知道新鲜果蔬在预防坏血病上的效用，在 18 世纪，坏血病在船员中仍十分常见，因为他们被迫长时间靠腌肉、鱼和谷物（主要是硬面包）维持生存。[④] 为弥补

---

① 〔瑞典〕默尔纳：《瑞典东印度公司与中国》，《北京社会科学》1988 年第 1 期，第 64~68 页。

② 《关于达·伽马航行（1497~1499）的佚名笔记》，转引自耿淡如、黄瑞章译注《世界中世纪史原始资料选辑》，天津人民出版社，1959，第 151~152 页。

③ 〔奥〕茨威格：《麦哲伦》，范信龙等译，辽海出版社，1998，第 166 页。

④ 〔美〕林肯·佩恩：《海洋与文明》，陈建军、罗燚英译，天津人民出版社，2017，第 649 页。

船上果蔬不足，欧洲海舶经常为船员供应麦芽、泡菜，在一定程度上可防止坏血病。在库克船长率领的"努力"号上，"全船人总体上非常健康"，得益于船上装载的"那些泡菜、便携汤料和麦芽"，"不管哪个人哪怕稍微有一点坏血症的症状，船上的医生就会随时拿麦芽做成麦芽汁给他喝"。① 1803 年，"涅瓦"号计划携带的"四十大桶酸白菜"是"防止坏血病的有效食品"。② 瑞典东印度公司商船也不例外，"芬兰"号 1778～1779 年航程补给品中的麦芽、泡菜便有此用途。

由于船上的饮食差距，真正容易罹患坏血症的通常为平日无法食用果蔬的下级船员，当其出现坏血病症状时，船员将得到随船医师的悉心照料，饮食有所改善，症状因此得到缓解，公司商船停留加的斯港期间在药店购买的药用植物被用来"治疗败血病，并取得了很好的疗效"。③ 尽管坏血病在船上仍属常见，损害船员的身体健康，但患病前的预防与患病后的治疗使得坏血病的致死率有所降低。在"卡尔亲王"号 1750～1752 年航程中，商船"损失了 8 人，其中 1 人死于痢疾，1 人死于胸膜炎，4 人死于疟疾，还有 3 人死于意外"，④ 并无因坏血病死亡的案例，致死率最高的疾病反而是疟疾。

疟疾是经按蚊叮咬而感染疟原虫所引起的疾病，主要肆虐于热带地区，属热带疾病，症状表现为周期性的全身发热、发冷、多汗。在由哥德堡出发前往广州及返回的漫长航程中，商船航行数月必定途经热带地区，疟疾是船员易感之病，"卡尔亲王"号便有不少于 22 名人员因病卧床，绝大部分是因为疟疾。⑤ 关于疟疾，元代汪大渊所著《岛夷志略》"左里地闷"条有记载，14 世纪初东帝汶一带有热病横行，"疾发而为狂热，谓之阴阳交"，据苏继顾先生考证，热病"阴阳交"即为疟疾。⑥ 18 世纪后半叶，对航行于热带地区的船舶而言，疟疾或比坏血病更能对船员健康造成威胁，致死率更高。

在坏血病、疟疾之外，船员常因卫生条件恶劣而生病。船员会在天气允许时将甲板冲洗干净，并晾晒衣服，海水不能用来洗濯衣物，商船停靠爪哇

---

① 〔英〕詹姆斯·库克：《库克船长日记："努力"号于 1768—1771 年的航行》，刘秉仁译，第 97 页。

② 〔俄〕尤·弗·里相斯基：《涅瓦号环球旅行记》，徐景学译，第 5 页。

③ 〔瑞典〕彼得·奥斯贝克：《中国和东印度群岛旅行记》，倪文君译，第 205 页。

④ 〔瑞典〕彼得·奥斯贝克：《中国和东印度群岛旅行记》，倪文君译，第 200 页。原文数据可能有误。

⑤ 〔瑞典〕彼得·奥斯贝克：《中国和东印度群岛旅行记》，倪文君译，第 44 页。

⑥ 苏继顾校释《岛夷志略校释》，中华书局，2000，第 213 页。

岛时会上岸用河水洗衣。① 为保证船上卫生，牲畜排泄物、食物残渣、动物内脏、死去的动物，甚至船员尸体都被抛入大海。② 将尸体抛入大海，即海葬，是包括瑞典商船在内的各国船舶处理船上尸体的常见做法。17 世纪中叶，荷兰商船处理船员尸体的方式便是海葬，《东印度航海记》记载："十八日，我们把前一天晚上死去的一个人抛入海里。"③ 当"努力"号上的希克斯中尉去世时，船上人员"举行普通的仪式，将他的遗体放入大海"。④ 若死者为船长，葬礼更加正式，"把死尸绑在一块木板上，再在足部扎上两颗炮弹，待晨祷结束，便将它抛入海中"，并需要"向船长致礼"。⑤ 在瑞典，由于左边、右边分别代表奸猾与正直，因而诚实而正直的船员去世后会被从船的右舷沉入海底，不值得信赖的水手会从船的左舷被扔入海底。⑥ 至于古代中国，由于船舶忌讳人死在船上，往往在将死之人断气前便将其抛入大海，"舟人病者忌死于舟中，往往气未绝便卷以重席，投水中，欲其遽沉，用数瓦罐贮水缚席间"。⑦

由上可见，根据死者身份、国家习俗、航行条件等具体情况的不同，各艘船舶的海葬方式存有差异，不可一概而论。瑞典东印度公司经营期间，商船航行于海，严格遵照航线前进，不因个别船员去世而随意上岸将其埋葬，若不及时处理，尸体腐烂发臭，会严重影响船上卫生健康，海葬因此成为惯例。

（四）宗教活动

海舶远离陆地，在面对喜怒无常、充满凶险的大海时，涉海人群深感渺小无力，往往将航行安全寄托于神灵保佑，并常在航船上进行宗教活动。在古代中国，船上宗教活动主要是为现世利益，即"人船清吉，海岛安宁。暴风疾雨不相遇，暗礁沉石莫相逢。求谋遂意，财实自兴"。⑧《定罗经中针

① 〔瑞典〕彼得·奥斯贝克：《中国和东印度群岛旅行记》，倪文君译，第 175 页。
② 〔瑞典〕彼得·奥斯贝克：《中国和东印度群岛旅行记》，倪文君译，第 45 页。
③ 〔荷〕威·伊·邦特库：《东印度航海记》，姚楠译，中华书局，1982，第 91 页。
④ 〔英〕詹姆斯·库克：《库克船长日记："努力"号于 1768—1771 年的航行》，刘秉仁译，第 498 页。
⑤ 〔德〕克里斯托费尔·弗里克、〔德〕克里斯托费尔·施魏策尔：《热带猎奇：十七世纪东印度航海记》，姚楠、钱江译，海洋出版社，1986，第 15 页。
⑥ 〔瑞典〕贺曼逊：《伟大的中国冒险：关于远东贸易的故事》，赵晓玫译，第 42 页。
⑦ 朱彧：《萍洲可谈》卷 2，李伟国点校，第 150 页。
⑧ 向达校注《两种海道针经》，中华书局，2000，第 109 页。

祝文》与《地罗经下针神文》陈列出涉海人群所祭拜的各类神灵，包括各流派仙师祖师、本船守护神灵、各类海洋保护神和其他神灵。[①] 船上多供奉这些神灵，如妈祖、观音、关帝等，由 "香公" 专管祀神香火，舶主 "率众顶礼"，祈求神灵保佑。[②] 与中国海舶相异，尽管欧洲存在专管海事的海神圣母玛利亚，[③] 但各国东印度公司商船上的宗教活动并不以玛利亚为中心进行祈祷活动，而是举行基督教的一般宗教仪式，由随船牧师举行。

18 世纪，瑞典东印度公司商船大多配有随船牧师，负责 "每天早晚宣读祷告词，聆听人们的忏悔，主持领受圣餐的仪式，以问答方式传授教义，探望病人，埋葬死者，并在礼拜日和假日宣讲福音"。[④] 随船牧师的职责详细反映了公司商船上的宗教活动，包括必要的基督教仪式，如宣读祷告词、主持领受圣餐、于礼拜日和假日宣讲福音，随船牧师以问答方式传授教义，倾听船上人员的忏悔。除了牧师主导的船上宗教活动，船员常随身携带十字架，以祈祷航程平安。此外，欧洲海舶还携带传播基督教义的宗教书籍，如17 世纪的荷兰公司商船会给船上每人一册《圣歌集》，以供每晚颂唱。[⑤]

欧洲信奉的基督教崇尚一神信仰，船上宗教活动必然与中国有所不同。在表现形式上，中国船舶崇奉海上保护神，欧洲航船信奉基督耶稣；在活动内容上，中国船舶有专门祭拜海神的祭神文与祭祀程序，欧洲航船严格遵照基督教各种仪式，与陆上无异；在祈求目的上，中国船舶多求现世利益，欧洲航船则为忏悔心安并获得救赎，由于畏惧航程中的各种危险，兼有祈求航行平安之意。

（五）船上娱乐消遣

漫长的海上航行甚是枯燥，因而船员在处理日常事务的间隙，需要通过适度的娱乐消遣来打发无聊时光，公司商船的娱乐消遣是相对丰富的，"每

---

① 李庆新：《明清时期航海针路、更路簿中的海洋信仰》，李庆新主编《海洋史研究》（第 15 辑），第 341~364 页。

② 蔡鸿生：《广州海事录：从市舶时代到洋舶时代》，第 31 页。

③ 〔德〕普塔克：《海神妈祖与圣母玛利亚之比较（约 1400~1700 年）》，肖文帅译，李庆新主编《海洋史研究》（第 5 辑），第 264~276 页。

④ 〔瑞典〕彼得·奥斯贝克：《中国和东印度群岛旅行记》，倪文君译，第 12 页。

⑤ 〔德〕克里斯托费尔·弗里克、〔德〕克里斯托费尔·施魏策尔：《热带猎奇：十七世纪东印度航海记》，姚楠、钱江译，第 8 页。

个人都就各自的兴趣有所选择"。① 船员时常捕捉海鸟，垂钓海鱼，甚至"在鱼钩上挂了半只鸡用来钓狗鲨"，② 此类活动既可获取食物，又可供船员取乐。哥伦布船队里的水手们也经常捕鱼以消遣，"水手们看见很多金枪鱼，并捕杀一条"。③ 荷兰公司的船员"看到了黑斑海鸥。偶尔也捕捉了几只，用木棒上吊一块肥肉钩住它们，拖上船来，作为消遣"。④ 垂钓海鱼、捕捉海鸟是船员从海洋本身所能获取的最直接的娱乐消遣，在船舶生活史上具有普遍意义。

复活节、圣诞节是欧洲国家隆重而又盛大的宗教节日，商船航行于海，也会有庆祝之举，商船在节日当天加餐庆祝，船员也能得到消遣。《东印度航海记》对 17 世纪中叶荷兰东印度公司商船庆祝复活节的情况有所记载："那天下午，我们在船上宰了一头水牛和一头猪，因为第二天要庆祝复活节……十六日复活节……中国帆船上的人都到我们船上来听布道，并留在船上吃午餐，吃牛肉。"⑤ 库克船长率领的"努力"号于圣诞节当日也大肆庆祝："昨天是圣诞节，大家都喝了不少酒。"⑥ 由于将日历上的每一天都与一个或更多的名字联系起来是瑞典人的传统，瑞典东印度公司商船的船上娱乐活动常与此相关。"哥德堡"号 1743~1745 年航程在瑞典国王的姓名日当天抵达纬度 40°，船员们饮用葡萄酒和伏特加，品尝着新鲜食物来庆祝这一天，船员们赞美国王，跳舞狂欢，互相敬酒。随船牧师蒙坦神父在航海日志中如此写道："整个船上鼓乐喧天，所有船员都在为他们伟大君主的健康而干杯。"⑦

船上消遣在很大程度取决于从岸上携带到船上的物品，水手们会携带几把刀、一两本书。此外，商船于爪哇购买的鹦鹉、九官鸟、鸦鸟也能为枯燥乏味的航行带来乐趣。⑧ 但对任何船舶而言，娱乐消遣都建立在不违背规定的基础上，包括瑞典在内的各国船舶规定船上人员不得聚众赌博、酗酒。"努力"号的船员因"把后甲板上的朗姆酒从桶里舀出来"而受到惩罚，被

① 〔瑞典〕彼得·奥斯贝克：《中国和东印度群岛旅行记·自序》，倪文君译，第 12 页。
② 〔瑞典〕彼得·奥斯贝克：《中国和东印度群岛旅行记·自序》，倪文君译，第 179 页。
③ 《哥伦布航海日记》，孙家堃译，上海外语教育出版社，1987，第 21 页。
④ 〔荷〕威·伊·邦特库：《东印度航海记》，姚楠译，第 27 页。
⑤ 〔荷〕威·伊·邦特库：《东印度航海记》，姚楠译，第 93 页。
⑥ 〔英〕詹姆斯·库克：《库克船长日记："努力"号于 1768—1771 年的航行》，刘秉仁译，第 52 页。
⑦ 〔瑞典〕贺曼逊：《伟大的中国冒险：关于远东贸易的故事》，赵晓玫译，第 43~44 页。
⑧ 〔瑞典〕彼得·奥斯贝克：《中国和东印度群岛旅行记》，倪文君译，第 60 页。

鞭打 12 下。① 于乾隆七年（1742）出航的浙江嘉兴商船规定："商人舵手无
论在洋还是在船，均不得私带赌具赌博，不许嫖妓争奸与酗酒打降等事。"②
可见各国船舶对船上酗酒和赌博行为均是明令禁止的，违者将受到惩处。

结　语

从 1731 年建立到 1813 年结束的 82 年中，瑞典东印度公司下属的 35 艘
商船共有 129 个航次来华贸易，平均每年不到两艘船。由于直至 19 世纪中
叶，帆船发展才由鼎盛转向衰弱，并最终让步于蒸汽船，因而在公司经营期
间，商船尽管在规格、型号甚至类型上有所差异，但始终是具有瑞典风格的
贸易帆船。以"卡尔亲王"号 1750~1752 年航程为常态的 18 世纪瑞典东印
度公司商船的海上生活具有帆船时代背景下各国远洋航船的诸多特征，并与
各国海舶生活存在诸多共通之处：船舶航行于海，存在饮食起居、卫生健康
等物质要求，宗教活动、娱乐消遣等精神需要；船上人员各自承担职责并实
行严格的社会等级制度。由于各国习俗、船舶本身、航行路线、航行时节等
因素的不同，各艘远洋航船的船上生活在细节上存有差异，本文所述内容仅
仅能为瑞典东印度公司商船的海上生活构建出粗略轮廓，待考问题尚多，未
竟之处只得日后再做探讨。

（执行编辑：欧阳琳浩）

---

① 〔英〕詹姆斯·库克：《库克船长日记："努力"号于 1768—1771 年的航行》，刘秉仁译，
第 124 页。
② 王振忠：《清代前期对江南海外贸易中海商水手的管理——以日本长崎唐通事相关文献为
中心》，李庆新主编《海洋史研究》（第 4 辑），社会科学文献出版社，2012，第 166 页。

西欧近代船医的产生[*]

张兰星^{**}

摘　要： 随着近代大航海运动兴起，西欧远洋船舰上逐渐出现船医，最初他们人数不多，却发挥了特别作用。其实在古代西欧就零星出现过船医，但他们并非船舶上的必配人员。到了近代，基于西欧行会的发展、远航的增加、疾病的流行、军事的进步，在重要船舰上安排船医成为必需。西方主要海上强国葡、西、法、英、荷均出现一定数量的船医，他们由外科医生行会培养推荐。作为特殊历史背景下产生的职业，早期船医面临人数少、招募难、地位低、水平差等问题。尽管如此，他们已经初步认识一些海洋疾病，多数船医得到了实践锻炼的机会，海上医疗制度也随着船医出现而开始确立，近代船医的产生无疑具有特殊意义。

关键词： 海洋　船医　西欧　行会

船医，简言之即船舰上的医生。英语文献有船医（ship doctors）、外科船医（ship surgeons）和内科船医（ship physicians）三种表示方法，但在近代（或帆船时代），船医多指外科医生。船医涉及的医学领域不局限于外科学，还包括内科学和药学。航海医学或船舶外科学（ship's surgery）就船医

---

* 本文为四川师范大学 2022 年度校级重点项目"近代赴日欧洲医生与东西交流"（批准号：22XWII3）、四川师范大学全球治理与区域国别研究院、日韩研究院项目"德川幕府锁国时期的日荷交流交往"（批准号：2021ryh003）的阶段性成果。

** 张兰星，四川师范大学历史文化与旅游学院副教授，四川师范大学日本研究中心兼职研究人员。

概念有几层理解：专业的船医为船员治病；船医接受过专门培训，有正规的资格（证）；船医有丰富的海上诊断经验；船医对热带病颇有了解。

有学者将西方海洋医学的发展分成三个时代：桨船时代、帆船时代和蒸汽船时代。世界船医史也划分为古代、近代、现代。另外，船舰上配备船医需要满足两个基本条件，即航行距离相对远（不同时代有不一样标准）和航行时间相对长。也就是说短距离、短时间的航行（船）没太大必要安排船医，后一种情况可以靠岸救治、医治。大航海时代开始后，船医逐渐成为远航船舰上不可或缺的组成人员。

一　关于西欧古代船医的讨论

一提到古代航海，人们可能会联想到原始落后、条件恶劣、疾病肆虐等情况，或认为古代海员更容易患上坏血病、热病、腹泻等疾病，但从相关记载来看，在海上患病的船员并不多。相比之下，人们因触礁、风暴等造成的伤害、死亡更多。船员频繁患病的记载直到 16 世纪中期才增多，成为亟待应对解决的问题。在古希腊罗马时代之前，准确地说在古罗马强大起来之前，西方罕有船医，古代船员似乎也少患病，只有希波克拉底曾说道："雅典统治层曾经考虑在亚西比德（Alcibiades，前 450~前 404 年）的希腊战舰上安排海军船医。"[①]

在古罗马之前，西方船舰上有无船医是存在争议的，多数意见认为当时没有船医。这基于几点思考。首先，古代欧洲人不擅长远航，自然就不得（海洋）病。古希腊罗马以前的欧洲船基本靠划桨驱动，用风帆的时候不多。其次，古希腊一些大型船只虽然有几层甲板，但甲板上没有遮挡，很通透。古代桨船并非为远航而设计，船员（奴隶）不必长时间待在舱内，自然就不会患病。最后，能够开展远航的腓尼基人、诺曼人生活在原始社会中，都是公社成员，多是自愿参战，船员、战士数量有限，军营、战船不会太拥挤，登船的又都是身强力壮的战士，身体素质比乞丐、流浪汉好（在近代，英、荷为填补海军人数，征召乞丐等体质差的人参军充数），患病的人也就比较少。也有学者谈到，由于古代战舰上有众多战士、船员、

---

① W. H. G. Goethe, E. N. Watson, D. T. Jones, *Handbook of Nautical Medicine*, Berlin: Springer-Verlag, 1984, p. 20.

奴隶，安排医生看来有必要。不过，奴隶的地位极低，奴隶主（主人、船长、长官）也大可不必安排医生专门照顾他们，其死后就被随意"处理"掉了。

当古罗马（军队）崛起之后，海疾是否在战船上广泛传播也难说。从公元前500年至公元400年，帝国战乱不断，很多战俘沦为奴隶，罗马战（桨）船有充足的"能源"保障。在一艘古罗马战船上，有三类人群——军官、士兵、奴隶。奴隶在甲板下划桨，驱动战船。不要说甲板下，就是整艘船的卫生条件都不见得好，疾病极易传播。

18世纪的船医吉尔伯特·布莱恩（Gilbert Blane）翻遍了色诺芬、恺撒、韦格蒂乌斯（Vegetius）、波利比乌斯（Polybius）的著作，寻觅古罗马船医的"踪迹"，却极少有相关记载，他只是在塔西佗和普林尼的著作中发现关于坏血病的描述，而坏血病是经常出现在远航船上的疾病。[1] 当然，有船员患病，就需要医生医治，军舰上特别需要保障士兵健康，不然军队将失去战力。罗马皇帝哈德良统治时期（117~138），古罗马战船"库皮顿"号（Cupidon 或 Cupito）上便设有医官，名为马库斯·萨塔利乌斯·隆基努斯（Marcus Satarius Longinus）。[2] 著名罗马医生盖伦（129~199）还提到罗马战船上有一名眼科医生，名叫阿克希奥斯（Axios）。其实在古罗马，不少船长及船医都来自希腊。[3]

除了战船，地中海上还有不少古埃及、古希腊、古罗马商船，而且吨位不小。在这些大商船上，可能有医务人员。学者詹姆斯·史密斯认为，圣·卢克（St. Luke）曾经在大商船上担任船医，据说他还首次描述了船员的腹泻症状。当时还有人提到如何治疗晕船："如果晕船呕吐，不要着急。持续呕吐并不是坏事，这时要少吃东西，少喝水，尽量少看海面，慢慢就能适应了。"[4]

① 当时，人们并不知道坏血病这种称呼。参见 William Augustus Guy, *Public Health : A Popular Introduction to Sanitary Science*, London: Henry Renshaw, 1870, p. 146; Cornelius Walford, *The Insurance Cyclopeadia : Being a Dictionary of the Definitions of Terms Used in Connexion with the Theory and Practice of Insurance in all its Branches*, New York: J. H. & C. M. Goodsell, 1871, p. 186。

② Kevin Brown, *Poxed and Scurvied : The Story of Sickness & Health at Sea*, Annapolis: Naval Institute Press, 2011, p. 20.

③ W. H. G. Goethe, E. N. Watson, D. T. Jones, *Handbook of Nautical Medicine*, p. 3.

④ R. S. Allison, *Sea Diseases : The Story of a Great Natural Experiment in Preventive Medicine in the Royal Navy*, London: John Bale and Staples Limited, 1943, pp. 3-5.

需要注意的是，就算是西方早在古罗马时期便有船医，其数量必定偏少。据载，一支 3000~4000 人的罗马（海军）军队中设有一名医官，其地位比普通军官高，酬劳也不少。在意大利锡拉库萨（Siracusa）附近，有考古学者发现了公元 200 年前后的罗马沉船，舱内有医生使用过的骨槌和导尿管，似乎证实了古罗马船医的存在。但也有学者指出，如果没有更多沉船及相关物品被发现，也不足以证明古罗马船舰上随时安排船医。[①]

相比上古腓尼基人，中古北欧日耳曼人的航行技术更成熟，航船更先进。日耳曼人的航海活动北至冰岛、格陵兰岛，南至地中海（巴尔干半岛南部）。甚至有人认为在公元 11 世纪，红胡子埃里克（Erik the Red）的儿子里弗·埃里克森（Leif Eriksson）到达过北美。[②] 相关资料只是提到，出发前红胡子一行准备了容易保存的腌肉及加了蜂蜜的酒，不过是否有船医随行并没有提及。

中世纪拜占庭（东罗马）帝国也可能在战船上安排了船医。据记载，7 世纪爱琴娜岛的保罗（Paul）医生就在船上工作。[③] 拜占庭人对古希腊的《罗得（岛）海商法》（Lex Rhodia，因地中海东南部的罗得岛而得名）推崇备至，他们干脆于公元 8 世纪将《罗得（岛）海商法》纳入罗马法，此法内容涉及贷款、船舶碰撞、共同海损、海难救助等海事条例，是研究拜占庭史和世界海商法史极为珍贵的一手资料。[④] 由于此法原版未能保全，遂无法得知其中是否涉及海上医疗或船医条款。

近代海上医疗服务应该是起源于中世纪的《奥莱龙卷轴》（Rolls of Olero，也称《奥莱龙法》）。12 世纪以前，英格兰王室、贵族、富商的船队（只）均未配备专业船医，偶有权贵和宗教机构派医生随船航行。1152 年，阿奎丹的爱琳娜（1122~1204）与法王路易七世（1120~1180）离婚，改嫁英王亨利二世（1133~1189）。改嫁前，爱琳娜曾随路易七世参加十字军东征，了解到耶路撒冷王国有"海洋巡回法庭"（Maritime Assizes）。之

---

① Lumumba Umunna Ubani, *Preventive Therapy in Complimentary Medicine*, Vol. 1, Bloomington：Xlibris Publishing, 2011, pp. 453-454.

② R. S. Allison, *Sea Diseases：The Story of a Great Natural Experiment in Preventive Medicine in the Royal Navy*, p. 2.

③ W. H. G. Goethe, E. N. Watson, D. T. Jones, *Handbook of Nautical Medicine*, p. 20.

④ Iris Bruijn, *Ship's Surgeon of the Dutch East India Company：Commerce and the Progress of Medicine in the Eighteenth Century*, Leiden：Leiden University Press, 2009, p. 49.

后，她在其领地奥莱龙岛（位于比斯开湾波尔多西北部）设类似法庭，助其管理日益扩大的领地，并颁布相关法律《奥莱龙卷轴》，其中不少内容与《罗得（岛）海商法》类似。《奥莱龙卷轴》中有两款提及医疗内容：如果船舰载人超过 50 名，在海上航行超过 12 周，就必须雇用一名医生（内科医生、外科医生、药剂师都可以）；① 如果有船员受伤生病（斗殴和性病除外），船主、船长必须提供医疗服务；必要时，船长必须靠岸停船，放下伤病员，寻找医生为其治病，并支付相关开销。② 基于此，欧洲中世纪的船员在生病遇难时，便有了保障。③ 相关律法也在 12 世纪后出现于英格兰④、西班牙（阿拉冈）、苏格兰、普鲁士、荷兰等地。

中世纪，意大利的威尼斯等商港城市垄断了部分地中海贸易，在它们的商船上，极有可能安排船医。据说在 14 世纪，意大利著名医生古阿蒂埃里（Gualtieri 或 Gualterius）就曾在一艘威尼斯商船上工作，基于某种原因，他急需钱财，登船前就要求船主预支他一年的薪酬。在威尼斯档案馆的资料中，还有不少同时期的船医资料被记录下来。⑤

中古西欧船医治病的方法略显简单。他们用蜂蜜、醋、水、酒，配制出药剂，缓解晕船症状。在古代，船上有不少虱子，欧洲人很有可能借鉴阿拉伯医生的治疗方法。中世纪的阿拉伯人擅长用水银（混合药剂）驱逐虱子、止痒、治脓包病、治麻风病等。⑥ 哈利·阿拔斯（Haly Abbas）已经意识到，船员身上长虱子是因为身体不干净。阿维森纳也建议船员尽量穿贴身的羊毛衣裤，同时将水银与油混合，用来驱逐虱子。⑦ 有学者认为，除了晕船、皮肤病，中古船员很少得其他病。

在中世纪很长一段时间里，西方虽有海军，但军中的医疗保障并不到位，船医数量依然很少，主要原因是：西欧船舰的航行距离不远，当时从西

---

① Charles Abbott, Baron Tenterden, *A Treatise of the Law Relative to Merchant Ships and Seamen*, London: William Benning & Law Booksellers, 1847, p. 192.

② W. H. G. Goethe, E. N. Watson, D. T. Jones, *Handbook of Nautical Medicine*, pp. 20-21.

③ Cheryl A. Fury, *Tides in the Affairs of Men: The Social History of Elizabethan Seamen, 1580-1603*, Westport: Greenwood Press, 2002, p. 169.

④ 鉴于此，有人认为亨利二世统治时期，英国便已经有船医。

⑤ W. H. G. Goethe, E. N. Watson, D. T. Jones, *Handbook of Nautical Medicine*, p. 21.

⑥ Etienne Lancereaux, *A Treatise on Syphilis: Historical and Practical*, Vol. 2, London: The New Sydenham Society, 1869, p. 284.

⑦ Paulus Aegineta, *The Seven Books of Paulus Aegineta*, Vol. 1, London: Sydenham Society, 1844, p. 79.

欧各港航行至地中海东岸的利凡特地区，就算远航了，亦少有补给困难的情况和流行病出现，自然就不需要太多船医；当航船从利凡特返回西欧港口后，有船员在出发地设立医院，治疗远航中生病的船员，亦供疲劳的士兵疗养。最初，如果海员受伤或患病严重，就只能被送上岸，由天主教的慈善机构照顾，但所有医院都不是专门为海员设立的。1318 年，古阿蒂埃里在威尼斯政府的支持下，于圣比亚乔（San Biagio）建立了一所海洋医院，专门收治病重及贫穷的海员，其善举赢得海员们的赞誉。① 14 世纪 40 年代，黑死病蔓延欧洲，威尼斯医疗站的经验被介绍到西欧其他港口。如果有人染上黑死病，他们将被控制在医疗站，40 天内禁止登陆（深入内陆）。地中海其他沿海城市如法国马塞，在 1383 年很快采取类似措施，建立港口医疗站，隔离染上黑死病的船员。在同时期北欧汉萨同盟的主要港口如塔林、里加等，也有船主、商人为海员们建立专门的医院或疗养所。② 这样看来，航行过程即便没有医生，也能在医疗点获得救治。

二　近代船医产生的原因

真正意义上的远航船医产生于近代（帆船时代），特殊的历史背景及原因有四点。

（一）近代船医的产生与中世纪行会制度的变化以及与西欧医生职业的发展有很大关系

一般来说，船医多由外科医生担任，少有内科医生当船医，他们的地位都很高。上古时期，西方便已经有内科医生，而外科医生、药剂师则产生于中世纪末或近代早期。

外科医生应该是从中世纪的内科医生中产生。就现在看来，古代内科医生看病的方式很奇特。在中世纪，内科医生都接受过良好教育，身份比较高贵，其中还有不少是教士或修士。1215 年教皇英诺森三世时期，天主教举行第四次拉特兰会议，会议强调内科医生不应该触碰病人身体，不然会对病

①　John van R. Hoff, *The Military Surgeon*, Vol. 40, Washington: The Association of Military Surgeons of the United States, 1917, pp. 591-592.

②　Kevin Brown, *Poxed and Scurvied : The Story of Sickness & Health at Sea*, p. 42.

患的精神信仰产生不好影响。[1] 他们谈道："如果人的精神世界健康了，身体也就健康了。"[2] 天主教还号召内科医生要洁身自好，禁止他们参与外科手术，触碰尸体等，从而造成医生们成天只是研究古代医学文献。为病人看病时，他们通常保持一定距离。以英国为例，内科医生基本毕业于伦敦皇家内科医学院，他们只从事医学理论，不参与实践，像绅士一样经常戴着假发、拿着拐杖。[3] 于是，当时能接触病人的就只有低级看护人员及理发师等，内科医生（神职人员）只在旁边指挥，让理发师为病人放血或做些小手术。久而久之，理发师当中就有些人擅长动手术，成为这一领域的熟手，成为最早一批专职外科医生（11 世纪起）。[4]

13~14 世纪，理发师—外科医生们逐渐成为专门动手术的那群人。今天，我们仍然可以看到理发店门口有三色柱，红色代表动脉、蓝色代表静脉、白色代表绷带。其实，柱子最初只有红白两色。这便是理发师外科医生行会（简称"理外行会"）的标志。在西欧有些国家，外科医生最初有独立的行会，后来与理发师行会合并，还有些国家一开始就将外科医生与理发师归于同一个行会。

总而言之，中世纪末近代早期，整个西欧的外科医生与内科医生基本上是两拨人，后者的待遇、地位、（理论）水平高于前者。而更令外科医生尴尬的是，中世纪的他们居然与理发师同属一个行会。一般来说，船舰上工作条件恶劣，多数内科医生不愿意登船，一些外科医生却为了维持生计，愿意登船，这便为近代船医的产生以及海洋医学的发展提供了人员保障。

（二）进入大航海时代后，西欧远航活动增多是近代船医出现的另一个重要原因

近代以来西欧科技取得进步，帆船不但安装了效率更高的四角帆，欧洲航海者还将指南针、星盘、直角十字杆应用于航海，远洋、跨洋航行（征服）成为可能。

---

[1] Maria Pia Donato, *Sudden Death : Medicine and Religion in Eighteenth-Century Rome*, Surrey : Ashgate Publishing, 2010, p. 167.

[2] John R. Peteet, Michael N. D'Ambra, *The Soul of Medicine : Spiritual Perspectives and Clinical Practice*, Baltimore : The Johns Hopkins University Press, 2011, p. 10.

[3] Joan Druett, *Rough Medicine : Surgeons at Sea in the Age of Sail*, Routledge : New York, 2000, p. 11.

[4] Joan Druett, *Rough Medicine : Surgeons at Sea in the Age of Sail*, p. 12.

　　西班牙、葡萄牙人是海外扩张的先锋，巴托罗缪·迪亚士、克里斯托弗·哥伦布、瓦斯科·达·伽马、费迪南德·麦哲伦成为这些海洋帝国的奠基者。他们的主要目标是前往亚洲，购买香料，开拓海洋市场。在专业船医出现以前，葡萄牙船船长及船上的神父负责处理伤病及死亡。当时，精神安抚远胜医疗。如果有船员生病，他就必须忏悔，病重者还要写下遗书。在16世纪中期以前，即便葡萄牙船上有医生及药品，其地位也比神父低，病患更依赖和相信神的使者。

　　哥伦布首次远航美洲时，西班牙国王为其提供三艘帆船，旗舰有40人，另外两艘船各有25人。由于首次横渡大西洋仅30多天，船员患坏血病的很少。整个航行中，仅有一名船员因病死去，然无法确定船上是否有医生。但在哥伦布第二次远航时，船队就已经安排船医（内科），这些医生还提到有人在加勒比海患上了与坏血病症状相似的疾病。①

　　达·伽马船队在远航途中，遭遇到更严重的疾病困扰。其船员记载道："在前往莫桑比克途中，许多船员病倒了，他们的脚、手开始肿胀，牙龈痛得吃不了东西。当时，瓦斯科·达·伽马的兄弟不断安慰患病船员，并将自己用来治病的药分发给他们。"② 从症状来看，这些船员极有可能患了坏血病。达·伽马船队出发时共有180人（另有170人、150人、118人之说），有55人在途中死去，多人患坏血病，仅60人返回葡萄牙。③

　　1519年8月10日，麦哲伦船队从西班牙塞维利亚出发，船队由五艘船组成，共有船员237人（另有265人、270人之说），船队中估计有76人死于坏血病，④ 而且船上缺乏食物，船员只能吃用老鼠腐肉做成的面饼及桅杆上的皮革。返欧后，船队仅存活20人（另说17人或18人）⑤，坏血

①　Lester Packer, Jurgen Fuchs, *Vitamin C in Health and Disease*, New York: Marcel Dekker, 1997, p. 3.

②　Augusto Carlos Teixeira de Aragão, *Vasco da Gama e a Vidigueira : Estudo Historico*, Lisboa: Imprensa Nacional, 1887, p. 29; E. G. Ravenstein, ed., *A Journal of the First Voyage of Vasco Da Gama , 1497-1499*, Cambridge: Cambridge University Press, 2010, pp. 20–21.

③　E. G. Ravenstein, ed., *A Journal of the First Voyage of Vasco Da Gama , 1497-1499*, p. 123; Michael Krondl, *The Taste of Conquest : The Rise and Fall of the Three Great Cities of Spice*, New York: Ballantine Books, 2008, p. 133.

④　Lester Packer, Jurgen Fuchs, *Vitamin C in Health and Disease*, p. 3.

⑤　Stephen K. Stein, *The Sea in World History : Exploration , Travel , and Trade*, Vol. 1, Santa Barbara: ABC-CLIO, 2017, p. 434; 木下仙、下谷德之助『蘭印のお話』主婦之友社、1942年、53頁。

病导致麦哲伦船队损失了 80% 的船员。[①] 三次著名的远航活动无疑堪称壮举，但所有人都无力控制疾疫，海上医疗并未得到保障，远航船舰亟须配备船医。

西班牙、葡萄牙人驰骋海洋的时候，英国人也在积极地准备远航。亨利八世统治时期，英国航海业有长足进步。亨利与教皇有矛盾，希望建立强大的海上力量，以对抗天主教势力，皇家海军得以组建。[②] 尽管如此，海洋疾病反而随英国人远航活动的增加而增多。近代英国帆船至少有一层甲板，多则三层，装载压舱物、货物和武器，船员也住在那里。甲板下没有科学的通风设备，是滋生细菌、传播疾病的温床。[③] 另外，远航过程中产生的坏血病、脚气病等，是对船员最大的威胁，即便船上有医生，相关问题也很难解决，就更不要说没有船医时的情况了。

（三）后哥伦布时代不仅是大航海、大贸易时代，还是疾病大流行、大传播时代

地理大发现开始后，欧洲人开始向海外移民、殖民，以经营生意，牟取暴利。西班牙人移民美洲后，也带去了旧大陆疾病，对于当地印第安人来说，它们是致命的。其中，天花与麻疹最具毁灭性。[④] 天花是一种古老的病菌，可以通过空气传播。在地理大发现时代的欧洲，天花已非欧洲最可怕的疾病，但当其传播到非洲、美洲后，没有免疫力的原住民只有绝望和恐怖。还有一些疾病，欧洲本来没有，后来通过奴隶贸易，从非洲传入美洲。例如黄热病由非洲西海岸传播至美洲，[⑤] 后又传播至东南亚。[⑥] 疟疾有可能由西班牙人传入美洲，也有可能由非洲黑奴传入美洲，或者说由欧洲人、非洲人

---

① David L. Nelson, Michael M. Cox, *Princípios de Bioquímica de Lehninger*, São Paulo：Artmed Editora, 2017, p. 128.

② Richard P. McBrien, *The Harper Collins Encyclopedia of Catholicism*, New York：Harper Collins Publishers, 1995, p. 49.

③ R. S. Allison, *Sea Diseases：The Story of a Great Natural Experiment in Preventive Medicine in the Royal Navy*, p. 13.

④ Nadia Higgins, *Spanish Missions：Forever Changing the People of the Old West*, North Mankato：Rourke Educational Media, 2014, p. 25.

⑤ Clifton D. Bryant, *Handbook of Death and Dying*, Vol. 1, London：Sage Publications, 2003, p. 186.

⑥ 石井信太郎『蚊と蝿』室戸書房、1942 年、75-76 頁。

共同传入新大陆。[①]

16~18 世纪，最早在亚洲定居的葡萄牙人也遭受过当地流行病蹂躏。1510 年，葡萄牙人阿方索·阿尔布克尔克征服果阿后，在那里建起皇家医院。[②] 1529 年，他们又建了一座麻风病医院。据荷兰人扬·哈伊根·范·林奇顿（Jan Huyghen van Linschoten）[③] 介绍，果阿最厉害的传染病是霍乱。1604~1634 年，果阿皇家医院共有 25000 名士兵死于霍乱和疟疾。[④] 林奇顿提道："印度霍乱是一种非常可怕的疾病，葡萄牙名医加西亚·达·奥尔塔（Garcia da Orta）第一次向西方描述了这种流行病。"[⑤] 在两个世纪以后的亭可马里（Trincomalee，今斯里兰卡），英国皇家海军船医查尔斯·库尔提斯（Charles Curtis）仍然认为霍乱是次大陆最厉害的疾病之一，他谈道："霍乱来势汹涌，传播速度快，致死率高，医院与航船是最大受灾区。"[⑥] 鉴于疾病肆虐，甚至有人称葡属果阿和莫桑比克为墓地。18 世纪的荷属巴达维亚也经历了同样情况。恐怕欧洲人已经意识到，东方虽然富饶，令人向往，但路途遥远，海员的身心必须经历巨大考验，在船上安排船医，以及在殖民地设立医院已经很有必要。

（四）近代船医制度的建立与西欧海外军事扩张、军队建设、军医设置有很大关系

进入 15 世纪，西欧航船开始配备火炮火枪，热兵器对士兵船员造成巨大威胁，再加上船舰上流行各种疾病，招募船医，势在必行。关于 16 世纪英西大海战西班牙失利的原因有很多，其中一点要从医学角度来分析。整个"无敌舰队"虽然配备了 85 名医生，但数量还是不够（舰队有 100 多艘战舰，上万名士兵）；除此之外，西班牙船舰上的卫生条件也很差。首先，船上的饮用水不干净，基本上呈变质状态。据说这批水是海战前 3 个月储入各船舰的，时间过长。其次，腌制的牛、猪、鱼肉已经变味过

---

① Bernard A. Marcus, *Malaria*, New York: Infobase Publishing, 2009, p. 41.

② Malyn Newitt, *A History of Portuguese Overseas Expansion 1400 – 1668*, London and New York: Routledge, 2005, p. 102.

③ 荷兰旅行家、探险家，1583 年抵达果阿，担任当地主教的秘书。

④ M. N. Pearson, *The Portuguese in India*, Cambridge: Cambrige University Press, 1987, p. 93.

⑤ Jan Huyghen van Linschoten, *The Voyage of John Huyghen Van Linschoten to the East Indies*, Vol. 1, New York: Burt Franklin Publisher, 1885, p. 235.

⑥ Iris Bruijn, *Ship's Surgeon of the Dutch East India Company : Commerce and the Progress of Medicine in the Eighteenth Century*, p. 52.

期，面包也生蛆或布满蟑螂。而且，酒桶也密封得不严，葡萄酒放久了，也不宜饮用。数以百计的船员患上痢疾。[①] 最后，即便舰队有船医，但当时的医生对痢疾、斑疹伤寒等疾病基本是束手无策。西班牙医生没能有效地预防疾病，没有合理安排膳食，以致难以维持军人的健康体质，这是应该追究的。另外，西班牙"无敌舰队"中有300名神职人员，一来可以增强士兵信仰，二来可以教化被征服地区的民众，其地位、作用远高于舰队中的医生，以致淡化了后者的作用。[②] 这可能也是"无敌舰队"最终被时代淘汰的原因之一。相反，英国舰队在医疗、卫生、饮食供应等方面都要优于西班牙，这为英国舰队战胜西班牙舰队提供了基础保障。

三　15～16世纪西欧船医的基本情况

最初，接受过高等教育的内科医生不愿意担任船医，于是出身卑微、生活拮据的外科医生为了生存，登上了远航船舰。[③] 多数船医由"理外行会"培养，上过大学的外科医生较少。

就葡萄牙而言，达·伽马船队中有两名内科医生，相关信息仅被简略记载：两名内科医生都是葡萄牙人，一人叫加西亚·德尔·福尔托（Garcia del Huerto，另载为阿波托），另一人叫克里斯托弗·达·科斯塔（Christopher da Costa）。他们是首次记录南亚情况的欧洲医生。[④] 其实，福尔托就是葡萄牙著名医生加西亚·达·奥尔塔。[⑤] 这两名船医都在非洲及南

① R. S. Allison, *Sea Diseases : The Story of a Great Natural Experiment in Preventive Medicine in the Royal Navy*, p. 31.

② 另有学者提到，西班牙为"无敌舰队"安排180名神父（牧师），即便如此，每艘船也至少有一名神父，来加强船员的精神信仰。参见 David R. Petriello, *Bacteria and Bayonets : The Impact of Disease in American Military History*, Philadelphia：Casemate, 2015, p. 24；春藤与市郎『古今世界大海戦史』大同館、1936年、216頁。

③ D. Schoute, *Occidental therapeutics in the Netherlands East Indies during Three Centuries of Netherlands Settlement (1600-1900)*, Batavia：Netherlands Indian Public Health Service, 1937, p. 4.

④ Harry Friedenwald, "The Medical Pioneer in the East Indies," *Bulletin of the History of Medicine*, Vol. 9, Jan. 1, 1941, p. 487.

⑤ David G. Frodin, *Guide to Standard Floras of the World*, Cambridge：Cambridge University Press, 2001, p. 726.

亚海岸居住过一段时间，对热带疾疫有初步了解。[①] 也有学者谈到，在达·伽马的船队中，没有一名真正的船医，福尔托等人抵达次大陆后，就再也没有在船上服务过，算不得严格意义上的船医。麦哲伦船队仅雇用了一名船医，还有 3 名助手（理发师）。不幸的是，包括麦哲伦自己、船医、2 名理发师都在途中去世。16 世纪，西班牙"无敌舰队"有多艘医疗船，这些船上共有 85 名船医（内外科都有）。同时期的法国海军也有医疗船，基本上是每 10 艘战舰配备一艘医疗船。

都铎王朝的英国存在四类医生。内科医生地位最高，他们接受过高等教育，也懂外科知识（即内外科兼修），但很少动手术；外科医生负责做手术及理发；然后便是药剂师，其获得资格后，便可以在药店卖药，顺带指导患者用（吃）药、治疗；地位最低的就是草药医生、草药商、江湖郎中、炼金术士。他们通常游走于各地，用偏方治疗患者的小病，也以此养家糊口。[②] 英国船医主要来自第二类（外科）医生。由于情况特殊（在海上），船医兼顾内外科医生的职责。最初的英国船医指服务于商业公司的海上民间医生，以及效力于皇家海军的军医。

近代英皇家海军（官方）始设船医的日期不详，有学者认为是在都铎王朝的亨利七世时期，但相关证据不足。准确地说，亨利八世统治时期（1509~1547 年），英国官方（海军）雇用了第一名（外科）船医，当时，皇家海军还为这位医生配备了助手，协助其动手术。[③] 近代船医特恩布尔（Turnbull）也提到，大英博物馆保存了一些资料，其中谈到 1512 年英国海军便雇用了船医，他们有固定薪酬。1513 年，英法展开海战，其间英军为舰队配有四名船医，另外雇用了一些助手，还偶尔派地位颇高的内科医生登舰指导。另有资料提到，1513 年，有 32 名外科医生在英国海军中服役，薪水由王室拨付。也有学者认为，当时英王仅在特殊战役或事件中，才为船舰安排船医。[④] 亨利八世时期，海军的行政制度初步确立。一来，英国成立海

① Johann Hermann Baas, *Outlines of the History of Medicine and the Medical Profession*, New York：J. H. Vail, 1889, p. 368.

② James Watt, "Surgeons of the Mary Rose, The Practice of Surgery in Tudor England," *The Mariner's Mirror*, Vol. 69, Iss. 1, 1983, p. 3.

③ Jack Edward McCallum, *Military Medicine：From Ancient Times to the 21st Century*, Santa Barbara：ABC-CLIO, 2008, p. 222.

④ David Mclean, *Surgeons of the Fleet：The Royal Navy and Its Medic from Trafalgar to Jutland*, London：I. B. Tauris, 2010, p. 1.

军委员会，设立军阶制度。① 战争爆发时，皇家海军又设立"海员伤病专事委员会"（Commissioners for the Sick and Wounded），管理医务（包括船医）。二来，"理外行会"必须为海军、王室服务。② 于是，亨利八世赋予"理外行会"推选船医的权力。③ 1545 年，亨利八世的战舰"玛丽·露丝"号（Mary Rose）在首航时便遇难沉没，考古人员在主甲板右舷发现两间狭小的医务室，室内有两个医药箱、一张（医疗用）四角长凳。医药箱由木头制成，箱内有许多小格，格子中放着各种药剂。④ 有学者认为，当时的英国船医较少，小船上根本没有医生，只有大舰才配备相关人员。

就英国官方船医发展而言，伊丽莎白时代（1558～1603）是转折点，特别是在击败"无敌舰队"后，英方更加重视船医，努力提高海员的医疗待遇。导致这一转变的原因有三点。其一，在英西大海战之前，西班牙虽然准备了大量食物（盐渍肉类等），但多数已经腐坏变质，不能食用。相反，英国海军的食物不但准备充分，还很新鲜，且搭配合理。英方规定：

> 在每个星期，军舰上每位士兵每天的食物都不一样：有一天吃 1 磅面包、1 加仑啤酒、一些奶酪、1 块干鳕鱼；又有一天吃 1 磅面包、1 加仑啤酒、3 磅盐渍牛排；还有一天吃 1 磅火腿、1 品脱豌豆；另有一天专门吃鱼肉。其他时间的食物也不一样。⑤

这样一对比，在英西海战中，拥有健硕身体的英国士兵似乎更具战斗力。

其二，16 世纪中期以前，西班牙和葡萄牙大帆船仍然占据海上主动权，英国造出的船舰还不够强、大、快，海洋疾病未能在英舰上凸显。最开始，英国人沃尔特尔·那勒夫（Walter Raleigh）在远航圭亚那（1595⑥）、委内瑞拉⑦的航行中还表示，船员们没有遭受疾病困扰：

---

① Michael Oppenheim, *A History of the Administration of the Royal Navy and of Merchant Shipping in relation to the Navy*, Vol. 1, London and New York: John Lane the Bodley Head, 1896, p. 1.

② R. S. Allison, *Sea Diseases: The Story of a Great Natural Experiment in Preventive Medicine in the Royal Navy*, p. 22.

③ Kevin Brown, *Poxed and Scurvied: The Story of Sickness & Health at Sea*, p. 22.

④ Jane Penrose, *Encyclopedia of Tudor Medicine*, Oxford: Heinemann, 2002, p. 8.

⑤ Simon Spalding, *Food at Sea: Shipboard Cuisine from Ancient to Modern Times*, Lanham: Rowman & Littelfield, 2015, p. 35.

⑥ Kirk Smock, *Guyana*, Bucks: Bradt Travel Guides, 2008, p. 3.

⑦ Tomas Straka et al., *Historical Dictionary of Venezuela*, Lanham: Rowman & Littlefield, 2018, p. 7.

虽然船队抵达之处天气炎热，气候变化很大，时而暴晒，时而暴雨，船员们的食物也已经腐烂变质，即便捕到新鲜鱼类，也没有任何调料，但令人惊奇的是，大家都没有生病。[1]

就此，有学者指出，当时疟疾及黄热病尚未在新大陆流行，因此英国人得以幸免。但是，到了1558年伊丽莎白继任英国王位时，英国船舰已经开始大规模远航远征，船员染上疾病的概率大大增加。

其三，英西开战前，英方船舰的环境及医疗条件也很差。于是，有谋士向伊丽莎白女王进谏，希望改善海上医疗条件。该请求最初被女王拒绝，理由是英国军港中尚有不少病患等待救治，海军更无精力照顾（参战的）健康军人。好在伊丽莎白女王经过深思熟虑后，意识到船医可能要在战争中发挥不寻常的作用，遂又尝试改革，其颁令："随着皇家海军中病患增多，女王陛下认为有必要安排经验丰富的医生加入军队，以提高医疗福利。"[2] 果然，英国船医在战争中发挥了重要作用，他们马不停蹄地应对截肢、骨折、脱臼、烧伤等问题。一些不检点的船员在战前染上性病，他们也进行了处理，最终保障了士兵健康，为赢得战争立下功劳。

在中世纪后期，荷兰外科医生已经有自己的行会，也有行头、行东（或称师傅、老师、职业医生）、帮工、学徒的等级划分。当然，学徒水平的高低与其师傅的培养有关。一般来说，学徒学习剪头剃须，清洗医疗用具，做些小手术，为病患包扎伤口。在荷兰，还有培养外科医生的专门课程及书籍。如果能够到医院实习，则能上解剖课。学徒学成之后，师傅便授予其毕业证（teaching letter，相当于文凭），这是成为职业医生的前半程教育。要成为职业医生，帮工阶段也很重要，帮工要跟随另外一名师傅学习、实习及工作，在较大的城市听课、听讲座。另外，"理外行会"的学徒、帮工还要参加职业医生考试（master-surgeon，有些资料称主治医生考试）。如果考试没有通过，还可以参加船医考试（荷兰语称 zeeproef）或外科护理人员考试（荷兰语称 meesterknecht）。这从侧面证明，在16世纪（及之前），荷兰

---

① R. S. Allison, *Sea Diseases : The Story of a Great Natural Experiment in Preventive Medicine in the Royal Navy*, p. 24.

② Kevin Brown, *Poxed and Scurvied : The Story of Sickness & Health at Sea*, p. 29; R. S. Allison, *Sea Diseases : The Story of a Great Natural Experiment in Preventive Medicine in the Royal Navy*, p. 32.

船舰上便有专业医生了。① 一旦帮工获得新师傅授予的毕业证，就有机会成为正式、职业的医生了。以德国的帮工为例，他们从学徒阶段毕业后，便离开老师傅，去荷兰等地寻找新师傅，学习新知识。毕业后，他们可以当军医或民间船医，或成为乡村医生。想成为职业医生，则必须参加并通过相关考试。如果有当船医的经验，还可以折抵成实习期或实习经验（当职业医生要求实习）。

15 世纪，当尼德兰受控于哈布斯堡家族时，荷兰海军便开始雇用船医了。不过在一支荷兰舰队中，仅有高级将领才有权配备私人医生。在西班牙菲利普二世（1527~1598）统治荷兰期间，有些荷兰军舰也安排了医生。当时，舰队甚至拥有医疗船，16 世纪中期的荷兰医疗船"圣·约翰"号由耶汉·迪尔西斯（Jehan Dircxz）指挥。② 荷兰奥兰治亲王（1533~1584）反抗西班牙统治期间，也在军舰上安排医生。荷兰共和国成立后（1581 年以后），五大海军分部阿姆斯特丹、鹿特丹、米德尔堡、霍恩、恩克霍伊森，各自招募船医到军中服役。③ 16 世纪后期，荷兰的军医制度进一步完善，每团配备一名外科医生及 2 名助手。17 世纪中期，英国军团参照荷兰模式，为每团配备一名医生，不过，这里没有特别强调（英、荷）是陆军还是海军。④

结　语

近代早期，欧洲虽然已经出现船医，并有人数增加的趋势，却存在不少问题。西欧船医的人数还明显不足。以英国为例，从都铎王朝至斯图亚特王朝早期，其船医并不多，海洋医学也发展缓慢。⑤ 16 世纪由于英国军方支付的报酬少，船上条件差，遂没有多少合格的医生愿意加入海军服役。更多时

---

① Daniel de Moulin, *A History of Surgery : With Emphasis on the Netherlands*, Dordrecht: Martinus Nijhoff Publishers, 1988, p. 114.

② L. H. J Sicking, *Neptune and the Netherlands : State , Economy , and War at Sea in the Renaissance*, Leiden: Brill, 2004, p. 404.

③ Iris Bruijn, *Ship's Surgeon of the Dutch East India Company : Commerce and the Progress of Medicine in the Eighteenth Century*, p. 57.

④ Cathal J. Nolan, *Wars of the Age of Louis XIV , 1650-1715 : An Encyclopedia of Global Warfare and Civilization*, Westport: Greenwood Press, 2008, p. 296.

⑤ Cheryl A. Fury, *The Social History of English Seamen , 1485-1649*, Suffolk: The Boydell Press, 2012, p. 108.

候，英官方（枢密院）向"理外行会"施压，强迫其输送外科医生（或学徒、帮工）到海军服役。①

当时西欧船医的地位普遍较低，还没有独立、统一、完善的编制，身份与水手长、炮手、木匠持平，低于主炮手，算不得船舰上的军官或长官。在英国，直到 1843 年，船医地位才有较为明显提升。②

16 世纪，西欧船医的工资普遍较低。詹姆斯一世统治时期，英国普通医生的年薪已经达到 200 镑，船医的年薪却只有 100 镑。同时期，西班牙外科船医的待遇稍好，月薪为 35 先令，超过普通水手（19 先令）和水手长（25 先令）。

近代早期，西欧船医的专业水平普遍不高，多数人没有机会进入大学学习。1588 年，英船"阿鲁德尔的理查德"号（Richard of Arundell）的船员在前往贝宁（西非海岸）途中患上热病，船医的主要治疗办法就是放血，就当时而言，多数船医不了解热带疾病。即便有些船医能力强，也难以应付复杂多变的病情，如果遇到流行病，病患激增的话，他们根本就顾不过来。

早期船医的局限性还体现在对疾病缺乏后期护理。1554 年，"普利姆罗斯"号终于返回普利茅斯，但病重船员威廉·约阿比（William Yoabe）及约翰·威廉姆斯（John Williams）被送上岸后，仅被当地杂工照顾，没过几天，两人相继去世。另外，1554～1555 年，当英国船"特立尼提"号（Trinity）返回布里斯托后，生病的炮手约翰·休伊斯（John Hewes）雇用了三名女佣来照顾他。不久休伊斯去世，留给每位女护工 10 先令。若是在远航途中生病，病重者有可能被放在抵岸处，由没有医护经验的当地人照料，其后果是可想而知的。

尽管近代船医及相关管理制度还不健全，欧洲人却已经意识到，在大船上安排船医好过遇到问题后到处寻觅医院。近代海上医疗和海洋医学就在这样一种情况下缓缓起步了。

首先，近代早期的船医虽然难以了解坏血病病因，但已经熟悉其症状。也即是说，他们发现了问题，却不知道怎样解决问题（例如营养缺乏

①　R. S. Allison, *Sea Diseases: The Story of a Great Natural Experiment in Preventive Medicine in the Royal Navy*, p. 115.

②　R. S. Allison, *Sea Diseases: The Story of a Great Natural Experiment in Preventive Medicine in the Royal Navy*, p. 23.

症的处理）。16 世纪末，英国人已经注意到预防疾病的重要性。1562 年，"米尼恩"号（Minion）船员托马斯·弗里曼（Thomas Freeman）在（西非航线）航行过程中去世，他将部分遗产（6 先令 8 便士）留给船医，另一部分留给众船员，丰富大家的伙食，补充营养。[①] 从某种意义上来说，这艘船的船医、船员或许注意到了饮食结构的重要性，虽然他们还不知道坏血病是由营养失衡导致的疾病，但营养充足却无疑起到一定的预防作用。[②] 当然，船医还需要应对各种传染病，如痢疾、斑疹伤寒、伤寒、肺炎，以及性病。

其次，在"理外行会"中，学徒主要学习放血、引流（例如刺破脓疮）、拔牙、截肢、缝合等技术。当时，外科医生不能开药，那是内科医生的工作。在这方面，只有船医是例外，因为船上只有外科医生，没有内科医生，也即是说（外科）船医在船上要治疗多种类型的疾病。如此看来，外科船医虽然辛苦，却能较快积累实践经验（包括内科），这无疑促进了外科学的迅速崛起。

最后，近代船医与古代船医最大的不同在于，随着其数量增加，一套系统科学的船医管理系统将逐渐成熟，海洋医学随之得到发展。1590 年，弗朗西斯·德雷克（Francis Drake）爵士及约翰·霍金斯（John Hawkins）爵士创立"查塔姆·切斯特"（Chatham Chest）慈善基金，帮助残疾及贫困的船员。[③] 1594 年，查塔姆医院成立，专门照顾受伤生病的海员。这些善举促进了英国海军医疗制度的发展，也为欧洲同行提供了经验。

总之，西欧近代船医的产生或出现，系历史发展的必然。在地理大发现或大航海运动再或风帆船鼎盛时代，船医是保证远航成功的重要因素。无论如何，西欧近代产生远洋船医是值得关注的历史问题，其存在及发展具有特殊的历史意义。

（执行编辑：吴婉惠）

---

① Cheryl A. Fury, *The Social History of English Seamen*, *1485-1649*, p. 108.

② J. D. Alsop, "Sea Surgeons, Health and England's Maritime Expansion: The West African Trade 1553-1660," *The Mariner's Mirror*, Vol. 76, 1990, p. 219.

③ Kevin Brown, *Poxed and Scurvied: The Story of Sickness & Health at Sea*, p. 43.

英国的海外殖民与东方学研究[*]

——以 1827~1923 年《皇家亚洲学会会刊》印度学研究成果为中心

李伟华[**]

摘　要： 英国东方学的兴起和英国的海外殖民密切相关。加尔各答亚洲学会是英国殖民印度时期创建的第一个亚洲学会，标志着英国东方学的兴起。皇家亚洲学会是英国本土第一个东方学研究机构，是英国东方学本土化的开始，被称为"加尔各答亚洲学会之子"，它的发展也与英国海外殖民关系密切。《皇家亚洲学会会刊》的印度学研究占据了学会成果的半壁江山。它的辐射范围是英国海外殖民的范围。英国印度学具有解读、介入印度的殖民逻辑，英国印度学研究者通过学术假说使印度与欧洲在民族、历史、语言、宗教、哲学等方面产生联系，为其海外殖民建立历史和现实的"合法性"。它在客观上建造了一种新的殖民文化。中国的东方学者需要对其进行深入的分析、鉴别、摄取，通过东西方结合的方式，站在超越殖民主义和文化奴性的高度，建造从东方本体意识出发的东方学、印度学。

关键词： 英国　东方学　印度学　皇家亚洲学会　殖民主义

---

* 本文为中国博士后科学基金第 68 批面上资助二等项目"皇家亚洲学会与英国汉学"（资助编号：2020M680449）、国家社会科学基金青年项目"皇家亚洲学会与丝绸之路研究"（批准号：21CWW008）的阶段性研究成果。
** 李伟华，北京外国语大学博士后、讲师，英国皇家亚洲学会会员。

东方学自 19 世纪创立以来，研究成果显著，研究队伍不断壮大，从原来的西方学者专利，变为今日东西方学者合作研究的共同学术。在西方各国的东方学研究中，英国的东方学占有不可或缺的地位。英国东方学的兴起和英国学者在海外殖民地创建的众多亚洲学会密切相关。这些学会很好地凝聚、发扬、鼓励了东方研究，推动了英国东方学从零散走向聚合，从业余走向专业和规范，并最终成为人文学科的重要组成部分。1784 年，威廉·琼斯创建的"加尔各答亚洲学会"（Calcutta Asiatic Society）是英国在海外的第一个亚洲学会，标志着英国东方学的兴起。它的创建、发展离不开英国东印度公司的支持和赞助。

1858 年以前，英国东印度公司是推动英国东方学发展的重要机构。1823 年创建的皇家亚洲学会（Royal Asiatic Society）被称为"加尔各答亚洲学会之子"，其发展和英国东印度公司、英国的殖民统治关系密切，创建者亨利·托马斯·科尔布鲁克（Henry Thomas Colebrooke，1765-1837）就是从印度退休回英国的学者。在科尔布鲁克的带领下，皇家亚洲学会继承、发扬了加尔各答亚洲学会的印度学传统，创立东方学，旨在通过学术的方式为英国的海外殖民统治提供学术支撑。皇家亚洲学会联通了英国众多的海外亚洲学会，它创建不久即成为英国海外亚洲学会的总部。这使英国东方学研究的中心从海外转移到本土，学科开始学院化，其影响力不断扩大。

英国东方学起源于英国对印度的殖民和研究，印度学是其中重要的研究内容。英国的印度学研究是区域性的，辐射范围即英国亚洲殖民的范围，它与缅甸、斯里兰卡、中国、日本、朝鲜等研究共同呈现了南亚、东南亚、东亚在宗教、文化、思想等层面的联系，为东方学整体建构奠定重要基础。印度学研究不仅推动了印度学科的进一步发展，同时也是英国学者探索东方世界的关键环节，是英国东方学极为重要的组成部分和英国海外殖民、海外研究的重要组成部分。①

英国印度学是在英国统治印度的历史背景上发展起来的，具有鲜明的殖民主义色彩，具有解读印度、介入印度的殖民逻辑。解读印度是殖民统治的客观要求，介入印度是殖民统治的必然结果。英国印度学研究

---

① R. Rocher and L. Rocher, *The Making of Western Indology: Henry Thomas Colebrooke and the East India Company*, London: Routledge for the Royal Asiatic Society, 2011.

旨在通过解读印度，达到介入印度、改变印度的目的。早在 1853 年，马克思就认识到了英国统治印度要完成的双重使命："一个是破坏性的使命，即消灭旧的亚洲式的社会；另一个是建设性的使命，即在亚洲为西方式的社会奠定物质基础。"① 英国殖民主义的双重使命和英国印度学、东方学密切相关。解读印度、东方是介入印度、东方的基础，介入印度、东方是解读印度、东方的目的。正如《极权主义的起源》中指出的，英国统治印度的重要手段是官僚政治手段，它是帝国主义的重要政治统治手段，更是欧洲人试图统治外族的施政结果。他们认为这些外族对自己的可怕境遇感到绝望，同时需要他们的保护。② 在这样的逻辑下，英国的印度学研究、东方学研究和官僚政治手段密切相关，彼此促进，可以说二者都是殖民主义、帝国主义的重要"帮凶"。它们分别通过学术、实践两种方式在印度、东方实现破坏性的使命和建设性的使命。

但是，像印度、中国这样具有数千年文明的东方大国不可能因为英国仅有 200 余年的东方学研究就被真正把握、解读甚至介入。实践证明，英国殖民主义与东方学研究最终都未能真正实现其双重的历史使命，尤其是作为殖民力量之延伸的英国东方学。长久以来，它对印度、中国等东方文明古国的研究仅仅停留在殖民主义、欧洲中心主义的狭隘层面内。但是，它所建构的一套殖民主义、欧洲中心主义的学术价值体系和知识体系却影响深远，甚至影响到了东方本土学者对东方的认识。我们必须明确：这些诞生于殖民主义背景下的研究是为侵略扩张服务的，几乎所有分门别类的研究都或多或少地带有这些目的。经过 200 多年的发展，它随着历史背景的变化不断衍变并以新的面貌延续下来，成为新时期东方学研究不可绕过的殖民主义遗产。

随着学科的发展，研究者开始反思西方的东方学，但是并没有细致梳理相关学术史，不能客观、全面地把握其内部纹理。以拥有跨文化身份的萨义德（又译赛义德）为例，他对西方东方学的批判混淆了东方形象和东方学，没有关注东方学作为人文学科一步步走向成熟的历史脉络，也忽视了东方学者的重要历史贡献，以及东方学对当下东西方研究的影

---

① 《马克思恩格斯全集》第 9 卷，人民出版社，2006，第 247 页。
② 〔美〕汉娜·阿伦特：《极权主义的起源》，林骧华译，生活·读书·新知三联书店，2008，第 285 页。

响，且其研究范围主要是中东，很多结论并不适用整个东方，尤其是东亚。[①]

对于当下的东西方学者来说，尤其是中国的东方学者而言，需要对英国东方学进行深入的分析鉴别，也需要做艰辛的摄取工作，以更好地研究英国东方学、印度学，最终建构从东方视角、中国立场出发的东方学和印度学。

作为英国重要的印度学研究中心，皇家亚洲学会的印度学研究史具有典型性。它体现了英国印度学从殖民时代走向学术时代的重要过程，是窥探英国印度学研究逻辑的宝贵样本。长期以来，学界的印度学研究成果纷呈，如印度学史研究[②]、印度考古研究[③]、印度宗教研究[④]、印度历史研究[⑤]、印度文学研究[⑥]、印度语言研究[⑦]、印度艺术研究[⑧]，以及季羡林主编的"东方文化集成系列"、朱晓兰编的《中国国家印度学总书目》等，对于把握印度、印度学具有重要意义。但是，学界对皇家亚洲学会印度学研究脉络的梳理和分析稍显欠缺，从英国东方学史角度、海外殖民角度对英国印度学进行的整体梳理和分析则更少。因此，很有必要通过分析学会的印度学研究，更好地理解英国印度学的殖民逻辑，把握英国的印度学学术史。

---

① 〔美〕爱德华·W. 萨义德：《东方学》，王宇根译，生活·读书·新知三联书店，1999；〔美〕爱德华·W. 萨义德：《文化与帝国主义》，李琨译，生活·读书·新知三联书店，2016。关于萨义德《东方学》与中国的"理论东方学"的相关问题，参见王向远《萨义德〈东方学〉之争与中国的"理论东方学"》，《江汉论坛》2019 年第 1 期。

② Michael J. Franklin, ed., *Romantic Representations of British India*, Abingdon：Routledge，2005；O. P. Kejariwal, *The Asiatic Society of Bengal and the Discovery of India's Past, 1784–1838*, New York：Oxford University Press，1988.

③ James Prinsep, *Essays on Indian Antiquities：Historic, Numismatic and Palaeographic*, Cambridge：Cambridge University Press，2013；李崇峰：《佛教考古：从印度到中国》，上海古籍出版社，2014。

④ Philipp Almond, *The British Discovery of Buddhism*, Cambridge：Cambridge University Press，1988；〔德〕施勒伯格：《印度诸神的世界：印度教图像学手册》，范晶晶译，中西书局，2016；郁龙余等：《印度文化论》（第 2 版），北京大学出版社，2016；尚会鹏：《种姓与印度教社会》，北京大学出版社，2016。

⑤ 〔美〕芭芭拉·梅特卡夫等：《剑桥现代印度史》，李亚兰等译，新星出版社，2019。

⑥ 刘安武：《印度印地语文学史》，中国大百科全书出版社，2016；尹锡南：《印度诗学导论》，上海古籍出版社，2017。

⑦ 〔英〕麦克唐奈：《学生梵语语法》，张力生译，商务印书馆，2011；《印度古代语言》，《季羡林全集》（第 9 卷），外语教学与研究出版社，2009。

⑧ 〔英〕约翰·麦卡利尔：《印度档案：东印度公司的兴亡及其绘画中的印度》，顾忆青译，湖南人民出版社，2020。

学会研究成果汇聚于《皇家亚洲学会会刊》（*Journal of the Royal Asiatic Society*）。该刊前身为 1827 年开始不定期出版的《大不列颠及爱尔兰皇家亚洲学会会报》（*Transaction of the Royal Asiatic Society of Great Britain and Ireland*），因不利于学术交流，1834 年改为季刊，并更名为《皇家亚洲学会会刊》。后由弗雷德里克·伊登·帕格特（Frederick Eden Pargiter，1852-1927）编纂出版《大不列颠及爱尔兰皇家亚洲学会百年论文集（1823—1923）》（*Centenary Volume of the Royal Asiatic Society of Great Britain and Ireland 1823-1923*）。论文集前半部分主要叙述皇家亚洲学会的百年历史，包括学会的筹建、发展、会员情况、基金、会刊等，后半部分则梳理了《大不列颠及爱尔兰皇家亚洲学会会报》1827~1833 年和《皇家亚洲学会会刊》1834~1923 年的论文目录，其中研究中国的论文是英国早期汉学的重要成果。

从《大不列颠及爱尔兰皇家亚洲学会百年论文集（1823—1923）》可以看出，印度学成果数量占据了半壁江山。《皇家亚洲学会会刊》的印度学研究集中体现了英国印度学的研究者、研究对象、研究材料、研究方法和研究特点等各个方面。它们是把握学会印度学学术史的重要文献，是解读英国印度学研究史的重要材料，是进一步分析印度学与缅甸学、斯里兰卡学、中国学、日本学、朝鲜学深层关系的重要参考，更是分析英国东方学研究整体状态必须关注的重要文献。

从《皇家亚洲学会会刊》上看，学会对印度的研究是全面的，涵盖行政、土地、艺术、工艺、制造业、社会、动植物、地理、科学、贸易、商业等领域，主要涉及历史学、宗教学（包括印度教、耆那教、伊斯兰教、锡克教）、人类学、语言学、考古学、钱币学、文学（包括梵语、达罗毗荼语、波斯语、土耳其语、白话）等。整体看来，印度考古、佛教、印度教、历史、语言和文学研究成果最多，其是英国印度学学术史中极为重要的组成部分。

为了进一步把握皇家亚洲学会的印度学研究史，把握英国海外殖民与印度学的深刻联系，审视印度学在英国东方学研究、海外研究中的重要地位，本文深入分析 1827~1923 年《皇家亚洲学会会刊》的印度学研究。首先，分析学会的印度学研究史，指出学会的印度学研究旨在为英国殖民主义提供学术支持；其次，通过分析《皇家亚洲学会会刊》重要的印度学研究文章，指出印度学研究企图建构学术假说将英国和印度联系起来，使英国对印度的统治合法化；最后，分析英国介入印度与再造印度文化的历史发展和衍变，旨在推动中国的东方学研究通过东西结合的方式，以虔诚的态度，从超越殖民主义、文化奴性的高度，建构从东方本体意识出发的印度学、东方学。

当前，中国东方学研究深入发展，并已进入理论化阶段，这对中国学者提出了新要求，即要全面、系统地研究西方的东方学学术史，分析它们的发展变迁、学术架构、思想脉络，将动态的历史把握与静态的个案分析结合起来，将微观的东方研究与宏观的东方建构结合起来，提炼西方东方学的思想史，以促进中国东方学与西方东方学接轨，推动中国的东方学研究继续向前。

一　解读印度与英国殖民主义

英国印度学研究史与英国在印度的殖民统治密切相关。殖民统治活动不仅为许多官员、军官、传教士、商人提供了研究印度的契机和条件，而且英国东印度公司鼓励、支持当地官员研究印度。首任英属印度总督沃伦·黑斯廷斯就认为，他们在印度的殖民需要更多印度知识来支撑。因此，众多亚洲学会在殖民当局的鼓励下创建，如在黑斯廷斯的推动下，威廉·琼斯于1784年创办了加尔各答亚洲学会。在这样的背景下，18世纪末，英国东方学在印度兴起。19世纪初，孟买亚洲学会的前身孟买文会，也开始形成。在18世纪末19世纪初期，在英国东印度公司的影响下，加尔各答先后建立了加尔各答伊斯兰学院［即今阿里亚（Aliah）大学］、威廉堡学院等。包括加尔各答亚洲学会在内，加尔各答知识中心的创建完成了第一阶段。

可以说，早期英国印度学研究机构几乎都是东印度公司的附属机构，如英国东印度公司学院①旨在培养统治印度的殖民官员，加尔各答亚洲学会、孟买亚洲学会等为殖民统治提供智识基础。它们凝聚并造就了众多东方学家，尤其是印度学家，如威廉·琼斯、科尔布鲁克等。这些印度学研究者旨在通过研究印度的科学、天文、宗教、社会、经济、法律等，寻求更好介入印度的方式，换言之，即寻求印度和欧洲的联系，使印度成为欧洲各种思想

---

①　东印度公司学院是培训东印度公司文官和职员的学校，位于伦敦近郊的海利伯里（Haileybury）。学制为2年，学员限于15~22岁的英国青少年，他们毕业后被派赴英国东印度公司任职，教授欧洲教育和东方文化，包括政治、历史、法律、印度语言和古典文学等，1809~1857年有近2000名学生入学。

的嫁接之地，为英国的海外殖民活动提供人才、知识、理论的力量。

18 世纪末 19 世纪初，著名印度学研究者科尔布鲁克在印度度过了 30 年。当时，他既是东印度公司在加尔各答的法官、法院院长，也是加尔各答威廉堡学院的印度法律和梵文名誉教授，并在 1806～1815 年担任加尔各答亚洲学会会长。从总体上看，科尔布鲁克的一生发生了巨大的转变，从殖民主义扩张的信奉者变为拥有国际精神和学术热情的东方学者。① 可见，英印当局为研究印度提供了绝佳条件，使得他们中的一些人逐渐转变为专业的印度研究者，进而以知识的方式回馈英国。

在加尔各答亚洲学会创建 40 年后，从印度退休回到英国的科尔布鲁克认识到，不应只在海外殖民地研究东方，而应该将东方知识传播到英国。1823 年 1 月 16 日，在科尔布鲁克的号召下，皇家亚洲学会的"创始会员"聚齐起来并起草了《学会创建计划书》，倡议那些从印度回来的人们创建一个包容性的、适应所有人追求的学会来促进东方学研究，不管他们的兴趣是历史还是考古，或是其他方面。② 1823 年 3 月 15 日，皇家亚洲学会创建。学会的创始会员、赞助者、支持者、会长、会员大部分是殖民官员及印度学者，如学会首任会长是公司管理委员会主席韦恩，赞助人是英王乔治四世，副赞助人是黑斯廷斯侯爵。随后历任管理委员会主席都是学会的副赞助人。可见，皇家亚洲学会和印度殖民官员密切相连，它使殖民统治和东方学结合在一起，旨在促进印度学研究在英国本土的发展。

科尔布鲁克在就职演讲中说：

> 诚然，孟加拉亚洲学会（加尔各答亚洲学会）德高望重的创建者取得的成果早已为人称道，但还是有所欠缺，欠缺的是将所得成果回馈到自己的国家。我们将致力于整理从东方得到的宝贵知识，以及收集而来的文本和记忆信息。
>
> 没有任何一个国家像大英帝国一样具有将注意力投射到遥远地区并对其进行研究的优势。拥有亚洲帝国的英国所具有的影响力超越了它的疆域限制和地方权威范围。无论是否在其领土范围内，那些公务

---

① R. Rocher and L. Rocher, *The Making of Western Indology：Henry Thomas Colebrooke and the East India Company*, London：Routledge for the Royal Asiatic Society, 2011, Preface.

② F. E. Pargiter, ed., *Centenary Volume of the Royal Asiatic Society of Great Britain and Ireland 1823-1923*, London：Royal Asiatic Society, 1923, p. viii.

人员都有机会去获取和研究众多的知识，并不断更正民众和国家的认识。①

　　他站在英国立场上引导东方学的价值观，尤其是印度学研究的价值观。同时，他又鼓励官员全面探索亚洲，目的是更正民众和国家层面对东方知识的掌握，使英国的东方研究与英国在东方的统治相匹配，进而通过学术的方式，为当局提供控制、改变殖民地的东方学知识体系，维持海外的殖民统治。

　　科尔布鲁克又指出：

　　　　英国需要创建一个和它的父辈学会——孟加拉亚洲学会一样的学会，来激励身处东方的人通过努力获得知识，并在回国后继续发挥他们的作用。它将致力于收集分散的材料，并将其出版，以更好地发掘英国图书馆中的东方文献资源，并通过与其他亚洲学会合作，以及通过欧洲科学成果在东方的扩散来获得关于亚洲的知识。为此，我们必须团结在一起，创建一门新的学科。我坚信，随着它的发展，它必然会成功，并使众多英国海外统治下的人受益，使英国和亚洲一起走向繁荣。②

　　可见，皇家亚洲学会在创建初期即将政治目的作为其最高的目的，学会不仅要为殖民服务，把东方研究转移到英国本土，更要将东方学研究提升到与英国海外殖民同样的高度。通过建立一门新的学科，即东方学，使英国和亚洲一起走向繁荣。以牺牲东方本体的荣耀，来创造英国学术层面和殖民层面所谓的双重"传奇"。在《极权主义的起源》一书中，汉娜·阿伦特也指出："毫无疑问，没有哪一种政治结构比不列颠帝国更能唤起传奇故事和辩护的说法，不列颠人民从有意识的建立殖民地

---

①　H. T. Colebrooke, "A Discourse Read at a Meeting of the Asiatic Society of Great Britain and Ireland, on the 15th of March," *Transaction of the Royal Asiatic Society of Great Britain and Ireland*, Vol. 1, No. 1, January 1827, p. xxii.

②　H. T. Colebrooke, "A Discourse Read at a Meeting of the Asiatic Society of Great Britain and Ireland, on the 15th of March," *Transaction of the Royal Asiatic Society of Great Britain and Ireland*, Vol. 1, No. 1, January 1827, p. xxiii.

发展到统治和主宰全世界的外国人民。"① 可见，英国殖民主义、印度学，乃至东方学拥有同一套逻辑，旨在从殖民、知识、思想上全面介入印度，乃至东方世界。

但是，东方知识的博大精深与帝国主义的急功近利成为一对难以调和的矛盾。1854 年，威廉堡学院关闭，1858 年，东印度公司解散，东印度公司学院也随之关闭。从此，英国政府开始接管印度并赞助英国东方学研究，尤其是印度学研究。东印度公司的解散，使皇家亚洲学会深切认识到印度学研究的欠缺是英国统治面临的重要问题，其中民众对东方学研究热情不高，尤其是对印度语言学习的忽视是当下亟须解决的问题。

皇家亚洲学会通过各种方式促进英国本土潜在的东方学者理解他们在海外的殖民活动。1903 年，为进一步培养东方学的爱好者，学会建立了公立学校金牌基金，通过年度竞赛的形式，每年在英国公立学校男生写的文章中评选出一篇优秀的以印度和东方为主题的文章，给予奖励，使中学生能更有兴趣去认识英国的殖民，也能更好地提升英国国内对印度统治的兴趣。②

同时，学会朝着更为专业的方向发展，在印度考古、宗教、历史、文学、语言研究的相互促进下，印度学研究进入了新的发展阶段。而在东印度公司学院关闭之后，英国的大学成为印度学研究者的重要平台和培养殖民官员的重要机构。但这远远不能满足殖民统治的需求，为了实现学术和政治目的，在学会和众多殖民官员的努力下，专门的印度学研究登堂入室。1917 年，亚非学院创建。殖民时期，亚非学院训练了大量殖民官员，在今天则培养了众多研究印度的学者。面对殖民主义遗产，当下的学院也在思考着如何"去殖民化"。

皇家亚洲学会和亚非学院，以及众多大学的印度学研究院系组成英国印度学研究的重要基地。从历史的角度审视，皇家亚洲学会的印度学研究一直是学会研究的重点，是英国东方学极为重要的组成部分。英国印度学研究的起步也相对更早、更为全面。经过海外与本土、学会与学院、殖民与去殖民

---

① 〔美〕汉娜·阿伦特：《极权主义的起源》，林骧华译，第 287 页。
② F. E. Pargiter, ed., *Centenary Volume of the Royal Asiatic Society of Great Britain and Ireland 1823–1923*, pp. xxiii–xxiv.

的历程，英国印度学研究更加系统、深入。

皇家亚洲学会的宗旨决定了它是英国殖民印度的智囊团，是早期英国印度学研究的中心，因此《皇家亚洲学会会刊》的印度学研究成果极为丰富，几乎是所有其他东方国家研究的总和，涵盖印度历史和现实的各个方面。它们从殖民统治的现实需要出发，对印度的方方面面做全面解读和剖析，旨在从历史、社会、文化、宗教、语言、科学、艺术、民族等领域系统把握印度，为英国的殖民统治提供充实的理论和知识。除此之外，印度学研究地域涉及受印度文化影响的广泛地区，包括安达曼群岛、阿萨姆地区、克什米尔地区、尼泊尔和不丹等。[1]

印度学研究早期较为庞杂，涉及自然科学、人文科学等内容，其仍未脱离博物学的范畴。但是，随着印度学研究的不断突破，学者们的焦点逐渐集中在考古、宗教、历史、语言、文学等人文学科上。利用印度语言研究的突破较早，主要由威廉·琼斯、科尔布鲁克等殖民法学家实现，他们学习梵文，翻译法律典籍，研究印度手稿，关注印度法律、宗教、社会、哲学、文学等方面，拓展了印度学的广度和高度。

继之而起的是考古研究带来的突破。科尔布鲁克早已认识到印度宗教、法律、哲学、语言、文学研究的密切联系性，也认识到考古文献对印度学研究的巨大推动作用，印度学研究在方法、材料运用等方面开始成熟。殖民军官的考古挖掘，如坎宁安开创的印度考古调查[2]与伯吉斯开创的印度考古学则进一步推动这种突破。随着文献研究、考古研究的发展，印度学研究进一步成熟。

《皇家亚洲学会会刊》的印度学研究者通过各种手稿文献、考古发现、铭文、宗教经典、东方译介等建构印度历史、展现印度社会和文化、挖掘印度宗教史、分类研究印度语言、分析印度科学、探索印度民族等。值得一提的是，在宗教考古方面，印度学研究者通过中国高僧法显和玄奘的游记指导佛教考古，展现佛教的历史面貌。如坎宁安即沿着法显的足迹发现了众多的佛教遗址，使印度的历史更为清晰。

为了更好地获得英国政府资助，坎宁安将自己的研究和英国的印度殖

---

① F. E. Pargiter, ed., *Centenary Volume of the Royal Asiatic Society of Great Britain and Ireland 1823-1923*, pp. 55-105.

② 〔英〕亚历山大·坎宁安：《印度考古调查报告》（全6卷），华东师范大学出版社，2020。

民联系在一起，认为印度成为英国殖民地有其社会历史原因，印度宗教有被改变的可能性，基督教可以成功融入印度人的生活中。[①] 除了坎宁安，更多研究者也通过同样的方法为英国统治提供了重要的知识基础和理论支撑，使殖民主义掌握了表述印度的话语权。

但是，早期的印度学研究者主动参与殖民活动时，总是试图寻找英国法律、科技、宗教移植到印度的理论依据，寻求知识对英国统治的推动作用，导致研究的学科化程度不高。随着印度学研究不断深入，尤其是考古研究的进一步发展，19世纪后半叶以后，学者们为更好地从事研究，在论述其研究的意义时，会强调其中的政治、殖民和宗教价值，以寻求政府支持，与过去相比，学术放在了前面，这体现出印度研究者向纯学者转化的趋势。

整体来看，英国印度学与殖民主义密切相连，为殖民主义提供知识、理论支撑是其发展的初衷。它通过对印度宗教、考古、历史等方面的研究，在殖民主义意识形态框架内建构了庞大的知识体系，使印度的文明、历史以英国需要的方式"复活"。

英国的印度学是殖民时代的重要收获，而在时代变迁中，它在一代代学者的推动下不断系统化、专业化、学院化，成为英国东方学的重要组成部分，一直影响至今。但是，英国印度学的发展也告诉我们，印度的历史、文化、宗教有其特殊性，如果仅仅为了介入印度而做简单化的解读，或者牵强附会地建立联系，则会阻碍印度学的发展。后人应该从印度本体的角度论述印度各方面，使研究更加客观、深入。

二　学术假说与情感纽带建构

英国印度学研究者通过学术假说构建印度与西方在语言、民族、历史、宗教、哲学等方面的联系。在语言学方面，威廉·琼斯从梵语和欧洲语言的关系出发，提出了印欧语系概念，开启了比较语言学研究，众多印度语言学研究都是在此假说的基础上进行的。在印度民族研究方面，因为

---

① A. Cunningham, "An Account of the Discovery of the Ruins of the Buddhist City of Samkassa," *The Journal of the Royal Asiatic Society of Great Britain and Ireland*, Vol. 7, No. 2, July 1843, pp. 246-247.

长期受到来自西部、北部民族的影响，印度与欧洲也在语言、文化、宗教、哲学、艺术等领域交流融合，举例而言，雅利安人对印度的统治使印度和欧洲在民族、历史上相连。在宗教研究方面，婆罗门教研究发现了印度宗教与欧洲诸民族信仰间的共通之处，而对伊斯兰教的传入扩张的研究则指出其促进了印度和西方民族在历史、文化、宗教等方面的联系。英国东方语言研究往往和民族、历史、文化、宗教联系在一起，而对印度民族、宗教的溯源必然使印度与西方产生紧密的联系，上述诸说强化了印度和欧洲在历史层面的联系。

印欧之间的纽带不断在民族、语言、历史、宗教、哲学、文学等方面建构起来，为殖民统治提供逻辑基础，也为英国殖民统治建立理论"合法性"。而英国殖民统治的现实合法性主要通过否定印度传统社会发展模式来建立，目的是在印度宗教、法律、科技、社会等方面引入英国或欧洲的发展理念，使英国统治改变印度。

如果说威廉·琼斯在语言上建立了印度和欧洲的联系，那么科尔布鲁克则在哲学层面上建立了印度和欧洲的联系。1823~1827年，科尔布鲁克宣读了一系列印度教哲学论文，后在《大不列颠及爱尔兰皇家亚洲学会会报》上发表，为印度和西方的宗教与哲学建立了学术上的联系。[①] 他在研究初始就指出，印度教有着古老、复杂且丰富的哲学体系，教内既有持正统思想的派别，也有信奉异端邪说的派别。

在众多派别中，他主要聚焦于数论派[②]与正理派[③]。他认为，数论派哲

---

① H. T. Colebrooke, "On the Philosophy of the Hindus, Part Ⅰ," *Transaction of the Royal Asiatic Society of Great Britain and Ireland*, Vol. 1, No. 1, January 1827, pp. 19-43; H. T. Colebrooke, "Essay on the Philosophy of the Hindus, Part Ⅱ," *Transaction of the Royal Asiatic Society of Great Britain and Ireland*, Vol. 1, No. 1, January 1827, pp. 92-118; H. T. Colebrooke, "On the Philosophy of the Hindus, Part Ⅲ," *Transaction of the Royal Asiatic Society of Great Britain and Ireland*, Vol. 1, No. 2, January 1827, pp. 439-466; H. T. Colebrooke, "On the Philosophy of the Hindus, Part Ⅳ," *Transaction of the Royal Asiatic Society of Great Britain and Ireland*, Vol. 1, No. 2, January 1827, pp. 549-579; H. T. Colebrooke, "Essay on the Philosophy of the Hindus, Part V," *Transaction of the Royal Asiatic Society of Great Britain and Ireland*, Vol. 2, No. 1, March 1830, pp. 1-39.

② 数论派是婆罗门六个正统哲学派系之一，其思想可以追溯到吠陀和奥义书时期，《摩诃婆罗多》中对数论派思想有大量记载，相传创始人为公元前4世纪左右的迦毗罗。4世纪时出现了数论派最重要的哲学家自在黑，其创作了现存数论派最早的系统经典《数论颂》。

③ 正理派是古代印度六个哲学派系之一，和"胜论派"在哲学体系上基本相同，但更注重逻辑和对认识论的探讨。

学具有正统性，也具有异端性，与耆那教和佛教的形而上学观点有很强的联系。他指出，数论派和其他印度哲学体系一样，教导人们如何在死后获得永恒幸福，而不是在生前。他引用《吠陀经》所言"灵魂是要被认识的，它区别于自然，因此它不会再来"，认为数论派旨在传授一种免除轮回的学说，并将它看作宏伟目标反复灌输。同时，他又将数论派的信条和古希腊哲学家毕达哥拉斯的信条对应。①

科尔布鲁克认为正理派与亚里士多德学派相比并不逊色。正理派认为"哲学的目的是把思想从妨碍它走向完美的障碍中解放出来，把它提高到对永恒真理的沉思中去"，并且"把它从一切动物的激情中解放出来，使它超越理智的对象，进入沉思、智慧的世界"。②

可见，科尔布鲁克在研究印度教哲学时，有意地论证印度教哲学和古希腊哲学之间的相似性。他认为印度教教义与早期希腊哲学之间的相似程度要高于晚期希腊哲学。而这种交流和知识的传授，不可能恰好发生在希腊哲学的早期和晚期学派之间，特别是在毕达哥拉斯学派和柏拉图学派之间，因此科尔布鲁克倾向于得出这样的结论，印度人是教师而不是学生，印度哲学与西方哲学的相通是底层逻辑的相似，这是印度和欧洲的文化系出同源的标志，也为印度学家通过西方思维模式认识印度哲学、宗教提供了可能。③

科尔布鲁克又认为，印度教徒对世界的划分和毕达哥拉斯学派对世界的划分极为相似，毕达哥拉斯学派与印度教徒一致：把神放在上面，人放在下面，精灵在中间地带隐形地飞逝。《吠陀经》充满祈祷和咒语，目的是避免和击退空中精灵的骚扰。毕达哥拉斯学派持有轮回学说，就像印度教徒的灵魂轮回一样。而在变化的极限上，毕达哥拉斯学派认为所有的物质都是易变的，但月球上的物质不会发生变化，灵魂就像《吠陀经》展现的那样，注定要不断地诞生，升起来的地方不会比月亮更远，且再也不会回来。据此他指出，印度学说和早期希腊学说存在着比后期希腊学说更

---

① H. T. Colebrooke, "On the Philosophy of the Hindus, Part I," *Transaction of the Royal Asiatic Society of Great Britain and Ireland*, Vol. 1, No. 1, January 1827, pp. 19-20.

② H. T. Colebrooke, "On the Philosophy of the Hindus, Part I," *Transaction of the Royal Asiatic Society of Great Britain and Ireland*, Vol. 1, No. 1, January 1827, p. 26.

③ H. T. Colebrooke, "On the Philosophy of the Hindus, Part IV," *Transaction of the Royal Asiatic Society of Great Britain and Ireland*, Vol. 1, No. 2, January 1827, pp. 578-579.

大程度的相似性。①

除此之外，科尔布鲁克在数论派中找到了印度教哲学思想之根，再次树立了婆罗门教②在印度的权威，将印度至高无上的神和西方的神从内部联系在一起。他指出《吠陀经》的基本原则为，上帝是宇宙存在、延续和解体的无所不知和无所不能的原因；万物终结时，所有一切都在他身上得到解决；个体的灵魂从至高的灵魂中散发出来，就像无数火花从炽热的火焰中迸发出来；灵魂被包裹在身体里，就像被包裹在一系列鞘里一样；灵魂通过死亡离开粗糙的肉体，进行轮回，善良的人升上月球，享受善行的果实，进入新的轮回。他还指出认为世界是错觉、虚幻的观点不是《吠陀经》的本义，而是教派的另一个分支的观点，后人常将这两种体系混在一起。但早期《吠陀经》的教义是完整、一致的，没有后来发展的嫁接。③

通过以上研究，科尔布鲁克从哲学层面强调了婆罗门教在印度的重要地位，将印度和西方的哲学、宗教结合在一起，东方对西方的哲学影响也被追溯至公元前四五百年。值得一提的是，这一系列文章是科尔布鲁克休笔前陆续发表在《大不列颠及爱尔兰皇家亚洲学会会报》上的，是他学术生涯的至高总结，也是皇家亚洲学会创建初期印度学研究的起点，更是西方学术思想介入印度哲学体系的重要探索，为后来印度学者提供了重要的研究基础。

在构建印欧宗教纽带的趋势下，英国印度研究者将注意力集中到论证印度教与西方宗教文化联系性的话题上。1831 年，詹姆斯·托德从一尊塑像出发，对比研究了印度教的大力天（Bala-deva）和古希腊的大力神赫拉克勒斯（Hercules）。④ 1838 年，博物学家威廉·亨利·赛克斯发表了一篇关

---

① H. T. Colebrooke, "On the Philosophy of the Hindus, Part Ⅳ," *Transaction of the Royal Asiatic Society of Great Britain and Ireland*, Vol. 1, No. 2, January 1827, p. 578.

② 婆罗门教起源于公元前 2000 年的吠陀教，等级森严，它把人分为 4 个种姓：婆罗门、刹帝利、吠舍、首陀罗。公元前 6 世纪至 4 世纪是其鼎盛时期，4 世纪以后，佛教和耆那教发展，它开始衰弱。8~9 世纪，它吸收了佛教和耆那教的一些教义，结合印度民间信仰，又经商羯罗改革，逐渐发展成为印度教，故印度教也称为"新婆罗门教"。

③ H. T. Colebrooke, "Essay on the Philosophy of the Hindus, Part Ⅴ," *Transaction of the Royal Asiatic Society of Great Britain and Ireland*, Vol. 2, No. 1, March 1830, pp. 35–39.

④ J. Tod, "Comparison of the Hindu and Theban Hercules, Illustrated by an Ancient Hindu Intaglio," *Transactions of the Royal Asiatic Society of Great Britain and Ireland*, Vol. 3, No. 1, July 1831, pp. 139–159.

于湿婆三面半身像的文章。① 1863 年，约翰·缪尔则探讨了毗湿奴哲学是否承认神的问题。②

需要关注的是 1838 年赛克斯研究象岛湿婆三面半身像的文章。在该文中，赛克斯否定了先行研究对湿婆半身像的界定，认为这尊半身像不是西方式三位一体的，也不是梵天、毗湿奴和湿婆的半身像，而是那位受欢迎的神祇湿婆本人的半身像（见图 1）。

图 1　湿婆三面半身像

赛克斯认为当时不仅英国，甚至整个欧洲的东方学者在此问题上的最初解释都体现出他们对印度教神话的无知和学术上急功近利的欲望，在这样的思想下，印度的知识被他们定义为欧洲宗教教义在印度的具体体现。而当坚持不懈的梵文学者逐渐熟悉印度万神殿后，仍无法得出令人满意的结论，原

① W. H. Sykes, "On the Three-Faced Busts of Siva in the Cave-Temples of Elephanta, Near Bombay; and Ellora, Near Dowlatabad," *The Journal of the Royal Asiatic Society of Great Britain and Ireland*, Vol. 5, No. 1, January 1838, pp. 81-90.

② J. Muir, "Does the Vai śeshika Philosophy Acknowledge a Deity, or Not," *The Journal of the Royal Asiatic Society of Great Britain and Ireland*, Vol. 20, October 1888), pp. 22-30.

因在于从西方中心出发的野蛮的偏执和狂热，用他的话说，"虽然披着文明的外衣，但野蛮程度并不低"。他希望从印度宗教文化内部研究印度，而不是切割印度宗教，让印度宗教成为另一个对欧洲宗教的阐释。他认为，学者们不应该停留在对婆罗门教作品奢侈的欣赏中，应该不知疲倦地进行调查，从而改变或颠覆已有的观点。①

可见，赛克斯从实证出发，否定了早期学者在研究印度时急功近利的做法，主张对印度进行深入研究，并通过考古调查的方法挖掘印度历史、文化等，对早期的研究进行补充和修正。他的倡议旨在克服印度学研究中的西方中心主义，呼吁印度学研究步入正轨，为印度学走向系统、科学提供新的操作路径。

总之，殖民时期的印度学研究者通过各种学术假说企图建构印度和欧洲之间的联系，旨在更好地介入印度，同时使英国印度学不断发展，走向深入。从科尔布鲁克到赛克斯可以看出，英国印度学家不仅追求印度和欧洲在宗教、文化方面的联系，还追求印度学研究在殖民主义框架内的科学化发展，为印度学学科建设奠定了重要的基础。

三　介入印度与再造印度文化

科尔布鲁克在创办皇家亚洲学会时指出，要建立东方学，并用该学科的方式来促使东方在欧洲的带领下，走向繁荣。对于英国来说，最需要"带领"的东方国家之一就是印度。皇家亚洲学会的印度学研究不仅为殖民主义寻找在法律、经济、宗教等领域介入印度的方式，以更好地实现殖民主义的经济利益和政治利益，而且也在学术层面复兴了印度文化。

随着印度学研究的深入，殖民官员向学者转化，开始更加客观、系统地研究印度，英国印度学研究也不断成熟，走向了学科化发展的道路。其中印度考古调查的开展以及印度考古学的创建使印度研究进入系统化、学科化发展阶段。而印度考古学的成立，使印度历史、宗教、文化、艺术、语言等各个方面的研究迅速发展起来。它们为印度文化的复兴提供了重要

---

① W. H. Sykes, "On the Three-Faced Busts of Siva in the Cave-Temples of Elephanta, Near Bombay; and Ellora, Near Dowlatabad," *The Journal of the Royal Asiatic Society of Great Britain and Ireland*, Vol. 5, No. 1, January 1838, pp. 81, 89.

的条件。

解读印度的目的在于审视印度的古老身体，通过文化嫁接的方式介入和改变印度，这也是东方学介入现实的巨大尝试。在印度学家看来，印度如同患有疾病的老者，他们则是医生，负责寻求印度古老身体的病根，对其进行解剖，并用英国的解药来医治这一古老病体。

因此，印度学在呈现印度各方面情况的同时，也会试图为这个古老的躯体注入新的活力。如对印度古代科学文明的复兴旨在寻求欧洲科学知识进入印度的可能性；对印度法律的翻译和研究旨在寻求西方法律介入印度的办法；研究印度社会旨在更好地管理印度；探索印度钱币形制与印度货币改革及货币与印度历史的关系；对印度地理的探索使殖民统治者深刻把握印度地理的情况；印度人类学研究呈现了印度文明开化的程度和历史发展进程。

这些研究旨在论证印度在英国统治下走向繁荣的必然性和正确性，为英国殖民印度、再建新印度的野心提供理论上的支持。可见，印度学复活了古老的印度文明，英国的统治借助印度学的学术成果，通过实践介入印度，目的是创建英属印度这一新帝国。

早期英国印度学家大部分都是由殖民地官员、军官、传教士、商人转变而成的，他们研究东方的动力和目的随着他们对印度的探索不断深化、扩展。东印度公司控制印度期间，比较注重殖民扩张和经济利益，研究话题虽涉及印度各个方面，但较为繁杂，缺乏系统性。后来英国政府统治印度时期，印度学研究有了新的突破，学者们更加关注印度历史、宗教、考古和语言等问题，研究者的使命感更强。

随着印度考古发现不断增多，印度考古调查的奠基人坎宁安呼吁政府保护印度的考古遗迹。他认为保护印度古代遗迹和对印度进行统治一样重要，是殖民统治光环的重要部分，而他的工作则是"详细、准确地描述北部印度的考古遗迹"。① 可见，坎宁安的考古研究具有呈现、保护印度考古遗迹的文化使命，但也是英国统治的一部分。

印度考古调查的开展意味着英国开始了长期的印度考古研究，这不仅奠定了考古学科的基础，也使众多印度学研究者通过考古发现的材料来呈现印

---

① A. Imam, "Sir Alexander Cunningham (1814-1893): The First Phase of Indian Archaeology," *The Journal of the Royal Asiatic Society of Great Britain and Ireland*, Vol. 95, Nos. 3-4, 1963, p. 199.

度历史、文化、宗教、文学、艺术等方面。另外，伯吉斯将印度考古研究推向了学科化发展的阶段。而这些研究为印度文化、艺术复兴奠定了学科化发展的基础。

殖民主义促进印度学发展，印度学研究反过来推动殖民主义介入印度。但是随着印度学不断专业化、系统化，以及殖民时代的结束，英国印度学研究通过学术方式，按英国的需要创造了一种新的文化。它以新的面貌融入英国印度学的知识体系中，在英国海外殖民结束后，掌握了言说印度的学术话语权。因此，英国殖民主义和印度学的结果是对印度的双重建构，一是对印度现实层面的介入，二是对印度学术层面的建构。

虽然殖民主义随着时代发展而瓦解，但是，在其影响下的英国印度学却走向了新时代、拥有了新生，成为东方学学院化阶段后一门源远流长的东方学学科。它继承着殖民时代印度学研究的文化基因和学术资源，是殖民主义最大"遗产"之一。它掌握着印度学研究的话语权，成为继殖民印度之后的一种长久地、完整地、学术地"占有"印度的方式。

借助这样的话语方式，被"复活"的印度文学、艺术、宗教等也影响了西方世界乃至东方人自身对印度的理解。如有的研究就以图文并茂的形式记录、描绘了东印度公司如何通过绘画将印度文化传播到英国，并且使英国与印度在审美上实现了一次对接和交融。① 这些绘画必然也影响了西方人乃至东方人对印度的认识。

近来，英国印度学研究从英国价值角度出发，对印度文化的东方影响力乃至世界影响力进行挖掘。因为印度学研究涉及的对象遍布世界，所以当下印度学研究不仅包括传统的、在印度范围内的考古、宗教、文学研究，它已经成为跨文化、跨区域的世界性研究。在英国印度学和文化殖民主义促进下的学术性、文化性的"印度帝国"成为世界言说的对象，也成为改变言说者、研究者的重要文化力量。印度不仅是其版图范围内的印度，古往今来，它的文化影响力超越其领土的范围，是世界学者共同研究的文化资产。英国印度学研究史是印度走进西方视野的历史，也是印度文化建构史，它一方面推动了印度学的发展，建构了印度学，另一方面也体现了西方殖民主义的理论逻辑和研究缺陷。

当下，世界性的印度学研究必然会促使学者们反思殖民主义遗产，包括英

---

① 〔英〕约翰·麦卡利尔：《印度档案：东印度公司的兴亡及其绘画中的印度》，顾忆青译。

国印度学研究的遗产，推动印度学研究更加科学、客观和全面。印度文化是人类文明的共同财产，影响着世界上随时可能被影响的人。因此，对于东西方学者，尤其是中国的东方学者而言，在研究印度学时，需要对英国东方学进行深入的分析鉴别，需要做艰辛的摄取工作，更应该反思、借鉴世界范围内的印度学研究成果，深度把握印度文明、文化的本体性存在，以更好地研究英国东方学、印度学，最终建构从东方角度、中国立场出发的东方学和印度学。

总而言之，英国印度学诞生于英国海外殖民的温床上，旨在解读印度，为殖民主义探寻介入印度的途径。英国印度学具有辐射性，它是区域性的研究，涉及南亚、东南亚、东亚等。皇家亚洲学会在这一背景下发展起来，发挥着解读印度、推动印度学研究、为其海外殖民提供思想支持的历史使命。一方面，印度学家通过学术假说建构印度和欧洲在历史、文化上的联系性；另一方面，随着印度学研究朝着深化、专业化方向发展，它为殖民主义提供了重要的学术信息。为了实现学术和政治目的，学会促进印度学研究走向民众、走向大学。与此同时，印度考古研究的突破使印度学走向系统化、专业化的发展道路。印度考古、宗教、历史、语言和文学研究成为学者主要关注的领域。虽然殖民时代已经结束，但是它们在英国意识形态的框架内，按照英国的需要复兴了印度文化，建造了一种新文化，掌握了解读印度的话语权，影响深远。

皇家亚洲学会的印度学研究是极为重要的印度学研究资源，体现着印度文化进入世界的历史过程、方式和形态，也是当下印度研究者、东方研究者需要反思、借鉴的重要学术资源。我们不否认前人的成果，但必须克服英国人留下的文化奴性，站在超越殖民主义的高度，反思、借鉴英国印度学、东方学研究成果，通过东西方结合的方式，以虔诚的态度，倾心相与，以欢欣鼓舞的态度抱得"西方美人"归，建构从东方本体意识出发的印度学、东方学。

（执行编辑：林旭鸣）

高木兼宽与近代日本海军脚气病的饮食实验*

童德琴**

摘　要：脚气病是由于人体中维生素 B_1 不足或缺乏所引起的一种疾病，它曾是明治、大正时期日本军队内发病率最高的疾病，造成了大量人员伤亡。围绕军内脚气病的防治，分别学习英国、德国医疗体制的日本海军、陆军走上了各自抗击脚气病的道路，并进行了长达半个世纪的相互质疑与争辩。最终，海军在高木兼宽的坚持下进行了饮食改良实验，成功实现了军内脚气病的零发病，改写了日本海军脚气病流行的病史。

关键词：脚气病　高木兼宽　营养障碍　陆军医学部

脚气病曾在明治、大正年间肆虐日本全国，一度被称为日本的"国民病"，民间每年都有大量死于脚气病的患者，军队中该病发病率更高，特别是在饮食结构单一的航海水兵中。该病的主要表现为水肿、神经性症状和心血管损伤三组综合征，发病症状却因人而异，多数患者表现为四肢的水肿，可能伴有神经损伤导致的麻痹、虚弱、四肢无力现象，但也有很多患者并没有典型病征，很难被判断为脚气病，① 这也是历史上脚气病记载众说纷纭的

＊　本文系"近代日本在华医学调查的研究"（18CZS041）阶段性成果。

＊＊　童德琴，山东社会科学院山东省海洋经济文化研究院助理研究员。

①　肯尼思·F. 基普尔编《剑桥世界人类疾病史》，上海科技教育出版社，2007，第532页。

原因之一。高木兼宽入职海军是在 1872 年，根据史料记载当年海军脚气病发病 6348 人次，而此时海军总人数不过 1552 人，这意味着海军整体每年人均脚气病发病达到 4 次以上。① 远洋航海军舰的水兵屡次出现多人患病的局面，严重影响了正式建制不久的海军。但是，这一时期人们对脚气病病因尚未有准确的认知，医学界以陆军军医部主张的"传染病说"为主流，即认为脚气病是由于未知的"脚气菌"传染导致的某种神经炎症的流行。② 而所谓的"脚气菌"迟迟未被发现，日本的脚气病研究一直停滞不前。不同于陆军军医部导入的德国大学医派，高木兼宽在英国学习医术的过程中逐步建立起注重临床的从医理念，促使他对权威的"传染病说"产生怀疑，开始走向全新的寻求脚气病因的道路。

　　日本学界对世界级的医学人物高木兼宽个人及其海军的饮食实验等问题有着比较深厚的积累，已有研究大致可以分为两个方面。一方面，主要是日本慈惠会医科大学系的关联研究者，比如松田诚、③ 虾名总子等、④ 中山和彦⑤和城户秀伦等⑥的研究。因为高木兼宽是该校的创始人，这些研究者对高木在各个时段的留学过程、军医经历和饮食实验等情况都有着详细的论述，特别是松田诚的一系列研究，提供了很多不为人知的高木兼宽经历的细节，史料丰富，论证翔实。另一方面，研究多集中在脚气病史的考察中，比

① 松田誠『高木兼寛の医学』東京慈恵会医科大学出版、2007、372-376 頁。

② 山下政三『脚気の歴史：ビタミンの発見』思文閣、1995、188-189 頁。

③ 松田诚有关高木兼宽的研究论文多达几十篇，涵盖了他的生涯和医学研究，其中医学方面涉及了脚气研究（如『高木兼寛とその批判者たち』、『脚気と抗脚気ビタミンの研究史』等）、创立慈惠会医学校和医院（如『慈恵医大のアイデンティティーについて』、『成医会におけるWilliam Willisの特別講義』等）以及护士教育（『有志共立東京病院看護婦教育所』、『慈恵病院派出看護婦考』）、医学思想（『人間機械論と倫理』）等多个问题。

④ 虾名总子等先后就高木兼宽的健康教育观发表了 3 篇相关论文。蝦名總子・平尾真智子・芳賀佐和子「高木兼寛の健康教育観に関する研究（第一報）」『日本医史学雑誌』第 52 巻第 1 号、2006 年 3 月、62-63 頁；「高木兼寛の健康教育観に関する研究（第二報）」『日本医史学雑誌』第 53 巻第 1 号、2007 年 3 月、70-71 頁；「高木兼寛の健康教育観に関する研究（第三報）」『日本医史学雑誌』第 54 巻第 2 号、2008 年 9 月、119 頁。

⑤ 中山和彦「高木兼寛と森田正馬（その2）イギリス医学の源流を、東京慈恵会成立過程から探る--不治の病「脚気」が導き出した不安の時代」『東京慈恵会医科大学雑誌』第 124 巻第 6 号、2009 年 11 月、305-314 頁。

⑥ 城戸秀倫・佐々木洋平・東純史等「メタアナリシスによる高木兼寛の実験航海の再検証」『東京慈恵会医科大学雑誌』第 119 巻第 4 号、2004 年、279-285 頁。

如山下政三、① 板仓圣宣、② 濑间乔、③ 野本京子、④ 志田信男、⑤ 藤田昌雄⑥
等人，或专门对日本脚气病的历史进行讨论，或从饮食和脚气病的关系中展
开研究，其中山下政三梳理过日本各时期的脚气病发展史，特别是对明治时
期陆军、海军的脚气病斗争进行了深入考察。与之相对，国内对高木兼宽的
研究比较薄弱，除了在饮食和文学讨论中涉及部分内容外，⑦ 只有廖育群曾
在著作中对日本的脚气病史提出新看法，并利用前面提到的松田诚、山下政
三以及板仓圣宣的研究对高木兼宽经历进行了概述。他认为古人可能将一些
和脚气症状相似的病征误认为"脚气"病，并且他分析日本医史上判定死
于脚气病的德川家光、德川家纲等几位将军可能不是死于现代的脚气病。廖
育群的研究向国内学界介绍了日本脚气病的大体脉络和高木兼宽的概况，具
有开拓性的意义。脚气病的防治曾经是世界近代医学史上的一个难题，更牵
涉到后来维生素 B_1 的发现等重要问题。日本因为有该病的流行史，总是会
推动研究的快速发展，学界积累了大量与脚气病、高木兼宽相关的研究，讨
论丰富、论证深刻；相反，目前国内相关讨论过于单薄，⑧ 这也反映出国内
对日本乃至世界医学史很多重要问题关注不够。实际上，高木兼宽进行的海
军饮食改良，不仅改变了近代脚气病流行的历史轨迹，他和陆军代表的德国
医学派的斗争也是日本医学思想多元化发展的表现之一，对全面认识、理解
日本近代医学发展历程有着重要的意义。本文利用明治时期的海军记录等一
手史料，参考日本学界的已有研究，尽力还原明治时期日本海军、陆军围绕

① 山下政三围绕脚气病史有过很多专著，代表性的有『脚気の歴史』（東京大学出版会、
1983）、『明治期における脚気の歴史』（東京大学出版会、1988）、『鴎外森林太郎と脚気紛
争』（日本評論社、2008）等。

② 板仓圣宣『模倣の時代』假説社、1988。

③ 濑间乔『日本海軍食生活史話』海援舍、1985。

④ 野本京子「都市生活者の食生活・食糧問題」戦後日本の食料・農業・農村編集委員会編
『戦後日本の食料・農業・農村』第 1 卷、農林統計協会出版、2003、325-350 頁。

⑤ 志田信男『鴎外は何故袴をはいて死んだのか「非医」鴎外・森林太郎と脚気論争』公人
之友社、2009。

⑥ 藤田昌雄『写真で見る海軍糧食史』潮书房光人社、2014。

⑦ 孟珍月在分析日本明治时期的饮食时，提到过日本脚气病流行的问题［《日本明治时代的
饮食维新研究》，《山东农业大学学报》（社会科学版）2018 年第 2 期］；而王梅从文学角
度解读田山花袋的著作时也对军队脚气病的情况有所涉及（《田山花袋〈一个士兵〉的疾
病意义解读》，《外国问题研究》2010 年第 1 期）。

⑧ 比如，《扶桑汉方的春晖秋色：日本传统医学与文化》一书在讨论德川幕府几位将军的死
因时，从病征上分析得出，每一位将军的病征或多或少都有不典型的脚气病的表现，但是
笔者认为借此推论几位将军不是死于脚气病，仍显不足，该论断尚需要材料来进一步证明。

脚气病的争斗过程，探究近代日本引入西洋医学背后所呈现的思想与观念的冲突，期冀能为国内对该问题的研究提供一些线索和思考。

一 高木兼宽的留学与医学理念

1849 年，高木兼宽出生于日向国诸县郡（今宫崎县东诸县郡），13 岁起师从当时的兰方医石神良策。石神良策早期曾担任鹿儿岛藩医，戊辰战争中在英国医师威廉·威利斯（William Willis）领导下出任了横滨军阵医院的医师长，高木兼宽作为弟子，也跟随出征戊辰战争，这次战争经历深刻地影响到了高木兼宽，改变了他的从医经历。

在戊辰战争中，萨摩藩的伤者被运送到京都相国寺内养源院接受治疗，但是当时萨摩藩的医师以汉方医为主，在枪炮伤治疗上束手无策，出现了很多伤亡情况。时任萨摩藩第二炮兵队长的大山严提议招聘西洋医师，并通过斡旋最终委任了刚入兵库港的英国医师威利斯。之后，威利斯使用麻醉药、外科手术等治疗方式，在石神良策、村上泉三等藩医的辅助下，效果卓然。① 这次经历，使得当时还是医学徒的高木兼宽不仅认识到了西洋医学的外科优势，更对英国医学的实用主义有了直接的认知。

1869 年，萨摩藩设立鹿儿岛医学校，威利斯担任校长，石神良策担任教导主任。高木兼宽在石神良策推荐下成为鹿儿岛医学校的第一期学生。高木兼宽由于成绩优秀成为威利斯的教学助手，受威利斯的影响，在教学的过程中高木兼宽萌发了去英国学习医术的想法，但是以高木兼宽当时的地位是无法获得留学机会的。转机出现在 1872 年，石神良策转任海军医院院长，在恩师的帮助下，同年高木兼宽加入了海军成为一名军医。当时海军医院每天收治了很多脚气病患者，重症患者很快就死了。高木兼宽在惊讶海军脚气病高发的同时，也深受脚气病无有效治疗难题的刺激，开始思考能否用其他方式来治愈脚气病。② 英国医师 E. W. 爱德森（E. W. Anderson）受聘为海军医院设置的军医学校的军医和教师，高木兼宽担任爱德森的翻译后，在他的介绍下赴英国留学。

1875 年，高木兼宽赴英国圣托马斯病院医学校留学，该学校始建于

---

① 玉风会编『国手传』2020-7-20、4~16 页、https：//dl. ndl. go. jp/info：ndljp/pid/1092440。
② 高木兼宽「脚気懐旧談」『東京医事新誌』第 1723 号、1911 年 7 月。

1173 年，其根源可以追溯到 1106 年建立的圣玛丽·奥弗伊修道院。英国早期医院制度源于欧洲教会，教会医院在中世纪是以修道院为起点，集治疗、护理为一体的慈善医疗机构。这类机构源于收容流浪者、患者等的修道院，运营方式体现出强烈的人道主义，特别是对社会弱势群体的医疗的重视。所以，高木兼宽在留学中看到的治疗、医学教育都是以患者的病情为中心的方式。

在这样的医疗教育体系中，高木兼宽逐步建立了以病患病情研究为治疗基础的医学理念。同时，高木兼宽受到 J. 西蒙（J. Simon）的疫病学和 E. A. 帕克斯（E. A. Parkes）的卫生学等观念的影响较大，前者主张关注疾病背后的群体、环境等社会因素；后者提出为了保持健康人体需要摄入均衡的各种营养成分。除此之外，19 世纪爱德华·詹纳（E. Jenner）的种牛痘、詹姆斯·林德（J. Lind）的坏血病的治疗等预防治疗方式已经走入大众医学视野，这类英国医学界提倡的预防医学也深深影响了高木兼宽。[①] 可以认为，在英国学习的 5 年期间，高木兼宽系统地接受了注重临床的医学教育，树立起异于德国以大学科研教育主导为中心的派系医学理念。

二　高木兼宽的海军脚气病饮食实验

1880 年高木兼宽从英国留学归国，担任了海军中医监，并兼任东京海军病院院长。[②] 早在 1872 年，军队的医疗管理机构——兵部省军队医疗就划分为海军和陆军两个分支，虽然海军、陆军医疗在行政上实现了初步分离，但是军内脚气病研究一直由陆军军医部主导。在这样的情况下，高木兼宽就任后直接面对选择——是否跟随陆军脚气病研究的步伐？

根据史料，1876~1879 年东京军队的脚气病发病率分别是 11%、14%、38% 和 22%，平均发病率达到了 21.25%。[③] 而海军，由于海上训练期间饮食结构单一，长时段的航程中出现了更多的脚气病患者。比如 1878~1884 的 6 年间海军的平均人数为 29321 人，脚气病患者平均人数为 9516 人，患

---

① 東京慈恵会医科大学資料室『高木兼寛の生涯脚気の研究』東京慈恵会医科大学出版社、2006、4-16 頁。

② 石户頼一『大日本医家実伝』东京筑地活版印刷所、1893、349-350 頁。

③ ベー・ショイベ『脚気論』南江堂、1897、191 頁。

病率约为 32.5%。① 病患众多导致了战斗力的下降，解决脚气病的问题成为军队医疗当务之急，但是陆军军医部将脚气病归因于"未知病毒的传染"，迟迟找不到正确病因导致了军内脚气病持续高发。面对这种情况，高木兼宽尝试运用留学期间所学的卫生学、社会学知识，通过调查患者的生活环境和生活方式来寻求脚气病因。

（一）高木兼宽的脚气病调查

得益于在英国所受的医学教育理念，高木兼宽不再执着于寻找单一的病菌，而从最基本的气温、服装、食物等层面对海军内部脚气病发病情况进行了调查。通过对军舰发病率、患者情况等内容的详细记录，比照英国海军脚气病发病情况分析，他得出结论：从季节上看，脚气病在春、夏多发；从地域来看，城市发病率稍高；但是，在同一军舰中、同样的着装下，各部门都有病发者；就患病人群来看，上层士官、下层士官、水兵、囚犯四个阶层中，发病率从高到低依次是犯人、水兵、下层士官，上层士官几乎没有。② 虽然高木兼宽的调查获得了一些基本信息，但仅从这些调查结果并不能看出脚气病和哪些因素有关联，初试的脚气病调查也陷入了困境。

1882 年朝鲜发生"壬午兵变"，日本派出了 3 艘舰艇，最终却因为脚气病患者过多没能参加战争。"（脚气病）患者总数达到了（全舰）人数的 3/4，明治十五年（1882）朝鲜事件之时，扶桑、金刚、比睿（三舰）都是当时有力的舰艇，各舰艇乘员却罹患脚气病死亡者、呻吟者众多，面临着无法开炮的不得已局面。"③ 面对海军的惨状，高木兼宽在总结以往的调查时发现，每个舰艇的脚气病发病人数有很大的不同，而即使是同一艘舰艇，甲、乙等兵种的发病率也不一样。④ 服装、生活环境类似，但是每个舰船营供给的粮食中粗细有别，同一舰艇中兵种等级不同，饮食也不同，由此，高木兼宽认为军内不同的饮食会导致脚气病。为了验证这一想法，他

---

①　海軍中央衛生会議『海軍脚気病予防事歴』海軍中央衛生会議出版、1890、1-2 頁。

②　山下龙·相川忠臣「オランダの脚気研究（1）クリスティアーン·エイクマンの脚気研究と高木兼寛の海軍兵食改革に対する評価」『日本医史学雑誌』第 63 巻第 1 号、2017 年 3 月、3-21 頁。

③　海軍中央衛生会議『海軍脚気病予防事歴』、7 頁。

④　石田京吾·濱田秀海「旧日本軍における人事評価制度将校の考科·考課を中心に」『防衛研究所紀要』第 9 巻第 1 号、2006 年 9 月、43-82 頁。

恳请时任海军卿的川村纯义，批准自己亲自巡视浦贺港内舰船营中的士兵餐食，并让管理者将其一周内供给的粮食种类和数量上报。调查发现，那些食用蛋白质含量少、不能保障健康的饮食者是脚气病高发的群体，比如远洋舰艇的水兵、学生、学徒。[①] 这一结论和第一次调查脚气病在犯人及水兵等级中发病率高的结果相吻合，高木兼宽至此确认了脚气病和饮食之间有某种联系。

1883 年，经新西兰赴南美的航海练习舰龙骧号发生了严重的群体脚气病事件，全舰共 376 名士兵中，去程中重症患者 169 人，死亡者 25 人。以时任海军医务局副局长的高木兼宽为首，成立龙骧号脚气病调查委员会，调查结果显示龙骧号上 169 名重症患者中的 160 人为下级士官和水兵；更让人惊讶的是该舰回程从火奴鲁鲁装载了粮食后，主食改为面包和肉食，此后舰上的脚气病患者竟然都痊愈了。借此，高木兼宽意识到麦食和肉食或许可以治疗脚气病。为进一步确定饮食中哪些成分对脚气病有益，高木兼宽下令再次对海军的军舰、陆上基地住宅、海军学校的卫生状况等做社会学调查。[②]

这次调查发现三地的饮食构成存在较大差异，经过对比，高木兼宽认为：海上航行水兵的食物，存在着蛋白质不足和碳水化合物过多的问题。根据计算，当时海军所有舰艇的兵粮中氮和碳的平均比值为 $1：17 \sim 32$，而欧洲饮食的氮碳比值为 $1：15$，日本海军兵粮中的氮含量过少（即饮食中蛋白质含量不足），导致了士兵的神经、肌肉中含氮的营养素过低，不能修复受损的身体组织消耗，导致了脚气病的神经和肌肉症状。[③] 脚气病的高发正是由于海军这一群体饮食中的蛋白质和碳水化合物摄入不均衡导致。

之后，高木兼宽向任医务局局长的户冢文海汇报了调查结果，并提出通过改善饮食来预防脚气病。在其斡旋下，同年的 11 月 29 日，高木兼宽得以面见明治天皇，上报了脚气病是由"营养障碍"导致的调查结果，并提出通过改善饮食来预防该病的对策，天皇首肯了高木的想法。[④]

---

① 海軍中央衛生会議『海軍脚気病予防事歴』、9 頁。
② 太政官庁編『公文類聚』明治第 6 編第 17 巻兵制 4、国立公文書館 デジタルアーカイブ、類 00003100、1885 頁。
③ 高木兼寛「脚気予防説」『大日本私立衛生会雑誌』第 22 巻、1885 年、1-20 頁。
④ 松田誠『高木兼寛の医学』、372-376 頁。

（二）海军饮食改良实验

虽然提出了饮食改良的这一对策，但是在如何实行上却很难计算。1884年2月，筑波号练习舰即将出海，为了验证有效的饮食结构比例，高木兼宽通过伊藤博文的斡旋，改变了筑波号预定的航路，变更为和龙骧号一致的路线，同时将航程中供给粮食调整为面包和肉食。具体规定中，除每人每天最低肉食量为300g外，还添加糖炼乳、饼干等食物，使得该舰饮食的氮碳比值平均保持在1∶17。航程结束后，整个舰上333名士兵只有4名士官候补者和10名水兵罹患脚气病，未出现死亡者（见表1）。而4名士官候补者中有3人不吃提供的炼乳，10名水兵中8人是不吃肉食的。① 由此，高木兼宽确认了高蛋白食物在脚气病因中扮演着重要角色。

表1　练习舰龙骧号、筑波号脚气病患者比较

舰名	航程天数（日）	乘员数（人）	饮食氮碳比值	发病人次（人次）	患者人数（人）（占比，%）	死亡人数（人）
龙骧号	272	376	1∶20～1∶28	396	169（45%）	25
筑波号	287	333	1∶17以下	16	14（4%）	0

资料来源：本表在『脚気病原因の研究史』（松田誠『高木兼寛の医学』、東京慈恵会医科大学、1986）第473页表2「龍艦と筑波艦の食餌」的基础上制作而成。

通过多次实验，高木兼宽认为大量的碳水化合物会侵犯神经导致脚气发病，而提高蛋白质摄入量正好阻止碳水化合物的这一反应。为了进一步检验这一结论，高木兼宽对海军内部的受罚者做了饮食调整实验：分别于1883年、1884年、1885年将监狱中受罚者饮食的氮碳比值从1∶32.65，削减到1∶25.06，再减到1∶20.20，受试者脚气患病率也相应地从61.06%降低到57.03%，再下降到0。② 据松田诚考察，高木兼宽降低饮食中的碳氮比值想法正是受到了英国帕克斯著作的启示。

1884年，海军首先开始了饮食改良，规定兵士一天的食品摄入标准"标准食料表"，在降低了大米食用量的同时，增加牛奶、肉食以及面包上

---

① 海軍中央衛生会議『海軍脚気病予防事歴』、52-60頁。
② 山下龍・相川忠臣「オランダの脚気研究（1）クリスティアーン・エイクマンの脚気研究と高木兼寛の海軍兵食改革に対する評価」『日本医史学雑誌』第63巻第1号、2017年3月、3-21頁。

的黄油涂抹量。军队的饮食供给也由之前的支取现金购买食物的方式（金给制），转变为供给准备好的食物（品给制），着重增加了肉制品和麦食（面包）的供给。但是，当时很多海军的士兵来自农村，并没有吃面包和肉食的习惯，浪费严重，高木兼宽也因此在军队中央会议上受到陆军方面极大的攻击。①

但是，海军面对脚气病的困扰无从选择，由于舰艇和武器都是从国外订购的，日本人和西方人的身高差导致的操作困难也是海军不得不考虑的问题。高木兼宽根据之前的实验结果制定了《海军粮食条例和粮食经理规定》《海军给予令与实施细则》，详细规定士兵每日 1 顿面包、2 顿混合麦饭、肉类 150g、鱼类 150g 等，在海军内部实行了增加肉和麦食的兵粮改革。之后，又综合日本人的饮食习惯，改以麦饭代替面包作为主食，从 1885 年起海军实现了麦、米各半的主食供应。此后，海军内的脚气病患者人数年年下降，到 1888 年实现了脚气零发病（见表 2）。1890 年，海军新出台了《海军粮食条例》，并根据情况分为甲食（航海舰船食粮）、乙食（陆上及停泊舰船食粮）和丙食（监狱食粮）三个等级，及时根据环境状况的不同进行了饮食调整，这一条规一直持续到 1931 年。军队在外作战时，陆上兵粮也依从此标准，比如 1895 年日军登陆大连后，所建的刘家村定立病院规定必须保证驻军人员每日一顿麦饭或者饼干补给。②

表 2　高木兼宽实施海军饮食改良前后脚气患者概况

单位：人

年份	军队人数	病患者数量	死亡人数
1879	4528	1485	32
1880	5081	1978	57
1881	4956	1725	27
1882	4641	1163	30
1873	4976	1929	51
1884	5346	1236	49
1885	5638	718	8

① 志田信男『鴎外は何故袴をはいて死んだのか「非医」鴎外・森林太郎と脚気論争』、39-41 頁。

② 軍医部「第 2 軍陣中日記」第 1 巻、防衛省防衛所戦史史料・戦史叢書検索：千代田史料・明治 27～28 年役、1715 頁。

续表

年份	军队人数	病患者数量	死亡人数
1886	6918	41	0
1887	8479	3	0
1888	9016	0	0
1889	9184	0	0

　　资料来源：本表在『高木兼寛の脚気栄養説が国際的に早くから認められた事情』(松田誠『高木兼寛の医学』) 第355页表5「龍艦と筑波艦の航海における兵食の窒素炭素比と脚気発生との関係比較」的基础上制作而成。

　　从结果来看，海军自 1886 年开始就没有出现过因脚气病死亡的病患，随后的 1888 年完全实现了脚气病的零发病。高木兼宽的兵粮饮食实验无疑是成功的，不仅治愈了舰艇上的患者，更确定了通过饮食来预防海军内部的脚气病发生。

三　"营养障碍说"受到质疑

　　海军的饮食改良虽然效果显著，但是却迟迟无法得到军队行政高层的认可，面对脚气病这一难题，海军、陆军的军队医疗行政分化更为明显，形成了以海军为中心的英国医学派和以陆军军医部、东京医学校为中心的德国医学派。两派围绕高木兼宽的饮食"营养障碍说"进行了激烈的辩论。

　　针对高木兼宽发表的脚气是由于饮食营养不均衡导致的结论，东京医学校出身的绪方正规首先质疑。1885 年，德国留学归来的绪方宣布在病死者的体内器官中以及大学医学部部分病患者的血液里发现了一种病菌（Bazillen），[1]"脚气菌"的发现意味着德国医学派一直确信的"脚气病是一种传染病"理论得到实证。虽然这一学说被同样留学于德国的北里柴三郎反驳，[2] 但是却让日本医学界产生了巨大震动，陆军医学部大为兴奋。

　　同时，针对高木兼宽提出的麦食的蛋白质含量高于大米观点，东京医学校的大泽谦二对麦、米分别做了消化吸收的实验，得出了虽然麦食的蛋白质含量高于大米，但是在消化吸收上大米的蛋白更容易被吸收，麦饭的蛋白质

---

① 　緒方正規「脚気病菌発見儀開申」『大日本私立衛生会雑誌』第 23 巻、1885 年、45–63 頁。
② 　富士川游『日本医学史』裳華房、1904、106 頁。

排出体外率远远高于大米的结论，[①] 以证明麦食代替大米能提高蛋白质含量、使营养改善的说法是错误的。对此，高木无法用医学理论来反驳，只能用动物（狗）饮食实验的结果来强调麦食有效性。

1884 年、1885 年高木兼宽分别用高蛋白饮食和高碳水化合物饮食对狗做了两次对比试验。每次试验选择 6 只狗分为两组，一组 3 只食用高蛋白饮食（碳氮比值为 1∶4），另一组 3 只食用高碳水化合物饮食（碳氮比值为 1∶8），实验结果见表 3。

表 3　高木兼宽的犬类饮食实验

实验次数	碳氮比值（c/n）	试验犬数量（只）	出现症状（次）			
			呕吐	麻痹	痉挛	死亡
第一次试验（1884 年）	1∶4	3	0	0	0	0
	1∶8	3	1	2	0	3
第二次试验（1885 年）	1∶4	3	0	0	0	0
	1∶8	3	1	0	1	2

资料来源：本表在『脚気病原因の研究史』（松田誠『高木兼寛の医学』）第 477 页表 6「高木兼寛のつくった食餌によるの脚気発症の試み」的基础上修改而成。

就试验的结果来看，虽然高碳水化合物组的脚气病发病率高，但是脚气症状出现的时间并不集中，不能直接证明高木的判断。同时，提高动物的蛋白质摄入，从某种意义上可以说是改善饮食结构，增加了机体免疫力，这样对任何疾病包括脚气都是有益的。反对者以此来质疑"营养障碍说"，高木兼宽的动物实验结果一开始并没有获得医学界的认可。

除了医学界的声讨外，高木兼宽更是直面陆军军医部的强压。虽然早在 1870 年"兵制统一"的布告中就规定了陆军为德国军制、海军为英国军制，但是陆军总部掌握着整个军队的行政管理权，军队医疗也一直由陆军军医部独揽。以石黑忠直、森林太郎为代表的陆军军医部强烈质疑高木兼宽的饮食实验结论，反对改良军内饮食以治疗脚气病的对策。

1885 年高木将自己的调查和观点发表在《大日本私立卫生会杂志》上，在军内和医学界掀起了热议。陆军方面强烈反对他的观点，石黑忠直再次出版自己早年的著作《脚气谈》（1885）来对抗高木兼宽的理论。与此同时，

---

① 松田誠「高木兼寛と森林太郎の医学研究のパラダイムについて」『東京慈恵会医科大学雑誌』第 118 巻第 6 号、2003 年 11 月、507–521 页。

石黑忠直的部下、远赴德国学习军队卫生学的森林太郎为了反驳高木兼宽的理论，将在德国撰写的《日本兵食论大意》寄到日本国内发表。① 此外，森林太郎还用德文撰写了《日本兵食论》，用卡尔·冯·沃伊特（Carl von Voit）的营养素理论来反驳高木兼宽的米食蛋白质不足、碳水化合物过多的解释，认为高木的看法纯属额外的担心。②

1889 年，针对高木兼宽实施的饮食改良实验和动物实验结果，森林太郎主导进行了"兵食实验"，以证明精米的营养素高于麦食。实验者被分为3组，一组食白米饭、一组食米麦饭、一组食洋食（面包），每组6人，为期8天，最后统计卡路里结果时白米组数据最高，③ 借此证明高木兼宽的实验结果不可信。这次实验结果符合陆军主导这次实验的目的，让以石黑忠直为代表的德国医学派大为高兴。实际上，这次实验时间短暂，并且卡路里数据统计完全是按照对白米组有利的方式来计算，结果并不科学。

1890 年，石黑忠直升任陆军军医总监，同时兼任陆军省医务局局长，一手掌握了陆军军医部的人事、行政大权，高木兼宽的脚气病研究成果在军内更加被边缘化。虽然此时海军内部已扑灭脚气病，但是陆军仍然坚持以精米为主食。脚气病持续高发，导致了中日甲午战争期间出现了超过4000名的死亡者，脚气病成为战争期间最大的死亡原因。军内陆续出现对陆军打击海军饮食实验不满的声音，针对不同的发声，1901年，森林太郎发表了《脚气减少真是因麦食代替米食导致》一文，再次对麦食降低脚气发病率提出疑问。④ 以森林太郎等为首的陆军军医部的围攻对象不仅仅是海军，更扩大到所有主张麦食论的人员，军内围绕脚气病的斗争并未消失，陆军军医部背后军队的首脑大山岩、山县有朋等人都是强有力的德国医派支持者，在这种情况下，日本迎来了日俄战争。

1904 年日俄战争期间，森林太郎担任了第二军军医部部长，仍然处于军队医疗的权力中心。由于继续坚持兵粮以白米为主食的政策，日俄战争期间日本军队中出现了近30万名的脚气病患者，死亡人数也近3万人。⑤

---

① 森林太郎『鴎外全集』第28巻、岩波書店、1974。

② 森林太郎『鴎外全集』第28巻、11–18頁。

③ 森林太郎『鴎外全集』第28巻、78–79頁。

④ 森林太郎「脚気減少は果たして麦を米に代へたるに因する乎」『東京医事新誌』1221期、1901年、21–24頁。

⑤ 山下政三「森林太郎の医学大行業績–臨時脚気病調査会の創設とその成果」『日本医史学雑誌』第55巻第1号、2009年3月、101–103頁。

陆军有关脚气病的调查转折出现在 1909 年，德国医学派军医都筑甚之助在巴达维亚获知荷兰军医克里斯蒂安·艾克曼（Christiaan Eijkman）用米糠治愈家鸡脚气病的信息。归国后，都筑甚之助进行了家鸡的米糠实验，获得成功后将结果公布。① 此时世界范围内的脚气病研究也出现了重大突破，1910 年，铃木梅太郎在东京化学会上以"白米作为食品的价值及动物脚气样疾病的相关研究"为题做报告，认为白米中缺乏某种营养成分使得脚气病发。② 随后，1911 年在英国工作的波兰科学家卡西米尔·丰克（Casimir Funk）将从米糠中抽出的抗脚气病物质命名为维生素，提出了"虽然维生素是微量元素却是动物生存的基本营养成分"的观点。③

就这样日本国内、国外陆续发表了关于脚气病的重大发现，通过维生素营养元素建立起科学的研究体系，陆军终于在 1913 年采用了麦饭为兵粮主食，比海军大概晚了 30 年，军内持续多年的脚气病终于退出了历史舞台。

余　论

回顾日本海军脚气病流行与消亡的历史，高木兼宽称得上是日本临床流行病学开拓者，他的研究不仅改写了日本军队脚气病的历史，其运用的卫生学、社会学方式开了日本流行病学调查的先河，其脚气病患者调查报告以及饮食实验的材料，是当时最详细的、最完整的脚气病研究记录，即使在今天也具有很高的参考性。高木的实地调查为当时军队公共卫生调查开了先河，在此后日本的对外战争中，医学调查始终是军医部乃至军队的重要关注点，为日本的战争提供了大量的医学支撑。

同时，高木兼宽主导的动物（狗）实验，也开了日本医学动物实验的先河。高木通过活体动物实验进行对比研究的方式，为后期荷兰医学家的动物（家鸡）实验提供了启示，加速了维生素实验的研究步伐，在维生素的发现历史上无疑是具有开拓性意义的。更可贵的是，高木兼宽将预防医学理

① 都筑甚之助『「アンチベリベリん」療法二係ル自他ノ臨床実験』第十一回日本内科学会総会演说，https://www.jstage.jst.go.jp/article/naika1913/2/0/2_0_728/_pdf，2020 年 8 月 1 日。
② 山下政三『鸥外森林太郎と脚気紛争』、379-381 頁。
③ 新城雅子「微生物によるビタミン生産：ビタミン命名 100 周年」『日本微生物資源学会誌』、第 29 巻第 2 号、2013 年 12 月、91-96 頁。

念导入脚气病对策中，将日本的脚气病研究从注重治疗转移到预防层面，可以说是日本近代预防医学研究的起点。

最后，通过梳理近代日本军队的脚气病发展的历程，我们可以看出德国医学派科学至上的意识形态对整个事件的发展形成了重大阻碍。明治初期导入的德国军制，不仅在行政管理体制上，更在管理者的意识形态上打上了深深的烙印。以陆军军医中央和东京医学校为中心的医疗集团对脚气病研究展现出的反对姿态，是通过对"非我"医学等派系的打击来维系自我集团权威的一种体现。医疗政策是当时日本军界、政界的主流文化意识的延伸，围绕脚气病的医疗派系斗争的背后是近代明治政府引入西方文化的内部纷争。

（执行编辑：申斌）

近代日本驻香港领事贸易报告内容
及价值分析（1881~1913）

李　鼎[*]

摘　要： 日本驻香港领事馆设立之初，报告区域以广东与港澳为主，随着香港内陆腹地向西南扩展，内容也随之涉及云贵地区。报告数量总体呈上升趋势，甲午战争和八国联军侵华时报告数量减少。内容以棉纱、米、煤炭、海产品、砂糖、火柴等亚洲间贸易的商品为主；甲午战争后，有关金融汇率的报告增加，这与日本金本位制改革有关。报告来源除了领事馆直接调查外，主要引用《香港船政厅报告》、商会报告、中日海关报告和中英文报纸。报告内容较为丰富，不仅可以补充香港贸易史研究的史料，也可采用"地域圈"的新视角来进行研究以香港为中心的国际转口贸易。

关键词： 日本　香港　领事贸易报告

明治维新以后，日本为了满足其经济扩张的需要，逐渐在全球贸易繁盛和有日本人活动之地设立了领事馆，为国内农工商业发展搜集有关经济情报。因香港地理位置重要及经济发展潜力巨大，1873 年 4 月，日本在香港设立了由日本人直接管理的领事馆。日本驻香港领事馆以香港及其管辖区域的商贸为调查对象，于是产生了大量以香港为中心的领事

＊　李鼎，广东第二师范学院政法系讲师。

贸易报告。这些贸易报告在当时就作为公开出版物由日本外务省等机构出版发行。

就研究成果而言，日本从 20 世纪 80 年代就开始关注这批报告。角山荣和高岛雅明整理出版了微缩胶片版明治时期的领事贸易报告，并编制了《微缩胶片版领事报告资料收录目录》。接着由角山荣教授领衔的京都大学人文科学研究所课题组开始研究这批报告，并出版研究成果《日本领事报告的研究》，该书对日本领事制度的背景、领事制度形成情况、领事报告制度的具体施行和领事报告的价值等方面进行了研究，是该研究领域的开山之作。近年来，日本学界从领事报告制度、区域领事贸易报告的整理与研究、重要领事人物、具体贸易商品、航运业及东亚经济关系和领事报告与情报网络等方面展开了诸多深入研究。①

与香港领事贸易报告研究直接相关的是中村宗悦《〈领事报告〉中的香港（1894～1913 年）》（《杉野女子大学·杉野女子大学短期大学部纪要》第 34 期，1997 年，第 35～47 页），该文从香港领事馆情报网与贸易网络变化之间的关系出发，认为第一次世界大战前，香港领事馆贸易调查范围包含云贵地区，这说明香港在成为"亚细亚贸易圈"重要节点的同时，其腹地范围也不断扩大，以香港为中心的贸易网络也随之扩大。角山荣《"通商国家"日本的情报战略》（东京：日本放送出版协会，1998）一书利用领事报告，对明治初年香港的棉布、石炭、杂货及贸易银进行了研究。

国内主要研究成果有：王力《近代驻华日本领事贸易报告研究（1881～1943）》是中国第一部系统研究贸易报告的专著，上编探讨领事制度与驻华领事报告资料本身，下编立足于贸易报告进行了专题研究；武汉大学李少军在国家清史纂修工程中承担有关驻华领事贸易报告整理的项目，出版《晚清日本驻华领事报告编译》6 卷本（李少军编，李少军等译，社会科学文献出版社，2016），按年份和领事馆设置区域分类，对全国的贸易报告进行了整理和述要性质的翻译，该书具有较高的史料参考价值；此外，王宝平、冯天瑜、陈锋、赵国壮、林满红等学者也在相关研究中对领事贸易报告

---

① 日本关于领事贸易报告其他具体研究状况请参考王力《近代驻华日本领事贸易报告研究（1881～1943）》（中国社会科学出版社，2013）绪论部分，这些成果因与香港无太大直接关系，限于篇幅不赘述。

进行了部分利用或资料性介绍。①

综上所述，国内外学者对该领域进行了不少基础性的研究，但这显然是不够的，尤其是国内系统利用日本领事报告研究的成果还相当匮乏。本文从区域史角度出发，拟以日本驻香港领事贸易报告为中心，在概括梳理报告主要内容的基础上，分析其调查来源和对香港贸易史研究的价值，为学界进一步研究做铺垫。

一　报告所涉地域范围与数量变化分析

鸦片战争以后，香港逐渐进入了日本人的视野。1869 年出版的《东洋记事》卷 2 就介绍了香港的地理位置、经济状况和维多利亚港进出港规则。② 日本认识到香港的重要性，为满足其参与列强在亚洲政治经济角逐的需要，在《中日修好条规》签订以后，就打算在香港设立领事馆。于是，1872 年 9 月 13 日，林道三郎就被日本外务省任命为日本驻香港领事馆副领事。③ 但是林道到达香港并正式上任履职，则要到 1873 年 4 月 15 日。④

（一）报告所涉地域范围

日本领事馆一般有一定的地域管辖范围，这一范围也是领事贸易报告调查的主要对象，因此，有必要事先讨论领事馆管辖范围的变动，这与香港的贸易发展和领事贸易报告的调查内容密切相关。

日本驻香港领事馆开设之时，管辖区域除香港本厅之外，还兼及广

---

① 王宝平：《日本东京所藏近代中日关系史档案》，《历史档案》2000 年第 3 期；冯天瑜：《略论东亚同文书院的中国调查》，《世纪书窗》2001 年第 3 期；陈锋：《清末民国年间日本对华调查报告中的财政与经济资料》，《近代史研究》2004 年第 3 期；赵国壮：《日本调查资料中清末民初的中国砂糖业——以〈中国省别全志〉及〈领事报告资料〉为中心》，《中国经济史研究》2011 年第 1 期；林满红：《日本殖民时期台湾与香港经济关系的变化——亚洲与世界关系调动中之一发展》，《"中央研究院"近代史研究所集刊》第 36 期，2001 年。
② 英人「香港記事」英人著、石橋雨窓・立知静訳『東洋記事』柏悦堂、1869、1–17 頁。
③ 式部寮、副領事林道三郎等「神奈川県典事林道三郎副領事香港在留及広州汕頭瓊州三口事務兼轄任命ノ件」明治 5–明治 6 年(1872–1873)、外務省外交史料館蔵：6-1-5-6_ 4_ 001。
④ 外務大少丞「林副領事香港到著手続届」明治 6 年(1873) 5 月 9 日、外務省外交史料館蔵：公 00825100。

州、琼州和汕头三口岸。林道委任状载："为我国居民的商业繁盛，派遣林道三郎为驻香港领事馆副领事兼管广州、汕头和琼州三口岸。"[①] 管辖地主要是在广东的通商口岸。由于广州是华南地区的大城市，两广总督驻地，政治经济地位重要，所以，1888 年 12 月 6 日，日本将广州、汕头和琼州独立出来设立了广东领事馆。但是这种局面维持了不到两年，由于当时在广东居住的日本人很少，与日本直接贸易尚不发达，领事馆事务较少，所以广东领事馆于 1890 年 10 月 22 日撤销，继续由香港领事馆兼辖。[②] 从整体来看，1873～1906 年香港领事馆主体管辖区域一直比较稳定。直到 1906 年 11 月 12 日，日本驻广东领事馆再次独立，香港领事馆直接管辖范围大为缩减。

1900 年 12 月 27 日，日本驻香港领事馆兼辖地变成澳门、广州府、南雄州、韶州府、连州、肇庆府、罗定州、高州府、雷州府、廉州府、海南岛、广西省。[③] 中村宗悦认为：这次变化显然表明香港的腹地重心沿云贵地区朝东南亚细亚大陆迁移。[④] 这种看法有一定道理，云南蒙自开埠后，与香港的中转贸易逐渐发展，西南地区也因此逐渐被纳入香港的贸易网络。

1909 年 10 月，虽然香港领事馆升格为总领事馆，但其在中国内地的管辖地被剔除，管辖区域调整为香港、澳门、德占马里亚纳群岛、塞班群岛、马绍尔群岛。这说明香港领事馆地位的下降。1910 年，香港设立了专门搜集经济情报的商务官，这可能是为了弥补香港管辖区域过小的缺憾。

值得注意的是商务官的管辖区域相当广泛，包括华南五省、整个印度支那和东南亚地区，这恰好就是滨下武志所说"横跨东南亚至中国东北的香港八大腹地"，[⑤] 领事馆管辖地域几乎涵盖香港除东北外所有腹地。但商务官只是临时设置，一战期间就废除了。1921 年，商务官制度恢复，但是中

---

① 外务大臣代理外务少辅上野景範「林副領事香港在勤ニ付御委任状」明治 6 年（1873）3 月、外務省外交史料館藏：公 00823100。

② 外務省「清国広東駐在領事ノ派遣ヲ中止シ香港駐在領事ヲシテ兼轄セシムル儀ニ付」明治 23 年（1890）10 月 22 日、外務省外交史料館藏：類 00464100。

③ 外務省通商局編纂『通商彙纂』第 59 巻第 193 号附録「在外帝國領事館管轄區域」不二出版、1996、116 頁。

④ 中村宗悦「『領事報告』からみた香港：1894-1913 年」『杉野女子大学・杉野女子大学短期大学部紀要』第 34 期、1997 年、36 頁。

⑤ 〔日〕滨下武志：《香港大视野——亚洲网络中心》，马宋芝译，香港商务印书馆，1997，第 35～36 页。

国只有上海恢复商务官设置。新加坡也设立商务官，管辖英领印度、缅甸和南洋诸岛。而香港不但未设立商务官，其管辖地也压缩至港澳地区。由此可见，日本驻香港领事馆重要性有逐渐下降之趋势。

（二）数量变化

关于香港领事贸易报告数量的问题要从两个方面考虑：一方面，要放在中国和亚洲这两个大区域考虑，以此说明日本驻香港领事馆在中国和亚洲地位的变化趋势；另一方面，要从时间轴出发，分析晚清香港领事贸易报告数量变化及其原因。

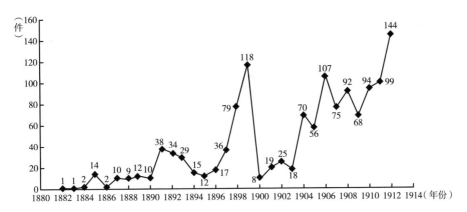

图 1　1882~1912 年香港领事贸易报告数量变化

资料来源：1882~1893 年数据统计源于濱下武志・李培德監修、解說「香港都市案内集成」第 12 卷「香港関系日本外交文書及び領事報告資料」株式會社ゆまに書房、2014、5-11 頁；1894~1911 年数据源于李少军编《晚清日本驻华领事报告编译》第 1、2 卷《驻香港领事馆的报告》，第 1 卷第 6、20、51、65、72、99、145、172、219、256、301、346、399、441、508 页，第 2 卷第 80、176、304、427、543、683 页；1912 年数据源于表 1。

从图 1 可以看出，香港领事贸易报告数量总体呈波动增长的趋势。1894年中日甲午战争爆发，报告数量减少。1896 年战争结束后，领事贸易报告数量陡增。1900~1903 年数量又大为减少，可能与八国联军侵华、上文提到的领事馆管辖范围变动和两广、西南地区人民因反抗列强瓜分中国的斗争[1]三者综合的因素有关。1903 年以后，日本工业化基本完成，开始加快在中

---

① 香港二等领事上野季三郎等「広东広西西南清地方匪徒之騒扰一件」明治 30－35 年（1897-1902）、外務省外交史料館藏：5-3-2-0-17。

国经济扩张的步伐，所以报告数量不断攀升。但是 1907 年报告数量有一些波动，这与上文提到的广东领事馆独立有关。

二 报告内容的特征分析

日本驻香港领事馆设立所确定的情报网络可以说是香港及其腹地贸易调查的基础。领事馆并非漫无目的地调查所有关于经济的情报，而是重点关注与日本通商贸易有关的信息。情报的主体内容涉及棉纱、米、海产品、煤炭、火柴、樟脑等贸易商品。中日甲午战争结束以后，情报内容扩大，金融和交通的报告大为增加。因报告内容十分庞杂，下面主要依据表格的统计来分析报告内容的特征。

表 1 1894~1912 年香港领事贸易报告商品种类及数量

年份	概况	棉纱	煤炭	海产品	砂糖	樟脑	米	火柴	麻织品	织物相关
1894	0	1	5	0	0	0	1	0	0	0
1895	1	1	1	0	2	0	0	0	1	0
1896	2	5	1	1	0	1	0	0	0	2
1897	2	8	2	0	0	0	1	2	0	3
1898	3	12	5	1	0	26	1	0	0	0
1899	1	16	11	10	0	47	1	0	0	0
1900	0	2	1	1	0	3	0	0	0	0
1901	5	9	2	1	1	0	1	0	0	0
1902	1	4	4	1	0	0	0	0	0	0
1903	1	3	0	0	0	0	1	0	0	0
1904	9	34	0	5	0	0	2	0	2	0
1905	12	29	0	11	0	0	0	0	0	0
1906	4	17	0	12	0	0	53	1	0	2
1907	3	21	0	14	0	0	2	0	0	0
1908	0	25	1	7	0	0	1	0	1	1
1909	0	18	8	2	1	1	0	0	0	0

续表

年份	概况	棉纱	煤炭	海产品	砂糖	樟脑	米	火柴	麻织品	织物相关
1910	2	18	9	0	10	0	11	4	0	1
1911	1	24	2	1	9	0	9	0	0	1
1912	2	25	12	3	2	0	1	0	0	0

注："概况"包含经济事情、一般商品情况的内容。

资料来源：转引自中村宗悦「『領事報告』からみた香港：1894-1913 年」『杉野女子大学・杉野女子大学短期大学部紀要』第 34 期、1997 年、36 頁。

　　从表 1 可以看出贸易报告内容有三大特征。第一，有关日本对香港输出贸易的大宗商品煤炭、樟脑、火柴、海产品的报告不少。从日本被迫开港以来，海产品就一直是输入中国的主要商品。香港输入的煤炭中，绝大多数来自日本的三井三池煤炭和北九州煤炭，由香港的三井支店垄断该贸易。樟脑和火柴在香港的市场占有率也极高。樟脑是在中日甲午战争结束台湾被割让后，由台湾直接输入香港的重要大宗商品之一。由于火柴和樟脑在香港市场一直几乎处于碾压状态，领事馆大概认为没有调查的必要，所以到清末关于这两种商品的报告就少见了。[1]

　　第二，清末，棉花、棉纱及棉织品是日本最重视的商品之一，有关此商品的调查报告数量最多。日本棉布从 19 世纪 80 年代起就开始输入香港。角山荣根据日本驻香港领事贸易报告研究认为，从 19 世纪 80 年代起，日本棉纺织业工业化起步。由于英国和中国消费文化的巨大差异，英国的细白布并没有在中国内地和香港打开市场。[2] 相反，由于日本和中国同处于亚洲，消费文化相近，日本小幅棉布在香港流行一时。[3] 这也可以解释为何在 1894年以前《通商报告》（1887~1889 年）有 6 篇、《官报》（1890~1893 年）有 29 篇关于棉花、棉纱及棉布之类的调查报告出现。[4] 虽然此时香港以印度

---

①　中村宗悦「『領事報告』からみた香港：1894-1913 年」『杉野女子大学・杉野女子大学短期大学部紀要』第 34 期、1997 年、36 頁。

②　角山栄『「通商国家」日本の情報戦略』第 2 部『明治前期の海外市場開拓と領事の情報活動』日本放送出版協会、1988、107-108 頁。

③　外務省通商局編纂『通商彙纂』第 13 巻「香港ニ於ケル日本木棉縮ノ流行」明治 23 年（1890）8 月、633-634 頁。

④　浜下武志・李培徳監修、解説『香港都市案内集成』第 12 巻「香港関系日本外交文書及び領事報告資料」株式会社ゆまに書房、2014、6-11 頁。

棉花、棉纱为主导，日本棉纺织工业尚不发达，但该业是日本的核心动力产业，迟早会大为发展。果不其然，20 世纪初，日本棉纺织业基本实现工业化，开始和印度纺织业在香港市场争雄，所以关于此业的报告再次显著增加。这体现了日本通商情报战略超前的预见性，为将来日本棉织品倾销做了铺垫。

第三，米、砂糖和海产品等生活消费品在日俄战争后数量增加，此与亚洲国家工业化尤其是日本的发展有关，这也恰好印证了杉原薫所谓"棉业基轴体制"①，亚洲各国各地形成了分工和合作。米的贸易需要注意一下，1894 年以前的报告关于米的也不少。据角山荣研究，明治维新后至一战前，早期日本工业尚不发达，日本有一个米输出国向米输入国的转变过程。在国际市场上，日本米与暹罗、法属印尼、夏威夷、缅甸等国家和地区的米形成竞争。日本大米主要通过香港转口，主要消费市场为大洋洲。②

从表 2 可以看出，清末民初有关日本鞋、棉布、西洋盘碟、锡箔、纸等杂货的交易与介绍的报告有所增加。香港是日本杂货输出的重要转口中心，这些都是日本国内工商业者依赖领事馆做出调查反馈的贸易商品，这些新产品的贸易网络也不应该被忽视。

表 2　1911~1912 年香港商务官报告

年份	报告题名	号数	页码
1911	与中国凉粉草有关的报告	42 号	1
	关于运销南洋的织布的其他注意事项	53 号附录	2
	关于大英北婆罗洲(今东马来西亚)与香港间航路的运营	65 号附录	13
	关于香港的日本纸	74 号附录	12
	关于香港的淀粉	75 号附录	11

---

① 据杉原薫「アジア間貿易の形成と構造」(『社會經濟史學』第 51 卷第 1 号、1985、17-53 頁)一文，所谓的"棉业基轴体制"简化为印度棉花—印日纺织业—中国手工织业公式。印度棉花输出日本，日本利用进口棉花进行工业纺织，日本和印度的棉纱又输入中国，中国利用进口棉纱进行手工织布，中国织的布又在亚洲销售。当然这一过程是从 19 世纪 80 年代起逐步发展起来的。"棉业基轴体制"也带来了食料品贸易的连锁反应，随着中、日、印棉纺织业的发展，纺纱织布从传统农业中分离出来，农民变为工人，自然需要大量食物，于是东南亚的大米和印度尼西亚等国家和地区的砂糖等食料品就开始输入印、日、中。这样在亚洲内就形成了生产与消费的有机分工。

② 角山栄「アジア間米貿易と日本」『社會經濟史學』第 51 卷第 1 号、1985、126-140 頁。

续表

年份	报告题名	号数	页码
1912	荷属东印度(今印度尼西亚)的石油开采业	商务官报 1	1~10
	关于朝鲜产人参	商务官报 2	12~13
	关于干牡蛎、干鲍、濑户贝	商务官报 2	13
	关于桂皮油	商务官报 2	17
	关于香港的日本产染色海带丝	明治 45 年 45 号	33~34
	关于南洋及香港鞋的需求状况	大正 1 年 17 号	10~12
	关于香港及南洋地区日本产粗棉布需求状况	大正 1 年 17 号	12
	香港的西洋盘碟的批发价	大正 1 年 17 号	13
	香港的干鳒需求	大正 1 年 18 号	18~19
	香港的锡箔市况	大正 1 年 27 号	14~16
	香港市况(大正元年十一月)	大正 2 年 5 号	14~21
	夏季煮茶原料凉粉草的市况	明治 45 年 31 号	35
	香港西洋盘碟销售店	大正 1 年 16 号	60

资料来源：转引自中村宗悦「『領事報告』からみた香港：1894-1913 年」『杉野女子大学・杉野女子大学短期大学部紀要』第 34 期、1997 年、39 頁。

就表 3 来看，关于金融货币方面有三个特点。第一，1898 年，关于货币汇率的报告突然猛增，这与日本金本位制改革有关。据角山荣《日本领事报告的研究》，中日甲午战争后，清政府的巨额赔款为日本由银本位制向金本位制转换提供了充足的准备金。于是，1897 年日本便颁布新的《货币法》。如果新法推行的话，就涉及旧本位币和新"金圆"兑换的问题。国际市场金贵银贱的走势，促使流到海外的贸易银必定会回流日本。在推行新法令时，日本已经通过领事情报网调查了残留在亚洲各地的旧银圆数量，为改革做好了充分准备。由此可见，日本驻国外领事馆的情报信息对日本国内制度的制定推行极为重要。第二，日俄战争后，关于货币市场的报告再次增多，这恐怕与香港市场纸币包括日本纸币流行有关。纸币流行是大趋势，毕竟纸币比金银货币更为轻便。第三，1907 年后，关于汇丰银行的营业成绩的报告多次出现。

表 3　1894～1913 年有关汇率和金融的报告数量

年份	货币汇率	香港以外日本银圆事情	英弗铸造及伦敦银价	金融事情	纸币流通	汇丰银行
1894	0	0	1	0	0	0
1895	0	0	0	2	0	0
1896	0	0	0	0	0	0
1897	0	0	3	4	0	0
1898	28	0	0	1	0	0
1899	22	1	0	0	0	2
1900	0	0	0	0	0	0
1901	0	0	0	0	0	0
1902	3	0	0	1	5	0
1903	0	0	1①	0	0	0
1904	0	0	0	0	0	0
1905	0	0	0	0	0	0
1906	12	0	0	0	0	1
1907	35	1	0	0	0	0
1908	21	1	0	0	6	1
1909	7	0	0	2②	6	1
1910	4	0	0	1③	6	2
1911	1	0	0	1	0	2
1912	5	0	0	1④	4	1
1913	0	0	0	0	0	1

　　注：①关于银价下跌的事情；②包含有关华商银行破产的事情；③中国银行源盛号的破产附中国豪商朱富兰的破产；④包含香港、广东银行设立。

　　资料来源：中村宗悦「『領事報告』からみた香港：1894-1913 年」『杉野女子大学・杉野女子大学短期大学部紀要』第 34 期、1997 年、40 頁。

　　从表 4 来看，关于交通、通信方面的报告没有太多特别之处。主要是日俄战争后，关于轮船公司的情报定期出现。还有 1911 年、1912 年，关于香港到世界各地主要航线的运费情报多次出现，这反映了日本海外海运业在香港及东南亚地区的扩张力度加大。

表 4　1894~1912 年有关交通、通信报告的数量

年份	船舶出入统计	航路状况（新设、废改）	轮船、船舶公司	运费	税关	港湾	中国国内交通	通信	其他
1894	3	0	0	0	0	0	0	1	0
1895	2	1	1	0	1	0	0	0	0
1896	1	0	1	0	0	2	0	0	0
1897	2	0	1	0	0	1	1	0	0
1898	2	0	0	0	0	0	1	0	0
1899	1	1	0	0	0	1	1	0	0
1900	0	0	0	0	0	0	0	0	0
1901	0	0	0	0	0	0	1	0	0
1902	0	0	3	0	3	0	2	0	0
1903	0	0	0	0	0	3	1	3	0
1904	0	4	0	0	0	0	1	1	2
1905	0	0	0	0	0	2	0	0	0
1906	0	0	0	0	0	0	0	0	0
1907	1	0	6	0	0	0	0	0	0
1908	0	1	3	0	0	2	0	1	2
1909	0	1	6	0	0	1	2	0	1
1910	1	1	6	0	1	0	1	0	0
1911	1	1	6	8	1	0	1	0	1
1912	3	0	2	33	1	2	0	0	0

　　资料来源：中村宗悦「『領事報告』からみた香港：1894-1913 年」『杉野女子大学・杉野女子大学短期大学部紀要』第 34 期、1997 年、39 頁。

三　贸易报告的情报来源

　　日本驻香港领事贸易报告的情报来源主要有以下四种。

　　（1）香港地区政府的官方报告及告示等。其中最重要的是《香港船政厅报告》。频繁出现"据香港船政局报告"或"据港务局长报告"等字眼，《去八十一年间香港船政局调查出入船舶及载货吨数表》。① 据《通商汇纂》

---

　　①　外務省通商局編纂『通商彙纂』第 1 卷「香港之部」1881-1882、389 頁。

载："港口虽无赋税，但也需要检查出入港口货物，因为有港口规则，如果货物是关于火药武器类的，政府设置了专门的贮藏所，并因此课以仓库税。由此产生了船政局每年刊载船舶吨数的报告。"① 日本驻香港领事馆当时是完全能见到《香港船政厅报告》的，据《香港通过商业调查报告书》载："此时依靠帝国领事馆的介绍会见 Harbour Master（港务局长），可以容易申请到并查阅的最旧的报告书是从 1874 年开始，一直延续至今。"② 还有关于澳门人口的领事报告，其情报来源是澳门政厅的人口统计报告。③

此外，还有官方告示，如"据当港香港政厅告示第二百五十号所示，本年七月中当港三银行流通纸币的平均数量及其银行准备金数量告示"。④ 再如《在香港流通的中国银辅币》报告便是转引的香港民政局告示。⑤

（2）引用香港商人和企业组织（包括银行、商会等）的报告。于是经常出现据"当地商业会议所"、"当业者"或某个商人报告的情况。商会调查报告主要是日本在香港的三井、三菱、安宅和大泽等商会搜集的有关贸易的情报。如"据三井物产公司当地支店调查"，⑥ 再如《三、四月间从当港向本邦输出的货物概表》，并对此表来历进行了详细说明："虽（轮船公司）在船舶出港数日后才允许公报，但除英美法三大邮船公司，其他公司不肯轻易展现其货簿。而且只有砂糖、棉纱这样重要的货品的简略报告，其余商品仅以杂货名目概言之。所以现在就凭借三邮船公司亲自通报的货簿和我三菱公司的公报及其他途径探知并订正的情报合并编次该表。其间或多或少有遗漏，诚不得已，望知。"⑦ 由此可知因香港无税关，所以获取具体的货物进出口数据非常困难，只能就欧美邮船公司的货簿及三菱商会报告列出商品的大致门类及数量表。有的还转引欧美商会报告，如《明治四十二年香港煤

① 外務省通商局編纂『通商彙纂』第 1 卷「香港之部」1881–1882、388 頁。
② 本科第三年生伊藤武男「香港通過商業調查報告書」濱下武志·李培德監修、解説『香港都市案内集成通商彙纂』第 4 卷、188 頁。
③ 外務省通商局編纂『通商彙纂』第 164 卷第 52 号「澳門二於ケル人口」1911、47 頁。
④ 外務省通商局編纂『通商彙纂』第 7 卷第 10 号「明治十九年自七月至十二月半年間香港記事」1886–1887 年、255 頁。
⑤ 外務省通商局編纂『通商彙纂』第 114 卷第 48 号「香港二流通スル清國輔助銀貨」1907、167 頁。
⑥ 外務省通商局編纂『通商彙纂』第 21 卷第 9 号「本年上半季間香港二於ケル本邦石炭ノ商況」1894、327 頁。
⑦ 外務省通商局編纂『通商彙纂』第 2 卷「香港之部」1883、127 頁。

炭商况》① 就是转引英国商会的报告。还有银行报告，如 1907 年以后汇丰银行的定期报告《香港上海银行营业成绩》②。

（3）中日海关报告。领事馆管辖范围内中国的粤海关、九龙和拱北等海关的报告也是重要来源之一，内容和数据都有直接引用。因为香港无贸易统计，香港与日本的贸易又比较发达，所以在报告中变通使用日本大藏省公布的海关数据。"世人皆知香港是自由贸易的开港场，无税关，所以我领事馆设立后，调查从当港出口（日本）的货物种类及数量不是容易的事，所以暂且取本年一月到三月三个月间，神户、长崎两海关的统计来展示日本从香港进口的商品种类情况。"③ 再如《香港的扇子需求状况》载："当地自由港，统计阙如，上表数据来源于日本的外国贸易年表。"④

（4）转引香港中英文报纸，日本领事馆很重视各地的新闻舆论，所以报告中经常出现"当地新闻纸上记载"之类的语句。如"本年从一月到六月每日入港及碇泊的船舶吨数，因政府没有相关报告，所以根据每日新闻报纸的记录应该也没有什么不同"⑤。也有具体提到是转引什么报纸的报告，如《香港与欧洲间的电报费用减轻》⑥ 依据的就是英文报纸《香港日报》（*Hong Kong Daily Press*）。《清政府拱北海关辖区外国棉纱厘金税率减半》转引 1897 年 10 月 11 日印刷出版的《香港华字日报》及其他报纸的内容。⑦

由于香港无海关，缺乏贸易统计数据，领事馆只能千方百计地搜罗情报，其难度可想而知。据《通商汇纂》载："特地探知商品输入状况确实困难。只能每逢商船入港，向其公司恳请告知报告。但是因为这种公报会影响到商人的生意，所以商人被要求仔细汇报时，或者猜忌，或者完全拒绝，或只告知概况，有时中间还妄报，这也使得探听者迷惑。所以，虽然千方百计

---

① 外務省通商局編纂『通商彙纂』第 143 卷第 11 号「香港四十二年中石炭商况」1910、330 頁。

② 外務省通商局編纂『通商彙纂』第 151 卷第 58 号「香港上海銀行營業成績」1910、313 頁。

③ 外務省通商局編纂『通商彙纂』第 3 卷「香港之部」1884 年上半季、157 頁。

④ 外務省通商局編纂『通商彙纂』第 175 卷第 38 号「香港ニ於ケル扇子需要状况」1912、120 頁。

⑤ 外務省通商局編纂『通商彙纂』第 4 卷「香港之部」1884 年下半季、185 頁。

⑥ 外務省通商局編纂『通商彙纂』第 74 卷第 26 号「香港歐洲間電信料ノ輕減」1903、41 頁。

⑦ 外務省通商局編纂『通商彙纂』第 37 卷第 83 号「清國拱北關管下ニ於ケル外國棉絲厘金税半減」1897、470 頁。

尽力地探听，所获也只能是概略统计。"① 领事馆直言报告数据由商人任意提供，可能存在妄报现象，侧面反映领事馆调查客观审慎的态度。

总的来说，报告调查的来源丰富，以《香港船政厅报告》和商会调查尤为重要，中国海关报告的地位则相对次要。还保存了不少珍贵史料。

四 报告的史料价值

晚清日本驻香港领事贸易报告的价值，通过前文对报告的内容特征和情报来源的分析也可知这批史料内容的稀缺性和客观性。这批史料的价值主要体现在以下两点。

第一，弥补香港贸易史研究的史料不足。由于香港没有海关，这样就缺乏可供研究的反映香港贸易状况和数据统计的资料。而日本驻香港领事馆通过对职员的直接调查以及间接吸收《香港船政厅报告》、中日海关报告、商会调查和香港中英文报纸等资料，在一定程度上丰富了香港贸易史资料。尤其是在《香港船政厅报告》中，可以找到相当详尽的有关香港对外贸易情况的参考资料。该报告登记每年从世界各地进出香港海港的船只数量及其所载的货量。所记载的货量是以吨位计算的，而来往的船只则分为两类：一类是载量较大能航行大洋的货轮，另一类是容量较小、航程较短的帆船。这些档案记录，是同时期中国内地沿岸各道商埠跟香港贸易的难得资料。

这批报告不仅有统计数据，还有较为详细的文字调查。既可以反映晚清香港贸易的整体情况，又可以对不同商品进行个案研究。以一篇关于广东花席的报告为例，日本驻香港领事馆于1891年10月向本国介绍广东花席的编织与交易情况。报告除涉及原料的产地（连滩、东莞太平乡）、培植、加工、染色，花席的种类、规格与编织方法、编织工具外，还谈到花席编织业内部的情况，称：广州之河南（珠江南岸）有8家花席包买商，资金多的有2万元，少的有1000元，利润率为10%~12%；大小编织作坊有上百家，其编织机多的有50台，少的有两三台；包买商接受外商订货，命编织作坊织席，少数情况下直接向编织匠提供原料让其织席，编织作坊并不直接与外商交易；编织匠工钱计件发给，男工每日人均2角8分，女工则为1角5分，作坊对男工管饭，女工饭食自备。报告还附有花席编织业1879年所订

① 外务省通商局编纂『通商汇纂』第1卷「香港之部」1881–1882、81页。

行规的译文以及花席编织、交易的各种费用、税赋，各种花席的价格等。[1]对广东花席这种相对次要的商品的生产、交易和同业组织的记载都如此详细，对棉纱、煤炭等大宗贸易商品调查，其内容详细丰富的程度可想而知。

第二，新史料新视角。要谈论研究视角问题，先要简要检讨当前学界主要研究成果。许性初《香港对外贸易特征》、甘长求《香港对外贸易》及张晓辉《香港近代经济史（1840～1949）》和《香港与近代中国对外贸易》等著述，多系对史实的整理与描述，有待在学理上有所提升，研究时段也很长，且民国时期占较大篇幅，晚清部分研究相对薄弱。

毛立坤《晚清时期香港对中国的转口贸易（1869～1911）》（博士学位论文，复旦大学，2006）及其根据学位论文拆分的诸论文利用的主要是近代九龙海关的资料。九龙海关具有常关性质，主要记录内地与香港间民船贸易的情况，无法得知香港与国外直接贸易的情况。史料的限制使得其只能探讨晚清香港与两广、西南地区、闽浙台、上海及长江流域、环渤海地区之间的贸易关系演进。

日本学者站在亚洲的视角来研究香港。滨下武志《香港大视野——亚洲网络中心》，通过汇丰银行档案等史料和在东南亚地区的实地考察，从香港的腹地、移民、华侨汇款网络、怡和洋行、亚洲金融网络中心、与日本的关系等方面进行研究。他的另一著作《近代中国的国际契机——朝贡贸易体系与近代亚洲经济圈》指明了研究香港经济史的视角，以香港为研究对象时，必须注意香港在历史上始终被作为中国华南经济的一部分这一与内地在地域上连接性的特点。另外，不可忽视香港（或广东三角洲地区）具有的联结东南亚和日本的作用。[2] 但是，滨下关于"亚细亚交易圈"的研究内容比较庞杂，似乎没有形成统一体系。

此外，张晓辉《简论近代台湾与香港贸易》简要论述了近代台湾与香港的贸易情况，其《略论近代日本人在香港的经贸活动（1845～1936）》一文讨论了近代日本人在香港的经贸活动。[3]

由上述研究成果可知，香港贸易史受限于资料，研究的视野比较狭窄，

---

[1] 李少军等编译《晚清日本驻华领事报告编译》第1卷，社会科学文献出版社，2016，第54页。

[2] 〔日〕滨下武志：《近代中国的国际契机——朝贡贸易体系与近代亚洲经济圈》，朱荫贵、欧阳菲译，中国社会科学出版社，2004，第202页。

[3] 张晓辉：《简论近代台湾与香港贸易》，《广东社会科学》2003年第5期；《略论近代日本人在香港的经贸活动（1845～1936）》，《暨南史学》第1辑，暨南大学出版社，2002。

仅局限于中国。李培德在《日本文化在香港》一书中就指出:"过去,我们只把注意力集中在香港与中国的关系上,大大忽略了香港与其他亚洲国家的关系。"①

滨下从亚洲视角出发给人以启发,试图说明香港具有强大的"网络"功能,影响着中国乃至广大的亚洲国家和地区。利用这批史料可以不以国别为单位,采用以香港为中心的"地域圈"②的视角来研究。日本驻香港领事贸易报告的内容大多是关于棉花、棉纱、米、砂糖等商品贸易的情况,这些恰好是亚洲内部贸易的主要商品。该交易圈的地域范围主要包括中国华南地区、东南亚、印度和日本。

结 语

日本驻香港领事贸易报告还有待进一步深入研究,"亚细亚交易圈"内绝非只有一个交易中心,而是由数个以中国香港、新加坡为中心的地域交易圈有机组成,每个交易圈的历史发展都具有自己的特殊性。"香港地域圈"是"亚细亚交易圈"的重要组成部分,本文希望借助这批史料探讨一战前"香港地域圈"动态发展的过程及其特殊性,总结其对华南腹地的影响。"亚细亚交易圈"理论一出,就引起了学界的轰动。但是,杉原薰、滨下武志和川胜平太三人是基于大范围和长时段研究得出的结论,还无法体现小区域内部比如中国华南地区的变化,"棉业基轴体制"究竟给小区域带来多大影响还需要进一步探讨。另外,本文也希望以此研究回答日本学界存在的质疑,即"亚细亚交易圈"的"前近代"和"近代"是否存在连续性的问题。③

---

① 李培德编著《日本文化在香港》,香港大学出版社,2006,第21页。
② 此概念由滨下武志在《近代中国的国际契机——朝贡贸易体系与近代亚洲经济圈》一书中提出。亚洲区域内在关系,并非仅仅存在国家之间的相互关系,还存在地区之间的关系。在把握地区间关系之时,当构想历史上发挥机能作用的实体——地域圈——的时候,地域圈中各地区的接合部,必然形成发挥网络中介作用的中枢地。历史上,亚洲绝非一个简单的平面,而是由多个具有中心-周边结构的关系的地域圈复合体构成。这些地域圈相互以新加坡、马六甲、琉球、香港等为中枢而交叉存在。
③ 在日本学界,关于"亚细亚交易圈"理论存在不少的质疑,如谷本雅之「『アジア交易圈』論をめぐる最近の研究動向」(『土地制度史學』第140号、1993年)一文总结了日本学界对该理论的各种批判,并直指杉原薰、滨下武志和川胜平太三人关于该理论的出发点和研究内容都不同,"前近代"与"近代"的连续性问题也存在矛盾分歧。

　　由于香港是自由港，缺乏贸易报告及统计数据，所以相较于晚清中国内地其他有海关记录的口岸来说，这批史料显得更为稀缺和重要。日本驻香港领事贸易报告史料价值确实高，但里面还是有一些错误，这里列举两例明显错误：一条报告标题为《英领玛港商况》①，1887年前后澳门明显受葡萄牙殖民统治；另一条，目录显示标题是《台湾产樟脑和乌龙茶在香港的商况》，而正文标题变成《台湾产樟脑及乌龙茶在上海的商况》②，正文内容写的又是香港，文不对题。所以，该史料还需要进行完整翻译和整理，这也是研究的基础。

（执行编辑：江伟涛）

---

①　外务省通商局编纂『通商彙纂』第9卷第47号「英領瑪港商況」1887-1888、63頁。

②　外务省通商局编纂『通商彙纂』第29卷第40号「上海ニ於ケル臺灣樟腦及烏龍茶ノ商況」1896、119-120頁。

近代日本东亚航运网络中的华南因素[*]

杨　蕾[**]

摘　要： 日本通过明治维新成为亚洲第一个实现近代化的国家，并逐渐走上侵略亚洲的道路。在这个过程中，海运业既是日本实现产业近代化的手段，也是其推进"大陆政策"的工具。19世纪末20世纪初，在日本政府的鼓励和扶持下，日本海运业实现了快速发展，以日本为中心的东亚航运网络逐渐形成。中国香港、台湾、福建、广东等华南区域是这个海上交通网络的重要一环。其中，香港作为日本远洋航路的中继港，成为日本参与世界贸易的枢纽，台湾作为日本在华南的航运中心，成为日本推进"南进"政策的关键跳板。

关键词： 日本海运业　东亚航运　华南区域　香港　台湾

明治维新使日本走上资本主义发展道路。日本不仅通过这一巨大变革摆脱了沦为半殖民地的命运，还通过"富国强兵""殖产兴业""文明开化"政策，改变了落后的面貌，成为亚洲第一个走上工业化道路的国家。可以说，明治维新是日本历史的重大转折点。在这个历史转折中，海运业作为最具代表性的产业，在日本近代化过程中发挥了不可替代的作用。

明治维新后，日本政府采取"半官半民"的方式发展海运业，将国家资本与私营资本紧密结合。在国家力量的扶持下，日本的海运业迅速兴起和

---

* 本文系国家社科一般项目"近代日本海运发展与国家崛起研究"（22BSS020）阶段性成果。

** 杨蕾，山东师范大学历史文化学院副教授，亚太研究中心副主任。

发展。到 20 世纪初期，日本成为亚洲第一、世界第三的海运强国。近代日本在构建其世界航运体系的过程中，以日本、朝鲜、中国为主的东亚航运网络是其重要组成部分，而华南地区因特殊的地理位置和丰富的物产，成为这一航路网络中的重要一环。

一　明治维新以来国家主导下的日本海运

幕府末期，美国培里舰队的"黑船来航"打开了日本的国门。1854 年，日美在横滨签订了《日美亲善条约》（又称"神奈川条约"），这是日本与西方国家签订的第一个贸易条约。后其他西方国家效仿美国，纷纷向日本提出通商的要求，日本被迫结束锁国时代，幕藩体制也随之瓦解。明治政府成立后，在"富国强兵""殖产兴业""文明开化"三大政策推动下，日本开始效仿以英国为代表的欧洲国家，走"海运兴国"的道路，大力发展海运和造船。

日本政府于明治维新的第三年，即 1870 年颁布了《商船规则》，对造船业予以政策上的保护，鼓励民间建造新式大船。

1872~1873 年，出身公卿的岩仓具视奉命率使节团考察美国、英国、法国、德国、俄国、瑞典等 10 余个国家。通过考察，他对发展海运业的重要性有了更为深刻的认识，认为四面环海的岛国日本发展海运是实现近代化的必由之路。在对英国进行考察时，他特别注意到国际贸易和海运业对英国经济发展的重要意义，也看到英国为了保护和发展海运业，制定的"前古殊有之航海法"产生的重要影响。[①] 在考察港口、造船厂、码头之后，使节团认为"使船舶通航五大洋，购入各地之天然物产，运回本国，靠煤铁之力，使之成为工业产品，再向各国输出加以贩卖"，是英国"三千万人赖以生活"的根本之道，也是英国的富强之道。[②] 考察结束后，使节团副使、明治维新三杰之一的大久保利通在 1874 年向日本政府提交了《关于殖产兴业的建议书》，特别强调"我国的地形和天然之利

---

① 朱荫贵：《国家干预经济与中日近代化——轮船招商局与三菱·日本邮船会社的比较研究》（修订本），社会科学文献出版社，2017，第 26 页。

② 久米邦武：《特命全权大使美欧回览记》，转引自朱荫贵《国家干预经济与中日近代化——轮船招商局与三菱·日本邮船会社的比较研究》（修订本），第 26 页。

与英国相类似"，认为日本应走英国式的发展海洋贸易的道路。① 提倡大力发展海运事业，摆脱外国船运势力的控制，"我国出口物品应由我国商贩直接运销海外……乃最为紧急之要务"，② 以此作为劝工励农、发展产业的突破。

1875 年 5 月 18 日，大久保利通向日本政府提出专门针对海运的政策建议《关于掌管商船之议》，全面阐述了国家如何控制船务、发展海运事业的战略设想，并提出日本发展海运的三种可能性，被称作"海运三策"③。第一种是鼓励海运完全私营化，实现海运的自由发展。第二种是政府和私人合办海运公司，政府对民有民营的海运业实行保护和监督，给予补助金，扶植其发展，与外国企业争夺航运市场。第三种是创建政府主导的国有航运公司，一家独大。这样虽然可以和外国竞争，但弊端也很明显，容易形成垄断，还会增加政府开支，既打击私营航运企业的积极性，又违背"殖产兴业"的初衷。于是，经过综合讨论，"在分析国有国营海运利弊的同时，取第二条，与船主签订合同，成立强有力的海运会社，并对这样的新设会社进行（国家方面的）保护和助成"，④ 由此，第二条道路成为日本发展海运业的最优选择。

1885 年，在日本政府主导下，经过合并重组，政府主持成立的共同运输会社和民营的三菱会社组成了日本邮船会社。该会社是当时日本最大的海运会社，直到现在仍然是日本海运界的巨头之一。因其"出生血统"中含有作为海军附属而存在的共同运输会社，所以日本邮船会社自成立之初就代表日本政府的意志且具有军方背景，表面是股份制经营的民营轮船公司，实则是具有"国策会社"内核的半官半民的企业。⑤ 日本邮船会社的组建，充分贯彻了"海运三策"中的第二条道路。

明治政府在发展海运过程中，从政府成立之初就重视造船业。在《商船规则》鼓励下，民间建造新式大船数量大增。仅 1870～1872 年，船只数约增加三倍，吨数约增加两倍。在此基础上，1872～1877 年，船只数量翻了

---

① 日本史籍協会編『大久保利通文書』(5)、東京大学出版会、1983、564-565 頁。
② 『大久保利通文書』(6)、471 頁。
③ 大久保利通提出发展海运可以走三条道路：(1) 自由放任地发展；(2)（国家）对民有民营海运予以保护和监督；(3) 在分析国有国营海运利弊的同时，取第二条，与船主签订合同，成立强有力的海运会社，并对这样的新设会社进行（国家方面的）保护和帮助。日本郵船株式会社『七十年史』日本郵船株式会社、1956、9 頁。
④ 『七十年史』、9 頁。
⑤ 杨蕾：《日本近代航运业"国策会社"的形成探源》，《学习与实践》2019 年第 10 期。

一番，1877~1887 年，又翻了一番。① 这些新式船只中，帆船由于造价相对较低，数量仍然多于轮船。但在 1888 年前后出现转折，汽船数量明显上升，到 1891 年，汽船载重量翻了一番，达到 9.5 万吨。②

> 日清战争使政府看到了海运业和造船业的盛衰可以左右国家的发展，于是明治 29 年（1896 年）10 月日本政府施行了造船奖励法、航海奖励法，资助国内的造船和航路的开设。③

中日甲午战争后，日本政府进一步看到海运业和造船业可以左右国家的发展，1896 年，颁布《造船奖励法》和《航海奖励法》。各大造船厂造船数量猛增。"明治 38 年（1905 年）末，我国船舶达到 1390 只、93 万 2 千吨，和战前相比，总吨数增加了五成。"④

《航海奖励法》的实施推动了新航线的开辟。日本政府通过对"命令航线"实施补助的形式推动新航线开辟并巩固重要的主干航线，且在远洋航线上与其他海运强国展开竞争，如欧洲国家、澳大利亚等。在《航海奖励法》实施的同时，日本政府又专门出资设立"特定航路补助金"，如日本邮船会社的孟买航路。这条航路成为日本纺织工业获得棉花并销售纺织品的保障，在促进日本纺织业发展方面起到了关键作用。日本"资本主义之父"涩泽荣一曾经这样评价这条航线："这条航线的开设，主要目的着眼于推动国家产业发展的国家利益。"⑤

从明治维新到 20 世纪初，在日本政府主导下，海运业得到突飞猛进的发展。日本政府不仅主持大型航运会社的重组，还颁布相关法律法规刺激造船和航海的发展。1914 年，日本海运以 170 万吨的航运规模位列世界第七，到 1920 年以 300 万吨的规模紧随美国和英国之后，一跃成为世界第三的海运强国。⑥

---

① 周启乾：《日本近现代经济简史》，天津社会科学院出版社，2019，第 188 页。
② 周启乾：《日本近现代经济简史》，第 189 页。
③ 大阪商船三井船舶株式会社编『大阪商船株式会社八十年史』大阪商船三井船舶、1966、28 頁。
④ 『大阪商船株式会社八十年史』、33 頁。
⑤ 日本郵船株式会社『日本郵船株式会社五十年史』日本郵船株式会社、1935、119 頁。
⑥ 杨蕾：《第一次世界大战前后的日本海运业》，刘迎胜主编《元史及民族与边疆研究集刊》第 31 辑，上海古籍出版社，2016，第 194 页。

二　近代日本东亚航运网络的初步形成和发展

经过中日甲午战争、日俄战争和第一次世界大战，在明治政府的倡导下，日本的造船和航运跨越了三个"阶梯"，取得了飞跃式的发展。① 一个由不同区域间的航线组成的东亚航运网络逐步构建和完善。从 1875 年三菱会社开辟首条海外航线横滨—上海线开始，到一战后的 20 世纪初期，日本大中小型轮船会社纷纷建立，航线逐渐完善，前后经历近 50 年时间。随着近代日本东亚航运网络的完善，形成了四大航运区域，即东北亚区域，华北区域，华东、华中区域，华南区域，这四大航运区域各有重点并相互联系，组成一个互相影响的有机整体。

（一）东北亚区域

东北亚区域包括中国东北地区、朝鲜半岛和俄国的远东地区。这一区域面积广大，在地理位置上，北接西伯利亚，南邻海洋和中原，西有蒙古可直通中亚，东有日本海。东北亚地区土地肥沃，水源充足，不仅适合多种作物生长，还是主要的畜牧产区，森林、煤矿、铁矿、石油等资源丰富。近代以来，东北亚地区一直是日本向大陆扩张的重要目标。尤其是 1910 年《日韩合并条约》签订以后，日本更是加快了对朝鲜和东北航路的开发。

中国大连、牛庄（营口），俄国的浦盐斯德（海参崴），朝鲜的仁川、釜山、清津、罗津是该区域的重要港口。其中牛庄是运送东北豆类物产的主要港口，大连则是运送煤炭的重要港口。大阪商船会社成立之初，就设置了大阪—釜山—仁川线，并得到日本政府的补助命令。日本邮船会社的横滨上海线、长崎仁川线、长崎浦盐斯德线也同样得到日本政府的特殊命令，获得政府的资金扶持。

> 三条线路（横滨上海线、长崎浦盐斯德线、长崎仁川线）是创业时期，为了加强本邦贸易，同时为了阻止外国船的涉及，不计损失地维持着。②

---

①　杨蕾：《第一次世界大战前后的日本海运业》，刘迎胜主编《元史及民族与边疆研究集刊》第 31 辑，第 187~188 页。

②　『七十年史』、32 页。

获得补助的三条航线中，两条是通往东北亚地区的。其中长崎浦盐斯德线途经朝鲜釜山和元山津，长崎仁川线途经釜山。都是日本加强与东北亚联络的体现。

到 1911 年，日本邮船会社开通了横滨—牛庄线，大阪商船会社开通了大连航路，包括大阪大连线、横滨大连线、长崎大连线，还开通了朝鲜航路，包括大阪仁川线、大阪安东线、大阪清津线。① 1915 年 1 月 8 日，满铁出资 50 万元兴建大连汽船株式会社，专门经营中国东北和朝鲜的航运，同年 2 月 10 日开始营业。大连汽船株式会社作为满铁的子公司，和日本邮船、大阪商船等日本国内大的海运会社一起垄断了东北亚地区的海运市场。

（二）华北区域

华北平原土层深厚，土质肥沃，主要粮食作物有小麦、水稻、玉米、高粱、谷子和甘薯等，主要经济作物有棉花、花生、芝麻、大豆和烟草等，是中国的重要粮棉油生产基地，且富产煤炭和其他优质矿产。华北的重要港口之一天津 19 世纪中叶被辟为通商口岸，逐步发展成当时中国北方最大的金融商贸中心，在中国近代史上有着重要地位。另一重要港口青岛在 19 世纪末期被德国侵占后，随着港口的不断建设和胶济铁路的开通，逐渐取代芝罘（烟台）成为华北的另一个重要的中心港。

三菱会社率先于 1876 年 5 月开设了以神户为起点，经由芝罘、天津到达牛庄的航线。日本邮船会社正式成立以后，在选择中国航路的过程中，仍然看好腹地物产丰富、自古就是华北航运枢纽的天津，于 1886 年重新规划和开设了天津航线，即长崎—天津线。

> 明治十九年（1886）二月，在政府的资助下，开设了长崎、天津间的定期航路，在长崎与横滨上海线和长崎浦盐斯德线相联络。之后，延长到神户，和神户仁川线合并，使用两艘汽船，每四周两次于神户和天津出航。②

可以看出，长崎—天津线在规划之初，就和横滨—上海线及长崎—浦盐

---

① 畝川鎮夫『海運興国史』海事彙報社、1927、323–326 頁。
② 『七十年史』、32 頁。

斯德（海参崴）线相联络，后来又将天津线延长到日本大港神户。天津成为连接华东和东北亚的枢纽之一。后来天津航线又和神户—牛庄线、横滨—牛庄线结合，在冬季牛庄海域结冰的情况下，担负起北方主干港口的职责。

　　1896 年，据《马关条约》有关条款，日本与清政府在北京签订了《中日通商行船条约》。日本邮船公司、大阪商船会社、日本汽船会社先后与天津建立和发展了海运业务。专门经营进出口贸易的三井洋行、武斋洋行、大仓洋行等也在天津设立支店。天津与日本的航运贸易逐渐发展起来。①

1898 年，大阪商船会社在日本和华北间使用临时航线，1899 年 9 月也开设经由天津的神户—牛庄线。20 世纪初，专门开通了大阪和天津的直航航线大阪—天津线，并开通了台湾打狗（高雄）到天津的直航航线，将华北和华南地区航线连在一起。

青岛是华北的另一中心港口。1908 年发表的《青岛经济事情》中，对 20 世纪初期青岛的交通情况有这样的描述：

　　青岛繁荣的计划主要依据其交通便利。既有山东铁道的铺设，又有海运的保护政策。一方面，要将山东内地、直隶、河南纳入我贸易圈；另一方面，期待其成为上海、长崎、仁川、大连港的中心点。②

青岛的发展得益于便利的交通，既有胶济铁路，也有完善的港口设施。在日本政府的眼中，青岛腹地广阔，包括山东、直隶和河南，还可以作为上海、长崎、仁川和大连几个港口联结的中心点。1914 年，日本取代德国侵占山东。原田汽船立刻于侵占后的次月开通了大阪—青岛航线，利用胶济铁路和青岛港，运输山西、山东的煤炭和农产品。第一次世界大战结束后，这条航线由日本邮船会社、大阪商船会社、原田汽船三家航运会社共同经营，分别在大阪、神户、宇品、门司停靠，成为另一条沟通日本大港和中国华北的干线。

---

① 《天津港史（古、近代部分）》，人民交通出版社，1986，第 105 页。
② 東亜同文会支那経済調査部編『支那経済報告書』第 11 号、東亜同文会、1908、114 頁。

（三）华东、华中区域

华东、华中是近代中国经济最为发达的地区，上海是近代以来中国开埠最早的港口。开埠之后，江南地区区域经济中心开始由苏州向上海转移，上海由贸易带动工商业的发展，成为中国经济发展的中心之一。因此三菱会社在规划海外航线时，率先考虑了上海港，于 1875 年开通日本首条海外航线横滨—上海线。

> 1875 年，为了合理安排 1874 年征台战役后的船只，以及和美国的太平洋邮船公司相竞争，日本政府将征台作战时购入的 13 艘船舶交付三菱会社使用，并下达命令让三菱会社开通了首条外国航线——横滨—上海线。利用东京丸、新潟丸、金川丸、高砂丸四艘轮船，每周航行一次，并在与 P&O 公司竞争中逐渐取得优势……汽船三菱会社的近代海运事业开始兴起。[1]

该航线一直是沟通日本和中国华东地区乃至整个中国南北的干线航路，堪称日本近代海外航运事业的开始。为了支持三菱会社在这条航线上与欧美国家的航运公司竞争，自三菱会社组建之初，日本政府就大力扶持这条最早一批被列为递信省命令航线的航路，每年给予二十五万日元的补助金，持续十五年，此后又连续向三菱会社发布两次命令书，交付二十万日元的补助金，以巩固三菱会社在该航线的地位。[2] 日本邮船会社组建后，横滨—上海线依然是该会社运营的最主要航线之一。

甲午战争后，日本邮船会社、大阪商船会社进一步将航运势力深入长江流域，相继开辟上海—汉口线。1906 年，在日本政府主导下，经营长江航路的四个日本会社日本邮船会社、大阪商船会社、大东汽船会社、湖南汽船会社合并组成日清汽船株式会社。日本航运公司通过合并重组，整合长江航运力量，与英国航运公司展开竞争。日清汽船株式会社成立后，运营上海汉口线、汉口宜昌线、汉口湘潭线、汉口常德线、鄱阳湖线以及上海苏州线、

---

① 『大阪商船株式会社八十年史』、6 页。
② 敢川鎮夫『海運興国史』、627 页。

上海杭州线、苏州杭州线、镇江靖江浦线、镇江扬州线等长江及其他内河航线。[1] 为了加强长江中游地区与日本的沟通，1918 年，日清汽船株式会社开通了大阪和汉口的直航线。随着以上航线的开通，日清汽船株式会社的业务继续扩展，还开辟了以上海为中心的中国国内远航航线，如 1920 年开设上海广东线、1926 年开通上海天津线。[2] 由此形成以上海为中心的华东、华中航运区域，并连接华北、华南地区。

（四）华南区域

华南地区的航运网络包括台湾、香港以及福建、广东等地。这一地区位于中国最南部，北与华中地区、华东地区相接，南面包括辽阔的南海和南海诸岛，与东南亚相望。近代华南地区的经济中心是广州和香港，广州港在明清时是中国唯一的对外贸易大港，也是近代开埠最早的港口之一。香港更是近代华南地区乃至世界贸易的重要港口。

1895 年，日本邮船会社开通了香港到浦盐斯德（海参崴）的航线，是上海和浦盐斯德（海参崴）航线的延长线。通过这条航线，华南和东北亚地区得以连接起来。大阪商船会社于 1900 年开通了基隆—南清航线（基隆、香港、高雄）。[3] 1896 年日本《航海奖励法》颁布后，日本邮船会社于当年率先开通欧洲航路、北美航路和澳洲航路三大远洋航路，其中北美航路和澳洲航路将香港作为重要停靠港。此后，日本政府于 1907 年颁布《远洋航路补助法》，大力扶持远洋航路，大量的补助金进一步促进了远洋航路的发展。1912 年，日本邮船会社的远洋航路的西向干线都将香港作为华南地区的中继港，香港因此获得了进一步参与全球贸易的机会。此外，以经营台湾航路为主的大阪商船会社直接开通了"南中国海航路"，包括淡水香港线、高雄广东线、香港福州线、高雄天津线。这些航线和日本邮船会社开辟的远洋航线不同，是将中国台湾、香港和华南地区其他城市连接起来，将其看成一个整体来规划和经营。

综上所述，19 世纪末以来，在日本政府支持下，各航运会社在东北亚、华北、华东、华中、华南开辟的轮船航线，并非仅在各自区域内承担物资和

---

① 敞川镇夫『海運興国史』、328 页。
② 敞川镇夫『海運興国史』、652 页。
③ 敞川镇夫『海運興国史』、276 页。

人员的运输，而是航线之间互有联络和交叉。既有重点港口作为"点"，也有区域内航线作为"线"，点线结合，形成网格，在 20 世纪前期初步形成并完善了东亚航运体系。近代日本东亚航路网络并不是孤立存在的，通过在中国台湾、香港、上海等地的停靠和中继，实现了和欧洲线、美洲线、澳洲线的联动，将东亚航运网络纳入整个近代世界航运体系。

三　近代日本东亚航运网络中的华南因素

近代日本东亚航运体系中，华南地区是一个特殊地区，包括台湾、香港、福建、广东。台湾作为近代日本推行"南进"政策的跳板，在整个华南地区的航运中起到中心作用，香港作为日本远洋航线的中继港起到重要作用。近代日本所推行的"大陆政策"中的"南进"政策与台湾、香港的地位密切相关。

甲午战争后，对台湾及其附属岛屿的侵占使日本的"南进"政策跨出实质性的一步。台湾对日本有着极其重要的战略意义。曾起草太平洋战争宣战诏书的德富苏峰（1863～1957）提出"南方经营"理论，所谓"南方的经营，就意味着占领台湾……台湾是南太平洋要冲，我国防要害，可与英国争雄，将旭日旗插在北进或许犹豫一日，将台湾纳入大日本皇帝陛下主权内绝不可迟疑"。[①] 他曾在《占领台湾意见书》中说："我国的前途必须采取北守南攻的方针，此乃识者所夙知，台湾恰可谓第一驻足之地，由此而及海峡诸半岛和南洋群岛乃当然之势。"[②] 可见，台湾是日本向南洋扩张的根据地。

日本之所以觊觎南洋，是因为南洋对日本极具战略意义。对于完成明治维新并走向对外扩张的日本而言，东南亚盛产的橡胶、大米、锡，荷属东印度群岛存储的石油，澳大利亚的煤炭、铁矿石、小麦和羊毛，印度的棉花，是支撑其对外扩张不可或缺的战略资源。[③] 近代日本国粹主义思想家志贺重

---

① 徳富蘇峰『明治文学全集 34 徳富蘇峰集』筑摩書房、1974、258-260 頁。

② 矢野暢『日本の南洋史観』中央公論社、1979、108-208 頁。

③ 据 1936 年统计，日本 18 种战略性物资中有 10 种来自东南亚，其中锡、橡胶、石油、麻、铁矿石等在各商品进口总额中的比重分别为 50.8%、68.5%、66.1%、57%、44.7%。依田熹家《战前的日本与中国》，转引自吕万和、崔树菊《日本"大东亚共荣圈"迷梦的形成及其破灭》，《世界历史》1983 年第 4 期。

昂（1863～1927）曾对马来、印度进行地理考察，甚至到达南非、南美和欧洲。倡导日本扩充海军、发展与南洋的贸易，还将"南洋"视为重要的战略基地："马里亚纳群岛、加罗林群岛、马绍尔群岛的地位，从政治地理上讲有更大的价值。总之，这些'日本的南洋'从经济上讲有10%的价值，从政治地理上讲有100%的价值。"[①] 1907年，日本政府确立了作为国防国策的《帝国国防方针》和《帝国军队用兵纲领》。它规定了日本的"施政大方针"是：保护日俄战争中的"满、韩权益"，向亚洲南方及太平洋彼岸扩张民力。[②] 亚洲南方和太平洋成为日本的重要战略目标，而要实现这一目标，台湾是重要的跳板。

日本侵占台湾后，设立台湾总督府。1896年5月，大阪商船会社的大阪台湾线开航，属于台湾总督府的命令航路，"这是日本和台湾相连接的定期航路的开始"，[③] 配合日本对台湾进行殖民统治。

> 1896年5月，大阪商船会社开通了台湾总督府命令航路——大阪台湾线。1897年4月又开通基隆神户线、神户高雄线及台湾沿岸航线。[④]

台湾航路是大阪商船会社在南方的主干航路，也是其经营的重要航运中心之一。日本邮船会社也于1896年9月开通了神户基隆航线。

> 神户基隆间航路……其中三分之二的船只由陆军省提供，剩余三分之一为普通经营用船只。1897年4月，该航线成为台湾总督府命令航路。[⑤]

1897年4月，大阪商船会社根据命令将大阪与台湾间的航线变更为神

---

① 志贺重昂「日本人の一大短见」『志贺重昂全集』第1卷、志贺重昂全集刊行会、1928、320頁。

② 防衛庁防衛研修所戦史室編『戦史叢書・大本营陸軍部(1)：昭和十五年五月まで』、防卫厅防卫研修所战史室『戦史叢書・大本营海軍部艦隊(1)：開戦まで』，转引自臧运祜《近现代日本亚太政策的演变与特征》，《北京大学学报》2003年第1期。

③ 『大阪商船株式会社八十年史』、277頁。

④ 『七十年史』、91～92頁。

⑤ 『七十年史』、74頁。

户—基隆线。1899 年，台湾总督府以每年 125000 元的补助，命令大阪商船会社开辟淡水—香港航线，宣告日本航运业由台湾进入华南水域。[①] 1907年，日本实现了国有铁路运输和船运的连带运输。到 1909 年，台湾总督府的铁路也加入连带运输，三者实现联营，日本和台湾之间的运输实现铁路运输和海运的联合。1911 年，打狗—香港线延伸至上海，次年延长到天津，台湾有了与华北直接相通的轮船航路。至此，台湾与华南、华中之间的定期航线都被大阪商船会社独占。到 1911 年，台湾总督府已设有 4 条华南命令航路。以台湾为中心的航运线路逐渐完善，20 世纪初期的台湾已经成为日本在中国东南沿海扩张的据点。

香港地处华南门户，是新加坡与上海之间唯一一个被着力经营的深水港，由此成为"华南货物吐纳之中心，中国对外贸易之枢纽，所处地位之重要，仅逊上海一筹"。[②] 日本邮船会社的美国线（香港—西雅图）、澳洲线（横滨—墨尔本）、孟买线（神户—孟买）、加尔各答线（横滨—加尔各答）和大阪商船会社的美国线（香港—西雅图）、孟买线（神户—孟买）都将香港作为中继港（见表 1）。

表 1　1912 年日本邮船会社、大阪商船会社途经香港的西行航线

轮船会社	航线名	途经港口
日本邮船会社	美国线	香港、上海、门司、四日市、横滨、西雅图
	澳洲线	横滨、神户、门司、长崎、香港、马尼拉、木曜岛、布里斯班、悉尼、墨尔本
	孟买线	神户、门司、香港、新加坡、科伦坡、孟买
	加尔各答线	横滨、门司、上海、香港、新加坡、兰贡、加尔各答
大阪商船会社	美国线	香港、上海、基隆、长崎、神户、四日市、清水、横滨、西雅图
	孟买线	神户、门司、香港、新加坡、彼南、科伦坡、孟买

资料来源：敢川镇夫『海運興国史』、323-325 頁。

由表 1 可以看出，日本两大航运会社的西行远洋干线，都将香港作为中继港口，香港成为沟通日本本土、中国、东南亚、南亚、欧洲、美洲和澳洲

---

① 松浦章：《英商道格拉斯汽船公司的台湾航路》，李玉珍译，《台北文献》直字第 142 期，2002 年 12 月，第 43 页。

② 班思德编《最近百年中国对外贸易史》，转引自王列辉《双中心：沪港两地在近代中国的地位及形成原因分析》，《江汉论坛》2012 年第 10 期。

的重要节点。

由此可见台湾和香港航路在华南区域中的重要地位。台湾航路从开设之初就成为命令航路，受到日本政府的大力扶持，并和日本军方有所关联。大阪商船会社将台湾作为华南地区的航运中心，在维持日本和台湾之间航路的同时，还在 20 世纪初期开通了台湾和香港、台湾与福建、台湾与广东之间的航线，使华南地区的航线联结为一个整体。这样的布局具有极强的战略意义，可以配合日本"南进"政策：控制住台湾海峡的航行主动权，可以掌控黄海、东海的航行权。既能扼住中国和俄国通往西太平洋的咽喉，又可进一步向华南和东南亚扩张，使台湾及与之相连接的华南地区成为日本推行"南进"政策的跳板。正如 1896 年 6 月日本总理大臣伊藤博文在参加"台湾始政纪念祭"时所讲："真正的目的，以管领台湾后的新领土为据点，刺探入侵南中国、南洋方面的可能，视察其状况。"[①]而香港由于其特殊的地理位置和自由港的价值，成为华南地区和世界航路网联结的重要据点和枢纽。

结　语

明治维新后到 20 世纪初期，是日本海运业兴起和发展的关键时期。在日本政府的扶持下，日本海运业走上"半官半民"的道路，造船业和航运业获得了突飞猛进的发展。经过 50 余年的计划和经营，分别开通和运营日本与东北亚及中国华北、华东、华中、华南地区的轮船航线。这些航线在不同地区将重点港口作为支点，且各区域间航线相互交错和联结，点线呼应，初步形成相对完整的东亚航运网络。

华南地区在近代日本东亚航运网络中有着特殊的作用。第一，华南地区是锁住中国和俄国通往西太平洋的咽喉，也是日本推行"南进"政策，向东南亚和南亚扩张的跳板和据点；第二，台湾是近代日本统筹华南航路的中心，日本通过构建台湾与福建、广东的区域性航运网络，并以此为基础，开辟台湾与天津、上海、浦盐斯德（海参崴）等航线，使台湾成为连接东北亚、华东、华中的航运据点；第三，香港因其特殊的地理位置和自由港地位，成为近代日本远洋航路的中继港，是近代日本参与世界贸易

---

① 又吉盛清：《日本殖民下的台湾与冲绳》，魏廷朝译，前卫出版社，1997，第 25 页。

体系的枢纽。

值得注意的是，在考察日本创建东亚航路网的过程时，应该明确看到，明治维新以来，日本海运业发展有两方面的特点。第一，海运业是日本实现产业近代化的重要组成部分，也是日本发展工商业和海外贸易的保障。第二，日本海运业的兴起与对外战争息息相关，一方面，日本利用中日甲午战争、日俄战争、第一次世界大战扩大军备运输之机，实现了包括造船和航运在内的海运业的快速发展；另一方面，海运业的发展进一步配合了日本的对外扩张，是近代日本推进"大陆政策"①的重要工具。

（执行编辑：申斌）

---

① "大陆政策"的具体内容分为三大步骤："第一步吞并朝鲜、琉球和台湾，第二步则以朝鲜为跳板侵占中国东北进而占领全中国；第三步则以中国为基地北进西伯利亚，南进印度支那半岛及南洋群岛。"黄定天：《论日本大陆政策与俄国远东政策》，《东北亚论坛》2005年第 4 期。

民国时期日本人经营岭南天蚕
与广东省政府的应对[*]

倪根金　魏露苓[**]

摘　要： 天蚕是岭南地区重要而有特色的资源。岭南人率先认识和利用天蚕丝。清末民初，颇有商业头脑的日本人对其研究和利用走在中国人之前。面对利权渐失的困境，民国时期广东省政府出台了组织调查天蚕资源、建立天蚕试验场（育种场）等规定，以图推进天蚕事业发展，取得了一定的成果。

关键词： 岭南天蚕　日本　广东省政府

华南地区特有的"天蚕丝"是用野生天蚕加工而成。天蚕学名樟蚕（Eriogyna pyretorum）。它与桑蚕（家蚕，Bombyx mori Linnaeus）和柞蚕（Antherea pernyi）不同，在分类学上属天蚕蛾科，原产华南一带，以樟树、三角枫、柜柳、沙梨等树的叶子为食。天蚕属于完全变态的昆虫，一个生命周期包括卵、幼虫、蛹、成虫四个阶段。野外天然生长，一年一个世代。春末夏初，成熟的天蚕幼虫吐丝、结茧、化蛹，以蛹的形态经夏、秋然后越冬。到次年春天，蚕蛾破茧而出，交尾，产卵，孵出幼虫。幼虫生长发育，

* 本文为 2016 年度国家社会科学基金重大项目"岭南动植物农产史料集成汇考与综合研究"（16ZDA123）阶段性成果。

** 倪根金，华南农业大学中国农业历史遗产研究所教授；魏露苓，华南农业大学中国农业历史遗产研究所教授。

经七次蜕皮后，成熟、结茧、化蛹，如此一年完成一个生命周期。桑蚕和柞蚕结出的茧均用来缫丝，纺织为丝绸。天蚕虽然也结茧，但是，人们一般并不用其茧，而是在天蚕幼虫成熟后沿树干爬下准备结茧时，将其捉住，放进水中淹死，剥出其丝腺，将丝腺放入醋中浸泡数分钟之后，捞出拉成丝，即"天蚕丝"。最初，广东居民，主要是疍民，将它做成钓鱼线。后来日本人购买天蚕丝做渔线，并将精细的天蚕丝挑出来经过精加工做成外科手术缝合线，利润空间颇大。甚至抗战时，仍有日本人到岭南地区研究天蚕以及天蚕丝的生产。民国时期，广东省政府为了挽回利权，努力应对，责成专业人士在天蚕研究与丝生产技术改进方面做了很多有益的工作。然而，此段历史除新修《广东省志·丝绸志》有所涉及外，[①] 国内所有研究天蚕历史的论著均未提及，[②] 似乎从未发生过。本文对此进行论述，希望引起学界重视。

一 岭南天蚕及天蚕丝销往日本

天蚕原本野生，以樟树、柜柳、三角枫等树的叶子为食。它本是森林害虫。岭南人将它的丝腺拉成丝，用作渔线或拿来缝制某些器物。后来通过对外贸易，天蚕丝被输往日本，日本人扩大其利用范围，还进行了近三十年的研究与试验。

（一）岭南天蚕及其利用

生活在明末清初的广东人屈大均著有《广东新语》一书，记录了广东的地理、人文、习俗、物产等方方面面的内容。其中有这样一段话："天蚕，出阳江。其食必樟枫叶，岁三月熟，醋浸之，抽丝长七八尺，色如金，坚韧异常。以丝作蒲葵扇缘，名'天蚕丝'；亦有成茧者，大于家蚕数倍。《禹贡》'厥篚檿丝'或即此类，然不可缫为丝。入贡者，齐鲁之山茧也。

---

① 广东省地方史志编纂委员会编《广东省志·丝绸志》，广东人民出版社，2004，第222~225页。

② 代表性论著有：冯绳祖《天蚕在我国的历史记载和地理分布》，胡萃主编《天蚕研究论文集》，上海科学技术出版社，1991，第65~66页；张传溪、许文华编著《资源昆虫》，上海科学技术出版社，1990，第48页；苏伦安主编《野蚕学》，农业出版社，1993，第4页；蒋猷龙等《中国吐丝昆虫资源（上）》，《中国蚕业》1996年第1期；黄君霆等主编《中国蚕丝大全》，四川科学技术出版社，1996，第973页；李树英《野蚕系列之一——天蚕》，《中国蚕业》2014年第1期。这些论著甚至讲到广西天蚕，但就是未提广东天蚕。

有沙柳虫，腹中丝亦可作缘。"① 乾隆时任广东学政的李调元所撰《南越笔记》卷九"天蚕"条照录此句。这是迄今为止所见有关天蚕的最早且最明确的记载，实际利用应远早于《广东新语》成书之时。民国时期，有研究者认为，天蚕丝"发源地或云琼崖，或云高州，东安"，天蚕丝利用"约有八十年"；② "在我国尤以两广为特产"。③ 显然，民国时的研究者并未曾阅读《广东新语》等岭南地方史著作，才会误认为中国的天蚕丝利用只有约八十年的历史。

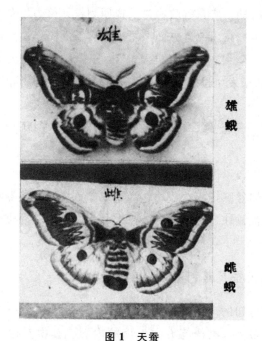

图 1 天蚕

资料来源：黄维新《天蚕丝之研究》，《大众画报》第 8 期，1934 年，第 25 页。

在岭南地区和邻近的闽、湘、赣，只要有樟树、柜柳、三角枫三种树中的一种分布，就可能有天蚕生长。在广东省有天蚕生长的农村，农民往往将制天蚕丝换钱当作一种副业。民国时有调查研究认为，"粤、桂、赣、湘各省每年均有产品，惟吾闽鲜有人注意者，任其自然生息，不独无益，且成为

---

① 屈大均著，李育中等注《广东新语注》，广东人民出版社，1991，第 520 页。
② 黄维新：《天蚕丝之研究》，《大众画报》第 8 期，1934 年。
③ 黎宗辅：《广西天蚕之研究》，《理科年刊》创刊号，1936 年。

森林害虫，甚为可惜"。① 天蚕本是森林害虫，利用好了则变害为利。

因为天蚕为野生，一般是在其成熟时直接捉来加工。也有农村居民将天蚕稍加照料和保护再加以利用，"此种蚕与饲桑之蚕大异，其颜色青绿，常栖于枫栎等树上，而食其叶，自生自灭，无需人力料理。而鸟雀常喜食之，故农人所谓养育之者，实保护其生长而已。其保护之法，往往张网于树间，而防小鸟之啄食。其丝为淡绿色，以醋浸而延长之，可作钓鱼之丝"。② 其中的"以醋浸而延长之，可作钓鱼之丝"反映的正是天蚕丝与桑蚕丝、柞蚕丝和蓖麻蚕丝加工利用的不同之处。"天蚕所营之茧，因丝胶质特重，非经特殊处理，不易能供缫丝之用"，③ 所以，"这种天蚕，虽然也吐丝结茧，但普通不用它成茧的丝，都在它幼虫成熟的时候，就破开它的腹部，拿出它的丝腺，浸在白醋或醋酸里，数分钟后拿出来，将它拉长晒干，经漂水清洗后，再晒干便成一种非常值钱的钓鱼丝"。天蚕丝做成的钓鱼丝放在水中"透明无影，坚韧不烂，为最好的钓鱼丝"，④ 所以很受欢迎。做成钓鱼丝，是天蚕丝最初的用途。

后来，有人发现天蚕丝强度高，就拿来缝制东西、做成琴弦，甚至加工成外科手术用的缝合线。"如煮成弓琴之弦，以之系弓、刀、纨扇，固且佳。"⑤ 鸦片战争后，外国人将天蚕丝精加工之后，制成"西医缝伤口"之缝线。⑥ 民国时昆虫专业技士经调查研究后证实："查此项天蚕实为南中国之特产，俗称鱼丝，为世界上最佳之钓鱼丝，并可作医疗上缝合伤口之用。"⑦ 飞机发展起来之后，"其丝织造布料，可供制飞机翼，最为耐用"。⑧ 另可做降落伞。⑨ 当时有研究者将天蚕丝用途总结如下："乃当天蚕幼虫成熟将营茧时，剖腹检出其腺，浸入醋中，经相当时间取出抽长，待干的成丝质强韧，入水透明无影，初多利用之作钓丝，利渔业之需，近年英美诸国，将之加工制成蚕肠腺（silk-worm gut）供医药上缝接伤口之用，最近更有改

① 陈瀛：《天蚕蛾之形态习性及生活史研究》，《福建省研究院研究汇报》第 1 期，1945 年，第 313 页。
② 李金城：《澄万农村之写真》，《琼崖农业研究》，国立中山大学农学院印，1936，第 30～34 页。
③ 梁启桑：《广东天蚕丝研究纲要》，《广东农业通讯》第 1 期，1941 年。
④ 陈梦士：《天蚕》，《农声》第 173、174 期合刊，1934 年。
⑤ 黎宗辅：《广西天蚕之研究》，《理科年刊》创刊号，1936 年。
⑥ 陈梦士：《天蚕》，《农声》第 173、174 期合刊，1934 年。
⑦ 佚名：《设立天蚕育种场从事繁殖》，《广东农业推广》第 7 期，1941 年。
⑧ 卢森：《话说阳山天蚕》，《广东一月间》第 12 期，1941 年。
⑨ 华南城乡物资交流指导委员会编印《广东土特产介绍》（交流资料），1951，第 6 页。

织成布料供张飞机翼用者，其他日用亦多赖之，故用途日广，而价值亦颇昂。"①

另外，在广东有些地方，人们用天蚕制过丝之后，下脚料残蚕也不废弃，"炒食之"。② 具体做法是："取蚕尸壳，原来土人嗜食，将蚕尸壳炒焦刺毛，配盐菜以代肴，或盐炒晒干作小食，圩期妇女摆售，乍视误为花生。"③ 天蚕的血富含蛋白质，也可加工食用。"阳山农民尚吃蚕血。蚕的血液本呈黄色，一经氧化即变黑色，制丝时由蚕体流出，农民将它混入粉糊蒸食。据说蒸熟后其色甚白，味胜于鸡蛋，且可治胃病。"④

可见，天蚕浑身都是宝，岭南人将它利用得恰到好处。后来，日本人发现其价值，大量收购，并进行精加工，赚取的利润远高于岭南制丝人的劳动所得。

（二）岭南天蚕丝销往日本

天蚕丝原本由"海滨疍人鬻之作钓缗"。⑤ 在粤西北，"除少数渔人自取自制作钓鱼之用外，多数人均未识其用途，制得天蚕丝便卖与罗定、云浮、广州及高州、廉州各处之行商运往都城广州、香港、石矴、日本等处"。⑥ 天蚕丝无论销售渠道如何，最终外销的主要客户是日本人。据说日本人购买岭南天蚕丝之起始，和广东的葵扇外销有关。广东省新会县盛产葵扇，广泛销售到国内外市场。缝制葵扇边使用的天蚕丝，引起日本扇商注意。在日本，扇商最早发现其奇妙之处，"最初由广东新会县人，将粗制之天蚕，缝缀于葵扇边缘，以求坚美，并携大批葵扇远销日本。……某年日人见此丝可作钓鱼之用，乃托该扇贩明年携纯丝往售。翌年，该商果携天蚕丝数扎，售于日人，得善价，乃大喜。回国后，另辟一室，秘密制丝，恐他人仿效，竞夺其利。于是，仅在屋顶开一天窗，以免外人窥视。后此，逐年自携所制蚕丝，往日本销售，备受欢迎。如是年复一年，传播遐迩。其他桂、赣两省人民，相继仿效"。⑦ 由此天蚕丝对日出口开始并发展起来。

天蚕丝的传统生产技术为手工拉制。生产时间在春天，一年一度，属劳

---

①　梁启桑：《广东天蚕丝研究纲要》，《广东农业通讯》第 1 期，1941 年。
②　王贵儒：《阳山县天蚕调查报告》，《广东农业通讯》第 2 期，1941 年。
③　黄维新：《天蚕丝之研究》，《大众画报》第 8 期，1934 年。
④　卢森：《话说阳山天蚕》，《广东一月间》第 12 期，1941 年。
⑤　黎宗辅：《广西天蚕之研究》，《理科年刊》创刊号，1936 年。
⑥　佚名：《广东西北区各县天蚕丝概况》，《广东西北区绥靖月刊》第 26 期，1934 年。
⑦　朱久望：《江西省天蚕丝事业概况》，《福建农业》第 3 卷第 3～4 期，1942 年。

动密集型产业，难以设厂进行现代化生产，只能由当地农民自行捉蚕拉丝，经收购、转卖，最终出口到日本。其收购方式有如下几种：

> 普通农民将丝制妥即售与下列五种收买鱼丝商人。（甲）各洋货杂货店等（此洋货店或兼自行开厂制丝者）之兼收买天蚕丝者。（乙）收买鱼丝之水客（水客有向九八行贷款入内地向贩家制丝家收买付，九八行而售与出口商再运香港）。（丙）香港或神户鱼丝商自携资本入内地收丝者（亦有直接受日人委托收买者）。（丁）外来商人专在发生天蚕时到来制丝而兼收买鱼丝者。（戊）农民自携鱼丝直接售与九八行或出口商者（在琼崖情形即自携丝至海口出售）。交易以当地币制为标准而用十八两称计。①

此处的"九八行"类似代销兼放贷机构。"九八"通常是分成比例，如货主卖 100 元的货，代理商抽取 2 元，货主留 98 元。农民可以从九八行借钱进行生产，再将制得的丝卖给九八行的档口。

丝商间的"上家"与"下家"的关系是："甲种商人将收买之鱼丝即售与九八行或乙种、丙种及丁种商人。乙种商人专售与九八行（指贷款者）或丙种及丁种商人或自携至港，住旅店沽与鱼丝庄。丙种商人则直接寄香港或神户出售。丁种商人有时直接即售与丙种商人或自携至海口、香港、神户售与九八行。"② 总之，"两粤所产皆集于香港，输出海外，销售日本者十居其八"。③ 由于制丝农民居住分散，要靠小商将收来的丝集中起来卖给大商，小商只赚少量辛苦钱而已。

日本人购买中国天蚕丝，不仅满足了自己国家消费者钓鱼所需，而且还加工出售到其他国家。对此，当时中国学者就指出：日本人"多购之以钓鱼丝之用，因其丝韧性颇强且湿水不腐，而携带轻便。前数年某国人出重价购买，运归祖国，以机械而连接之，输运欧美各国。盖外人每逢炎热夏季，多作海外旅行，而钓鱼为最佳玩品。驾轻舟，浮中流，纵情所至。其所采用之鱼丝，以天蚕丝为最良。盖桑蚕之丝细小而韧力不强，棉麻之丝遇水而易

---

① 陈梦士：《天蚕之研究（续）》，《昆虫问题》第 1 卷第 10 期，1936 年。
② 陈梦士：《天蚕之研究（续）》，《昆虫问题》第 1 卷第 10 期，1936 年。
③ 黄遵楷：《中国天蚕丝调查记》，《浙江教育官报》第 15 期，1909 年。

腐，而韧力亦弱，故天蚕之丝为极佳，虽其价值高而人乐用之也"。① 使用和购买天蚕丝的国家和地区有英国、新加坡、意大利、西班牙、澳大利亚、美国、小吕宋、夏威夷、菲律宾、俄国、挪威、德国、安南及波罗的海一带。② 国外购买者主要将它用作渔丝或外科手术缝合线。价格"乃以日人之需要如何而定"。③

日本人赚得如此高的利润却仍不满足，反而担忧国家外汇"每年因而流出六十万元"，故费尽心机，"尽可设法补救"。④ 由此，日本人启动了研究天蚕和养天蚕制丝方面的工作，以图获取更大利润。

二　日本人对岭南天蚕的认识、研究与利用

早在清末日本人就探讨过天蚕丝究竟是用何种昆虫加工而成。他们试过日本本土所产的"栗毛虫"（Caligula japonica Batl），也曾误认为生产中国天蚕丝所用的野蚕出产于上海附近。再后来，才弄清其真正产地在华南。于是，日本政府派员来华考察研究天蚕。日本昆虫学家将岭南的天蚕茧带到台湾，反复试养，终有所成。同时在海南岛设厂生产天蚕丝并获厚利。

（一）日人赴粤调查天蚕

日本商人于晚清购得中国天蚕丝时，对天蚕了解甚少。对此，当时中国蚕桑学者了解得知，"日本之鱼丝商，当推大阪龟山为最老。迄今已历七世代，约一百六十年。至第四世代时已知用栗毛虫之幼虫以制成鱼丝，据我国鱼丝商友人黄维新君面称：在一八八三年，美浓、土佐、萨摩等地，已有鱼丝出产，供钓鱼之用。当中国天蚕丝初次输入日本时，日人均以为即由其本国冲绳县栗毛虫之丝所制成者也。自中国天蚕丝输入日本后，栗毛虫遂被淘汰。在四十二年前（约一八九四年左右）；龟山氏已知将丝加工精制，初则输往法国，继则北美合众国及澳洲等国"。⑤ 日本人还尝试过以其他虫的丝腺来制造渔线以取代天蚕，未果。"日人欲以各种蚕丝腺，借人力制造，以

---

①　李金城：《澄万农村之写真》，《琼崖农业研究》，第30~34页。
②　陈梦士：《天蚕之研究（续）》，《昆虫问题》第1卷第10期，1936年。
③　陈梦士：《天蚕之研究（续）》，《昆虫问题》第1卷第10期，1936年。
④　陈梦士：《天蚕之研究》，《昆虫问题》第1卷第6期，1936年。
⑤　陈梦士：《天蚕之研究》，《昆虫问题》第1卷第6期，1936年。

代天蚕丝之作用，及其所谓天蚕茧与樟虫种种试验，当亦一时所难奏效。"①
因此，日本派专家来中国考察，"一八九八年（明治三十年）日本农商省务
当局，对于天蚕丝输入，已颇加注意，故于一九〇八年，派素木得一及佐佐
木忠次郎两博士来两广调查"。② 素木得一博士时任台北帝国大学昆虫室主
任兼教授。接受派遣的佐佐木博士来到梧州和东安（即云浮），"见楠树上
（日本人称樟树之别名）有无数天蚕繁生，因时期尚早，尚未着手制丝，遂
转程往琼崖之岭门，见枫树繁茂，但与日本枫树不同，亦不见有楠树，惟天
蚕已成熟累累。土人忙于捕虫制丝。此次始确知天蚕不产于日本，而广东广
西实为其原产也"。③

　　佐佐木到广东省调查，还去了当时属于广东的海南岛，写了调查报告书
On the Silk Fish Line（Journ. Coll. Agric, Imperial Univ. Tokyo, Vol. Ⅱ, No. 2,
1910, p. 163）并正式发表。佐佐木在调查报告中确认，"天蚕丝即钓鱼丝"。
为弄清天蚕丝为何种昆虫所产，他"阅一八八一（光绪七年）中国海关报告，
始知原产地在南中国，明治三十年（一八九七年）该国农商务省托人在上海
调查，仅查明离上海百里外有天蚕丝出产而已"。显然他未找对地方。之后他
"得读外务省通商汇报载其出产地乃在琼崖"。④ 他在启程来中国之前，终于
看到天蚕及其食料的标本。"明治三十八年（一九〇五年）有人旅行琼
崖，乃托取天蚕及其寄生植物标本寄回，经检查后，方知与栗毛虫异种。
明治四十一年三月（一九〇八年）本人遄赴梧州及东安。"来到广东之
后，佐佐木调查了天蚕丝的生产，以及天蚕丝的销售渠道和研究价值：
"并悉制成之天蚕丝，每年均集中于香港，其中有八成输往日本，值银六
十万元，二成输往欧洲，约值十万元。不但对于农业经济有莫大之关系，
而于学术上，尤有空前之大发现。"佐佐木还弄清樟树叶是天蚕的主要食
物之一，也意识到日本"国内虽有樟林，以采制樟脑，及气候过寒，似不
适于天蚕之生存。但台湾枫树繁茂、气候适宜，故可与台湾总督筹商，而
将天蚕试育于台湾"。⑤

　　① 黄遵楷：《中国天蚕丝调查记》，《浙江教育官报》第 15 期，1909 年。
　　② 陈梦士：《天蚕之研究（续）》，《昆虫问题》第 1 卷第 10 期，1936 年。
　　③ 陈梦士：《天蚕之研究》，《昆虫问题》第 1 卷第 6 期，1936 年。
　　④ 陈梦士：《天蚕之研究》，《昆虫问题》第 1 卷第 6 期，1936 年。
　　⑤ 陈梦士：《天蚕之研究》，《昆虫问题》第 1 卷第 6 期，1936 年。

（二）在台湾的饲养研究

日本派员赴台湾研究天蚕是在 1908 年。"台湾总督府于一九〇八年六月特派理学博士佐佐木忠次郎及素木得一博士（现任台北帝国大学昆虫室主任兼教授，作者因研究天蚕，曾与其有信来往）来吾粤海南岛，从事详细调查天蚕，并在安定县岭门，购得种茧三百颗，带回台湾繁殖研究。"[1] 佐佐木"与侨居琼崖岛之日人胜间田氏（此人现仍在琼崖）携天蚕茧至台湾放育，并在日本信州地方种三角枫林准备研究饲养。又同寅郭宝慈先生云：约在光绪卅四年，日本增派佐佐木忠次郎到海南岛调查天蚕。又于明治四十一年（即民前五年）本次忠郎及素木得一两博士由中国海南岛岭门购入三百颗天蚕种茧，到台湾繁殖后，又多次输入多量之种茧而为天然之教育"。[2]文中提及的郭宝慈，字少云，1910 年毕业于东京帝国大学农科，中华民国成立后，任广东农业教员讲习所所长。

他们携种茧回台湾后，设立天蚕试育场进行试养研究，分天然放养和室内饲育两种方式。"自一九〇八年素木得一及佐佐木忠次郎两博士来海南岛购得种茧后，当年台湾总督府即设立天蚕试育场，初则作枫树分布情形，及适当地点之调查，继则决定在台中军功寮南投厅大庄，及台北厅下顶内埔庄设农事试验场三处，前二者为天然放育，后者作室内饲育之试验。种茧羽化之结果，十分之一二均为雌蛾，余均为雄蛾，成绩尚佳。"[3] 这是天蚕在台湾的第一次饲育，其长势尚可，无奈雌蛾太少，无法大量繁殖。

所以，在次年，即 1909 年，日本当局再次派员去海南岛带种茧回台湾。"一九〇九年南投大庄天蚕试育场，因种茧缺乏，故台湾总督府又派小西成章氏到海南岛购种茧五万颗，当年七月十二日运抵台湾总督府，农事试验场以负保管及检查之责。"[4] "及抵台湾后，实得四万八千七百零一头，其中生蛹仅有二万五千四百六十三头，而死蛹占去二万三千二百三十八头。""在此生蛹二万五千余头中，以二千头在同年十二月中放育于大庄天蚕试育场内之西瑞林场自然林中，其余则在当年十二月初旬开始羽化。"海南岛终年无冬天而台湾纬度高于海南岛，来自海南岛的天蚕蛹仍然按照其固有的生物节

① 陈梦士：《天蚕之研究》，《昆虫问题》第 1 卷第 6 期，1936 年。
② 陈梦士：《天蚕及天蚕丝的改良》，《科学教育》（广州）第 1 期，1935 年。
③ 陈梦士：《天蚕之研究》，《昆虫问题》第 1 卷第 6 期，1936 年。
④ 陈梦士：《天蚕之研究》，《昆虫问题》第 1 卷第 6 期，1936 年。

律来羽化时，台湾的"枫林尚未发芽，故为抑制天蚕之自然发生起见，将茧贮藏于台湾制冰会社之冰室内，翌年（一九一〇年）一月下旬总督府农事试验场再负保管之责。待其羽化产卵后，则将蚕卵分发蕃殖，此乃台湾政府研究天蚕最初之情形"。①

1910 年至 1911 年，他们继续试育。"一九一〇年五月及一九一一年四月，胜间田善作在海南岛购入天蚕茧共三万颗，寄与台湾总督府，即在南校厅下大庄及台北厅下顶内埔庄二处大量蕃殖，然因气候关系及虫害严重，死之颇多，遂之失败，而天蚕试育场亦因而停办。"② 试育失败的原因，一是天蚕成熟的时间与风灾时间重合，二是害虫太多。这些都是难以抗拒的因素，所以官费天蚕试育场停办。

日本官费天蚕试育场停办之后，民间并没有轻言放弃，有日人自费坚持。1914 年"日人渔商崛土〔堀本〕三郎氏（一九一四年）私人设一天蚕饲育场"。③"至一九二四年，堀本三郎又自我国海南岛购得天蚕茧而输入于台湾台中州郡社庄许厝寮一番地之保有林设场饲育。经苦心研究，得告成功。于一九二八年春节即着手于天蚕丝之制造，共得二十斤，价值日金六百元。一九二五〔九〕年得七十斤，价值一千三百五十元。一九三〇年得二十四斤半，价值日金三百元。至一九三五年，已制丝三百斤，而于制丝方法上，亦有详细之研究。"④ 可见，天蚕试育转机出现于 1924 年，并在 1928 年产出天蚕丝。尽管产量还很有限。从制出成品之后的 1929 年起，日本政府也开始对堀本进行资助。"今年台中州政府津贴堀氏饲育天蚕已成事实。在一九二九年已津贴一二〇〇元，一九三〇年津贴二〇〇元，一九三一年津贴九〇〇元。"⑤ 政府的补贴鼓励了创新者。

中国专家陈梦士很佩服他们的工作态度，认为："日人研究之精神及毅力，殊令人敬佩。惟我国特产之天蚕丝事业，应如何推广、如何改进，吾人实负有相当之责，作者五年来供职于农林局曾极注意于天蚕之研究，并力谋制丝方法之改良与天蚕丝对外贸易之改善。"⑥

---

① 陈梦士：《天蚕之研究》，《昆虫问题》第 1 卷第 6 期，1936 年。
② 忻介六：《我国天蚕丝事业之前途》，《东方杂志》第 36 卷第 13 号，1939 年，第 27~31 页。
③ 陈梦士：《天蚕之研究》，《昆虫问题》第 1 卷第 6 期，1936 年。
④ 忻介六：《我国天蚕丝事业之前途》，《东方杂志》第 36 卷第 13 号，1939 年。
⑤ 陈梦士：《天蚕之研究》，《昆虫问题》第 1 卷第 6 期，1936 年。
⑥ 陈梦士：《天蚕之研究》，《昆虫问题》第 1 卷第 6 期，1936 年。

在 1908 年到 1935 年的近三十年里，日本人坚持在台湾设场试育天蚕，遭遇各种问题，包括气候差异、病虫害等，终于获得小的成功。客观上他们的工作方法和严谨认真的工作态度对后来中国的研究者产生了良好影响。一部分日本人在台湾进行研究的时候，另一部分日本人已经在海南岛建厂制丝。最终，日本将批量生产天蚕丝的地点选在海南岛而不是台湾，但是，日本研究人员在台湾通过一次次试验了解天蚕并积累的经验，对在海南岛办厂制丝颇有帮助。

（三）在海南岛设厂制丝成功

日本人最早到海南岛办天蚕丝厂的时间是 1919 年，办厂人名叫胜间田善作，其带两名家人同来。"有胜间田善作者于民国八年在琼崖屯易〔昌〕镇开设改良天蚕丝屯易〔昌〕第一制造所，率其弟石田及其舅胜间田贞治专门收买熟蚕，改良制造，而于自制天蚕丝外，兼收买农民所制者，运回日本再加精制，转运至英、美、法、意、俄、德、挪威、澳洲及小吕宋、夏威夷、菲律宾、安南等国。而在一转手之间，可获利数倍云。"① 之所以直接在海南设厂：一是台湾的多风季节正好与天蚕成熟季节重合，容易将正在爬下准备结茧的天蚕吹落摔死，气候条件不利；二是当时台湾的天蚕饲育研究没有取得明显进展。

胜间田善作一行在海南岛设厂生产，在经营管理和生产技术上均有所改进，产品也打开了销路。"日人在琼开设之改良天蚕丝屯昌第一制造所率同其弟石田氏及其舅胜间田贞治氏入琼山县之屯昌镇设立改良てぐす屯昌第一制造所，专收买熟蚕以制鱼丝，以醋酸代土醋（即白醋），以马赛枧煮丝漂白（此法现在据作者研究不甚适用，因丝之用此法制成者日久变红色）品质较普通农民稍佳。其除自制丝外，并收买农民所制者，每年均携丝四五担回日本直接卖与九州静冈之零售商人。"② 胜间田善作用来煮丝漂白的"马赛枧"即优质肥皂，因当时的主要产地在法国马赛而得名。日本人最终以法国优质肥皂漂洗天蚕丝，改善了成品丝的卖相。他们通过技术改良，提高了天蚕丝品质并实现天蚕丝批量生产，取得良好效益。销售方面，日本人在海南岛生产经营天蚕丝，将海口变成天蚕丝销售中转站，其中"有一小部

---

① 忻介六：《我国天蚕丝事业之前途》，《东方杂志》第 36 卷第 13 号，1939 年。

② 陈梦士：《天蚕之研究》，《昆虫问题》第 1 卷第 6 期，1936 年。

图 2　日人在海南岛屯昌设立的天蚕丝厂

资料来源：黄维新《天蚕丝之研究》，《大众画报》第 8 期，1934 年，第 26 页。

分之丝，直接出口售与菲律宾、新加坡、小吕宋及安南等地。多数则运至香港九八行"。① 中国专家陈梦士为研究天蚕赴海南岛时见到过胜间田善作，并有所描绘。1935 年 8 月 26 日，"作者在琼崖海口市时，悉此人仍在。特请人介绍，于是日晨六时在海口附近该氏所办之农场会客室内与其会晤，谈约 40 分钟。彼善琼州土语，身穿淡蓝点学生装"。② 可见此时的胜间田善作已经一定程度上融入了海南岛的社会。

日本人在海南岛以他们改良的生产工艺和相对雄厚的资金开厂制丝，与华南本地农民一家一户分散制丝的生产活动相比，资本、技术与管理均有明显优势。当地老百姓在日本丝厂里工作，耳濡目染学会了其制丝技术和管理方法，进而以此为基础开办自己的天蚕丝厂。"现在一般鱼丝商人已渐渐注意制丝方法之改良，而自行开厂制丝，即如今年（一九三六年）香港天宝祥进出口鱼丝庄曾派刘森源君到琼崖屯昌及港一少年鱼丝商张津铨君到南坤（即屯昌的"南坤垌"——引者）开厂制丝，实一良好现象，其所制之丝亦较一般农民所制者为佳。"③ 可以说，民国时海南岛的天蚕丝生产与销售，已经在日本研究人员和厂家的影响下，朝近代化靠近。

---

① 陈梦士：《天蚕之研究（续）》，《昆虫问题》第 1 卷第 10 期，1936 年。
② 陈梦士：《天蚕之研究》，《昆虫问题》第 1 卷第 6 期，1936 年。
③ 陈梦士：《天蚕之研究》，《昆虫问题》第 1 卷第 6 期，1936 年。

图 3 海南黎人在圩中出售天蚕丝

资料来源：黄维新《天蚕丝之研究》,《大众画报》第 8 期, 1934 年, 第 26 页。

抗日战争全面爆发后,"日人不敢深入内地收买天蚕及制丝, 我国商人乃自行开厂制丝, 各厂多设于屯昌镇、南闰镇 (即屯昌的"南闰峒"——引者) 一带"。"在琼制丝最久者为前助胜间田氏制丝之李树淇、杜春茂二君", 其中"李君对于天蚕丝之制造最有研究, 其所制之丝亦颇佳。其在南闰镇制丝后, 旋再入广西桂林, 收买桂林天蚕丝, 自行携丝往日本神户及由良售与日人步云嘉吉氏。李君研究之毅力, 克苦之精神, 作者深为钦佩"。[①] 算是个技术与经营的复合型人才。

三　广东省政府的回应与中国专家的天蚕调查研究

广东省政府了解到广大华南地区盛产天蚕丝, 是中国特有的有用资源, 更注意到"最近日本人以我粤南、琼崖等地, 所产天蚕丝素丰, 积极设法经营, 以谋攫夺", 他们"对天蚕丝异常注意, 每年派人至琼崖等处, 尽量以廉价收买, 运至神户、大阪等处, 加工精制。除供自用外, 所有剩余, 并转向法意等国销售, 交易总值约达日金五千万之巨"。[②] 于是, 广东省政府决定派员对天蚕进行调查、研究, 以保护利权。即使抗战全面爆发后亦不

---

① 陈梦士：《天蚕之研究》,《昆虫问题》第 1 卷第 6 期, 1936 年。

② 佚名：《日本谋夺琼天蚕丝业》,《上海商报》1934 年 1 月 24 日, 第 1 版。

辍。专家以近代化的方法和手段，克服困难，在天蚕的调查与研究上取得了一定的成果。

（一）天蚕资源调查

调查方式分专家下乡实地考察天蚕和地方填写天蚕调查表两种。1932年11月，广东省建设厅农林局冯锐局长指令陈梦士、梁启桑等昆虫学家负责天蚕的调查与研究。陈梦士，即现代著名古文字学家、考古学家、诗人陈梦家的二哥。他接手工作后，即"往茂名、阳江、廉江等县，调查天蚕生产情形，并采集蚕茧，以供研究……凡所到各该县时，即先至县政府接洽，询问关于天蚕方面情事，并将印就之天蚕调查表格十余张，面交于各该县，请代为分发各乡区镇填写，日后寄回本局；继则请各该县派员导余下乡调查，据调查所得，凡产樟树或三角枫生长区无不有天蚕"。[1] 1933年2月，陈梦士又到阳春县春湾镇调查天蚕，了解到日本人在天蚕研究上做得很好。1934年3月，陈梦士"亲往日本研习，得知彼邦制造之法"。[2] 通过在日本一年的调查研究，了解天蚕的精制方法和贸易状况，学习和借鉴日本的现有成果，研究工作得以从较高的起点做起。陈梦士"回国后又亲往海南岛研究制造，甚有成效"。[3] 1935年5月到海南岛定安县进行天蚕调查。[4] 由县乡承担的第二类调查往往需要督促，如1934年西北绥靖区要求高要、新兴、四会、广宁、郁南、罗定、德庆、高明、鹤山、封川、开建、英德、乳源、始兴、仁化、乐昌、连山等县县长接到天蚕调查催促电后，"五日内一律依照前发表式填缴，以凭汇办"。[5] 从稍后发布的《广东西北区各县天蚕丝概况（二十三年一月九日调查）》[6]、《广东西北区各县天蚕丝产销状况调查表》填写内容来看，地方填写态度还是较为认真的，按要求在调查的基础上进行了填报。总之，在相关县乡的配合下，用访谈、填表的方式弄清天蚕食料林的分布，天蚕丝的制造方法、产量、生产组织、销售渠道等，详尽反

---

①　陈梦士：《本局设立天蚕育种场之经过》，《农业推广》第1期，1933年。

②　曾昭抡：《陈梦士创制天蚕丝产品》，《时事月报》第4期，1940年。

③　曾昭抡：《陈梦士创制天蚕丝产品》，《时事月报》第4期，1940年。

④　陈梦士：《天蚕之研究》，《昆虫问题》第1卷第6期，1936年。

⑤　《代电区属各县催查填出产天蚕丝呈缴汇办文》，《广东西北区绥靖月刊》第24期，1934年，第103页。

⑥　《广东西北区各县天蚕丝概况（二十三年一月九日调查）》，《广东西北区绥靖月刊》第26期，1934年。

映出相关县乡的天蚕丝业发展潜力。从粤西、海南岛到粤北，调查程序基本如此。

除 30 年代初陈梦士《天蚕调查报告》①和数篇天蚕相关文章对当时天蚕调查活动有所介绍外，1940 年，根据农林局指令，广东省又开展天蚕调查，并发表 4 篇调查报告：温世初、潘衍庆的《英德县天蚕调查报告》②，梁启桑的《云浮县天蚕丝业调查报告》③，吴守一的《南雄县天蚕调查报告》④，王贵儒的《阳山县天蚕调查报告》⑤。这些县域调查报告的基本内容包括天蚕食料林在县辖各乡的数量、分布，有的提及制丝技术及制丝工人、经销商状况。其中有的县调查极为详细，如《云浮县天蚕丝业调查报告》的内容，除了天蚕资源及其分布外，还详细记录了制丝技术和各乡的丝产量，并指出云浮县"在发展本省天蚕丝业以供充裕国民经济力量上，似有决定性之意义"，⑥表明该县已经发展为区域天蚕丝贸易中心。阳山县是天蚕食料林资源最丰富的县，调查中发现尚未物尽其用。调查者在最后的结论中提出"政府征销""促进农民之注意""种饲料林"等建议。⑦训令里要求的是"究以何处生产樟树、天蚕最多，及治安状况如何"。⑧这些县的调查报告均超出训令里的要求，记录了更为详细的信息，算超额完成任务。

昆虫专家陈梦士曾经深入广东天蚕主要产地进行调查。他将调查结果研究总结如下："（一）天蚕丝为南中国特产品，每年出产约四百担，多沽与日人。（二）天蚕丝放在水里透明无影，坚韧不烂，为最好的钓鱼丝。（三）天蚕丝除了制鱼丝外，还可用来供西医的缝合伤口缝线等各种用途。（四）天蚕丝是在幼虫的肚中把它的丝腺取出，浸入醋酸里数分钟后，拿出拉长晒干，经漂水清洗后，再晒干制成的。（五）天蚕在广西、湖南、江西、广东四省出产最多，广东的琼崖每年出产多则一百担，通常七十担左右。（六）天蚕是嗜食樟树及三角枫叶的，生产这些树的地方多产天蚕。（七）天蚕丝是南中国对外贸易的一种重要商品，有急起研究的必要。（八）我国农民对于饲养

①　陈梦士：《天蚕调查报告》，《广东建设月刊》第 2 期，1932 年。
②　温世初、潘衍庆：《英德县天蚕调查报告》，《广东农业通讯》第 1 期，1941 年。
③　梁启桑：《云浮县天蚕丝业调查报告》，《广东农业通讯》第 6~7 期，1941 年。
④　吴守一：《南雄县天蚕调查报告》，《广东农业通讯》第 1 期，1940 年。
⑤　王贵儒：《阳山县天蚕调查报告》，《广东农业通讯》第 2 期，1940 年。
⑥　梁启桑：《云浮县天蚕丝业调查报告》，《广东农业通讯》第 6~7 期，1941 年。
⑦　王贵儒：《阳山县天蚕调查报告》，《广东农业通讯》第 2 期，1940 年。
⑧　《令阳春县长调查天蚕状况》，《广东省政府公报》第 209 期，1932 年。

天蚕制造鱼丝都未得良法，如不急起研究，有被日人侵略之可能，因日人在台湾及琼崖最近已苦苦研究，将来出产优良，我们必受大影响的。（九）我们应急起注意以政府的力量科学的方法大规模的人工饲养天蚕，再用精良的方法，制造鱼丝，除了供给日本外，还要卖到丹麦、法国、瑞士、美国等世界重要鱼业国家去，以增加我们国家经济。"① 调查的目的是更好地发展岭南的天蚕生产，为国家争取更大的利益。在调查的基础上拉开了广东创办天蚕试验场的帷幕。

（二）设立天蚕试验场

1933 年，农林局根据调查结果，提议将天蚕试验场建在粤西。广东省政府建设厅训令载："农林局局长冯锐呈称：……乞准予令行阳春、云浮两县，划定石窟乡虎头岗地方，为职局天蚕试验场，并饬之切实保护，以便进行"，"除指复准予照办外，合令仰该县长即便遵照，切实保护为要，此令"。② 1933 年 3 月，在阳春县春湾正式成立天蚕育种场，"采集野外天蚕卵及幼虫，作室内外生活史之观察，及饲育方法之种种研究试验……及研究其天敌"。③ 由技士陈梦士负责。次年，"以利便起见，特由阳春迁到广州沙河同安乡，研究、制种等工作"。④ 其间，陈梦士通过试验发明了若干改良天蚕丝品相的方法。其一，试验改进漂白方法："本场曾用硫磺漂白，结果不良。后另以洗米水煮沸，将投入共煮，约一十五分钟后捞出冲洗以清水，丝质颇洁白。"其二，创造染色法："先将适量之水放于染锅内，加以染料分量，后次第加热，及率至所需颜色程度便可取出洗涤以清水。"其三，丝之精练法："将以漂白之丝，以氯酸钾放于绢布上擦之。"⑤ 这些都是陈梦士的改进之处。1935 年 5 月，又根据冯锐局长指令，"将场址移至琼崖琼山县屯昌镇"。⑥ "派出昆虫系技士陈梦士前往策划一切"，"办理蕃殖天蚕育种及制造工作"。⑦ 1938 年 10 月，日军攻陷广州，天蚕试验场被迫停办。

---

① 陈梦士：《天蚕》，《农声》第 173、174 期合刊，1934 年，第 143~144 页。
② 《令阳春、云浮两县保护天蚕试验场》，《广东省政府公报》第 218 期，1933 年，第 94 页。
③ 陈梦士：《天蚕及天蚕丝的改良》，《科学教育》（广州）第 1 期，1935 年。
④ 陈梦士：《天蚕及天蚕丝的改良》，《科学教育》（广州）第 1 期，1935 年。
⑤ 陈梦士：《天蚕及天蚕丝的改良》，《科学教育》（广州）第 1 期，1935 年。
⑥ 忻介六：《我国天蚕丝事业之前途》，《东方杂志》第 36 卷第 13 号，1939 年。
⑦ 佚名：《设立天蚕育种场从事繁殖》，《广东农业推广》第 7 期，1935 年。

广州失陷后，广东省政府退守粤北坚持抗战，1940 年 3 月，决定重新设立天蚕试验场以恢复天蚕研究。新的天蚕试验场选址在天蚕资源同样丰富的阳山县与连县。不久后，阳山、连县二试验场合为一场。新办的试验场，规模较大，管理规范，有组织章程。试验场正式委任技士兼主任一人，综理、技士协助、技佐若干人，助理若干人，负责会计、出纳、庶务、文书工作。工作人员分成"育种组""制丝组""炼丝组""推广组""事务组"。章程还规定试验场主理事项凡六大类："关于优良天蚕饲料（如樟树等）之试验及繁殖事项"，"关于优良蚕种之保育与繁殖及育种试验"，"关于推广优良蚕种之指导事项"，"关于制丝之改进事项"，"关于展拓天蚕区域事项"，"关于天蚕事业发展改良之研究建议事项"。[①] 再参考《天蚕试验场（阳山）工作报告》[②] 内容，可见天蚕试验场工作涉及研究、调查和推广三大领域，涵盖技术研究与政策分析。研究主要包括如下内容。

其一，研究了天蚕的生物学特征，包括天蚕之生活史、天蚕之形态、天蚕之身体构造、天蚕之品种及选种、天蚕之病害与敌害（脓病、痢病、僵病、蜂蝇之寄、鸟类啄）、天蚕食料之研究和天蚕之化性等。首先，正确选择最新科学理论，利用现代遗传学说，在天蚕血统上进行纯化。"应用遗传学上之法则，行纯系分离，以得纯系品种，判别其优劣，以为改良蚕种之张本，同时与杂交方法，制造优良新品种以供推广之需。"[③] 采用当时世界上最前沿的遗传学来研究天蚕和纯系育种，那时日本在蚕的遗传学研究上走在世界前列，而中国蚕桑学界人士多留学日本，故较多学习和采纳日本的理论与技术。其次，充分利用近代化科学方法和科学工具，如预防蚕病，"可将蚕蛾于显微镜下检查是否含有病毒，良者则保存而增加其交配产卵率，劣者则去之"。[④] 利用显微镜检测蚕蛾以消除微粒子病，是法国化学家、微生物学家巴斯德（1822~1895）所创。日本将该法学习到手。中国人在晚清引进此法，用于预防桑蚕的微粒子病害。陈梦士将该法移植到天蚕防病上，还根据天蚕卵的特点加以改造，"可先以交配而未产卵之雌蛾腹部黑褐色之茸毛剪光，使其卵由母产出时无茸毛附着，则检查之工作利便矣"。[⑤] 解决了天

① 《广东建设厅农林局天蚕试验场组织章程》，《广东农业通讯》第 7~8 期，1942 年。
② 《天蚕试验场（阳山）工作报告》，《广东农业通讯》第 3 期，1940 年。
③ 梁启桑：《广东天蚕丝研究纲要》，《广东农业通讯》第 1 期，1941 年。
④ 陈梦士：《天蚕及天蚕丝的改良》，《科学教育》（广州）第 1 期，1935 年。
⑤ 陈梦士：《天蚕及天蚕丝的改良》，《科学教育》（广州）第 1 期，1935 年。

蚕卵表面附有黑毛，直接观察起来有难度的问题。此外，注意利用传统养桑蚕的处理方法。"参照家蚕之方法，行浸种以促其卵之孵化，二代性者，能使其随时孵化……试行缩短其蛹期。"① 这个设想随后得以在试验场试验，用"催春箱"来孵化："箱内置清水一盅，箱底则放以点着洋油灯，使箱内温度湿度较高于大气，则蚕卵受其刺激而得促进其发育，于较短期间内亦可孵化成蚕儿。"② 天蚕自然生长的话，一年只有一个生命周期，研究者试图利用人工干预来缩短天蚕的生命周期，以便在生产上实现一年多造。

其二，天蚕丝方面之研究，包括制丝法之研究、丝腺浸醋之研究、天蚕丝品质之研究（成分、光泽、色泽、手觉）、天蚕丝之精制研究、茧之应用、制丝用具之改进和天蚕丝用途之研究。③ 应用作为研究之目的，同样受到重视。阳山天蚕试验场就把优良蚕丝之制造研究、医用外科缝合线之制造研究等应用研究纳入其六大重点研究中。公开发表《天蚕丝腺浸醋之研究（附表）》④、《天蚕丝优劣之关系因子研究》⑤、《医用外科缝合线之初步研究》⑥ 等研究成果。此外，天蚕研究专家王贵儒进行制丝试验后还提出改进建议。"（一）浸醋之改良：……（冰醋酸）在华氏表七十度时，可稀释六十倍，温度渐高可渐稀释至六十余倍。浸丝之时间，则三十分钟便可。""（二）拉丝之注意：拉丝时宜不急不缓。又将丝尾绕上竹签时，切不宜使全条蚕丝振动""（三）漂洗及阴干蚕丝之注意：……将丝浸漂于流动水最为适宜。……苟遇天雨或偶不留意，则丝头变红黑难观之颜色。故凡阴干之场所，遇天雨或空气中水分过多时，宜堆置氯化钙以吸收水分，然不宜紧扎。"⑦ 这些都是通过试验传统方法而做出的技术改良。

（三）预见危机

关注和研究天蚕的学者还预见了更大的潜在危机。当时日本生产的人造丝尚未对中国天蚕丝构成明显威胁，但是，岭南天蚕专家注意到这一潜在的

① 梁启桑：《广东天蚕丝研究纲要》，《广东农业通讯》第 1 期，1941 年。
② 陈梦士：《天蚕及天蚕丝的改良》，《科学教育》（广州）第 1 期，1935 年。
③ 梁启桑：《广东天蚕丝研究纲要》，《广东农业通讯》第 1 期，1941 年。
④ 梁启桑、王贵儒：《天蚕丝腺浸醋之研究（附表）》，《广东农业战时通讯》第 5～6 期，1942 年。
⑤ 王贵儒：《天蚕丝优劣之关系因子研究》，《全国农林试验研究报告辑要》第 6 期，1941 年。
⑥ 王贵儒：《医用外科缝合线之初步研究》，《广东农业战时通讯》第 5～6 期，1942 年。
⑦ 王贵儒：《天蚕丝之研究及发展改良之管见》，《琼农》第 32～35 期，1937 年。

危机。1936 年，陈梦士回忆，"日本之人造天蚕丝，今已告相当之成功，其销路亦颇广。民国二十年作者在筲箕湾鱼丝店，即见此项人造天蚕丝。港商人称之曰机器制天蚕丝，每条有长五十尺者，且有各种粗细，其价较天蚕丝为低廉，然其质究不及天蚕丝为佳，且放在水中有影（天蚕丝在水中，透明无影，此乃其特长）。二十三年夏，作者在日本东京，曾到某钓鱼店购买鱼丝，顺便调查日本人造天蚕丝，该店未肯说明人造天蚕丝之制法。曾告作者曰：'三年以后，日本人造天蚕丝，将与贵国天蚕丝品性相同矣。'"① 这表明早在 1931 年陈梦士就关注到人造丝的兴起。接着，陈梦士又说："今年十月十二日，作者忽接黄维新先生由日本寄来最近日人制造之人造天蚕丝一扎，查其丝质颜色，已与我国天蚕丝极类似。每条丝长仅二尺，似为他种野蚕所制者，因其存有未剪去之丝头丝尾，与过去之人造天蚕丝不同，且亦颇坚韧，回忆二年前东京某钓鱼店之语，实使作者惊叹不已。故日本人造天蚕丝，实影响我南中国特产天蚕丝前途之成败，实值得吾人充分之注意焉。"② 他已经预料到日本人造渔丝的出现将对中国天蚕丝产生影响。

结　语

天蚕是岭南地区重要的特色资源。岭南人率先认识和利用天蚕丝。清末民初，颇有商业头脑的日本人对其研究和利用走在中国人之前。面对利权渐失的困境，民国时广东省政府出台了组织调查天蚕资源、建立天蚕试验场（育种场）等规定，以图推进天蚕事业发展。然而由于推进时间短，加上战乱干扰，虽取得了一定的效果，但最终没有振兴天蚕业。究其原因，有如下几点。

第一，仅学者重视。尽管相关学者把天蚕开发视为重要利源，认为是拯救衰败乡村的良策。如陈梦士指出："考查我国适宜生育天蚕之区域，尚有童山濯濯、旷地满目。若能教民满植以天蚕饲料而育天蚕，则此无用之地，实成为生产黄金之境也。"又说："际此世界不景气、农村经济破产之中，一般农民生计窘苦，不堪提之，于天蚕事业正为救济农村之良策。"③ 视天

---

① 陈梦士：《天蚕之研究（续）》，《昆虫问题》第 1 卷第 10 期，1936 年。
② 陈梦士：《天蚕之研究（续）》，《昆虫问题》第 1 卷第 10 期，1936 年。
③ 陈梦士：《天蚕及天蚕丝的改良》，《科学教育》（广州）第 1 期，1935 年。

蚕为救济农村一出路。但遗憾未得全社会认同，特别是主政者重视。

第二，各方面的协同配合不够。广东省建设厅主导了调查天蚕资源和设立天蚕试验场的工作，农林局具体负责，启动此项工作的是局长冯锐。他是美国康奈尔大学农学博士，为懂农的技术官僚。他所选用的陈梦士、王贵儒、温世初、潘衍庆等专家，无一例外，皆为农学家或昆虫学家。用专业人士干专业事，这使广东天蚕研究在 20 世纪 30~40 年代有了十年的发展期。但一个行业的发展仅靠技术的改良是不够的，还需要各方面的协同配合，需要有各级行政的支持、强有力的推广组织，以及良好的内外环境。1936 年"两广事变"后，冯锐被秘密处决，天蚕业失去了一个具有全球农经视野的内行领导的有力支持。

第三，天蚕研究未能持续。虽然国人早在清末就开始关注日本的天蚕研究，但广东正式开展天蚕调查与研究还是在 20 世纪 30 年代初，起步晚于日本。从天蚕试验场工作报告和研究论文来看，陈梦士等研究者充分利用近代化昆虫学、遗传学等理论，以及近代化检测仪器，所用的计算公式与计算方法也是近代的，并且敢走出国门，赴日调研天蚕研究和市场，掌握当时最先进的知识。广东得以从高起点开展工作，奋起直追。可惜相关研究未能持续，1943 年陈梦士告别他的专业去香港开药店，其他从事天蚕工作的，除王贵儒有篇海南岛天蚕业的调查文章[1]外，再未见有相关研究面世。

中华人民共和国成立后，岭南的天蚕丝仍然被列在出口商品名单内，所列具体产地有海南岛的嘉积、万宁、定安、乐会，以及北江的连县、阳山等县。[2] 基本与当年成立天蚕试验场之地重合。某种程度上反映了当年天蚕试验场的贡献。但产量比历史上下降明显，如海南岛"每年产量约五十担至一百担左右"，[3] 只有历史时期正常年产量的 20%~50%。到 20 世纪 80 年代，这些产地基本消失，一些 80 年代后成长起来的蚕桑教授甚至从未见过岭南天蚕。其消失的原因值得我们深思。

（执行编辑：江伟涛）

---

① 王贵儒：《海南岛的天蚕业调查》，《华南农业科学》1957 年第 3 期。
② 《广东土特产介绍》（交流资料），第 5 页。
③ 《广东土特产介绍》（交流资料），第 5 页。

谈谈湄公河三角洲的历史变迁

古小松[*]

摘　　要：湄公河三角洲及周边地区的发展历史可以分为两个阶段，17世纪中叶以后，阮氏政权一方面通过战争吞并华英、南蟠、占婆；另一方面先以和亲及移民联络真腊，再频繁发动战争，迫使真腊不断割地，到西山朝建立前，阮主实际已完全占据了下柬埔寨。下柬埔寨最终被并入安南，成为今日越南的南部地区。在该地区的开发过程中，华侨华人做出了巨大贡献。

关键词：湄公河三角洲　阮氏政权　明乡人

安南后黎朝的中后期，今越南地区实际上存在 4 个相对独立的区域：中部横山以北为后黎朝朝廷幌子下的郑氏政权所管控；横山以南至广义以北为广南国，由"阮主"治理；从广义到平顺为华英、南蟠、占婆国；平顺西南则是湄公河三角洲及周边地区，[①] 即水真腊，也叫下柬埔寨，属于当时的真腊。17 世纪中叶以后，阮氏政权一方面通过战争吞并华英、南蟠、占婆；另一方面先以和亲及移民联络真腊，再频繁发动战争，迫使真腊不断割地。

* 古小松，海南热带海洋学院东盟研究院院长、广西社会科学院研究员。

① 湄公河是东南亚第一大河，发源于中国青藏高原，在中国境内称为澜沧江，往东南流经缅甸、老挝、泰国、柬埔寨、越南，注入南海，有 9 个出海口，故越南称其为九龙江。湄公河三角洲地区包括今越南南部的大部分和柬埔寨东南部。湄公河三角洲是东南亚最大的平原，总面积约 5 万平方公里。湄公河三角洲土地肥沃，河流纵横，水量丰沛，交通便利，是世界三大谷仓之一，是今日越南的经济中心，越南最大的工商业城市胡志明市就位于湄公河三角洲东北面。

到西山朝建立前，阮主实际已完全占据了下柬埔寨。在该地区的开发过程中，华侨华人做出了巨大贡献。

一 18世纪前之下柬埔寨

湄公河三角洲及周边地区的发展历史可以分为两个阶段，以17、18世纪为转折点，此前为柬埔寨的一部分，人们称其为下柬埔寨，此后则被安南后黎朝阮氏政权不断蚕食，最终并入安南，成为今日越南的南部地区。

（一）扶南之湄公河出海口

中南半岛最早居住的是尼格利陀人，约在公元前3000年，南方蒙古人南下与尼格利陀人融合，当地主要居民称为马来人。约在公元前1000年，位于今中国西部的濮人南下中南半岛，主要在湄公河中下游、湄南河流域、萨尔温江下游等地区与当地的马来人融合，称为孟高棉人。后来，孟高棉人主要在湄公河下游地区定居发展。

湄公河下游地区具有优越的农业发展条件。孟高棉人在这里不断开发土地，利用丰富的水利资源，种植水稻，耕作水平日益提高，农业持续发展。在古代东南亚，建立国家的前提条件主要有三个：比较发达的农业生产，频繁的贸易往来，外部文化的影响。发达的农业可以提供大量粮食，可以聚集众多的人口；繁荣的贸易可以提供财政收入和商品，供养政权管理者；而外来文化则可以提供国家构建的理念和管理经验。东南亚大陆即中南半岛形成人类文明或文化比较早的是湄公河流域，而该流域形成人类文明或文化的重要地区是位于出海口的今柬埔寨至越南南部湄公河三角洲地区，因为古代这里既是东南亚大陆最重要的河流湄公河的出海口，也是中国与印度之间海上交流的必经之地。三角洲平原意味着容易发展农业，沿海意味着有开展贸易的港口。二者正是上述东南亚古代国家建立的两个重要前提。

《剑桥东南亚史》载，"东南亚目前已知的最早的政体出现在中国人称之为扶南的地方。它的出海港位于现今称为俄亥〔厄〕的小城，当时坐落在目前越南境内的湄公河三角洲，十分靠近柬埔寨边界，是暹罗湾海岸向内最靠近该条河流的地方。它的都城毗耶陀补罗，在现今位于柬埔寨波萝勉省的巴山附近。尽管扶南出现的时间难以断定，但通常被定在公元1世纪。这一世纪对亚洲的商品尤其是中国的丝绸存在着一个前所未有的罗马市场，而最为重要的是，位于印度和中国之间的穿越东南亚的海上通道得到了加强"。①

扶南，是存在于古代中南半岛上的一个古老王国，约于公元 1 世纪创立，一直持续到公元 7 世纪中叶。扶南国存在时间大致与中国从东汉至南北朝同时期。《梁书·诸夷列传》载："扶南国，在日南郡之南，海西大湾中，去日南可七千里，在林邑西南三千余里。城去海五百里。有大江广十里，西北流，东入于海。其国轮广三千余里，土地洿下而平博，气候风俗大较与林邑同。出金、银、铜、锡、沉木香、象牙、孔翠、五色鹦鹉。"② 扶南国的都城为毗耶陀补罗（梵文碑铭为 Vyadhapura），"去海五百里"，即今柬埔寨波萝勉省的巴南县，在湄公河的东岸。扶南，柬埔寨语为 Ba-Phnom，意译为"圣山"。"扶南"即"山之国"。如今柬埔寨波萝勉省省会东面依然有该山——巴南山，海拔 139 米，当地人把它视为神圣的地方。据中国史书记载，传说该地区部落先有女人为王，名柳叶。后有徼国人混慎乘船来到扶南，慑服柳叶，娶柳叶为妻，并成为扶南的国王。这被人们视为柬埔寨立国的开始。可见，扶南立国前该地区处于母系氏族社会末期。

扶南与中国交往的时间很早，《后汉书》称扶南为"究不事"。史书记载两国最早接触是在公元 84 年，扶南派遣使者到中国访问，两国以珍贵的礼品相互馈赠。中国三国时，两国往来更加频繁。康泰《吴时外国传》说："扶南之先，女人为主，名柳叶。有摸趺国人，字混慎，好事神，一心不懈，神感至意。夜梦人赐神弓一张，教载贾人舶入海。混慎晨入庙，于神树下得弓，便载大船入海，神回风令至扶南。柳叶欲取之，混慎举神弓而射焉。贯船通度，柳叶惧伏。混慎因至扶南。"③

公元 3 世纪，范蔓当国王时扶南国发展壮大。他征服中南半岛周边的部落后，制造大船，建立海军，几乎控制了暹罗湾沿岸地区，称雄东南亚。当时扶南辖境除今柬埔寨全部国土外，还包括马来半岛北部、今泰国东南部、老挝南部和越南南部，是古代东南亚所有曾经存在过的王国中国土最为辽阔的国家之一。

扶南国建立后，在经济上农业、手工业、运输业和贸易不断发展。为了

---

① 〔新西兰〕尼古拉斯·塔林主编《剑桥东南亚史》第 1 卷，贺圣达等译，云南人民出版社，2003，第 158~159 页。

② 姚思廉：《梁书》卷五四《诸夷列传》，中华书局，1973，第 787 页。

③ 李昉等编《太平御览》卷三四七《兵部七十八》，中华书局，1966，第 1599 页。

发展农业，扶南人兴修水利，整治土地。航测考古发现古扶南国在今越南南部的河仙、朱笔、龙川、迪石之间的四边形区域内，建设了一个在当时很先进的排灌渠道网。该网基本上依地形的走势坡度，由西南通往大海。这个渠道网既可使河流汛期水位降低，又可通过连续的节流装置利用洪水来压低海边土地的盐碱水位，以利于种植水稻。同时，由于渠道网相互连通，还可以用来进行水上交通运输。①

学者研究认为，俄厄地区很可能就是中国古籍记载的"都元国"。《汉书》是记载海上丝绸之路最早、最详细的史籍文献。"自日南障塞、徐闻、合浦航行可五月，有都元国。"陈序经指出，"越南半岛的西南岸，在现在的迪石的北边，在古代的扶南时代，曾有一个港口叫哥俄伊俄（Gò Óc Eo，即俄厄），据近人发掘，是一个古代通商港，在这里发掘出一些古代商品，而且有一个罗马灯，这是一个东西交通的口岸，都元国是否就在这里，是很值得我们研究"。②

俄厄是古代海上丝绸之路上著名的国际港口，中西往来的船舶都要在扶南的海港中转和补给。这座古代港口坐落在今天越南南部安江省境内的湄公河三角洲地区复杂的河道网络当中。因此，进入俄厄港的船只既能躲避风浪，又能集散货物。1944 年，法国考古学家路易斯·马勒里特（Louis Malleret）对俄厄文化遗址进行发掘。他在这块约 450 公顷的土地上，发现了大量古代东西方文物，包括中国东汉时期的铜镜、铸于公元 152 年的罗马念珠和罗马皇帝金质徽章、地中海的凹雕石刻、波斯的玻璃圆片，以及印度的梵文印章。

4 世纪后，苏门答腊等地港口兴起，随着航海技术的提高、航线的改变，西方前往中国开展贸易不再在扶南的港口停留，而是经过占婆等地港口后直接前往中国，扶南的重要经济支柱之一对外贸易大为衰退。交通线路的改变，会改变一个地区的命运，历史上扶南的兴衰就是一个典型例子。514年扶南国王憍陈如·阇耶跋摩死后，内乱不断。后至 7 世纪中叶，扶南为其北方属国真腊所灭。

（二）水真腊

随着扶南的衰落，其北方崛起了一个名为真腊的国家。开始时，真腊是

---

① 许肇琳、张天枢编著《柬埔寨》，广西人民出版社，1995，第 45 页。
② 《陈序经古史研究合集》，台湾商务印书馆，1992，第 100 页。

扶南的属国。真腊发展壮大后，用武力征服了扶南国，将扶南变成了自己的属国。

古代中国对真腊有多种称呼，《后汉书》称其为"究不事"，《隋书》称其为"真腊"，《唐书》称其为"吉蔑"，元朝称其为"甘勃智"，明万历后称其为"柬埔寨"，一直沿用至今。

真腊作为国名最早见于《隋书》："真腊国，在林邑西南，本扶南之属国也，去日南郡舟行六十日。……其王姓刹利氏，名质多斯那。自其祖渐已强盛，至质多斯那，遂兼扶南而有之。……人形小而色黑。妇人亦有白者。悉拳发垂耳，性气捷劲。……其国北多山阜，南有水泽。地气尤热，无霜雪，饶瘴疠毒蠚。土宜粱稻，少黍粟。果菜与日南、九真相类。"①

真腊国"其王姓刹利氏。有大城三十余所，王都伊奢那城。风俗被服与林邑同。地饶瘴疠毒。海中大鱼有时半出，望之如山。每五六月中，毒气流行，即以牛豕祠之，不者则五谷不登。其俗东向开户，以东为上。有战象五千头，尤好者饲以饭肉。与邻国战，则象队在前，于背上以木作楼，上有四人，皆持弓箭。国尚佛道及天神，天神为大，佛道次之"。②

真腊与中国关系友好。隋大业二年（606），真腊国王遣使到中国朝贡。唐"武德六年，遣使贡方物。贞观二年，又与林邑国俱来朝献。太宗嘉其陆海疲劳"。③

705～707年，真腊国一度分裂为北方的陆真腊（又名文单国）和南方的水真腊，陆真腊国都在今老挝境内，水真腊国都为婆罗提拔。因湄公河三角洲水网密布，所以这一带被称为"水真腊"。

《旧唐书》载："南方人谓真腊国为吉蔑国。自神龙以后，真腊分为二：半以南近海多陂泽处，谓之水真腊；半以北多山阜，谓之陆真腊，亦谓之文单国。高宗、则天、玄宗朝，并遣使朝贡。水真腊国，其境东西南北约员八百里，东至奔陀浪州，西至堕罗钵底国，南至小海，北即陆真腊。其王所居城号婆罗提拔。国之东界有小城，皆谓之国。其国多象。元和八年，遣李摩那等来朝。"④

湄公河三角洲及其周边地区是水真腊的重要组成部分。

---

① 魏征等：《隋书》卷八二，中华书局，1973，第1835～1837页。
② 刘昫等：《旧唐书》卷一九七《南蛮西南蛮传》，中华书局，1975，第5271～5272页。
③ 刘昫等：《旧唐书》卷一九七《南蛮西南蛮传》，第5272页。
④ 刘昫等：《旧唐书》卷一九七《南蛮西南蛮传》，第5272页。

（三）从吴哥王朝到金边王朝

1. 辉煌的吴哥王朝

9世纪初，阇耶跋摩二世重新统一真腊，水真腊与陆真腊合二为一，保持了在中南半岛的大国地位，802年定都吴哥地区，史称吴哥王朝，也被称为高棉帝国，版图包括如今柬埔寨全境以及泰国、老挝、越南三国的部分地区。9~15世纪，高棉人在湄公河下游地区创造了高度发达的物质文明和灿烂的吴哥文化。吴哥建筑群与中国长城、印度泰姬陵和印度尼西亚婆罗浮屠一起，被誉为古代东方四大奇迹。

古代柬埔寨吴哥王朝的都城，始建于802年，完成于1201年，历时近400年陆续建成。古迹群位于柬埔寨西北部的暹粒市。"暹"字是泰国以前的简称，"暹粒"的意思为战胜暹人。而历史却开了个大玩笑，1431年暹罗军队大举入侵柬埔寨，洗劫了吴哥，吴哥王朝被迫迁移至离暹粒约320公里的今日之金边。从此，吴哥建筑群一度沉睡在热带雨林达4个多世纪，直到19世纪才被重新发现。有趣的是，由于战乱和东南亚高温多雨，它没有留在柬埔寨历史文献的记载里，却成了中国元代使者周达观[①]出访柬埔寨后写下的《真腊风土记》中的主要内容。后来，《真腊风土记》于1819年被法国汉学家雷米查译成法文，流传到西方。法国探险家亨利·穆奥读到该书后按图索骥，于1861年找到了湮没多年的吴哥，揭开其神秘的面纱。

古迹群有600多座雕刻精美的石刻浮雕建筑物，散落在柬埔寨洞里萨湖北面45平方公里的区域内。其中，最重要的是吴哥窟、吴哥王城、巴戎寺、空中宫殿、女王宫等。

通过吴哥古迹，我们可以对当时的吴哥文化有一个粗浅的了解，包括当时柬埔寨的政治、经济、社会和文化情况，以及当时吸收印度文化的情况，特别是古迹所反映的当时高超的建筑技术和雕刻艺术。吴哥在当时的东南亚地区无论是规模还是发展程度都是最高的，都市人口达100多万，在世界上也是最先进的国家之一。通过建筑的风格造型和刻画内容，今人可以了解到当时柬埔寨人的思想文化。结合本土的文化基础，当时柬埔寨人主要引进了

[①]　周达观，自号草庭逸民，浙江温州永嘉县人。元成宗元贞元年（1295），奉命随元使"诏谕"真腊，次年抵达，一年多后返回，将所见所闻写成《真腊风土记》。

印度的文化，特别是婆罗门教和佛教。

吴哥古迹的石刻浮雕还反映了柬埔寨的内政外交、社会活动和民间生活的场景。吴哥时期的柬埔寨尽管国运昌盛，但也遭到了邻居占人的入侵。当时柬埔寨人与入侵者作战的情景在吴哥建筑石刻浮雕中也有所体现。吴哥寺一层回廊的石刻浮雕除了东墙、北墙和西墙是印度古代神话故事外，南墙则是反映古代柬埔寨人抗击占婆人入侵的战斗场面。南宋建炎年间（1127～1130），占城入侵真腊，真腊国屡战屡败。南宋庆元年间（1195～1200），真腊国大举反攻，占领占城，将其纳入版图。这时真腊国拥有近20万头战象，是中南半岛的强国。

吴哥王朝与中国唐朝末年至明朝前期同处一个时间段，真腊保持与中国的友好往来。北宋政和六年（1116），真腊国王派遣大使朝贡，赐朝服。北宋宣和二年（1120），诏封真腊国王与占城。元成宗铁穆耳在元贞元年派遣周达观出使真腊。周达观和他的大使团驻吴哥一年多。回国后周达观写了关于真腊风土民情的报告《真腊风土记》，为研究柬埔寨历史的珍贵史籍。明洪武六年（1373），真腊国王忽儿那派遣使臣奈亦吉郎献方物。永乐二年（1404），真腊国王参列婆匹牙派遣使团九人来华朝贡。

2. 金边王朝

13世纪，中南半岛的格局发生了大的改变，真腊西北面泰人崛起，13世纪建立了素可泰王朝，14世纪建立了阿瑜陀耶王朝（1350年建立，1767年被缅甸攻陷灭亡，历时417年），中国史书称其为暹罗。自阇耶跋摩七世后，12～13世纪，吴哥王朝因不断与西面的暹罗、东面的占婆作战，逐渐衰落。1351年、1393年、1430年暹罗先后三次攻占吴哥都城。最后一次经过7个月的围城，1431年暹罗人终于攻破吴哥城，掳掠人口，洗劫财物。自此，吴哥王朝灭亡，吴哥城也告废弃。

1432年真腊政治中心往东南迁移。1434年真腊复国，定都百囊奔（今金边），吴哥王朝改称金边王朝，但王室血统未变。真腊依然受到暹罗的威胁和侵略。1594年暹罗人攻陷真腊在金边稍北的都城洛韦。17世纪初，真腊国王吉·哲塔二世（1618～1628年在位）一度摆脱了暹罗的控制，但此时东面阮氏政权崛起，逐渐蚕食真腊，真腊处于阮氏政权和暹罗双重奴役的境地，成为它们共同的附庸。

金边王朝仍然保持与中国的往来，明朝万历后，中国称其为柬埔寨，从

16 世纪下半叶始，柬埔寨国名一直沿用下来。湄公河三角洲及其周边地区则称为下柬埔寨。

二　阮氏政权侵占下柬埔寨

安南后黎朝建立于 15 世纪上半叶，1527 年莫登庸篡位形成南北朝后，1558 年阮潢南下镇守顺化，1592 年郑松击灭莫茂洽，此后安南形成北郑南阮分据格局。自此，阮氏政权不断往南发展，1693 年完全侵吞占婆，然后再往南把下柬埔寨作为侵占的下一个目标。

（一）和亲与移民

湄公河三角洲古时称为水真腊，也称下柬埔寨。"叙夫嘉定昔为谁真腊之地（即今高蛮国，其类有水真腊、陆真腊之别），厥土沃壤肥田，泽江卤海，鱼盐谷菽，地利之最。"[①] 17 世纪初，阮氏政权尚未完全侵吞占婆之时，就已打起了下柬埔寨的主意。由于广南国与柬埔寨之间还隔着一个占婆，不方便直接派军队到柬埔寨，因此，阮氏政权就通过联姻和移民的办法，加强与柬埔寨的联系。这样既可与柬埔寨联手，同时又是对占婆最好的牵制。

1620 年，阮主阮福源把玉万公主嫁给了真腊王吉哲塔做王后，作为回报，柬埔寨国王允许广南国将顺（顺化）广（广南）地区的居民迁移到湄公河三角洲。阮柬联姻后，"'玉万（Ngọc Vạn）公主帮助了很多广南国人到同奈流域经营生活，一些安南人在柬埔寨王朝中担任职务。公主还在京都周边建立一个工厂，让一些安南人在此经营。'一些安南人在湄公河平原的每穗（Mỗi Xoài，今巴地）和同奈（今边和）地区开垦土地"。[②]

安南人移居湄公河三角洲及其周边地区，拉开了阮氏政权殖民统治该地区的大幕。黎贵惇《抚边杂录》载，"嘉定府同犯地自芹除柴拉大小各海门，全是林莽，或千余里，前阮氏与高绵相攻取得之始，招募广南、奠盘、广义诸民，有物力者徙居于此。伐剪开辟，尽为平坦，水土肥沃，任民自

---

① 〔越〕郑怀德：《嘉定城通志》卷三（中越文版），越南同奈综合出版社，2005，第 203 页。
② Trần ThịVinh chủbiên：Lịch sử Việt Nam, tập 4, Nhà Xuất bản Khoa học xã hội, 2017, trang 145. 〔越〕陈氏荣主编《越南历史》第 4 卷，越南社会科学出版社，2017，第 145 页。

占，植椰园，结屋舍"。①

17世纪初以前，湄公河三角洲及其周边地区地广人稀，土著主要是高棉人。"那时，对于安南人来说，嘉定地区土地肥沃，气候温和，容易生活，吸引他们来此开拓荒野，定居立业。因此，他们对这一块土地充满希望。""如此，意味着在17世纪初，在今越南南部地区有了很多安南流民到来开垦土地，建立安南人乡村。"②

高棉人文化程度与安南人相比还有差距。安南人作为华夏移民与当地土著融合的后裔，比较勤快、勇敢。面对强势的阮氏政权，湄公河三角洲及周边地区的高棉人无力阻止他们的到来。"其时，嘉定之地头每㭎、同奈（今之边和镇也）二处，已鲜有我国流民与高绵杂居，开垦土地。而高绵畏服朝廷威德，竟让以避之，不敢争阻。"③ 随着安南移民的增加，许多高棉人离开这里，到别的地方去谋生，湄公河平原地区高棉人比例日益下降，如今该地区民族以越族为主。

（二）在与暹罗的争夺中占据下柬埔寨

柬埔寨西面的强邻是暹罗，东面则是广南国，17世纪以后，由于柬埔寨宫廷内乱不断，给两个强邻带来干涉的机会。1603年，暹罗扶持索里约波为柬埔寨国王，正式宣布柬埔寨为暹罗的附属国，强迫柬埔寨使用暹罗宫廷礼仪。

1618年，索里约波让位给儿子吉哲塔二世。吉哲塔宣布独立，脱离暹罗，把都城迁至乌栋，恢复柬埔寨传统宫廷礼仪。暹罗不同意柬埔寨独立，1623年出兵柬埔寨。此时的柬埔寨已与广南国有姻亲关系，吉哲塔为了应对暹罗的威胁，向阮氏政权求救。阮氏政权帮助柬埔寨挡住了暹罗的进攻，但吉哲塔这一着无疑是引狼入室，导致两个强邻利用一切机会，支持一方，反对另一方，通过军事手段，轮番侵略、控制、蚕食柬埔寨。暹罗不断割取柬埔寨西部领土，阮氏政权则逐步蚕食湄公河三角洲及周边地区。

1628年吉哲塔去世后，柬埔寨宫廷持续发生宫斗，给外部势力的干涉创造了机会。1658年，阮氏政权阮福濒以柬埔寨国王安赞二世（越南史籍

① 〔越〕黎贵惇：《抚边杂录》卷六，《黎贵惇选集》第三集（中越文版），越南教育出版社，2007，第541页。

② 〔越〕陈氏荣主编《越南历史》第4卷，第146页。

③ 〔越〕郑怀德：《嘉定城通志》卷三，第204页。

称之为匿翁祺）"侵边"为借口，派遣阮福燕领兵三千人攻打柬埔寨，将安赞国王俘虏并送至广平，迫使其向阮氏政权称臣朝贡，承诺关照在下柬埔寨谋生的安南人，然后派军队护送其回柬埔寨继续担任国王。

1675~1691 年，柬埔寨甚至存在两个政权，吉哲塔四世在暹罗的支持下，驻在乌栋，安侬二世在阮氏政权的支持下驻在柴棍（今西贡）。1699~1775 年，由于暹罗与阮氏政权的争夺，柬埔寨在 76 年内换了 12 任国王，其中吉哲塔四世四上四下，托摩拉嘉三次登上王位，安东两次即位，他们都是被操控的木偶，背后实权都控制在暹罗或阮氏政权手中。两强争夺最后的结果就是柬埔寨不断割土赔地，领土越来越小。到 18 世纪 70 年代，阮氏政权完全侵占了湄公河三角洲及周边地区。

历史一度给予柬埔寨一个喘息的机会。暹罗从 1760 年开始要应对西面缅甸的入侵，无暇顾及柬埔寨；几乎与此同时，1771 年安南爆发西山农民起义，农民军打败了阮氏政权及北方的后黎朝统治者，1788 年建立了西山朝，阮氏集团已无力对付柬埔寨。柬埔寨安侬二世振作朝野，派军队收复了被阮氏政权占据的美萩、永隆。但是，好景不长，阮福映卷土重来，1802 年打败了西山朝，建立了阮氏王朝。后来，阮氏王朝重新占领了湄公河三角洲及周边地区，将其变为越南的南部地区。1834 年，越南阮朝明命帝下令将湄公河三角洲及周边地区称为"南圻"。

（三）占地驻军与设置行政管理机构

17~18 世纪，阮氏政权通过武力征服，不断地侵占下柬埔寨。占有土地之后如何经营或行使主权呢？通常情况下，在一个地方行使主权，最主要的做法是驻军和设置行政管理机构。阮氏政权在侵占下柬埔寨的过程中，就是在驻军的同时就地设置行政管理机构。

从阮氏政权到后来的阮氏王朝，它们在湄公河三角洲及周边地区驻军和设置行政管理机构，将其变为越南的南部地区，经历了一个过程。阮氏政权明确在湄公河三角洲驻军和设置行政管理机构是 1698 年，此前是多次出兵攻打柬埔寨，此后就是阮氏政权的军队一直驻守下来。

《嘉定城通志》载："显宗孝明皇帝戊寅八年（黎熙宗正和十九年，大清康熙三十七年）春，命统帅掌奇礼成侯阮（有镜）经略高绵，以农耐地置为嘉定府，立同犯处为福隆县，建镇边营（茌所在今福庐村），柴棍处为新平县，建藩镇营（茌所在今新屯邻），营设留守、该簿、记录以守牧之。

衙属有舍吏二司以干办之。军兵有奇队船，水步精兵属兵以护卫之。斥地千里，获民逾4万户，招募布政州以内流民以实之。设置社村坊邑，分割地分，征占田土，准定租庸，缵修丁田簿籍。"① 如此，阮氏广南国版图大为扩展，人口也大大增加。

1732年，即"肃宗孝宁皇帝壬子八年（黎纯宗龙德元年，大清雍正十年）春，命嘉定阃帅分其地，离定远州，建龙湖营（莅所在今定祥镇建登县安平东村地，俗名丐皮营）"。②

阮氏政权就如一个武装集团，所以其管辖的地区行政划分以"营"为单位，"营"其实就是一个行政地区。1744年，阮氏政权将广南国划分为12个营：

广南以北有正营（富春）、旧营（爱子）、广平营、武舍营、布政营、广南营。

原占婆故地有富安营、平康营、平顺营。

湄公河三角洲及周边地区（下柬埔寨）有镇边营、藩镇营、龙湖营。③

1753年，即"癸酉十六年（黎显宗景兴十四年，大清乾隆十八年）冬，命该队善政侯为统帅，记录仪表侯阮居贞为参谋，调遣卒康（庚午四年改康营）、平顺、镇边、藩镇、龙湖五营将士（调遣之设自此始）经略高蛮。驻扎变牺处，结立营寨，号为屯营（即今调遣市），拣练戎武，调度粮储，修开拓计"。④

1756年，"高蛮国王匿螉源请献寻敦、枨鼠二府之地赎罪，并补三年前所欠贡礼。……时仪表侯奏请准许赎罪，取二府地补从定远州，以归全幅。诏许之"。⑤

1757年，"时郑天赐亦为匿螉噂陈奏，钦颁册封匿螉噂为高蛮国王，令郑天赐同五营兵将纳匿螉噂归国，仍献枫龙之地，军官凯旋嘉定。猷正侯、仪表侯奏移龙湖营于寻袍处（即今龙湖村地），又于沙的处设东口道，前江勾崂处（俗号水中河曰勾崂）设新洲道，后江朱笃处设主笃道，以龙湖营

---

① 〔越〕郑怀德：《嘉定城通志》卷三，第213~214页。
② 〔越〕郑怀德：《嘉定城通志》卷三，第215页。
③ Trần Trọng Kim: *Việt Nam sử lược*, Nhà xuất bản Văn hóa thong tin Việt Nam xuât bản nam 2006 tai Ha Noi. 〔越〕陈重金：《越南史略》，越南文化通讯出版社，2006，第366页。
④ 〔越〕郑怀德：《嘉定城通志》卷三，第216页。
⑤ 〔越〕郑怀德：《嘉定城通志》卷三，第219~220页。

兵镇压之，扼锯地头要害。于是匿蠮噂割其地奉贫、芹渤、真森、柴末、灵琼五府与郑天赐，为酬谢保存之恩。天赐又置沥架为坚江道，哥毛为龙川道，各设官吏，招募居民，立成村邑。而河仙幅员遂广大矣"。① 至此，下柬埔寨已全部被阮氏政权所侵占。

安南后黎朝1788年结束，西山朝崛起。1800年，西山朝"改嘉定府为嘉定镇"。西山朝存续时间很短，于1802年被阮朝所取代，阮朝对高棉推行越化（实质是汉化）政策。同年，阮福映以"蛮人不靖"为由，派阮文瑞率军"保护"高蛮。1805年，阮朝"命嘉定镇辖藩镇、镇边、永镇、镇定、河仙五营镇，稽考地辖事迹、疆域、地产虚实，度道路远近，山川险易，按取划图，另修编本，逐一详注上进，钦修呈录"。② 1807年，越南遣使赍敕宣封，赐高棉国印，并对高棉国制定严格的纳贡制度。1808年，阮朝"改嘉定镇为嘉定城。简命钦差掌镇武军仁郡公阮文仁为总镇，钦差户部尚书臣安全侯郑怀德③为协总镇，钦颁银印狮狃、押用朱泥，镇城驻节于新平府平阳县"。④ 1816年"秋七月初六日，钦颁高蛮国藩僚文武朝服。从此高棉官民衣服器用皆效华风，而串头衣、幅围裙、膜拜、搏食诸蛮俗渐革矣"。安南在下柬埔寨的殖民统治很深入，如逼迫高棉人穿汉服、改汉姓（安南人一直承袭中国化姓氏），从文化上将湄公河三角洲及周边地区的高棉人同化。1834年，柬国王安赞二世病逝，安赞二世无嗣，阮朝将高棉"分其国，置府三十三，蛮二"，设官治理，"高棉遂归朝廷版籍矣"。⑤ 1840年，阮朝再次改组高棉的行政区划，将全国重新分为10个府23个县，全部改用汉文名称。对此，高棉人始终进行不屈抗争，最终于1847年复国。越南改铸国印——"高蛮国王之印"，遣使到乌栋，册封匿蠮蟑为柬王，规定高棉的贡例贡品，并把象征高棉国王权柄的圣剑和长矛归还柬王，阮朝对高棉的兼并暂告结束。1885年越南沦为法属殖民地后，自顾不暇，高棉才免遭灭国。

---

① 〔越〕郑怀德：《嘉定城通志》卷三，第221~222页。
② 〔越〕郑怀德：《嘉定城通志》卷三，第224页。
③ 郑怀德（1765~1825），越南明乡人，祖籍中国福建省福州府长乐县，生于广南国镇边（今越南同奈省边和市），曾任阮朝户部尚书等职，并充任阮朝首位如清使，清朝时出使中国请封，撰有《嘉定城通志》等重要著作。
④ 〔越〕郑怀德：《嘉定城通志》卷三，第230~231页。
⑤ 〔越〕阮仲金等：《大南正编列传初集》卷三十一《外国列传·高蛮》，日本庆应义塾大学影印本，1961，第1364页。

三 明乡人开拓之功

（一）南下的明乡人

1644 年，清军进关，入主中原，清朝建立，明朝灭亡。明朝宗室先后在南方建立政权抵抗清军。1650 年正月，清军由南雄入广东。在围困广州10 个月后，于 1650 年十一月攻陷广州。1654 年，清军攻下肇庆，复雷、廉、潮、惠等府。1661 年，吴三桂率清军入缅，十二月永历帝被缅王引渡回清朝，并于次年四月在昆明被吴三桂所杀，明统终止。

南明灭亡后，大批不愿剃发易服、臣服清朝的中国人流亡东南亚，其中相当数量来到安南，尤其是湄公河三角洲地区。

17 世纪中叶，安南地区处于北郑南阮分治时期，在后黎朝的旗帜下，郑氏家族统治北方，阮氏家族治理今越南中部地区。经过多年的相互攻守，双方都已无法吞并对方，只好对峙共存。阮氏政权无力北进，只好往南发展。开拓南方，需要人力，大量中国人的到来正好满足了阮氏政权南进的需要。

面对大批中国官民的涌入，郑氏与阮氏采取的对策有所不同。郑氏政权因邻近中国，大量接纳南来的华人，"恐惹起清朝之干涉"，故虽未拒绝华人入境，但对他们居留的条件相当严苛。1663 年八月，当局令各处地方官员调查管辖区域内的居民，"清国人之流寓者，别以殊俗适宜区处报告之"。1666 年，官府命令居留越南的外侨入籍，衣服居处与当地同俗。1696 年，当局再次令华人"皆依越南习俗，使用衣服言语"。边境地区居民不得"仿效清国言语风俗，违者罚之"。而阮氏政权为了增强国力，扩张疆土，采取"广招流民"政策，对外国的流民来者不拒，给予经商、定居等方便，设立特殊的华人村社——明香社。南方阮主把他们当作一支可以利用的力量，安置到水真腊东浦[①]，借中国人之力，开疆拓土。

据研究，明香，意指明朝香火。明朝的一些遗民相继流亡后不少人想维持明朝的香火，因而组织了"明香社"作为进入安南后的聚居地。安南中部会安 1650 年有"明香社"，1695 年形成"大唐街"。1698 年阮氏政权在

---

① 湄公河三角洲一带，原属柬埔寨，今为越南南部。

湄公河三角洲设置嘉定府。嘉定府设有镇边营和藩镇营。"于是唐人子孙居镇边者，立为清河社，居藩镇者，立为明乡社，并为编户清河社。"① 这些"明香社"既是早期华侨聚居处，又是社团组织。后来明香人不断与当地越人及高棉人通婚，逐渐发展成一个土生族群。这一现象引起当局的担忧。于是，1826 年 7 月，越南阮朝明命帝令"北客旧号明香，均改著明乡"。② 此后，明香人改为明乡人。

明乡人主要居住在湄公河三角洲，也有小部分居住在会安等顺广地区。永清镇"查温江在后江下流之东，广十四寻，深七寻，距镇南五十七里……市肆稠密，华人、唐人、高蛮汇集之地"。③ "波弎江在后江下流之南，距镇南百十七里，广三十寻，深七尺……华民、唐人、高蛮杂居，街市络绎"。④ 河仙"芹渤港在镇之西，距镇西百六十五里半，广四十九丈，深五尺……旧为绵獠旷地，华民流徙，聚成仙乡村落，唐人、高绵、阇婆，现今稠密"。⑤

明乡人以及后来的中国人，勤劳勇敢，披荆斩棘，越南南部的胡椒园、桑林大多是华侨华人所开创的。沧海桑田，湄公河三角洲地区由过去的莽荒沼泽之地，变成今日的鱼米之乡，西贡一带成为世界著名粮仓，华侨华人尤其是明乡人功不可没。

在今日的越南，过去的明乡人由于时间的推移，以及当局政策导向的改变，大多已演变为当地的主体民族京族。虽然有一些仍自认为是华人，但如今在越南已很难分清楚谁是明乡人了。

（二）明乡人对湄公河三角洲的开拓

湄公河三角洲及周边地区成为一个经济发达的地区，与华侨华人前赴后继的开发是分不开的，尤其是早期明乡人的开发。从 17 世纪开始，明乡人在开垦荒地、发展农业，输入技术、发展工商业，建设城镇、发展交通水利，设立学校、发展思想文教事业等方面，呕心沥血，不遗余力，取得了骄人的历史功绩。"其出力垦地者，惟唐人为勤，而海网江筌、行商居贾，亦

---

① 〔越〕郑怀德：《嘉定城通志》卷三，第 214 页。"明乡"之名始于此。
② 〔越〕潘叔直：《国史遗编》，香港中文大学新亚研究所，1965，第 163 页。
③ 〔越〕郑怀德：《嘉定城通志》卷二，第 154 页。
④ 〔越〕郑怀德：《嘉定城通志》卷二，第 155 页。
⑤ 〔越〕郑怀德：《嘉定城通志》卷二，第 187 页。

唐人主其事矣。"①

第一，开垦荒地，发展农业。

永清镇"波涞海门广九里余，潮深六寻，汐深十尺，在后江末流……沿边江海，灌莽丛杂，内皆土阜，唐人、高蛮多栽芬烟、萝卜、瓜果，殊甚美硕"。②"美清海门广十里，潮深十二尺，汐深四尺。西岸守所，华民、唐人、高蛮店舍稠密，栽植芬烟、瓜果，晒干作虾。"③

河仙镇"陇奇江在镇治之西，青山屏障白水之玄。为郑玖初年南来，作高绵屋牙辰开荒占据，招集华人、唐人、高绵人、阇婆人会成村市之地"。④"灵琼山距镇北百二十里，奇秀清高，翁笼岑寂，流泉活泼。西北多林阜，东南多田泽，华人、唐人、高绵人参杂居耕，亦称膏腴之地。"⑤

第二，发展工商业。

边和镇"铁丘（俗名岗炉退）在福江之北，距镇东十九里，由全真江潮洄北行三里半，为铁炉市。丘阜崎岖，林麓茂盛，铁艺人会市，开炉煅煮，俱纳铁课，矿苗兴旺。嘉隆十年辛未，福建人李京秀、林旭三征税起造，法制精工，得铁良好"。⑥"农耐大铺在大埔洲西头。开拓初，臣上传将军招致唐商，营建铺街。瓦屋粉墙，岑楼层观，炫江耀日，联络五里。经画三街，大街铺白石甃路，横街铺蜂石甃路，小街铺青砖甃路。周到有砥，商旅辐凑，洋舶江船收风投碇，舳舻相衔，是为一大都会。富商大贾，独此为多。"⑦

定祥镇"八羶江在兴和江上流，为镇极北界。……道前半里，华民、唐人、高绵杂聚。交易山林原泽土产货物，有巡司所往收脚屯税课，十分收一"。⑧

河仙镇"龙川道（在今明海省河仙市）莅所在镇之东滨海际，外海多巨鳞，江多鳄鱼。古高绵地，号即哥毛，化验黑水也……道前铺市，华唐、

① 〔越〕郑怀德：《嘉定城通志》卷二，第 566 页。
② 〔越〕郑怀德：《嘉定城通志》卷二，第 159~160 页。
③ 〔越〕郑怀德：《嘉定城通志》卷二，第 160 页。
④ 〔越〕郑怀德：《嘉定城通志》卷二，第 188 页。
⑤ 〔越〕郑怀德：《嘉定城通志》卷二，第 174 页。
⑥ 〔越〕郑怀德：《嘉定城通志》卷二，第 23 页。
⑦ 〔越〕郑怀德：《嘉定城通志》卷二，第 543~544 页。
⑧ 〔越〕郑怀德：《嘉定城通志》卷二，第 106 页。

高绵凑集，暹船多来贸易焉"。①

第三，建立城市村镇。

随着人口的聚集、工商业的发展，明乡人在湄公河三角洲及周边地区建设了许许多多的大小城镇。今日西贡有"东方巴黎"之称，就得益于17、18世纪华人参与建设。

潘安镇"柴棍铺（即今西贡堤岸）距镇南十二里。当官路之左右，是为大街。直贯三街，际于江津，横以中街一，下沿江街一，戈相贯穿，如田字样。联檐斗角，华唐杂处，长三里许。货卖锦缎、瓷器、纸料、珠装。书坊、药肆、茶铺、面店，南北江津，无物不有。大街北头，本铺关帝庙。福州、广州、潮州三会馆分峙左右。大街中之西天后庙，稍西温陵会馆。大街南头之西漳州会馆……是都会闹热一大铺市"。②

永清镇"真森山在高蛮真森府地，距永济河中流西北滨十里。……华民、唐人列居比屋，结村会市，以从山林川泽之利"。③

"河仙镇（在今坚江省河仙市）署坐乾向巽，以平山为后护，苏州为前案，溟海堑其南，东湖濠其前。三面土垒，自杨渚至右门，长百五十二丈半；右门至左门，百五十三丈半；左门至船厂，出东湖三百八丈半；各高四尺，厚七尺。濠广十尺……以大铺皆莫琮公旧时经营，胡同穿贯，店舍络绎，华民、唐人、高绵、阇婆类聚以居，洋舶江船往来如织，海陬之一都会也。"④"唐人六铺（街）所坫属：明渤大铺，名博新铺，明渤奇树铺（旧名核棋），明渤鲈溪所（旧名沥越处），明渤土丘坫（旧名林坫），富国唐人属（从前龙川道管辖。嘉隆十八年十一月补从河仙隶属）。"⑤

第四，发展文教事业。

明乡人及后来华侨华人的到来，给湄公河三角洲及周边地区带来了中原文化。他们以中国的制度与文化为样板，开办学校，建立庙宇，学习中国的诗书经典。《嘉定城通志》载："国人皆学中国经籍，间有国音乡语，亦取书中文字声音相近者，随类而旁加之。如金类则旁加金，木则加木，言语则

---

① 〔越〕郑怀德：《嘉定城通志》卷二，第566页。
② 〔越〕郑怀德：《嘉定城通志》卷二，第521~522页。
③ 〔越〕郑怀德：《嘉定城通志》卷二，第123~124页。
④ 〔越〕郑怀德：《嘉定城通志》卷二，第564~566页。
⑤ 〔越〕郑怀德：《嘉定城通志》卷二，第380~381页。

加口之类，仿六书法，或假借、会意、谐声，以相识认。"① 当地渐渐濡染华风，成为"衣冠文物之邦"。

边和镇很早就建立了文庙和关帝庙。"文庙在福正县平成、新赖二村地，距镇西二里半"，1715 年初建，1794 年"重加修建。中为大成殿、大成门。东神库，西育圣祠。前砌横墙，左金声门，右玉振门。前庭正中建奎文阁，悬钟鼓于其上。左崇文堂，右隶礼堂。外周方城，前为文庙门，左右二仪门……常年春秋二丁，钦命总镇官分番行礼，以镇官、督学分献，余皆陪祀"。② 关帝庙建于 1684 年，"甲子正和五年四月吉日"。"关帝庙在大铺洲南三街之东，面瞰福江，殿宇宏丽，塑像高丈余。后观音观，外包砖墙，石麟蹲于四隅，与大街西头福州之会馆，东下广东之会馆为三大祠。"③

在潘安镇，明乡人建造了佛寺。"觉林寺在锦山冈，距半壁垒之西三里……世宗甲子七年春，明乡社人李瑞隆捐资开建。寺宇庄严，禅关幽静，诗人游客，每于清明重九闲暇之日，三五成群，开琼筵以坐花，飞羽觞而联句，俯视市肆嚣尘，远挤于眼界之外，可堪游赏。"④

文化建设成就最突出的是河仙镇，郑玖"建招英阁，以奉先贤。又厚币以招贤才，自清朝及诸海表俊秀之士，闻风来会焉，东南文教肇兴自公始。渐渐德洽化行，人多美行……辰我孝武皇帝绝交州之贡，大一统之兴，制定礼乐，法度重新，改易衣服，依汉朝品制，命我公尊奉。公喜奉上命，遂制衣服冠帽、兴学校，而风俗华美备焉"。⑤

（三）杨彦迪、陈上川与郑玖

在安南众多的明乡人中，有两批人最为突出，分别是杨彦迪、陈上川⑥率领的一支南明抗清部队，及郑玖带领的从雷州南下的移民。

---

① 〔越〕郑怀德：《嘉定城通志》卷二，第 407 页。
② 〔越〕郑怀德：《嘉定城通志》卷二，第 534~535 页。
③ 〔越〕郑怀德：《嘉定城通志》卷二，第 537 页。
④ 〔越〕郑怀德：《嘉定城通志》卷二，第 504~505 页。
⑤ 〔越〕武世营：《河仙镇叶镇郑氏家谱》，戴可来、杨宝筠校注《岭南摭怪等史料三种》，中州古籍出版社，1991，第 233 页。
⑥ 陈上川，生于 1626 年，1641 年考试录入高州府学。1644 年，清军入关后加入了永历政权的抗清行列，被驻守台湾的郑成功任命为高、廉、雷三州总兵。陈上川不愿成为清朝子民，于 1679 年与副将陈安平率 3000 余人，乘坐 50 余艘战船赴广南沱㶞港（今岘港），请求并得到阮主阮福濒的庇护，被封为胜才侯、"嘉定都督"。陈上川去世后受到当地人的尊崇，立庙祭祀。明命、绍治年间，越南皇帝册封陈为"上等神"。

1. 杨彦迪、陈上川

1679 年，"大明国广东省镇守龙门水陆等处地方总兵官杨彦迪、副将黄进，镇守高、雷、廉等处地方总兵官陈胜才（陈上川）、副将陈安平等率领兵弁门眷三千余人，战船五十余艘，投来京地思容、沱㶚（即今瀚海门，隶广南营）二海港。奏报称大明国逋播臣，为国矢忠，力尽势穷，明祚告终，不肯臣事大清，南来投诚，愿为臣仆。时以北河屡煽，而彼兵远来，情伪未明，况又异服殊音，猝难任使。然他穷逼投奔，忠节款陈，义不可绝。且高蛮国东埔（嘉定古之别名）地方，沃野千里，朝廷未暇经理，不如因彼之力，委以辟地以居，斯一举而三得矣。爰命犒劳嘉奖，仍准依原带职衔，封授官爵，令往农耐以居，拓土效力。并开谕高绵国王知之，以示无外。杨、陈等诣阙谢恩，奉旨进行。龙门将杨等兵弁船艘，驶进枚㶞（今名雷㶞）大小海门（俱属定祥镇），驻扎于美萩处（在今定祥镇莅所）。高、雷、廉将陈等兵弁船艘，驶进芹滁海门，驻扎于同狔处盘鳞地方（在今边和镇莅所）。辟地开荒，构立铺市，商卖交通，唐人、西洋、日本、阇婆商舶凑集，中国华风已渐渍，蔚然畅于东埔矣"。① 杨、陈率领的 3000 多人，是 17 世纪开发今越南南部地区人数最多的一批移民，而且是一支军队，既有很强的战斗力，也有很强的开发和生存能力。对于他们的到来，柬埔寨当局难以拒绝。他们不但把这片蛮荒之地开发成鱼米之乡，而且为阮氏政权占据下柬埔寨做出了巨大的贡献。

这支部队至今仍受到当地人的敬重和崇拜。为了纪念开发湄公河三角洲功勋卓著的先驱陈上川将军，当地人在永清镇后江大洲、藩镇的新安社、镇边的新邻村、平阳省从政村等处修建祠庙，香火不绝。在永清镇，1700 年，即"显宗乙卯九年（黎熙宗正和二十年，大清康熙三十八年）七月，高绵国匿秋筑区碧、南荣、求南垒，劫掠商民。龙门将统兵胜才侯陈上川防驻瀛洲，以事驰报。……其陈将军屡与贼战，彼素敬畏，后亦于此处立祠。与藩镇之新安社、镇边之新邻村慨慕其开垦之功，而庙亦香火不绝"。②

2. 鄚玖

关于鄚玖南下湄公河三角洲发展的事实，《河仙镇叶镇鄚氏家谱》与《嘉定城通志》的记述相近，而记述的时间则有所差异。

---

① 〔越〕郑怀德：《嘉定城通志》卷三，第 207～209 页。
② 〔越〕郑怀德：《嘉定城通志》卷六，第 560～563 页。

郑氏①家谱载，"河仙镇者，乃真腊高绵国属地，呼为恾坎，华言芳城也。初明末大乱，我郑太公玖（于明永历九年乙未五月初八日生），雷州县人，因不堪胡虏侵扰之乱（于辛亥年十七岁），越海投南真腊国为客，乡居而有宠，国王信用焉。凡商贾诸事，咸为公理。……遂用财贿赂国宠姬及其幸臣，使说许公往治恾坎地，所以招四方商旅，资益国利。望月而许之，署为屋牙。于是招来海外诸国，帆樯连络而来。其近华、唐、獠、蛮，流民丛集，户口稠密，自是公声德大振"。② 这里说郑玖南下的时间为1671年。

而《嘉定城通志》说的是1680年，"初，大明国广东省雷州府海康县黎郭社人郑玖，于大清康熙十九年……不服大清初政，留发南投于高蛮国南荣府，见其国柴末府华民、唐人、高蛮、阇婆诸国凑集，开赌博场，征课，谓之花技，遂征买其税。又得坑银，骤以致富。招越南流民于富国、陇棋、芹渤、奉贪、沥架、哥毛等处，立七村社，以所居相传常有仙人出没于河上，因名河仙云"。③

1708年，即"戊子十八年（黎裕宗永盛四年，大清康熙四十七年）秋八月，封广东省雷州人郑玖为河仙镇统兵"。④ 河仙地区在内政上维持独立状态，但在名义上已归入越南版图。1735年，郑玖病逝，阮主追封郑玖为开镇上柱国大将军武毅公，让其儿子郑天赐继承"河仙镇总兵"一职。1747年，柬埔寨发生宫斗，内战延续多年。王族匿螉噂逃到河仙请求支援。1757年，郑天赐领兵护送匿螉噂归国夺取王位。

1771年，暹罗吞武里王朝郑信王派军占领河仙，杀害郑天赐及其部分家眷。1787年，暹罗国王拉玛一世把郑天赐儿子郑子生送到河仙，河仙郑氏一度成为暹罗的附庸。1802年越南阮朝统一全国，1809年派兵占领河仙，废掉郑天赐孙子郑公榆，此后河仙地区一直处在越南的管辖下。

结　语

首先，越南版图终确定，千年南进画句号。10世纪末，红河三角洲及

---

① 郑氏，即莫氏，为避免与篡夺后黎朝皇位的莫登庸所建立的莫朝（1527~1592）家姓混淆，而把"莫"写作"郑"。

② 〔越〕武世营：《河仙镇叶镇郑氏家谱》，《岭南摭怪等史料三种》，第231页。

③ 〔越〕郑怀德：《嘉定城通志》卷三，第320~322页。

④ 〔越〕郑怀德：《嘉定城通志》卷三，第214页。

周边地区从中国独立出来，建立了自主的安南封建国家。由于北部是强大的中国，西面是绵延不断的长山山脉，东面是大海，安南要扩张，只有往南一途。自此，安南开始了上千年的南进进程。安南的南进分为两大步：先吞并占婆国，然后侵占下柬埔寨。安南的南进始于前黎朝，虽然前黎朝很短暂，但是它于立国的第二年（981）即南下攻打占婆。此后，安南历朝均往南攻打占婆，历时712年，一直到后黎朝时期，阮氏政权于1693年将占婆国据为己有。占婆灭亡后，阮氏政权占据今越南中部自横山以南到藩切的广阔土地。横山以北是后黎朝朝廷旗帜下的郑氏政权，阮郑较量上百年，谁也吞灭不了谁，阮氏在灭了占婆后，继续南进，经过一百多年的不断进攻，终于在18世纪末完全占有了下柬埔寨。至此，越南版图终于确定下来。

其次，长山山脉到湄公河口是中印文化的天然分界线。红河三角洲及周边地区在中国版图内将近1200年，其间华夏移民与当地居民融合，成为现在的京族（越族）。京族是越南的主体民族，他们传承了华夏文化。古占婆国人是马来人种，吸收了印度文化，可以说古占婆国是一个印度化了的国家。湄公河三角洲及周边地区是古代柬埔寨的一部分。柬埔寨人也吸收了印度文化，一直传承延续至今，柬埔寨依然是一个上座部佛教国家。安南征服了占婆、下柬埔寨后，不断往南移民，原古占婆国、下柬埔寨地区的人口结构发生了巨大的改变，已以京族人为主，京族也把中华文化带到了该地区。他们甚至自称"华民"。《嘉定城通志》载，潘安镇"守所在大江北岸，华民、唐人、高蛮杂处生理"。① "从此高蛮官民衣服器用皆效华风，而串头衣、幅围裙、膜拜、拚食诸蛮俗渐革矣。"② 湄公河三角洲及周边地区并入安南版图后，以长山山脉为分界线，中南半岛东面从红河下游到湄公河出海口属于儒释道为主的中华文化圈，而西面则是属于上座部佛教为主的印度文化圈。

（执行编辑：彭崇超）

---

① 〔越〕郑怀德：《嘉定城通志》卷二，第77页。
② 〔越〕郑怀德：《嘉定城通志》卷三，第239页。

19世纪上半叶越南阮朝"半银半钱"港税探析[*]

黎庆松[**]

摘 要： 国初，阮朝沿袭阮主政权的港税制度，对外国商船征收"全钱"港税。在银"荒"、钱"荒"加重的形势下，并基于兼顾"中国通用银，越南通用钱"的货币使用习惯以及根除钱币弊端的考量，阮朝于1803年开始对外国商船征收"半银半钱"港税，即将一半港税钱折算成银征收，另一半以钱征收。"半银半钱"港税在嘉隆年间初步推行，自明命初年全面、严格执行。阮朝对以广东商船为主体的清朝商船征收"半银半钱"港税，反映出"半银"钱数与"半钱"钱数在绝大多数情况下的非对称关系。"半银半钱"港税兼具"刚性"与"弹性"双重特质。其深入推行，使越南最终被纳入世界白银流通圈。

关键词： "半银半钱"港税 越南阮朝 清朝商船 阮朝硃本 入港勘验

1802年，阮福映建立越南最后一个封建王朝——阮朝。这一时期，阮

* 本文为云南省教育厅科学研究基金项目"19世纪上半叶越南阮朝'半银半钱'港税研究"（项目号：2022J0409）、中山大学高校基本科研业务费——重大项目培育和新兴交叉学科培养计划项目"有关中越关系史越南稀见汉文文献整理与研究"（项目编号：19Wkjc02）阶段性成果。
** 黎庆松，云南民族大学南亚东南亚语言文化学院（国别研究院）讲师。

朝逐渐完善入港勘验制度，初步确立了"半银半钱"的港税制度。

学界对阮朝港税问题多有关注。孙建党在其硕士学位论文《越南阮朝明命时期的对外关系》中探讨了越南明命时期对清朝商船的港税征收标准。[①] 成思佳在其博士学位论文《从多元分散到趋近统一——越南古代海洋活动研究（1771～1858）》中对 19 世纪上半叶阮朝港税情况做了梳理。[②] 越南学者杜邦、阮潘光、丁氏海棠、黄芳梅等亦对阮朝港税有所关注。[③] 另外，加拿大学者亚历山大·伍德赛德在其《越南与中国模式：19 世纪上半叶阮朝与清朝政治的比较研究》一书中略有提及阮朝对清朝商船征收港税的情况。[④]

随着研究的深入，一些学者注意到阮朝以"半银半钱"征收港税的问题。日本学者多贺良宽在《19 世纪越南租税征银问题》一文中综合运用阮朝硃本、阮朝官修正史、汉喃古籍等一手资料深入探讨了 19 世纪阮朝"半银半钱"港税的相关问题。[⑤] 张氏燕主编的《越南历史》第 5 卷一书关注到阮初关于港税和货物税均纳"半银半钱"的规定。[⑥] 于向东在其博士学位论文《古代越南的海洋意识》中亦提及阮朝"半银半钱"港税问题。[⑦] 也正是于向东的这篇论文引起了笔者对该问题的关注。此后，笔者利用在越南档案馆搜集到的阮朝硃本撰写了一些会议论文，对阮朝"半银半钱"港税形

① 孙建党：《越南阮朝明命时期的对外关系》，硕士学位论文，郑州大学，2001。

② 成思佳：《从多元分散到趋近统一——越南古代海洋活动研究（1771～1858）》，博士学位论文，郑州大学，2019。

③ Đỗ Bang, *Kinh tế thương nghiệp Việt Nam dưới triều Nguyễn*, Nhà xuất bản Thuận Hóa, năm 1997 （〔越〕杜邦：《越南阮朝商业经济》，顺化出版社，1997）；Nguyễn Phan Quang, *Việt Nam thế kỷ XIX（1802–1884）*, Nhà xuất bản thành phố Hồ Chí Minh, năm 2002 （〔越〕阮潘光：《19 世纪的越南（1802～1884）》，胡志明市出版社，2002）；Đinh Thị Hải Đường, *Chính sách thương nghiệp đường biển của triều Nguyễn giai đoạn 1802–1858*, Nghiên cứu Lịch sử, số 8, năm 2016, tr 12–26 〔越〕丁氏海棠：《1802～1858 年阮朝海上贸易政策》，《历史研究》2016 年第 8 期）；〔越〕黄芳梅：《清代 1802～1885 年间中国商船在越南活动情况之初步考察》，《"中越关系研究：历史、现状与未来"国际学术研讨会论文集》（打印本），中山大学，2018。

④ Alexander Woodside, *Vietnam and the Chinese Model：A Comparative Study of Vietnamese and Chinese Government in the First Half of the Nineteenth Century*, Harvard University Press, 1971.

⑤ 多贺良宽「19 世纪ベトナムにおける租税銀納化の問題」『社会経済史学』83 巻 1 号、2017 年。

⑥ Trương Thị Yến chủ biên, *Lịch sử Việt Nam*, Tập 5, Nhàxuất bản Khoa Học Xã Hội, 2017. 〔越〕张氏燕主编《越南历史》第 5 卷，越南社会科学出版社，2017。

⑦ 于向东：《古代越南的海洋意识》，博士学位论文，厦门大学，2008。

成的原因、具体表现做了初步分析，但仍有诸多疑问尚待解答。[①]

　　港税问题是我们研究外国商船，尤其是清朝商船在越南的贸易活动无法绕开的议题。中越海上贸易研究取得了丰硕成果，但鲜有涉及阮朝对清朝商船征收的"半银半钱"港税。阮朝"半银半钱"港税是如何形成的，为什么要以"半银半钱"的方式征收港税，"半银半钱"港税推行的基本情况如何？在本文中，笔者尝试利用阮朝硃本、官修正史等域外汉文一手史料，以及学界已有成果对上述问题展开深入探析。如未特别指出，文中的港税均指入港税。

一　"全钱"港税向"半银半钱"港税的转变

　　阮朝"半银半钱"港税是在阮主政权"全钱"港税的基础上发展演变而来的。1558 年十月，阮潢奉命南下镇守顺化，[②] 是为第一代阮主。至 1572 年十一月，经过十余年苦心经营，阮潢将顺广地区变成了"诸国商舶凑集"之"大都会"。[③] 其子袭位后，于 1614 年置三司，并在令史司之下"又置内令史司，兼知诸税"。[④] 该"诸税"应该包括外国商船缴纳之港税。其后，在"内令史司"之下置"图家"这一负责官方和买、收贮货项的机构：

> 　　丁巳四年（1617）春正月，初置图家，收贮货项，以内令史司领之……顺、广二处惟无铜矿，每福建、广东及日本诸商船有载红铜来商者，官为收买，每百斤给价四五十缗。[⑤]

　　从红铜的价格单位来看，是以钱币结算。其结算方式很可能是以红铜总

① 黎庆松：《越南阮朝对清朝商船的入港勘验（1820~1847）》，《 "ASEAN+3"：首届全国东盟——中韩日人文交流广州论坛论文集》，广东外语外贸大学，2018 年 12 月；黎庆松：《嗣德初年越南阮朝对广东商船的入港勘验——以嗣德元年的一份朱本档案为中心》，《 "广船的技艺、历史与文化"学术研讨会论文集》，广州航海学院，2019 年 4 月；黎庆松：《19 世纪中期越南阮朝官员船赴粤贸易研究——以 1851 年阮朝护送吴会麟回国为中心》，《中国东南亚研究会第十届年会暨学术研讨会论文集》中册，中山大学，2019 年 6 月。
② 〔越〕阮朝国史馆编《大南实录前编》卷一，《大南实录》（一），庆应义塾大学言语文化研究所，1961，第 20 页。
③ 〔越〕阮朝国史馆编《大南实录前编》卷一，《大南实录》（一），第 23 页。
④ 〔越〕阮朝国史馆编《大南实录前编》卷二，《大南实录》（一），第 31 页。
⑤ 〔越〕阮朝国史馆编《大南实录前编》卷二，《大南实录》（一），第 31、32 页。

价抵扣港税。也就是说，这个时期阮主极有可能是以钱币征收港税。若红铜总价扣减港税后有剩余，也可能是以钱币补足商船。当然，还可能在回帆时用来扣减货税。

1679 年春正月，明朝遗臣杨彦迪等人率部投入阮主控制的思容、沱㶏海口。鉴于"真腊国东浦 [嘉定古别名] 地方沃野千里，朝廷未暇经理"，阮主遂将其安插于美湫、盘辚，"辟闲地，构铺舍。清人及西洋、日本、阇婆诸国商船凑集"。① 其对外国商船征收的港税，可能按阮主要求以"全钱"征收。

阮朝官修正史《大南实录》中关于阮主政权对外国商船征收的具体港税的最早记载是 1755 年四月：

> 国初，商舶税以顺化、广南海疆延亘，诸国来商者多，设该、知官以征其税。其法：上海船初到纳钱三千缗，回时纳钱三百缗；广东船初到纳钱三千缗，回时纳钱三百缗；福建船初到纳钱二千缗，回时纳钱二百缗；海东船初到纳钱五百缗，回时纳钱五十缗；西洋船初到纳钱八千缗，回时纳钱八百缗；玛瑶、日本船初到纳钱四千缗，回时纳钱四百缗；暹罗、吕宋船初到纳钱二千缗，回时纳钱二百缗。隐匿货项者有罪，船货入官。空船无货项者不许入港。大约岁收税钱，少者不下一万余缗，多者三万余缗，分为十成，以六成登库，四成以给官吏、军人。②

显然，处于初创期的阮主政权对清朝、日本、西洋、玛瑶③和东南亚地区的商船均征收"全钱"港税。总体来看，外国商船为阮主政权带来可观的港税收入。正如黎贵惇在《抚边杂录》中的描述："阮家割据，所收舶税甚饶。"④

1771 年西山起义的爆发打破了越南"南阮北郑"势均力敌的局面。1777 年，阮主政权最终被西山义军推翻。1778 年，阮主后裔阮福映初步建

---

① 〔越〕阮朝国史馆编《大南实录前编》卷五，《大南实录》（一），第 82 页。
② 〔越〕阮朝国史馆编《大南实录前编》卷十，《大南实录》（一），第 146、147 页。
③ 玛瑶即澳门。在阮朝硃本档案的记载中，"玛瑶商船"主要指从澳门出洋并驶入越南港口的葡萄牙商船。
④ 〔越〕黎贵惇：《抚边杂录》卷四，法国巴黎亚洲学会藏，编号：SA. HM 2108，第 34b 页。

立阮福映政权，开始展开与西山朝二十余年的复仇之战。为了扩充实力，阮福映政权秉承阮主重视海外贸易的传统，完善入港勘验制度。1788 年八月，阮福映"以钦差属内该队潘文仝为［芹蒢海口］守御，征收商船港税"。① 该"港税"应该是以"全钱"征收。随着来商清船数量增多，阮福映又于 1789 年春正月制定了专门针对清朝商船的"清商船港税礼例"：

> 海南港税钱六百五十缗，该艚礼凉纱六枝、彩十二匹，看、饭钱六十缗；潮州港税钱一千二百缗，该艚礼凉纱八枝、彩十五匹，看、饭钱八十缗；广东港税钱三千三百缗，该艚礼凉纱十二枝、彩二十五匹，看、饭钱一百缗；福建港税钱二千四百缗，该艚礼凉纱十枝、彩二十四，看、饭钱八十缗；上海港税钱三千三百缗，该艚礼凉纱十五枝、彩二十五匹，看、饭钱一百缗。其诸衙别恩礼并免之。至如上进礼，随宜不为定限。②

据此税例，海南、广东、福建、上海商船均须纳"全钱"港税。这样，阮福映政权从制度层面对清船应缴之"全钱"港税做了详细规定。

同时，又"令凡船货有关兵用如铅、铁、铜器、焰硝、硫黄类者，输之官，还其直。私相买卖者，罪之"。③ 1789 年五月，阮福映政权进而以免征港税和允许载米的政策鼓励清朝来船多载军需之物：

> 准定：清商船嗣有载来铁、铜、黑铅、硫黄四者，官买之，仍以多寡分等第酌免港税，并听载米回国有差［凡四者载得十万斤为一等，免其港税，再听载米三十万斤；载得六万斤为二等，听载米二十二万斤；载得四万斤，听载米十五万斤；不及数者，每百斤听载米三百斤，港税各征如例］。自是，商者乐于输卖而兵用裕如矣。④

阮福映政权向来严禁外国商船盗载米，但在军需物资紧张的情况下，这

---

① 〔越〕阮朝国史馆编《大南实录正编第一纪》卷三，《大南实录》（二），庆应义塾大学言语文化研究所，1963，第 51 页。
② 〔越〕阮朝国史馆编《大南实录正编第一纪》卷四，第 55 页。
③ 〔越〕阮朝国史馆编《大南实录正编第一纪》卷四，第 55 页。
④ 〔越〕阮朝国史馆编《大南实录正编第一纪》卷四，第 60 页。

种禁令显然被弱化了。港税成为阮福映政权解决军需的重要调节工具。值得一提的是,搭载兵用之物不足例者仍需纳"全钱"港税。

1790 年十二月,"建海关场,征诸国商船税课"。① 港税征收机构的设立,表明阮福映政权的港税征收制度获得较大完善,这有利于增加港税的收入。在与西山朝争夺的最后阶段,阮福映政权获得的港税收入创历史新高。1800 年,"该艚务苏文兑、该簿艚范文论册上是年外国商船港税〔四十八万九千七百九十缗零〕"。② 该年"全钱"港税应该包括部分外国商船缴纳的银圆或白银港税,只是二人上报时将其折算成了钱文。

阮福映建立阮朝后随即制定通行全国的港税规定,即"原定通国港税":

> 国初,议准诸国商船来商一律征收税例。广东、福建、上海、玛�、西洋商船每艘港税并诸礼例替钱共四千贯,上进诸礼钱五百四十六贯五陌,该艚官礼钱〔广东三百五十五贯,福建二百九十贯〕,港税并饭、看差诸礼钱〔广东三千九十八贯五陌,福建三千一百六十三贯五陌〕;潮州商船港税并诸礼例替钱共三千贯,上进诸礼钱三百八十六贯五陌,该艚官礼钱二百二十五贯,港税并饭、看差诸礼钱二千三百八十八贯五陌;海南商船港税并诸礼例替钱共七百二十四贯,上进诸礼准免,该艚官礼钱一百七十四贯,港税并饭、看差诸礼钱五百五十贯。③

可见,阮朝延续了阮主政权以"全钱"征收外国商船港税的传统。不同的是,阮朝一改阮主以来征收实物"上进诸礼"及"该艚官礼"的旧例,开始以"全钱"替纳。与此同时,田租也开始出现以钱代纳的情况。嘉隆二年(1803)五月,阮朝允许北城以"半钱"代纳田租:

> 诸地方米贵,民艰食,广义为甚。诏:蠲广义是年田租十之四,广德、广南、广治、广平缓征十之五,北城诸镇夏租半代纳钱。④

---

① 〔越〕阮朝国史馆编《大南实录正编第一纪》卷五,第 80 页。
② 〔越〕阮朝国史馆编《大南实录正编第一纪》卷十二,第 210 页。
③ 〔越〕阮朝国史馆编《钦定大南会典事例》第二册,正编,户部十三,卷四十八,人民出版社,2015,第 735 页。
④ 〔越〕阮朝国史馆编《大南实录正编第一纪》卷二十一,第 334 页。

根据各地饥荒的严重程度，阮朝采取了诸如减免、缓征、代纳田租等宽抚政策。其中，诏准北城内五镇与外六镇①应缴之实物"夏租"的一半以钱支付。这种用钱缴纳一半田租的做法与以"半银半钱"征收港税的做法应该存在某种关联。因为阮朝同样是在该年明文规定对外国商船征收"半银半钱"港税：

> 又议准：诸国船来商，港税、礼例纳半银半钱。看收，每钱一贯外纳看费钱六文，每银一两外纳看费钱一文。至如例外多收钱物并禁。②

"半银半钱"征税方式适用于所有进入越南的外国商船。从"看费钱"收费标准来看，阮朝开始将"看费钱"从"礼例"中剥离出来单独计算。这样，外国商船需缴纳的费用有"港税""礼例""看费钱"三项。其中，"看费钱"不再是定额，而是随"半钱""半银"之数浮动，但仍纳以钱文。显然，若纳"全银"港税，则应缴之"看费钱"要比"半银半钱"港税少得多，对外国船有利。此时白银紧缺的阮朝应该也比较乐意接受外国商船纳"全银"。至于该规定的推行时间，很可能是1803年五月前后，其下限应该不会晚于1803年末。

二　以"半银半钱"征收港税的原因

"半银半钱"港税的形成是越南港税制度史上的一项重大变革。那么，刚建立的阮朝为什么要以"半银半钱"征收港税呢？结合当时的历史背景，笔者认为其原因有三。

（一）银"荒"、钱"荒"加重

阮朝在建立之初便面临着严峻的银"荒"和钱"荒"。这既表现为政府手中的白银、钱币大量流失，也体现为民间钱币流通不足。实际上，这是阮主政权末期，尤其是阮福映政权建立以来存在的银、钱不足长期叠加的

---

① 内五镇，即山南上、山南下、山西、京北、海阳；外六镇，即宣光、兴化、高平、谅山、太原、广安。

② 〔越〕阮朝国史馆编《钦定大南会典事例》第二册，第745页。

结果。

阮主政权和阮福映政权统治的区域矿产资源匮乏，其白银、钱币主要从外部输入。在与西山朝的长期拉锯战中，阮福映政权耗费了大量钱财。1788年"八月丁酉克复嘉定"之后，① 阮福映多次派员前往下洲、江流波、柔佛国等地区和国家采买武器、弹药及其他兵需物资。② 1799 年四月，阮福映派该奇阮文瑞等人前往诏谕万象，并赐"钱四百缗，番银一千元"。③ 1800 年八月，"命神策乐从武勇队该奇阮文偃往运延庆官钱一万六千缗于虬蒙军次"。④ 此外，以白银奖励军功也使阮福映政权白银大量流失。如：1801 年五月，记思容海口擒贼战功，"赏左营将士白金一千两"，⑤ 又赏赐在高堆之役中克贼有功之将士"白金二千两"；⑥ 同年六月，赏赐将士"番银三千元，白金一千两"。⑦

与此同时，越南民间长期存在的熔钱为器、拣钱等旧习也消耗了大量钱币。阮主政权末期之所以增铸铜钱，均与民间熔钱为器致旧钱耗减有关。⑧ 针对"拣斥"钱币的行为，阮主政权于 1724 年、1748 年下令禁止。⑨ 阮福映在 1789 年十一月则出台了更详细、严厉的"禁拣钱"令：

> 凡官收税例及市肆贸易，钱文不论穿缺，犹可串所，并听通用，拣斥者罪之［官、军、民犯者并笞五十，官以贬罢谕，军给火头一年，民锁给役夫一年，妇女给春米场一年。诉告得实，收犯者钱十缗赏之；诬告者反坐］。⑩

---

① 〔越〕阮朝国史馆编《大南实录正编第一纪》卷三，第 49 页。

② 〔越〕阮朝国史馆编《大南实录正编第一纪》卷三，第 50 页；〔越〕阮朝国史馆编《大南实录正编第一纪》卷四，第 66 页；〔越〕阮朝国史馆编《大南实录正编第一纪》卷五，第 79、82 页；〔越〕阮朝国史馆编《大南实录正编第一纪》卷七，第 122 页；〔越〕阮朝国史馆编《大南实录正编第一纪》卷八，第 150、245 页。

③ 〔越〕阮朝国史馆编《大南实录正编第一纪》卷十，第 180 页。

④ 〔越〕阮朝国史馆编《大南实录正编第一纪》卷十二，第 209 页。

⑤ 〔越〕阮朝国史馆编《大南实录正编第一纪》卷十四，第 232 页。

⑥ 〔越〕阮朝国史馆编《大南实录正编第一纪》卷十四，第 235 页。

⑦ 〔越〕阮朝国史馆编《大南实录正编第一纪》卷十四，第 239 页。

⑧ 〔越〕阮朝国史馆编《大南实录前编》卷九，第 126 页；〔越〕阮朝国史馆编《大南实录前编》卷十，第 140 页。

⑨ 〔越〕阮朝国史馆编《大南列传前编》卷五，第 252 页；〔越〕阮朝国史馆编《大南实录前编》卷十，第 141 页。

⑩ 〔越〕阮朝国史馆编《大南实录正编第一纪》卷四，第 66 页。

此禁令明确了适用的领域及对象，细化了违禁官、军、民受罚的种类和程度，以及对检举、揭发者的具体奖惩措施。从时间节点来看，该禁令恰好出台于西山朝推翻后黎朝并与阮福映政权最终形成南北对峙之际。阮福映此举显然是为了防范"兵革"期间钱"荒"加剧而导致嘉定地区泉货不通。

阮朝建立之初，用于赏赐、堤政等的开销较大。如：嘉隆元年五月，"放高罗歆森所部兵还国，赐黄金三十两，白金三百两，钱三千缗"；① 七月，"赏诸军钱二万五千缗"；② 十一月，赏水步诸军"钱五万缗"。③ 嘉隆二年五月，"筑北城新堤七段"，"又培筑旧休堤一段"，"支钱八万四百余缗"；④ 赐黎文悦及平蛮将士"钱五千缗"。⑤ 可以发现，阮朝是以钱奖励军功，这与阮福映政权时期以白银赏军功的做法大相径庭。这说明阮朝国库中的白银、银圆很可能出现了短缺的情况。其他大额开销用钱支付亦进一步导致国库钱币不足。与此同时，民间也出现了钱"荒"。北城户部臣阮文谦于嘉隆二年五月入觐嘉隆帝时就言"兵革之后，民间钱荒"。⑥

为摆脱银"荒"、钱"荒"的困境，嘉隆帝采取了内、外措施。从对内来看有四项措施。

一是开采北部矿产。越南北部矿产资源丰富，阮福映在称帝后不久便迫不及待地开采北部宣光、兴化、太原等地的银、铜、铅等矿产，试图从源头上解决货币铸造材料不足的问题。如：嘉隆元年十月，"开宣光、兴化金、银、铜、铅矿。命土目麻允畋、黄峰笔、琴因元等领之〔麻允畋开金湘乌铅矿，黄峰笔开聚隆铜矿、南当银矿、秀山金矿，琴因元开闵泉金矿、秀容乌铅矿〕。以来年起征"。⑦ 嘉隆二年正月，"开宣光银矿，清人覃琪珍、韦转范等领之，岁输白金八十两"。⑧ 同年五月，"征太原武振、坤显二矿乌铅税"。⑨

二是严禁白银和铜钱外流。嘉隆二年七月，阮朝"申定商舶条禁"，规

① 〔越〕阮朝国史馆编《大南实录正编第一纪》卷十七，第280页。
② 〔越〕阮朝国史馆编《大南实录正编第一纪》卷十八，第292页。
③ 〔越〕阮朝国史馆编《大南实录正编第一纪》卷十九，第310页。
④ 〔越〕阮朝国史馆编《大南实录正编第一纪》卷二十一，第335页。
⑤ 〔越〕阮朝国史馆编《大南实录正编第一纪》卷二十一，第335页。
⑥ 〔越〕阮朝国史馆编《大南实录正编第一纪》卷二十一，第335页。
⑦ 〔越〕阮朝国史馆编《大南实录正编第一纪》卷十九，第308页。
⑧ 〔越〕阮朝国史馆编《大南实录正编第一纪》卷二十，第320页。
⑨ 〔越〕阮朝国史馆编《大南实录正编第一纪》卷二十一，第333页。

定"凡外国商船来商不得私买金、银，盗载铜钱，违者赃货尽入官，以金、银卖者其罪徒"。① 《钦定大南会典事例》对此亦有详细记载：

> （嘉隆二年）又议准：诸船来商间有带来金、银多少，饬该船主详开呈照。商卖事清，剩余若干并听带回。至如本地金、银、铜钱，国用所关，土产有限，外国商船不得私买盗载。若违禁私相买卖，觉出，其金、银不拘有无成锭，铜钱十贯以上，即将卖者议徒一年，盗买之商船货项及买赃一并入官，永为常例。②

为防止白银、铜钱外流，阮朝一方面加强外国商船进出港查验，另一方面以严厉的处罚条例加以震慑。从违禁的判定标准来看，阮朝对金、银的管控显然要严于铜钱，说明金、银比铜钱更紧缺。

三是以白银征收清人、侬人的人丁税。嘉隆二年九月，"命太原宣慰使麻世固监收清人、侬人银税"。③ 该税系人丁税，以白银缴纳。太原位于中越边境地带，乃银矿富集之所。据《钦定大南会典事例》记载，阮朝时期，越南的银矿主要分布于太原、清化、兴化、宣光等地。④ 同时，太原又是中越陆路边贸的重镇，入越清人也带来一定数量的白银。这些都有利于居住在太原的清人、侬人获得用于缴纳人丁税的白银。

四是铸铜钱和继续流通西山伪号钱。嘉隆二年五月，北城户部臣阮文谦"请铸铜为钱，薄其周郭，以便民用"，得到嘉隆帝允准。⑤ 六月，将初铸之一千枚嘉隆通宝钱送往北城依式鼓铸。⑥ 十月，"开北城铸钱局"，"依新制钱样铸造"。⑦ 由于短期内无法铸造出大量钱币，阮初又不得不继续流通西山朝铸造的"泰德、光中、景盛、宝兴诸伪号钱"。⑧ 至嘉隆十五年（1816）九月，嘉隆帝才下诏："凡伪号钱自丁丑（1817）至辛巳（1821）五年姑听

---

① 〔越〕阮朝国史馆编《大南实录正编第一纪》卷二十二，第 339 页。
② 〔越〕阮朝国史馆编《钦定大南会典事例》第二册，第 753 页。
③ 〔越〕阮朝国史馆编《大南实录正编第一纪》卷二十二，第 343 页。
④ 〔越〕阮朝国史馆编《钦定大南会典事例》第二册，第 634、635 页。
⑤ 〔越〕阮朝国史馆编《大南实录正编第一纪》卷二十一，第 335 页。
⑥ 〔越〕阮朝国史馆编《大南实录正编第一纪》卷二十一，第 336 页。
⑦ 〔越〕阮朝国史馆编《大南实录正编第一纪》卷二十二，第 345、346 页。
⑧ 〔越〕阮朝国史馆编《大南实录正编第一纪》卷五十四，第 312 页。

通用，壬午（1822）以后并禁。"① 然而，使用期限截止之后，明命三年（1822）二月，"缓伪号钱之禁"，要求在一年内将伪号铜钱、铅钱换成制钱，"至来年即止民间市肆贸易，禁如限"。②

再从对外来看，则是以"半银半钱"征收港税。全面审视阮朝初年的赋税征收情况，我们可以发现，阮朝试图改变以"全钱"或"实物"征收租税的传统做法，尝试建立一套以"全银"或"半银半钱"的方式征收，从而将白银引入赋税征收体系的征税制度。我们暂且将这种制度称为租税征银制度。显然，租税征银制度是阮朝用以缓解银"荒"的一个重要手段，而以"半银半钱"征收港税正是该制度施行的外在表现。据多贺良宽研究，嘉隆初年阮朝以白银征收的税种涉及矿山税、人丁税、关津税和港税，征收方式有"全银"或"半银半钱"。③ 阮朝租税征银制度的推行应该是1803年以"半银半钱"征收港税为始。以"半银半钱"的方式征收港税，是阮朝在推行租税征银制度过程中迈出的第一步。继港税之后，阮朝又将这种征税方式推广至田租和关津税。④

阮朝将一半港税钱折算成白银征收，说明相对于钱币，其更渴望白银。然而，阮朝并未强制征收"全银"港税，而是将剩下的一半港税钱仍以钱币征收，这又意味着其仍设法获得钱币。而以"半银半钱"的方式征收港税，可以保证同时有白银和钱币进入国库。以"半银半钱"征收港税，是阮朝试图从外部寻求解决银"荒"、钱"荒"的重要举措。

（二）兼顾"中国通用银，越南通用钱"货币使用习惯

因入越外国商船以中国船为主，故阮主政权、阮福映政权以及阮朝制定之港税规定在很大程度上是为中国船"量身打造"。就这个层面而言，"半银半钱"港税的形成与中国方面的因素有很大关系。多贺良宽最先注意到这一点，认为阮朝以"半银半钱"征收清船港税是因为中国通用白银而越

---

① 〔越〕阮朝国史馆编《大南实录正编第一纪》卷五十四，第312页。
② 〔越〕阮朝国史馆编《大南实录正编第二纪》卷十三，《大南实录》（五），庆应义塾大学言语文化研究所，1971，第191页。
③ 多賀良寬「19世紀ベトナムにおける租税銀納化の問題」『社会經濟史學』83卷1号、2017年、91、104頁。
④ 〔越〕阮朝国史馆编《大南实录正编第一纪》卷五十，《大南实录》（三），庆应义塾大学言语文化研究所，1968，第280页；〔越〕阮朝国史馆编《大南实录正编第二纪》卷七，《大南实录》（五），第117页。

南通用钱币，且中国的白银量大，银价较便宜。其依据是嗣德十四年（1851）十月二十三日内阁一份奏折的相关记载：

> 该部臣商同窃照，该清商外国梯航，不远而来，盖闻我仁政而愿藏于其市。该船应征港税节经议定，均据横梁为准。仍随其所载在清某省府辖、货项之粗贵，所到本国某府省辖商买之难易而为之等差，按尺征收。其税钱数干，又一半照收实钱，一半折纳银两。想亦以钱为我国通用，而银为北国通用，银于北国既多，其价值稍贱，故亦酌从其俗，使之易办也。①

尽管阮朝内阁臣是站在其所处的年代来分析"半银半钱"港税的成因，其给出的理由放在阮朝初年未必成立，但其分析原因的视角给我们提供了启发。

弗兰克指出："东亚、东南亚和南亚的日常小额交易主要使用铜钱。"②实际上，越南的小额贸易、大宗交易均主要使用钱币。在阮朝建立之前，无论是阮主政权还是阮福映政权，在其统治区域内，钱币始终占据着主流货币的地位。③这两个政权的一个共同点是都重视发展海外贸易。除了获得港税礼例、货税收入，其还通过港税政策吸引外国商船多载来现成的钱币或铸造钱币的材料。这样，即使在本地金属矿产资源严重匮乏的情况下，依然能够保证有一定数量的钱币进入流通领域。尽管阮主政权对华人及边地少数民族征收"全银"人丁税，并且阮福映政权也继承了这一做法，但只限于某些

---

① 转引自多贺良宽「19 世紀ベトナムにおける租税銀納化の問題」『社会經濟史学』83 卷 1 号、2017 年、104 頁。笔者已对该引文重新断句。多贺良宽的断句为："该部臣商同窃照，该清商外国梯航不远而来，盖闻我仁政而愿藏于其市。该船应征港税节经议定，均据横梁为准。仍随其所载在清某省府辖货项之粗贵，所到本国某府省辖商买之难易而为之等差按尺征收。其税钱数干，又一半照收实钱，一半折纳银两。想亦以钱为我国通用而银为北国通用，银于北国既多其价值稍贱，故亦酌从其俗使之易办也。"

② 〔德〕贡德·弗兰克：《白银资本：重视经济全球化中的东方》，刘北成译，中央编译出版社，2001，第 198 页。

③ 关于阮主政权、阮福映政权的货币史，参见云南省钱币研究会、广西钱币学会编《越南历史货币》，中国金融出版社，1993，第 35~36 页；〔澳〕李塔娜《越南阮氏王朝社会经济史》，李亚舒、杜耀文译，文津出版社，2000，第 108~116 页；Li Tana，"Cochinchinese Coin Casting and Circulating in the Eighteenth Century Southeast Asia"，in Eric Tagliacozzo, ed., *Chinese Circulations：Capital，Commodities，and Networks in Southeast Asia*，Duke University Press，2011，pp.130-135，138-142。

特定群体的特定税种，其他税种仍然遵循传统的钱币或实物征收方式。阮朝在建立之初，仍然以使用钱币为主。[①]

再从中国方面来看，白银货币化始于明末，白银自此成为合法货币。[②]在清朝的货币发展史中，清朝推行的是重银轻钱的货币政策，银逐渐占据上风。[③]自16世纪末至19世纪30年代是白银流入中国的时期。[④]阮福映对白银大量流入清朝的事实应该是十分清楚的。这除了可以从入越清船获悉，还可通过前往中国的派员而知晓。1798年六月，阮福映派吴仁静"奉国书从清商船如广东探访黎主消息。仁静既至，闻黎主已殂，遂还"。[⑤]除了打探黎主消息，吴仁静应该还趁机探访了清朝内情。阮朝建立后，阮福映又派人前往清国打探情况，试图与清朝建立宗藩关系。如：嘉隆元年五月，"清人赵大仕自广东还，帝问以清国事体"，[⑥]又派郑怀德、吴仁静、黄玉蕴通使于清。[⑦]

因此，以"半银半钱"征收港税，是阮福映基于对中越两国各自的货币使用习惯的认知而做出的两全决定。

（三）根除"钱弊"

本文所言之"钱弊"，一是指钱币社会属性方面的弊端，即铸造质量较差、实际价值与面额不符的钱币引发的物价上涨或其他弊端；二是指钱币易被腐蚀、易破损等自然属性方面的弊端。从"全钱"港税到"半银半钱"港税，最显著的变化是货币形态的转变。原先以钱币支付的一半港税钱被折

[①] 关于阮朝前期的货币史，参见云南省钱币研究会、广西钱币学会编《越南历史货币》，第46~65页；多贺良宽「19世紀ベトナムにおける租税銀納化の問題」『社会経済史学』83巻1号、2017年、91-114頁；多賀良寛「阮朝治下ベトナムにおける銀流通の構造」『史学雑誌』123巻2号、2014年、1-34頁。

[②] 关于明朝的白银货币化，参见万明《明代白银货币化：中国与世界连接的新视角》，《河北学刊》2004年第3期；万明《白银货币化视角下的明代赋役改革》（上），《学术月刊》2007年第5期；万明《白银货币化视角下的明代赋役改革》（下），《学术月刊》2007年第6期；万明《明代白银货币化研究20年——学术历程的梳理》，《中国经济史研究》2019年第6期。

[③] 杨端六：《清代货币金融史稿》，武汉大学出版社，2007，第57~58页。

[④] 〔日〕滨下武志：《近代中国的国际契机——朝贡贸易体系与近代亚洲经济圈》，朱荫贵、欧阳菲译，中国社会科学出版社，1999，第102页。

[⑤] 〔越〕阮朝国史馆编《大南实录正编第一纪》卷十，第168页。

[⑥] 〔越〕阮朝国史馆编《大南实录正编第一纪》卷十七，第278页。

[⑦] 〔越〕阮朝国史馆编《大南实录正编第一纪》卷十七，第281页。

算成白银征收，在一定程度上显示了阮朝借此根除 "钱弊" 的意图。

如前所述，阮主政权与阮福映政权均以流通和使用钱币为主。其中，白铅钱在当地的货币流通中占据主导地位。阮主政权 "初铸白铅钱" 是在 1746 年：

> 先是，肃宗时命铸铜钱，所费甚广。民间又多毁为器用，日益耗减。至是，清人姓黄［缺名］者请买西洋白铅铸钱，以广其用。上从之。开铸钱局于凉馆。轮郭（廓）、字文依宋祥符钱式。又严私铸之禁。于是，泉货流通，公私便之。其后，增铸天明通宝钱，杂以乌铅，轮郭（廓）又浅薄，物价为之腾踊。[①]

鉴于鼓铸铜钱的成本过高，又民间毁钱铸器致铜钱减少，故阮主听从黄姓清人的建议。初铸之铅钱保障了泉货流通，便利了辖内贸易。增铸之铅钱杂入乌铅且薄其轮廓，目的是节约白铅，但此举导致钱币质量较差、钱币价值与面值不符，引起当地物价上涨。

尽管如此，阮主仍于 1748 年十月强令民间通用 1746 年至 1748 年新铸的 72396 缗白铅钱，"拣斥者罪之"。[②] 这些质量较差、价值与面值不符的铅钱进入流通领域，由此引发的弊端越发严重。对此，1770 年七月，顺化逸士吴世璘向阮主上书，论铅钱之弊：

> 其略曰：窃闻自先君启宇，地尚狭，民尚稀。南未有嘉定之饶［嘉定为第一肥饶之地，地最宜谷，其次宜榔。谚云：粟一，榔二］，北尚有横山之警。连岁兵革而民无饥馑，国有余需。今天下承平日久，地广民蕃。生谷之地已尽垦，山泽之利已尽出。加之，以藩镇龙湖之田又无旱潦之变。然而，自戊子（1768）以来，粟价腾踊，生民饥馑。其故何哉？非粟之少也，在钱之所致也。人情谁不爱坚牢而嫌易败？今以铅钱之易败而当铜钱之坚牢，所以民争积粟而不肯积钱也。虽然铅钱之弊从来久矣，今欲更之，其势甚难。而生民之饥，其势甚急。臣窃思，为今之计，莫若依仿汉法，每府置常平仓，设有司定常平价。粟贱，则依

---

① 〔越〕阮朝国史馆编《大南实录前编》卷十，第 140 页。

② 〔越〕阮朝国史馆编《大南实录前编》卷十，第 141 页。

价而籴。粟贵，则依价而粜。如此，则粟不至于甚贱以妨农，亦不至于甚贵以资富商。然后，徐更铅钱之弊，而诸货平矣。疏入不报〔璘后投西贼，受伪职〕。①

吴世璘所言之"铅钱之弊"，指的是铅钱的铸造质量差。他将"粟价腾踊，生民饥馑"归因于阮主以质量较差之白铅钱替代质量较优之铜钱引起民间争相囤积粟米。吴氏虽找到了症结所在，但阮主臣子却未上报其疏。其中的原因，可能是白铅紧缺的现实在短期内无法改变，以及吴氏的"逸士"身份。这样，阮主政权的钱"弊"问题就此搁置，直至阮主政权灭亡也未得到很好的解决。

阮福映应该注意到了铅钱的弊端，但因"兵革"连年而无暇顾及。至1798年四月，才制定"铸钱例"，规定"凡白铅百斤铸成钱三十五缗，钱一缗秤重一斤十四两为限"。② 至国初，随着国内局势的稳定，阮朝着手解决"钱弊"问题。嘉隆二年五月，北城户部臣阮文谦请铸铜钱，并指出"铸币之柄则自朝廷，须有法钱，然后无弊"。③ 所谓"法钱"，指的应该是材质、样式、重量等均依国家统一标准且由官方铸造的钱币。显然，阮朝试图通过依"法钱"重铸铜钱的办法革除铅钱之弊。

实际上，无论是铅钱，还是铜钱，抑或其他钱币，均存在钱币的普遍缺陷。众所周知，钱币多以普通金属鼓铸，易被腐蚀，不便久藏。钱币容易发生盗铸，贬值的可能性大。遇有改朝换代，前朝钱币还可能陷入被新朝禁止流通的尴尬境地。阮朝限期西山伪号钱退出流通领域便是最好的明证。相反，作为贵金属的白银不易被腐蚀，可长期贮存。白银价值较稳定，是硬通货，不会因朝代更替而被终止流通。尽管阮朝要求一半港税钱以白银缴纳的做法算不上一劳永逸之策，但至少可以在一定程度上实现逐步根除"钱弊"之目的。

三 "半银半钱"港税的推行

1803年，阮朝"半银半钱"港税开始初步推行。此后，至嘉隆末年之

---

① 〔越〕阮朝国史馆编《大南实录前编》卷十一，第156、157页。
② 〔越〕阮朝国史馆编《大南实录正编第一纪》卷十，第165页。
③ 〔越〕阮朝国史馆编《大南实录正编第一纪》卷二十一，第335页。

前，阮朝均是在遵循"半银半钱"港税的前提下制定和实施相关港税政策。

阮朝初年，嘉隆致力于恢复和发展经济，确保泉货流通是其首要考虑的问题。价格相对低廉的白铅便成为阮朝铸造钱币的首选材料。为了吸引外国商船尤其是西洋商船载来铸造白铅钱的材料白铅，阮朝出台了相应的港税、礼例优惠政策：

> （嘉隆三年二月，1804）免玛瑞商船三礼钱［上进御前、长寿宫、坤德宫凡三礼］，令船来多载白铅。官市之，还其直。[1]

> 嘉隆三年（1804）旨：玛瑞商船来商，一项船例载白铅三千谢［百斤为一谢］，二项船例载白铅二千谢，三项船例载白铅一千谢，各平价官买，足数扣除港税，并准免上进诸礼，存该艚官礼依例征收。若何项船载纳白铅秤斤不足例者，不得准除港税，白铅发还。永为例。[2]

阮朝以免"三礼钱"作为鼓励玛瑞船"多载白铅"的交换条件。白铅由阮朝以"平价"官买，说明白铅的定价权在阮朝。至于白铅"多载"的标准，阮朝根据船只大小，将玛瑞船划分为一项、二项、三项船，并规定其应载的白铅数量。规格不同的船只有搭载白铅如数，方获以白铅抵扣"半银半钱"港税、准免"三礼"的待遇，但该艚官礼仍照收。为了享受优惠待遇并从越南运出尽可能多的货物，玛瑞船应该会如数载来白铅。

除了白铅，阮朝亦非常紧缺用于制造火药的硫磺。对载来硫磺之玛瑞船，阮朝给予了更优惠的政策：

> （嘉隆）十三年（1814）旨：玛瑞船长策阿经安孙投来商卖。立词受卖硫磺，每谢价值鬼头银十片。准依彼价发还官银，许该船认颁。其所载货项，并许开舱发卖。其港税、礼例并行准免。[3]

与白铅不同，阮朝并没有规定享受免"半银半钱"港税、礼例政策应

---

① 〔越〕阮朝国史馆编《大南实录正编第一纪》卷二十三，第 7 页。
② 〔越〕阮朝国史馆编《钦定大南会典事例》第二册，第 752 页。
③ 〔越〕阮朝国史馆编《钦定大南会典事例》第二册，第 752 页。

载来之硫磺量。并且，官买硫磺由商船定价。依百斤硫磺价"鬼头银十片"算出"鬼头银"总数，再兑换成中平银发还商船。

由于玛瑶、西洋商船多载来白铅、硫磺等阮朝紧缺物项，嘉隆十七年（1818）六月，阮朝允许其以多种方式缴纳港税：

> 准定：自今，玛瑶、西洋来商嘉定，所纳港税、货税，或番银、中平银，或全银、全钱、半银半钱，各从所愿，不为限制。①

据此，前往嘉定贸易的玛瑶、西洋商船可以选择"全银""全钱""半银半钱"三种方式中的任意一种缴纳港税。"半银半钱"不再是阮朝港税征收方式的固定选项。这说明，在特定背景和条件下，阮朝港税征收方式具有"弹性"。此处之"番银"，乃玛瑶、西洋商船载来之银圆。"中平银"系有"中平印志"之银：

> （嘉隆二年五月）北城户部阮文谦入觐。因言伪西银币多杂铅、锡，至有分两不称者，请嗣有铸造刻字，以示信。帝然之。谕管北城图家陈平五曰：北城诸镇金、银所出之地，民多淆杂为奸，淆之甚微，得瀛甚厚，若此诈冒，弊所当除。今赐汝为中平侯，凡公私金、银锭得尔中平印志乃听通用。尔其慎之，售奸巧者有坐。②

阮朝国内的金、银锭只有刻上中平印才能流通使用，否则视为非法。阮朝允许玛瑶、西洋商船以番银或中平银缴纳港税，说明"全银"或"半银半钱"之银可以是外国银圆，还可以是越南国内的白银。

嘉隆十七年，阮朝对外国商船的港税征收方式做了补充：

> 又议准：玛瑶、西洋船奉纳港税、货税，如愿全纳鬼头银，每片准价一贯五陌；全纳银锭，每一两准价二贯八陌。或愿全银、全钱、半银半钱亦听。至如他国商船，照依上年例纳半银半钱，不得

---

① 〔越〕阮朝国史馆编《大南实录正编第一纪》卷五十七，第344页。
② 〔越〕阮朝国史馆编《大南实录正编第一纪》卷二十一，第335页。

援此为例。①

　　阮朝进一步放宽了玛瑭、西洋商船以多种方式缴纳港税的地域限制。规定"鬼头银"、"银锭"与"钱"之间的官方比价,以便于征收"全银"或"半银半钱"港税。港税钱总额除以每片"鬼头银"或每锭银规定的以钱计价的数额,即可得出应纳"鬼头银"或"银锭"的数目。与玛瑭船、西洋船的待遇截然不同的是,清船等其他外国商船则仍须依旧例以"半银半钱"缴纳。阮朝之所以区别对待,主要是因为玛瑭、西洋商船多载来阮朝紧缺之白铅、铜块、硫磺等项。加之玛瑭、西洋商船缴纳的港税比其他商船多得多。

　　同年,阮朝又议准"税礼"贮存、奏报的具体执行办法:

　　　　递年嘉定、北城商船来商,干艘照项应纳诸礼与港税、货税钱、银若干,饬所司员依例照收并纳入在城公库。照据实收税礼钱、银,依上年例修簿,纳在该艚官转奏。再据上进诸礼与该艚官礼钱、银若干,别修奏簿甲、乙、丙三本。详开何项船艘横度尺寸与现纳入库之上进诸礼、该艚官礼钱、银各若干,脚注明白钦递,由该艚官详实题奏。乙本录交户部官,并此钱、银照发在京库。全钱交该艚官单领,以便替纳上进诸礼与该艚官礼依数。嗣后永以为例。②

　　嘉定、北城两总镇所辖区域的勘验员征收之"半银半钱"港税、礼例均贮于总镇公库。这样做可以保证有较充足的白银、钱币供进入其地的外国商船兑换,以便港税征收。

　　在经历了近二十年的休养生息之后,阮朝经济在明命初年获得快速发展,越来越多的外国商船,尤其是清朝商船进入越南贸易。海外贸易的繁荣,成为推动阮朝港税制度各项改革的动力。明命元年(1820),阮朝对港税礼例进行了一些调整:

　　　　又议准:诸商船港税、诸礼例从前各随商船处所折算,间有多少不

---

① 〔越〕阮朝国史馆编《钦定大南会典事例》第二册,第 752 页。
② 〔越〕阮朝国史馆编《钦定大南会典事例》第二册,第 748 页。

齐，未为画一。嗣后，征收钱、银在商船总名为"港税礼例"，以从简便。迨满税期，所在官通并所收钱、银总数若干分为一百成：港税七十八成、上进诸礼十二成、商舶官十成，依例折算，缮开奏册，由该镩官总数缮册题达。永为常例。①

此次改革涉及费用名目精简、港税礼例分配、奏册缮修与奉纳。对清船征收的"钱、银"应该还是采用"半银半钱"的方式。"钱、银总数"的分配是先将所有白银、钱币各分为一百份，再按比例"折算"分配。

通过一份明命五年（1824）十一月初二日北城总镇黎宗质、户曹段曰元的奏折，我们可以大致窥探明命初年阮朝征收的外国商船港税情况：

> 明命四年癸未十月至本年十月底，诸舶投来在城商卖、接载客货该二十九艘。逐期奉有疏文、勘簿钦递。臣等奉饬该等遵体照收税例。除兹期空舶一艘留冬未纳税例外，存舶二十八艘港税、礼例半分银伸钱并半分钱二万二千四十二贯八陌，又贵货、帆柱税半分银伸钱并半分钱二千二百三十五贯七陌四十二文，合共银伸钱并钱该二万四千二百七十八贯五陌四十二文，内半分钱一万二千一百七十二贯五陌四十二文，内半分银四千八十六两，又带纳看费钱一百二十八贯五百三十六文。各已递纳在城公库依数。兹臣等奉照商舶某艘横干尺寸、港税礼例及货税银、钱与带纳看费钱各若干，逐款钦修册本甲、乙、丙三本，一同钦递奏闻。②

该城征收的外国商船港税、礼例及贵货、帆柱税均按"半银半钱"征收。所收银、钱贮存在北城公库，可以为外国商船缴纳港税提供兑换所需的白银和钱币。可见，"半银半钱"港税礼例的征收及奏报与嘉隆时期相差不大。

明命前期，为了吸引外国船来商，阮朝先后出台了减免港税、宽免看费钱的政策。如：明命六年（1825），阮朝规定"凡外国来商，酌减港税有差"；③

① 〔越〕阮朝国史馆编《钦定大南会典事例》第二册，第749页。
② 明命五年十一月初二日北城总镇黎宗质、户曹段曰元奏折，阮朝硃本档案《明命集》第9卷，第175号，越南第一档案馆。
③ 《国朝典例官制略编》，越南汉喃研究院，编号：A.1380。

明命八年（1827），议准"宽免带纳看费例钱"。① 而"凡清商船应纳半银之数，不得折纳钱文"。② 即便有这种硬性规定，阮朝实行的优惠政策还是取得了较好成效。从明命十年（1829）十二月十一日户部上奏全年征收的外国商船港税来看，该年有"商舶五艘来京"，"税钱三千二百四十七贯，内银五百三十八两，内钱一千六百三十三贯"，"诸辖本年商舶七十五艘来商"，"税钱十万零十五贯，内银八千三百八十九两，内钱七万四千八百四十八贯"。③ 明命帝在奏折末尾朱批："仍以钱银示行折半。"④ 可见，明命前期，"半银半钱"港税制度得到了严格的执行。

明命十年，阮朝还进行了一次对港税制度影响较深的改革：

> 十年谕：向例，商舶税课摘取分数作为上进及管商舶等礼。夫既系税课，乃有向上各色，颇未合理。着本年为始，均归税额，毋须仍前作此名色。⑤

至此，阮朝将诸礼全部纳入港税，实现了真正意义上的"商舶税课"。这为明命后期以"半银半钱"港税为基础的港税改革奠定了重要基础。

值得关注的是，在实际征税过程中，"半银半钱"港税在明命时期也显现了"弹性"：

> 十年旨：商舶税课向来征收半银半钱，自有一定之则。兹据嘉定折叙，城辖银数无多，该商曾已悉力寻办而所得无几。既该城察系拮据情形，除现已输纳银八十一笏五锭外，尚欠数千。此次着加恩，准依所请折纳钱文，免致远商妨业。此系一辰量加恩格，嗣后毋须援此为例。⑥

从圣旨的内容，可以得出以下四点认识。

其一，此船可能系清人雇用之西洋大船。虽然自明命中期开始西洋船逐

---

① 〔越〕阮朝国史馆编《钦定大南会典事例》第二册，第 749 页。
② 《国朝典例官制略编》，编号：A.1380。
③ 明命十年十二月十一日户部奏折，《明命集》第 37 卷，第 70 号。
④ 明命十年十二月十一日户部奏折，《明命集》第 37 卷，第 70 号。
⑤ 〔越〕阮朝国史馆编《钦定大南会典事例》第二册，第 749 页。
⑥ 〔越〕阮朝国史馆编《钦定大南会典事例》第二册，第 753 页。

渐被限定在沱灢汛贸易，但从阮朝砅本的记载来看，阮朝并未禁止清人雇用西洋大船往嘉定贸易，只是其港税征收须从西洋例。该商应纳之白银数超过"八十一笏五锭"，又银每笏值钱三十贯、每锭值钱三贯，[①] 故"半银"港税钱大于 2445 贯，港税钱总额大于 4890 贯。而清朝商船缴纳的港税很少有超过 4000 贯的情况。综合来看，此船系清人雇用的西洋大船的可能性大。

其二，阮朝允许外国商船在越南兑换当地白银用以缴足"半银"银数。对于经常入越贸易的商船，其对应缴之"半银"银数、"半钱"钱数应该是了然于心的，且通常会提前准备。为了凑足应纳之银数，该商已寻遍嘉定的白银。这说明，外国商船如果出现白银不足的情况，可以兑换当地白银，阮朝并未禁止这种兑换行为。

其三，征税过程中特殊情况的处理体现了中央与地方的密切互动。面对该商船的特殊情况，嘉定城臣不敢擅作主张，而是先将实情上奏中央，交由皇帝定夺。这说明，在"半银半钱"港税征收这件事情上，尤其是遇到比较特殊的情形时，中央与地方的沟通、协调不仅是重要的，而且是必要的。从中也可以看出中央对地方入港勘验事务的实时监督与管理。

其四，部分"半银"在特定条件下可折纳钱文。嘉定城臣因外国船未能纳足"半银"之数而申请朝廷恩准"折纳钱文"。然而，按照商舶税课既定之则，该商须纳"半银半钱"。鉴于其已竭力搜寻城内白银而所兑之银仍不足数，且城臣亦证实城内确系再无可兑之银，加之该商系"远商"，故明命帝降旨准其以钱文折纳所欠银数。当然，这只是阮朝在特定的条件下对该商的"一辰"特恩，此后仍须纳从"半银半钱"。

至明命末年，阮朝"半银半钱"港税制度趋于成形。此后，绍治、嗣德时期，阮朝均以"半银半钱"的方式对外国商船征收港税。

那么，"半银半钱"港税在实际征收中的情况是怎样的呢？接下来我们通过一些具体的数据进行分析。我们所采集的数据均来自阮朝地方政府在对清朝商船进行勘验后将勘验情况呈报中央的奏折。这类奏折相当于入港勘验报告，并有皇帝朱批。由于涉及入港勘验的嘉隆时期的朱本数量非常有限，在此我们仅讨论明命初年至嗣德初年阮朝对清朝商船征收的"半银半钱"港税情况（见表 1）。

---

① 明命十年十月二十九日清华镇胡文张、宗室宜、段谦光奏折，《明命集》第 33 卷，第 208 号。

表 1　阮朝朱本档案所载明命初年至嗣德初年阮朝对清朝商船征收"半银半钱"港税情况

序号	奏报时间	船户名号	船横尺寸	每尺税钱	港税钱	半银 白银	半银 值钱①	半银半钱 值钱①	半钱
1	明命五年七月初七日②	陈永成	—	—	—	—	—	—	—
2	明命十年十月二十九日③	郑顺兴	十尺	三十五贯	三百五十贯	五十八两	一百七十四贯	一百七十四贯	一百七十六贯
3	明命十一年十月二十三日④	郑顺兴	十尺	三十五贯	三百五十贯	五十八两	一百七十四贯	一百七十四贯	一百七十六贯
4	明命十九年二月二十七日⑤	万永兴	一丈七尺八寸	一百四十贯	二千四百九十三贯	四百一十五两	一千二百四十五贯	一千二百四十五贯	一千二百四十七贯
5	明命十九年三月二十日⑥	金捷报	三丈一尺一寸	一百十贯	二千三百二十一贯	三百八十六两	一千一百五十八贯	一千一百五十八贯	一千一百六十三贯
6	明命十九年四月初三日⑦	琼万金	一丈二尺六寸八分	七十贯	八百八十三贯	一百四十七两	四百四十一贯	四百四十一贯	四百四十一贯

① 在涉及入港勘验的朱本中，大部分朱本同时记载了港税钱总数、"半银"的白银数目、"半银"的"值钱"数目、"半钱"数目，少数朱本未载"半银"的值钱数目、"半钱"数目计算得出。

② 明命五年七月初七日北城总镇黎宗质，户曹宗室张，段谦光奏折，《明命集》第 8 卷，第 171 号。

③ 明命十年十月二十九日清华镇胡文张奏折，阮文胜奏折，《明命集》第 33 卷，第 208 号。

④ 明命十一年十月二十三日清华镇胡文张奏折，宗室张，宗室宝奏折，《明命集》第 44 卷，第 179 号。

⑤ 明命十九年二月二十七日权掌边定总督关协黄炯，阮文，陈有升进奏折，《明命集》第 60 卷，第 42 号。

⑥ 明命十九年三月二十日权掌边定总督关协黄炯，阮文，陈有升进奏折，《明命集》第 60 卷，第 49 号。

⑦ 明命十九年四月初三日都统署后军都统府统掌边事忠毅伯阮文仲奏折，《明命集》第 60 卷，第 59 号。

续表

序号	奏报时间	船户名号	船横尺寸	每尺税钱	港税钱	半银		半钱
						白银	值钱	
7	明命十九年闰四月二十六日①	周裕兴	一丈七尺九寸八分	一百十贯	一千九百六十九贯	三百二十八两	九百八十四贯	九百八十五贯
8	明命二十一年十一月初九日②	金顺利	一丈三尺一寸	—	共二千三百七十六贯	共三百九十七两	共一千一百九十一贯	共一千一百八十五贯
9	明命二十二年正月初六日②	金兴发	一丈三尺三寸	—				
10	明命二十二年正月初六日③	新成利	一丈三尺八寸二分	—	一千一百十七贯八陌		半银半钱	
11	明命二十二年正月初六日③	新永益	一丈三尺八寸七分	—	一千一百十七贯八陌		半银半钱	
12	明命二十二年正月初六日④	刘顺发	一丈八尺四寸	—	一千七百八十二贯	二百九十七两	八百九十一贯	八百九十一贯
13	明命二十二年正月初六日④	金懋隆	一丈七尺六寸八分	—	一千六百六十三贯二陌	二百七十八两	八百三十四贯	八百二十九贯二陌

① 明命十九年闰四月二十六日都统署后军都统府都统掌府事署领定边总督弘忠伯降三级留任纪录一次阮文仲奏折,《明命集》第60卷,第77号。

② 明命二十一年十一月初九日户部奏折,《明命集》第80卷,第84号。

③ 明命二十二年正月初六日户部奏折邓文和奏折,《明命集》第82卷,第45号。

④ 明命二十二年正月初六日署平富总督邓文和奏折,《明命集》第83卷,第24号。明命帝于明命二十一年十二月二十八日崩,阮朝以次年正月"十九日以前为明命二十二年(1841),二十日以后为绍治元年"。参见[越]阮朝国史馆编《大南实录正编第三纪》卷一、《大南实录》(十三),庆应义塾大学言语文化研究所,1977,第21页。

续表

序号	奏报时间	船户名号	船横尺寸	每尺税钱	港税钱	半银		半钱
						白银	值钱	
14	明命二十二年正月十六日①	琼连盛	九尺九寸	—	一百七十八贯二陌	二十九两	八十七贯	九十一贯二陌
15	绍治元年正月二十七日②	陈合	一丈七尺八寸六分	—	一千七贯二陌	二百九十四两	八百八十二贯	八百八十二贯二陌
16	绍治元年二月十五日③	新顺发	十三尺七寸八分	五十五贯	七百五十三贯五陌	一百二十六两	三百七十八贯	三百七十五贯五陌
17	绍治元年二月二十一日④	陈顺裕	一丈三尺	—	九百十贯	一百五十二两	四百五十六贯	四百五十四贯
18		李兴	—	—	共三千八百二十四贯	共六百三十七两	共一千九百十一贯	共一千九百十三贯
19	绍治元年二月二十二日⑤	韩广盛	—	—				
20		陈得利	—	—	一千九百十四贯	三百十九两	九百五十七贯	九百五十七贯
21	绍治元年闰三月十二日⑥	金宝兴	一丈六寸五分	—	四百七十七贯	八十两	二百四十贯	二百三十七贯

① 明命二十二年正月十六日护理富安巡抚富安防布政使范世显、按察使黎谦光奏折,《明命集》第 83 卷,第 75 号。

② 绍治元年正月二十七日署平富总督平富防关邓文和奏折,阮朝朱本档案,越南第一档案馆。

③ 绍治元年二月十五日权掌河仙巡抚防关邓文和奏折,按察使黄达奏折,《绍治集》第 2 卷,第 37 号,第 1 卷,第 21 号。

④ 绍治元年二月二十一日户部奏折,《绍治集》第 13 卷,第 68 号。

⑤ 绍治元年二月二十二日户部奏折,《绍治集》第 13 卷,第 78 号。

⑥ 绍治元年闰三月十二日署平富总督平富防关邓文和奏折,《绍治集》第 4 卷,第 170 号。

续表

序号	奏报时间	船户名号	船横尺寸	每尺税钱	港税钱	半银		半钱
						白银	值钱	
22		陈万德	一丈四尺二寸	—	一千四百五贯八陌	二百三十五两	七百五十贯	七百贯八陌
23		陈顺成	一丈三尺八寸六分	—	八百六十九贯四陌	一百四十五两	四百三十五贯	四百三十四贯四陌
24	绍治二年十二月十九日①	金丰利	一丈二尺二寸	—	七百六十八贯六陌	一百二十八两	三百八十四贯	三百八十四贯六陌
25		叶琼益	一丈三尺三寸	—	六百三十八贯三陌三十文	一百一十两	三百三十贯	三百二十贯三陌三十文
26		新永隆	一丈三尺六寸	—	一千一百一贯	一百八十三两	五百四十九贯	五百四十三贯六陌
27		新永福	一丈二尺七寸	—	六百二十八贯六陌三十文	一百五两	三百一十五贯	三百一十三贯六陌三十文
28	绍治年间②	新发利	一丈三尺六寸	—	六百七十三贯二陌	一百一十二两	三百三十六贯	三百三十七贯二陌
29		新胜利	一丈三尺五寸	—	六百六十八贯二陌三十文	一百一十一两	三百三十三贯	三百三十五贯二陌三十文
30	绍治三年正月初九日③	陈财原	一丈三尺五寸	六十三贯	八百五十贯五陌	一百四十一两	四百二十三贯	四百二十七贯五陌

① 绍治二年十二月十九日平董总督邓文和奏折,《绍治集》第1卷,第210号。

② 绍治年间(具体时间不详)署顺庆巡抚尊寿德奏折,《绍治集》第1卷,第301号。

③ 绍治三年正月初九日权护关防署广南按察使阮文凭奏折,《绍治集》第25卷,第4号。

续表

序号	奏报时间	船户名号	船横尺寸	每尺税钱	港税钱	半银		半钱
						白银	值钱	
31	绍治三年正月二十一日①	林兴吉	一丈七尺八寸	一百二十六贯	二千二百四十二贯八陌	三百七十三两	一千一百二十九贯	一千一百二十三贯八陌
32	绍治三年二月二十九日②	金丰泰③	—	一百二十六贯	二千七百九十七贯二陌	四百六十六两	一千三百九十八贯	一千三百九十九贯二陌
33	绍治三年十二月初十日④	新成利	一丈三尺八寸一分	八十一贯	一千一百十七贯八陌	一百八十六两	五百五十八贯	五百五十九贯八陌
34	绍治五年三月十三日⑤	金宝发	二十尺六寸	—	二千八百八十四贯		半银半钱	
35	绍治五年三月二十七日⑥	陈顺裕	—	—	九百三十一贯		半银半钱	
36	绍治五年三月二十七日	陈财愿	—	—	九百三十一贯			
37	绍治五年四月二十四日⑦	琼广益	十四尺九寸	—	一千四百贯八		半银半钱	

① 绍治三年正月二十一日权护南义巡护关署广南按察使阮文苋奏折,《绍治集》第25卷,第9号。
② 绍治三年二月二十九日署南义巡抚魏克循奏折,《绍治集》第25卷,第37号。
③ 绍治三年六月二十八日署南义巡抚魏克循奏折,《绍治集》第25卷,第76号。
④ 绍治三年十二月初十日广义署布政使阮德扩奏折,按察使枚克敏奏折,《绍治集》第25卷,第131号。
⑤ 绍治五年三月十三日户部奏折,《绍治集》第30卷,第68号。
⑥ 绍治五年三月二十七日户部奏折,《绍治集》第30卷,第180号。
⑦ 绍治五年四月二十四日户部奏折,《绍治集》第30卷,第322号。

续表

序号	奏报时间	船户名号	船横尺寸	每尺税钱	港税钱	半银		半钱
						白银	值钱	
38	绍治五年四月二十七日①	金大隆	一丈三尺六寸	九十贯	一千二百二十四贯		半银半钱	半钱
39	绍治六年正月二十二日②	李兴	—	—	—		半银半钱	
40		陈振顺						
41		蔡和发						
42		王进荣						
43		陈永元						
44	绍治六年正月二十二日③	符进祥	九尺四寸五分	—	一百八十八贯		半银半钱	半钱
45	绍治六年正月二十五日④	—	一丈三尺二寸	六十贯	八百三十一贯	一百三十八两	四百十四贯	四百十七贯
46	绍治六年正月三十日⑤	陈裕丰	一丈三尺八寸	—	八百六十九贯四陌		半银半钱	

① 绍治五年四月二十七日户部奏折,《绍治集》第 30 卷,第 340 号。
② 绍治六年正月二十二日户部奏折,《绍治集》第 34 卷,第 31 号。
③ 绍治六年正月二十二日户部奏折,《绍治集》第 34 卷,第 35 号。
④ 绍治六年正月二十五日户部奏折,《绍治集》第 34 卷,第 40 号。
⑤ 绍治六年正月三十日户部奏折,《绍治集》第 34 卷,第 49 号。

续表

序号	奏报时间	船户名号	船横尺寸	每尺税钱	港税钱	半银		半钱
						白银	值钱	
47	绍治六年二月二十日①	林永春	一丈三尺八寸	六十三贯	八百六十九贯四陌		半银半钱	
48	绍治六年二月二十二日②	陈财愿	一丈三尺三寸	—	九百三十一贯		半银半钱	
49	绍治六年四月初三日③	刘合财	—	—	九百三十八贯		半银半钱	
50	绍治六年闰五月初二日④	陈万利	一丈六尺一寸五分	—	一千五百九十三贯		半银半钱	
51		金顺发	一丈三尺二寸五分	—	共二千一百十九贯			
52		琼兴	一丈三尺八寸七分	—				
53	绍治六年闰五月初十日户部奏折⑤	陈兴顺	十三尺五寸	—	一千二百十五贯		半银半钱	

① 绍治六年二月二十日户部奏折,《绍治集》第34卷,第91号。
② 绍治六年二月二十二日户部奏折,《绍治集》第34卷,第98号。
③ 绍治六年四月初三日户部奏折,《绍治集》第34卷,第142号。
④ 绍治六年闰五月初二日户部奏折,《绍治集》第34卷,第244号。
⑤ 绍治六年闰五月初十日户部奏折,《绍治集》第34卷,第270号。

续表

序号	奏报时间	船户名号	船横尺寸	每尺税钱	港税钱	半银		半钱
						白银	值钱	
54	绍治六年闰五月初十日①	黄合顺	十六尺五寸	—	一千八百十五贯		半银半钱	
55	绍治六年九月十九日②	周砌	十尺八寸	九十贯	九百七十二贯		半银半钱	
56	绍治六年十二月初六日③	金泰利	一丈三尺五寸	—	一千二百十五贯			
57		金兴发	一丈三尺五寸				半银半钱	
58		陈财发	一丈八尺四寸四分	—	三艘该钱三千六百二十二贯五陌		半银半钱	
59	绍治六年十二月十六日④	新永益	一丈三尺八寸五分	—				
60		新成利	一丈三尺八寸二分	—				
61	绍治七年正月十二日⑤	安泰	一丈三尺七寸三分	四十九贯五陌	六百七十八贯一陌三十文	一百十三两	三百三十九贯	三百三十九贯一陌三十文

① 绍治六年闰五月初十日户部奏折,《绍治集》第34卷,第271号。
② 绍治六年九月十九日户部奏折,《绍治集》第35卷,第454号。
③ 绍治六年十二月初六日户部奏折,《绍治集》第39卷,第259号。
④ 绍治六年十二月十六日户部奏折,《绍治集》第39卷,第310号。
⑤ 绍治七年正月十二日广义省布政使阮德护、署按察使收德常奏折,《绍治集》第46卷,第10号。

续表

序号	奏报时间	船户名号	船横尺寸	每尺税钱	港税钱	半银		半钱
						白银	值钱	
62	绍治七年正月二十四日①	李珍记	二丈二尺五寸	一百二十六贯	二千八百三十五贯	四百七十二两	一千四百十六贯	一千四百十九贯
63		邓合隆	一丈七尺八寸	一百二十六贯	二千二百四十三贯八陌	三百七十三两	一千一百十九贯	一千一百二十贯八陌
64	嗣德元年五月三十日②	金永益	十二尺八寸	九十贯	一千一百五十二贯	一百九十二两	五百七十六贯	五百七十六贯
65		林盛兴	十尺五寸	七十贯	七百三十五贯	一百二十二两	三百六十六贯	三百六十九贯
66	嗣德元年七月十六日③	新振顺	十三尺八寸	九十贯	一千二百四十二贯	二百七两	六百二十一贯	六百二十一贯
67		新裕兴	十三尺五寸	九十贯	一千二百十五贯	二百二两	六百六贯	六百九贯
68	嗣德元年十二月十二日④	新发利	一丈三尺六寸	四十九贯五陌	六百七十三贯二陌	一百十二两	三百三十六贯	三百三十七贯二陌
69		刘兴发	一丈三尺七寸	四十九贯五陌	六百七十八贯一陌三十文	一百十三两	三百三十九贯	三百三十九贯一陌三十文

① 绍治七年正月二十四日南义巡抚阮廷兴奏折,《绍治集》第 46 卷,第 22 号。
② 嗣德元年五月三十日署定边总督阮德活奏折,阮朝硃本档案,《嗣德集》第 2 卷,第 253 号,越南第一档案馆。
③ 嗣德元年七月十六日署定边总督阮德活奏折,《嗣德集》第 4 卷,第 157 号。
④ 嗣德元年十二月十二日署顺庆巡抚阮登拓阮奏蕴奏折,《嗣德集》第 1 卷,第 17 号。

续表

序号	奏报时间	船户名号	船横尺寸	每尺税钱	港税钱	半银		半钱
						白银	值钱	
70	嗣德元年十二月十六日①	陈开泰	一丈八尺六寸		一千八百四十一贯四陌	三百七两	九百二十一贯	九百二十贯四陌
71		金原隆	一丈九尺七寸	九十九贯	一千九百五十贯三陌	三百二十五两	九百七十五贯	九百七十五贯三陌
72		金来发	一丈七尺一寸四分	八十一贯	一千六百九十二贯九陌	二百八十二两	八百四十六贯	八百四十六贯九陌
73		谭兆和	一丈三尺八寸四分	八十一贯	一千一百十七贯八陌	一百八十六两	五百五十八贯	五百五十九贯八陌
74	嗣德二年正月初八日②	陈财发	一丈八尺六寸	九十九贯	一千八百四十一贯四陌	三百六两	九百十八贯	九百二十三贯四陌
75		金发利	一丈七尺一分	九十四贯五陌	一千六百六十六贯五陌	二百六十七两	八百一贯	八百五贯五陌
76	嗣德二年正月十二日③	陈来来	一丈三尺一寸	四十九贯四陌三十文	六百四十贯四陌三十文	一百八两	三百二十四贯	三百二十贯四陌三十文
77		李福安	一丈三尺二寸	四十九贯五陌	六百五十三贯四陌	一百九两	三百二十七贯	三百二十六贯四陌

① 嗣德元年十二月十六日平定巡抚护理平富总督关防黎元忠奏折,《嗣德集》第1卷,第7号。
② 嗣德二年正月初八日广义省布政使阮德护,按察使阮文谋奏折,《嗣德集》第9卷,第136号。
③ 嗣德二年正月十二日署顺庆巡抚阮阮登蕴奏折,《嗣德集》第1卷,第31号。

续表

序号	奏报时间	船户名号	船横尺寸	每尺税钱	港税钱	半银		半钱
						白银	值钱	
							半银半钱	
78	嗣德二年正月十二日①	林胜春	一丈三尺五分	一	一		半银半钱	
79	嗣德四年八月初五日②	金丰泰	十一尺七寸	一	六百四十三贯五陌		半银半钱	

① 嗣德二年正月十二日广义省布政使阮德护、按察使阮文谋奏折,《嗣德集》第 9 卷,第 174 号。
② 嗣德四年八月初五日户部奏折,《嗣德集》第 30 卷,第 193 号。

表 1 中的商船几乎都是从广东省进入越南的广东商船。所有商船均被要求以"半银半钱"的方式缴纳港税。从表中数据来看，琼万金、刘顺发、陈得利、金永益、新振顺五人应缴之"半银"钱数折算成钱的数值与"半钱"钱数相等。其他很多商船的"半银"钱数与"半钱"钱数不对等，但仅有细微差别。

为什么大多数情况下会出现"半银"钱数与"半钱"钱数不对等呢？这主要是受船横尺寸、每尺税钱及银、钱官方比价的影响。在入港勘验时，勘验员首先要测量船横的尺寸。关于测量船横的方法，嘉隆二年议准的"度船法"规定，"以官铜尺为准，度自船头板至船尾中板得干寻尺寸为长，以长干寻尺中分之为中心，以中心处度自船身左边板，上横过右边板上面得干尺寸为横。据横度尺寸收税例，零分并在不计"。[1] 精确到寸的船横数值乘以每尺税钱即可得出商船应缴纳的港税钱总额。"半钱"钱数并不全等于港税钱的一半，只是与港税钱的一半相差不大，并且港税钱中的"陌"数、"文"数被并入"半钱"钱数。用港税钱总数减去"半钱"钱数即可得出"半银"钱数，再用这个数值除以 3 即可得出商船应缴纳的"半银"银数。为了便于港税征收，阮朝始终将银、钱的官方比价维持在 1∶3，即规定一两银可兑换三贯钱。这个比例在明命初年至嗣德前期未曾改变。只有在港税钱总数为偶数且"半钱"钱数与"半银"钱数均为 3 的倍数的情况下，"半银"钱数与"半钱"钱数才会相等。

这样，通过"半银半钱"港税的征收，中国的白银不可避免地流入越南，从而使越南加入亚洲区域内部"相对独立的白银流通圈"，[2] 而该白银流通圈又构成了世界白银流通圈的一个重要组成部分。

结　语

面对 19 世纪初越南国内银"荒"、钱"荒"加重的形势，并基于清朝通用银和越南通用钱的认知，以及出于根除阮主末年以来日益积重的钱"弊"问题的考量，阮朝于 1803 年将沿袭自阮主政权的"全钱"港税制度发展为"半银半钱"港税制度。

---

① 〔越〕阮朝国史馆编《钦定大南会典事例》第二册，第 745 页。
② 〔日〕滨下武志：《近代中国的国际契机——朝贡贸易体系与近代亚洲经济圈》，第 59 页。

　　嘉隆年间，"半银半钱"港税初步推行。至嘉隆末年之前，阮朝均在"半银半钱"港税制度框架内制定与实施相关港税政策。嘉隆十七年，玛瑶、西洋商船获准以"全钱""半银半钱""全银"纳港税，而包括清朝商船在内的其他外国商船仍被牢牢束缚于"半银半钱"规则之内。自明命初年，"半银半钱"港税得到全面、严格的推行。明命年间的各项港税制度改革亦在"半银半钱"之制内深入展开。明命末年，"半银半钱"港税制度基本成形，后继之绍治帝、嗣德帝均沿用之。

　　"半银半钱"港税兼具"刚性"与"弹性"的特质。其"刚性"，表现为"半银半钱"港税在嘉隆末年之前及明命初年之后得到严格执行；清朝商船自始至终被要求以"半银半钱"之例纳港税。其"弹性"，则表现为"半钱"钱数在多数情况下并不等于港税钱总数的一半，只是相差不大；"半银"钱数与"半钱"钱数在绝大多数情况下不对等，只近乎相等；特殊情况下的外国商船可以以钱文缴纳"半银"银数不足部分；特定条件下，外国商船可以不依"半银半钱"之例纳港税；外国商船所纳之银不一定都是商船带来之外国银圆或白银，还可以是越南本地白银。

　　"半银半钱"港税的深入推行，表明阮朝主动加入以白银为重要媒介的经济全球化之中。而阮朝对清朝商船征收"半银半钱"港税的史实，则充分展示了世界白银流入中国后的一个去向，即从广东沿着海上丝绸之路进入越南。大量中国白银、西方银圆汇入阮朝国库，使越南最终被纳入世界白银流通圈，进一步密切了越南与外部世界的联系。

（执行编辑：彭崇超）

诚荐馨香：越南阮朝河内的关帝信仰[*]

叶少飞[**]

摘　要： 关帝信仰传入越南之后，中兴黎朝和阮朝将之纳入国家祀典，各地供奉。河内关圣庙即由郑主外戚郑椆修建，郑椆自己亦成为本庙后贤，体现了关帝信仰与本国后神传统的融合。在河内的华人积极参与越南人主导的关圣庙及白马神祠的各项活动，又建立粤东会馆供奉关帝，会馆也成为华商议事和信仰的空间。在此过程中，定居河口坊的广东南海人潘绍远以粤商的身份参与粤东会馆创建，又以本地人的身份参与关圣庙的重修，他同时具备两种身份，在华越文化传统中自由穿梭。阮朝河内的关帝信仰体现了中越王朝国家时代文化信仰的交汇，定居河内的华商亦因关帝信仰实现了与本地文化的融通。

关键词： 河内　关帝信仰　关圣庙　粤东会馆　潘绍远

前　言

关帝信仰在传入越南之后，得到了越南官方和民间的信奉，因而阮朝时期的河内存在越南官方祀典和华人民间信仰两种不同类型的关帝信仰，二者虽然相互影响，但并不相同。河内寿昌县河口坊位于珥河（即红河）与苏

---

　　* 本文为 2018 年国家社科基金重大项目"越南汉喃文献整理与古代中越关系研究"（项目编号：18ZDA208）阶段性成果。

　　** 叶少飞，云南红河学院国别研究院教授。

江（即苏沥江）交汇口，货运集散便利，故而清商云集，在 18 世纪末 19
世纪初即已形成华人聚居的广东庯和福建庯。嗣德四年（1851），杨伯恭在
《河内地舆》中记载：

> （东津桥）其北岸为馆泊清客辏会之所。前黎定例，外国人不得擅
> 入内镇，洪德以后始许立庯于祥麟、来潮澫，亦有居住于此者，瓦屋蝉
> 联，船艘鳞次，历朝宫馆在焉。[1]

越文整理本言东津桥在今二征夫人郡慧靖街（Khu vực phố Tuệ Tĩnh,
quận Hai Bà Trưng）一带，现在因河道变化已经难觅桥河踪迹，《同庆地舆
志·寿昌永顺二县图》有"东津楼"，其旁亦无河道。华人应该是因河运便
利，移居到了地近苏江和红河交汇的河口坊。

据河口坊现存碑刻可知，正和八年（1687）华人即已参与修建白马神
祠，并在《白马神祠碑记》背面刻《重修汉伏波将军碑记》。[2] 黎显宗景兴
年间，郑主外戚炳忠公郑栯修建关圣庙，自己成为本庙后贤。1799 年，
广东众商筹建粤东会馆，1803 年建成，在会馆内奉祀关帝。1815 年，河
口坊倡议重修关圣庙，请来进士大儒范贵适撰写碑文记事。同年福建众商
号召修建福建会馆，1817 年建成，奉祀天后，请名儒潘辉益撰写碑文。
在众商云集的河口坊，分布着越南人主导的白马神祠和关圣庙，以及华商
主导的粤东会馆和福建会馆，华商积极参与越南人的神祠修建和信仰活
动，又建设维护自己的信仰场所。白马神祠（76 号）、关圣庙（28 号）、

---

[1] 杨伯恭：《河内地舆》，汉喃研究院藏抄本影印，载 Nguyễn Thuý Nga-Nguyễn Văn Nguyên chủ
biên, *Địa chí Thăng Long-Hà Nội trong thư tịch Hán nôm*［汉喃书籍中的河内-升龙地志］
(Hanoi：Nhà xuất bản Thếgiới, 2007)，第 839 页为汉语原文，第 49 页为英语翻译。

[2] 关于白马神祠，参见许文堂《越南民间信仰——白马大王神话》，《南方华裔研究杂志》
(*Chinese Southern Diaspora Studies*) 第 4 卷，澳大利亚国立大学南方华裔研究中心，2010，
第 163~175 页；王柏中《"伏波将军"抑或"龙肚之精"："白马大王"神性问题辨析》，
《世界宗教研究》2011 年第 4 期，第 152~157 页。但两位学者并未注意到正和八年记录中
兴黎官民修建庙宇的《白马神祠碑记》和记录华人参与修建的《重修汉伏波将军碑记》
实为一通碑的前后两面，且所记就是这一年重修白马庙之事，为何同一位神灵既是越人所
称的白马神，又是华商所称的伏波将军，且相安无事于同一碑中。笔者与业师丁克顺
(Dinh Khac Thuan) 在《越南河内白马神祠汉喃碑铭研究》（刘中玉主编《形象史学》2021
年夏之卷总第 18 辑，中国社会科学出版社，2021，第 56~86 页）一文中重新阐释了白马
神的神性问题，请海内外学者赐教。

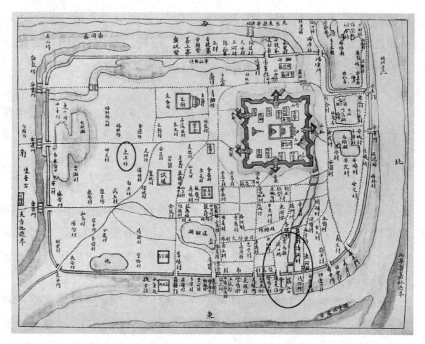

图 1　《同庆地舆志·寿昌永顺二县图》右下河口坊、白马庙位置示意

资料来源：Ngô Đức Tho, Nguyễn Văn Nguyên, Philippe · Pepin, *Đồng Khánh Địa Dư Chí*［《同庆地舆志》］（Hanoi: Nxb: Thếgiới, 2003），tr. 8。

粤东会馆（22 号，今为幼儿园 Trường Mẫu giáo tuổi thơ）皆在行帆街（Hàng Buồm）。福建会馆今为红河小学，在懒翁街 40 号，均隶属于还剑郡（Quận Hoàn Kiếm），苏江口现已淤积不见。华越民众在咫尺之遥的地方供奉同一位关帝。

　　1936 年日本学者山本达郎在河内拜访粤东会馆，拓制了嘉隆二年（1803）始建和明命元年（1820）重修的碑文拓片，这是现代学者对河内华人的最早介绍和研究。山本达郎在《大南一统志》和《大南实录》中找到相关文献，关注华人在阮朝的活动，故而只考察了华人的活动场所，但未关注同在行帆街由越南人主导的关圣庙和白马神祠。① 1994 年，阮荣福《华人与河内商业街区的形成》一文研究河内华人商业区从中兴黎朝到法属殖民时期的发展，并对华人商号的分布加以详细介绍，是河内华人研究的重要文章，作者重点

① 山本达郎：《河内的华侨史料》，罗晃潮摘译，发表于《东南亚资料》1984 年第 3 期，第 40~44 页。该译文删去了原作所附的碑文拓片。

在于论述华人商业，简单介绍其信仰活动。① 2003 年底至 2004 年初，于向东考察了福建会馆、粤东会馆的碑刻匾联，介绍了华人兴建重修的历史，并考察了白马神祠的碑刻，但没有看到明命元年的《重修白马庙签题录》，此碑为"广东福建潮州三庸诸贵号乐助工金芳名列左"，故未探讨华人与白马神祠的关系。② 大约与于向东同时，谭志词调查研究了关帝信仰在越南的传播以及关帝庙的分布，重点阐释了关帝庙与华人的关系。但因条件所限，作者未能进入河内关圣庙和粤东会馆，虽然利用汉喃研究院所藏碑刻拓片进行研究，却没有注意到在越华人的关帝信仰与越南中兴黎朝和阮朝的关帝祀典的差别。③ 2012 年，滕兰花撰文介绍越南境内的伏波信仰，注意到明命元年粤东会馆重修碑中祭祀关圣大帝、天后元君、三元三官大帝、伏波马大元帅的记录，惜未解释伏波将军何以位于诸神之末。④ 2013 年，陈益源全面介绍了与越南关帝信仰相关的古籍、碑刻、方志以及关帝善书，文献极其丰富，并实地走访了多座关帝信仰祠宇，不过该文为初步研究，作者提出顺化关帝庙兴废、关帝为何与佛祖和观音合祀等问题，表示留待日后探讨。⑤

2015 年，笔者两次到会安考察，之后对关圣帝庙—澄汉宫碑铭做了初步研究，发现尽管关圣庙为南下明人即明香人所建，但后来清人以及中兴黎朝和阮朝官员亦来供奉，是明清华人关帝信仰和越南官方祀典互相影响、融合的典范。⑥ 循此思路，笔者在河内考察了越南人主导的关圣庙、白马神祠，华人主导的粤东会馆、福建会馆的现存碑刻及拓片，发现潘绍远和王焕文兼具华人和越人双重身份。潘绍远以广东人的身份撰写了嘉隆二年粤东会馆始建和明命元年重修的碑文，又与王焕文一起以河口坊本地人的身份参与

① 阮荣福：《华人与河内商业街区的形成》，《东南亚研究》（河内）1994 年第 4 期，第 111～120 页。Nguyễn Vinh Phúc, *Người Hoa với sự hình thành các phố nghệ Hà Nội*, 4, 17 (1994)：111-120.

② 于向东：《河内历史上的唐人街》，《东南亚纵横》2004 年第 7 期，第 52～56 页。

③ 谭志词：《越南河内历史上的关公庙与华侨华人》，《南洋问题研究》2005 年第 2 期，第 44～50 页；《越南会安"唐人街"与关公庙》，《八桂侨刊》2005 年第 5 期，第 44～47 页；《关公崇拜在越南》，《宗教学研究》2006 年第 1 期，第 29～35 页。

④ 滕兰花：《清代以来越南境内的伏波信仰研究》，《民族文学研究》2012 年第 5 期，第 166～176 页。

⑤ 陈益源：《越南关帝信仰》，萧登福、林翠凤主编《关帝信仰与现代社会研究论文集》，台北：宇河文化出版有限公司，2013，第 490～527 页。

⑥ 叶少飞：《越南会安关圣帝庙—澄汉宫碑铭初探》，刘中玉主编《形象史学》总第 10 辑，社会科学文献出版社，2017，第 134～147 页。

嘉隆十四年（1815）重修关圣庙，并位列本坊功德第一位。王焕文以福建晋江人的身份在嘉隆十六年（1817）倡导修成福建会馆，明命元年又以河口坊人的身份为重修白马神祠捐银一百二十五两，是捐款最多的本地人，[①] 潘绍远捐银三十两，却在"广东福建潮州三庸诸贵号乐助工金芳名列左"之中。[②] 明命七年重修关圣庙，"宪亭潘绍远香林氏"撰写碑文。究竟是什么样的历史环境才会塑造出潘绍远和王焕文这样在华越文化传统中自由穿梭的人物？

河内的关圣庙最初由中兴黎朝官员修建，但很快与越南的后神传统相结合，本地人从祀于关帝庙中，并延续至阮朝。华商在粤东会馆中祭祀关帝，增祀天后，将此地作为聚议的公共空间。因文化相通，华人积极参与越人主导的关圣庙修建活动，其中以兼具华越双重身份的人物最为积极。尽管会馆亦奉祀神灵，但首先是华人的议事场所，故而不见越人参与会馆的修建，仅有相关的朝廷官员祝贺。河内的关帝信仰展现了中华文化视域下神灵崇拜与越南传统的融通，华越民众能够在咫尺之遥的地点分别供奉同一位神灵，华人在多元共通的文化中展现自我价值和认同。

一　关圣庙碑铭探析

关圣庙位于河内市行帆街 28 号，现存嘉隆十四年重建关圣庙碑铭、明命七年关圣庙朱漆碑记、嗣德二十八年武春璠捐赠碑等三个时代的碑刻，笔者按时代先后叙述其事。

（一）《重建关圣庙碑记》

关圣庙现存最早的碑刻是嘉隆十四年《重建关圣庙碑记》，20 世纪初远东学院制作拓片时注明"河城行帆庸关圣庙前右院一碑三面"。[③] 其实此为四面碑，走进庙门即可看见，但正对庙门的一面无字。额题"重建关圣庙碑记"的一面正对大殿，两侧刻祭祀仪礼条文，宽度不及正面的一半，碑顶加盖刻云纹，这是中兴黎朝以来的传统越南碑刻式样。

---

① 实践研究院、汉喃研究院、远东学院编《越南汉喃铭文拓片总集》第 1 册，越南河内出版社，2005，拓片编号 190，第 192 页。

② 《越南汉喃铭文拓片总集》第 1 册，拓片编号 189，第 191 页。

③ 《越南汉喃铭文拓片总集》第 1 册，拓片编号 174，第 176 页。

图 2　行帆街 28 号《重建关圣庙碑记》四面石碑

资料来源：笔者摄于 2019 年 8 月 17 日。

1. 范贵适撰《重建关圣庙碑记》正文

碑文作者落款范适，即中兴黎朝显宗景兴四十年（1779）己亥科同进士范贵适（1759~1825），海阳省唐安县华堂社（今平江县叔沆社）人，号立斋，爵适安侯，著述宏富。① 越南中兴黎朝和阮朝极重科举，进士及第者更是尽得荣誉和尊崇。河口坊能够请动富有名望的前朝耆老名儒范贵适撰碑，显示出足够的诚意，碑刻题名"重修关圣帝君庙碑记"，时间为"嘉隆十四年岁在乙亥十二月二十二日"，落款"侍中学士适安侯旧己亥科同进士范适撰"。②

范贵适在篇名中言此庙为"关圣帝君庙"。永佑六年（1740），黎朝单

---

① Trịnh Khắc Mạnh, *Tên tự tên hiệu các tác giả Hán Nôm Việt Nam*, Nhà xuất bản Khoa học xã hội năm, 2012, pp. 254-257. 嘉隆十年（1811）六月，"议修《国朝实录》，召侍中学士范适、山南上督学阮瑝、怀德督学陈瓛等来京，充史局编修"。《大南实录》正编第一纪卷四二，东京：庆应义塾大学言语文化研究所影印，1968，第 3 册，第 203 页，总第 843 页。明命二年（1821）夏五月，"召侍中学士范适。适久致事，帝素重其名，至是因修史，以银币征之，及就道，复以病辞归"。《大南实录》正编第二纪卷九，东京：庆应义塾大学言语文化研究所影印，1971，第 5 册，第 138 页，总第 1556 页。

② 《越南汉喃铭文拓片总集》第 1 册，拓片编号 172，第 174 页。后文分析碑文者不一一注明。

独在武成王庙之外祭祀关公，并确定祭礼，这是官方行为，从此关公祭祀被列入国家祀典。① 1744 年，意大利神父阿德里亚诺·圣德克拉（Adriano di St. Thecla，1667-1765）在升龙城见到了专拜关帝的祭礼。② 杨伯恭编撰的《河内地舆》记载，武庙在较艺场，祭祀姜太公等古今名将，位于现在河内市巴亭郡讲武坊。③ 之后黎朝官方推动关帝信仰的传播。④

　　景兴七年（1746），"初作关圣庙。王垂意兵书，深加关公忠义，命立庙以祀之"，⑤ 此时郑楹（1740～1767 年在位）主政，应是另外再建关圣庙。河口坊之人来征文时言此庙为"炳忠公捐金为之"，炳忠公郑椆，原名武必慎，为郑楹母舅，赐姓郑氏。⑥ 郑椆受封"炳忠公"，字面上有"炳耀""忠义"的含义，应是感于关帝行迹，遂捐金建庙，在 1758 年受封到 1765 年郑椆去世的某个时期建成，庙名当同于郑楹所称之"关圣庙"。郑椆以外戚权贵建关圣庙，虽然并非郑楹"命立庙以祀之"的官方活动，但显然是

---

① "定武庙祀制。尊武成王正位，孙武子、管子以下十八人，分两庑祀之，以陈朝兴道王国峻从祀，又别立庙祀汉关公"，闰七月"定武成、关公二庙祀礼。春秋二祭，以仲月上戊日，给民户一邑供奉"。《大越史记全书》续编卷之三，陈荆和校合本，东京大学言语文化研究所，1986，第 1099～1100 页。

② Adriano di St. Thecla, *A Small Treatise on the Sects among the Chinese and Tonkinese: A Study of Religion in China and North Vietnam in the Eighteen Century*, trans. by Olga Dror, Ithaca: Cornell University SEAP, p. 129.

③ Nguyen Thuy Nga, Nguyen Van Nguyen, eds., *Collection of Han Nom* (*Chinese-Vietnamese*) *Scripts of Thang Long Capital*, Hanoi: The Gioi, 2007, pp. 50, 842-843.

④ 杨伯恭记载："忠烈庙，在寿昌古津村，奉祀寿亭关圣，周昌、关平陪祀。前黎永佑六年间所立，有国初殉难功臣黎来从祀。祭用春秋二仲戊日，奉事有对联云：大节等乾坤，故自汉以来，凤眼蚕眉，一千载居诸，于其庙庭，凛若乎生人不死；正气皆南北，今有人于此，忠肝义骨，若二臣壮烈，列之俎豆，庶几于夫子有辞。"杨伯恭：《河内地舆》，第 879 页。杨伯恭原文下联为："若一二臣壮烈"，与上联并不对仗，上联已经有"一千载居诸"，故笔者删去下联的"一"字。此庙建于永佑六年，即黎朝将关帝纳入官方祀典之时，1761 年朝廷规定以黎太祖时的忠臣黎来从祀，能进入地舆志，可能就是最初由黎朝官方推广祀典所建之庙。上联写关帝忠义神威，下联写黎来之忠可法夫子，与庙祀神灵一致。谭志词到访此庙的时候没有见到这副对联，可能已经佚失，其所录"百年世百年人，节烈高悬星斗北；千载上千载下，精灵常在耳浓间"一联其实也是共言关帝与黎来，"千载上"即关帝，"千载下"则为黎来，此联当是受杨伯恭所录"一千载居诸"启发而作。见谭志词《越南河内历史上的关公庙与华侨华人》，《南洋问题研究》2005 年第 2 期，第 45、50 页。

⑤ 《大越史记全书》续编卷之四，第 1122 页。

⑥ 1765 年，"炳忠公郑椆致仕。椆太妃武氏之弟，年二十典禁军，亲幸无比。赐国姓，年六十请谢，加一字公以优之。寻卒，追封福神（注：唐安鄜墅人）"。《大越史记全书》续编卷之四，第 1159 页。

响应郑楹指令的个人行动。① 范贵适称此庙为"关圣帝庙"，即沿用郑梿当时建庙的名称。另范贵适为唐安县华堂社人，郑梿为唐安县郿墅社人，在注重乡谊的古代，范贵适亦乐于撰文。

范贵适开篇即言"关夫子之庙满天下"，并不同于额题的"关圣庙"或篇名"关圣帝君庙"。1774 年，阮俨（1708～1775）随黄五福南征，至会安关帝庙，作《关夫子庙赞》和《题关夫子庙诗》。② 范贵适进士及第时，阮俨已经去世，作碑文时距离阮俨之作过去了四十年，可见称关帝为"关夫子"已是当时的习称。关帝在中兴黎朝进入本朝官方祀典，得到君王臣民的一致尊崇，并以本国忠臣从祀，神威无分南北，照鉴世人。

即便河口坊人诚心奉祀，但关圣庙毕竟是前朝修建，故而"相与谋久远，既请之神，遂以事申于官"，1802 年阮朝建立时因关公已进入国家祀典，③ 河口坊人申报重修前朝关圣庙宇，自然得到批准。主事者清楚关帝在南北的威灵，所以"坊内潘绍远、裴国樑、范廷溢、潘益远、王焕文……等十二人力当其事，坊长阮辉茂预焉。既而潘绍远、王焕文以告广、福、明香诸贵号"，即告知广东、福建各商行，以及已经落籍本国的明香人商号。本坊与华商踊跃捐款，修成巍峨殿宇，特地邀请范贵适撰文，"愿子言之以垂不朽"，表明神威无疆，超越古今南北。

范贵适不愧为当时名笔，其人历经中兴黎朝郑王、西山阮朝，又进入新建的阮氏皇朝，目睹河口坊商业因兵乱由盛转衰，如今再次兴盛，先成民而后致力于神，"神人一理"，神与人同共兴衰。他将奉祀神灵与儒家的"修其孝悌忠信，和其长幼上下"思想结合在一起。他并没有回答神灵是否真实存在，而是反问"又安知其不可格也"。最后诚心希望神灵保佑赐福全坊，坊人祭祀，皆在心诚以保前功，至于殿宇华丽，实不足道也。范贵适经历了黎末西山的乱世，行文素朴，只对神提出了简单的期望，赐福百姓。

①　郑梿是郑楹（Trinh Doanh，1720－1767）的舅舅，据郑楹令旨建关圣庙是应有之义，不排除河口坊关圣庙是 1746 年郑梿奉令所建的可能，后世即以其受封的"炳忠公"爵号称之，但关圣庙现在并无直接记载郑梿建庙的碑刻，故仅作推论，注释于此。就笔者推断，因郑梿成为关圣庙后贤，其私人行为的可能性更大一些。

②　叶少飞：《越南会安关圣帝庙—澄汉宫碑铭初探》，刘中玉主编《形象史学》总第 10 辑，第 143～146 页。

③　"关公祠，国初附建于天姥寺之右。"《钦定大南会典事例正编》卷九二《礼部》，西南师范大学出版社、人民出版社，2015，第 1464 页。

2. 关圣庙祭礼

河口坊在碑的两侧刻了祭祀典礼的时间、祭礼规格以及范贵适所作的一道表文，仝坊根据规定执行。笔者据碑文展示民间祭祀关帝的组织形式和特点。侧面一碑文为：

一　本庙递年奉事各节仝坊整礼。计开：

正月十三日显圣日兼春祀礼，五月十三日降神日，六月二十三日尊诞日、二十四日谢礼，八月十八日秋祀兼尝新礼，十二月初二日归神日，九月二十八日忌后贤。这节上荐尊圣礼，整鸡粢贰礼，先行告礼。又整鸡壶礼敬土祇。再整猪粢贰礼敬后贤。其各礼宜整芙酒、香蜡、金银二次用足。以上各节礼仝坊宜给钱，交与伊月当该甲，整办猪粢各物用足。惟六月二十肆日谢礼、鸡粢三礼等，日寅时递礼就亭，行礼以表敬意。

一　祝文一道　侍中学士适安侯旧己亥科同进士范适撰

恭惟帝君，两间正气，三纲系命，公侯而帝，豪杰而圣，血气同尊，香火独盛，伊昔肇祀，维神保定，祈报有时，昭事惟敬，享于克诚，尚笃其庆。

一　后贤前炳公遗来庸土壹间，留为本庙香火土，坐落在坊内南下甲地分（东近南下甲土长柒拾贰尺五寸，前横捌尺贰寸，西近南上甲土长柒拾贰尺五寸，后横柒尺五寸），这土交守祠人居守。[①]

此面碑文为"仝坊整礼"，即全坊共同协作完成的工作。第一条展示了由本坊集体祭祀关圣的典礼日期，并规定了每个典节不同神灵的祭品。每个典节的祭品由当月负责的各甲备置，但坊人可自愿捐钱。祭品中的"粢"即白色糯米饭。"粢"是"粢"的异体字。笔者在越南北方的神祠和家庭祭祀时常见以圆盘盛蒸熟的糯米饭，饭上置煮熟呈金黄色的鸡一只。糯米饭有两种，一种为原味白色，即粢；另一种为用木鳖果（Quảgấc）共同制作的红色糯米饭（Xôi gấc）。在祭祀的时候不仅要祭拜关圣，而且要为土祇即地神准备祭礼，最后祭祀后贤即最初建关圣庙的炳忠公郑枢，但现在关圣庙中没有为郑枢造立的后贤碑，不知是已佚失还是当时并未造立。九月二十八日专祭后贤。

---

① 《越南汉喃铭文拓片总集》第1册，拓片编号174，第176页。

　　越南在 16 世纪以后发展出一类特殊的"后"碑，包括"后神"、"后佛"和"后贤"等，即相关人员因功绩、德行等在身故之后从祀于本地的神祠庙宇，在神佛之后享受祭祀，并造立碑刻记述其行状事迹，明确其身份与享受祭祀的规格礼仪。奉立后神可在本人生前完成，身后享受祭祀；亦可奉立已故之人为后神。这成为越南古代社会的独特传统。通常写为"後神"，表示位置前后，这类碑刻最多；其次为"后神"，在碑文中表示神王、神灵之意，以体现恭敬；亦有"候神"，当是与"後""后"同音产生的讹误。炳忠公郑枏即是关圣庙后贤。后碑数量巨大，是碑刻文献的重要组成部分。亦有定居越地的华人接受其事，为自己或家人造立后碑。[①] 2021 年 4 月 1 日，丁克顺教授向笔者解释："后神多祀于亭庙，后佛祀于佛寺，后贤多由儒生祀于文址，若有人为佛寺和村社捐赠了大量的钱财和田产土地，则可兼为后佛和后神。"[②] 景兴二十九年（1767），清商潘五卿之妻马氏䀡（喃字，即 Bé，"小"之意）为金洞县赤藤社完纳官债，本社官民愿奉为后神，当年立《后佛碑》于赤藤社月堂寺，次年赤藤社又在村社亭中为马氏及其已经去世的丈夫潘五卿造立《后神后佛碑记》。[③] 关圣庙虽然单列祭祀，但仍在国家武庙祀典体系之中，中兴黎朝已有关夫子之称，与文庙系统的文址相同，故而炳忠公郑枏修建关圣庙，自己成为后贤。[④]

　　祭祀关帝时需要念诵祝文，亦由范贵适撰写，写出了关帝的功德神威以及祈求赐福的内容。当初郑枏建庙时捐纳一块土地，其收益交由守祠人作为报酬和日常维护管理的费用，碑文写明祀田位置，即明确权益，告知民众不得侵夺。

　　侧面二碑文为"私整礼"，由河口坊各甲自行准备。碑文确定了正月、三月、五月、八月、九月、十月、十二月当月的典礼日期以及准备祭礼的各

---

① 参阅陈氏秋红《17～18 世纪越南后神碑文字研究》，何华珍、阮俊强主编《越南汉喃文献与东亚汉字整理研究》，社会科学文献出版社，2019，第 73～85 页。

② 2015 年，丁克顺教授指导陈氏秋红在越南社会科学院（Học viện Khoa học xã hội Việt Nam）完成《17～18 世纪越南后神碑刻研究》博士学位论文，修订之后，2020 年 5 月由文学出版社（Nhà xuất bản Văn học）以《17～18 世纪越南后神碑文 Văn Bia Hậu Thần Việt Nam（Thế Kỷ XVII-XVIII）》为名出版。

③ 《越南汉喃铭文拓片总集》第 4 册，拓片编号 3741、3744，第 734、737 页。

④ 林姗妏《越南"后贤碑"初探——以两种特殊的后贤类型为例》（《彰化师大国文学志》第 32 期，2016 年 6 月，第 53～89 页）注意到在"文址"立后贤之外，"武址"亦祭祀先贤、立后贤。《越南汉喃铭文拓片总集》第 3 册，拓片编号 2267～2271，第 267～271 页。此即同于炳忠公为关圣庙之后贤，同属武庙系统。

甲名称，亦要祭祀土祇和后贤，并由该甲奉守当月之事。新春时要为关圣奉制新衣，以及四日夜的香油灯蜡，由全坊人自由捐献，交给守祠人置办。①

就两面碑文而言，河口坊规定了关圣庙的祭祀典礼、祭品置办以及责任主体，日常守祠人的工作和责任也予以明确。各甲私整礼以鸡粢为主，全坊整礼增加了猪粢。以后贤附祀关圣，表明关帝信仰已完全进入越南的神灵系统，得到官方和民间的高度认可。

《钦定大南会典事例》记载，嘉隆十七年，天姥寺旁的关公庙"奉敕重修，准定递年春秋二仲祭社稷后，遇巳日致祭，礼用刚鬣粢盛各一"。② 朝廷确定了祭祀关公的时间，以猪和糯米饭各盛一盘祭祀。但关圣庙国初已经建成，不会没有祭祀，可能是用民间常用的鸡和糯米饭及香蜡美酒等。之后朝廷明确祀典用牲，凡春祀"关公、天妃、火神、炮神、恩祀祠均用黄牛一、豕一"，③ 这就完全高过河口坊民间用猪鸡祭祀的规格。

河口坊造立《重建关圣庙签题录》石碑两通，分别记录河口仝坊诸员功德和广东福建华商功德，现嵌于廊壁，时间均为"嘉隆十四年岁次己亥孟秋月谷日"。一通记录"河口坊各甲公共钱古钱贰佰贰拾伍贯"，"河口坊各甲诸员喜助工金芳名列左"，南下甲人潘绍远以捐银二十五两位列第一，第二位密太甲人王焕文亦捐银二十五两，第三位北下甲人潘益远捐银二十两，潘绍远和潘益远可能是同宗兄弟。④ 另一通记录"广、福二庙与诸贵客喜助工金芳名列左"，商号和客商共同排名，以功德多少为序，"广东　陈显周　银七十两"位列第一，"福建　王时义　银五十两"排第四位，但潮州商人可能因为实力强劲，虽属广东，却单独列出，如"潮州　光记号　银一十两""潮州　林德兴　银五两"。另有"船户　吴敬龙　银贰拾五两"等多名"船户"，笔者尚未能明了其身份。⑤

《重建关圣庙碑记》写道"潘绍远、王焕文以告广、福、明香诸贵号"，"明香"人为明末清初至广南阮主辖区的明人及后裔，1698 年阮主政权将其统一编为"明香社"，称"明香"人，阮朝明命七年改称"明乡"人。阮朝嘉隆、明命时期的重臣郑怀德即是明香人，拥有很高的政治地位，"明香"人享受一定

① 《越南汉喃铭文拓片总集》第 1 册，拓片编号 173，第 175 页。
② 《钦定大南会典事例正编》卷九二《礼部》，第 1464 页。
③ 《钦定大南会典事例正编》卷八五《礼部》，第 1358 页。
④ 《越南汉喃铭文拓片总集》第 1 册，拓片编号 175，第 177 页。
⑤ 《越南汉喃铭文拓片总集》第 1 册，拓片编号 167，第 169 页。

政治优待。1802 年阮福映统一全越，明香人亦随之北来。1803 年潘绍远以广东南海人的身份为粤东会馆撰写碑文，此时以本坊人通报"广、福、明香诸贵号"，显然知晓明香人的身份。广东、福建客商得知消息即捐资兴建关圣庙，勒名碑石，"明香"人却不知何故踪迹全无，因无更多资料，不好妄加推测。

嘉隆十四年重修关圣庙是由越南官民主导、华人积极参加，延续黎朝传统、体现国朝祀典的一项信仰活动，河口坊在祭祀关帝的同时又祀最初建庙的后贤炳忠公，表明关帝信仰与本地的后神后贤传统融为一体，为官民所信服。

（二）重修关圣庙

明命七年，潘绍远再次集合本坊增修关圣庙，规模逊于嘉隆十四年时。此时范贵适已经去世，潘绍远自撰《关圣庙朱漆碑记》，勒石刻铭，但结构内容明显是效仿范贵适的《重建关圣庙碑记》，文后列全坊和员人功德。[1]此次重修捐纳功德不分华越，周永吉捐钱三十贯，位列第一，潘绍远捐钱十二贯，位列第九，关聚华在嘉隆十四年重修关圣庙时以捐银六十两位列华商功德第二位，[2]"巨记号""黄隆记""潘隆盛""陈成合""刘成合"等商号参与了明命元年粤东会馆的重修，[3]这些都是华人及华人商号。本次功德姓名中未见王焕文，但王新合却是嘉隆十六年创建福建会馆的董事。此次重修即是越南本地人及中国的福建人和广东人的共同活动。

嗣德二十八年（1875），北江省人武春璠捐钱重修关圣庙，河口坊立碑记事。[4]武春璠之先从北江省至本坊，累世行善，积累巨富，为自己捐纳正八品百户，河口坊人见其财力雄厚，诉关圣庙重修之事。武春璠果然慷慨敬献，随即捐钱一千贯作为修缮资金，并捐赠房产土地以租赁所得供庙宇香火之用，嘉隆十四年重修时"河口坊各甲公共钱古钱贰佰贰拾伍贯"，可见其虔诚。面对武春璠的敬纳之举，本坊人一致认为当初炳忠公创建庙宇，祀于庙左，今武春璠助修庙器，得古人之心，亦当从祀本庙，享本坊香火。随后共立券约，刻于碑石，写明捐纳田产的位置，武春璠父母忌日及其本人过世之后的忌日要在庙左别间祭祀行礼，写明祭礼规格和数量，三人皆受"雄猪一头""粆叁拾五斤"及其他祭品。嘉隆十四年重修关圣庙时规定祭祀关帝的全坊整礼和各甲私整礼所用粢的数量可能和祭祀武春璠时的三十五斤相差不大，但不应少于此数。

尽管武春璠捐赠金额巨大，但碑文中并没有称武春璠为"後贤"或"后贤"，祭礼最后一条规定"递年春秋与各节祭之神事及忌后贤事毕，本坊整办口欶乐感奉酒具足递口口口武百户班所告口"，[1] 即庙宇要在祭祀关圣节日以及后贤忌日事毕，也要随祭武春璠本人，显然武春璠并未被奉为关圣庙后贤，而炳忠公的后贤地位则得到了强化。

武春璠获得附祀关圣庙的待遇难能可贵，兹事体大，河口坊与武春璠特邀"己酉（1849）恩科第二甲进士侍读青仁黎菊轩"撰写碑文，黎菊轩即黎廷延（1824~?），以诗文名世。[2] 里长及各甲派人，"河口坊全坊共记"。此碑现嵌于关圣庙大殿墙壁中，后人犹可瞻仰其事。

就关圣庙的信仰而言，其本出于后黎朝的官方祀典，由郑氏外戚炳忠公修建并捐纳田产，依本国传统成为关圣庙后贤，从祀庙左，关帝信仰此时已经完全与本国后神传统结合，是越南本国的神灵信仰。嘉隆十四年重修关圣庙，华人虽然积极捐纳钱款，但主体仍是河口坊官民，其祭祀方式和内容仍延续自炳忠公建庙之时。至嗣德二十八年，武春璠虽然敬纳巨资田产，但仅获得了在关圣庙受到祭祀的待遇，并未成为关圣庙后贤。[3] 关帝南来，神威赫赫，后黎朝与阮朝官方祭祀，随即为官民信奉，与本国民间后神传统结合，成为官民信奉的大众信仰。

二　粤东会馆兴建与重修碑铭探析

明清时期中越政治经济交往密切，众多华商前往越南开展贸易，阮主治

---

① 《越南汉喃铭文拓片总集》第1册，拓片编号177，第179页。

② Trịnh Khắc Mạnh, *Tên tự tên hiệu các tác giả Hán Nôm Việt Nam*, Nhà xuất bản Khoa học xã hội, năm 2012, pp. 78 - 79. 郑克孟：《越南汉喃作家字号词典》，越南社会科学出版社，2012，第78~79页。

③ 就现在所见后神碑刻，华人也信服此传统，为自己或家人捐资财产以期成为本地后神。但奉立后神是个人行为，与集体无涉，最后也是个人成为后神。如1671年顺安府嘉林县嘉橘社官员社乡长等为预造立后神祀事碑铭记，即是奉来明人陈文惠为后神（《越南汉喃拓片总集》第4册，拓片编号3411，第406页）。1809年，居住在河口坊的广东人程氏为父亲程泰荣和母亲黄孺人捐立后神，请名儒裴辉璧撰写碑文（《越南汉喃拓片总集》第4册，拓片编号3406，第403页）。华人虽对关圣庙捐资数额巨大，造立碑刻记录功德姓名却是集体行为，因而既不能如炳忠公一般成为本庙后贤，也不能像武春璠一样在关圣庙中被祭祀。

下的会安和郑主治下的宪庸都是国际有名的商港。河内的广东众商积极修建会馆，奉祀神灵，粤东会馆的碑刻均有记录，其中细节颇可探究。

（一）　潘绍远《鼎建粤东会馆碑记》

粤东会馆亦位于行帆街。嘉隆二年广东众商在河内兴建粤东会馆，并立碑记事，题名《鼎建粤东会馆碑记》，落款"南海县香林潘绍远拜撰""南海县天池关泽川拜订""顺德县鮀州梁廷记拜书"，三位皆是广东人，"东岸县榆林社石工正局阮盛垣敬镌"，东岸县在河内。① 这通碑具有特殊的历史价值，其记录广东众商修建粤东会馆之事，正好经历了越南国内的西山朝和阮朝交替。碑文撰者潘绍远先介绍了会馆对粤众的重要性，即上酬神灵、下敦乡谊，但往年祭祀宴请于私家，既有碍观瞻，亦难议论公事。故而1799年庸老何昌辉等人及潘绍远倡议修建会馆，此年为西山朝阮光缵景盛七年，众商慷慨解囊，至1800年夏购得风水极好的地产，动工修建。开工之日，神灵亦降解暑气，花费金钱，谦言"虽非壮丽规模"，"固从此神安矣"，碑文未言是哪位神灵，但按照广东人的习惯，应该是关圣帝君。然而立碑之时已是阮朝新建之后的嘉隆二年。

此通碑文的撰者南海县潘绍远正是嘉隆十四年重修关圣庙的主事人之一，以河口坊人的身份参与越方修建关圣庙，位列本地人功德第一，嘉隆二年又以广东人的身份参与修建粤东会馆的活动。潘绍远应该具有极强的活动能力，并且定居本地已久，故而能够在华越之间自由转换身份。潘绍远对安南国内的政局极为了解，先称"盖自王政有柔远之经"，商贾至此"皆以赴圣王仁商之政也"，这里的"王"并不是"安南国王"或"越南国王"，"王政"即嘉隆王之政。阮福映1802年五月改元嘉隆，却并没有登基称帝，而是到嘉隆五年五月方即皇帝位，其间以王号行政事。嘉隆三年春正月，清使齐布森册封阮福映为越南国王，二月告太庙，昭告天下，定国号为"越南"。潘绍远长期居于升龙，了解政局变动，故而在碑文中写出了清晰准确的政治语言。②

潘绍远亦当知晓炳忠公所建关圣庙，但这是越南本国人的祭神场所，且

① 《越南汉喃铭文拓片总集》第1册，拓片编号196，第198页。
② 参见叶少飞《越南阮福映政权的合法性塑造及对清越朝贡关系的认知与利用》，《理论学刊》2020年第6期，第161~169页。

炳忠公为庙之后贤，根据越南"亭"的传统，关圣庙亦承担本地公共空间的职能，华商前往捐资敬奉尚可，却无论如何不能在此议事和举办宴会，粤人需要自己的公共场所，最终建成粤东会馆。《鼎建粤东会馆碑记》尽管只是简单的叙述，但其内容展现了越南政局的变化以及华越民众所见关帝庙祭祀传统和社会功能的差异。广东众商捐建功德勒名碑石，造立《鼎建会馆签题录》。①

（二）《重修粤东会馆碑记》

1815 年广东商众再次集资重修会馆，明命元年立碑记事，题名《重修粤东会馆碑记》。② 碑文落款"南海县庠生潘宪祖拜撰""恩授修职郎关天池拜订"，嘉隆二年碑文的撰者和修订者分别为"南海县香林潘绍远"和"南海县天池关泽川"，应与明命元年的撰、修之人相同。根据中国人取名、字的习惯，"潘宪祖"当为"潘绍远"，两篇碑文的行文和用词也较为接近，刻工仍是阮盛垣。观潘绍远所撰两篇碑文，焕然流畅，文采奕奕。其人为庠生，非经历科举的进士，故义理稍欠，与范贵适所撰《重建关圣庙碑记》尚有差距，虽不失为佳作，但如人饮水，冷暖自知，明命七年重修关圣庙潘绍远再撰碑文时，学习模仿范贵适作文，落款为"宪亭潘绍远香林氏拜撰"。③"宪亭"为其斋号，越南士人多取单字斋名，如阮鹰号"抑斋"，黎贵惇号"桂堂"，潘叔直号"锦亭"，范贵适号"立斋"，黎廷延号"菊轩"，下文的潘辉益号"德轩"，又号"裕庵"。久居越地的潘绍远不但熟稔越南政治，号"宪亭"也显示其与越南士人的单字斋号传统更加接近。

据碑文所见，潘绍远自 1799 年开始筹划修建粤东会馆，1802 年修成撰文，1820 年重修再撰文，均是以广东人的身份参与行事。1815 年重修关圣庙，潘绍远为主事人之一，1826 年参与重修关圣庙并撰文，均以河口坊本地人的身份行事。二十七年间，潘绍远两次以主事人的身份参与华越官民重修粤东会馆和关圣庙，因中越两国文化相通，其在文化认同上不会出现很大的隔阂，但政治认同不可避免地会转向越南王朝，故为粤东会馆撰写的两通碑文皆书阮朝的嘉隆和明命年号，而非清朝的嘉庆和道光年号。

此次重修粤东会馆的动议在嘉隆十四年乙亥岁，恰是关圣庙重修完成立

---

① 《越南汉喃铭文拓片总集》第 1 册，拓片编号 195，第 197 页。
② 《越南汉喃铭文拓片总集》第 1 册，拓片编号 198，第 200 页。
③ 《越南汉喃铭文拓片总集》第 1 册，拓片编号 176，第 178 页。

碑记事之年。神的面子就是人的面子，很可能是阮朝官民重修的关圣庙壮丽宏大，广东众商感觉修成十多年的粤东会馆陈旧狭小，有碍观瞻，不足以体现对神灵的尊敬，故而广东商会会长关天池号召重修，历时五年而成，在关圣大帝之外，又迎请天后元君、三元三官大帝、伏波马大元帅三位神灵，祈求保佑众人安享其福，殿宇宏大，祭祀聚议的需求皆可满足，在神灵庇佑之下，预祝众人"客满三千，腰缠十万"，刻石记事。与范贵适相比，潘绍远对神灵的神性与人性并无思考。

重修后的粤东会馆规模极大，商号和个人捐献的功德分别造碑。商号捐赠碑《重修捐报录》中功德第一的昌记号捐银一千三百五十两，不仅记录捐款名数，还记认捐物品，如"周泗记喜认青龙偃月刀一张、神印令二副"等，最后"宝泉局大使钦差掌奇加一级记录一次铭德侯香资钱三百贯"。①《钦定大南会典事例》记载："（嘉隆）十一年，奏准北城行帆铺清商自出私本采买白铅，依官式所定鼓铸钱文"，十二年"奏准北城总镇兼领宝泉局监督事，并设置该局大使"。②《大南实录》记载：

> 北城有清人陈显周、周永吉者，自请采买白铅铸钱，以铅钱百三十缗换领官铜钱百缗，城臣以奏。帝允其请，令于城外西龙门设宝泉局，以该奇张文铭为宝泉局大使，协总镇黎质兼领监督，依户部送式铸之。③

粤东会馆即在行帆街，清商与阮朝朝廷有密切的关系。嘉隆十四年重修关圣庙，陈显周与周永吉分别为广东、福建二庙客商捐款的第一位和第五位。④ 明命元年三月，"召北城宝泉局大使张文铭来京，以户部金事陈正德办理宝泉局"，⑤《大南实录》并未记载陈正德任职宝泉局大使，应该只是临时代理。明命五年二月宝泉局大使张文铭"丁艰"，以户部参知领户曹段曰元兼领宝泉局事务，⑥ 但张文铭当年闰七月以宝泉局大使为统制，管理武库。⑦ 粤东会馆1815年已动议重修，"阅四年而功程告竣"，因清商与宝泉

---

① 《越南汉喃铭文拓片总集》第1册，拓片编号194，第196页。
② 《钦定大南会典事例》卷五三《户部》，第846、847页。
③ 《大南实录》正编第一纪卷四六，第3册，1968，第238页，总第878页。
④ 《越南汉喃铭文拓片总集》，第1册，拓片编号167，第169页。
⑤ 《大南实录》正编第二纪卷二，第5册，1971，第57页，总第1475页。
⑥ 《大南实录》正编第二纪卷二五，第322页，总第1740页。
⑦ 《大南实录》正编第二纪卷二八，第360页，总第1778页。

局的关系亲密，大使张文铭即来捐纳香资，1820 年孟冬立碑刻录其事。此次个人捐赠碑《重修签题录》中，周彦才位列第一，陈显周位列第二，未见周永吉。[①] 但周永吉在明命七年重修关圣庙碑中位列功德第一。[②] 潘绍远在重修会馆碑中位列"首事"第一，功德第十四，是重修关圣庙的主事人之一，显然此次重修与潘绍远个人有很大的关系。[③] 综合来看，这是一次由清商、在越华人与阮朝官员共同参与的盛事。

三 粤东会馆增修天后宫

在河内活动的华商主要是广东人和福建人，按照一般情况，广东人的场馆以关帝为主神，天后从祀；福建人的场馆则以天后为主神，关帝从祀。福建人和广东人在海外合作发展，也存在竞争关系。绍治四年（1844）粤东会馆增修天后阁为天后宫，体现了广东人的实力不断提升。

（一）《福建会馆兴创录》

嘉隆十四年，王焕文与潘绍远共同倡议重修关圣庙，二人均以本地人的身份捐款，南下甲的潘绍远第一，密太甲的王焕文和王焕章分别位列第二和第十。[④] 这两位王氏人物是亲兄弟，福建晋江人，与其父王时义在嘉隆十五年重修东门寺。[⑤] 嘉隆十六年王氏兄弟又参与创建福建会馆。

嘉隆二年粤东会馆已经创建，潘绍远又在 1815 年倡议重修，而福建会馆尚未修建，这是很伤脸面的事情。与潘绍远一同参与重修关圣庙的王焕文可能因此倡议修建福建会馆，很快得到回应，晋江人王新合为董事，其以捐银一千一百两位列功德第一，王焕文捐银一百七十两位列第五。不仅会馆的规模更加宏大，亦邀请名士撰文，王焕文请来声名更盛的潘辉益（1751～1822）。不但远超自撰《鼎建粤东会馆碑记》的潘绍远，也稳压撰写《重建关圣庙碑记》的范贵适一头。潘辉益自然不会关心王焕文怎么想，他历经风云变幻，撰写的碑文虽然冲虚恬淡，但气势自现。碑文题名《福建会馆

---

① 《越南汉喃铭文拓片总集》第 1 册，拓片编号 197，第 199 页。
② 《越南汉喃铭文拓片总集》第 1 册，拓片编号 176，第 178 页。
③ 《越南汉喃铭文拓片总集》第 1 册，拓片编号 197，第 199 页。
④ 《越南汉喃铭文拓片总集》第 1 册，拓片编号 175，第 177 页。
⑤ 《越南汉喃铭文拓片总集》第 1 册，拓片编号 319，第 322 页。

兴创录》，"嘉隆十六年岁次丁丑季冬月谷日立"，落款"柴山遗老旧进士大夫裕庵谦受甫敬撰"。①

潘辉益，号裕庵，字谦受甫，是中兴黎朝、西山朝著名的文人学者，景兴三十六年（1775）进士，任礼部尚书，曾在乾隆皇帝八十大寿时随同安南国王阮光平入觐。② 西山朝灭亡时投效阮福映，因邓陈常请求惩处逆臣，被杖击于升龙文庙，其后隐居。③ 潘辉益不愧为南国名笔，将天后圣迹与灵应写得庄严巍峨，历代封赠名号叙述清晰，用词典雅宏大，为范贵适和潘绍远所不及。倡议修建福建会馆恰好与粤东会馆重修在同一年，二者之间显然有所关联。议定之后，福建众商踊跃参与，河内之外的宪庯众商亦来捐纳钱款，最后录芳名于《福建会馆捐题录》。④ 闽商火速行动购置地产建造庙宇，并驰书回闽塑造圣像，次年春天圣像飞帆而至，迎入庙中安放，自动工至建成前后不过八个月。其间担忧的钱款不足以及各项人事等问题皆服帖理顺，虽曰人情和洽，亦是神佑之功。如今殿宇宏阔，礼敬神灵，闽商议事于此，天后保佑海事平安，人旺财盛，后人余庆，日后再增扩庙宇。

粤东会馆重修至明命元年方竣工，尽管规模宏大，但迁延五年。此次创建福建会馆奉祀天后，闽商以其团结快速、邀请潘辉益写碑赢回一场。嘉隆十六年捐赠福建会馆的黄金发、沈福山、沈象山、林永亨等人又在明命元年重修白马神祠时捐款。《重修白马庙签题录》中"广东、福建、潮州三庯诸贵号乐助工金芳名列左"，但福建客商要少于广东客商，周彦才、关缉晃、梁松荫、昌吉号、潘瀚典、周永吉等广东客商及商号各捐银一百二十五两，名列前六位。潘绍远捐银三十两。⑤ 但在河口坊本地人的《重修白马庙碑记》

① 《越南汉喃铭文拓片总集》第 1 册，拓片编号 277，第 280 页。
② 参见葛兆光《朝贡、礼仪与衣冠——从乾隆五十五年安南国王热河祝寿及请改易服色说起》，《复旦学报》2012 年第 2 期，第 1~11 页。
③ 18 世纪末至 19 世纪初的越南政局变幻太过复杂，潘辉益为后黎朝进士、官员，入西山朝为礼部尚书，后降阮朝，因邓陈常之议，与吴时任、阮嘉璠在 1803 年春被杖击于升龙文庙，吴时任被打死，阮嘉璠和潘辉益放归。参见叶少飞《巨变下的安南儒医命运——以阮嘉璠为例》，张勇安主编《医疗社会史研究》第 9 辑，社会科学文献出版社，2020，第 119~140 页。1814 年，王焕文与潘绍远共同以河口坊本地人的身份倡议重修关圣庙，他们居住升龙已久，不会不知道十几年前改朝换代引发的政治变动。王焕文邀请潘辉益撰写碑文，应该是阮朝并没有对潘辉益进行彻底清算，文名未受影响，其子潘辉注（1782~1840）入朝为官，更在 1821 年撰成典章制度体史书《历朝宪章类志》，得朝廷嘉奖，后两次出使中国。
④ 越南河内汉喃研究院藏拓片，编号：49293.
⑤ 《越南汉喃铭文拓片总集》第 1 册，拓片编号 189，第 191 页。

中，王焕文捐银一百二十五两，位列第一，其次为关富利捐银五十五两，王焕章位列第五。① 关富利在嘉隆十四年重建关圣庙时，以广东人的身份捐钱十三贯，潘绍远、王焕文和王焕章则以河口坊本地人的身份为关帝庙捐款。② 现在尚不知晓王焕文为什么在重修白马庙时不再以福建人的身份行事，但华商和本地人最高捐款金额都是一百二十五两，显然是双方协商的结果。

（二）《重修会馆后座碑记》

可能是受福建会馆的影响，明命元年粤东会馆重修碑中记载加祀天后。绍治四年，粤东会馆将原先的天后阁增修为天后殿，立碑记事，题名《重修会馆后座碑记》，落款"行长器庵关美材顿首拜订""邑庠士复斋谢元拜撰并书"。③

这次活动没有见到潘绍远，此时距其1799年提议建粤东会馆已经过去48年，潘绍远可能已经高龄去世。《大南实录》记载：明命十三年（1832），"命河内择置广东、福建二铺行长，凡有官买二省所产之物，专责之"。④ 此即阮朝以政策形式设立广东人和福建人的自主社区，"器庵关美材"即是广东铺行长。

碑文撰者谢元号"复斋"，修订人关美材号"器庵"，这和潘绍远的号"宪亭"一样，都是具有越南文化特征的单字斋号。这次活动规模也很大，最后"壮武将军、右军都统府都统、领兵部尚书（兼都察院右都御史、总督河内宁平等处地方、提督军务、兼理粮饷）新禄男枚捐银一封"，即得到了阮朝兵部尚书、河内地方最高长官枚公言的支持，捐银一封，可能因枚公言曾亲自前来，故而此次碑中又特地写出"通言李联芳"，这在之前的活动中没有出现过。

因之前的天后阁过于狭小，难以体现神灵威严，众人商议之后，踊跃捐纳，"易后阁为宫廷"。应是所获钱款较多，故而又增建一座财帛星君楼。《重修后座签题录》记录了捐款众商芳名。⑤ 粤东会馆众商奉祀关帝，又得

---

① 《越南汉喃铭文拓片总集》第1册，拓片编号190，第192页。
② 《越南汉喃铭文拓片总集》第1册，拓片编号167，第169页。
③ 《越南汉喃铭文拓片总集》第1册，拓片编号199，第201页。
④ 《大南实录》正编第二纪卷七九，第7册，1973，第285页，总第2533页。
⑤ 《越南汉喃铭文拓片总集》第1册，拓片编号200，第202页。

天后神佑，更加昌盛。①

福建会馆方面没有重修增加的举措。福建会馆下次重修已是 1925 年，造立《福建会馆重修碑记》记其事。②

结语：昭圣柔远，文化融通

在中国和越南的王朝时代，朝贡关系一直是双方交往的主流，喧嚣来往的使臣大张声势，在礼仪的执行中展示朝贡秩序的运转和威严。然而来到越南的不只有使臣，还有更多驾航海外、货殖经营的华人。明命元年的《重修白马庙签题录》碑中"广东、福建、潮州三庯诸贵号乐助工金芳名列左"，表明河内已经形成相对完善的华人社区，广东人和福建人分别以敬奉关帝的粤东会馆和敬奉天后的福建会馆作为公共空间，会馆成为联络各方关系的纽带，阮朝官方及社会精英亦乐于承认广东人和福建人的群体信仰，并在重修时捐纳金银或撰写碑文。1832 年，阮朝明确了广东、福建社区的管理形式和专享商业权责。

在此过程中，河内的华人充分获得了移居者的权利，与阮朝政权有密切合作，享有丰厚的商业利益，群体信仰得到了官府及地方的尊重，中华区域下的文化融通为华人提供了相当大的便利。在 1803 年创建粤东会馆、建立稳定的社区之后，华人追求与本地更加有效的融合，终于在嘉隆十四年由定居河口坊的潘绍远和王焕文协助越南人筹划重修黎郑时期建成的关圣庙，得到了阮朝官民和华商的大力支持。明命七年，潘绍远又主持重修关圣庙。华越民众在关帝神威下实现了文化融通与有效交流。在重修关圣庙的同时，华商之间也相互竞争，广东人重修粤东会馆却延宕五年方完工，福建人则在不到一年的时间里修建了福建会馆。

---

① 汉喃研究院藏的一部《大南一统志》抄本记载："粤东会馆，在寿昌河口坊，嘉隆二年明乡属客各自捐赀建造，奉事关大帝，左侍关平，右侍周将军昌，上元、中元、下元三官大帝，马伏波大元帅，天后元君，左侍顺风眼神将，右侍千里耳神将，都天至富财帛星君。"（《汉喃书籍中的河内-升龙地志》，河内：世界出版社，2007，第 1089 页）嗣德本《大南一统志》关于粤东会馆记载的文辞有所不同，但亦称"明乡客户各捐赀建造"。（《大南一统志》第 1 册，人民出版社，2015 年影印本，第 136 页），潘叔直《国史遗编》记载：明命七年"秋七月二日，改北客为明乡。北客旧号明香，均改著明乡，正字面"。（越南社会科学出版社，2010 年影印本，第 730 页）《大南一统志》称建造粤东会馆者为"明乡人"即是此故，阮朝人以本朝官方规定的"明乡人"称呼清商。

② 越南河内汉喃研究院藏拓片，编号：49294。

　　广东南海人潘绍远自 1799 年议修粤东会馆到 1826 年以"宪亭"为号撰写《重建关圣庙碑记》，历经西山阮光缵和阮朝嘉隆帝、明命帝两朝三位君王，1815 年以河口坊本地人的身份参与重修越南人主导的关圣庙。他在展示华人身份的同时又呈现了自己的本地人身份。他是文采斐然的庠生，是否对故国还有依恋，是否因科举不得志而货殖海外，因财富和文化在河内获得了足够尊重，故而定居并转向对阮朝的认同？他与福建人王焕文一起筹备重修关圣庙，是在向来自清朝的同乡展示自己已是获得阮朝信任的精英吗？他保持广东南海人身份是想以此继续获得与清朝的商贸利益吗？他视广东人、福建人、明香人为同被神佑的整体吗？他通知明香人重修关帝庙之事，但并没有得到对方的回应，他如何看待南来的明朝遗民后裔？尽管我们不断追问，但只能独对会馆庙宇曾经高悬华灯的空梁而不会得到回应。

　　通过关帝信仰，潘绍远与本地社会融为一体，与本地精英如范贵适交往，并模仿其撰写重修关圣庙碑文，广东人社区亦因关帝与本地建立了更为密切的关系。潘绍远个人或许在融通的环境中开始转向对阮朝的文化认同，用阮朝年号，取号"宪亭"，但广东南海仍是其不可磨灭的身份归属。清商群体继续确立自己的华人身份并因此获得利益，华人身份在关圣庙和粤东会馆的修建和重修过程中不断被强化。然而华人身份并未成为清商认同越南文化传统的阻碍。1844 年广东铺行长关美材以"器庵"之号修订重修粤东会馆的碑文，撰者谢元则号"复斋"，华越传统在粤东会馆的关帝信仰中走向融通。

　　在河内的关帝信仰及神祠庙宇的发展和变化过程中，华越民众的多重参与，展示了中越文化相通形成的人心相融，潘绍远和王焕文在华、越文化传统中自由穿梭而无违碍，但粤东会馆和福建会馆碑刻上的越南帝王年号显示这是在越南社会政治下的行为，这是世代相承的文化血脉，川流不息。①

（执行编辑：罗燚英）

---

① 王赓武先生在《海外华人：从落叶归根到追寻自我》（赵世玲译，北京师范大学出版社，2019）一书中全景式深入探讨了海外华人在历史中和当代的认同问题，思考极其深刻，越南华人亦在其中。但在越南华人的个案中，中越王朝国家时期文化相通，因而越南将关帝和天后纳入官方祀典，随即作为本国文化传统，与华人的关帝信仰共同发展，形成融通的状态。这虽是前民族国家时代中华文化圈国家中海外华人信仰的特例，但亦展现了华人对本地文化的认同与主动融合。

林邑、女仙、良药与警兆：中古时期的"琥珀"形象[*]

——以道教仙话《南溟夫人传》为中心

周能俊[**]

摘　要： 中古时期"琥珀"的特殊文化意象是当时社会认知体系与生活传统对自然生物与现象规律性认识不足而产生的神秘主义理解。在当时人们的认知体系中，"琥珀"的文化意象与林邑国、女性、神仙、良药、征兆、警示等密切地联系在一起。道教仙话《南溟夫人传》的创作者因该仙话的文学创作需要描写了女性水仙的琥珀信物，利用"琥珀"的特殊文化意象推动仙话中元、柳二人帮助该水仙寻亲等情节的顺利展开。仙话作者之所以得以利用"琥珀"的特殊文化意象推进仙话情节发展，与中古时期人们对"琥珀"特殊文化意象的广泛认识以及道教等宗教神秘思想的促进作用是分不开的。整个中古时期，利用"琥珀"等自然生物与现象的特殊文化意象进行文学创作的情况多有发生，且大部分创作者均对中古时期的社会认知体系与生活传统有着颇为深入的了解。而中古时期"琥珀"特殊文化意象的广泛认同与传播，也反映了中古时期的社会认知体系与生活传统逐渐被纳入道教等中古宗教信仰与认知体系构建的历史进程。

　＊　本文是浙江外国语学院 2023 年度博达科研提升专项计划"六朝至五代宋初道教的时代变迁与空间分布"（2023QNZD6）成果。
＊＊　周能俊，浙江外国语学院副教授，黔南民族师范学院兼职研究员。

关键词：中古时期　琥珀　《南溟夫人传》　良药

　　在著名的道教仙话《南溟夫人传》中有一段涉及琥珀的细节描述，南溟夫人派一名水仙使者送元、柳二人返家时，"使者谓二客曰：'我不当为使送子，盖有深意，欲奉托也。'衣带间解合子琥珀与之……谓二子曰：'我辈水仙也。顷与番禺少年情好之至，有一子三岁，合弃之，夫人令与南岳郎君为子矣。中间回雁峰使者有事于水府，吾寄与子所弄玉环与之，而为使者隐却，颇以为怅。望二客持此合子于回雁峰庙中投之，若得玉环，为送岳庙，吾子亦当有答，慎勿开启。'……战栗之际，空中有人以玉环授之，二子得环送于岳庙"。① 其中特意强调了作为水仙嘱托信物的乃是合子琥珀，可见，在中古时期的道教认知体系与社会传统中，琥珀有着十分特殊的文化内涵。本文拟结合有关史料记载，探讨道教仙话《南溟夫人传》中所涉及琥珀的特殊文化意象，分析中古时期人们对于琥珀的传统认知，并在此基础上进一步管窥中古时期道教等宗教神秘思想的发展与社会认知及生活传统之间的关系。

一　琥珀的含义

　　据古籍所载，"琥魄，珠也。生地中，其上及旁不生草，浅者五尺，深者八九尺，大如斛。削去皮，成琥魄。初时如桃胶，凝坚乃成"，② "虎珀一名红珠"，③ "丹魄，虎魄也。色赤，故曰丹"，④ "虎魄，又名为石

---

① 张君房编《云笈七签》卷一一六《南溟夫人传》，李永晟点校，中华书局，2003，第2557~2559页。《裴铏传奇》（张读、裴铏：《宣室志·裴铏传奇》之《元柳二公》，萧逸、田松青校点，上海古籍出版社，2012，第89~91页）、《续仙传》（李昉等编《太平广记》卷二五《元柳二公》，中华书局，1961，第166~169页）与《墉城集仙录》卷八《南溟夫人》（罗争鸣辑校《杜光庭记传十种辑校》，中华书局，2013，第685~687页）所载略同。
② 李昉等编《太平御览》卷八〇八《珍宝部七·琥魄》引《广雅》，中华书局，1960，第3590页。
③ 李昉等编《太平御览》卷八〇八《珍宝部七·琥魄》引《博物志》，第3590页。
④ 萧统编，李善注《文选》卷五〇《史论下·沈休文·恩幸传论》"素缣丹魄，至皆兼两"注，上海古籍出版社，1986，第2225页。

胆”。① 可知，在中古时期，琥珀在不同的典籍中有红珠、丹魄、石胆等多种不同称谓。而根据史籍记载，中古时期人们对于琥珀的特征认知主要可分为以下两类。

（1）构成物质为松脂或枫脂等植物油脂。如“琥珀之本成松胶也，或以作杯瓶”，②“枫脂入地为琥珀”，③ 以及“桃沉入地所化也”。④

（2）形成耗时极长，以千年计。如“枫脂沦入地中，千秋为琥珀”，⑤“松脂沦入地中，千年化为茯苓，茯苓千年化为琥珀”，⑥ 以及“案《老子玉策》云：松脂入地，千年变为伏苓，伏苓千年变为虎魄”。⑦

根据现代科学研究可知，琥珀是“松柏树脂的化石。色黄褐或红褐，燃烧时有香气。红者曰琥珀，黄而透明者曰蜡珀。入药，也可制饰物”。⑧但在中古时期，由于人们缺乏对自然产物与现象的规律性、科学性认识，因此对于琥珀的认知只能停留在部分外观特征与具体性状等形象特性的浅层次概括归纳之上。由此而产生对琥珀等自然产物与现象的片面理解，谬误自然也就不可避免。故而当时社会上相当一部分人对琥珀的认知仅仅停留在其是一种十分稀有而极具价值的珍宝，如“齐东昏侯宝卷，潘氏服御，极选珍宝，琥珀钏一只，直百七十万”。⑨ 六朝著名文人左思、潘尼等亦有“其间则有虎珀丹青，江珠暇英”⑩、“金楼虎珀阶，象榻玳瑁筵”⑪ 等极尽奢华的文学描写。中古时期的人们将“鸡卵可作琥珀，其法取伏卵段黄白浑杂者煮，及尚软随意刻作物，以苦酒渍数宿，既坚，内著粉中，佳者乃乱真矣。此世所恒用，作无不成者”⑫ 等制作假琥珀的方法详细记载下来，并传诸后世。

---

①　李昉等编《太平御览》卷九八七《药部四》引孝子王册曰，第4368页。

②　李昉等编《太平御览》卷八〇八《珍宝部七·琥魄》引《异物志》，第3590页。

③　段成式：《酉阳杂俎》前集卷一一《广知》引《玄中记》，曹中孚校点，上海古籍出版社，2012，第61页。

④　段成式：《酉阳杂俎》前集卷一一《广知》引《世说》，第61页。

⑤　李昉等编《太平御览》卷八〇八《珍宝部七·琥魄》引《玄中记》，第3590页。

⑥　李昉等编《太平御览》卷八〇八《珍宝部七·琥魄》引《博物志》，第3590页。

⑦　李昉等编《太平御览》卷八八八《妖异部四·变化下》引《抱朴子》，第3944页。

⑧　何九盈等主编《辞源》第3版，商务印书馆，2015，第2749页。

⑨　萧绎撰，许逸民校笺《金楼子校笺》卷一《箴戒篇第二》，中华书局，2011，第356页。

⑩　萧统编，李善注《文选》卷四《赋乙·京都中·左太冲蜀都赋》，第177页。

⑪　李昉等编《太平御览》卷八〇八《珍宝部七·琥魄》引，第3590页。

⑫　张华撰，范宁校证《博物志校证》卷四《戏术》引《神农本草》，中华书局，2014，第50页。

从《南滇夫人传》的记叙来看，那名水仙使者的行为显然并不只是因为琥珀是极具价值的珍宝，其对琥珀所代表的形象有不一样的认知。而这种认知可能也广泛存在于中古时期人们的日常生活传统与社会认知体系之中。这一复杂的现象，颇有值得研究的必要。本文试图以道教仙话《南滇夫人传》中有关琥珀的记述为出发点，解析中古时期人们对琥珀的社会认知，以及由此衍生的文化意涵等相关内容。

二　中古琥珀产地与林邑

既然琥珀在中古时期乃是极具价值的珍宝，那么就有必要对时人所熟知的著名琥珀产地进行一番考察。根据相关史料记载，中古时期，人们对于琥珀产地较为普遍的认知主要涉及以下几个地域：其一为广大的西域中亚地域，即大秦①、伏卢尼②、波斯③、呼似密④、罽宾⑤等；其二为西南地域之益、宁诸州及西南

---

① 《后汉书》载，"大秦国一名犁鞬，以在海西"，"土多金银奇宝"，特产"虎魄"。（范晔：《后汉书》卷八八《西域传·大秦》，中华书局，1965，第2919页）《旧唐书》载："拂菻国，一名大秦，在西海之上，东南与波斯接……土多金银奇宝，有……琥珀，凡西域诸珍异多出其国。"（刘昫等：《旧唐书》卷一九八《西戎传·拂菻》，中华书局，1975，第5313~5314页）

② 据《魏书》所载，"伏卢尼国，都伏卢尼城，在波斯国北，去代二万七千三百二十里。……城北有云尼山，出银、珊瑚、琥珀"。魏收：《魏书》卷一○二《西域传·伏卢尼》，中华书局，1974，第2272页。

③ "波斯国，都宿利城，在忸密西，古条支国也。去代二万四千二百二十八里……出金、银、鍮石、珊瑚、琥珀……"（魏收：《魏书》卷一○二《西域传·波斯》，第2270页）"波斯国，在京师西一万五千三百里，东与吐火罗、康国接，北邻突厥之可萨部，西北拒拂菻，正西及南俱临大海。……出……琥珀。"（刘昫等：《旧唐书》卷一九八《西戎传·波斯》，第5311~5312页）"琥珀……出波斯及凉州。"（李林甫等：《唐六典》卷二二《少府军器监·中尚署》，陈仲夫点校，中华书局，1992，第573页）"（大历）六年九月，波斯国遣使献真珠、琥珀等。"（王钦若等编纂《册府元龟》卷九七二《外臣部·朝贡第五》，中华书局，1960，第11248页）

④ "呼似密国，都呼似密城，在阿弗太汗西，去代二万四千七百里。土平，出银、琥珀。"魏收：《魏书》卷一○二《西域传·呼似密》，第2273页。

⑤ "罽宾国，王治循鲜城，去长安万二千二百里。……罽宾地平，温和……出……虎魄。"（班固：《汉书》卷九六上《西域传上·罽宾》，中华书局，1962，第3884~3885页）《广雅》亦载，琥珀"出罽宾及大秦国"。（范晔：《后汉书》卷四九《王充传》，第1636页注四引）

夷，即哀牢①、三濮②等地域；其三为东瀛倭国之属。③

　　然据该仙话的背景叙述，元、柳二人"俱有从父为官浙右，李庶人连累，各窜于驩、爱州。二公共结行李而往省焉。至于廉州合浦县，登舟而欲越海，将抵交阯，舣舟于合浦岸。……夜将午，俄飔风欻起，断缆漂舟，入于大海，莫知所适"，④ 且"几覆没者二三矣"。⑤ 征诸史籍，廉州合浦县属唐岭南道境内、隶治广州之岭南采访使辖下。⑥ 而"爱州九真郡，下。……户万四千七百。县六"，⑦ "驩州日南郡，下都督府"，⑧ 亦皆属唐岭南道境内、隶岭南采访使辖下。可见，元、柳二人出海地与目的地皆在今南海北部湾沿岸。且元、柳二人皆为凡夫俗子，无法在缺水少食的情况下在海上生存

① 汉代就有"哀牢夷出光珠琥魄"。（李昉等编《太平御览》卷八○八《珍宝部七·琥魄》引《续汉书》，第3590页）《后汉书》载，哀牢出"虎魄"。（范晔：《后汉书》卷八六《南蛮·哀牢》，第2849页）《九州记》亦言哀牢地出"琥珀"。（李昉等编《太平御览》卷七八六《四夷部七·南蛮二·哀牢》，第3479页）胡三省亦认为"琥珀出哀牢夷"。（司马光编著《资治通鉴》卷一一七《晋纪三十九·安帝义熙十二年》，胡三省音注，中华书局，1956，第3688页胡注）魏晋时期，哀牢地域被纳入中央管辖，属益州或宁州的永昌郡辖境。故"益州永昌出虎珀"。（李昉等编《太平御览》卷八○八《珍宝部七·琥魄》引《博物志》，第3590页）"（宋）武帝时，宁州常献虎珀枕，甚光丽。"（李昉等编《太平御览》卷八○八《珍宝部七·琥魄》引《宋书》，第3590页）二者所记之益州或宁州之永昌与汉代哀牢乃是同一地域。《华阳国志》亦载："郑纯，字长伯，郪人也。为益州西部都尉。处地金银、琥珀、犀象、翠羽所出，作此官者，皆富及十世，纯独清廉，毫毛不犯。"（常璩撰，任乃强校注《华阳国志校补图注》卷一○中《广汉士女》，上海古籍出版社，1987，第561页）可知，永昌琥珀产量之盛。另有更详细的记载为："琥珀，永昌城界西去十八日程琥珀山掘之，去松林甚远。片块大重二十余斤。贞元十年，南诏蒙异牟寻进献一块，大者重二十六斤，当日以为罕有也。"（樊绰撰，向达校注《蛮书校注》卷七《云南管内物产第七》，中华书局，2018，第200页）

② "三濮者，在云南徼外千五百里……多白蹄牛、虎魄。"欧阳修、宋祁：《新唐书》卷二二二下《南蛮下·三濮》，中华书局，1975，第6328~6329页。

③ 唐高宗永徽五年"十二月癸丑，倭国献琥珀、码碯，琥珀大如斗，码碯大如五斗器"。（刘昫等：《旧唐书》卷四《高宗纪上》，第73页）《唐会要》则更详细地记述为："永徽五年十二月，遣使献琥珀、玛瑙，琥珀大如斗，玛瑙大如五升器。高宗降书慰抚之。……其琥珀好者，云海中涌出。"（王溥：《唐会要》卷九九《倭国》，上海古籍出版社，2006，第2099~2100页）《册府元龟》亦载："日本国，古倭国之别种也。国在新罗东南大海中。……其王阿每氏。文字与中国同。唐高宗永徽五年，献琥珀大如斗，玛瑙大如五升器。与新罗相接。其琥珀在海中涌出。"（王钦若等编纂《册府元龟》卷九五九《外臣部·风土一》，第11287页）

④ 李昉等编《太平广记》卷二五《元柳二公》，第166~167页。

⑤ 张君房编《云笈七签》卷一一六《南溟夫人传》，第2556页。

⑥ 欧阳修、宋祁：《新唐书》卷四三上《地理志七上》，第1111~1115页。

⑦ 欧阳修、宋祁：《新唐书》卷四三上《地理志七上》，第1113页。

⑧ 欧阳修、宋祁：《新唐书》卷四三上《地理志七上》，第1113页。

太久。由此推测，二人坐船受飓风裹挟漂流至东瀛倭国地域的可能性不大，流落至西南地区（今北部湾）附近地域的可能性相对较高。

纵观西南地域诸国，"环王，本林邑也，一曰占不劳，亦曰占婆。直交州南，海行三千里。地东西三百里而赢，南北千里……东涯海，汉马援所植也。又有西屠夷……与林邑分唐南境。……产虎魄"。① "先天开元中，其王建多达摩又献驯象、沈香、琥珀等"。② 可见，林邑正好位于西南地区之今北部湾沿岸地域，中古时期人们前往该地常以海路为主。与仙话中元、柳二人欲自合浦泛海而行的记述颇为契合。"林邑盛产琥珀"通过中古史籍的大量记述而被纳入了中古民众的社会认知体系与生活传统之中。此一史实与仙话中女性水仙的琥珀信物亦颇有巧合之处。

除此以外，据史籍所载，"至大唐贞观中，其王范头利死，率国人共立头利女为王。诸葛地者，头利之姑子。女王独任，国中不宁。大臣可伦翁定乃立地为王，妻之以女主，其国乃定"。③ 林邑国女主当政情况与该仙话中南溟夫人在孤岛上生杀予夺的权柄颇有相似之处。

此外，据仙话所记，该女仙自述"我辈水仙也"。中古道教典籍中关于"水仙"的记述颇有语焉不详之处，且"水仙"本身也有许多含糊难明的地方。如葛洪认为水仙应该是服食金液斋戒百日而不想去世的修道者，"金液太乙所服而仙者也，不减九丹矣，合之用古秤黄金一斤，并用玄明龙膏、太乙旬首中石、冰石、紫游女、玄水液、金化石、丹砂，封之成水，其经云，金液入口，则其身皆金色。老子受之于元君，元君曰：此道至重，百世一出，藏之石室，合之，皆斋戒百日，不得与俗人相往来，于名山之侧，东流水上，别立精舍，百日成，服一两便仙。若未欲去世，且作地水仙之士者，但斋戒百日矣"。④ 孙思邈则指出水仙与水有极为密切的联系，"夫天生五行，水德最灵。浮天以载地，高下无不至。润下为泽，升而为云，集而为雾，降而为雨。故水之为用，其利博哉。可以涤荡滓秽，可以浸润焦枯。寻之莫测其涯，望之莫睹其际。故含灵受气，非水不生，万物禀形，非水不育。大则包禀天地，细则随气方圆，圣人方之以为上善。余尝见真人有得水

---

① 欧阳修、宋祁：《新唐书》卷二二二下《南蛮下·环王》，第 6297 页。

② 王溥：《唐会要》卷九八《林邑国》，第 1751 页。

③ 杜佑：《通典》卷一八八《边防四·南蛮下·林邑》，王文锦等点校，中华书局，1988，第 5092 页。

④ 王明：《抱朴子内篇校释》卷四《金丹》，中华书局，1985，第 82~83 页。

仙者，不睹其方。武德中龙赍此一卷《服水经》授余，乃披玩不舍昼夜。其书多有蠹坏，文字颇致残缺，因暇隙寻其义理，集成一篇，好道君子勤而修之。神仙可致焉"。① 由此衍生出"在人谓之人仙，在天曰天仙，在地曰地仙，在水曰水仙，能通变化之曰神仙"的叙述。② 可见，在中古时期的道教神仙体系中，水乃是道教水仙成道的重要因素与典型标志。

再征诸现存中古时期有关水仙的记载，如"子胥死，王使捐于大江口，乃发愤驰腾，气若奔马，乃归神大海，盖子胥水仙也"，③ "尹吉甫子伯奇至孝，后母谮之，自投江中，衣苔带藻，忽梦见水仙赐其美药，唯念养亲，扬声悲歌，船人闻而学之，吉甫闻船人之声，疑似伯奇，作《子安之操》"，④ "（孙）恩穷蹙，乃赴海自沉，妖党及妓妾谓之水仙，投水从死者百数"，⑤ 等等。可以进一步肯定水仙与江河湖海有极其密切的联系，甚至因水而生、凭水而居、依水而活、由水而神。

恰巧林邑丧葬有"皆以函盛尸，鼓舞导从，轝至水次，积薪焚之。收余骨，王则内金罂中，沉之于海；有官者以铜，沉之海口；庶人以瓦，送之于江。男女截发，随丧至水次，尽哀而止"的传统。⑥ 此种丧葬传统反映了中古时期的林邑民众认为水可以令逝者永生或者超脱。而这种社会认知与中古道教水仙因水而生、凭水而居、依水而活、由水而神的特性让中古时期的信道民众可以做某些联想性的联结。因此，尽管中古时期人们对林邑"人皆奉释法……王事尼乾道"⑦ 的宗教信仰情况有所认识，但其社会认知可能仍意向性地推测林邑是水仙相对集中的聚居之所。

另一方面，根据现存史籍，该仙话最早见于唐代裴铏的《传奇》。咸通中，裴铏"为静海军节度高骈掌书记，加侍御史、内供奉，后官成都节度副使，加御史大夫"。⑧ 据《新唐书》所载，咸通中，唐懿宗派高骈平定安南后，"以都护府为静海军，授（高）骈节度，兼诸道行营招讨使。始筑安

① 孙思邈：《千金翼方》卷一三《辟谷·服水第六》，人民卫生出版社，1955，第158页。
② 司马承祯：《天隐子·神解章》，文物出版社等编《道藏》第21册，上海书店，1988，第700页。
③ 萧统编，李善注《文选》卷五《赋丙·京都下·左太冲·吴都赋》，第227页。
④ 李昉等编《太平御览》卷五七八《琴中》引扬雄《琴清英》，第2608页。
⑤ 房玄龄等：《晋书》卷一〇〇《孙恩传》，中华书局，1974，第2634页。
⑥ 杜佑：《通典》卷一八八《边防四·南蛮下·林邑》，第5091页。
⑦ 杜佑：《通典》卷一八八《边防四·南蛮下·林邑》，第5091页。
⑧ 董诰等编《全唐文》卷八〇四《裴铏》，上海古籍出版社，1990，第3751页。

南城"。① 又据《旧唐书》所载，安南都护府在唐邕管之西，治交州，与林邑接壤；辖下林州州治林邑县，在贞观时期"乃于驩州南侨治林邑郡以羁縻之，非正林邑国"。② 可知，唐静海军节度即原安南都护府辖地，与林邑接壤，其辖境内还有贞观时期侨治的林邑郡。可见，当时可能有不少林邑国人流寓于静海军辖下。由此推测，裴铏在静海军节度任职期间，似乎有相当的机会可以接触到当时林邑国的相关政治信息与各种人文风俗。因此，裴铏在对该则仙话进行著录与艺术加工，特别是描述琥珀细节时，暗喻林邑的可能性似较为显著。

综上所述，在中古时期的社会认知与生活传统中，自廉州合浦泛海可达的琥珀产地有东瀛倭国属地与林邑地域。结合仙话中元、柳二人乃是肉身凡胎，在缺少淡水和食物的情况下无法在海上长途漂流至倭国海域，因此，元、柳二人所达孤岛可能在林邑国辖境。且南溟夫人之威势也暗合贞观时期林邑女主当政的史实，林邑的丧葬习俗也可能令中古民众与道教水仙做某些意向性的联结。再结合裴铏本人的仕宦经历，《南溟夫人传》中水仙使者以琥珀作为信物可能是在暗示回雁峰使者自己在林邑国地域的水仙身份，提醒其隐匿自己的玉环信物。

三　女性与神仙

首先，在中古时期的社会认知与生活传统体系中，琥珀常常与女性紧密联系。其中的一个重要联结点就是琥珀常被用来作为女性最重要的首饰或装饰品之一。除上文所述南齐东昏侯宠妃潘氏价值一百七十万钱的琥珀钏外，"汉武帝所幸宫人，名曰丽娟。年始十四，玉肤柔软，吹气如兰，身轻弱，不欲衣缨拂，恐伤为痕。每歌，李延年和之。于□芝生殿旁，唱回风之曲，庭中树为之翻落。……娟以琥珀为佩，置衣裾里，不使人知，乃言骨节自鸣，相与为神怪也"的传说，③ 也说明琥珀饰品对于中古女性装扮的重要性。在当时的南蛮地域，"妇人一切不施粉黛。贵者以绫锦为裙襦，其上仍披锦方幅为饰。两股辫其发为髻。髻上及耳，多缀真珠、金贝、瑟瑟、

---

① 欧阳修、宋祁：《新唐书》卷二二四下《叛臣下·高骈》，第6392页。
② 刘昫等：《旧唐书》卷四一《地理四》，第1756页。
③ 李昉等编《太平广记》卷二七二《美妇人·丽娟》引《洞冥记》，第2139页。

琥珀"。①

其次，在中古时期，琥珀常作为贵重礼物被馈赠给高贵或貌美的女性。如"赵飞燕为皇后，其女弟在昭阳殿，遗飞燕书曰：'今日嘉辰，贵姊懋膺洪册，谨上襚三十五条，以陈踊跃之心：……琥珀枕……'"② 甚至在仙话中，仙郎也以"琉璃琥珀器一百床……赠奏乐仙女"。③

再次，在中古时期的社会认知体系与生活传统中，琥珀常与女性的美貌紧密联系。如"吴主潘夫人，父坐法，夫人输入织室，容态少传，为江东绝色。同幽者百余人，谓夫人为神女，敬而远之。……工人写其真状以进，吴主见而喜悦，以虎魄如意抚按即折，嗟曰：'此神女也，愁貌尚能惑人，况在欢乐！'乃命雕轮就织室，纳于后宫，果以姿色见宠"。④ 又如"孙和悦邓夫人，常置膝上。和于月下舞水精如意，误伤夫人颊，血流污裤，娇姹弥苦。自舐其疮，命太医合药。医曰：'得白獭髓，杂玉与琥珀屑，当灭此痕。'……和乃命合此膏，琥珀太多，及差而有赤点如朱，逼而视之，更益其妍"。⑤ 再如唐玄宗"即日命立西幢，遂封某为西明夫人。因赐琥珀膏，润于肌骨"。⑥ 这些传说亦证明琥珀是中古女性美容养颜膏方的重要成分。

此外，在中古时期的社会认知体系与生活传统中，琥珀也与道教神仙有十分密切的联系。中古时期的人们认为琥珀珠玉等乃是"山生水藏，择地而居，洁清明朗，润泽而濡，磨而不磷，涅而不淄，天气所生，神灵所治，幽闲清净，与神浮沉，莫不效力为用，尽情为器"。⑦ 可见，当时人们认为琥珀乃是天地灵秀所钟而产生，自有其天然灵性，与神灵有天然的同质性。

据《吴书》所载，"（虞）翻少好学，有高气。年十二，客有候其兄者，不过翻，翻追与书曰：'仆闻虎魄不取腐芥，磁石不受曲针，过而不存，不

---

① 樊绰撰，向达校注《蛮书校注》卷八《蛮夷风俗第八》，第209页。
② 葛洪：《西京杂记》卷一《赵昭仪遗飞燕书》，周天游校注，三秦出版社，2006，第62~63页。
③ 李昉等编《太平广记》卷五〇《嵩岳嫁女》引《纂异记》，第312页。
④ 王嘉撰，萧绮录，齐治平校注《拾遗记校注》卷八《吴》，中华书局，1981，第181页。
⑤ 王嘉撰，萧绮录，齐治平校注《拾遗记校注》卷八《吴》，第189~190页。
⑥ 李昉等编《太平广记》卷三七三《杨祯》引《慕异记》，第2964页。
⑦ 王利器：《新语校注》卷一《道基第一》，中华书局，1986，第23~24页。

亦宜乎！'客得书奇之，由是见称"。① 《本草经》亦载，"磁石引针，琥珀入芥"。② 可知，琥珀可以吸芥乃是中古时期的共同认知。道教利用中古时期人们对琥珀的这一共同认知，将其引入道教理念宣传与修炼体系中，"琥珀不能呼腐芥，丹砂不能入燋金，磁石不能取爝铁，元气不能发陶炉。所以大人善用五行之精，善夺万物之灵，食天人之禄，驾风马之荣。其道也，在忘其形而求其情"。③

中古时期人们对琥珀特性的认知，也被道教吸收为其修仙的一个重要特质。如"持明砂者，虽禀阳精，从阳所养，体如琥珀，质似桃胶"。④ 肉体修炼中是否具有琥珀特性，乃是中古道教神仙修持是否精深的重要判断标准之一。再如《异物志》载，"琥珀之本成松胶也"。⑤ 中古道教即在此认识的基础上衍生出"真人去三尸延年反白之方，宜服丹光真华之母，宜食浮水玄云之髓。此自然能生，千岁一变，百岁一化。先变后化，药之精英也，故可服之而得长生也。丹光之母者，松脂也。浮水之髓者，茯苓也。能伏鬼神，却死更生。松脂流入地中，千年变为茯苓，茯苓千年化为琥珀，琥珀千年变为丹光，丹光之色，赫然照人。丹光千年变为蚩节芝，蚩节芝千年变为浮水之髓，浮水之髓千年变为夜光，夜光千年变为金精，金精千年化为流星，流星千年化为石胆，石胆千年化为金刚，金刚千年化为木威喜。夫金入火不耗，入水益生。夫松脂变化，盖无常形，故能沉沦无方，上升太清。此飞仙之法，勿传其非人。……但过万日，仍自纵横，变名易姓，升天游岳皆可耳"。⑥ 可见，在中古的社会认知体系与生活传统中，构成琥珀的重要物质——松脂是道教长生成仙的要素。琥珀亦是普通松脂变成仙药"丹光之母""浮水之髓"的重要物质之一，是构成"药之精英"不可或缺的部分。

综上所述，在中古社会认知与生活传统中，琥珀与女性有着十分紧密的联系，既是女性重要的装饰品，也是馈赠女性的贵重礼品，更是女性美容养颜丹方的重要构成。与此同时，琥珀亦是中古道教修炼所需"丹光之母""浮水之髓"的重要物质。加之，琥珀的某些物理特性被应用于中古道教的

① 陈寿：《三国志》卷五七《吴书·虞翻传》，裴松之注，中华书局，1959，第1317页注一引《吴书》。
② 马宗霍：《论衡校读笺识》卷一六《乱龙篇》，中华书局，2010，第216页"宗霍按"转引。
③ 谭峭：《化书》卷二《术化·琥珀》，丁祯彦、李似珍点校，中华书局，1996，第29页。
④ 张君房编《云笈七签》卷六八《金丹部·九还金丹二章·修金合药品第三》，第1506页。
⑤ 李昉等编《太平御览》卷八〇八《珍宝部七·琥魄》引，第3590页。
⑥ 张君房编《云笈七签》卷八二《庚申部二·神仙去三尸法》，第1863~1864页。

理念宣传与修炼体系之中。由此推测，《南滇夫人传》中的水仙使者以琥珀信物代表自己作为女性道教神仙的特殊身份是极为契合与恰当的。

四　良药与奇效

在中古医典与道教典籍中，琥珀是一味十分重要的良药。如东晋义熙十二年，"宁州献琥珀枕于太尉（刘）裕。裕以琥珀治金创，得之大喜，命碎捣分赐北征将士"。① 可见琥珀已然成为治疗外伤的重要药材。又如琥珀"味甘平，无毒。主安五藏，定魂魄，杀精魅邪鬼，消瘀血，通五淋，生永昌"。② 可见，在中古社会认知与生活传统中，琥珀被认为可以治疗许多疑难杂症。同时，在中古医典与道教典籍中，琥珀亦是一味十分重要的药材。

首先，琥珀乃是治疗小儿眼疾的重要药材。如"七宝散主目翳经年不愈方"第一味药就是"琥珀一分"，"上九味下筛极细，敷目中如小豆，日三，大良"。③ 由此可见琥珀在治疗小儿眼疾的七宝散中的重要性，其疗效显著。

其次，琥珀可以调理因体虚而引发的各种疾病。如"琥珀散，主虚劳百病，阴痿精清，力不足，大小便不利如淋，脑间寒气，结在关元，强行阴阳，精少余沥，治腰脊痛，四肢重，咽干口燥，饮食无味，乏气少力，远视晄晄，惊悸不安，五脏气虚，上气闷满方"，其中的主药就是"琥珀二两"，其疗效是"长服令人志性强，轻身，益气力，消谷能食，耐寒暑，百病除愈，久服老而更少，发白更黑，齿落更生矣"。④ 尽管从现代医学来看，此方疗效恐怕值得怀疑，却可以管窥琥珀在中古医疗观念与道教认知中的独特价值。《备急千金要方》更记载："可御十女不劳损，令精实如膏，服后七十日可得行房。"⑤ 显然，在道教认知与医疗体系中，琥珀可以提升男性性能力的认识亦长期存在并影响深远。

复次，琥珀还可治疗小便不畅。如"疗胞转不得小便方　真琥珀一

---

① 司马光：《资治通鉴》卷一一七《晋纪三十九·安帝义熙十二年》，第3688页。
② 孙思邈撰，李景荣等校释《千金翼方校释》卷三《本草中·木部上品》，人民卫生出版社，2014，第79页。
③ 孙思邈撰，李景荣等校释《千金翼方校释》卷一一《小儿·眼病第三》，第292~293页。
④ 孙思邈撰，李景荣等校释《千金翼方校释》卷一五《补益·五脏气虚第五》，第391~392页。
⑤ 孙思邈撰，李景荣等校释《备急千金要方校释》卷二〇《膀胱腑·杂补第七》，人民卫生出版社，2014，第722页。

两　葱白十四茎　右二味，以水四升，煮取三升，去葱白，末琥珀细筛下汤中，温服一升，日三服佳。又张苗说，有容忍小便令胞转，大小便不得，四五日困笃欲死无脉，服此差方"。① 又如"治胞转，小便不得方"，需"琥珀三两"。②

再次，琥珀对治疗因外伤而造成的昏迷不省人事有奇效。如"肘后疗卒从高堕下，瘀血胀心，面青短气，欲死方。……刮琥珀屑，酒服方寸匕，取蒲黄二三匕，日四五服良"。③ 又如"琥珀散　主弓弩所中，闷绝无所识方。琥珀　上一味随多少，捣筛为散，以童男小便服之，不过三服，瘥"。④

最后，琥珀亦为治疗各类肿瘤的辅药之一。如"陷脉散　主二十、三十年瘿瘤及骨瘤、石瘤、肉瘤、脓瘤、血瘤，或大如杯盂，十年不瘥，致有漏溃，令人骨消肉尽，或坚、或软、或溃，令人惊惕，寐卧不安，体中掣缩，愈而复发，治之方"的11味药材中即有"琥珀一两"。⑤

综上所述，在中古时期的社会认知与生活传统中，"琥珀是治疗外伤良药"的认识深入人心。且在中古医药与道教典籍记载中，琥珀作为一味重要的药材，对治疗多种疑难病症具有突出的疗效，特别是在治疗小儿眼疾与提升男性性能力上有奇效。由此推测，琥珀的这些特征可能恰好符合这位女性水仙期盼以此疗伤圣药作为交换打动回雁峰使者，令其返还玉环信物让自己家人团聚的动机。

五　征兆与警示

《拾遗记》载，建安三年（198），有道师云："昔汉武宝鼎元年，四方贡珍怪，有琥珀燕，置之静室，自然鸣翔，此之类也。《洛书》云：'胥图之宝，土德之征。大魏嘉瑞焉。'"⑥ 可见，在中古的社会认知与生活传统中，人们将琥珀视为有特殊象征意义的物品。那么琥珀到底具有什么征兆或警示？

---

① 王焘：《外台秘要》卷二七，人民卫生出版社，1955，第745页。
② 孙思邈撰，李景荣等校释《备急千金要方校释》卷二〇《膀胱腑·胞囊论第三》，第707页。
③ 王焘：《外台秘要》卷二九，第777~778页。
④ 孙思邈撰，李景荣等校释《千金翼方校释》卷二〇《杂病下·金疮第五》，第516页。
⑤ 孙思邈撰，李景荣等校释《千金翼方校释》卷二〇《杂病下·瘿病第七》，第525~526页。
⑥ 李昉等编《太平广记》卷四六一《沉鸣鸡》引，第3783页。

其一，昭示着君主贤明。如"宋高祖德舆，清简寡欲，严整有法度，未尝视珠玉舆马之饰，后庭无纨绮丝竹之音。宁州尝献琥珀枕，光色甚丽。时诸将北征，以琥珀治金疮。帝大悦，命捣碎分付诸将"。①

其二，从琥珀谐音衍生出警告、威胁等警示。如在"（齐）明帝大渐，托（萧遥光）以后事，后主疑焉。常就王索宝物，王奉琥珀盘，螭二枚，枚广五寸，炯然洞澈，无有瑕滓。后主怒云：'琥珀者，欲使虎来拍我也。'仍匍匐下地作羊行，遂动心疾"的记述中，② 齐后主就因琥珀谐音"虎拍"而怀疑此乃萧遥光欲暗害自己的征兆。又如"荆州陟屺寺僧那照善射，每言照射之法，凡光长而摇者鹿，贴地而明灭者兔，低而不动者虎。又言夜格虎时，必见三虎并来。狭者虎威，当刺其中者。虎死，威乃入地，得之可却百邪。虎初死，记其头所借处，候月黑夜掘之。欲掘时，必有虎来吼掷前后，不足畏，此虎之鬼也。深二尺，当得物如琥珀，盖虎目光沦入地所为也"，③ 也是将琥珀谐音虎之魂魄而演进故事。

征诸仙话中元、柳二人"乃登衡岳，投合子于回雁峰庙。瞬息之间，有黑龙长数丈，激风喷电，折木拨屋，霹雳一声，庙宇立碎。战栗之际，空中有人以玉环授之，二子得环送于岳庙"的记述，④ 投琥珀合子而有"霹雳一声"似乎也预示着这位女性水仙借琥珀所具有的警告与威胁之寓意，警示回雁峰使者若隐匿自家玉环信物就将受到天谴。

综上所述，在中古社会认知与生活传统中，琥珀被认为有特殊象征意义，更因其谐音而引申出威胁、警告等种种不同的寓意。由此推测，《南溟夫人传》中的水仙托付元、柳二人将琥珀信物给其子时，想必也隐含了水仙期盼上仙贤明成全自家团圆的美好祈愿，以及警告回雁峰使者勿再阻挠的警示。而这些祈愿与警示恰好与中古时期人们认知体系中琥珀所具有的特殊征兆及其谐音所衍生的警示相吻合。

结　语

诚如陈寅恪先生所言，此类"寓意之文"，"要在分别寓意与纪实二者，

---

① 萧绎撰，许逸民校笺《金楼子校笺》卷一《兴王篇第一》，第196页。
② 萧绎撰，许逸民校笺《金楼子校笺》卷三《说藩篇第八》，第742页。
③ 李昉等编《太平广记》卷二二七《陟屺寺僧》引《酉阳杂俎》，第1747页。
④ 张君房编《云笈七签》卷一一六《传·南溟夫人》，第2559页。

使之不相混淆。然后钩索旧籍，取当日时事及年月地理之记载，逐一证实之。穿凿附会之讥固知难免，然于考史论文之业不无一助"。① 结合道教仙话《南溟夫人传》写于中古时期的社会背景，可知琥珀这个"纪实"点正可以用来解读中古时期的社会认知体系与生活传统这个被"加密的未来"。在道教仙话《南溟夫人传》中，创作者利用"琥珀"在中古时期社会认知体系与生活传统中丰富而特殊的文化意象，在南溟夫人派女性水仙送元、柳二人返程的特定时刻，水仙将隐喻自身所在地域与身份、对家人团聚美好祈愿与警告回雁峰使者完美结合的琥珀信物托付元、柳二人交给回雁峰使者。元、柳二人因之得以自回雁峰使者处得到玉环信物交托水仙之子，得到了许诺的酬金。这一仙话情节在推论创作者利用中古时期"琥珀"的文化意象隐喻水仙的身份与期望以推动仙话情节的发展后，豁然开朗。《南溟夫人传》的创作者利用"琥珀"在中古时期社会认知体系中的特殊文化意象作为女性水仙隐喻自身特殊身份和殷切期盼的信物证明，使仙话情节随着元、柳二人前往南岳寻仙进一步深入展开，其设计是成功的。

道教仙话《南溟夫人传》作者之所以能够利用"琥珀"的特殊文化意象作为仙话情节展开的关键细节，是因为中古时期在社会认知与生活传统中存在对"琥珀"特殊文化意象的广泛认知。中古时期人们受限于当时的科学技术水平，对以琥珀为代表的自然现象认识不多、不深，对自然现象和规律也多因神秘难测而误解、迷信；随着汉魏六朝时期佛教、道教等宗教信仰的发展，加之传统天人感应思想的桎梏，对琥珀等自然现象的误解与想象更趋复杂，因而《南溟夫人传》作者得以利用"琥珀"的文化意象进行文学创作。《南溟夫人传》的创作者也并非中古时期唯一利用"琥珀"的特殊文化意象进行文学创作的人，《酉阳杂俎》等中古典籍所记录有关"琥珀"故事均为作者试图通过自身对中古社会认知和生活传统的理解，利用"琥珀"的特殊文化意象开展文学创作。

由此可见，中古时期，"琥珀"等自然生物与现象的特殊文化意象的演化与传播，大多囿于认知水平以及由此引发的想象与误解。与此同时，以"琥珀"为代表的自然生物与现象的特殊文化意象之所以在中古时期的社会认知体系与生活传统中大行其道、经久不衰，除了中古时期自然科学认知水

---

① 陈寅恪：《桃花源记旁证》，《金明馆丛稿初编》，生活·读书·新知三联书店，2009，第198页。

平的局限之外，更重要的是反映了以道教为代表的宗教神秘思想在中古兴起后，或主动或被动地吸收了中古时期社会认知体系与生活传统中的大量要素，融入其逐渐构建完善的宗教信仰与认知体系的历史进程。这些宗教信仰与认知体系形成以后，亦对"琥珀"等自然生物与现象的特殊文化意象的演进与传播起到了极大的促进作用。

（执行编辑：罗燚英）

天依阿那演婆海神传说及其意义述略

于向东[*]

摘　要： 天依阿那演婆是流行于越南中部以南地区、较为普遍崇祀、很有影响的海神之一，至今仍有相关神话故事流传和一些祭祀寺塔、迎神庙会存在。从海洋史角度看，天依阿那演婆传说和信仰反映出占婆人所接受的印度化影响和海洋活动，并从早期的占婆神话，成为"南进运动"后越南人普遍接受的海神信仰，得到阮朝统治者的敕封认可。天依阿那演婆不仅具有保佑海上平安的神力，后来还兼具山神的护佑功能。该海神传说及其信仰的发展变化，也折射出越南人与占婆人之间征伐、交流和融合的复杂历史关系。

关键词： 天依阿那演婆　占婆　越南　海神传说

越南古代文明起源于北部红河三角洲地区，在成长的过程中早已与其东部海域发生各种联系。随着历史上的"南进运动"，越南疆域沿海岸向南推进，南迁的越族居民与中部以南地区的占婆居民、越族文化与占婆文化不断发生冲突和融合。同时，越族古代居民的社会精神意识活动具有慎终追远、敬祀祖先、好事鬼神、畏惧天地的基本特征，其信仰与崇拜常常表现出多神并存的特点。基于这些社会历史和精神生活背景，在占婆神祇信仰和越族民间传说的基础上，产生了越南天依阿那演婆海神信仰与崇拜。

越南学术界对作为占婆王国保护神的天依阿那演婆关注较多，对作为海

---

[*] 于向东，郑州大学越南研究所教授、国家领土主权与海洋权益协同创新中心研究员。

洋护佑神祇的天依阿那演婆留意较少；对与天依阿那演婆有关的田野史料有
所发掘，对与其有关的汉文载籍史料则运用很少。在此，笔者主要利用越南
古籍史料和越南现代学者的相关研究成果，结合在越南庆和省芽庄市的考
察，对作为海神的天依阿那演婆做一些简略介绍，提出一些浅见，以期从一
个具体的海神研究来加深对古代越南海洋文化与海洋史的认识。

一 天依阿那演婆祭祀的一些寺塔

天依阿那演婆（Thien Y A NA，Po Nagar），通常称为天依女神或天依
仙女，又称天依阿那演妃、天妃、主玉夫人等，是越南中部以南地区较为普
遍崇祀的海神之一。从 19 世纪阮朝官方和民间对于海神的崇祀情况看，在
南海龙王、南海大将军（又称"嘎翁"，即 Ca Ong，鲸鱼，作为海神还有多
种名称）、天依阿那演婆、邰阳夫人、南海四位圣娘、制胜夫人、东海大王
等诸多海神中，天依阿那演婆海神的传说与起源、崇拜与祭祀，较为突出地
反映了越南文化与占婆文化的冲突、交流及相互影响，颇具典型意义。

为崇拜、祭祀这位女神及与其相关的神祇，越南南方一些地方修建了一
些古塔和祠庙。据《大南一统志》载，阮朝庆和省永昌县虬牢山顶上，有
天依古塔，成双而立，左塔高六丈，祀天依阿那演婆石像；右塔高两丈，祀
其丈夫北海太子。[①] 平顺省禾多县有天依祠，祠在平水村，祀天依阿那演婆
石像。祠后有五方不大的圆石，"相传这五石，原降香之朴，不知何处飞
来，土人欲取之不获，经年成石。又有青石一片，有'天依'二字，土人
见其灵异，立祠祀之"。阮朝嘉隆初年，根据地方官员阮文镇的奏请，于该
祠置祀丞一人。[②] 另在阮朝的广义省、富安省也有祭祀天依阿那演婆的
祠庙。

天依女神的传说与崇祀，最早起源于古代占人所建立的占婆王国。随
越族居民的南进，越族民众也接受了占婆人崇拜的一些神祇，其中包括天
依女神。到了 19 世纪阮朝建立后，天依女神进一步为官方所接受，被朝
廷敕封为"弘惠普济灵感妙通默相庄徽玉盏天依阿那演玉妃上等神"。阮

---

① 高春育纂修《大南一统志》卷十一，松本信广编辑，日本印度支那研究会，1941，第
   1259 页。
② 高春育纂修《大南一统志》卷十二，第 1333 页。

朝承天府香茶县玉盏山，有玉盏山神祠，又名含龙祠、最灵祠。明命十三年（1832），该神祠得到扩建。祠中祭祀上三位、下六位神祇，天依阿那演玉妃居于中间主位。同庆元年（1886），同庆帝即位后将该神祠改为惠南殿，[①] 并在天依原有封号"玉妃"和"上等神"之间加上了"预保中兴"四字。

根据越南学者田野工作所获得的资料，今天在平顺省永安（Vinh An）县、庆和省芽庄市庆永（Khanh Vinh）县一些乡社地方以及顺化市郊区的玉盏山上，都还有已经"越化"、形成于占婆时期的祭祀天依阿那演婆的庙宇存在。如庆永县大安（Dai An）社的天依仙女庙（Den Thien Y Tien Nu），还有阮朝礼部尚书潘清简于嗣德七年（1854）所题碑记，记载了关于天依阿那演婆的传说故事。从对天依阿那演婆的祭祀活动来说，现今规模和影响较大的当数顺化市郊区村民每年阴历二月举行的迎神庙会活动。[②]

二　天依阿那演婆海神的传说

在古代占人的传说中，天依阿那演婆是一位来自天上的仙女，托身沉香木之中，下凡人间，与北海太子婚配，养育子女，最后又飞升回归天宫。在此过程中，天依仙女演变为海上护佑女神，经常显灵于沿海地区，惠泽当地民众。其故事梗概如下：

> 相传天依是一位仙女，降灵于大田山，山中有一对老年夫妇在空旷无人居的山野中营生，以种瓜为生计。瓜田附近虽无他人，可到了瓜熟季节，将要收获的瓜却常常丢失不见。老人感到很奇怪，遂暗中观察。
>
> 一天夜晚，老人见到有一女孩，年纪约十三四岁，从树荫中冉冉而来，在皎洁的月光下持瓜玩耍。老翁上前相问，女孩承认以前丢失的瓜就是她所摘采。老翁见其娇小，怜爱之，遂将其带回家中收养。女孩姿色气度不凡，甚得老夫妇二人喜欢。
>
> 有一天，雨潦骤至，女孩忽然想起原来在仙界居住的三神山地方的

① 高春育纂修《大南一统志》卷二，第237页。
② Mai Thanh Hai, *Dia chi ton giao-le hoi Viet Nam*, NXB Van hoa thong tin, 2004, tr. 336-337. 枚青海：《越南宗教庙会名录》，河内：文化通讯出版社，2004，第724、336~337页。

景致，就移花选石，戏作假山，沉迷于雨中玩耍。老翁见此，非常生气，把她吵嚷了一顿，女孩心中怏怏不满。这时，刚好有一块枷楠木随潦水漂至，女孩就托身入木，随流漂去。

后来，此木泊于"海北"，"北人"见此香木，以为奇异，都来迎接之。可此木甚为沉重，没有人能够搬得动。其国太子听说后，马上来到海滨查看。太子到了水边，一伸手，香木随之即起。太子遂将此木带回，放置于宫殿之中。太子刚及弱冠之年，尚未婚娶。每次在此木旁徘徊，以手拂之，就见到月光香蔼中，好像有人影到来，心中甚感奇异。

一天，待到夜深人静的时候，太子又去偷偷观察，和以前所见情景一样。这次他不再犹豫，匆忙跨到人影前，想看个明白，却见是一绝代美女。而该女子受到惊吓，慌乱中就要避开，却为太子死死拉住，未及走脱。太子相问，女子遂告知前后经过。太子非常高兴，把此事告诉了国王。国王让人卜验，结果大吉，遂许二人婚配。

过了很长时间，二人恩爱，女子为太子生下一男一女，男孩名淄，女孩名季。有一天，女子想念大田山旧居和收养她的二老，情不能禁，就带其子女托身于香木之中，渡海南去，一直到达虬蚴汛，寻找到山野中当年的故地。此时，曾收养她的老夫妇已经过世，女子就在其地立祠，以祭祀二老。然后，女子又见山民愚朴，不能过上好日子，不能抗御各种灾害，就为民建立法纪，教给他们生业技能。女子还在虬牢山上凿石，以为自己的传神像。女子做完了这些事情，遂飞升而去。

"北海"太子失去了妻子，遂派舟船南来寻访。舟人仗势，施威虐待当地百姓，又不敬祀女子神像，惹神生怒。忽然风起，舟覆人亡，化为一座石堆。自此以后，女子常常显身于当地海岸一带，神力无比，极为灵应。有时候，她会骑白象游于山顶，每当离开时，山中会有三声巨响，犹如大炮轰鸣；有时候，她会现形于天空中，像一匹长长的彩练在海上飞腾翻舞；有时候，她会骑跨在鳄鱼身上，往来于燕屿、虬蚴山之间。

当地民众以为是仙主神女显灵，虔诚敬事之，遂有求必应。于是，百姓就在山上筑塔两座，左祀仙主，右祀太子。塔后建有小祠，祀其子女，塔左又建小祠，祀曾收养过仙女的山中老夫妇。塔园祠庙周围，草木茂盛，郁郁葱葱，有很多花果，可采食，却不可带走。每到祭祀时节，山兽海族，都趴伏或游泳于塔园祠庙前。①

以上是阮朝典籍《大南一统志》所记载的天依阿那演婆的传说故事。现代越南学者也曾根据搜集到的民间传说转述此天依女神的故事，只是不如《大南一统志》所记载的那样生动、完整，个别地方的情节也与文献所载略有差异。如故事发生地大田山，现代故事只是说大安社，并认为具体地点在庆和省沿海的岣崂勋（cu lao Huan），即勋岛；女孩月夜窃瓜，西瓜丢失，作女孩只是摘瓜玩耍；枷楠木明确说是奇楠木；"北海太子"或"北国太子"作北方皇子；太子派舟船寻妻，舟人无礼，遭到神明惩罚，化为石堆，作皇子与水手驾船越海寻妻，风大浪高，沉入海底，海口涌起石堆，上有虫文石碑，无人可识；等等。关于天依与太子相爱的结局，在越南中部一带民间传说中还有一种不同说法，讲到后来皇子负心背叛，受到天依的惩罚。天依念咒语，山石纷落，皇子之船被镇于海中。②

三　天依神话传说故事的意义

天依神话传说故事内容丰富，生动曲折，有一定的吸引力。我们从阮朝古籍的文字记载、传说本身的故事情节和现代越南学者的相关研究成果来综合考察，可以看到以下几方面的情况。

第一，天依阿那演婆的传说起源于占婆王国的地域范围内，是地道的占婆神话，天依阿那演婆最初是占婆人所信仰的神祇。占人多筑塔作为祭祀场所，天依塔前"有石碑，字皆虫文，不可晓"，所谓"虫文"，是指占人使用的占婆文字。天依仙女"占人号称为阿那演婆主玉圣妃"，③ 又称"主玉夫人"。阮朝初年的《皇越一统舆地志》记载平和驿路的过关庙时云，"古时有敕赠天依阿罗演婆主玉"。④ 天依阿那演婆或作天依阿罗演婆，可能是这位女神所在的越族居民所使用的汉语译称。最初占人所使用的女神名称是

① 高春育纂修《大南一统志》卷一一，第1259~1261页。
② Mai Ngoc Chuc, *Than nu va liet nu VN*, Nxb Van hoa thong tin, Ha Noi, 2005, pp. 142-144. 梅玉祝：《越南的神女与烈女》，越南文化通讯出版社，2005。
③ 高春育纂修《大南一统志》卷一一，第1261页。
④ Le Quang Dinh, *Hoang Viet nhat thong du dia chi*, Nxb Thuan Hoa-Trung tam van hoa ngon ngu Dong Tay, 2005. 黎光定：《皇越一统舆地志》卷二，越南：顺化出版社、东西语言文化中心，2005，第1674页。

Po na ga 或 Po Inu Nuga 或 Yan Pu Nagara，其原意为"地方、家乡之母亲"或"天"、"天神"。天依阿那演婆是越族居民对女神的称谓，系据占人的称谓翻译。除天依外，越族人还将其称为"天婆""圣母""天妃"等。有人指出，越南中部一带的越人居民原将天依女神称为 Ngu Na，"阿那"或"天依那"由此而来。① 古代的占婆位于南海海上贸易航道上，在东西方海上交通线上占有重要地位，很多海外贸易商人驾船来到占婆，占人很早就与海外航行者有较多接触。同时，占人本身也擅长近海航行，常常驾船向位于北方的越南王朝发动突然袭击，甚至多次洗劫京城升龙，越南史籍将驾船而来劫掠的占人称为"风浪贼"。占人在与海洋的长期接触中，产生祈求保护其海上活动的神灵，衍生出对天依海神的信仰崇拜，是很自然的事情。越南著名文化研究学者陈国旺教授曾在承天顺化省思贤海口考察，他认为这里是 11 世纪前占婆的港市，有祭祀"初地女神"（Nu Than Xu So，即 Yang Pu Negara）也即海洋女神（Nu Than Bien）之塔，并把此女神与中国南方祭祀的天后相比。② 由此看来，作为海神的天依阿那演婆的历史起源也十分悠久。

第二，古代占婆曾是中南半岛上的一个印度化国家，其立国早于越南，文化和宗教信仰也不同于越南，深受来自印度的影响。天依仙女的传说也反映出这一历史事实。天依的信仰起源于占人印度化的文化背景之下，是印度宗教信仰繁杂神祇系统中的女神之一。有人认为，天依阿那演婆最早是占婆人从印度文化中接受的王国保护神，在今天越南芽庄仍存在的天依庙（Den Po Nagar，又称为 Thap Ba 或 Thap Thien Y A Na）祭祀可能起源于 8 世纪占婆国环王王朝对湿婆神（Shiva）的祭祀。③ 还有人认为，根据占人的传说，

---

① Ngo Van Doanh, *Thap Ba Po Nagar：Hanh trinh cua mot ten goi nu than.* 吴文营、天依塔：《一位女神称谓的演变过程》，《东南亚研究》（河内）2005 年第 5 期。Phan Ngoc, Buu y, Nguyen Dac Xuan dich thuat va bien soan, *Ai Chau danh thang va su tich cac nu than Viet Nam*, tr. 99, Nxb Thuan Hoa, 1995. 潘玉等译注《爱州名胜与越南女神事迹》，越南：顺化出版社，1995，第 99 页。

② Tran Quoc Vuong, *Dam dai dat nouc：nhung vung dat, con nguoi, tam thuc nguoi Viet*, tap 2, Nxb Thuan Hoa, Hue, 2006, tr. 134. 陈国旺：《关于顺安祈渔庙会一文的评论》，《祖国漫步——区域、人民和越人心理》第 2 集，第 134 页。

③ Ngo Van Doanh, *Thap Ba Po Nagar-tu noi tho Siva den den tho nu than xu bien Kauthara.* 吴文营：《天依庙——Kauthara 沿海地区从祭祀湿婆神到祭祀女神的庙宇》，《东南亚研究》（河内）2003 年第 6 期。Kauthara 即今越南庆和省芽庄沿海地区。

天依阿那演婆原本是湿婆神之妻乌玛女神（U Ma）。① 天依仙女神话传说很可能源自印度教。也有人认为，天依女神成为接受印度文化的占人神祇系统中的一位重要女神，具有很高的地位。② 还有人认为，天依女神在占人的编年史中被载为始祖，如同越人的始祖妪姬，是创造之神。③ 后来，占人对天依阿那演婆的信仰主要表现在两方面：一是占婆王国的官方祭祀与崇拜，包括林伽（Linga）信仰等各种形式；二是民间奉祀与崇拜，包括在中部沿海地区海洋女神传说故事的流传和海洋保护神的供奉。笔者认为，作为海洋护佑女神的天依阿那演婆与占婆的保护神相比有所变化，不像占婆的保护神那样神力无边、地位至高无上，她只是古代占婆居民和沿海越族居民所接受并加以祭祀的一位神祇，其神力主要体现于护佑海上平安。

第三，天依阿那演婆最初为占人所供奉崇拜，后来随着越族的向南扩展，成了越族居民普遍祭祀的神祇。阮朝建立后，海洋活动较为兴盛，与海洋有较多联系，重视海神的祭祀，遂把天依女神崇拜由民间信仰提升为官方祭祀，对其不断加封。④ 如广义省理山岛县的岛屿，原本是占人的居住地，16 世纪后，占人已经离去，越族居民逐渐来此谋生。这些岛屿上至今还保存有 19 世纪重修的各种庙宇亭祠，其中就有祭祀天依女神的天婆（Ba Troi）庙。庆和省芽庄一带有"沉香之乡"之称，被认为是天依降生和被种瓜老夫妇收养之地，这里很可能就是海神天依阿那演婆传说的起源地。芽庄经过现代重修的主庙有对联云："庙宇重营万道香菲回主岭，灵光常在一轮明月照瓜田。"有越南研究者认为，庆和省的天依塔和芽庄的主庙存在"一种的确非常有趣的文化上的联系"。⑤ 只是中部的越族人普遍接受了天依信

---

① Mai Nguyen Son Tra, *Van hoa cua nguoi Viet o quan dao Ly Son*, Van hoa dan gian, so 3-2000 (71). 梅阮山茶：《理山群岛的越人文化》，《民间文化》（越南）2000 年第 3 期，总第 71 期。见该文后关于天依仙女的注释。

② 阮世英：《天依阿那——越南各儒教王朝对 Po Nagar 女神的接受》，宜煌译，《古与今》2005 年第 4 期，总 233 期，第 29~33 页。

③ 梅玉祝：《越南的神女与烈女》，第 145 页。

④ 参见 Ngo Van Doanh, *Thap Ba Po Nagar: tu cac Purana cua An Do den nhung huyen tich dan gian cua nguoi Cham va nguoi Viet*, Nghien Cuu DNY, so 1 (76) /2006, tr. 41-47. 吴文营：《天依塔——从印度的 Purana 到占人和越人的民间神话》，《东南亚研究》（河内）2006 年第 1 期。

⑤ Ngo Van Doanh, *Am chua va tin nguong tho Thien Y Thanh mau o Khanh Hoa*, NCDNY, so 5 (86) /2007. 吴文营：《庆和祭祀天依圣母的信仰与祠庙》，《东南亚研究》（河内）2007 年第 5 期。

仰后，对其崇拜进一步发展，某种程度上已经超出了海神的意义。特别是在庆和省民间存在的对天依女神的崇拜，已演变为普遍存在的具有"城隍"性质的祭祀，具有较大影响。阮朝初年，天依女神被封赠为"鸿仁普济灵应上等神"，后又获新的封号。阮朝名流如尚书潘清简、黎峻、阮文祥等人过天依塔，均进入拜谒，并题诗立记。嗣德年间，阮思僴在顺化附近海上游览，有《顺安汛舟中》诗云："邸阳宫殿锁烟波，一棹天妃庙外过。"[1] 也反映了天依女神和邸阳夫人信仰的存在。也有学者认为，越人对于天依女神信仰的接受可能有更早的起源，李圣宗（1054～1072 年在位）时期就曾将天依女神从占城带回越南，试图将其变为越国的保护神。天依女神信仰可能早在李朝时期就对越族人的信仰产生了影响，并融入后土元君信仰崇拜之中。[2]

第四，天依仙女漂往"海北"或"北海"，与其国太子婚配，又思乡南返，回到原居地，为民立法纪，教民技艺，有功于当地社会的进步；北海太子驾舟船南寻，舟人化为石堆。"海北"当以"北海"为是，据 18 世纪学者黎贵惇记载，割据顺化、广南地区的阮氏曾置有"北海队"，以平顺府民充之，前往近海沙洲捡拾海物。[3] 由此推断，北海当为顺化、广南某地附近的近海海域。天依仙女神话涉及的北海，不一定是确切所指的地名，却有可能是以民间北海的称谓为基础的。天依仙女漂泊北海，又南返为民立教等情节可能折射出北方越族人与南方占婆族人之间的密切联系与文化交流。在越族人与占婆族人不断争战和其他形式的交往过程中，有不少占婆族人迁徙到越南北部一些地区生活，后来逐步与当地居民融合。占婆王宫内的一些妃子、美女，嫁给越国国王为嫔妃。随着越人逐步南进，越来越多的越人在占人区域内定居下来。在李、陈朝占人势力强盛时期，国王也曾采取和亲政策，多有以公主、宫女和亲，嫁于占王之举。这位教民生业、设立法纪的天依仙女，其原型也有可能是来自宫廷中的公主或宫女。民间传说太子负心、天依惩夫的情节，则可能折射出占人与越人关系交恶、占人报复越人的复杂历史关系。

---

[1] 阮思僴诗转引自楚狂《裴家志士略传》，《南风杂志》第 103 册，东京（河内）印书馆，1926，第 17～19 页。

[2] Ta chi dai truong, *Than*, *nguoi va dat Viet*, Nha xuat ban van hoa thong tin, Ha Noi, nam 2006, tr. 21, tr. 104-105. 谢志大长：《神、人与越地》，河内：文化通讯出版社，2006，第 21、104～105 页。

[3] 黎贵惇：《抚边杂录》卷二，南越古籍译述委员会，1972。

第五，天依阿那演婆从占婆信奉的海上女神变为越族居民和占人共同崇奉的神祇后，其祭祀崇拜地域范围大大扩展。天依女神的故事起源地在大田山，据记载，该山位于阮朝庆和省福田县，旧名大安山，俗号主山，为"世传天妃阿演婆显灵处"，遂于嗣德三年被列入祀典。[①] 后来，关于天依女神的故事从今天的越南中部南区一带，传到越南南部和中部沿海的很多地区，并和越族的各种神祇逐步融合在一起，受到人们的普遍供奉。今天距顺化市约15公里的香江上游的玉盏殿（dien Hon Chen），从阮朝的玉盏山神祠演变而来，除天依女神外，还祭祀有各种神祇，如五行山神、柳幸公主、关圣帝君（关公）、太上老君等。在这里，天依女神俨然是一位主神，每年会在此举行很多祭祀仪礼，但最为隆重的是海吉（Hai Cat）村阴历二月祭祀天依女神的活动。此处本来是祭祀天依女神的地方，"后来却成了杂教神祇的供奉之地"。[②] 此外，在广义、平顺、庆和等省的一些地方，都有供奉天依女神的祠庙。

第六，天依阿那演婆不仅具有保佑海上平安的能力，有时也能在陆地山间显灵，造福人间。据《皇越一统舆地志》记载，富安省永昌县内有新建主玉婆庙，奉祀主玉婆尊神，俗名块演庙。之所以在此建庙，是因此地处于林麓山脚，虎狼为害于途，商旅几近绝迹。有平西大将军某郡公，密祷于主玉夫人，若能为生民除害，当立庙祀之。后果捕获恶兽，道路畅通，遂有建庙之举。这一传说将主玉夫人（即天依女神）进一步神化，其神力得到进一步彰显，反映了天依女神正从海上护佑女神向陆地保护神转变，从而表明天依女神信仰在民间的深入和对其崇拜的进一步加强。特别是天依阿那演婆还具有呼风唤雨、播洒甘霖的法力，遇有干旱，阮朝朝廷常命承天府臣祷雨于玉盏山神祠，祈求天依阿那演婆和其他神相助。据传甚为灵验，这应该是天依阿那演婆在阮朝屡次得到加封的重要原因。

（执行编辑：罗燚英）

---

① 高春育纂修《大南一统志》卷一一，1247 页。

② Mai Thanh Hai, *Dia chi ton giao-le hoi Viet Nam*, NXB Van hoa thong tin, 2004, tr. 336-337. 枚青海：《越南宗教庙会名录》，河内：文化通讯出版社，2004，第 336~337 页。

宋代海洋政策新变及其国内效应

黄纯艳*

摘 要： 宋代海洋政策的新变是海洋事业发展的根本动力之一，突出表现在外商管理的进一步制度化、鼓励本国民众出海贸易、建立系统的海防制度。海洋政策新变推动了海洋性生计的发展，海洋贸易相对繁荣的沿海地区出现工商业主导的经济结构，促进了海洋观念新变和航海技术进步，也使滨海社会控制表现出与海防制度结合的特性。

关键词： 宋代 海洋政策 开放海洋

一 宋代海洋政策的新变化

宋代尚未形成明确的海洋权益观念，其海洋政策的主要内容包括保障国家安全和管理海洋经济活动的相关措施。宋代海洋政策出现了全面的新变化，概括而言，表现在以下方面。

首先，海防第一次成为国防要务。南北对峙局势和海上贸易繁荣使两宋面临着以前王朝未曾有过的海防需求和压力。两宋始终处于南北对峙的紧张状态中，需要防范辽、金来自海上的可能危险。同时，随着海上贸易的繁荣，需要保障海上贸易和沿海社会经济秩序，打击海盗和走私。宋朝制定了相关管理政策，禁止在海上与辽、金间的人员往来和物

* 黄纯艳，华东师范大学历史学系教授。

资流动。北宋在京东路设立了专门针对辽朝的海防机制，南宋建立了相对完备的海防体系。南宋在两浙沿海建立了有独立建制的海防水军，即沿海制置司所辖定海水军和许浦水军等，福建和广南左翼军、摧锋军中也有负责海防的水军，并在沿海设置了严密的军寨防御体系。建立了防御海盗的军民联防制度，为防御海盗而对滨海民户实行与内地不同的户籍管理和编伍组织。建立了地方有关机构和沿海水军巡检负责的发舶和回航海船的查验和防护制度。

其次，外商来华贸易管理进一步制度化。宋代以前历代王朝，特别是唐代欢迎外国商旅来华。唐代允许外国商人在华贸易、居住，甚至入仕为官。宋代总体上沿袭了唐代的政策，欢迎外国商人来华贸易，实行达到一定规模可以授予官衔等若干激励措施，外商可在华贸易、居住、入仕，其习俗、财产得到保护。与唐代不同的是，宋代的目的重点不在于营造四夷怀服，而是获取贸易利益，将外商贸易纳入系统的市舶管理体制之下，实行抽解和博买。纳入贸易税收的制度中管理，是宋代对来华外商管理制度不同于前朝的最大变化。

再次，放开本国民众的海洋活动，核心是允许并鼓励本国民众出海贸易。民众海洋活动包括海洋渔盐、近海贸易和远洋贸易，宋代允许本国民众从事上述海洋经济活动。食盐实行禁榷，生产者编为特殊户籍——亭户，食盐生产和收购都处于禁榷管理体制之中。渔业则允许沿海民众自由从事，但福建、浙东，特别是明州一带海防重地的渔户需按籍轮番参与海防。宋代海洋政策最重要的新变化是允许并鼓励本国民众出海贸易。唐代的对外开放历来被肯定，但魏明孔指出，唐代对外政策也具有封闭性，即仅向外国人开放，并未迈出允许本国民众外出的关键一步。[①] 宋代则积极鼓励本国民众出海贸易，对贸易规模大、回舶及时的商人有减税和授官的激励措施。宋代市舶制度中的公凭制度和回舶制度即为管理本国商人海上贸易的政策。公凭制度即出海贸易的商人需向所属州郡或发舶港所在市舶司申领贸易许可证（公凭），载明贸易目的地（某国或近海某州）、贸易船数、人员姓名、物货清单、三名保人，经市舶司有关官员签押，立限回舶并到发舶港接受抽解和博买，缴回公凭，然后方可售卖。这一制度体现了宋朝对本国海商的管理既开放又控制，同时也建立了政府与海商共利分利

---

① 魏明孔：《唐代对外政策的开放性与封闭性及其评价》，《甘肃社会科学》1989年第2期。

的机制。

最后，陆上对外贸易政策因袭旧例凸显海上贸易的新格局。宋代陆上对外贸易管理仍延续唐代及以前以政治控制和军事防御而非经济利益为主要目的的政策取向，针对不同关系的境外政权或民族实行榷场贸易、博易场贸易和边境互市。贸易形式虽有新变化，但总体特点都是将贸易作为驭戎，而非获取财政收入的手段，同时陆上贸易仍不允许本国商人自由出境贸易。宋代在海上贸易中第一次改变了这一政策取向，鼓励本国民众出海贸易，以财政眼光看待海上贸易不只是对外贸易史上前所未有的新变化，而且产生了深刻的影响。

二　对宋朝国内社会经济的影响

宋代海洋政策表现出很强的利益取向，国家第一次以财政的眼光看待海上贸易，并获得了可观的财政收入。虽然在宋代整个国家财政中市舶收入的比例仍然微小，[①] 但抽买所得进口品市场需求旺盛，在财政运作中能发挥特殊的作用，更为重要的是积极的海洋政策对宋代沿海地区经济结构、社会观念、航海技术等产生了深刻的影响，其效应又并非有限的财政收入所能体现。

（一）促使沿海地区形成新的经济结构

宋代海洋政策使民众能够充分地利用海洋。有些群体"以船为居""以舟为室""采海物为生"。[②] 更多陆居滨海地区的民众也"仰海食之利"，[③] 有的"率趋渔盐，少事农作"，[④] 有的既耕且渔，是有田产的船户。而有财力者多出海贸易。不论近海贸易还是海外贸易，都能通过互补性市场获得丰厚而稳定的利润。南海贸易中，中国手工业品与东南亚等地的香药、珠

[①]　关于宋代市舶收入在国家财政中的比例有不同看法，郭正忠认为从来不曾达到3%，一般只在1%～2%间摆动。参见郭正忠《南宋海外贸易收入及其在财政岁赋中的比率》，《中华文史论丛》1982年第1期。

[②]　范成大：《桂海虞衡志》，大象出版社，2012，第128页；蔡絛：《铁围山丛谈》卷五，大象出版社，2008，第240页；梁克家：《淳熙三山志》卷六《地里类六》，《宋元方志丛刊》第八册，中华书局，1990，第7839页。

[③]　徐鹿卿：《清正存稿》卷一《四年丁酉六月轮对第二札》，文渊阁四库全书影印本，上海古籍出版社，1990。

[④]　吴泳：《鹤林集》卷三九《温州劝农文》，文渊阁四库全书影印本，1990。

宝等资源性商品形成互补性市场关系，具有极高的贸易利润，而且中国海商具有经济和技术的显著优势。近海贸易则形成了福建、浙东沿海地区工商业品与浙西、广东的粮食间互补性的市场关系。两浙、福建到广南沿海地区出海贸易蔚然成风，"凡滨海之民所造舟船，乃自备财力，兴贩牟利"。① 商贩成为滨海民众重要的"本业"。南宋政府在征调船户参与海防，实行三番轮差时，也力图考虑满足海防需要和船户以船谋取生业的平衡。在海上贸易的刺激下，浙东、福建等沿海地区商业兴盛，与海上贸易相关的手工业和商品性农业大兴，形成了以工商业为主的经济结构。甚至有学者认为宋代东南沿海地区出现了海洋发展路向，走上了外向型经济发展道路。②

（二）推动航海和造船技术进入新的阶段

宋代鼓励本国民众出海贸易，中国民众以前所未有的规模开展航海实践，极大地推动了航海和造船技术的运用与创新。指南针运用于航海是中国对世界海洋文明的伟大贡献，这一新技术正是宋代民众在航海实践中探索的成就。宋神宗朝，日本僧人搭乘福建商船来宋，使用的导航技术仍是综合牵星术、地表目标和水情判断，而未使用指南针。朱彧在《萍洲可谈》中记载其父朱服于宋哲宗朝和徽宗朝之交在广州任官，听闻航海中已使用指南针。指南针用于航海后，宋人仍综合运用牵星术、地表目标、水情泥沙等多种导航技术，但指南针的重要性日益突出，特别在阴晦天气中成为最重要的导航工具，"风雨晦冥时，惟凭针盘而行，乃火长掌之，毫厘不敢差误，盖一舟人之命所系也"。③ 宋人在航海实践中不仅对中国与日本、高丽、东南亚等地间的航路有了清晰认识，还总结出了主要航线的针路，如阇婆国"于泉州为丙巳方，率以冬月发船，盖借北风之便，顺风昼夜行，月余可到"。④ 宋代海船采用水密隔舱、多层舷板、龙骨结构等技术，具有很强的稳定性和抗沉性，代表了当时世界最先进的造船技术。而海船制造的主要力量是滨海民众，不仅海上贸易完全由民间商人推动，而且海防船只和外交使团也主要征调民间海船。

---

① 徐松辑《宋会要辑稿》刑法二，上海古籍出版社，2014，第8365页。
② 葛金芳：《两宋东南沿海地区海洋发展路向论略》，《湖北大学学报》2003年第3期。
③ 吴自牧：《梦粱录》卷一二《江海船舰》，浙江人民出版社，1980，第111页。
④ 赵汝适著，杨博文校释《诸蕃志校释》卷上《阇婆国》，中华书局，2000，第54页。

（三）形成了新的海洋观念

宋代官民形成了共同的认识，即海洋是可以生财取利的空间。王朝统治者第一次用财政的眼光看待海上贸易，宋朝君臣一再肯定海上贸易的利益，宋神宗和宋高宗都曾说，"东南之利，舶商居其一"，"市舶之利最厚"。[①]官员们也强调"国家之利莫盛于市舶"，市舶贸易乃"富国裕民之本"，"于国计诚非小补"。[②] 表明了统治者鼓励海上贸易的态度。宋代看待外商贸易的财政视角是唐代及以前王朝所没有的。沿海民众更感受到海上贸易的巨大利益，纷纷从事与海上贸易相关的手工业和商品性农业，或直接出海贸易。"海贾归来富不赀"，[③] 巨大的利润促使他们甘受风波之险，甚至冒法走私，贩卖铜钱，"每是一贯之数可以易番货百贯之物，百贯之数可以易番货千贯之物"，[④] 更多的可能如"南海Ⅰ号"那样，下层装载合法商品，上层装载大量铁器、白银等违禁品，乃是正常出港后于近海再加载违禁品的走私方式，如此既可正常申领公凭和回舶抽解，又能获得丰厚的走私利润。《诸蕃志》记载中国商人在东南亚多个地区以铁器、金银为重要商品，可见大量铁器等违禁品出境是贸易常态。这正反映了人们穷其手段追求海上贸易利益的风气盛行。不同的生计和观念还衍生了不同的信仰，宋代是海洋信仰空前繁荣的时期，新生了妈祖信仰等诸多新的海洋神灵信仰，正是海洋与人们生计关系日益密切的结果。

（四）对滨海地区实行特殊的管理

海防日重和贸易繁荣使统治者认识到滨海地区的特殊和重要。滨海地区是海陆联结之地，滨海民众的生计方式和观念信仰有着与内地不同的特点，同时该地区又是防范来自海洋威胁的关键地带。宋朝对该地区实行不同于内地的管理方式。从事盐业生产的民户被束缚于禁榷体制下，自不待言。从事渔业和贸易的民户主要工具是船舶，他们被编为特殊的户籍——船户或渔户，拥有的船只被详细统计登记，"不论大船小船，有船无船，并行根括一

---

① 《宋史》卷一八六《食货下八》，中华书局，1977，第4560页；《建炎以来系年要录》卷一一六，绍兴七年闰十月辛酉，中华书局，2013。
② 《建炎以来系年要录》卷一八六，绍兴三十年十月己酉，第3614页。
③ 刘克庄：《后村集》卷一二《泉州南郭二首》，文渊阁四库全书影印本，1990。
④ 包恢：《敝帚稿略》卷一《禁铜钱申省状》，文渊阁四库全书影印本，1990。

次。文移遍于村落，乞取竭于鸡犬"，① 官府详细登载每户船只数目、大小。一方面对这一地带的民众实行有效控制，使其"各有统属，各有界分，各有役于官"；② 另一方面凭此征调其参与海防，达到标准的海船（如福建船梁宽一丈二尺，浙东船梁宽一丈）轮番征调参加海防，一般船户也被编组轮流于近海巡逻。官府对滨海民众实行不同的组织方式，根据滨海州县各有屿澳的地理环境，一澳民众结为保伍，设澳长，或社首、隅总，统率一澳，平时相互纠察，遇海盗则并力抵御。对那些"渔家无乡县，满船载稚乳"，漂浮于海上的群体，③ 宋朝或编制户籍，或令陆上主户代管，使其"不为外夷所诱"。④

结　语

宋代，海洋对国家和民众的重要性都空前增强，海洋政策出现多方面显著的新变化。在海洋经济管理方面最核心的变化就是允许本国民众出海贸易，使民众不仅能够从事渔盐生产，还能进行近海贸易和海外贸易，能够充分利用海洋，甚至以海为生。"仰海食之利"的生计方式衍生了海洋可生财取利的观念和丰富的海洋信仰，使东南沿海地区，特别是福建和浙东沿海形成了海洋性地域特征。中国滨海民众向海谋生的方式和观念、滨海地域的海洋性地域特征不仅成为宋朝海洋经济发展持久而强大的动力，也极大地推动亚洲海洋贸易的发展，形成了中国海洋经济和亚洲海洋贸易不可阻挡的发展潮流。明清一度实行海禁，但滨海民众"以海为田，以渔为利"的生计方式，沿海地区海洋性经济结构已不可逆转，滨海地区的特殊意义也日益突出。中国古代海洋政策的曲折历史说明了宋代海洋政策既开创了新局面，也代表了开放海洋，官民两利、中外两利的历史大势。

（执行编辑：杨芹）

---

① 《开庆四明续志》卷六《三郡滥船》，《宋元方志丛刊》第六册，中华书局，1990，第5991页。

② 周去非：《岭外代答》卷三《外国门下》，大象出版社，2013，第120页。

③ 黄庶：《伐檀集》卷上《宿赵屯》，文渊阁四库全书影印本，1990。

④ 《续资治通鉴长编》卷二七六，熙宁九年六月辛卯，中华书局，2004，第6744页。

和刻本《事林广记·岛夷杂志》再探[*]

——宋代海上丝绸之路与中外交往史文献确证

李晓明^{**}

摘　要： 和刻本《事林广记》辛集卷八《岛夷杂志》系宋代广南市舶司所编海外地理志书《广舶官本》的孑遗之篇，其成书时间至迟应在 13 世纪初。《岛夷杂志》收录了与宋代广南市舶司往来的 21 个海外蕃国，诸条目描述了海外列国的风土轶闻，经对勘可知，《岛夷杂志》部分条目为《诸蕃志》《岛夷志略》等志书所引用。考志中所载 6 条广州发舶航路，移居佛啰安国的唐人与毗沙门信仰，大阇婆国与莆家龙地望，单马令国庆元二年入贡南宋等诸多轶事皆未见于他本史籍。

关键词：《岛夷杂志》　　《广舶官本》　　《事林广记》　　《博闻录》

　　《事林广记》是研究宋元时期社会生活的重要百科类书，为南宋末年陈元靓编，元人增补诸家图志而成。该书宋季初名《博闻录》，入元后因犯成吉思汗名讳，多有图谶与蒙元宗王世系等违禁内容，至元三十一年（1294）至泰定二年（1325）间被反复禁刊，后坊间又以《事林广记》为名多次增

---

　*　本文系 2016 年国家社科基金重点项目"新发现日藏《事林广记》校勘整理与研究"（16AZS004）的阶段性成果。

**　李晓明，河北师范大学历史文化学院讲师。

删改订篇目流通于世。① 据存世版本辑考，元明时期以及海外抄本刻本共计21 种，目前公开的版本仅有椿庄书院本、西园精舍本、积诚堂本、和刻本 4种。② 其中，和刻本是指日本元禄十二年（1699）据元泰定二年本的翻刻本（以下简称"和刻本"）。

与元刊《事林广记》的诸多传本相比，和刻本差异甚大，因其依据底本成书较早，保存宋代史料最多而备受学界关注。此版《事林广记》辛集卷八《岛夷杂志》就是有别于其他传世版本的一个独特篇目。③ 这一保存在域外汉籍中的海外地理志书，载录内容为宋代广舶司对外往来的史实，记述了当时中国与东南亚、印度洋以及西亚至非洲阿拉伯诸国海上丝绸之路的贸易与见闻，保留了南宋时期广舶出海远航与留居海外华人等诸多轶闻故事。

20 世纪中期日本学者最早开始关注和考察和刻本《岛夷杂志》。和田久德在释读《事林广记·岛夷杂志》的基础上，1954 年撰文将此篇目判定为宋代文献，并肯定其材料源出南宋广南市舶司的《广舶官本》，认为这一文本对研究宋代南海贸易具有重要的史料价值。④ 1965 年，中原道子分析《岛夷杂志》的特征，认为其与《诸蕃志》内容相近，系后者成书五十年后的因袭之作。⑤ 两位日本学者对《岛夷杂志》的研究与探讨无疑是值得肯定的，但因为忽略了《事林广记》前身为宋代《博闻录》的史实，和田久德误认为《岛夷杂志》成书于 13 世纪下半叶，进而推测该志于元泰定二年才收录到《事林广记》中；中原道子在肯定和田观点的同时，又认为《岛夷杂志》系抄录《诸蕃志》而成，将前者的时代定得更晚，也未探究两者有所区别的原因。

---

① 〔日〕宫纪子撰，乔晓飞译《新发现的两种〈事林广记〉》，《版本目录学研究》2009 年第1 期。

② 陈广恩：《〈事林广记〉诸版本考述》，《色目（回回）人与元代多元社会国际学术研讨会暨 2019 年中国元史研究会年会论文集》，2019，第 100 页；《新编纂图增类群书类要事林广记》元至顺建安椿庄书院本，见《续修四库全书》编委会编《续修四库全书·子部·类书》第 1218 册，上海古籍出版社，2002；后至元积诚堂本，见全国高等院校古籍整理研究工作委员会编《日本宫内厅书陵部藏宋元版汉籍选刊》第 104 册，上海古籍出版社，2012；西园精舍本，见域外汉籍珍本文库编会编《域外汉籍珍本文库》第 5 辑子部第 12 册，西南师范大学出版社，2015；和刻本，1976 年首次收入日本汲古书院出版长泽规矩也所编《和刻本类书集成》第 1 辑，1990 年上海古籍出版社予以影印。中华书局（1999 年）和凤凰出版社（2012 年）也分别出版过和刻本《事林广记》的影印本。

③ 〔日〕长泽规矩也编《和刻本类书集成》第 1 辑，上海古籍出版社，1990，第 391～393 页。

④ 和田久德「宋代南海史料としての島夷雑誌」お茶の水女子大学編『お茶の水女子大学人文科学紀要』通号 5、1954 年、27-63 頁。

⑤ 中原道子「島夷雑誌の性格」早稲田大学史学会編『史観』通号 71、1965 年、22-33 頁。

21 世纪初，随着日本学界对《事林广记》与宋代海外贸易的研究，部分涉及《岛夷杂志》的探讨，也与前人观点不谋而合。森田宪司再次肯定《岛夷杂志》系宋代文献。① 宫纪子在对马宗家文库本《事林广记》的研究中，也推测这一版《事林广记》的"方国篇"来自广舶司官本。② 鉴于前人研究的结论，森田宪司与宫纪子在整理元明诸本《事林广记》时，对《岛夷杂志》仅一笔带过，未再详探。土肥祐子也遵循和田久德、中原道子之说，其研究依托《诸蕃志》与泉州市舶司史料，③ 忽略了源出宋代《广舶官本》的《岛夷杂志》。

同时，由于宋本《广舶官本》的亡佚，以及对海外此领域研究成果的关注不足，国内学界至今对《岛夷杂志》未给予应有的重视，对此篇目亦未追本溯源，如《元代史料丛刊初编》依旧将此志书列入元代地理方志。④

因此，重新探讨《岛夷杂志》的成书年代，梳理其版本流传状况，考辨《岛夷杂志》与《诸蕃志》《岛夷志略》的关系，既可以为后两者纠讹补新，亦可为学界提供一部翔实可信的关于宋代海上丝绸之路与中外交往史文献。

一　《岛夷杂志》成书时间与版本流传

前述日本学人对和刻本《事林广记·岛夷杂志》的年代判断，主要借助《事林广记》刊行于元代的事实，认为《岛夷杂志》被收录的时间即泰定二年该版《事林广记》重刊之时，又缘该志与宋理宗宝庆元年（1225）赵汝适所撰《诸蕃志》多有类似，进而认为《岛夷杂志》系抄录自《诸蕃志》。现今看来，上述研究尚不足以判定《岛夷杂志》成书于 13 世纪下半叶，遑论陈元靓辑采赵汝适著作之说。

和刻本《事林广记·岛夷杂志》与其他元刊本《事林广记·方国杂志》

① 森田憲司「王朝交代と出版--和刻本事林広記から見たモンゴル支配下中国の出版」『奈良史学』第 20 号、2002 年、58 頁。
② 宫纪子「對馬宗家舊藏の元刊本『事林廣記』について」『东洋史研究』第 67 卷第 1 号、2008 年、46 頁。
③ 土肥祐子『宋代南海貿易史の研究』関西大学博士論文、2014 年 3 月、207 頁。
④ 元代史料丛刊编委会编《元代史料丛刊初编·元代地理方志》上卷第 2 册，黄山书社，2012，第 421~438 页。

显著的内容差异已为和田久德所考察，但就版本沿革而言，依旧值得重新发覆。森田宪司曾据和刻本《事林广记》所保留的部分宋刊本特征，将其部分篇目追溯至南宋，认为和刻本系存世诸本的祖本；① 宫纪子继而发现他书引用的《博闻录》佚文与现存各种版本不符，却与和刻本相合，且和刻本《事林广记》篇目结构与他本迥异，却与《博闻录》结构相同，判断《事林广记》前身就是元初被禁刊的《博闻录》，而和刻本又系最为接近《博闻录》原书之刊本。②

宋末陈元靓所编类书《博闻录》在元至元二十三年（1286）前，曾以《新编分门纂图博闻录》为名刊行，分甲至癸十集。③ 此后因被禁刊而改头换面传世的《事林广记》诸本中，唯有和刻本依旧分甲至癸十集，《岛夷杂志》收录于和刻本《重编事林广记》辛集卷八，且该集尾目也作"重编分门纂图事林广记"。该卷未纂补元代条目内容，且卷中对宋代年号冠以"国朝"，则和刻本《事林广记》辛集卷八可能整卷翻刻自元初被禁刊的《博闻录》。职是之故，《岛夷杂志》正是《博闻录》载存的宋代《广舶官本》原始篇目。

关于《博闻录》的成书时代，编者陈元靓的另一著作《岁时广记》篇首朱熹长孙朱鉴的序文曾言及，节录如下：

> 仰以稽诸天时，俯以验之人事，题其篇端曰《岁时广记》，求予文而序之。予惟陈君尝编《博闻》三录，盛行于世。况此书赅而不冗，雅而不俚，自当与并传于无穷云。④

据王珂考证，时朱鉴迁居建安，与建阳陈氏修通家之好，故陈元靓请其作序。⑤ 依朱鉴序文可知，在《岁时广记》成书之前，陈元靓已先有著作《博闻录》"盛行于世"。《岁时广记》成书在南宋宁宗嘉定年间

---

① 〔日〕森田宪司：《和刻本〈事林広记〉について》，《第六届中国域外汉籍国际学术会议论文集》，联合报文化基金会国学文献馆，1993，第501～520页。

② 〔日〕宫纪子撰，乔晓飞译《新发现的两种〈事林广记〉》，《版本目录学研究》2009年第1期。

③ 〔日〕宫纪子撰，乔晓飞译《新发现的两种〈事林广记〉》，《版本目录学研究》2009年第1期。

④ 参见陈元靓《岁时广记》，《丛书集成初编》史部第179册，中华书局，1985，序，第1页。

⑤ 王珂：《陈元靓家世生平新证》，《图书馆理论与实践》2011年第3期。

（1208～1224），则《博闻录》成书又当在此之前，[1] 其时间约在 13 世纪初。

《岛夷杂志》篇首文曰"此符广舶官本"，此题注显然揭橥《岛夷杂志》并非源出《诸蕃志》。宋元之际，陈元靓故乡建阳以刻书而盛名于世，《博闻录》至《事林广记》的再版刊印者在增删海外蕃国篇目时似不应忽视赵汝适的《诸蕃志》。此题注其实再次暗示，《岛夷杂志》被《博闻录》收录时，《诸蕃志》可能尚未成书。否则难以理解被朱鉴称誉"搜猎经传，以至野史异书"[2] 的陈元靓，不取本路泉州市舶司之《诸蕃志》，反而舍近求远辑采广南市舶司的《广舶官本》。可见，源出《广舶官本》的《岛夷杂志》应系陈元靓在宋嘉定之前初编《博闻录》时就被收录。也正因此，元代《博闻录》改名为《事林广记》再次刊行时，重刊者依旧保留出自官本而非私家的《岛夷杂志》篇目及题注以彰其信。[3]

关于《岛夷杂志》与《广舶官本》的关系，又如和刻本《事林广记》辛集卷六题注"系许氏本草新纂"的《药忌总论》，[4] 对这些已亡佚且无从稽考的古籍，因未知其原貌，仅能据和刻本《事林广记》所保留部分原始篇目管窥一二。但毋庸置疑的是，《岛夷杂志》与存世诸志书显著的内容差异，足以证明其祖本《广舶官本》确曾刊行于世，其成书年代又应早于陈元靓的《博闻录》。

就《岛夷杂志》条目内容而言，和刻本中收录"岛夷" 21 个国家，分别为占城、宾童龙、登流眉、真腊国、三佛齐国、单马令、佛啰安、晏陀蛮、大阇婆国、大食弼琶啰国、大食勿拔国、大食勿斯离国、麻啰奴、昆仑层期国、西天南尼华罗国、天竺国、默伽国、勿斯里国、斯伽里野国、默伽腊国、茶弼沙国。其他诸本《方国类·方国杂志》中除上述"岛夷" 21 个国家外，又添列都播国、奇肱国、顿逊国、骨利国、大食国、干陀国、堕波登国、诃陵国、孝亿国、悬渡国、乌苌国、缴濮国、拨力国、于阗国、女人国、诃条国、道明国、义渠国、贯胸国、长臂国、丁灵国、聂耳国、无月

---

① 王珂：《〈博闻录〉探佚》，《四川图书馆学报》2011 年第 6 期。

② 参见陈元靓《岁时广记》，《丛书集成初编》史部 179 册，序，第 1 页。

③ 就海外见闻而言，读者与受众应当更信任官修类书，而非私家野史。《诸蕃志》抄录《广舶官本》的情形可能在宋末元初已被编书者以及书坊书商所知悉。两志的对勘见后文。

④ 〔日〕长泽规矩也编《和刻本类书集成》第 1 辑，第 386 页。

国、一臂国、三身国、二首国、无腹国、柔利国、交胫国、小人国等 30 个国家,① 两者合计共 51 个国家。改换篇目的《方国杂志》新增 30 个国家中,"都播"等前 18 个国家杂录自《太平广记·蛮夷》篇,② "贯胸"等后 12 个国家也与和刻本《事林广记》辛集卷九《山海云异》篇同源。③

　　元初禁刊《博闻录》后,缘于该类书丰富的百科知识与不可替代的实效性,民间书坊为规避查禁敕令,一些书商将《博闻录》违禁篇目标题更改、条目串编与增补后以《事林广记》之名重新刊行,故而现今所见元中期以后的诸本《事林广记》出现了与和刻本差异较大的篇目。如日本五山僧留学元朝时,曾自行拆分一部《事林广记》并携带回国,此即近年新见对马宗家文库本《事林广记》,据陈广恩研究,该版约刊行于元成宗大德八年至十一年(1304~1307)。④ 宫纪子认为,在从至元刊本《博闻录》到对马宗家文库本《事林广记》的编纂过程中,许多原始篇目标题被更改,其中就包括《方国类》。⑤ 现经考察可知,将《岛夷杂志》与《山海云异》两篇杂糅混编,并添加《太平广记·蛮夷》篇内容,增易为《方国杂志》的变化就是从此版开始。自此以后元代诸版本如睿山文库本、至顺建安椿庄书院本、西园精舍本、后至元积诚堂本等皆沿袭这一变化。

　　由此可见,《岛夷杂志》的版本流变,应是先有《广舶官本》成书,后有南宋宁宗嘉定前期刊行于世的《博闻录》;陈元靓辑录《广舶官本》为《岛夷杂志》,并收入《博闻录》的时间至迟也应在南宋嘉定三年(1210)前后。元代《博闻录》改名为《事林广记》继续刊行,自对马宗家文库本起始,元刊诸本《事林广记》改易《岛夷杂志》为《方国杂志》,唯有泰定本《事林广记》辛集卷八所依底本依旧为《博闻录》,从而载存了《岛夷杂志》原貌,这一特征又被翻刻自泰定本的和刻本《事林广记》保留下来。

---

① 《续修四库全书·子部·类书》第 1218 册,第 252~255 页;《日本宫内厅书陵部藏宋元版汉籍选刊》第 104 册,第 529~539 页;《域外汉籍珍本文库》第 5 辑子部第 12 册,第 394~397 页。

② 李昉等编《太平广记》卷四八〇至四八三,中华书局,1961,第 3950~3984 页。

③ 〔日〕长泽规矩也编《和刻本类书集成》第 1 辑,第 395~396 页。

④ 陈广恩:《日本宗家文库所藏〈事林广记〉的版本问题》,《隋唐辽宋金元史论丛》第 7 辑,上海古籍出版社,2017,第 302 页。

⑤ 宫纪子「對馬宗家舊藏の元刊本『事林廣記』について」『东洋史研究』第 67 卷第 1 号、2008 年、46 页。

正因如此，存世诸本《事林广记》才会出现这两种内容条目部分类似，结构篇题又畛域分明的地理篇目。

二　《岛夷杂志》与宋元诸本地志校正

南宋赵汝适《诸蕃志》与元代汪大渊《岛夷志略》是研究宋元时期中外交往与海上丝绸之路的重要地理学著作，相较于众所周知的前两部著作，《广舶官本》却长期湮没无闻。《岛夷杂志》作为《广舶官本》的遗存之篇，虽此前已被日本学者发现并判定为涉及宋代南海史料的重要文献，但至今业内对其重视犹嫌不足。现据其载文，对勘他本，核前人之作，依旧不乏新意。

（一）《岛夷杂志》与《诸蕃志》条目勘正

20 世纪中叶，和田久德与中原道子曾就《岛夷杂志》与《诸蕃志》的"晏陀蛮""麻啰奴"等条目做校对释读，就其内容相同的特征判断《岛夷杂志》为因袭《诸蕃志》之作，且成书在宋亡前后，即 1276 年前后。现今重新将两者对勘，不惟再探两志孰先孰后，而且就《诸蕃志》而言亦有部分条目内容可经《岛夷杂志》再行校正。

《诸蕃志》系南宋宗室赵汝适初任泉州市舶司提举时，"阅诸蕃图""询诸贾胡"后，在宋理宗宝庆元年（1225）所成之书。其"注辇国"条关于海路航程、地理方位描述为："南至罗兰二千五百里，北至顿田三千里，自古不通商，水行至泉州约四十一万一千四百余里。"① 原文最早出自《续资治通鉴长编》，② 黄纯艳认为此节系赵汝适从南宋国史中抄录，唯将原文"广州"改为"泉州"。③

经核校，可发现赵氏撰作中引载自官方记录的情况也存在于《诸蕃志》的其他条目。如"占城国"条：

> 若民入山为虎所噬，或水行被鳄鱼之厄，其家指其状诣王，王命国师作法，诵咒书符，投民死所，虎、鳄即自投赴请命，杀之。若有欺诈

---

① 赵汝适著，杨博文校释《诸蕃志校释》，中华书局，2000，第 74~75 页。
② 《续资治通鉴长编》卷八五，大中祥符八年九月己酉，中华书局，2004，第 1948 页。
③ 黄纯艳：《宋代海洋知识的传播与海洋意象的构建》，《学术月刊》2015 年第 11 期。

诬害之讼，官不能明，令竞主同过鳄鱼潭，其负理者鱼即出食之；理直者虽过十余次，鳄自避去。……商舶到其国，即差官折黑皮为策，书白字，抄物数，监盘上岸，十取其二，外听交易，如有隐漏，籍没入官。①

《岛夷杂志》"占城国"则载文作：

> ……广舶到其国，即差蕃官折鱼皮②为策，书白字，抄物数，监盘上岸，十取其二，外听交易，如有隐漏，籍没入官。若民入山为虎所噬，或舟行被鳄鱼之厄，其家指其状诣王，命国师作法，诵咒书符，投民死所，虎、鳄即自投赴请命，杀之。若有欺诈诬害之讼，官不能明，令竞主过鳄鱼潭，其负理者鳄鱼即出食之；理直者虽过十余次，鳄鱼自避去。③

上述两志对占城国描述如出一辙，显然系前后抄录，或有同源可能。考其内容差异之处，唯"商舶"与"广舶"两处最为显著。如前文所述，已知《诸蕃志》成书在《广舶官本》与《博闻录》之后，即便不察两志成书先后，"占城"条此段史源也必然来自广舶司，抑或《博闻录·岛夷杂志》篇目，盖缘于《广舶官本》。

关于出海商舶与市舶司的关系，南宋之初两浙、福建、广南三路市舶司沿用元丰旧法："给（船）公凭起发，回日缴纳，仍各归发舶处抽解。"④即市舶有司施行发舶时给船公凭，限期回港依货抽税的条例。但当时商舶贪利，多逾期回返，又因诸市舶司之间相互争利，多有商舶回返他港变卖商货之事发生。时称："三方唯广最盛，官吏或侵渔，则商人就易处，故三方亦

---

① 赵汝适著，杨博文校释《诸蕃志校释》，第 9 页。
② 和刻本原文作"鱼皮"。源出元成宗大德间的对马宗家文库本，以及元至顺建安椿庄书院本、西园精舍本，后至元郑氏积诚堂本《事林广记·方国杂志》均为"黑皮"，疑该处异文为翻刻漫漶之误。依杨博文、苏继庼结合元人周达观《真腊风土记》、明人马欢《瀛涯胜览》与费信《星槎胜览》考察，"黑皮"当为占城人以鹿皮、羊皮染黑，蘸白灰书字之用。赵汝适著，杨博文校释《诸蕃志校释》，第 13 页；汪大渊著，苏继庼校释《岛夷志略校释》，中华书局，1981，第 58~59 页。
③ 〔日〕长泽规矩也编《和刻本类书集成》第 1 辑，第 391 页。
④ 徐松辑《宋会要辑稿》第 86 册《职官四四》，中华书局，1957，第 3377 页。

迭盛衰。朝廷尝并泉州舶船令就广，商人或不便之。"① 有鉴于此，乾道三年（1167），朝廷诏曰："有别路市舶司所发船前来泉州，亦不得拘截，即委官押发离岸，回元来请公验去抽解。"② 可见，当时各港发舶与回返情景已是泾渭分明，此制正如藤田丰八所称：南宋后期各市舶司已执行约束本舶船队按期往返贸易与发放执照的严格条例。③

在此情形下，广州市舶司纂作《广舶官本》，必然据实编修，又怎会罔顾朝廷条例，将泉州"商舶"改作"广舶"，行移花接木之举？又，据《岛夷杂志》"占城"条曰："自广州发舶至诸蕃，惟占城为近。"可见广舶司于诸蕃中最为熟知占城，又商舶往来络绎，本舶编纂官修志书若弃易求难，抄录赵汝适在泉州编成的《诸蕃志》，岂不怪哉。故两志中"占城"条"广舶"与"商舶"的区别，只有赵汝适采《广舶官本》之"广舶"易作"商舶"辑入《诸蕃志》一种可能。且赵汝适《诸蕃志》"故临国"（不见于《岛夷杂志》）谓"泉舶"，④ 而"占城国"反称"商舶"，或许亦自证此条原系引用广舶之故。

推定赵汝适《诸蕃志》部分内容辑采自《广舶官本》，是因彼时在泉州亦有耆老可资访求。嘉定十七年（1224）九月赵汝适迁任泉州市舶司提举，筹编《诸蕃志》之时，其同宗名宦赵汝做也归籍泉州。按，赵汝做先于嘉定十四年提举广东市舶，后又于嘉定十六年八月迁广东提举常平茶盐，⑤ 嘉定十七年六月致仕还乡。⑥ 则赵汝适经由赵汝做知晓《广舶官本》所记，也是极有可能的。

如上所述，《岛夷杂志》与《诸蕃志》载文高度相同的"三佛齐""佛啰安""晏陀蛮""大食勿拔国""大食勿斯离国""麻啰奴""昆仑层期国""天竺国""勿斯里国""斯伽里野国""茶弼沙国"等条目应当也与"占城"条情形同理，不排除是赵氏征引《广舶官本》，此不赘述。

《岛夷杂志》《诸蕃志》两相对勘，同样也有可纠讹误之处，如《诸蕃志》"三佛齐"条：

① 朱彧：《萍洲可谈》卷二，中华书局，1985，第18页。
② 徐松辑《宋会要辑稿》第86册《职官四四》，第3378页。
③ 藤田豊八『東西交渉史の研究　南海篇』荻原星文館，1943、377-378頁。
④ 赵汝适著，杨博文校释《诸蕃志校释》，第68页。
⑤ 黄佐：《广东通志》卷九《职官表中》，广东省地方史志办公室誊印，1997，第179页。
⑥ 乾隆《泉州府志》卷四六《宋循绩十七》，泉山书社，1927，第499页。

> 在泉之正南，冬月顺风月余方至凌牙门，<u>经商三分之一始入</u><u>其国</u>。①

该条中"经商三分之一始入其国"的记述，令人有不知所云之惑，杨博文即称"此处疑有脱讹，致无法理解"。② 此疑惑可参《岛夷杂志》"三佛齐"条予以解读：

> 自广州发舡，取正南去，冬日乘北风半月连夜至凌牙门，五日方入三佛齐国。③

元人汪大渊《岛夷志略》"三佛齐"条同载：

> 自龙牙门去五昼夜至其国。④

可见《诸蕃志》"三佛齐"条此处系描述航程，以出自《广舶官本》的《岛夷杂志》为证，可理解为"自凌牙门（发舶），五日始入其国"。

（二）《岛夷杂志》与《岛夷志略》补证

前引作旁证的《岛夷志略》系元人汪大渊经由泉州两度远航列国后，追述海外见闻，在至正十年（1350）节录刊行的航海志书。该志作为研究元代中外交往的重要著作，历来备受世人青睐。元人张翥誉称："西江汪君焕章，当冠年，尝两附舶东西洋，所过辄采录其山川、风土、物产之诡异，居室、饮食、衣服之好尚，与夫贸易费用之所宜，非其亲见不书，则信乎其可征也。"⑤《四库全书总目》亦曰："赵汝适《诸蕃志》之类，亦多得于市舶之口传。大渊此书，则皆亲历而手记之，究非空谈无征者比。"⑥ 但 21 世纪初，廖大珂对此提出质疑，认为汪大渊之《岛夷志略》系在宋代文献

---

① 赵汝适著，杨博文校释《诸蕃志校释》，第 34~35 页。
② 赵汝适著，杨博文校释《诸蕃志校释》，第 38 页。
③ 〔日〕长泽规矩也编《和刻本类书集成》第 1 辑，第 392 页。
④ 汪大渊著，苏继廎校释《岛夷志略校释》，第 141 页。
⑤ 汪大渊著，苏继廎校释《岛夷志略校释》，张序，第 1 页。
⑥ 永瑢等：《四库全书总目》卷七一《史部·地理类四》，中华书局，1965，第 632 页。

《岛夷志》的基础上，补充其海外游历所见所闻而作。① 此后，杨晓春对廖文持保留意见，认为宋元时期各有一部《岛夷志》，汪氏《岛夷志》与宋本《岛夷志》沿袭之说缺乏证据。②

由于南宋泉州人所撰《岛夷志》已亡佚，宋之《岛夷志》与元之《岛夷志略》是否存在联系尚难遽断。但基于宋代《广舶官本》存留的《岛夷杂志》与汪大渊《岛夷志略》的比较，可知"宾童龙"、"真腊国"以及"异闻类聚"之"茶弼沙国"等条，③ 均存在《岛夷志略》与《岛夷杂志》高度类同的情况，这一相似情况最早为藤田丰八所关注，④ 但囿于当时对《事林广记》版本沿革研究不足，藤田将《事林广记》视为元人著作，并未深入考察两者之间的史源关系。现经本文前述对《岛夷杂志》《博闻录》《广舶官本》成书时代的考察，可知汪大渊《岛夷志略》应当也有沿袭自《岛夷杂志》的条目内容。

关于《岛夷杂志》与《岛夷志略》的比较，亦有个别值得关注的问题。两志时代远隔宋元，所载风土却相同，元人汪大渊途经诸国，发现当地律令悉如宋时。如两志"真腊国"条同载："蕃杀害唐人即依蕃法偿死，如唐又杀蕃人至死，即重罚金，如无金，则卖身取金赎。"⑤ 由此可知，至迟到南宋时期华人已留居真腊国，并被当地领主给予刑律优待。入元后，若汪大渊至顺元年（1330）及后至元三年（1337）两度出海，亲历其国并据实撰作；何以大德元年（1297）成书的《真腊风土记》对此却毫无记载？何以留居当地一年有余的周达观反不如航海途经的汪大渊所记真腊风土见闻翔实？可见，汪氏自称其《岛夷志略》"皆身所游览，耳目所亲见。传说之事，则不载焉"⑥ 亦未必不可置疑。

（三）《异域志》与广舶航路再探

《四库全书总目》称：《异域志》，"不著撰人名氏。篇首胡惟庸序曰：

---

① 廖大珂：《〈岛夷志〉非汪大渊撰〈岛夷志略〉辨》，《中国史研究》2001 年第 4 期。
② 杨晓春：《再论汪大渊与〈岛夷志〉》，《色目（回回）人与元代多元社会国际学术研讨会暨 2019 年中国元史研究会年会论文集》，第 1148~1180 页。
③ 汪大渊著，苏继顾校释《岛夷志略校释》，第 63、69~70、379~384 页。
④ 〔日〕藤田丰八：《岛夷志略校注》，罗振玉：《雪堂丛刻》第 10 册，1915，第 18、20、115~116 页。
⑤ 〔日〕长泽规矩也编《和刻本类书集成》第 1 辑，第 391~392 页；汪大渊著，苏继顾校释《岛夷志略校释》，第 69~70 页。
⑥ 汪大渊著，苏继顾校释《岛夷志略校释》，第 385 页。

'《嬴虫录》者,予自吴元年丁未,出镇江陵,有处士周致中者,前元之知院也,持是录献于军门。'则此书初名《嬴虫录》,为周致中所作"。① 该书曾盛行于明代,且域外方国大多抄录自《事林广记·方国杂志》,可知其"岛夷"诸蕃祖本来源也是《岛夷杂志》。

邓端本曾自《异域志》中辑出三条有关元代广州的远洋航线:一曰广州至占城"顺风八日可到",二曰广州至三佛齐"自广州发舶,取正南半月可到",三曰广州至莆家龙"顺风一月可到"。② 这一考证虽然补充了元代广舶司的海外贸易路线,但上述三条航线并非开创于元季,而是至迟在南宋就已被广舶船队所熟知。《岛夷杂志》"占城国"条载:"占城国,在海西南,自广州发舶至诸蕃,惟占城为近,顺风八日可达。"又"三佛齐国"条:"三佛齐,自广州发舡,取正南去,冬日乘北风半月连夜至凌牙门,五日方入三佛齐国。"《岭外代答》"阇婆国"条:"阇婆国,又名莆家龙,在海东南,势下,故曰下岸。广州自十一月、十二月发舶,顺风连昏旦,一月可到。"③ 由此可见,上述三条航路的初始记载皆出自宋人见闻,而非元末周致中所撰《异域志》。

不唯如此,《异域志》所载广州至三佛齐航程亦可商榷:《异域志》称自广州到三佛齐国"半月可到",④ 而《岛夷杂志》记广舶自广州南行半月所至之处实为"凌牙门",⑤ 再行五日方可至三佛齐。

周致中本元末明初人,其所著《异域志》杂录荒诞逸闻,不谙地理史实,后世多有指摘。对《异域志》及其增图而成的《异域图志》,《四库全书总目》评价道:"其书中杂论诸国风俗物产土地,语甚简略,颇与金铣所刻相似,无足采录","摭拾诸史及诸小说而成,颇多疏舛"。⑥ 仅据今人研究可知,《异域志》已至少被勘误14条。⑦ 有鉴于此,对于宋代广州至三佛齐的航路记载,当以出自《广舶官本》的《岛夷杂志》为准,《异域志》

① 永瑢等:《四库全书总目》卷78《史部·地理类存目七》,第678页。
② 邓端本:《宋末元初广州对外贸易地位的变化》,《广州研究》1984年第3期。
③ 周去非著,杨武泉校注《岭外代答校注》,中华书局,1999,第88页。
④ 周致中著,陆峻岭校注《异域志》,中华书局,2000,第41页。
⑤ 凌牙门,《岛夷志略》称"龙牙门",今新加坡至廖内群岛附近。参见赵汝适著,杨博文校释《诸蕃志校释》,第38页;汪大渊著,苏继庼校释《岛夷志略校释》,第213~217页。
⑥ 永瑢等:《四库全书总目》卷七八《史部地理类存目》,第678页。
⑦ 康冰瑶:《〈异域志〉研究》,硕士学位论文,陕西师范大学,2011。

的差异应系周氏抄录讹误所致（上文所言此处同样存在错误的《诸蕃志》可为旁证）。

除为《异域志》所载广州海外航路正本溯源、考订讹误外，辑自《广舶官本》的《岛夷杂志》另载有《岭外代答》《诸蕃志》《岛夷志略》诸本未提及的广舶海上航线 3 条。具体阐释如下：

真腊，"舟行北风十日可到"。[①] 据《岛夷杂志》"占城"条，"广州发舶，顺风八日可达（占城）"，真腊系占城南邻，此处记作北风十日可到，显然同为"广州发舶"。对此海路航程，《真腊风土记》亦载"（真腊）南距番禺十日程"，[②] 恰与《岛夷杂志》所记契合。

单马令，"唐舡自真腊风帆十昼夜，方到其国"。如依《岛夷杂志》所记，广州发舶，舟行北风十日可到真腊，又自真腊风帆十昼夜方到单马令，则广州至单马令航程应为二十日。

大阇婆国，"名重迦卢，离莆家龙风帆八日乃至"。据上引《岭外代答》已知广州至莆家龙"顺风连昏旦，一月可到"，再按《岛夷杂志》所载，莆家龙（阇婆国）至大阇婆国风帆八日乃至，则宋代广州发舶经由莆家龙至大阇婆国应需三十八日。

三　《岛夷杂志》的史料补遗

宋元时期海上丝绸之路盛极一时，宋人赵彦卫作《云麓漫钞》曰："诸国多不见史传，惟市舶司有之。"[③] 且"市舶司若遇未曾入贡过的蕃国入贡时，市舶司对于其使臣有问明其国之远近大小强弱，已经入贡于何国等，上奏朝廷之责"。[④] 可见当时各港口市舶司是掌握海外知识最集中的官方机构。传世所见宋元时期的海外风土见闻，多以泉州市舶司记录为主，《诸蕃志》与《岛夷志略》皆以泉州港为中心记载中外贸易，《真腊风土记》所记航海路线又以温州港为起点，《大德南海志》残损简略，诸本志略中唯缺宋季诸舶之翘楚广舶司的作品。

---

① 〔日〕长泽规矩也编《和刻本类书集成》第 1 辑，第 391 页。
② 周达观撰，夏鼐校注《真腊风土记校注》，中华书局，2000，第 3 页。
③ 赵彦卫：《云麓漫钞》，傅根清点校，中华书局，1996，第 89 页。
④ 〔日〕藤田丰八：《宋代之市舶司与市舶条例》，魏重庆译，商务印书馆，1936，第 117～118 页；藤田豊八『東西交渉史の研究　南海篇』、384 页。

正如汪大渊在《岛夷志略》中提及宋人曾远至印度半岛东岸，建有"咸淳三年八月毕工"的中国式砖塔，[①] 可知南宋时期宋人在南亚、西亚海路上应当非常活跃。出自《广舶官本》的《岛夷杂志》正是记载南宋广舶司发舶海外与出入诸国史实的文献，可补前阙之憾。

遗世之作《岛夷杂志》虽然仅保留了《广舶官本》中的 21 个蕃国，但发覆其版本与文献价值，依旧可以补证宋代广南市舶司交通海外蕃国的部分佚史，其基于广舶出海入洋，辗转诸国的亲历见闻，又较"耳目所洽"或"询诸贾胡"撰作而成的《岭外代答》与《诸蕃志》等志书更具真实性。经爬梳其文，检录史籍，可知其篇中多有未见史籍记载的海外轶事。

（一）南宋庆元二年单马令入贡

单马令，见于《诸蕃志》《大德南海志》《异域志》等，《岛夷志略》作"丹马令"，故地或在今泰国马来半岛洛坤府，系宋时三佛齐国之属国。[②]

《岛夷杂志》载："国朝庆元二年，进金三埕、金伞一柄。"庆元二年（1196）为南宋宁宗在位之时。考诸史籍，是年单马令之贡皆阙如不载。《岛夷杂志》源出宋代《广舶官本》，庆元二年单马令国入贡南宋事件可补遗宋代与南洋诸国的交往史。此佚史广南市舶司纂修《广舶官本》有收录，而宋代国史不载，可证单马令贡使已至广州，抑或未曾北行赴阙，其缘由尚待稽考。

（二）宋代佛啰安华侨的毗沙门天王信仰

佛啰安，《岭外代答》作"佛罗安"，《诸蕃志》与《大德南海志》作"佛啰安"，《岛夷志略》又作"佛来安"，宋元时为三佛齐之属国，约在今泰国所属马来半岛高头廊一带。[③]

---

① 汪大渊著，苏继庼校释《岛夷志略校释》，第 285~287 页。

② 参见赵汝适著，杨博文校释《诸蕃志校释》，第 43~44 页；汪大渊著，苏继庼校释《岛夷志略校释》，第 79~82 页。

③ 参见周去非著，杨武泉校注《岭外代答校注》，第 87 页；赵汝适著，杨博文校释《诸蕃志校释》，第 47~48 页；陈大震、吕桂孙撰，广州市地方志编纂委员会办公室编《元大德南海志残本》（附辑佚），广东人民出版社，1991，第 46 页；汪大渊著，苏继庼校释《岛夷志略校释》，第 82~83 页；黎道纲《〈岭外代答〉佛罗安方位考》，《海交史研究》2009 年第 1 期。

《诸蕃志》"佛啰安国"条，记曰：

> 其国有飞来佛二尊，一有六臂、一有四臂，贼舟欲入其境，必为风挽回，俗谓佛之灵也。佛殿以铜为瓦，饰之以金。每年以六月望日为佛生日，动乐铙钹，迎导甚都，番商亦预焉。[1]

赵汝适所载此段风土轶事并未阐明供奉佛像的族群，却又指出"番商亦预"，似有言之未尽、望文生疑之惑。而《岛夷杂志》"佛啰安国"条对此记述则清晰明了，文曰：

> 有飞来铜佛二尊，名毗沙门王佛，内一尊有六臂，一尊有四臂，每年六月十五日系佛生日，地人并唐人迎引佛六尊出殿，至三日复回，其佛甚灵。

"毗沙门王佛"，又称北方多闻天王，系北传大乘佛教文化中的护国守护之神。古代中国的毗沙天王信仰始创于中唐，肇极于两宋，式微于元。毗沙天王作为融合了汉地守护神形象的信仰，11~13 世纪，无论偏居东南的南宋，还是远居西北的西夏，城邑山野到处都可发现毗沙门天王供奉踪迹。[2] 上述《岛夷杂志》"佛啰安国"条关于毗沙门王信仰的记载，阐释清楚了《诸蕃志》中言语不明之处，不仅证实南宋时佛啰安国已有中国人留居，形成华人社区，而且移居该国的宋人还参与建庙迎佛，为当地带去了具有中国本土特色的毗沙门信仰。这在一定程度上也彰显了南宋时期流寓南洋的华人移民数量之众与故土信仰之盛。

（三）阇婆国与大阇婆国

大阇婆国，约位于今印度尼西亚爪哇岛东部泗水一带，号"戎牙路"，

---

[1]　赵汝适著，杨博文校释《诸蕃志校释》，第 47 页。

[2]　参见公维章《唐宋间敦煌的城隍与毗沙门天王》，《宗教学研究》2005 年第 2 期；夏广兴《毗沙门天王信仰在中国古代社会的流播与影响》，《上海师范大学学报》（哲学社会科学版）2017 年第 6 期；王涛《唐宋时期城市保护神研究——以毗沙门天王和城隍神为中心》，博士学位论文，首都师范大学，2007；陈育宁、汤晓芳《西夏艺术史》，上海三联书店，2010，第 97 页。

又作"重迦卢"或"重迦罗"。① 阇婆国自南朝刘宋入贡中国以来,《宋书》《南史》《旧唐书》《新唐书》皆有记载,一般认为旧阇婆国(又名莆家龙)在今爪哇岛中部北加浪岸,② 但《岛夷杂志》中却仅在"大阇婆国"条提及"莆家龙",并无"阇婆国"专条记录。关于从阇婆到大阇婆的变化,经对比还可发现:南宋周去非《岭外代答》、赵汝适《诸蕃志》皆有"阇婆国"条,而无"大阇婆国"条;元代汪大渊《岛夷志略》有"重迦罗"条,而无"阇婆国"条。③ 由此推断南宋后期《广舶官本》按华夷商舶描述所记载的"大阇婆国"已并非此前旧史所载的"阇婆国",其地理位置也同时有所变迁。

可兹佐证的还有《诸蕃志》中出现关于阇婆国自相矛盾的一处记载,其"阇婆国"之后,又记"苏吉丹"国,曰:

> 苏吉丹即阇婆之支国……民间贸易,用杂白银凿为币……其他贸易悉用是,名曰"阇婆金",可见此国即阇婆也。④

关于《岭外代答》与《诸蕃志》对海外诸国记载的可信度问题,杨武泉曾评价:"由于种种原因,《代答》所记,不免有误,也不如《诸蕃志》《岛夷志略》等书所记外国之多与内容之详。"⑤ 又冯承钧曰:"盖汝适所记,非亲历目击之词,或采摭旧文,或寻访贾胡,与三百年前波斯驿长霍达白撰《郡国道里志》之情形相同,既凭耳食,益以臆测,自难免附会混淆。"⑥ 可见上述两志的诸国见闻也难以做到完全信而有征。

从上述情况来看,赵汝适可能并不了解阇婆国具体情况,故而在《诸蕃志》中既杂糅了前朝旧史所载"古阇婆国",又在"苏吉丹"条新辑入询诸贾胡所获的"大阇婆国"部分轶事,故而载文自相抵牾。对此情况的释

---

① 参见周去非著,杨武泉校注《岭外代答校注》,第88~90页;赵汝适著,杨博文校释《诸蕃志校释》,第54~59、60~66页;汪大渊著,苏继庼校释《岛夷志略校释》,第168~172页。

② 参见周去非著,杨武泉校注《岭外代答校注》,第89页;赵汝适著,杨博文校释《诸蕃志校释》,第56页。

③ 参见周去非著,杨武泉校注《岭外代答校注》,第88~89页;赵汝适著,杨博文校释《诸蕃志校释》,第54~59、60~66页;汪大渊著,苏继庼校释《岛夷志略校释》,第168~172页。

④ 赵汝适著,杨博文校释《诸蕃志校释》,第60页。

⑤ 周去非著,杨武泉校注《岭外代答校注》,校注前言,第10页。

⑥ 赵汝适著,杨博文校释《诸蕃志校释》,冯承钧序,第5页。

证亦可参"苏吉丹"条其他描述：

> 地之所产，大率与阇婆无异……其地连百花园、麻东、打板……打板国东连大阇婆，号戎牙路（或作重迦卢）……产青盐、绵羊、鹦鹉之属。①

对勘《岛夷杂志》中所载大阇婆国情况则正如此言：

> 人物举措一如莆家龙。产青盐，系海潮入田曝成颗粒，及产绵羊、鹦鹉及真珠、宝物之类。

盖因《岛夷杂志》所辑录的《广舶官本》系直接采自亲临大阇婆国的广舶与华夷商贾见闻，故而其说更为翔实。可见，至迟到南宋时期，爪哇岛的贸易与政治中心已由古阇婆国（莆家龙）转移至大阇婆国（重迦卢），因而《岛夷杂志》只收录"大阇婆国"条，而无"阇婆国"专条。

（四）《岛夷杂志》对宋元诸本海外地理志书的补遗

以《岭外代答》《诸蕃志》《岛夷志略》为对照，移录《岛夷杂志》诸条目部分内容，补遗其中不载（或有差异）的海外轶事如下：

> 地主出即骑象或马，打红伞，从者百人，执盾赞唱曰"中打仆"［番语也］。以叶承饮食，椰子酒与米酒。（"宾童龙"条）

按，《岭外代答》《诸蕃志》无，《岛夷志略》有。

> 每朝蕃主出座，名曰登场，众蕃皆拜罢同座，交手抱两脾为礼，如中国叉手也。（"登流眉"条）

按，《岭外代答》《诸蕃志》《岛夷志略》均无。

---

① 赵汝适著，杨博文校释《诸蕃志校释》，第 60、61 页。

每嫁娶则男归女舍。最可笑一事：国人生女至九岁，即请僧诵经作梵法，以手指挑损童身，取其红点女额，其母亦用点额，唤为利市，云如此则其女他日嫁人谐好欢洽，宜其室家。凡女满十岁即嫁。若其妻与客合，夫即喜，自姹云：我妻有姿色且巧慧，故人昵。云国人犯盗，则斩手、断脚、烧火印胸背、黥额，犯罪至死则斩，或削木枨其尻死令众，以当绞罪。蕃杀害唐人即依蕃法偿死，如唐又杀蕃人至死，即重罚金，如无金，则卖身取金赎。（"真腊"条）

按，《岭外代答》《诸蕃志》无，《岛夷志略》有。

近世有一王，见所积金器颇多，窃之则罪至死，储之则不敢开，尽载之舟至大海沉之。（"三佛齐"条）

按，《岭外代答》《诸蕃志》《岛夷志略》均无。

其国王系始因雷震石裂，有一人出，后立为王，其子孙尚存。（"大阇婆国"条）

按，《岭外代答》《诸蕃志》《岛夷志略》均无。

1. 有飞来铜佛二尊，名毗沙门王佛，内一尊有六臂，一尊有四臂，每年六月十五日系佛生日，地人并唐人迎引佛六尊出殿，至三日复回，其佛甚灵，如有外国贼舡欲来劫夺佛殿珠宝，至港口即风发，舡不得前。

2. 地主亦系三佛齐差来其国；如国内民妻与人有奸，即罚所奸人金四五两还本人夫，即以妻嫁与之。（以上两段出"佛啰安"条）

按，《岭外代答》《岛夷志略》无；《诸蕃志》第 1 段载文略有出入，第 2 段无。

遇婚娶时，女家报约取牝牛一只有孕者，断其尾为信。从断牛尾日为许婚之期，候牛生犊时始还男亲，须要男家割人尾来女家，还元割牛尾期信。人尾盖男子阳物也，以为聘币至，则女家喜，以鼓乐迎导，徇于街者七日，男乃入女舍婚合。是一家还亲，则使男子绝命也。盖风俗相尚，欲显其婿之雄杰，如无此物，女家永不还亲。其国俗自古而然，大抵无君长，各以豪强相尚。（"大食弼琶啰国"条）

按，《岭外代答》《诸蕃志》《岛夷志略》均无。

1. 出乳香树，他国皆无，其树逐日用刀斫树皮取乳，或在树上或在地下。在树自结透者为明乳，蕃人用琉璃瓶盛之，名曰瓶香；在地者名塌香。

2. 在地者名塌香。每岁春末有一等飞禽自天而降，不知出没，白如丝鹁，大如家雀，肥甚而味极佳，每旦天明即四散飞泊，日出则绝不见影，国人张罗杀食之，惟春暮一月有之，交夏则绝。每岁常有大鱼死，飘近岸，身长十余丈、高二丈余，国人不食，但刳其膏为油，多者至二三百斤。肋骨作屋桁，脊骨作门肩，骨节可为臼。又有龙涎，全不知所出，忽见成块，飘泊岸下，地人竞争货买。（以上两段出"大食勿拔国"条）

按，《岭外代答》《岛夷志略》无；《诸蕃志》第 1 段无，第 2 段记入"中理国"条。

产麦，每粒长三寸；甜瓜，每个围五六尺；石榴，每个重五六斤；桃子，每个重二斤；香橼，每个重二十斤；菜，每根可重十余斤，叶长三四尺。米麦皆开地窖之，经三四十年不坏。穿井百余丈乃见水。又产胡羊，高三尺余，其尾如扇，每岁春时割取脂二十余斤，再缝合，仍生，不取则胀死。（"大食勿斯离国"条）

按，《岭外代答》《诸蕃志》列入"木兰皮国"，《岛夷志略》无。

父母死，则召亲戚槌鼓共食其尸肉，盖非人类也。（"麻啰奴"条）

按，《岭外代答》《诸蕃志》《岛夷志略》均无。

　　　　古系荒郊，无人烟，因大食国祖师名蒲啰吽，自幼有异状。长娶妻，在荒野生一男子，无水可洗，弃之地，母走寻水不获，及回，见其子以脚擦地，涌出一泉，甚清耳。此子立名司麻烟，砌成大井，逢旱不干，泛海遇风涛，以此水洒之，应手而止。（"默伽国"条）

　　按，《岭外代答》《诸蕃志》《岛夷志略》均无。

　　　　相传古有圣人徂葛尼建塔，顶上有镜，如他国有兵舡来，其镜先照见。（"勿斯里国"条）

　　按，《岭外代答》《岛夷志略》无；《诸蕃志》单辟"遏根陀国"条，载入此见闻（原文亦有"遏根陀国，勿斯里之属也"）。

　　　　默伽腊国有国王，海出珊瑚树，国人采之，用索缚十字木，将麻缘乱绞在十字上，用石坠入水中，棹舡拖索，刮取其树。古云铁网取珊瑚，盖此类也。（"默伽腊国"条）

　　按，《岭外代答》《诸蕃志》《岛夷志略》均无。

　　　　茶弼沙国前后并无人到，惟古来有圣人名"徂葛尼"曾到其国，遂立文字。（"茶弼沙国"条）

　　按，《岭外代答》《诸蕃志》《岛夷志略》均无。

结　语

　　基于宋时广舶出海见闻汇编而成的《广舶官本》，被大约成书于13世纪初的陈元靓《博闻录》所收；和刻本《事林广记·岛夷杂志》系这部宋代广南市舶司所编航海见闻与海外地志的孑遗之篇。其中载录的海外轶事相较同时期采编诸史、访求蕃客而成的《岭外代答》《诸蕃志》等更为翔实可靠，部分条目也为《诸蕃志》《岛夷志略》所沿用。由于《广舶官本》的亡佚，以及宋元鼎革后元廷的查禁，《博闻录》在经由书坊翻刻嬗变为《事林广记》的过程中未能保留原著足本条目，但《岛夷杂志》依旧为今人进一步认识宋代广舶远航异域与通商诸国的历史打开了一扇新的窗口，成为宋代海上丝绸之路与中外交往史的文献确证。

（执行编辑：杨芹）

明军葡萄牙雇佣兵探析[*]

刘明翰　薛理禹[**]

摘　要：晚明时期，为扭转对后金战事的败局，明廷内信奉天主教的士大夫提议招募澳门的葡萄牙人携带其西洋大炮北上助明抗金，澳门方面亦积极配合明廷。自天启至崇祯朝，不同规模的葡兵数次北上援明，并负责为明军训练精锐。登州之变后，援明葡兵损失惨重，孔有德亦率受葡兵直接训练的明军精锐火器营叛明降金，从而导致明朝的军事实力逐步落后于后金。

关键词：明军　葡萄牙　后金　火器

明朝曾雇募葡萄牙人为兵，襄助对后金的作战。学界对此虽偶有涉及，但专论尚付阙如。本文拟梳理其经过，以丰富对早期中葡关系和明清战争的理解。

先简要梳理关于明廷招募葡兵一事的国内外研究。在视角较为宏观的著作中，汤开建先生的《委黎多〈报效始末疏〉笺正》围绕一份明末澳门委黎多（Vereador）呈进明廷的奏疏（该疏收于《守圉全书》，应为目前所见最早的一份澳门葡人向明廷所上之中文奏章）展开，为研究明廷购募西炮葡兵一事提供了大量史料，具有较高的价值。[①] 此外，金国平编译《西方澳

---

　*　本文系国家社科基金一般项目"江南—马尼拉海上贸易西文档案（1769~1776）的整理、翻译和研究"（20BZS154）阶段成果。

**　刘明翰，上海市虹口区教育学院附属中学教师；薛理禹，上海师范大学都市文化研究中心研究员、历史系副教授。

①　汤开建：《委黎多〈报效始末疏〉笺正》，广东人民出版社，2004。

门史料选萃》与金国平、吴志良《早期澳门史论》等著作亦为学界提供了大量稀见史料，[①] 书中所谈及的西葡武力征服中国计划等内容亦给人以很大启发。

　　具体到明廷招募葡兵一事，徐萨斯曾在《历史上的澳门》中谈及此事。[②] 博克瑟的《葡萄牙人军事远征援助明朝对抗满洲人，1621~1647》一文亦有重要参考价值。[③] 方豪的《明末西洋火器流入我国之史料：复欧阳伯瑜（琛）先生论满洲西洋火器之由来及葡兵援明事（附来书）》兼论了明末西洋火器传华的经过。[④] 方志远考订整理了欧阳琛的《明末购募西炮葡兵始末考》，该文同时涉及了明末政治与经济方面的许多问题。[⑤] 董少新和黄一农则在《崇祯年间招募葡兵新考》中就崇祯年间公沙·的西劳（Gonçalo Teixeira Corrêa）等葡兵为明廷效力的始末进行了考证梳理。[⑥]

一　明葡决定合作，联手化解危机

　　万历四十七年（1619）三月，明军惨败于萨尔浒之战，辽东战场主动权易手。天启元年（1621），后金连克沈阳、辽阳，并于次年占领广宁，辽东经略熊廷弼一怒之下尽驱兵民入关，自此山海关外全部落入后金之手。

　　在明廷放弃辽东的同一年，赁居澳门的葡萄牙人虽然击退了荷兰东印度公司的进攻，但其内遭广东官员盘剥，外受荷兰频繁袭扰，处境非常艰难。为博取明廷欢心以改善其生存状况以及重振遭受南京教案重挫的中国天主教事业，澳门的葡萄牙人迫切希望能与明廷建立良好的关系。

　　在此种时局之下，明廷便考虑让澳门的葡萄牙人提供军事援助，这主要缘于以下四点。

①　金国平编译《西方澳门史料选萃（15~16 世纪）》，广东人民出版社，2005；金国平、吴志良：《早期澳门史论》，广东人民出版社，2007。
②　〔葡〕徐萨斯：《历史上的澳门》，黄鸿钊、李保平译，澳门基金会，2000。
③　〔英〕博克瑟：《葡萄牙人军事远征援助明朝对抗满洲人，1621~1647》，《天下月刊》第 7 期，1938 年。
④　方豪：《明末西洋火器流入我国之史料：复欧阳伯瑜（琛）先生论满洲西洋火器之由来及葡兵援明事（附来书）》，《东方杂志》第 40 卷第 1 期，1944 年。
⑤　欧阳琛、方志远：《明末购募西炮葡兵始末考》，《文史》2006 年第 4 辑。
⑥　董少新、黄一农：《崇祯年间招募葡兵新考》，《历史研究》2009 年第 5 期。

第一，明军难以击败后金军，为加强武备，应借助拥有西洋大炮的葡萄牙人之力。

第二，澳门受广东香山县管理，从地理角度出发，赴澳招募葡兵较为便利。

第三，澳门为华葡杂居的多元化城市，当地多数居民或有中国血统，或受中华文化影响，故对明廷有一定的"报效"之心。

第四，澳门饱受荷兰威胁，有与明廷加强联系的需求，故应加以利用。

明廷内以徐光启和李之藻为代表的奉天主教官员大力推进此事，如李之藻"题以夷攻夷二策，内言西洋大铳可以制奴，乞招香山澳夷，以资战守"。① 徐光启亦素重火器，而就火器的取胜之道，他指出，"盖火攻之法无他，以大胜小，以多胜寡，以精胜粗，以有捍卫胜无捍卫而已"。② 即火器应以大、以多、以精取胜，为达此目的，"莫如光禄少卿李之藻所陈，与臣昨年所取西洋大炮"。③ 此处提及李之藻所陈即为同年李之藻所上之《奏为制胜务须西铳乞敕速取疏》，该疏正式提议招募澳门葡人北上助战。

李之藻认为，此举有以下三大益处。

第一，可解决募兵难的问题。"臣尝询以彼国武备，通无养兵之费，名城大都最要害处，只列大铳数门，放铳数人、守铳数百人而止。……募兵之难，乃此铳不须多兵。"④

第二，可解决费饷多的问题。"征饷之难，乃此铳不须多饷。"⑤ 就此点，徐光启也强调"省兵之饷并以厚战士、以精器甲"。⑥

第三，澳门葡人乐于报效。"在呑夷商，遥荷天恩，一向皆有感激图报之念。"⑦ 事实上，在泰昌元年（1620）十月，澳门方面已"捐助多金，买

---

① 《明实录·熹宗悊皇帝实录》卷二七，天启二年十月戊子，台北："中研院"历史语言研究所，1962，第 1383 页。
② 徐光启：《谨申一得以保万全疏》，《徐光启集》卷四，王重民辑校，中华书局，2014，第 175 页。
③ 徐光启：《谨申一得以保万全疏》，《徐光启集》卷四，第 175 页。
④ 徐光启：《奏为制胜务须西铳乞敕速取疏》，《徐光启集》卷四，第 179~180 页。
⑤ 徐光启：《奏为制胜务须西铳乞敕速取疏》，《徐光启集》卷四，第 180 页。
⑥ 徐光启：《谨申一得以保万全疏》，《徐光启集》卷四，第 176 页。
⑦ 徐光启：《奏为制胜务须西铳乞敕速取疏》，《徐光启集》卷四，第 180 页。

得大铳四门"，① 并派出"善艺头目四人，与俰伴通事六人，一同诣广"，② 在广州等待北上的命令，但因当时"光启谢事，虑恐铳到之日，或以付之不可知之人，不能珍重；万一反为夷房所得，攻城冲阵，将何抵当？是使一腔报国忠心，反启百年无穷杀运，因停至今，诸人回岙"。③

辽沈沦陷后，李之藻提出应"将前者善艺夷目诸人，招谕来京，大抵多多益善"，④ 若果能借葡人之力为明军练出一支劲旅，到时"成师而出，鼓行而东，恢疆犁穴，计自无难"。⑤

同年，又有"光禄寺少卿李之藻建议，谓城守火器必得西洋大铳。练兵词臣徐光启因令守备孙学诗赴广，于香山岙购得四铳，至是解京，仍令赴广，取红夷铜铳及选募惯造惯放夷商赴京"。⑥ 天启皇帝亦下旨："西洋大炮，着先发一位到彼试验。还速催点放夷商前来，俟到日再行酌发。"⑦

为确保西洋大炮物尽其用，李之藻强调葡兵需一同北上，"制胜莫先大器，臣访知香山澳夷所传西洋大铳为猛烈神器，宜差官往购，但虽得其器，苟非无其人，铸练之法不传，点放之术不尽。乞行文粤中，制按将练器夷目招谕来京，合用饷廪，从厚支给"。⑧

关于葡兵的军饷，李之藻提议"夷目每名每年安家银一百两，日用衣粮银一百三十六两，余人每名每年银四十两"。⑨ 就如此优渥之军饷，李之藻解释道："此善艺夷目等众，岙商倚借为命，资给素丰，不施厚糈，无以劝之使来。"⑩ 兵部尚书崔景荣也说："夫来自殊方，待之自当破格，况人数不多，费用能几？"⑪ 根据李、崔二人就军饷的讨论亦可看出明廷从澳门所募葡兵当为雇佣兵。

---

① 徐光启：《奏为制胜务须西铳乞敕速取疏》，《徐光启集》卷四，第180页。
② 徐光启：《奏为制胜务须西铳乞敕速取疏》，《徐光启集》卷四，第180页。
③ 徐光启：《奏为制胜务须西铳乞敕速取疏》，《徐光启集》卷四，第180页。
④ 徐光启：《奏为制胜务须西铳乞敕速取疏》，《徐光启集》卷四，第180页。
⑤ 徐光启：《奏为制胜务须西铳乞敕速取疏》，《徐光启集》卷四，第181页。
⑥ 《明实录·熹宗悊皇帝实录》卷一七，天启元年十二月丙戌，第867页。
⑦ 《恭进收贮大炮疏》，韩霖编《守圉全书》卷三之一，明崇祯十年刊本，台北："中研院"傅斯年图书馆善本书室藏，第77~79页。
⑧ 《明实录·熹宗悊皇帝实录》卷三三，天启三年四月壬申，第1701页。
⑨ 徐光启：《奏为制胜务须西铳乞敕速取疏》，《徐光启集》卷四，第180页。
⑩ 徐光启：《奏为制胜务须西铳乞敕速取疏》，《徐光启集》卷四，第180~181页。
⑪ 徐光启：《题为制胜务须西铳敬述购募始末疏》，《徐光启集》卷四，第182页。

二　葡兵进京指导，因故被迫返澳

在奉教官员的努力与澳门方面自身利益的双重作用之下，澳门向北京派出了援军，天启皇帝亦指示："夷人已经该省遣发，着作速前来，余依议行。"① 可见皇帝对葡兵进京教演火器一事颇为期待。

就此次招募葡兵的具体情况，澳门方面所呈《报效始末疏》中载："天启元年，奴酋失陷辽左，总理军需、光禄寺少卿李之藻奏为制胜务须西铳等事，仍差原官募人购铳，而多等先曾击沉红毛剧贼大船一只于电白县，至是复同广海官兵捞寻所沉大铳二十六门，先行解进。"② 可见辽沈沦陷后，朝廷有意招募葡兵，澳门葡人亦积极配合，呈进大炮，以资战守。

当时澳门正饱受荷兰威胁，但其依然奉明廷之命，遣炮手赴北京效力："伊时半载，盗寇两侵，阖呑正在戒严。多等以先经两奉明旨严催，不敢推辞，遂遴选深知火器铳师、通事、傔伴共二十四名，督令前来报效，以伸初志。随于天启三年四月到京，奉圣旨'呑夷速来报效，忠顺可嘉，准与朝见犒赏，以示优厚，余议依行，钦此钦遵。'"③

天启三年（1623）四月初三，游击张焘率夷目七名、通事一名、傔伴十六名携炮抵京。兵部官员见过葡兵后即表示应仿造西洋大炮，并以西洋炮法训练明军，"兵部尚书董汉儒等言，澳夷不辞八千里之程，远赴神京，臣心窃嘉其忠顺，又一一阅其火器、刀剑等械，俱精利，其大铳尤称猛烈神器。若一一仿其式样精造，仍以一教十，以十教百，分列行伍，卒与贼遇于原，当应手糜烂矣"。④

同年四月二十日，张焘和兵部职方司员外郎孙学诗率领葡兵仿贡夷例朝见，天启皇帝对此非常满意，"复蒙赐宴图形，铳师独命峨等，在京制造火药、铳车，教练选锋，点放俱能弹雀中的。部堂戎政科道等衙门，悉行奖励"。⑤

宴会后，兵部即着手组织教演火器事宜，"兵部尚书董汉儒等以澳夷

---

①　《明实录·熹宗悊皇帝实录》卷二九，天启二年十二月乙酉，第1474页。

②　《报效始末疏》，韩霖编《守圉全书》卷三之一，第87页。

③　《报效始末疏》，韩霖编《守圉全书》卷三之一，第88页。

④　《明实录·熹宗悊皇帝实录》卷三三，天启三年四月辛未，第1701页。

⑤　《报效始末疏》，韩霖编《守圉全书》卷三之一，第89页。

教演火器，条上事宜三款。一防奸细，教演之所，行巡视御史，委兵马司官，时时巡绰，毋令外人闯入窥伺漏泄一重。责成演习之人行戎政衙门，于京营选锋内精择一百名，令就各夷传授炼药、装放等法，仍以把总二员董之。朝夕课督，不许买闲怠事。一议日费，夷目、通事、傔伴诸人，日给务从优厚，俱于先年钦颁皇赏支剩银内支给应用，硝黄物料器具估价买办。上是之"。①

此批葡兵在京练兵近半年，其军事技能得到了明廷的认可，但受制于当时的科技水平，西洋大炮亦不时出现炸膛的问题。天启三年八月二十六日，"试验红夷大铳，命戎政衙门收贮炸裂。伤死夷目一名、选锋一名，着从优给恤"。② 在此事故中殉职的葡兵若翰哥里亚后收葬于北京青龙桥墓地，通政使何乔远为其撰写了墓志铭，其中称赞道："视此翰哥，如山比蚊，彼生而珍，此没而闻，遥遥西极，洸洸忠魂。"③

尽管明廷嘉许葡兵的武艺，但由于出现此重大事故，明廷内的保守派官员趁机上疏要求将葡兵遣回澳门。当时李之藻被免职，葡兵缺乏政治保护，因此"随蒙兵部题请，复蒙恩护送南还。咨文称：'各夷矢心报国，一腔赤胆朝天，艺必献精，法求尽效，激烈之气可嘉，但寒暑之气不相调，燕粤之俗不相习，不堪久居于此，应令南归，是亦柔远之道也。'给札优异，复与脚力回吞。"④

此批葡兵返澳后，葡萄牙国内曾出现再派兵援明的声音。"据1625年3月29日《季风书》，帕雷德斯上尉呼吁葡萄牙人参加到对抗鞑靼人的战争中去，并希望在葡萄牙势力范围之外的孟加拉的由三千名葡萄牙人组成的军队来帮助中国皇帝。根据中国皇帝的要求，组建一支小桅帆船舰队，能够到达澳门，并用于对付鞑靼人。上尉还写了组织舰队的方式。"⑤ 帕雷德斯上尉还建议西班牙国王费利佩四世（即葡萄牙的费利佩三世）颁布敕令，正式宣布援明抗金。然而，帕雷德斯上尉的建议并未得到回应。

① 《明实录·熹宗悊皇帝实录》卷三三，天启三年四月乙酉，第1729页。
② 《明实录·熹宗悊皇帝实录》卷三七，天启三年八月甲申，第1926页。
③ 何乔远《钦恤忠顺西洋报效若翰哥里亚墓碑》，《镜山全集》卷六六，崇祯十四年序刊本，日本内阁文库藏，第21～22页。
④ 《报效始末疏》，韩霖编《守圉全书》卷三之一，第89页。
⑤ ANTT/Livros das monções, liv. 21, fl. 153, 转引自汤开建《天朝异化之角：16～19世纪西洋文明在澳门》，暨南大学出版社，2016，第439页。

三 艰苦跋涉数月，葡兵再抵京师

天启六年（1626）正月，宁前道袁崇焕率一万名明军于辽东宁远城利用西洋大炮击退金国主努尔哈赤及其所部五万余骑，前方捷报传来，举国一片欢腾。不久后，见识到西洋大炮威力的明廷决定再命澳门遣兵携炮入援。崇祯元年（1628）七月二十三日，两广总督王尊德与其前任李逢节奉旨赴澳门招募葡兵。《报效始末疏》亦载："兹崇祯元年七月内，蒙两广军门李逢节奉旨牌行该岙，取铳取人，举岙感念天恩，欢欣图报，不遑内顾。"①澳门方面愿"不遑内顾"而派兵助战，是因为"将来从广东人那了〔里〕购买东西时，应该能够得到响〔相〕应的庇护，而不再受各种刁难或被吞没礼金的遭遇"。②

崇祯二年（1629）二月，澳门"谨选大铜铳三门，大铁铳七门，并鹰嘴护铳三十门；统领一员公沙·的西劳，铳师四名伯多禄·金苔等，副铳师二名结利窝里等，先曾报效到京通官一名西满·故未略，通事一名屋腊所·罗列弟，匠师四名若盎·的西略等，驾铳手十五名门会鼠等，傔伴三名几利梭黄等。及掌教陆若汉一员，系该岙潜修之士，颇通汉法，诸凡宣谕，悉与有功。遵依院道面谕，多等敦请管束训迪前项员役，一并到广，验实起送。复蒙两广军门王尊德遣参将高应登解铳，守备张鹏翼护送，前来报效"。③韩云亦称此葡兵队伍"有耶稣会士陆若汉及统领公沙等率铳师三十余人，大铳十位，鹰嘴护铳三十门"。④

关于此批葡兵的具体人员，文德泉神父记为："贡萨尔维斯·特谢拉·科雷亚（即公沙·的西劳），他是指挥官。四个炮手：佩德罗·德·金塔尔（即伯多禄·金苔）、佩德罗·平托、弗朗西斯科·阿拉曼亚（即拂朗·亚兰达）和弗朗西斯科·科雷亚；翻译西芒·科埃略（即瞿西满）和奥拉·内雷特（即屋腊所·罗列弟）；这支队伍还有一位神父若奥·罗德里格斯

---

① 《报效始末疏》，韩霖编《守圉全书》卷三之一，第 90 页。
② 转引自汤开建《委黎多〈报效始末疏〉笺正》，第 174 页。
③ 《报效始末疏》，韩霖编《守圉全书》卷三之一，第 91 页。
④ 《战守惟西洋火器第一议》，韩霖编《守圉全书》卷三之一，第 107 页。

（即陆若汉），一位耶稣会巡视员安德雷·帕尔眉拉（即班安德）。"① 崇祯五年，明廷追赠登州之役阵亡葡兵官衔时，尚列出数个不见于上引名单中的名字，可知文德泉此名单并不完整。

将《报效始末疏》与文德泉所列名单比对，可知其统领均为公沙，炮手（铳师）亦均为以伯多禄·金荅（佩德罗·德·金塔尔）为首的四人，但《报效始末疏》中并未提及耶稣会巡视员班安德，而文德泉的名单中也缺少副铳师结利窝里等人。

就此批葡兵的具体情况，有必要进行辨析。

关于葡兵统领公沙·的西劳，其名于 1623 年出现在澳门的法律文件中，据信那时他 39 岁。② 因此公沙应为 1584 年出生，他自己也称"自日本国航海偕妻孥住澳已二十余载"。③ 公沙被选为葡兵指挥官，是因他"不仅是位有才能的军人，而且由于多次去广东出差且有长时间的滞留，深知中国人心理"。④ 可见他对中国的情况非常熟悉，故较适合率葡兵深入内地，并处理与明廷交往及教练明军等事宜。

关于随军的神职人员。除耶稣会士葡萄牙人陆若汉（João Rodrigues）外，美国历史学家利亚姆·布罗基认为，两位耶稣会士班安德和多明格斯·门德斯在陆若汉的协助下，跟随这支葡兵一同进入内地，并在广东南雄与大部队分开，前去巡视内地各处耶稣会的发展情况。⑤ 而文德泉在《17 世纪的澳门》一书中则只提到了班安德，并未提及门德斯。身处这支队伍中的西满·故未略则记载："耶稣会巡按使班安德以及两位中国籍修士，亦跟随队伍至内地巡访。由于耶稣会士对澳门事务多有了解，故澳门议事会希望教会方面积极参与其中，并且赋予队伍中两位耶稣会士相当大的权力。"⑥ 因故未略为此事件亲历者，故其记载应较为准确。

关于随军翻译。汤开建先生在《委黎多〈报效始末疏〉笺正》一书中

---

① 〔葡〕文德泉：《17 世纪的澳门》，转引自汤开建《委黎多〈报效始末疏〉笺正》，第178 页。

② Archivo Documental Espanol Publicado Por la Real Academia de la Historia Tomo Xx El Archivo Del Japon，Madrid：Royal Academy of History，1964，p. 366.

③ 韩琦、吴旻校注《熙朝崇正集熙朝定案（外三种）》，中华书局，2006，第 15 页。

④ 汤开建：《委黎多〈报效始末疏〉笺正》，第 174 页。

⑤ Liam Matthew Brockey，*The Visitor：André Palmeiro and the Jesuits in Asia*，Cambridge：Harvard University Press，2014，p. 219.

⑥ 参见董少新、黄一农《崇祯年间招募葡兵新考》，《历史研究》2009 年第 5 期。

指出，"先曾报效到京通官一名西满·故未略"即为耶稣会士瞿西满。然而费赖之称，1624年瞿西满"一到澳门就被留在那里负责布道工作。……1629年他被调入中国内地，由艾儒略神父领导，在福建地区传教"。[①] 若费赖之的记载准确无误，则可知瞿西满于1624年始达澳门，1629年才进入内地，因此他不可能曾"报效到京"。

其余人员中，副统领鲁未略之名未见于《报效始末疏》，但见于韩霖编《守圉全书》其他内容："本澳公举公沙及伯多禄、金苔、鲁未略四人，并工匠、傔伴等三十二人。"[②] 据此句的句式分析，其意应为这支队伍是由公沙等四人再加上工匠、傔伴等三十二人所组成，即总人数应为三十六人，较《报效始末疏》所载多出四人。笔者推测，这多出的四人即为《报效始末疏》所漏记的鲁未略、耶稣会巡按使班安德以及两名中国籍修士。疑因当时明廷对天主教尚较为排斥，澳门葡人或为掩人耳目而在名单中隐去了耶稣会巡按使等人。

另，米歇尔·库珀曾根据陆若汉写于崇祯三年五月的一封信件得出，"此队伍中真正的葡人只有7名（含自己），其余则是黑人、印度人或混血儿"。[③] 而根据加拿大汉学家卜正民的著作，此队伍中有二十二名印度人和非洲人。[④]

笔者综合多种文献分析，得出这批葡兵应为：统领一员、副统领一员、掌教一员、铳师四员、副铳师二员、通官一员、通事一员、匠师四员、驾铳手十五员、傔伴三员，再加上故未略所提及的班安德等三名耶稣会士，共计三十六人。三名耶稣会士离队后，实际上前往北京的葡兵共三十三名。三十六人中，真正的葡萄牙人为级别较高的统领公沙、副统领鲁未略、掌教陆若汉、耶稣会巡按使班安德、铳师伯多禄·金苔等四人、副铳师结利窝里等二人及通官故未略，共计十一人。除去通事屋腊所·罗列弟"是在澳门成家的泉州人，也是一名天主教徒"，[⑤] 以及两名中国籍修士外，余下级别较低诸人，包括匠师若益·的西略等四人、驾铳手门会鼠等十五人及傔伴几利梭

---

① 〔法〕费赖之:《明清间在华耶稣会士列传（1552～1773）》，梅乘骐、梅乘骏译，天主教上海教区光启社，1995，第224页。

② 韩霖编《守圉全书》卷三之一，第94页。

③ 参见董少新、黄一农《崇祯年间招募葡兵新考》，《历史研究》2009年第5期。

④ Timothy Brook, *Vermeer's Hat: The Seventeenth Century and the Dawn of the Global World*, New York: Bloomsbury Press, 2008, p. 103.

⑤ 董少新、黄一农:《崇祯年间招募葡兵新考》，《历史研究》2009年第5期。

黄等三人，推测其为印度人或非洲人或混血儿。

葡兵因是奉圣旨北上助战，故在沿途受到了明朝官员的盛情接待，但因大炮沉重，其行军速度非常缓慢。崇祯二年十月，己巳之变爆发，金国主皇太极率军进犯直隶等处，京师戒严。此时葡兵仅行至山东济宁，但得知直隶遵化等处已失陷后，遂舍舟从陆，昼夜兼程，驰援京师。事后，陆若汉和公沙联名上奏《贡铳效忠疏》道："臣等从崇祯元年九月上广，承认献铳修车，从崇祯二年二月广省河下进发，一路勤劳，艰辛万状，不敢备陈。直至十月初二日，始至济宁州，哄传虏兵围遵化，兵部勘合奉旨催趱，方得就陆，昼夜兼程，十一月二十三日至涿州。闻虏薄都城，暂留本州制药铸弹。二十六日，知州陆燧传旨邸报：'奉圣旨西铳选发兵将护运前来，仍侦探的确，相度进止，尔部万分加慎，不得辣忽。钦此。'"[1]韩云也称："迨奉严旨督取，舍舟遵陆，至琉璃河，良乡已破，进无所据，再转涿州，用以城守。声如震雷，虏啮指不敢南下。"[2]己巳之变爆发后，直隶地区敌情紧急，明廷严旨警示葡兵应万分谨慎，可见其颇受朝廷重视。

关于葡兵在涿州的具体表现，《贡铳效忠疏》中称："十二月初一日，众至琉璃河，警报良乡已破，退回涿州。回车急拽，轮辐损坏，大铳几至不保。于时州城内外，士民咸思窜逃南方。知州陆燧、旧辅冯铨一力担当，将大铳分布城上。臣汉、臣公沙亲率铳师伯多禄·金苔等造药铸弹，修车城上，演放大铳。昼夜防御，人心稍安。奴虏闻之，离涿二十里，不敢南下。咸称大铳得力，臣等何敢居功。兹奉圣旨议留大铳四位保涿，速催大铳六位进保京城。"[3]且不论后金军未攻涿州是无意攻取还是畏惧大炮，陆若汉与公沙在奏疏中强调此事，是寄望于崇祯皇帝能因此嘉奖葡兵的忠诚与勇武。

崇祯三年（1630）正月初三，经过长时间的艰苦跋涉，葡兵终于抵达京师，"1630年2月14日，葡萄牙人在的西劳带领下意气风发地进入北京城……数日后，徐（光启）将一行人带领到附近的村子，提出希望进行火枪的实战演习。葡萄牙人一行就瞄准了200步的靶子发射，五、六发全都命

① 《贡铳效忠疏》，韩霖编《守圉全书》卷三之一，第91~92页。
② 《战守惟西洋火器第一议》，韩霖编《守圉全书》卷三之一，第107页。
③ 《贡铳效忠疏》，韩霖编《守圉全书》卷三之一，第92页。

中，所以旁边站着的人都很满意。徐（光启）很感激他们，请求他们向精选出来的一万士兵传授这种武器的使用方法。葡萄牙人制定了大量生产火药的方法"。①《崇祯长编》也称："帝以澳夷陆若汉等远道输诚，施射火器，借扬威武，鼓励宜加，命有司赐以银币。"② 明廷决定每年支付公沙一百五十两的薪水，外加十五两额外花费。其余人员则年俸一百两，每月另支十两伙食费。"仍命将大铳安置都城要害，并令在都教练。"③

四　驻扎登州练兵，守城力战捐躯

葡兵抵京后，徐光启意识到当时在京葡兵仍太少，而待练明军又太多，故提议应招募更多葡兵。陆若汉与公沙亦认为原练兵计划所需周期太长，故于崇祯三年四月初七日上疏建议："敢请容汉等悉留统领以下人员，教演制造，保护神京。止令汉偕通官一员，傔伴二名，董以一二文臣，前往广东濠镜澳，遴选铳师艺士常与红毛对敌者二百名，傔伴二百名，统以总管，分以队伍，令彼自带堪用护铳、盔甲、枪刀、牌盾、火枪、火标诸色器械，星夜前来。往返不过四阅月，可抵京都。缘澳中火器日与红毛火器相斗，是以讲究愈精，人器俱习，不须制造器械及教演进止之烦。……愿为先驱，不过数月可以廓清畿甸，不过二年可以恢复全辽。……今幸中外军士知西洋火器之精，渐肯依傍立脚。倘用汉等所致三百人前进，便可相藉成功。"④ 葡文档案中亦有此事之记载，其称陆若汉与公沙"建议皇帝从澳门调葡兵以协助将入侵之鞑靼人驱逐出帝国境内。公沙·的西劳将军自告奋勇，以最快的速度前往澳门搬兵"。⑤

四月二十六日，徐光启奏遣中书姜云龙与掌教陆若汉及通官西满·故未略等"前往广东省香山澳置办火器，及取差炮西洋人赴京应用"。⑥ 葡文档案亦称："诏谕广东军门、地方官员，依照此奏疏，即刻招集人马，提供一切必须物资，伴送远人来京。队伍所经各地，地方官员务必即刻接替伴送人

① 汤开建：《委黎多〈报效始末疏〉笺正》，第184~185页。
② 汪楫：《崇祯长编》卷三〇，崇祯三年正月甲申，台北："中研院"历史语言研究所，1967，第1636页。
③ 《战守惟西洋火器第一议》，韩霖编《守圉全书》卷三之一，第107页。
④ 徐光启：《闻风愤激直献刍荛疏》，《徐光启集》卷六，第299页。
⑤ 董少新先生自葡文原档翻译，转引自汤开建《委黎多〈报效始末疏〉笺正》，第187页。
⑥ 汪楫：《崇祯长编》卷三三，崇祯三年四月乙亥，第1956页。

员，继续护送远人，以便远人星夜火速进京，不得有误"；[1] "皇帝高度评价了葡萄牙人保卫帝国的忠诚和热心，且对使用来此的少量葡萄牙武装这一经验十分满意。皇帝派遣一使臣前往广州和澳门，与其同往的有耶稣会陆若汉神父。皇帝对陆神父的多次热诚效忠感到非常满意，故派他一同前往广州和澳门，以便在短时间内与救兵一起返回"。[2]

明廷在遣人赴澳招募新一批葡兵的同时，同年六月二十四日，"升孙元化为右金都御史巡抚登莱东江等处"。[3] 随后公沙等葡兵被划归孙元化指挥。至崇祯三年十一月，登莱地区已有八千人的兵力，"登抚孙元化职任恢复，更定营制，有众八千，合以海外三万有余，隐然可成一军"。[4] 当时因葡兵驻扎于此，故登莱地区成了明军精锐火器营的训练场。

崇祯四年（1631）三月，后金遣一万两千人进攻皮岛，赞画副总兵张焘率大小战船百余艘迎战。张焘非常信任葡兵，他尝称"西洋一士可当胜兵千人"，"向恃为常胜不败者"。[5] 葡兵亦未辜负张焘的信任，张焘呈报称，"于十七日职令西人统领公沙的西劳等，用辽船架西洋神炮，冲其正面；令各官兵尽以三眼鸟枪，骑驾三板唬船，四面攻打，而西人以西炮打□□□筑墙。计用神器十九次，约打死贼六七百……神炮诸发，房阵披靡，死伤甚众"。[6]

据方志远整理欧阳琛之《明末购募西炮葡兵始末考》一文，此为援明葡兵直接对后金作战之仅见记载。另，在阅读奉教人士所著文献时，应对其所言持谨慎态度，因其或为天主教利益考虑而故意夸大或隐去某些史实。如上文所述海战未见于《崇祯长编》《国榷》《满文老档》等重要文献，故其战果之真实性亦有待甄别。

陆若汉等人抵达澳门后招募了大量葡兵，关于此批葡兵之具体人数，韩云、曾德昭、米歇尔·库珀等人均提出不同看法，但综合各种文献，此批葡兵应为三百人左右，其指挥官为佩德罗·科代罗（Pedro Cordeiro）和安东

---

[1] 董少新先生自葡文原档翻译，转引自汤开建《委黎多〈报效始末疏〉笺正》，第187页。

[2] 董少新先生自葡文原档翻译，转引自汤开建《委黎多〈报效始末疏〉笺正》，第188页。

[3] 汪楫：《崇祯长编》卷三五，崇祯三年六月壬申，第2129页。

[4] 汪楫：《崇祯长编》卷四〇，崇祯三年十一月丁丑，第2391页。

[5] 中国第一历史档案馆、辽宁省档案馆编《中国明朝档案总汇》第12册，广西师范大学出版社，2001，第87页。

[6] 中央研究院历史语言研究所编《兵部题行稿》（崇祯四年八月），《明清史料》乙编第1本，商务印书馆，1936，第64页。

尼奥·罗德里格斯（Antonio Rodríguez）。北上后，"他们到达任何一个城市，都得到地方长官的接见，并都得到供应，如鸡、牛肉、水果、酒、米等等。……但是这些人在游览城市后就返回去了。没有起到任何作用，不过给中国人带来很大花费和巨大损失"。①

此批葡兵为何草草返回澳门？《崇祯长编》称其为奉旨回澳，"先是若汉奉命招募澳夷精艺铳师傔伴三百人，费饷四万两，募成一旅，前至江西，奉旨停取回澳"。② 库珀则认为，"这时候中国方面开始讨厌外人部队踏上中国的领土，所以远征军被迫在南昌停了下来"。③

事实上，花费重金所募之葡兵被迫返澳，是因明廷内以卢兆龙为代表的部分广东官员与徐光启等人爆发了激烈论战，其否认明廷需要葡萄牙的支援，且怀疑"夫此三百人者，以之助顺则不足，以之酿乱则有余"。④

然而，历代史家大都认为，防止自身经济利益受损才是广东官员对葡兵展开攻击的真正原因。

时人曾德昭就认为，"（广东官员）感到葡人这次进入中国，肯定可取得成效，他们将轻易得到进入中国的特许，并进行贸易，售卖自己的货物，从而损害这些中国人的利益"。⑤ 徐萨斯称，"广州的商人担心葡人可能最终获得在内地的贸易特权，从而积聚大量的利润"。⑥ 博克瑟也说广东官员担心"明帝会授予葡萄牙人长期向往的特权以示报答，让他们在沿海其他地方和中国内地进行贸易。这样，广州将会丧失宝贵的垄断权，广州官员也将失去可进行榨取的宝贵财源"。⑦ 库珀亦称，"一直独占葡萄牙市场大把赚钱的广东商人担心外人部队一旦进入中国境内，立即就会开辟一条中国各地与澳门之间的直接通商渠道"。⑧

因广东官员的阻挠，新募之葡兵最终被迫返回澳门，而一直驻扎在登莱的葡兵则受到了叛军的重创。

---

① 〔葡〕曾德昭：《大中国志》，何高济译，上海古籍出版社，1998，第125~126页。
② 汪楫：《崇祯长编》卷四四，崇祯四年三月己卯，第2619页。
③ 汤开建：《委黎多〈报效始末疏〉笺正》，第192页。
④ 汪楫：《崇祯长编》卷三四，崇祯三年五月丙午，第2044页。
⑤ 〔葡〕曾德昭：《大中国志》，第126页。
⑥ 〔葡〕徐萨斯：《历史上的澳门》，第51页。
⑦ 〔英〕博克瑟：《葡萄牙人军事远征援助明朝对抗满洲人，1621~1647》，《天下月刊》第7期，1938年。
⑧ 汤开建：《委黎多〈报效始末疏〉笺正》，第196页。

　　崇祯四年，后金国主皇太极进攻辽东大凌河城，登莱巡抚孙元化急调孔有德率军支援。孔有德部辽丁素与山东人不和，行至吴桥时因琐事与当地乡绅爆发冲突，孔有德索性率部造反，连陷数城，最终借助内应占领了登州。登州城破之时，守城葡兵伤亡惨重，公沙等十二人阵亡，另有十五人受伤。

　　关于葡兵在此役中的具体遭遇，韩云称："公沙等在京者，后为登抚调用，麻线馆之捷，击死奴酋七百余人，其详具《公沙行程自纪》中。不意值孔有德之乱，公沙等复登陴奋击，以图报万一，而身已先陨矣。城陷之日，三十余人，死者过半。"① 公沙等葡兵奋勇作战，但"在极短时期中，的西劳因立于城上，一手执灯，一手向叛兵发炮。某叛兵遂向执灯之目标放箭，箭中心胸，遂在士兵前倒地。不幸箭已穿透胸部，次日身死"。② 库珀也称："明军与葡萄牙人在1个月时间内都在要塞处进行了顽强的抵抗……但是从城墙上想丢手弹下去的公沙·的西劳却不幸中箭，第二天死亡。还有2名葡萄牙士兵也战死了……陆若汉和其他大约12人考虑到继续抵抗也是浪费……随后，陆若汉冒着严冬和战士一起迅速回到北京。"③

　　登州之役中，城内葡兵共有十二人阵亡，另有十五人重伤。其统领公沙经兵部尚书熊明遇疏请追赠为参将，副统领鲁未略赠游击，铳师拂朗·亚兰达赠守备，傔伴九名方斯谷、额弘略、恭撒录、安尼、阿弥额尔、萨琮、安多、兀若望、伯多禄各赠把总，每名并给其家属抚恤银十两，令陆若汉送回澳门，并请陆若汉再请数十人入京教铳。④

　　另，《报效始末疏》中的出征葡兵姓名、职务与登州之变后追赠者姓名、职务不相符。上文对葡兵具体名单已有分析，《报效始末疏》中记载傔伴仅有几利梭黄等三名，而明廷却将九名"傔伴"追赠为把总，疑明廷未将级别较低的匠师、驾铳手及傔伴甄别清楚，从而一律以"傔伴"之名追赠官衔。

　　公沙等葡兵殉职后，韩云曾建议："今兹公沙等忠义昭灼，愤激捐生，至流矢集躯，犹拔箭击贼而死。孰谓非我族类，其心必异哉！……为恢辽之计，诚望购募澳夷数百人，佐以黑奴，令其不经内地，载铳浮海，分觅各

----

① 《战守惟西洋火器第一议》，韩霖编《守圉全书》卷三之一，第108页。
② 方豪：《明末西洋火器流入我国之史料：复欧阳伯瑜（琛）先生论满洲西洋火器之由来及葡兵援明事（附来书）》，《东方杂志》第40卷第1期，1944年。
③ 汤开建：《委黎多〈报效始末疏〉笺正》，第200页。
④ 汪楫：《崇祯长编》卷五八，崇祯五年四月丙子，第3356页。

岛，俾之相机进剿。"① 然此后明廷仅在崇祯十六年令"澳门提供一门大铁炮和一名炮手来防卫广州，以对付可怕的造反者李自成发动预期的进攻。同时出于同一目的，还送另外三名炮手至南京"。② 但崇祯十七年三月，京师即为闯军所破。

结　语

回顾天启、崇祯年间明廷招募葡兵的历程，可见明朝原希望借葡萄牙之力御敌，然而自孔有德叛军渡海降金后，后金在获得大量西洋火器的基础上更得到了曾受葡兵直接训练的火器手，故后金军事技术取得了突破性进展，明朝原本在技术上拥有的微弱优势亦荡然无存。

然而需要思考的是，17世纪葡萄牙人的军事技术是否果真强大到足以左右明清战争之胜负？答案恐怕是否定的。

首先，当时葡军的战斗力较曼努埃尔一世时代已大大下滑，"除了在战场上狂吼'圣地亚哥与我们同在！'以外，他们不讲究战术。在近代欧洲，他们是最后一个进行战术、训练和军备改革的国家……在17世纪初，葡萄牙人的船只很少更新大炮等作战设备，他们的船只上堆满了用来赚钱的货物；两军对垒时，葡萄牙的士兵还迷恋于中世纪时的肉搏战"。③ 当时的葡萄牙帝国风雨飘摇，其军队早已不复百年前的神勇。

其次，明军是自永乐年间创设神机营以来，有二百余年传统的老牌火器军队。尽管在17世纪初，明军所使用的各式火器已逐渐落伍，西洋大炮较之明军原有各式火器的确威力更大，然其终究是17世纪的武器，并不似今日之核弹具备毁灭性的杀伤力，故其无法使明军的战斗力爆发式提高。因此，笔者认为，葡兵及其西洋大炮对明军更多是起到精神上的鼓舞作用，因为自抚顺失守直至宁远大捷前，明军无论守城还是野战均难取一胜，官兵对其原有各式火器已失去信心，而新引入的西洋大炮则可在一定程度上稳固军心并使其敢于与后金军作战，不致轻易溃败。

---

① 《战守惟西洋火器第一议》，韩霖编《守圉全书》卷三之一，第108~110页。
② 〔英〕博克瑟：《葡萄牙人军事远征援助明朝对抗满洲人，1621~1647》，《天下月刊》第7期，1938年。
③ 顾卫民：《葡萄牙海洋帝国史（1415~1825）》，上海社会科学院出版社，2018，第295~296页。

　　然而，明廷奉教官员与葡兵苦心为明军编练精锐新军，其成果却完全为敌人所得，降金诸人日后亦多成为清军入关屠戮中原之干将，再联想到永历年间如李成栋、金声桓等将领，为清军作战时便连战连捷，而归明后未经数月便败死。纵观明朝崩溃的整个历史，其曾有无数次机会可以挽救危亡，然而无论是优秀将领还是先进武器，在明朝手中总是无法尽其所能，待改换门庭后却又势不可当，这正如天启六年二月山西道御史高弘图所言，"无不可守之城池，而但无肯守之人与夫必守之心！"①

　　另外，时任两广总督王尊德在崇祯三年二月的一封奏疏中所提及的现象亦值得思考。当时为协助京师御敌，广东官府曾借用葡萄牙人的大炮并进行仿制，随后"谨选其重二千七百斤者十具，所须圆弹三十枚，连弹三十枚，各重六斤石弹十枚。重二千斤者四十具，所须圆弹三十枚，连弹三十枚，各重四斤石弹十枚。又仿澳夷式，制造斑鸠铁铳三百具，一并解进，以为备御之用。并言大铳十具先行，至今未达，实由沿途驿递以广东私事，不允应付，更乞天语叮咛"。② 其时京师被围，举国汹汹，广东官府紧急铸炮并欲运往北京助战，却被沿途驿递以"广东私事"为由拖延不办。可见明朝已人心涣散，许多官僚只论敌我派系，无视国家之忧。此种精神层面之崩溃，实非区区数十名葡萄牙雇佣兵及若干西洋大炮所能拯救。

　　　　　　　　　　　　　　　　　　　（执行编辑：申斌）

---

① 《明实录·熹宗悊皇帝实录》卷六八，天启六年二月丁丑，第3225页。
② 汪楫：《崇祯长编》卷三一，崇祯三年二月庚申，第1741页。

《广东宁登洋往高州山形水势》
与明清时期闽人来高雷[*]

陈国威[**]

摘　要：《广东宁登洋往高州山形水势》是清代早期航海文献《指南正法》一则针路，此针路连同另一则针路为我们揭示了当时闽商通过海路到达地处中国南疆的粤西地区。航路的开辟为粤西的城镇化发展提供了便利，闽人也为之留下印记。梳理针路航线上站点的历史，对明晰明清时期高雷商路具有一定的史料意义。

关键词：《指南正法》　针路　粤西　商路

粤西主要是指广东省西部地区，包括现在湛江、茂名、阳江三个地级市的区域。在宋元之前，由于地处偏僻的南疆地带，虽然曾有海上丝绸之路始发港的辉煌，但区域经济一直都属于农耕文化的范围。在唐宋时期，更成为贬官的流放之地。明清时期，随着海洋文化的全面发展，尤其是潮闽商人海上活动的扩展，粤西地区也逐渐成为潮闽商人开展贸易的目标。潮闽商人的到来，一方面繁荣了当地的经济，另一方面也充实了当地人口，为后来粤西地区城镇化的发展奠定了人口基础。《指南正法》作为当时的航海指南手册，为我们留下了文献史料。

---

* 本文系广东省湛江市哲学社会科学规划项目（一般项目）"明清时期中外古海图中雷州半岛研究"（ZJ22YB78）阶段性成果。

** 陈国威，岭南师范学院岭南文化研究院、岭南师范学院粤西濒危文化研究协同创新中心副教授。

一　《指南正法》的粤西针路记载及作者概况

《指南正法》中有一篇《广东宁登洋往高州山形水势》，记载的是外伶仃洋的赤安庙，"面前有罗仆屿一个，内外俱可过舡，须防有网，直出宁丁洋去高州在此放洋"。下一站是弓鞋，过了此航点，沿着海上航路向东南方向前进，然后是东姜、鲁万山与乌猪山。之后进入南海上的粤西区域：阳江大澳、铜钱湾、龙头（莲头）、双牛、放鸡山。放鸡山，"可寄北风，候好风入高州港。西北去水东港，港内好逃台。收入在北边有沉礁可防，舡抛港口，候水涨顺风而进，入港俱是沙坛头，头起沙嵩，北边入（，）妙也"，过了放鸡山不远，就到了半棚山，"山脚有沉礁，舡不可近"。半棚山下一站就是限门，"港口甚浅，舡若进口，须候水有七八分可进港。进港之时须看塔，塔上有妈祖宫……入纸寮，妙也"。最后到达白鸽门。"限门港口对山头外过直落是白鸽门，北面是沙坛。一舡使塔海头山北边入港。港内东边是广州澳，西边是海头澳。"[1] 学者向达对《广东宁登洋往高州山形水势》航海针路所载做过一些简略的注释。如"弓鞋"，向达先生认为"即弓鞋山，在外伶仃西南"。阳江大澳，向达先生注曰"今北津港"。龙头，向达先生认为，"疑即海国闻见录图上之莲头"。

根据文献记载，《广东宁登洋往高州山形水势》上一篇是《北太武往广东山形水势》，此针路的第一个站点是料罗，然后是角屿门、金山澳、金门、烈屿与大担、小担；"大担、小担二岛在厦门南"，现在称为大担、二担。大担、小担过后，就是曾家澳、浯屿、镇海、大景、陆鳌、洲门、杏里、古雷、苏尖、铜山、宫仔前、玄钟，这些站点几乎都是福建的航路，如玄钟，在漳州诏安湾南半岛上，"明于此置玄钟水寨……清犹存悬钟砦之名"。而另一幅海图也将诏安作为闽粤海防重点提示："南澳东悬海外，捍卫漳之诏安，湘之黄冈澄海，乃闽粤海洋适中之要区。又系全粤东蔽地。周一百余里，中分四澳，东折为青澳，险恶泊舟患之。西折为深澳，可容千

---

[1]　向达校注《两种海道针经》，中华书局，1982，第 158～160 页。以下引用该书而没有特殊说明者，皆为此页数范围。

艘，隆澳其门户也。"① 玄钟接下来是鸡母丘，"内有屿一个，出入在屿东，过近有沙峏，内是樵林，下是马头山、东石澳、黄冈等处"。樵林就是柘林，自此以下已入广东境内。"柘林乃南粤海道门户，据三路之上游，番舶自福趋广，悉由此入。……无柘林是无水寨也，无水寨是无惠、潮也。为今之计，东路官军每秋掣班，必以柘林为堡，慎固要津。"② 鸡母丘之后是南澳，"澳内好抛舡，水退无水，下澳是后宅，好抛舡"。南澳之后为表头、赤澳、神前澳、甲子、田尾、白沙湖、樵浪头、龟龙菜屿、大星、登梁大山、福建头、樑头门、赤安庙、虎跳门，最后到达北寮。据向达先生考察，针路的开始，如料罗，"所纪各地名俱在金门及其附近"。③ 最后到达珠三角大鹏湾一带。故这条针路记载的就是从福建到广东珠三角的航路。《北太武往广东山形水势》针路接上《广东宁登洋往高州山形水势》针路，实际也就是从福建到粤西的针路。

《指南正法》是清初的一种针经簿，作者佚名，是向达先生从牛津大学鲍德里氏图书馆发现的旧抄本。但根据相关学者的考证，"关于此书的完成年代，涉及闽台部分出现'王城'（1624）、'思明'（1655）、'东都'（1661），另有'大明'、'大清'等字样，说明该书成于明末清初的政权易手之际"。陈佳荣先生提出"是书完成于康熙二十六年（1687）左右"。据《指南正法》序文大同，认为序文中的"乃漳郡波吴氏，氏寓澳，择日闲暇，稽考较正"，揭示出是书为漳郡吴朴所作。"《顺风相送》《指南正法》均祖承《渡海方程》，三书一脉相承。"④ 康熙十六年（1677）秦炯纂修的《诏安县志》卷一一《人物志》有吴朴的小传："吴朴，字子华，初名雹。貌不扬，而博洽群书。于天文、方域、黄石、阴符之秘，无不条析缕解。不修边幅，人以狂士目之。时有督学欲为死义陈教授立碑，莫详金陵之人为何日。雹上其事，以此补邑诸生，更名朴。嘉靖中林希元从征安南，辟参军事。机宜多出其谋。安南平，朴功竟弗录。归以他事下狱，著书自见，《龙飞纪略》乃成之狱中者。又有《皇明大事记》、《医齿问难》、《渡

---

① 见《七省沿海全图》，日本早稻田大学图书馆藏。此图作者不明，封面有"广顺但明伦题"字样，学者多认为最初于清道光年间（1821~1850年）绘制，咸丰七年（1857）至同治十年（1871）经历6次校订。
② 郑若曾：《筹海图编》卷三，李致忠点校，中华书局，2007，第244页。
③ 向达校注《两种海道针经》，第152~158页。
④ 陈佳荣、朱鉴秋编著《渡海方程辑注》，中西书局，2013，第391页。

海方程》、《九边图要》、《东南海外诸夷》，及《复大宁、河套诸计划》，今多散逸。"①

二　《广东宁登洋往高州山形水势》航路上粤西沿线港口考

《广东海防汇览》引《广州府志》曰："高、廉、雷亦逼近安南、占城、暹罗、满刺诸番，岛屿森列，曰莲头港、曰汾洲山，曰两家滩……皆四郡冲险，而白鸽、神电诸隘为要。此防海之西路也。"② 明朝海防专家郑若曾在《筹海图编》卷三中亦谈及："高州东连肇、广，南凭溟渤，神电所辖一带海澳，若连头港、汾州山、两家滩、广州湾，为本府之南翰，兵符重寄，不当托之匪人，以贻保障之羞也。雷州突出海中，三面受敌。其遂溪、湛川、涠州、乐民等四十余隘，固为合卫三道门户。而海安、海康、黑石、清道，并徐闻、锦囊诸隘，所以合防海澳……"③ 这些文献所载与《广东宁登洋往高州山形水势》针路所引大致相同，不难看出，当时许多由潮闽来粤西的高雷商船，大致是沿此航路。

《广东宁登洋往高州山形水势》里标示"阳江大澳"曰："澳口有大礁，生开出入，搭大澳东鼻头入，北边是三鸦港平章头，外是老婆髻二屿也。"向达先生注曰：三鸦港即三丫港，"阳江大澳即今北津港"。民国《阳江志》卷五《山川二》载："大海在北津外，一望无际，南转而东，可由上、下川内外以达广、惠、潮州；南转而西，可由海陵内外以达高、雷、琼州。""由县南双鱼城历海陵山过北津港至海朗城为县之门户。由大澳而东北即新宁县界中有柳渡三洲大金门。上下川俱倭寇停泊处，春汛秋防俱有水师哨守。"④ 而顾炎武《天下郡国利病书》引冒起宗《海朗寨所图说》："第本港内通阳江、阳春等处，商贾辏集，奸宄易生。港中虽设有铳城，城设有铳台三座，港门津要似可资控守。但港外无台可振，势既孤悬，由港门而越铳

---

① 见《中国地方志集成·福建府县志辑》(31)，上海书店出版社，2000，第578页。另光绪三年《漳州府志》卷四九《记遗中》亦有其小传。

② 卢坤、邓廷桢主编《广东海防汇览》卷四《舆地三·险要三》，王宏斌等校点，河北人民出版社，2009，第101页。

③ 郑若曾：《筹海图编》卷三，第245页。

④ 民国《阳江志》卷五《山川二》，台北：成文出版社，1974年影印本，第382页。

城，即北津抚民环居其地。"或许由于阳江是广、潮、闽等地入粤西的重要关口，明朝"万历三年，设海防同知，亦驻阳江。四年，始设北津水寨，改西路巡海参将为阳电海防参将。八年，设北津水寨把总，而阳电海防参将罢"。[①] 而万历四十八年前后海防同知邓士亮在其《心月轩稿》中记录了他当年在阳江打捞"红夷大炮"的景象，似乎还体现了这条粤西商路的广泛性："万历四十八年，有红夷船追赶澳夷船，遭飓风俱沉阳江县海口，夷贼骁悍肆掠，居民惊逃。总督许檄令高肇二府海防及各官查验……（职）会同参将王杨德及守备蔡一申至海上，差通事译夷，多方计诱之解去戈矛，分置村落……搭鹰扬架，捐俸雇募夫匠，设计车绞，阅九十日，除中小铳外，获取大铳三十六门。总督胡将二十余门运解至京。"其后邓士亮还为"红夷大铳"赋诗一首："神物知非偶，相看气自豪。堪容数斗药，何事五营刀。镕冶倾山窟，腾音沸海涛，边城欣有藉，不敢侈功劳。"在这艘沉船里，除了红夷大炮外，还有"西洋布、纳绒、胡椒、磁器等货物，船底深邃，药气昏迷，职令多人垂□而下，搜取货物若干，发广州府库，变价二千余两，时澳夷船尽经抢掠，两海防官尽法力追，不获分厘，职访有首事为奸者，大张告示，献银免罪，未及两旬，相率献银二千两，贮广州府库，共计四千余两"。[②] 对"红夷"来阳江一事，地方志也有记载："（万历四十八年）六月，飓风大作，时澳人为红毛番所劫，有顺风飘泊北寨者，乡民乘势抢掠财物，既而追贼论罪，上下五十余里逃亡殆尽，狱毙、自缢、服毒者甚众。"[③]而根据台湾学者黄一农先生的考析，邓士亮打捞出来的几十门西洋大炮是当时"在阳江触礁之英国东印度公司商船独角兽号上的炮"。[④] 阳江大澳下一航点为"铜钱澳"："屿仔内北边好抛舡，北面有沙辴，出入往东边过，妙也。"铜钱澳到底为何处，向达先生没有标注。查相关海图，如郑若曾《万里海防图》等，皆不见。根据航线方向，北津过后，相继为丰头港、双鱼港等，始到电白境内莲头。根据清道光二年的《阳江县志》卷一《山川》："北津港在城东南三十里，受城西漠江、城东那龙河诸水以达于海。每潮起汹涌而入，

① 《天下郡国利病书》，《顾炎武全集》，顾宏义等校点，上海古籍出版社，2012，第3245、3225页。
② 邓士亮：《心月轩稿》卷一七、卷五，《四库未收书辑刊》第6辑，北京出版社，1997，第26~143、26~70页。
③ 民国《阳江志》卷三七《杂志上》，第1759页。
④ 黄一农：《欧洲沉船与明末传华的西洋大炮》，《"中央研究院"历史语言研究所集刊》第七十五本，2004年9月，第618页。

遇风则其声砰击如雷，下多阴碛，舟楫往来，非老舟师莫辨。"而丰头港"港口有潭深数十丈，名丰头潭，港面辽阔"。故铜钱湾是丰头港的可能性不大，应该是在双鱼港的周围："双鱼港在双鱼城南十余里，受郎官山及白石上洋诸水入海，因名白石港。港外双鱼角尽处再起小山，从左关之其断处可东出。而狭者为石门，其下可南出。而阔者为坭门，故一名石门港。"① 而道光《电白县志》在介绍莲头时也提到沙碛的问题："莲头山，在县南二十里，高八十余丈，二峰并峙海中，若并头莲，然邑之案山也，下有沙碛百丈迤□，而西控扼海门如□……小放鸡山……又傍有汾洲子山。"② 过了铜钱湾，即到龙头。"后开有大碰一库，舡使在徒外过，入澳猵风之时在［徒］内过，澳内有礁仔一个，舡抛在礁仔外，东边是电白港，北边有沙坛，下开有放鸡山"。向达先生认为此处即为莲头。康熙《电白县志》有载："莲头西角为莲头港，港外大洋岛屿，千层烟波，极目水天一色，令人神悚。上达省城，下通雷琼，南连福建醩料，倭夷港外时常经历，是亦险要之门户也。"③ 道光五年《电白县志》卷二○《杂录》载："莲头山在海中，若云气冠顶，即下雨。土谚云，莲头戴帽，风雨立到。"④ 邓钟的《筹海重编》卷一广五图在"莲头港"上面注曰"莲头湾暂泊东北风"；东边旁注曰"蘇丝内水浅，不能泊"；西边注曰"□澳小，可泊西北风"；再往西处标注"电白海口水浅，四边山低，有大飓风不堪湾泊"。⑤ 如此的地理概况，不知是不是明朝嘉靖年间将正德年间迁徙过来的市舶司再次迁回珠三角，但明正德年间，政府能够将与外界开展贸易的窗口——市舶司搬迁到电白，也从另外一个角度说明电白的海上贸易航路比较成熟。莲头似乎是明清时期海防要地："神电所所辖一带海隩，若莲头港汾洲山两家滩广州湾，为本府（按，指高州）之南翰。"⑥ 冒起宗《莲头寨港图说》则提到："莲头港近在电白县城之南，设有铳台三座，战船一十七只，官兵分防信海，东接双鱼，西界限门，二百余里。左哨则山厚港为信，右哨则以赤水港为信，各分领兵船五只，而把总官则领兵船七只，札守莲头三港之中，盖以莲头港门，辽渺无可据也。"⑦

① 道光《阳江县志》卷一《山川》，台北：成文出版社，1974，第112页。
② 道光《电白县志》卷六《山川》，美国哈佛大学图书馆藏。
③ 康熙《电白县志》，岭南美术出版社，2009，第17页。
④ 道光《电白县志》卷二○《杂录》，美国哈佛大学图书馆藏。
⑤ 邓钟：《筹海重编》卷一，《四库全书存目丛书》史部第227册，齐鲁书社，1996，第12页。
⑥ 道光《电白县志》卷七《海防》。
⑦ 《天下郡国利病书》，《顾炎武全集》，第3248页。

龙头之后为双牛，"舡出入在屿外收入港口。舡在北边轿轶澳，舡使直落在屿外过，或猾风在屿内过，须防轿轶脚有礁，落去横枝屿，舡使屿外过为妙"。向达先生没有标注双牛。笔者认为双牛大致在现在博贺港一带。冒起宗在《莲头寨港图说》里说道：（莲头港）"港外海洋，如大小黄埕、鸡山、博贺、青洲，皆环对城南，号海洋之最险者"。① 根据《筹海图编》卷一《广东四》《广东五》图示，不难发现从海陵岛自东往西，相继有海陵山、青聚山、大黄埕、汾洲山、小黄埕、马溪山、放鸡山。② 而邓钟《筹海重编》"广五二卷六"图上，没有大小黄埕标识，在莲头港偏西注曰"□澳小可泊西北风"，不远处的放鸡山下方标注"此处可暂将寄泊船只"。③ 杜臻《粤闽巡视纪略》有载："白蕉之南三里为鸡笼山，滨邻大海，遥对大小放鸡山。南门、博贺两港中分，为海舶必经水道。地势如莲头、博贺，东西鼎峙，四面环海，扼要据险。"④ 而根据清道光所摹绘的明嘉靖年间的海防形势彩绘图《万里海防图》观察，在电白这一大片海域，外海中众山林立，如"中获山""海信山""小获山""□奇山""青聚山"，还有"破礁"存在；唯有在临近海岸有一凹进去的海澳，海面略为开阔。⑤ 双牛后就是放鸡山："可寄北风，候好风入高州港。西北去水东港，港内好逃台。"道光《电白县志》有载："汾洲山，即放鸡山。汾洲又名滘舟，原为李卫公海道湾泊取淡水于此岛之溪泉，故老从而神之。至创为汾洲，得道之语。乃建庙山中以礼神最英灵，海船至此必祷，既祷则放一鸡于山中，以示放生之意。而放鸡之名又起于此。"⑥ 因而有大小放鸡山之说，小放鸡山当指汾洲山，大放鸡山是明清舆图中常见的放鸡山。"莲头其西南为小放鸡山，不可泊船。又西南为大放鸡山，可暂泊大船，浮水中不到岸。"⑦ 似乎从放鸡岛放船即可直达雷州半岛。1702 年前后法国"安菲特里特"号船在第二次远航来华途中，就是在放鸡岛遇到风暴，丢失了桅杆，漂流至南三岛；当时随船牧师顾坦桑（Père Coutencin）描写入港时的情况为："港湾的入口有 10 哩左右的宽度，因此我

---

① 《天下郡国利病书》，《顾炎武全集》，第 3248 页。
② 郑若曾：《筹海图编》卷一，第 1 页。
③ 邓钟：《筹海重编》卷一，《四库全书存目丛书》史部第 227 册，第 12 页。
④ 见卢坤、邓廷桢主编《广东海防汇览》卷四《舆地三·险要三》，第 105 页。另康熙《电白县志》将"滨邻大海"记为"滨临大海"。
⑤ 浙江省测绘与地理信息局编《浙江古旧地图集》（上），中国地图出版社，2011，第 77 页。
⑥ 道光《电白县志》卷二〇《杂录》。
⑦ 道光《电白县志》卷七《海防》。

们可以毫不费力地驶入一片锚地之中……海面如此平静，我们就像是在自己的房间里，丝毫感觉不到晃动，估计只有外面风暴大作时才能感到船身的摇动吧。于是，我们放下桅杆，任凭船只漂泊在海里，大家纷纷靠岸去打猎，餐桌上经常有野猪、鹿、孔雀、松鸡和沙鸡等美味。"后来在租借广州湾时期的 1940 年 11 月，在湛江立起一个纪念碑，碑下方有文字曰："安菲特里特号，隶属皇家中国公司，是第一艘从法国驶往中国海域的舰船。该船全体船员在广州湾滞留时间为从 1701 年 11 月 16 日到 1702 年 5 月 10 日。"在 1932 年法国出版的关于广州湾的地图上甚至标示有"安菲特里特航行路线"。① 而对于牧师所言的孔雀，似乎在以前的岭南地区真的是比较常见。如宋之范成大（1126～1193）《桂海虞衡志·志禽》称，12 世纪末，今广西一带"民或以鹦鹉为鲊，又以孔雀为腊，皆以其易得故也"。② 宋之周去非在《岭外代答·禽兽门·孔雀》中则载："孔雀，世所常见者，中州人得一，则贮之金屋。南方乃腊而食之，物之贱于所产者如此。"③ 过了放鸡山，可到达半棚山："山脚有沉礁，舡不可近。山脚去内是北风澳，澳底有大礁一个，舡寄碇在大礁下候水进港。"半棚山到底是现在何处？不是很清楚。后期海图有载："高郡之电白吴川二县有大小放鸡、硇洲以至海安，均有暗礁、暗沙，非熟谙者不能内行，借以保护。"④ 表明从放鸡山往雷州半岛航行这一片海域，暗沙、礁石颇多。过了半棚山，之后就是限门以及终点站白鸽门。关于限门港，邓钟《筹海重编》注曰："限门港有飞沙，极险，甚难出入大船。"⑤ 冒起宗《限门寨海港图说》载："限门之要害，两屿夹峙，厥口水浅，屈曲如蜓，必俟潮涨，舟始放转数回而后进屿。寨防官兵共四百四十员名，战船一十七只，以八只派守本港，上接莲头，下至限门。港口东西错置铳台四座，内通芷苧、吴川县城以及梅禄墟埠并化州、高州一带。"⑥ 对于白鸽门，杜臻《粤闽巡视纪略》载曰："白鸽门，明设把总一，兵八百四十六名，兵船二十八。自赤水港接北津，历限门、沙头洋至

① 〔法〕伯特兰·马托：《白雅特城：法兰西帝国鸦片销售时代的记忆》，李嘉懿、惠娟译，暨南大学出版社，2016，第 17、145 页。

② 齐治平校补《桂海虞衡志校补》，广西民族出版社，1984，第 16 页。

③ 周去非：《岭外代答》，屠友祥校注，上海远东出版社，1996，第 230 页。

④ 见《七省沿海全图》，日本早稻田大学图书馆藏。

⑤ 邓钟：《筹海重编》卷一，《四库全书存目丛书》史部第 227 册，第 12 页。

⑥ 参见《天下郡国利病书》，《顾炎武全集》，第 3249 页。

海安，所止与涠洲信地相接。"① 而白鸽门有一两家滩，郑若曾在《郑开阳杂著》卷八《海防一览》之"万里海防图"第一幅图中标注曰："蕃舶多在两家滩，乃遂石二县要害，宜严守。"② 顾炎武或记载或引用他人之语曰，石城县两家滩海澳，"在县东南三十里，通大海，贼船多泊于此"，"东南之梁（按，"两"之误）家滩，壤连遂溪商船湾泊"。③

三 限口及附近区域有关福建人的记载

因为《广东宁登洋往高州山形水势》针路最后两航点为限门与白鸽门，我们就来看看两地及其周围有关闽人或者闽商的记载。顾炎武引冒起宗《限门寨海港图说》载："（芷寮）港门离县治仅三十里，每岁三、四月间，闽艚贩籴数百人，如风雨之骤至，人非土著，奸伪易滋，司是港者，塞萌杜渐，视之如敌至可也。"④ 当时吴川县城在吴阳，即现在吴川吴阳镇。吴川人陈舜系是明清之际学者，他在其笔记里记载："闻芷寮初属荒郊。万历间，闽、广商船大集，创铺户百千间，舟岁至数百艘，贩谷米，通洋货，吴川小邑耳，年收税饷万千计，遂为六邑最。"⑤ 光绪《吴川县志》卷二"风俗"条也载："芷寮为海口，市船所集。每岁正月后，福潮商艘咸泊于此（盛志）。近则货船聚于水东、赤墈〔坎〕，而芷寮寂然矣。"卷一〇"杂录"条则载："芷寮，初属荒郊，居民盖草寮。纸于岭头人目之，曰纸寮。万历间闽广商船大集，创铺户百千间，舟岁至数百艘，贩谷米通洋货。吴川小邑耳，年收税饷万千计，遂为六邑最。……及康熙癸卯迁为界外，田地邱墟，人民十死八九。"⑥ 崇祯末年广州府推官颜俊彦根据当时一些官兵无端拘押或杀害住在芷寮和限门的福建人以冒充军功的记载，从另一个角度也佐

---

① 卢坤、邓廷桢主编《广东海防汇览》卷四《舆地三·险要三》，第 111 页。

② 郑若曾：《郑开阳杂著》卷八，《景印文渊阁四库全书》第 584 册，台湾商务印书馆，1983。

③ 《天下郡国利病书》，《顾炎武全集》，第 3181、3250 页。另，关于两家滩详细情况可参考陈国威《明代郑若曾〈万里海防图〉中"两家滩"考析——兼论雷州半岛南海海域十七、十八世纪域外交往史》，《海交史研究》2019 年第 1 期。

④ 《天下郡国利病书》，《顾炎武全集》，第 3249 页。

⑤ 陈舜系：《乱离见闻录》卷上，中国社会科学院历史研究所明史研究室编《明史资料丛刊》第 3 辑，江苏人民出版社，1983，234 页。

⑥ 光绪《吴川县志》卷二"风俗"条、卷一〇"杂录"条，清光绪十四年刊刻本影印，台北：成文出版社，1967，第 50、391 页。

证了当时有不少福建人到芷蓼的概况。"张秀供芷苧街多福建人住，被贼赶到海边，同队长李新、林振胜杀死一不知姓名人，希图报功，则与冯魁、林辉所斩二颗亦可同类而并观者也。……冯魁合行限期严缉。陈进等人，或系妄供，姑免提究。其现解贼犯徐朝芳、杨六、林英，据系旗总谭昇带兵同乡兵赖思聪等擒获，然无赃无仗，止云驾船，系福建人，必系奸细，如是而止耳。"①

当时，不仅是贸易商民从福建来到限门，福建海盗似乎也很熟悉这条航路。刘香是郑成功时期的福建海盗，曾在福建与郑成功集团抢夺地盘，以及为害福建人民。如史载："中国大官一官于1632年12月4日在漳州湾中与海盗刘香遭遇，从早上鏖战到晚上，据中国人传言，在激战中一官一边死亡1000人，刘香一边有2000人丧生，最终一官保住了地盘，刘香溃败南逃。"② 又如顾炎武有记：崇祯"六年，海贼刘香有船千余艘，沿劫诏安、玄钟各处，杀戮无计。本年十月初十夜，刘香驾舡二百余只，泊卸石湾登岸，焚屋三十余间，拥至玄钟北城下，城上射却之"。③ 但在吴川地方志里却有不少刘香抢劫限门的记载。"崇祯御极，兵饷日增……是时九边震动，草寇蜂生，吴川则闽寇李魁奇、刘香老等各二三百艘，年第三四月间入限门，登岸焚掠"；"壬申崇祯五年……四月刘香老又犯限门……癸酉崇祯六年三月，刘香老又犯限门，掳沿江男女，或赎或杀带去。虽有兵船，而客船皆被官拘挐作连环，贼因风纵火，尽为灰烬"。④ 自1633年后，光绪《吴川县志》记载吴川地区的海盗再也没有出现刘香老的名字，有关海盗姓名有"闽寇郑锦"（康熙年间）、"海贼谢厥扶"（康熙年间）、"海盗谢昌、洗彪"（康熙年间，谢昌为谢厥扶之子）、"海盗谢昌、李积凤"（康熙年间）等。

距离限门不远处，还有一大集镇——梅菉。"吾粤十郡，高与广相距千里而不离疆域，梅菉去高郡仅一百五十余里，均非外省夐远者比。广州会馆曷由而建？……梅菉当雷、廉、琼孔道，吾广人寓居众，□□□□，十居八

①　颜俊彦：《盟水斋存牍》，中国政法大学法律古籍整理研究所整理标点，中国政法大学出版社，2002，第261~262页。

②　程绍纲译注《荷兰人在福尔摩莎（1624~1662）》，"布劳沃尔（Hendrick Brouwer），巴达维亚，1633年8月15日"，台北：联经出版事业有限公司，2000，第125页。

③　《天下郡国利病书》，《顾炎武全集》，第3137页。

④　陈舜系：《乱离见闻录》卷上，第235~236页；另注，光绪《吴川县志》据盛志记为"七年甲戌春三月海寇刘香老复犯限门"，似有误。

九，使不有会集之所，居者无与言欢，行者无以节劳，众咸曰非便。"① 晚清《梅菉志》也载："梅菉墟，在茂名县西南，接吴川县界，为雷琼通衢，商旅极盛。"而梅菉的兴起大致在明朝："梅菉墟，岭西一大都会也，考长寿寺碑记，墟旧在今梅菉墟东北一里许，曰梅菉头。明天启间乃迁龙滘。龙滘，今日市场也。案薛藩上帝庙记云，自西南棋布而下，有梅禄之墟，此碑立于万历壬辰，已先于陈堂，可知梅菉墟之名实在万历前，其再迁龙滘亦在万历间，而不在天启间矣。"② 顾炎武引冒起宗《宁川所山海图说》谈及："县之侧有墟曰梅禄，生齿盈万，米谷鱼盐板木器具等皆丘聚于此。漳人驾白艚春来秋去，以货易米，动以千百计。故此墟之当（富）庶，甲于西岭。宜乎盗贼之垂涎而岁图入犯也。"③ 很多漳人来到梅菉，也给梅菉留下一些印记："天后宫，俗称新庙，在漳州街，明建……相传昔年庙工将竣，神期迫，由福州载神像，一夕至芷芽，古联故有：五更漳水通梅水之句。""育婴堂在漳州街，光绪十年建。"④ 漳州街无疑是当时大批由漳州或福建而来的民众于此居住，故名。

四　福建人与广东湛江的兴起

文献有载："粤东海运自潮州以西迤至琼南几三千里，闽、粤放洋船只在可通。检查粤海关税簿，本港商船每岁赴交（趾）置备锡箔、土香、色纸、京果等物；其自交回广，则买带槟榔、胡椒、冰糖、砂仁、牛皮、海参、鱼翅各种。是该国土产与必要天朝货物，悉从海道往来，原属流通，并无阻隔。"⑤ 或者由于海路相通，如清代顾祖禹《读史方舆纪要》就说道：雷州府"三面距海，北负高凉，有平田沃壤之利，且风帆顺易，南出琼、崖，东通闽、浙，亦折冲之所也"。⑥ 故似乎长期以来雷州半岛都有与闽地通商的传统。史载，唐朝时，润州人陈听思在雷州任刺史，其家人曾随海船

① 谭棣华、曹腾騑、冼剑民编《广东碑刻集》，广东高等教育出版社，2001，第477页。
② 梁兆罂编纂《梅菉志》卷一《形胜》，吴川市地方志办公室整理出版，2009年影印本，第100、1页。
③ 《天下郡国利病书》，《顾炎武全集》，第3251页。
④ 梁兆罂编纂《梅菉志》卷一《形胜》，第165页。
⑤ 中国第一历史档案馆藏《军机处录副奏折》，转引自陈高华等《海上丝绸之路》，海洋出版社，1991，第143页。
⑥ 顾祖禹：《读史方舆纪要》卷一〇四，贺次君、施和金点校，中华书局，2005，第4747页。

至福建。后来其兄陈磻石曾向朝廷提议：海船一艘可载重千石，要从福建起运，30艘船不出一个月便能运粮3万石抵雷州。①

对于现在湛江市商业中心赤坎的兴起，史载不清。《湛江市文物志》记曰："赤坎原为海边荒地，仅有少数渔民不定期居住。明末清初实行海禁，粤闽沿海居民迁入内地五十里，不准出界贸易，此时赤坎尚未形成商业埠头。清康熙二十三年（1684）废止禁海令（康熙五十六年虽重申洋禁，商船不许私往南洋贸易，但很快又取消了禁令），从此，闽、浙、潮、广商船陆续到达，赤坎逐步形成为商业埠头。乾隆以后，闽浙会馆、潮州会馆、广府会馆、高州会馆、雷阳会馆陆续建立。"② 而清道光二十九年（1849）《遂溪县志》已有载："商船蚁集，懋迁者多；洋匪不时劫扰，商旅苦之。"③ 湛江民间还有一些民谚似乎也印证了赤坎兴起不早于明朝。如"金芷寮，银赤坎"，民间有金比银贵的观念。而芷寮兴盛在明万历年间。又如有"未有赤坎，先有双忠"之说。双忠指双忠庙，其意是赤坎地名还未出现时，已有双忠庙存在。双忠庙祭祀的对象是唐代名臣张巡、许远，为潮汕地区普遍的民俗信仰。"约宋咸淳间，潮州地区开始在潮阳县东山东岳庙内奉祀张巡、许远。"④ 据考证，双忠庙始建于清乾隆四十八年(1783)。⑤ 故大致而言，赤坎在明清时期兴起应是无疑的。目前湛江保留着一通清代嘉庆二十一年（1816）的碑刻，是当时赤坎闽浙会馆所刻，名曰《韶安港客商船户出海名次开列碑记》。碑文："张顺利题银十大元出海陈润，黎广利题银十大元出海游□，傅益盛题银十大元出海全观，江□□题银十大元出海杨保，□□□题银十大元出海沈昇，王顺昌题银十大元出海王泽，沈合顺题银十大元出海张周，符顺利题银十大元出海陈方，蔡顺利题银十大元出海阮锡，□得利题银十大元出海□□，刘□□题银十大元出海□□，林永利题银十大元出海林

---

① 《旧唐书》卷一九上载："臣弟听思曾任雷州刺史，家人随海船至福建，往来大船一只，可致千石，自福建装船，不一月至广州。得船数十艘，便可致三万石至广府矣。"见刘昫等《旧唐书》，中华书局，1975，第652页。清代阮元在《广东通志》卷一八三《前事略三》中记载此事，唐咸通三年（862），雷州刺史陈听思的"家人随海船至福建，大船一只，可致千石"。见阮元监修《广东通志》，广东省立中山图书馆藏本，第3053页。

② 《湛江市文物志》编辑委员会编《湛江市文物志》，中国文史出版社，2009，第15页。

③ 道光《遂溪县志》卷六《兵防》，岭南美术出版社，2009，第232页。

④ 李国平：《宋元以降潮州地区双忠信仰的地理分布》，《中国历史地理论丛》2017年第1期，第136页。

⑤ 骆国和：《湛江掌故》，中国文联出版社，2006，第97页。

德……金源兴题银八大元出海□扬……谢□□题银六大元出海进观……
林发盛题银五大元出海□□……嘉庆二十一年五月吉日立。"碑文记载的
商户有 45 户，并记有出海人姓名。① 据了解，韶安港在赤坎闽浙会馆左
侧，是会馆停船出海港埠码头。据考证，当时赤坎在"民主路与大通街之
间，自西向东，现仍有清代石砌踏跺式渡头遗迹 10 处"。② 闽浙会馆左右有
7 号、8 号两个渡头。事实上，碑上的"韶安"当为"诏安"，亦即《指南
正法》作者吴朴的家乡。诏安在明清时期为一繁忙的贸易港口。如明朝时
积极主张禁海的总督朱纨在奏折中就言及，诏安是"八闽之穷"，居民"凶
顽积习，阴狠成风。或出本贩番，或造船下海，或勾引贼党，或接济夷
船"，可以说是一个通番下海的大口岸。③ 赤坎闽浙会馆除了上述《韶安港
客商船户出海名次开列碑记》外，还有三通有关闽地名称的碑刻：《云霄
港碑记》《云霄港瓦铺碑》《漳浦港瓦铺碑》。此外，漳州人来到雷州半
岛，亦给湛江人留下诸如福建街、福建村等地名，这些地名目前仍然在
使用。

不仅如此，在雷州半岛的其他地区亦留有一些明清时期闽商来雷州的印
迹。库竹渡是雷州地区通往赤坎的交通要津，其南面为自西向东流入通明海
的城月河。传说"库竹"为"寇竹"的雷州话转音，宋官寇准被贬雷州逝世
后，灵柩曾停于此渡，因此得名。这里一土地庙前面有一通碑刻似乎显示清
朝时期闽商涉足此区域。碑文内容如下："库竹埠头有土地庙，属前人创建，
历有年口矣。其规模本势业已得宜，何庸更而张之，口请有基勿弃也。昔也，
来往船多，神享无疆之奉食也。庙宇隳坏，人兴乐捐之恩，卜吉良辰，另修
庙宇，功成告竣，绘新神容，俾船户商人之既见庙宇之新，乐给香灯用，则
神安人乐，长发其祥。居山者，食德沾恩。出海者，顺风得利。安知今之视
后，不远胜于昔之视今也哉。　计开各船到埠　奉神香灯钱于后　一议谷石
船奉入四百文　一议油船奉入四百文一议船四百文一议糖船奉入四百文口
枯口入四百文　一议潮福船奉入二百文一议豆船奉入一百文一议油花船奉入
二百文　一议出糖水一载奉入一百文一议仙桃船奉入六十文一议蔴口船奉入

---

① 石碑现藏于湛江博物馆。碑高 1.35 米、宽 0.52 米，阴刻正楷。谭棣华、曹腾騑、冼剑民
编《广东碑刻集》，第 466~467 页有收录。
② 《湛江市文物志》，第 14 页。
③ 《甓余杂集》卷五，嘉靖二十八年二月二十五日《设专职以控要事奏版》，转引自陈佳荣、
朱鉴秋编著《渡海方程辑注》，中西书局，2013，第 270 页。

四十文　一凡船只到埠起货落货俱奉入二百文　道光十六年二月初二日绅士商民仝立。"①

余　论

　　中国传统上是一个内陆导向的国家，"缺乏海洋视野"常被认为是制约中国在近代进一步发展的重要原因。但不可否认的是，明清时期是海洋大流动的时代，东南沿海民众纷纷投身这场海洋活动。其中闽人无疑是主要人物。在这航海的时代，闽人的海洋探索举措，既给我们留下众多有关航海线路的文献资料，亦对区域经济社会的发展做出一定的贡献，并为之留下印记。《指南正法》是明清闽人航海的针路文献，通过探析里面的《广东宁登洋往高州山形水势》针路内容，我们不难发现，明清时期闽商不远万里，利用南海的水路便利，积极开拓粤西市场，发展当地经济，为粤西地区的近代化奠定了经济、文化基础。事实上，这也是南海在为区域文化做贡献，是海洋文化在社会发展的作用中的一大体现。

（执行编辑：王一娜）

---

① 2016 年 7 月 17 日抄录于广东省湛江市遂溪县建新镇库竹村土地庙前。

曾德昭《鞑靼人攻陷广州城记》译注并序[*]

董少新[**]

摘　要：1650 年，尚可喜、耿继茂率清军攻陷广州，当时在城中的葡萄牙耶稣会士曾德昭经历了整个过程，并记下了所见、所闻和个人遭遇。关于此次清军攻陷广州城，相关的中文文献甚少，因此，曾德昭的记载对我们了解这段历史尤为重要。现将曾德昭的这份报告抄本翻译成中文，并添加必要的注释，以供学界考史之用。

关键词：广州　曾德昭　尚可喜　葡文手稿

译者序

明清鼎革之际，广州两遭劫难。第一次是 1647 年初，李成栋、佟养甲率清军攻占广州，广州惨遭洗劫。次年因李成栋归附永历帝，广东重新回到南明政权控制范围。关于这一次广州劫难，当时在澳门的葡萄牙耶稣会士阿泽维多（Manuel de Azevedo，1581–1650）编纂的《中国的战争、起义、皇帝之死及鞑靼人侵入报告（1642~1647）》中有较为详细的记载。[①] 第二次是 1650 年 11 月，

---

[*] 本文系国家社科基金重点项目"基于西文文献的明清战争史研究"（17AZS006）和 2019 年度上海市教育委员会科研创新计划冷门绝学项目"17~18 世纪有关中国的葡萄牙文手稿文献的系统翻译与研究"（2019-01-07-00-07-E00013）的阶段性成果。

[**] 董少新，复旦大学文史研究院研究员。

[①] 这份葡文报告手稿有三份原抄本，藏于耶稣会罗马档案馆；还有一份 18 世纪抄本，藏于葡萄牙里斯本阿儒达图书馆。该报告共 80 余页，译者已将其译为中文并加注释。

尚可喜、耿继茂率清军攻陷广州，广州再次惨遭屠城，史称"庚寅之劫"。

"庚寅之劫"期间，葡萄牙耶稣会士曾德昭（Álvaro Semedo，1585-1658）正在广州，亲历和目睹了整个过程，且差点命丧清兵屠刀之下。他以第一人称记录了这段经历，并将这份记录寄至澳门。1653 年，时在澳门的葡萄牙耶稣会士若泽·蒙塔尼亚（José Montanha）根据曾德昭的记录编纂了一份报告，题为《鞑靼人包围广州期间所发生的事情，以及在此期间和广州被攻陷期间神父们所做的事情》（Relação do que se passou no cerco de Quantum pelos Tartaros；e do que os Padres obrarão，e padecerão nesse tempo，e quando se tomou）。

这份报告所载的主体内容，是曾德昭在广州庚寅之劫期间的亲身经历，故可以视为明清鼎革之际广州城及其百姓遭遇的第一手史料，极为珍贵。因此，译者把这份报告翻译成中文，并添加一些必要的注释，以作为学界研究明清史、广州史、中国天主教史之参考。报告原标题过长，为方便起见，译注者将其改为《鞑靼人攻陷广州城记》，但在译文正文中保留原标题。

这份葡萄牙文报告完成于 1653 年末，目前有两个 18 世纪抄本，均藏于里斯本阿儒达图书馆，同在一个编号中，① 各约 16 页的篇幅。在此将前面一个抄本（49-V-61，ff. 252v-260）命名为"抄本一"，后面一个抄本（49-V-61，ff. 668-675v）命名为"抄本二"。本文以抄本一为翻译底本，同时对照抄本二。两者不同之处，尤其是抄本二多出的几段内容，笔者在译注本中做了补入并用注释加以说明。

抄本二没有署名，但抄本一的末尾署有若泽·蒙塔尼亚的名字。荣振华《在华耶稣会士列传及书目补编》中的第 558 位耶稣会士，或即此人。荣振华说此人为葡萄牙耶稣会士，签署了 1660 年福建和江西的耶稣会年信，② 说明至 1660 年他仍在华传教。但除此之外便无任何其他信息。蒙塔尼亚只能算此报告的编纂者，整个报告主体内容的真正作者则是曾德昭。之所以提出这一看法，主要有两个原因：一是报告中多处使用了第一人称，而在此期间一直身在广州的耶稣会士只有曾德昭；二是该报告有一处提到"现在你们来砍我这个老人的头了"，在这句话后面接着补充说这个老人"即曾德昭

---

① 里斯本阿儒达图书馆（Biblioteca da Ajuda）藏《耶稣会士在亚洲》（Jesuítas na Ásia）系列档案文献，编号 49-V-61，ff. 252v-260；668-675v。

② 荣振华：《在华耶稣会士列传及书目补编》（上册），耿昇译，中华书局，1995，第 440 页。

神父"。① 由此我们可断定该报告的记录者为曾德昭。

曾德昭，字继元，1613年来华时取汉名谢务禄，南京教案时被驱逐至澳门，1620年得以重返内地，改名为曾德昭，至浙江、江西、江苏、陕西等地传教。1637年奉命返欧洲以招募更多会士来华，次年抵达印度果阿，并在那里完成《大中国志》。1648年，曾德昭返回澳门，1649年赴广州主持教务。② 也正是此次重返中国，使他经历了广州庚寅之劫，并留下了这份目击报告。报告从未出版过，费赖之和荣振华的书中也未把这份报告列入曾德昭的著述目录中。

该报告的主体内容可分为三部分。第一部分回顾了清军攻入北京后一路南下，先后消灭弘光政权和隆武政权的过程，李成栋率清军首次攻陷广州及其后来归顺永历政权等内容；其中涉及的毕方济、费奇观的去世，庞天寿的经历，对李成栋的评价，以及李将军部队中的葡萄牙士兵等内容，都很珍贵。第二部分讲述曾德昭从澳门前往广州途中在肇庆逗留22天的经历，其中详细描述了为永历的皇后做弥撒的经过，对皇后的小礼拜堂的描写不见于其他文献。第三部分是整个报告的主要内容，详细讲述了清军包围和攻陷广州城的过程，以及在此过程中曾德昭的亲身经历和所见所闻。

关于广州庚寅之劫，中文史料主要有王鸣雷《祭共冢文》、计六奇《明季南略》（1670）、释今释《平南王元功垂范》（1673）、钮琇《觚賸》（1700）等，除了王鸣雷所写祭文外，其他均属事后追述，且或失之过简，或因有意塑造尚可喜光辉形象而有所失真。曾德昭的第一手报告为我们提供了很多中文资料所没有的细节，可以补充中文资料的不足。③

《鞑靼人包围广州④期间所发生的事情，以及在此期间和广州被攻陷期间神父们所做的事情》

鞑靼人占领北京及其附近地区后，南直隶的官员在南京拥立另一位皇族

---

① 抄本一，49-V-61，fl.258v；抄本二，fl.675。
② 费赖之：《在华耶稣会士列传及书目》，冯承钧译，中华书局，1995，第148~152页。
③ 拙文《文献立场与历史记忆：以广州庚寅之劫为例》（待刊稿）即分析了有关"庚寅之劫"的中西文不同史料所体现出的不同立场，并强调在历史研究中使用不同立场文献进行相互参证的重要性。
④ 抄本一写作"广东"（Quantum），抄本二在"广东"这个词的旁边用另一笔迹注为"广州"（Cantão）。本译文根据此文献的实际内容，将"广东"改为"广州"。

成员，名为弘光①。弘光帝在宫廷接待毕方济②神父及其教友。这位皇帝让神父为他效劳，并命他前往广东省处理事务。

这期间鞑靼人乘胜挥师南下，军队中有很多汉人效力。鞑靼军队朝南京开来，攻陷南京，杀了（弘光）皇帝。

这时候，另一位皇室血亲③抵达福建省，官员们立即拥立他为皇帝，名为隆武（Lum vû），统辖福建、广东和广西。

这位皇帝此前是毕方济神父十分要好的朋友。他登上皇位后，没有忘记毕神父。他命人召来毕方济神父，授予神父很多荣誉。皇帝也同样命毕神父前往广东处理事务，亚基楼④随同前往。亚基楼是一位教友，在北京期间就是我们的老朋友了。我们在书信中已经很多次提及他的名字。

亚基楼是高官，而毕神父在那里也有很多朋友，因此这些人给了神父很多方便，资助了很多银两。神父用这些银子在该城购买了房产，并建了一座该城十分需要的教堂。

广东省陷入恐慌之中。人们想立一位皇帝。最后拥立了身在肇庆的一位皇族王爷。肇庆位于广东省西部，离广州有些距离。于是身处广州的主要官员以及亚基楼前往那里，拥护该王爷为永历帝。这位皇帝现在还活着，尽管被鞑靼人到处追杀。

永历帝驻扎肇庆，尽全力武装该城。皇帝立即召我们的亚基楼为其效力，于是亚基楼成为最贴近皇帝的侍臣，整个广东省都由他负责管辖，听他指挥。

短暂的平静很快结束了，因为鞑靼人（或者更准确地说，是协助鞑靼人的汉人）想彻底消灭这个王朝，他们通过一条隐秘的路，突然兵临广州城下，没费什么力便攻入城内，伤亡很少，因为没遭遇抵抗。整个过程仅持续了五天。⑤

---

① 两个抄本均写作"洪武"（Hoam vu），误。

② 毕方济（Francesco Sambiasi，1582-1649），字今梁，意大利耶稣会士，1610 年来华，1649年在广州去世。

③ 即唐王朱聿键（1602~1646），为明太祖朱元璋第二十三子唐定王朱桱的八世孙。关于朱聿键与毕方济、何大化等耶稣会士的关系，参见董少新《葡萄牙耶稣会士何大化在中国》，社会科学文献出版社，2017，第 99~114 页。

④ 亚基楼为庞天寿教名。关于此人，参见董少新《明末奉教太监庞天寿考》，《复旦学报》（社会科学版）2010 年第 1 期。

⑤ 此即 1647 年初李成栋率清军攻占广州。

这时候毕方济神父已经有一个同伴，即费奇观①神父。他们一同为接下来可能发生的事情做准备。他们撤到附近一个穷苦人家中，那里更安全一些，因为无人闯进去。

在我们神父的住院，士兵们以一贯野蛮的方式对待我们的神父。神父遭受重伤后，逃出了住院，或者说逃出了士兵们之手。

那支部队中有一些来自澳门的教徒士兵。他们是此前因其他事由来到这里的。其中有一位名叫巴雷托（Diogo Barreto）的，曾是我们耶稣会的成员，现在是一名军官，深得将军（Capitão Geral）的赏识。他见到身受重伤的神父，认了出来，便把神父带到将军面前。将军很友好地接待了神父，设宴款待，命令手下士兵把从神父那里抢夺的东西悉数归还给神父。于是，士兵们都遵命照办了，尽管如此神父的东西还是丢失了一部分。

神父在那里与鞑靼官员相处融洽，这样的良好关系有重要影响，事关我们的住院、教堂和堂区等。除了将军之外，还有统治人民的总督（V. Rey）②。将军姓李③，是从事征战的主将，是一位有勇有谋之人。他征服了该省的很多军事要塞，而很多要塞在不久的将来将随他一同反抗。

随后的事情就是这样发展的。这位将军（或许是因为朝廷对他不公，或许是因为朝廷偏爱其他人，或许因为遭到恶意诽谤）突然率领全省起事。他命令人们如从前一样蓄发；由于他掌控着整个军队，总督也别无他法，只能保持沉默，并退隐不再过问政事。

李将军（人们这样称呼他）立即派使节谒见永历。永历帝已做好准备，他希望李将军携广东省归顺，并恳请李将军让永历帝重新回到肇庆。④

这期间毕方济神父生了重病。多位医生想方设法让他恢复健康，但都无济于事。他去世了，享年 60 岁⑤。他于 1612 年⑥入会。他在南京学习了一部分语言和文字，极为勤勉和用心。随后他开始在教友中工作，创建了河南

---

① 费奇观（Gaspar Ferreira，1571－1649），字揆一，葡萄牙耶稣会士，1604 年进入中国内地，1649 年 12 月 27 日在广州去世。

② 两广总督佟养甲（1608～1648），顺治五年（1648）被李成栋押至肇庆杀死。

③ 即李成栋（？～1649）。顺治三年十二月十五日（1647 年 1 月 20 日），率兵攻占广州。顺治五年正月，归附南明永历政权。

④ 永历帝此时在南宁。

⑤ 此处应为 67 岁之误。

⑥ 此应为进入中国之年。毕方济入会之年为 1603 年。

省开封府住院。那次大迫害①后，他在南京及其附近一些县传教多年，并创建了常熟住院。

费奇观神父在同一住院②，也没能坚持很长时间。除了因为他已超过70岁的高龄之外，生活必需品的匮乏也加速了他的死亡。他在中国传教团已40余年，一直勤奋工作，是一位情操高尚的榜样。在两位神父遭受疾病折磨直至去世期间，永历帝在李将军的邀请之下抵达肇庆。③ 永历帝如以前那样武装他的宫廷，并且加强了防卫军力和武器。

随永历帝一起来的有亚基楼和瞿纱微④。瞿纱微神父已经为皇后、皇子、皇帝的母亲以及宫廷中的其他贵妇人洗礼了。⑤

由于两位神父去世，广州住院人手不足，因此必须帮助那个教区。1649年2月瞿纱微神父和我⑥（此前我已来到该学院⑦）从这里⑧出发。我们首先前往朝廷所在地，在那里我们得到了热情接待。皇后命我们立即拜访她，赐给我们10两银子用于当天斋期的午夜餐（当时正值四旬斋）。而接下来的每天，皇后总是赐给我们同样数量的银两，仿佛一位欧洲太太。

逗留22天后，我们讨论了我前往广州的事情。皇后请求我留在宫中，并表示会为我提供一切开销和必需品。我以广州教会需要为由拒绝了，皇后听后表示同意。而瞿纱微神父留下了。

皇后希望我在她宫中的小礼拜堂里讲弥撒，她命我在白天讲。由于广州路途远，我得一大早起来。亚基楼邀请我在他的房间睡觉，他的房间也在宫中。我们大半个晚上都在愉快地聊天。凌晨三点的时候，有人来通知我一切

---

① 指 1616 年南京教案。

② 即耶稣会广州住院。

③ 时在永历二年（1648）八月。

④ 瞿纱微（Andreas Xavier Koffler, 1603—1652），一名瞿安德，奥地利耶稣会士，1645 年从澳门抵达广州，1646 年至桂林，1651 年 12 月于广西、贵州交界处被清兵杀害。参见费赖之《在华耶稣会士列传及书目》，第 270~274 页；荣振华《在华耶稣会士列传及书目补编》上册，第 337~338 页。

⑤ 永历二年三月，在庞天寿的见证下，瞿纱微在南宁为永历后宫多人洗礼，王太后教名烈纳（Helena），马太后教名玛利亚（Maria），王皇后教名亚那（Ana），王太后之母教名朱莉亚（Julia），侍女教名雅嘉达（Agueda）；数月后，太子领洗，教名当定（Constantine）。

⑥ 即曾德昭本人。此处用第一人称，即表明此报告的主体内容为曾德昭本人所写。

⑦ 指澳门圣保禄学院。

⑧ 指澳门。

准备就绪。我在亚基楼的陪伴下前往小礼拜堂，一路经过多个哨所，每座宫殿前都设有这样的哨所。小礼拜堂所在偏狭，且有武装把守，但其装潢很好。在祭坛中央有一个耶稣受难十字架，一侧有一个小耶稣雕像，是用印度象牙雕制的，另一侧是一个圣安东尼雕像。祭坛后面是一块大画屏，中央是一幅圣母像，两侧画屏则描绘我们的主基督的一生。祭坛前约四步之处放满了装在花瓶中的花束，中间有一个香炉，只用于燃香。

所有信徒都出席了弥撒，而据我观察还有更多的人。皇帝也参加了，站在摆放圣课书的一边，位于两座祭坛之间。一切都不失礼节，所有中国信徒也都举止得体。中国教友很多，接受站在另一侧的亚基楼的指导。

弥撒结束后，我准备从那里回房间。皇后带着许多信徒进来，在小礼拜堂尽头处的帷幕后面，向亚基楼咨询了一些疑惑。当我准备离开时，一些信友拦在路中，敲了敲我的头（这是对神职人员的一种礼节），而皇后命人对我的工作给予酬谢，并随即赏赐了一餐皇室的膳食。[①] 由于当时仍很早，于是我又为亚基楼的随从们提供信仰服务。时间到了，她命我们返回住处。这个住所为皇室的所有人服务。

我要前往广州了，他们想以中国礼仪和礼节为我送行。这些礼节非常多，令人疲倦。他们免除了我应做的礼仪，给我 40 两白银在路上用，而皇后赐给我 50 两，已切成小份，以便布施给穷人；而为了此类善举，皇后命人多次来这个城市送给我银两。

我在圣枝主日[②]的傍晚抵达广州。很多信友在那里等待着我，包括中国（大陆）信友，也包括从澳门来的信友，有男有女。他们是那年我们前往（澳门）招来提供帮助的，[③] 作为军人在广东军中效力，而妇女是跟随她们的丈夫或兄弟来的。所有人都尽了他们的义务，包括完成四旬斋的义务，以

---

① 此句原文为拉丁文（et statim secutos est me cibos Regi）。感谢 Isabel Murta Pina 教授帮忙译为葡文（e imediatamente me seguiu uma comida régia）。此文献中数处拉丁文均由 Pina 教授帮忙译为葡文。

② 圣周（四旬期的最后一周）的第一天为圣枝主日。1649 年的圣枝主日为 3 月 28 日。感谢复旦大学哲学学院朱晓红教授帮忙查询这一日期。

③ 此前有两批澳门武装到肇庆支援永历朝：第一次是 1646 年庞天寿随毕方济前往澳门搬兵，尚未返回之时，闻知福京已破，遂带领 300 名葡兵前往肇庆，拥永历帝；第二次是庞天寿奉永历帝命率使团于 1648 年 10 月 17 日抵达澳门，以答谢天主及澳门教会使皇子康复之恩，返回时澳门教会赠送了 100 支火枪，并有一些葡萄牙和澳门本地士兵随之前往肇庆助战。参见拙文《明末奉教太监庞天寿考》。这些澳门士兵中，一些人被派往广州参战，因其信奉天主教，故需要神父照料。

及此后在每个圣日聆听弥撒，且经常在圣日弥撒中提供协助。我则总是为他们按期提供其灵魂所需要的，这样的情况很多。

广东省反抗鞑靼人之后，人们总是担心再也不能稳定下来，因为鞑靼人已经征服了这么多的省份，不可能放过广东省。当看到李将军两次出征邻省，虽然两次都取胜了，但最后一次却丢了性命，[①] 人们就更为恐慌了。皇帝失去了一位伟大的将领，其他将领带着军队到广州集结，尽全力加强该城的防御。

该年以来，多次传来鞑靼人来了的警报，但都是虚惊一场，直到1650年4月，传来了确切的警报，鞑靼人已经越过山岭进入广东。而且在3月1日，从城墙上已经能够看到他们。他们有超过3万人，而守卫的广东兵力少很多。

他们休息了三天，第四天便开始攻城，用梯子和其他机械翻越和撞击城墙。传来的巨响，我们在距离半里格之遥的住院都能够清楚听到。他们被认为具有狮子的品质，用他们的吼叫声摧毁广东军民。

而广东军队用炮弹、火药包和弓箭猛烈还击，不给濒临城下的梯子和其他攻城机械留有空间。鞑靼人不得不撤退，死伤600余人。

经此一役，鞑靼人感到害怕了，而广东军民则备受鼓舞。围城已在进行中。除了这一次的胜利，广东军民还有很多值得高兴的事，不仅来自陆地，还有海上。他们在海上有强大的舰队，沿海一直有两个口岸开放着，所有必需物资从那里进来，这样一来，尽管物价已经上涨，但物资一点都不短缺。因此，被围困的人们没有放弃希望，尽管仍在恐慌之中。

这期间广州教堂已经有三位神父，因为澳门方面不知道广州的状况，于是不合时宜地派遣了两位神父前来广州。他们一起抵达，带来了一些有关鞑靼人的消息。广州的形势已恶化，海上的形势也错综复杂，尽管此前已经到达广州的这位神父[②]设法帮助他们，情况也没有改善。但由于围城持续了很长时间，有机会把这两位神父派遣回澳门，以让他们获得安全庇护。

围城已经持续九个月了，鞑靼人仍没有攻城的动作，不管对哪面城墙都没有展开攻击。在西城墙外有一个很大的郊区，几乎就是一座城市，被称为福建区（bairo dos Chincheos），因为那里居住着很多来自那个省的人。这个

---

① 1649年清军接连攻陷南昌、信丰，乘胜追击，李成栋在撤退过程中坠马溺亡。

② 即曾德昭。

区没有城墙，人们把街道封堵上，并尽可能地修建防御工事；在最危险的那些区域，他们设置了 3 座堡垒，可以装备 30 门火炮，每座堡垒配备 10 门，并驻扎大量士兵。

11 月 22 日晚，2000 名士兵突然向这些堡垒扑来，点燃了一个火药桶，随后附近一座房屋也着火了，其他堡垒的士兵见该房屋已被鞑靼人攻占，便乱了阵脚，弃堡垒而逃，于是鞑靼人又夺取了其他堡垒及其火炮。鞑靼人立即把这些火炮用于攻击城墙，加上他们原有的 20 门火炮，共计 50 门。[1] 攻城战开始于 23 日的晚上，非常激烈，没有一刻[2]听不见轰鸣的炮声。至 24 日清晨，城墙已被炸开两个大缺口；而由于战马无法攀爬城墙废墟，无数鞑靼士兵便徒步强行涌入。然而他们在城墙脚下的空地上遭到大量长矛和火药包阻击，战场尸横遍野。鞑靼人猛攻三次，三次都遭到阻击。[3] 最出色的那些将领奋战在第一线，总督也亲自督战。总督带着两大箱银子，用以激励士兵英勇战斗，因为的确缺少英勇的战士。总督[4]奖赏了一位来自澳门的士兵，该士兵用一发大手雷造成敌军的一片惨叫，总督随即给了他 50 两白银。他们就是这样根据能力进行奖赏的。

由于双方战斗激烈，总督和在前线助战的主要官员聚集一处商讨对策。军队的士气已开始低落，一部分军队似已撤退。他们在附近有海军舰队，舰队一来，总督和主要官员便立即登上舰船，从而将靠近江岸一侧的城墙弃置不顾，于是鞑靼人几乎未动手就进来了。

战斗开始后，教友决意与天主站在一起，保卫他们的灵魂。那天[5]一整个上午，神父都在住院中忏悔，下午则聆听所有妇女教友的忏悔；第二天[6]

---

① 释今释《平南王元功垂范》卷上（《北京图书馆藏珍本年谱丛刊》，影印乾隆三十年刻本，1999，第 156~157 页）载：十月"二十九日，（平南）王指授方略，以西关迤北一隅可以架炮攻取。分发两藩各镇总兵班志富、连得成、郭虎、高进库等，率兵弃马，徒步涉淖泥而前，奋勇砍开西关外濠木栅，自长桥南趋新筑小城，从垛口腾上，遂克西关"。十月二十九日为阳历 11 月 22 日，"新筑小城"应即"福建区"，与曾德昭所记一致。

② 原文为 huá Ave Maria，意指做一次万福玛利亚祈祷的时间。

③ 释今释《平南王元功垂范》卷上（第 157 页）载："十一月朔二日克广州：先一日三鼓，列炮攻城。日午，西门背面城崩三十余丈。时城身犹余丈许，攻者争上城上，炮火矢石如雨，死伤颇多。"可资对照。十一月朔二日为阳历 11 月 25 日，"先一日三鼓"即 11 月 23 日晚 11 点至 24 日凌晨 1 点，与曾德昭所记时间完全一致。

④ 应指永历朝两广总督杜永和。

⑤ 11 月 24 日。为了使曾德昭的叙述读起来更为清晰，笔者以注释的形式将日期标出。

⑥ 11 月 25 日。

上午又聆听了留在住院中的一些妇女教友的告解，下午前往城墙那边，努力帮助我们的人，一直聆听告解到五点多钟，在最后一批人告解时，神父的男仆大声喊道："神父，士兵们已经放弃城墙逃跑了！"

神父从他聆听告解的那个小房子里出来，看到事态的确如此，人们不顾一切地、漫无目的地逃窜。然而神父没有放弃救助一名已接受过教理学习的摩尔人（mouro），这个摩尔人当时正生着病。神父孤身一人（他的男仆们因为害怕而不愿跟随他）翻过城垣和一座堡垒，来到城墙另一边。然而，在到达摩尔人的住处后，发现他不在。

神父来到市区，人们已不能在街上穿行，男人、女人和孩子带着能够带的东西慌乱逃跑，在匆忙翻越路障时都摔倒了，怀里抱着的婴孩也不能幸免。人们朝着临江的两个城门奔去，这两个城门已经开了。大批人朝这两个城门跑去，骑马的人卡在人群之中无法通行，进退两难，一部分人被踩踏而死，一部分人被挤压而死，仅此处尸体便堆成了两座山。那些紧急之中摆脱了这一困境的人，也没有更多自救的办法，因为鞑靼人的骑兵和步兵已经抵达江边滩涂，大开杀戒。

神父回到住院，看到摩尔人也在这里。神父为他施洗之后，他便死了。与他同一族属的 11 名教徒士兵，以及大量的非教徒男人和女人，聚集在住院之中。神父立即带着教徒们来到教堂，听取他们的告解，以口头形式领取圣餐，因为当他从城墙那边下来时，鞑靼人已经从几处城墙的缺口处进来了，神父很担心没有地方听更多人告解。

做完这些事后，神父烧掉了已用过的圣物，诸如擦拭圣器的布、铺在祭台上的布等，仅留下讲弥撒的必需品，如果还有讲弥撒之处的话。

此时夜幕已经降临，白天受到惊吓的这些人都还没吃东西。神父给所有人提供食物。吃完后，所有教徒前往教堂，为死者向天主祷告。

神父见已经平静，鞑靼人在城市最安静的时刻来临之前并未采取进一步行动，于是又回到听告解工作上，听完所有人的告解，随后举行一次献给天主的总告解。神父问其中一个男人："你是为告解而特意留出这个时间的吗？"他回答："是的，神父，正是为此我才逃来教堂的。"

后半夜①两点多，神父讲了弥撒，授了圣体，更多的是以处于危险中的人领圣餐的形式进行的（per modum Viatici）。弥撒结束后，大家留在教堂

———————————

① 11 月 26 日凌晨。

中，向我们的主祈求庇护，就像还剩数小时生命而数着时刻的人。

在持续围城期间，神父收到了一些书信，劝他离开广州，去澳门躲避正在发生的危险。但（来信的）这些神父不知道，这里有多么需要神父提供帮助，他不能抛弃这么多的教徒。在他看来这是很明确的，因为尽管他没有为更多的人提供帮助，而仅是在那天晚上和此前的两天帮助了一些教徒，但他对这些教徒也很好地完成了职责，即使他面临死亡的危险。而围城的时间越长，就有越多的垂死病患需要他的帮助。

黎明，神父看到教堂中除了本住院的人之外，已无其他人。本住院的人中有四个男孩和一个青年。该青年是多年的教徒，教名福斯蒂诺（Faustino），有一个年幼的儿子。其他人如果没有逃跑，也都躲到他们能躲藏的地方了。

快七点钟的时候，可以感到该城的动荡开始了，只听到哀叹的挽歌，犹如我们即将奔赴葬礼的歌（carmen，et vae）。大屠杀排山倒海般来临，暴风雨也到了我们的住院。四只"猎豹"闯了进来，手里拿着已出鞘的弯刀。他们随即杀了第一个人，是一名教徒士兵。神父双膝跪在祭坛前，身着白色圣衣和圣带，一动不动，等待弯刀落下。

这些士兵中的三人出了住院，他们的带头人进了教堂，看到了大而漂亮的救世主像、装饰美观的祭坛，以及燃着的蜡烛等。他看着神父，以柔和的语气和神父说话，翻了翻圣器室的财物，拿了一小部分，然后将神父带到里屋。

女人和儿童被关进一间小室中。男人都被捆住了手脚。神父的双手被扭至背后绑起来。住院中的财物都被集中到一处，由于并不少，所以有一个人看管。为了尽可能占用这里的一切，他们命人做吃的，然后趁机肆意大吃一通。

临近下午的时候，突然又来了一位有权势的武官，他要士兵拿走财物，离开这些房子，这位武官企图占据这些房子。士兵把财物都打包带走，有几位遭捆绑的人被松了绑，以搬运东西，其他大部分人则被绳子拴住脖子，双手绑在背后。神父和他们一起被押离住院。这是一次公然劫掠和绑架的行径。由于士兵们还没有住所，于是就驻扎在那些空着的地方，并把妇女和儿童囚禁在里面的一个房间，让捆着的男人们在他们的视线范围内。

冷血的夜幕降临，可怜的俘虏们被推到外面杀头，仅剩下几个。一个教徒士兵被推了出去，该士兵对他们说有一些东西给他们，于是凶手们没有杀他。算上这名教徒士兵，一共仅剩不超过四人。

当晚，这名教徒和一名未入教的人一起商量逃跑而又不被发现的方法，但是他们没有逃过死亡，到处都有弯刀。这样，男人就仅剩下神父和年轻的福斯蒂诺，此外还有四头牲口。

天亮①之后，可怜的俘虏们担心晚上的到来。然而求生的欲望战胜了残暴。俘虏们决定穿着忏悔服离开。他们给福斯蒂诺松绑，赶着牲口，用牲口搬运行李衣物。这样住院仅剩一人②照看了。

这时有一些士兵从门口经过。他们认出了留下来的神父，行过礼后，问他被抢劫的情况和死伤的情况。他告诉他们，大部分东西都被抢走，男人都被杀。他又补充道（他跟他们说的话是官话，因为他们这些士兵中根本没有真正的鞑靼人）：“现在你们来砍我这个老人的头了。”（即曾德昭神父）③

他们给了多条不同的路，通过这些路，看来足够把我们转移至不同的地方。他们在寻找住处，把我们转移走，他们就可以搬到这里住下。在实施过程中，他们给我们都松了绑，因为要让我们搬东西。他们让神父在背上扛着一根扁担（pinga），由于太重，神父无法迈步；于是他们让另一个更强壮的俘虏扛这个扁担，而让神父背一些公鸡和母鸡，神父虽能背得动，但摇摇晃晃的。

没走多远，遇见了一个军人，看上去像大帖木儿兰（grão Tamorlão）④，他骑在马上大声问道：“为什么不把这个老头砍头？”这似乎成了当时的歌谣⑤，他们唱不出其他歌谣。

一行人穿过了城市的一部分，所经之处一片惨状。街上满是尸体，房屋里已经少有活口了，因为在鞑靼人进入该城以来将近两天的时间里，如果自己的家中什么都没有，那么要么被杀死，要么在其他人家中被俘虏。士兵们抵达了他们的房屋，但是由于房子不够，俘虏们被安置在一条回廊之中，没有任何遮蔽。这一年的冬天不寻常的寒冷刺骨，而俘虏们身上的衣物很少，

---

① 11 月 27 日。

② 即曾德昭。

③ 括号为原文献中即有。这是该文献第一次提到曾德昭名字的地方，也是我们判定此报告原作者为曾德昭的重要依据。

④ 帖木儿（1336~1405），帖木儿帝国的创建者，绰号帖木儿兰。

⑤ 指当时清军见到人就喊杀头。

难以御寒，很容易生病。而且他们只给俘虏少量黑米，尽管由于急需食物而黑色的米也成了美味，但俘虏们很恐惧，害怕死去，也就没吃。

鞑靼人在城中屠杀了整整五天①，至少有一万五千人被杀。第五天②的下午，一份布告（chapa）颁布了，宣布不再杀害更多人。当整个城市更像一座坟墓，死的人比活的人还多之后，弯刀停下来了。

［尚活着的俘囚，见颁布了布告，给予他们此前无人拥有的安全，但这些可怜的人，在搬运完东西后，便被砍头了。

第二天③，也即鞑靼人攻入的第六天，福斯蒂诺走到神父面前，痛哭着问神父这一切发生的原因。神父回答说，他们想砍那些让人尊敬的人的头（…a VR em de VR）④，也将砍我们的头；神父认为，所能做的最好的，就是把命交到我们的主的手中，并等待弯刀落下之时。但是，或许是因为他们良心发现，或许是因为我们的主命令其不可继续为恶，神父就这样度过了基督降临节⑤，并说他从未度过这么好的基督降临节。］⑥

城外已经知道城中不杀人了，相反还通过派发粮食来安抚他们，于是人们开始往城里聚集，特别是那些从城里逃出来的人和附近村镇的人。他们中有一些教徒，用救济物来帮助神父，因为神父已非常贫困；他们也募集到另一些救济品来帮助那些陷入困境和遭到虐待的人。

在这支鞑靼军队中，有一名来自北京的奉教太监，名叫弥额尔（Miguel），给靖南王（Rey Cin nanvan）当差。这个靖南王我们称为"少王"（Rey Mancebo），以便与另一位年老的王爷相区别。⑦ 少王知道神父，立即前去拜访。⑧ 他与一名士兵交涉，想让（或者更准确地说，是恳请）他放了神父。然而该士兵站在旗下，拒绝照办，因为这个士兵不隶属于少王，而是属于老王的军队。这样一来，情况一如之前。

---

① 如果从 24 日清军攻入城中开始算起，则屠杀一直持续到 28 日。

② 11 月 28 日。

③ 11 月 29 日。

④ 这句话含义不明确，Isabel Murta Pina 教授帮忙将其中的缩略语转写为 a Vossa Reverencia em de（？）Vossa Reverencia，但译者仍无法确切明白其含义。

⑤ 圣诞节前四周为基督降临节。

⑥ 这两段为抄本一所无，此据抄本二补入，见 49-IV-61，fl. 673v。

⑦ 年少的靖南王为耿继茂（？~1671）。年老的王爷指的是平南王尚可喜（1604~1676），而非耿继茂之父耿仲明（？~1649）。耿仲明于 1649 年自缢身亡。

⑧ 耿继茂之所以全力解救曾德昭，可能是因为其父耿仲明曾是明末著名奉教士人、登莱巡抚孙元化的部下。

基督降临节接近尾声，在圣多马日①这天，弥额尔一大早来见神父，跟神父说（少）王爷要召见他。神父问是什么原因，弥额尔回答说，王爷看到了他的十字架念珠，便问他是不是教徒，以及这里是否有天主堂和欧洲神父；弥额尔将所知道的都告诉了他，说这里有一位神父，于是王爷便命他召唤神父。

神父前往见（少）王爷。王爷以高规格礼节相待，给神父赐座、上茶。聊了几句之后，王爷便命弥额尔把那个士兵带来（大家对这名士兵非常尊重，尤其是因为他在监狱那里的表现）。王爷说，如果神父想要另一个人，便给他；如果神父想要银子，也给他；如果神父什么都不想要，那么王爷将让这个士兵给他的王爷②传个口信，说将把神父释放出来。

这名士兵接到此任务后，战战兢兢，但并未失去勇气，说他想亲自去和王爷说此事（即释放神父）③。他去了，宫殿中一直放着一张桌子，所以第一个动作就是赐他吃的和喝的。他完成使命后，（少）王爷叫来他，没有任何问答，便赐给他 50 两银子。这让他比他的老父（Pay Velho）还高兴，他就是这样称呼曾德昭神父的。④

少王爷命令弥额尔照料神父，在王府中为神父安排住处。神父向少王爷表达了感谢，但是没有接受住在王府的安排。神父去了弥额尔的房子。这些房子就在王府外面，是弥额尔用以安顿众多教徒的地方。这些教徒很希望与神父交流，每天来见神父的教友越来越多。他们来向神父忏悔，或者做其他与他们的灵魂有关的事情。

新年⑤到了，（少）王爷命人给神父送来齐全的衣物（神父已经没有多少衣服了，仅剩一件长衫，还是从囚牢中出来时穿的）、一头猪、几只鸡、两篓子白米。王爷谈到把自己住的几间房屋给神父。房屋是很短缺的，增加的整个军队以及其他很多从外面来的人都缺房子，因为城市乃至整个街区的房子被毁了很多。王爷安排神父住在与他住的房子连在一起的几间房屋中，这些都是非常好的房子。王爷命人给这些房子配备了家具，包括床和桌椅等，并一直提供米和柴火，还命令属下神父有什么需求就为他提供什么帮

---

①　12 月 21 日。

②　应指老王爷，也就是尚可喜。

③　括号中为抄本二补入的内容。

④　此处少王爷耿继茂称曾德昭为"老父"，表明耿继茂非常尊敬曾德昭神父。

⑤　1651 年 2 月 20 日为农历新年（农历十一月为闰月）。

助。而他们其实不必做很多，因为他们住的离王府都很近，任何情况下都用不着催他们做事。

后来事情是这样的：由于王爷的所有家人，包括他的母亲、太太和子嗣们等，都从北方来了，王府中没有这么多房子，所以王爷命人为神父寻找其他房屋住。房子非常少，他们很努力地寻找，找到了几间，但是需要把原本住在里面的人赶出去，神父不愿这么做。最后神父在一位教友的家中住了下来。神父在这个家中配置了一个小礼拜堂用以讲弥撒，教友们在这里过信仰生活。（少）王爷面对面对神父说，好好休息一下，待事情平息下来，他将为神父建一座教堂。王爷已经这么对弥额尔说过几次。

这时，王爷往南出征了，那边还有四个城以及海南岛尚未被征服。

神父得了重病，被送到学院①，主要为了接受圣礼，并准备以圣礼安葬，当时并不指望他能活过来。然而我们的主被很好地服务到了，于是赐予他健康和生命。［广州的局势平静下来了，从长官们发布的命令来看，在那里居住将不会有困难。］

［接下来的事情大家都知道了。这就是我目前用翎笔记下的事情。我不记得更多了，也不能说更多了。澳门，1653 年。］②

1653 年末。③

今年，即 1653 年，管理澳门教区的是总督（Governador）若望·莫雷拉（João Marques Moreira），他是该城市的兵头。

这些就是我今年收到的消息。

若泽·蒙塔尼亚

（执行编辑：吴婉惠）

---

① 指澳门圣保禄学院。
② 以上两个中括号中的内容据抄本二补。
③ 本段以下的文字，应为蒙塔尼亚所写。

浅议清前中期粤海关与海难商民救助[*]

阮　锋^{**}

摘　要： 广东濒临南海，拥有全中国最长的海岸线，对外海上交流活动频繁，历史上是我国第一海洋大省，也是中国面向海洋、走向世界的主要门户。粤海关设立在广东，专责华洋事务，是重要的口岸监管机构，与水师、地方官府一同在海难商民救助中发挥积极作用，是协助国家经略海洋、落实外交政策、完善对外监管的主力之一。本文拟根据以上背景，结合《粤海关志》等清代相关官方档案史料，探讨清前中期粤海关在海难商民救助中承担的职责以及发挥的作用。

关键词： 清前中期　粤海关　海难商民救助　广东

一　清前中期广东口岸的贸易与粤海关的设立

（一）相关研究概况

广东濒临南海，对外海上交流活动频繁，早在明代，广东已经有广州—东南亚—阿拉伯地区、广州—澳门—果阿—欧洲、广州—澳门—马尼拉—拉丁美洲、广州—澳门—日本等航线。康熙二十二年（1683），清政府统一台

---

　*　本文是2021年度广东省哲学社会科学规划岭南文化项目"近代岭南海关关区文化遗产体系与保护研究"（GD21LN04）阶段性成果。
　**　阮锋，广州海关教育处科长。

湾、平定海疆后，于次年开海贸易，相继设置闽、粤、浙、江等四海关，专责对华洋进出口船舶和货物、人员监管的事务。随着海禁开放，中外海上交流日渐增多，同时亦引发了海难商民救助的相关问题。对此，诸多学者进行过深入而富有成效的研究。如徐素琴以协助遣返海外遭风难民为例，探讨澳门葡人在清政府外交事务中担当的职责和所起的作用。① 刘序枫主要以现存的清朝官方档案并辅以诸国史料，考察中国救助及遣返外国难民的实态。② 朱灵慧探讨了包括"一口通商"时期清政府对在海难救助过程中，"译讯"这一"夷务"处理重要程序的态度及认识。③ 冷东、邢思琳重点研究广州十三行与海难救助的关系，兼论广东沿海海防和粤海关的参与。④ 杨彦杰就清代澳门及与之相关的海难事件进行讨论，从一个侧面展示澳门在海外交通史上的地位。⑤ 刘斐较全面地论述了清代中日漂风难民问题的形成背景、原因、概况，中日两国对漂风难民的救助与遣返制度以及漂风难民问题的影响等。⑥

　　然而粤海关作为清前中期最重要的口岸监管机构，目前学术界对其在海难商民救助中所扮演角色的专门研究较为薄弱，这是需要关注的一个研究领域。本文试将粤海关的职责作为研究切入点，以粤海关设立至第一次鸦片战争前后为研究时间段，参考《粤海关志》《明清时期澳门问题档案文献汇编》《清宫粤港澳商贸档案全集》《香山明清档案辑录》等相关档案史料，结合救助外国海难商民事例，讨论粤海关在海难商民救助中如何有效履行职责并发挥积极作用。

（二）广东海洋贸易与粤海关设立

　　广东地理位置优越，交通便利，自秦汉时期即为中国南方著名的经济都会和重要港口城市。位于南海北部、广东中部珠江出海口的珠江口湾区，处在太平洋、印度洋海域航海区位之要冲。这里季风吹拂，拥有蜿蜒曲折的海岸带、星罗棋布的岛屿、天然优渥的港湾以及肥沃富庶的珠江三角洲，在历

① 徐素琴：《清政府"夷务"管理制度中的澳门葡人》，《广东社会科学》2013 年第 4 期。

② 刘序枫：《清代档案与环东亚海域的海难事件研究——兼论海难民遣返网络的形成》，《故宫学术季刊》2006 年第 3 期。

③ 朱灵慧：《言语不通，讯无别故：清代前中期奏折之"译讯"考察》，《四川大学学报》2019 年第 5 期。

④ 冷东、邢思琳：《清代前期广州口岸海难救助》，《广州城市职业学院学报》2018 年第 1 期。

⑤ 杨彦杰：《从清朝档案看澳门在海外交通史上的地位》，《东南学术》1999 年第 6 期。

⑥ 刘斐：《清代中日漂风难民问题之研究》，硕士学位论文，宁波大学，2010。

史上是中国与全球海上交通的重要孔道。广东也以广州为中心，通过海运（沿海）、水运（内河）、陆运，将海外名目繁多的商品转运到国内各区域市场。康熙二十二年收复台湾，清政府开始逐步考虑开海事宜。康熙二十三年正式解除海禁，"令福建、广东沿海民人，许用五百石以下船只出海贸易，地方官登记人数，船头烙号，给发印票，防汛官验放拨船"。① 此后，闽、粤、浙、江海关相继设立，专责对海运进出口船舶和货物、人员监管的事务。其中粤海关最重要，专置监督，其余三处海关则辖以地方将军或巡抚。乾隆二十二年（1757）明确"贸易番船应仍令收泊粤东""只许在广东收泊贸易"，② 这标志着粤海关成为唯一管理西洋对华进出口贸易的海关，进一步体现广东在当时中国对外贸易中的独特地位。粤海关设关目的之一就是使船只"有往来之利，无覆溺之虞"。③ 根据《粤海关志》，道光年间粤海关设有 76 个口，其管理的贸易方式涵盖了沿海贸易（粤海、闽海、浙海、江海、渤海之间民船贸易）、朝贡贸易（本港行经营）、海外贸易（中国民船出洋）、边境贸易（澳门陆路贸易）、国内贸易（粤海—太平两关属地之间贸易）、对外贸易（十三行贸易）。④

（三）粤海关监管下的广东海洋贸易

康熙二十三年六月初五日，康熙帝下谕："海洋贸易，实有益于生民，但创收税课，若不定例，恐为商贾累。"因此定海洋贸易设专官收税，并酌定则例。不久设粤海关、闽海关、浙海关、江海关等四海关，各设官吏收税。⑤ 粤海关以"征收关税和贸易管理"为主要职责，适时加强和完善对西洋各国在广东海洋贸易的管理等措施，在实践中不断建立和完善海关各项制度和运行机制。清代前期粤海关设定的进出口税率相对较低，并适时进行调整。如对粤海关首任监督伊尔格图所奏闽粤开海贸易征税事，康

---

① 《皇朝文献通考》卷三三《市籴二》，清乾隆五十二年影印本，第 13 页。

② 乾隆二十二年十二月十九日《暂署两广总督李侍尧奏报奉旨传谕番商口岸定于广东不得赴浙省贸易折》，中国第一历史档案馆、澳门基金会、暨南大学古籍研究所编《明清时期澳门问题档案文献汇编》（1），人民出版社，1999，第 1676 页。

③ 梁廷枏：《粤海关志》卷五《口岸一》，袁钟仁点校，广东人民出版社，2014，第 63 页。

④ 梁廷枏：《粤海关志》卷八《税则一》、卷二十一《贡舶一》、卷二十四《市船》、卷二十五《行商》、卷二十六《夷商一》，第 155~176、422~442、472~520 页。

⑤ 中国人民大学清史研究所编《清史编年》第 2 卷《康熙朝上》，中国人民大学出版社，2000，第 485 页。

熙帝对大学士等说："出海贸易非贫民所能，富商大贾懋迁有无，薄征其税不致累民，可充闽粤兵饷，以免腹里省分转输协济之劳，腹里省分钱粮有余，小民又获赡养，故令开海贸易。今若照奉差郎中伊尔格图所奏，给与各关定例款项，于桥道、渡口等处概行征税。""此事恐致扰害民生，尔等传谕九卿詹事科道会议具奏。"此后议定：两省新设关差，只将海上出入船载货物征税，其海口内桥津地方贸易船车等物，停其抽分。① 康熙二十八年再定沿海税例：江、浙、闽、广四省海上贸易商船，于各海关专差官员照例收税；其采捕鱼虾船只及民时日用之物和从事糊口贸易者，均免其税收，② 进一步明确关税的征收方式和范围。同时，粤海关对外国船只也实行减免税优惠政策，此外还规定"应将外国进贡定数船三只内，船上所携带货物"给予免税优待；"其余私来贸易者，准其贸易"。③ 这些减免税优惠政策客观上为广东沿海对外贸易发展营造了良好的营商环境。同时，粤海关承担了航道的港口规范和管理事宜，保障商民船只的航行顺畅和安全，建立良好的运行秩序："洋船到日，海防衙门拨给引水之人，引入虎门，湾泊黄埔，一经投行，即着行主、通事报明。至货齐回船时，亦令将某日开行预报，听候盘验出口。如有违禁货物夹带，查明详究。"④ 清政府还要求包括粤海关在内的各处榷关恤商惠民，力除积弊，"凡商民抵关，交纳正税即与放行，毋得稽留苛勒，以致苦累，违者定行从重处分"。⑤ 粤海关亦建立内河引水制度，"夷人上省，亦照下澳之例，仍令行商就近禀请粤海关衙门给照，庶稽查周密"。⑥ 这可以反映出粤海关较好地履行了职责，进一步促进了广东海洋贸易的发展。

二　清政府对海难商民的救助和粤海关的相关职责

（一）清前中期海难商民的救助管理

为了保障国家安全和领水权益，减少人口非法外流，保障贸易以及行船

①　《清史编年》第 2 卷《康熙朝上》，第 488 页。
②　《清史编年》第 2 卷《康熙朝上》，第 586 页。
③　梁廷枏：《粤海关志》卷二八《税则一》，第 157 页。
④　梁廷枏：《粤海关志》卷二八《夷商三》，第 548 页。
⑤　《清史编年》第 2 卷《康熙朝上》，第 582 页。
⑥　梁廷枏：《粤海关志》卷二九《夷商四》，第 561 页。

安全，清政府建立了一套较为严密的管理制度，对人员、船只、货物等进出口岸都进行严格的管理。《大清律例》载有明确的规定，如"（商渔船只）造船时呈报州县官，查取澳甲，户族里长邻佑保结方准成造，完日报官亲验给照，开明在船人年貌、籍贯并商船所带器械件数及船内备用铁钉等物数目，以便汛口察验"；①"船只出洋，十船编为一甲，取具连环保结……初出口时必于汛口挂号，将所有船照呈送地方官或营官验明，填注日月盖印；放行入口时呈验亦如之，总计经过省分一省必挂一号，回籍时仍于本籍印官处送照查验"。②《钦定兵部处分则例》也制定了明确的赏罚细则："稽查商船出入……守候官（须）验明舵水人等"；"稽查渔船出入……守口员弁将该渔船前往何处并在船舵水年貌的实姓名籍贯逐一查填入照，钤盖印戳，并将所填人数照登号簿，准其出口"；"澳门夷船给照……如出口时夹带违禁货物，并将中国之人偷载出洋，入口时将无故前来之西洋人夹带入口及容留居住者，守口官及该地方武职徇情疏纵者革职"。③《大清律例》还规定，"守口员弁倘有规避处分、互相推卸或指使捏报他界者，将推委员弁交部照例议处；其稽查关口员役如于未接文檄之先，能查出匪船拿获禀报者，分别议叙，吏役酌量给赏"。④

　　为了行政和军事管辖的便利，清政府还按照水域的大小和远近进一步将临近中国大陆海岸和岛岸附近的水域分为内洋与外洋两个部分：凡是靠近州县行政区域的海面划为内洋，责成州县官员与水师官兵共同管辖、巡逻；凡是远离海岸和岛岸的海域，则全部交由水师官兵负责。随着各省人民出海增加，中外往来增多，海难事件时有发生，对于海难商民，清政府希望通过实施救助和管理以体现"怀柔远人"的外交思路。早在康熙朝，清政府就发布谕旨，令礼部移咨海外国王，将漂到之中国船只收养解送，同时对该国解还之官员予以赏赐。⑤不过这仅是对送还漂到国外朝贡国之中国难民而言，对漂到中国之外国难民救助则未有明确规定。事实上，清政府对所有漂至中国的外国难民一视同仁，悉心照顾，并遣返本国。《钦定大清会典》规定："凡拯救外国商民船有被风飘至内洋者，所在有司拯救之，疏报难夷名数，

---

① 《大清律例》卷二〇《兵律·关津》，同治九年影印本，第1722页。
② 《大清律例》卷二〇《兵律·关津》，第1724页。
③ 《钦定兵部处分则例》卷一三《海禁》，道光三年影印本，第583页。
④ 《大清律例》卷二〇《兵律·关津》，第1769页。
⑤ 《历代宝案》，台湾大学影印本，1951，第226~227页。

动公帑给衣食、治舟楫，候风遣归。"① 如雍正六年（1728）九月，广州总兵施廷专奏报暹罗商船漂泊榆林，海难商民"禀称船只风帆破烂，求住榆林港修整完好，俟明年三月间南风盛发复往厦门"，施廷专"照会琼州府，酌量许其变卖些少，以资伙食；并行该营，慎为稽察，毋使透漏"。当时雍正朱批指示"（兼任粤海关监督的）督抚加以抚恤，你亦尽力照看"。② 雍正七年七月圣谕："粤东三面距海，各省商民及外洋番估携资置货，往来贸易者甚多，而海风飘发不常，货船或有覆溺，全赖营汛弁兵极力抢救，使被溺之人，得全躯命，落水之物，不致飘零。此国家设立汛防之本意，不专在于缉捕盗贼已也。"③ 在乾隆之前，对海难商民的救助均采取个别处理方式，并无固定可循的模式，后逐步制度化。清政府以乾隆二年上谕"动用存公银两，赏给衣粮、修理舟楫，并将货物查还，遣归本国"为准进行救助，④ 逐步将救助行为定例化。同时也建立相关奏报制度，要求"外番洋船被风飘至内地发遣归国，例应年底题报"。⑤ 其中就恤赐钱粮一项有较为明确的规定，尤其是根据地方与对应口岸的距离长短给予行粮："江南省抚恤番舶难民，停泊之日起每日每人给口粮米一升、盐菜银六厘，回掉之日每人日给米八合三勺；浙江省口粮米一升、盐菜银三分，回棹之日核给四十日行粮，日该米一升、银三分、神福银二钱；福建省口粮米一升、盐菜银六厘，由本省径回国者核给行粮一月，广东省口粮米一升、盐菜银一分，回国之日核给行粮一月。"⑥

（二）漂流至广东口岸的海难商民概况

作为世界贸易枢纽，加上与东亚海域的季节风和海象有关，广东口岸有不少外国商船遭海难漂流至此或者被遣送至此等待对口"遣发回国"的相关记录，粤海关管辖的广东地区成为海难救护网络中的重地。本文梳理《明清时期澳门问题档案文献汇编》《清宫粤港澳商贸档案全集》《香山明清档案辑录》等档案史料，从中整理出71条康熙四十九年至道光二十一年涉及广东口岸的海难救助相关记录，制成表1。

---

① 《钦定大清会典》卷五六《礼部》，乾隆二十九年影印本，第31页。
② 中国第一历史档案馆编《清宫粤港澳商贸档案全集》第1册，中国书店，2002，第356页。
③ 梁廷枏：《粤海关志》卷二〇《兵卫》，第399~400页。
④ 《钦定大清会典则例》卷五三《蠲恤一》，乾隆十二年影印本，第186页。
⑤ 乾隆二十六年二月二十日《两广总督李侍尧题报乾隆二十五年分发遣难番归国日期本》，《明清时期澳门问题档案文献汇编》（1），第351页。
⑥ 《钦定户部则例》卷九〇《蠲恤》，同治四年影印本，第1124页。

表 1　1710～1841 年广东口岸海难救助情况

序号	公历日期	朝代日期	题目
1	1710 年 11 月 5 日	康熙四十九年九月十五日	两广总督赵弘灿等奏报据澳门西洋人理事官禀西洋人龙安国在海上遇难等情折
2	1727 年 10 月 27 日	雍正五年九月十三日	署广东巡抚阿克敦奏陈免征暹罗国船米石税折
3	1728 年 7 月 1 日	雍正六年五月二十四日	广东巡抚杨文乾奏报苏禄国贡使阿石丹座船被风飘至香山澳已加安顿给修船桅情形片
4	1728 年 10 月 22 日	雍正六年九月二十二日	广州总兵施廷专奏报暹罗商船飘泊榆林等事折
5	1729 年 3 月 31 日	雍正七年三月初三日	广东琼州总兵施廷专奏报彝船飘泊到境船员俱已散去情形折
6	1729 年 8 月 15 日	雍正七年七月二十一日	谕内阁粤闽海洋巡缉兵丁贪取遭风商船财物着沿海督抚稽查惩究
7	1730 年 1 月 6 日	雍正七年十一月十八日	广东总督郝玉麟等奏报暹罗船梢奔散缘由折
8	1730 年 5 月 16 日	雍正八年三月三十日	署广东巡抚傅泰题报澳门番人月旺商船被风潭门汛百总令兵抢劫分别参处本
9	1730 年 11 月 8 日	雍正八年九月二十八日	广东总督郝玉麟奏报海洋宁谧并商彝船只间有被风情形折
10	1730 年 11 月 10 日	雍正八年十月初一日	广东海关监督祖秉圭奏报法英荷等海外洋船到关缘由折
11	1731 年	雍正九年	礼部题报琉球国进贡船只带来飘风难番送至澳门搭船回里本
12	1731 年 4 月 30 日	雍正九年三月二十四日	福建巡抚赵国麟题报琉球国贡船附搭难民到闽伴送至香山澳候船归国本
13	1731 年 5 月 31 日	雍正九年四月二十六日	广东海关监督祖秉圭奏报遵旨宽免吗吧喇国遇难番商税银并赏给回国盘缠折
14	1731 年 5 月 31 日	雍正九年四月二十六日	广东海关监督祖秉圭奏报关税收支清数并去年进口洋船数目折
15	1731 年 7 月 15 日	雍正九年六月十二日	广东总督革职留任郝玉麟奏报捞获给还番商哈问士等沉失银两折
16	1731 年 8 月 30 日	雍正九年七月二十八日	广东海关监督祖秉圭奏报英吉利等商船十六只来粤贸易及外商沉船银货归主折

序号	公历日期	朝代日期	题目
17	1731 年 11 月 20 日	雍正九年十月二十一日	广东观风整俗使焦祈年奏报委员督捞肇庆海面沉失之吗吧喇国商船银货情由折
18	1732 年 7 月 9 日	雍正十年闰五月十八日	广东巡抚鄂弥达题报雍正九年分发遭难夷归国日期本
19	1733 年 10 月 10 日	雍正十一年九月初三日	寄谕广东总督鄂弥达等奏报暹罗国王特遣船户携带货物土仪叩谢救恤上年遇难商船折
20	1735 年 9 月 21 日	雍正十三年八月初六日	广东巡抚杨永斌等奏报海关现在酌行八条事宜及本年已到荷兰等国洋船情形折
21	1735 年 12 月 31 日	雍正十三年十一月十八日	广东巡抚杨永斌等奏报赏给遇难荷商盘费银数资助回国缘由折
22	1738 年 12 月 27 日	乾隆三年十一月十七日	广东海关副监督郑伍赛奏报为赈恤遭风难商并减免部分税银折
23	1739 年 8 月 28 日	乾隆四年七月二十五日	两广总督马尔泰题报乾隆三年分发遭难番归国日期本
24	1740 年 4 月 7 日	乾隆五年三月十一日	两广总督马尔泰题报乾隆四年分发遭难番归国日期本
25	1742 年 6 月 10 日	乾隆七年五月初八日	管理广东巡抚事王国安、署理广东广西印务庆复奏报粤海关关税盈余银两收支各数折
26	1743 年 6 月 18 日	乾隆八年四月二十六日	广东巡抚王安国、粤海关监督伊拉齐奏报粤海关征收正杂税银折
27	1743 年 8 月 20 日	乾隆八年七月初二日	广州将军策楞等奏闻英国被风哨船飘至澳门已令移泊四沙折
28	1745 年 8 月 25 日	乾隆十年七月二十八日	两广总督策楞奏报荷兰等国船只被风按例接济水米情形折
29	1749 年 7 月 4 日	乾隆十四年五月二十日	闽浙总督喀尔吉善题报难番等请求送往澳门暂住本
30	1749 年 10 月 9 日	乾隆十四年八月二十八日	两广总督硕色题报乾隆十三年分发遭难番归国日期本
31	1757 年 12 月 6 日	乾隆二十二年十月二十五日	福州将军监管闽浙海关事新柱奏为吕宋安南商船进口并安南遭风难民搭商船赴粤回国
32	1759 年 12 月 10 日	乾隆二十四年十月二十一日	暂署福州将军明福奏报琉球遇风船只到闽照例免税折

续表

序号	公历日期	朝代日期	题目
33	1760 年 8 月 4 日	乾隆二十五年六月二十四日	福州将军社图肯奏报广东送来琉球国飘风难民照例抚恤折
34	1761 年 3 月 26 日	乾隆二十六年二月二十日	两广总督李侍尧题报乾隆二十五年分发遣难番归国日期本
35	1761 年 7 月 5 日	乾隆二十六年六月初四日	福州将军杜图肯奏报广东送来琉球国飘风难民照例抚恤折
36	1761 年 10 月 22 日	乾隆二十六年九月二十五日	广东巡抚托恩多奏报到粤洋船数目并接济难船情形折
37	1762 年 4 月 19 日	乾隆二十七年三月二十六日	两广总督苏昌题报乾隆二十六年分发遣难番归国日期本
38	1764 年 4 月 23 日	乾隆二十九年三月二十三日	两广总督苏昌题报乾隆二十八年分发遣难番归国日期本
39	1765 年 3 月 3 日	乾隆三十年二月十二日	两广总督李侍尧题报乾隆二十九年分发遣难番归国日期本
40	1771 年 3 月 27 日	乾隆三十六年二月十二日	两广总督李侍尧题报乾隆三十五年分发遣难番归国日期本
41	1773 年 1 月 13 日	乾隆三十七年十二月二十一日	两广总督李侍尧题报乾隆三十七年分发遣难番归国等情本
42	1774 年 1 月 29 日	乾隆三十八年十二月十八日	两广总督李侍尧题报乾隆三十八年分发遣难番归国日期本接济水米情形折
43	1774 年 6 月 17 日	乾隆三十九年五月初九日	两广总督李侍尧奏报广东船商前往咖喇吧贸易遇风不敢停泊安南将原货载回事折
44	1795 年 9 月 1 日	乾隆六十年七月十八日	广东巡抚朱珪奏报日本国遭风难民附船到澳门送往浙江搭船回国折
45	1795 年 12 月 28 日	乾隆六十年十一月十八日	浙江巡抚吉庆奏报日本国遭风难民搭船回国日期折
46	1796 年 3 月 11 日	嘉庆元年二月初三日	广东巡抚朱珪题报乾隆六十年分发遣难番归国日期本
47	1798 年 5 月 24 日	嘉庆三年四月初九日	两广总督吉庆题报日本国难番仪共卫等来澳门发遣回国本
48	1803 年 4 月 6 日	嘉庆八年闰二月十五日	寄谕广东巡抚瑚图礼着对吕宋遭风遇难船只抚恤并妥为打捞保护
49	1804 年 3 月 28 日	嘉庆九年二月十七日	两广总督倭什布题报嘉庆八年分发遣难番归国日期本
50	1807 年 5 月 1 日	嘉庆十二年三月二十四日	两广总督吴熊光题报将海上遇难越南人杨文坚等发交澳门夷目转交难民亲属收领本

续表

序号	公历日期	朝代日期	题目
51	1809 年 4 月 27 日	嘉庆十四年三月十三日	广东巡抚韩对题报嘉庆十三年分发遭难番归国日期本
52	1810 年 12 月 18 日	嘉庆十五年十一月二十二日	两广总督百龄题报朝贡并遭风船只等事本（附件一件）
53	1811 年 1 月 20 日	嘉庆十五年十二月二十六日	两广总督百龄等奏报琉球国贡船漂入粤洋照例加倍抚恤折
54	1811 年 2 月 19 日	嘉庆十六年正月二十六日	闽浙总督汪志伊奏报琉球国贡船遭风漂至粤省洋面加意优恤折
55	1811 年 4 月 5 日	嘉庆十六年三月十三日	闽浙总督汪志伊题报琉球国贡船漂收广东护送到闽等情本
56	1811 年 5 月 25 日	嘉庆十六年四月初四日	两广总督松筠题报嘉庆十五年分发遭难番归国日期本
57	1813 年 11 月 8 日	嘉庆十八年十月十六日	两广总督蒋攸铦奏闻递送日本国难民赴浙搭船回国折
58	1818 年 10 月 12 日	嘉庆二十三年九月十三日	两广总督阮元等奏闻据传英贡船上年在海上被风损坏详情不明片
59	1823 年 5 月 12 日	道光三年四月初二日	两广总督阮元奏报抚恤吕宋国遭风难夷搭船回国折
60	1829 年 5 月 22 日	道光九年四月二十日	两广总督李鸿宾等奏为越南差官护送广东遭风监生回省等事折
61	1829 年 8 月 8 日	道光九年七月初九日	两广总督李鸿宾等奏报委员将日本国遭风难夷送赴浙江附搭便船回国折
62	1830 年 1 月 20 日	道光九年十二月二十六日	浙江巡抚刘彬士奏抚恤日本国遭风难夷附搭铜船回国日期折
63	1830 年 8 月 5 日	道光十年六月十七日	两广总督李鸿宾奏陈饬将闽省遭风难夷拨役送澳附搭便船回国片
64	1833 年 12 月 20 日	道光十三年十一月初十日	两广总督卢坤奏报将遭风难夷拨役护送至澳门附搭便船回国等情片
65	1836 年 1 月 2 日	道光十五年十一月十四日	署理两广总督祁贡奏报审拟纠抢拒伤在洋遭风贸易夷船夷人之犯折
66	1836 年 2 月 10 日	道光十五年十二月二十四日	署理两广总督祁贡等奏报饬令洋商将了立国避风难夷交夷商先臣收领附搭便船回国片
67	1838 年 7 月 29 日	道光十八年六月初九日	福建巡抚魏元烺奏报饬派妥员将三吧垄遭风难夷二名护送广东配搭回国片

序号	公历日期	朝代日期	题目
68	1839 年 3 月 18 日	道光十九年二月初四日	闽浙总督钟祥等奏报饬司委员将难夷解往广东澳门译讯确情片
69	1839 年 4 月 17 日	道光十九年三月初四日	福建巡抚魏元烺奏报将遭风难夷派员送往广东澳门译讯办理片
70	1841 年 6 月 24 日	道光二十一年五月初六日	福建巡抚刘鸿翱奏报将日本难夷送至浙省译讯明确遣发回国折
71	1841 年 7 月 30 日	道光二十一年六月十三日	靖逆将军奕山等奏报海洋飓风打碎香港英人房寮码头并漂没英人船只等情折

　　表 1 中有 11 条是浙江、福建等省份将海难商民遣送至广东口岸的相关记录,有 15 条是将海难商民从广东口岸遣送至浙江、福建等省份的相关记录,有 1 条是外国将广东海难商民从越南遣送回来的相关记录,其余主要是年度海难救助及遣送回国奏本或者具体救助案例的相关记录。以上资料进一步显示粤海关管辖的广东地区是海难商民救护网络的中心。如康熙三十二年(1693)九月初十日两广总督石琳疏报日本船只被风吹至阳江,船上十二人请归其国。"(康熙)帝命给以衣食,护送至浙江,令其返回。"① 雍正六年(1728)五月,兼任粤海关监督的广东巡抚杨文乾②奏报苏禄国贡使阿石丹座船被风漂至香山县,获救后清政府下令"每日给发口粮银米,备办薪蔬,加意优待","(对受损船只)委员监修,等候北风信发,即当另资糇粮,俾其速于归国"。③ 雍正十三年(1735)八月广东巡抚杨永斌和粤海关副监督郑伍赛奏报,六月收到电白县禀报"有英吉利国夷船一只在外洋失风,有难番一十三人,先下三板小船救存等情",杨永斌等"飞饬该县,将难番递送到省,安置驿舍",再"加意抚恤,按日给予口粮,并各赏给衣帽,待有便船再酌给盘费,令其附搭回国"。④ 乾隆四年(1739)七月,两广总督马尔泰题报了两起海难救助事件,分别是安南国难番遭遇海难漂至文昌县清澜港和崖州属保平港,获救后清政府"饬给口粮抚恤",协助他们分别"觅有

① 《清史编年》第 3 卷《康熙朝下》,第 56 页。
② 梁廷枏:《粤海关志》卷七《设官》,第 131 页。
③ 雍正六年五月二十四日《广东巡抚杨文乾奏报苏禄国贡使阿石丹座船被风飘至香山澳已加安顿给修船椇情形片》,《明清时期澳门问题档案文献汇编》(1),第 156 页。
④ 《清宫粤港澳商贸档案全集》第 2 册,第 585 页。

黄昌盛船只","雇有朱合利商船"回国。①

（三）粤海关在海难商民救助中的职责

根据《广东通志》记载，康熙二十四年开禁南洋，始设粤海关监督。雍正二年，改归巡抚；七年复设监督；八年八月归总督，九月归广州城守，并设副监督；十三年专归副监督。乾隆七年，归督粮道；八年又放监督，是年四月归将军；十年归巡抚；十二年归总督；十三年又归巡抚；十四年归总督；十五年三月归巡抚，是年四月归总督。嗣后专设监督，仍归督抚稽查，外夷向化，番舶日多。② 表1中的地方大员，如署广东巡抚阿克敦、广东巡抚杨文乾、广东巡抚鄂弥达、曾任广州将军和两广总督的策楞等，均兼任粤海关监督，粤海关参与了大部分的海难商民救助，官员要向朝廷奏报到粤洋船数目以及接济难船情形。如乾隆二十六年九月广东巡抚托恩多奏报，称"窃照粤东设立海关通商贸易，外洋番船每于夏秋陆续进口"，"臣蒙恩命兼理关务，责在弹压稽查"，对于"西洋黄旗国夷商雪呢满船只驶至白石礁海面撞礁击碎，船货沉溺"的海难处理，则是"照例抚恤，支给口粮，另拨哨船护送来省，俟有便船搭载归国"。③ 经归纳，粤海关在海难商民救助中主要承担提供援助、完善监管和减免税费三个方面的职责。

提供援助。海难商民救助抚恤费用由粤海关经费支出，"凡遇被风坏船，商人俱由地方官查明，通详海关动支给发"。④ 雍正九年四月粤海关监督祖秉圭在奏报粤海关关税收支清数情况以及去年进口洋船的数目时，就提到"奉旨赏赐沉船番商回国盘费银一千九百九十五两"。⑤ 广东海关副监督郑伍赛在奏报为赈恤遭风难商并减免部分税银折中，提到"粤海关衙门向有赈恤难商之例……动支归公杂项银两"。⑥ 乾隆七年，左都御史管广东巡抚事王国安、署理广东广西总督印务庆复在奏报粤海关关税盈余银两收支各数折中，指出"该关支销各火足、工食，并解部饭食、解饷水脚、镕销折耗、赏给洋商难商，及各州县解饷盘费，修葺税馆巡船，一切杂用等项，共

① 乾隆四年七月二十五日《两广总督马尔泰题报乾隆三年分发遣难番归国日期本》，《明清时期澳门问题档案文献汇编》（1），第186页。
② 阮元监修《广东通志》卷一八〇《经政略二十三·市舶》，清道光二年。
③ 中山市档案局编《香山明清档案辑录》，上海古籍出版社，2006，第733页。
④ 《香山明清档案辑录》，第719页。
⑤ 《清宫粤港澳商贸档案全集》第1册，第446页。
⑥ 《清宫粤港澳商贸档案全集》第2册，第657页。

银四万二千七百二十五两一钱六分九厘"。① 乾隆八年，广东巡抚王安国、粤海关监督伊拉齐也奏报粤海关支销"共银三万九千七百八十六两六分六厘"，其中也包括"赏给洋商难商"。②

完善监管。《粤海关志》载："海防重其险而难犯，口岸则取其通而行。"③ 正反映了粤海关在开放口岸，既要通关便利又要兼顾海防的理念。一般来说，凡来广州贸易的外国商船，必须先向澳门海防同知报告，提出申请并接受海关监督，进出商船经过检查和丈量，全体船员和武器装备经过清点，手续完成后由澳门海防同知发出"部票"（通关证明），商船得通过同知雇用认可的"引水"，才被允许驶进黄埔挂号口，联系十三行开展贸易活动。凡是外国商船都要有官方统一管理的引水挂号、甘结、许可证、丈量、担保，船至虎门，须起卸船上护航火炮，待出口时发还。《粤海关志》记载一件港脚船出口被师船（水师船只）放炮轰击之事，当时地方部门均表示"货船已领红牌，自应放行，不可阻止"，"但该船已赴税馆报明，税口亦应就近知会炮台，方知何船出口，以凭转报"，所以规定"嗣后货船领牌出口，由税口知会炮台，弁兵可免歧误"，"货船出口，既已领牌，自应即由税口随时知会炮台验放，以免阻止，致滋纷扰"。④ 这显示粤海关根据对外贸易管理中制定的规范，对外国商船的行驶停泊执行有关管理规定和要求，通过对船牌、执照的验核和放行等协助清政府有效建立较为严密的海防管理和弹压稽查外船监管制度。

对于遭遇海难的外国商船，"如已破烂，酌量发遣归国"，如果"查验原船可修，即与修整发遣"。⑤ 乾隆二十六年（1761），琉球国中山难番大城等十七名遭遇海难，船只漂入香山县属澳门洋面，查验船只，委系损坏，于是"难夷"将船与棉花就地变卖，最后由属地官府逐程护送前往福建省琉球馆，"代为觅船回国"。⑥ 乾隆五十四年，有日本国难番伊兵卫等十五人遭风，漂至广东惠来县属乌涂澳外，也是"照例支给口粮、行粮、茶薪等银，

① 《清宫粤港澳商贸档案全集》第 2 册，第 753 页。
② 《清宫粤港澳商贸档案全集》第 2 册，第 845 页。
③ 梁廷枬：《粤海关志》卷五《口岸一》，第 63 页。
④ 梁廷枬：《粤海关志》卷二九《夷商四》，第 562 页。
⑤ 雍正十年闰五月十八日《广东巡抚鄂弥达题报雍正九年分发遣难夷归国日期本》，《明清时期澳门问题档案文献汇编》（1），第 14 页。
⑥ 乾隆二十七年三月二十六日《两广总督苏昌题报乾隆二十六年分发遣难番归国日期本》，《明清时期澳门问题档案文献汇编》（1），第 26 页。

委员送至浙江乍浦同知交收，搭船回国"。① 对于船只可以修复的，如乾隆二十四年琉球国太平山难番山阳西表等三十七人，在洋陡遭飓风漂至广东潮阳县，"经该县查明，支给口粮菜薪，及修整船只"，最后由福建省拨来的通事带引该难番等，由潮阳县开行经国内相关水路，逐程护送至福建省琉球馆，"另行发遣回国"。② 当时，由于涉及对外国商船的行驶停泊进行监管，因此粤海关发出船牌，两广总督同闽省拨来通事带引，属地水师逐程护送。若进入闽海关的口岸，闽海关就要验核船牌执照无误再行发牌，放洋交水师至福建外洋最后一汛，这时外国商船根据闽海关船牌发遣回国。若商船直达福建外洋最后一汛，并无在闽海关管辖口岸停泊、上落货及人员变动，那么商船就根据粤海关发放的船牌发遣回国。

减免税费。《粤海关志》载："国家之设关税，所以通商而非累商，所以便民而非病民也。"③ 粤海关对遭遇海难的外国船只及其货物实行减免税费的政策，以显示怀柔之意。雍正五年（1727），署广东巡抚兼粤海关监督阿克敦奏报，暹罗国船奉清政府运米令，"用敢驾运米石，随带货物往闽"，然而"被风收入广省，所有米石除湿烂消耗，计存无几，乞照价粜卖"，"除商货照例征收税饷外，查带来之米不及千石，税饷无多。臣宣扬皇上柔远致意，概免征收，依时价于省城发卖"，并"严饬商行，不许抑勒"。④ 雍正九年，粤海关监督祖秉圭奏言："去年被风飘泊广东电白县地方之洋船一只，今于本年四月初二日已得风进口，其船货虽系原固，毫未伤损，但番人商众守候一年，其应税项应否邀恩宽免一半，以示招徕。"⑤ 雍正御批："嘉悦览之。凡似此外国商贾之事，但务施恩得体，据理为之，万不可因小利而令外人鄙笑。所得些须，何能偿其所失？志之。"⑥ 乾隆三年（1738），粤海关副监督郑伍赛也奏报为赈恤遭风难商并减免部分税银，对"失水之货物、损坏之船只减免钞规"，同时"动支归功杂项银两""赈恤难商"，⑦ 以"推

---

① 乾隆六十年七月十八日《广东巡抚朱珪奏报日本国遭风难民附船到澳门送往浙江搭船回国折》，《明清时期澳门问题档案文献汇编》（1），第617页。
② 乾隆二十六年二月二十日《两广总督李侍尧题报乾隆二十五年分发遣难番归国日期本》，《明清时期澳门问题档案文献汇编》（1），第25页。
③ 梁廷枏：《粤海关志》卷一《皇朝训典》，第3页。
④ 《清宫粤港澳商贸档案全集》第1册，第298页。
⑤ 《清宫粤港澳商贸档案全集》第1册，第446页。
⑥ 《清宫粤港澳商贸档案全集》第1册，第449~450页。
⑦ 《清宫粤港澳商贸档案全集》第2册，第657页。

广圣主怀柔之仁"，"昭天朝旷典"。① 粤海关亦通过减免相关税费的方式处理涉事的船只及其货物，此举既可将海难商民尽快发遣回国，也能彰显大国外交气度。

三　粤海关在海难商民救助中所发挥的作用

（一）充分落实国家外交政策

在明初，国家就确立了政治上"怀柔远人"的和平外交理念，以及经济上"厚往薄来"的外交政策。清政府也延续了"怀柔"的思想。顺治对朝鲜海难商民的处理是"敕所司，周给衣粮……备船只转送还乡"，② 康熙对日本海难商民的处理是"着该省督抚量给衣食，护送浙省，令其回国"。以上事例都显示清前中期国家通过优厚对待外国漂风难民以实施"怀柔远人"的外交政策。对海难商民进行适切救助，在外交上可以更好地彰显清朝在东亚及东南亚海域的地位，认可和鼓励中外在海洋上的适当的互动。粤海关成立后，中外交流不断深入，囿于恶劣的海土天气以及航海造船技术不发达，不少海难人员漂流至广东口岸。乾隆十年七月二十八日③两广总督兼粤海关监督策楞奏报荷兰等国船只按例接济水米时，指出"今贺兰（荷兰）之船，既因趁洋前往日本，遭风至此，自应准其买备水米，以昭天朝柔远之仁"。道光九年七月，两广总督兼粤海关监督李鸿宾、广东巡抚卢坤奏报澳门额船运来"日本国难夷"十三人，但"广东向无赴日本国贸易商船，无从由本省遣送回国。惟查嘉庆十八年暨二十年，有日本国难夷遭风漂流到粤，经前督臣蒋攸铦先后奏明，委员护送浙江，交乍浦同知收管、附便搭送回国在案"，此次日本国难夷遭风经吕宋船拯救到粤，"事同一律，自应查照向办成案，即为资送回国，以仰副圣主怀柔远人至意"。④ 粤海关通过履行口岸监管机构职责，利用海关税收为海难商民提供资金援助抚恤，为涉事

① 《清宫粤港澳商贸档案全集》第 2 册，第 658 页。
② 《皇朝文献通考》卷二九五《四裔考》，乾隆五十二年影印本，第 170 页。
③ 根据《香山明清档案辑录》，时间为乾隆十年七月二十八日，核对《清宫粤港澳商贸档案全集》扫描件，时间应为乾隆十年九月初六日。《香山明清档案辑录》，第 420 页；《清宫粤港澳商贸档案全集》第 2 册，第 657 页。
④ 《香山明清档案辑录》，第 498 页。

船只和人员的证照登记、货物贩卖、出境许可办理有关手续，进一步代表清政府对他们在中国的各种活动进行支援、监督和管制，协助海难人员持有合法证照从海路、陆路等经由中国对应口岸回国，从而充分落实国家外交政策。

（二）确保国家监管制度有效实施

在清代，政府十分重视对船舶及其货物、人员的监管，希望通过严密有效的监管制度保障国家安全和稳定。粤海关作为清政府最重要的口岸监管机构，需要履行发牌、引水、押船、验照、丈量、开仓、放洋等监管职责。在日常监管中，粤海关对船只和人员"先验看地方官印照，然后给牌"，① "海关各口如遇往洋船只倒换照票，务须查验人数登填簿籍，钤盖印戳，始准放行"。② 船只、人员、货物等经过海关监管的口岸时，"守口员弁验照放行，仍将印照移回缴销。如无印照，不准进口"，③ 对于离境船只、人员、货物的监管方式也基本相同。在海难商民救助过程中，粤海关同样切实履行监管职责，如嘉庆十五年（1810），一艘英国商船损坏后急需回到母港修理，就向粤海关申请，希望允准给红牌，使遭遇海难的商船合法"出口行到定处"。④ 乾隆三十五年（1770），安南国难番桓美等男妇共四十七名，"空船出港，在洋被风"，后"该番等自愿将船变卖给价收领"，并雇用在粤海关登记造册的本港船，获粤海关"缮具护照给发载送"，⑤ 方合法开行回国。粤海关通过严密落实清政府监管要求，切实履行监管机构的职责，确保监管制度的有效实施。

（三）对受难商民进行适切救助

在"怀柔远人"的外交策略指导下，清政府逐步建立了较为完善的海难救助制度，粤海关履行有关职责，从物质抚恤、税收减免、通行便利等方面对海难商民给予适切的帮助。如粤海关副监督郑伍赛就提到有关规定：

---

① 《大清律例》卷二〇《兵律·关津》，第1723页。
② 《大清律例》卷二〇《兵律·关津》，第1747页。
③ 梁廷枏：《粤海关志》卷一七《禁令一》，第342页。
④ 冷东、邢思琳：《清代前期广州口岸海难救助》，《广州城市职业学院学报》2018年第1期。
⑤ 乾隆三十六年二月十二日《两广总督李侍尧题报乾隆三十五年分发遭难番归国日期本》，《明清时期澳门问题档案文献汇编》（1），第395页。

"粤海关衙门向有赈恤难商之例……动支归公杂项银两。"① 对于获得救助后海难商民的感激情况，其中一份奏折的描述较为详尽："该番商众长跪接受皇赏，齐齐免冠罗拜，以手指心指天，同声言语多时。当据通事传译番语，云'我等来广贸易，不幸被风，将船打沉，今蒙皇帝天恩，既免税银，又复赏赐回国盘缠，此诚从来未有之恩，感激之心，口说也不能尽。我们在此望北叩谢，就要趁风开行回归本国，唯有早晚焚香，顶祝宣扬天朝皇帝恩典，举国感激'等语。临行又各欢呼叩头。"② 雍正九年六月，广东总督郝玉麟在奏报捞获并给还来自吗吧喇国的海难商人哈问士等沉失银两时，就指出"查前准监督臣祖秉圭咨据难番哈问士等蒙圣恩柔远，厚赏盘费，并按名赏给难梢银两搭船回国，众心感激，顶祝无地。今沉失货物，又经节次兵役协助防守，捞获累累，不时严行查察。番商得所皆沐皇上同仁溥惠格外洪恩，海僻番民欢欣永戴"。③ 雍正十年（1732）七月，暹罗一艘货船"被风击坏，飘至广东省香山县"，获救后粤海关"免其税饷"，"酌动公项"，"给粮养赡"，"每名给路费银六两"，再安全护送其搭船回国。因此暹罗国王特遣船户于雍正十一年九月携带货物土仪前来表达感谢。④ 类似的例子数不胜数，真实地反映了清政府对海难救助的重视以及粤海关的切实执行，较好地为海难商民提供了帮助。

（执行编辑：欧阳琳浩）

---

① 《清宫粤港澳商贸档案全集》第 2 册，第 657 页。
② 《清宫粤港澳商贸档案全集》第 1 册，第 447~448 页。
③ 《清宫粤港澳商贸档案全集》第 1 册，第 459 页。
④ 《清宫粤港澳商贸档案全集》第 2 册，第 532~534 页。

1759 年洪任辉事件所见清中期治理的制度困局：以 6%加征和 1950 两规礼为中心

冯　佳[*]

摘　要： 洪任辉事件是鸦片战争前中西方冲突的标志性事件，因其直接诱导了广州一口通商政策的形成，历来是史家讨论的热点。既有的研究一般仅从清廷的材料出发，从清廷方面揣摩其颁布一口通商政策的动机和意图何在，不免倒果为因，误将制度的表象当成了制度本身。本文以英属东印度公司的两项关税诉求为着眼点，指出清廷处理洪任辉事件的结果和随后一口通商政策的出台，实为在既有制度框架内解决问题之手段，反映的恰是 18 世纪以来清政权"高专制权力"和"低基层渗透"、世袭君主制和官僚制等根本制度层面的危机，一个清廷难以解决的制度困局。

关键词： 洪任辉事件　粤海关　英属东印度公司　内务府

一　前言

1757 年，乾隆帝颁发谕旨：限番商于广州一口交易，不得再赴宁波。[①]

---

* 冯佳，山东大学历史文化学院副研究员。本文系国家社科基金青年项目"清代皇室财政与皇权政治演变研究"（20CZS036）、山东省社科规划优势学科项目"清代皇室财政与政府财政分开的制度史研究"（19BYSJ56）阶段性成果。

① 王之春：《清朝柔远记》，赵春晨点校，中华书局，1989，第 103 页。

为突破广州贸易不自由的束缚，1759 年英属东印度公司派洪任辉（James Flint）不顾清廷禁令再度北上，祈望将公司的诉求越过粤海关监督和行商而直达乾隆帝。[①] 尽管清廷依照洪任辉呈词所控诉的粤海关勒索外商之事，惩办了时任粤海关监督的李永标及其家人、吏役，然而不仅洪任辉呈词的四项主要诉求无一受理，而且在随后两广总督李侍尧颁发的《防范外夷规条》中，广州一口通商的制度进一步法律化，为《南京条约》签署前中西贸易架构之滥觞。[②]

洪任辉事件是鸦片战争前中西方冲突的标志性事件，因其直接诱导了广州一口通商政策的形成，历来是史家讨论的热点。通过爬梳记载该事件的各类档案文献，既有研究从不同角度出发呈现了广州一口通商政策出台的多重面相。

第一种观点认为，广州体制的形成是广州不可比拟的对外贸易优势所决定的。[③] 这一点不仅体现了粤海关在清廷各海关中的特殊地位，而且还表现在这样一个事实上，即 17 世纪后半叶英商甫在厦门设立商馆，广州便已成为英国商人梦寐以求的通商口岸。[④] 第二种观点是，清廷出于防范"奸民"和"夷商"的媾和，担心宁波变成第二个澳门。[⑤] 中国人历来有将西洋人视为生事之徒的偏见。[⑥] 对外国商人来华贸易港口限定政策的实施实则是为避

---

① 《清史稿》卷一二九《邦交二》，中华书局，2019，第 4515 页。

② 据东印度公司材料，1759 年洪任辉递给乾隆帝的四点诉求如下：第一，废除 1950 两规礼；第二，免除 6% 进口货物加征和支付给监督的 2% 附加费；第三，获准自己支付关税，而不是以出于其私利而征收额外费用的保商为中介；第四，有直接见到粤海关监督、两广总督的渠道。参见 H. B. Morse, *The International Relations of Chinese Empire: The Period of Conflict, 1834-1860*, London: Longmans Green, 1910, p. 67。洪任辉事件对广州体制的形成之影响，参见 H. B. Morse, *The Chronicles of the East India Company Trading to China, 1635-1834*, Vol. 5, Oxford: Clarendon Press, 1926, p. 93；张德昌：《清代鸦片战争前之中西沿海通商》，《清华学报》第 10 卷第 1 期，1935 年。

③ 〔美〕范岱克：《广州贸易：中国沿海的生活与事业（1700~1845）》，江滢河、黄超译，社会科学文献出版社，2018，第 4~5 页。

④ 粤海关设立之早及地位之特殊，参见李金明《清代粤海关的设置与关税征收》，《中国社会经济史研究》1995 年第 4 期。有关 17 世纪后半叶英属东印度公司开辟广州作为通商口岸的努力，参见 H. B. Morse, *The Chronicles of the East India Company Trading to China, 1635-1834*, Vol. 1, Oxford: The Clarendon Press, 1926, pp. 45-46, 78。

⑤ 王华锋：《乾隆朝"一口通商"政策出台原委析论》，《华南师范大学学报》2018 年第 4 期。

⑥ 张德昌：《清代鸦片战争前之中西沿海通商》，《清华学报》第 10 卷第 1 期，1935 年，第 112 页。

免重蹈澳门问题之覆辙。[①] 第三种观点结合其时西北边疆正在进行的准噶尔战争，指出江南作为清廷巨额军费的主要供应地，维持江南海疆的稳定、不使宁波成为第二个澳门，对清廷西北边疆的军事行动至关重要。[②] 第四种观点，着眼于广州在对外贸易方面长期以来的特殊地位，有学者指出，禁止番商赴浙虽然对浙人生计有影响，但影响范围远不及广州大。番商弃广州而赴宁波还威胁到了作为"天子南库"的粤海关的收入，威胁到了广州外贸既得利益集团的特权。[③] 史学家们都试图证明自己所强调的单方面原因是 18 世纪的清廷决定推行广州一口通商政策的主因，并试图声称自己所秉持的单一原因实为解释鸦片战争前清廷海外贸易政策形成的唯一钥匙。[④]

然而，这种仅从清廷方面的材料出发分析中西交流、冲突问题的原因的做法不仅忽视了作为互动另一方的英商，而且既有研究所表现出的为复杂历史问题寻找单一原因的研究方法，不免有陷入历史还原论之嫌。更具体地说，只是揣摩清廷方面颁布一口通商政策的动机和意图何在，不免倒果为因，误将制度的表象当成了制度本身。其结果则是或者结论与史实不符，或者难以就清廷 18 世纪一口通商政策的出台及延续这一"长时段"问题，形成一以贯之的解释。

首先，以广州的天然贸易优势的观点虽然可以解释 17 世纪很长一段时间英商对赴粤进行贸易的觊觎，却不能解释为何东印度公司早在 18 世纪 20 年代开始便考虑重回厦门，至洪任辉事件前数年更是继续向北、回到了多年未至的宁波。[⑤] 其次，防范外夷、国家安全的考虑一说虽然颇有说服力且为史料所直接证实，却不免有混淆"虚构"（myth）与"现实"（reality）的嫌疑。[⑥] 研究历史上制度变迁的学者已经深刻地指出，新制度往往诞生于旧

---

① 陈尚胜：《1757 年广州一口通商政策的形成与澳门问题》，耿昇、吴志良编《"16—18 世纪中西关系与澳门问题"国际学术研讨会论文集》，商务印书馆，2005，第 121~137 页。

② 曹雯：《清代广东体制再研究》，《清史研究》2006 年第 2 期。

③ 顾卫民：《广州通商制度与鸦片战争》，《历史研究》1989 年第 1 期。

④ 陈尚胜教授指出无论"闭关"还是"开放"，均体现了西方工业化国家对农业文明国家的话语霸权。陈尚胜：《"闭关"或"开放"类型分析的局限性——近 20 年清朝前期海外贸易政策研究述评》，《文史哲》2002 年第 6 期。

⑤ H. B. Morse, *The Chronicles of the East India Company Trading to China, 1635-1834*, Vol. 1, pp. 176, 296.

⑥ Lien-sheng Yang, "Historical Notes on the Chinese World Order," in John K. Fairbank, ed., *The Chinese World Order*, Cambridge: Harvard University Press, 1968, p. 22.

制度不可调和的危机之中。因为旧制度存在很大的惯性，制度中的人厌恶风险，而在旧制度框架下解决问题往往意味着更低的成本和更小的风险。[①] 以这一观点视之，清廷以中国历史上历来就有的对于番人的偏见来解释其针对西欧商人的贸易限制政策，更像是其大事化小的托词。史家止步于当事人避重就轻的解释，不免停于表象而失于实质。再次，从同时期西北军事行动的角度虽然解释了 1759 年这个时间点的特殊性，然而，这一观点却无法解释长时段视野下一口通商政策何以在清廷西北边疆平定后又延续了近一个世纪。最后，也是与本文关系最为密切的一点是，尽管有关广州一口通商政策的形成和粤海关两个问题的研究都非常丰富，然而，不仅这两个原本互为因果、密不可分的问题被人为地分成两截，而且既有研究没有将对于粤海关既得利益集团的理解放在粤海关设置、税收的特殊性等背景下进行分析，更没有充分讨论这些充满制度韧性的特殊性在作为中西制度冲突表现的洪任辉事件中所发挥的作用。

　　本文将以英国东印度公司文献为基础，围绕促使 18 世纪中叶英商弃广州、向北开辟新通商口岸的粤海关的两项加征，即 6% 的进口货物加征和每船 1950 两规礼，重审洪任辉事件及此后广州一口通商政策出台之由来。至 18 世纪中叶，粤海关新涌现出的这两项加征集中反映了清统治制度层面的两种困局。一方面，尽管雍正时期的火耗归公改革旨在将地方私征税收收归中央，然而在地方经费短缺的根本问题没有得到解决的前提下，地方税负有增无减。洪任辉诉状中所集中控诉的每船 1950 两规礼即为火耗之外新的火耗之例证。另一方面，洪任辉事件还反映了粤海关与皇权的特殊联系，集中反映了中国帝制时期皇权根植并超越于官僚体系的特点：这种与皇权的特殊纽带关系使粤海关成为 18 世纪中叶清皇室财政扩张之有力推手。因此，与既往从清廷文献出发揣摩 18 世纪中叶清廷颁布一口通商政策的考量不同，本文将以英属东印度公司的两项关税诉求为着眼点，即 6% 加征与 1950 两规礼，指出清廷对洪任辉事件的处理和随后一口通商政策的出台实为在既有制度框架内解决问题之手段，反映的恰是 18 世纪以来清政权"高专制权力"和"低基层渗透"、世袭君

---

① Wenkai He, *Paths toward the Modern Fiscal State: England, Japan, and China*, Cambridge: Harvard University Press, 2013, pp. 24–50.

主制和官僚制悖论的结合等根本制度层面的危机，一个清廷难以解决的制度困局。①

二　6% 加征与 1950 两规礼之由来

清方档案中，洪任辉呈词中所述粤海关关口勒索的各项陋规总计每船"三千三四百两不等"。然而，这些英商眼中的"勒索"（exaction），除时任粤海关监督的李永标家人、吏役勒索的二三百两"工食"外，其余 3100 余两均为"则例开载应征之项，并非李永标额外加征"。而应征的每船 3100 余两主要由两部分构成，进口、出口各项归公规礼银两，即每船番银 1950 两和梁期正银每船"一千一百七八十两至一千三四百两不等"。② 清廷的回复不仅回避了洪任辉所要求免除的各项规礼的加和 1950 两，而且对洪任辉免除 6% 进口加征的请求采取了避而不谈的对策，可见清廷处理此事时避重就轻的态度。③ 以下，笔者将依次梳理洪任辉要求免除的 6% 进口货物加征和 1950 两的来龙去脉，以期从英属东印度公司的角度，揭示粤海关各项勒

---

① "高专制权力"与"低基层渗透"是社会学家迈克尔·曼对于中央集权帝国政治结构特征的概念性总结。迈克尔·曼指出，受限于财力，起初依靠军事征服建立帝国的统治者终无法以直接控制的方式统治辽阔的疆域和远超于征服者的被征服人口，而不得不与被征服的地方精英建立一种"强制性的合作"（compulsory cooperation）关系。因此，帝国的中央集权和中央对地方社会的低程度渗透并非自相矛盾，而恰恰是历史上帝国中央集权制度一体之两面。世袭君主制和官僚制概念则出自马克斯·韦伯，前者指的是政府按照家长与家仆的关系进行组织，官员依附并效忠于皇帝；后者则指的是政府由领薪、专门化、职业化的官僚构成，一切有章可循，国家事务不以专制君主的意志为转移。不过，韦伯基于西方经验的概念总结并不能准确概括帝制时期中国的历史实际。正如黄宗智教授所说："既不是简单的世袭君主制，也不是官僚制，而是两者的矛盾结合决定了帝制后期中国的国家特征。"参见 Michael Mann, *The Sources of Social Power* Volume 1：*A History of Power from the Beginning to AD 1760*，Cambridge：Cambridge University Press，2012，p. 175；〔美〕黄宗智《清代的法律、社会与文化：民法的表达与实践》，上海书店出版社，2001，第 218 页。上述两对矛盾关系可作为阐释清廷在处理洪任辉事件过程中所反映出的两个问题的概念框架。更具体地说，这一过程中所反映出的清中央财政理性化改革后地方税关存在的火耗之外另有新的火耗的问题，以及粤海关与皇室超越官僚制的特殊利益纽带关系在英商税负日增中所起的作用分别对应上述两对矛盾关系，而清廷对这一事件避重就轻的处置，则恰恰揭示出洪任辉事件实则触及了中华帝国晚期集权与分权、世袭制与官僚制之间悖论结合的根本矛盾，是为制度当权者所无法解决的制度困局。

② 故宫博物院编《史料旬刊》（一），北京图书馆出版社，2008，第 253 页。

③ 洪任辉诉中有关免除加征的两点请求，参见 H. B. Morse, *The International Relations of Chinese Empire：The Period of Conflict*，1834-1860，p. 67。

索背后清廷不可言说的秘密。

英属东印度公司于厦门建立在华通商的第一个据点（1676）后不久，英商便已经认识到，尽管名义上清廷官方税率不高（官方税率为 6%，这个税率远低于同时期的英国），但由于官员薪俸微薄，"索费、特权收益、规礼、勒索、贿赂"（fees，perquisites，presents，exactions，bribes）种类、数量异常繁多，实际税负远高于刊布税率。[①]据英属东印度公司的材料，1687年在厦门的英商首次被要求缴纳梁头银（measurement dues），官方关税之外的负担包括"规礼、小费、报酬和贿赂"，且存在重复征收的现象：除华商代缴的部分之外，还有外国商船自己支付的梁头银。[②]

1700 年，为了吸引英商到广州贸易，清廷免除了华商代缴的部分。然而，在那之后，英商便发现各类附征逐年加增，种类之繁多，令人应接不暇。[③]初有"百分三"之税。[④] 1704 年 9 月 25 日，时任粤海关监督安泰离任前，又有所谓"百分四"之税附加于正税外。据东印度公司文献，这项新的附征是作为中间人的华商以非正式的方式支付给通事（Linguister）并由通事转送给监督的 1% 酬谢费以及向华商索取的 3% 办事酬金的加和。[⑤] 1718 年，英商大班抵达广州后便向粤海关监督提出了免除 4% 进口加征、所有税款在缴纳梁头银时一并完纳的请求。尽管答应了其他条件，4% 加征的请求还是被否决了。[⑥]此后，来华的英商大班屡屡抗争，然而至 1723 年，4% 的进口货物加征径直涨到了 6%。英商大班坚持此项加征不在官方税则内，为前任监督之苛捐。而时任粤海关监督的那山则以此项加征"存在已

---

① H. B. Morse, *Chronicles of the East India Company Trading to China*, *1635 - 1834*, Vol. 1, pp. 45，70，81.

② H. B. Morse, *Chronicles of the East India Company Trading to China*, *1635 - 1834*, Vol. 1, pp. 80-81.

③ H. B. Morse, *Chronicles of the East India Company Trading to China*, *1635 - 1834*, Vol. 1, p. 100.

④ H. B. Morse, *Chronicles of the East India Company Trading to China*, *1635 - 1834*, Vol. 1, p. 189；梁嘉彬：《广东十三行考》，广东人民出版社，1999，第 90 页。

⑤ H. B. Morse, *Chronicles of the East India Company Trading to China*, *1635 - 1834*, Vol. 1, p. 140. 粤海关监督名录，参见梁廷枏辑《粤海关志》（一），台北：成文出版社，1968 年影印本，第 472 页。

⑥ H. B. Morse, *Chronicles of the East India Company Trading to China*, *1635 - 1834*, Vol. 1, p. 158.

久"为由采取了避而不谈的态度。①

初至广州时，虽然1708年清廷新增6%加征，英商仍觉税负远低于其时之欧洲各国。② 然而，1723年免除6%进口货物加征的努力未果后，英商竟萌生了弃广州、重回厦门的打算，实则暗示此时英商在广州的实际税负尚不止6%一项。③ 显然，像这样将家人属吏、通事私征的部分收归官有，对于英商来说，并非仅仅是税款易手的问题。事实上，在地方管理经费不足未有改观的情况下，陋规收为官有，而家人属吏、通事之私征依旧，英商的实际税负无异于名义附征额的两倍。1748年，据两广总督策楞奏报，长久以来，"规例条款碎繁"，"有减免在前，仍行造入册内者；有续经奉文宽免，而未及删除者"，普遍存在"重复科征"的问题。④

1724年清廷推行火耗归公改革。该项改革虽意在限制地方私自摊派，然而仅从粤海关的情况来看，改革后英商的实际税负不降反升。据载，粤海关"向征外洋商船税正课之外，另有船规、分头担头耗羡等项银两"，从前系官吏"私收入己"。1726～1729年，耗羡银两归公奏报解京。⑤ 然而，刊刻奏报的税则不仅仍出自书吏之手，不免"格外需索"，而且若干已经奏明刊入例册的规银，家人、巡役、水手等仍照收不误，实为"归公"之外又有"火耗"，"致累商民"之例证。⑥

1727年英属东印度公司文献中首次提到了1950两规礼。这一年六月到达广州的英商发现除了原征收的梁头银（measurage）之外，每船在梁头银项下又多出了1950两的规礼。⑦ 到1730年，每船征收1950两规礼已经成为惯例。⑧ 按照英属东印度公司的说法，1950两早在1704年便以

①　H. B. Morse, *Chronicles of the East India Company Trading to China*, *1635－1834*, Vol. 1, p. 175.

②　H. B. Morse, *Chronicles of the East India Company Trading to China*, *1635－1834*, Vol. 1, p. 106.

③　H. B. Morse, *Chronicles of the East India Company Trading to China*, *1635－1834*, Vol. 1, p. 176.

④　梁廷枏辑《粤海关志》（二），第560～561页。

⑤　梁廷枏辑《粤海关志》（二），第561页。

⑥　梁廷枏辑《粤海关志》（二），第563～564页。

⑦　H. B. Morse, *Chronicles of the East India Company Trading to China*, *1635－1834*, Vol. 1, p. 185.

⑧　H. B. Morse, *Chronicles of the East India Company Trading to China*, *1635－1834*, Vol. 1, p. 199.

规礼的形式零星存在。而从 1727 年开始，1950 两作为规礼的加和而成为正税，无论船只的大小、货物的重量，统一征收。① 洪任辉事件中免除此项加征的努力失败后，粤海关 1950 两规礼的征收一直到 1843 年方被取缔。②

对比东印度公司和清廷方面有关 1950 两的记载，进而可以看出粤海关规礼银合并归公后胥吏二次征收为己用的"重复科征"性质。1739 年东印度公司的日志中记录下了 1950 两的明细。其中，外国船只入口和出口征缴收入皇帝金库的数额分别为 1089.64 两和 516.561 两，另有度量单位而产生的差异银 9.359 两；其余 11 项陋规，总计 334.44 两。③ 而 1759 年，新柱等审明李永标各款的奏折中，洪任辉诉状所罗列的关口勒索的各项陋规，共计 355.7 两。④ 洪任辉所控诉的粤海关私征陋规比此前"归公"规礼还略多。

随后，新柱调查后所做出的结论也指向了粤海关"归公"规礼之外另有"私征"规礼的事实。新柱、李侍尧的奏折中罗列了外洋番船进口规礼共计 30 条，出口规礼共计 38 条，"头绪棼如，实属冗杂"。⑤ 奏折中还揭示了与直省各关相比，粤海关陋规的特殊性："直省各关从无规礼名色载入则例，独粤海关存有此名者，因从前此等陋规皆系官吏私收入己。自雍正四年起，管关巡抚及监督等节年奏报归公，遂同正税刊入例册，循行已久，自当仍旧征收。但存此规礼名色，在口人役难免无借端需索情弊。"⑥

清廷调查出的粤海关胥吏私收陋规的问题虽然客观上加重了东印度公司的税负，却非后者抗争的主要议题。18 世纪前半叶，粤海关对外国商船的附征巧立名目，数额逐年加增。1728 年 8 月，粤海关以"入于皇帝金库（Emperor's Treasury）"为名，对刚入口的两艘英船进口或出口货物加征了

---

① 法国每船的规礼数额为 2050 两，来自印度的港脚船每船缴纳 1850 两。H. B. Morse, *Chronicles of the East India Company Trading to China*, *1635-1834*, Vol. 1, p. 268.

② 〔美〕范岱克：《广州贸易：中国沿海的生活与事业（1700~1845）》，第 6 页。1743~1774 年东印度公司船只在华贸易缴纳关税的项目和数额，参见 H. B. Morse, *Chronicles of the East India Company Trading to China*, *1635-1834*, Vol. 5, Appendix AL.

③ H. B. Morse, *Chronicles of the East India Company Trading to China*, *1635 - 1834*, Vol. 1, p. 268.

④ 故宫博物院编《史料旬刊》（一），第 253 页。

⑤ 故宫博物院编《史料旬刊》（一），第 337 页。

⑥ 故宫博物院编《史料旬刊》（一），第 337~338 页。

10%的"缴送费"。① 这项附征引起了英商的强烈反对。② 在粤海关的苛政面前，英商一筹莫展，这也助长了粤海关监督无度加征的嚣张气焰。英商认为，这些原本出于"自愿"的规礼（voluntary gifts）如今变成了强制性的税款（Arbitrary and Annual Taxations），而且税无定法，监督可以对英商船上携带的任何物品征税，而不仅仅局限于商货。③

附征名目之繁杂、头绪之纷乱实为其时包括英商在内的所有欧洲商人之观感。1732 年，英、荷、法、比利时、瑞典的商人一道提交了一份联合声明，其条款如下：1. 请求粤海关官员澄清究竟哪些是正税；2. 免除他们缴纳已久的 6%加征；3. 免除近 3~4 年附加的 10%进出口货物税；4. 免除买办通关所支付的部票金（Chop）；5. 免除每船 1950 两的规礼。外商认为以上 6%、10%和 1950 两均有悖于皇帝自己的意愿、不在官方税则之内，是为粤海关之私征。清廷官员避实就虚，欧洲商人的抗税斗争无果而终。④

此后，英属东印度公司的抗税此起彼伏，终于在 1736 年乾隆改元之始迫使清廷裁革了 10%的"缴送费"。英商逐渐意识到免除全部加征的难度，于是在 1733 年将注意力集中到免除 10%"缴送费"的努力上来。英方以当季的两艘英国商船并非来自印度的港脚船只（country ships）为由，要求免除 10%"缴送费"。⑤ 然而，10%的"缴送费"在随后的 1734 年征收依旧。1735 年，英属东印度公司再度提出免除 10%"缴送费"的要求，监督百般刁难后，英商以北上厦门相威胁。⑥ 英商的努力终于在 1736 年乾隆登基时有了转机。这一年的上谕里，乾隆帝承认 10%"缴送费"与历来梁头银加船钞的旧例不符。至于加增"缴送"税银，尤非其"加惠远人

---

① H. B. Morse, *Chronicles of the East India Company Trading to China, 1635－1834*, Vol. 1, p. 189.

② H. B. Morse, *Chronicles of the East India Company Trading to China, 1635－1834*, Vol. 1, p. 192.

③ H. B. Morse, *Chronicles of the East India Company Trading to China, 1635－1834*, Vol. 1, p. 195.

④ H. B. Morse, *Chronicles of the East India Company Trading to China, 1635－1834*, Vol. 1, p. 211.

⑤ H. B. Morse, *Chronicles of the East India Company Trading to China, 1635－1834*, Vol. 1, p. 216.

⑥ H. B. Morse, *Chronicles of the East India Company Trading to China, 1635－1834*, Vol. 1, p. 233.

之意"，下令"查照旧例按数裁减"。① 然而，据英商所述，尽管有乾隆谕旨，监督仍然执意收取 1736 年的"缴送"银，裁减该项附征从下一年开始执行。此外，办理该项裁减时，官商以办事费为名，向英商索要 6000 两礼金。②

　　然而，尽管英商奋力抗争，6% 加征和 1950 两却保留了下来，是为 1759 年洪任辉事件的主要诱因之一。如前所述，6% 加征实源自 1704 年的 4% 加征，于 1722 年增至 6%；1950 两自 1727 年首次出现在英属东印度公司的文献中，尤其是到 1730 年成为惯例，此后与 6% 加征一道，成为历次英商抗税斗争中的主要议题。

　　1734 年，英属东印度公司的商人将抗争的焦点放在了 1950 两规礼的免除上，并以船只推迟不进港、去别处贸易相威胁。粤海关监督则声称免除 1950 两规礼非其权力所能掌控，最终以免除其时入口的英商等额税负作为权宜之计。③ 1736 年 8 月，英、法、荷商人在广州再度提交了一份联合声明，抗议 10%"缴送费"和 1950 两规礼。11 月，乾隆帝谕令抵达广州，同意免除 10%"缴送费"和 1950 两规礼。然而，英商大班很快意识到，减免远非一纸谕令那么简单。④ 粤海关监督先是将实施谕令里的减免推迟到第二年。而监督已经心领神会谕令的意图不过是表达一种怀柔远人的姿态，并不在意粤海关关税的细节。⑤ 1737 年，当英商试图借着乾隆帝撤销 10%"缴送费"的契机，进而免缴 6% 加征和 1950 两规礼时，粤海关监督却以前一年已为其免除 10%"缴送费"为借口而拒绝了。⑥ 鉴于广州税负的沉重，1744 年，在英属东印度公司自厦门迁至广州进行贸易的四十年后，英商首次再度造访厦门。⑦ 由于 1950 两是

---

① 梁嘉彬：《广东十三行考》，第 91 页。据英属东印度公司编年史 1734 年的记载，10% 的缴送费实则为 16%。H. B. Morse, *Chronicles of the East India Company Trading to China*, *1635-1834*, Vol. 1, p. 223.

② H. B. Morse, *Chronicles of the East India Company Trading to China*, *1635 - 1834*, Vol. 1, pp. 250-252.

③ H. B. Morse, *Chronicles of the East India Company Trading to China*, *1635 - 1834*, Vol. 1, p. 223.

④ H. B. Morse, *Chronicles of the East India Company Trading to China*, *1635 - 1834*, Vol. 1, p. 249.

⑤ H. B. Morse, *Chronicles of the East India Company Trading to China*, *1635 - 1834*, Vol. 1, p. 250.

⑥ H. B. Morse, *Chronicles of the East India Company Trading to China*, *1635 - 1834*, Vol. 1, p. 260.

⑦ H. B. Morse, *Chronicles of the East India Company Trading to China*, *1635-1834*, Vol. 5, p. 4.

按船征收，这对于货物少、吨位低的船只尤其不利。由于英商的贿赂利诱，1750 年 10 月，粤海关监督同意免除 True Briton 号 1950 两的规礼，条件是豁免的英商必须保守这一秘密，以防其他欧洲商船提出同样的诉求。①

1750 年减免 1950 两规礼仅为特例。1755 年英属东印度公司的记录显示，其在广州入口的商船依旧缴纳，1950 两已成为惯例。② 1755 年，英商已经开始考虑北上宁波贸易：一方面广州苛捐杂税日益繁重；另一方面，宁波更靠近英商所需的茶叶和丝绸货品产地。③ 这与清廷文献所记乾隆二十年（1755）四月，"有往宁波贸易之红毛番船一只""六月又到有一只""乾隆二十年至二十二年，屡有红毛夷船来浙"，恰相吻合。④ 据广东巡抚乾隆二十二年的奏报，"乾隆十九年共到洋船二十七只，乾隆二十年共到洋船二十二只，乾隆二十一年共到洋船一十五只，乾隆二十二年共到洋船七只"。由于粤海关"每年所收税银，惟视洋船之多寡以定盈绌"，洋船递年减少，以致粤海关盈余税银减收严重。⑤ 1757 年，清廷照粤海关则例，将浙海关税提高一倍，企图以浙江高税额、"不禁之禁"的手段逼迫英商重回广州。⑥ 不久，又向英商申明："浙海已奉禁开港不准贸易。"⑦ 一边是无论如何都不能免掉的 6% 加征和 1950 两，而另一边则是"以不禁为禁"的浙海关，最终逼迫英属东印度公司在乾隆二十四年委派洪任辉绕过粤海关和浙海关，向北探寻新的通商口岸。⑧

作为洪任辉事件的直接诱因，6% 加征和 1950 两规礼之难以免除实则与这两项加征的特殊性质有关，而对这一点，清廷文献始终讳莫如深。借助英属东印度公司文献，我们得以了解 6% 加征和 1950 两背后不可言说的秘密。早在 1728 年，英商便从行商处得知，6% 加征与 1950 两之不可免，是由

---

① H. B. Morse, *Chronicles of the East India Company Trading to China，1635-1834*，Vol. 5. pp. 7-8.

② H. B. Morse, *Chronicles of the East India Company Trading to China，1635-1834*，Vol. 5, pp. 22，46.

③ H. B. Morse, *Chronicles of the East India Company Trading to China，1635-1834*，Vol. 5, p. 25.

④ 故宫博物院编《史料旬刊》（二），第 129 页；故宫博物院编《史料旬刊》（一），第 241、750 页。

⑤ 故宫博物院编《史料旬刊》（一），第 206 页。

⑥ 梁廷枏辑《粤海关志》（二），第 567 页；王之春：《清朝柔远记》，第 103 页。

⑦ 故宫博物院编《史料旬刊》（一），第 193 页。

⑧ H. B. Morse, *Chronicles of the East India Company Trading to China，1635-1834*，Vol. 5, p. 68.

于这些税款"入于皇帝之金库"。① 1734 年，英商又从粤海关监督处得知，免除 1950 两不在其职权范围之内。② 1735 年，粤海关监督声称，1950 两的免除，他甚至"不敢启口"，因为这些加征最终归于皇帝金库，故而免除这些加征的努力都将是徒劳。③ 1757 年，英商已经意识到，无论他们如何抗争，1950 两都无法免除，因为其中的大部分都入于皇帝的金库。④ 1759 年，监督特别强调了 1950 两的特殊性，这是英商所有诉求中唯一不能向皇帝禀告的部分。⑤ 洪任辉事件后的 1762 年，粤海关给英商的回复中重申，1950 两规礼和 6% 的出口加征均为皇室金库（Royal Treasury）收入，不能做任何更改。⑥

英商数十年间屡次争取 6% 加征与 1950 两的免除而未果，实为洪任辉事件最为直接的诱因。这两项加征不仅反映了火耗归公改革后地方经费仍然短缺、税负加倍的问题，而且还折射出粤海关与皇权的特殊关系，反映的恰是清统治"高度中央集权"和"低度渗透基层"之根本制度困境。

无怪乎清廷对洪任辉事件的处理采取的是避重就轻、息事宁人的态度。1759 年，新任粤海关监督新柱与两广总督李侍尧，向英商声明了清廷官方对于洪任辉所控诉的粤海关加征税款的处理决定：既往陋规是由于前任监督李永标纵容家人、吏役收取陋规，故免去"一切陋规"，尽管洪任辉的实际诉求是免去 6% 加征和 1950 两，尤其是与陋规相关的 1950 两，而后者实为清廷已载入则例的正税。⑦

三　乾隆时期皇室财政的扩张和粤海关

包衣组织根源于满族早期社会。随着清朝入关，皇属包衣组织的地位也

---

① H. B. Morse, *Chronicles of the East India Company Trading to China, 1635 - 1834*, Vol. 1, p. 189.

② H. B. Morse, *Chronicles of the East India Company Trading to China, 1635 - 1834*, Vol. 1, p. 223.

③ H. B. Morse, *Chronicles of the East India Company Trading to China, 1635 - 1834*, Vol. 1, pp. 232-233.

④ H. B. Morse, *Chronicles of the East India Company Trading to China, 1635-1834*, Vol. 5, p. 57.

⑤ H. B. Morse, *Chronicles of the East India Company Trading to China, 1635-1834*, Vol. 5, p. 81.

⑥ H. B. Morse, *Chronicles of the East India Company Trading to China, 1635 - 1834*, Vol. 5, p. 105.

⑦ 故宫博物院编《史料旬刊》（一），第 251、343 页。

发生了变化。历经顺治、康熙两朝的制度化改革，内务府逐渐成为一个独立于国家官僚政府之外、不受六部掌控、专事皇家事务管理且完全由皇帝自主任命官员的皇家私属财政部门。[①] 内库即皇帝的荷包，则有着独立的收入来源和支出体系。清代早中期，皇家的私库收入主要包括内务府皇庄及房租收入，人参、皮货的专卖，当铺生息，关税盈余，官员进献、议罚、籍没之财产，岁贡、各国贡物，以及来自户部的拨款。[②] 皇室的支出则包括皇室日用，内务府衙门办公费、官员差役人员薪俸，宫殿、苑囿、陵寝、寺庙的修缮，祭祀、筵宴、节庆及出巡，赏赐及抚恤等。[③] 虽然，与官僚政府的收入相比，皇室金库的收入在国家财政中所占比例不大。但是，内务府的存在为皇室干预国家事务提供了制度上的自主性。尤其随着统一战争结束，清廷成为全国性政权，18 世纪在皇权高度集中的条件下，内务府赋予皇权的非正式渠道成为皇权控制国家的重要手段。

康熙末年，通过派遣包衣充任获利最丰的税关监督，内务府开始控制原本由户部奏销的部分财政收入，开启了皇室对国家财政收入的干预。清代早期，负责征税的各税关监督本是从汉人进士和各部满洲郎官中选取。至1685 年前后，内务府包衣开始进入税务行政领域。1686 年，内务府官员桑格被派往江苏的浒墅关。正是在桑格任内，"盈余"作为结算的一个项目开始出现于关税账目。终清一世，海关和内地关税盈余以"余银"的名目成为内务府税收的一部分。[④] 尽管雍正元年大部分税关交还地方管理，但内务府仍然获得了崇文门税关的监督权。乾隆时期，大部分在雍正朝交由地方督抚监管的税关重新回到内务府的掌控。内务府通过派遣官差与笔帖士，控制了户部 32 处税关中 24 处的管理权。[⑤] 户部所属的税关中岁收较多的缺分全

---

① Jonathan D. Spence, *Ts'ao Yin and the K'ang-hsi Emperor: Bondservant and Master*, New Haven: Yale University Press, 1965, p.32.

② 赖惠敏：《乾隆朝内务府的当铺与发商生息（1736—1795）》，《"中央研究院"近代史研究所集刊》第 28 期，1997 年，第 138 页；祁美琴：《清代内务府》，辽宁民族出版社，2009，第 105 页。

③ Preston Torbert, *The Ch'ing Imperial Household Department: A Study of Its Organization and Principal Functions, 1662–1796*, Cambridge: Harvard University Press, 1977, pp.123–125；赖惠敏：《乾隆皇帝的荷包》，中华书局，2016，第 16~24 页；祁美琴：《清代内务府》，第 148~163 页。

④ 罗丽达：《清初国家财政利益上的宫府之争及赵申乔的遭遇》，《新史学》第 6 卷第 3 期，1995 年，第 31 页。

⑤ 何本方：《清代的榷关与内务府》，《故宫博物院院刊》1985 年第 2 期，第 4~5 页。

都由内务府包衣垄断了。[①]

　　其中，内务府对税关的影响尤以粤海关为大。原本由两广总督兼任的粤海关监督一职，自 1751 年开始便由内务府包衣垄断。[②] 此后，几乎所有粤海关监督均为皇室的包衣奴仆。[③] 由于与内务府的密切联系，粤海关承担了诸多为皇室金库敛财的职责。粤海关每年以 3 万两为度，办进贡物四次，分别为"年贡""灯贡""端贡""万寿贡"，分别在新年、元宵节、端午节及皇帝的生日时办进。[④] 粤海关还为内务府采办贡品，传办方物，代为出售人参、东珠、玉石等物。贡品多为广东特产及新奇的舶来品，比如紫檀木器、玻璃灯屏、金银丝线、鼻烟、珐琅器、洋钟等。[⑤]

　　英属东印度公司也注意到了乾隆年间粤海关监督职权范围的扩大，与粤海关针对外商的各项附征的增加，有着密切的联系。英商注意到，由于有朝廷撑腰，粤海关监督的权力日渐增长，渐渐超出了两广总督的控制范围。[⑥] 英商还注意到，监督肩负着为皇帝在广州办贡的职责，而行商正是监督采办贡品的工具。[⑦] 1834 年鸦片战争前，一本介绍广州城的小册子也揭示出粤海关监督与内务府的密切联系："监督来自皇室的成员，由皇帝直接任命。"[⑧]

　　尤其是乾隆时期，在"盈余银""额外盈余银"的名号下，榷关的各项加征成为推高这一时期皇室财政收入的重要因素。户部所辖的 24 处税关，其课有正额、有盈余。关税盈余尽归皇室的税关有：崇文门、左翼、右翼、归化城、潘桃口、山海关、张家口、杀虎口。天津关则独创所谓"额外盈余银"，亦尽归内务府。[⑨] 这些税关多任命包衣充任监督，为内务府从税关

①　陈国栋：《清代前期粤海关的利益分配（1684—1842）——粤海关监督的角色与功能》，《食货月刊》第 12 卷第 1 期，1982 年，第 25 页。

②　陈国栋：《清代前期粤海关的利益分配（1684—1842）——粤海关监督的角色与功能》，《食货月刊》第 12 卷第 1 期，1982 年，第 20 页。

③　祁美琴：《清代榷关制度研究》，内蒙古大学出版社，2004，第 191 页。

④　陈国栋：《清代前期粤海关的利益分配（1684—1842）——粤海关监督的角色与功能》，《食货月刊》第 12 卷第 1 期，1982 年，第 22 页。

⑤　何本方：《清代的榷关与内务府》，《故宫博物院院刊》1985 年第 2 期，第 6 页。

⑥　H. B. Morse, *Chronicles of the East India Company Trading to China*, *1635 – 1834*, Vol. 1, pp. 182, 250.

⑦　H. B. Morse, *Chronicles of the East India Company Trading to China*, *1635-1834*, Vol. 5, p. 13.

⑧　*Description of the City of Canton*, The Chinese Repository, 1834, p. 29.

⑨　赖惠敏：《乾隆皇帝的荷包》，第 92 页。

"盈余"等非定额税收中谋取利益提供了便利。粤海关之税课亦"有正额，有盈余"。经过康熙年间的两次题减，至康熙三十八年（1699）粤海关正额从9万多两下降到了4万余两，而乾隆初年，仅盈余银一项便高达85万余两。① 乾隆十四年（1749），则要求不仅正额需要完纳，而且还要上缴盈余，盈余以雍正十三年（1735）为准，作为比较。② 一时间盈余银数额骤降至18万余两。由于这种固定盈余银的方式既无法实现督促作用，又不能使中央的税收得益于日渐增长的对外贸易，乾隆十九年，又恢复了与上年比较的做法。③

虽然对盈余银报解数额的要求几经变迁，但长久以来，盈余即是正课。盈余银短征，监督不仅面临"扣俸"，而且还要"依限完缴"，"限满不完，即着革职监追。如监追后仍复不完，永远监追，其子孙代赔之项，亦令依限完纳"。直至倾家荡产"扣抵请款"。④ 尤其是1754年盈余银数额不能少于上年的规定，更是对粤海关税负的升高起到了重要的推动作用。盈余银两有较上年短少者，需向户部奏报"短少缘由"。⑤ 各税关银两需"奏报盈余之后方准考核具题"。⑥ 由于盈余银的短征会直接威胁到监督的俸禄和晋升，盈余银水涨船高，成为商民税负增高的主要诱因。

乾隆年间，粤海关税入逐年加增。乾隆六年税银为29万6000余两。乾隆七年税银为31万7000余两。⑦ 乾隆十四年税银为46万6000余两。⑧ 到乾隆五十九年，粤海关税银高达117万2000余两，几为乾隆初年的四倍。⑨ 乾隆年间，粤海关税入的猛增，显然与此一时期新征税项目的加增有关。乾隆年间，税关监督遭到抄家、不能全身而退的比例之高，揭示出作为"肥缺"的粤海关监督完纳税额的压力之大。粤海关之税收主要来源于外国商船。以1757年一只英国商船为例：总货物税为2565两，

① 梁廷枏辑《粤海关志》（二），第971页。
② 梁廷枏辑《粤海关志》（二），第991页。
③ 戴和：《清代粤海关税收的考核与报解制度述论》，《海交史研究》1988年第1期，第126页。
④ 梁廷枏辑《粤海关志》（二），第973~974页。
⑤ 梁廷枏辑《粤海关志》（二），第981页。
⑥ 梁廷枏辑《粤海关志》（二），第986页。
⑦ 韦庆远：《档房论史文编》，福建人民出版社，1983，第10页。
⑧ 粤海关博物馆编《粤海关历史档案资料辑要（1685—1949）》，广东人民出版社，2018，第327页。
⑨ 韦庆远：《档房论史文编》，第10页。

可见 1950 两规礼所占税负比例之高。① 无怪乎英商的抗税斗争在 18 世纪中叶达到高潮，在抗税未果后又祭出了派遣洪任辉强行北上投递诉状的险策。

结　语

通过梳理洪任辉诉状中 6% 加征和 1950 两规礼的由来和演变，本文揭示了既往洪任辉事件研究中较少被关注的两个问题。一方面，在既有传统国家统治制度不变的情况下，中央对地方经费的控制仍然有限，中央财政的合理化财政改革实则加重了地方的税负。1950 两规礼便是火耗归公改革后，粤海关归公火耗之外另有火耗一例证。另一方面，6% 加征和 1950 两规费的不可言说性还揭示了皇权在依托于官僚制的同时，凌驾于官僚制之上的特权。② 而清廷对洪任辉事件的处理则恰好印证了洪任辉事件牵涉的清廷制度问题之深，以至于清廷采取息事宁人、避重就轻的态度。由此可见，既往研究仅就清廷档案所做出的防范夷民勾结、不使宁波变为第二个澳门、减少基督教的威胁等观点，难免有以当事人避重就轻的说辞为依据、反果为因的嫌疑。一言以蔽之，洪任辉事件的起因、发展和最后的结果都一以贯之地反映了 18 世纪中叶清代传统国家治理的根本制度性危机。

近年来，研究制度变迁的学者已经深刻地指出，当遇到挑战时，旧制度有诸多自我调节机制以确保能够渡过难关。正是因为这些自我调节机制的存在，旧制度得以长期维系；在这一框架下，危机或挑战没有削弱、反倒是强化了旧制度的韧性。③ 在这一分析框架下，尽管其诉求涉及清统治制度层面的顽疾，但洪任辉事件并不具有对清政权造成系统性危机的影响力。④ 洪任

---

① H. B. Morse, *Chronicles of the East India Company Trading to China*, *1635-1834*, Vol. 5, p. 59.

② Philip A. Kuhn, *Soulstealers*: *The Chinese Sorcery Scare of 1768*, Cambridge: Harvard University Press, 1990, p. 188; Philip C. C. Huang, *Civil Justice in China*: *Representation and Practice in the Qing*, Stanford: Stanford University Press, 1996.

③ Wenkai He, *Paths toward the Modern Fiscal State*: *England Japan*, *and China*, pp. 24-36.

④ 在孔飞力看来，鸦片战争也远非中国传统国家衰落瓦解的标志，传统国家-社会关系的崩坏不应该早于太平天国运动结束的 1864 年。参见 Philip A. Kuhn, *Rebellion and Its Enemies in Late Imperial China*: *Militarization and Social Structure*, *1796 - 1864*, Cambridge: Harvard University Press, 1970, pp. 1-10。

辉事件之后，清廷颁布《防范外夷规条》，开始全面管制外商来华贸易，广州一口通商的制度得以固化。作为外来挑战的洪任辉事件不仅未能迫使清廷在开放通商与规范关税上进行改革，反倒进一步固化了清廷既有的以政府高度干预为特征的保护性通商制度。

（执行编辑：刘璐璐）

清代嘉庆朝南海县衙告示与中外贸易管理[*]

冷 东[**]

摘 要： 英国国家档案馆收藏有一份清代嘉庆朝南海县衙纸质告示，针对清代中期广州商馆区特有的中外商业纠纷事件，宣示了清代严格的涉外管理制度，揭示了广州城市经济生活的活跃，提供了外国商馆及商馆区的宝贵信息，显示了文书事关"政通人和"的功能，为认识十三行的管理制度、地理属性、经济活动、外国商馆补充了新的资料，具有重要的研究价值。而难得的崭新且毫无损伤、粘贴痕迹的实物原件弥足珍贵，具有重要的档案文物价值，为清代中外贸易管理研究提供了宝贵文献例证。

关键词： 县衙告示 南海县 十三行 中外贸易管理

作为清代重要下行文书的县衙纸质公告，是国家基层行政单位针对管辖地方社会特有事件，直接对社会民众宣示国家政策的信息传播窗口。"州县之患，莫患乎上下隔绝，而情意不通"，[①] 告示具有传达政令、官民互动的重要功能，事关"政通人和"与社会稳定。

清代县衙纸质公告具有重要的文物价值和文献价值，已经引起学界广泛注意，总结性文章主要有吴佩林、李升涛《近三十年来关于明清告

---

* 本文系 2023 年广东省社会科学界联合会项目"清代岭南印信研究暨专题展览"（GD2023SKFC29）阶段性成果。

** 冷东，广州大学十三行研究（基地）中心教授、中心原主任。

① 徐栋辑《牧令书辑要》卷一《治原》，《续修四库全书》史部第 755 册，上海古籍出版社，2002 年影印本，第 380 页。

示的整理与研究》①；个案性研究主要有王洪兵《清代告示与乡村社会秩序的建构——以顺天府宝坻县为例》②，唐仕春《清朝基层社会法秩序的构建：会馆禀请与衙门给示》③，潘浩《清代前期榜文告示初步研究》④，卞利《明清徽州地方性行政法规文书初探》⑤。此外雷荣广、姚乐野《清代文书纲要》⑥，史媛媛《清代前中期新闻传播史》⑦ 书中也涉及清代告示的类型、内容、传播等内容。清代县衙告示的文献资料整理也成果颇丰，如杨一凡、王旭编《古代榜文告示汇存》⑧，四川省档案馆编《清代四川巴县衙门档案汇编》（乾隆卷）⑨，四川大学历史系、四川省档案馆编《清代乾嘉道时期巴县档案选编》（上、下）⑩ 等。但是从严格意义上清代县级纸质告示的研究范围来讲，仍存在区域不平衡的现象，作为清代重要通商口岸的广州还是空白；个案研究特别是蕴含丰富时代变化内容的涉外县衙告示研究仍然有很大的发掘和研究空间。

一　清代嘉庆朝南海县衙告示由来

2017 年 5 月，笔者在英国国家档案馆查阅广州商馆中文史料，即编号 FO/1048 的档案时，发现许多行商的亲笔信函，广东各级官员往来的文书、谕帖，也有行商与外商的信件、交易赊借契约、货品清单等，还发现一件嘉庆十九年（1814）南海县衙张贴的告示（见图 1），⑪ 宽约 80cm，高约

①　吴佩林、李升涛：《近三十年来关于明清告示的整理与研究》，《西北师范大学学报》2014年第 3 期。

②　王洪兵：《清代告示与乡村社会秩序的建构——以顺天府宝坻县为例》，常建华主编《中国社会历史评论》第 11 卷，天津古籍出版社，2010。

③　唐仕春：《清朝基层社会法秩序的构建：会馆禀请与衙门给示》，中国社会科学院近代史研究所编《青年学术论坛》2007 年卷，社会科学文献出版社，2009。

④　潘浩：《清代前期榜文告示初步研究》，硕士学位论文，武汉大学，2011。

⑤　卞利：《明清徽州地方性行政法规文书初探》，《安徽大学学报》2009 年第 3 期。

⑥　雷荣广、姚乐野：《清代文书纲要》，四川大学出版社，1990。

⑦　史媛媛：《清代前中期新闻传播史》，福建人民出版社，2008。

⑧　杨一凡、王旭编《古代榜文告示汇存》，社会科学文献出版社，2006。

⑨　四川省档案馆编《清代四川巴县衙门档案汇编》（乾隆卷），档案出版社，1991。

⑩　四川大学历史系、四川省档案馆编《清代乾嘉道时期巴县档案选编》（上、下），四川大学出版社，1989、1996。

⑪　英国国家档案馆：Proclamation by Acting Nan-hai Magistrate. Trade by Shopkeepers with Foreigners Must be Channelled through the Hong Merchants, upon Pain of Severe Penalties. FO 1048/14/2。

150cm，白色厚棉纸，毛笔正楷大字书写，有南海县印章及多处红笔标示。这张告示崭新，也不是底本或副本，没有任何粘贴破损痕迹，说明并没有张贴出来就到了英国人的囊中，个中原因不得而知。

图 1　嘉庆朝南海县衙告示

资料来源：笔者拍摄。

　　清代嘉庆朝的档案文书数量庞大，由于时代更迭和两次鸦片战争的破坏，纸质公告不好保存，大多已被焚毁，其余的分散在国内外众多档案馆、博物馆、图书馆之中，保存至今日者相当珍贵。虽然与广州有关的文书资料相当丰富，如《葡萄牙东波塔档案馆藏清代澳门中文档案汇编》《达衷集——鸦片战争前中英交涉史料》《鸦片战争前中英交涉文书》《叶名琛档案——两广总督衙门残牍》《明清皇宫黄埔秘档图鉴（上、下册）》《粤港澳商贸档案全集》《广东澳门档案史料选编》《汉文文书：葡萄牙国立东波塔档案馆所藏澳门及东方档案文献》等；此外，一些学者文章也有披露，举其要者，如杨国桢《洋商与大班：广州十三行文书初探》、杨国桢《洋商与澳门：广州十三行文书续探》、杨联陞《剑桥大学所藏怡和洋行中文档案选注》等。① 但这件告示应该是目前发现唯一存世的嘉庆朝涉外县衙纸质珍品，实物难得，弥足珍贵，具有重要的文物价值；也是了解研究清代广州外贸及城市发展重要的资料依据，具有珍贵的文献价值。

二　清代嘉庆朝南海县衙告示格式

英国国家档案馆藏清朝嘉庆十九年南海县衙张贴的告示，标题为《为严禁民人与夷人交涉滋事以肃功令事》，内容如下：

> 调署南海县正堂加十六级纪录十次马②
>
> 为严禁民人与夷人交涉滋事以肃功令事
>
> 照得各国夷人来广贸易买卖货物，皆由洋商经理，民人不得与夷人私相交易，以杜弊端，久经奉行，饬禁在案。兹查盐仓街广和鬼衣店铺民游正年，率同工伴陈亚宾等往保顺夷馆，向英吉利国夷人讨取工银，吵闹争殴，当经差拘。游正年外匿，拘获陈亚宾讯供不讳。除将陈亚宾枷号押赴十三行示众，并严拿游正年等从重治罪外，合而出示严禁，为此示谕各铺及诸色人等知悉，尔等如有买卖夷人物件需向洋行商人经理，毋得私与夷人交易，致滋事端。倘敢仍循故辙一经访闻或被告发，定拿尔等从重究治。事关汉夷交涉，断不宽贷，各宜凛遵特示。
>
> 嘉庆十九年正月廿四日示
>
> 发仰十三行张挂晓谕③

---

① 参见冷东、赵春晨、章文钦、杨宏烈《广州十三行历史人文资源调研报告》，广州出版社，2012；冷东、吴东艳《清代中期广州与意大利的经贸科技交流》，《广州大学学报》2013年第12期；冷东、阮宏《19世纪30年代广州西方船赛与英美散商的崛起》，《广州大学学报》2015年第2期。

② 告示颁布者为嘉庆朝南海县令及他的褒嘉记录。清朝的议叙制度分为记录、加级两种，最低奖赏叫记录一次，依次记录三次或者三次以上者，合为加一级。然后是加一级记录一次、二次，加二级记录一次、二次等。记录与官员的降调处罚和加级奖励挂钩，二者可以互相抵消。可见县令马的政绩及褒奖记录。参见赵德义、汪兴明主编《中国历代官称辞典》，团结出版社，1999。

③ 标点为笔者所加。

　　告示作为一种官方下行文书，其内容涉及具体事件、发布地点以及被告知对象，可以从中了解民众与地方政府以及地方政府与中央之间的互动机制，是一种具有较高价值的史料。这份告示开头冠以南海知县的职衔和所发布告示主题，是告示的一种常见的写作方式，同时可以反映出告示内容所呈现的事务特性。①

　　告示首先以职官开头，可以了解官方告示事务的层级高下，即这份告示的禁约仅限南海县一县的范围之内，也反映了广州与南海县的行政隶属关系。秦始皇统一中国后在岭南置了南海、桂林和象三郡，广州作为南海的郡治，在当时被称为"蕃禺"。汉朝时有了番禺县治，到了三国吴黄武五年（226）交广分治，第一次出现了"广州"的名称。隋朝时改番禺县为南海县，在江南洲上另设番禺县。到了宋开宝五年（972），又将番禺县并入南海县。皇祐三年（1051）又重分南海县、番禺县。宋元以后广州城的东西部分分属番禺县、南海县，到明清时仍然保持这样的格局。② 据清《南海县志》捕属图所载，广州城区由北向南大抵相当于今解放北路、光华街至聚旺里、都土地巷、正南路、北京路、大南路、起义路、大德路、解放南路、海珠广场西侧至珠江边，东属番禺县，西属南海县。告示所涉及内容的位置在广州城西，当属南海县管辖，③ 所以这份告示出自南海县衙而非番禺。

三　清代嘉庆朝南海县衙告示分析

　　与目前学界研究清代县级告示内容以国内民间事务为主不同，这份清嘉庆朝南海县衙告示则是针对清代中期广州商馆区特有的中外商业纠纷事件，宣示了清代严格的涉外管理制度，揭示了广州城市经济生活的活跃，提供了外国商馆及商馆区的宝贵信息，为认识十三行的管理制度、地理属性、经济活动、外国商馆提供了新的资料，具有重要的研究价值。

---

① 连启元：《明代官方告示的结构与格式》，中国明史学会主办《明史研究》第14辑，黄山书社，2014，第55页。

② 梁莎：《明清到民国时期番禺县治的迁徙与原因分析》，《中国市场》2010年第14期，第141页。

③ 潘尚楫修，邓士宪纂《南海县志》卷7《舆地略》，道光十五年序，同治八年重刻本。

（一）昭示了十三行的管理制度

县衙告示的目的是向社会传达国家的各项政策，表达官方基本态度，嘉庆朝南海县衙告示重申了清朝外贸管理政策，"照得各国夷人来广贸易买卖货物，皆由洋商经理，民人不得与夷人私相交易，以杜弊端，久经奉行，饬禁在案"。乾隆十年（1745），两广总督兼粤海关监督策楞因部分行商资本薄弱，拖欠税饷，遂设立保商，由几家殷实行商担任，保证进出口货税的交纳，"以专责成，亦属慎重钱粮之意"。乾隆十五年，清政府下令以惯例由通事缴纳的船钞及规礼银两（1950两）今后改为"保商"缴纳，由是保商制度始完全成立。①

设立保商以后，不论货物是否由保商买卖，保商一律要负完税责任。监督等官员购办备贡的珍奇物品，也要由保商搜购。在开海贸易初期，海关监督常常到黄埔丈量船只，征收税饷，与督抚亲自料理备贡。至乾隆初年，中外之防渐密，在"人臣无外交"的封建禁例之下，督抚、监督不再亲自料理征税及备贡事务，而由保商办理。乾隆十九年，规定每艘外船要由一家行商作保，外船的行为及税饷必须由保商负责。乾隆二十四年两广总督李侍尧的《防范外夷规条》更规定，行商必须对寓歇商馆的外商稽查管束，"如有纵夷人出入，以致作奸犯科者，分别究拟"。至此，行商承保外船，交纳税饷，备办贡物，管理约束外商的各项职能已经完备。正因为不是行商的小铺民擅自和外国商馆交易，才颁布告示严加禁止："并严拿游正年等从重治罪外，合而出示严禁，为此示谕各铺及诸色人等知悉，尔等如有买卖夷人物件需向洋行商人经理，毋得私与夷人交易，致滋事端。倘敢仍循故辙一经访闻或被告发，定拿尔等从重究治，事关汉夷交涉，断不宽贷，各宜凛遵特示。"表示了南海县衙对于发布告示的决心，反映出县衙对从严处置以身试法的人的坚决态度。"断不宽贷""特示"等词语的运用都是为了加强语气，起到恫吓作用，说明"汉夷交涉"事关重大，要"各铺及诸色人等"务必遵守县衙禁令。

还有告示中提及游正年率同工伴陈亚宾等向英吉利国夷人讨取工银，说明中方涉及人员不止二人而是多人，而且到了"吵闹争殴"的地步，可见

---

① H. B. Morse, *The Chronicles of the East India Company Trading to China*, *1635–1834*, Vol. 1, Oxford: The Clarendon Press, 1926, pp. 247, 260, 268, 289.

事态的严重。五年前的嘉庆十四年（1809），多名中国鞋铺工人在广州十三行商馆区与外国水手斗殴，黄亚胜被杀身亡，其父黄万资到南海县报案，南海县令刘廷楠亲自到鞋铺验明黄亚胜尸身并审问证人，认为凶手为英国水手并向上逐级禀报。粤海关监督一面宣布拒绝发给英国商船离港红牌，并禀报两广总督及广东巡抚；一面谕令行商查明凶手所属船只及该船保商，并要求英国东印度公司交出凶手。其后中英双方就此案件进行长期交涉，成为影响中英商贸、外交及司法关系的一个重要事件。前车之鉴尚在，南海县岂敢忽视。

（二）反映了活跃的城市经济

虽然清朝政府制定了严格的管理制度，严禁非行商人员与外商有任何经济联系，但是在活跃的广州城市发展和经济生活里，这样的禁令只是一纸空文，这一现实也在这件告示中反映出来。

据梁嘉彬先生的《广东十三行考》记载，广州十三行的范围"全在广州十三行街，即今十三行马路路南。外人之粤者，不得逾越十三行街范围〔十三行街为东西路，两头俱有关栏；内中除夷馆、洋行外，尚有无数小杂货店、钱店、故衣（刺绣）店之类，专为外人兑换银钱及购买零星物品而设。又有无数小街，将各夷馆隔离〕"。[1] 政府虽然划定了洋人在广州的活动范围，三令五申禁止民间与洋人来往，但是禁令之下，仍有人以身试法。从告示内容中得知，广州商铺店主游正年与英国商馆产生商业纠葛，率工人陈亚宾等到英国广州保顺夷馆讨取工银，吵闹争殴，为南海县衙缉捕。

告示中提及的广和鬼衣店位于盐仓街，盐仓街顾名思义和盐仓有关。盐是历代朝廷专卖的产品，民间不得私售。盐场生产的盐先要统一运到盐仓，经查验后再由官府的船只运往各地销售。据《越秀史稿》记载，盐仓街位于今天的起义路东侧惠福巷附近，因为建有盐仓而得名，紧邻盐仓街的城门叫盐步门，出门就是码头。[2] 如果是洋行因到广和鬼衣店购买丧葬用品而欠账，想必所欠账目不致引起这么大的纠纷。告示中还提及游正年向英国商馆

---

① 梁嘉彬：《广东十三行考》，广东人民出版社，1999，第350页。
② 广州市越秀区人民政府地方志办公室、广州市越秀区政协学习和文史委员会主编《越秀史稿》，广东经济出版社，2016，第142页。

讨取的是"工银",而不是货物交易的"价银",说明事件涉及的很可能是商馆建筑或者其他工程。《广东十三行考》提及十三行内中除夷馆、洋行外,尚有无数小杂货店、钱店、故衣(刺绣)店之类,专为外人兑换银钱及购买零星物品而设。① 可以猜测广和鬼衣店除经营丧葬用品之外可能涉及为外国人兑换银钱的业务。正如当时十三行商馆区的商业零售商店"办馆",除了经营商品的批发和零售业务,也为外国商人提供后勤生活服务,还担负了部分邮政功能,特别是传递外国书信的邮政功能。而当时清政府与通商各国尚无正常的邮政联系,且规定了严格的中外文书信件传递制度,特别是禁止中国人私自为外国人传递信件。② 广州作为清代的对外开放贸易口岸,得之地利,城市经济在贸易的带动下,获得了巨大的进步。城市的商品经济、手工业经济有了很大的发展,纺织、制瓷、茶叶加工等蓬勃兴起,使广州在十三行时期成为全国经济发达的城市,并奠定了以后广州经济发达的基础。

(三) 印证了十三行地理属性

县衙告示的发布场所与传播影响关系密切,交通便利和人烟稠密的地点通常成为告示的发布场所。但告示的具体内容所关涉的范围又制约了其张贴地点,特定告示会以张贴在被告知对象的所在地为重。清代县衙告示的发布地点遵循以县衙为中心,然后向四路城门、通衢集镇、四乡村落扩展的模式。③ 本份告示明确限定在"十三行张挂晓谕",而案犯陈亚宾枷号示众的地点也是"十三行",显示了告示的地理特点。这反映出在清代广州对外经济、文化交往蓬勃发展的基础上,一个新的城市地标——十三行商馆区在广州产生了。这一商馆区域作为清代前期"一口通商"的中心所在,是当时中外贸易的集散地、西人在华活动的主要场所和中西文化的交汇点,它为广州城市发展注入了新的动力与元素,直接带动了广州西关的繁荣,并产生了强大的辐射作用,从而引起中外人士的普遍关注,积久而成为人们普遍使用

---

① 梁嘉彬:《广东十三行考》,第 350 页。
② 冷东:《再议海上丝绸之路中的"办馆"》,《暨南学报》2016 年第 4 期。
③ 参见吴佩林、李升涛《近三十年来关于明清告示的整理与研究》,《西北师范大学学报》2014 年第 3 期;王洪兵《清代告示与乡村社会秩序的建构——以顺天府宝坻县为例》,常建华主编《中国社会历史评论》第 11 卷。

的地域名称。①

　　自乾隆二十二年（1757）清朝实行"一口通商"政策至公元1842年《南京条约》签订，通过粤海关管理"以官制商、以商制夷"的外贸体制和商会组织，无论是学术界还是社会民众皆已习惯称之为"十三行"，似乎已成定论。但是"十三行"之名最早起始于何时，为何冠以"十三行"之名，又是学术界"一个没有解决的历史疑案"。② 正如赵春晨教授指出的，"十三行"既可以是指行商团体，也可以是指行商从事对外贸易活动的一个特定的地域，即广州的十三行商馆区。③ 这件嘉庆十九年南海县衙发往十三行的告示，更加证实了"十三行"的地理属性。同时十三行也逐渐成为这一商会组织的同义词，延续至今。

（四）提供了宝顺夷馆信息

　　告示中的"汉夷交涉"涉及的"保顺夷馆"，在现有中文资料中不见记载，但告示中明确称其地有"英吉利国夷人"，可见是英国商馆。而相关资料记载却有同音异字的、同样来自英国的"宝顺商馆"，因此可以认为告示中所提到的"保顺夷馆"就是宝顺洋行的前身"宝顺商馆"。（见图2）宝顺商馆的旧址位于十三行商馆区中的同兴路，旧为同兴街。在第二次鸦片战争中，商馆区内建筑被完全焚毁，成为一片废墟。至光绪末年，随着广州城市发展，该地域方又重新开街成市，并在南面沿江岸兴建长堤，但已不复承载昔日商馆区的功能。④ 与著名的怡和洋行发展过程⑤类似，鸦片战争后上海开埠，宝顺商馆跟着英国领事巴尔福到上海成立宝顺洋行，⑥ 是最早到上海设行的洋行之一；后改名颠地洋行（Dent & Co.），是19世纪中叶在华主要的英资洋行之一，为怡和洋行和旗昌洋行在中国的主要竞争对手。宝顺洋行主要经营鸦片、生丝和茶叶业务，其在中国的鸦片贸易，《东印度公司对华

---

① 赵春晨、陈享冬：《论清代广州十三行商馆区的兴起》，《清史研究》2011年第3期。
② 彭泽益：《清代广东洋行制度的起源》，《历史研究》1957年第1期；《广州十三行续探》，《历史研究》1981年第4期。
③ 赵春晨、陈享冬：《论清代广州十三行商馆区的兴起》，《清史研究》2011年第3期。
④ 冷东、赵春晨、章文钦、杨宏烈：《广州十三行历史人文资源调研报告》，第32页。
⑤ 英国商人威廉·查顿（William Jardine，1784~1843）与合伙人詹姆士·马地臣（James Matheson，1796~1878）于公元1832年在广州开设了怡和馆，通过与广州十三行密切的商务往来发展壮大，成为日后影响世界的著名财团怡和洋行。
⑥ 陈文瑜：《上海开埠初期的洋行》，《经济史研究》1983年第1期，第27页。

贸易编年史》中多有记载。在存世的多幅广州十三行商馆区的地图中皆明确标识了"宝顺行"的位置。[①] 这份告示透露的信息说明宝顺洋行并不满足于清朝政府所规定的管理制度,而将贸易和经济活动的触角延伸到广州的城市经济活动之中。至道光二十二年（1842）中英《南京条约》规定:"凡大英商民在粤贸易,向例全归额设行商,亦称公行者承办,今大皇帝准以嗣后不必仍照向例,乃凡有英商等赴各该口贸易者,勿论与何商贸易,均听其便。"[②] 废除了十三行商的特许身份,也标志着清朝传统外贸管理制度的终结。

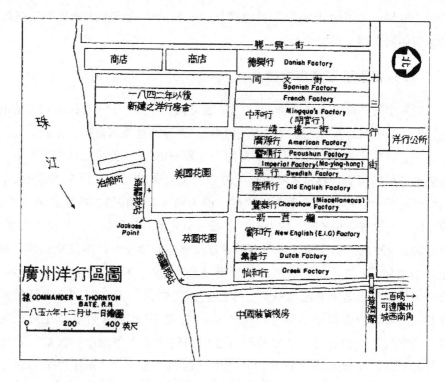

图 2　广州洋行区

资料来源:曾昭璇、曾新、曾宪珊:《广州十三行商馆区的历史地理》,唐文雅主编《广州十三行沧桑》,广东省地图出版社,2016,第 142 页。

---

① 参见冷东、赵春晨、章文钦、杨宏烈《广州十三行历史人文资源调研报告》,附录《夷馆名录》《商馆区历史地图》。
② 王铁崖编《中外旧约章汇编》第 1 册,三联书店,1957,第 31 页。

结　语

　　广州在成为清朝重要的通商口岸后，亦成为中外贸易的中心。在中外商贸领域的交流、纠纷和交涉中，以清政府文书制度为基础，衍生出清廷与外商、清廷与行商、行商与外商、外商与清廷、清廷与社会广泛而又错综复杂的信息传递网络，成为清代前期处理涉外事件的基本渠道。此次发现的嘉庆十九年南海县衙发往十三行的告示具有重要的史料价值，是中国传统社会向近代社会变迁的见证，也是研究清代中外贸易管理制度的重要资料。

（执行编辑：王一娜）

铸造海洋之盾：近代汕头海港
检疫权的嬗变

杜丽红　刘　嘉 *

摘　要：近代汕头的海港检疫受制于旧有"海关检疫"体制，海港检疫权的回收实际面临的是管辖权的归属和部门利益之争。1874 年后汕头形成一套由地方官、潮海关税务司和汕头领事团合作管理，潮海关税务司派海关医官具体办理的"海关检疫"体制。1927 年 4 月起，汕头市政府先后设立出洋种痘处和汕头海港检疫处，试图突破"海关检疫"体制，将海港检疫收归自办，引起外国势力的反对。1930 年 7 月，全国海港检疫管理处成立，于次年 4 月接收汕头市海港检疫所，汕头海港检疫从地方收回中央。然而，旧有的海港检疫参与者并未因此退出历史舞台，各方围绕汕头的海港检疫权展开激烈博弈。直到 1936 年 7 月，国民党中央掌控广东政局后，汕头海港检疫所真正成为全国海港检疫管理处的直辖机构。

关键词：海关检疫　海港检疫权　出洋种痘处　汕头海港检疫所

海港检疫是近代各国为防止传染病从海岸线传入国境，在港口对外来船

* 杜丽红，中山大学历史学系（珠海）教授；刘嘉，中山大学历史学系（珠海）硕士研究生。本文是国家社会科学基金重大项目"中国公共卫生防疫史研究"（20&ZD221）、中央高校基本业务费专项资金项目"近代海港检疫全球化与中国"（20wkjc02）阶段性成果。

只、人、货物实行医学检查和消毒，隔离疑似和确诊的传染病患者的防疫措施。近代开埠后清政府被迫接受海港检疫，形成一套涉及主权、地方事务和医学的复杂体制。20 世纪 20 年代，这套体制开始受到国人质疑，海港检疫成为与主权相关的事务，出现了收回海港检疫权活动。学界围绕南京国民政府收回海港检疫权，以及收回主权意涵等问题已展开研究。[①] 由于忽视了晚清以来海港检疫制度形成过程，背后所隐含的权力和利益之争，现有研究未能揭示出收回海港检疫权的复杂内涵，清末以来海港检疫没有全国性统一管理，而是分别掌握在各口岸领事团和海关税务司手中，收回海港检疫权不单是国家层面的主权收回，更关系到地方层面的管辖权和利益的重新归属。通过重构汕头海港检疫权收回的具体历史过程，深入剖析多元主体如何围绕主权、管辖权和利益展开博弈和交锋，可以揭示出近代中国海港检疫权收回的关键在于管辖权的归属与部门利益之争。汕头是出洋华工的重要口岸，每年有几十万人口进出，从 19 世纪 70 年代形成的"海关检疫"体制，不单涉及主权问题，更隐含着巨大的经济利益。在收回海港检疫权过程中，汕头市政府、海关医官、各国领事与全国海港检疫管理处为争夺海港检疫管辖权和经济收益展开多次交锋，海港检疫管辖权不断嬗变，无法达到海港检疫的预期效果。[②]

一　"海关检疫"体制及其变革难题

近代汕头的海港检疫体制在历次疫情中逐步建立和完善，海关在其中起到了主导作用，实为"海关检疫"。[③] 汕头首个海港检疫条例形成于 1874 年严重的霍乱疫情中，潮海关医官斯科特（Dr. C. M. Scott）对疫埠来船进行检

---

① 近代中国海港检疫研究成果主要包括：连心豪《近代海港检疫与东南亚华侨移民》，《华侨华人历史研究》1997 年第 1 期；杨祥银、王鹏《民族主义与现代化：伍连德对收回海港检疫权的混合论述》，《华侨华人历史研究》2014 年第 1 期；刘利民《南京国民政府收回海港检疫权活动探论》，《武陵学刊》2014 年第 6 期；等等。

② 有关汕头海港检疫的研究，目前仅见王鹏在其硕士学位论文第四部分简要论述了 1930～1937 年全国海港检疫管理处下设汕头海港检疫所的活动。参见王鹏《国家与检疫：全国海港检疫管理处研究（1930—1937）》，硕士学位论文，温州大学，2014。

③ 伍连德曾指出："吾国海口检疫权素归海关包办。"伍连德：《收回海口检疫权提议》，《德华医学杂志》第 11 期，1929 年，第 2 页。

疫，但此时的检疫"只适用于外国船只，而本地船只并不由海关医官检查"。① 1883 年夏天，霍乱再次肆虐，潮海关颁布了新的海港检疫章程。② 1894 年 6 月，人们为逃避鼠疫，从香港和广州返回汕头及其周边地区，带回了鼠疫病毒，时任汕头海关医官的连亨利（Dr. Henry Layng）立即执行检疫规则，仔细查验所有香港的来船，使汕头港避免了一场严重疫情。③ 1911 年 4 月，潮海关税务司担心东北大鼠疫传播到汕头来，制定了新的海港检疫章程，并建立了设备完善的医院。④

汕头与其他口岸一样形成了"海关检疫"体制，由地方官、海关和领事团共同商议决定海港检疫事务，交由海关负责，海关医官执行具体事务。当疫情暴发时，海关雇佣的医官负责执行检疫规定，对疫埠来船进行检查和隔离。⑤ 1931 年，海关总税务司在第 4304 号通令中谈及"海关检疫"体制形成的三点原因。首先，治外法权让中国的官员无法管束外国人和外国船只，由海关进行检疫可以起到缓冲的作用，能够"取信于中国船只和外国船只的所有者"，且"在中国当局和外交团之间居于中立地位"。其次，清政府各级官员质疑检疫的有效性和必要性，表面上规定由中国当局和领事团共同决定检疫事宜，海港检疫章程也赋予了海关监督宣布疫埠、任命海关医官的权力，但现实中海港检疫事宜完全被海关税务司和领事团把控。最后，清政府没有经费和组织架构单独办理海港检疫，只能将其交给海关负责。⑥

然而，海港检疫事务并未得到海关税务司的重视，加之易受地方领事团干扰，故而存在职权不清、经费不足、设备缺乏、管控不严、重视不够等种种弊端，饱受多方诟病。20 世纪 20 年代在汕头的日本人观察到，"搭载苦

---

① 《斯科特医生关于 1874 年 9 月 30 日前半年汕头的卫生报告》（"Dr. C. M. Scott's Report on the Health of Swatow for the Half Year Ended 30th September 1874"），《海关医报》（*Medical Reports*）第 8 期，1874 年 9 月 30 日，第 65 页。

② 《总税务司通令第 4304 号》，海关总署办公厅编《中国近代海关总税务司通令全编》第 1 编第 21 卷，中国海关出版社，2013，第 30 页。

③ 《连亨利医生关于 1895 年 9 月 30 日前半年汕头的卫生报告》（"Dr. Henry Layng's Report on the Health of Swatow for the Year Ended 30th September 1895"），《海关医报》（*Medical Reports*）第 51 期，1895 年 9 月 30 日，第 94 页。

④ 刘辉主编《五十年各埠海关报告：1882~1931》第 7 卷，中国海关出版社，2009，第 145 页。

⑤ 《总税务司通令第 4304 号》（1931 年 9 月 9 日），海关总署办公厅编《中国近代海关总税务司通令全编》第 1 编第 21 卷，第 28 页。

⑥ 《总税务司通令第 4304 号》（1931 年 9 月 9 日），海关总署办公厅编《中国近代海关总税务司通令全编》第 1 编第 21 卷，第 27~28、33 页。

力的轮船自霍乱流行地直航前来本港，而本港对于病原的侵入并无采取任何措施。带菌者的登陆完全没有任何阻碍"。① 1930 年，国联卫生委员会应邀调查中国港口的检疫情况，在事后撰写的报告中指出了"海关检疫"体制的种种弊端：缺少有组织的、统一的海港检疫，各地海港检疫各行其政；缺少技术指导，海关医官的意见不被重视，也得不到上级长官的指示。②

随着国民革命的展开，收回海港检疫权被提上了议事日程。然而，"海关检疫"体制的变革，涉及多方势力围绕主权、管辖权和利权的纠葛，需要解决非常复杂的问题。首先，海关是中国的行政机关，兼办海港检疫本不存在主权上的争端。然而，领事团利用治外法权带来的特殊地位参与到海港检疫事务中，又由于中国官员漠视海港检疫，最终造成领事团和海关主导海港检疫事务的局面，这无疑是主权的丧失。

其次，变革"海关检疫"体制涉及海港检疫管辖权的归属。"海关检疫"意味着海港检疫的管辖权受各国领事、口岸海关税务司和海关医官的掌控。如果从海关收回海港检疫权，必须面对如下问题：哪个机构接手办理海港检疫？采取垂直管理原则还是属地原则？经费如何筹措？较之主权问题，这些问题关系到政权建设，如中央与地方权力划分、中央政治机构设置等，对"海关检疫"体制的变革更为关键。

最后，变革"海关检疫"体制关系到相关利益的再次分配问题。汕头每年有大量华工赴南洋打工，1870~1900 年，年均约 5.6 万人出国，1900~1929 年，年均约 12.4 万人出国。③ 他们必须接受海关医生检疫，缴纳一定的费用，取得健康证才能成行。④ 因此，海港检疫意味着经济利益，将"海关检疫"收归他办，将造成旧有既得利益者的损失，为新的管理者带来可预见的收益，势必引起激烈的争夺，这成为汕头海港检疫管辖权难以确定的根源所在。总之，汕头海港检疫体制的变革不只关系到收回主权，更关系到管辖权以及相关利益的归属，其复杂性在汕头海港检疫管辖权的多次嬗变中得到展现。

---

① 〔日〕打田庄六：《汕头领事馆辖区纪事》，文铮宇译，暨南大学出版社，2019，第 15 页。
② 《与国民政府卫生部长的合作》（"Collaboration with the Minister of Health of the National Government of the Republic of China"），《国联卫生委员会第 16 次会议纪要》（*League of Nations Health Committee Minutes of the Sixteenth Session*），1930 年 12 月，第 10 页。
③ 李宏新：《潮汕华侨史》，暨南大学出版社，2016，第 165~168 页。
④ 其收费标准是，"每只轮船载客 100 名者，收检查费 25 元，200 名者收 40 元，200 名以上者每百名递加 10 元"。《民厅呈据汕头市长增订海港检疫所暂行条例案》，《广东省政府周报》第 50~51 期合刊，1928 年，"民政"第 36~40 页。

二 出洋种痘处：汕头市政府收回利权的尝试

1924 年，国共开始合作，广东开展了轰轰烈烈的国民革命运动。1926年 7 月，广州市卫生局依靠省港罢工工人的支持，从粤海关收回了广州市的海港检疫权，开启了自办海港检疫的先河。① 受其鼓舞，汕头市政府尝试收回出洋种痘权，但其着眼点重在海港检疫带来的利权而非主权。1927 年 2月 27 日，汕头市政府宣布收回出洋种痘权。随后爆发的排外风潮成为市政府设立出洋种痘处的契机。4 月，汕头爆发排外风潮，驻汕的英美日等国领事与侨民仓皇外逃。② 汕头市政府趁机设立出洋种痘处，要求"凡由汕头市出洋者，无论男女老幼下船前均需至该处种痘"。③ 然而，出洋种痘权关乎巨大的经济利益，潮海关医官和领事团自然不会轻易放弃，不久出洋种痘处的工作就遭到巨大的阻力。

汕头市政府收回出洋种痘权，但并未像广州那样完全收回海港检疫权，其目的可能是借此获得经济上的收益。汕头为华工出洋口岸之一，每年经汕头前往南洋的华工超过 10 万。这些华工在出洋前需要种痘，并获得健康证证明他们身体健康，才有资格启程前往目的地国家。④ 潮海关医官和汕头领事团控制了汕头海港检疫，垄断了开具健康证明的权力，攫取了巨大的经济利益。1928 年内政部在呈请国民政府速设海港检疫机关的报告中提到，"由汕头赴南洋之华侨须经该处领事团所指定之医生种痘，每人收费一元，每年损失不下三十余万元"。⑤ 这足以表明，汕头的出洋种痘事务是一门非常赚钱的生意，财政窘迫的汕头市政府自然想收回这项业务。事实上，出洋种痘处设立后业务非常繁忙，1929 年上半年该处检查种痘或种痘的人数达到 44229 人。⑥

---

① 钟子晋、黄恩荣：《广州市海港检疫所之沿革及概况》，《广州卫生》第 1 期，1935 年，第100~101 页。

② 《汕头英侨全体赴港》，《晨报》1927 年 4 月 27 日，第 3 版；《留粤外侨纷纷离境》，《晨报》1927 年 4 月 27 日，第 5 版。

③ 汕头市地方志编纂委员会编《汕头市志》第 4 册，新华出版社，1999，第 425 页。

④ 如 1927 年实行的暹罗的移民条例规定，未经种痘及不肯依法种痘者禁止进入暹罗。《转发"暹罗移民法令"令》，《广东民政公报》第 68 期，1930 年，"公牍"第 89 页。

⑤ 《国民政府内政部呈：呈为呈请调查筹设海港检疫》，《内政公报》第 7 期，1928 年，"公牍"第 2 页。

⑥ 《汕头市出洋种痘人数统计表（1929 年上半年度）》，《汕头市市政公报》第 54 期，1930年，第 168 页。

出洋种痘处设立之初，为与潮海关医官竞争，采取了低价种痘的策略。潮海关医官收取的种痘费为每人 5 角，[①] 该处定为每人 2 角。[②] 根据汕头市政府 1929 年 6 月下半月的收支报告可知，半月内出洋种痘处收入 672.869 元，支出 297.25 元，盈余 375.619 元。[③] 据此估算，出洋种痘处一年盈余约有 9000 元，足以充作汕头市的卫生经费。不过，出洋种痘处设立后所获不菲，但较数万元乃至数十万元的海港检疫收益仍有很大差距，其原因则在于该处并未完全收回种痘权。

汕头局势稳定后，驻汕的领事和外侨纷纷回归。回汕的海关医官和英国领事开始阻挠出洋种痘处的工作。英籍海关医官连亨利和驻汕英国领事以治外法权作为抵制出洋种痘处的武器，拒绝配合该处的工作，不允许其检查英国轮船。在他们的支持下，英国轮船拒绝接受出洋种痘处的检查。1928 年 5 月，汕头市政府去函抗议英船不遵照条例，"惟英国轮船，自来借词反对，使职处未能依例检查，以致出洋人民多有未经种痘而下英船出洋，似此不特有碍职处职务，甚且玷辱国体"。[④] 汕头市政府的交涉未得到回应。1930 年 1 月，汕头市政府再次尝试派员登英轮检查种痘，但英国领事以"事关外交要件，必须外交部与本国公使交涉，本领事未奉上宪敢收回成命以前，实属碍难允许"[⑤] 为由拒绝。

此外，海关医官连亨利利用海关检疫体制所赋予的检疫权，多次勒迫出洋种痘人员交出种痘费。此外，他或以个别轮船允许未种痘者登船为借口，要求"已经种痘处种痘之出洋人民纳费再种"；[⑥] 或在检验出洋搭客时，"对于领有市府种痘处种痘证者，间或勒令缴费再种"。[⑦] 出洋种痘处无法制止，只好一面要求出洋华工主动种痘，一面叮嘱华工不要揩拭豆苗，以免英船查

---

① 陈仰韩：《汕头海港检疫所成立后感言》，《医药评论》第 58 期，1931 年，第 25 页。
② 《布告出洋种痘费改征收大洋由》，《汕头市市政公报》第 34 期，1928 年，第 100 页。
③ 《汕头市市政府收入支出计算书》，《汕头市市政公报》第 48 期，1929 年，第 174~176 页。
④ 《函请交涉署向英领交涉检查英载客出洋种痘由》，《汕头市市政公报》第 32~33 期合刊，1928 年，第 78 页。
⑤ 《驳复英领事派员登轮检查出洋人民种痘系本国应有之国权》，《汕头市市政公报》第 53 期，1930 年，第 185 页。
⑥ 《布告如出洋人民在轮上有被勒各种情事准来府报告负责保障并重行公布出洋种痘处条例仰出洋人民一体遵照由》，《汕头市市政公报》第 48 期，1929 年，第 141~142 页。
⑦ 《严令医生及华人助手不得凌辱出洋搭客由》，《汕头市市政公报》第 50 期，1929 年，第 56 页。

验者借机要求重新种痘。①

由于海关医官和英国领事坚持"海关检疫"体制的三方合作原则，支持英船抵制出洋种痘处的工作，因此，汕头市政府要想完全取得海港检疫权中的出洋种痘权，必须从制度上废除海关检疫的旧制，完全收回海港检疫权，才能真正将海港检疫收回。

三 汕头海港检疫所：汕头市政府收回管辖权的尝试

1928年5月10日，汕头市政府向广东省民政厅呈交《汕头市海港检疫暂行条例》，明确提出由市政厅设立海港检疫所，负责汕头的海港检疫事宜。② 6月，广东省政府同意由汕头市政府办理海港检疫。③ 8月，广东省政府允许汕头海港检疫所征收检查费，"悉数拨充海港检疫所经费"。④ 至此，汕头市政府筹划的收回海港检疫权一事，得到广东省政府的支持和认可。

《汕头市海港检疫暂行条例》从根本上动摇了"海关检疫"的旧制，引起领事团的抗议。日本驻华公使芳泽谦吉得知汕头将海港检疫收归市办的消息后，致函南京国民政府外交部表示反对。⑤ 值得关注的是，南京政府事前对汕头的主张一无所知，直到外交部接到日本公使信函后才得知此事。其原因可能有二：一是南京国民政府与广东省政府之间信息交流不充分，中央政府不了解广东省事务；二是广东省和汕头市都将收回海港检疫权作为地方事务处理，没有上报中央。

海港检疫权的转移仅涉及管辖权变更的问题，属于内政范畴。然而，日本公使的交涉将此事变为外交事务，南京国民政府开始介入。由于收回海港检疫权的行动契合了此时南京国民政府收回主权的政策，外交部于11月拒绝了芳泽谦吉维持原有"海关检疫"制度的要求，表示汕头海港检疫所的

---

① 《训令同安公会、客行联合会通告各客栈遵照规则领导出洋人民先期到处种痘由》，《汕头市市政公报》第53期，1929年，第197~198页。

② 《遵批改订汕头市海港检疫条例呈请民政厅查核并转呈省政府备案由》，《汕头市市政公报》第32~33期合刊，1928年，第73~76页。

③ 《民厅呈缴汕头市长改订汕头海港检疫条例案》，《广东省政府公报》第38~39期合刊，1928年，第17页。

④ 《民厅呈据汕头市长增订海港检疫所暂行条例案》，《广东省政府周报》第50~51期合刊，1928年，第44~48页。

⑤ 《汕头口岸检疫事宜收归市办案》，《外交部公报》第7期，1928年，第142页。

筹备工作已得到广州政治分会的批准。① 此番表态清楚表明海港检疫权是中国内政。不过，由于海关检疫体制允许领事团、海关医官等参与其中，海港检疫权的收回转向收回管辖权，其实质则是管辖权背后的经济利益之争。

外交手段无效后，领事团和海关医官转向采用行政手段，试图以潮海关理船厅章程的第 15 条规定"由海关医员验船"为依据，拒绝交还海港检疫权。事关海关章程及海关检疫体制，汕头市政府无法自行解决，转而呈请国民政府从制度上取消该规定。因为海关总税务司隶属南京国民政府财政部管辖，财政部有权命令总税务司取消"由海关医员验船"的规定。如果中央政府出面理清海港检疫管辖权的隶属，潮海关税务司和领事团将不再有借口阻挠汕头海港检疫所的工作，汕头市收回海港检疫权的阻力将大减。1929年 3 月 19 日，汕头市政府致函广东省政府，恳请其代为请求南京国民政府财政部取消海关医员检疫的规定，以便收回海港检疫权。② 然而，财政部收到广东省政府的公函后，表示海港检疫应由中央主持，汕头市政府的海港检疫也必须受中央统一节制，将此事转交主持全国海港检疫事务的卫生部处理。③

此时，卫生部已开始筹设全国性海港检疫机关，计划将所有海港的检疫权收归中央统一办理。④ 这样，汕头将海港检疫收归地方办理的请求就与中央政策存在根本分歧。于是，卫生部表示同意改变"海关检疫"的旧制，但坚持应"收归中央直属以重事权而资整理"，拒绝帮助汕头市政府收回海港检疫权，以免横生枝节。在此基础上，卫生部给出了或自行与税务司交涉，或者等待中央统一规划的建议。

面对中央各部间的互相推诿，汕头市政府选择与潮海关税务司直接交涉。最终，双方达成协议，决定共同行使海港检疫权。1929 年 8 月，上海暴发霍乱，汕头市政府委派一名医官与潮海关医官会同检查上海来船。⑤ 同时，汕头市政府获得了检疫的署名权和收费权：海关医官颁发的验船康健证

---

① 《函和国驻华公使》，《外交部公报》第 7 期，1928 年，第 144 页。
② 《民政厅呈据汕头市长呈请转呈国府令财部转令总税务司将潮海关理船章程第十五条取销案》，《广东省政府周报》第 78~79 期合刊，1929 年，第 98~100 页。
③ 《咨卫生部关于将潮海关理船章程第十五条关于由海关医员验船之规定明令取销案》，《广东省政府周报》第 86 期，1929 年，第 25 页。
④ 《中卫委会闭会》，《申报》1929 年 2 月 26 日，第 7 版。
⑤ 《函复潮海关监督本府已委派医官陈章宪协同海关医生暂行检查上海来船由》，《汕头市市政公报》第 48 期，1929 年，第 143 页。

需要海港检疫所医官连同署名才有效，进口受检船舶缴纳的检验费由海关医官和海港检疫所平均分派。[①]

四　收归中央：央地之争与管辖权的嬗变

1928 年 11 月，卫生部成立，办理全国海港检疫一事被提上议程。在卫生部邀请下，国联卫生委员会派专家到中国各个港口调查，试图帮助中国完成海港检疫事宜的改进。最终，国民政府根据国联建议决定采取四项措施改进海港检疫，意在改变"海关检疫"的旧制度，确立由卫生部下属全国海港检疫管理处统一管理全国海港检疫的新体制。

1930 年 6 月 12 日，财政部关务署应卫生部要求，训令海关总税务司将海港检疫事务移交给伍连德。[②] 此令解决了海港检疫的主权问题，从中央层面将海关检疫的权力交给 7 月 1 日成立的全国海港检疫管理处。1931 年 3 月 17 日，关务署要求总税务司转饬潮海关税务司将汕头的海港检疫交给全国海港检疫管理处，并按月拨给经费 2000 元。[③] 4 月 30 日，全国海港检疫管理处成立汕头市海港检疫分所，委任霍启章为代理所长。[④] 如此，汕头市的海港检疫权被转交给全国海港检疫管理处，打破原有的汕头市政府与潮海关税务司两方合作办理海港检疫的格局。然而，由于复杂的政治局势和巨额种痘费，汕头的海港检疫形成了全国海港检疫管理处、海关医官和地方政府三方争夺管辖权的局面，直到 1936 年 9 月才真正纳入全国海港检疫管理处的管辖下。

华侨对中央收回海港检疫所充满期待，希望"厉行种痘，以为撤废出洋种痘之预备"，而非"增加辱国丧颜之种痘费，且籍之以为检疫所建设费"。[⑤] 汕头市海港检疫分所成立后，没有取消种痘费，反欲增收种痘费。有传言称检疫所将收回出洋种痘处，将种痘费提高至 1 元，较之英国医生 5 角收费和市政府自办小洋 2 毫收费，增加很多。此举自然引起华侨的愤怒和

---

① 《训令海港检疫医官为验船康健证连同署名及平分验船费一案经税务司转知连亨利查照仰知照由》，《汕头市市政公报》第 49 期，1929 年，第 142~143 页。

② 《财政部关务署训令政字第 2872 号》，海关总署办公厅编《中国近代海关总税务司通令全编》第 1 编第 21 卷，第 35 页。

③ 《财政部关务署训令政字第 4671 号》，海关总署办公厅编《中国近代海关总税务司通令全编》第 1 编第 21 卷，第 37 页。

④ 《汕头海港检疫所成立沪讯》，《民国日报》1931 年 5 月 5 日，第 9 版。

⑤ 陈仰韩：《汕头海港检疫所成立后感言》，《医药评论》第 58 期，1931 年，第 27 页。

抵触。与此同时，英国领事态度强硬，汕头海港检疫所不能独立行使海港检疫权，出现海关医官与海港检疫所同时收取检疫费的局面。[1]

霍启章的困境在于，作为中央机构派往地方的官员，他需要完成向汕头市政府收回出洋种痘权和向英国领事及海关医官收回海港检疫权的双重任务，背后的巨大经济利益增加了工作的难度。更重要的是，中央与地方实力派之间的权力斗争波及汕头海港检疫所的工作。汕头海港检疫所成立仅一个月后，广东地方实力派陈济棠等人联合组成广州国民政府，与南京国民政府分庭对抗。汕头海港检疫所因中央与广东的对立陷入窘境，收回出洋种痘处的举措遭到广东省政府的反对。[2] 由于同时受到英国领事、广东军阀和汕头本地华侨团体三方势力的抵制，霍启章就任 3 个月后就匆匆下台了。

8 月，徐希仁就任新所长。他积极收回海港检疫权，赢得了民意的支持。[3] 为消除前任所长霍启章时期的不良印象，塑造捍卫国权、体恤华侨的新形象，徐希仁高调宣布向英国领事收回检疫全权，并取消出洋种痘费。[4] 当英船太古轮在英国领事和医官的支持下，不接受检疫所检查，徐希仁态度强硬地向潮海关税务司白里查（E. A. Pritchari）抗议，要求禁止海关医官连亨利越权检疫。[5]

汕头海港检疫所虽冠以"汕头"之名，却属于中央直属机构，本身没有执法能力，需要从地方获得执法资源。因此，汕头海港检疫所工作的展开必须赢得当地政府和社会团体的信任和支持，否则检疫费无法收取，检疫规则难以被遵守。当然，地方社会的支持远没有政治层面的权力博弈影响大，中央和地方实力派之间的政治斗争才是影响汕头海港检疫所的关键因素。

九一八事变后，南京国民政府与广东当局转向合作，汕头海港检疫所得到了中央的支持。国民政府政务委员会命令广东省政府："转令汕头市政府，将出洋种痘事宜移交该所接办，至该所种痘应遵照前令一律免费，并不得留难。"随后，广东省民政厅训令汕头市准备将出洋种痘处移交汕头海港

---

① 陈仰韩：《汕头海港检疫所成立后感言》，《医药评论》第 58 期，1931 年，第 25 页。

② 《省政府指令出洋种痘处仍应由市府照旧办理由》，《汕头市市政公报》第 70 期，1931 年，第 13 页。

③ 饶宗颐总纂，潮州市地方志办公室编《潮州志》第 1 册，潮州市地方志办公室，2005 年影印本，第 416 页。

④ 《汕海港检疫权收回》，《申报》1931 年 8 月 9 日，第 10 版。

⑤ 《汕头检疫所交涉收回主权》，《申报》1931 年 9 月 12 日，第 11 版。

检疫所，并按照国民政府的指令免征种痘费。① 1931 年 10 月 1 日，汕头海港检疫所正式接收出洋种痘处。② 在中央行政命令的帮助下，徐希仁顺利地将出洋种痘处纳入管辖范围，并取得了出洋种痘权。此时为收回出洋种痘权而颁布的免除征收种痘费的命令，得到了华侨团体的支持。

自 1932 年起，陈济棠在广东推行 3 年施政计划，成立全省港务管理局，整理各地航务船务。③ 1933 年成立的潮汕港务局接管了海港检疫事宜，汕头的海港检疫管辖权又一次发生嬗变，不仅再次成为地方政府管辖的事务，而且管辖权从卫生系统移交到港务系统。④ 广东省政府将海港检疫视为交通港务系统的工作，而非卫生系统的事务，与南京国民政府的制度设计有着很大的差异。

直至 1936 年 7 月，广东实力派陈济棠下台，南京国民政府才获得广东的掌控权。9 月 11 日，全国海港检疫管理处任命王拱辰为所长，接收了"失去"的汕头海港检疫所，重新纳入其管辖之下。⑤ 为改变此前港务局管理下海港检疫所的窘境，王拱辰决定征收种痘费，并先后得到了卫生署长刘瑞恒、外国领事、汕头市长和潮海关税务司的支持。⑥ 11 月 21 日，汕头海港检疫所开始以 1 元的高价征收出洋种痘费，甚至以"不缴付一元检验费者，则不给种痘单证明书，无证明书者，一律不准出口"，威胁汕头华侨。⑦ 此种背弃此前不收种痘费承诺的举措，遭到了华侨团体的坚决抵制，旅汕各县同乡会、各华侨团体纷纷通电反对，并组织委员会积极与检疫所周旋。⑧ 然而，这些抗议并未改变检疫所收费的决定，在各级官员支持下，种痘费征收得以执行。不久，全面抗战爆发，汕头海港检疫落入日人之手。

---

① 《奉民政厅令饬将种痘移交海港检疫所仰即准备移交由》，《汕头市市政公报》第 73~75 期合刊，1931 年，第 293 页。

② 《公函海港检疫所准函定十月一日接收出洋种痘事宜经令饬遵照结束并希于接收清楚后见复由》，《汕头市市政公报》第 73~75 期合刊，1931 年，第 297~298 页。

③ 《林云陔在联合纪念周作关于广东省三年施政计划的报告》（1933 年 1 月 1 日），广东省档案馆编印《陈济棠研究史料（1928—1936）》，1985，第 168 页。

④ 《潮汕港务局接管海港检疫所》，《建设》第 245 期，1933 年，第 104 页。

⑤ 《广州汕头检疫处昨已收回》，《京报》1936 年 9 月 10 日，第 2 版。

⑥ 王拱辰：《汕头海港检疫所 1936 年报告》，伍连德、伍长耀编《全国海港检疫处报告（1937 年）》（National Quarantine Service Reports, 1937），卫生署全国海港检疫处，1937，第 187 页。

⑦ 《汕头征收华侨出口费》，《申报》1936 年 11 月 28 日，第 9 版。

⑧ 《潮汕当局改善待遇华侨办法》，《申报》1937 年 3 月 22 日，第 7 版。

结　语

以往学界将海港检疫权收回视为自上而下的外交行动，突出其收回主权的意义，强调国民政府对海港检疫的领导管理的现代性，忽视了全国海港检疫管理处建立之前中国并无全国性管理机构，海港检疫事务主要由各主要口岸的地方政府、各国领事和海关税务司合作管理的史实，因而必须从地方入手才能理解收回海港检疫权的复杂内涵。近代汕头海港检疫权的收回过程，不仅受制于"海关检疫"体制，既有收回主权之意，也有海港检疫管辖权之争，而且受制于政局变动，中外之间、中央与地方之间的权力斗争决定着海港检疫管辖权的归属。由于巨大的经济利益，汕头海港检疫权成为英国领事、海关医官、全国海港检疫管理处、汕头市政府等多方争夺的目标，故而汕头海港检疫权的收回主要意味着管辖权在两个层面的变更：一是中国政府从外国领事和海关医官处收回管辖权；一是海港检疫权从地方收归中央，成为全国海港检疫管理处直接管理的事务。

汕头的海港检疫是在传染病不断冲击下建立的，受限于治外法权、经费和组织等因素，形成了海关兼管海港检疫的制度。自1927年开始，该体制受到冲击，经历了近十年的嬗变，才被纳入国民政府中央机构的直接管辖。在这个过程中，主权、管辖权和利权是贯穿始终的具有决定性影响的因素。掌握在外国领事、外籍海关税务司和海关医官手中的海港检疫权，南京国民政府通过外交部交涉和财政部的一纸公文加以解决。汕头地方政府早已开始收回自办，尽管中央指令由全国海港检疫管理处统一管理，但受制于中央与地方之间的关系的对立和分裂，海港检疫权的归属仍成问题。尤其是，汕头海港检疫有着巨大的经济收益，既得利益者不会主动退出，他们以制度之名阻碍变革。最终，南京国民政府在政治上控制了广东，汕头海港检疫所才被纳入全国海港检疫管理处管理体系，管辖权得到解决。

十年变革过程消耗了大量精力，不仅根本无暇进行海港检疫建设，而且国民政府在种痘费存废上前后矛盾的态度损害了海港检疫所的威信。种种原因造成海港检疫的低能无效，难言达成现代化的既定目标。值得深思的是，各方争夺的巨额检疫经费收入最后不知所踪，并未投入海港检疫事务。

（执行编辑：欧阳琳浩）

时空变迁脉络下华人社团认同形态的建构与演化

——新加坡广惠肇碧山亭研究

曾　玲*

摘　要：广惠肇碧山亭创建于1871年，由来自中国广东省的广州、惠州、肇庆三府移民在新加坡创办。自成立以来的近一个半世纪里，碧山亭一直是一个公墓组织，为广、惠、肇处理葬礼、祖先祭祀和相关事宜。它也是广、惠、肇移民的主要社团组织，具有整合和凝聚三属的重要功能。本文利用各种华人宗族社团资料，考察了新加坡从殖民地时代到独立时期，以"坟山崇拜"为基础建立的碧山亭与广惠肇宗乡社群认同形态的建构和演变的历史过程。它提供了一个有价值的个案研究，说明来自中国南部的移民先驱如何在新加坡时空变迁的背景下，运用来自祖籍地的中华传统文化来重组社群和再建家园。

关键词：新加坡　广惠肇碧山亭　华人宗乡社团　认同建构

广惠肇碧山亭（以下简称"碧山亭"）由来自中国广东省的广州、惠州、肇庆三府移民于1871年创立于新加坡。在殖民地时代，碧山亭的基本功能是作为广、惠、肇三属坟山管理机构，处理三属先人的营葬、祭祀以及

---

*　曾玲，厦门大学历史与文化遗产学院教授。

有关的事务。从创立至 1973 年新加坡政府发出封山令，碧山亭在一个世纪里管辖的坟山逐渐扩展到 354 英亩（约 143.26 公顷）之多。① 在这样大的范围内，除有广、惠、肇十数万个先人坟地和数百个社团总坟外，碧山亭还在坟场内兴办小学和安置住户。碧山亭作为三属坟山管理机构的功能一直持续到 20 世纪 80 年代。80 年代初因坟山被政府征用，碧山亭进行重建，改土葬为安置骨灰。为了适应社会发展需要，重建后的碧山亭修改章程，打破三属限制，向全新加坡各族群开放，继续造福社会大众。

在作为坟山管理与丧葬机构的同时，从创立至今，碧山亭也是新加坡广、惠、肇三属的总机构，在新加坡华人社会占有的地位举足轻重，其属下曾包括新加坡广府、客家两个方言群的带有众多祖籍地缘、姓氏血缘，以及行业公会等性质的社团。换言之，这是一个以"坟山认同"为纽带而建立的华人宗乡社群组织。到目前为止，碧山亭的基本会员来自新加坡广、惠、肇三属的 16 所会馆，即番禺会馆、清远会馆、增龙会馆、南顺会馆、花县会馆、顺德会馆、中山会馆、鹤山会馆、宁阳会馆、恩平会馆、冈州会馆、三水会馆、东安会馆、高要会馆、惠州会馆和肇庆会馆。

一　殖民地时代碧山亭"三属认同"之建构

碧山亭并非产生于新加坡移民社会初期，而是在 19 世纪下半叶新加坡华人帮群社会结构基本确定之后建立的。在碧山亭出现之前，广府、惠州、肇庆移民为了谋求生存空间，于新加坡开埠初期即建立了一些地缘、血缘、业缘性组织。② 因此，碧山亭组织内部存在多元与多重的社群认同关系，其中既有三属社群对自己所属祖籍地缘会馆、同乡会、姓氏团体、行业公会等社团的认同，亦有各类三属社团对更大社群广惠肇的认同。因此当碧山亭创立之后，整合与凝聚属下社群以形成"三属认同"，就成为这个跨地缘和方言的联合宗乡组织最重要的任务。

（一）"淡化社群认同差异"的组织机构

作为新加坡殖民地时代广、惠、肇三属移民社群的总机构，建立一个既能容纳小群又能整合大群的组织架构，是碧山亭存在与发展的关键。

① 1970 年 2 月 8 日董事部会议记录。该记录保存在新加坡国家档案馆，缩微胶卷号为 NA239。
② 林孝胜：《新加坡的华社与华商》，新加坡亚洲研究会，1995，第 1~62 页。

　　根据碧山亭碑文、档案与章程等资料的记载,① 碧山亭创立之初,采用大总理、值理两级制。管理层中包括了人数不等的三属地缘社团代表。此种组织方式的意义在于,它能在容纳属下各小群意识的基础上提供一个与新社群相适应的组织空间与架构。

　　20 世纪初,为了适应华人社会和广、惠、肇移民社群的变化,碧山亭将属下成员由个人改为会馆,规定由广、惠、肇三属的会馆各派出两名代表,组成董事会共同管理碧山亭。碧山亭以会馆取代个人为组织成员的规定,是要让各会馆在碧山亭组织机构中有相对平等的权利和地位,并共同管理碧山亭,以此来加强三属社群对碧山亭的认同。

　　碧山亭以会馆为组织成员和让各会馆享有相对平等的组织与管理空间的做法,到 1947 年以章程的形式被确定了下来。② 1947 年章程的基本特点是将广、惠、肇三属各会馆在碧山亭内所享有的相对平等的组织与管理空间规范化,同时规定采取轮流制的办法,由各会馆代表轮流担任碧山亭董事部里的核心成员。这项规定使三属会馆不论力量大小、成立先后都拥有管理碧山亭的机会。

　　碧山亭在二战后组织结构的状况基本反映在 1960 年章程里。根据 1960

---

① 有关碧山亭的碑文主要来自两部分。其一为与碧山亭有关的石碑碑文。据目前所知,最早一块与碧山亭有关的石碑立于道光二十年（1840）。之后在同治元年（1862）、同治八年、同治九年、光绪十年（1884）、光绪十二年等,又有数块石碑记载与碧山亭相关的历史。以上碑文内容均收录在陈育崧、陈荆和编著《新加坡华文碑铭集录》,香港中文大学出版社,1972。碧山亭直接立碑始于光绪十六年所立之"劝捐碧山亭小引",在这之后所立的石碑,大多保存在 20 世纪 80 年代重建后的碧山亭福德祠内。在这些石碑中,记载祭祀先人的碑文占有相当分量。碧山亭在 1921 年首次举办"万缘胜会",到 1965 年新加坡独立前,分别在 1921 年、1934 年、1946 年、1952 年、1958 年、1964 年立六块石碑,记载历次超度活动情形与捐款人姓名。此外,另有一些记载碧山亭运作的石碑,如 1943 年所立"广惠肇碧山亭稗贩亭记碑"、1948 年所立"广惠肇碧山亭购山辟路建设模范坟场序碑"等。其二为碧山亭社团总坟所立石碑碑文。碧山亭的社团总坟墓碑资料,主要来自两份记录。一份是现在碧山亭公所内的"广惠肇三属先贤纪念碑"上所刻的社团总坟名单,另一份是碧山亭最后一任校长郭明编辑整理的《广惠肇碧山亭各会馆社团总坟集编名录》。碧山亭档案主要有会议记录与埋葬证书等内容。这些文献以缩微胶卷的形式保存在新加坡国家档案馆。会议记录的缩微胶卷号码为:NA206、NA239、NA240。埋葬证书的缩微胶卷号码为:NA67、NA68、NA81、NA82、NA84、NA85、NA86、NA101、NA102、NA108、NA109、NA110、NA111、NA112、NA115、NA116、NA125、NA242。另外,有关碧山亭章程,目前笔者见到的有 1947 年与 1978 年修订的两份。以下所指的碑文、档案与章程主要来自上述内容。

② 这是目前笔者所见碧山亭最早的一份章程。这份以英文书写的章程现存新加坡社团注册局,该章程因当时的碧山亭董事部未按殖民地政府的要求修改有关条文而未获当局批准。实际上从会议记录来看,这份章程在碧山亭实施的时间很有限。尽管如此,该章程仍能在一定程度上反映二战前后碧山亭的组织状况。

年章程，二战后碧山亭继续坚持运用"淡化社群认同差异"的组织原则，具体做法是在 1947 年章程的基础上，让三属各会馆在碧山亭组织与管理中有更多的空间，主要内容有以下三点。其一，受托团成员由以个人为单位改为以"府"为单位。该项规定承认碧山亭内以府为单位的不同地缘差别，但也给予相对平等的权利，以淡化三属间的差异。其二，明确规定同人大会中会馆的权利。其三，确立董事部核心成员由各会馆轮流担任的"六常务"轮值制。

碧山亭的组织架构在 1960 年章程之后基本确定下来并延续至今。碧山亭一个多世纪的发展历史表明，传统的"淡化社群认同差异"的原则和组织系统，不仅能够有效地维持碧山亭的运作，同时具有整合三属建立社群认同感的重要功能。

（二）制度化的坟山管理系统

作为一个坟山管理机构，碧山亭营葬的对象是广、惠、肇三属先人，所要面对和处理的则是与属下社群或社群内个人以及各社群间的关系问题。换言之，这是一项面对生者、工作量极大、内容相当庞杂的工作，因而是碧山亭运作系统中最重要的组成部分之一。

相关的文献显示，二战后碧山亭整顿坟场，推行模范坟山制度、葬地分类、葬地循环使用以及葬地申请手续等项新政策，在此基础上逐渐建立起一套制度化的坟山管理系统。这套系统的基本宗旨是要打破三属众多社群的界限，形成超越属下社团的"三属认同"。

所谓"模范坟山制度"，即由碧山亭统一规划使用坟山的办法。1947 年碧山亭开始策划推行"模范坟山制度"，翌年立"广惠肇碧山亭购山开路建设模范坟场序碑"，阐明碧山亭推行该计划的目的，乃是"改建模范墓坟，编排既无畛域之分，复无贫富之别，后人凭吊，容易辨认"，为推行制度化的坟山管理奠定基础。

"葬地分类"与"葬地循环使用"亦是由碧山亭统一规划的葬地安排，借以打破三属社团的界限。碧山亭的葬地类别，二战前主要分成社团总坟和个人坟地两类。根据规定，凡经注册的广惠肇三属社团，不论地缘、姓氏、血缘、业缘等团体，均可在碧山亭设立总坟。[①] 有关个人坟地，根据档案记

---

① 有关社团总坟问题，下节还将讨论。

载，从 1933 年至 1973 年的整 40 年中，碧山亭登录了十数万份的三属先人埋葬资料。

碧山亭对个人坟地的管理情况在二战以前缺乏资料。根据保留下来的碧山亭理监事会会议记录，二战后，碧山亭内的个人坟地分为两类。一类是碧山亭排编葬地号码的坟地，这类坟地所付费用很少或基本不需费用，但墓地不得自行选择；另一类是"自择坟地"，这是 20 世纪 50 年代开始新设的个人葬地类别。二战以后新加坡华人逐渐从"侨居"转向"定居"，需要有永久性的先人墓地。为了适应这种需求，同时也为了扩大资金来源，碧山亭便在新购的山地中划出部分作为可自由选择的坟地，称为"自择坟地"，并规定三属人可以 500 元（60 年代后增加到 1000 元）的香油费在公所指定的"自择坟场"内为先人购买坟地。

对三属社群具有重要整合功能的还有碧山亭制定的葬地申请条例。根据 183 卷的埋葬证书，碧山亭的埋葬证书（以下简称"山葬证"）分旧新两种。差别在于前者由董事部司理签发，后者由碧山亭统一印制，编有号码，并由碧山亭分发给三属会馆填写。新山葬证上登录的主要项目有：死者姓名、籍贯（府、县、乡）、年龄、住址、死亡时间、医生证明书（附死亡证明书或证明书号码）、埋葬号（山葬证号码）、葬地（第几山、第几亭）、墓地情况（广、宽、座向）、死者与社团关系（是某会馆的成员或是某会馆成员的亲属）等。"发给"栏有某会馆的盖章或会馆盖章加会馆主席的签名。

新的葬地申请条规一直实施至政府征用碧山亭坟山。上述条款构成一个完整的埋葬管理系统。这个系统不仅有效地处理了广惠肇三属人士的身后事，也具备加强会馆与公所的联系，以及界定碧山亭所属人员的功能。

（三）"坟山崇拜"的文化纽带

碧山亭建立的基本任务是为广、惠、肇三属提供安葬先人的坟山和进行与营葬、祭祀以及其他有关的事务。这也是移民时代许多华人社会组织的基本功能之一。碧山亭与一般会馆的相异之处在于它仅承担一般会馆的部分功能，即处理移民去世后的安葬和祭祀事宜，并将这部分功能独立出来。换言之，碧山亭是以坟山崇拜作为整合属下三属移民社群的文化纽带。由于坟山崇拜是中国传统文化中祖先崇拜的基本内容之一，[①] 碧山亭必须通过这一文

---

① 　李亦园：《文化的图像》上册，台北：允晨文化实业股份有限公司，1991，第 212 页。

化纽带来促进"三属认同"的形成。

碧山亭主要是通过设立社团总坟建构虚拟的"祖先"或"先人"的"社群共祖",使社团总坟具备社群认同象征之特性,以具体操作落实坟山崇拜对三属社群的整合。

所谓社团总坟(墓),即由社团设立的坟山(墓),这是东南亚华人移民时代创设的一种埋葬祖先或先人之方式。根据碧山亭登录的不完整的社团总坟碑文资料,从1830年至1975年,坟山内有数百座社团总坟。这些社团总坟基本可分成两大类。一类是由碧山亭设立的广惠肇三属总坟,另一类是三属社团在碧山亭设立的总坟。后者因社团性质的不同又可区分为近百座的地缘性会馆、同乡会总坟,近150座的姓氏宗亲会总坟,以及数十座的业缘性行业公会总坟。此外还有三属民间艺术团体及宗教社团设立的总坟,以及一些性质不明的社团总坟。①

设立社团总坟的基本功能,是建构"社群共祖"。所谓"社群共祖",即社群共同的先人。根据各项相关资料,总坟内所葬基本是有社群所属但无亲人后嗣祭祀的先人。换言之,这些先人是具有社属社群的无主孤魂。正因为这些孤魂不属任何血亲家族和后嗣,才可以属社群所共有。设立总坟要经过二次葬(或多次葬)先人骨殖、修建总坟工程以及举行开光仪式三个过程。经过这三个过程,这些孤魂的个体意义淡化了,他们不再是一个个的个体,而是集合起来形成一个整体——"社群共祖",并以总坟的形态作为社群认同的象征。因此,总坟的设置过程,就是社群共祖的建构过程。而在社群共祖的建构中,社群本身因此也增强了凝聚力。由于修建总坟既是本社群的大事,也要与三属共有的碧山亭发生关系,修建总坟本身即涉及本社群认同与"三属认同"这两重认同关系。

根据会议记录,三属各类社团要在碧山亭新建或重修总坟,都必须向公所提出书面申请并经董事部(后改为理监事会)批准。作为三属坟山管理机构,碧山亭也制定社团总坟设立和重修的条规。这些条规的制定,目的在于统一属下所有社团建立总坟的申请办法。另外,通过条规与社团总坟的修建,碧山亭与属下社团的关系得到强化,而碧山亭接受、审查、批准三属社团设立或重修总坟时,也具有协调、调解三属社团间矛盾的功能。

---

① 新加坡广惠肇碧山亭:《新加坡广惠肇碧山亭庆祝118周年纪念特刊:广惠肇碧山亭各会馆社团总坟集编名录》,1988,非卖品。

上述碧山亭坟山内不同的葬地形态，表明作为广惠肇三属社群总机构的碧山亭内部，存在多元多重的社群认同关系。而碧山亭内社团总坟的建立，其重要意义在于，三属各类社团既可通过总坟的设立建构"社群共祖"，以加强本社群的凝聚力，亦可通过坟山崇拜的纽带相互联系起来，形成在三属各类社群认同之上的以广惠肇为一体的"三属认同"。

综上所述，在殖民地时代，碧山亭以传承自华南原乡的"祖先崇拜"与"坟山崇拜"作为文化纽带，通过"淡化社群认同差异"的组织机构与制度化的坟山管理系统等的运作，来建构广惠肇移民社群的"三属认同"。另外，由于中国人向海外移民的非宗族性迁徙，"祖先崇拜"在海外华人社会缺乏祖籍地传统的家族组织和祭祀组织的维系。在新环境的社会情境下，"祖先崇拜"在形态和功能方面均呈现出一些新的特质。以碧山亭的情况看，"祖先崇拜"在新加坡华人移民帮群社会发生的最重要变化是"祖先"或"先人"的"虚拟化"，以及虚拟的"祖先"或"先人"的"祖先崇拜"与地缘、业缘等其他社群关系的结合，从而扩展了"祖先崇拜"的整合空间，使之不仅具有整合血缘性宗族的功能，亦涉及虚拟血缘的姓氏宗亲组织、地缘性的乡亲会馆、业缘性的行业公会等社群组织的凝聚和认同。

二　新加坡建国以后碧山亭的转型与社群、社会及国家关注

新加坡在 1965 年独立建国，进入一个独立、和平、建设与发展的新时期。包括广、惠、肇三地移民在内的中国华南移民转变身份认同，成为新加坡公民。作为广惠肇三属的总机构，碧山亭为因应时代变迁，在管理运作、社会功能等诸方面不断做出调整。伴随碧山亭在国家架构下的转型，其认同形态也出现新变化。

在碧山亭发展历史上，1973 年是一个重大的转折点。这一年的 8 月 31 日，碧山亭接到新加坡政府来信通知，因市政建设需要，碧山亭与全新加坡 15 处营葬先人的坟山，自 8 月 17 日起封山停止营葬事务。7 年之后，政府全面征用了碧山亭。[①] 当国家发出封山令与征用坟山之后，现实迫使碧山亭

---

① 《建设委员会 1973 年至 1988 年实录》，新加坡广惠肇碧山亭：《新加坡广惠肇碧山亭庆祝 118 周年纪念特刊》，1988，非卖品。

处理因封山与征用所带来的与三属社群和国家相关的一系列问题，进而使碧山亭开始其在国家架构的新时空情境下重建与转型的演化进程。

（一）碧山亭社会功能的扩大

为了国家发展需要，接到政府封山令之后的碧山亭和广惠肇三属社团先后妥善处理了改土葬为火葬、安置原有坟山的先人骨灰、与政府谈判赔偿、筹集资金进行重建等一系列重大课题。从 20 世纪 80 年代中期到 90 年代，碧山亭完成重建工作。重建后的碧山亭，结束了坟山时代一整套与葬地安排、营葬事务相关的运作系统，进入主要管理安置在新建灵塔内先人骨灰的灵厅时代。[①]

面对时代与社会变迁，碧山亭在 1978 年修订章程。章程中对组织机构做了一些调整，使之更适应重建后的发展需求。新章程中最重要的改变是有关碧山亭"宗旨"的新规定。在碧山亭一个多世纪的发展中，曾因配合社会发展而不断修改"宗旨"条的内容。1987 年新修订的章程，在"宗旨"条第二款里，第一次明确规定碧山亭的服务对象从三属扩大到全新加坡社会："设立火葬场为各族人士提供服务，并依据火化场条例处理与管理之。"设立火葬场的计划后来由于与政府发展碧山新区的计划不吻合而无法实施。不过之后兴建的灵塔，其服务对象则援引新章程的条例，向全新加坡社会开放，新加坡人不论种族、宗教、社群所属，均可将先人的骨灰安置在碧山亭灵塔。

重建后的碧山亭在社会功能上从服务三属扩大到全新加坡社会，反映了广惠肇宗乡社群在新加坡建国后对新加坡的社会与国家认同。碧山亭还通过华人传统的民间宗教活动，促进三属宗乡社群与新加坡华人社会的整合。

"万缘胜会"是碧山亭一项传统的祭祀先人的宗教活动，对整合三属社群深具意义。根据保留在碧山亭内的碑铭，自 1921 年举办首届"万缘胜会"，直至新加坡建国前，在碧山亭制定的"万缘胜会"举办宗旨中都有明确的"三属"限制。当时参与"万缘胜会"超度和捐款者绝大部分是广、惠、肇移民和三属各类社团。

"万缘胜会"在举办宗旨上跨越三属社群的最初改变是在 1985 年。由于重建后的碧山亭把服务对象扩大到全新加坡社会，这一年举办的第九届

---

① 施义开：《新加坡的广惠肇碧山亭》，《扬》第 16 期，广惠肇碧山亭，2008 年 2 月。

"万缘胜会"在其"宣言"中规定："不限广惠肇三属，即使其他省、府、县属人士，亦欢迎参加付荐，收费一律平等，以示大公。"不过，"万缘胜会"仍负有宣传重建碧山亭的任务。[①] 1998 年碧山亭再次举办"万缘胜会"。此次"万缘胜会"在"宗旨"上完全摈弃对参与者社群所属的限制。碧山亭还通过报章广告，鼓励新加坡华人参与这项祭祀先人的宗教活动。"万缘胜会"举办宗旨突破社群界限，显示三属宗乡社团和碧山亭对新加坡的"社会认同"。

重建后碧山亭的再造神明以及在神明信仰形态上的一些改变，客观上也促进了三属宗乡社团和碧山亭与新加坡华人社会的整合。

坟山时代碧山亭的神明信仰具有鲜明的社群特色。这些安置在碧山大庙内的神明中有一些是移民时代广府人的行业神，另有一些则是从被拆迁的隶属广府、肇庆两社群的广福古庙迁来的神明。在神明崇拜的形态上，碧山大庙不立主神，所供奉的十二尊神明地位平等。碧山亭也从不为神明庆祝"神诞"。碧山亭对待神明的方式显然不太合乎华人传统民间信仰的一般做法。

碧山亭在重建中，再造了"财帛星君"与"观音"两尊新神明。此外，碧山亭还一改百年来的做法，立观音为碧山大庙的主神，同时为新造的两尊神明举行神诞庆典活动。

根据碧山亭理监事会的会议记录，碧山亭的造神与神诞活动，是因应碧山亭在重建过程中面临一些亟待解决的现实问题而采取的应急措施。"财帛星君"的出现，是基于当时碧山亭运作中财政状况窘迫的困难局面。碧山亭在埋葬先人的坟山被政府征用后，急需资金兴建临时骨灰罐安置所。碧山亭希望通过举办"财帛星君"神诞活动上的"标福"以筹集款项。立观音为碧山大庙的主神，则是要借"阳"神的观音，改变人们对碧山亭属"阴"的传统看法，以适应重建后的碧山亭向全新加坡开放的需要。

上述改变虽然是基于一些现实问题的考虑，但客观上却改变了碧山亭一个多世纪以来在神明信仰系统上浓厚的社群色彩，对促进碧山亭和三属宗乡社团跨越社群边界具有积极的意义。

先谈观音崇拜。碧山亭重建后面对社会功能的转型，需要调整原有的神明形态，其中的关键，就是要改变传统神明崇拜的社群色彩。观音崇拜正具备了碧山亭所需要的社会功能。观音崇拜在全世界华人中普遍得到认同，新

①　新加坡广惠肇碧山亭：《广惠肇碧山亭万缘胜会特刊》，1985，非卖品。

加坡也不例外，新加坡华人社会有众多的观音信徒。四马路的观音庙是新加坡香火最旺的庙宇之一。每年农历春节，到观音庙抢上第一炷香的华人之多使道路为之堵塞。观音信仰的普遍性是碧山亭再造观音，并尊之为碧山大庙主神的基本原因与重要原因之一。换言之，观音信仰是一座桥梁，它有助于碧山亭和三属宗乡社群趋同于新加坡华人社会。

再造财帛星君以及为其做神诞，在一定程度上也促进了碧山亭重建后的社会认同。首先，碧山亭一改历史上不做神诞的传统，为财帛星君庆祝神诞，这样的做法本身即具有三属社群趋同于新加坡华人社会的象征意涵。因为对信仰民间宗教的华人来说，每年定期为神明庆祝神诞（俗称做大日子），是已被普遍认同的崇拜规则。碧山亭的财帛星君神诞活动，显然符合华人社会传统的文化规范。另外，在为财帛星君举办的神诞活动中，碧山亭采用在新马华人社会普遍的做法，以"标福"来筹集重建的资金款项，意在淡化与其他华人社群的差异。

碧山亭举办的神诞活动，还具有跨出三属、与新加坡社会建立联系的功能。根据笔者的田野调查，碧山亭邀请中国大使馆官员出席财帛星君神诞晚宴，捐赠款项支持中国赈灾，接受非三属社团或个人香油钱或报效的"福物"，宴请非三属个人或社团等。[①] 总之，通过神诞活动，碧山亭和三属宗乡社团与新加坡社会有了更多的交往与联系。

（二）延续与强调"三属认同"

新加坡建国后重建的碧山亭及其所属的广惠肇宗乡社群，在具有社会与国家认同的同时，也延续与坚持建构于殖民地时代的"三属认同"。

首先看 1978 年修订的章程。如前所述，该章程在"宗旨"条中首次订立条规，向全新加坡社会开放。与此同时，新章程也强调了碧山亭的三属特色。"宗旨"条的第一款与第五款规定："本亭创立之宗旨为管理及发展新加坡广惠肇碧山亭之一切产业，同时也为广惠肇三属人士谋福利与促进乡谊。本亭所获之盈余，不论用在社会、教育、医药或慈善福利事业等，概需由同人代表大会议决。"

再看运作方式。碧山亭是一个以"坟山认同"为纽带所建立的广惠肇

---

① 根据笔者于 1998 年 9 月 11 日、12 日参与观察并记录的在碧山亭举办的财帛星君神诞的接神、祭祀仪式，以及晚宴和标福物等情况及据此所做的田野考察。

三属最高联合宗乡组织。从 1871 年创立以来的一个多世纪里，碧山亭通过设立模范坟山、社团总坟，对三属先人的"春秋二祭"和"万缘胜会"的超度，以及"六常务轮值制"等一系列组织管理与运作系统，在有效处理三属移民身后的丧葬与祭祀问题的同时，也促进了三属的整合。进入新加坡本土社会之后，上述这些在殖民地时代形成的文化传统与运作方式，基本被保留了下来。

在组织原则与组织架构上，碧山亭坚持和延续了移民时代的体系：作为广惠肇宗乡社群的总机构，碧山亭的基本成员是三属的 16 所会馆；碧山亭基本与核心机构及其组织运作方式，如理事会、监事会、同人大会、六常务轮值制等均被保留下来。

在重建后的灵厅布局上，碧山亭延续了坟山时代的埋葬理念，将社团总坟以"社团灵厅"的形式保留下来。"社团灵厅"的设置也延续殖民地时代"碧山亭三属总坟"与"三属社团总坟"的做法，分成"三属"与"三属社团"两类灵厅。重建后的碧山亭具有三属总坟意义的有两处。一处是1985 年修建的"广惠肇先贤纪念碑"。纪念碑位于重建后的碧山亭公所中心，碑上刻有坟山时代三属 149 个社团名称，纪念碑下所葬为坟山时代 149个三属社团总坟的墓碑和部分社团总坟的骨灰罐等。另一处是位于灵厅二楼（三属各地缘、业缘、姓氏等社团灵厅的集合之处）首位的七君子灵厅。①社团灵厅则有 38 间，基本分为地缘会馆同乡会灵厅、姓氏宗亲会灵厅、行业公会灵厅三大类别。社团灵厅内的布局，包括牌位、碑文、对联等基本与坟山时代的社团总坟相同，有不少甚至把原有的总坟对联原样复制在灵厅上。

重建后的碧山亭也延续殖民地时代每年定期祭祀先人的"春秋二祭"传统。在坟山时代，碧山亭的"春秋二祭"已经形成了一套规范化的做法，即三属人祭祀先人和三属社团祭祀总坟的仪式是在碧山亭理监事会祭祀总坟之后才展开的，这是为了显示和体现碧山亭内部的认同关系。迄今为止碧山亭和三属社团仍遵循这套在坟山时代建立的运作方式与祭祀文化。换言之，碧山亭内部的社群认同关系通过传统的"春秋二祭"被保留与延续了下来。

再以"万缘胜会"为例。笔者参加并现场考察了 1998 年碧山亭举办的

---

① 七君子指"恩平李亚保、开平黄义宏、新兴赵亚德、三水梁亚德、高要赵亚女、新兴顾文中、高要谢寿堂"等 7 人。有关"七君子"，下节还将讨论。

"万缘胜会"。该届"万缘胜会"筹委会成员全部来自广惠肇三属 16 所会馆。参与"万缘胜会"期间游艺活动的团体也都来自 16 所会馆。在"万缘胜会"场所维持次序的人员也均从 16 所会馆中调派。

在宗教仪式的安排上，碧山亭更是延续了坟山时代的许多做法，强调和突出广惠肇的"三属认同"意识。"万缘胜会"分公祭和私祭，在道坛的空间布局上设有公祭坛和私祭坛。私祭坛是主家对先人的祭祀和超度的场所。公祭坛的祭祀和超度仪式由道长、法师带领碧山亭理监事成员进行。公祭坛设在碧山亭内的"广惠肇历代先贤纪念碑"下。公祭坛上设置了 31 面甲种龙牌和 6 面大龙牌。31 面龙牌是为历届去世的理监事成员而设。6 面大龙牌没有具体的超度对象，但其中的"广州府上历代祖先之神位""惠州府上历代祖先之神位""肇庆府上历代祖先之神位" 3 面大龙牌，摆在主祭坛中间最显著的位置。① 很显然，碧山亭在"万缘胜会"空间布局和祭祀仪式上凸显广惠肇三属，目的是要通过宗教仪式，强调和再界定建立于移民时代的新加坡广惠肇"三属认同"的社群意识。

综上所述，新加坡建国以后碧山亭的社群、社会及国家关注，显示出历经重建与转型艰难挑战的碧山亭与三属宗乡社群在认同形态上的基本特点。

三　21 世纪以来碧山亭的多元认同形态

1998 年碧山亭基本完成重建工作，并在当年 11 月 8 日举办 128 周年纪念与碧山庙重建落成开幕的庆典活动。② 重建后的碧山亭在 21 世纪以来外部世界与新加坡社会变迁的时空环境下继续演化发展。在这一节，笔者主要根据碧山亭出版的半年刊会讯《扬》，具体考察 20、21 世纪之交以来的十数年，碧山亭的运作与多元并存的认同形态。

（一）承继与强化"三属认同"

如上节所述，在碧山亭重建与转型的艰难进程中，延续并强调建构于殖

---

① 根据笔者在 1998 年 6 月 20 日至 23 日参与并记录碧山亭举办"万缘胜会"的田野考察。
② 曾玲：《128 周年纪念及碧山庙重建落成开幕庆典盛况》，《扬》第 3 期，广惠肇碧山亭，1999。本文中几处周年的计算均来自碧山亭当局。

民地时代的"三属认同",是凝聚广、惠、肇宗乡社群最重要的内在纽带。此一趋势在 21 世纪以来碧山亭的运作中继续被承继与强化,并因应对时空变迁而有了新的形式与内容。

1997 年 5 月,碧山亭以会讯形式出版半年刊《扬》。有关《扬》的出版,据时任碧山亭理事长的何顺结在"创刊献词"中所言:"本亭子成立一百二十七年以来,曾出版过特刊,但以会讯形式出版半年刊,尚属首次。"出版《扬》的目的与宗旨为:其一,"以实际行动促进十六会馆与本亭的联系";其二,"让本亭的历史与精神发扬光大";其三,弘扬华族儒家思想与文化。此外,也希望借此会讯让"外界了解本亭的近况、活动与新发展"。①从 1997 年 5 月至 2017 年 8 月,《扬》已不间断发行了 35 期。

根据《扬》的报道,21 世纪以来碧山亭主要通过内与外两个途径来强调与强化广惠肇社群的"三属认同"。

在广惠肇三属内部,碧山亭除了保留与延续殖民地时代与新加坡建国以后的组织结构与运作内容,如"六常务轮值制""同人大会""春秋二祭"等外,自 1978 年以来,其会务中增加了一项颁发奖助学金与敬老度岁金的内容。敬老度岁金与奖助学金的颁发对象,是三属社团成员及其子女。另一项有助于促进广惠肇宗乡社群"三属认同"的重要会务就是创办半年刊会讯《扬》。

《扬》在创刊时,设立"本亭活动"与"会馆活动"两个栏目,让碧山亭和属下的广、惠、肇 16 所会馆定期在《扬》中报告会务。自 2007 年起,《扬》新增"人物介绍""本亭文物""历史回顾""广东文化"等栏目类别,介绍与广惠肇社群相关的历史事件、社团与社团领袖、祖籍原乡历史文化等内容。上述栏目的设置与发表的内容,不仅进一步强化了碧山亭与属下 16 所会馆的联系,为促进会馆之间的相互了解与交流提供了一个重要平台,亦有助于唤起与强调广惠肇社群共有的历史记忆,进而凝聚与强化广惠肇"三属认同"。

以"广惠肇社群"名义参与跨国的社会文化交流,是碧山亭强调与强化"三属认同"的外部途径。

海外华人社团的跨国活动开始于 20 世纪 70 年代末 80 年代初。新加坡的华人社团紧跟当时时代潮流,在八九十年代也纷纷跨出国门,以宗亲宗乡

---

① 何顺结:《创刊献词》,《扬》创刊号,1997 年 5 月。

为文化纽带，展开全球华人社团的恳亲与联谊活动。① 相较于新加坡其他宗乡社团，碧山亭参与跨国联谊活动较晚。《扬》的报道显示，从 1997 年到 2002 年的 8 期会讯中，均未见碧山亭跨出国门的会务活动。直到 2003 年，碧山亭才开始其跨国的社会文化交流。自此以后，频繁的跨国活动成为 21 世纪以来碧山亭会务运作的一项重要内容。

根据对《扬》内容的整理，在 21 世纪以来的十数年里，碧山亭的跨国社会文化交流，主要在两个地域展开。其一为包括属下广、惠、肇 16 所会馆的祖籍原乡在内的广东省。活动的内容除了拜访各级侨联侨办、参观访问外，另一项重要的工作是"回乡寻根"。2006 年 12 月，碧山亭首次组织广惠肇年青一代，到广东省展开七天的寻根访问。②

其二为亚细安区域。《扬》的报道显示，碧山亭在 2003 年首次派出 13 人的代表团出席马来西亚新山广肇会馆 125 周年纪念庆典。③ 自此以后，碧山亭与该区域的联系与文化交流日益增多，其中尤以紧邻的马来西亚最为频密，以及印度尼西亚、泰国等亚细安国家。与此同时，碧山亭也在新加坡接待来自亚细安各国的"广惠肇会馆""广惠肇公会""广肇会馆""广肇总会"等以及广惠肇属下的社团如"惠州会馆""冈州会馆""增龙总会"等。

除了祖籍地与亚细安区域，21 世纪以来，碧山亭多次组团参与在广东、亚细安区域乃至世界各地举办的"世界广东社团恳亲联谊大会"，进而密切与世界各地广、惠、肇华人社团的经贸文化联系。

碧山亭的上述跨国活动，显示广惠肇是将碧山亭与祖籍地、亚细安区域至世界各地的广、惠、肇华人社团联系在一起的文化纽带与社群认同符号。

（二）以"广惠肇社群"形态融入新加坡

在 21 世纪以来的时空环境下，碧山亭以"广惠肇社群"形态更为主动地参与各项社会文化活动，从而使碧山亭的社会与国家关注有了新的内容。

1. 融入华人社会

主动将其在一个多世纪的奋斗历史，提升到新加坡华人社会精神与文化

---

① 曾玲：《认同形态与跨国网络——当代海外华人宗乡社团的全球化初探》，《世界民族》2002 年第 6 期。
② 《本亭首次组织青年团下乡寻根》，《扬》第 16 期，2008 年 2 月。
③ 《本亭代表团十三人出席新山广肇会馆 125 周年纪念》，《扬》第 8 期，2004 年 1 月。

层面，这是 21 世纪以来碧山亭运作的一项重要内容。

以碧山亭对"七君子"内涵的诠释与处理方式为例。"七君子"是流传在碧山亭和广惠肇社群的一则传说。据传这七人为义士，为碧山亭献出了生命。不过，关于"七君子"为何牺牲，有不同说法。一种说法是，碧山亭最初的坟山是"七君子"与别帮械斗打下来的。另一种说法则认为，当时的广惠肇与别帮发生械斗，"七君子"为保护碧山亭而战死。不过，迄今为止并未有确切的历史记录证实该传说的时间与内容。

"七君子"作为广惠肇社群英雄的身份，是伴随碧山亭在 20 世纪八九十年代的重建而得到确认。如前所述，碧山亭重建后，从坟山时代进入灵厅时代，设立了具有象征"广惠肇三属总坟"意义的"七君子灵厅"，并在之后由碧山亭与属下 16 所会馆进行年复一年的"春秋二祭"。历经这一过程，"七君子"已从往日的传说转变为被正式认定的碧山亭的英雄，进而成为承载新加坡广惠肇社群历史记忆的符号。

"七君子"地位的再提升是在 21 世纪之初。2003 年碧山亭理监事会在公所内为"七君子"建亭立碑，并在当年 11 月的庆祝创立 133 周年纪念活动中，恭请新加坡政府官员曾士生与时任碧山亭理事长的梁少逵先生为"七君子亭"主持揭幕仪式。在致辞中，梁先生以"学习七君子精神"为题发表演讲，他认为"七君子"体现了中华文化传统价值观，呼吁让"七君子"勇于为社会献身的精神永远留存。曾士生则认为"七君子"精神是新加坡华人宗乡会馆宝贵的文化遗产。他勉励华人年青一代应以"七君子"大无畏精神保卫华人社会的文化遗产。① 由此可见，通过上述活动，"七君子"不仅承载了广惠肇社群一个多世纪奋斗历程的历史记忆，亦作为华人宗乡社团重要的文化遗产而被提升至华人精神与文化的层面。

走出公所、跨越三属，参与新加坡华人社会的各项活动，是碧山亭 21 世纪会务运作中一项新内容。根据《扬》的报道，碧山亭所参与的，主要是中华总商会、华人宗乡会馆联合总会等举办的各项活动。这些活动多涉及促进新加坡中华语言文化发展与社会的种族宗教和谐等内容。此外，碧山亭也参加广府、客家、福建、潮州等新加坡各方言社团举办的周年纪念等。在碧山亭转型中，2014 年是一个具有象征意义的年份。这一年，为庆祝新加

---

① 《梁少逵呼吁学习七君子精神》《曾士生部长鼓励年轻人保护文化遗产》，《扬》第 8 期，2004 年 1 月。

坡建国 50 周年，碧山亭首次打破传统走出公所，在宗乡总会礼堂举办成立 144 周年纪念庆典。为此，《扬》在首页报道了此次庆典的内容，并以"广惠肇碧山亭 144 周年走出碧山"为题，强调首次"走出碧山"举办纪念庆典对碧山亭在新时期的转型所具有的重要意义。①

2. 融入碧山社区

在碧山亭一个多世纪的历史发展进程中，虽然从二战到新加坡建国之后已经有明确的社会认同意识，但真正主动参与国家社会文化建设，则始于 21 世纪以来的 20 多年间。

21 世纪以来，促使碧山亭在社会与国家认同上进一步转型的一个重要因素，是新加坡国家政策与政府官员的积极推动。基于"多元文化与种族和谐"的国策，在新的历史时期，政府从政策制定、经费支持等方面，加大力度鼓励各种族传承与发展自己的语言文化传统，同时以"传统文化遗产"理念，呼吁各种族重视、整理与传承在新加坡本土的发展历史与奋斗精神，并将其作为国家文化建构的重要资源与组成部分。

就碧山亭而言，直接推动其融入所在的碧山社区的是国会议员再努丁。2002 年，再努丁以碧山—大巴窑北区国会议员身份首次来到碧山亭。他被这个由华人宗乡社群创办的坟山组织在一个多世纪的发展历程以及碧山亭所保留与呈现出的具有浓郁中华文化和新加坡特色的广府文化色彩所震撼。② 在这之后，他于 2004 年与 2008 年又两次莅临碧山亭。③ 2008 年这一次，他是以新加坡中区市长的身份，为其辖区内的碧山亭主持该社团翻新工程的开幕仪式。

在再努丁的直接鼓励与支持下，碧山亭从 2003 年开始对社会开放。这一年，碧山亭积极配合新加坡国家文物局主办的传统文化遗产节活动，拨出上万新元举办历史文化图片展，同时向全社会开放，让包括华族在内的新加坡各种族民众进入碧山亭，通过参观公所内的碧山大庙、古鼎古钟和行政楼的壁画等，了解碧山亭与广惠肇社群的历史与文化。④ 自此以后，碧山亭已

---

① 《广惠肇碧山亭 144 周年走出碧山》，《扬》第 30 期，2015 年 2 月。
② 《本亭接待碧山—大巴窑北区国会议员再努丁先生到访》，《扬》第 6 期，2003 年 1 月。
③ 《2004 年 11 月 10 日碧山—大巴窑北区国会议员再努丁先生莅临访问》，《扬》第 10 期，2005 年 2 月；《新加坡中区市长再努丁先生到访》，《扬》第 18 期，2009 年 2 月。
④ 《2003 年 3 月 16 日，参与国家文物局文化节展出本亭历史照片及开放大庙壁画及古鼎古钟等供众参观》，《扬》第 7 期，2003 年 8 月。

经接待诸多包括政府与民间、华族与非华族等在内的，涉及社会、文化、宗教等各类性质的社团。

碧山亭在向新加坡社会开放的过程中，还主催了一项"碧山文化之旅"的活动。在新加坡中区市镇理事会与碧山镇十个机构的大力支持下，该项活动的成果被编写成《碧山文化之旅手册》，由中区市长再努丁于2009年在碧山亭主持发布仪式，另一位政府官员陈惠华亦在碧山亭主持"碧山文化之旅"的启动仪式。①

上述会务运作对于作为广惠肇宗乡社群总机构的碧山亭在认同形态上的进一步转型具有重要的意义。通过开放与主动参与，碧山亭已不再仅是关注与社会国家相关的事务，而是将碧山亭的历史视为新加坡社会发展的组成部分，亦将广惠肇宗乡社群文化纳入当代新加坡中市-碧山镇社会文化的建构之中。

结　语

本文所讨论的碧山亭，由南来拓荒的广府、惠州、肇庆移民于1871年创立于移民时代的新加坡。从创立迄今的一个多世纪，碧山亭既是坟山组织，处理广惠肇先人的丧葬与祭祀以及相关事务，亦是广惠肇社群的总机构，承担整合与凝聚三属的重要功能。

基于碧山亭是个跨地缘与方言、内部存在多元与多重社群认同的社团组织，殖民地时代的碧山亭以传承自华南原乡的"祖先崇拜"与"坟山崇拜"作为文化纽带，通过"淡化社群认同差异"的组织机构与制度化的坟山管理系统等的运作，在解决三属先人的丧葬与祭祀的同时，亦建构了凝聚与整合广惠肇移民社群的"三属认同"。与此同时，在华人移民社会舞台上出现的坟山组织碧山亭，其作为广惠肇总机构的社群边界也得到确定。

20世纪七八十年代，为因应建国之后新加坡经济建设的需要，碧山亭结束了一个多世纪的坟山时代，进入国家架构下的灵厅时代。伴随重建与随

---

① 《180万元修缮工程竣工亮灯、碧山文化之旅手册发布》《新加坡中区市长再努丁先生演讲》，《扬》第19期，2009年8月；《陈惠华部长主持碧山文化之旅启动仪式》，《扬》第20期，2010年2月。

之而来的转型，碧山亭在社会功能、运作方式等诸方面不断做出调整的同时，其认同形态也随之发生变化。一方面，碧山亭坚持与延续殖民地时代建构的"三属认同"；另一方面，碧山亭也关注新加坡社会与国家的发展。可以说，"三属认同"与"社会国家认同"并存，是新加坡建国后碧山亭与三属宗乡社群在认同形态上的基本特点。

21世纪以来的20多年中，碧山亭的会务运作有了新内容：从会讯《扬》的创刊发行，为"七君子"建亭立碑，将"七君子"的社群意涵提升到华人社会精神文化的层面，到总结与展示碧山亭与广惠肇宗乡社群在一个多世纪的奋斗历史，将其纳入包括华社在内的新加坡社会发展的脉络，主动参与所在的中市-碧山镇的社会文化建构，以及与祖籍原乡、亚细安各国、世界各地的广惠肇社团的跨国社会文化活动等。上述会务运作，显示出21世纪以来碧山亭与三属宗乡社群在认同形态上的一些特点。

其一，国家认同下的多元且并行不悖的认同形态。伴随时空演化与社会变迁，自新加坡建国以来的半个多世纪，碧山亭与广惠肇三属宗乡社群的社会国家认同不断增强。与此同时，建构于殖民地时代的"三属认同"虽曾面临挑战却未消失，而是伴随时空变迁在国家认同的前提下被承继、强调与强化。可以说，多元且并行不悖，是当代碧山亭与三属宗乡社群在认同形态上的基本特征。

其二，多元认同形态的相互影响与促进。自20世纪八九十年代以来，基于政府对华人宗乡社团传承中华传统文化与价值观的鼓励，碧山亭对"三属认同"的强调与强化，有助于促进广惠肇宗乡社群的凝聚与摆脱边缘化的困境。而碧山亭参与新加坡华人社会与国家文化建构的各项活动，不仅增强了碧山亭的社会、国家认同，同时也凸显了其作为广惠肇总机构的社群边界，从而进一步促进了"三属认同"意识的增强。

其三，在新加坡时空变迁脉络下建构与演化的"三属认同"，是新加坡广惠肇宗乡社团展开跨国活动的重要文化纽带，而广惠肇宗乡社团的跨国会务，亦有助于拓展当代新加坡的跨国网络，促进新加坡与亚细安、中国乃至海外华人社会的经贸文化交流。

综上所述，从移民时代具有社群边界的"三属认同"之建构，新加坡建国后"社会国家认同"意识的产生，到当代在国家认同前提下所呈现的多元且并行不悖的认同形态，以"坟山崇拜"为纽带而建立的碧山亭与广惠肇宗乡社群在认同形态上的变迁，是新加坡华人社会建构与演化的一个缩影。本文的研究，为考察南来拓荒的华南移民如何运用传承自祖籍地的中华传统文化在新加坡时空变迁的脉络下实现社群重组与家园再建的历史进程提供了一个有价值的个案。

（执行编辑：杨芹）

赶海人：阿联酋迪拜的广东新侨

张应龙[*]

摘　要：20、21 世纪之交，阿联酋迪拜的广东新侨人数开始显著增加。广东新侨主要集聚在迪拜黛拉和龙城，从事服装、手机、化妆品等批发零售业务，并以迪拜为中心，辐射中东、非洲和拉丁美洲。广东新侨以潮汕人占多数，多数来自深圳，移动的纽带是亲朋好友和商业伙伴关系，动力是个人商业需要，人员流动脉动与迪拜经济形势的起伏密切相连。因阿联酋政策的限制，外国人很难加入阿联酋国籍，只能保持侨居的身份。广东新侨到阿联酋主要就是经商和提供商务服务，很少有其他方面的职业。因此，当代阿联酋广东新侨的突出特征就是"侨"与"商"。

关键词：赶海人　阿联酋迪拜　广东　新侨

虽然阿拉伯世界在古代就与中国建立了密切的海上联系，广东华侨在近代也走遍世界，但广东人却极少有移居阿拉伯国家的。这种状态在近二三十年来发生变化，广东人在阿拉伯从无到有，从少到多，演绎了粤商走天下的新故事。本文主要以近年作者在阿联酋迪拜的田野调查资料为基础，对阿联酋迪拜的广东新侨做一个粗浅的概述。

侨居迪拜

在阿联酋 1971 年建国之前已经有中国人居住在那里，他们多来自中国

---

*　张应龙，暨南大学华侨华人研究院研究员。

西北地区，祖籍多是甘肃省。这些人与当地妇女通婚，其后代已经阿拉伯化，这批人与后来的新侨没有联系。接着还有一批人来自也门和印度。改革开放后，随着中资企业进入阿联酋，到阿联酋的中国人多了起来，至 1988 年中国在迪拜建立总领馆时，迪拜的中国人（含中资企业员工）已有 8000 人左右，① 不过其中大多数人不能称为华侨。

20 世纪 90 年代阿联酋大力发展旅游业，浙江、福建、广东等省民众以游客的身份陆续进入阿联酋，到 90 年代末，中国人开始涌进阿联酋。捷足先登的是中资企业的员工，他们对当地情况比较熟悉，觉得阿联酋有不错的发展前景，于是从中资企业跳槽，自寻工作，做生意，留在阿联酋发展。21 世纪以后，中国人掀起了进入阿联酋的小高潮，寻找商机是新侨到阿联酋发展的最主要原因，而 20、21 世纪之交是新侨涌入阿联酋的关键节点。

自从 2018 年习近平主席访问阿联酋之后，中阿建立了全面战略伙伴关系，中国人入境享有专门通道，受到友善的待遇，阿联酋还宣布在 200 所学校开展中文教育。所以总的来说，中国人侨居阿联酋的环境相当不错。

广东新侨是在 20、21 世纪之交来到阿联酋的。2001 年，广东潮阳人张钦伟由于俄罗斯生意失败，便转到阿联酋碰碰运气。张钦伟孤身来到迪拜老城黛拉（Deira）的木须巴扎（Murshid Bazar），在那里，他带来的女性内衣样品一下子被抢光。张钦伟没想到那么好卖，马上从老家进货，发到迪拜。用他的话说，那时有多少销多少，好卖得很。迪拜生意的意外火爆，不但让张钦伟很快还清了原先做俄罗斯贸易亏空的 80 多万元债务，而且赚下不少钱。第二年，他便在迪拜老城黛拉租下一间 10 平方米左右的店铺，注册一家自己的公司，名叫"好来头"。名字虽然朴实但表达了他心中的梦想，从此踏上在阿联酋的致富之路。接着，他把太太和妹妹等人接到迪拜帮忙，开启"连锁移民模式"。随着生意扩张，从家乡带来的人越来越多，仅张钦伟一人就先后带了五六十个亲朋好友出去，而这些亲朋好友又带亲朋好友出去，从张钦伟这一条线便总共带出去了二三百人。②

迪拜好做生意的消息传回国内之后，到迪拜的人很快多了起来。广东人去迪拜的原因多种多样。第一种是出来寻找机会。广东普宁人陈泽浩 2004 年在广州一所中专学校毕业后，不愿意回家乡做家族企业，想出来闯世界，

---

① 广东华侨史调研团中国驻迪拜总领馆座谈会记录，2020 年 1 月 4 日，阿联酋迪拜。
② 张钦伟口述访问，2020 年 1 月 12 日，广州市威尼国际酒店。

刚好这时有公司在上海设点招商到迪拜创业，他家里便替他交了一笔钱，另外花了 3 万元人民币租下迪拜的一间店铺供他出去之后使用。陈泽浩坦承当时自己不懂做生意，对阿联酋也一无所知，完全是初生牛犊不怕虎。半年后，出国手续办妥，他按约定到集中地点与其他人（总共 100 人）一起飞到迪拜，那时他才 19 岁。这 100 人互相不认识，各按约定时间一起坐飞机到阿联酋，100 人当中广东人只有 4 人，都是潮汕人。他们后来有 1 人回中国，剩下 3 人变成当今迪拜的玩具大王、服装大王，称雄迪拜中国商城。陈泽浩回忆说，他到阿联酋时，那里的中国人有 2 万到 3 万人，但广东人不足 100 人，所占的比例很小。第二年，他把弟弟带过来，4 年后，开始带亲戚过来，最多的时候，他家的至亲有 18 个人在阿联酋，而至亲又带他们的亲戚过来，像滚雪球一样越滚越大。[①] 当生意扩张需要人手时，在肥水不流外人田的思维习惯影响下，他们会优先引进自家弟兄，新人立住脚跟后另立门户，再带人出去，这样的移民模式被一再复制。

第二种是拓展生意。在迪拜的中国人当中，有一大群人是来自深圳的商人，他们主要是深圳华强北经营电子产品的商人。在深圳华强北经营手机批发生意的钟楚典，是广东潮南人，在做生意过程中接触到一些阿联酋客户，敏锐地觉察到阿联酋存在商机。2006 年他带了 1 名翻译到迪拜考察行情，立即观察到迪拜是一个做国际贸易的好地方，经营环境好，市场辐射广，政策宽松，于是当年就到阿联酋设点做生意，然后陆续引进一大批深圳商家到迪拜，形成行业规模，互相支援和拆借。他很自豪地说，迪拜的深圳商人大多数是由他引进的。

第三种是国企员工下海。来自广东茂名的林先生从国企员工转为侨商就是这样的例子。1995 年他大学毕业后到水产公司工作，随公司渔船到也门、阿曼、阿联酋等国捕捞，迪拜是他们公司的基地港，所以对阿联酋情况比较了解。因工作轮换，林先生几年后回到国内工作。因不能忍受国企工作的平淡，他自己出来创业做生意。2008 年，因生意不好，他只身跑到也门闯世界，那时也门的中国人不到 20 人，他是唯一的个体户，其他人是国企员工或者中国医疗队员。也门爆发战乱后，他转到迪拜，经营海产品贸易，从也门、阿曼、迪拜、巴基斯坦一带采购海产，发往东南亚、中国、韩国、斐济等地。国际贸易这个行业的特殊性使他想走"家族企业"的路子，几年前他将侄子

① 陈泽浩口述访问，2020 年 1 月 4 日，迪拜龙城。

带出来，可是"90后"的侄子无法忍受迪拜的气候以及枯燥的生活，待了三个月就跑回中国，所以他很遗憾至今没能从家乡带出一个人到阿联酋。后来他通过到学校招工的方法来补充人手，先后在广东农工商职业技术学院招了14名学生到迪拜为他工作。[①] 广州人元永佳也是一个例子。他大学毕业后到进出口公司工作，1993年被派驻迪拜，2003年中国外贸体制改革，他离开公司，在迪拜创办国际贸易公司，经营建材、灯饰、电子产品和旅游服务等。[②]

第四种是劳务输出。在迪拜开店的广东新侨都需要帮手，因此都回中国找自己的亲朋好友过来帮忙，然后不久这些亲朋好友自己独立开店，又从中国招一批新的帮工。其实，从国内招收员工到阿联酋成本较高，每人办证加机票大约要2万迪拉姆（1迪拉姆为1.996元人民币），而阿联酋给的工作签证期限是两年，第一年刚到熟悉工作情况，第二年到期可能不再干了，或者自己去创业。除了个体招人之外，还有单位招人的。2010年10月，阿联酋广东商会与清远市技师学院签订"双百"协议，商会连续三年选拔家庭贫困、品学兼优的毕业生到阿联酋迪拜华商企业就业，共同培养100名学生出国就业，资助100名贫困学生完成学业。[③] 2010年第一批清远市技师学院毕业生到了迪拜。据介绍，100人最后只有一小部分回到中国，大多数留在迪拜发展。阿联酋广东商会这种从学校直接招人到海外，最后大多数变成新侨的情况在广东新移民当中不是很多。

中国新侨在迪拜主要是经商以及做相关服务工作，如看店、导购、导游等，但没有在当地开设工厂，因为配件跟不上。广东新侨在迪拜的职业主要是创业者和看店人。看店人看了一段时间后就自己出去开店创业，然后又从国内招人过去，滚动式复制致富的故事。所以张钦伟说，带一个人出去，等于走出一条路。

从20、21世纪之交大量广东新侨进入迪拜开始，其间尽管遇到2008年美国金融危机，但阿联酋生意依然红火，广东新侨持续涌进阿联酋，在2015年达到了近二三十年的高峰，之后开始下行。目前在阿联酋的中国人总数大约20万人，以年轻人为主，有来有去，熙熙攘攘。年轻，是阿联酋中国新侨的显著特征。

---

① 林先生口述访问，2020年1月3日，迪拜阿联酋广东商会。

② 《阿联酋广东商会暨同乡会成立五周年特刊》，2015，第34页。

③ 《阿联酋广东商会广东清远扶贫　助学生就业》，中国新闻网，2011年7月1日，http：//www.chinanews.com/zgqj/2011/07-01/3151463.shtml。

在阿联酋中国新侨中，广东新侨的人数不如浙江、福建新侨多。2011年时，广东新侨只有几千人，目前有一两万人。在广东新侨当中，潮汕籍新侨约占 50%，人数最多，单单迪拜手机市场的潮汕籍新侨就有 3000 人左右，他们主要来自潮阳、潮南、普宁、澄海这些地方。应该指出的是，广东新侨也包括了"新粤商"，即在广东创业做生意的外省人。

广东新侨持阿联酋签发的工作准证和居留证在阿联酋工作和生活，他们手里拿着中国护照，没有入籍成为华人，是典型的华侨。为什么广东新侨不加入当地国籍、融入当地社会？因为阿联酋不是移民国家，外国人基本不可能加入阿联酋国籍，外国人可以在当地居住，可以延续工作签证。如果与阿联酋人通婚，要在生下小孩后继续住在阿联酋 10 年以上才有资格申请入籍。在融入当地社会基本无望的情况下，广东新侨冒着酷热在阿联酋打拼的目标就是赚钱，但伊斯兰世界的独特生活规范，与广东新侨的日常生活习惯相差很大。因此，阿联酋广东新侨呈现出的鲜明特征是"侨"和"商"。

批发亚非拉

广东新侨在迪拜经商的活动重点在两个地方：一个是老城黛拉，一个是国际城——龙城。老城黛拉集中了好多个批发市场——黄金街、香料街、服装城、手机城等，不仅广东人在那里做生意，国内的浙江人、福建人和国际上的阿拉伯人、印度人、巴基斯坦人等也在那里做生意。黛拉是道路纵横的老城区，龙城是新建的庞大的室内商场。龙城以零售为主加批发，黛拉以批发为主加零售。

广东新侨在迪拜的生意主要是做服装、玩具、化妆品和手机批发。张钦伟是做内衣起家的，他带的人也多数做服装生意。2002~2010 年迪拜的服装生意最旺，张钦伟生意好的时候一年有 150 个货柜的销量。陈泽浩说在2006 年以前迪拜处于卖方市场状态，垃圾货都被扫走，那个时候卖几万到十几万件衣服像在"开玩笑一样"，一天卖一个货柜算是很差的了。2006 年以后，中东市场萎缩，服装销售开始比款式比质量，有了竞争。陈泽浩家族多数在做少女装，据说他家的少女装在迪拜生意是最好的。他在龙城有几间店铺，手上有八张营业执照。[①] 而在迪拜卖玩具和毛衣的是汕头澄海人，东

① 陈泽浩口述访问，2020 年 1 月 4 日，迪拜龙城。

莞大朗本来是毛衣重镇，但最后做不过澄海人。

广东新侨在迪拜扩张生意的过程中，张钦伟起到重要的作用。他发现迪拜服装业的商机，果断在木须巴扎租下一栋楼，为期15年，做成迪拜首个华人服装批发城，这不但方便卖服装，而且产生了集聚效应，形成一个新的服装批发中心。张钦伟接着又在黛拉租楼，做成手机批发城，有180多间商铺，成为中东最大的手机集散地。①

广东新侨基本掌控了迪拜的手机批发生意。在此之中，来自深圳的钟楚典具有标杆性的意义。钟楚典于2006年10月来到迪拜，他早在深圳市场时就积累了丰富的手机销售经验。他从1995年开始接触手机，次年代理摩托罗拉手机，在深圳华强北和国际电器城都有店铺。2001年开始做"山寨"手机，然后转做康佳、TCL、西门子等品牌的手机，每天有十几部车专门给各个店铺送货配货，生意很大。2006年到迪拜时，迪拜只有三家中国人手机店，一家是浙江人开的，两家是福建人开的，他们做的是翻新手机生意。钟楚典落户黛拉后，以迪拜为中心，将手机销售网拓展到中东、非洲其他地区和南美洲。他的公司叫亚锋公司，总部在深圳，香港有公司和仓库，深圳和香港的业务由大儿子和大女儿掌控，他与小女儿坐镇迪拜，南美巴拉圭的公司由小儿子负责。他家海外公司雇用的中国人有三四百人，在迪拜有20多人，在南美有100多人，并在美洲的巴拉圭、美国、智利、玻利维亚、哥伦比亚、墨西哥、巴拿马，非洲的加纳、多哥、尼日利亚、科特迪瓦、肯尼亚，亚洲的泰国、菲律宾、印度尼西亚、越南设点经营，业务量最大的是南美，而卖手机门槛最高的也是南美，利润也最高。钟楚典说，南美的手机生意一般人做不了，经营时差不多要备有三套本钱。2016年钟楚典转为代理小米手机，取得小米在世界23个国家的代理权，年销售额超百亿元人民币。②

更为重要的是，钟楚典到了迪拜之后，先后帮助一二百家广东企业进入迪拜，他不怕同行竞争，声称人多可以成行成市，一起做大。他指出，2009~2013年迪拜的手机生意最火，每天整个市场的手机销售量达20万台。现在迪拜的手机市场，广东新侨占了七成，后来居上，超过福建人和浙江

① 《阿联酋广东商会会长：张钦伟》，环球网转载搜狐网文章，2018年12月24日，https://m.huanqiu.com/article/9CaKrnKggLe。

② 钟楚典口述访问，2020年1月3日，迪拜阿联酋广东商会。

人。来自深圳的潮汕人冯秋钦，2014 年才到迪拜发展，他创立自己的手机品牌欧乐（Oale），在迪拜销量很大，2019 年的销售额达 27 亿元人民币。"他的特点就是重视品牌建设，注重质量，路子越走越宽。"[①] 潮汕人陈烁所在的公司在国内做手机配件和电子配件的生产和出口贸易，以前在印度尼西亚和墨西哥设有工厂，2014 年将重心转移到迪拜，已经在非洲设立了三个点，准备开拓非洲市场。[②] 在迪拜手机市场打拼的广东新侨大多数是从深圳华强北去的，迪拜手机城差不多是"小深圳华强北"。迪拜手机生意在 2006~2008 年时连垃圾货都好卖，后来就讲究品牌和保修，很多店家开始自己注册牌子，并且按客户要求，要什么功能就配什么功能，三卡四卡都没问题。广东新侨经营自己牌子最好的是欧乐，代理品牌最好卖的是小米和华为，迪拜手机城平均每个店面每个月卖五六千部手机，一部手机能赚五六十元人民币，主要销往中东和非洲。

迪拜服装生意的黄金期是 2002~2010 年，手机生意的黄金期是 2006~2013 年，在这黄金期里造就了一批"富豪"。除了这些大生意之外，广东新侨也开始做建材生意，主要为在迪拜的中国国企服务。在阿联酋建筑市场中，中国国企占了七成以上。在建材这个行业以及五金、卫浴、机器设备这些领域，主要是浙江人在做，广东新侨这几年才刚刚进入，目前势头不错。

近二三十年来，阿联酋城市建设高歌猛进，贸易公司如雨后春笋层出不穷，推动了家具行业的发展。来自东莞的新粤商蒙晓勇到迪拜做家具生意已经 20 多年了，他自己在东莞和顺德设有工厂生产家具，然后运到迪拜卖，除了卖给本地之外，也卖到阿曼和沙特。他的家具主要分两大类，一类是办公家具，一类是家居家具。在 2002~2004 年时家具特别好卖。以前外国人在迪拜主要是租房，所以选购家具都是比较便宜的，现在迪拜卖商品房了，选配的家具属于中高档。迪拜的商品房出售时都是配好家具的，因此一个住宅区或者一栋写字楼落成使用，就意味着需要一大批家具，所以迪拜的家具销售是可以预期的。阿联酋有一个规定，政府批准工作签证要看办公室里摆多少桌子，一些公司为了多争取工作签证，就尽量在办公室塞进更多的办公桌，尽管没有那么多人。蒙晓勇在龙城的卖场有 600 平方米，每年的租金有 210 多万迪拉姆，他的仓库租在沙迦，那里的租金便宜一些。公司员工有 20

① 张钦伟口述访问，2020 年 1 月 12 日，广州市威尼国际酒店。
② 陈烁口述访问，2020 年 1 月 3 日，迪拜阿联酋广东商会。

多人，请了一个中国经理和两个中国安装工人，其他都是印巴人。这两年生意差了一些，2019 年的营业额大约 900 万迪拉姆。[①]

化妆品是广东新侨的主要经营产品。来自潮阳的张海士原在家乡开制衣公司，2007 年到迪拜创立嘉丽化妆品综合国际贸易有限公司，并与国内 50 多家化妆品工厂合作，在迪拜化妆品批发市场设立展销平台，他的公司在中东一带有 3000 多个客户，生意很大。[②] 广东是经济发达的省份，拥有许多专业特色镇和有竞争力的产品，如阳江刀具、中山灯饰等。广东产品为新侨在海外市场拓展事业提供了强有力的支撑。阳江人何湾，原在乌鲁木齐做生意，2000 年到伊朗、阿联酋的迪拜考察一圈后，2003 年在迪拜设立迪拜上星厨业用品国际贸易有限公司，用心打造自有品牌上星刀具，成为迪拜广东最大的刀具贸易商。中山古镇人苏俊华，2010 年到迪拜，创立灯饰公司，成为迪拜经营灯饰和照明的佼佼者。[③]

稍微意外的是，迪拜的中餐馆不多，名义上有几百家，其中中国人做的只有 100 多家，其余是印度人、菲律宾人在经营，这与其他地方中餐馆遍地都是、新侨以餐馆为主要职业的情况很是不同。韶关人张恩梓 2012 年在迪拜开餐厅，高峰期开了 4 家，算是特例。她原来在国内做女性饰品生意，2009 年把生意做到迪拜，最初只是派人经营，2012 年才来迪拜常驻，同年转做餐饮。2015 年她做包装定制，专门为国际品牌做配套。2016 年开始经营建材，从中国进货卖到埃及和沙特，她的生意圈里都是阿联酋本地人。[④]

在迪拜生意场，中国新侨主要由浙江、福建、广东人组成，其中浙江人最多，生意以五金、建材、卫浴、布匹占优，广东人以服装、手机、玩具、化妆品、小家电为主，福建人经营服装、大理石、鞋子、手机等，也经营按摩院。广东新侨的经济实力不错，一些大的商家实际上进军多个行业。张钦伟从服装起家后，生意逐步拓展到会展、百货、旅游、金融、石油、文创等行业，先后成立金泰针织实业有限公司、阿联酋好来头连锁有限公司、中鑫投资发展有限公司、阿联酋金泰集团、光彩实业（香港）有限公司等企业。[⑤]

2008 年金融危机后，在迪拜经商的欧美商家逐步撤出，中国人便乘机

① 蒙晓勇口述访问，2020 年 1 月 4 日，迪拜龙城。
② 《阿联酋广东商会暨同乡会成立五周年特刊》，第 32 页。
③ 《阿联酋广东商会暨同乡会成立五周年特刊》，第 31、33 页。
④ 张恩梓口述访问，2020 年 1 月 3 日，迪拜阿联酋广东商会。
⑤ 《阿联酋广东商会暨同乡会成立五周年特刊》，第 27 页。

填补真空，带钱到阿联酋投资兴建大型商场。阿联酋广东商会名誉会长、广东电脑商会会长陈芝华带动粤商与阿基曼有关方面合作兴建的阿基曼中国城，长达1.2公里，投资6亿元，面积50000平方米，可容纳4000商户。[①]中国城入驻的商户涵盖了电脑等电子产品、建材、家具、服装、珠宝、汽配、百货等行业。2012年10月，阿联酋广东商会与阿联酋沙迦王子共同打造的中东地区最全的建材市场——中东·中国建材城批发中心正式开业，算是广东商人国际合作的新尝试。上市公司佛山联塑集团也在迪拜发展，2018年佛山联塑集团旗下星迈黎亚公司，在龙城旁边兴建建筑面积超15万平方米的泛家居产品商城，作为线下体验中心，引进"淘宝式"的购物体验。[②]

值得注意的是，在迪拜的广东新侨企业当中，深圳企业占了相当大的比例。许多深圳企业果断将公司设在迪拜，依靠的就是深圳市对出口商品的退税政策，有这个政策的支持，深圳企业在市场更具有竞争力。深圳市政府的出口退税政策不但推动深圳企业走出去，而且也推动深圳人走出去。

经商环境

迪拜之所以在短时间内崛起，除了有明确的战略方向和务实弹性政策之外，其独特的地理优势也是重要因素。在财富横流、战火纷飞的中东地区，迪拜重点打造自由港，发展自由贸易，笑迎八方客，成为面向中东和非洲的轴心。鳞次栉比的高楼大厦和密密麻麻的国际航空线，记录了迪拜这个国际大都市的成长。中国人到迪拜"掘金"，看中的就是它的经济中心地位。如果仅仅是迪拜本地的市场，毕竟非常有限。在广东新侨眼中，他们到迪拜经商就是为了打开中东和北非其他地区的市场。近些年迪拜的中转功能有所减弱，中国货物直接从广东发到目的地，不用通过迪拜，多少影响了迪拜广东新侨的生意。但是迪拜自有其优势。

广东新侨大多认为迪拜的营商环境很好。"说到做到，办事效率很好，以前阿拉伯人办事不守时，现在好很多。""迪拜是很人性化的，很多事找找人就可以办的。"[③]迪拜的经济政策很宽松，在2018年之前，迪拜不收

①　《广东省侨务访问团抵达阿联酋 调研"走出去"战略》，中国新闻网，2011年6月27日，http：//www.chinanews.com/zgqj/2011/06-27/3139998.shtml。

②　《民营粤企的中东创富经》，《南方日报》2019年10月28日。

③　钟楚典口述访问，2020年1月3日，迪拜阿联酋广东商会。

税，除了收5%的进口税之外，做多少生意都不用纳税，也不用建账。2018年后迪拜开始收5%的营业税，结果引起反感，效果不好。非洲人是到迪拜进货的大户，他们不习惯交税。非洲客户不来了，广东新侨就把货物直接发到非洲，迪拜收不到税，商场也没人租了。在迪拜做生意，交易一律用美元，而且都是现金交易，一手交货一手交钱，货币自由汇兑。广东人到了之后如鱼得水。只是钱赚到手之后，汇回国内有点麻烦。

迪拜在经济管理方面比较简单，没有工商、税务、物价等机构，外国人经商很自由。但是，外国人到迪拜开业做生意，必须找一个当地人做保人。这个保人每担保1个企业每年要收2.5万迪拉姆费用，有的保人1个人保了一二百家企业，每年仅收保费就赚得盆满钵满。保人不参与经营，他代客商办理各种相关手续，如签证、营业执照等，这也省去不懂当地语言的新侨的许多麻烦。此外，中国人到迪拜经商，觉得阿拉伯人做生意不用靠吃吃喝喝来"培养感情"，这个习惯很省事。[1]

迪拜的社会治安总体上不错，虽然在中国人之中出现过"不法分子"，但没有出现恶性案件，主要是内部矛盾以及收保护费等行为。在迪拜犯罪的成本是很高的，2014年后迪拜加大管制力度，现在的社会治安是好的。在迪拜的广东新侨走的是正道，对此广东新侨都感到骄傲。

初到迪拜的中国人语言不通，尤其老城黛拉的道路复杂，初来乍到难以辨认，因此中国人就抓住一些"地标"，以此作为聚首会合的地方，其中最著名的数"四只椅"，中国人都知道。它在老城一个交叉路口，四条白色长椅子放在那里，供过往的人们小憩，功能类似我国的凉亭。[2] 有什么事情要临时交接和短暂聚首，便相约在"四只椅"不见不散，"四只椅"成为中国新侨的共同记忆。

迪拜气候炎热，上班的时间很长。一般是早上十一点开店，下午三点吃中午饭，因天气太热，关门休息到下午五点半再开门，然后一直做到晚上十二点。周五周六是周末放假，这是政府规定的。一般下午五点后生意才好，上午没什么生意，晚上回到家里睡觉都很迟了。周四晚上吃宵夜吃到半夜三四点，周末都在睡觉。阿联酋是伊斯兰国家，没有什么娱乐活动，日复一日，生活非常枯燥，所以在那里的意义就是赚钱。广东新侨工作之余借助网

---

① 张恩梓口述访问，2020年1月3日，迪拜阿联酋广东商会。
② 赖泽鑫口述访问，2020年1月3日，迪拜阿联酋广东商会。

络虚拟世界来充实有点单调的现实世界，而在那里多年的广东侨商其实已经适应阿联酋炎热、单调的生活。

迪拜的中国人大多数是年轻人。他们或者是去创业，或者是被招去看店。在 2010 年时，龙城有 4000 多家店，开店的许多年轻人生下的小孩没地方可以读书。陈泽浩看到这种情况，想方法申请到一张营业牌照，在龙城 A区与当地人合开 1 家"华人幼儿园"，有 8 个老师，只有 1 个中国人，其余是印度和菲律宾老师，教中文和英文，有 3 个班级，40~50 个小孩，每月学费 2300~2600 迪拉姆。陈泽浩很自豪地说，到目前为止，他在新侨当中是唯一拥有教育营业执照的中国人。[①] 张恩梓对办中国武术学校更有兴趣，她引进少林寺教头，投资开办了 1 家武馆——功夫楼，并与迪拜 7 家学校签订协议，由武馆派教练去学校教他们，以保证武馆能持续下去。张恩梓也希望以后能开展其他中华文化项目，如古筝培训等。[②] 得益于中国与阿联酋的友好关系和迪拜的特殊性，2020 年 9 月 1 日，迪拜海外基础教育中国国际学校正式开学，这是中国教育部在海外设立的第一家中国学校。[③]

迪拜的中国人也与其他地方一样组织不少社团，据说阿联酋有 50 多个社团组织，但它们都是商会之类的组织，没有成立地域性的同乡会。广东新侨在 2010 年成立了阿联酋迪拜广东商会暨同乡会（现在改名粤商会），隶属于广东省贸促会，会长张钦伟。按章程规定，一般会员单位一届交会费 1000 迪拉姆，但会长一届任期要交 20 万迪拉姆，执行会长 10 万迪拉姆，常务副会长 5 万迪拉姆，副会长 3 万迪拉姆，理事 5000 迪拉姆。[④] 商会的开支如有不够，由会长、副会长出钱解决。广东商会在帮助企业开拓市场、解决困难等方面都做了大量的工作，目前广东商会会员单位已经发展到 500 多家，其中有的是国内上市公司。2017 年，广东商会帮助超过 100 家广东企业到阿联酋投资。[⑤] 从 2016 年开始，迪拜举办春节巡游，迪拜酋长都来参加，迪拜的 33 个中国商会 1 个商会负责搞 1 个游行方阵，广东商会做的花车比较好，有特色，张恩梓的武馆也派出了舞狮队参加巡游。

---

① 陈泽浩口述访问，2020 年 1 月 4 日，迪拜龙城。
② 张恩梓口述访问，2020 年 1 月 3 日，迪拜阿联酋广东商会。
③ 该校由杭州市承办，杭州市第二中学领办。采用中国的中小学教材，与国内九年制全日制教育衔接，教师由杭州市第二中学派出。
④ 《阿联酋广东商会暨同乡会章程》，《阿联酋广东商会暨同乡会成立五周年特刊》，第 25 页。
⑤ 《民营粤企的中东创富经》，《南方日报》2019 年 10 月 28 日。

地处中东的迪拜，其发展不可避免受到周围环境的影响。以前中东没有什么战火的时候，埃及、伊拉克、利比亚、叙利亚、也门、伊朗等都是大客户，可是，后来一个个倒下去，原来拿货量很大的卡塔尔、土耳其、叙利亚，现在也不来了，迪拜的金主没有了。虽然阿联酋没有参与对伊朗的制裁，伊朗可以拿农产品来换商品，但伊朗没有足够的美元来购买其他商品。

近几年，阿联酋出口市场持续疲软，迪拜的转口贸易大受影响，从事国际贸易的广东新侨都感觉生意很不好做。2018 年 1 月，有"免税天堂"美称的阿联酋开始对部分商品和服务业征收增值税，此举一方面加重了经商的负担，另一方面也导致了一些老客户的流失，尤其是非洲商人转到其他地方进货，这无疑是雪上加霜。与此同时，迪拜龙城二期风波加剧了中国商人的经济困难。迪拜国际城（龙城）一期本来就很大，但其迪拜老板觉得出租率很高，便修建规模宏大的第二期，许多在龙城第一期做生意的中国新侨，感觉二期有利可图，纷纷租下二期的店面准备炒铺，谁知二期建成后一直招商困难，想炒店面的人欠下一大笔租金，有的无力偿还被抓去坐牢，有的要卖掉国内的房子还债才能脱身回国。此外，迪拜的生活成本很高，老城黛拉寸土寸金，店铺租金很贵。在生意好的时候问题不大，但在钱不太好赚的时候就顶不住了。本来迪拜的人都在等 2020 迪拜世博会能带来新的发展机会，可是新冠肺炎疫情大流行使打算借助迪拜世博会翻身的希望泡汤，人们只好继续等待，希望世界大环境转好。

结　语

阿联酋的经济社会建设成就在世界上堪称奇迹。阿联酋从过去少见中国人到现在有 20 多万中国人的历史性变化，主要得益于阿联酋政府的开放政策与阿联酋人民的宽容态度。虽然改革开放后广东掀起新一轮移民潮，但移居中东地区的不多，直到 20 世纪 90 年代后才出现突破，契机是到那里经商而不是到那里打工，这在广东新移民历史中是比较独特的。在此之中，深圳的技术贸易基础和迪拜国际贸易中心的结合，造就了阿联酋广东新侨事业的辉煌。潮汕新侨无疑在阿联酋广东新侨中占有重要的地位，而潮商在迪拜的服装、玩具、手机市场具有举足轻重的地位，潮汕新侨在阿联酋的经商传奇为当代海外粤籍华商史写下了浓墨重彩的一笔。

阿联酋的人口八成在迪拜，而迪拜的人口九成是外来人，广东人到了阿联酋之后绝大多数集中在迪拜，他们在迪拜有扎实的经济基础，对迪拜新的社会环境有较强的文化适应性。可是，阿联酋的移民政策导致广东新侨很难在当地落地生根。于是，影响广东新侨去留阿联酋的主要因素便是当地经济形势的变化，当经济形势好的时候，广东人带着资金和人力涌入阿联酋，当经济形势不好的时候，有的人选择撤出，有的人选择坚守。因此，广东新侨在阿联酋的移民活动呈现潮汐般的流动形态。

（执行编辑：吴婉惠）

清乾嘉时期广东宗族祭费问题
与尝田佃耕纠纷

——以刑科题本为基本资料

常建华*

摘　要： 清乾嘉时期广东宗族较为普遍，祭祖与祭田较为兴盛。宗族祭祖费用多出于尝田或宗族公产形成的尝银、尝谷，管理形式多为诸房轮流办祭。宗族还通过设立族内银会集资、征收木主进祠费用筹措祭费。公共祭费一般不外借，祭费如借族人，也一定要追还。尝田普遍采取租佃制，引人注目的变化是承佃关系由乾隆时的异姓为主变为嘉庆时的族内为主。佃耕的纠纷或出自承耕者欠租与催讨人的矛盾；轮耕者的矛盾常发生在诸房之间，有轮耕权利之争，也有争佃尝田与夺耕。族长管理事务较多，祖祠比较普遍，普通农民宗族也会拥有祖祠。较为贫困的族人筹措祭费的压力较大，佃耕不易，由此引发的纠纷颇多，族内矛盾增加。

关键词： 族田　祭祖　祖祠　族长　刑科题本

　　明清时期的广东宗族兴盛，宗族祠堂、族田较为普及。中国古代秋冬祭祖谓之蒸尝，为祭祖而设的土地祭田亦称蒸尝田，或简称尝田。反映清代社会民间诉讼案件的刑科题本，记载了大量社会经济状况的信息，其中也有关

---

　　*　常建华，南开大学历史学院教授、南开大学中国社会史研究中心主任。

于宗族方面的内容。特别是有关广东的刑科题本，宗族方面内容记载较多，尤多涉及祭祖经费筹措以及尝田佃耕引起的纠纷。笔者利用乾隆、嘉庆时期刑科题本，就此问题做一讨论。

一　祭费筹措、管理与借欠纠纷

祭祖是宗族最重要的事情，祭祖费用一般依靠宗族的祭田。在惠州府归善县张振燕等出租尝田兼收实物、货币地租案例中，张氏一族五房，有尝田五石，"一向批与陈天俊耕种，每年输租谷一十五石，租银四两八钱，五房轮收办祭"。① 南雄直隶州保昌县民邱三苟致伤缌麻服兄邱奠升身死一案，"邱奠升向耕族内尝田二亩，递年夏冬两季纳租谷一石，按房轮收为祭祖费用"。② 对于公共尝田，诸房"轮收办祭"是通常的管理形式。官府维护尝田的佃耕，在邱姓这起案件的处理中，官府要求"该族尝田饬令另行召耕，照旧纳租，毋许拖欠，以杜衅端"。③

尝田往往来源于祖遗。如琼州府琼山县民张白石等致伤张公政身死一案，张白石等"有祖遗尝田六丘、鱼塘一口、园地一片，一向批与张公政耕种，每年租米一石三斗"。④ 类似的事例还有潮州府澄海县佘姓宗族，"祖遗公共田园，向批族人佘严仲耕种，收过批佃银十两"。⑤

有的宗族直接轮流给租祭祖。潮州府揭阳县民人吴阿齐致伤吴李氏身死一案，吴阿津供称：

> 死的吴李氏是小的妻子，那吴阿齐、吴阿狗、吴阿观与小的同姓不宗，吴阿齐们向小的租赁厅地一间，起屋安放祖宗神位，议定每年纳谷五斗，三房轮流给租。嘉庆三年分租谷轮值吴阿狗完纳，屡讨未还。本

---

① 中国第一历史档案馆、中国社会科学院历史研究所合编《清代地租剥削形态》上册，中华书局，1982，第27页。
② 杜家骥主编《清嘉庆朝刑科题本社会史料辑刊》第1册，天津古籍出版社，2008，第74页。
③ 杜家骥主编《清嘉庆朝刑科题本社会史料辑刊》第1册，第75页。
④ 中国第一历史档案馆、中国社会科学院历史研究所合编《清代地租剥削形态》上册，第99页。
⑤ 中国第一历史档案馆、中国社会科学院历史研究所合编《清代地租剥削形态》下册，第416页。

年正月十五日，小的见吴阿狗、吴阿齐、吴阿观同在厅内祭祖，复往向吴阿狗索讨前欠。吴阿狗说欠租无几，不应灯节向讨。小的骂他无赖，两相争闹。[1]

该族租赁厅地祭祖，未置公产，直接由各房轮流出租谷祭祖，但一开始就遇到欠租的麻烦。

各房轮流收租纳粮办祭，必须保证提供祭费，不得欠租。惠州府永安县民张亚石因租谷之争殴毙黄庭扬案，张纯锡禀称：

> 蚁曾祖遗有尝田并屋宇山地，房众议明公同召佃承耕，各房轮流收租纳粮办祭。乾隆四十八年间，堂伯张德祥承佃耕管，每年早晚两造，各纳租谷十石，交值年各房输粮办祭，经张德祥之弟张兰祥代为交执。嘉庆十八年张德祥身故，伊子张文振接耕。二十年轮值蚁收租纳粮办祭，张文振应交是年租谷二十石未交，经蚁赔垫应用，屡讨无偿。二十一年五月初五日，各房男妇齐赴祖祠祭祀，蚁母黄氏因张兰祥系张文振胞叔，又经代为书约，欲其督令张文振将租谷交清。张兰祥斥说时值祭祖不应提及租欠。蚁母不依回署，经房众劝散。初八日，母舅黄庭扬、黄庭升来家探望，母亲告知前事，心怀不甘，邀同前赴张兰祥家理论。黄庭扬被张兰祥之子张亚石用挑刀致伤左腿、右手腕、左肋、右乳，移时身死。[2]

是为值年收租纳粮办祭未交当年租谷，虽经他人"赔垫"进行祭祖，但还是引发了纠纷。

宗族还有其他筹措祭费的办法，如通过设立族内银会集资。广州府番禺县凌勉思致伤凌叶廷身死一案，反映出该族通过银会筹措祭费的运作过程，该案的背景是这样的：

> 据凌斌汉供：小的凌姓宗子，今年四十九岁。因小的族内故祖凌东圃没有祭产，乾隆二十六年间，族众商议，令族内子孙做银会一个，议

---

① 杜家骥主编《清嘉庆朝刑科题本社会史料辑刊》第 2 册，第 1033 页。
② 杜家骥主编《清嘉庆朝刑科题本社会史料辑刊》第 3 册，第 1876 页。

定一年两会，每会每分各供银一两六钱，至期集祠拈阄，拈得会银的把自己田亩写与族众作按，遇有拖欠，将田批佃收租供会。二十七年，凌洽宪拈收第二会，将土名水口桥田二亩六分写与族众为按。三十五年，凌洽宪将那田卖与他弟凌润宪为业，族众曾向凌润宪说明，凌洽宪尚欠会银十一分未供，凌润宪应承代为供清，把田批与凌勉思耕种。三十六年会期，凌润宪止代供一会，余俱拖欠未交。本年三月内，小的邀集族众，说明将此田批与凌叶廷耕种，取租供会，那时凌润宪兄弟外出，小的没有与他们说明，凌勉思就把凌叶廷的禾苗拔毁，另自栽种。凌叶廷投族理处，凌勉思已将本年租银交凌润宪收用，族众公议，仍给凌勉思耕种一年，俟下年给与凌叶廷耕种，凌叶廷应允。①

该银会的具体办法是，"拈得会银的把自己田亩写与族众作按，遇有拖欠，将田批佃收租供会"。从乾隆二十六年（1761）到三十五年，该银会已进行了十年，乾隆三十六年仍在继续。该族有祠，设有宗子，又设银会，筹措祭费。

通过征收木主进祠费用办祭，也是筹措祭费的办法。如潮州府饶平县民王阿伸殴伤小功服婶王苏氏身死一案：

缘王苏氏系王阿伸小功服叔王党正之妻，王姓族规：凡有木主进祠捐番银三圆，交值年办祭。乾隆五十六年，轮应王党正值年。五月初五日，王阿伸故父王思远木主进祠，当交番银二圆，尚少一圆，约俟十五日措交，逾期未经交给。六月初九日，王苏氏在祠屋门首用刀刮麻，适王阿伸经过，王苏氏见而向索前欠，王阿伸答以无银。王苏氏詈其负赖，王阿伸不服顶撞，王苏氏进祠将王思远木主拿取，用刀劈碎，王阿伸顺拾木棍殴伤王苏氏偏右，王苏氏举刀向砍，王阿伸闪侧，又用棍连殴王苏氏……王苏氏伤重，至夜殒命。②

木主进祠交银是该族筹措祭费的办法。

---

① 中国第一历史档案馆、中国社会科学院历史研究所合编《清代地租剥削形态》上册，第317~318页。

② 郑秦、赵雄主编《清代"服制"命案——刑科题本档案选编》，中国政法大学出版社，1999，第389页。

为了保证祭祖，公共祭费一般不外借。嘉庆十二年（1807），嘉应直隶州平远县民谢庚郎因分取祖偿余谷殴伤谢怀辉身死案，谢怀笼"有祖遗公共尝田，给人耕种收租，历年除祭祀支销外尚存尝谷一十六石，交谢庚郎之父谢育生并谢招郎经管，议定留为修理祖祠费用。本年六月初三日伊与弟谢怀辉因贫难度，往向谢育生等分取祖尝余谷，不允争闹"。① 该族尝田祭祖余谷留作修理祖祠费用，不许借给贫困族人。

祭费如借族人，也一定要追还，由此引发一些案件。如广州府东莞县民叶承添致伤无服族叔叶惠广身死一案，乾隆六十年三月十七日，有叶吁谋投说："族人监生叶荷添向族长叶得茂借过祖尝番银四十两未还。本月十三日，叶得茂同伊叔叶惠广趁墟走到村外撞遇叶荷添，叶得茂向讨前欠，叶荷添约俟迟日措还，伊叔声言公众尝银不应拖欠日久，叶荷添不服嗔闹，伊叔被叶荷添之弟叶承添拾石掷伤脑后，仆跌倒地，垫伤肚腹，至十六日身死。"② 催还族人所借祖尝番银，导致纠纷发生。

类似的事件，还有广东温庭聪致伤缌麻服兄温信中、温信庭先后身死一案。广东巡抚韩对疏称：

> 缘温庭聪与缌麻服兄温信中、温信庭各住无嫌。又公共祖遗尝田，多年收租钱三千六百文为祭费，系两房轮流经管。温庭聪之父温锦书借用租钱五百二十文未还，本年（引者按：大约是嘉庆十三年）轮值温信中管理。该族祭扫毕，温信中等顺赴温庭聪家清算尝租钱文，令温锦书将前借租钱交出结账。温锦书斥其逼讨，温信中不服争闹。③

两房轮管祭费租钱也产生了矛盾。

银钱之外，租谷也不得借而不还。潮州府潮阳县民吴泳抢点放竹铳致伤无服族侄吴阿二身死一案，吴泳抢供称：

> 小的族内有祖遗公共祭田，向是小的父亲吴庭英经管，每年收的田租作为祭扫费用。嘉庆二十一年二月内，吴阿二叔子吴万奇叫吴阿二向

① 常建华主编《清嘉庆朝刑科题本社会史料分省辑刊》下册，天津古籍出版社，2019，第1346~1347页。
② 常建华主编《清嘉庆朝刑科题本社会史料分省辑刊》下册，第1297页。
③ 常建华主编《清嘉庆朝刑科题本社会史料分省辑刊》下册，第1357页。

父亲借取祭田租谷五石。后来父亲因值祭扫需用，屡次叫小的向吴万奇索讨未还。闰六月十五日，父亲又叫小的往向催讨，走到寨南角地方，适吴阿二携挑走撞遇小的。因吴万奇前欠谷石是吴阿二经手向借，要他代为赔还。吴阿二不依斥骂，两相争闹。①

这是要求借谷经手人代为赔还引发的案件。

对于不还所借尝银的族人，宗族也有惩罚措施。如广州府香山县民李亚占因抢夺银两将其母尸身划伤图赖案，嘉庆十年，香山县知县同时收到该县李姓宗族内部诉讼双方的告状：

> 据县民李本壮、李本灿、李礼承、李举承等禀称：李焕元于乾隆六十年间借欠四世祖李时信祠内尝银十两，屡年未还，每年祭祖，族众将李焕元父子名下应分祭祖胙肉查照族亲停给。嘉庆十年轮值蚁等管理尝银，三月二十日族众赴山祭扫祖坟，李焕元同长子李善本、三子李亚占到山，要令分给胙肉。蚁等以停胙系出众议，不能分给，争闹各散。二十二日，蚁等在祠内算账，李焕元父子走至理论。有用剩尝银六两五钱置放桌上，被李焕元夺取，声言准抵胙肉，递交李亚占接收跑走。蚁等向讨，李焕元拾取瓦片自行划伤偏左，撒赖，经保正陈学贤劝开，理合禀乞公断。等情。随据李焕元同伊子李善本具诉李本壮等侵吞祠费，不给胙肉。等由。②

该族采取停给祭祖胙肉的办法惩罚借欠祠内尝银未还者，被罚者则以"侵吞祠费，不给胙肉"控告宗族。不过官府最终还是平衡性地处置该案，"李焕元所夺尝银并借欠银两照追给领，其祭肉亦饬照旧分给，以杜衅端"。③

公共尝银也有利息，不还利息也不可。广州府兴宁县民彭可忠殴死欠公钱不还之无服族叔彭庭兰案，彭俊柏供称：

> 小的是彭庭兰、可忠们族人。因小的族内积有公共尝银，按房轮年

①　常建华主编《清嘉庆朝刑科题本社会史料分省辑刊》下册，第 1357 页。
②　杜家骥主编《清嘉庆朝刑科题本社会史料辑刊》第 1 册，第 93 页。
③　杜家骥主编《清嘉庆朝刑科题本社会史料辑刊》第 1 册，第 94 页。

管理，向来议定遇有族人借用每银一两，年纳息谷一斗。历年都是早造后清完。嘉庆九年间，彭庭兰借用尝银十两。十三年，轮值彭可忠经管。小的是知道的。八月二十日，小的经过彭庭兰门前，见彭可忠向彭庭兰催讨本年息谷，彭庭兰求缓。彭可忠不允争闹起来，彭庭兰举手内拐杖向打，彭可忠拾石回掷，伤着彭庭兰偏右仆跌倒地，石块擦伤左手腕。小的救阻不及，报知彭庭兰孙子彭帼仁到看，扶进屋内用药敷治，不想彭庭兰伤重到二十四日死了。①

这是起讨还息谷引发的案件。

不仅是尝银，族众公项银也不许有借无还。韶州府乐昌县民罗双贱因债务纠纷致伤无服族弟罗正坤身死案，罗双贱供称：

先年父亲在日曾借用族众公项银七钱，没有交还。嘉庆十九年闰二月初十日，小的与胞兄罗蓝有、罗甲婢同罗正坤并罗正坤哥子罗仪庭、罗遂武、族兄罗献庭、罗绳上都到祠堂祭祖。罗献庭向哥子罗蓝有索讨前欠，罗蓝有没银求缓。罗献庭不依争闹。罗献庭扑向殴打，罗蓝有走避，罗献庭随后追殴。那时小的正用刀割肉，顺拿尖刀赶往救护。②

结果发生刀伤悲剧。父债子还，官府要求"罗双贱故父借用族众银七钱，饬令犯兄罗蓝有照数备缴给领"。③

其实，凡是宗族公共财产，宗族自然不许损失。南雄直隶州始兴县民邓二老古因公共祖产被卖致死大功服兄案，邓二老古供称：

邓蔡二是小的共祖大功服兄，素好无嫌。向有公共祖遗侧屋一间，与邓蔡二自置店屋毗连。嘉庆十八年十二月内，邓蔡二需用地，把他自置店屋连公共侧屋一并立契卖与黄汪氏管业，得价番银七十三圆。那时小的外出佣工，店小二并未向小的告知。十九年四月十三

---

① 杜家骥主编《清嘉庆朝刑科题本社会史料辑刊》第1册，第137页。
② 杜家骥主编《清嘉庆朝刑科题本社会史料辑刊》第1册，第260页。
③ 杜家骥主编《清嘉庆朝刑科题本社会史料辑刊》第1册，第260页。

日，小的外回查知前情，往寻邓蔡二理论，走至墟外桥边，撞遇邓蔡二，小的斥其不应擅卖公产，欲拉投族众议罚。邓蔡二出言分辩争闹，并拔身带小刀戳伤小的胸膛，小的也用拳打伤邓蔡二胸膛右边。邓蔡二用刀砍来，小的顺拾桥边断折木棍打伤邓蔡二右肋，邓蔡二举刀扑砍，小的闪侧，又用木棍回打，伤着邓蔡二左后肋倒地，有邓青面经见，救阻不及，小的就把木棍丢弃跑走，不想邓蔡二伤重，医治不好，到十四日下午因伤身死。①

这是擅卖公产导致的纠纷。

二　尝田的形态与佃耕纠纷

清代广东尝田的经营方式，普遍采取租佃制。中国第一历史档案馆和中国社会科学院历史研究所合编的《清代地租剥削形态》一书中，收录了11件乾隆时期有关广东尝田的案件，见表1。

表 1　《清代地租剥削形态》所见广东尝田事例

序号	所在地区	管理形式	承佃关系	租税形式及数量	名称及数量	出处
1	潮州揭阳		平民异姓	每年租谷 8 石	祭田 4 亩	10 号
2	惠州归善	五房轮收办祭	平民异姓	每年输租谷 15 石、租银 4 两 8 钱	尝田 5 石	14 号
3	广州东莞		无服族弟	四六分租，佃人得六，田主得四	尝田 2 丘，计 3 亩零	27 号
4	琼州琼山		同姓不同宗	每年租米 1 石 3 斗可折钱交纳	尝田 6 丘、鱼塘 1 口、园地 1 片	46 号
5	南雄保昌		异姓	每年租谷 5 石，按照收成丰歉折算交收	尝田 2 亩 2 分	54 号
6	惠州河源		异姓	每年租谷分早晚两季，照时价折钱交收	尝田种 3 石零	119 号
7	广州新宁		异姓	每年租谷 22 石，以 5 年为满	尝田 8 亩 6 分	126 号

① 杜家骥主编《清嘉庆朝刑科题本社会史料辑刊》第 1 册，第 264~265 页。

续表

序号	所在地区	管理形式	承佃关系	租税形式及数量	名称及数量	出处
8	广州东莞		异姓	租银 70 两	尝田 75 亩,后冲陷 5 亩	140 号
9	广州番禺	祭产	同姓	租银预收	会银田 2 亩 6 分	161 号
10	潮州潮阳		异姓	每年租谷 12 石 4 斗 2 升	族内公共祭田 5 亩	301 号
11	嘉应兴宁		异姓		尝田 1 斗 2 升	322 号

这 11 个事例在广东的分布是广州府 4 例,惠州府、潮州府各 2 例,琼州府、南雄直隶州、嘉应直隶州各 1 例。耕作方式是召佃承耕,承佃关系除了无服族弟 1 例、同姓不同宗 1 例、同姓 1 例外,8 例都是由外姓人佃耕,约占总数的 73%,同姓租种者为 3 例,约占 27%,表明异姓租种族田是基本经营方式,但同姓租种族田也占有相当高的比例。尝田数量以亩计算者 7 例,数量分别是 75 亩、8 亩 6 分、5 亩、4 亩、3 亩、2 亩 6 分、2 亩 2 分,以 5 亩以下居多;以种计算者 3 例,数量分别是 5 石、3 石、1 斗 2 升;以丘计算者 2 例,1 例是 6 丘,另 1 例是 2 丘(该例又表明亩数 3 亩,已在以亩计算者 7 例中出现)。租税形式或记载一年早晚两次,或只记载年租额,多数是实物租,也有货币租,还有实物、货币租兼具,实物折钱的形式,定额租、分成租兼有。

我们继续统计《清嘉庆朝刑科题本社会史料辑刊》《清嘉庆朝刑科题本社会史料分省辑刊》两书中的广东尝田事例,以了解嘉庆朝广东尝田租佃制的形态(见表 2)。

表 2　清嘉庆朝刑科题本所见广东尝田事例

序号	所在地区	管理形式	承佃关系	租税形式及数量	名称及数量	出处
1	南雄保昌	按房轮收祭祖费用	族内	递年夏冬两季纳租谷 1 石	尝田 2 亩	第 1 册,第 74 页
2	广州东莞	族众批与	族内	每年租银 4 两,约俟 5 年期满,另行转批	尝田 2 亩	第 1 册,第 296 页
3	惠州连平	六房子孙按年轮流收租	族内	每年收租谷 60 石	祖遗尝田	第 1 册,第 350 页
4	惠州永安	各房轮流收租纳粮办祭	族内	四房每年早晚两造,各纳租谷 10 石	尝田 40 亩,房屋 2 间,山场 1 所	第 3 册,第 1877 页

序号	所在地区	管理形式	承佃关系	租税形式及数量	名称及数量	出处
5	肇庆阳春		族内		尝田	下册，第1303页
6	嘉应平远		异姓(?)	给人耕种收租	祖遗公共尝田	下册，第1340页
7	广东	两房轮流经管			祖遗公共尝田	下册，第1357页
8	潮州潮阳	族内经管	族内(?)		祖遗祭田	下册，第1368页

注：序号1~4出自《清嘉庆朝刑科题本社会史料辑刊》，序号5~8出自《清嘉庆朝刑科题本社会史料分省辑刊》。

表2中8个事例的分布是惠州府2例，广州府、潮州府、南雄直隶州、嘉应直隶州、肇庆府各1例，第7例未载明具体地点，与表1相比，肇庆府是新增的地区。尝田的管理形式，表1中除了1例说"五房轮收办祭"，1例"祭产"外，其余皆空缺，而表2中明确各房轮流办祭有4例。承佃关系有5例属于族内，未记载的3例，其中第6、第8两例根据内容可以推测为族内、异姓各1例，即绝大多数是族内人佃耕，这与表1明显不同。尝田数量有记载的3例，以亩计算者3例，数量分别是40亩、2亩、2亩。租税形式或记载一年早晚（夏冬）两次，或只记载年租额，实物租、货币租的事例都有。

《清代地租剥削形态》一书，收录了30件有关族田的案件，其中广东11例，福建6例，江西3例，浙江3例，广西2例，湖南2例，安徽、云南、贵州各1例。[①] 广东尝田事例数量占到全国事例的1/3强，反映出广东的尝田设置较为普及，尝田的经济社会关系较为紧张。比较表1与表2，引人注目的变化是承佃关系由乾隆时的异姓为主变成为嘉庆时的族内为主，这一变化还可比照乾隆时期宗族"祭田由只许异姓佃种而发展到较多地允许出服族人耕种了"，[②] 两者相一致。我们的推测是，随着人口增长快速与土地增长有限的矛盾进一步激化，宗族承受了更大的生存压力，日趋将租与外

---

① 常建华：《宗族志》，上海人民出版社，1998，第345~347页。按：《宗族志》中统计广东族田事例10个，这里的11例加上了本文表1中序号11的事例。

② 常建华：《宗族志》，第351页。

姓的尝田收归宗族内部佃耕，或者在设置尝田时就采取由族内人耕种的办法。我们看到同时期浙江族田也是同族耕种比重较大。[①]

我们具体考察佃耕纠纷的情形。

承耕者欠租与催讨人的矛盾。南雄直隶州保昌县民邱三苟因祭祖费用事致死缌麻服兄案，嘉庆九年七月十七日据县民邱奠荏禀称："伊兄邱奠升向耕族内尝田二亩，递年夏冬两季纳租谷一石，按房轮收为祭祖费用。本年轮值缌麻服弟邱三苟办祭，屡向伊兄讨取夏季租谷，未经清交。七月十六日邱三苟见伊兄经过门前，复向催讨，致相争闹。"[②] 三法司断案："邱奠升所欠夏季租谷，已死免征。该族尝田饬令另行召耕，照旧纳租，毋许拖欠，以杜衅端。"[③] 可知官府维护宗族尝田的佃耕收入，禁止拖欠。

轮耕者的矛盾常发生在诸房之间。惠州府永安县民张亚石因租谷之争殴毙黄庭扬案，张亚石供称：

> 小的祖父同胞兄弟五人，小的是四房，各自居住。因曾祖张淑才遗有尝田四十亩，房屋二间，山场一所，经房众议明公同召佃承耕，各房轮流收租纳粮办祭。乾隆四十八年间，胞伯张德祥承佃耕管，每年早晚两造，各纳租谷十石，交轮流值年各房输粮办祭。因胞伯张德祥不谙书写，经小的父亲张兰祥代为书约交执。嘉庆十八年间张德祥身故，他儿子张文振耕。二十年分是轮值五房张纯锡收租办祭，张文振应交是年早晚两造租谷二十石，张纯锡屡讨不交，经张纯锡赔垫支用。二十一年五月初五日，各房男妇齐赴祖祠祭祀，张纯锡母亲黄氏说父亲是张文振胞叔，当时又经代为书约，要父亲督令张文振把租谷交清。父亲斥说时值祭祖不应提及租欠。黄氏不依回骂，经房众劝散。初八日，张文振在小的家闲坐，值黄氏同他兄弟黄庭扬、黄庭升走到，黄氏同黄庭扬提起前事，向父亲们斥责争闹。[④]

五房张纯锡收租办祭，催缴四房张文振应交租谷，张纯锡母亲黄氏与张文振

---

① 参见常建华《共同体与社会：清中叶浙江的宗族生活形态——以乾嘉时期刑科题本为基本资料》，常建华主编《日常生活视野下的中国宗族》，科学出版社，2019。
② 杜家骥主编《清嘉庆朝刑科题本社会史料辑刊》第 1 册，第 74 页。
③ 杜家骥主编《清嘉庆朝刑科题本社会史料辑刊》第 1 册，第 75 页。
④ 杜家骥主编《清嘉庆朝刑科题本社会史料辑刊》第 3 册，第 1877 页。

之叔发生冲突。

轮耕权利之争。惠州府连平州民叶南顺因债务纠纷故杀同村人叶蒂保案，叶氏族中有祖遗尝田批与佃户耕种，六房子孙按年轮流收租。乾隆五十七年，叶南顺之父叶应生借叶奇登铜钱 2.5 万文，言明嗣后尝田轮值叶应生收租年分，交叶奇登耕管收息，6 年抵利。叶应生旋即病故。嘉庆二十二年九月初十，叶南顺备钱 2.5 万文向叶奇登归还，欲将尝田照旧轮耕，叶奇登因尚未轮满六年，不允收回本钱，争闹而散。十一月二十六日午候，叶奇登子叶蒂保趁墟，遇见叶南顺，斥骂叶奇登父子不应霸耕尝田，叶蒂保不服，先被叶南顺用柴刀致伤左手、项颈、脑后倒地。因叶蒂保卧地混骂，又被叶南顺用刀连砍身死。①

争佃尝田。广州府东莞县民香亚乙等殴伤缌麻服兄香联泽身死案，香联泽族内有祖遗尝田二亩，乾隆十八年，族众将该田批与其缌麻服叔香月南佃耕，议明每年租银 4 两，约俟 5 年期满，另行转批。乾隆二十年九月十二日早，香联泽趁墟在祖坟撤岗经过，看见香月南同缌麻服弟香亚乙各携铁锄在山修岐坟。香联泽央恳香月南将佃耕尝田分批耕种，香月南不允。香联泽以该田系祖遗尝业，香月南不应独占佃耕，出言顶撞，香月南不服，回骂争闹，香亚乙上前帮护，香联泽被香亚乙用锄柄打伤左手腕、左腮颊、左太阳倒地，伤重至夜身死。② 族人欲分割已佃耕尝田，佃耕原主不允，引起纠纷。

夺耕更是不允许。肇庆府阳春县民吴昭光致伤吴刘氏身死一案，"吴昭光因系吴姓族内公共尝田，斥责刘氏不应夺耕"。③

三　族长与祖祠

祠堂族长是宗族族权的标志，刑科题本记载的广东宗族命案中，多会涉及宗族祠堂，广东一般称之为祖祠，牵涉族长的内容更多。

族长负责管理祭祖经费。广州府东莞县民叶承添致伤无服族叔叶惠广身死一案，叶得茂供称：

---

① 杜家骥主编《清嘉庆朝刑科题本社会史料辑刊》第 1 册，第 349 页。

② 杜家骥主编《清嘉庆朝刑科题本社会史料辑刊》第 1 册，第 296 页。

③ 常建华主编《清嘉庆朝刑科题本社会史料分省辑刊》下册，第 1303 页。

　　　　小的是族长，一族内祖尝银两向系小的经营。乾隆五十九年八月内，族人叶荷添向小的借过祖尝番银四十两，原约年底清还，后过期屡讨无偿。①

乾隆六十年三月十三日，叶得茂同叔叶惠广趁墟撞遇叶荷添，叶得茂向讨前欠，叶荷添约俟迟日措还，叶惠广声言公众尝银不应拖欠日久，叶荷添不服嗔闹，叶惠广被叶荷添之弟叶承添拾石掷伤脑后，至十六日身死。

　　尝田佃耕的管理也由族长经手，否则会出问题。肇庆府阳春县民吴昭光致伤吴刘氏身死一案：

　　　　缘吴昭光与吴刘氏之子吴昭匡同姓不宗，吴昭光堂弟吴昭芒向批吴昭匡族内土名平山峒公共尝田耕种。乾隆六十年秋间，吴昭芒病故，遗有二子，年俱幼稚，吴昭芒临终时嘱令吴昭光将田接耕，抚养其子。吴昭匡之母吴刘氏查知，欲将田取回耕种，未向族长说明。嘉庆元年三月初三日，刘氏携带镰刀，吴昭匡带竹尖挑，一同往山割草，路过平山峒地方，顺便赴田查看。适吴昭光同子吴亚孙在田工作，刘氏向吴昭光说知情由，吴昭光因系吴姓族内公共尝田，斥责刘氏不应夺耕。刘氏不服，致相争闹。②

未经族长调处，族人擅自处理佃耕族田，导致纠纷。最终官府判定："吴刘氏之子吴昭匡与吴昭光同姓不宗，应同凡论，……该处尝田饬令吴姓房族另行召佃承耕，以杜衅端。"③

　　另一起族长与尝田佃耕的案例，族长家属也卷入其中。保昌县民黄老三致伤无服族侄黄青鉴身死一案，黄赞田供称：

　　　　小的是黄姓族长。黄老三是小的儿子，已死黄青鉴是无服侄孙。因黄青鉴有从堂哥子黄咏坚无子，择继黄正星为嗣，后来黄咏坚同妻谢氏先后身故。嘉庆十一年九月内，黄正星又因病身死，遗有土名冢桥边粮

---

①　常建华主编《清嘉庆朝刑科题本社会史料分省辑刊》下册，第1297页。
②　常建华主编《清嘉庆朝刑科题本社会史料分省辑刊》下册，第1303页。
③　常建华主编《清嘉庆朝刑科题本社会史料分省辑刊》下册，第1303页。

田七分五厘，无人承管。黄青鉴合他堂弟黄丽元两相争耕，来投小的理
处。小的处令那田留作黄咏坚祭产，俟另择继嗣管业，他人不得耕种。
各散。十月二十五日，儿子趁墟，合黄青鉴撞遇。黄青鉴说小的不把黄
咏坚遗田处给耕种，向儿子斥骂小的刻薄。儿子不服，争闹起来。儿子
被黄青鉴用拳打伤左乳、左肋，并刀伤右手腕，儿子也拾石掷伤黄青鉴
右眉、右额角，倒地。有族人黄永陇经见，救阻不及。儿子回家告知情
由，小的就同黄青鉴母亲黄罗氏各赴案下，禀蒙验明伤痕，饬押保调。
不料黄青鉴伤重，到十一月初八日因伤死了。①

族长批耕祭田，族人不服，族长之子捍卫父亲立场。

族长也经管公山。始兴县民人朱黄古等听从朱苟子纠殴致伤杨冬至
古身死案，"朱苟子们村后有土名芙桐坑官山一段，向系他祖父看管。后
朱苟子们族长朱洪德把该山批与朱先养，种植杉木四十株，议俟杉木卖
银，四股归朱洪德们祖尝，六股给朱先养收用。乾隆五十二年四月间，
朱先养因贫，将名下应得杉木二十四株得价钱二千文，卖与杨冬至古们
祖父杨红才管业，并向朱洪德们告知"。② 该族公山的批种、转卖都要经过
族长。

族长还过问祖坟之事。乾隆四十七年，广东彭亚到致伤无服族叔彭亚众
身死一案，族长彭荣汉查知公共坟地盗葬之事。③

官府断案，也参考房族长佐证并提供的资料。肇庆府高要县民人梁振举
致伤何知新仆人夏敬宗身死一案，梁兆熊出证，供称："小的是族长。"④ 惠
州府博罗县民游烂五致伤小功服伯游继周身死一案，官府"饬据房族长绘
具宗图呈缴，核与厅供服制相符，除宗图附卷外，理合通详"。⑤ 肇庆府鹤
山县民人吴忠魁致伤李进辉身死一案，"经县具保邻、族长甘结附送备案，
仍俟秋审时照例查明取结，送部办理"。⑥ 钦州民人黄加美等致伤黄发潮身
死一案，"经州取有保邻、族长甘结附送"。⑦ 南雄直隶州保昌县民黄老三致

① 常建华主编《清嘉庆朝刑科题本社会史料分省辑刊》下册，第1340页。
② 常建华主编《清嘉庆朝刑科题本社会史料分省辑刊》下册，第1320页。
③ 郑秦、赵雄主编《清代"服制"命案——刑科题本档案选编》，第302页。
④ 常建华主编《清嘉庆朝刑科题本社会史料分省辑刊》下册，第1315页。
⑤ 常建华主编《清嘉庆朝刑科题本社会史料分省辑刊》下册，第1302页。
⑥ 常建华主编《清嘉庆朝刑科题本社会史料分省辑刊》下册，第1308页。
⑦ 常建华主编《清嘉庆朝刑科题本社会史料分省辑刊》下册，第1314页。

伤无服族侄黄青鉴身死一案，"黄咏坚遗产饬令房族另择昭穆相当之人承继管业，无许争耕，以杜衅端"。① 所谓"房族"，当是房族长及其房族共同体。

广东的宗族祠堂多称祖祠。清初广东著名文人屈大均的《广东新语》专门介绍过祖祠：

> 岭南之著姓右族，于广州为盛。广之世，于乡为盛。其土沃而人繁，或一乡一姓，或一乡二三姓，自唐宋以来，蝉连而居，安其土，乐其谣俗，鲜有迁徙他邦者。其大小宗祖祢皆有祠，代为堂构，以壮丽相高。每千人之族，祠数十所，小姓单家，族人不满百者，亦有祠数所。其曰大宗祠者，始祖之庙也。庶人而有始祖之庙，追远也，收族也。追远，孝也。收族，仁也。匪谱也，匪谄也。岁冬至，举宗行礼，主鬯者必推宗子。或支子祭告，则其祝文必云：裔孙某，谨因宗子某，敢昭告于某祖某考，不敢专也。其族长以朔望读祖训于祠，养老尊贤，赏善罚恶之典，一出于祠。祭田之入有羡，则以均分。其子姓贵富，则又为祖祢增置祭田，名曰蒸尝。世世相守，惟士无田不祭，未尽然也。今天下宗子之制不可复，大率有族而无宗，宗废故宜重族，族乱故宜重祠，有祠而子姓以为归，一家以为根本。仁孝之道，由之而生，吾粤其庶几近古者也。
>
> 庞弻唐尝有小宗祠之制。旁为夹室二，以藏祧主。正堂为龛三，每龛又分为三，上重为始祖，次重为继始之宗有功德而不迁者，又次重为宗子之祭者同祀。其四代之主，亲尽则祧。左一龛为崇德，凡支子隐而有德，能周给族人，表正乡里，解讼息争者；秀才学行醇正，出而仕，有德泽于民者，得入祀不祧。右一龛为报功，凡支子能大修祠堂，振兴废坠，或广祭田义田者，得入祀不祧。不在此者，设主于长子之室，岁时轮祭。岁正旦，各迎已祧、未祧之主，序设于祠，随举所有时羞，合而祭之。祭毕，少拜尊者及同列，然后以胙余而会食。此诚简而易，淡而可久者也，吾族将举行之。②

---

① 　常建华主编《清嘉庆朝刑科题本社会史料分省辑刊》下册，第 1340 页。
② 　屈大均：《广东新语》卷一七《宫语·祖祠》，中华书局，1985，第 464~465 页。

由此可见广州地区聚族而居，"大小宗祖祢皆有祠"，屈氏分别介绍了大宗祠、小宗祠的具体形态，还涉及族长、祭田等内容，有助于我们全面了解以祖祠为标志的广东宗族形态。其中不仅谈到著姓右族，还说"小姓单家，族人不满百者，亦有祠数所"。

照此说来，刑科题本反映的广东宗族或多属于"小姓单家"，刑科题本记载了这些宗族拥有祖祠。如潮州府普宁县洪氏有"祖祠"，[①] 广州府香山县李氏有"祖祠尝银"，[②] 韶州府乐昌县民罗氏在"祠堂祭祖"，[③] 惠州府永安县民张亚石宗族嘉庆"二十一年五月初五日，各房男妇齐赴祖祠祭祀"。[④] 这4个府的资料说明，广东的祖祠比较普及，普通农民宗族也会拥有祖祠。

结　语

乾隆、嘉庆两朝的刑科题本中有关广东宗族特别是尝田、祭费的数量较多，一方面说明乾嘉时期广东宗族较为普及，祭祖与祭田较为兴盛；另一方面，也可解释为广东宗族在祭祖、祭田方面矛盾较大，纠纷较多。

广东宗族祭祖费用多出于尝田或宗族公产形成的尝银、尝谷，其来源为祖遗或通过诸房公置。一般的管理形式为诸房轮流办祭，轮流办祭有两层意思：一是指管理祭费进行祭祖，二是除此之外还包括轮耕尝田。

宗族各房轮流收租纳粮办祭，不得拖欠祭费，以保证祭祖进行。宗族还有其他筹措祭费的办法，如通过设立族内银会集资，征收木主进祠费用。为了保证祭祖，公共祭费一般不外借。祭费如借族人，也一定要追还。对于不还所借尝银的族人，宗族加以惩罚。公共尝银也有利息，不还利息也不可。不仅是尝银，族众公项银也不许有借无还。

广东尝田的经营方式，普遍采取租佃制。引人注目的变化是承佃关系由乾隆时的异姓为主变为嘉庆时的族内为主，这应是随着人口增长快速与土地增长有限的矛盾的激化，宗族承受了更大的生存压力，日趋将租与外

---

① 中国第一历史档案馆、中国社会科学院历史研究所合编《清代土地占有关系与佃农抗租斗争》上册，中华书局，1988，第253页。

② 杜家骥主编《清嘉庆朝刑科题本社会史料辑刊》第1册，第92页。

③ 杜家骥主编《清嘉庆朝刑科题本社会史料辑刊》第1册，第260页。

④ 杜家骥主编《清嘉庆朝刑科题本社会史料辑刊》第3册，第1877页。

姓的尝田收归宗族内部佃耕，或者在设置尝田时就采取由族内人耕种的办法。

佃耕的纠纷形式多样。或出自承耕者欠租与催讨人的矛盾；轮耕者的矛盾常发生在诸房之间，有轮耕权利之争，也有争佃尝田与夺耕。

刑科题本记载的广东宗族命案，多涉及祖祠、族长。族长负责管理祭祖经费，尝田佃耕的管理也由族长经手，族长还经管公山、祖坟。官府断案，也参考房族长佐证并提供的资料。广东的祖祠比较普及，普通农民宗族也会拥有祖祠。

总而言之，乾嘉时期聚族而居的广东，宗族设置尝田进行祭祖较为普及，对于较为贫困的族人而言，筹措祭费的压力较大，佃耕不易，由此引发的纠纷颇多，族内矛盾增多，不仅有贫富之争，还有诸房之间的争夺，宗族之内绝不仅是温情脉脉互帮互助，也充满了矛盾纠纷。刑科题本在揭示宗族矛盾纠纷方面，有着不可替代的重要价值。

（执行编辑：林旭鸣）

从"首重舟师"到"裁船改员"

——驻粤旗营水师与清代海防研究

胡鹏飞　李晓彤[*]

摘　要： 雍正以降东南沿海开始设置诸多旗营水师，驻粤旗营水师因广州为沿海要地"首重舟师"而设，海防实践以"操演"为主，在东南海防体系中发挥的作用有限，在近代海疆危机与海防变局的背景下，为近代新式海军所取代，以"裁船改员"的方式退出历史舞台。驻粤旗营水师从设立到裁改，体现了不同时期广州驻防八旗军事体制的演变过程，"旗营"的身份决定着其作为"水师"在海防中的实际价值。在落后的海防军事体制制约下，无论是传统水师还是新式海军，都未能真正肩负起守卫海疆的重任。

关键词： 清朝　广东　八旗　水师　海防

驻粤旗营水师于乾隆十一年（1746）设立，裁改于光绪九年（1883），既是广州驻防八旗的组成部分，也是粤省沿海诸水师之一。学界对旗营水师的研究，多从清代八旗制度发展与演变的角度进行分析，认为旗营水师的设

---

*　胡鹏飞，云南大学历史与档案学院讲师；李晓彤，云南大学历史与档案学院中国边疆学专业博士研究生。本文系国家社科基金重大项目"中国历史上边疆与内地交往交流交融历史进程及比较研究"（20&ZD215）、"历史上北方、南方和海上丝绸之路的互动关系研究与数据库建设"（18ZDA185）的阶段性成果。

置是解决八旗生计的重要举措。① 近年来，有学者将研究视角转移到海防方面，重点研究旗营水师在清代海防体系中的地位与作用，提出"八旗水师曾经作为海防体系的核心而存在，这是八旗为基础的清政权稳固的根本性要求"等观点。②

现存涉及清代海防尤其是东南沿海诸省海防文献，以记录绿营外海水师海防事例与奏报为主，涉及旗营水师海防的内容较为罕见。此外，旗营水师既属驻防八旗序列，又是沿海水师，"旗营"与"水师"贯穿始终，这种双重身份该如何界定，以及对清代海防会产生何种影响，学界现有的成果也未能给出明确回答。基于此，旗营水师在清代海防体系中的地位值得进一步讨论。本文尝试以清代广东为例，详细爬梳驻粤旗营水师的相关史料，包括前人鲜有关注的奏折档案，聚焦海防问题，梳理驻粤旗营水师从设置到裁改的整个过程，重新探讨在驻防八旗制度的影响下，旗营水师在清代东南海防中的地位。

一　"首重舟师"与"国语骑射"：驻粤旗营水师设置

（一）设置时间考略

驻粤旗营水师是广州八旗军队的重要组成部分，想要认清其设置背景，须先对粤省八旗驻防有所认识。康熙十九年（1680），清军彻底解决平南王尚之信割据广东的问题，留"二总兵标下官兵"，并"令新设将军等管辖"，"升江南提督王永誉为广东将军"，③ 统领镇守军队，以扫清盘踞于两广之割据势力，维持平定三藩之乱后的统治秩序。清朝于康熙二十年、二十二年先后两次派遣汉军八旗领催、马甲共 3000 人入粤驻扎，④ 因广州将军统辖二

① 参见傅克东《八旗水师事略》，《满族研究》1986 年第 1 期；傅克东《从八旗水师的兴衰看清代民族关系的一个侧面》，中国民族史学会主编《中国民族关系史论集》，青海民族出版社，1988；沈林《从"国语骑射"到水师建设——兼谈广州八旗水师盛衰》，《满族研究》2012 年第 1 期；王刚《清代绿营官兵编入八旗水师考析》，《清史研究》2016 年第 1期；潘洪钢《清代八旗水师与海防体系》，《福建论坛》2020 年第 3 期。
② 潘洪钢：《清代八旗水师与海防体系》，《福建论坛》2020 年第 3 期。
③ 《清圣祖实录》卷 91，康熙十九年闰八月戊戌、壬子条，中华书局，1985 年影印本，第1157~1158 页。
④ 参见长善等纂《驻粤八旗志》卷 1《官兵额设》，马协弟、陆玉华点校注释，辽宁大学出版社，1992，第 45 页。

镇兵未能完成入旗而改归广东提督管辖。① 至此，以汉军八旗为主要力量的广州驻防八旗完成组建，成为镇守粤省的重要军事力量。

至于东南沿海旗营水师的设置，雍正二年（1724），兵部侍郎牛钮提出"江宁、杭州、荆州、京口、广州、福州等处驻防兵丁，请令学习水师勤加操演"。在兵部实际部署过程中，除京口外，"江宁等处并无战船，未便学习水师"。② 此后，伴随沿海八旗驻防发展，天津、江宁、京口、福州、乍浦等旗营水师在雍正年间相继设置，将八旗甲兵派驻于海防要地，在"国语骑射"的基础上丰富兵种，同时以水师营制解决旗人生计，以完善沿海区域的八旗驻防制度。至乾隆初年，东南海疆诸省驻防，仅广东尚未设置完备的旗营水师。乾隆九年，广州将军策楞指出："粤省地当濒海，倘遇盗贼窃发，惟赖舟师追捕。现甲兵之内，每间一经上船，即头晕呕吐，不能起立，皆平日未练所致。"③ 同年底，奏请"照福建之例添设水师官兵"。④ 次年二月，军机处议复："查粤东滨海，首重舟师。现在驻防披甲，皆未熟悉洋面情形，并有一经泛海，畏怯不能坐立者，何以责其哨捕。应如所请添设，仍令该将军会同该抚，将各事宜妥议具题。"⑤

"粤东滨海"而"首重舟师"，是清朝于此设置旗营水师的重要原因。乾隆十年十二月十八日，新任广州将军锡特库奏由"广东督抚两标支银，调拨水师兵丁"，⑥ 为水师建设提供资金与人员保障。十一年，兵部议准锡特库关于水师职官、驻地、训练等各项安排，建立完善的水师营制，正式编入广州驻防八旗军队序列。清代广州驻防八旗档案明确记载："水师旗营，系乾隆十一年添设"，⑦ "乾隆十一年添设水师旗营，额设协领一员，佐领二

---

① 《清圣祖实录》卷 104，康熙二十一年九月癸酉条。
② 《清世宗实录》卷 22，雍正二年七月辛酉条。按：部分成果在介绍雍正朝设置旗营水师时，仅对雍正皇帝要求上述六处驻防八旗学习水师等内容进行引用，至于其后"江宁等处并无战船，未便学习水师"则鲜有提及，在解读史料上存在偏颇。
③ 《清高宗实录》卷 223，乾隆九年八月甲戌条，第 887 页。
④ 《广州将军策楞奏为酌筹添设水师密请训示事》（乾隆九年十二月初八日），《宫中档乾隆朝奏折》，中国第一历史档案馆藏，档号：04-01-01-0109-006。
⑤ 《清高宗实录》卷 234，乾隆十年二月乙巳条。
⑥ 《广州将军锡特库为题报广东督抚两标支银调拨水师兵丁事》（乾隆十年十二月十八日），《内阁乾隆朝题本》，中国第一历史档案馆藏，档号：02-01-006-000746-0014。
⑦ 广东驻防旗营编《广东驻防旗营事宜》，桑兵主编《清代稿钞本三编》第 147 册，广东人民出版社，2010 年影印本，第 10 页。

员，防御二员，骁骑校六员"。①

有关驻粤旗营水师设置时间，学界本无异议。但近年来有学者提出异议，认为"早在广州驻防八旗初建的康熙二十一年，广州驻防即已设立水师营，成为乾隆时期广州八旗水师的前身"。② 据史料记载，康熙二十一年十一月十九日，兵部议复："广东将军王永誉疏言，广省滨海，在在宜防，请于陆路两镇标，每镇裁去一营，将从前所裁之水师补入，以为镇属之水师。应如所请。"③ 驻防八旗将军王永誉以驻防区域滨海为由，要求加强海防建设，补入海防力量，以之为镇属水师，并得到康熙皇帝的认可。然而，同年九月二十九日，即兵部议王永誉设立水师一事两月前，清朝调整驻防军队，"命京口镇标、广东镇标官兵，原系将军管辖者，今听提督管辖"。④ 原为王永誉统辖的"广州镇标官兵"，早在九月已改归提督管辖，成为粤省绿营的组成部分。而两个月后，兵部议复在其中设置水师的问题，并强调"以为镇属之水师"。由此可见，康熙二十一年设置的水师并非为广州将军统领之旗营水师，应是广东提督统辖的"镇属水师"，即绿营水师。绿营与旗营不同，不能混为一谈，将该水师视为"乾隆时期广州八旗水师的前身"并不准确。

从海疆环境与海防需求看，康熙二十一年，距清军统一台湾尚有一年时间，郑氏海上力量仍是威胁清朝东南海疆安定的主要势力。此时粤省实行严格的迁界禁海之令，仍遵循"无许片帆入海"的要求。广州将军王永誉在此时要求在驻防八旗内设置水师，最终也由归属提督统辖的绿营水师承担粤省海防任务。乾隆十一年，东南海疆趋于稳定，未有较大规模的海上威胁，海防需求并不十分迫切。所设之旗营水师，仅因"粤东滨海，首重舟师"，以完善粤省沿海驻防制度的需要，满足于"倘遇盗贼窃发，惟赖舟师追捕"。其成员仍须训练调教，尚无法承担粤省海防重任。

（二）水师营制解析

乾隆十一年闰三月，兵部等议准广州将军锡特库所陈《粤东添设水师添防事宜》，从人员、驻地、军备、操演等方面对旗营水师进行规范。嘉庆初年的

---

① 长善等纂《驻粤八旗志》卷1《官兵额设》，第49页。
② 潘洪钢：《清代八旗水师与海防体系》，《福建论坛》2020年第3期。
③ 《清圣祖实录》卷106，康熙二十一年十一月壬戌条。
④ 《清圣祖实录》卷104，康熙二十一年九月癸酉条。

《广东驻防旗营事宜》对成立初期的水师旗营安置部署有着详细介绍。

人员安排。旗营水师兵丁构成：绿营教员，"于左翼镇所辖各协营内，照闽省例，拨谙练水师一百名……教习行走"；将军标营旗丁，"拨出一百名，以资挑选头目领催之用"；八旗壮丁，400 名，一共 600 名。旗营水师员弁共 11 人，包括协领 1 人，佐领 2 人，防御 2 人，骁骑校 6 人，"令该将军于现驻防官员内，保题补放。嗣后水师缺出，俱于本营官员内，拣选送部引见补放，如驻防陆路官员内，有通晓水师者，亦一体拣选补放"。① 因这一时期广州驻防八旗基本由汉军组成，水师中的 500 名兵士的旗籍也为汉军八旗。至乾隆二十一年，满洲八旗兵入粤，经广州将军李侍尧奏准，"将水师兵额改为满汉各半"。二十七年，"经将军明福因满洲壮丁乏人，奏准，暂在汉军壮丁挑补，俟满洲生齿繁衍，再行照数顶补"。② 驻粤旗营水师主要由汉军八旗构成。

驻地安置。旗营水师驻广州城外南石头村，该处水势宽阔，足以演习水师，且"港汊多歧，即令兵丁于此处严加巡缉查拿"，有助于加强区域戒备，维护内河航运秩序。于南石头村后建造"看操厅五间，军器局、火药局各一座，看守兵丁住房三十间"。③

军备条件。粮饷方面，照闽省例，八旗水师军丁"每月领催饷银三两、披甲二两、米各一石"，绿营教习"月给饷银一两五钱、米三斗"。④ 船政方面，旗营水师配有大小战船 6 只，分别为"缯船一只、艍船一只、桨船四只"，⑤ 每船"设木匠、艍匠一名于各营内抽拨"，平时操演所需船只"于附近各标营内拨给"。⑥ 火炮方面，水师所需炮位在各营内抽拨，配有"生铁炮十三位、沙炮九位、斑鸠炮十三位、熟铁沙炮六位、河塘炮六位、琵琶枪七杆"。⑦ 此外，因八旗甲兵"国语骑射"的属性，旗营水师中协领等官，"应照乍浦水师营之例，各养马匹以资骑操"。⑧

操演训练。600 名军士分为两队，"一队留营操演，一队赴船演习，轮

① 《清高宗实录》卷 262，乾隆十一年闰三月壬寅条。
② 长善等纂《驻粤八旗志》卷 1《官兵额设》，第 55 页。
③ 参见《清高宗实录》卷 262，乾隆十一年闰三月壬寅条。
④ 参见《清高宗实录》卷 262，乾隆十一年闰三月壬寅条。
⑤ 广东驻防旗营编《广东驻防旗营事宜》，《清代稿钞本三编》第 147 册，第 20 页。
⑥ 参见《清高宗实录》卷 262，乾隆十一年闰三月壬寅条。
⑦ 广东驻防旗营编《广东驻防旗营事宜》，《清代稿钞本三编》第 147 册，第 20 页。
⑧ 《清高宗实录》卷 262，乾隆十一年闰三月壬寅条。

流更替"。除工匠等毋庸乘船演习，其余"八旗所有领催甲兵，及协、参、防、校等分为八班轮流操演"。广州将军不时稽查水师操演，"每年春秋二季轮流亲往查看"。因旗营水师新设各协领等官对于水师事务未能熟悉，于"通省熟练水师之千把总拣选六员"负责操练。①

从上述可见，旗营水师主要由汉军八旗构成，饲养马匹以备骑操的方式也突出了乾隆皇帝对旗营水师"不忘国本""国语骑射"的严格要求。官员选拣、教习选择、驻地选取、操演选排等方面皆考虑得当，船只火器配备精良，官兵待遇良好，体现了清朝中央与广州将军集中力量欲将其打造成重要水师力量的努力与期望。旗营水师驻扎于广州城外南石头村，虽然"港汊多歧"，但属于内河防守要地，并未在临海区域。按照营制规定，旗营水师除了在内河"严加巡缉查拿"外，其余时间注重"操演"，且尤为重视弓马骑射的训练，于粤省海防并无裨益，在一定程度上对水师甲兵的驾船入海作战能力产生了不良影响。

总之，驻粤旗营水师是广州驻防八旗在乾隆十一年海疆安宁的环境下，结合粤省濒临海洋的特殊地理条件，参照福州驻防八旗建立起来的水师。相比东南沿海其他旗营水师，驻粤旗营水师设置时间较晚，该阶段广东沿海并没有海疆防御的迫切需求，清朝中央与广东地方也没有提出任何出洋实战要求与战术指导。驻粤旗营水师的设置，实质是在"首重舟师"因素的影响下，驻防八旗在结合沿海实地情况基础上的兵种设置与军制调整。

二　"内河演练"与"洋面会操"：驻粤旗营水师的海防实践

海防实践，是判断沿海水师在海防体系中的实际作用与所处地位的重要依据。有学者将驻粤旗营水师的作用归纳为抵御海盗土匪、对付地方少数民族反抗、应征台湾战事、保家卫国战洋人，且将抵御海盗、征战台湾、抗击洋人等视为海防领域的表现。② 但笔者通过爬梳现有档案材料，发现驻粤旗

① 参见《清高宗实录》卷262，乾隆十一年闰三月壬寅条。
② 参见沈林《从"国语骑射"到水师建设——兼谈广州八旗水师盛衰》，《满族研究》2012年第1期。该文所论以《驻粤八旗志》卷20《水师旗营离任协领佐领防御骁骑校列传》的记载为依据。该史料所记载驻粤旗营水师协领、佐领、防御、骁骑校等职官共19人，涉及上述事件的仅7人，基本没有涉及驻粤旗营水师群体性海防实践的内容，将少数员弁之个案概括为整个旗营水师之作用，有待商榷。

营水师的海防实践实际上以内河演练与外洋会操为主，参与保卫海防斗争的事迹均为个案，很难将其视为旗营水师整体的海防贡献。

立营之初，广州将军锡特库便与两广总督策楞商议暂缓派拨旗营水师驻防汛地：

> 臣等伏查水师旗营既经设立，自应就近与绿旗营汛分界巡防，惟是江海之内风信靡常，驾船折戗之时，非素所熟练不可。新挑水师甲兵尚在学习，若经派拨巡防，诚恐有名无实，而原拨防之弁目转得以诿卸偷安。臣等公同商酌，拟俟水师告成之后再于左翼镇所管汛内择其兵力单薄地方，酌派旗营兵船分道巡缉，庶各有责成，地方亦收巡防之益。①

水师初创，八旗甲兵从弓马骑射向驾船海战转变需要一个过渡阶段，以军士船务未熟为由，暂缓水师派防汛地情有可原。驻粤旗营水师按照要求在驻地内河进行操练，偶有入海训练。除战船驾驶、水上作战等海防必备内容外，其余科目包括弓马骑射、火器使用等，与陆营兵丁无较大差异。乾隆十五年正月，广州将军锡特库就旗营水师移置外洋操练向朝廷提出申请，并对成立三年多以来水师旗营的操练状况进行总结：

> 臣于阅操时试验体察，见各旗丁于打桨摇橹等项俱渐次熟习，经水师协领王朝栋于乾隆十三年十月及十四年十月两次带领官兵船只前往狮子洋等处操演，并据该协领禀称各旗丁，俱能于船上站立安稳、施放枪炮无误，可以前往外洋操演。②

驻粤旗营水师成立三年来，在水师协领王朝栋以及各绿营教员的训练下，该营员弁已具备水师基本素质，"能于船上站立安稳，施放枪炮无误"，但训练地点主要在河道交叉之地，几年来仅于狮子洋等处入海两次，并没有

---

① 《广州将军锡特库奏为陈明新挑水师甲兵船务未熟暂缓派防汛地事》（乾隆十二年六月二十八日），《宫中档乾隆朝奏折》，中国第一历史档案馆藏，档号：04-01-01-0147-032。

② 《广州将军锡特库奏为移会督提二臣照例选派营员带同水师旗营官兵配驾船只前往外洋》（乾隆十五年正月十二日），《宫中档乾隆朝奏折》，中国第一历史档案馆藏，档号：04-01-18-0009-005。

前往外洋的经历。① 锡特库对于旗营水师出外洋的态度较为谨慎，"不时阅看水操，一切船务虽知大概，于水性风信实未深悉，何敢冒昧奏闻？"② 由内洋转入外洋尚需将军谨慎思考，至于先前暂缓"就近与绿旗营汛分界巡防"一事则再未提及。锡特库的奏疏得到朝廷的准许，旗营水师入外洋操练成为定制：

> 平日在内河操练凫水、放枪、斗械、爬桅等技艺，并令随同陆路各兵操演抬枪，鸟枪准的，每年九月间前往虎门洋面与水师提督兵丁会操一次。③

乾嘉时期，朝廷对驻粤旗营水师的操演阵式有着详细规划。《广东驻防旗营事宜》载，内河演练重在桨船阵式，依照顺序分别为"雁字排列阵、交插环攻阵、双凤朝阳阵、一字争先阵、四海清平阵"；外海出操重在大船阵式，依照顺序分别为"左龙右虎抛椗阵、龙虎会图阵、龙虎赴敌阵、比目鱼阵、双龙戏珠阵、蝴蝶穿花阵"；无论内河外洋，水面技艺都看重"破浪斗械、水面打枪、冲波火战、伏弩擒贼、扒船过队、飞桅过斗"。④

经过后续发展，水面技艺逐渐纳入内河演练的阵式序列之中。外海水操的阵式经过调整，逐渐演变为"双凤朝阳阵、交插环攻阵、凤凰展翅阵、左龙右虎阵、凯旋归队阵"，与内河演练阵式愈发接近，内容逐渐僵化，日后逐渐成为定制，被纳入后续的驻防旗营事宜之中。到光绪九年八月旗营水师裁改之际，广州将军长善结合以往操演规划，编撰《水操阵式图》与《外海水操阵式图》，附带详细图说，"存以备考"。⑤

历任广州将军赴粤，均要检阅包括水师在内的驻防八旗兵。如道光七年

---

① 狮子洋为珠江口内水域，属中路广州府统辖内洋。根据王宏斌有关清代广东近海管辖区域的相关研究可知，"凡是靠近海岸或府厅治岛岸的岛澳均划入内洋，凡是远离海岸或府厅治岛岸的岛屿和洋面均划入外洋。这里的'靠近'是指 5 公里以内，这里的'远离'是指 5 公里以外"。见王宏斌《清代前期广东内外洋划分准则》，《广东社会科学》2016年第 1 期。

② 《广州将军锡特库奏为移会督提二臣照例选派营员带同水师旗营官兵配驾船只前往外洋》（乾隆十五年正月十二日），《宫中档乾隆朝奏折》，中国第一历史档案馆藏，档号：04-01-18-0009-005。

③ 长善等纂《驻粤八旗志》卷 1《官兵额设》，第 56 页。

④ 广东驻防旗营编《广东驻防旗营事宜》，《清代稿钞本三编》第 147 册，第 46 页。

⑤ 参见长善等纂《驻粤八旗志》卷 4《建置志·水操》，第 157 页。

（1827）三月二十二日，广州将军庆保在检阅驻粤八旗营伍后奏称"水师战船一切技艺据称便捷"。①

相比之下，粤省绿营水师在岸防与巡洋中发挥了重要作用，清朝依照沿海绿营军制建立相应的海防体系：沿岸兵丁以汛、塘、墩、台为单位，组织起海岸防御力量，严防敌患由海登陆；舟师继承并发展了明代巡洋会哨制度，完善巡哨章程，将出洋缉盗与巡洋会哨紧密结合，保障粤省内外洋面的安定。基于此，粤省总督、巡抚、提督、总兵等将岸防调整部署与巡哨缉盗情形不断上奏朝廷，绿营水师海上作战与海防实践的史料记载渐多。鸦片战争期间，在粤省海疆与西方海军对抗的主力也基本是绿营水师。在遭受重创后，清朝及时恢复巡洋会哨制度，修订《广东水师会哨章程》，仍凭借绿营水师保卫海疆。②

依照粤省海防例，旗营水师要在每年九月间"前往虎门洋面与水师提督兵丁会操一次"。同治十年（1871）九月，时任广州将军长善率旗营水师同绿营外海水师会操。关于旗营水师在会操中的表现，长善奏称：

> 因见缯船、艍船只虽经由外海，不过绕越而行，极行迟慢；桨船系由内河行走，会操仍在海口以内，所操者仍系斗械、爬桅等技，与内河相同，殊属无裨实用。不得已，暂依旧制，略予变通，酌加篷索银两，稍利驶行。并请嗣后专归副都统带各船前往虎门外海洋面操演，届期咨会督抚派拨轮船随同保护。③

至于旗营水师与绿营外海水师的配合，长善指出："与绿营水师会哨一次者，尔以旗兵不能远去虎门，较近设台，提标友兵与之讲求洋面情形、驾船演炮等法，以期互相观摩，更加精熟，借资镇压地方，似是旧制会操之意。"长善等认为，按照旧制，"洋面之地缉捕盗贼向绿营水师专责……每遇洋面失事，向不开参旗营兵官……水师旗营……会操毕，仍回省城湾泊，

---

① 《广州将军庆保奏为抵任后查阅广州满汉八旗水师旗营官兵技艺情形事》（道光七年三月二十二日），《宫中档道光朝奏折》，中国第一历史档案馆藏，档号：04-01-18-0036-067。

② 参见王宏斌《论两次鸦片战争期间海患与水师巡洋制度之恢复》，《近代史研究》2018年第2期。

③ 长善等纂《驻粤八旗志》卷1《官兵额设》，第60页。

原期官兵熟习洋面情形，专司操练，以备调遣"。① 粤省旗营水师与绿营水师的实际职责分工一目了然：绿营巡洋捕盗，旗营操演以待。

驻粤旗营水师的海防实践以"操演"为主。随着时间的推移，清朝对旗营水师"操演"的要求逐渐放松，外海出操阵式日益简化，与内河趋同，且内容僵化，因循守旧，难以适应日趋复杂的海疆形势，外洋捕盗尚且不足，更何况对付道咸以降的西方海军。此外，在实际执行过程中，驻粤旗营水师的操演情形更是弊病丛生。尽管多任广州将军对旗营水师操演技能赞誉有加，但作为水师，每年仅九月入海一次，其真实海防能力令人存疑。相较而言，绿营外海水师坚守海岸，进入内外洋巡缉会哨捕盗。粤省旗营水师与绿营外海水师存在巨大差异，从清代粤省海防情形看，将驻粤旗营水师的海防理解为"操防"也并无不妥，其在海防体系中的实际地位与作用确不及绿营外海水师。

三　"筹饷节流"与"裁船改员"：
驻粤旗营水师的没落

关于驻粤旗营水师走向没落的情况，光绪朝的档案有相关记载：

> 光绪九年八月初十日奴才长善、尚昌懋、钟泰等跪奏：为遵照部议，将广州驻防旗营水师改为步军，现拟裁改事宜，恭折具陈……将水师额设缯艍船二只、桨船四只全行裁撤，移交督抚转饬变价，俟估变后再由督抚报部查核。至配船之枪炮等项火器全行储库，造具名目件数细册咨部存案。其水师协领、佐领、防御、骁骑校改为步军协、佐、防、校，水师委署骁骑校及领催改为步军委署骁骑校、步军领催，水师兵改为步甲，副工兵、木舱匠改为副步甲，并将汉军八旗步甲归并合为一营。自本年八月初一日起将水师营更改为步军营，另立体制、营政，所有官兵员名数目备造清册送部查核。②

---

① 《长善奏为旗营水师专司操练如有盗贼滋事应仍归绿营缉捕请饬兵部查销前议等事》（同治十一年五月十四日），《军机处同治朝录副奏折》，中国第一历史档案馆藏，档号：03-4840-005。

② 《长善奏报遵部议广州水师旗营改为步军营筹办情形事》（光绪九年八月初十），《军机处光绪朝录副奏折》，中国第一历史档案馆藏，档号：03-5751-109。据该奏折记，"自本年八月初一日起将水师营更改为步军营，另立体制、营政，所有官兵员名数目备造清册送部查核"，旗营水师于是年八月初一日完成裁改，长善在八月初十日的奏折中将裁改的整个过程与详细情况记录并向中央奏报。

"裁改"为长善等当事人对驻粤旗营水师结局之概括，而现有研究成果论及该问题时所使用"裁撤""消亡""衰亡""改造"等词表达并不准确。驻粤旗营水师既是粤省众水师中的一支，更是广州驻防八旗体系下的军队，其"裁改"之结局也应从水师海防需求和八旗驻防调整两方面分析。

（一） 裁汰船只："水师"建制取消

首先，从近代以来清朝海防建设的实际考虑，为应对海上"千年未有之变局"，传统水师必须为新式海军所取代。自道光以降，西方列强势力日益成为威胁清朝海疆安全的主要敌患。作为两次鸦片战争的主战场，粤省海陆防御遭受重创，传统海防体系几近崩溃。绿营水师尚无法肩负防卫海疆的重任，更何况是仅限于"操防"的旗营水师。此后，绿营水师恢复巡洋会哨，而旗营水师则继续"操演"，两者都无法解除西方列强带来的海上威胁。

同光年间，为应对日益严重的海陆边疆危机，提升防御实力，清朝推行"筹饷节流"政策，裁汰无用军备，节约资金用于国防建设。光绪六年（1880），针对边防建设中的筹饷节流问题，光绪帝指出：

> 沿海各省，向有额设外海水师，原为平日绥靖海疆之用。自轮船驶行后。此项战船全无所用，亦宜变通旧制，分别裁汰。各该将军督目……于奉旨一月内，迅速妥筹具奏，一面咨报户兵二部，由该部随时稽查，以昭核实。将此谕知户部兵部，并由五百里谕令各将军督抚知之。[1]

次年，直隶总督李鸿章视察旅顺，发现承担京师门户海防重任的金州、旅顺两旗营水师"师船行海笨滞，本不堪用；旗营弁兵疲弱，久废操演，有名无实"，[2] 附片奏请裁改金州、旅顺水师，得到朝廷认可。裁撤无用之水师，主要是出于应对海疆形势营建海防的需要，是国家海防转型的内在要求。诸多沿海传统水师既无法承担日益繁重的海防任务，也占用过多军事、财政等资源，成为清朝海防发展进程中的阻碍力量。

---

① 《清德宗实录》卷108，光绪六年七月庚寅条。
② 参见长善等纂《驻粤八旗志》卷1《官兵额设》，第57页。

其次，驻粤旗营水师完全走向没落，丧失海上作战能力，作为水师也失去存在的意义。同治二年（1863）与六年，先后赴任广州将军的瑞麟与庆春在检阅八旗水陆甲兵时，重点关注军士掌握火器的情况。两人在奏疏中都强调"广东为海疆要地，兵丁技艺咸当精锐强健"，重点考察旗营官兵"施放枪炮马步技艺"，都得出了"大队施放枪炮马步技艺均属整齐，校阅官兵骑射中平者较多，优娴者亦不乏人，鸟枪抬枪准头七成有余"的评价，① 至于战船等水师技艺则只字未提。光绪八年，长善赴任广州将军，查看旗营水师"各船损坏，未经修复，停止会操二十余年"。② 这就说明前两任广州将军没能在奏报中提及水师操演战船的原因。长善"会商督抚将水师船只次第修造完竣"，并于同治十年九月亲自率水师出洋同绿营外海水师会操，其非但未能"远去虎门"会操，还"咨会督抚派拨轮船随同保护"，已基本丧失海疆防卫的能力。从军事效用的角度来看，驻粤旗营水师基本走向没落，已失去存在的价值。

（二）军制调整："水师甲兵"归"陆营"

一方面，清朝要求裁撤沿海旗营水师侵害了广州驻防八旗的利益，遭到旗营水师员弁的反对，以发展海防为目的强制撤销水师建制不切合广州驻防八旗实际。档案显示，广州驻防八旗起初并不赞同中央裁汰水师之策。光绪八年，长善奏报："旗营水师经制额兵虽仅六百余名，而设立将二百年，驻防海疆，诚不可少；况兵皆强壮，水乡习惯，认真教练，洵堪用以折冲。"但该水师对于粤省海防究竟起到多少作用，长善避而不谈。对于驻粤旗营水师的没落，长善将责任推给"器物"，认为"船皆旧式，运掉不灵，全视风力之顺逆为行船之进止；桨船又只样太小，只堪在内河配驾，不能远涉外洋"。出于自身利益的考量，长善等人反对裁撤水师，希图"筹更换轮船一只、大拖船一只、长龙快船四只，配用洋炮，分置官兵，访求通晓之人，教习驾驶回环进退之法，并遇敌开仗放炮取准之方"。③ 彼时清朝财政紧缩，

① 参见《广州将军瑞麟奏为查阅满洲汉军八旗及水师旗营官兵技艺事》（同治二年十二月二十四日），《宫中档同治朝奏折》，中国第一历史档案馆藏，档号：04-01-18-0046-006；《广州将军庆春奏为到任查阅满洲汉军八旗及水师旗营官兵技艺情形事》（同治六年四月初七日），《宫中档同治朝奏折》，中国第一历史档案馆藏，档号：04-01-18-0046-061。
② 参见长善等纂《驻粤八旗志》卷1《官兵额设》，第59页。
③ 参见长善等纂《驻粤八旗志》卷1《官兵额设》，第60页。

国防建设处于筹饷节流状态,加之驻粤旗营水师在海防方面发挥的作用不如绿营水师,更不及新式海军,广州驻防八旗的主张无法得到认可。

另一方面,驻粤旗营水师甲兵改陆师建制,既可以解决原水师甲兵生计,也使清朝得以冲破阻力,最终裁汰旗营水师建制,为粤省近代海防的发展扫除障碍。长善在奏报中强调:"汉军计万余户口,闲散甚多,倘竟将此官兵悉行裁汰,固于体制,生计攸关,无此办法,即使改归陆路,而汉军八旗骤添官兵六百余员名,一切饷项均须酌量增改,仍非体国节用之道。是额兵无可裁减,而船只必须另筹。"归根结底,八旗甲兵生计问题才是决定旗营水师未来走向的关键。即便面临着筹饷节流需求,然生计攸关,600 额兵的粮饷及安置必须妥善解决。在光绪八年(1882)九月二十五日的奏折及附片中,长善提出"将水师营改为步军营,并将旧有步甲亦令归并合为一营,以厚兵力而资捍卫";改营之后,"所有官员俸薪、马干、米石及各兵饷银、米石并红白事赏项、借项均照旧数支领,挑选亦照旧章。其从前兼管步营之协、佐、防、校等官均令毋庸管理"。[①] 实际上,所有额设官兵在人员、职位、薪俸粮饷方面仍一切照旧,仅由水师建制变为陆营建制。长善的方案得到朝廷认可,中央与地方达成一致,最终驻粤旗营"水师陆改"得以于光绪九年实施。因此,水师甲兵归陆营的安排,实际上是广州驻防八旗应对晚清海防改革浪潮的自我调整,既解决了自身生计问题,也保证了朝廷裁汰旧式旗营水师政策的推行。

驻粤旗营水师完成裁船改员,是清朝边海防建设"筹饷节流"与广州驻防八旗生计需要相调和的结果。绿营外海水师得以保留,继续在内外洋面巡哨缉盗,与新式海军共同承担粤省海防重任。原旗营水师甲兵改陆师建制,变卖船只"核计每年节省经费甚属不少",[②] 在解决广州驻防八旗生计的前提下,为清朝筹饷节流,发展边海防建设提供了有力支持。

四 先"旗营"再"水师":旗营水师身份与海防地位

关于旗营水师在清代海防体系中的地位问题,有学者提出八旗水师曾经

---

① 长善等纂《驻粤八旗志》卷 1《官兵额设》,第 63 页。
② 长善等纂《驻粤八旗志》卷 1《官兵额设》,第 64 页。

作为海防体系的核心而存在。① 以粤省为例，以旗营水师为清代"海防体系核心"的观点确实有值得商榷之处。

驻粤旗营水师成立于海疆环境宁谧的乾隆十一年（1746），"照福建之例添设水师官兵"的目的，并非需要八旗甲兵立即肩负起抵御海上敌患、成为海防核心的重任，而在于"粤东滨海，首重舟师"。八旗临海驻防，在兵种设置上为水师留有一席之地，实际上是广州驻防八旗自身军制调整。自设立之日起，以"操演"实践为主，从未驻防汛地，鲜有其参与海防实战的记载。鸦片战争期间，有部分水师官员在与英军作战时牺牲。咸同时期，由于"师船行海笨滞""旗营弁兵疲弱"等，出洋会操停滞近20年。同治十年（1871）最后一次会操，状况百出，几乎丧失海上作战能力，竟"未能远去虎门"，由绿营水师代为汇报洋面情形。从设置情形与海防实践来看，驻粤旗营水师确实难堪"海防体系核心"之名。

至于其他几省的旗营水师，定宜庄将其分为两类：一是清初至康熙年间设置的水师，如黑龙江、墨尔根、吉林、金州等水师营；二是雍正以降设置的水师，主要在东南沿海，如江宁、乍浦、京口、福州、广州、天津等水师营。② 从地域上看，清初至康熙年间的水师集中在北部沿河、海地区，雍正之后设置的水师，除天津水师外，基本在东南沿海。北部沿河、海驻防八旗重兵，因八旗驻防制度规定与清初防御形势制约，当地旗营水师自成立即承担北部河、海防卫重任。相比清初，雍正至乾隆初期海疆宁谧，除零星海寇侵扰，并无强大海上敌患。雍正皇帝曾表示："至于水师，不过令薄海内外知沿海一带更有满洲水师人员之意耳，盖非东省绿旗不足巡洋而设。"③ 除万里海疆"不得已而用汉军绿营，防范戒备自在意料之中"④ 的需求外，就是在沿海驻防八旗中结合地方特点调整军制，增设舟师。对此，长善在奏报裁改方案时，就东北的金州水师与驻粤旗营水师做过对比：

　　　　但金州与广州情形不同，金州水师向有水汛分布巡防，一经改为陆

---

① 参见潘洪钢《清代八旗水师与海防体系》，《福建论坛》2020年第3期。

② 定宜庄：《清代八旗驻防研究》，辽宁民族出版社，2003，第45~48页。

③ 张书才主编《雍正朝汉文朱批奏折汇编》第14册，江苏古籍出版社，1989年影印本，第242页。

④ 马大正、何瑜：《清代的海防与开海》，《中国经营报》2017年8月7日，第E02版。

路，以后洋面岛屿、沿海口岸如有盗贼，随时知会轮船往缉，系水师之名虽改，而其实尚存。广州旗营水师船只不过湾泊内河，按期操演水面技艺，每年十月间出洋会操一次。至于港汊水汛均归绿营水师专管，旗营水师并无管理之责。①

与实际从事汛地防守和洋面巡哨的金州水师相比，驻粤旗营水师把"操演"视为主要职能，实际汛防与巡海完全交由绿营外海水师，双方差别一目了然。

再者，相关典章史料如光绪朝《钦定大清会典事例·兵部·八旗处分例》关于"巡洋"的内容，仅包含盛京洋面、京口洋面旗营水师巡洋制度及其相关事例，并未涉及其他区域旗营水师。至于浙、闽、粤洋面海疆海防情形，仅能在《兵部·绿营处分例》中关于"海禁""巡洋捕盗""巡洋船只"等部分查阅绿营外海水师巡海制度与事例。② 现存清代档案史料关于东南沿海各省史料，基本是有关绿营外海水师的记录，鲜有关于旗营水师参与实际海疆防卫的记载。《清实录》以及其他多数清代史料所反映的情况也与此相似。

因此，就旗营水师而言，"水师"职能受制于"旗营"身份，其发挥的实际作用也是由八旗驻防制度所决定的。正如定宜庄所言："以往驻防，均因有战争而调遣，事平之后因地属要害而留兵驻守，继而发展为长期驻防。雍正以后派遣驻防，却主要是出于政治上以及八旗生计上的考虑，军事需要反而置于次要位置了。"③ 旗营水师大体也是延续相同思路进行设置与驻防。广州八旗驻防始于康熙十九年平定尚之信叛乱，但所属之旗营水师则设于海疆宁谧的乾隆十一年，就设置时间分析，粤省旗营驻防体制下，水师的军事职能则远远不及陆师。

综上，将清代所有旗营水师笼统地视为清代"海防体系的核心"确有不妥。对于这一问题的认识，还是要回归制度层面，以此为基础，对不同时间、不同地域的水师进行具体分析。清初设置的诸旗营水师确实在北部河、海防卫中发挥了重要的作用，而雍正以降东南多数旗营水师在海防实践中名

---

① 长善等纂《驻粤八旗志》卷1《官兵额设》，第63页。
② 参见（光绪朝）《钦定大清会典事例》卷610《兵部·八旗处分例》、卷629~631《兵部·绿营处分例》，《续修四库全书》第807册，上海古籍出版社，2002年影印本。
③ 定宜庄：《清代八旗驻防研究》，第44页。

不副实，东南海疆防御的重任主要由绿营外海水师，乃至近代以来的新式海军承担。

结　语

驻粤旗营水师的设置，是广州驻防八旗在"粤东滨海，首重舟师"基础上军制兵种的调整与完善，也是以新设营制的方式解决八旗生计，以及对沿海驻防巩固和完善的结果。与绿营外海水师相比，旗营水师"训练"与"会操"为主的实践在粤省海疆防卫中难以发挥实质性作用。近代以来，伴随列强新式海军的威胁，清朝的海疆环境急剧恶化，绿营外海水师尚无法保卫海疆，名不副实的旗营水师更难以担负海防重任。光绪九年驻粤旗营水师的裁改，正是清朝在海防转型、筹饷节流背景下对驻防八旗的调整转型，对解决水师甲兵生计，节约大量经费，推动近代海军建设与海防转型多有裨益。

雍正、乾隆时期，清代直省八旗驻防进入全面发展的新阶段，政治与经济方面的考虑成为推动和完善该制度的主导因素。东南沿海的驻防八旗，作为清朝最高旗主——皇帝的代表，必须根据驻防区域特点丰富兵种、提升实力，以起到震慑海疆、巩固统治的作用。驻防八旗在制度方面的发展与完善，使得水师营制可以长期留存。但"水师"限于"旗营"身份，海防建设受制于驻防制度，除巩固八旗制度、实现政治威慑与解决旗人生计外，旗营水师未能从海防实际出发具备海防职能，又长期缺乏操演与监管。在千年未有之大变局面前，晚清日趋严峻的海疆危机才是决定水师与海防建设的主导因素。在不影响甲兵生计的前提下，旗营水师实现裁改，也是清朝兼顾驻防制度与海防需求的选择。

（执行编辑：申斌）

史笔如何镕裁：嘉庆十五年温承志
《平海纪略》的传布和影响

陈贤波[*]

摘　要： 清代嘉庆时期粤洋海盗牵动朝野，剿抚过程曲折迂回且富有争议。战事结束后，两广总督百龄（1748~1816）的幕僚亲信和地方官员士人从碑文撰写、诗文结集和图像绘制等方面展开揄扬平海功成纪念活动。通过考察百龄门生温承志所撰《平海纪略》的生成和传布，可知这些亲历者和知情人的"即时观察"经过层层筛选形成，对相关史事的裁夺取舍主要服务于凸显当事人政绩、神化其形象的需要，交杂着鲜明的评判立场和情感考量。《平海纪略》出于时任省级官员之手，最早勒石纪事，意图形塑平海记忆，但地方士人仍能巧妙地突破官方操纵的宣传渠道，保存关键信息，以与官方历史记录相抗衡。由此形成相关文献内容的积叠和冲突，多维度地揭示出特定时期重大历史事件的外景和内情。

关键词： 清代　海盗　《平海纪略》　百龄　梁廷枏

剿抚粤洋海盗是清代嘉庆时期朝野关注的一件大事，折射出嘉庆朝面临的复杂危机和挑战。[①] 以往的研究，对海盗的兴起和当局筹办剿抚海盗的过

---

* 陈贤波，华南师范大学历史文化学院教授。

① 近年研究者越来越重视嘉庆朝的危机和改革，以此检讨这一时期在清史上的意义。相关的讨论可见〔美〕罗威廉（William T. Rowe）《乾嘉变革在清史上的重要性》，师江然译，《清史研究》2012年第3期。王文生的近著把内地的白莲教叛乱和沿海的华南海盗问题结合起来探讨嘉庆朝的危机和改革，亦颇有新意，参见 Wang Wensheng, *White Lotus Rebels and South China Pirates*, Cambridge Massachusetts：Harvard University Press，2014。

程已有足够充分的探讨。① 从中可知，时局出现转折的关键是嘉庆十四年
（1809）两广总督百龄（1748～1816）厉行封港海禁政策。在他的主导下，
当局"撤沿海商船，改盐运由陆，禁销赃接济水米诸弊，筹饷练水师，惩
贪去懦"，② 逐渐扭转局势。抵任之初，百龄为振刷海防，发动军民建言献
策，"一时大小官吏及缙绅先生皆各言所见"，③ 献计者相当踊跃，也极大提
振广东士气民心。嘉庆十五年洋面肃清，百龄厥功至伟，声望权势达到巅
峰，时称"粤东洋匪尽歼，实海上第一功也"。④

百龄的平海事功，见诸国史馆本传和各家编撰的传略、行状和笔记。这
些官私文献对此无不浓墨重彩加以书写。⑤ 在这些官私文献中，百龄门生温
承志（？～1812）所撰《平海纪略》记录事件始末，刻画百龄名臣形象，具有
重要的史料参考价值。其中原因，一是温承志本人在百龄督粤期间担任要职，
参与筹办海盗事务，熟知军政内情，其所见所述出于亲历者和知情人的眼光，
故能提供剿抚海盗的关键信息，非一般道听途说可比；二是嘉庆十五年平海功
成，《平海纪略》最早记录事件全过程，人事俱近，可谓"即时观察"。然而，
"历史"一方面是真实发生的过去，另一方面也是历史记录者选择记忆的结
果。犹如文学创作之有"镕裁"，⑥ 在以人物思想、活动为主线的传记类文

---

① 新近有关乾嘉海盗问题的研究概述，可参见张雅娟《近十五年清代乾嘉年间海盗问题的研
　究》，《中国史研究动态》2012年第2期。其中与本文关系最为密切的成果，可参见〔美〕
　穆黛安《华南海盗（1790—1810）》，刘平译，中国社会科学出版社，1997；刘平《关于
　嘉庆年间广东海盗的几个问题》，《学术研究》1998年第8期；曾小全《清代嘉庆时期的海
　盗与广东沿海社会》，《史林》2004年第2期；萧国健、卜永坚笺注《（清）袁永纶〈靖
　海氛记〉笺注》，《田野与文献》2007年第46期，第1～41页；〔美〕安乐博《国家、社区
　与广东省镇压海盗的行动，1809—1810》，梁敏玲译，国家清史编纂委员会编译组编《清
　史译丛》第10辑，齐鲁书社，2011，第141～180页；陈贤波《百龄与嘉庆十四年（1809）
　广东筹办海盗方略》，《华南师范大学学报》2017年第4期；陈钰祥《海氛扬波——清代环
　东亚海域上的海盗》，厦门大学出版社，2018；陈贤波《华南海盗与地方士人的应对策
　略——以黄蟾桂〈立雪山房文集〉为探讨中心》，上海中国航海博物馆编《国家航海》第
　22辑，上海古籍出版社，2019，第1～20页。
② 《清史稿》卷三四三《百龄传》，中华书局，1998，第11133～11135页。
③ 卢坤、邓廷桢主编《广东海防汇览》卷四二《事纪四·国朝二》，王宏斌等校点，河北人
　民出版社，2009，第1049页。
④ 昭梿：《啸亭杂录》卷二《百菊溪制府》，何英芳点校，中华书局，1980，第417页。
⑤ 参见李桓辑《国朝耆献类征》卷三五《宰辅三十五·百龄》，广陵书社，2007年影印本，
　第2476～2488。该书采国史馆本传、刘凤诰撰墓志铭及昭梿等私家文集中的百龄碑传，
　合共7篇。
⑥ 王利器校笺《文心雕龙校证》卷七《镕裁第三十二》，上海古籍出版社，1980，第209～
　210页。

献中，史笔镕裁痕迹往往表现得更加明显。① 即便是对"常见材料"如《平海纪略》者，尚有进行深入辨析的必要。如果把《平海纪略》置于研究对象的位置，我们就有必要弄清楚：温承志作为亲历者和知情人的"即时观察"是否存在"伸缩性"，其记述的"历史"究竟在多大程度上可以征信，又如何形塑时人和后人的平海记忆。此项议题涉及《平海纪略》及其相关平海文献的生成、传布和影响，恰为以往治此专题的研究者鲜有注意讨论之处。

本文基于对中国第一历史档案馆和台北故宫博物院藏清代档折件及相关当事人诗文集的梳理，特别是利用新发现的《平海投赠集》《平海还朝图》等文字和图像资料，考察嘉庆十五年前后温承志《平海纪略》的成书过程和影响，尝试从历史记录和历史记忆的新角度，推进对嘉庆朝剿抚粤洋海盗问题的认识。

一 《平海纪略》的版本与立言背景

过去研究者熟知和引用的《平海纪略》，出自《昭代丛书》癸集萃编卷第十九（以下简称"昭代丛书本"），道光二十四年（1844）沈楙德续辑，吴江沈氏世楷堂藏版。卷首署"太谷温承志著"，文末附沈楙德跋。当代几种大型文献汇编如《丛书集成续编》《中国野史集成》《史料丛编》等收录的《平海纪略》，均影印昭代丛书本，因此流传最广。鲜少人注意的是国家图书馆藏嘉庆十五年刻本，线装一册，为海内孤本。卷首有钤印"大兴王氏收藏图书"，文末有款署"嘉庆十有五年岁在庚午七月既望越十日戊申吉旦按察使衔广东督粮道管通省民屯钱粮料价兼管水利驿务温承志谨撰"。通过文本对读可以发现，通行的昭代丛书本存在几处文字缺漏和讹误，显系文字抄录环节的疏失（见表1）。更重要的是，与国家图书馆藏刻本相比，昭代丛书本删去了"款署时间"这一有助于理解文本生成背景的关键信息。

---

① 如崔瑞德（Denis C. Twitchett）所言，"任何社会的传记写作不仅展示了作者们的动机、主见和兴趣，也揭示了那些撰述传主的个人和全社会之间所存在的关系"。参见〔英〕崔瑞德《中国的传记写作》，张书生译，王毓铨校，《史学史研究》1985年第3期。王汎森有关《国史儒林传》成书过程及顾炎武学术地位转变的讨论，提供了这方面生动的例说。参见王汎森《清代儒者的全神堂——〈国史儒林传〉与道光年间顾祠祭的成立》，收入王汎森《权力的毛细管作用——清代的思想、学术与心态》，北京大学出版社，2015，第499~533页。

表 1　《平海纪略》两个版本的文字差异

国家图书馆刻本	昭代丛书本	校勘记
维嘉庆十五年夏六月	嘉庆十五年夏六月	昭代丛书本此处省略句首语气词"维"
西路则麦有金、吴知青、李尚青三股	西路则麦有金、吴知青、李尚清三股	昭代丛书本此处"李尚青"作"李尚清"
嘉庆十有四年春,制府百公奉命总制百粤	十四年春,公奉命总制百粤	昭代丛书本此处省略"嘉庆""有""制府""百"等字
皇上祝网之仁,以不死贷汝师中	皇上祝网之仁,以死贷汝师中	昭代丛书本此处缺"不"字,语义不通,误
戴蓝翎二人,则委员花东苑、周飞熊也		昭代丛书本此处缺载,误。按嘉庆十五年六月二十九日上谕:"委员花东苑、周飞熊俱著赏戴蓝翎,交部议叙。"(参见中国第一历史档案馆编《嘉庆朝上谕档》第 15 册,广西师范大学出版社,2008 年影印本,第 303 页)
嘉庆十有五年岁在庚午七月既望越十日戊申吉旦按察使衔广东督粮道管通省民屯钱粮料价兼管水利驿务温承志谨撰		此句为文末落款,昭代丛书本缺载

　　一些微小但折射出作者心迹的细节提醒我们,尽管《平海纪略》成文耗时不长,但用词讲究,是一次精心谋划的写作。嘉庆十五年六月初七,百龄在粤西督师剿寇,奏呈擒获巨盗乌石二及其他海盗相继投诚乞降事,大规模剿捕行动结束。① 二十九日,内阁奉上谕厚赏百龄及一众地方文武官员。② 七月十六日,百龄凯旋广州,途中赋诗八首记事感怀,诗题曰:《庚午四月督师高雷剿寇克捷粤海胥平七月既望安抚事竣归羊城得诗八首》。③ 与上引国家图书馆藏刻本的款署时间"嘉庆十有五年岁在庚午七月既望越十日戊申吉旦"合而

① 百龄:《奏为舟师搜剿西路洋匪生擒乌石二等首伙各犯伙匪带船投诚及另帮盗首畏剿乞降等事》(嘉庆十五年六月初七日),中国第一历史档案馆藏宫中全宗,档号:04-01-03-0044-007。
② 中国第一历史档案馆编《嘉庆朝上谕档》第 15 册(嘉庆十五年),第 302~304 页。
③ 百龄:《守意龛诗集》卷二七《庚午四月督师高雷剿寇克捷粤海胥平七月既望安抚事竣归羊城得诗八首》,《续修四库全书·集部别集类》第 1474 册,上海古籍出版社,2002 年影印本,第 291 页。

观之，可知《平海纪略》撰成于八月初一（吉旦），距百龄七月十六日（既望）回省城不足半月，成文时间极短。作者之所以特别点出"七月既望越十日"，呼应的是百龄诗题中"七月既望安抚事竣"这一时间节点。至于以"平海"二字为题，也有节略百龄诗题"粤海胥平"的痕迹。须知当时人与百龄往来酬唱，往往将他凯旋广州的上述诗题省称为《百尚书平海八首》。①

进一步梳理温承志与百龄的门生故吏关系，愈见撰写《平海纪略》的立意和用心。

温承志，字莘圃，山西太谷人，由贡生充四库馆誊录进入仕途，历任工部司事、主事、郎中等职。现存的官员宫中履历片显示他"京察一等"，"堪繁缺知府"，于嘉庆十年三月发往广东委用。② 嘉庆十三年十一月，温承志由潮州知府补授惠潮嘉道。③ 次年三月百龄抵粤履职，五月二十八日奏调温承志入省城，署理盐运司。④

促成温承志署理盐运司的重要人事变动，一方面是五月初五原任盐运使蔡共武病故，盐运使职位空缺，事出突然；⑤ 另一方面，则因温承志是百龄早年山西学政任内取进的生员。⑥ 必须指出，百龄之所以毫不避嫌地提拔自己的门生，向嘉庆皇帝强调"臣等因知其人甚去得，现在鹾务又急需干员整理"，⑦ 有其特殊的背景。盐运司管辖全省盐场共二十二处，以督饷缉私为主要职责。广东盐产主要集中在沿海的盐场，靠沿岸的海运将各地盐产发至省城广州和潮州广济桥两个食盐配运中心，再溯内河水运网转输至各盐埠。⑧ 值此剿捕海盗的军事紧急时期，海运盐船屡被盗劫，船户水手暗中接

---

① 李黼平：《和百尚书平海八首》，陈昙：《邝斋师友集》，桑兵主编《清代稿钞本八编》第379 册，广东人民出版社，2017 年影印本，第 194 页。

② 中国第一历史档案馆编《中国第一历史档案馆藏清代官员履历档案全编》第 2 册，华东师范大学出版社，1997 年影印本，第 500 页；同书第 21 册，第 654 页。

③ 《奉上谕广东惠潮嘉道员缺着温承志补授》（嘉庆十三年十一月二十日），台北故宫博物院藏清代宫中档奏折及军机处档折件，文献编号：404012609。

④ 《两广总督百龄奏请以温承志署理运司印务原由片》（嘉庆十四年五月二十八日），台北故宫博物院藏清代宫中档奏折及军机处档折件，文献编号：404014384。

⑤ 百龄：《题报盐运使病故》（嘉庆十四年五月九日），"中研院"傅斯年图书馆藏《明清档案》，卷册：A334-075，登录号：058289-001。

⑥ 百龄于乾隆四十二年（1777）出任山西学政，参见《清高宗实录》卷一〇三九，乾隆四十二年八月壬子条，中华书局，2008 年影印本，第 920 页。

⑦ 《奉上谕广东惠潮嘉道员缺着温承志补授》（嘉庆十三年十一月二十日），台北故宫博物院藏清代宫中档奏折及军机处档折件，文献编号：404012609。

⑧ 周琍：《清代广东盐业与地方社会》，中国社会科学出版社，2008，第 49 页。

济洋匪，于是通过控制盐运来切断海盗财源关乎平海成败。① 对此，百龄事后颇为得意，认为"粤省盐法多海运，往往为盗觊觎，渔舟亦然，余奏改陆运并禁渔于海，贼乏接济，其势乃蹙"。② 明乎此，可知温承志之受百龄器重及其调任盐运司在当中发挥的关键作用。

在《平海纪略》一开篇，温承志自谦地说"幸从公后，亲见其办贼次第，乃得而为之记"，③ 实际上除了"亲见"百龄"办贼"，他也直接参与了筹策和具体军事行动。光绪《太谷县志》载录的《温承志传》于此有翔实描述：

> 上命百龄为两广总督，趣办海寇。承志补诸生时，出百龄门。百龄才之甚，抵任即奏调承志督粮道，后檄署盐运按察使事，日夜与筹剿抚事宜。承志乃请先事郑萼，改运盐由路，严禁粟麦及他物出洋。寇食匮，军火不继，始大困。未几，官军灭梁保，学显乞降。张保穷蹙，请假数月粮，杀他寇自赎。百龄不许，请与石氏等归诚，许之。承志乃随百龄单舸出虎门慰抚，宣朝廷威德。保感泣誓效死。有金负固涠洲沙碛间，承志议进兵高州，搜斩之。复偕镇将入海搜戮各岛余匪。二十年遗寇遂平。百龄疏上承志功，诏晋按察使衔，并赏戴花翎。④

这份传记是目前可见最早全面记述温承志"功勋"的资料。其中有张冠李戴的时间误载，⑤ 也有对招降海盗细节的省略，⑥ 但大体可以看出他在平海

---

① 《奏为两广运司到任需时遴员递署以专责成而重鹾务事》（嘉庆十四年五月十七日），台北故宫博物院藏清代宫中档奏折及军机处档折件，文献编号：404014218。

② 百龄：《守意龛诗集》卷二七《庚午四月督师高雷剿寇克捷粤海胥平七月既望安抚事竣归羊城得诗八首》，《续修四库全书·集部别集类》第 1474 册，第 291 页。

③ 温承志：《平海纪略》，国家图书馆藏嘉庆十五年刻本。

④ 光绪《太谷县志》卷五《人物·功勋》，中山大学图书馆藏光绪十二年刻本。

⑤ 百龄奏调温承志补督粮道一职，迟至嘉庆十五年六月。上引县志称百龄"抵任即奏调承志督粮道，后檄署盐运按察使事"，显系误载。百龄：《奏请以温承志调补督粮道并智凝调补潮嘉道事》，中国第一历史档案馆藏军机处录副奏折全宗，档号：03-1534-041。中国第一历史档案馆编《嘉庆朝上谕档》第 15 册（嘉庆十五年），第 302~303 页。

⑥ 温承志诱降海盗的细节，县志仅有"随百龄单舸出虎门慰抚"寥寥数字，昭梿《啸亭杂录》则谓："温，山右人，故年少美丽，遂潜入郑（一嫂）寝中解衣酣寝，诱郑以荐枕焉。"参见昭梿《啸亭杂录·百菊溪制府》，第 417 页。如果昭梿此说属实，温承志招降海盗的手段明显有失斯文。因此，这段记载被《国朝耆献类征》录存后，又略改为："温，山右人，故年少美丽，遂诱郑。"参见李桓辑《国朝耆献类征》卷三五《宰辅三十五·百龄》，第 2487 页。

过程中的主要作为：一是参与筹划粤盐陆运，断绝海上接济；二是协助百龄招降海盗张保；三是偕同将领清理海岛余匪。百龄在平海功成后毫不掩饰温承志的贡献，除了奏报朝廷"着赏按察使衔并赏戴花翎"，① 亦专门赋诗赠予温承志和另一亲信心腹朱尔赓额，其中有"降卒立功无反侧，诸君筹策有经权"等句，并附小注："粤民苦洋盗之害廿余年矣。近议剿抚兼施，幸得成事。"② 表达对他们"筹策"的肯定和赞赏。

综上，温承志与百龄早有师生名分，由于偶然的机遇得到提拔，协助后者平海而晋升封赏。仔细研读温承志与百龄的往来题咏，如"陪乘亲教从铁骑，策勋叨窃换铜鱼；半年真坐春风里，晨夕从容问起居""大功底定同民乐，忝附师门吾道南"等诗句，③ 不难体会其中师生情谊、知遇之恩、倾心仰慕的多元情感。合而观之，尽管温承志强调撰写《平海纪略》的本意在于"观公之所以剿抚兼施者，可以为后世法矣"，④ 但可以肯定的是，在记录平海始末之外，该书主要也包含揄扬百龄的情感驱动。

在这种情况下，温承志几乎在平海功成的第一时间撰写《平海纪略》，引起士人瞩目。一个明显的例子是，当时广东嘉应籍举人叶兰成赠诗温承志，题为《上温莘圃廉访》，其中诗句"请待纪略成，更作摩崖颂；万古照南荒，吓彼猺獞种"附有一行小注："公撰《平海纪略》，未成。"⑤ 换言之，我们可以推定，叶兰成这首诗的写作时间当在《平海纪略》酝酿撰写的七月下旬，纪略尚未成形已经引起士人密切期待。

值得一提的是，今人所见《平海纪略》虽仅为纸本，但其最初传布的主要形式却是竖碑。今国家图书馆藏刻本的款署之前，作者已明言："鸣呼，此后之治海者所当取法者乎！撰记而刊之乐石。"⑥ 可见写作的初衷就是竖碑纪念，惜其形制和规模今天已不可见。咸丰《顺德县志》追述嘉庆朝平海史事后附有一则按语："当时奏牍仅举剿抚大端，其详则督粮观察温

---

① 中国第一历史档案馆编《嘉庆朝上谕档》第 15 册（嘉庆十五年），第 302~303 页。
② 百龄：《守意龛诗集》卷二七《办贼事竣高凉道中简温莘圃朱耐亭两观察二首》，《续修四库全书·集部别集类》第 1474 册，第 291~292 页。
③ 孙曾美辑《平海投赠集》卷上，国家图书馆藏嘉庆十五年刻本，第 20~21 页。
④ 温承志：《平海纪略》。
⑤ 刘彬华辑《岭南群雅》，《续修四库全书·集部别集类》第 1693 册，第 248 页。
⑥ 温承志：《平海纪略》。

承志记之，今石刻存道署厅事廊壁者是矣。"① 说明至迟到咸丰年间，纪略碑仍保存在温承志一度主政的督粮道衙署内。我们可以想见，虽然表面而言《平海纪略》的撰写自始至终是温承志个人的行为，但由于他特殊的身份地位、竖碑纪念的形式及碑铭存放的衙署场地，无形之中向世人呈现出百龄平海历史的官方版本。正因如此，安徽泾县人胡承珙（1776~1832）嘉庆十五年充广东乡试副考官，适逢碑文撰成，应邀题序盛赞它"胜燕然之勒石"。② 此语典出《后汉书·窦宪传》，说的是东汉名将窦宪率师败退匈奴，登燕然山刻石记功。③

二　从《磨盾记》到《平海纪略》

无论是通行的道光二十四年（1844）昭代丛书本，还是国家图书馆藏嘉庆十五年刻本，温承志都是《平海纪略》唯一的署名作者。迄今利用该书的研究者都不曾对此提出疑问。然而，细心爬梳文献发现，今人所见《平海纪略》实际上并非温承志一己之力撰成，其内容实有所本。其中草蛇灰线，可从道光十八年刻印的《广东海防汇览》中觅得线索。

《广东海防汇览》由道光年间前后四任广东督抚——卢坤（1772~1835）、邓廷桢（1776~1846）、祁贡（1777~1844）、怡良（1791~1867）主持编纂，全书四十二卷，五十余万字。历来治海防史者推重其编辑体例完备，搜集档案资料详尽，是研究清代广东海防制度的必备参考文献。④ 对于嘉庆朝平海史事，《广东海防汇览》卷四十二《事纪》记述详尽，征引甚广，可与其他相关记载互相发明。最堪注意之处，是该书全文录存了署名"强作生"撰写的《磨盾记》，并附按语明确指出这一文献作为《平海纪略》底稿的价值：

> 莘圃观察以二十年之海氛扫除净尽，沿海四千里民尽安堵，厥功伟

---

① 咸丰《顺德县志》卷二一《列传一·文传》，《广东历代方志集成·广州府部》，岭南美术出版社，2009 年影印本，第 500 页。

② 胡承珙：《求是堂文集》"骈体文"卷二《平海纪略序》，《续修四库全书·集部别集类》第 1500 册，第 326~328 页。胡承珙生平宦迹，参见缪荃孙编《续碑传集》卷七二《儒学二·福建台湾道胡君别传》，《清代碑传合集》第 4 册，广陵书社，2016，第 582 页。

③ 《后汉书》卷二三《窦宪传》，中华书局，2000 年影印本，第 814~817 页。

④ 卢坤、邓廷桢主编《广东海防汇览》，"前言"第 1~6 页。

焉，属强作生为文纪事，俾后之防海者或剿或抚，有所取法。生据事直
书，诠次如左。数经修饰润色，始成《平海纪略》，刊之乐石。此多异
文，有所取法，实大辂之椎轮也。故录存之。①

这就是说，温承志一开始嘱咐强作生撰文，草成《磨盾记》，再加工改定成
《平海纪略》。两者是底稿和改定本的关系。《广东海防汇览》对它们的评
价——"据事直书"和"数经修饰润色"，立场倾向分明。遗憾的是，这位
起草《平海纪略》的强作生无其他著述存世，目下也无法检出相关生平资
料表明他与温承志存在何种关系。由上引按语中"属强作生为文纪事"和
温承志最后单独署名《平海纪略》推断，强作生可能只是温承志身边的幕
僚写手，熟知剿抚海盗的内情，但身份地位不高。

　　不管如何，《磨盾记》的"发现"势必引出两个关键问题。其一，为何
官修《广东海防汇览》收录《平海纪略》的底稿，舍弃最终竖碑刻石的改
定本，是出于保存史料的考量，还是另有意图？其二，由"据事直书"的
《磨盾记》到"数经修饰润色"的《平海纪略》，反映出作者什么样的史笔
镕裁考量？回答第一个问题，必须首先说明《广东海防汇览》的实际纂修
人——广东顺德籍著名学者梁廷枏的修史背景。至于第二个问题涉及《磨
盾记》和《平海纪略》的文本差异，容下节再论。

　　梁廷枏（1796~1861），字章冉，广东顺德人，道光十四年（1834）中
副榜贡生，历任学海堂学长、澄海县教谕及越华、粤秀书院监院等职，一生
著述甚丰，以主纂《广东海防汇览》四十二卷和《粤海关志》三十卷两部
官修志书，编撰介绍"夷事"的《海国四说》十四卷和《夷氛闻记》五卷
而闻名于世。② 《广东海防汇览》成书于道光十六年，据梁廷枏所述，"多至
百卷"，③ 可知今刊刻本四十二卷同样经过删繁就简。在"凡例"第三条中，
梁廷枏谈及引用文献的取舍原则："今引用群籍，仿列书名，节取数言，因
标典据，详略互著，审定去留；闻见异辞，量增考证；一事而两门可入，系
在至先；有条而无类可归，存诸附按。"④ 若据此而论，强作生《磨盾记》

① 卢坤、邓廷桢主编《广东海防汇览》卷四二《事纪四·国朝二》，第1054~1055页。
② 丁宁：《论梁廷楠》，《齐鲁学刊》1984年第6期。
③ 梁廷枏：《藤花亭骈体文集》卷一《广东海防汇览后序》，《艺文汇编》，杨芷华点校，暨南
　　大学出版社，2001，第353~354页。
④ 卢坤、邓廷桢主编《广东海防汇览》，"凡例"第2页。

之所以被录存，颇符合他重视先出文献的选材理念。不过，如果结合嘉庆十四年（1809）百龄平海策略的展开及其对地方社会的影响来看，梁廷枏对《磨盾记》的青睐实在还有更深一层的考量。

以往的研究表明，百龄治盗政策的核心是全面封港海禁，包含"禁船出海"和"盐归陆运"的两项主要举措。长远来看，封港令切断海盗的海上物资供应，加速了海盗的内部分裂和势力消长。① 然而回到历史现场，嘉庆十四年骤行封港直接导致海盗蜂拥上岸劫掠，混乱局面完全超出当局预期，珠江三角洲地区沿海州县遭祸最深，"其被祸之惨，有难以缕述者矣"。② 咸丰《顺德县志》甚至断言这场祸乱乃开县以来之最："洋匪内河之扰，广管并受厥害，而惨酷以顺德为最。开县以来，明末及国朝康熙初，城两被陷，此虽仅扰村落，然焚扰实更甚焉。"③ 该年八月，闲居家乡顺德、曾官至监察御史的龙廷槐（1749～1827）上书广东按察使陈若霖（1759～1832），痛批"将领皆不奉命，沿途逗留"，"当此贼势猖獗，焚劫村庄，乃退处于空僻无贼之地，虽经屡檄，违抗不率，坐视匪党傲睨啸聚而不知奋，盖狃于怯葸之素习，而恃于法令之太宽，恋官保禄，苟存性命，巧词饰诿，习为故然"；他吁请当局"选将练兵，备械筹饷，常为警备，以待机会。急则率精锐以进击，缓则严刁斗以堵防，兵精则饷核，堵隘则力专，剿守互用"。④ 十二月，南海籍士绅朱程万撰成《己巳平寇》回顾乱事，指出当局"惟内备未固而遽断接济，以撄贼锋，不知困兽犹斗、铤鹿走险之义"。⑤ 地方舆论直指当局急功冒进酿成乱局。事情纷扰至此，百龄承受空前的政治压力。该年七月，百龄即"以未能先事预防，致贼匪窜扰内河，自请议处"。⑥ 他向嘉庆皇帝报告自己"因筹办太急"，"焦急过甚，体气不支"，"心存焦愤，现患失血之症"，上谕则提醒他"不妨从容布置，转不可存欲速之见"。⑦

---

① 陈贤波：《百龄与嘉庆十四年广东筹办海盗方略》，《华南师范大学学报》2017 年第 4 期。

② 袁永纶：《靖海氛记》卷上，法国国家图书馆藏清刻本。感谢中山大学谭玉华教授提供该书影印本。

③ 咸丰《顺德县志》卷二一《列传一·文传·周祚熙》，《广东历代方志集成·广州府部》，第 500 页。

④ 龙廷槐：《敬学轩文集》卷一《与陈望坡廉察论捕匪书》，《北京师范大学图书馆藏稀见清人别集丛刊》，广西师范大学出版社，2007 年影印本，第 405～408 页。

⑤ 朱程万：《己巳平寇》，同治《南海县志》卷一四《列传·朱程万》，《广东历代方志集成·广州府部》，第 622～624 页。

⑥ 中国第一历史档案馆编《嘉庆朝上谕档》第 14 册（嘉庆十四年），第 481 页。

⑦ 中国第一历史档案馆编《嘉庆朝上谕档》第 14 册（嘉庆十四年），第 713 页。

梁廷枏亲历过嘉庆十四年家乡顺德的祸乱，对当局骤行封港政策同样颇有微词。在《广东海防汇览》引述《香山县志》载"总督百龄初莅任，即驰檄封海港，禁商舶往来，贼无所得食，冒死冲突，常三四百艘分掠村庄"之后，有一段"谨按"加以总结评论：

> 广东洋匪始自嘉庆初年，积而日夥。黄正嵩投诚后，尚存张保辈。数百艘游奕外洋，全恃内奸为之接济。自总督百龄抵粤，改盐船为陆运，骤封海港，商舶不通，数万之众势不得不扑岸觅食。于是连帆内窜，香山、东莞、新会诸县滨海村落惨遭焚劫，而顺德、番禺尤甚。考诸近人记述，所言蹂躏掳掠之状，皆得之目击，有非官牍所得详其十一者。是时武备废弛，守口兵弁既习狃于因循，当事者又止知断接济以清盗源，锐意禁遏，于沿海要隘匪船可伺间驶入之区，实未能先事绸缪，备兵防范。①

明乎此，我们可以推定，梁廷枏录存强作生的《磨盾记》，揄扬他"据事直书"，明显是有意给后人留下《平海纪略》"修饰润色"前的原始文献记录。由于梁廷枏后来受邀参与编纂咸丰《顺德县志》，此段评论也被一字不漏地复录进去。② 读者有心，这些立场鲜明的历史记录自然有助于引导他们注意《平海纪略》背后隐伏的历史复杂性。

三　"据事直书"与"修饰润色"

《平海纪略》以《磨盾记》为底稿撰成，两个文本以百龄剿抚海盗和朝廷论功行赏的整个平海过程为骨干，大处相同。不过，相较于《磨盾记》全文约 5500 字的篇幅，《平海纪略》仅 3400 字，所不同者在于它们对平海史事细节的裁断取舍。其中耐人寻味之处主要体现在以下四个方面。

（一）已故水师将领黄标的防海事迹

《平海纪略》和《磨盾记》开篇都描述粤洋各路海盗分布情形，以此交

---

① 卢坤、邓廷桢主编《广东海防汇览》卷四二《事纪四·国朝二》，第 1039 页。
② 咸丰《顺德县志》卷三一《前事略》，《广东历代方志集成·广州府部》，第 709 页。

代百龄抵粤背景。但《磨盾记》尚有如下一段追忆水师将领黄标（？～1804）的文字被后出的《平海纪略》完全删除：

> 舟师废弛已久，兵多不用命，将帅亦视哨会为具文，消靡钱粮而已。惟总兵黄标骁勇敢战，获贼最多。贼畏之，称之曰黄老虎，且榜招购众能得黄将军，酬千金。望其帜文，皆逸去。（嘉庆九年）甲子二月，追贼于钦州龙门径。贼几就擒，为主帅所抑，不得志，贼得逃免。黄愤甚，呕血卒。民失所依，而盗遂不可制。①

黄标是乾嘉之际广东著名水师将领，字殿豪，广东南澳人，福康安（1754～1796）督粤期间由水师步卒提拔为守备，历广海寨游击、海门营参将，嘉庆三年擢澄海协副将，晋左翼镇总兵官，卒于嘉庆九年。② 乾隆五十五年（1790）黄标率舟师在粤西龙门洋面剿捕海盗，一战成名。据说此战"前后歼渠魁，沉盗艘，缚群丑六百余人"，"于是濒海郡邑虽童孺无不知有标者"。事后乾隆皇帝"褒以'岭海要臣，不可旦夕离职守'"，"特命绘像以进"，以示尊荣。③

黄标战功彪炳，才识过人，在地方上享有巨大民望和声誉。道光《香山县志》说他"自结发从戎出海，未尝失律，与士卒同甘苦，人乐为用。剿贼歼其首恶，不妄杀所获，贼船赃物，以其二赏将士，其一为修船费，分毫不自取"，"于东南一带海道浅深险易进退战守之处，黑夜皆能辨识，望日月罡斗知风雨，人咸目为海疆长城"。④ 大英图书馆藏道光刊本，顺德人袁永纶撰写的《张保仔投降新书》中绘有一幅插图，题曰《黄标公像》，是目前可见黄标率舟师作战的唯一画像，弥足珍贵。据笺注者萧国建、卜永坚考证，《张保仔投降新书》实是道光十七年（1837）《靖海氛记》的早期版本。该书正文把"黄标之死"与海盗兴起因果联系起来，与上引《磨盾记》"民失所依，而盗遂不可制"的逻辑如出一辙："是时，幸有王

---

① 强作生：《磨盾记》，卢坤、邓廷桢主编《广东海防汇览》卷四二《事纪四·国朝二》，第1047页。

② 《清史稿》卷三五〇《黄标列传》，第11261～11263页；昭梿：《啸亭杂录》卷七《黄标》，第214页。

③ 道光《广东通志》卷二九五《黄标传》，《续修四库全书·史部地理类》第675册，上海古籍出版社，1995年影印本，第182～183页。

④ 道光《香山县志》卷六《黄标传》，《广东历代方志集成·广州府部》，第507～508页。

标为帅，提督水师，屡败强寇，海内外赖以相安。自王标没后，则有红、黄、青、蓝、黑、白旗之伙，蜂起海面。"① 换言之，当时人们普遍认为，"黄标之死"是海盗问题愈演愈烈的关键，暗示黄标才是平海众望所归的人选。在这种情况下，上引《磨盾记》对黄标防海事迹的记载并非故作思古幽情的铺垫，反映的是当时民间流传广泛的历史记忆。只不过从《平海纪略》揄扬百龄的立言背景来说，若把黄标置于卷首，难免有喧宾夺主之嫌。

（二）海盗蹂躏通海诸县情形

前面说过，嘉庆十四年百龄实施封港令一度引发海盗内扰，招致时人和后人极多非议诟病。《磨盾记》于此同样毫无忌讳，着墨较多：

> 贼不得食，狂吃内窜。舟师寡众，势固不敌。斥堠更堡，调拨兵丁。贼至则匿，贼去则稍稍复集，虚施枪炮。炮台水栅，潮筑汐摧，其坚固者，贼反据之，否则悉被焚拆。故凡要害率不能收捍卫防堵功。广东通海诸县曰南、番、东、顺、香、新，素以饶富著者，蹂躏尤甚。而东莞之到窖村凌虐之酷，则又非笔墨所能罄述也。盗初劫到窖，乡勇肆击之。盗死伤者众，恨次骨。至是破其村，尽人虏缚之。老弱者杀不留。少壮者悉胁从贼。发其仓廪所储谷石，使妇女老丑者磨礲，其少艾行酒。于是缙绅耆老之呼吁于制府行台者，挝其鼓，自晨至暮声不绝。②

《磨盾记》对海盗劫掠细节的描述，等于说当局的地方防御系统未能发挥作用。此处对水师畏战的刻画，也可以和前一节援引的相关文献记载互相发明，足以说明时人的不满并非空穴来风。相比之下，经过温承志的润色，《平海纪略》删除了这些细节，先说封港令下"贼其能束手待毙哉，困兽犹斗，穷鹿走险，有必然者"，又指出"维时张保粮尽，劫掠无虚日，甚且亡

---

① 参见萧国建、卜永坚笺注《（清）袁永纶著〈靖海氛记〉笺注》，《田野与文献》2007年第46期。笔者按，此处引文"王标"应系黄标的音讹误写。

② 强作生：《磨盾记》，卢坤、邓廷桢主编《广东海防汇览》卷四二《事纪四·国朝二》，第1050页。

命内犯，蹂躏香山、东莞、顺德各县村落，幸公早设备，不致重创"，① 明显站在百龄的立场为他的封港政策辩护和掩饰。

（三）澳门葡人兵船参与出洋捕盗

自明中叶盘踞澳门之后，葡萄牙船队曾多次主动协助中国政府剿灭海盗，最早一次发生在嘉靖四十三年（1564）柘林叛兵围攻省城广州期间。② 这样做一方面固然是葡人的海上贸易受海盗滋扰，另一方面也是讨好地方当局的考虑。清代粤洋海盗问题产生初期，澳门葡人在乾隆五十八年六月就提出"置备洋船三只，出洋拿盗"，但当局认为"夷人出洋拿盗之处，须俟派有官兵，方可一同出洋，此刻断不可私自出洋拿贼，大干未便"。③ 嘉庆六年（1801）葡人通过香山知县许乃来禀请自愿预备二艘船舰，自办粮饷，随清朝水师出洋捕盗，亦遭谕饬不准，理由是"内地雄兵巨舰，雾集云屯，随处可以调遣"，"无庸尔夷劳动"。④ 随着全面剿捕行动展开，百龄于嘉庆十四年十月二十九日呈报"澳门西洋夷目派船跟同剿贼情形"，声称葡人"仰仗天朝兵威泄忿"，"自愿出力"，强调"现在师船壮盛，原无借区区夷兵之力"，但又向朝廷报告"夷巡船仍复在彼遥相哄击，毙贼多名"，证实葡人兵船参战。⑤ 与官文有所虚饰隐瞒不同，《磨盾记》则记载了当时百龄主动寻求"夷船""夷兵"协助剿灭海盗的困境：

> 制府乃谋赁夷船，配夷兵，以遏其势，与同官坐密室，促膝筹策。闻贼之在沙湾、茭塘、黄埔肆劫者，自三鼓至五鼓，炮声震几上茶瓯，

---

① 温承志：《平海纪略》。

② 参见汤开建《佛郎机助明剿灭海盗考》，《澳门开埠初期史研究》，中华书局，1999，第104~130页；陈贤波《柘林兵变与明代中后期广东的海防体制》，上海中国航海博物馆编《国家航海》第8辑，上海古籍出版社，2013，第1~19页。

③ 《澳官委员王为奉宪谕捕盗番船须与官兵一同出洋事下理事官谕（乾隆五十八年六月初六日，1793.7.13）》，刘芳辑，章文钦校《葡萄牙东波塔档案馆藏清代澳门中文档案汇编》上册，澳门基金会，1999，第475页。

④ 道光《香山县志》卷四《海防·附澳门》，《广东历代方志集成·广州府部》，第426页。

⑤ 《两广总督百龄等奏报住澳门西洋夷目派船跟同剿贼情形片》，中国第一历史档案馆、澳门基金会、暨南大学古籍研究所合编《明清时期澳门问题档案文献汇编》第1册，人民出版社，1999，第770页。

声琅琅然不绝，遂至咯血。①

海盗劫掠的沙湾、荩塘、黄埔是省城广州的近郊，可知谋求"夷船""夷兵"协助实际上是迫于海盗威胁省城的巨大压力做出的。上面文字虽仅寥寥几句，但声情并茂，极具画面感，刻画出百龄在危急关头的焦急情态，同样不见载于《平海纪略》。可以想见，若非作者身处权力中心，熟知筹策的政治内情，怎能在温承志授意撰文的情况下仅凭道听途说写出上述细节。

参之先行研究，《磨盾记》的上述记载应可采信。在剿捕海盗过程中，当局先后通过大班和幕僚寻求在粤的英国和葡萄牙军舰协助。起初百龄指令十三行商人邀英国海军参与海上巡逻。随后与葡萄牙人达成协议，后者装备了一支由6艘军舰、730名水手和118门火炮组成的船队参与联合作战，中方为此支付了8万两白银的舰船费用，"中外结盟"在剿灭海盗中发挥重要作用。②

（四）"大王公神"之建庙褒封

巨盗张保仔是粤洋海盗传奇人物，他的受抚是整个平海过程具有转折意义的事件。若仅据《平海纪略》所言，张保仔之所以最后乞降，完全是在"舟师追剿""剿贼甚急"的背景下发生的。③耐人寻味的是，《磨盾记》固然浓墨记载当局剿抚行动，但指出张保仔主动乞降乃大王公神显灵"附童子作呓语"直接促成：

> 张保仔艳郭学显之得官，又见蟹蚧养就抚不得降罚，亦痛自追悔。惟以负罪甚大，蓄惧怀疑，不自决。祷于大王公神，乃附童子作呓语，怵其早投诚，否将不利。保仔乃故为扬言曰："朝廷设我用，我岂不能似学显立功时耶。第恐不听我言，弗诺所请耳。"制府闻言，札刘大槐

---

① 强作生：《磨盾记》，卢坤、邓廷桢主编《广东海防汇览》卷四二《事纪四·国朝二》，第1050~1051页。

② 参见叶灵凤《张保仔与澳门》，收入叶灵凤《张保仔的传说和真相》，江西教育出版社，2013，第54~68页；〔美〕穆黛安《华南海盗（1790—1810）》，第137~143页；林延清《嘉庆朝借西方国家之力镇压广东海盗》，《南开学报》1989年第6期；汤开建、张中鹏《彭昭麟与乾嘉之际澳门海疆危机》，《中国边疆史地研究》2011年第1期。

③ 温承志：《平海纪略》。

往。归，具言保仔信神，言有愿服意。①

在平海功成之后，《磨盾记》于结尾处又补充了百龄奏请建庙拜祭大王公神并敕加"靖海之神"的盛事：

> 制府以张保来投，皆由大王公神默相使然，筑庙虎门，奏请褒封。天子下部议，颁春秋两祭仪注，赐其称曰"靖海之神"。②

产生于同一时期的文献资料，嘉庆二十三年东莞知县仲振履撰写的《虎门览胜》与《磨盾记》持同样的说法，说明时人认为神明信仰在平海过程中发挥重要作用，只不过此处记载下来的灵验现象与前面《磨盾记》"附童子作呓语"略有不同："初张保聚众肆劫，舟至九龙山，于绝壁下得神像一尊，奉置舟中，有祷必应，盗众崇信之，加以彩饰。十四年冬，保被围于大屿山，几就擒，炷香祷于神，忽燎神须，火光起数尺，保惊仆，乃决意投首。"③

历史上类似大王公神"神迹"的传说故事屡见不鲜，我们无从考究其知识来源和真实性。重要的是当局往往能够巧妙地借助民众的神明信仰加强国家统治。④"大王公神"是唐代以后敕封"广利圣王"的南海神的民间称呼，分布于广东沿海各地的南海神庙多有"大王庙"的别称。⑤在上引《磨盾记》的记载中，百龄一方面通过掌握海盗笃信神明的信息来推动招抚策

---

① 强作生：《磨盾记》，卢坤、邓廷桢主编《广东海防汇览》卷四二《事纪四·国朝二》，第1052页。

② 强作生：《磨盾记》，卢坤、邓廷桢主编《广东海防汇览》卷四二《事纪四·国朝二》，第1054页。

③ 仲振履：《虎门览胜》，暨南大学图书馆藏汉画轩抄本，刊布年代不详。据文末"嘉庆二十三年正月上灯日振履又识"推断，该书最迟成于嘉庆二十三年。仲振履，江苏泰州人，嘉庆二十一年署任东莞知县，有传，参见宣统《东莞县志》卷五一《宦绩略三·仲振履》，《广东历代方志集成·广州府部》，第565~566页。

④ 华琛（James L. Watson）对中国沿海天后崇拜的"标准化"过程研究，最能生动说明国家对神明信仰的干预和利用，影响深远，参见〔美〕詹姆斯·沃森（华琛）《神的标准化：在中国南方沿海地区对崇拜天后的鼓励（960—1960年）》，〔美〕韦思谛主编《中国大众宗教》，陈仲丹译，江苏人民出版社，2006，第57~92页。关于地方研究案例，可参见郑振满、陈春声主编《民间信仰与社会空间》，福建人民出版社，2005。

⑤ 王元林：《国家祭祀与海上丝绸之路遗迹——广州南海神庙研究》，中华书局，2006，第409~419页。

略，"制府闻言，札刘大榲往"；另一方面则在战事结束后高调建庙褒封，强化神明的威慑力。

地方文献对百龄在东莞县虎门山畔营建的靖海神庙记载详尽，一直到清末，由东莞县地方官定期拜祭靖海神庙的传统仍在延续。① 道光《广东通志》还节录了百龄请敕加封号的奏折：

> 窃查南海之神载在祀典，其庙立于番禺县治波罗江上，即韩愈文所谓扶胥之口、黄木之湾，而波罗江水所由出海者曰虎门，距庙尚遥，乃为今之中路海口，两山东隘，潮汐出入其中，商贾帆樯往来鳞集，奴才现在请设水师提督，即拟驻扎于此。至奴才上年奉命来粤之日，先诣虎门查看海道，讲求战防，曾经默祷于神，若得肃清洋面，愿于该处鼎建庙宇。嗣奴才收抚中东两路投诚人等，并皆于此受降，昨者大帮舟师剿捕西路之贼，风帆顺利，波涛不惊，得以迅达琼南，使乌石二等窜逃无及，舟师往返四千余里，为期才两月有余，海隅之民咸称神助。此实仰赖我皇上声威震叠，怀柔百神。是以波神效灵，如响斯应。允宜推广圣主秩望之意，增崇庙祀以答神庥。②

百龄禀请建庙的说辞，虽然重在趁此颂扬皇帝"声威震叠，怀柔百神"，但也点出"海隅之民咸称神助"，即剿抚海盗过程得到"神助"其实符合老百姓的认识。考虑到南海神早已纳入官方祀典，在海盗和沿海百姓中具有广泛的信仰基础，当局在虎门这个海防要塞高调"增崇庙祀"之举很可能是顺水推舟的政治手段，具有鲜明的文化象征性，于树立权威、安定人心和教化百姓均有深远意义。遗憾的是《平海纪略》侧重于轰轰烈烈的平海事功，于此润物无声的善后举措反倒视为枝蔓。

综而论之，由以上《平海纪略》和《磨盾记》的文本差异，我们大致可以看出，温承志对底稿的种种删改和安排，并非纯粹出于文字上删繁就简的即兴考虑，而是力图通过简化平海过程的复杂性，裁剪和抹除争议的环节，更好地凸显百龄的平海功业，神化百龄的名臣形象。这大

---

① 宣统《东莞县志》卷一八《祠庙》，《广东历代方志集成·广州府部》，第218页。
② 道光《广东通志》卷一四六《建置志·坛庙》，《续修四库全书·史部地理类》第672册，第253页。

概就是梁廷枏编纂《广东海防汇览》更加青睐《磨盾记》"据事直书"的客观原因。

四　百龄离任前后的纪念活动
与《平海纪略》之影响

不管《平海纪略》对《磨盾记》如何进行"修饰润色",如前所述,由于前书出自现任省级官员之手,最早勒石竖碑,当事人百龄又身居封疆大吏的高位,在当时来说无异于对百龄平海功业进行盖棺论定。在此之后,颂扬和纪念百龄平海的诗文题咏和画像相继结集面世,均可见《平海纪略》的传布对时人平海史事认知的影响。

嘉庆十五年十二月,浙江乌程人孙曾美将海内名流文士题咏百龄平海功业的诗文汇集成册,在广州刊刻《平海投赠集》。该诗集现有北京国家图书馆藏嘉庆十五年刻本,分上下两卷,线装二册,以前述百龄粤西凯旋途中所写八首平海纪事诗为卷首,共辑录四十六家一百多首唱和诗,其中也包括了温承志的诗文。

对孙曾美的生平和著述情况,我们知之不多,仅知其父孙梅官至广西太平府同知,有《四六丛话》《旧言堂集》存世。[①] 孙曾美本人亦曾于著名学者阮元(1764~1849)创办的杭州诂经精舍讲学。[②] 根据《平海投赠集》的跋文,孙曾美自嘉庆十一年三月"侍宫保菊溪先生入闽,由闽而吴,而燕,而齐鲁,未尝一日去左右,前年公奉命制两粤,复相随度岭而来",[③] 是百龄在各地为官的贴身幕僚。从检出的相关题咏来看,《平海纪略》碑文也随着《平海投赠集》在岭外士人的寄赠阅读中流传。一个明显例子是,著名士人法式善(1752~1813)嘉庆十六年为《平海投赠集》题诗,其中除了"妖氛三十年,煽烕连闽粤;书生一支笔,横空扫慧孛"等句盛赞百龄平海功业,又有"韩碑与柳雅,编辑付剞劂"一句最堪注意。[④] 此

①　阮元辑《两浙輶轩录》卷三一《孙梅》,《续修四库全书·集部总集类》第 1684 册,第 205 页。

②　孙星衍:《平津馆文稿》卷下《诂经精舍题名碑记》,《丛书集成续编》第 192 册,台北:新文丰出版公司,1985 年影印本,第 657 页。

③　孙曾美辑《平海投赠集·跋识》,北京国家图书馆藏嘉庆十五年十二月刻本。

④　法式善:《存素堂诗二集》卷六《菊溪尚书平海投赠集题后》,《清代诗文集汇编》第 435 册,上海古籍出版社,2010 年影印本,第 274 页。

句典出唐元和十二年（817）平定淮西吴元济叛乱后韩愈奉诏撰写的《平淮西碑》及柳宗元呈献朝廷的四言雅诗《平淮夷雅》，两者都是历史上称颂名臣功业的典范之作。法式善以诗文闻名一时，官至国子监祭酒，和百龄过从甚密，是较早获赠《平海投赠集》的读者之一。① 他此处的用典以"韩碑"和"柳雅"来分别指代《平海纪略》和《平海投赠集》，说明在勒石立碑之外，时人有关粤东平海的知识来源又有诗文题咏结集出版的形式。

嘉庆十六年春百龄"以病乞解任"，奉诏还朝，② 广东地方官员和士人掀起了颂扬纪念百龄平海功业的小高潮。当时著名的宫廷画家袁瑛受邀绘制了一幅手卷，③ 题名《平海还朝图》。这一珍贵画作长期鲜为世人所知，辗转出现在中国嘉德国际拍卖有限公司 2013 年 5 月 13 日春季拍卖会"中国古代书画"专场（北京国际饭店），原作设色纸本，画 31.5cm×233cm，约 6.6 平尺，跋 32cm×470cm，约 13.5 平尺，题识"袁瑛敬写"，引首隶书"平海还朝图"五个大字，落款"钱塘王灏敬书"。图卷又有签条"宫保百公平海还朝图，嘉庆辛未九秋伊秉绶谨题"。由此可以推断，《平海还朝图》至迟在嘉庆十六年（辛未）九月前绘制完成。适逢另一著名书画家、福建宁化人伊秉绶（1754~1815）重游粤东，故有此题签。④ 这就是说，《平海还朝图》在当事人迁转之后大半年时间里仍处在"创作"和"完善"之中，有别于一般意义上随赠离任官员的礼品，而是事后的追念感怀之作。

就图绘本身而言，《平海还朝图》借用数量庞大的景点和远长焦距方式呈现出送别百龄的宏阔历史场景，采用的是清代宫廷图绘常见的表现手法。⑤ 笔者粗略统算，全画出现的官员士人和民众不下 800 人，靠泊在岸及航行中的大小船只 130 多艘，配以层层叠叠的楼台房屋和蜿蜒交错的珠江河

① 关于法式善与百龄的交游，参见李淑岩《法式善诗学活动研究》，黑龙江大学出版社，2013，第 131~133 页。
② 《清仁宗实录》卷二三八，嘉庆十六年正月癸酉条，中华书局，2000 年影印本，第 216 页。
③ 袁瑛字近华，号二峰，江苏元和（今苏州）人，乾隆三十年（1765）膺李因培的荐举入宫担任画师，"供奉内廷者二十余年，极邀宠赉"，至乾隆五十年归隐乡里，存世画作较多。参见冯金伯《墨香居画识》卷七《袁瑛》，《清代传记丛刊·艺林类》第 7 册，台北：明文书局，1985 年影印本，第 309 页。
④ 伊秉绶重游粤东的行程，参见谭国平《伊秉绶年谱》，东方出版中心，2017，第 392 页。
⑤ 马雅贞：《皇苑图绘的新典范：康熙〈御制避暑山庄诗〉》，《故宫学术季刊》2014 年第 2 期，第 39~80 页。

道，不啻嘉庆年间广州城繁盛景象的生动再现。图卷正中是离粤的官船，百龄端坐在船首，目视岸上送行的人群，显示当事人即将还朝远去；珠江两岸则搭建出三处巨大的门楼牌坊，分别书写"青天平海""安粤平海""平海回朝"，官民沿着珠江河岸送别百龄船队，或载歌载舞，或焚香鸣炮，人头攒动，场面极其壮观。

《平海还朝图》图卷后纸附有7名广东地方官员和士人的题跋，落款时间在嘉庆十六年八月至十月。① 这些诗文部分仅见诸图卷，部分则收入题跋作者的个人诗文集，显示出当时有关百龄平海的历史记忆如何附着于图像传播开来，尤其值得重视。题跋作者群包括时任广东布政使、江西南城人曾燠（1759~1831）②、广东嘉应人叶兰成③、广东南海人谢兰生④（1760~1831）、广东番禺人邱先德⑤、曾官惠州知府伊秉绶⑥、广东番禺人刘彬华⑦（1771~1830）、广东番禺人陈昙⑧。其中，曾燠、谢兰生及陈昙的题序和题诗均可从现存各自的文集中检出，分别题为《百宫保平海还朝图序》⑨《宫保大司

① 图卷题跋仅三处有款署时间，分别是"嘉庆辛未（1811）八月曾燠谨序""时在辛未十月之朔，程乡后学叶兰成拜稿""辛未十月初，吉馆后学南海谢兰生"。

② 曾燠字庶蕃，一字宾谷，江西南城人，嘉庆十五年擢广东布政使，后官至贵州巡抚。参见缪荃孙编《续碑传集》卷二一《道光朝督抚一·曾燠》，《清代碑传合集》第4册，第686~687页。

③ 叶兰成字子信，一字秋岚，广东嘉应人，嘉庆九年（1804）举人，官至合浦县训导。著有《听泉小草》等。参见中山大学中国古文献研究所编《粤诗人汇传》，岭南美术出版社，2009，第1436页。

④ 谢兰生字佩士，广东南海人，嘉庆七年（1802）进士，改翰林院庶吉士，以亲老告归，不复出，参与修撰道光版《广东通志》，著有《常惺惺斋文集》等。参见《粤诗人汇传》，第1429~1430页。

⑤ 邱先德字滋畬，广东番禺人，乾隆五十二年进士，粤中大吏重其名德，嘉庆十四年至十八年（1809~1813）延主粤秀书院讲席，后又主讲徽州、韶阳、凤山、龙溪、禺山诸书院。参见同治《番禺县志》卷四五《列传十四·邱先德》，《广东历代方志集成·广州府部》，第563~564页；梁廷枏纂《粤秀书院志》卷一六《邱滋畬先生》，《中国历代书院志》第3册，江苏教育出版社，1995，第236~237页。

⑥ 伊秉绶字祖似，号墨卿，福建宁化人，乾隆五十四年进士，历官扬州知府、惠州知府、刑部主事等，以篆、隶老重清代，著有《留春草堂诗钞》等。参见钱仪吉纂《碑传集》卷一一〇《嘉庆朝守令下》，《清代碑传合集》第2册，第567页。

⑦ 刘彬华字藻林，一字朴石，广东番禺人，嘉庆六年进士，官至翰林院编修，编有《岭南群雅集》等。参见《粤诗人汇传》，第1418页。

⑧ 陈昙字仲卿，号海骚，广东番禺人，诸生，官至揭阳县教谕、澄海县训导，著有《海骚集》《邝斋师友集》等。参见《粤诗人汇传》，第1561页。

⑨ 曾燠：《赏雨茅屋外集·百宫保平海还朝图序》，《续修四库全书·集部别集类》第1484册，第234页。

寇菊溪先生还朝图序》①《题百菊溪宫保平海还朝图》，② 可供相互印证。

居首发起题跋的是时任广东布政使、江西南城人曾燠等一批在广州的高级官员和著名士人。曾燠领衔题序，他首先明言绘图是民间自发活动，"《平海还朝图》者，粤人为百公菊溪先生作也"，又强调了作者亲见民众送别百龄的盛况，"粤人送公，燠所亲见"，"民依依而执公裾，公絮絮而慰民语"。

曾燠的题序没有过多描述平海的细节，但他以"粤人曰"的口吻描述了百龄此前巡抚广东积累的巨大民望：

> 夫粤人患盗盖十余年，公来期月，遂获安堵。粤人曰：公尝巡抚广东，即多惠政，迁官之日，人各负一囊米塞其辕门，不知公从廨后射圃出也。③

只要稍稍对比《平海纪略》的相关内容就不难发现，上述曾燠的"粤人曰"其实是对碑文相关内容的节略："（百龄）去之日，民各负米一囊藩其门，公乃自廨后射圃出，故望其来如望慈父焉。"④ 曾燠在这里之所以用"粤人曰"的口吻来叙事，强调的是地方上口耳相传的历史记忆，彰显百龄在民众心目中"清官""良吏"的形象。历代史籍形塑地方良吏形象的书写常见类似的表述。⑤ 虽然我们无法断定民众负米堵塞衙门这一描述完全出于虚构，但有趣的是，百龄本人撰写的纪事诗回顾离任当日粤民送别挽留的情形，对此一更能凸显其民望声誉的重要情节却只字未提，仅仅轻描淡写提到"未妨单骑出城关"。清代著名诗人、广东番禺人张维屏（1780~1859）为此句作注："公去任之日，士民遮道。留至夜，公乘马出城。故有结语。"⑥ 可知在当事人的记忆中，士民盛情挽留百龄至夜晚，但尚不至于让他如此

① 谢兰生：《常惺惺斋文集·宫保大司寇菊溪先生还朝图序》，《清代稿钞本续编》第 64 册，广东人民出版社，2009，第 78~79 页。
② 陈昙：《海骚》卷四《题百菊溪宫保平海还朝图》，《北京师范大学图书馆藏稀见清人别集丛刊》第 16 册，第 72 页。
③ 曾燠：《赏雨茅屋外集·百宫保平海还朝图序》，《续修四库全书·集部别集类》第 1484 册，第 234 页。
④ 温承志：《平海纪略》。
⑤ 孙正军：《中古良吏书写的两种模式》，《历史研究》2014 年第 3 期。
⑥ 张维屏：《国朝诗人征略初编》卷四三《百龄》，《清代传记丛刊·学林类》第 29 册，第 493 页。

"狼狈"地从衙署后门"逃离"。

曾燠于嘉庆十五年擢广东布政使，协助百龄平海。百龄对他的评价不高，离任之后仍向幕僚包世臣（1775～1855）表达过对这个昔日下属的不满，认为在平海过程中，"委署支调，公常拘牵成案，以掣其肘"。① 但不管如何，曾燠在百龄还朝升迁之际对其平海功业的颂扬不遗余力。当日参与《平海还朝图》题跋的作者群实际上也正是他日常组织雅集吟咏的主要参与者，有叶兰成、谢兰生、邱先德、刘彬华、陈昙等本地书画家、诗人和学者，也包括了适逢九月重游粤东的伊秉绶。②

关于题跋背景，广东嘉应籍举人叶兰成的长序说得最为清楚：

> 右图为吾粤士大夫暨父老子弟感宫保尚书百公平荡海氛，惠我元元，寇平奉召为大司寇送行而绘也。……图成，请叙于方伯南城曾公。曾公命凡工诗者并于卷后题咏，以大公伐，又辱命兰："尔不可无辞！"兰顿首以谓："公之初平海氛也，观察温公实撰纪略，然披图者有未获睹记，将懵然不晓公之鸿施于粤与粤人感公至深之故。"愚不自揆，用诠次所闻者，泚笔记于卷后。③

由此可知，《平海还朝图》的相关题跋是在曾燠的组织发动下形成的，目的是"以大公伐"，垂示后世，说明这些题跋的立意与《平海纪略》并无太大差别。最堪注意之处是，由于受到曾燠的特别交代，叶兰成题写了一篇长序

---

① 包世臣（1775～1855）撰《曾抚部别传》附有一段按语："余客百文敏公两江节署，语次及粤东平海事。文敏谓：委署支调，公常拘牵成案，以掣其肘，颇衔公。文敏气焰逼人，举事多任意，同城官之将军、巡抚莫敢立异同。而公为其属，独能举方伯之职，是亦一节之可见者矣。"参见缪荃孙编《续碑传集》卷二一《道光朝督抚一·曾燠》引包世臣《曾抚部别传》，《清代碑传合集》第4册，第686～687页。

② 曾燠与题咏诸士人均有多次雅集的题咏，参见曾燠《赏雨茅屋诗集》卷九《与伊秉绶、邱先德、刘彬华、谢兰生、叶兰成、张维屏、江之纪、陈昙集光孝寺，谢兰生枉赠长句赋答并简诸君》，《续修四库全书·集部别集类》第1484册，第90页；伊秉绶《留春草堂诗抄》卷五《曾宾谷方伯招同人雅集光孝寺》，《清代诗文集汇编》第439册，第156页；陈昙《海骚》卷四《九月廿八日曾宾谷方伯招陪伊墨卿夫子、邱太守先德，刘编修彬华，谢吉士兰生，江文学之纪，叶兰成、张维屏二孝廉集光孝寺》，《北京师范大学图书馆藏稀见清人别集丛刊》第16册，第70页。伊秉绶于嘉庆十五年秋重游粤东，故《平海还朝图》的题签和题序都作于此时，参见谭国平《伊秉绶年谱》，第392页。

③ 中国嘉德国际拍卖有限公司编印《中国古代书画·中国嘉德2013春季拍卖会》，2013。

叙述平海事件的来龙去脉。叶兰成所谓"披图者有未获睹记，将懵然不晓公之鸿施于粤与粤人感公至深之故"的考量，使他最后选择"诠次所闻"，"记于卷后"，实际上几乎是把《平海纪略》记录的"历史"重述一遍附于《平海还朝图》之后，足见《平海纪略》在时人心目中的重要性。这样图史结合的方式，无疑为《平海纪略》在立碑和刊刻本之外又增加了新的传布渠道。

结　语

对嘉庆朝剿抚粤洋海盗史事，学界已有充分探讨，或鸟瞰事件发生发展的全局，或关注官府剿捕策略和具体海盗活动的细部，基本上集中在对剿抚海盗作为一个"历史事件"的考察，似乎已题无剩义。然而，战事结束后百龄的幕僚亲信和地方官员士人从碑文撰写、诗文结集和绘制图像等方面展开揄扬平海功成的一系列纪念活动及由此形成的相关文献记录，迄今尚鲜少进入研究者关注的视野。由此入手爬梳资料，适可以将相关研究推进到另一个层面，即从对历史事件本身的考察转向对史事的记录和历史记忆之探析，借以更清晰地勾勒出记忆、知识与政治权力之间丝缕般的关联。[①]

通过对嘉庆十五年温承志《平海纪略》的文本生成过程及其影响的上述讨论，可以发现，我们赖以了解清代嘉庆时期剿抚粤洋海盗事件过程的"常见材料"，虽然来自亲历者和知情人的即时观察，其内容却是经过层层筛选形成的。作为昔日门生和亲信下属，温承志对底稿《磨盾记》的删改润色，主要集中在已故水师将领黄标防海事迹、海盗蹂躏通海诸县惨状、澳门葡人兵船参与出洋捕盗及大王公神建庙褒封等四个议题上，崇颂百龄的立言动机一望而知。作者对相关史事的裁夺取舍，主要服务于凸显当事人政绩、神化其形象的需要，交杂着鲜明的评判立场和情感考量。由于《平海

---

① 从历史记忆角度研究海盗问题，在近年来有关"倭寇记忆"的研究中有较多发展，可资比对参照。参见李恭忠、李霞《倭寇记忆与中国海权观念的演进：从〈筹海图编〉到〈洋防辑要〉的考察》，《江海学刊》2007 年第 3 期；吴大昕《倭寇形象与嘉靖大倭寇：谈〈倭寇图卷〉、〈明人抗倭图〉与〈太平抗倭图〉》，（台北）《明代研究》第 16 期，2011 年；刘晓东《南明士人"日本乞师"叙事中的"倭寇"记忆》，《历史研究》2010 年第 5 期；刘晓东《〈虔台倭纂〉的形成：从"地方经验"到"共有记忆"》，《历史研究》2013 年第 1 期。

纪略》出于时任省级官员之手，最早勒石纪事，当事人又身为封疆大吏，备受朝廷褒崇，其书写的"历史"自然产生重要影响。从各级官员士人的诗文题咏和近年来出现在书画拍卖场的珍贵图卷中，均可见其形塑时人平海记忆的痕迹。此其一。

其二，相关的文献记录由于作者不同的身份立场和观察角度而呈现"横看成岭侧成峰"的视差和多重面相。由此形成文献内容的积叠和冲突，多维度地揭示出特定历史时期重大历史事件的外景和内情。正如已有研究所揭示，嘉庆十四至十五年百龄督粤期间洋面虽得以肃清，但过程曲折迂回且富有争议，事件"盖棺"却未必能真正"论定"。[①] 官方历史记录如《平海纪略》者出于直接参与筹策的温承志之手，当事人百龄尚在高位，自然要站在当局的立场对官方剿抚海盗策略进行辩护，对争议环节尽力回避、掩饰甚至刻意抹除，试图定向影响人们的平海记忆。但地方士人仍能巧妙地突破官方操纵的宣传渠道，保存关键信息，以与官方历史记录相抗衡。无论是强作生《磨盾记》的最初叙事，还是梁廷枏主纂《广东海防汇览》对《磨盾记》的录存和史事评论，都是颇耐人寻味的例证。

进一步说，无论形诸文字还是绘制图卷，对于平海功成的记录和纪念，实际上反映的是有清一代特有的政治文化传统，即通过对重要军事战争的刻画来宣扬帝国武功，渲染皇帝和名臣睿智谋略，包括竖碑、方略、褒封仪式和战勋图等形式。[②]《平海纪略》的命名，明显受到官方每遇军功奉旨纂辑"方略""纪略"的影响。[③] 笔者无意苛责其中存在的虚文饰词成分，但可以想见，揄扬平海功成的相关记录和纪念活动所形塑的历史记忆，实际上在各级官员士人中间产生了"粤海胥平"的假象，从而一定程度限制了当局对海防体制结构性问题和严峻海上威胁的认知，日后的教训是深刻而惨痛的。诚如穆黛安（Dian H. Murray）在《华南海盗（1790—1810）》的"结语"中所言："用传统方式镇压叛乱所取得的胜利，不但未能促使清政

---

① 陈贤波：《百龄与嘉庆十四年广东筹办海盗方略》，《华南师范大学学报》2017 年第 4 期。

② 相关研究，参见姚继荣《清代方略研究》，西苑出版社，2004；马雅贞《刻画战勋：清朝帝国武功的文化建构》，社会科学文献出版社，2016。

③ 清朝中央在军机处下特设方略馆，每遇军功或重要政事，"奉旨纂辑成书，纪其始末，或曰方略，或曰纪略"。参见《清会典》卷三《办理军机处·方略馆》，中华书局，1991，第 25 页。

府对其海防上的弱点有所醒悟，反而使之更加麻木；清朝官员不但未从其水师与海盗屡战屡败的结局中得到警示，反而只是满足于做表面上的改革文章，掩人耳目。"①

（执行编辑：王一娜）

---

① 〔美〕穆黛安：《华南海盗（1790—1810）》，第166页。

张人骏海权观辨析

——以二辰丸事件为中心

徐素琴[*]

摘　要： 1900 年，马汉"海权论"被译介到中国，"海权"这一新词汇很快就传播开来。"权"字本身的多义性，导致复合词"海权"在传播的过程中，从一开始就被赋予了不同的含义。对马汉"海权论"输入后的晚清"海权观"，学界多对当时报纸杂志的刊文进行分析和归纳，取得了很好的成果。但近代"海权"不仅是一种理论思想及相关的知识体系，也具有很强的实践性，处在中外交涉前沿的沿海地方官员和外务部朝官，在中外领海争端的外交实践中体现了怎样的"海权观"？本文通过辨析张人骏在"二辰丸事件"交涉中的"海权观"，认为其海权观的核心是保护领海主权及其延伸的海洋权利和权益，这种认识，有着实践经验的基础，是一种从历史实际出发的理解和认识。

关键词： 海权论　二辰丸事件　海域争端　张人骏

一　引言

美国历史学家、地缘政治理论学家与海军战略理论家阿尔弗雷德·赛

---

* 徐素琴，广东省社会科学院历史与孙中山研究所（海洋史研究中心）研究员。本文系国家社科基金中国历史研究院重大历史问题研究专项 2021 年度重大招标项目"明清至民国南海海疆经略与治理体系研究"（LSYZD21011）阶段性成果。

耶·马汉（Alfred Thayer Mahan）于 1890 年出版的《海权对历史的影响（1660—1783）》（*The Influence of Sea Power upon History，1660-1783*）一书，被认为是近代海权理论的奠基之作。① 该书出版后，在美国再版了 32 次，被几乎所有的欧洲国家翻译出版，并且也很快就传播到了日本。1900 年，该书被译介到中国。② 在传播的过程中，"海权"一词很快就成为"Sea Power"最广为接受的汉语对译。"海权"是一个由"海"和"权"组成的复合词。在古汉语中，"海"和"权"是两个能够独立表达不同意思的汉字，二者之间并无必然关联。从词源上看，"权"的初始语义为"秤锤"，是衡器的重要组成部分，并引申出"权衡""权势""权柄""权力""权利"等含义，晚清随着西方近代法学的传入，"权利"被用来对译英文的"right"，"权力"则对译英文的"power"。③ "权"字本身具多重含义，由"海"和"权"组成的复合词"海权"，导致了国人对"海权"的理解各不相同，对"海权"概念的定义也众说纷纭。这一现象已引起学界的关注和讨论。如黄娟通过分析晚清民国的报纸、杂志、时人诗文、信件等材料中对"海权"的记载，认为"海权"的内涵包括海洋权力（sea power）和海洋权利·（sea right）两方面，其萌生应在晚清，并且存在着名（概念）与实（内涵）合二为一的过程，即从"power"的角度拓展到"right"，从而逐渐使"海权"兼具权力和权利两层含义。④ 高月通过梳理清末民初的报刊，认为

① 关于马汉海权论的评介，可参见〔美〕A. T. 马汉《海权对历史的影响》，安常容、成忠勤译，解放军出版社，1998，"序"第 3～6 页；冯承柏、李元良《马汉的海上实力论》，《历史研究》1978 年第 2 期；倪乐雄《海权的昨天、今天和明天——读马汉〈海权对历史的影响〉》，《中国图书评论》2006 年第 8 期；邓碧波、孙爱平《马汉海权论的形成及其影响》，《军事历史》2008 年第 6 期；陈海宏《马汉和他的"海权论"》，《山东师范大学学报》2011 年第 5 期。

② 关于马汉海权论在中国的译介，可详参周益锋《"海权论"东渐及其影响》，《史学月刊》2006 年第 4 期；史春林《1900 年以来马汉海权论在中国的译介述评》，《边界与海洋研究》2019 年第 5 期。

③ 关于汉语"权利""权力"的语义在晚清的演变，参见李康宁《"权利"在中国的诞生、成长与成型——从语汇到观念和制度的历史进路》，《甘肃政法学院学报》2014 年第 1 期；童之伟《中文法学中的"权利"概念起源、传播和外延》，《中外法学》2021 年第 5 期。关于"权"字的本义，可参阅赵纪彬《释权——〈中国权说史略·绪论〉初稿》，赵纪彬著，李慎仪编《困知二录》，中华书局，1991，第 250～262 页。关于"海权"概念，参见史春林《20 世纪 90 年代以来关于海权概念与内涵研究述评》，《中国海洋大学学报》2007 年第 2 期；娄成武、王刚《海权、海洋权利与海洋权益概念辨析》，《中国海洋大学学报》2012 年第 5 期。

④ 黄娟：《中国近代"海权"概念的形成及演变探析》，《科学·经济·社会》2015 年第 2 期。

"海权"概念包含海军、制海权、领海、海洋经营权或海洋权益，还认为正是海权论传入中国的不系统性，导致国人对"海权"概念的理解并不一致，由此造成近代史料中"海权"概念的多种含义。① 马榕婕注意到近代报刊资料中的"海权"存在海军与渔权两种认识。② 娄成武、王刚从语言学的角度，认为清末民初"海权""海洋权力"并列的现象，主要是由于我国语言使用的特点，汉语在古代更提倡独字，而在近代乃至现代更多是习惯双字。这种语言使用的习惯很容易将"海洋权力"简化为"海权"，而缩译"sea power"造成了不必要的误解。③ 高玉霞、任东升以概念话语的引进、本土化和再输出为视角，追溯"sea power"的早期汉译和传播，梳理了公认度最高的汉语译名"海权"在中国的再概念化情况，并将之称为"海权概念"本土化。④ 江伟涛另辟蹊径，通过翔实考证，认为梁启超虽非中国接触马汉海权论的第一人，却第一个将马汉海权论的核心观点较为清晰、完整地介绍给国人，同时梁启超又将"海权"的内涵从"权力"向"权利"加以延伸。梁启超的介绍构成近代国人海权观念演变的起点，并形成传播效应，"海权"从此成为晚清近代中国报刊的一大热词。⑤

1908年2月5日（光绪三十四年正月初四），日本轮船二辰丸号为澳门广和店华商偷运枪支弹药，在澳门附近九洲洋海面卸货，被中国水师巡船及海关查获，船械被扣留，引起中日交涉。日本政府以战争相威胁，3月15日，清政府被迫接受日方提出的无条件释放二辰丸、鸣放礼炮谢罪等五项要求，以平息事端，是为"二辰丸事件"。由于澳葡当局声称二辰丸停泊之处是葡萄牙领海，又引起中葡领海之争，使二辰丸事件从中日商务纠纷的双边交涉衍变成包括中葡领海争端的多边交涉。对于二辰丸事件，学者们从不同角度进行了探讨。刘利民在其博士学位论文《中国近代领水主权问题研究》中，以二辰丸事件为个案，讨论了晚

---

① 高月：《近代中国海权思想浅析》，《浙江学刊》2013年第6期。
② 马榕婕：《近代国人对海权认知的历程——基于报刊资料为核心的考察》，《新西部》2020第17期。
③ 娄成武、王刚：《海权、海洋权利与海洋权益概念辨析》，《中国海洋大学学报》2012年第5期。
④ 高玉霞、任东升：《概念话语引进与再输出良性互动探究——以"sea power"为例》，《外语研究》2020年第5期。
⑤ 江伟涛：《中文"海权"起源考》，未刊稿。感谢广东省社会科学院海洋史研究中心江伟涛副研究员惠示其待刊新作。

清中国海关缉私权、领海管辖权及中国领海观念的产生等问题。① 曾荣通过对比档案和时人记载，厘清了二辰丸走私军火的买主是谁、中国最终是否对二辰丸进行了赔偿等问题。② 吴起以三井物产会社为中心，分析了二辰丸事件引起的抵制日货运动与日本企业的应对。③ 黄鸿钊注意到二辰丸事件是澳门勘界谈判的直接诱因。④ 许峰源利用大量外交档案进一步厘清了二辰丸事件的具体交涉过程，认为清政府虽然对日妥协，但在随后的军火禁运谈判中还是取得了积极的成果。⑤ 汤熙勇以 1908 年旧金山《中西日报》的报道为中心，探讨美国华文报纸处理二辰丸事件及抵制日货运动的态度。⑥ 日本学者菊池贵晴的《二辰丸事件中的抵制日货》和《二辰丸事件的经过和背景》，至今对于二辰丸事件的研究仍具十分重要的参考价值。⑦ 吉泽诚一郎从澳门附近的缉捕权、广东地区的军火走私与社会治安、革命派在华南的活动等方面，从地域因素考察二辰丸事件的发生与交涉。⑧ 新加坡学者吴龙云以大洋洲《东华报》为基本史料，探讨大洋洲华人 1908 年抵制日货运动的宣传与发展，分析大洋洲华人抵制日货的若干特点。⑨

张人骏是晚清重臣。在两广总督任内（光绪三十三年七月至宣统元年五月），张人骏在中英西江缉捕权之争、英国测量惠州海域、中日二辰丸事件、中葡澳门海域争端、收回东沙岛等重大对外交涉事件中表现出色，捍卫

① 刘利民：《中国近代领水主权问题研究》，博士学位论文，湖南大学，2004，第 321 ~ 340 页。

② 曾荣：《光绪末年日本"二辰丸"号商船私运军火案》，《历史档案》2018 年第 4 期。

③ 吴起：《1908 年的抵制日货运动与日本企业的应对——以三井物产会社为中心》，《世界历史》2021 年第 4 期。

④ 黄鸿钊：《清末澳门的勘界谈判》，《南京社会科学》1999 年第 12 期。关于"二辰丸事件"中的中葡交涉，少见专题研究。相关论述大多见于澳门史研究的论著中，如邓开颂、陆晓敏主编《粤港澳近代关系史》，广东人民出版社，1996；费成康《澳门：葡萄牙人逐步占领的历史回顾》，上海社会科学院出版社，2004；黄庆华《中葡关系史（1513—1999）》，黄山书社，2005；徐素琴：《晚清中葡澳门水界争端探微》，岳麓书社，2013。

⑤ 许峰源：《1908 年中日二辰丸案交涉始末》，《东吴历史学报》第 22 期，2009 年。

⑥ 汤熙勇：《美国华文报纸处理广东二辰丸案及抵制日货运动之态度——以 1908 年旧金山〈中西日报〉的报道为中心》，《辅仁历史学报》第 25 期，2010 年。

⑦ 本文关于菊池贵晴研究的评价，来自吴起、汤熙勇、许峰源、赵莹等学者。

⑧ 〔日〕吉泽诚一郎：《1908 年二辰丸事件及其历史背景》，黄贤强主编《文明抗争——近代中国与海外华人论集》，香港教育图书公司，2005，第 131 ~ 159 页。

⑨ 〔新加坡〕吴云龙：《澳洲华人与 1908 年抵制日货运动》，黄贤强主编《文明抗争——近代中国与海外华人论集》，第 223 ~ 243 页。

了国家主权。关于张人骏的专题研究不多。胡绳武评价张人骏“是一个对清王朝极为忠诚的正统的封建官僚”，并认为他是一个对新政持否定态度的保守派。① 李细珠认为张人骏虽根据清廷的部署按部就班推行新政，但其思想仍在传统政治思想范围内打转。② 赵莹分析了舆论对张人骏处理二辰丸事件的影响，认为张人骏能够在二辰丸事件中获得很高的声望，除了依靠他本人的执政手腕外，还有赖于舆论的宣传。③ 周鑫在其有关光绪三十三年（1907）发生的中葡关于澳门内港主权争端的研究中，涉及张人骏的海权认知。④ 此外，在有关清末民初中国维护南海主权的论著中，有不少涉及张人骏收复东沙岛、派军舰巡视西沙群岛的事迹。⑤

上述先行研究为本文提供了良好的学术基础。但既往关于晚清海权观的研究，多是通过分析当时报纸杂志的刊文来归纳时人的海权观；对二辰丸事件的研究，则由于近代日本对中国的巨大影响，更多关注的是事件中的中日交涉及随后发生的抵制日货运动，对事件中的中葡交涉则多见于澳门史研究的论著，缺乏专题研究；而有关张人骏的研究，主要集中于他在清末新政中的思想和行为，以及他对维护中国南海主权的贡献，均未专门讨论张人骏的海权观。

近代海权不仅是一种思想理论及相关的知识体系，也具有很强的实践性，处在中外交涉前沿的沿海地方官员和外务部朝官，在中外领海争端的外交实践中体现了怎样的“海权观”？本文拟通过辨析张人骏在二辰丸事件⑥

---

① 胡绳武：《序言》，张守中编《张人骏家书日记》，中国文史出版社，1993，第1~24页。

② 李细珠：《张人骏其人及其对新政的态度》，《河北广播电视大学学报》2012年第4期；《张人骏与江苏谘议局》，中国社会科学院近代史研究所政治史研究室、杭州师大浙江省民国浙江史研究中心编《中国社会科学论坛文集——政治精英与近代中国》，中国社会科学出版社，2013，第214~234页。

③ 赵莹：《清末舆论与地方督抚之互动——以中日“二辰丸”案与粤督张人骏为中心的考察》，第十二届“两岸三地历史学研究生论文发表会”会议论文，北京，2011年10月29日。

④ 周鑫：《光绪三十三年中葡澳门海界争端与晚清中国的“海权”认识》，李庆新主编《海洋史研究》第6辑，社会科学文献出版社，2014。笔者注：光绪三十三年的中葡澳门海界争端，是由澳门内港中国渔船的停泊以及渡船执照引起的，主要由署两广总督胡湘林处理。张人骏到任时，该事件已基本完结。

⑤ 如郭渊《晚清时期中国南海疆域研究》，黑龙江教育出版社，2010；张建斌《端方与东沙岛交涉——兼补〈西沙岛东沙岛成案汇编〉之不足》，《中国边疆史地研究》2017年第2期。

⑥ 汤熙勇认为，二辰丸事件有狭义和广义之分，狭义的，指广东水师船查扣二辰丸及其所引发之国际交涉事务，广义的，除了狭义的范围外，兼及抵制日货运动及其造成的直接与间接之影响。参见汤熙勇《美国华文报纸处理广东二辰丸案及抵制日货运动之态度——以1908年旧金山〈中心日报〉的报道为中心》，《辅仁历史学报》第25期，2010年。笔者认同这一观点。

及其引发的中葡澳门海域争端中体现的海权观，为晚清中国近代海权观提供一个个案研究。

二 二辰丸事件中的中葡海域争端

广东地方政府早在日本商船二辰丸航抵中国前，即已获悉其欲向澳门走私军火。[①] 由于清政府禁止民间私购外洋军火，而澳葡当局允许军火进口，不法奸商为牟取暴利，先将军火贩运入澳门，然后向内地走私，澳门继鸦片走私之后，又成为军火走私的重要基地。走私枪械绝大部分落入匪盗之手，造成广东地区土匪武装蜂起的局面，"粤中匪盗专恃枪械，得械则张，失械则伏，寻常毛瑟、拗兰短枪，值仅数元，购来资盗资匪，动值十余数十元不等，利市十倍，奸商设肆，倚澳门以为薮"。[②] 两广总督为抑制军火走私，多次与澳门总督或葡驻广州领事协商，均无成效。因此，张人骏获悉该消息后，即令广东水师提督李准派出官兵协同九龙关验货员驾水师兵轮宝璧号在澳门附近海域加紧巡逻。

光绪三十四年正月初四日（1908年2月5日）上午，二辰丸驶近澳门。由于澳门港湾严重淤塞，二辰丸吃水深无法入口，遂停泊于路环岛以东2海里半九洲洋海域，准备在此卸船起货。巡海的中国官兵上船查验，发现该船准备向来自澳门的驳船卸下既没有中国军火护照，也没有拱北海关准单的枪械，认定该船违禁起卸走私军火，日本船主无可置辩，遂对宝璧号巡船管带吴敬荣行贿以求释放，遭到严正拒绝后，不得不承认这是违法行为，表示愿意接受中国方面的处罚。按照"洋商私载军火及一切违禁货物"，应将"船货入官"的海关章程，第二天上午二辰丸即被中国水师兵船解往虎门。由于查验过程中"忽有澳门派来葡国兵船，势将恃强干涉"，中国水师巡弁为避免葡人干预，经与二辰丸船主商量，暂时将船上所悬日本国旗降下，换上

---

① 《日本国公使林权助携翻译高尾亨来署问答（光绪三十四年正月二十五日下午三钟）》，经莉编《国家图书馆藏清代孤本外交档案续编》第17册，全国图书馆文献微缩复制中心，2005，第7536页。"二辰丸"在中国档案中尚有"第二辰丸""大辰丸""大苏轮船二号""辰丸号""辰丸""大造丸第"等称呼。

② 《粤督张人骏致外部日船运械济匪若交涉失败则约章成废纸电》，王彦威纂辑，王亮编，王敬立校《清季外交史料》卷211，书目文献出版社，1987，第3233页。

大清国黄龙旗，待葡兵船驶离后，立即将黄龙旗收回。①

　　鸦片战争后，清政府对外交涉制度经历了从钦差大臣到五口通商大臣，再到总理衙门及南、北洋通商大臣的演变，其演变逻辑是中外交涉基于"防夷"思想在地方办理的原则。光绪二十七年（1901）外务部建立后，地方督抚仍有对外交涉的职责和权利。② 因此，二辰丸被扣后，张人骏原拟与日本驻广州领事交涉结案，但日本驻广州领事拒绝与广东地方政府交涉，并将事件加以饰词电告本国政府，"二辰丸事，我本欲和平办理。明知国事艰难，何必起衅强敌？故第一次照会止叙捕获情形，并无充公字样。欲俟日领陪话，即留械释船。而日领贪澳匪之贿，不敢来见。电告本国，架词耸听"。③ 张人骏遂于光绪三十四年正月初六日、初八日、初九日（1908年2月7日、9日、10日）连续致电外交部，汇报事件原委和查办经过，并请外交部"照知日使，转饬日领遵办"。④ 但外务部仍希望在地方交涉，于初八日致电张人骏："日商船私运军火，在华界面起卸，既经尊将船扣留，照章办理，本部毋庸照知日使。"⑤

　　不过日本拒绝把二辰丸事件局限在地方层面。正月十三日（2月14日），日本驻华公使林权助按本国政府训令，向清政府外务部发出强硬照会，抗议中国扣留二辰丸，要求清政府放船、道歉、惩官、赔偿。此后二辰丸事件主要由外务部与日本驻华公使进行交涉。在日本的强势压迫下，外务部被迫妥协，于二月十三日（3月15日）接受日本提出的所有条件。⑥ 本文主要讨论二辰丸事件中的澳门海域争端问题。

　　───────────────

① 《粤督张人骏致外部辰丸事请商日使照章会讯电》，王彦威纂辑，王亮编，王敬立校《清季外交史料》卷210，第3223页。

② 关于晚清中国外交制度的演变，参见〔日〕川岛真《中国近代外交的形成》，田建国译，田建华校，北京大学出版社，2012。

③ 张守中编《张人骏家书日记》，第113页。

④ 《外务部收粤督张人骏电（光绪三十四年正月初六日）》《外务部收粤督张人骏电（光绪三十四年正月初八日）》《外务部收粤督张人骏电（光绪三十四年正月初九日）》，经莉编《国家图书馆藏清代孤本外交档案续编》第17册，第7453~7460页。

⑤ 《外务部发两广总督电（光绪三十四年正月初九日）》，经莉编《国家图书馆藏清代孤本外交档案续编》第17册，第7461页。此后虽然主要在外务部与日本驻京公使之间交涉，但外务部一直没有放弃劝说日本公使把交涉交给日本驻广州领事和两广总督。

⑥ 关于"二辰丸事件"中的中日交涉，参见许峰源《1908年中日二辰丸案交涉始末》，《东吴历史学报》第22期，2009年12月；〔日〕吉泽诚一郎《1908年二辰丸事件及其历史背景》，黄贤强主编《文明抗争——近代中国与海外华人论集》，第131~159页；黄庆华：《中葡关系史（1513—1999）》中册，第882~894页。

日本最开始打算在领海问题上做文章。在日本公使2月14日致外务部的照会中，日方提出了二辰丸事件完全是中国的错误的三条理由：二辰丸停泊处是公海，不是中国领海；二辰丸运送的军火"曾经由该口葡官允准有案"，不是走私船，中国无权将其扣留；巡查员弁"撤去本国国旗，尤为狂暴"。日使还具体指出二辰丸停泊之处的经纬度为"东经一百一十三度三十八分二十秒、北纬二十二度九分四十五秒"。① 按照这一经纬度，二辰丸停泊点在路环以东3海里外，那么，根据当时国际法3海里领海的规定，则二辰丸抛锚的地方是公海而非中国领海，如此一来，就可证明中国无权扣留二辰丸。外务部接到日本公使照会，有些出乎意料和措手不及，次日即电询张人骏具体情况。② 正月二十四日（2月25日），外务部照会日本公使，根据张人骏提供的证据，指出二辰丸抛锚处是"经东一百一十三度三十七分三十秒、纬北二十二度八分十秒"，该处距路环岛东面2海里半，"经纬度证解系中国领海"。③日使公海说的证据被推翻，日方遂放弃"公海"论据，主要就二辰丸是合法运载军火到澳门，不是在中国领海走私武器，以及撤旗一事进行交涉。④

正当中日交涉胶着之际，葡萄牙又横生枝节。正月十七日（2月18日）代理葡萄牙驻京公使柏德罗照会清政府外务部，声称二辰丸是在葡萄牙领海喀罗湾（即路环）海域被扣留，"该船系装载枪支运卸澳门，该船被拿，有背葡国所领沿海权，并有碍葡国主权，阻害澳门商务"，要求清政府"即刻释放"该船。⑤ 正月二十四日，葡公使又到外务部进行交涉，声称"按照公法，领海地面以三海里为度。此次拘拿军火之处，系在澳门领海两海里半之内，其为澳门领海无疑"。⑥ 正月二十七日，葡公使再次照会外务部，进一

---

① 《日使林权助致外部辰丸被粤扣留奉令抗议希饬速放照会》，王彦威纂辑，王亮编，王敬立校《清季外交史料》卷210，第3222页。

② 《外务部发两广总督电（光绪三十四年正月十四日）》，经莉编《国家图书馆藏清代孤本外交档案续编》第17册，第7479~7482页。

③ 《外务部发日本国公使林照会（光绪三十四年正月二十四日）》，经莉编《国家图书馆藏清代孤本外交档案续编》第17册，第7515~7519页。

④ 《外部致张人骏日使是否相符希妥筹速复电》，王彦威纂辑，王亮编，王敬立校《清季外交史料》卷212，第3246页。

⑤ 《外务部收葡国公使柏照会（光绪三十四年正月十七日）》，经莉编《国家图书馆藏清代孤本外交档案续编》第17册，第7487~7488页。

⑥ 《署葡国公使柏德罗与外务部左侍郎联芳会晤问答》，中国第一历史档案馆、澳门基金会、暨南大学古籍研究所合编《明清时期澳门问题档案文献汇编》（四），人民出版社，1999，第47页。

步论证该处是葡领海面，"该轮船在北纬道二十二度八分十秒，英国中经东经道一百十三度三十八分十秒两道相交处被捕获，有书为凭，就系距喀罗湾岛两迈半远。喀罗湾岛系本国所属之岛，轮船被捕之处，就实在葡国所领海面，被捕之处距中国最近之地，有三迈半有余之远"。① 柏德罗还面见日本公使林权助，妄言二辰丸停泊处是葡萄牙"领海"，② 希图借助日本之力，争夺澳门海域的主权。

如此一来，二辰丸事件就由中日双边交涉变为中日、中葡多边交涉。面对复杂局势，外务部采取把二辰丸案与澳门界务分开办理的策略："澳界历年未定，葡使照会，先由本部驳回，自与辰丸案无涉，应分别办理，以免纠葛。"③

首先，在与日本的交涉中，一旦日本将二辰丸事件与澳门界务牵扯在一起，外务部均严正声明二辰丸案与澳门界务无涉。葡萄牙妄言二辰丸停泊处为葡国"领海"后，放弃了"公海"证据的日公使，捡起了"葡萄牙领海"的证据，2 月 28 日，日本公使在给外务部的照会中，先是威胁外务部"该处究属中国领水与否，尚难明定。若该处并非中国领水，则贵国水师强扣日轮之举动，不法尤甚。贵国所负之责任更动（引者注：原文如此，应为'重'）"，然后援引《中葡和好通商条约》和葡萄牙公使"该轮实在葡国领水"的谬言，表明"广东水师之举动，益见其不法"。④ 在外务部的驳斥下，日本公使不得不表示"该辰丸停泊处究竟属中属葡，日本亦不作为此案之主脑"。⑤ 与此同时，日本外务省亦跟随声称二辰丸停泊的海域是葡萄牙"领海"，清朝驻日公使李经芳严加驳斥，声明此案"与葡界并无牵

---

① 《收葡国署公使柏照会（光绪三十四年正月二十七日）》，经莉编《国家图书馆藏清代孤本外交档案续编》第 17 册，第 7555~7558 页。

② 《收日本国公使林照会（光绪三十四年正月二十七日）》，经莉编《国家图书馆藏清代孤本外交档案续编》第 17 册，第 7553 页。

③ 《外务部为澳界与二辰丸案应分别办理等事致两广总督张人骏电》，中国第一历史档案馆、澳门基金会、暨南大学古籍研究所合编《明清时期澳门问题档案文献汇编》（四），第 66 页。

④ 《收日本国公使林照会（光绪三十四年正月二十七日）》，经莉编《国家图书馆藏清代孤本外交档案续编》第 17 册，第 7551~7553 页。二十九日，日本公使再次照会外务部，除个别字句外，基本与二十七日照会相同，《收日本国公使林照会（光绪三十四年正月二十九日）》，经莉编《国家图书馆藏清代孤本外交档案续编》第 17 册，第 7559~7562 页。

⑤ 《收日本国公使林节略（光绪三十四年二月初七日）》，经莉编《国家图书馆藏清代孤本外交档案续编》第 17 册，第 7598 页。

涉"，二辰丸停泊处"是否中国领海，自有中葡两国约章可据，不能由日本武断"。① 二月初二日（3月4日），外务部向日本公使提出由英国海军将领公断的建议，日使不同意，并反将一军："假使中日两国请英提督公断该处海面究系属何国领辖，不能不一并查及，则葡国亦不能不使之干预，贵国可能愿意？"外务部大臣明确回应："公断是专断此案。领水是另一件事，不能使葡国干预同断，且葡国所主张者，全属无据，曾有照会来部声明，我们已经驳复。"② 日本认识到所谓的葡萄牙"领海权"不足以作为谈判的根据，此后的谈判主要围绕撤旗和二辰丸没有走私军火，中国水师无权缉捕两点上。

其次，对葡萄牙政府有关路环岛附近海面是葡有"领海"的妄言，外务部援引国际公法，依据张人骏提供的证据，多次进行批驳。综合外务部和张人骏的照会，要点有：①路环是中国领土，道光季年葡人非法侵占该岛西隅之地，但中国从未承认；②即以光绪十三年《中葡和好通商条约》言之，其所称现实情形不得改变一节，亦仅指路环西角一隅而言。而二辰丸的停泊处在路环东面，距葡占西隅之地相距甚远，其为中国领海无疑；③中国允准葡萄牙永居管理的只是葡人原租住地，并未允附近海面为公海。附近海面皆为中国所有，为粤省辖权所及，在澳门附近不存在所谓的"葡领海面"。

二月十一日（3月13日），日本公使前往外务部晤谈，并递交节略，提出道歉、赔偿等五项条件，其中第四款为"中国政府应声明，俟查核扣留第二辰丸实情，将应担其责之官员自行处置"。③ 二月十三日（3月15日），外务部致日使林权助节略，表示接受日本提出的条件以了结二辰丸案，并一一答复日本公使3月13日的节略，其中第四条特别增加"致在本国领海内"7个字："中国官吏为自保治安起见，致在本国领海内发生此次交涉，应由本政府查明此案实在情形，如有误会失当之官吏，由中国政府酌量核办。"④ 次日，外务部在告知张人骏二辰丸案已办结的电文中，专门解释了

① 《使日李家驹致外部辰丸事日外部不允会讯电》，王彦威纂辑，王亮编，王敬立校《清季外交史料》卷211，第3228页。
② 《日使林权助与那中堂等会商二辰丸语录》，王彦威纂辑，王亮编，王敬立校《清季外交史料》卷210，第3229页。
③ 《收日本国公使林节略（光绪三十四年二月十一日）》，经莉编《国家图书馆藏清代孤本外交档案续编》第17册，第7613页。
④ 《外部致林权助辰丸案贵政府愿和平办结足征顾念邦交节略》，王彦威纂辑，王亮编，王敬立校《清季外交史料》卷212，第3250页；《发日本国公使林节略（光绪三十四年二月十三日）》，经莉编《国家图书馆藏清代孤本外交档案续编》第17册，第7625页。

第四条的用意："查辰丸停泊之处，确系中国领海，已于致日使条件内声明，自与葡界并无牵涉，断不虑其籍口侵占。"① 二月十五日（3月17日），外务部收到日公使照会，除表示日本政府对外务部二月十三日节略"所报各节，蔑有异议，自可照允"外，还对外务部在第四条所加"致在中国领海内"表达了看法："再，贵部节略第四，有致本国领海内生此次交涉一句。查，断定二辰丸原泊之处系中国领海与否，非我交涉之目的，早经声明。此次和平商定，实与领海问题无涉，本国政府之所关系，不以此时断定此问题之争论为紧要。"② 此看法虽与外务部把二辰丸事件与澳门界务分开办理的策略相符合，但也隐含了二辰丸停泊的路环岛以东九州洋海域是争议海域之意，为免遗患，外务部于二月十七日（3月19日）照会日公使，郑重声明："至二辰丸原泊海面虽非此案交涉之目的，惟该处确系中国领海，自属毫无疑义。"③

葡萄牙欲借助二辰丸事件侵夺九州洋海域的企图落空，引起葡人不满，认为政府在处理二辰丸事件中过于软弱，未乘此机会将澳门周边岛屿及水域争为葡有，"所有向来争论未决之权利，本可乘此收取，而竟失此机会。……设使我国当时与日本同时用外交之法，向中国威迫恫吓，则不但捕获二辰丸之事可以得极佳之结果，则澳门一切大小权利亦可收得矣"。④ 澳门总督为此引咎辞职。⑤

三　张人骏海权观辨析

（一）近代海权论的传播

"海权"（Sea Power）是马汉海权论的核心概念，由其在《海权对历史的影响（1660—1783）》中提出。马汉在总结了近代西班牙、葡萄牙、

---

① 《外部致张人骏日船案领海与禁运均可办到宜速商结电》，王彦威纂辑，王亮编，王敬立校《清季外交史料》卷212，第3252页。

② 《收日本国公使林照会（光绪三十四年二月十五日）》，经莉编《国家图书馆藏清代孤本外交档案续编》第17册，第7634页。

③ 《发日本公使林照会（光绪三十四年二月十七日）》，经莉编《国家图书馆藏清代孤本外交档案续编》第17册，第7637页。

④ 《外务部收粤督张人骏函》，黄福庆等主编《澳门专档》（二），台北："中央研究院"近代史研究所，1993，第157页。这份函件后面附录了葡萄牙1908年12月1日《绘图日报》上有关二辰丸案件的报道。

⑤ 《澳门总督因二辰丸案辞职》，《沪报》1908年5月30日，第16版。

荷兰、英国、法国等国家的兴衰后，认为海权决定国家的兴衰，对世界历史有决定性影响。海权论认为产品、海运、殖民地是海权的三大环节；由海军和商船队组成的海上力量、殖民地与海上基地、海上交通线是海权的构成要素，地理位置、自然结构、领土范围、人口、民族特点、政府的特点和政策是海权发展的影响要素。①

在马汉的海权论被译介到中国前，"海权"一词已经出现。曾任清政府驻德公使的李凤苞于光绪十一年（1885）主持翻译的《海战新义》一书，系统阐释海军战略和海战理论等内容，目前学界认为中文"海权"一词最早即出现于该书，但该书未界定"海权"的内涵和外延。② 晚清著名思想家、翻译家严复的译著《原富》《法意》也多次出现"海权"一词。严复在他的译著中介绍了马汉的海权论，应是最早接触马汉海权理论的中国人。③ 1899 年《知新报》刊载《比较英国海权》一文，在比较了英国海运在世界海运中所占比例后，认为"自一千八百四十年以来，海权以英国为雄，沿至今日，天下海权，英国占其过半"。④ 但"海权"一词的广泛使用、传播是在马汉的海权论被译介到中国以后。

20 世纪初年，马汉的海权理论传入中国。其传播方式大致有两种。

一是直接翻译。晚清共有两次翻译。第一次是 1900 年 3 月至 4 月，译者是日本人剑潭钓徒，发表在由日本乙未会主办、在上海出版发行的中文月刊《亚东时报》第 20、21 期，第 20 期译名为《海上权力要素论》，21 期为《海上权力论：论地理有干系于海权》。不过这次只翻译到该书的第一章第一节"地理位置"。1909 年，中国留日海军学生创办的《海军》⑤ 杂志也刊

① 参见〔美〕A. T. 马汉《海权对历史的影响》，"前言""绪论""第一章"。
② 皮明勇：《海权论与清末海军建设理论》，《近代史研究》1994 年第 2 期。
③ 王荣国：《严复海权思想初探》，《厦门大学学报》2004 年第 3 期。笔者注：晚清出现许多以"权"为后缀的新词汇，既涉抽象概念如"主权""国权""民权""女权"等，也涉具体指向性概念如"路权""渔权""矿权"等。在严复的译著中，也多次出现"民权"等概念。由此或可推论，在语言学的层面上，"海权"一词不仅与"权"字的本义在晚清的嬗变有关，也与晚清外来词的构词规律有关。
④ 《比较英国海权》，《知新报》第 95 期，1899 年，第 19~20 页。
⑤ 《海军》创刊时间似乎有不同说法，一些学者在说到该杂志时均用 1910 年前后的模糊说法。根据上海图书馆编《中国近代期刊篇目汇录》第二卷（下册，上海人民出版社，1979，第 2664 页注），该刊创办于 1909 年 6 月，在日本东京出版，季刊，由留日海军学生所组织的海军编译社编辑和发行，有"论说""学术""历史""地理""海事新报""杂件""小说""文苑""图画"等栏目，停刊时间不详。根据《中国近代期刊篇目汇录》和"晚清期刊全文数据库（1833~1911）"，齐熙的译文刊登在《海军》第 1、2 期，1909 年，"学术"栏目。

载了马汉该书的汉文译文,题目是《海上权力之要素》,译者齐熙。《海军》杂志曾计划将该书全部译成汉文,不过遗憾的是,仅翻译到该书第一章第二节"自然结构",《海军》即因各种原因停刊,一共连载了 4 期。这两次翻译均是从日文版转译。

二是通过知识界的阐释、论述进行传播。笔者在"晚清期刊全文数据库(1833~1911)""晚清期刊全文数据库增辑(1833~1911)"输入"海权"进行检索,共有 54 篇题目含有"海权"一词的文章,涉及《华北杂志》《清议报》《济南报》《振华五日大事记》《游学译编》《大陆报》《南洋兵事杂志》《经济丛编》《外交报》《北洋官报》《四川官报》《新民丛报》《广益丛报》等 24 份刊物。这些文章的内容可粗略地分为三类:第一类是事件报道,如《振华五日大事记》对 1907 年澳门内港湾仔渔船事件的报道,将渔船、渡船的管辖权视为海权;① 《济南报》摘译的德国柏林关于俄在日俄战争已失海权的报道,将俄国海军的战败视为丧失海权。② 第二类是对国外海权状况的介绍,如《经济丛编》转载法国报纸消息,报道日本借国债大力扩充海军以张海权,③ 《清议报》刊登的《英俄法之海权》,介绍了英俄法海军船舰、兵力的对比,④ 这两篇文章均以海军力量为海权;1903 年《北洋官报》刊登的《世界海权》一文,介绍了 1902 年英国在世界海运中的占比,以海运能力为海权。⑤ 第三类是对海权的阐释和讨论,如1903 年梁启勋在《新民丛报》上发表《论太平洋海权及中国前途》一文,其核心观点是"所谓帝国主义者,语其实则商国主义也。而商业势力之消长,实与海上权力之兴败为缘。故欲伸国力于世界,必以争海权为第一义",极富远见地指出"太平洋海权问题,实为二十世纪第一大问题"。⑥《南洋兵事杂志》发表《筹复海军议》的长篇论说,文章的论述逻辑是,海权关系国家的富强,"有海权之国强,无海权之国弱。得海权之利者国富,失海权之利者国贫",中国负陆面海,有发展海权的地理优势,"倘早知重海以立,于海权竞争之时代,则出其无尽之藏以运输天下,揽东南之商权兵

---

① 《葡人以澳门至湾仔为占有之海权耶》,《振华五日大事记》第 22 期,1907 年,第 42~43 页。
② 《海权已失》,《济南报》第 102 期,1904 年,第 8 页。
③ 《竞争海权》,《经济丛编》第 19 期,1902 年,第 2 页。
④ 《英俄法之海权》,《清议报》第 45 期,1900 年,第 4125~4128 页。
⑤ 《世界海权》,《北洋官报》第 132 期,1903 年,第 17 页。
⑥ 梁启勋:《论太平洋海权及中国前途》,《新民丛报》汇编,1903 年,第 475、477 页。

柄，出而与各国争衡"，却由于不重海权，咸丰、同治之交开始建立海军时，"不慎厥初，鲜克善后"，致使中国海疆遭受巨大损害，优良军港（港口）尽为外国强租，因此必须重建海军以张海权。该文还提出了定经费、设管制、兴教育、立军港、讲制造五个重建海军的措施。① 此外，这个时期的报刊还刊载了不少国外海权评论文章的译文，如《外交报》刊发《论英宜注视德人之扩张海权》，② 《国风报》刊登译文《巴拿马运河与海权》，③ 等等。总体而言，第一类、第二类文章对海权的理解比较多样化，而第三类文章，大多是留学生或旅居外国的华侨撰写的论说，以及对国外海权评论文章的翻译，因此这些文章更接近马汉的海权思想。

虽然晚清中国国内对马汉海权论的译介总体而言较为零散，涉及内容有限，缺乏系统性，但通过对马汉海权论的译介与引进，中国思想界在一定程度上树立起了经略海洋的观念。④ 然而正如前文所说，近代海权不仅是一种理论思想及相关的知识体系，也具有很强的实践性。张人骏在处理二辰丸事件时的海权观，可以为观察近代海权理论思想在中外海洋交涉实践中的展现提供个案。

（二）张人骏海权观辨析

张人骏在出任两广总督之前，曾三次任官广东。第一次是光绪二十年（1894）十一月至光绪二十一年十二月，任广东按察使，颇得时任广东巡抚马丕瑶的赞赏。马氏曾上密疏推荐，称其"才明守洁，躁释矜平，镇静安详，事无不理，不求异于人，而风规自远"。⑤ 第二次是光绪二十一年十二月由按察使改任布政使，至二十四年七月调任山东布政使。在广东布政使任内，张人骏对闱姓承包制进行改革，"公款所入骤增数十万。在任二年，整纷剔蠹，库帑大盈"。⑥ 第三次是光绪二十九年九月至光绪三十一年六月任

---

① 《筹复海军议》，《南洋兵事杂志》第 38 期，1909 年，第 1~12 页。

② 《论英宜注视德人之扩张海权》，《外交报》第 7 卷第 21 期，1907 年。

③ 《巴拿马运河与海权》，《国风报》第 2 卷第 12 期，1911 年。

④ 史春林：《1900 年以来马汉海权论在中国的译介述评》，《边界与海洋研究》2019 年第 5 期，98 页。

⑤ 张守中：《先府君行述——张人骏生平资料的新发现》，《人物春秋》2014 年第 1 期，第 71 页。

⑥ 张守中：《先府君行述——张人骏生平资料的新发现》，《人物春秋》2014 年第 1 期，第 71 页。

广东巡抚，任内按照清廷指令，对粤海关监督任免制度进行改革，成绩颇著，"粤海辽阔，关弊最深，府君钩稽访察，不吴不扬，尽得其症结所在。视事三月，严剔中饱，化私为公，积弊尽祛，商悦民服，税饷每岁增收四十余万"。[①] 可见张人骏行政经验丰富，能力出众。

如前文所述，在晚清，作为封疆大吏的督抚负有办理对外交涉事务的职责。此外，光绪十二年六月，两广总督张之洞在总督衙门附近设立"办理洋务处"，以广东布政使、按察使、盐运使、督粮道为办理洋务处的"总办"，在此四司道之下，设专职人员办事，[②] 因此，布政使和按察使亦为晚清广东负有对外交涉职能的主要官员之一。故这三次任官广东，使张人骏对广东面向海洋、交涉繁难的省情有比较深刻的认识。光绪二十三年，张人骏主持编纂《广东舆地全图》。在该书的卷首序言中，张人骏对广东海疆地理空间及其产生的影响有这样一番阐述："粤东边海，为南洋首冲。西邻法越，近接港澳。蹈瑕抵隙，在在堪虞，慎固之，几间不容发。互市处所，城西而外，若潮州之汕头、廉州之北海、琼州之海口，沿边散布，敞我门庭。"[③] 正是对广东海疆地理空间能洞明利害，数年后在广东巡抚任内，张人骏对广东中西部沿海的行政建置进行了调整："府君以粤属钦州，边接越南，仅一直隶州知州，有事不可恃，虽历有大员统兵督防，而拨分势隔，仍不足资控制；又以粤省夙无漕运，屯卫六裁，督粮道俨同虚设，乃定疏与总督合请裁督粮道缺，改设廉钦兵备道一员，驻钦州；改雷琼道为琼崖道、高廉钦道为高雷阳道，改肇罗道为广肇罗道，移驻省城；各道所属州县量移改隶，得旨俞允。是举也，费不加益，而责明权专，其后钦廉用兵深得其力。"[④]

此外，在广东布政使任内，张人骏还向当时的两广总督建议设立"洋

① 张守中编《张人骏家书日记》，第 59 页；张守中：《先府君行述——张人骏生平资料的新发现》，《人物春秋》2014 年第 1 期，第 72 页。关于粤海关监督任免制度，参见陈国栋《清代前期的粤海关与十三行》第一章"粤海关监督的派遣"，广东人民出版社，2014。

② 吴义雄：《清末广东对外交涉体制之演变》，《学术研究》1997 年第 9 期，第 75 页。关于按察使与晚清对外交涉的关系，参见孙洪军、高廷爱《按察使与晚清省级外交机构的演化》，《江苏科技大学学报》2013 年第 1 期。

③ 张人骏编《广东舆地全图》卷首，"张人骏序"第 6 页上。有关此图的内容及编纂过程，参见周鑫《宣统元年石印本〈广东舆地全图〉之〈广东全省经纬度图〉考——晚清南海地图研究之一》，李庆新主编《海洋史研究》第 5 辑，社会科学文献出版社，2013。

④ 张守中：《先府君行述——张人骏生平资料的新发现》，《人物春秋》2014 年第 1 期，第 72 页。

务课吏局"，并拟写了《洋务课吏局章程》十一条。在章程开头，张人骏解释了设立洋务课吏局的必要性："本省广、潮、琼、廉及西江之三水县均为通商口埠。广州逼近港澳，钦州接壤越南，加以洋人游历，教士传教，洋商领单贸易，皆可直入内地，是交涉之事，几于无处蔑有，无时不办。举凡语言之问答，函牍之往返，自非深明约章，不能斟酌允当"，但粤省缺乏办理交涉的人才，因此，他建议从候补试用人员内选拔"心术端正，资性明敏，文理通顺，年在四十以下"的人进行涉外交涉能力的专门培训，以满足粤省日益繁重的对外交涉的需要。①

由此可知，光绪三十三年七月张人骏由河南巡抚调任两广总督时，他对广东的内政外交是心中有数的。张人骏到任后，上奏禀报接篆情形时，简要概述两广情势，涉外性被放在第一位："两广为交通华洋之地，总督有统属文武之权。况当新政繁兴，又值边隅不靖，粤汉路工开创规模甫具，经理尚待择人。钦廉匪势初平，余孽犹存，搜缉还须选将。他如兴学练兵，理财察吏，课工艺以宏商务，劝农桑以厚民生，凡此大端，尤关紧要。"②

两广对外交涉事务之繁重确如张人骏所料。张人骏是光绪三十三年八月十三日（1907年9月8日）到达广州的。③ 在他到达广州前的八月初九，外务部就给他发了一封函件，谈了与澳门有关的两件事，一是希望他派遣"熟悉洋务司道大员"前往澳门调查实在情形，以便确定护理两广总督胡湘林提出的与葡萄牙勘定澳门界址之事是否可行；二是有关湾仔渔船与渡船的争端，则由外务部根据胡湘林的意见"另案"核办。④ 八月十九日，即到任6天后，张人骏致电外务部：

> 澳门地方，界址久未划定，葡人日思占越。历年以来，如附近之青洲水面及大小横琴岛、洋船湾、十字门各处，私造兵房镫塔及编列门牌、勒缴地租等事，不一而足。虽经各前督迭与争论，而葡人侵占狡谋，迄未稍息。本年五月间，葡兵忽至澳门对海之湾孜（笔者注：即湾仔）华界，迫令大小渔船改泊澳界，并用火轮强行拖

---

① 《广东布政使张详请设立洋务课吏局章程》，《岭学报》第5期，1898年。
② 《两广总督张人骏奏接篆日期折》，《政治官报》光绪三十三年九月初十日补第十号。
③ 《两广总督张人骏奏接篆日期折》，《政治官报》光绪三十三年九月初十日补第十号。
④ 《外部发两广总督张人骏函》，黄福庆等主编《澳门专档》（二），第46~47页。

去。节由胡护督诘问葡领，并将办理情形录咨均部在案。乃葡领不认违约，竟谓湾孜海面之权全属澳门，其强词夺理，有意侵占，已可概见。查公法领海之权，各有限制，断无全归一国之理。此次葡人越界强拖渔船，并谓海权全属葡国，实属蔑视邦交，无理取闹。若澳门界址不早划定，则葡人侵越之事，更恐日多，将来交涉尤为棘手。拟请大部迅商葡使，彼此各派妥员来粤勘明澳门界址，早为划定，以杜侵占。①

这份电文首先归纳了湾仔渔船管辖权冲突前葡人对澳门周边中国岛域主权的侵犯事实，然后将湾仔渔船管辖权的冲突定义为"海权"争夺，最后从"海权"的角度说明勘定澳门界址事不宜迟。电文使用了"海面之权""领海之权""海权"三个词，仔细分析电文的内容和书写逻辑，可以体会到这几个词之间是有区别的："领海之权"偏重于"领海"，即按照当时的国际法，一国拥有的海域范围；"海面之权"偏重于"领海主权"，即一国对其领海及其资源具有的所有权及对其中人、物、事具有的管辖权；"海权"一词则具有语法结构导致的在表意上的模糊性，而兼有"领海"和"领海主权"之意，即"海权"既指"领海"，也指由"领海"延伸出的各项权利。张人骏认为，葡人认为澳门湾仔"海权"全属葡萄牙是违反国际法的，但鉴于葡人长期以来的"侵占狡谋"，唯有早日勘定澳门界址，才能保护中国的主权不受侵犯。以"海权"来表达"领海"或"领海主权"的做法，在数月后发生的二辰丸事件中得到延续。

在二辰丸事件中，张人骏发送外务部的函、电非常频密，尤其是电报。分析这些函、电，可以发现，从正月初四日捕获二辰丸，到二月十八日（3月20日）致电外务部陈明按协定释放二辰丸的情形这一段时间，由于日本先后以公海、葡国"领海"为依据来证明广东地方政府缉捕二辰丸是对日本权利的侵犯，葡萄牙也妄称二辰丸停泊海域是葡国"领海"，因此张人骏主要从国际法、海关章程、历史依据等赋予的"海权"来证明二辰丸停泊的九州洋海域是中国领海。

正月十八日（2月19日），张人骏致电外务部，用海关缉私权来证明九州洋海域是中国领海："（九州洋海面）距澳门甚远，该处为洋关缉私轮船

① 《外部收两广总督张人骏电》，黄福庆等主编《澳门专档》（二），第49页。

巡缉界内，葡使称为葡领海面，实属强词。"① 外务部随后在致葡萄牙公使的照会中，完全采纳了张人骏的观点："该处既经勘测，又为海关巡缉界内，自系中国领海，中国官员在领海内有巡缉私运之权，与葡国所领沿海权毫不相关。"②

正月二十六日（2 月 27 日），外务部致电张人骏，提出先释放二辰丸，只将枪械扣留商议的解决办法。张人骏遂派洋务委员魏瀚、温宗尧与日本驻广州领事会晤，转达外务部的意见。二月初一日（3 月 3 日），张人骏向外务部陈明此次会晤情况，更明确地将海关缉私权与领海联系起来：

> 彼仍坚持奉伊外部训令，只索放船，并所要求亦不通融，不特未允由船主结存海关待查，所运军火，亦不允起存，且谓当日该船停泊之处系属葡界。经魏道等面拆（斥），以当日辰丸停泊处所，我国海关缉私权所及，向来澳关贩运烟膏出口，在该处装载轮船，必须中国拱北关核给准单，关权所至，即我国领海铁证。况葡人驻澳，本无领海，界址尚未查定，何有葡界之说。③

这封电文还坚持中国政府"葡人无领海"的一贯原则。

中日交涉胶着时，外务部曾向海关总税务司赫德征询意见。赫德向外务部递交一份"条议二辰丸案办法节略"，罗列了 17 条意见，认为广东地方政府处置不当，因此，中国若想和平商办，应向日本道歉并赔偿。其中第 9 条是："又澳门既居洋界地位，则澳门前列之海面，即为通行之海，并非中国之水面。"④ 赫德提出的 17 条意见，大部分与海关章程有关，张人骏可能

---

① 《收粤督张人骏电（光绪三十四年正月十九日）》，经莉编《国家图书馆藏清代孤本外交档案续编》第 17 册，第 7497 页。笔者注：档案记录正月十九日外务部收到此电报，然电报末有"人骏。巧"，依照清末韵目代日的电报纪日方法，"巧"为正月十八日，对应公历为 2 月 19 日。又，引文内"洋关"指粤海洋关，第二次鸦片战争后，粤海关形成二元管理体制，粤海常关由粤海关监督管理，粤海洋关由外国税务司管理。

② 《外部发葡国公使柏德罗照会》，黄福庆等主编《澳门专档》（二），第 57 页。

③ 《两广总督张人骏为请与日使商明二辰丸案事致外务部电文》，中国第一历史档案馆、澳门基金会、暨南大学古籍研究所合编《明清时期澳门问题档案文献汇编》（四），第 53 页。

④ 《外部致张人骏税司赫德条议处置捕获日船办法电》，王彦威纂辑，王亮编，王敬立校《清季外交史料》卷 210，第 3226 页。

是认为粤省洋务处的洋务委员不熟悉海关章程，因此令粤海关税务司庆丕（P. H. King）[①] 对赫德的节略逐条进行签复，其中第九条的签复是，"中国虽允与澳门划界，未允前列海面为公海，且与葡原订章程声明，未划界前，悉须仍旧，是澳门前列之海，定系中国水面，实为粤省辖权所及"。[②] 这个答复显然也是从"海面之权"的角度来认定澳门周边海域是中国领海，但该答复也有不足和错误之处，即未明示中国关于葡萄牙无"澳门领海"的一贯原则，且当其时，中国并未允诺与葡萄牙会勘澳门界址。张人骏虽接受了粤海关税务司的签复，并于二月初一日将该签复通过电报发送给外务部，但显然对此并不满意。二月初三日（3月5日），张人骏致电外务部，开篇即云"辰丸案迭证以华洋官商论列之言，皆无不合，赫税司所持异议，不知何见云"，然后详细说明澳门的现状及其原为租借地的历史，以历史依据驳斥葡萄牙宣称拥有"澳门领海权"的妄言，最后直指如对日妥协，将危及中国领海：

> （澳门）本属租界，后因粤官漫不经心，致被任意占据，俨然视为属地。然于领海权初无所有也，又误于金登干分界之说，彼始占及十字门水面。然界址究未划定，且经声明，未定界前，仍照旧址，广东官商士民现在仍不明认。即今澳门鸦片膏出口，盘上商船，亦需拱北关核给凭照，况枪支枪码进口乎。若因此案遂并九洲洋而认为彼界，将广州所属各口岸东扼香港，西扼澳门，中国反无领海矣。[③]

张人骏还直言此案交涉若失败，则中国"从此于各国商轮私运军火无敢过问，国权浸失"，[④] 将领海管辖权与国家主权相联。

二月初七日（3月9日），日本公使向外务部递交一份节略，先援用葡萄牙驻京公使"九洲洋海面中国海关缉私权是葡国许可，不能以此作为该处海面属于中国"的说法，然后表示："该辰丸停泊处究竟属中属葡，日本

---

① 张人骏电文只写"粤关税司"，笔者依据孙修福编译《中国近代海关高级职员年表》（中国海关出版社，2004，第106页）补全该税务司中英文姓名。

② 《粤督张人骏致外部条复赫税司论日船事祈核示电》，王彦威纂辑，王亮编，王敬立校《清季外交史料》卷210，第3231页。

③ 《两广总督张人骏为二辰丸案事关大局请设法维持事致外务部电文》，中国第一历史档案馆、澳门基金会、暨南大学古籍研究所合编《明清时期澳门问题档案文献汇编》（四），第61页。

④ 《两广总督张人骏为二辰丸案事关大局请设法维持事致外务部电文》，中国第一历史档案馆、澳门基金会、暨南大学古籍研究所合编《明清时期澳门问题档案文献汇编》（四），第61页。

亦不作为此案之主脑。"① 二月初八日（3月10日），外务部在致张人骏的电文中，将日使节略原文转述。② 二月十一日（3月13日），张人骏致电外务部，详驳日使节略：

> 澳门本为租界，葡人即欲视为属地，当以两国派员划定界限，立约签押之日，方足为据。自一八八七年以后及界未划定之前，葡国擅自占据之处，均不能作准，中国海关更无可任意将中国领海让送之权。所称海关声言葡国拿获沙船之处系葡领水之说，其不足为凭，不辨自明。是葡国岂能在中国并未让与之领水界内认有主权，与他国私相授受，违碍中国条约禁令。日使既称辰丸停泊私图起卸军火之水面管辖权，不作为此案主脑，与之多论，固属无谓。③

电文中提到的"海关声言葡国拿获沙船之处系葡领水"一事，指的是光绪二十五年（1899）澳门当局在九洲洋非法拘捕中国船只，拱北海关外籍税务司处置不当，致留口实，张人骏所说中国海关无将中国领海让送之权，也是针对此事。这封电文有两点值得注意，一是张人骏继续运用历史依据和中葡条约说明葡萄牙无领海；二是张人骏将日使"该辰丸停泊处究竟属中属葡，日本亦不作为此案之主脑"的表述，改为"辰丸停泊私图起卸军火之水面管辖权，不作为此案主脑"，很明显，日使节略指的是"领海"，而张人骏更关注的是"领海主权"。

二辰丸事件交涉结束后，澳葡当局立即开始侵犯中国领海：将设于澳门内港中心用来系船的浮标移到湾仔岸边，以示湾仔海面均为葡属；派遣巡河小轮两艘、舢板四艘，终日在内港梭巡，凡有船只来往，均归其约束，中国水师兵船前往，也要受其稽查，并指定湾泊处所；阻碍中国兵船航行内港并停泊银坑水面；在氹仔岛、鸡颈山外海面设置浮标；等等。不一而足。张人骏一面照会葡萄牙驻广州领事表示抗议，并请外务部照会葡驻京公使进行抗

① 《收日本国公使林节略（光绪三十四年二月初七日）》，经莉编《国家图书馆藏清代孤本外交档案续编》第17册，第7598页。
② 《外务部为请详查二辰丸案据以备驳辩事致两广总督张人骏电文》，中国第一历史档案馆、澳门基金会、暨南大学古籍研究所合编《明清时期澳门问题档案文献汇编》（四），第71页。
③ 《两广总督张人骏为详驳日使节略各款事致外务部电文》，中国第一历史档案馆、澳门基金会、暨南大学古籍研究所合编《明清时期澳门问题档案文献汇编》（四），第77页。

议，一面加强粤澳边界的防务，在关闸以内吉奢、湾仔、银坑、横琴等地增派军队，饬令前山同知派遣巡船加强对湾仔、银坑海面的巡缉防守，要求巡河官弁拒绝葡人的无理稽查。澳葡当局指责中国增兵湾仔、前山等地是"置兵澳境"，葡驻京公使多次照会外务部，要求中国撤兵撤舰。张人骏多次致电外务部，从"海权"的角度反对撤兵撤舰：

> 自九龙属英租界，东道已梗，澳门葡若再任侵占，西路又格，粤中领海势将尽失主权。①

> 葡人争界，关系海权，彼日进，则我日退……二辰丸案出，更欲借日人狡卸私运军火、争执泊界之便，实行其侵占中国领海之志……失此不争，粤中门户尽去，势将无以立省……总之，约章只许澳门有属地，未许澳门有属海，彼岂能觊觎华海环澳之湾仔、青角、横琴、过路冈、鸡头山各岛地及其水面。②

> 案查澳门界务，葡人侵占之渐，启于咸、同军兴未遑兼顾之时。近数十年，该处商务不振，地僻于西，又非航路冲途，当事者类以瓯脱置之。而彼益肆其无厌，几于环澳各岛，尽归掌握，骎骎欲操九洲一带海权矣。港界扩于东，澳界再拓乎西，粤省门户将无领海。③

上面三条电文均提到若失去澳门海权，粤中门户将无领海。这与广东的海防地理空间格局密切相关。明清时期广东海防分东、中、西三路，"嘉靖中，倭寇闽浙，滋漫亦及于广东，议者谓广东海防当分三路。三路者，左为惠、潮，右为高、雷、廉，而广州居中"。④ 至道光时仍分为三路，"粤海三路说昉明，东指惠、潮，中属广州，肇、高、雷、廉、琼五管毗连，并居西境"。⑤ 晚清张之洞则将海南岛单列出来，分为中路广州省防、东路潮防、

---

① 《两广总督张人骏为查明澳门华界各岛扎营地并非新设事致外务部电文》，中国第一历史档案馆、澳门基金会、暨南大学古籍研究所合编《明清时期澳门问题档案文献汇编》（四），第 117 页。

② 《两广总督张人骏为葡有属地而无领海派员驻扎旧址庶几日后划界不致损失致外务部电》，黄福庆等主编《澳门专档》（三），第 367 页。

③ 《外务部收两广总督张人骏电》，黄福庆等主编《澳门专档》（一），第 505 页。

④ 顾祖禹：《读史方舆纪要》第 9 册卷 100《广东方舆纪要》，中华书局，2005，第 4578～4579 页。

⑤ 卢坤、邓廷桢主编《广东海防汇览》卷首，王宏斌等点校，河北人民出版社，2009，"凡例"第 1 页。

西路廉防、南路琼防，而广州省防"东出香港，西连澳门，界乎其中则九龙寨，汲水门、大屿山、十字门在焉"。① 香港、澳门分居珠江东、西出海口，从海上交通来看，"香港、澳门一带，为粤省海道之咽喉。澳门附近之马骝洲一厂，乃粤省赴高、廉、雷、琼四府海道必由之路。香港附近之汲水门、九龙、佛头洲、长洲四厂，粤省东赴惠、潮两府，及由香港赴澳门海道、陆行必由之路"。② 职是之故，张人骏对澳门周边的防守，自张之洞后逐渐废弛的状况"夙夜焦思，不寒而栗"，③ 忧心如焚之下，迅速增兵调舰，以保中国海权不失。

综上所述，张人骏海权观的核心是保护领海主权及其延伸的海洋权利和权益，这与马汉海权论的核心思想相去甚远。其实，那一时代许多中国官员都是从"领海""领海主权"这个角度来使用"海权"这一概念的。光绪三十四年十二月十八日（1909 年 1 月 9 日），外务部委派驻法国公使刘式训前往葡萄牙商谈澳门勘界事宜。宣统元年二月初三日（1909 年 2 月 22 日），刘式训在函告外务部商谈情况时，从国际法的角度谈到"海权"的问题："葡人勘界，意在争领海权。凡让人占据管理之地，是否与割地无异，并应否给与领海权，此公法问题二也。弟思奥国占据并管理土尔其之保士尼亚及黑次戈温二省历三十年，而复有通告收入版图之举，是占据管理显与割地有别，如葡国将来争领海权，似可据此成案以驳之。"④ 十多天后，他在另一封致外务部的函件中，把"领海权"简化为"海权"："又查葡欲勘界萌芽于二辰丸之案，意在争索海权。"⑤ 宣统元年十月中葡勘界谈判无果而终后，外务部把谈判失败的根本原因归结于中葡双方都不肯放弃海权："粤人所注意者在海权，葡人所注意者亦在海权，是则海权实为彼此必争之点，彼既断不能不切以要求，我亦断不能轻以放弃。通融办法，只有两端：一公管河海，一合办警务。"⑥ 这段话的"海权"，其义为"领海主权"。需略微一提的是，民间士绅也多有从"领海"角度来理解"海权"的。二辰丸事件期

---

① 张之洞：《广东海图说》，台北：广文书局，1969，第 1~6 页。

② 《总署收两广总督张之洞函》，黄福庆等主编《澳门专档》（一），第 231 页。

③ 《两广总督张人骏为葡有属地而无领海派员驻扎旧址庶几日后划界不致损失致外务部电》，黄福庆等主编《澳门专档》（三），第 367 页。

④ 《外务部收驻法大臣刘式训赴葡情形函》，黄福庆等主编《澳门专档》（二），第 141 页。

⑤ 《外务部收驻法大臣刘式训告与葡外部续议各节函》，黄福庆等主编《澳门专档》（二），第 146 页。

⑥ 《外务部拟澳门勘界办法》，黄福庆等主编《澳门专档》（三），第 527 页。

间，广东士绅闻知外务部有屈服日本之意，189 人联名上书张人骏表达意见，中有"据公法家言，海权不一其说，然必于领海尽限外若干里，始有公海"。① 勘界谈判期间，中葡界务研究社向军机处、外务部、民政部递送禀文，揭露葡人侵犯澳门海权之心："葡人要索，除澳门旧界半岛内属地数处外，远及对面山、大小横琴、九洲诸岛，内而澳门海湾，外而海权数里，均在囊括之列，此而可让，我粤之门户何存？"② 此种理解，当有其深刻历史背景。马汉的海权论传入中国时，中国刚刚经历了甲午中日海战的失败，北洋水师全军覆没。战后，西方列强乘机掀起了瓜分中国的狂潮，采取各种手段纷纷强租优良港湾，中国正面临严重海疆危机，保护领海主权不受侵犯是当务之急。

余　论

本文通过辨析张人骏在二辰丸事件交涉中的海权观，认为其海权观的核心是保护领海主权及其延伸的海洋权利和权益，这种认识，有着实践经验的基础，是一种从历史实际出发的理解和认识。此外，当时许多官员和士绅也是从这个角度对海权进行理解和认知的。

很显然，张人骏对海权的理解和认知，与马汉"海权涉及了有益于使一个民族依靠海洋或利用海洋强大起来的所有事情"③ 的思想和理论体系相去甚远。然则，张人骏的海权观是如何形成的？与晚清海权观的传播有无关联？本文最后拟对此略做探究。由于缺乏直接材料，只能做大致的推论。

报刊或许是张人骏海权观形成的主要途径之一。张人骏对报刊的心态很复杂，一方面深怀顾忌，另一方面又很重视从报刊中获取相关信息。赵尔巽是清末新政的积极推动者，张人骏却认为他脱离实际，盲目冒进，原因是

---

① 《两广总督张人骏为转陈粤绅邓华熙等办理二辰丸案管见事致外部电文》，中国第一历史档案馆、澳门基金会、暨南大学古籍研究所合编《明清时期澳门问题档案文献汇编》（四），第 82 页。

② 《中葡界务研究社陈席儒等为沥陈勘界愤虑所及事致民政部等禀文》，中国第一历史档案馆、澳门基金会、暨南大学古籍研究所合编《明清时期澳门问题档案文献汇编》（四），第 406 页。

③ 〔美〕A. T. 马汉：《海权对历史的影响》，第 1 页。

"报毒太深，求新过甚"。① 他还曾这样评价报刊："报馆昌言，肆无忌惮。但有一人以一纸交之，不独刊登报章，且复力肆诋毁。"② 虽然张人骏对报刊有很负面的评价，但仍非常重视报刊的言论和信息。光绪三十年（1904），张人骏长子、户部郎中张允言奉命与军机大臣徐世昌、礼部铸印司员外郎陈璧等人筹设户部银行，对户部拟定的银行试办章程，当时的中外报刊多有评论，其中不乏讥评，张人骏在致其子的家书中，要求他"设法购阅，亦可借以自警"。③ 张人骏是有读报习惯的，在他的家书中，不时提到他从报刊得来的消息。④ 在二辰丸事件的交涉中，张人骏也非常重视从国内外报刊获取相关证据。如在光绪三十四年二月初八日（1908 年 3 月 10 日）给外务部的电文中，张人骏陈明华洋各报都刊登了二辰丸船主给日本神户辰马商会的报告书，该报告书显示，二辰丸所载军火的货主曾致函船主，称二辰丸吃水深，无法停泊澳门港口，要求其在中国海面停泊。张人骏认为此份报告书"尤为欲在华界起卸军火的铁证"，因此特别将"华洋报所载船主报告书录呈钧核"，⑤ 二月十三日（3 月 15 日），又归纳日本国内关于此案的报刊言论发送给外务部。⑥ 宣统元年二月二十三日（1909 年 3 月 14 日），张人骏一天内给外务部发了两封函件，每封函件后均附有多条刊载澳门问题的葡国报刊的言论。⑦

1900 年马汉的海权论被译介到中国后，"海权"一词很快就频繁见诸报端，此在前文已述。张人骏光绪三十三年八月十三日（1907 年 9 月 8 日）到任两广总督时，中葡关于湾仔渔船停泊和渡船执照的争端已发生数月，报刊多有报道和评论，有些直接以"海权"为题，如《振华五日大事记》以

---

① 张守中编《张人骏家书日记》，第 51 页。
② 张守中编《张人骏家书日记》，第 44 页。
③ 张守中编《张人骏家书日记》，第 44 页。
④ 张守中编《张人骏家书日记》，第 48~49、93、96、98、115、121 页。
⑤ 《两广总督张人骏为钞呈华洋报所载日轮船主报告书事致外务部电文》，中国第一历史档案馆、澳门基金会、暨南大学古籍研究所合编《明清时期澳门问题档案文献汇编》（四），第 73 页。
⑥ 《两广总督张人骏为据东洋密电日人屈于公论渐就和平乞始终坚持事致外务部电文》，中国第一历史档案馆、澳门基金会、暨南大学古籍研究所合编《明清时期澳门问题档案文献汇编》（四），第 85 页。
⑦ 《外部收粤督张人骏函》《外部收两广总督张人骏函》，黄福庆等主编《澳门专档》（二），第 152~169 页。

《葡人以澳门至湾仔为占有之海权耶》为题的报道，[①]《外交报》以《力争海权》为题的报道，[②]《关陇》以《会议澳门海权问题》的报道，[③]《吉林官报》以《葡人侵夺澳门海权》为题的报道。[④] 二辰丸事件发生后，中外报刊的报道更多，虽然大部分关注的是中日交涉，但仍有关于中葡澳门领海争端的报道。因此，我们推论，报刊是张人骏获得"海权"概念和知识的途径，当不至为妄论。

与洋务委员等下属的互动或许是张人骏海权观形成的另一个途径。张人骏非常重视外交人才，在其任广东布政使时，曾建议设立"洋务课吏局"，培养谙熟国际法、中外条约的外交人才。他赴任两广总督时，带两人一同前来，"温姚实皆可用之才，故挈之来粤……温于应付外交，姚之办理文案，粤中官场尚无其敌"。[⑤] 引文中的"温"即温宗尧。

温宗尧（1876～1946），字钦甫，广东新宁（今台山）人，光绪八年（1882）入香港官立中央书院就读，毕业后留学美国，回国后曾任北洋大学堂教习、香港皇仁书院（前身即香港官立中央书院）英文教员。光绪二十四年入天津海关道办理对外交涉。光绪三十年，任英藏订约副大臣，随全权大臣唐绍仪赴印度。[⑥] 光绪三十二年，入广东洋务处任洋务委员。光绪三十四年六月，因外交才干调任驻藏帮办大臣。温宗尧是张人骏对外交涉的极重要助手，其调任离粤，令张人骏极为不满，甚至成为他请辞两广总督的重要原因："温钦甫办理交涉颇为得力，今忽为赵次山窃取而去。虽调严璩，究未经大事，不知能及温否。其余意中尚无可调之人。澳门画界事，不久必办，如何敷衍？广东若无能办交涉之人，无事不棘手，断难再在此久做也。""严伯玉已到，人绝秀挺，惟老练恐不如温宗尧耳。政府之不谅我如此，离粤之念愈固结矣。"[⑦] 张人骏显然对新任洋务委员严璩不够满意，在严到任两个多月后，于家书中说："粤东事太繁而少好帮手，事事须亲裁，加以洋务丛杂，而温钦甫为赵次山所夺，又添出无数忙事，实觉精力

---

① 《葡人以澳门至湾仔为占有之海权耶》，《振华五日大事记》第 22 期，1907 年，第 42～43 页。
② 《力争海权》，《外交报》第 7 卷第 19 期，1907 年，第 7 页。
③ 《会议澳门海权问题》，《关陇》第 1 期，1908 年，第 157～158 页。
④ 《葡人侵夺澳门海权》，《吉林官报》第 13 期，1907 年，第 10 页。
⑤ 张守中编《张人骏家书日记》，第 105 页。
⑥ 刘绍唐主编《民国人物小传》第 8 册，上海三联书店，2015，第 346～348 页。
⑦ 张守中编《张人骏家书日记》，第 125、127 页。

难至。"①

魏瀚是张人骏办理对外交涉事务的另一个重要助手。魏瀚（1850～1929），名植夫，字季渚，福建闽侯人，中国近代造船专家。同治六年（1867）入读福建船政局前学堂学习造船专业，光绪元年与林泰曾等5人随法国专家日意格出使欧洲考察英、法、德、奥等国。光绪三年船政局派出首批留学生赴欧洲留学，尚在欧洲的魏瀚转为留学生，就读法国削浦官学，除造船外，还兼修法律，获法学博士，被法国皇家律师工会聘为助理员。魏瀚学习出色，当时担任留学生监督，同时出任驻德国、奥地利、比利时、荷兰、法国等国公使的李凤苞赞其"果敢精进"。光绪五年回国后长期担任船政局工程处总监工，还曾做过湖广总督张之洞的翻译，辅助张之洞对外交涉，"丰议言论，外宾心折"。光绪三十年，应两广总督岑春煊之邀赴粤，总办黄埔造船厂并所属中学校及石井兵工厂。光绪三十三年派充广九铁路总理。② 尚需一提的是，岑春煊到达广州后，旋即赴广西剿匪，历时两年，因此，魏瀚实际上是在时任广东巡抚张人骏的领导之下开展工作的。

温、魏留学期间，欧美海权思想、理论持续发展。19世纪后半期，法国海权研究者如达留士、德费莱、达利乌和契尔波茨等法国海军军事家对海权思想的理论化做出了卓著的贡献，法国人首次提出海军战略和掌握制海权的理论，为马汉建立海权理论奠定了基础，并构成日后马汉学说重要组成部分。③ 魏瀚留学法国时就读的削浦官学（即瑟堡海军工程学院）是一所海军学校，所学为造船业，"于驾驶、制船窾窍，外洋内港施用异宜，确能发其所以然之妙，洵为学有心得"。④ 勤奋好学的魏瀚，在专业学习之余，涉猎有关海军战略和制海权理论等书籍，应在情理之中，加上兼修的法律专业，光绪五年学成回国的魏瀚，可说是清末不可多得的复合型人才。温宗尧留学美国时，正是美国海权论形成与快速发展的时期，马汉于1890年出版的《海权对历史的影响（1660—1783）》，1893年出版的《海权对法国革命和法帝国的影响（1793—1812）》，1905年出版的《海

---

① 张守中编《张人骏家书日记》，第135页。

② 刘传标：《船政人物谱》（下），福建人民出版社，2017，第871~877页；林恩燕：《福建船政与中国近代外交》，郑新清主编《船政文化研究》第8辑，鹭江出版社，2015，第102页。

③ 冯传禄：《法国海权研究综述》，《法国研究》2014年第3期，第12~13页。

④ 中国史学会主编《中国近代史资料丛刊·洋务运动》（五），上海人民出版社，1961，第236页。

权与 1812 年战争的联系》，被誉为"海权论三部曲"。对温宗尧在美国的学习经历，笔者未详，因此温宗尧是否接触了马汉的海权论，只能姑且不论。但温宗尧自启蒙起，就在香港接受正规西式教育，而香港对中国近代思想的重要影响，在学界多年来的深耕下，已众所周知。光绪十八年（1892），17 岁的温宗尧即与杨衢云、谢瓒泰等人成立辅仁文社，提倡新学。从上述张人骏拟写的《洋务课吏局章程》来看，其心目中的外交人才，要熟知中外条约、外务部颁布的章程、各省交涉成案、国际公法，他认为"以约章为主，辅以成案，参以公法，果能融会贯通，讲求精熟"，交涉时，就可以"操纵合宜，轻重克当"。① 而从张人骏对温宗尧的看重，可知后者深知国际法、中外条约以及中外交涉的实际状况。

因此，笔者认为，魏瀚、温宗尧是有条件对张人骏有关"领海""领海主权""海权"的认知产生影响的。二辰丸事件发生前三个多月，光绪三十三年九月初五日（1907 年 10 月 11 日），外务部致电张人骏，命其调查被日本人侵占的、港澳附近与美属小吕宋群岛连界之间的荒岛"旧系何名，有无图籍可考"，② 收复东沙岛事件由此展开，历时三年，至宣统元年十月初七日（1909 年 11 月 5 日），中国正式收复东沙岛。③ 温、魏深度参与二辰丸事件与收复东沙岛事件的交涉，④ 多次受张人骏指示，调查事件真相，与日本驻广州领事磋商、谈判，他们完成调查或磋商后，自然要向张人骏详细汇报。这既是张人骏了解交涉情况，制定下一步行动方略的过程，也是他深化对国际公法、海权等西方近代思想和知识的理解和认知的

① 《广东布政使张详请设立洋务课吏局章程》，《岭学报》第 5 期，1898 年。
② 《为日商西泽据我港澳附近之荒岛为己有事》（光绪三十三年九月初五日），发两广总督张人骏电，国家清史工程数据库电报档，档号：2-05-12-033-0838。转引自张建斌《端方与东沙岛交涉——兼补〈西沙岛东沙岛成案汇编〉之不足》，《中国边疆史地研究》2017 年第 2 期。该档案又见陈天赐编著《西沙西沙岛东沙岛成案汇编·东沙岛成案汇编》，香港商务印书馆，1928，第 4 页。
③ 张人骏于该年七月莅任两江总督，袁树勋继任两广总督。
④ 光绪三十四年六月，清廷加派温宗尧为驻藏帮办大臣，七月二十一日，军机处奉旨"着温宗尧改由海道迅即赴藏"（西藏自治区社会科学院、四川省社会科学院合编《近代康藏重大事件资料选编》，西藏古籍出版社，2001，第 422 页），再结合前引张人骏家书，温宗尧最晚应于七月底离开广州，因此，此后东沙岛事件应主要由魏瀚负责具体交涉事务。或需一提的是，该年八月，英驻广州领事傅夏礼致函粤省洋务处，问及东沙岛是否中国属岛，英国可在该岛设置灯塔。陈天赐认为该函是给温宗尧的，应误，因为温此时已经离粤赴藏。且该函抬头写的是"径启者"，并未言明是给温宗尧的。陈天赐编著《西沙西沙岛东沙岛成案汇编·东沙岛成案汇编》，第 7 页。

过程。

　　总之，马汉的海权论传入中国后，当"Sea Power"的对译舍弃语义更为明确的"海上权力"，而选择"海权"这一表意模糊的复合词时，或可表明当其时，人们是从诠释意义上，而不是概念上来理解、认知海权，由此导致海权内涵的多样性，但大致不出海军力量、制海权、海运、海上商贸、领海、领海主权、渔权等范围。张人骏在二辰丸事件中体现出来的海权观，核心是保护领海主权及其延伸的海洋权利和权益，这种认知，既是其个人价值观的体现，更是时代特征的体现。

（执行编辑：彭崇超）

17~19世纪欧美所绘广州城市
地图谱系及特征举要

孙昌麒麟[*]

摘 要： 欧美所绘广州地图的演化过程可分为"意象绘图""写实绘图""局部区域实测""全城实测""大量补充地名信息"五阶段。其中，前四个阶段是向近代"科学化"意义实测地图发展的进程，第五个阶段发生于20世纪初，是这一过程的成熟阶段。今日所见属于前四阶段的欧美所绘广州地图有二十余幅，讨论它们的绘制过程、图文内容和图式特点，可总结出其发展历程与规律，并从中了解欧美对广州城市地理认知的演变历程。早期欧美所绘地图都是"意象式绘图"，不注重客观地理表达，有较强的随意性；进入"写实绘图"阶段的地图利用翻印中国传统舆图而提高了地图精确度，并在之后出现的"自绘地图"中引入了比例尺等"科学化"符号。两次鸦片战争对欧美所绘广州城市地图有深远影响，推动其进入"实测"时代。以十三行等地"局部区域实测"为先机，进而推展至"全城实测"。"第二次鸦片战争军事用图"和"富文广州地图"两套系列地图是"全城实测"阶段的成果，也为最终的近代实测地图出现奠定基础。分析各阶段之间的发展过程，可知欧美地图使用者的需求是影响地图演化的重要因素。

---

* 孙昌麒麟，中山大学历史学系博士后。本文为国家社科基金重大项目"外国所绘近代中国城市地图集成与研究"（15ZDB039）、广州市哲学社会科学发展"十四五"规划项目"近代广州城市革命历史地理研究"（2024GZYB06）阶段性成果。

关键词：近代城市地图　欧美所绘地图　"科学化"地图　地图演化脉络　广州

引　言

广州作为岭南首城，素有中国"南大门"之称，是中外交流的重要节点城市。随着新航路开辟，欧洲来穗人士逐渐增多，对广州城市的地理认知亦日趋精准。地图作为"理解空间现象的必要工具"，[①] 具有形象直观的特点，其漫长且复杂的制作流程又是地理探索不可或缺的步骤，因而成为地理成果展示的重要形式。近代西方人也常以绘制出一区地图，视作对该处"地理大发现"的成功。广州城市地图的绘制同样如此，欧美早期所绘广州城市地图存在着由随意性向精准性逐渐靠拢的现象，这一演进过程，形象直观地反映了他们对广州城市地理认知的进步，两者关系相随始终。

广州的城市地图源远流长，自《永乐大典》中三幅广州舆图[②]以下，有众多中国传统舆图和近代地图传世。《广州历史地图精粹》《图说城市文脉：广州古今地图集》《广州城旧地图解读》等书对该城地图做了细致整理。[③]上述三套图书主要是立足国人所绘广州地图，虽有收录外国人绘制的广州地图，但零散不成体系。学界对广州城市地图的研究也是聚焦于国内地图。例如，曾新《明清广州城及方志城图研究》一书就对明清广州城市舆图做了全面梳理和研究。[④] 反观国外所绘广州地图的研究还没有系统性成果，所见只有麦志强《〈广州城和郊区全图，1860〉及其绘制者美国传教士富文》[⑤] 等少数

---

① 〔美〕诺曼·思罗尔：《地图的文明史》，陈丹阳等译，商务印书馆，2017，第 7 页。

② 三幅舆图分别是《广州府境之图》、《广州府南海县之图》和《广州府番禺县之图》，明代初期绘制，是今存最早的广州城市地图。见《永乐大典》卷一一九〇五，中华书局，1960年影印本。

③ 这三套图书都是广州城市古地图的图录。中国第一历史档案馆等编著《广州历史地图精粹》，中国大百科全书出版社，2003；广州市规划局、广州市城市建设档案馆编《图说城市文脉：广州古今地图集》，广东省地图出版社，2010；广州市档案局等主编《广州城旧地图解读》，广州出版社，2014。

④ 曾新：《明清广州城及方志城图研究》，广东人民出版社，2013。

⑤ 麦志强：《〈广州城和郊区全图，1860〉及其绘制者美国传教士富文》，广州市文化广电新闻出版局、广州市文物博物馆学会编《广州文博（肆）》，文物出版社，2010。

论文。有赖于《外国所绘近代中国城市地图总目提要》① 一书出版，笔者得以见到相对齐全的外国所绘广州城市地图，从而可以对这一类地图进行深入研究，分析归纳其演化的脉络，了解早期欧美人对广州城市的地理认知过程。

本文立足于讨论，在具有西方"科学化"② 意义的广州城市地图出现之前，欧美人所绘广州城市地图的演化脉络。这里的"科学化"，是以 20 世纪初具备丰富地名信息功能的精准实测地图问世作为标志。《外国所绘近代中国城市地图总目提要》共收录了三十余幅广州城市地图，其中有近二十幅图适合于本文的讨论范围，加之他处几幅地图，可以揭示出欧美所绘近代广州城市地图的演化脉络。这一脉络分为"意象绘图""写实绘图""局部区域实测""全城实测""大量补充地名信息"五大阶段。其中第五阶段标志着欧美所绘广州城市地图"科学化"进程的最终完成，是 20 世纪后地图的主流模式，因而本文不再做重点讨论。

需特别指出的是，这五个阶段划分是指近代早期欧美人对广州城市地图绘制的演化进程，是以图上内容与现实地貌相应和性（即地图的精确性）作为划分标准，而非按时间线做简单划分。虽然这一演化进程是随时间推移而发生变化，但并非完全严格按照时间区分，不同阶段的地图在时间线上有交错存在的现象。

地图向精确性的演化，实际反映出了绘制者的地理认知。通过对上述五大阶段广州城市地图绘制背景的分析，结合相应文字史料，还可从中探摸早期来穗欧美人对广州城市地理认知的形成过程，揭露他们是如何及何时掌握这座城市的准确地理信息的。

一　意象绘图阶段

意象绘图是指，在只掌握少量信息的情况下，绘图者以自身主观补充想象而绘出的地图。这类地图在收集信息的步骤中，不仅没有实施过实地测量，甚至没有进行现场访查，信息来源于简单目视、他人记录，甚或是传闻

---

① 李孝聪、钟翀主编《外国所绘近代中国城市地图总目提要》，中西书局，2020。
② 中国地图学的"科学化"是指近代以来引入欧洲测绘技术绘制的地图，本文对这一术语有更细化的定义。相关讨论可参见〔美〕余定国《中国地图学史》第 5 章，姜道章译，北京大学出版社，2006；成一农《"科学主义"背景下的"被科学化"：浅析近代中国城市地图绘制的"科学化"转型》，《陕西师范大学学报》2017 年第 4 期。

等，导致所获取的信息不准确性高，精确性更无从谈起，而且一般情况下信息量较少。如此绘出的地图，必然与实际地形地貌存在较大差异和变形，失真度高，难以具备地图本该具有的地理导向功能。

此类地图出现的原因是绘图者对绘图地点认知程度低。在早期西方人来穗时代，人员交流较少，入城不便，缺乏专业绘图人士等都是他们对广州城市地理细部情况认知不清的原因。所以，现今所见最早期的一批地图都是"意象式地图"，比较具有代表性的是 1665 年《荷使初访中国记》中的《广州城市地图》（*Kanton. in Platte Grondt.*）和 1735 年《中华帝国全志》中的《广州府平面图》（*Plan de Quang-Tcheou-Fou*）两幅地图。

（一）1665 年《广州城市地图》（*Kanton. in Platte Grondt.*）

《广州城市地图》是一幅绘图式城市图，出自 1665 年的《荷使初访中国记》，尺寸 27.4 厘米×30.2 厘米。图中以细腻的笔触由南向北依次描绘了珠江、江岸、城墙和山地等地物，涵盖了广州城及城南的珠江江面等区域，另还有 15 条地名注记。

本图出处《荷使初访中国记》的成书过程略为复杂，其编定本的初版是 1665 年荷兰文版，同年又有法文版刊行，之后几年还有德文、拉丁文、英文等语种问世，版本众多，且互有异同，较为混乱。该书底稿系约翰·尼霍夫（Johan Nieuhof，1618~1672）执笔的荷兰东印度公司第一次访华使团报告，这个使团于 1655~1657 年来华。1658 年，约翰·尼霍夫回到荷兰，并将报告手稿及资料托付给哥哥亨利·尼霍夫（Hendrik Nieuhof），后者在这些材料的基础上增添了大量内容和插图，于 1665 年编定出版，而约翰·尼霍夫全程没有参与这个过程。所以，之后很长一段时间内流传的《荷使初访中国记》与约翰·尼霍夫撰写的报告有较大差异。1984 年，包乐史（Leonard Blussé）发现了约翰·尼霍夫的手稿，该份文本中并未见到这幅《广州城市地图》。[①]

---

① 《荷使初访中国记》（*Het Gezandtschap der Neêrlandtsche Oost-Indische Compagnie, aan den Grooten Tartarischen Cham, den Tegenwoordigen Keizer van China*）的相关研究可参见〔荷〕包乐史（Leonard Blussé）《〈荷使初访中国记〉在欧洲的地位》,〔荷〕包乐史、庄国土《〈荷使初访中国记〉研究》，厦门大学出版社，1989；Jing Sun, *The Illusion of Verisimilitude Johan Nieuhof's Images of China*, Leden：Leden University Press, 2013。约翰·尼霍夫报告的中文本已被收录在《〈荷使初访中国记〉研究》一书中，此外 *Grote Atlas van de Verenigde Oost-Indische Compagnie* Vol. 7 *Oost-Azië, Birma tot Japan*（Voorburg, Nederland：Aisa Maio, 2010）一书中也有部分收录。

这说明本图并非源自 1658 年的约翰·尼霍夫报告，而是其兄亨利·尼霍夫根据他所提供的材料，再配以其他资料及想象后加工而成，失真成为其必然结果，这也是意象式地图普遍存在的缺陷。如图中用来表示街区的细棍状图形，排列齐整犹如队列，并且分布密集以至于几乎填满了城内空间，很显然只是装饰用途；而且因之间隔所展现的小巷根本不具有地理指向意义，缺乏地图所应具备的交通导向功能。

不过，使团前后在广州盘桓数月之久，又负有考察之责，所以对广州城也积累了一定的认识。本图采取由南向北逐渐粗略的鸟瞰视角，说明当时荷兰人对广州的了解是从珠江向北渐趋模糊。造成这种认知状态的原因，是荷兰使团由珠江水路至穗，城南滨江处是他们主要活动区域。图上描绘最为精致的部分是珠江中两座堡垒，其次是江岸至南门地块的建筑，而城内只绘出几幢重要建筑、失真的街区和城北目视所及的越秀山上建筑（见图 1）。

江中两座堡垒（地名注记 p，图 1 为城南之一部分，仅绘出一座），应是海珠石和海印石，明清两代在岛上建有楼宇、炮台等设施。江面上商船如织、江岸至南门地块人头攒动，甚至有跑马的热闹景象，充分显示了荷兰人对这块区域的熟稔。全图 15 条地名注记，南门外江岸地块占了 5 条，其中 2 条是城门（k、l），另有 2 条与荷兰使团直接相关（m、o）。m 为荷兰使团住处，o 为"宴会广场"，"宴会广场"源于荷兰使团初到之时，当时执掌广州的尚可喜和耿继茂在城外宴请使团。由此可见，这幅地图注重于对活动事件进行记录，而非科学地反映地理实况。更有意思的是，这一区域的精致描绘中，江上如鲫的船只之中有两艘船型迥异的帆船停泊在 m（荷兰使团住处）正前方。正符合了报告中，此次来访的高德克号（Koudekerke）和贝鲁道尔号（Bloemendaal）两船泊位，再次说明该图注重于对活动事件的记录。[①]

城内只绘出屈指可数的几幢建筑，城北则绘出了镇海楼（a）、堡垒（b，应是四方炮台）和大北门（c）等 3 处地物。城内几幢建筑可辨认出的为六榕寺塔（g）、尚可喜王府（h，今址在人民公园）、耿继茂王府（i）和

---

① 荷兰使团住在城外江岸、尚可喜和耿继茂于城外宴请使团、使团船只停泊位置三件事项，均可见约翰·尼霍夫报告。参见〔荷〕包乐史（Leonard Blussé）、庄国土《〈荷使初访中国记〉研究》，第 48、50~51 页。

图1　《广州城市地图》城南部分中的荷兰人活动痕迹

资料来源：李孝聪、钟翀主编《外国所绘近代中国城市地图总目提要》。

光塔（无地名注记）等。使团曾被邀请入城前往两座王府及广东巡抚衙门，[①] 所以了解这几幢建筑位置，图中所绘位置也相对准确。约翰·尼霍夫对广州城的描述如下：

> 城区有围墙，沿墙步行约三小时，郊区有几个地方风景秀丽。河中心建有两个堡垒，只有经水路才能进堡。堡的南面有二座高墙，都建有防守用的堡垒。该城的陆道方面还建有五座堡垒，都建在陡峭的山坡上，有的在城墙内，有的在城墙外。这些堡垒几乎能控制全城，看来坚固异常，难以攻克。城里的房屋与宝塔都很漂亮壮观，较中国大部分城市更胜一筹。当我们经水门去二位藩王的府第时，穿过了十三道石砌的牌坊，这些牌坊上雕刻的人像、花卉都栩栩如生。[②]

上述荷兰人对广州城的认识，几乎都反映在这幅地图上（见图2）。图上的城墙有老城和新城两道，缺顺治四年（1647）建的鸡翼城。[③] 老城小北门位

---

① 庄国土在正文中据原文译作"钦差大人"，而在"校注"第18条中说明其"可能是广东巡抚李栖凤"。正文见〔荷〕包乐史（Leonard Blussé）、庄国土《〈荷使初访中国记〉研究》，第53页，"校注"见第101页。

② 〔荷〕包乐史（Leonard Blussé）、庄国土《〈荷使初访中国记〉研究》，第54页。

③ 光绪《广州府志》卷六四《城池》，《中国地方志集成·广州府县志辑》影光绪五年刻本，上海书店出版社，2013，第83页。

置偏差较大，三座南城门只绘出两座。① 新城共八座城门，只绘出两座。城门的信息缺失较多，不过老城西北（光孝寺）段两道近90度折角被准确地绘出。此外，报告中所述的"十三道石砌的牌坊"绘在了贯通南北门的大街上，显示该图是依从报告文本绘制。

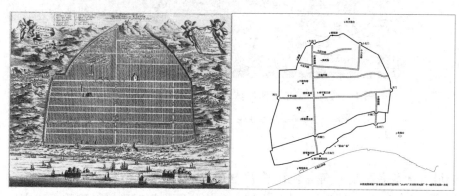

图 2　《广州城市地图》（左）中地物位置与今日实测图（右）中位置对比

资料来源：李孝聪、钟翀主编《外国所绘近代中国城市地图总目提要》。

综上所述，《广州城市地图》所反映出的广州城市地理情况正误相杂，虚实相间，这是由于作为绘图信息来源的约翰·尼霍夫报告本身内容偏少。荷兰使团主要活动范围在城南江岸区域，城内活动不多，所获地理信息多以目视为限，因而使绘图者采取由南向北逐渐模糊的鸟瞰视觉来绘画此图。作为"意象式地图"，不以提供准确的交通导向功能作为首要目标，而是注重于对信息来源报告中所记述的事件进行记录。

（二）1735 年《广州府平面图》（*Plan de Quang-Tcheou-Fou*）

《广州府平面图》是《广州海路图》（*Carte Particuliere de L'entrée de Canton*）的附图，出自 1735 年《中华帝国全志》，尺寸 10.7 厘米×10.8 厘米，主图 39.0 厘米×24.3 厘米。本图只是一幅示意图，信息不多，全图简单粗糙，变形巨大。

《中华帝国全志》由法国耶稣会士杜赫德（Jean-Baptiste Du Halde，

---

① 广州老城南城门原共有 4 座，但顺治七年（1650）至康熙八年（1669）文明门被封闭，所以此时只有 3 座南门。参见光绪《广州府志》卷六四《城池》，《中国地方志集成·广州府县志辑》影光绪五年刻本，第 83 页。

1674~1743）根据东方传教士们发回欧洲的书信编纂而成，1735 年法文初版问世后，即被翻译成多种文字重版，因而版本甚多。该书是 18 世纪西方人了解中国的有限资料之一，在西方汉学史上有重要地位。①

初版书中收录了数十幅地图，这些地图大多源自康熙年间雷孝思（Jean-Baptiste Régis，1663~1738）等传教士主导测绘的《皇舆全览图》（1718）。杜赫德收到该图的 1721 年木刻版后，交由法国王家地理师唐维尔（Jean-Baptiste Bourguignon d'Anville，1697~1782）重新制版，并据文字资料做了补充，收于《中华帝国全志》中。

《皇舆全览图》的广东部分是葡萄牙人麦大成（João Francisco Cardoso，1676~1723）和法国人汤尚贤（Vincent de Tartre，1669~1724）负责测绘，不过尚没有资料证明可以证明《广州海路图》是他们所测，因为此图属于珠江口水道图，是另一套地图系统。表现珠江口水道的主图《广州海路图》制作精良，但作为附图的《广州府平面图》仅具有示意作用，不是实测绘图。因此，两图是否同时所绘，本图在《中华帝国全志》中是否为首次现身，都尚存疑问。澳门海事署所编《历代澳门航海图》中收录了一幅由《广州图》（Canton）、《上川岛图》（Shang Chwen Shan, or Sançian Isle）和《澳门及附近岛屿图》（Ma-Kao & the Adigcent Isles）三图组成的地图，其中《广州图》即本图，书中未能确定绘制时间，只是简单估测为 16 世纪中叶末期。② 郭声波考证该图成图时间为 18 世纪中叶，晚于本图出现。③

本图只绘出了城市街区范围，不见街巷。用双线表示城墙，以及西关、河南和东山的范围，体现了当时广州城市街区界线，但整体失真程度高。例如，城墙缺鸡翼城，老城南门只绘出两座，新城不绘城门。地名标示方面，老城被记作"鞑靼城"，新城为"中国城"，老城和西关两处还被注记为"繁华城区"。此外，老城内画了三座宝塔，从北向南推测依次是镇海楼、六榕寺塔和光塔，另还画出城外城周边的几座堡垒。新城东北角特意标出法

---

① 《中华帝国全志》（Description Géographique, Historique, Chronologique, Politique et Physique de L'empire de la Chine et de la Tartarie Chinoise）的相关研究可参见阎宗临, Essai sur le P. Du Halde et sa Description de la Chine, Fribourg, Swiss：Friguière frères, 1937；Isabeele Landry-Deron（蓝莉）, La Prevue par la Chine, La "Description" de J.-B. Du Halde, Jésuite, 1735, Paris, France：Édition de l'École des hautes études en sciences sociales, 2002。

② 澳门海事署署印《历代澳门航海图》，1986，第 2 图。

③ 郭声波等：《1560：让世界知道澳门——澳门始见于西方地图年代考》，《文化杂志》（澳门）第 68 期，2008 年。

国耶稣会，显示本图绘制者的渊源。以上是从图内可知的信息，地图展现广州城市地理的效用极差，只有简单示意功能。

上述两幅地图诞生的背景，不仅表明了早期来穗的欧洲人员身份——商人和传教士；还说明了来穗人员数量有限，尚不能深入了解广州城市内部地理，只是建立了对城市外部的总体印象，例如城中镇海楼、六榕寺塔和光塔三幢高耸建筑成为后来地图的必备图像。如此以目视印象和主观意象绘出的地图，只具备粗略的展示或示意功能，无法提供地图最基础的交通导向功能，所以不能作为实用性地图使用。

二 写实绘图阶段

写实绘图仍然是非实测地图，是如图画一样绘画而成。与意象绘图的不同点在于，写实绘图已能较准确地表达地物之间的相互位置关系，具备了交通导向功能，只是因缺乏大地经纬坐标系而不能达到精确性要求。写实式地图在地理信息反映方面更趋丰富，一般可绘出如主要街道一级的中尺度重要地物，甚至部分可细化至支巷一类的小尺度地物。这说明为绘图准备的地理信息采集流程能够较好完成，其前提条件则是对所要绘图地区的熟稔。欧美所绘广州城市地图进入这一阶段，表明他们对广州认知程度加深，以及对相关中国资料取得了一定了解。此阶段的广州地图中，有一类是专门翻印中国传统舆图而成，就充分地说明了这点。下文将欧美所绘写实式广州地图分为"翻印中国传统舆图"与"欧美自绘地图"两类，进行讨论。

（一）翻印中国传统舆图

现今所发现的欧美早期所绘广州写实式地图中，这一类出现的时间较早，而欧美自绘的地图则在此后才陆续出现。欧美人所翻印的中国传统舆图中，有两幅具有代表性。一是 1833 年《中国丛报》第 2 卷中的《广州城及城郊图》[①]（*City and Suburbs of Canton*），一是 1840 年《广州城及城郊平面图》（*A Plan of the City of Canton and Its Suburbs*）。

1833 年《广州城及城郊图》被收在裨治文（Eligah Coleman Bridgman,

---

① 这款地图还有法文版：*Plan de la Ville et des Faubourgs de Canton*, Paris, France: Paul Dupont, 1846。

1801～1861）的《广州介绍》一文中，刊于《中国丛报》第 2 卷第 4 期。裨治文是美国第一位来华传教士，负有收集中国风土信息之责，他创办的《中国丛报》是第一份在中国出版的英文期刊，内容包罗万象，以介绍中国情况为主。①

本图所涉地域为珠江北岸的广州城及西关、东山等地，图内有 a 至 q（欠 j）共 16 条地名标注，《广州介绍》文内有标注的详细注记。地名注记除珠江（a）、十三行（b），以及显眼地物光塔（c）、六榕寺塔（d）、镇海楼（e）之外，基本是政府衙门。

据裨治文在文中所说，本图是当地人所绘，他只是删去中文，换上罗马字母。② 所以本图是翻印中国传统舆图而来，查阅道光《广东通志》卷 83《广东省城图》（1822）（见图 3）与道光《南海县志》卷 3《县治附省全图》（1835）等图，皆与本图十分相似，图中水系走向和曲度等绘法都与本图极度吻合。道光《县治附省全图》是翻刻道光《广东省城图》，所以本图的底图当是 1822 年刻印的道光《广东省城图》。道光《广东省城图》绘者是李明澈，番禺（今广州）人，祖籍江苏松江（今属上海），对西方天文、地理等近代科学有所涉猎，著有《圜天图说》。

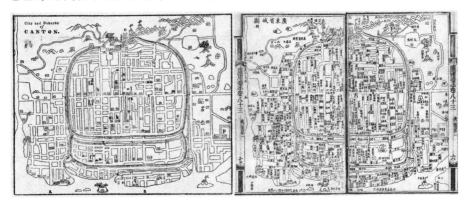

图 3　《广州城及城郊图》（左）与道光《广东省城图》（右）

资料来源：李孝聪、钟翀主编《外国所绘近代中国城市地图总目提要》。

---

① 罗伟虹：《中国基督教（新教）史》，上海人民出版社，2014，第 66 页。

② 〔美〕裨治文（Eligah Coleman Bridgman）：《广州介绍》（*Description of the City of Canton*），《中国丛报》第 2 卷（*The Chinese Repository* Vol. 2），广西师范大学出版社，2008 年影印本，第 167 页。

　　李明澈绘制的舆图是当时最翔实的广州地图，图中地名共 504 个。① 这个数字远远高于裨治文图中的地名数，裨治文本人学习过中文，他删去图上繁杂的中文地名只能解释为替刊物的西方受众考虑。考虑他们接受中文的观感和能力，说明当时欧美人对广州地理信息的需求，还没有细化到需要了解大量地名的阶段。地图作为成本不低的地理产品，需求应用一直对地图内容有直接影响，而标注大量地名的阶段还没有到来，这与欧美人对广州认知的需求息息相关。本图信息的简单化及其发布的刊物平台，说明本图是欧美所绘最早一批具有实用功能的广州城市地图之一。

　　1840 年《广州城及城郊平面图》，英国人威廉·布拉斯顿（William Bramston）绘制，知名地理学者和地图出版商詹姆斯·维尔德（James Wyld，1812~1887）在伦敦印制出版。全图分为上下两部分，上半部是广州城图，下半部分是地名注记和附图，附图为实测的《十三行地图》（Foreign Factories）。全图尺寸 62.5 厘米×41.0 厘米，主图 47.0 厘米×41.0 厘米。

　　主图所绘区域涵盖广州全城，以及城外西关、东山等地，并标示出珠江南岸"河南"（Honan，今海珠西北部）的地名，图中主要街道也标记名称。从绘出河南地块和标记主街名称两点看，本图比 1833 年《广州城及城郊图》有所进步。不过图名之下有 "Shewing the principal Streets and some of the conspicuous Buildings from a Chinese survey" 字样，从而可以判断主图与中国传统舆图有所渊源。

　　主图地名注记分为拉丁字母和阿拉伯数字两类。拉丁字母注记共 19 条（欠 J），除 A 至 C 和最后一条 T 外，顺序与 1833 年《广州城及城郊图》完全一致。《广州城及城郊图》地名注记 A 的内容为："……距城东南角不远的江中有一座小炮台，名为法国炮台；另一座更上游点的炮台名为荷兰炮台；再上游一点有些礁石，低潮时会露出江面……"② 本图 A 至 C 的注记分别为：礁石（A）、法国炮台（B，即东炮台）和荷兰炮台（C，即海珠炮台），可见这三条注记都是从《广州城及城郊图》的 a 中分化出来的。数字注记共 16 条，全部为城门，顺序为从大北门起，逆时针沿新老城墙外围至小北门的 12 座城门；再是老城墙南墙（位于新老城墙中间）从西至东的 4 座城

<hr />

① 曾新：《明清广州城及方志城图研究》，广东人民出版社，2013，第 139 页。

② 裨治文（Eligah Coleman Bridgman）：《广州介绍》（Description of the City of Canton），《中国丛报》第 2 卷（The Chinese Repository Vol.2），第 167 页。

门。这一顺序与《广州介绍》中罗列的城门顺序一致。因此，本图的主图是根据 1833 年《广州城及城郊图》改绘增添而来，图源是道光《广东省城图》。

从上可知，欧美翻印中国传统舆图而产生的地图，本源多为道光《广东省城图》，以 1833 年《广州城及城郊图》为中国传统舆图转向欧美翻印地图的媒介，其他欧美所翻印的中国传统舆图，多数是源于此图。

（二）欧美自绘地图

这一阶段的欧美人自绘写实地图主要是作为其他地图的附图存在，尤其是珠江水道图的附图。珠江水道图所附广州图是欧美所绘广州城市地图的一大系统，贯穿他们所绘广州图的各个阶段，如上文提及的 1735 年《广州府平面图》。目前自绘地图阶段所能见到的有 1853 年《广州图》（*Canton*）和 1858 年《广州平面图》（*Plan of Canton*）等。

1853 年《广州图》是《广州及其邻近地区、澳门和香港图》（*Canton and Its Approaches，Macao and Hong Kong*）① 的附图，乔治·考克斯（George Cox）在伦敦出版。全图是由四幅地图拼接而成，《广州图》占据了约 1/3 幅面，是主要部分。另三幅分别是《从澳门至广州的珠江草图》（*Sketch of the River from Macao to Canton*）、《澳门图》（*Macao*）和《香港图》（*Hong Kong*），其中只有《香港图》标注了绘制信息。所以 1853 年《广州图》非必是初版，如《俯瞰大地：中国澳门地图集》书内所收 1844 年《珠江三角洲详细军事图》（*Carte de la Rivière de Canton*）就附有相同版式的广州地图。② 本图有直线缩尺，单位英寻（fathom），这一单位多用作水深测量，显示了本图与水道图航运功能的关系。图内地名略为丰富，特别是十三行地区内的"洋行"（Factories）有详细标注。

1858 年《广州平面图》③ 是《伦敦新闻画报》所刊地图的附图。图中

① 《广州及其邻近地区、澳门和香港图》（*Canton and Its Approaches，Macao and Hong Kong*）的版本非常多，如还有 Thomas Letts. London. E. C. 版（澳门海事署编《历代澳门航海图》，第 11 图）和 London，Edward Stanford 6 Charing Cross. 版（此版年代据闻为 1852 年，待证）等。
② 临时澳门市政局文化暨康体部编印《俯瞰大地：中国澳门地图集》，2001，第 22 图。
③ 本图另有德国地理学者奥古斯都·海因里希·彼得曼（August Heinrich Petermann，1822~1878）同年翻印的德文版 *Plan von Canton*，版式略有微变，比例尺 1∶60000，是《广州水道图》（*Der Canton-Strom*）的附图，Gotha，Deutschland：Justus Perthes 出版。另在 Rev. William C. Milne 的 *Life in China* 一书中附有与本图图版相似的 *Plan of the City of Canton*，该书是 1857 年伦敦 G. Routledge & Co. Farringdon Street 出版，早于本图。

16 条数字注记，除最后一条外，其他与 1833 年《广州城及城郊图》2～16 条和 1840 年《广州城及城郊平面图》4～18 条地名注记完全一致，据此判断，本图地名标注与上述两图有承袭关系。

欧美自绘的这类写实地图，范围一般限制在广州城区，包含城内、西关和东山等地，偶及河南。作为珠江水道图的附图，它的作用显而易见，是为溯游而上的航船登陆它们碰到的第一座大城市做准备。事关航运安全的水道图，其精准性要求远高于城市地图，从而反过来影响附图的准确性。例如，自绘地图中不少已开始采用比例尺，虽然图中地物依然变形严重，过于失真，比例尺的精确性并不可靠。不过，其仍然努力向实际地形靠拢，尽可能地做到表达准确。以城墙为例，尽管整体轮廓失实，但在具体区段中仍力求表现出墙体大致走向和曲度，如西北（光孝寺）段城墙两个近乎直角的弯折都被明确绘出。这里需补充一句，虽然两个折角的绘法并不统一，可谓千姿百态，但从 1665 年《广州城市地图》以来，这一特征一直存在于欧美自绘的广州地图中（见图 4），所以这也成为区分一幅地图是否翻印自中国舆图的一大依据。

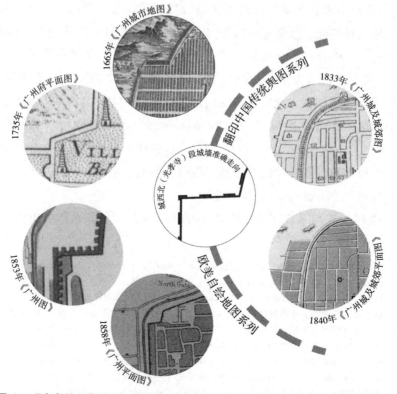

图 4 "意象绘图""写实绘图"两阶段中各图城西北（光孝寺）段城墙绘法

　　欧美自绘广州地图中还有一类简图，常见于第一次鸦片战争的专题地图。这类图里的广州城市形态仅具示意功能，多只是将城墙做符号化处理，绘出轮廓，图中要素极为简单而且失真。只有詹姆斯·维尔德出版的 1846年《广州战役图》（*Attack of Canton*）略显丰富，但也仅仅是多绘了数条街道而已。詹姆斯·维尔德作为英国知名地理学者和地图出版商，不仅出版过1840 年《广州城及城郊平面图》，还出版过两次鸦片战争的示意图等多种广州地图。1846 年《广州战役图》就是他所出版的第一次鸦片战争示意图《中国战争示意图》（*A Map to Illustrate of the War in China*）的附图。图中所绘街道尚不能辨识出究竟对应广州城内哪条街道，但该图源头可追溯至战时英国军队所使用的军用图。英国海军中尉伯德伍德（Birdwood）绘制的《1841 年 5 月 25 日广州附近堡垒与高地攻占图》[①] 中，虽然只绘出广州城北部，但图上所绘部分与本图中广州城主体部分基本一致（见图5），因此可以确定本图是在这幅军用图基础上添绘而来。相较于詹姆斯·维尔德出版的第二次鸦片战争示意图 1858 年《广州战役示意图》（*Plan of the Attack & Bombardment of Canton*），[②] 本图的广州城市轮廓尚显粗糙，两者差异明显。这说明在两图绘制时，欧美对广州城市理解认知程度存在差异。

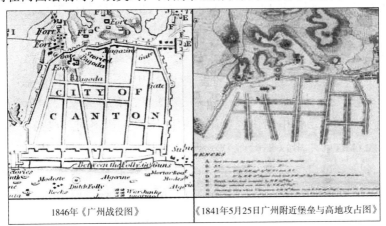

| 1846年《广州战役图》 | 《1841年5月25日广州附近堡垒与高地攻占图》 |

图 5　《广州战役图》与《1841 年 5 月 25 日广州附近堡垒与
高地攻占图》中广州城绘法对比

资料来源：李孝聪、钟翀主编《外国所绘近代中国城市地图总目提要》。

---

① 《1841 年 5 月 25 日广州附近堡垒与高地攻占图》藏于英国海军部图书馆手稿收藏室，转引自张岩鑫《晚清海战岸防图解析及其军事败因探讨》，博士学位论文，吉林大学，2019。
② 《图说城市文脉：广州古今地图集》译为《英法进攻广州示意图》，第 57 页。

写实绘图的出现，意味着欧美人士对广州城了解的需求从满足最初的好奇想象转为实用功能，地图的实用性增加，从而促进了准确性要求。翻印中国传统舆图说明他们已能理解并运用中国文献，是对广州认知深化的表现。从部分欧美自绘地图直接使用翻印中国传统舆图中的地名注记可以判断出这两类地图出现的先后顺序。珠江水道航运需求触发了欧美自绘地图，将广州地图带向了近代测量技术绘图阶段的门口。

三　局部区域实测阶段

局部实测图的出现预示着欧美人对特定地块关注度提升，并对此区域已有深度了解，可以在区域内开展充分活动，有足够时间和精力进行测绘工作。这是"科学化"意义层面上的近代广州城市地图发端，代表西方近代绘图技术开始应用于广州城市地图。

欧美对于特定区域的关切，源于切身利益。如因新建英国商行选址而编制的 1858 年《广州拟建商行规划图》（*Plan of Proposed Factories in Canton*），就绘有城西南、荔湾和花地三处地图以供选择。[①] 局部实测图的特色是范围小，比例尺大，有地籍图性质。早期广州局部实测图的范围多在十三行地区，这也是鸦片战争之前外国人少数可自由行动的区域，各国在此建屋经商，有理清地籍的需求。

早在 1840 年《广州城及城郊平面图》中就附有实测的《十三行地图》（见图 6），尺寸 12.5 厘米×16.5 厘米，有直线缩尺，折算约 1：1860。本图与摹绘自中国传统舆图的主图风格完全不同，线条平直整齐，显然是经过测量，用以划分地块，明确地权。图中以斜线阴影表示建筑设施，各国领馆房屋以罗马数字从南向北编号，具体到栋，凸显本图的精确性。而到了 1847 年《广州新英国商行和十三行平面图》（*Plan of the New English and Foreign Factories Canton*）[②] 其精确性又更进一步。这个阶段地图精确度的提高，反映了欧美人对地权权益的切实需求，推动了广

---

① 1858 年《广州拟建商行规划图》（*Plan of Proposed Factories in Canton*）藏于英国国家档案馆，目前只见绘有全广州街区范围的索引图一张，并说明有以上三处小区域的分图，但分图目前还未能得见。从索引图风格判断，三张分图应是实测图。

② 1847 年《广州新英国商行和十三行平面图》（*Plan of the New English and Foreign Factories Canton*）藏于英国国家档案馆。

州地图功能的增加——在基本的地理导向功能外，增加了地权确认功能。

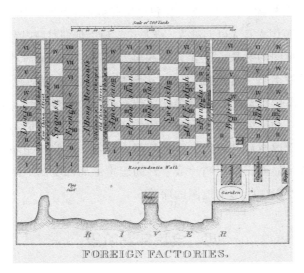

图 6　《十三行地图》

资料来源：李孝聪、钟翀主编《外国所绘近代中国城市地图总目提要》。

此外，还有一些具备其他功能用途的局部区域实测图问世，如针对"广州反入城斗争"① 的专题图。此图名为《虎门至广州珠江水道草图》（*Sketch of the River Chou-Kiang from the Bocca Tigris to Canton*），② 有两幅附图，分别是《广州东炮台平面图》（*Plan Elevation and Section of the French-Folly Fort in the Canton Rvier*）和《广州城和市郊局部草图》（*Sketch of Part of the Suburbs and City of Canton*）。这套图为时政图，背景是 1847 年 4 月英国借口商民在佛山被殴打，派遣船只占领虎门炮台和十三行等地，逼迫清政府开放广州城。③

《广州东炮台平面图》的比例尺为 1∶240，这个尺度范围已属于建筑图，图分为 1847 年 4 月 5 日炮台被毁前和被毁后两部分，不仅有平面图，还有立面图。

《广州城和市郊局部草图》由十三行、新城西部和老城西南部三处地块组

---

① 指 1842~1849 年广州人民反对外国人进入广州城的运动。

② 此图属于珠江水道图系统，尺寸 55.3 厘米×44.8 厘米，Day & Son 印制，出自 George M. Martin：*Operations in the Canton River in April*，1847，London，UK：Henry Graves，1848。

③ 《筹办夷务始末（道光朝）》卷七七，齐思和等整理，中华书局，1964，第 3079~3084 页。

成,有直线缩尺,并绘出了停靠在十三行的英国舰船。精确度从城外十三行到城内,从城南到城北,逐渐降低。城墙绘法过于失真,以理想化的平直线条"安排"了城墙的轮廓和走向,西门位置也比真实地点更加靠南。由于"反入城斗争",当时的英国人几无可能进入广州城内,所以他们对城内有如此认知。

局部实测地图的对象,主要还是欧美人利益相关以及活动相对自由的地块。尤其是城西南十三行地区,这一区域的实测图最为常见,并且精确度高。从已见地图的质量来看,欧美在广州所进行的测量活动,其技术也在不断地进步。清代的闭关政策,限制外国人活动范围,使他们不易亲见广州城市形态,更不能肆意展开测绘,直接阻碍了欧美人绘制广州城市地图。殖民战争改变了这种局面,两次鸦片战争之间诞生的局部实测地图揭开了欧美以近代测绘技术绘制广州城市地图的序幕。

四 全城实测阶段

全城实测阶段,即欧美人对广州全城完成实地测量,并据此绘制出高精确度的城市地图。本文所提出的"西方科学化地图",是指欧美所绘具备丰富地名信息的精准实测地图。本阶段即完成了精准实测的步骤,但囿于中文译制、印制成本等原因,尚未在图内填入大量地名。满足于地名信息不完善的实测地图所提供的地理信息,说明在穗欧美人的认知与现实的广州城市还保持一段距离,并没有深入了解城内街区细部的需求。

经历上述三个阶段的地图绘制,欧美人逐步深化对广州城市地理的认知,然而仍然如隔着一层面纱,不能全窥其景。鸦片战争的结果带来翻天覆地的变化,打破了欧美人观察广州的这种局面,使其可以更近距离地认知广州城市,因此才能有全城实测的机会。战争是欧美人所绘广州城市地图演化的推进器,比较两次鸦片战争中各类地图里的广州城市形态,即可发现两者之间存在代际的差异。詹姆斯·维尔德出版的第一次鸦片战争示意图1846年《广州战役图》和第二次鸦片战争示意图1858年《广州战役示意图》两图中,广州城市的轮廓形态差异极大(见图7),《广州战役示意图》已基本准确展现了城市形态,说明在两次鸦片战争之间的时代中,欧美人对广州城市地理认知的方法和手段都产生了质的飞跃。

这一阶段的地图可分为"第二次鸦片战争军事用图"和"富文广州地图"两大系列。

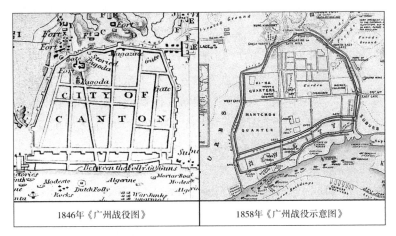

| 1846年《广州战役图》 | 1858年《广州战役示意图》 |

图 7　詹姆斯·维尔德版两次鸦片战争示意图中广州城绘法对比

资料来源：李孝聪、钟翀主编《外国所绘近代中国城市地图总目提要》。

（一）第二次鸦片战争军事用图

这套系列图最具代表性的是英国"中国远征军"军需部（The Quarter Master General's Departement, Chinese Expeditionary Force）绘制的 1858 年《广州城及城郊平面图》（*Plan of the City and Suburbs of Canton*），尺寸 65 厘米×93 厘米，比例尺 1∶12000，是英军第二次鸦片战争广州战役的军用地图。另附有《海珠炮台布防图》（*Plan of the Battery for Two 13 Inch and Two 10 Inch Mortars, and Two 24 Pounder Rockets on the Dutch Folly*），由"远征军"军官朗利（G. Longley. Lieut. R. E.）绘制，尺寸 9 厘米×17 厘米，比例尺 1∶1080。此图对当时广州城内外的街巷和重要建筑描绘得十分细密，并以晕滃法表示地形。区域涵盖广州城与东西关近郊，并包含珠江南岸河南、西南岸花地（Flower Gardens）及城北山地。

作为军事用图，本图呈现了极强的时效性。根据图中所标时间，主图完成于 1857 年 10 月 31 日，次月 27 日转交上级，而附图《海珠炮台布防图》是 12 月 26 日补充。两天后，即 28 日清晨，广州战役正式打响，可见此图在英军行动中的作用。

本图具备战时军事的实用性，体现英军战前侦察工作。图中对军事区域和设施标注尤为详细，将满城等军队驻防区域分色表示，其中满洲八旗地块为黄色，汉军八旗地块为绿色。广州城周边炮台也一一标出，以红色记注，重要炮台还使用同心圈层表示射程范围。《海珠炮台布防图》则详细记录了海珠炮台情况，标明了炮台内大炮的具体布置，并绘有两幅炮台南北向剖面图。图左侧有大段文字记述广州情形，题为《广州城及城郊备忘录》（*Memoranda of Canton and Suburbs*），内容侧重于城墙、城门、环濠、饮用水源、兵力，以及具有军事价值的高层建筑和围墙坚固建筑等军用信息。文下附有三幅中国防御工事示意图与一幅中式坟墓（可用作防御工事）示意图，文中另提及两幅素描图（Sketch No. 1 和 Sketch No. 2）在图中未见。

英国陆军部于 1858 年 2 月将《广州城及城郊平面图》印制出版，同月英国海军航道局（The Hydrographic Office of the Admiralty）即翻印该图（以下称"航道局图"）。两图同源，但分别制版印刷，出版者不同，版式也不尽相同。

"航道局图"，尺寸 38 厘米×74 厘米，有直线缩尺，是减省军事要素后的民用地图。内容略有差异，图北部山地有所收缩，河南地区街巷也相对稀疏，西侧则标出坦尾岛（Tan I^d.），比上图更注重珠江水道。图中的《广州城及城郊备忘录》内容一致，[①] 不见"中式坟墓示意图"，但有《广州城及城郊平面图》所缺的两幅素描图。第一幅为从大北门外望向镇海楼，第二幅是从城西南竹栏门望向城内。两幅素描图下均有文字介绍，内容偏重军事。

战争的实用需求加速了这一系列地图诞生，图中所示军事信息也反过来证明了英国军队备战侦察的工作效果。以八旗驻地为例，清代广州八旗除大部驻扎在南北门大街西侧外，东侧也占据部分地块，"省垣自大北门至归德门止，直街以西概为旗境，自九眼井街以东至长泰里，复西至直街以东则属民居"。[②]《广州城及城郊平面图》中清晰地反映了八旗所占据的东侧小幅地块的范围（略有出入），但内部满汉旗人以光塔街为界南北分驻的界线却错绘成西门大街。这类错误也可印证英军对广州城内了解到何种程度。

（二）富文广州地图

富文广州系列地图由美国传教士富文（Rev. Daniel Vrooman，1818 ～

---

① 两图的《广州城及城郊备忘录》（*Memoranda of Canton and Suburbs*）只在文本上有所差异，如部分字母的缩写和大小写，阿拉伯数字和英文数词间的切换，部分无关文意的连接词的省略，以及段落的标点和分段等处有所不同。校对两版"备忘录"，本版在第 9 行将"thick"误拼为"tkick"，第 47 行将"governor"误拼为"govenor"，第 51 行遗漏"1200"，第 62 行遗漏"with 14 Guns directed to support Fort Gough."等。上版"备忘录"在第 29 行遗漏"house"，第 42 行遗漏"3"。

② 长善等纂《驻粤八旗志》，马协弟、陆玉华点校注释，辽宁大学出版社，1992，第 75 页。

1895）创制，是广州早期实测地图中最重要的一种图，流传广泛，衍生出众多版本。曾有传说英军地图来自富文之妻所献地图，[①] 这个说法已被麦志强考证为伪说，[②] 不足为信。尽管尚没有足够材料能证明英军所用地图是否与富文地图有关，不过"富文广州地图"在早期广州实测地图中最具影响力的这一事实毋庸置疑。

现今所知富文地图就已不下 10 种，延续时间甚为绵长。从最早的 1855 年《广州城及全城郊地图》（*Map of the City and Entire Suburbs of Canton*）出现起，一直到 1904 年仍有修订版《广州城及城郊地图》（*Map of Canton and Suburbs*）问世。其中以 1860 年《广州城及全城郊地图》（*Map of the City and Entire Suburb's of Canton*，见图 8）最为细致，甚至已补入了大量中文地名，成为近代"科学化"的广州地图，属于欧美所绘广州城市地图演化进程的最后一阶段。其他还有法文版、各书中引用版本，以及中国人摹绘各版等。目前已知的富文系列地图可见表 1（表中简称为下文提到各图时使用）。

表 1　富文广州地图系列及简称对照表

图名	简称
1855 年《广州城及全城郊地图》（*Map of the City and Entire Suburbs of Canton*）	1855 年初版
1855 年《广州城图》（*Canton City*）*	1855 年李文焕版
1860 年《广州城及全城郊地图》（*Map of the City and Entire Suburb's of Canton*）	1860 年版
1861 年《广州城图》（*Canton City*）*	1861 年李文焕版
1861 年《广州城及城郊平面图》（*Plan de la Ville et Faubourgs de Canton*）	1861 年法文版
1867 年《广州城市平面图》（*Plan of the City of Canton*）	1867 年《中日商埠志》版
1880 年《广东省城图》（*Map of Canton*）	1880 年《广州指南》版
1880 年《广东省城图》（*Map of Canton*）	1880 年彩色版
光绪《广东省城图》（*Map of Canton*）*	光绪邹诚题字版
光绪《广州省城图》单色版（*Map of Canton*）* / **	光绪邹诚题字单色版
1888 年《广州城市平面图》（*Plan of the City of Canton*）**	1888 年版
1904 年《广州城及城郊地图》（*Map of Canton and Suburbs*）	1904 年修订版

注：* 中国人摹绘地图。

　　** 出自麦志强《〈广州城和郊区全图，1860〉及其绘制者美国传教士富文》，《广州文博（肆）》。

---

① 此说见于光绪《广东省城图》（*Map of Canton*）邹诚所题图说，《广州历史地图精粹》，第 88~89 页。

② 麦志强：《〈广州城和郊区全图，1860〉及其绘制者美国传教士富文》，《广州文博（肆）》，第 69 页。

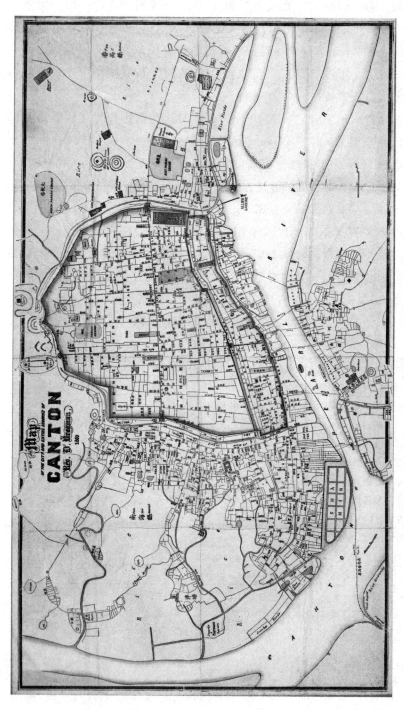

图 8　"富文广州地图"之 1860 年《广州城及全城郊地图》

资料来源：李孝聪、钟翀主编《外国所绘近代中国城市地图总目提要》。

富文地图的范围涵盖广州城内、西关、东山和河南4块区域，囊括了当时广州所有可以称为"城市"的街区，尤其是对河南地区的详细描绘，在之前地图中都未有见到。图中的街道等地物要素细密，在地形展现、地物位置、地名标注等各方面都翔实可靠，与实际的地理状况极为吻合。

创制者富文是美国传教士，出生于纽约州阿勒格尼县（Allegany County, New York）。据在华美国基督教刊物《教务杂志》记载，他于1852年抵达广州，并绘制了"1860年版"，而"1855年初版"则不见记载。[①] 卫三畏（Samuel Wells Williams，1812~1884）记录说，由于清政府禁止外国人进城，富文先是在城外最高点记录了城内显眼建筑的位置，然后培训一名当地人步幅测距技术和使用指南针，派他进入城里，按事先确认好的几座城门位置作为参考，去测量街道路径和距离。卫三畏还特意提到，英国人在4年之后得以进入广州城时，发现不需要对这份地图做太多修改。[②] 说明这份地图绘制方法运用了近代实地测量技术，从英国人广州战役后的入城时间反推，也可以证明没有直接资料记载的"1855年初版"确实是富文所绘第一幅广州城市地图。

富文系列地图版本众多，所以版式各不相同，内容繁简不一，有些图上没有注明图版信息，不题绘制者姓名，因此对认定是否属于富文系列地图产生影响。考察各版地图，大部分在图内右下"河南东部"有一直线缩尺，即使部分图版在翻印过程中，或省略缩尺数值，或只画一条直线，但都留有该缩尺痕迹，因此可以凭借这一点判断是否属于富文系列地图。另外，还有山体、特定地物设施等笔触绘法可作为认定标准的辅助。

"1855年初版"绘制了大量街巷、建筑、炮台等地物，城外尤其是西关已细化至小巷一级，较城内更细密。相对而言，因无法入城，城内地物在数量和质量上都不如城外，如存在八旗满汉驻地以西门大街划分，南北门大街东侧地块远扩至卫边街等错误。从总体观察，本图精准度高，地物内容丰富，地名则较少，绘制技法上所采用的线条笔触以简单流畅风格为主。

"1855年李文焕版"则对"1855年初版"做了修正补充，使地图更加准确。图中全为英文，地名不多。右下有"for sale by Lee Mun Une painter"字样，Lee Mun Une为何人，目前尚无材料说明，但以发音来看应是中国

① 富文抵达广州时间见《教务杂志》（The Chinese Recorder and Missionary Journal）第7卷，1876年，第183页；地图绘制见同卷第202页。

② Samuel Wells Williams（卫三畏），The Middle Kingdom Vol. 1, London, UK: W. H. Allen & Co., 1883, p. 169.

人，姑从麦志强将其音译为"李文焕"。李文焕熟知广州城，补绘了城内支巷，修正了八旗内外界线，并且将建筑、牌坊、山体等地物重新绘画，使之具象化，赋予艺术感。李文焕还绘有"1861年李文焕版"，两图最大差别是沙面岛的绘法，沙面岛在1859年形成今日形状。此图不具时间，从图中"两广部堂"由中式建筑图标变为空地判断，应是指1861年法国人强行要地改建圣心大教堂事件，所以此图年份定于1861年。

"1861年李文焕版"的山体画法承袭"1855年李文焕版"的山水画风格，而有细微差异，这一山体绘法被后来众多版本继承。从版本学角度来说，这幅图的流传比1855年的两版图更为广泛，多数图是继承此图而来。"1861年法文版"就应是从此图而来，"1867年《中日商埠志》版"是此图的简化版。

"1904年修订版"没有题绘制者姓名，也没有使用李文焕的山体绘法，但从"小北校场"等地物的画法来看是直接承袭了"1880年《广州指南》版"，而这一版应也是从"1861年李文焕版"而来。"1880年《广州指南》版"与"1880年彩色版"版式相同，四边略有收缩，导致"小北校场"北部已超出图框范围；此图还截去了"1861年李文焕版"超出图框的部分，并简化了图框内城北山地部分，这都是判断图源的新依据。"光绪邹诚题字版"是出自"1880年彩色版"。

"1860年版"是富文图的定版，采用了"1855年李文焕版"补充信息，但线条笔触仍延续"1855年初版"的简单流畅风格。图中补充了大量地名，以中文为主，甚至绘出番禺、南海两县县界。该图是20世纪前，广州最为精密的城市地图，不过本图复杂的地名标注基本没有被之后的版本继承。广州城市地图再次出现具有完善地名标注的近代"科学化"实测图需待至1907年的德国人舒乐（F. Schnock）的《广东省城内外全图附河南》（*Canton with Suburbs and Honam*），到那时欧美所绘广州城市地图才算完成近代化的演化进程。

综上所述，富文广州地图系列肇始于1855年艰难的测量工作，同年经由李文焕补充和艺术修饰，形成两个版本。1860年，富文采用李文焕的补充内容和原图的简单笔法，并填入大量地名之后，完成了富文地图的定本。然而这份定本中复杂的地名注记流传不广，之后系列地图多以1861年李文焕再绘的地图为母本，并经"1880年版"图框缩减后又形成一个母本。

全城实测阶段的地图是在近代测量技术支持下已完成图中地物测绘的城市地图，仅仅欠缺相应的地名系统。欧美所绘广州城市地图在这一阶段出现拥有庞大地名注记的1860年《广州城及全城郊地图》，但并没有流传开来，其背后的原因还是使用者的需求。战争因素对广州地图影响甚大，本阶段有一系列图即直接服务于第二次鸦片战争。而且，战争对欧美人认知广州城也有直接影响，战前富文根本无法进入广州城，说明了他们对于这个城市认知来源的局限性。

余　论

欧美所绘广州城市地图从诞生到步入近代具有丰富地名信息的"科学化"实测地图时代的历程中，共经历了"意象绘图""写实绘图""局部区域实测""全城实测""大量补充地名信息"五个演化阶段。以"大量补充地名信息"为标志，在 20 世纪初完成了向"科学化"地图演化的过程。1860 年虽已出现带有大量地名信息的实测图，但并未被之后出现的地图采用，可见社会需求尚未进化至此。进入 20 世纪，才广泛出现近代意义上的"科学化"地图，是源于社会实用的需求。

在之前的四个阶段中，"意象绘图"和"写实绘图"是欧美所绘广州地图的初步演化阶段。地图内容从不准确向准确演进，信息来源由目视、记录、传闻等途径向利用中国当地资料转变，地图所表达的功用也由表述事件向展示地理信息变化。明清之交，外国人尚可相对自由地出入广州城内，但当时缺乏绘图需求和技术人员，使欧美所绘地图处在"意象绘图"阶段，广州城市地图错过近代测量科学的洗礼。而后的"写实绘图"提高了地图的准确度，将欧美所绘广州地图带入了地理实用范畴。欧美人早期绘制的一批准确度较高的广州地图都是利用中国传统舆图翻印而成，减省了制图成本，并且对之后一批欧美自绘地图产生了影响，图中使用的地名注记就被数种欧美自绘地图继承。

欧美自绘地图作为珠江水道图等近代实测地图的附图，已有向"科学化"演化的趋势，如注重比例尺等测量要素。钟翀认为以近代实测技术运用与否作为标准，近代中国城市地图可分为"早期实测型城市地图"与"近代改良型城市地图"两类。[①] 包括"欧美自绘地图"在内的"写实绘图"即"近代改良型城市地图"类型，"局部区域实测"和"全城实测"属于"早期实测型城市地图"。

---

① 钟翀：《中国近代城市地图的新旧交替与进化系谱》，《人文杂志》2013 年第 5 期。

　　"局部区域实测"是欧美所绘广州地图科学化的初始阶段，以地籍图等类型地图为主的局部实测地图的出现，是由于在清代闭关政策之下，欧美人活动范围受到极大限制，其所能进行测量的地块有限。但在殖民主义之中，地籍图制作本身是为了达到经济和政治目的的一种工具。[①] 所以地籍图等有极强的实用功能的局部实测图的出现，是欧美在广州经济政治利益的体现。

　　殖民战争也直接影响了欧美所绘广州地图的发展历程，战争结果迫使清政府取消对外国人的限制政策，便利了他们的绘图工作。第一次鸦片战争中的广州地图仅具示意作用，而且战后出现的部分地图与战时军队所用军事地图息息相关。两次鸦片战争之间的地图质量则得到飞速提高，局部实测的十三行地图在这期间继续精确细化。"全城实测"阶段也在这一时期发生，富文在1855年艰难地进行测量绘图，创制了第一幅高精确度的广州全城地图，第二次鸦片战争使用的军用地图更是前所未见地精细。这两个系列地图是广州出现的最早一批实测地图，广州城市地理形态首次被以"科学化"手段描述并呈现在文本上，是之后广州城市地图精确性基础的来源之一，奠定了日后广州城市地图的基本形制，甚至对中国人和日本人所绘制的广州城市地图也产生了巨大影响。

　　"富文广州地图"是近代广州最具影响力的一系列地图，它的完成肇始于富文，但中国人李文焕是完善地图的重要角色，以至于他所绘制的"1861年李文焕版"演化出的版本远多于之前问世的几个版本。"1860年版"境遇也充分说明了，地图的流传与使用者的需求有紧密联系。19世纪中叶的在穗欧美人对城内大量地名信息的使用需求远不及于20世纪，因而真正有影响力的"科学化"地图在1900年代之后才被使用者接受。因此欧美所绘广州城市地图完成"科学化"进程是在20世纪初。

　　清代闭关之前的西方人对广州城内地理信息没有了解的需求，因而使广州错过了最初的近代测量技术。及至欧美打开全球市场，需求遽升，通过殖民战争一次又一次地试图打开广州城门，才使他们笔下的广州地图逐步变为近代实测技术的"科学化"地图。从而说明，欧美地图使用者对广州城市地理了解的需求是他们所绘广州城市地图的演化脉络（见图9）发展的根本原因。

（执行编辑：江伟涛）

[①] 〔美〕诺曼·思罗尔：《地图的文明史》，第116页。

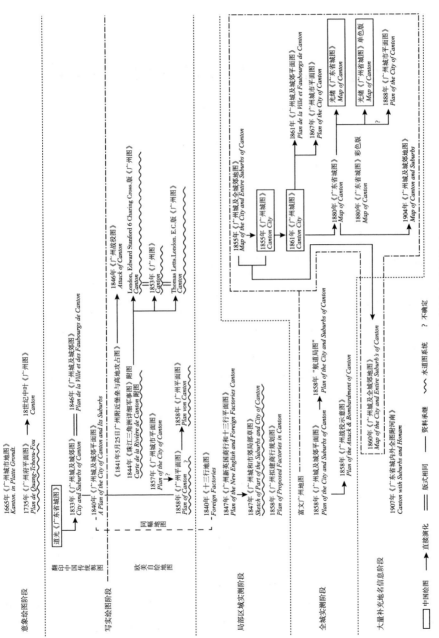

图 9　欧美所绘广州城市地图谱系

"纸护窗棂已策功，玻璃更比古时工"

——广州应用平板玻璃历史考略

金国平[*]

　　摘　要：古代，广州已接触到平板玻璃，其与波斯等地有着海上贸易往来。澳门长期作为广州的外港，对广州平板玻璃的使用产生了影响。1757年在广州十三行建造的新英国馆（保和行）装有玻璃窗，英国人在澳门租用的葡萄牙人豪宅中也会使用平板玻璃。平板玻璃在耐久度、透光率和美观方面优于纸张和蚝镜，成为社会时尚。随着舶来品和国产平板玻璃的大量使用，至清末民初，平板玻璃在广州已经十分流行，传统的"蚝镜窗"成了一道历史风景和一段记忆。

　　关键词：平板玻璃　"蚝镜窗"　澳门　广州　海外贸易

一　"纸护窗棂已策功"

　　在原始社会，人们的居所通常没有窗户，而随着文明的发展，人们开始在墙壁上凿洞来通风，逐渐发展出窗户的概念。此时，如何既能遮风挡雨，又能保持适当的采光和通风，便成为人们面临的新问题。古人曾采用各种方法以解决这个问题。在玻璃应用以前，使用兽皮、树皮、鱼膜等透明的材料来增加进入房间内的光线。而玻璃应用以后，则开始使用磨砂玻璃、薄膜等

　　*　　金国平，暨南大学澳门研究院教授。

材料，以避免室内透明度过高导致的各种问题。① 虽然当时没有现代的高科技材料，但他们的创造力和智慧使古代建筑能在一定程度上满足生活的需要。

在欧洲，英国人和德国人在窗上嵌油纸，遮涂蜡的白布，甚至薄薄的云母片；俄国人则将牛膀胱的薄膜蒙在窗框上。也有蒙上羊皮纸、浸过松节油的布、油纸或薄石膏片的活动窗户。透明窗玻璃要到 16 世纪才真正出现，然后以不同速度向各地传播。②

印度人使用亚麻或打蜡的布制作窗户，它们的使用寿命更长。③ 在印度南部的果阿使用过窗贝（carepo）。④ 菲律宾人也使用窗贝，现在贝壳窗（capiz shell windows）是菲律宾文化中的重要标志。⑤ 这样的窗户在炎热的气候中具有许多优点：可以透过柔和的光线，拦截太阳光，不需要窗帘和百叶窗，并且结实耐用。⑥

云母是一种天然矿物，其透明度较高，而且能够有效地隔热和保暖，在中国古代被广泛应用于建筑，特别是用于寺庙和官方建筑。南北朝时期，梁朝人吴均《赠柳真阳》诗云："南窗贴云母，北户映琉璃。"⑦ 虽然云母的使用在现代已经逐渐减少，但它的历史和文化价值仍然被广泛认可和传承。

除云母外，中国人还用其他材料制作窗户。先秦时期，富裕之家使用绢、布来作为窗户的遮挡物。隋唐时期，普通家庭或用直棱木栅棂和可开合的木板窗扇；或用草席、芦席挂在窗户上方，并用木棍支撑；或用纱布来遮

① 关于欧洲玻璃窗发展和普及的一般情况，可见〔法〕布罗代尔《十五至十八世纪的物质文明、经济与资本主义》第 1 卷《日常生活的结构：可能和不可能》上，顾良、施康强译，商务印书馆，2018，第 355~357 页。

② 王一川主编《世界大发明》下，未来出版社，1995，第 873 页；〔法〕布罗代尔：《十五至十八世纪的物质文明、经济与资本主义》第 1 卷《日常生活的结构：可能和不可能》上，第 356 页。

③ García de Silva y Figueroa, *The Commentaries of D. García de Silva y Figueroa on His Embassy to Shāh Abbās I of Persia on Behalf of Philip Ⅲ , King of Spain*, Jeffrey Scott Turley, trans. , Jeffrey Scott Turley, George Bryan Souza, eds. , Boston：Brill, 2017, p. 235.

④ Sebastião Rodolpho Dalgado, "Academia das Ciências de Lisboa, " *Glossário luso-asiático*, Vol. Ⅰ, Coimbra：Imprensa da Universidade, 1919, p. 217.

⑤ Florencio Talavera, "The Window Shell, " *Philippine Magazine*, Vol. 28, No. 1 (June, 1931), p. 266.

⑥ Sebastião Rodolpho Dalgado, "Academia das Ciências de Lisboa, " *Glossário luso-asiático*, Vol. Ⅰ, p. 217.

⑦ 张溥编，吴汝纶选《汉魏六朝百三家集选》，任继愈主编《中华传世文选》第 2 册，吉林人民出版社，1998，第 635 页。

挡。一些贫困家庭甚至使用稻草来遮挡窗户，与葡萄牙和西班牙的农村地区类似。

纸张被用于窗户上，则要更晚。虽然东汉元兴元年（105）蔡伦即已改进造纸术，但当时纸张的质量较差，容易破损，不适合作为大面积的窗户材料。直到魏晋南北朝时期，纸张才开始普及，西晋时期甚至有"洛阳纸贵"的说法。唐宋时期，人们开始使用双面写过字的废纸来糊窗户和墙壁。这时，防水油纸也开始被用作窗户采光材料，但油纸不耐久，经不起风雨日晒，需要经常更换。

明清时期，广州穷人家用纸裱糊窗户。据当时在广州的外国人记录：

> 1696 年 1 月 22 日下午两点钟左右，全（广州）城封印关衙。……最贫穷的人也要在新年佳节时购置一件新衣，用新纸裱糊房间的窗户和墙壁、重写楹联、筹办年货，以备与亲朋聚会。春节之夜，全城灯火辉煌。[①]

此处所提到的糊窗户所用的纸，材料应该是油纸。

1863 年，卫三畏（Samuel Wells Williams）说过如下一段话：

> OSTER SHELLS，蛎壳 lí kok，亦称为明瓦 míng yá。虽然早就可以制造玻璃了，但在中国房子上，窗玻璃的使用仍有限。在华北，用纸糊窗棂，而在华南，穷人使用厚厚、透明的海月（Placuna placenta）片来代替玻璃和纸。它们被切成正方形，并像瓷砖一样铺砌，其边缘重叠，排成行，用纵向的木条固定在窗扇上。[②]

到 1944 年，澳门土生学者高美士（Luís Gonzaga Gomes）还这样描写中国人准备过新年的情景：

> 在穷人家中，所有家庭成员都忙得不亦乐乎。一些人急于修补旧房

---

① 耿昇：《中法文化交流史》，云南人民出版社，2013，第 390 页。
② Samuel Wells Williams, *A Chinese Commercial Guide Containing Treaties, Tariffs, Regulations. Tables, etc., Useful in the Trade to China & Eastern Asia with an Appendix of Sailing Directions for Those Seas and Coasts*, Hong Kong: Shortrede, 1863, p. 130.

子，另一些人在整修生锈的门，还有一些人在修补用作玻璃（vidraça）的纸。[1]

二　蚝镜窗

蚝镜窗是一种广泛使用的传统窗户，民间称为明瓦窗、壳窗、蚌壳窗、蜊壳窗、海月窗、海镜窗等，最早出现于宋朝，其制法是将贝壳打磨得平整光滑后，嵌入花格的木窗棂上。相比使用油纸的窗户，蚝壳窗既美观又通透，同时还提高了窗户的密闭度，保护了居民的隐私。岭南地区许多古建筑至今仍保留古雅精致的明瓦窗，比如顺德清晖园、佛山梁园、番禺余荫山房、东莞可园、深圳鹤湖新居、澳门卢家大屋和郑家大屋等。余荫山房保存完整的蚝壳窗多达 38 组 58 扇，面积约 $103\mathrm{m}^2$，因此被誉为"岭南蚝壳窗博物馆"，其特点是应用广泛、式样丰富。

蚝镜窗制作是一门手艺，技艺高超的工匠被称为"明瓦匠"或"蚝壳匠"。需要精选质地优良的贝壳，经打磨、切割和组装，方能制成精美的蚝镜窗。[2]《牧牛庵笔记》卷一《康熙时苏州匠人工价》载："钉明瓦匠二十二文。"[3] 可见蚝镜窗价格不菲。清末《图画日报》"三百六十行"专栏刊登了一幅名为"钉蜊壳窗"的插图（见图1），展示了"蜊壳窗"的外观。配文中写道：

钉蜊壳窗

蜊壳窗，亮汪汪，遮风遮雨兼遮阳。

昔年窗上多用此，一窗需壳数十张。

近来装潢尚洋式，玻璃窗子出出色。

蜊壳生意尽抢光，钉蜊壳匠发老极[4]。

---

① Luís Gonzaga Gomes, *Macau, factos e lendas*, Macau: Instituto Cultural de Macau, 1944, p. 112.

② 王稼句：《三百六十行图集》，古吴轩出版社，2002，第535页。

③ 饭牛：《饭牛翁小丛书》上，中孚书局，1948，第60页。

④ 或曰"发极"，意即"发怒要赖"。

图1 "钉蚵壳(蚝镜/明瓦)窗"

资料来源：王稼句：《三百六十行图集》，第 535 页。

三 从蚝镜窗到"满洲窗"

在平板玻璃传入中国之前，窗户主要使用不透明的传统采光材料，如油纸、竹篾或木板等。因此，透明的平板玻璃一经传入中国，其较高的透光度便引起人们极大注意。然而，早期使用的窗玻璃尺寸都较小，大概由于当时舶来的平板玻璃为数尚不多，大块的更少，十分稀贵。即便是在富有四海的皇家眼中，这也是稀罕之物。当时玻璃窗的做法，多在一扇窗的中心部位，或左边或右边安装玻璃，其余窗格仍旧使用传统的采光材料。故宫档案称这种做法为"安玻璃窗户眼"。这种做法的显著特点是玻璃窗尺寸较小，早期应用较多。因此可以看出，这种中西结合式窗户，只有皇宫才有特权使用，才用得起，且也不是全部使用。除了价格昂贵之外，供应的短缺恐怕是主要原因。

经历几百年的发展，到 20 世纪 80 年代，北京的老民居和农居仍在使用中西结合的"玻璃眼"窗户，这足以证明这种窗户的耐久和实用。随着进口平板玻璃的逐渐增多，出现了"满安玻璃，碎剐成做"的做法，即将许多小块玻璃分装在一扇窗户的全部窗格上，以取代窗纸。后来出现整扇窗上去掉窗棂的"满安玻璃"做法。这种做法在华南地区被称作"满洲窗"。[①]如广州的余荫山房内，除了广为人知的蚝镜窗外，也可以看到"满洲窗"的身影。这些窗户在结构上采用了中西合璧的设计，既有传统的窗格和框架，又运用了平板玻璃技术；既保留了传统建筑的风格特色，又具备了现代建筑的实用和美观，是中西文化交融的重要体现。

四 "玻璃更比古时工"

平板玻璃直接运用在建筑上的历史可追溯至公元 1 世纪的罗马。在欧洲大多数国家，较早用于建筑装饰的玻璃是教堂上的彩色玻璃。在几百年前，这样的玻璃在中国却极为珍贵，因为平板玻璃当时只能进口，所以价格昂贵，成为显示主人身份、地位和财富的象征，下面略加申述。

（一）澳门、广州最早使用玻璃窗

在欧洲，玻璃窗最初只有在教堂里才能见到，后来进入私人住宅。凹凸不平、镶有铅条的玻璃块太重、太贵，所以这种玻璃窗不能制成活动的。[②]岭南地区最早使用教堂彩色玻璃的是澳门。《澳门记略》记载，"玻璃诸器"是指以玻璃为材料制作的各种器皿，如碗、盘、瓶等。[③]可以在器物上绘画或镶嵌装饰。而平板玻璃画则是以平板玻璃作为画基进行绘画创作。1602年始建的"三巴寺"，从现存的面墙上空着的窗口来判断，可能使用过小块平板玻璃拼成的花窗。

广州使用彩色玻璃窗的最大遗存是始建于 1863 年，落成于 1888 年的石室圣心大教堂（Cathédrale du Sacré-coeur de Jésus/Sacred Heart Cathedral）。在澳门"三巴寺"和广州的石室圣心大教堂之前，其他砖木结构的教堂应

---

① "江南房屋向来皆用雕花直窗，而于书室客厅则用大方窗，中嵌玻璃大片，俗呼为满洲窗，盖北方旗式也。今则无论大小长短，凡轩牖皆整用玻璃矣。"参见陈作霖、陈诒绂《金陵琐志九种》下"满洲窗"条，南京出版社，2008，第 305 页。

② 〔法〕布罗代尔：《十五至十八世纪的物质文明、经济与资本主义》第 1 卷《日常生活的结构：可能和不可能》上，第 355~356 页。

③ 江滢河：《广州外销玻璃画与 18 世纪英国社会》，蔡鸿生主编《广州与海洋文明》，中山大学出版社，2018，第 135~160 页。

该使用了彩色玻璃窗，但这些教堂的遗存已不多，难以确定采用的情况。

广州最早安装玻璃窗的是十三行的外国商馆，这些商馆主要由欧洲国家的商人经营。而在工业革命后，英国已经掌握了大规模生产玻璃制品的技术，因此玻璃成了马戛尔尼（George Macartney，1737~1806）使团采办的重要"贡品"之一：

> 使团也为中国宫廷准备了琳琅满目的礼品，价值 15610 英镑，包括一架天象仪、一些地球仪、机械工具、天文钟、望远镜、测量仪、化学和电机工具、窗橱玻璃、毛毯、伯明翰（Birmingham）五金制品、谢菲尔德（Sheffield）钢铁和玻璃制品、铜器和韦奇伍德（Wedgwood）陶器。[1]

使团成员斯当东（Sir George Leonard Staunton，1737~1801）参观羊城后发表观感：

> 广州城及其近郊大部分位于北江东岸。使节团被招待住在西岸。馆舍共有庭院若干进，非常宽敞方便。其中有些房间陈设成为英国式样，有玻璃窗及壁炉。[2]

另一个成员巴罗（Sir John Barrow，1764~1848）也记述道：

> 虽然英商馆的住宿条件比中国提供的最华丽宫室更舒服，但按当局的原则，大使和商人不能同在一个屋檐下，因此为表示必需的尊敬，安排使团住进江对岸的花园别墅，其中备有欧式的床具、玻璃吊窗、还有供生煤火用的炉条。[3]

19 世纪中叶，十三行的外国商馆率先在岭南建筑中安装了平板玻璃窗。

---

[1] 〔美〕徐中约：《中国近代史：1600—2000，中国的奋斗》，计秋枫、朱庆葆译，世界图书出版公司，2012，第 111 页。

[2] 〔英〕斯当东：《英使谒见乾隆纪实》，叶笃义译，群言出版社，2014，第 567 页。

[3] 〔英〕约翰·巴罗：《巴罗中国行纪》，〔英〕乔治·马戛尔尼、〔英〕约翰·巴罗：《马戛尔尼使团使华观感》，何高济、何毓宁译，商务印书馆，2017，第 499 页。

此后，十三行行商开始在私宅中安装透明平板玻璃窗，成为岭南地区采用玻璃装饰建筑的先驱。

行商中最有代表性的是潘仕成。《清朝野史大观》称："潘仕成盛时姬妾数十人，造一大楼处之。人各一室，其窗壁悉用玻璃，彼此通明，不得容奸。"① 1844 年，法国使团的成员之一拍下了十三行行商潘仕成的海山仙馆主楼的照片，显示其宅邸使用了玻璃（见图 2）。

图 2　广州海山仙馆

资料来源：广州市荔湾区文化局、广州美术馆编《海山仙馆名园拾萃》，花城出版社，1999，第 8 页。

卫三畏在 1848 年初版的著作《中国总论》中也提及行商家中使用玻璃：

木石不能经久不变，需要经常维修；新的时候很好看，不论花园或房屋，一旦疏于管理，很快沦于荒废。过去由"行"垄断的年代，广州一些巨商的住所周围都有或大或小的花园，栽花种树。其中一人花样特多，建造了一座全玻璃的避暑别墅，结构特别，用百叶窗来遮蔽和保护。②

① 小横香室主人：《清朝野史大观》第 2 册，浊尘点校，中央编译出版社，2009，第 642 页。
② 〔美〕卫三畏：《中国总论》上，陈俱译，上海古籍出版社，2014，第 513 页。

行商家的玻璃窗也给当时的诗人留下了深刻的印象。乾嘉之际江西临川人乐钧（1766～1814）在《岭南乐府·十三行》中写道：

> 粤东十三家洋行，家家金珠论斗量。
> 楼阑粉白旗竿长，楼窗悬镜望重洋。①

能"望重洋"者，必定是高楼。玻璃窗通透晶莹，犹如悬挂的镜子。两广总督阮元在1818年写下《咏玻璃窗》长诗：

> 纸护窗棂已策功，玻璃更比古时工。
> 虚堂密室皆生白，曲榭高楼尽避风。
> 尺五天从窥去近，一方垣许见来同。
> 尽教对镜层层照，不用开轩面面通。
> 疑画幅裁花烂漫，胜晶帘却月玲珑。
> 常留净几香烟碧，分射深廊蜡炬红。
> 隔断寒尘明湛湛，看穿秋水影空空。
> 虽然遮眼全无界，可是身居色界中。②

这股玻璃热潮也涌上了船。当时沙面的"花船"③已是"孔翠篷窗，玻璃桅牖，各逞淫侈，无雷同者"。"花船"是珠江省河上一道亮丽的风景线，中外记载繁多。清人张心泰《粤游小志》记载：

> 河下紫洞艇，悉女闾也。艇有两层，谓之横楼。下层窗嵌玻璃，舱中陈设洋灯洋镜。入夜张灯，远望如万点明星，照耀江面，纨绔子弟选色征歌，不啻身到广寒，无复知有人间事。④

美国人亨特（William C. Hunter）描写说：

---

① 张应昌编《清诗铎》下册，中华书局，1983，第923页。
② 阮元：《揅经室四集》卷11，道光三年（1823）刻本，第142页。此诗承黄文辉先生惠告，特此致谢。
③ 张超杰：《西方视阈下的十三行行商与广州花船》，《邢台学院学报》2017年第1期。
④ 黄佛颐：《广州城坊志》，钟文点校，暨南大学出版社，1994，第329页。

　　花艇的上盖全都是玲珑剔透的木雕，雕刻着花鸟，装着玻璃窗，窗棂油漆描金。①

马戛尔尼也观察到了官船上的玻璃窗：

　　　　钦使所坐客船，与属员所坐者，初无少异，唯装饰略有不同。钦使船上各窗大半镶嵌玻璃，余船则糊之以纸，此因玻璃为西方物产，在中国颇形珍贵也。②

（二）西人眼中广州的"玻璃景观"

　　关于广州使用平板玻璃的情况，外国旅行者的记录颇多。乾隆五十八年（1793），马戛尔尼使团成员巴罗观察到，和世界其他地方一样，中国广泛使用半透明的物质来制作窗户的采光材料："窗户无玻璃；用油纸、纱罗，或珍珠母，或角质物代替。"③ 斯当东则指出：

　　　　中国玻璃系由欧洲运来的玻璃碎片熔化做出的。中国有地位的人身上戴的各种颜色和形状的玻璃珠和玻璃纽扣主要是意大利威尼斯制造出来的。过去威尼斯商人垄断欧洲同东方的贸易，现在他们的业务越来越缩小，上述玻璃饰物是他们剩下的仅有的几项贸易项目之一。④

　　在清代广州，玻璃制品的生产并非采用原料直接加工，而是采用再生玻璃。与此同时，欧洲传统的玻璃产地威尼斯一直与中国保持着玻璃制品的贸易。1830年来到广州的美国新教传教士裨治文（Elijah Coleman Bridgman）说："窗子很小，很少装玻璃；代替玻璃的是纸、云母、贝母或其他类似的

①　〔美〕亨特（William C. Hunter）：《旧中国杂记》，沈正邦译，广东人民出版社，1992，第20页。

②　〔英〕马戛尔尼：《乾隆英使觐见记》，刘半农译，中华书局，1916，第18页。

③　〔英〕约翰·巴罗：《巴罗中国行纪》，〔英〕乔治·马戛尔尼、〔英〕约翰·巴罗：《马戛尔尼使团使华观感》，第334页。

④　〔英〕斯当东：《英使谒见乾隆纪实》，第576页。

透明材料。"① 而卫三畏在 1848 年初版的《中国总论》中多有记载:

> 木材价高,窗玻璃很少使用,这两项限制了住房的建造。②
>
> 如果没有其他方式可行,后房就从天上采光,南方沿海用一种牡蛎壳磨成方形薄片来当窗玻璃。通过商贸往来,玻璃逐渐输入,在各地推广使用,但由于怕贼,使用得不多。在北方,高丽纸③就是玻璃的主要代用品。④

卫三畏报道了南方主用蚝镜片,北方多用高丽纸。但一般人家使用低一级的毛头纸。他又认为:

> 尽管是大白天,房间也很暗;没有地毯和火炉,也没有可供观赏外景的窗子。对于外国人来说,习惯于自己配有玻璃的高爽的房子,实在觉得缺少乐趣。⑤

在英国,平板玻璃早已被广泛采用作为窗户的采光材料,所以来到没有玻璃的房间时,英国人感到非常不适应,并对窗户的采光材料非常敏感。他也指出,在那个时代,华商并没有使用玻璃橱窗来展示他们的商品,"中国商人不会展示货物来炫耀,使用玻璃也不大安全"。⑥

显然,平板玻璃的使用在中国和欧洲之间存在差异。马戛尔尼使团的成员巴罗评论道:

---

① 〔瑞典〕龙思泰(Anders Ljungstedt):《早期澳门史》,吴义雄等译,东方出版社,1997,第 266 页。

② 〔美〕卫三畏:《中国总论》上,第 507 页。

③ 郭春芳在《清宫门窗用纸》中指出:"此外还规定,地位较高的殿堂均用高丽纸糊饰,侧殿则使用档次相对较低的'毛头纸'。"(冯伯群、屈春海主编《清宫档案秘闻》,华中科技大学出版社,2018,第 278~279 页。)"毛头纸亦称'东昌纸'。一种纤维较粗、质地松软的白纸,多用于糊窗户或包装。"(黄瑞琦主编《现代行业语词典》,南海出版公司,2000,第 291 页。)"民用毛头纸厚实,拉力强,不易裂,虫子不蛀,隔风截热,是北方农家必备的糊窗户、裱新屋、糊墙壁用纸。"(中共迁安县委党史研究室编《可爱的迁安》,天津人民出版社,1995,第 63 页。)

④ 〔美〕卫三畏:《中国总论》上,第 510~511 页。

⑤ 〔美〕卫三畏:《中国总论》上,第 510 页。

⑥ 〔美〕卫三畏:《中国总论》上,第 513 页。

他们没有人工加热或防冷的方法促使植物发育生长，也不知道让阳光透过玻璃保持温度。他们主要的长处在于整治土壤，不断耕耘，不断除草。[①]

实际上，玻璃窗在英国传播很快。15世纪60年代，由于农业发展提供了大量财富以及玻璃工业的发达，玻璃窗已在农家普及。[②] 在中国，当平板玻璃还是皇室和达官贵人的奢侈品时，在英国却已经成为农民住房和农业生产技术中的常见元素。

（三）广州平板玻璃的来源

明清时期，玻璃主要是通过海上贸易进口。16世纪以来，西欧与中国的海上贸易逐渐增多，其中玻璃制品也成为贸易品之一。这些进口的平板透明玻璃主要用于宫殿、寺庙等重要建筑物的窗户和墙壁，是极为奢侈的建材。其输入途径有二。

一是进贡。明朝正德年间，葡萄牙向中国派出了第一位大使皮莱资。[③] 时任广东海道副使顾应祥在《静虚斋惜阴录》中记述了皮莱资送来礼物的清单：

> 所进方物有珊瑚树、片脑、各色锁袱、金盔甲、玻璃等物。[④]

入清，葡萄牙派出的第一位大使是玛讷·撒尔达聂（Manuel de Saldanha）。他从广州写给耶稣会日本省视察员曼努埃尔·多斯·雷伊斯（Manuel dos Reys）神父的信中说：

> 我要恳请您的是，给我找四块窗玻璃（vidraças），差不多有御纸

[①] 〔英〕约翰·巴罗：《巴罗中国行纪》，〔英〕乔治·马戛尔尼、〔英〕约翰·巴罗：《马戛尔尼使团使华观感》，第274页。

[②] 〔法〕布罗代尔：《十五至十八世纪的物质文明、经济与资本主义》第1卷《日常生活的结构：可能和不可能》上，第356页。

[③] 关于这个使团，可见金国平、吴志良《一个以华人充任大使的葡萄牙使团——皮莱资和火者亚三新考》，《早期澳门史论》，广东人民出版社，2007，第342~367页；《"火者亚三"生平考略：传说与事实》，中国社会科学院历史研究所明史研究室编《明史研究论丛》第10辑，故宫出版社，2012，第226~244页。

[④] 顾应祥：《静虚斋惜阴录》卷12《杂论三》，《四库全书存目丛书》子部第84册，齐鲁书社，1995年影印本，第208页上。

（papel do Rey）四分之一大小。一项重要的工程要用它。此乃悠悠大事，全依赖您了。我衷心地祝愿您，在我主的庇护下，延年益寿。1669年2月16日于广州。①

"一项重要的工程"大概是指建造畅春园。这份文献揭示了平板玻璃是由葡萄牙人通过广州输入北京的。虽然这种新奇的建筑材料被视为宝贵的礼物，但并未被加入礼物清单中。这可能是因为平板玻璃并非可以直接把玩和使用的物品，而是一种建筑材料。但是，从驻广东藩王（Regulo/Rey de Cantão）尚可喜与玛讷·撒尔达聂大使的接触中可以看出，希望得到平板玻璃的需求可能是从尚可喜那里提出的。② 这表明他希望得到平板玻璃作为邀宠和升官的"西洋奇货"，直接呈送给康熙。虽然数量极少，但平板玻璃最终被安装在了康熙在北京西北郊的别墅畅春园内。畅春园建于1684年，是北京第一座"避喧听政"的皇家园林。康熙皇帝在1687年首次驻跸畅春园，随后在园内居住和处理朝政长达36年，直至1722年他于园内寝宫病逝。

康熙时近臣高士奇看到了玻璃窗，并在其《蓬山密记》中记曰：

康熙癸未（1703），三月十六日，臣士奇随驾入都。……转入观剧处，高台宏丽，四周皆楼，设玻璃窗。

二十六日，……上命近榻前，观新造玻璃器具，精莹端好。臣云："此虽陶器，其成否有关政治。今中国所造，远胜西洋矣。"上赐各器二十件，又自西洋来镜屏一架，高可五尺余。③

二是收购。通常情况是，粤海关奉旨从澳门或十三行洋商手中收购玻璃等器，运至北京交付内务府供皇室专用：

1698年1月17日，当白晋拜见两广总督石琳时，奉上了由中国公

---

① Carta do Embaixador ao Padre Manuel dos Reis, "escrita de Cantão en 16 de Fevereiro de 1669, sôbre várias dificuldades de dinheiro com que a Embaixada luta," *Arquivos de Macau*, 2. a Serie-Vol. I, No. 6-Nov. -Dez. de 1941, p. 343.

② Carta do Embaixaidor ao Padre Senhor Manoel dos Reys, "escrita de Cantão em 14 de Janeiro de 1669 pedindo informações acerca de fazendas a importar," *Arquivos de Macau*, 2. a Serie-Vol. I, No. 6-Nov. -Dez. de 1941, pp. 339-340.

③ 高士奇：《蓬山密记》，上海国粹学报社铅印本，1914，第2页。

司提供的丰厚礼物。总督回赠的礼品包括 3 只装满香料的金瓶、1 只镶瓷的铜瓶、15 个杯子和 1 尊颇受中国人器重的深红色石雕像、2 个仿玛瑙的白色小杯、4 个漆盘、2 个大古董瓶、10 匹丝绸和数目巨大的一批中国白绢画。总督自己花钱买下了所有玻璃，因为他想以转卖而赚取巨额利润。①

这种情况在清代官方文件中也有所反映。《两广总督杨琳奏为代进住澳门洋人所备土物事折》〔康熙五十八年正月初九日（1719 年 2 月 27 日）〕云：

> 两广总督奴才杨琳，为奏进事。据住澳门西洋人理事官唛嗦哆等呈称，哆等住居澳门，世受皇上恩典，泽及远彝，贸易资生，俾男妇万有余口得以养活。圣恩高厚，无可报答，敬备土物十六种，伏乞代进，稍尽微诚。计开，进上物件洋锦缎三匹、珊瑚二树、西洋香糖粒九瓶、玻璃器四件、鼻烟十二罐、衣香一盒，槟榔膏六罐、珊瑚珠二串共二百零七粒、金线带五丈、火漆一小盒、水安息香共二十个、鼻烟盒六个、戒指六个、保心石大小共二十个、银盒一个内小盒六个、绒线狗四个等情到奴才。据此，查澳门住居彝人，感戴皇恩，每遇岁时万寿，诵经礼拜，共祝圣寿无疆。今备具土物，呈请奴才代进，乃远人一片诚敬实心。合将缴到物件代为恭进。谨奏。康熙五十八年正月初九日奴才杨琳。
>
> 朱批：知道了。还有赏赐之物，传旨赏去。②

① 耿昇：《从法国安菲特利特号船远航中国看 17—18 世纪的海上丝绸之路》，《西北第二民族学院学报》（哲学社会科学版）2001 年第 2 期。近有〔法〕梅谦立的《康熙年间两广总督石琳与法国船"安菲特利特号"的广州之行》，《学术研究》2020 年第 4 期。安菲特利特号船曾于 1698 年、1699 年和 1700 年三次远航中国。当时参与者之一佛洛基尔（François Froger）留下了一部回忆录：François Froger, Ernst Arthur Voretzsch, *Relation du premier voyage des François à la Chine fait en 1698, 1699 et 1700 sur le vaisseau "L'Amphitrite"*, Leipzig: Verlag der Asia major, 1926。此外，伯希和有一专门论文：Paul Pelliot, "L'origine des relations de la France avec la Chine Le premier voyage de l'Amphitrite en Chine," *Journal des Savants*, Paris, 1928, décembre, pp. 433 – 451, et 1929 : mars, pp. 110 – 125; juin, p. 252 – 267; juillet, pp. 289–298。

② 中国第一历史档案馆编《康熙朝汉文朱批奏折汇编》第 8 册，档案出版社，1985，第 383 页。

雍正十年五月廿日圆明园来帖内称:

> 奏事太监王常贵交玻璃插屏一件(长五尺一寸、宽二尺九寸,随楠木架、红猩猩毡夹套)、大玻璃片一块(长五尺、宽三尺四寸,随白羊绒夹套木板箱,系广东粤海关监督监察御史祖秉圭进)。传旨:着交造办处收贮。①

康雍乾三朝,御用玻璃厂尚未能烧制出大面积的平板玻璃。虽然在1688年,法国已经发明了生产大块玻璃的工艺,但由于专利限制,耶稣会无法引入此技术。虽然御用玻璃厂拥有耶稣会提供的玻璃制作技术和人才,但只能生产玻璃器皿和光学玻璃,无法制造大尺寸的平板玻璃。最初,窗户上的玻璃是通过"吹球法"制造的,即将玻璃吹成球状,趁软时剖开展平得到片状。直到19世纪末,将玻璃球改进为2m多高的玻璃筒,才大大增加了平板的面积。20世纪初,中国也开始采用这种"吹球法/吹泡摊片法"进行生产,之前大面积的平板玻璃只能依赖进贡和进口。

结　语

在古代,广州便已经接触到了小片的平板玻璃。西汉南越王墓中出土的深蓝色玻璃片证明,早在南越国时期,广州就已经与波斯等地进行了海上贸易,但是平板玻璃制作技术没有引进和流传下来。近代广州的平板玻璃使用受到了澳门的影响。长期以来,澳门是广州的外港。宫廷御用的平板玻璃,一般先到澳门,再到羊城,由两广总督或粤海关送至京城。

1757年,在广州十三行起造的新英国馆(保和行)就已经使用了玻璃窗。考虑到英国人需要先到澳门定居,然后进入广州,因此可以判断,他们在澳门高尚区租用的葡萄牙人豪宅也不会不装平板玻璃。这说明澳门对广州的影响不容小觑。

广州的窗户采光材料经历了从半透明物质到完全透明的平板玻璃的转变。无论是耐久度、透光率还是美观度,通明透亮的平板玻璃都远远优于纸

---

① 朱家溍、朱传荣选编《养心殿造办处史料辑览》第1辑雍正朝,故宫出版社,2013,第315页。

张和蚝镜，成为一种社会时尚。传统的蚝镜窗成了岭南的一道历史风景和一段记忆。

　　随着舶来品和国产平板玻璃的大量运用，"近来装潢尚洋式，玻璃窗子出出色"。广州建筑使用玻璃窗成为风气，对中国其他城市产生影响。如李斗《扬州画舫录》中关于澄碧堂得名的记述：

> 　　涟漪阁之北，厅事二，一曰"澄碧"，一曰"光霁"。平地用阁楼之制，由阁尾下靠山房一直十六间，左右皆用窗棂，下用文砖亚次。阁尾三级，下第一层三间，中设疏寮阁间，由两边门出第二层三间，中设方门，出第三层五间，为澄碧堂。盖西洋人好碧，广州十三行有"碧堂"，其制皆以连房广厦、蔽日透月为工，是堂效其制，故名"澄碧"。①

（执行编辑：林旭鸣）

---

① 李斗：《扬州画舫录》，中华书局，1997，第285页。

守护海岸之光

——灯塔世家的第三代守塔人口述

全秋红*

摘　要： 灯塔作为一种助航设施，经历了传统由民间筹款、零星建立到近代由政府系统规模化建立的过程。近代在海关的主持下，以船钞作为灯塔的专门建设经费，灯塔开始在中国沿海和内地有序地建立起来，照亮着中国海岸和江面。国内已有研究多侧重灯塔的建设经费、管理、等级和防护状况，对于灯塔看守人的关注不够。本文着重关注灯塔发光背后的一个重要因素，即灯塔看守人，试图以看守浙东海域百余年的灯塔世家第三代守塔人的口述为中心，来增进对灯塔看守人日常生活和精神情感的了解。

关键词： 灯塔看守人　口述　日常生活

缘　起

灯塔是为船舶安全服务的助航设施中的一种，在漫长的历史中，它的建设从民间自发逐渐向政府主导过渡。近代在海关总税务司赫德的主持下，以船钞作为建设经费，引进外国灯塔设备，使灯塔建设走向了有序化、规模化。与此相关的航道和港口管理也都得到空前加强，进而极大促进了航运安全，实现了赫德使商人"经营方便，而且以此增加营业，而营业增加的结

* 全秋红，华中师范大学近代史研究所博士研究生。本文系 2020 年度国家社科基金青年项目"近代中国航标历史地理研究"（20CZS059）的阶段性成果。

果将使帝国国库充实" 的目的。① 学界对于近代灯塔的建设管理、经费问题、等级辨析、防护等有一些探讨，② 但目前国内已有研究对于守塔人的关注不多。国外对于守塔人的研究主要有埃莉诺·德·怀尔（Elinor De Wire）的《光之守护者》（*Guardians of the Lights*），③ 该书是研究美国守塔人较为详细的著作，对于了解这个群体的各个侧面具有重要意义。此外，勒诺·斯科马尔（Lenore Skomal）的《灯塔看守之女》（*The Lighthouse Keeper's Daughter*）重点写了一个守塔人的历史。④ 该书从著名的第一个有正式任命的女性守塔人的个人生命史角度出发，反映了与之关联的美国社会及纽波特地区美国女权主义的发展历史、灯塔管理制度和技术的嬗变，对于了解守塔人的日常生活有重要作用。埃里克·杰·多林《辉煌信标：美国灯塔史》，⑤ 是一部美国灯塔的发展史，对于了解美国灯塔的起源、制度、建造、人物、技术等具有重要意义，其中对于守塔人群体也有论述。

近代灯塔规模化地建立起来后，从事灯塔工作的群体不容忽视，他们是灯塔发光背后的关键因素。《美国哈佛大学图书馆藏未刊中国旧海关史料（1860—1949）》记载，1874 年，灯塔值事洋员有 39 人，其中守灯船的有 6 人，看守灯

---

① 〔美〕理查德·J. 司马富、约翰·K. 费正清、凯瑟琳·F. 布鲁纳编《赫德与中国早期现代化：赫德日记（1863—1866）》，陈绛译，中国海关出版社，2005，第 61 页。

② 〔英〕班思德：《中国沿海灯塔志》，李廷元译，上海总税务司署统计科印行，1933；陈诗启：《中国近代海关史问题初探》，中国展望出版社，1987；叶嘉奋主编《中国航标史》，广州市新闻出版局，2000；陈诗启：《中国近代海关史》，人民出版社，2002；〔英〕毕克思：《石碑山——灯塔阴影里的生与死》，孙立新、石运瑞译，孙立新、吕一旭主编 "殖民主义与中国近代社会" 国际学术会议论文集》，人民出版社，2009；伍伶飞：《"西风已至"：近代东亚灯塔体系及其与航运格局关系研究》，厦门大学出版社，2021；江涛：《近代中国海关助航仪器购买的程序探析——以购买灯塔为例》，《黑龙江史志》2011 年第 17 期；张雪峰：《近代海关与海务》，《大经贸》2011 年第 7 期；张耀华：《中国近代海关之航标》，上海中国航海博物馆编《上海：海与城的交融》，中国航海博物馆第三届国际学术研讨会论文，2012；伍伶飞：《船钞的收与支：近代关税史的一个侧面》，《中国经济史研究》2017 年第 6 期；伍伶飞：《近代东亚灯塔分级指标辨析》，李庆新主编《海洋史研究》第 11 辑，社会科学文献出版社，2017；伍伶飞：《近代长江中下游灯塔体系及其防护》，《云南大学学报》（社会科学版）2017 年第 2 期；张诗丰：《晚清海关大巡船的沿海灯塔防卫职能研究》，《海关与经贸研究》2018 年第 4 期；伍伶飞、吴松弟：《产业政策与航运格局：以近代日本灯塔事业为中心》，《复旦学报》（社会科学版）2019 年第 1 期；李芳：《晚清灯塔建设与管理》，硕士学位论文，华中师范大学，2011；江涛：《近代福建沿海助航标志探析》，硕士学位论文，福建师范大学，2012。

③ Elinor De Wire, *Guardians of the Lights*, Florida: Pineapple Press, 1995.

④ Lenore Skomal, *The Lighthouse Keeper's Daughter*, Connecticut: Globe Requot Press, 2010.

⑤ 〔美〕埃里克·杰·多林：《辉煌信标：美国灯塔史》，冯璇译，社会科学文献出版社，2020。

塔的有 33 人。① 灯塔值事中关于中国员工的记载最早见于 1881 年中国各口贸易报告，报告显示其有 49 人，是灯塔上的低级职员，在新关题名录的记载之外，灯塔设计图中有为小工留置的房间，叶氏第一代守塔人应属于小工。此后这个群体人数迅速增加，华洋灯塔值事总和达到 200 人左右。② 但是目前文献中对于以上人群的日常生活记载较少，本文通过对浙东海域灯塔世家的第三代守塔人叶中央的口述采访，试图一定程度上增进对守塔人工作生活和情感的了解。

叶中央，1940 年出生于浙江省嵊泗县，其祖父叶来荣、父亲叶阿岳均为灯塔看守，5 岁时父亲丧身大海，1959 年参加工作，为叶家第三代守塔人，辗转看守浙东海域唐脑、白节、花鸟、半洋、小板等多座灯塔，1971 年春节前妻子带着女儿在去灯塔途中，不幸遇难。1987 年被授予中国海员工会首届金锚奖，1988 年被授予全国"五一"劳动模范奖章，1989 年被国务院授予全国"五一劳动模范"称号。他先后受到邓小平、江泽民、胡锦涛等国家领导人的接见，2000 年于宁波航标处花鸟山灯塔主任岗位退休。他看守灯塔 41 年，儿子、孙子也先后成为第四代、第五代守塔人，叶家看守浙东海域灯塔百余年。为行文方便，以下以第一人称记录其口述部分。

一　灯塔世家

我的爷爷叫叶来荣，他是在嵊泗县（嵊泗列岛）下面一个小的乡村里出生的，就在海边，他爸爸妈妈就生活在这个地方。这的人大多都是渔民，爷爷之前就是捕鱼的渔民，他的兄弟姐妹也是捕鱼的，爷爷的兄弟姐妹中就他一个人去灯塔工作了，他小时候基本上没有上过学，我记得他的文化程度比较差一点。我知道灯塔落成的时间和他出生的时间差不多。当时我们嵊泗县边上建造了两个灯塔，其中一个就是白节山灯塔，③ 离我们家乡很近，是

① 吴松弟整理《美国哈佛大学图书馆藏未刊中国旧海关史料（1860—1949）》第 213 册，广西师范大学出版社，2014，第 33 页。

② 除新关题名录登记在册的华洋灯塔值事人外，还有从灯塔附近地区招募的本地人作为灯塔上的小工。

③ 位于舟山市嵊泗县境内白节山上。"灯塔位置：在白节山南端山脊之上，即北纬三十度三十六分五十六秒，东经一百二十二度二十五分五秒；灯塔情形：三等透镜替光灯，每一分钟红白二光各闪一次，烛力各七万五千枝，晴时二十二里内均可望见，光绪九年（1883 年）始燃，宣统二年（1910 年）及民国十八年修改；构造形状：塔圆外饰红白二色横纹；该塔乃系指示船只行驶白节门（或称白节海峡）之用者也。"见〔英〕班思德《中国沿海灯塔志》，李廷元译，第 200 页。

1883 年英国人建的，灯塔建成之后呢，过了一段时间就开始招人了，他们到这边来，当时就是在附近的海岛上招人，都是上海海关招收的，招收工人也都是他们管，那个时候选人上去守灯塔的条件不是很严，但也是要挑的，他那个条件比较简单，身体要健康。① 海关招收职工，招好了以后不是直接上灯塔的，是要去上海培训一段时间，上海海关告诉你这个灯塔是怎么使用的等等。我爷爷就是这样被招上去的。就近可以招人的就近招，就近招不了就上海派过来，当时像嵊泗县被招上去的，跟爷爷一起的还有两个，其余的人都是各个地方的，上海的、外地的都有，不都是一个地方的。

那个时候呢，建灯塔之前海面上礁石很多，英国人建灯塔的时候不是为了附近捕鱼的钓鱼船，从上海到日本有一条专门的航道，还有从上海到台湾的航线，他们都是做过测量的，测量好航道在哪里就把灯塔建在哪里。有了这个白节山灯塔之后，来往的那些渔船，那些船只发生的事故，当然是少一些了，周围的渔船晚上就可以看见灯塔，就安全了，但灯塔主要还是为上海外面的港口和这些轮船服务的。

二 祖辈的守塔生活

爷爷 20 多岁被招上去之后主要干的工作就是看守灯塔，看灯塔发光正常与否。那个时候看守灯塔的工作其实也很简单的，主要就是晚上的时候及时把灯点亮，早上太阳出来以后把灯关掉，平时打扫周围的卫生，保养和维修机器。每天除了做日常的工作之外，白天也是要值班的，要观察海洋上面的情况，看发生什么事情，还有轮船过来过去都需要登记。那时候每天的工作很有序的，一般早上 8 点钟要开始工作。灯塔上的领导会给你一些工作，做清洁保养，擦机器和灯塔，这些是基本每天都要干的，安排的工作干完了就没事了，下午一般没什么大的事情，就休息，这是普通的看守人员的情况，上海海关的人基本上都要在灯塔上面，不管是到谁管了。上午 8 点钟到 12 点钟是一个班，中午 12 点钟到下午 5 点钟是一个班，下午 5 点钟到晚上 9 点钟是一个班，下面是三个小时一班，一直到 7 点。其他没事的时候可以

---

① 海关招考要求应考者年富力强。内班年龄限制在 19~23 岁，外班不超过 30 岁，均应未婚。内班应试须受过普通高等教育者，必须考英语、算术、地理，在中国招考则增考近代语文，体格检查有疾病者不予录用。外班不重学术试验，以健康及品德为主。陈霞飞主编《中国海关密档——赫德、金登干函电汇编（1874—1907）》第 1 卷，中华书局，1996，第12页。

睡觉，爷爷在岛上的时候，每天做哪些日常工作，会用小本记录下来。

爷爷当时在灯塔上没有职务，就是一般的灯塔工，我知道灯塔上有个外国人是白俄罗斯人，他是在灯塔上当领导的，[①] 管日常的工作，称"主任"，平时工作的话也不都是讲俄罗斯话的，大家都是讲英语的，他们在工作中交流的时候基本都是用简单的英语的。那时候上海海关是英国人管的，海关的领导是英国人，下面的工作人员都是中国人。[②] 灯塔上做普通工作的都是中国人，有八个人在上面。那个白俄罗斯人有休假的话，就回去，然后到其他灯塔，就不回来了，上面再派一个过来或者灯塔上的担任领导，一般是上海的人多一些。[③]

爷爷那时候灯塔是烧煤油的（煤油灯），煤油灯燃烧产生的烟会直接排出去，不会留在灯塔里面。灯芯不需要修剪，如果坏了就重新换一个，[④] 那个时候灯塔上没什么机器，就一个灯，灯塔部件是以铜制为主，坏的很少，上锈也比较少。工作上的东西，比如煤油、灯芯、镜头，每个灯塔都会送的，有储备，一般坏的或需要换的，海关会给你送过来。沿海台风天气很多，小时候和爷爷在灯塔上的时候，台风雷雨天气比较多，不过那个房子很牢固，一般的风吹不动它，也有风太大把瓦片吹掉的，吹坏了以后及时告诉海关，它会送材料、送人过来给你修的。除了房屋，灯塔坏了的情况也有，一般的小修小补，有的灯坏了，有母灯（备用的灯），在它的基础上换一

---

① "德国人撤走后，人员构成中最大的变化是俄国人来了，他们后来成为主宰（1939年达到受雇人数的10/27）。"〔英〕毕克思：《石碑山——灯塔阴影里的生与死》，孙立新、石运瑞译，孙立新、吕一旭主编《"殖民主义与中国近代社会"国际学术会议论文集》，第20页。

② 根据近代历年中国沿海及内河航路标识总册及新关题名录记载，灯塔处下的灯塔值事人分洋员和华员，其中洋员职位等级高于华员。赫德力图把海关管理成一个国际性的机构，"海关成立之初，各员实无权利可言。各员之所以能保持海关职位，其一盖因海关办事成效卓著，遂使中国政府相信海关有继续保留价值，再因海关成员之多国籍，为列强诸国所欢迎。以往十年，即海关成立后之第一个十年中，资历只作次要之考虑因素，而个人之办事成效、特长与国籍实乃首要因素"。黄胜强主编《旧中国海关总税务司署通令选编》第1卷，中国海关出版社，2003，第81页。

③ 灯塔处下灯塔值事中洋员国籍众多，前期以英国人占大多数，以1884年数据为例，比重近40%。吴松弟整理《美国哈佛大学图书馆藏未刊中国旧海关史料（1860—1949）》第232册，第554~559页。

④ 此处与文献记载存在出入，灯具管理说明中记载灯芯需要修剪，在第一次燃烧后需要用小刷子或绒布将焦的部分去掉，以保证光亮。中华人民共和国海关总署办公厅、中国海关学会编《海关总署档案馆藏未刊中国旧海关出版物（1860—1949）》第14册，中国海关出版社，2017，第49页。

个，自己能修的可以自己修，修不好的，上海海关派人过来修，但这太麻烦了。[1] 爷爷那个时候工作没穿过统一的服装，好像这方面也没有规定吧，老百姓穿什么就是什么。爷爷在灯塔上的时候，灯塔上没有设气象观测的，等到我上灯塔以后才有这个东西。[2]

海岛就是礁石比较多，即使是有灯塔，附近也有一些小船沉了或碰到礁石翻了，这种情况你也没船，游不过去，就没办法。小船从海上过来，向灯塔靠拢的话，就可以把小船救起来，灯塔正常发光，这样的事很少很少发生，除非有大风把小船刮掉了。灯塔上发生的比较大的事情就是1949年春节的时候，太平轮那个事故就是发生在那个岛上，[3] 那时候我就和奶奶一起在那，我爷爷就在灯塔上值班。那个时候灯塔上偷盗破坏的情况基本上没有，一般人是不会去搞这些事的，渔民都知道需要灯塔照亮。海洋上有些海盗，是小海盗不是大海盗，他不会到灯塔那里面去的，他就是拿钱，也不会要灯塔，灯拿去也没用，卖也卖不掉，海关查得很严，有海盗，一抓就抓到，跑不掉的。

爷爷那个时候在灯塔上用的东西，一些蔬菜粮食、生活用品，还有一些烧的煤油，当时是上海海关用补给船送过来的，每一次送物资的时候，领导都会上去看看灯塔的情况，视察一下，规定是40天去一次。[4] 每次补给之

---

[1] 海关规定海关大巡船定期巡视灯塔灯船，管驾官航经每一处灯塔或灯船应与之联络，如与上次经过时相隔已逾一月，管驾官应携同管轮一名登临灯塔检查，由管轮作相应检修，由管驾官记录检查结果。黄胜强主编《旧中国海关总税务司署通令选编》第1卷，第200页。

[2] 中国海关于1869年起附设测候所，为中国设气象台之始。鉴于外国商船在中国沿海常常遇到礁石险滩和恶劣气候，赫德认为在放置灯塔的同时应设气象台站。当时中国沿海及内河各口海关，南起广州，北至牛庄，分布于南北二十个纬度、东西十个经度的范围之内，坐落地点很适合作为观察气象的网点。各海关附设的测候所就在赫德的倡议下建立起来。但当时仅只是购置仪器设备，并无专人管理。黄胜强主编《旧中国海关总税务司署通令选编》第1卷，第95页。

[3] 太平轮事件，发生于1949年1月27日，中联轮船公司的太平轮因超载且夜间航行，在舟山群岛的白节山附近与一艘载2700吨煤炭及木材的建元轮相撞沉没，船上932人遇难。"关于两轮之失事地点，据江海关海务科公告，谓建元轮沉没于白节山及半洋山之间，太平则沉没于白节山灯塔之东南方约四里半附近。"《两沉轮下落不明，整日搜索无结果，勘察轮留驻海上将继续搜索》，《申报》（上海）1949年2月2日，第4版。

[4] 灯塔灯船巡视是一项常规工作，海务处成立后，港务长配备了船只，在其辖区水域进行日常监督管理，巡船被用来发放灯塔看守工资、运送物资等补给工作，一个补给巡视航次，一般需要六个星期。《长江上的木帆船》，转引自长江航道史编委会编《长江航道史》，人民交通出版社，1993，第139页。

前，爷爷他们在岛上有什么工作上和个人生活上需要的都可以给他们写信，只要你需要都可以给你买回来，不限什么东西可以买什么东西不可以买。因为时间太长了，要一个多月，就会把物资存放在白节灯塔对面的小岛上，就是嵊泗县（县委所在地在这个地方），那儿有村庄有居民，然后海关出钱租一条小船定期给我们送过来，有时候一个星期，有时候十几天。送的时候会来灯塔看看，问问有什么情况，如果有什么需要也可以向他们说。上海海关每次把东西送过来以后，我们把需要的东西写封信再让小船送出去，上海海关收到信之后就会把物资准备好，然后到了 40 天的时候就会用一条专门的船送到灯塔上来。平时在灯塔上吃一些鱼啊、淡菜（一种贝类海鲜）啊等等，这些海关都会送的，不用去岛外买，如果自己有需要就去外面买。一些简单的蔬菜他们会种的也种，白节灯塔有会种的，其他灯塔有的有，有的没有。靠近村庄的灯塔有的是海关送过来，可以种的自己也种。在灯塔上吃水有井水，下雨天也会接水。灯塔上没有专门做饭的，都是自己做的，我爷爷那个时候是烧煤做饭的。①

　　爷爷也不是一直在白节山灯塔，他后来也到过其他灯塔，上海那有个大戢灯塔，② 佘山灯塔他也去过，③ 还有半洋灯塔，④ 这些灯塔里离家最近的就是白节山灯塔，到半洋灯塔去基本上也是很近的，跟白节差不多。去大戢山，去佘山就算离家远的，佘山是最远的。爷爷他自己不喜欢离开白节

---

① 近代灯塔辅助设施较为齐全，除灯塔主体结构外，一般灯塔还配置厨房、猪舍、鸡圈、厕所、储藏室等辅助设施。中华人民共和国海关总署办公厅、中国海关学会编《海关总署档案馆藏未刊中国旧海关出版物（1860—1949）》第 28 册，第 129~151 页。

② "在大戢山顶东端之上，即北纬三十度四十八分三十七秒，东经一百二十二度十分十六秒；灯光情形：三等透镜闪光灯，每三秒又百分之七十五闪白光一次，烛力二十七万枝，晴时二十三又十分之七里内均可望见，同治八年（1869 年）始燃，光绪二十六年（1900 年）及民国十九年修改；构造形状：塔圆色白。"见〔英〕班思德《中国沿海灯塔志》，李廷元译，第 205 页。

③ "灯塔位置：在佘山之巅，即北纬三十一度二十五分二十四秒，东经一百二十二度十四分十九秒；灯光情形：二等透镜连闪灯，每十五秒钟连续急闪白光二次，烛力七十万枝，晴时二十二里内均可望见。同治十年（1871 年）始燃，光绪二十五年（1899 年）、宣统二年（1910 年）及民国二年修改。构造形状：塔圆色黑。"见〔英〕班思德《中国沿海灯塔志》，李廷元译，第 220 页。

④ "半洋山位于白节门之中，去白节山灯塔西北偏西约三里，体积微小，地势甚低，光绪三十年（1904 年）建成，用以标示该山方位所在，且该山灯光若与大戢山灯光成为一线时，即为白节门内之航行正路。该塔镜机为六等，烛力原为一百四十枝，民国二十一年改置电石灯，每一分钟自动闪光四十次，烛力增为四百五十枝。"见〔英〕班思德《中国沿海灯塔志》，李廷元译，第 203 页。

灯塔，因为这里离家里近很方便，还有其他的人也希望到白节灯塔的，海关那边领导也不能听你的，领导会给他调动工作地点，但在那些外面远的灯塔没待几年，我知道的时候他已经调回来了。爷爷基本上是在半洋、白节两个灯塔，在白节山灯塔工作的时间更长一点。那个时候守灯塔的话是常年都在岛上，灯塔上八个人组成一个班子，是可以轮流休息的，谁需要休息就可以轮，一年大概可以休息 40 天，休息的人下去，其他人在岛上值班。爷爷不是灯塔上唯一的灯塔工，那个时候灯塔上的工作人员有八个人，同时在灯塔上是六个人左右，六个人不是一个地方的，灯塔上休息是轮换的，一般是下去两个、一个或最多三个，保证塔上总有五个到六个人。休息完不会回到这个灯塔上，到其他灯塔去，其他灯塔上也是在轮换的，其他灯塔上也有要休息的，你去顶替他，所以去休息的这个人，休息回来不一定在这个灯塔了。爷爷不一样，嵊泗的这个灯塔，因为离家很近，所以他一般不会休假的，[①] 因为休假的话下次回来就不一定在这个灯塔上了，就可能到其他灯塔去了。[②] 平时我没看到，也没听过有人上灯塔来培训。一般参加工作了以后，要去上海报到，看需要什么东西，分到哪里去，海关把有关的事项给你说，培训一下，照个相做一些工作证，登个记。他们一般喜欢到离家近、方便的地方，休假的时候喜欢调动的可以去上海跟海关说一说，像我爷爷他也不喜欢调动，领导叫到哪里去就到哪里去，[③] 上海恐怕去得很少。爷爷在灯塔上工作的时候，工资每个月是固定的，都是上海海关送过来的，一个月大概五六块钱的银圆。奶奶跟爷爷的话基本上都是在一起的，我爷爷工作的地方离下面的小村（我奶奶就在那个地方）不远。因为白节灯塔离家乡很近嘛，走走就可以回家，他不打报告回家的话领导也不会不让他干。爷爷他休息的时候就坐船直接从灯塔上到他们在嵊泗岛的家里，那时候小船要四个小时。原来有竹划船，现在机动船更快了。休假回到家就没什么事情可干，捕鱼、在家休息或者和奶奶种一些地，再接着回去灯塔工作。

---

① 海关人员工作七年后长假返程，可报销本人及家庭（妻、子女 3 名、仆人 1 名）返程路费之半。超重行李费、旅馆费及小费不包括在内。黄胜强主编《旧中国海关总税务司署通令选编》第 1 卷，第 87 页。

② 休假是近代守塔人在各灯塔间流动的主要因素，常为一个月。

③ 口岸间人员调动，自动要求调动需要自付开支，近代灯塔处下华员值事工资较低，小工的待遇应更低，调动会增加额外开支。黄胜强主编《旧中国海关总税务司署通令选编》第 1 卷，第 87 页。

爷爷退休大概是在 1956 年、1957 年这个时期，我知道的爷爷那些同事的后代没有在灯塔上工作的。我 1959 年上的灯塔，这个时候他已经退休在家了，退休的时候他 60 岁，退休了之后就回到白节灯塔下面的小村庄，跟奶奶一起，种种地瓜、蔬菜等。他的身体很好，到 1971 年身体突然不好了，没多久就去世了。爷爷做这份工作还是比较开心的，因为岛上面都是渔民，守灯塔这个工作比渔民还是要高一个档次。

三　父辈的灯塔悲剧

爷爷和奶奶下面一代算上我父亲是四个孩子，有三个儿子、一个女儿，女儿在家里做家庭妇女，我爷爷的第二个儿子是在海岛上捕鱼的，鱼多起来他就要拿到外面去卖的，还有一个儿子是做生意的。那个时候，我爷爷在灯塔上，我们跟着奶奶，我的爷爷跟他的孩子们很少在一起，我父亲那一辈的几个孩子，他们小时候多点少点都上过学的，这几个孩子中父亲是灯塔工人，因为他是排行老大，下面的孩子还小，父亲上过学，上到小学。那时候我爷爷他还在灯塔上，想让父亲也去灯塔上工作，招人的时候父亲和母亲在家里，爷爷就让他去了，父亲他工作在白节灯塔。我的母亲是一个家庭妇女，有时我们家也去灯塔待，海关有规定，家属在灯塔里待三个月是最多最多了，不能超过三个月，不然他就撵你下来，不让你在那了，母亲在家里没事做，到了第一个月就回来，我们还小呢，她也待不了太久。

我 5 岁的时候跟爷爷一起去灯塔，在这之前跟父亲母亲一起，父亲母亲的家和爷爷奶奶的家都是在我们嵊泗县这一个地方，都在一起。我 5 岁的时候父亲去世了，当时遇上台风天，我父亲守塔时，看到一艘补给船要进港避风，我父亲去帮忙，就被卷进海里了。在这之后因为母亲是家庭妇女，没有地方可以去挣钱，主要是在家做一些农活，我就一直跟着爷爷生活，我跟他一起在灯塔上的时候我的年龄比较小。这些孩子里我是老大，下一个是妹妹，父亲去世的时候她 3 岁，后来出嫁了就做家庭妇女。再下面一个老三是弟弟，父亲去世的时候他 1 岁。父亲去世后家里的经济来源是爷爷资助一点，我 5 岁到 10 岁跟爷爷在灯塔上的时候，就帮爷爷种种地瓜种种菜，白节灯塔有地可以种蔬菜，平时跟在爷爷后面，他让我拿个什么东西我就帮他拿，和他一直在一起。跟爷爷一起的时候觉得爷爷这个守塔的工作也不错，以后可以上灯塔跟爷爷一起工作。那时候农村也没什么其他工作，如果没有文化的话就只能捕鱼。爷爷那时候会跟我说，让我好好读书，以后跟爷爷一样干灯塔工作。爷爷希望父亲还有我都干灯塔工作，他有这个想法的，即使是后来父亲遇难后。当时他对于这件事是很难过的，但也还是希望我干灯塔工作，因为干哪个工作都有危险的。10 岁以后我就回家了，开始上学，我们住的地方有个小学，家里经济条件比较困难，小学读了两年，那时候主要就是上语文课和数学课，两年也学不了太多东西，学校离家里很近，放寒暑假的时候我去爷爷那里。我不读书了之后，就帮母亲做一些家务，种地、养鹅、养鸡、养猪，做些家务，照顾弟弟妹妹，因为家里还要生活。十三四岁的时候，因为继父是理发的，所以大概从 14 岁到 18 岁是跟着他学理发，之后家里又生了两个弟弟、一个妹妹，一共有六个孩子。后来让弟弟读书，我参加工作了，供他一直读到高中，我们这里读高中也是最高的一级了，大学就不读。高中以后，因为我们是农村，都是捕鱼的，弟弟在家里就去生产队捕鱼，后来生产队发展，他的文化程度比较高，生产队就让他开机器，与普通捕鱼的还是不一样。

四　第三代守塔人

我是 1959 年开始去灯塔上工作，那时候我 19 岁，正赶上"大跃进"，就感觉这个"大跃进"轰轰烈烈的，因为妈妈就在家里，继父是理发的，所以当时是一起吃大锅饭，其他劳动他们不用去参加。爷爷给我报名了以后大概一个月的时间，机关领导就过来让我们上灯塔去了，那个时候是部队管灯塔，就先过去报到，跟我们说说灯塔上什么情况，要注意些什么，然后就上灯塔去了。那个时候跟我一起上去的还有另外两个人，都是灯塔职工的子弟，一个是家里三代干灯塔工，一个是两代干灯塔工，那个时候灯塔职工的后代去做灯塔工比其他人要容易些，我们那个地方那个时候对灯塔工这个工作很认可的，金饭碗嘛，能进海关里面去就相当于金饭碗拿到了，我们这里是小地方，农村都是捕鱼的，那这个工作就比捕鱼好多啦，家里没什么工作，到灯塔上去就是找到好工作了。因为从小跟爷爷在灯塔上，对灯塔很熟悉，在家里的时候，家里比较困难，帮母亲什么都干，玩的很少，去灯塔上对我来说反而轻松了，上去工作很适应，很开心。我 1959 年上去的是唐脑灯塔，[①] 那个灯塔很小，比白节山灯塔小多了，最开始工作的时候，没什么培训，就到灯塔上去慢慢学习，主要干的工作就还是灯塔上那些手头的工作，灯塔保养、清洁、值班。我上灯塔之后干的那些日常的工作，跟上两代人比起来，具体的也没什么变化，也还是他们干的这些活儿，还是早上 8 点钟上班，然后上午主要是做一些机器的清洁保养工作，中午、下午没有什么大的事情就可以休息一下，基本上就是这样。到了值班的时候要值班，值班就是几个人分成几班，从早上 8 点到中午 12 点是一个班，中午 12 点到下午 5 点是一个班，下午 5 点到晚上 9 点是一个班，然后晚上 9 点到第二天早上 7 点，三个小时一班，三个小时一班。灯塔上没有什么其他重活儿，就是补给船来的时候要挑东西，把煤油挑到灯塔上，40 天挑一次，数量不是很多，从小船到灯塔几百米的距离，来回三四趟就能挑完。因为灯塔上都是年轻人，海上潮湿的空气对身体的影响体现不出来，但腰酸背疼、关节痛是会有的。

灯塔突然出点问题，像机器故障，突然不亮的情况是比较正常的，经常会有，一般我们自己修理能恢复好，恢复不了就有备用的灯，修不好的话就叫小船把它换回去了。大概是在 1953 年之后灯塔都是用柴油机发电的，我上去的时候设备、灯器都换了，跟我爷爷那个时候是不一样的，我爷爷那个时候就一个煤油灯就可以了，我上去的时候有机器了，有发电设备这些比较新的东西了。当时单位领导鼓励下面的职工来学习这些新机器的操作技术，学习业务知识，起码灯塔上这些业务是要掌握的。对我来讲，因为我没有文化，就去学业务，业务书每个灯塔都有的，文化书学起来有困难，就拿来当业务书读。我在灯塔上的时候，实在不行可以问老职工，一些业务知识字太多了自己也不好意思了，下来灯塔了就去买个字典上去查。平时上面对我们也有些培训，教使用机器设备，要到机关去参加，第一次培训是去舟山，之后就是去宁波。灯塔上交通不方便，培训时间一般最多两三个月，各个灯塔都去一些人，不去的就继续工作。培训不是很多，教一些基本的东西，主要

---

① "灯塔位置：在洋山群岛内唐脑山西巅之上，即北纬三十度三十五分三十八秒，东经一百二十一度五十七分五十三秒；灯光情形：四等透镜电石闪光灯，每三秒钟闪放红白二光各一次，烛力二千五百枝，晴时十五里内可见白光，八里内可见红光，光绪卅三年（1907年）始燃，民国四年及五年修改；构造形状：灯置于白色屋顶之上。"〔英〕班思德：《中国沿海灯塔志》，李廷元译，第 253 页。

是机器的知识、保养修理这些。主要还是靠自己慢慢地学，灯塔上的机器你值班的时候就可以修，就对着业务书学，要学好的话还是要动点脑子，如果每坏一个小零件或者缺一个小配件都要海关过来送的话，那太远了，成本太高了，所以要自己学这些知识。你参加工作要知道每个机器零件是干什么的，要保证灯塔发光，这是最基本的工作，也是最大的工作。灯塔上机器故障这种情况是经常发生的，灯塔上使用的柴油发电机，本身也容易出现故障。雷电天气很容易影响到灯塔工作，因为灯塔很高，打雷容易打到灯塔，如果遇到这种紧急情况，灯塔不能发光要向上汇报，打雷打坏了有备用的零件，灯塔上有三套发电机，这一套打坏了还有两套，机器打坏了就比较麻烦，打坏的零件能换的就换，如果换不了，灯塔不亮的话就要把备用的机器设备拿出来。大雾天气的话有雾号，我第一次上去的唐脑灯塔就有雾号，很远就可以听到，它的声音跟大轮船发出的声音差不多，但比大轮船的声音要大。雾号不是每个灯塔都有的，花鸟、鱼腥脑灯塔有，白节灯塔我当时上去还没有，后来是有那个雾炮，五分钟放一炮，不管有没有船都要放。我爷爷那个时候大雾天气也是放雾炮，我听到过他们放。没有雾号、雾炮的情况下大雾天气就没有办法了，很早的时候还有一个灯塔在大雾天气是敲锣（铜钟）的，很大的锣（铜钟），几分钟敲一下作为一个信号。

总体来说在灯塔上工作我觉得是不忙的，灯塔上也没啥大的工作，就是机器设备、灯器的清洁保养。除了工作，在灯塔上其他的娱乐活动就是灯塔工人会一起喝喝酒，打打牌，[1] 也没人组织过其他的娱乐活动，几个人打打牌，你喜欢你可以干，还可以钓鱼，爷爷那时候会钓鱼，钓鱼在灯塔附近就可以钓，不用划船再往外走，但不要让海关知道，上海海关他不希望你搞这些事，是不允许的。[2] 上海海关在培训的时候或者上灯塔来看的时候会强调的，说这些活动的危险性，他也不希望你在灯塔上发生什么事，他有规定

<hr>

[1] 近代灯塔人员管理严禁聚赌，要求分班值守灯塔。在灯塔的维护管理上，海务巡工司和总工程师每年要定期对灯塔进行巡检，海关违规违法行为中也包括懒散、不遵守时刻、疏忽大意、酗酒等。违反者将受到相应处理。中华人民共和国海关总署办公厅、中国海关学会编《海关总署档案馆藏未刊中国旧海关出版物（1860—1949）》第14册，第40页；黄胜强主编《旧中国海关总税务司署通令选编》第1卷，第90页。

[2] 总税务司通令中规定上司应对员工负责，不论上班下班，外班人员居住处发生之种种事情，更应由总巡，或由税务司总巡所委之官员，随时察看，以制止酗酒、闹事、赌牌等令人失控之放纵行为。但因灯塔地处偏僻，所受约束或较小。黄胜强主编《旧中国海关总税务司署通令选编》第1卷，第269页。

的。1980 年以前在灯塔上钓鱼是可以的，我们还是跑到海边去钓鱼的，这是经常有的。但是领导不希望你去钓鱼，因为那很孤单的小岛上，你去钓鱼发生什么事情的话很难应付，你摔一跤啊没有医生可以给你治，所以不让我们到海边去。到 1980 年尤其是 1983 年以后，我们单位由原来部队管移交到由交通部管，交通部管它的规章制度比较多，比较严，所以就不让我们到海边去钓鱼了，我们也不去。除了钓鱼就没什么其他的爱好了，灯塔上也没有其他事情可以做，地方太小了，也没有其他副业可以做，能种点菜就不错了。

我们一般是 1 年到 2 年调休一次，灯塔（上要）保证（有）几个人，你调休以后回家休息，其他人就顶上，当你休息完了以后你去上班的时候又到上海海关去报到一下，看他给你分到哪里去，休假回来不一定在之前工作的灯塔。除了唐脑灯塔，我还去过小板灯塔①、半洋灯塔、白节山灯塔。在白节山灯塔待得最久，待了 25 年，我是 1971 年到白节灯塔的，一直到 1996年，这段时间都在白节灯塔，后来去花鸟灯塔待了 3 年就退休了，② 2000 年的时候退休，那时候我 60 岁，一般退休都在这个年龄。

五　灯塔上的政治、思想文化活动

爷爷那一辈到我这一辈是有政权变化，不管是过去的国民党还是新中国成立后的共产党，对我们灯塔都是很重视的，新中国成立之初，灯塔有些地方解放了，有些地方还没解放，解放了就马上有解放军接管，没解放的国民党也不会给你弄掉的，基本上没有什么大的变动，不管有人管还是没人管，都是要保证灯是亮着的。新中国成立后当时工厂里有师傅带徒弟，我们在灯塔上这个师徒制是没有规定的，我们这就几个人，我们心目中那些老职工应

---

① 又名小龟山灯塔，该塔用以指示小板门（亦称黄星门）。"灯塔位置：在小龟山之巅，即北纬三十度十二分四十二秒又十分之二，东经一百二十二度三十五分二十秒又十分之一；灯光情形：三等透镜闪光灯，每三十秒钟闪白光一次，烛力十三万五千枝，晴时二十二里内均可望，见光绪九年（1883 年）始燃，宣统二年（1910 年）及民国十八年修改；构造形状：塔圆色黑。"〔英〕班思德：《中国沿海灯塔志》，李廷元译，第 190 页。

② "灯塔位置：在花鸟山东北角之上，即北纬三十度五十一分四十一秒又十分之四，东经一百二十二度四十分十六秒又十分之六；灯光情形：头等透镜闪光灯，每十五秒钟闪白光一次，烛力七十四万枝，晴时二十四里内均可望见，同治九年（1870 年）始燃，民国五年修改；构造形状：塔圆上段饰以黑色下段白色。"〔英〕班思德：《中国沿海灯塔志》，李廷元译，第 212 页。

该是我们的师傅，有什么事情请教他们。

1966~1976 年，"文化大革命"的时候，因为灯塔上我们也不生产什么东西，就保证灯塔发亮就可以了，其他的像工厂、生产队的我们这都没有的。我们还属于部队管，是部队的基层职工，由海军管理，其他地方上这些活动我们都没有参加。像批斗这些灯塔上是没有的，跟灯塔也没什么关系，其他灯塔上也是没有的，部队受这个影响还是比较小的。

那个时候在灯塔上的思想学习活动，像学习毛泽东思想，这个是经常有的，要是没有的话你的思想不知跑哪里去了，我们单位领导给我们规定一个星期有一次学习，大概一个上午，我们把印的毛泽东著作发下来，其他还有发下来的我们都要学习，这些学习活动一个星期最起码有一次。我们灯塔上有几个职工，那么我们就一起把那些著作念一念，讨论讨论，不要求发言，也没有开展一些批评、树立典型这样的一些活动，主要还是学习一些毛泽东思想。后来毛泽东去世了之后，那个毛泽东思想的书还在，我们还是接着学，毛泽东后来还有邓小平，就是国家领导人发表一些意见拿过来我们都要学，我们那时候在灯塔上工作没有什么宣传口号，就是一些经济口号，部队喊什么我们就喊什么。1959 年上了灯塔之后，那个时候号召的是人民当家作主，但我们灯塔也很小，我们也没想当领导，我们普通职工就是想着把我们具体日常的工作做好，把应该做的事情做好。

那个时候在灯塔上没有什么文化上的学习活动，领导也没做要求，我们也没具体地组建，我们就是看看书就行了。灯塔上的文化活动也组织不起来，因为文化程度不一样，有小学毕业的，有我这样读了两年书的，所以这要根据每个人个人情况来。文化书灯塔上都有，初中、高中都有，我看不懂，有些人看得懂，对我来讲，我还是以业务为主，把文化书、业务书一起读。

六　灯塔带来的荣耀与延续

我是 1989 年评上劳模的，那个时候我在的单位里面就我一个人评上了劳模，能评上这个劳模大概是因为我在灯塔上时间比较长，工作中表现也还可以，家庭里发生了一些事情，但我仍然坚持下来了，最苦的时候我也坚持下来了。能评上劳模那当然是一件很光荣的事情，那是国家对我们工作的肯定，是单位对我的工作能力、工作经验，还有个人一些肯坚持、肯吃苦的品质有了很大的肯定。评上劳模之后，单位里会号召向我学习，那个时候单位、工厂里面，谁被评上劳模之后，就会组织大家向劳模同志学习，会请去做一些讲话，分享一些工作经验。我当时在浙江省宁波市，市政府也很重视，因为劳模数量不多，我是其中一个。劳模们到各个单位去分享、发言，有些单位需要的话邀请你去讲一下。当时有很多单位、厂里的同志坐在下面，我去发言，我主要讲了在灯塔上的贡献——工作的贡献、生活的贡献，灯塔上具体的情况。当时在浙江省宁波市这样的活动还是比较多的，加起来一共去了 50 多个单位吧，有机关、企业单位还有事业单位，在这个单位讲了，其他的单位又会邀请你去，这是由宁波市政府推动的，它推动各单位向市政府要这些资料，市政府再把我推去给它们演讲。在灯塔上本身是很孤单的，就四五个人、五六个人，这样一来的话，我经常可以到其他地方去走走看看，跟大家互相学习，事情就多了，周围活动也多了，生活比以前更充实了。

那时候评上劳模之后，每个月工资也会有增加，这个是有规定的。评上劳模以后，单位都会加一些工资，农民劳模或者是其他劳模，国家都有一定奖励的，因为我们是单位，所以没有劳模奖金。一些农民，没有单位的，国家就会给他一些奖金，有单位的就给你加一些工资。我评上劳模之后每个月工资增加了 18 块钱。

评上劳模后，再回到灯塔上，身边的同事更加尊重自己了，不过我认为干什么事情你干得好，不是你一个人的事情，是大家的事情。所以我认为这也是大家干的，没有大家，我一个人是完成不了的，在我们那个时候，集体的荣誉很重要的。

我前后去过北京 4 次，当时有国家领导人接见劳模的，我第一次去是在1989 年 9 月 29 号，就是国庆节的前两天，那个时候邓小平还在，他还没退休，他们在人民大会堂里接见我们，那一次人最多，是接见全国的劳模。邓小平接见我们的时候讲话主要是鼓励大家，对国家做一些有益的事情，让全国人民一起努力。其他几次去北京，国家领导人也都接见，江泽民、胡锦涛这些领导人我都见过，接见的时候也主要是鼓励大家，后来庆祝建国59 年、69 年都去了，后来都是作为省级劳模去参加的。那个时候被领导人接见了回到单位之后，都要汇报，每次都有，到北京去参加一些什么活动，回单位了都要向单位汇报，还要向职工汇报，单位领导和下面的职工也都很重视我，评上劳模之后家乡里知道的人也是很尊重的。

　　我后来像父亲一样成为灯塔工人，像父亲兄弟姐妹的后代的话大多是做小买卖，他们对我这个工作是有羡慕的，因为他们没有正式的工作。我有一个男孩，两个女孩。儿子小时候接受教育的时候我也会跟他讲一些我在灯塔上的事情，但不是很多，他们也平时也看得到，这个灯塔上的事情也没有什么多讲的。我跟他们接触的时间也不是很多，他们上学了以后就没什么多的接触，休假的时候回去待在一起，其他的也没什么接触，那个时候他们上学的时候就是他们的外婆照顾他们，1971 年的时候开始，7 岁和 9 岁的孩子都是外婆带的，带到他们长大，直到后来成家立业。我长期在灯塔上，没有那么多时间陪他们，他们总体来讲还是理解的。1971 年的时候妻子带着两个女儿来岛上，途中船翻了，妻子和小女儿就遇难了，外婆对他们很好，我心里很愧疚，但是没办法，是工作的需要。生活还是要生活，工作还是要工作，我的大部分生活还是以工作为重。我跟孩子们在一起的时间很少，开始的时候一年是 20 天，后来休息时间增加，一年有一个月的休假能在家跟孩子待在一起，也没有母亲带他们，这对孩子来讲也是很大的事情，所以我对孩子很愧疚，但我这两个孩子他们比较听话。我的儿子也在灯塔上工作，基本上就跟我差不多，他小时候到灯塔里去跑跑看看，对灯塔也很了解，后来地方上也没什么固定的工作，他长大了就去灯塔上工作，因为灯塔是一个很好的单位。总的来看，因为我们是农村，有一个单位还是比较牢靠的。我的孙子也是在灯塔上工作，后面的两代都在灯塔上工作，我看到这样当然是很开心的，因为这是我个人的一个梦想，我爷爷、父亲两代都是灯塔工，都不错，我自己也是灯塔工，下面两代我想让我的儿子、孙子干灯塔工，这个是我的意向，可以有个传承，其他单位也有这种传承，不过我们在灯塔上生活会比较艰苦一些。

　　后来改革开放对我们的生活影响还是比较大的，原来灯塔上条件很艰苦，什么东西都没有，原来电话、冰箱这些都没有，改革开放了以后，生活还是这个生活，但是有了很大变化。灯塔上冰箱、电视、电话、网都有了，我们就方便了，可以跟家里通电话，原来是没有的，灯塔上的灯器、生活也随着国家的经济发展在不断变好。

小　结

　　从灯塔世家第三代守塔人的口述来看，灯塔上的工作整体来说是较为轻松的，尤其是与守塔人在上灯塔前所干的工作相比，每天日常的工作单一重复，三代人的日常工作并无大的变化，以保证灯亮为中心。由于灯塔上人员少，受到环境、交通和工作的限制，处于现代文明的边缘，日常娱乐活动以打牌、喝酒、钓鱼为主。政治变动、社会活动对灯塔人员的影响较小，这种沉寂的生活就像灯塔顶端发出的光亮一样，不论风雨，不论周围有多少光影交错，它却总是明亮又孤独地照向远方，向海洋上漂浮不定的人群发出来自大陆的第一个信号。但从纵向来看，由于灯塔设备、技术的近代化和管理的制度化，尤其是 20 世纪 50 年代机器设备的更新以及 80 年代交通部接管灯塔后，守塔人面临着掌握新技术、接受培训、学习文化、规章制度约束趋强的挑战。

从这个家庭前三代守塔的大致经历来看，尽管三代人里有三位亲人因为这份工作而丧生，但活着的几代人都坚持做守塔人。其中的原因大概是守灯塔在以捕鱼务农为业的当地社会里算是一份正式工作，较渔民来讲，是一个阶层的提升，带来了心理上的满足感。而且近代海关的优厚待遇使海关工作素有金饭碗之称，[①] 从老人口述海关的物资供给也可看出，灯塔工作人员的日常所需都由海关定期配送，且无名目种类的限制，也有定期的休假，对于叶氏家庭来说，由于工作地点离家较近，以及第三代守塔人在父亲去世后童年生活的繁重负担，这份工作的优越性更加凸显。

近代灯塔的产生基础是 19 世纪光学理论、玻璃化学和工业革命后现代机器工业的巨大发展，它凝结了当时世界上几个行业领域最为先进的成果，也是传统的学徒制和家庭作坊转向以科学原理为基础的具有专业素质的工程师队伍所产生的成就，毫无疑问，它是现代文明的凝聚。但是由于隔绝的环境，大陆边缘的灯塔和人群很少走入人们的视线，整个社会在物质和科技上的急速发展开始影响现代文明边缘的守塔人的日常生活，第三代是转折点，叶氏家族的第四代和第五代守塔人已经充分感受到这种变化。与此同时，前几代因为灯塔工作所遭遇的丧失亲人的痛苦也成为这个家族特殊的印记。这种家族的传承、丧亲之痛下对工作的坚持带来了新时代国家级的荣誉以及宣传媒体的关注。他们的头顶不再只有菲涅耳透镜透出的光，还有媒体的长镜头，往日的苦难也仿佛变成了一个光环，他们带着光环和最普通的灯塔职工一起工作，二者强烈的对比有如前几代是海关的金饭碗，但到了第五代是编

---

① 黄胜强主编《旧中国海关总税务司署通令选编》第 1 卷，第 85 页。

制外的合同工。

　　如今，灯塔越来越多地变成了无人看守，也许有朝一日，守塔人会成为一个历史上的职业。

（执行编辑：林旭鸣）

广东历史学会纪事（1950~2024）

（附：广东历史学会历届负责人）

李鸿生　杨　芹

1950 年

8 月

中国史学会广州分会成立，这是新中国成立后广东最早组建的学术性群众团体，也是全国最早成立的地方历史学专业学会之一。会议选举杜国庠（1889~1961）为会长，陈寅恪（1890~1969）、容庚（1894~1983）、刘节（1901~1977）、梁方仲（1908~1970）、商承祚（1902~1991）、李稚甫为委员。

11 月

学会组织会员收集和撰写有关美帝国主义侵华史料和文章。

是年，为加强广东海洋海岛的管理和开发工作，中共中央华南分局第一书记兼广东省政府主席叶剑英指示华南分局办公厅秘书处材料科派员到广州各图书馆，查阅广东历史方志资料，搜集整理关于广东海洋海岛的资料。学会组织专家参与这项工作，协助提供史志线索、解释志书记录中的疑难问题、查找历史资料等。华南分局办公厅随后编辑刊印《广东海岛资料》，分送有关领导和部门参考。

1951 年和 1957 年

学会组织近百年来广东革命史迹调研，包括三元里人民抗英斗争史实、遂溪人民抗法斗争史实、海陆丰农民运动、省港大罢工运动等，部分资料经整理后，在香港《大公报》、《新史学》周刊、广州《联合报》上发表。

学会组织撰写《鸦片战争以来广东人民反帝斗争史》，由华南人民出版社出版。

苏联、民主德国、波兰等国史学家来粤访问，学会派员参加交流。

1958 年

5 月

苏联专家波戈良也夫应邀来穗访问，做题为《关于世界现代史分期问题》的学术报告。

学会组织会员深入工厂、农村调研，编写厂史。

广东省第一次科学工作会议在广州举行，学会派代表出席。

1959 年

1 月

学会创办《广东历史资料》，1 月出版第一期（4 月出版第二期）。

4 月

学会委员会改选，杜国庠继任会长，选举杜国庠、杨荣国（1907~1978）、刘节、朱杰勤（1913~1990）、陈锡祺（1912~2008）、陈寅恪、岑仲勉（1886~1961）、杜兴国、金应熙（1919~1991）、郑餐霞（1917~2016）、容庚、唐陶华（1907~1979）、梁克、梁方仲、商承祚、曾近义（1920~2011）、侯过（1880~1973）等 17 人为常务委员。

会议确定该年重点活动内容：进行关于中国封建社会的特点及其分期问题的讨论，组织编写"广东人民革命斗争史"丛书，举办通俗历史讲座。

4~7 月

学会三次组织关于曹操评价问题的讨论会。

5 月

学会召开高中历史教学与研究座谈会。

1960 年

3 月

中国科学院古脊椎动物与古人类研究所贾兰坡教授应邀来穗，做题为《从广东省新发现的古文化遗址到这一地区在古人类学考古学上的未来的希望》的学术报告。

10 月

学会举办商鞅变法的意义和作用讨论会。

12 月

学会举办首届年会，分 5 个小组讨论鸦片战争、中国农民战争、中国封建社会土地制度、殖民地半殖民地民族解放运动和资产阶级学术思想批判等问题，提交论文 23 篇，100 多名会员参加。

年会选举杨荣国为会长，金应熙、商承祚为副会长，钟一均为秘书长，理事 38 人，方志钦为学会秘书。

1961 年

1 月

12 日　学会首任会长、中国科学院广州分院院长杜国庠在广州逝世，终年 72 岁。

3 月

学会召开纪念巴黎公社起义 90 周年学术报告会。

5 月

中南五省（区）史学工作者在广州举行中国历史学术讨论会，探讨中国奴隶社会的类型和特点、中国封建社会的起点和分期、中国历史上的民族问题、中国古代文化思想等问题。

10 月

7 日　学会原第二届常务委员、中山大学历史系教授岑仲勉逝世，终年 75 岁。

11 月

中国科学院甲骨学家、历史学家胡厚宣应邀来穗，做题为《深入开展甲骨学的研究》的学术报告。

12 月

学会举办第二届年会，分 5 个小组，讨论中国古代史、中国近现代史、世界史、东南亚史和考古学等问题。

是年，中国学术界掀起对史学史研究方法、学术宗旨、内容范围等问题的热烈讨论，学会也召开关于中国史学史的学术讨论会，中山大学刘节、暨南大学朱杰勤等开展了中国史学史的本科教学。

1962 年

1 月

中国科学院院长郭沫若来穗，与广东史学界专家座谈进一步开展历史学研究与百家争鸣等问题。

2～9 月

学会多次组织关于社学的性质与作用等问题的研讨。

9 月

中山大学历史系教授梁钊韬应邀为学会会员做题为《关于原始社会史几个问题》的学术报告。

10 月

越南历史学家孙光阀来穗访问,与广东史学界专家座谈。

学会召开农民战争与土地问题讨论会。

中山大学历史系教授刘节应邀为会员做题为《中国史学问题》的学术报告。

12 月

学会举办第三届年会,主要讨论中国史学的研究范围、内容与分期问题。

1963 年

2 月

学会举办陈天华思想学术讨论会。

4 月

学会举办"广东有没有经过奴隶社会?"讨论会。

10 月

学会召开历史研究中的历史观和方法论问题讨论会。

是年,《伟大祖国的广东》完成初稿,刊印了一批油印本,送省有关领导和部门参考。该书由广东省哲学社会科学研究所、历史研究所与广东历史学会共同编修。

1964 年

3 月

学会举办历史主义与阶级斗争观点问题讨论会。

6 月

学会邀请部分青年史学工作者，就进一步探讨历史主义与阶级观点问题进行座谈。

8 月

学会组织李秀成评价问题讨论会。

9 月

学会组织农民战争与宗教问题讨论会。

1965 年

学会多次组织批判资产阶级历史观座谈会。

1966~1977 年

学会停止活动。

1969 年

10 月

7 日 学会首届委员、中山大学历史系教授陈寅恪在广州逝世，终年 79 岁。

1970 年

5 月

18 日 学会首届委员、中山大学历史系教授梁方仲在广州逝世，终年 62 岁。

1977 年

7 月

21 日 学会首届委员、中山大学历史系教授刘节在广州逝世，终年 76 岁。

1978 年

1 月

4~5 日 广东省哲学社会科学学会联合会举行第一届第二次全体委员（扩大）会议，正式恢复广东省哲学社会科学学会联合会（后改称为广东省社会科学学会联合会），讨论和制定了各学会年度工作规划。学会恢复活动。

4 月

学会组织批判"四人帮"的影射史学。

5 月

学会举办中国近代史问题讨论会，主题为中国近代史上农民的作用、资产阶级的作用和历史人物评价等，参会代表来自北京、天津、吉林、内蒙古、山西、河北、河南、广西和广东等省、区、市。

6 月

学会组织会员到海陆丰调查彭湃问题。

8 月

学会原会长、中山大学哲学系教授杨荣国逝世，终年 71 岁。

10 月

学会举办中国农民战争史学术讨论会。

12 月

18~22 日　党的十一届三中全会在北京召开，决定把全党工作的重点和全国人民的注意力转移到社会主义现代化建设上来，开启了我国改革开放和社会主义现代化建设历史新时期。

学会举办中国近代史上向西方资产阶级学习问题讨论会。

1979 年

1 月

学会举办孔子评价问题讨论会。

2 月

恢复举办学会年会，讨论对中国近代史上资产阶级向西方学习的评价，以及劳动人民思想问题。

年会举行第四届理事会选举，金应熙任会长，关履权（1918~1996）、朱杰勤、宋维静（1910~2002）、李锦全、郑餐霞、胡守为、戴裔煊（1908~1988）任副会长，胡守为兼秘书长。

4 月

学会举行皇权主义问题讨论会。

8 月

学会举办关于历史发展动力问题讨论会。

9 月

学会召开中国过渡时期历史界限问题讨论会。

10 月

学会下属分会中学历史教研会恢复活动。

11 月

中国人民大学韦庆远副教授、彭明副教授应邀来穗，并做学术报告。

12 月

学会举办孙中山与辛亥革命学术讨论会，就孙中山和辛亥革命的历史作用、南京临时政府、人物评价、立宪派等问题展开讨论，来自全国各地和美国、日本及中国香港的 100 多位史学工作者应邀出席，提交论文 80 多篇。

1980 年

2 月

广东太平天国研究会成立。

3 月

香港大学赵令扬教授、李锷博士应邀来穗做学术报告。

4 月

学会召开太平天国运动的性质与洪秀全思想学术讨论会。

5 月

香港中文大学牟润荪教授来访，介绍港台地区史学动态。
广东太平天国研究会举办洪秀全早期思想讨论会。

7 月

中国社会科学院王庆成、刘永成副研究员，中国人民大学档案学院韦庆远副教授，英国伦敦大学东方与非洲学院柯文南（C. A. Curwen）讲师来穗访问，并做学术报告。

11 月

学会举办纪念陈垣先生诞辰 100 周年学术报告会。

12 月

学会与新成立的中国国际关系史研究会广州分会联合举办学术讨论会。

1981 年

1 月

美国加利福尼亚大学洛杉矶分校黄宗智副教授应邀来穗做学术报告。

3 月

广东太平天国史研究会、广西太平天国史研究会联合举办纪念太平天国起义 130 周年学术讨论会，探讨太平天国运动的性质和洪秀全思想。来自英国、美国、日本和国内各省、区、市近 200 位史学工作者出席会议，提交论文、资料 170 多篇。

4 月

11 日 广东省社会科学院、广东省政协文史资料委员会、中山大学、暨南大学、华南师范学院、广州师范学院联合发起成立广东军阀史研究会，成为学会的团体会员。大会选举产生了 19 人理事会，金应熙任理事长，余炎光、吴仲、李扬程为副理事长。研究会组织编写《广东军阀史大事记》。

9 月

学会举办广东省纪念辛亥革命 70 周年学术讨论会，讨论辛亥革命的历史意义、孙中山的伟大功勋，以及辛亥革命期间广东的武装起义、华侨、民军、会党、商人、有关人物等，100 多位史学工作者参会。

10 月

学会举办纪念彭湃诞生 85 周年学术讨论会，来自北京、湖北、广西、辽宁和广东的 120 多位学者参加讨论会，共收到论文、资料 31 篇。

1982 年

4 月

西南军阀史讨论会在贵州召开，学会派员参加。

8 月

学会举办纪念抗日战争胜利 37 周年学术座谈会。

9 月

学会举办鸦片战争史讨论会，省内和北京、天津、武汉、福建等地史学工作者出席讨论会。

学会与广东省社会科学院联合举办广东新方志编修座谈会。

11 月

就历史教学中进一步加强爱国主义教育问题，学会召开专题讨论会。

12 月

学会举办纪念广州起义 56 周年学术讨论会。

学会组织纪念马克思逝世 100 周年学术讨论会。

应学会与广东省社会科学院历史研究所、中山大学历史系、暨南大学历史系邀请，美国哈佛大学费正清研究中心主任孔飞立（Philip Alden Kuhn）教授、中国人民大学韦庆远教授和郑昌淦教授、厦门大学傅衣凌教授、内蒙古大学胡宗达教授、中国社会科学院林甘泉研究员、北京大学田余庆教授、北京师范学院宁可教授等来穗访问，并做学术报告。

学会组织高校历史系教师，为广州地区中学教师做四场学术报告。

1983 年

1 月

学会举办明清广东经济史学术讨论会，荷兰莱顿大学汉学研究所宋汉理

（Harriet T. Zurndorfer）教授、南开大学郑克晟副教授应邀出席，并做专题学术报告。

2月

学会举办广东军阀史学术讨论会。

中国社会科学院彭泽益研究员应邀来穗做学术报告。

3月

6日　学会首届委员、中山大学中文系教授容庚在广州逝世，终年89岁。

广东军阀史研究会主持召开《广东军阀史》编写大纲讨论会。

4月

学会参加中国史学会首次学术年会暨中国史学界第三次代表大会，金应熙、胡守为、张磊当选为中国史学会第三届理事。

5月

副会长胡守为为广州地区中学历史教师做学术报告，题为《我国古代中央集权的形成及其演变》。

广东军阀史研究会召开《广东军阀史大事记》定稿会。

7月

中学历史教研会邀请广东民族学院黄君萍教授做学术报告。

加拿大温哥华卑诗大学魏安国教授应邀来穗做学术报告。

1979~1982年广东省优秀社会科学研究成果评奖结果公布，历史学科有37项研究成果获奖。

8月

中国东南亚研究会第三届年会在广州举行，广东历史学会、暨南大学、中山大学、广东华侨史学会联合筹办。

9月

学会与《历史研究》编辑部、广东省社科联联合主办"戊戌维新运动与康有为、梁启超"学术讨论会。会议在广州、新会、南海举行，主要议题有戊戌维新运动的历史地位与作用，戊戌维新运动特点，康有为、梁启超爱国、维新思想评价，等等。来自内地和香港地区的 200 多位专家学者出席。

11 月

香港大学教授李锷、赵令扬、范叔钦等应邀来穗做学术报告。

12 月

中学历史教研会举办教学成果展览。

1984 年

1 月

学会召开纪念中国国民党"一大"学术讨论会。广东省委、省政府领导和史学工作者 200 多人出席开幕式，中心议题是国民党"一大"和第一次国共合作的重要历史地位和意义、孙中山在第一次国共合作中的历史功绩。

3 月

中学历史教研会召开座谈会，学习和讨论胡乔木同志的《关于人道主义和异化问题》。

美国加州大学叶汉明博士应邀来穗做学术报告。

广东军阀史研究会举办学术年会。

4 月

美国迈阿密大学陈福霖教授应邀来穗做学术报告。

学会举行中美关系史学术报告会，暨南大学李肇新副教授、中山大学教师余思伟、美国犹他大学詹姆斯·肯特·莫里森博士等分别做学术报告。

澳大利亚悉尼大学黄宇和博士应邀来穗做学术报告。

5 月

中学历史教研会举办广州市中学生历史知识竞赛活动。

6 月

中学历史教研会召开"进一步开展历史教学改革"座谈会。

学会主办广东明清史学术讨论会，来自北京、吉林、辽宁、河南和广东等地 50 多位史学工作者出席讨论会。

7 月

学会组织广州地区中学生历史夏令营活动。

中国社会科学院周远廉副研究员、南开大学方志学专家来新夏教授应邀来穗做学术报告。

8 月

美国哈佛大学费正清研究中心主任孔飞立教授、中国人民大学韦庆远教授应邀来穗做学术报告。

9 月

学会下属广东农史研究会成立，来自中山大学、暨南大学、华南工学院、华南农业大学、华南师范大学、仲恺农业技术学院、广东省文化厅、广东省社会科学院、广东省农业科学院、广东省博物馆、广东省农展馆、广州市社会科学院等单位的共 30 名专家学者、农史工作者参加。梁家勉被推选为理事长，曾昭璇等为理事。

学会召开纪念民族英雄邓世昌殉国 90 周年座谈会。

香港大学澳门史专家霍启昌博士应邀来穗做学术报告。

学会举办洪秀全思想学术讨论会。

10 月

学会下属广东明清经济史研究会成立，叶显恩当选为会长。

在广东省优秀社会科学研究成果评奖获奖项目中（1983），历史学科获奖成果有 20 项，广东历史学会有 5 人被评为学会先进工作者。

11 月

学会与中山大学、中南地区辛亥革命史研究会联合举办孙中山学术研讨会，主要讨论孙中山的历史地位与作用，孙中山早期的思想与革命活动，孙中山和辛亥革命人物评价，孙中山与护国、护法运动，孙中山的哲学、文化、经济思想，孙中山的社会革命思想，孙中山的军事思想与军事斗争。来自美国、日本、澳大利亚、法国和我国内地、香港地区的孙中山研究学者100 多人出席。

美国哥伦比亚大学陈荣捷教授应邀来穗做学术报告。

12 月

学会与《学术研究》编辑部联合召开青年史学工作者座谈会。

四川财经学院汤象龙教授应邀来穗做题为《关于经济史研究的几个问题》的学术报告。

武汉大学彭雨教授、美国俄亥俄州瑞特大学袁清副教授、耶鲁大学萧凤霞副教授、美国加利福尼亚大学洛杉矶分校成露西教授等先后来穗访问，并做学术报告。

学会与广东中国文学学会、广东教育学会、梅县地区和蕉岭县等联合举办纪念丘逢甲诞辰 120 周年学术讨论会。主要议题为丘逢甲建立"台湾民主国"问题，丘逢甲内渡问题，丘逢甲在辛亥革命期间的政治面貌问题，丘逢甲的诗歌，丘逢甲的教育思想与实践，等等。来自北京、山东、安徽、湖北、湖南、广西和广东的 113 位专家学者出席讨论会。

1985 年

1 月

中学历史教研会召开讨论会，主题为"以'三个面向'方针，改革中学历史教学"。

4 月

美国伯克利大学韦克曼教授应邀来穗做学术报告。

5 月

中国社会科学院王庆成研究员应邀来穗做学术报告。

6 月

美国夏威夷大学苏耀昌博士应邀来穗，并做学术报告。

美国加利福尼亚大学伯克利分校教授、东亚研究中心主任魏斐德（Frederic Evans Wakeman，Jr.）应邀来穗做题为《关于中国史研究的几个问题》的学术报告。

7 月

学会举行第五届理事会换届选举，金应熙任会长，关履权、张磊、胡守为任副会长，陈胜粦（1937～2003）任秘书长。

北京师范大学龚书铎教授、美国耶鲁大学副教授萧凤霞博士、香港中文大学科大卫（David Faure）博士、美国南加利福尼亚大学卫思韩（John E. Wills，Jr.）教授先后应邀来穗做学术报告。

8 月

作为中国史学会代表团成员，会长金应熙赴联邦德国出席第 16 届国际历史科学大会。此为中国史学会第一次参加国际史学大会。

10 月

美国加利福尼亚大学洛杉矶分校黄宗智教授应邀来穗做学术报告。

11 月

日本高知大学片山刚副教授应邀来穗做学术报告。

广东军阀史研究会主办西南军阀史研究会第五次学术讨论会，主要讨论人物评价问题。来自四川、云南、贵州、广西、湖南和广东的 100 多位学者出席讨论会，提交论文 60 多篇。

12 月

中国人民大学戴逸教授、中国社会科学院王戎生研究员应邀来穗做学术报告。

1986 年

4 月

中国历史博物馆俞伟超教授、美国纽约州立大学刘敦励教授、美国俄克拉荷马大学吉布森教授先后来穗做学术报告。

学会举办历史学的理论与方法讨论会。

5 月

广东太平天国研究会、广西太平天国研究会等单位联合举办纪念太平天国起义 135 周年学术讨论会，主要探讨太平天国对外关系等问题。来自英国、联邦德国、日本和国内各地的 100 多位学者出席讨论会。

美国匹兹堡大学毕琛教授、卢比教授应邀来穗做学术报告。

6 月

南京大学历史系方之光副教授、中国社会科学院牟安世研究员应邀来穗做学术报告。

10 月

学会联合丰顺县政协等单位，举办丁日昌学术谈论会，与会代表来自国内及泰国，共 100 多人。

11 月

中国孙中山研究会主办、广东历史学会等协办的孙中山研究国际学术讨论会在广州、中山举行，主题为"孙中山与他的时代"，国内外专家 119 人参加。

12 月

学会与华南师范大学等联合在广州举办中南地区世界现代史学术讨论会，讨论经济危机后资本主义世界发展的趋势、国家垄断资本主义、经济危机后果等问题，来自北京和中南地区的 80 多位专家学者出席。

中国社会科学院经济学家李新研究员应邀来穗做学术报告。

1987 年

3 月

1984~1985 年广东省优秀社会科学研究成果获奖项目公布，历史学科有 25 项研究成果获奖，学会有 3 人被评为先进工作者。

4 月

学会与仲恺农业技术学院、广东省社会科学院孙中山研究所、廖仲恺何香凝纪念馆联合主办纪念廖仲恺诞辰 110 周年国际学术研讨会，主题为"廖仲恺与第一次国共合作"等。来自美国、日本、我国内地与香港地区学者 86 人出席会议。

5 月

中学历史教研会举办广州历史知识系列讲座。

6 月

美国红土大学汪若贤副教授应邀来穗做学术报告。

13 日　广东农史研究会召开第二次学术讨论会，主要讨论农史研究方法、广东历史上的农地垦殖、农林资源开发利用、农林技术及有关文献、农业教育等问题，广州地区高校、研究机构专家代表 30 多人参加。

8 月

香港中文大学科大卫博士应邀来穗做学术报告。

10 月

天津社会科学院罗宏曾副研究员应邀来穗做学术报告。

12 月

日本大阪大学滨岛敦俊教授、高知大学片山刚副教授应邀来穗做学术报告。

14~17 日 广东明清经济史研究会联合中国社会科学院历史研究所、经济研究所、近代史研究所，中国第一历史档案馆、厦门大学、广东省社会科学院、中国人民大学清史研究所、中山大学历史系、东北师大明清史研究所、深圳市社联、深圳大学，在深圳小梅沙举办国际清代区域社会经济史暨全国第四届清史学术讨论会，来自美国、日本、联邦德国、加拿大、我国内地与港澳地区的 194 位学者出席讨论会。

1988 年

5 月

广东军阀史研究会更名为广东中华民国史研究会，选举余炎光为理事长。

学会与中国史学会、中山大学联合举办纪念陈寅恪教授国际学术研究会，讨论陈寅恪教授的学术成就、治学方法等问题。来自美国、日本和我国内地及香港地区专家 70 多人出席。

8 月

中国史学会第四届理事会换届，副会长张磊、胡守为当选为理事。

中学历史教研会召开广州市中学历史教学目标研讨会。

9 月

12 日 学会原副会长、中山大学历史系戴裔煊教授逝世，终年 80 岁。

10 月

副会长张磊等应邀赴香港参加康有为、梁启超与戊戌变法研讨会。

11 月

学会联合广东康梁研究会等，主办戊戌变法研究国际学术讨论会，主要议题为戊戌维新与中国近代化，中外学者 130 多人出席。

12 月

学会与中山大学联合主办纪念梁方仲教授学术讨论会，来自北京、广东等地的 40 多位专家出席。

1989 年

1 月

1986~1987 年广东省优秀社会科学研究成果获奖项目公布，历史学科有 22 项研究成果获奖，学会有 3 人被评为先进工作者。

英国剑桥大学 lacr Goodg 教授、美国耶鲁大学萧凤霞教授应邀来穗做学术报告。

3 月

学会联合中国社会科学院民族研究所、广东民族研究所、汕头历史学会等单位，举办国际汉民族学术讨论会，主要议题为汉民族的社会、历史、文化与中国的现代化。来自苏联、美国、日本、澳大利亚、联邦德国、泰国、印度尼西亚、新加坡和中国内地、香港、澳门的 70 多位学者出席。

4 月

学会与珠海市政协、暨南大学联合主办唐绍仪学术研讨会，来自北京、上海、天津、湖北、河南、江苏、广东及澳门的 70 多位学者出席。

学会参与举办纪念杜国庠诞辰 100 周年暨杜国庠学术思想研讨会。

9 月

学会联合广东省社会科学院、中山大学、暨南大学和茂名市、电白县，举办广东社会经济史研讨会。

学会与广东省社科联、广东省社会主义学院、广州市党史研究委员会等单位，联合主办"赣州会议与广州解放"学术讨论会。

受南源永芳集团公司委托，学会召开客家历史人物座谈会。

11 月

台湾"中研院"刘石吉研究员应邀来穗，做题为《台湾史学研究概况》的学术报告。

12 月

15 日　广东农史研究会举办第三次学术会议，来自江西、广东和香港的 40 名专家出席。年会改选了研究会理事会，选举周肇基为会长，叶显恩、杨式挺、彭世奖为副会长，吴建新为秘书长，会议推举梁家勉为名誉会长，曾昭璇、关履权为顾问。

广东太平天国研究会与茂名市政协文史办联合举办凌十八暨太平天国学术讨论会，来自北京、南京、广西和广东的 50 多位学者出席。

1990 年

1 月

学会联合广州市教育局教研室，举办广州市中学历史教研工作贡献奖表彰会。

学会聘请香港南源永芳集团公司董事长姚美良及其顾问梁通为学会荣誉理事。受其委托，组织专家筹备纪念中国近代史开端 150 周年学术活动。

3 月

学会荣誉理事姚美良访问中山大学，捐资 22 万元人民币，支持中山大学开展中国近代史研究。

学会与广州市教育局教研室合办历史知识竞赛活动。

4 月

中学历史教育会举行 1989 年年会，研讨教学方法改革问题。

7 月

20 日　暨南大学古籍研究所陈乐素（1902～1990）教授逝世，终年 88 岁。

8 月

学会与广州市教育局教研室组织开展广州市中学生纪念鸦片战争 150 周年系列活动。

1991 年

5 月

12 日 学会原副会长、中山大学中文系商承祚教授逝世，终年 89 岁。

6 月

25 日 学会原会长、广东省社会科学院副院长金应熙教授在香港逝世，终年 72 岁。

10 月

中国史学会主办的首届全国青年史学工作者学术会议在西安举行，会议得到广东历史学会荣誉理事、中山大学中国近代史研究中心名誉主任、南源永芳集团公司董事长姚美良先生鼎力支持。与会青年学者都在 40 岁以下，广东代表有陈春声、桑兵、乐正、纪宗安、张其凡、王杰等。会议收到论文近百篇，会后结集为《成长中的新一代史学——1991 年全国青年史学工作者学术会议论文集》，1992 年由陕西人民教育出版社出版。

11 月

学会联合广东省社会科学院、广东太平天国研究会、广州市社会科学院和茂名市政协，在广州、茂名举办太平天国史国际学术研讨会。主要议题为太平天国与中国近代的关系、太平天国与中西文化、太平天国历史人物、太平天国革命与客家人的关系、茂名凌十八起义的历史意义等。与会学者共160 余人。

1992 年

3 月

12 日 广东农史研究会首任会长、华南农业大学梁家勉教授逝世，终年 84 岁。

6 月

学会与中山大学、暨南大学、广东省社会科学院联合举办金应熙教授学术思想研讨会。

1993 年

11 月

学会联合《历史研究》杂志社、《近代史研究》杂志社、广东康梁研究会，在南海县举办"戊戌后康有为、梁启超与维新派"国际研讨会。

1994 年

4 月

学会选举产生新一届领导班子，选举胡守为为会长，张磊、陈胜粦、曾醒时、唐森、杨万秀、曾庆榴为副会长，李鸿生为秘书长。

1995 年

3 月

学会联合广州市教育局教研室、广州市中学历史教研会，组织广州市第二届中学生爱国主义历史故事讲演竞赛。

6 月

广东明清经济史研究会在广州举行会议，选举新一届研究会领导，叶显恩连任会长，中国人民大学档案学院韦庆远教授、华南师范大学历史系原主任关文发教授受聘为学术顾问。

11 月

学会与《学术研究》编辑部、《广东社会科学》编辑部、肇庆市社会科学联合会联合举办"爱国主义与时代精神"学术研讨会，40 多位专家学者参会。

1996 年

1 月

10 日　广东丘逢甲研究会在广州成立。

9 月

3 日　学会原副会长、华南师范大学历史系关履权教授逝世，终年78 岁。

10 月

学会与中共广东省委党史委员会、广东省社科联、广东共产党史学会联合举办纪念红军长征胜利 60 周年学术研讨会，省领导和专家共 30 多位出席研讨会。

第二届全国青年史学工作者学术会议在安徽合肥市举行，会议由中国史学会、安徽大学共同主办，得到广东历史学会荣誉理事、中山大学中国近代史研究中心名誉主任、南源永芳集团公司董事长姚美良先生鼎力支持。广东历史学会副会长、中山大学历史系主任陈胜粦，广东历史学会秘书长李鸿生，广东青年史学工作者代表陈春声、刘志伟、李庆新、陈伟明、林中泽等出席会议。会议收到论文 60 余篇，会后结集为《世纪之交的中国史学——青年学者论坛》，1999 年由中国社会科学出版社出版。

12 月

学会与汕头市委宣传部在汕头召开爱国主义与时代精神学术研讨会，50多位专家学者参会。

1997 年

1 月

学会与澳门大学、澳门佛教出版委员会、《学术研究》杂志社联合在澳门举办慧能与岭南文化国际学术研讨会，50 多位海内外学者参会。《学术研究》杂志社会后编辑出版了《慧能禅宗思想研究》。

4 月

学会与中国社会科学院历史研究所、广东省社科联、深圳市政府联合举办"九七爱国主义的高扬"学术研讨会，100 多位专家学者出席会议。

8 月

学会与中山大学哲学系和历史系、广东哲学学会中国哲学史研究会联合主办杨荣国学术思想研讨会。

12 月

学会举办金应熙教授学术思想研讨会，与会学者 60 余人。

由广东中国社会经济史研究会、香港华南研究会、香港科技大学华南研究中心、《学术研究》编辑部、中山大学历史系联合主办的"十八世纪的岭南"学术研讨会在广州举行，主要议题为"十八世纪岭南的市场发育与社会变迁"。与会专家学者 80 人。

1998 年

10 月

学会与华南师范大学历史系、广州师范学院历史系、《世界历史》杂志编辑部，共同主办第五届全国青年世界史工作者学术讨论会，与会代表 50 人。

学会召开第七届理事会第一次会议，选举产生新一届领导班子，胡守为当选为会长，张磊、陈胜粦、陈长琦、杨万秀、赵春晨、高伟浓、黄赞发、曾庆榴等当选为副会长，李鸿生为秘书长。

11 月

广东农史研究会第五次学术会议暨华南农业大学农史研究室成立 20

周年学术讨论会在广州举行，共有专家学者 100 人出席。会议进行研究会新一届班子换届选举，周肇基继任理事长，邓柄权、叶显恩、古开弼、张文方、杨式挺、欧阳坦、倪根金、彭世奖任副理事长，倪根金兼任秘书长。

12 月

广东中国社会经济史研究会参与主办"十九世纪的岭南"学术研讨会，与会专家学者 100 多人。

1999 年

3 月

广东中国社会经济史研究会、中国经济史学会、广东省社科联在肇庆市联合主办"中国传统社会经济与现代化"国际学术研讨会。

4 月

学会与中山大学历史系联合主办"宋代以前岭南历史与文化"学术研讨会，与会学者 50 多人。

9 月

学会与中国近现代史史料学会、广州师范学院联合主办"中国区域文化史及史料"学术研讨会，70 多位专家学者参会。

10 月

学会与广州地方史学会、广州市社会科学院历史研究所联合举办"广州与海上丝绸之路"专题学术座谈会。

11 月

广东中国社会经济史研究会参与举办"二十世纪的岭南"学术研讨会。

2000 年

7 月

学会与广东省社会科学院历史研究所、孙中山研究所、中青年学术论坛，邀请美国南加州大学历史系范岱克（Paul Van Dyke）博士做题为《西方文献与清代广州贸易研究》的学术报告。

学会与广东省社会科学院邀请日本大阪大学文学部滨岛敦俊教授、片山刚教授，做题为《中国传统农村社会史研究的若干问题》的学术报告。

9 月

学会与广州大学历史系联合召开岭南宗教文化史学术研讨会暨庆祝广东历史学会成立 50 周年，与会专家学者 50 多人。

11 月

2~6 日　中国史学会主办的第三届全国青年史学工作者学术会议在西南师范大学举行，著名历史学家魏宏运、李文海、金冲及、刘家和、龚书铎、邹逸麟、王汝丰等出席会议，与会青年史学工作者 70 多人，广东青年史学工作者代表有吴义雄、李庆新等。

本月　学会举行纪念广东历史学会成立 50 周年报告会，来自粤港澳三地的 120 多位专家学者、会员代表出席。

2001 年

3 月

学会与中山大学联合召开"孙中山与世界和平"学术研讨会。

广东中国社会经济史研究会参与举办"文本与史实：解读华南地方历史"学术研讨会。

9 月

学会联合澳门中华文化艺术协会、澳门佛教总会、澳门中西创新学院、广东新兴县龙山禅宗六祖文化景区，在新兴县、澳门两地举办六祖惠能思想第二次国际学术研讨会。

11 月

学会与中山大学历史系联合举办纪念刘节先生诞辰 100 周年学术座谈会，与会专家学者共 100 多人。

学会与中山大学历史系联合举办陈锡祺教授 90 周年华诞、蒋相泽教授诞辰 85 周年祝寿活动。

12 月

广东中国社会经济史研究会参与举办 2001 年华南研究年会。

2002 年

5 月

广东农史研究会参与举办广东农史研究会第六届年会暨英德农业历史学术讨论会，广东、天津、湖南等地的 80 多位学者参会。

6 月

广东省民政厅批准成立广东历史学会张弼士研究专业委员会。

7 月

学会与广州大学联合举办"明清以来中西文化交流与岭南社会变迁"学术研讨会，近百位专家学者参会。

11 月

学会在华南师范大学文科大楼举办 2002 年年会。

12 月

广东中国社会经济史专业委员会参与举办 2002 年华南研究年会。

2003 年

1 月

庆祝韦庆远教授 75 华诞学术报告会在广东省社会科学院举行。报告会由广东中国经济史专业委员会、中山大学历史系、广东省社会科学院历史研究所联合举办。

3 月

荷兰国立莱顿大学历史系包乐史（Leonard Blusse）教授应邀在广东省社会科学院历史研究所做题为《巴达维亚华人》的学术报告。

4 月

学会与江西省瑞金市文化局、广州农讲所纪念馆联合举办纪念毛泽东同志诞辰 110 周年系列活动。

6 月

学会参与举办纪念中共三大召开 80 周年学术研讨会。

11 月

学会举办 2003 年年会，广州地区高校、研究机构专家学者及研究生近300 人参加。

学会举办中国生物学史与农学史学术讨论会。

12 月

广东中国社会经济史专业委员会参与举办 2003 年华南研究年会。

2004 年

6 月

学会与广东省委宣传部、广东省社科联联合举办"岭南学术论坛"系列活动。

副会长陈春声为中共广东省委学习论坛做题为《广东发展史》的专题报告。

7月

广东中国社会经济史专业委员会联合肇庆市人民政府、广东省社会科学院、广东省社科联、广东省政府发展研究中心等机构，在肇庆市举办"历史传统与现代化：泛珠三角与南海贸易"学术研讨会。

12月

中国社会经济史专业委员会参与举办2004年华南研究年会。

2005年

6月

广东农史研究专业委员会与江门市林业局、华南农业大学农史研究室联合主办广东农史研究会第七届年会暨江门林业发展研讨会。

8月

学会在新兴县召开会长、秘书长工作会议。

2006年

4月

学会举行换届会议，陈春声当选为新一届会长，刘志伟、吴义雄、陈伟明、陈长崎、林中泽、曾庆榴、赵春晨、乐正、黄赞发为副会长，李鸿生连任常务副会长兼秘书长。

6月

学会举办纪念金应熙教授逝世15周年系列活动。

10 月

19～22 日 第四届全国青年史学工作者学术讨论会在武汉举行，会议由中国史学会、华中师范大学中国近代史研究所联合主办，与会全国青年学者 80 余人，广东青年史学工作者代表刘增合、肖自力、李强、孙宏云等参加。

12 月

广东历史学会张弼士研究专业委员会联合广东炎黄研究会、当代广东研究会、广东华侨华人研究会、广东华侨历史学会，举办纪念爱国侨领南粤先贤张弼士诞辰 165 周年学术研讨会，共 110 余名专家学者和侨务工作者出席会议。

2007 年

8 月

14 日 华南师范大学地理系曾昭璇（1921～2007）教授去世，终年 86 岁。

12 月

学会编辑《"潜心求真知、沥血育英才"——金应熙教授纪念文集》，由香港出版社出版。

2008 年

11 月

应学会邀请，台湾"中研院"人文社科中心刘石吉研究员在广东省社会科学院历史与孙中山研究所做题为《近代通商口岸研究》的专题讲座。

学会先后举办陈锡祺教授与孙中山研究——陈锡祺教授逝世一周年追思会，梁家勉教授与农史研究——纪念梁家勉教授诞辰 100 周年学术研讨会。

应学会邀请，德国慕尼黑大学汉学研究所首席教授普塔克（Roderich Ptak）在广东省社会科学院历史与孙中山研究所做题为《明清时期台湾与海上贸易》的专题讲座。

12 月

6 日　中国史学会在天津举办中国历史学 30 年暨中国史学会单位会员负责人座谈会，副会长兼秘书长李鸿生出席。

24 日　广东社科界学习胡锦涛同志在纪念党的十一届三中全会召开 30 周年大会上的重要讲话暨 2008 年广东社会科学学术年会大会在广州举行，学会荣获"改革开放 30 年广东社会科学理论创新奖"。

31 日　学会举办 2008 年年会暨广东省社会科学院历史与孙中山研究所建所 50 周年纪念大会。

2009 年

4 月

11~13 日　由中国史学会主办，河北师范大学承办的中国史学界第八次代表大会在石家庄市举行，学会副会长兼秘书长李鸿生等出席。

5 月

11 日　广东中国社会经济史专业委员会学术顾问、著名历史学家、中国人民大学档案学院韦庆远教授在广州逝世，终年 81 岁。

12 日　学会与广东省政协文史资料委员会、广东省社科联、广东省社会科学院、华南师范大学联合举办纪念杜国庠诞辰 120 周年座谈会，与会专家学者 60 人。

8 月

30 日　南开大学历史文化学院李喜所教授应邀来穗，做题为《近代史研究的新视野》的学术报告。

9 月

11 日　美国弗兰德斯大学（Friends University）历史学许光秋教授应邀来穗，做题为《美国国会与中美关系》的专题演讲。

本年　学会参与举办华南研究年会、清末民初广东社会经济研讨会、中外交通与海洋经济学术研讨会，组织专家参加"南粤先贤"评定活动。

2010 年

1 月

学会举办陈炯明学术思想研讨会。

5 月

15 日　广东中国明清经济史研究会、中山大学历史系、广东省社会科学院历史与孙中山研究所联合举办纪念韦庆远教授暨明清史学术研讨会，来自北京、天津、上海、厦门、香港、澳门、台湾的 100 多位专家学者出席会议。

学会举行换届会议，陈春声连任会长，李鸿生连任常务副会长兼秘书长、法定代表人，刘志伟、陈伟明、陈长崎、林中泽、曾庆榴、赵春晨、乐正、黄赞发、李鸿生、吴义雄、倪根金、李庆新、冷东为副会长。

8 月

13 日　应学会与广东省社会科学院广东海洋史研究中心邀请，德国慕尼黑大学汉学研究所首席汉学教授普塔克、广东省文物考古研究所崔勇分别做题为《亚洲海峡释义：地理、功能与类型》《"南澳 I 号"水下考古初步发掘报告》的学术报告。

9 月

学会与广东省社科联联合举办纪念抗日战争胜利 65 周年学术研讨会，庆祝省社科联成立 50 周年、广东历史学会成立 60 周年。12 月，纪念广东省社会科学界联合会成立 50 周年庆祝大会在广州举行，广东历史学会获"最具影响力学术社团"称号。

7 日　应学会与广东省社会科学院广东海洋史研究中心邀请，澳大利亚国立大学朱迪思·卡梅伦（Judith Cameron）教授、李塔娜教授以及广东省考古研究所冯孟钦副研究员，做题为《古代南中国与东南亚的纺轮与移民理论》《近年来粤西考古新发现》的学术报告。

11 月

21 日　学会在中山大学历史系举行纪念陈垣先生诞辰 130 周年学术研讨会。

12 月

10 日　越南社会科学院考古研究院昇龙皇城考古研究中心主任裴明智（Bui Minh Tri）应邀来穗，在广东省社会科学院广东海洋史研究中心做题为《越南昇龙皇城考古发掘情况》的学术报告。

本年　学会举办"杜国庠与广东历史学会"学术研讨会、"10~13 世纪中国边疆和对外关系问题"学术研讨会、华南研究年会。

2011 年

1 月

12 日　台北大学历史系主任李朝津教授应邀做题为《重评 1943 年宋美龄访美》的学术报告。

5 月

学会参与"广府文史考"调研活动。

6 月

7 日　应学会与广东省社会科学院广东海洋史研究中心邀请，法国国家科学研究院（CNRS）研究员、法国高等社会科学院（EHASS）研究员吉普鲁（François Gipouloux）教授来穗做《亚洲地中海，早期全球化与经济制度的演变：欧亚比较经济史初探》的学术报告，《中国社会科学报》以《从制度角度重新思考"地中海模式"》为题报道了此次讲座。

8 月

4 日　广东省地方志办公室举行"广东省情馆"陈列大纲编写工作会议，学会承担部分陈列大纲编写。

11 月

9 日　副会长兼秘书长李鸿生应邀为"辛亥革命前夜的广东社会政治"活动做专题报告。

12 月

15 日　法国国家科学研究中心主任苏尔梦（Claudine Salmon）教授应邀来穗，做题为《东南亚华人历史研究》的讲座。

2012 年

1 月

6 日　应学会与广东省社会科学院广东海洋史研究中心邀请，伊朗德黑兰大学历史系主任乌苏吉（M. B. Vosoughi）教授来穗做题为《古波斯地图中的中国》的学术报告。

4 月

11 日　越南河内国家大学人文与社会科学大学历史系主任阮海继（Nguyen Hai Ke）教授应邀来穗，分别在暨南大学、广东省社会科学院广东海洋史研究中心做题为《越南南部若干城市与越中经济文化交流（17~18 世纪）》的学术讲座。

5 月

7 日　南开大学历史学院侯杰教授应邀来穗，做题为《媒体与近代中国社会》的学术报告。

7 月

23~25 日　澳门举办纪念郑观应诞辰 170 周年"郑观应周"活动，学会参与相关活动。

11 月

13~17 日 中国史学会主办、中山大学历史系承办的第五届全国青年史学工作者会议在广州召开，中国史学会会长、中国社会科学院学部委员张海鹏，中国史学会副会长于沛、郑师渠、徐蓝、熊月之、陈春声，秘书长王建朗，以及耿云志、朱雷、王斯德、姜伯勤、张磊、林家有等出席大会，与会全国青年学者 80 余人。

28 日 应学会与广东省社会科学院广东海洋史研究中心邀请，法国国家科学研究中心主任苏尔梦教授来穗做题为《东南亚华文碑铭研究》的专题报告。

12 月

7 日 应学会与广东省社会科学院广东海洋史研究中心邀请，台湾"中研院"史语所陈国栋教授来穗做题为《广州贸易交涉及重大冲突纪事》的报告。

2013 年

2 月

26 日 应学会与广东省社会科学院广东海洋史研究中心邀请，德国慕尼黑大学汉学研究所普塔克教授来穗做题为《汪大渊与其〈岛夷志略〉》的报告。

3 月

6 日 原副会长张磊从事科研工作 60 周年暨八十寿辰庆祝会在广州举行。

9 月

6 日 应学会与广东省社会科学院广东海洋史研究中心邀请，德国波恩大学汉学系主任廉亚明（Ralph Kauz）教授来穗做题为《中国史料中的南阿拉伯半岛》的学术报告。

26 日　应学会与广东省社会科学院广东海洋史研究中心邀请，日本关西大学东西学术研究所所长中谷申生、松浦章教授来穗做题为《美术史今后的发展》《近世东亚海域的文化交涉与中国帆船》的学术报告。

11 月

1 日　澳大利亚国立大学东南亚研究所安东尼·瑞德（Anthony Reid）教授、香港亚太研究中心主任、中国海疆基金会董事长郑海麟教授应邀来穗访问。

2014 年

10 月

17 日　韩国海洋大学河世凤教授应邀来穗，做题为《韩国近年的海洋史研究概况》的报告。

11 月

8 日　由暨南大学历史地理研究中心、广东省社会科学院广东海洋史研究中心和中山大学历史地理研究中心共同发起的广东历史地理研究会召开成立大会，选举郭声波为会长，吴宏岐、王元林、李庆新、谢湜、吴滔为副会长，黄忠鑫为秘书长。

2015 年

3 月

24 日　美国布兰迪斯大学助理教授杭行应邀来穗，做题为《18～19 世纪海外华人的"共和"试验："兰芳大总制"及印尼婆罗洲公司探讨》的学术报告。

5 月

19 日　广东省政府地方志编纂委员会办公室举行第七次地方志工作会

议，聘任李庆新等 10 人为广东省情专家。

25 日　学会举行换届会议，陈春声连任会长，刘志伟、陈伟明、陈长崎、林中泽、曾庆榴、赵春晨、乐正、黄赞发、李鸿生、吴义雄、倪根金、李庆新、冷东为副会长，李鸿生为常务副会长兼秘书长和法定代表人。

10 月

30 日　台湾"中研院"人文社会科学研究中心、成功大学历史研究所刘石吉研究员应邀来穗做题为《筑城与拆城：近世中国通商口岸城市成长扩张的模式与特征》的学术报告。

11 月

6~8 日　全国第九次史学界代表大会在河南省郑州市召开，会长陈春声，副会长李鸿生、李庆新、倪根金，原副会长纪宗安出席，陈春声当选为中国史学会副会长，纪宗安、李庆新等当选为理事。李鸿生在大会上介绍广东历史学会工作情况，李庆新做题为《近年来海上丝绸之路研究概况》的专题发言。

2016 年

5 月

20 日　越南国家社会科学院历史研究院图书馆原馆长阮友心教授应邀来穗，做题为《越南辛亥革命与孙中山研究》的学术报告。

6 月

学会具体负责组织编纂的《潮汕史稿》由汕头大学出版社出版，蔡鸿生、陈春声、李鸿生等近 30 位专家学者参与，饶宗颐题签书名。

7 月

8 日　越南胡志明市国家大学社会科学及人文学院文化学系阮玉诗教授应邀来穗，做题为《越南湄公河三角洲华人天后信仰中的儒道佛因素》的主题报告。

8 月

23 日　学会在中山市横栏镇举行年中工作座谈会。

10 月

9～10 日　中国海关学会、广州海关等主办的"粤海关与海上丝绸之路"学术研讨会在广州沙面召开，会长陈春声在开幕式上致辞，全国高校、研究机构和海关系统专家学者 100 余人出席，为近年国内海关系统规模最大的海关史研讨会。

11 月

13 日　纪念孙中山诞辰 150 周年学术研讨会暨《孙文全集》首发式在中山市举行。《孙文全集》（全 22 册）由广东省社会科学院原孙中山研究所所长黄彦主编，是目前国内最权威的孙中山全集。

24 日　哈佛大学原地图图书馆馆长约瑟夫·加弗（Joseph Garver）教授应邀来穗访问，分别在暨南大学、广东省社会科学院做题为《1500～1900年欧洲海图中的海上丝绸之路》的学术演讲。

2017 年

1 月

4 日　北京大学历史系吴小安教授应邀来穗做题为《历史学人与田野调查》的学术报告。

2 月

17 日　美国圣路易斯华盛顿大学博士陈博翼应邀来穗做题为《从会馆到田宅：16～19 世纪寓居会安及在地化的闽南人》的学术报告。

3 月

3 日　日本美秀美术馆（Miho Museum）特别研究员谢尔盖·拉普捷夫（Sergey Lapteff）应邀来穗，分别在中山大学、广东省社会科学院做题为《海上丝绸之路与东南亚的考古新收获》的学术报告。

4 月

21 日 暨南大学港澳历史文化研究中心金国平教授应邀在广州做题为《英人初抵澳门之"Monton de Trigo"泊地之地望》的学术报告。

7 月

19 日 美国加州州立大学孙来臣教授应邀来穗做题为《越南火枪与明清战争》的学术报告。

11 月

29 日 台湾"中研院"院士、清华大学黄一农教授应邀来穗做题为《大数据与红楼梦的对话》的学术报告。

2018 年

5 月

28 日 美国纽约市立大学历史系朴贤熙（Hyunhee Park）副教授应邀来穗做题为《描摹世界：前近代世界地理知识的欧亚交流》的学术报告，广州大学安乐博教授等参加报告会。

10 月

9 日 纪念戴裔煊先生诞辰 110 周年国际学术研讨会在广州中山大学、阳江市海陵岛举行。

12 月

8~9 日 广东省社会科学院历史所、广东海洋史研究中心和《海洋史研究》编辑部主办的首届海洋史研究青年学者论坛在广东阳江海陵岛召开，会长陈春声在开幕式上致辞，特邀点评专家周振鹤、刘迎胜、钱江、李红岩、孙键，以及来自中国社会科学院、复旦大学、中山大学、南京大学、国家文物局等科研机构和高校的青年学者共 30 余人参加会议。

2019 年

1 月

3 日　新时代中国历史研究座谈会暨中国历史研究院挂牌仪式在京举行，副会长李庆新应邀出席。

5 月

28 日　全国主要史学研究与教学机构联席会议首届年会在京召开，中国社会科学院副院长、中国历史研究院院长高翔，中国历史研究院副院长李国强，全国哲学社会科学工作办公室副主任操晓理，教育部社科司司长刘贵芹等出席会议并讲话，来自全国 32 家主要史学研究与教学机构的近百位代表与会，广东地区入选首批联席会议成员单位的有广东省社会科学院历史与孙中山研究所（海洋史研究中心）和中山大学历史学系（珠海），李庆新、吴滔代表出席会议。

11 月

15~16 日　2019 中国史学会会员单位负责人联席会议在广州召开，会长陈春声介绍了广东历史学会发展情况，来自全国 30 个省、区、市的史学会会员单位代表近百人参加会议。

17~21 日　中国史学会主办，中山大学历史学系（珠海）承办的第六届全国青年史学工作者会议在珠海召开，中国史学会会长李捷，中国史学会副会长、中山大学党委书记陈春声分别致辞，80 多位全国青年学者参会。

12 月

22 日　广东历史学会第十一次会员大会暨换届大会在中山大学南校区岭南堂举行，来自广州地区高等院校、科研院所的 130 多位史学工作者出席会议。会长陈春声做第十届理事会财务工作报告，常务副会长兼秘书长李鸿生主持会议并做第十届理事会工作报告。选举产生第十一届理事会、监事，李庆新当选为新一届会长，胡波、张晓辉、刘正刚、吴滔、王元林、谢湜当选为副会长，谢湜兼任秘书长，王潞当选为监事长。

26 日 学会下属广东丘逢甲研究会举行换届会议，张金超当选为新一届会长，谢汉、刘伟涛（兼秘书长）、丘志斌、李伟雄、傅文鹏、邱开新当选为副会长。

2020 年

6 月

12 日 会长李庆新参加广东省社会科学界联合会第八届委员会第二次全体会议。

9 月

24 日 学会与齐鲁书社在广州联合举办《李龙潜文集》出版暨学术研讨会，会长李庆新主持会议。广州地区学者陈春声、黄启臣、叶显恩、李鸿生、刘志伟、张晓辉、黄国信、冷东、王元林、谢湜、袁海燕、周鑫等近30 人出席会议。

11 月

14~15 日 学会与广东省社会科学院历史与孙中山研究所（海洋史研究中心）联合在广东台山上川岛举办"海洋广东"论坛暨广东历史学会成立 70 周年学术研讨会、第三届海洋史研究青年学者论坛。中国史学会副会长兼秘书长、中国社会科学院近代史研究所所长王建朗、广东省社会科学院副院长章扬定、广东省社会科学界联合会调研员李锦钦、中共台山市委常委、宣传部部长罗海华等出席并致辞。来自北京、上海等 20 多个省、区、市的高校、科研机构、文博部门的 130 多位学者代表参加会议。

20 日 南开大学历史学院李治安教授应邀来穗，做题为《民族融汇与中国历史发展的第二条线索》的学术报告。

12 月

4 日 美国学者、中山大学历史系教授范岱克应邀在广东社会科学中心做题为 "Leanqua（连官），Anqua（晏官）and the Founding of the Canton System 1685-1720" 的学术演讲，广州地区高校、研究机构师生 80 余人参加。

2021 年

1 月

27 日 学会第一次理事会议在广东社会科学中心召开。陈春声、李庆新、李鸿生、张晓辉、刘正刚、王元林、谢湜、吴滔，以及来自各高校、科研单位理事共 21 人出席会议。根据学会章程与广东省史学发展与工作需要，增补倪根金、张晓东为副会长，监事长王潞调整为副秘书长，增补安东强为监事长，江滢河、于薇、张小贵为副秘书长，此外还增补了粤东、粤西、粤北片区高校的理事、会员。

2 月

15 日 中山大学历史学系蔡鸿生（1933~2021）教授逝世，终年 88 岁。

4 月

23 日 《（新编）中国通史》纂修工程审读委员会成立大会暨第一次审读工作会议在京举行，会长李庆新应邀出席会议，被任命为审读委员会委员、"中国海洋史卷"审读组组长。

5 月

25 日 中国历史研究院澳门历史研究中心成立仪式暨首届澳门史学论坛在澳门科技大学举行，中国社会科学院副院长、中国历史研究院院长高翔，澳门中联办副主任罗永纲，澳门基金会行政委员会主席吴志良等领导嘉宾，澳门、香港、内地学者教师，澳科大师生 200 余人出席。在成立仪式上，中国历史研究院澳门历史研究中心分别与广东省社会科学院历史与孙中山研究所（海洋史研究中心）、华中师范大学中国近代史研究所、南方出版传媒股份有限公司、中国社会科学院大学、华侨大学 5 家科研、出版、教育机构签署了合作框架协议。李庆新代表所（中心）与李国强副院长签署协议，并参加澳门历史研究中心工作座谈会，讨论中心发展计划与方向，长远推动《澳门通史》编纂。

7 月

29~31 日　中国史学界第十次全国代表大会在浙江嘉兴召开，李庆新、谢湜、刘正刚、张晓刚、吴滔、倪根金、肖文平、李鸿生、刘平清、郭平兴、林雅娟等出席会议，李庆新、谢湜等连任中国史学会新一届理事。

10 月

10 日　学会在广东社会科学中心举办《地方故事与国家历史：韩江中下游地域的社会变迁》座谈会暨新书发布会。会议由副会长张晓刚主持，广东省社会科学院郭跃文书记、章扬定副院长，广东省社科联李翰敏秘书长到会致辞。该书作者陈春声教授做主题演讲，汤开建、刘志伟、李庆新、刘正刚、谢湜参与对话，广州地区高校、研究机构师生，听众近百人参加。

10~13 日　学会与广州海事博物馆、广东省社会科学院历史与孙中山研究所（海洋史研究中心）共同主办"唐宋时期广州与海上丝绸之路"学术研讨会，中山大学党委书记陈春声莅会致辞。来自北京、上海、浙江、宁夏、四川、广东等地的高校、科研机构、文博部门的 60 多位学者参加研讨会。

29~31 日　学会主办、岭南师范学院承办的 2021 岭南学术论坛——"红色广东·薪火相传"在湛江市举行，会长李庆新出席开幕式并致辞。

11 月

25 日　中国第一历史档案馆研究员李国荣应邀来穗，在广州大学历史系、广东社会科学中心做题为《明清时期的中国与世界：新解十五至十九世纪丝绸之路的八条线路》的学术报告。

12 月

10~13 日　2021 海洋广东论坛暨 2021（第四届）海洋史研究青年学者论坛在广东汕头南澳岛举行。论坛由学会与国家社科基金中国历史研究院中国历史重大问题研究专项 2021 年度重大招标项目"明清至民国南海海疆经略与治理体系研究"课题组、广东省社科院历史与孙中山研究所（海洋史研究中心）联合主办。中山大学党委书记陈春声莅会致辞。来自北京、上海等 20 个省、区、市的高校、科研机构、文博部门的 120 多位学者代表以线上、线下方式参加会议。

2022 年

3 月

16 日　《羊城晚报》"文化强省深访谈"栏目刊发该报记者采访会长李庆新的长篇访谈《立足海洋史学，促广东学术文化"走出去"》。

31 日　广东省社科联举行《广东省优秀社会科学家传略》《广东省哲学社会科学优秀成果精选集》新书发布与座谈会。会长李庆新作为省优秀社会科学家代表参加会议，并做题为《在学术高端推动"文化强省"建设》的发言。

6 月

12 日　中山大学历史学系举行《脱俗求真——蔡鸿生教授九十诞辰纪念文集》出版座谈会。

28 日　中山大学历史学系吴义雄教授应邀在广东社会科学中心做题为《"红龙—中国计划"与中外反清革命者的相遇——以荷马李为中心的考察》的专题报告，广州地区高校、科研机构师生近百人参加。

7 月

6 日　广东外语外贸大学东方语言文化学院院长刘志强教授应邀在广东社会科学中心做题为《17～18 世纪东西方互动下的越南——以澳门与早期基督教在越南的传播为例》的主题报告。

8～10 日　广东历史地理研究会在中山大学珠海校区举办 2022 年学术年会，主题为"新境界与新未来——广东历史地理研究的新挑战"。8 日，理事会采取线下、线上结合方式，选举产生第二届理事会，吴宏岐当选为会长，吴滔、林耿、刘云刚、周鑫、肖文评、陈景熙、于薇当选为副会长，黄忠鑫连任秘书长，新增理事 20 名，总数为 38 人。

10 月

26 日　广东省社会科学院王贵忱（1928～2022）研究员逝世，终年94 岁。

11 月

15 日　《中华民族交往交流交融史料汇编·广东卷》编纂工作领导小组第一次会议在广州召开，陈春声、李庆新受邀担任该书编委会顾问。

18 日　中国历史研究院在京召开全国史学界深入学习贯彻落实党的二十大精神座谈会，来自中国社会科学院、中央党校（国家行政学院）、清华大学、中国人民大学、北京师范大学等高校、科研机构及中国史学会的专家学者线下参会，李庆新、王潞、周鑫等线上参加会议。

2023 年

3 月

10 日　上海大学历史系廖大伟教授应邀在广东社科中心做题为《中国近代纺织史资料整理与研究》的专题讲座。

24 日　由学会、广东省社会科学院历史与孙中山研究所（海洋史研究中心）、岭南师范学院等联合主办的第五届海洋史研究青年学者论坛在广东湛江市举行。会议由常务副会长兼秘书长谢湜主持，中山大学党委书记陈春声、中国历史研究院副院长李国强、广东省社会科学院副院长章扬定、会长李庆新在开幕式上致辞。特邀专家刘迎胜、陈尚胜、孙光圻、钱江、王日根以及来自北京、上海等地青年学者共 50 余人参加会议。

26 日　广东省普通高校人文社科重点研究基地"广东西部历史与海洋文化研究中心"揭牌仪式在岭南师范学院举行。会长李庆新等为该研究中心揭牌，并被聘为学术顾问。

本月　常务副会长谢湜荣任中山大学副校长。

4 月

10~14 日　副会长倪根金参加广东省社科联于云浮市委党校主办的"学习贯彻党的二十大精神　推动社科类社会组织高质量发展"培训班，并做主题发言。

19 日　广东省社会科学院历史所徐素琴在"岭海史学论坛"做题为《晚清地方督抚的海权实践：二辰丸事件中张人骏海权观辨析》的专题报告。

29 日　第一届珠三角世界史学者论坛在中山大学永芳堂举行，会议由历史系副主任费晟主持，学会会长李庆新、华南师大副校长陈文海、学会监事长安东强在开幕式上致辞，来自全省各高校世界史教师、研究人员共 90 多人参加。

5 月

12 日　南开大学在天津举行校友总会历史学科分会成立大会，会长李庆新应邀出席，并当选为分会副会长。

20 日　暨南大学中外关系研究所主办中华文化传播与影响高端论坛暨《暨南史学》创刊廿周年恳谈会，会长李庆新应邀参加，在纪念朱杰勤先生诞辰 110 周年主题会上做题为《从岑仲勉先生到朱杰勤先生：20 世纪"南学"发展的海洋取向》的主旨报告。

22 日　应学会邀请，西南大学古典文明研究所所长徐松岩教授在广东社科中心做题为《从"同盟"到"帝国"——公元前 5 世纪雅典对外扩张与东地中海国际关系探略》的专题讲座，广东省社会科学院历史与孙中山研究所（海洋史研究中心）、中山大学历史系、暨南大学历史系的教师和研究生共 30 余人参加讲座。

6 月

19 日　应学会邀请，岭南师范学院历史学系主任景东升教授在广东社科中心做题为《广州湾研究现状与展望》的专题讲座。

7 月

22 日　2023 年中国史学会单位会员负责人联席会议在长春召开，学会副会长谢湜、王元林参加会议。

23 日　中国海外交通史研究会第八届换届会员代表大会在泉州举行，学会会长李庆新当选为新一届会长，副会长王元林当选为新一届副会长，副秘书长王潞当选为新一届理事。

9 月

8 日　中国史学会传统文化专业委员会在山东济南成立。学会会长李庆新、副会长刘晓东应邀出席大会，李庆新当选为第一届理事会副主任委员。

22 日　应学会邀请，云南大学历史与档案学院潘威教授在广东社科中心做题为《历史地理学研究中的几种"数字人文"方法》的专题讲座。

25 日　广东省社会科学院历史所张金超在"岭海史学论坛"做题为《〈孙文学说〉的撰写及其社会影响》的专题报告。

10 月

5 日　南开大学历史学科创建 100 周年纪念大会在津南校区大通学生活动中心大会议厅举行，会长李庆新应邀出席大会，并参加南开大学历史学科发展咨询论坛，为南开史学下一个百年发展建言献策。

12 日　应学会邀请，中国社会科学院中国社会科学出版社编审宋燕鹏教授在广东社科中心做题为《中外关系视野下的马来西亚华人史》的专题讲座。

19 日　应学会邀请，国家博物馆舆图研究所所长、中国科学院大学汪前进教授在广东社科中心做题为《根据传闻、近海探险、依图转绘与内地实测——前近代时期欧洲人绘制中国地图的方式》的专题讲座。

26 日　可居室藏文献资料捐赠仪式暨《可居室藏汪宗衍致王贵忱函》首发式在广州图书馆人文馆举行。"策马南来今亦粤人——纪念王贵忱先生逝世一周年"展览正式揭幕。一众岭南学人聚首共缅王贵忱先生及其学术成就。

11 月

1 日　应学会邀请，中山大学历史人类学研究中心主任黄国信教授在广东社科中心做题为《中国传统市场的学术史及其发展可能性——以清代食盐贸易为例》的专题讲座。

6 日　应学会邀请，中国社会科学院古代史研究所副研究员、历史地理研究室主任孙靖国在广东社科中心做题为《针盘风信与阨塞形势——中国古代海图的"小传统"》的专题讲座。

12 日　中山大学历史学系校友会员代表大会暨第二届理事会第一次会议在永芳堂举行，系书记柯伟明主持，李鸿生、陈树良（上届会长）、陈玉环、曾宪志等出席，选举金雨雁为会长，余小波、李庆新、朱延通、沙力钊、武俊雄、和志勇、马赫、安东强、柯伟明为副会长，徐翠丰为秘书长。

18~20 日　由中国海外交通史研究会、广东历史学会、"海洋强国建设"广东省哲学社会科学重点实验室、广东省社会科学院海洋史研究中心、《海洋史研究》编辑部联合主办的"第六届海洋史研究青年学者论坛"在广东珠海举行。中国社会科学院中国历史研究院副院长李国强，广东省社会科学院党组书记郭跃文，中国海外交通史研究会、广东历史学会会长李庆新出席论坛并致辞，来自国内高校、科研机构的特邀点评嘉宾和青年学者共 70 余人参加会议。

12 月

15 日 "《东莞历史文献丛书》（第二辑）首发暨'守正创新　赓续文脉——东莞历代乡邦文献整理成果展'开幕式"在东莞举行。会长李庆新应邀出席开幕式。

20 日 郭沫若中国历史学奖颁奖大会暨全国主要史学研究与教学机构联席会议 2023 年会在北京召开。由广东省社会科学院海洋史研究中心主办、会长李庆新主编的学术集刊《海洋史研究》荣获优秀史学刊物奖提名奖。

2024 年

1 月

5 日 应学会邀请，布朗大学博士候选人张烨凯在广东社科中心做题为《英伦三岛的民众与第二次英俄战争的军事动员》的专题讲座。

3 月

9~10 日 "海洋贸易与文化传播：历史档案、港口网络和知识传播"国际学术研讨会在北京大学举行，会长李庆新应邀做主旨发言。

本月 以会长李庆新为组长、张金超为执行副组长，广东历史学会承担主体部分编写的《广东民革简史》由团结出版社出版。

4 月

13 日 《（新编）中国通史》中国海洋史卷重大学术问题研讨暨工作会议在集美大学举行，审读委员会委员、"中国海洋史卷"审读组组长、会长李庆新应邀出席会议。

5月

11日 应学会邀请，华侨大学（厦门校区）华侨华人与区域国别研究院特聘教授李培德在广东社科中心做题为《清末中国的渔业公司、渔业博览会和渔业战：从张謇谈起》的专题讲座。

30日 应学会邀请，北京师范大学史学研究中心叶锦花教授在广东社科中心做题为《择利而从：明代泉州盐场人群的户籍策略》的专题讲座。

本月 曾昭璇教授的《广州历史地理》由广东人民出版社再版发行，收入"岭南文库"，获得包括陈永正在内的一众岭南学者力荐，引发关注。

6月

6日 华南师范大学历史文化学院谢放教授（1950～2024）逝世，终年74岁。

7～9日 第二届珠三角世界史学者论坛于暨南大学举行，学会副会长兼秘书长、中山大学副校长谢湜致辞。

12日 应学会邀请，中山大学人文高等研究院特邀访问教授钱江在广东社科中心做题为《古代海上丝绸之路的昆仑、婆罗门与波斯人》的专题讲座。

16日 由中国秦汉史研究会主办，中山大学出版社、广东历史学会与中山大学历史学系承办的"新时代的中国秦汉史研究暨《张荣芳文集》出版座谈会"在中国历史研究院古代史研究所举行。来自全国知名高校、科研机构、期刊媒体界的20余位专家学者与会。

24～25日 由中国科学技术大学、跨大陆交流与丝路文明联盟等组织的"文本　图像　文物——丝绸之路科技与文化国际学术研讨会"在合肥召开，会长李庆新应邀出席并致开幕词。

28日 《珠海史》编纂工作与书稿评审会在广东社会科学中心国际会议厅召开，中山大学历史学系吴义雄、曹家齐、黄国信，暨南大学历史学系张晓辉，中山市政协专职常委胡波等专家和珠海市委宣传部相关领导出席会议。2018年，受珠海市委委托，学会承担了《珠海史》的编纂工作，2024年初完成初稿，与会专家对书稿质量给予高度肯定。

附：广东历史学会历届负责人

广东历史学会历届负责人

任职时间	会长	副会长	秘书长
1950.8	杜国庠	陈寅恪、容庚、刘节、梁方仲、商承祚、李稚甫（以上为委员）	
1959.4	杜国庠	杨荣国、刘节、朱杰勤、陈锡祺、陈寅恪、岑仲勉、杜兴国、金应熙、郑餐霞、容庚、唐陶华、梁克、梁方仲、商承祚、曾近义、侯过（以上为委员）	李稚甫 梁克
1960.12	杨荣国	金应熙、商承祚	钟一均
1979.2	金应熙	关履权、朱杰勤、宋维静、李锦全、郑餐霞、胡守为、戴裔煊	胡守为
1985.7	金应熙	关履权、张磊、胡守为	陈胜粦
1994.4	胡守为	张磊、陈胜粦、曾醒时、唐森、杨万秀、曾庆榴	李鸿生
1998.10	胡守为	张磊、陈胜粦、陈长琦、陈春声、杨万秀、赵春晨、高伟浓、黄赞发、曾庆榴、纪宗安、陈伟明、林中泽、乐正、刘志伟	李鸿生
2006.4	陈春声	刘志伟、陈伟明、陈长崎、林中泽、曾庆榴、赵春晨、乐正、黄赞发、吴义雄、李鸿生	李鸿生
2010.5	陈春声	刘志伟、陈伟明、陈长崎、林中泽、曾庆榴、赵春晨、乐正、黄赞发、李鸿生、吴义雄、倪根金、李庆新、冷东	李鸿生
2015.5	陈春声	刘志伟、陈伟明、陈长崎、林中泽、曾庆榴、赵春晨、乐正、黄赞发、李鸿生、吴义雄、倪根金、李庆新、冷东	李鸿生
2019.12	李庆新	张晓辉、刘正刚、吴滔、王元林、谢湜、胡波、倪根金、刘晓东	谢湜

　　附：广东历史学会秘书包括方志钦（1960年在任）、蒋祖缘、李鸿生（1985～1992年在任）、黄锡钦（1992～1995年在任）、朱春燕（1995～2008年在任）、林雅娟（2008年任职至今）。

后　记

　　1950 年 8 月，在杜国庠、陈寅恪、梁方仲、容庚、商承祚等前辈学者的筹划推动下，中国史学会广州分会宣告成立，这是新中国成立后中国史学会最早建立的分会之一，也是广东最早组建的学术性群众团体。70 多年来，广东历史学会在杜国庠、杨荣国、金应熙、胡守为、陈春声等历任会长的领导下，胸怀祖国，扎根南粤，薪火相传，团结和组织全省广大史学工作者，努力开展学术研究、教育与科普工作，培养了一代又一代的史学人才，促进了广东史学研究的发展和繁荣，为国家和广东的社会主义物质文明与精神文明建设做出了重要贡献。

　　2020 年，广东历史学会成立 70 周年。为总结历史，面向未来，进一步开拓广东省史学研究的新局面，学会与广东省社会科学院历史与孙中山研究所（海洋史研究中心）合作，在珠江口湾区西部的美丽海岛上川岛，联合举办了"海洋广东"论坛与海洋史研究青年学者论坛，以纪念学会成立 70 周年，得到学界热烈响应和支持，中国史学会副会长兼秘书长、中国社会科学院近代史研究所王建朗研究员专程南下出席会议，来自北京、上海等 20 多个省、区、市的高校和科研机构的学者专家共 130 余人参加会议，围绕广东历史学会发展历程和"海洋广东"与东亚海洋文明、"海洋广东"与全球海域交流及其海上人群流动、区域经济社会变迁，当代广东与"一带一路"、海洋强国战略、粤港澳大湾区建设，海洋史学理论建构与学术创新等问题，展开广泛深入的讨论交流，成为疫情期间国内少有的高水平史学交流活动。

　　会议结束后，学会决定出版纪念学会成立七十周年文集，得到学会原会长、中山大学党委书记陈春声，广东省社科联党组书记兼主席张知干的大力支持，亲自为纪念文集撰写序言；广东省社科联专职副主席余鸿纯，社团部领导姜波、吴仲文关心指导文集编辑出版工作；广东省地方志办公室原副主任侯月祥、广东省委党校（广东行政学院）巡视员曾庆榴、中山大学历史系教授邱捷、暨南大学历史系教授张晓辉、刘正刚，提供了各自与学会关系密切的珍贵历史回忆，学会原副会长李鸿生、社团部向世怡博士、学会秘书林雅娟提供了不少学会史料。学会组织专家对与会学者提交的论文进行认真审阅，经反复沟通、修改完善，筛选了其中 40 篇汇编成集；学会理事杨芹、吴婉惠、王潞统筹编辑组工作，杨芹负责组织编写"广东历史学会纪事（1950~2024）"，广东省社科院历史与孙中山研究所研究生朱逸枫参与资料收集、整理工作。编辑组上下同心，群策群力，努力克服疫情等因素带来的困难，编辑工作近期终于完成，可以出版了。对于学界长期的关心厚爱与支持，我们在此表示衷心的感谢！

广东历史学会诞生于新中国成立之初，跨越时间长，其间人事变动多，涉及学科广，早期档案散佚，资料不全；一些学术史工作受疫情等影响未能按计划推进（如一些前辈年事已高，不便进行访谈），无法在文集中系统呈现；另外文集收录文章限于海洋史主题，学科涵盖面也有局限。诸如此类遗憾与不足，期待以后有机会再推进完善，祈请学界鉴谅。

李庆新

2023 年 6 月 10 日

图书在版编目（CIP）数据

岭海耕耘七十载：广东历史学会成立七十周年纪念
文集／李庆新，谢湜主编．--北京：社会科学文献出
版社，2024.12.--ISBN 978-7-5228-4382-7

Ⅰ.P7-092

中国国家版本馆 CIP 数据核字第 202418VY58 号

岭海耕耘七十载
——广东历史学会成立七十周年纪念文集

主　　编／李庆新　谢　湜

出 版 人／冀祥德
责任编辑／宋月华
文稿编辑／顾　萌　徐　花　孙少帅
责任印制／王京美

出　　版／社会科学文献出版社·人文分社（010）59367215
　　　　　地址：北京市北三环中路甲 29 号院华龙大厦　邮编：100029
　　　　　网址：www.ssap.com.cn
发　　行／社会科学文献出版社（010）59367028
印　　装／北京联兴盛业印刷股份有限公司

规　　格／开　本：787mm×1092mm　1/16
　　　　　印　张：54.75　插　页：2　字　数：937 千字
版　　次／2024 年 12 月第 1 版　2024 年 12 月第 1 次印刷
书　　号／ISBN 978-7-5228-4382-7
定　　价／398.00 元

读者服务电话：4008918866

版权所有 翻印必究